WARTUNG UND REPARATUR

Matthew Coombs

Honda

CRF 1000 L
Africa Twin

Behandelte Modelle:

CRF 1000 A	998 cm³	2016 bis 2019
CRF 1000 D (DCT)	998 cm³	2016 bis 2019
CRF 1000 A2 Adventure Sports	998 cm³	2018 bis 2019
CRF 1000 D2 (DCT) Adventure Sports	998 cm³	2018 bis 2019

DELIUS KLASING VERLAG

Die englische Originalausgabe mit dem Titel
»Honda CRF1000L Africa Twin, Service and Repair manual«
erschien 2019 bei Haynes Publishing

Bibliografische Information der Deutschen Nationalbibliothek
Die Deutsche Nationalbibliothek verzeichnet diese Publikation
in der Deutschen Nationalbibliografie; detaillierte bibliografische
Daten sind im Internet über http://dnb.dnb.de abrufbar.

1. Auflage
ISBN 978-3-667-12228-5
Die Rechte für die deutsche Ausgabe liegen beim
Verlag Delius Klasing & Co. KG, Bielefeld.

Übertragen und bearbeitet von Udo Stünkel
Umschlaggestaltung: Gabriele Engel
Satz: feschart print- und webdesign, Michaela Röhler, Leopoldshöhe
Gesamtherstellung: Print Consult, München
Printed in Hungary 2021

Delius Klasing Verlag, Siekerwall 21, D - 33602 Bielefeld
Tel.: 0521/559-0, Fax: 0521/559-115
E-Mail: info@delius-klasing.de
www.delius-klasing.de

Inhalt

Honda

Die Geburt eines Traums

Es gibt kein besseres Beispiel des industriellen Nachkriegswunders in Japan als Honda. Diese Erfolgsgeschichte begann mit der Vision eines Mannes. In diesem Falle war es der 40-jährige Soichiro Honda, der seine Fabrik für Kolbenringe 1945 an Toyota verkauft hatte und nun den Erlös in Parties für seine Freunde investierte. Doch die Schwierigkeiten, im Chaos des Nachkriegs-Japans von A nach B zu kommen, verdrossen Honda. Als ihm daher jemand einen Posten Elektromotoren anbot, wurde ihm klar, dass dies ein Weg war, die Menschen für wenig Geld wieder mobil zu machen.

Eine Baracke in der Größe von vier mal sechs Metern in Hamamatsu wurde seine erste »Motorradfabrik«, wo er die Elektromotoren in Fahrräder einbaute. Lange bevor er alle 500 Generatoren verbaut hatte, begann er mit der Herstellung eines eigenen Benzinmotors, der unter dem Namen »Schornstein« bekannt wurde, entweder wegen dessen enorm langem Zylinderkopf oder dem rauchenden Auspuff – oder beidem. Der »Schornstein« holte gerade einmal ein halbes PS aus 50 cm³, aber er war ein größerer Erfolg und wurde die »Honda A«.

Weniger als zwei Jahre nachdem er in Hamamatsu begonnen hatte, gründete Soichiro Honda die Honda Motor Company im September 1948. Zu diesem Zeitpunkt war die Honda A bereits zur »B« mit 90 cm³ weiterentwickelt worden, die keinen Fahrradrahmen mehr, sondern ein eigenes Chassis aufweisen sollte. Honda war dabei, der erste japanische Nachkriegshersteller von kompletten Motorrädern zu werden.

Im August 1949 war der erste Prototyp fertig. Mit einer Leistung von drei Pferdestärken war die 98 cm³ große Honda D noch immer ein simpler Zweitakter, aber sie besaß ein Zweiganggetriebe und einen Rahmen aus Pressstahl mit Telegabel und festem Rahmenheck. Der Rahmen besaß eine fast dreieckige Form, wobei der Oberzug in gerader Linie vom massiv verstrebten Steuerkopf zur Hinterradachse führte. Die Legende erzählt, dass nach den ersten Tests der Honda D die gesamte Mannschaft feierte und dabei nach einem Namen für das Motorrad suchte. Ein Mann brach das Schweigen angestrengten Nachdenkens, indem er meinte: »Das ist ja wie ein Traum!« – »Das ist es!« rief Honda, und so war die »Honda Dream« getauft.

Honda C 70 und C 90 von 1970 mit OHV-Motor

Honda war ein hervorragender, intuitiver Ingenieur und Designer, aber er kümmerte sich nicht um die kaufmännische Seite des Geschäfts. Aus heutiger Sicht kann man es daher als einen Glücksfall bezeichnen, dass Takeo Fujisawa eingestellt wurde, der sowohl mit dem heimischen Markt vertraut war als auch Pläne für Exportgeschäfte schmiedete. Er stieß im Oktober 1949 zu dem Unternehmen und wurde 1950 Verkaufsdirektor. Ein anderer wichtiger neuer Name war Kiyoshi Kawashima, der zusammen mit Honda den ersten Viertakter des Unternehmens konstruierte, nachdem er den Chef überzeugt hatte, dass die Viertaktkonkurrenz besser klang und sich daher besser verkaufte als Hondas Zweitakter.

Das Ergebnis war die Honda E mit 149 cm³ und oben liegenden Ventilen, die im Juli 1951 auf den Rädern stand, nur zwei Monate, nachdem die ersten Zeichnungen gemacht worden waren. Kawashima wurde mit 34 Jahren zum Direktor der Firma Honda berufen.

Die Honda E war ein riesiger Erfolg, über 32 000 Stück wurden allein 1953 produziert.

Allerdings entfernte Hondas lebenslanges Streben nach technischer Innovation ihn zeitweise von der kaufmännischen Realität. Fujisawa erkannte, dass sie in Gefahr waren, ihren Hauptmarkt zu verlieren, nämlich motorisierte Kleinkrafträder, die nach wie vor das Haupttransportmittel in Japan darstellten. Im Mai 1952 erschien die Zweitakt-Cub, die Honda F. Man konnte entweder das komplette Moped kaufen oder nur den Motor, um ihn in das eigene Fahrrad einzubauen. Ein weißer Benzintank mit ringförmigem Profil saß links hinten unter dem Sattel und der Motor mit seinem horizontalen Zylinder und rotem Deckel unterhalb der Hinterachse auf der gleichen Seite. Mit dieser Maschine wurde Honda zum größten Motorradhersteller in Japan mit 70 Prozent Marktanteil im Segment der Fahrradhilfsmotoren. Die »F« war auch die erste Honda, die exportiert wurde. Es folgte die Maschine, die Honda zum größten Motorradhersteller der Welt machen sollte.

Die C 100 Super Cub war ein typisch kühnes Wagnis von Honda. Zum ersten, aber nicht zum letzten Mal stellte die Firma einen komplett neuen Typ von Motorrad vor, wobei der Begriff »Scooterette« (Scooter = Roller) die Kombination der Rollereigenschaften des neuen Fahrzeugs mit der Größe der Räder beschreiben sollte, die ihm die Stabilität eines Motorrads verliehen. Die erste Maschine wurde im August 1958 verkauft; 15 Jahre später rollten über neun Millionen dieses Typs auf den Straßen der Welt. Wenn es je eine Maschine gab, die die Massen mobil machte, so ist es die Super Cub.

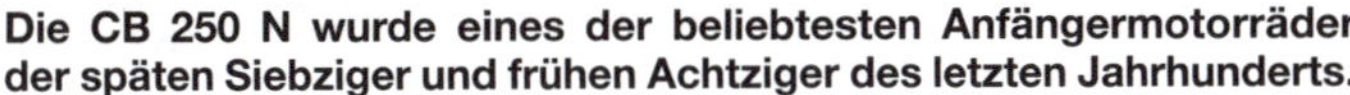

Die CB 250 N wurde eines der beliebtesten Anfängermotorräder der späten Siebziger und frühen Achtziger des letzten Jahrhunderts.

Die GL 1000, vorgestellt 1975, war die erste Goldwing.

Hondas Exportaktivitäten begannen 1957, als Großbritannien und Holland die ersten Motorräder erhielten. Die USA bekamen im darauffolgenden Jahr lediglich zwei Maschinen. Doch schon 1962 bestimmte die japanische Firma mit 65 000 verkauften Einheiten die Hälfte des nordamerikanischen Marktes.

Soichiro Honda war bereits nach Europa und USA gereist, wobei er vor allem dem Besuch der Tourist Trophy auf der Insel Man große Bedeutung beimaß. Die TT war zur damaligen Zeit das wichtigste Rennen im Grand-Prix-Kalender Großbritanniens. Er erkannte, dass ungeachtet noch so moderner Motorradentwicklungen nur Rennerfolge die Weltmärkte öffnen würden, denn »Made in Japan« galt noch immer als billiger Schund.

Fünf Jahre dauerte es vom ersten Besuch Hondas auf der Insel Man, bis seine Motorräder reif für die TT waren. 1959 stellte das Werk fünf Fahrer in der 125er-Klasse. Sie machten keinen großen Eindruck und wurden eher als Kuriosität angesehen, doch immerhin reichten die Plätze sechs, sieben und acht für den Mannschaftspreis. Die Maschinen gaben nicht den Ton an, aber sie waren gut konstruiert und sehr zuverlässig.

In der westlichen Welt traten Hondas 1959 nur in der TT auf, aber sie kamen im darauffolgenden Jahr wieder mit der ersten Generation der Maschinen, die die Zukunft der Motorradwelt darstellten – die Vierzylinder-250er mit doppelten oben liegenden Nockenwellen. Sie war schnell und zuverlässig, aber sie war nicht annähernd so handlich wie die Konkurrenz.

Einen ersten Platz bei Motorradrennen konnte das Werk erst 1962 erringen (der Australier Tom Phillis im spanischen 125er-Grand-Prix), doch kurz danach folgte eine Leistung bei der TT, die die Motorradwelt erschütterte. Der 21-jährige Mike Hailwood gewann sowohl die 125er- als auch die 250er-Klasse, und Honda-Maschinen liefen in beiden Rennen auf den ersten fünf Plätzen durchs Ziel. Hailwood und Honda gewannen 1963 den 250er-Weltmeistertitel. Im darauffolgenden Jahr gewann Honda gleich drei Titel. Die anderen japanischen Motorradfirmen schlugen zurück und veranlassten Honda, einige der spektakulärsten Maschinen zu bauen, die jemals Rennstrecken unter die Räder nahmen: Die imponierende Sechszylinder-250er, die Fünfzylinder-125er und die Vierzylinder mit 500 cm³, mit der der unsterbliche Hailwood Agostini und MV Agusta bekämpfte.

Als Honda sich 1967 vom Rennsport zurückzog, hatten die Maschinen des Werks 16 Fahrertitel gewonnen, 18 Werkstitel und 137 Grand Prix, 18 TTs eingeschlossen.

Carl Fogarty beim Rennen in Donington/GB auf der RC 45

Den Gewinnen im Rennsport folgte der Verkaufserfolg, wie Soichiro Honda vorausgesagt hatte, allerdings nur, weil die Motorräder so schnell weiterentwickelt wurden wie die Rennmaschinen. Die Hondas, die in den frühen 1960er-Jahren nach Europa kamen, waren unglaublich fortschrittlich. Sie besaßen oben liegende Nockenwellen, während die englischen Maschinen noch mit Stößelstangen herumpolterten; sie besaßen elektrische Anlasser, während sich die Engländer noch auf Kickstarter verließen; sie verfügten über eine 12-Volt-Elektrik, während sogar das größte englische Motorrad noch mit 6 Volt kämpfte. Die technischen Zaubereien schienen kein Ende zu nehmen, und als 1968 die erste CB 750 Four als Straßenmaschine erschien, änderte sich die Motorradwelt für immer. Es musste sogar ein neues Wort dafür erfunden werden: Superbike. Honda nahm mit der CB 750 wieder an einem Rennen teil: Das Werk gewann die Weltmeisterschaft im Langstreckenrennen mit einem DOHC-Prototyp, der später zur CB-900-Straßenmaschine wurde.

Sie brachten die Sechszylinder-CBX heraus, die erste Serienmaschine mit Turbolader, sie erfanden die vollverkleidete Tourenmaschine mit der Goldwing, und sie kehrten zum Renn-

Die erstmals 1969 vorgestellte CB 750 Four

Die CX 500 war ein erfolgreiches Mittelklasse-Motorrad mit V2-Motor und Kardanantrieb.

sport zurück mit der revolutionären Viertakt-Ovalkolben-Maschine NR 500, einem sehr missverstandenen Motorrad, das eher ein rollendes Versuchslabor war als eine Rennmaschine.

Aber auch auf dem Gebiet der Gebrauchsmotorräder ließ man sich mit der CX 500 etwas Innovatives einfallen.

Es war bekannt, dass Soichiro Honda von Zweitaktern nicht sehr angetan war – frühere Motocrosser pflegte er als »Rasenmäher« zu bezeichnen. Doch man hatte längst erkannt, dass man im Sport nur noch mit diesen knatternden und stinkenden Aggregaten bestehen konnte. Um etwas Aufmerksamkeit zu erregen, trat man 1982 auf Rennkursen mit der agilen Dreizylinder-NS 500 gegen die Vierzylinderkonkurrenz an – nach einem guten Einstieg gewann Freddie Spencer 1983 die Weltmeisterschaft. Aber auch bei den von Reihen-Vierzylinder-Viertaktern dominierten TT-, F1- und 24-Stundenrennen konnte Honda mit seiner RVF 750 mit V4-Motor hervortreten. Als die Superbike-Klasse eingeführt wurde, stand bei Honda bereits die RC 30 bereit. Auf der Straße wurden die VFR zu Dauerbrennern, während die CBR 600 auf ihrem Weg zum Bestseller eine neue Klasse einläutete. Natürlich gewannen die RC 30 die Superbike-Meisterschaften 1988 und 1989, doch dann dauerte es acht lange Jahre, um mit der RC 45 wieder gegen die übermächtigen Ducatis zu gewinnen. Beim Grand Prix hatte inzwischen die mit einem Zylinder mehr versehene NSR 500 die alte Dreizylinder abgelöst und war zum Maßstab der Königsklassenrenner der 1990er-Jahre geworden. Mick Doohan sicherte sich seinen Platz in den Annalen, indem er fünf WM-Titel in Folge einfuhr.

Und wieder begründete Honda eine neue Motorradklasse, als bei der CBR 900 RR »Fireblade« die Leistung einer 1000er mit dem Gewicht, der Größe und der Handlichkeit einer 750er zusammentrafen. Die Maschine wurde sowohl ein Bestseller als auch ein Kult-Bike, und mit ständigen Verbesserungen macht sie auch im dritten Jahrtausend der Konkurrenz das Leben schwer.

Als klar wurde, dass der Hightech-Motor der RC 45 für die Serie zu teuer war, dachte man in Tokio erstmals über den Einsatz eines V-Twins als Antrieb für sein Flaggschiff nach. Und anders als der einheimische Mitbewerber, der es der Konkurrenz aus Bologna mit aller Gewalt zeigen wollte (und damit mächtig auf den

Die CRF 1000 L Africa Twin von 2016

Die CRF 1000 D Africa Twin mit Doppelkupplungsgetriebe von 2018

Die CRF 1000 D2 Africa Twin Adventure Sports mit Doppelkupplungsgetriebe von 2018

Zum 30. Jubiläum der Africa Twin gab es 2018 kein Sondermodell, aber ein Tankemblem.

Bauch fiel, weswegen wir hier auch keine Namen nennen wollen), ging man die Sache mit der VTR 1000 Firestorm zunächst vorsichtig an, bevor man zwei Jahre später mit der SP1-Version richtig zuzuschlagen gedachte – und Colin Edwards im Jahre 2000 auch den Titel des Superbike-Weltmeisters holte. 2002 konnte er den Erfolg mit der SP2-Variante wiederholen.

Eines der Mottos von Honda war, dass Technologie die Probleme der Kunden lösen sollte, und keine Firma hat sich mehr mit neuen Technologien befasst. Tatsächlich hat Honda sich stark mit Materialforschung und Metallurgie beschäftigt. Die Verkörperung dieses Willens war die NR 750, die in Kleinserie gebaute käufliche Version der NR 500. Diese Maschine zeigte viele von Soichiro Hondas Idealen. Hier wurden in jedem Bauteil die neuesten Technologien und Materialien eingesetzt, angefangen bei den Ovalkolben über die 32 Ventile bis zur titanbeschichteten Windschutzscheibe. Sie war das Beste vom Besten – so wie Honda es sich gewünscht hat: ein rollendes Denkmal für einen Mann, der die jüngere Geschichte des Motorrades und der Motorradindustrie geformt hat wie kein anderer.

Wüstenlied

Um die Africa-Twin und den gesamten Markt für »Adventure-Bikes« zu verstehen, müssen wir bis zur ersten Paris-Dakar-Rallye im Jahr 1979 zurückgehen. Die ersten zwei dieser Wüstenrennen wurden vom französischen Yamaha-Importeuer Sonauto mit modifizierten XT 500 gewonnen. Die gewaltige Durchquerung der Sahara mit dem Ziel in der Hauptstadt des Senegals war von Anfang an ein wahrer Publikumsmagnet und nach kürzester Zeit in Frankreich genauso wichtig wie das 24-Stundenrennen in Le Mans, die Formel-1 oder die Motorradweltmeisterschaft. BMW und Honda setzten ab 1980 Werksteams ein – 1981 gewannen die Bayern, ein Jahr später wurden sie sich aufgrund technischer Probleme von den modifizierten 500er Motocross-Maschinen der Japaner besiegt. Die Paris-Dakar war zum Kampfplatz der Werksteams von Yamaha, BMW, Honda und Cagiva (Ducati) geworden und massiv von Tabakkonzernen unterstützt. BMW konnte 1983 bis 1985 drei Siege einfahren.

1984 hatte man sich bei Honda zum Großangriff bei der Rallye von 1986 entschieden. Die Sportabteilung HRC (Honda Racing Company) erkannte, dass ein Einzylinder nicht mehr zeitgemäß war und entwickelte die NXR 750 V, mit der prompt die Rennen 1986 bis 1989 gewonnen wurden. Interessant war der Hintergrund der Paris-Dakar, die europäische Motorradfahrer und Fernsehzuschauer regelrecht verrückt gemacht hatte. Yamaha hatte zwischen 1975 und 1985 mehr als 60.000 XT-Modelle mit 500 und 600 cm³ Hubraum verkaufen können und auf dem Parkplatz des Bol d'Or-Langstrecken-Straßenrennens sah man mehr XT 600 Z *Ténéré*-Maschinen als Straßensportler. Andere Hersteller waren allerdings nicht so erfolgreich. Bei Honda hieß 1983 der erste Vorstoß XLV 750 R – ein in nahezu jeder Hinsicht untaugliches Motorrad. Die 1987 vorgestellte XLV 600 Transalp war deutlich erfolgreicher und auch das erste Motorrad mit dem Label »Adventure Sports«. Sie war jedoch eine eher unauffällige hochbeinige Straßenmaschine, die um einen Custombike-Motor herum gebaut worden war und keinerlei Wüstenrennen-DNA in sich trug.

Das erste Motorrad mit dem Namen *Africa Twin* erschien 1988 als limitierte Auflage für Privatfahrer, die in der Marathon-Klasse der Paris-Dakar antreten wollten. Die hier eingesetzten Motorräder mussten serienmäßig sein und es durften keine großen Support-Organisationen wie bei den Werksteams anwesend sein. Bei den von HRC auf aufgebohrten Transalp-Motoren basierenden Maschinen handelte es sich um wahre NXR-Replikas, bei denen das Augenmerk auf Sieg statt auf einen günstigen Preis gelegt worden war. Heute sind diese originalen *Africa-Twins* gesuchte Sammlerobjekte.

Die Großserien-Africa-Twin mit 750 cm³-Motor erschien schließlich 1990 – und rollte von den Großserien-Fließbändern bei Honda statt aus der HRC-Manufaktur. Somit waren Verkleidungs-Schnellverschlüsse, Steinschlag-Protektoren an empfindlichen Baugruppen, eine Wildleder-Sitzbank und Highend-Federelemente Geschichte – dennoch war sie ein großartiges Motorrad mit guten Fahreigenschaften auf der Straße und im leichten Gelände. Bis 2003 blieb die Africa-Twin im Honda-Programm. Dann folgte eine zwölfjährige Pause.

Die 2015 vorgestellte neue Africa Twin mit der Typenbezeichnung CRF 1000 L war zwar optisch deutlich an ihre Vorgängerin angelehnt, doch um einem Paralleltwin-Motor herum vollständig neu aufgebaut. Tatsächlich hatten die Konstrukteure einen originalen 750er-V2 als Referenz genutzt und durch einige clevere Tricks ein neues Motorrad mit einem ähnlichen Charakter gebaut. Sowohl auf als auch abseits der Straße machte die mit einer gewaltigen Sitzhöhe aufwartende Tausender eine gute Figur. Ein solches »Go-Anywhere«-Motorrad war Hondas Ziel, um es gegen die gewachsene »Adventure«-Konkurrenz, die jetzt nicht nur von BMW, sondern auch von KTM kam (Ducati, Suzuki, Triumph und Yamaha konzentrierten sich auf weniger geländegänge »Reise-Enduros«). Neben zahlreichen elektronischen Helfern stellte bei der CRF 1000 D ein optionales Doppelkupplungsgetriebe ein Alleinstellungsmerkmal dar. Ab 2018 kam der »Adventure Sports« genannte Ableger ins Programm, mit dem das Abenteurer noch größer werden konnte.

Danksagung

Wir danken der Firma Bransons Motorcycles aus Yeovil, England, die uns die Maschinen für dieses Handbuch zur Verfügung gestellt hat. Außerdem möchten wir uns bei der Cooper-Avon Reifen Company für die Unterstützung und technische Beratung zum Thema Reifen sowie der NGK Spark Plugs (UK) Ltd. bedanken, die uns beim Thema Zündkerzen weiter geholfen hat. Danke auch an Draper Tools Ltd. für die Bereitstellung verschiedener Werkzeuge. Honda (UK) Ltd. hat uns Modellfotos zur Verfügung gestellt.
Die Einleitung wurde von Julian Ryder geschrieben.

Über dieses Handbuch

Der Sinn dieses Buches ist es, Ihnen dabei zu helfen, mit Ihrem Motorrad viel Freude zu haben. Diese Hilfe kann auf verschiedenen Wegen geschehen: Sie können entscheiden, welche Arbeiten erledigt werden müssen und was Sie davon selbst ausführen können; Ihnen werden Informationen zur Instandhaltung und Pflege Ihrer Maschine gegeben; es werden Ihnen Diagnosen und Reparatur-Reihenfolgen angeboten, um Störungen zu beseitigen.
Wir wünschen uns, dass Sie mit diesem Handbuch viele Arbeiten selber durchführen können. Bei vielen simplen Arbeiten kann es einfacher sein, sie selber auszuführen, als einen Werkstatt-Termin auszumachen und das Motorrad zum Händler zu bringen und wieder abzuholen. Noch wichtiger ist, dass man schon viel Geld sparen kann, wenn man auch nur einige Vorarbeiten erledigt – noch mehr, wenn man alle Reparaturen selber erledigt. Ebenfalls ein wichtiger Punkt ist das gute Gefühl, das entsteht, wenn man eine Arbeit erfolgreich zu Ende gebracht hat.
Angaben für die rechte oder linke Seite beziehen sich – soweit nicht anders vermerkt – auf die Fahrtrichtung.

Wir sind stets um die Richtigkeit der Informationen in allen unseren Büchern bemüht, doch es kommt immer wieder vor, dass Motorradhersteller während der Produktion technische Veränderungen vornehmen, von denen wir nichts wissen. Autor und Verlag können deshalb keine Verantwortung für fehlende oder falsche Informationen übernehmen, die dem Kunden Schaden oder Verletzungen zugefügt haben.

Modellentwicklung

Die CRF 1000 L Africa Twin wurde ab Ende 2015 gebaut und 2016 auf den Markt gebracht.

Ihr vollständig neu entwickelter Paralleltwin weist einen Hubzapfenversatz von 270° auf, sodass er die Charakteristik eines V2-Motors entwickelt. Der Hubraum beträgt 998 cm³. Die einzelne obenliegende Nockenwelle wird von einer rechts verlegten Steuerkette angetrieben und öffnet die jeweils zwei Einlassventile über Tassenstößel sowie die ebenfalls zwei Auslassventile über Kipphebel. In der Standardversion wird die Kraft über eine Mehrscheiben-Ölbadkupplung (mit Seilzugbetätigung) und ein Sechsganggetriebe auf die zum Hinterrad führende Dichtring-Antriebskette geleitet.

Bei Modellen mit Doppelkupplungsgetriebe (DCT) werden zwei Kupplungen elektrohydraulisch aktiviert (entweder per Knöpfe links am Lenker oder vollautomatischer Steuerung) – eine Kupplung wird für die Gänge 1, 3 und 5 genutzt, die andere für die Gänge 2, 4 und 6. Hierdurch können die Gänge unterbrechungsfrei durchgeschaltet werden.

Die PGM-FI-Einspritzanlage mit zunächst per Gaszug betätigten 44 mm großen Drosselklappen sowie die Zündung werden vom Motormanagement überwacht. Die Zwei-in-Eins-Auspuffanlage mit integriertem Katalysator verläuft zunächst unter dem Motor, bevor sie im hochgezogenen Schalldämpfer mündet. Alle Modelle sind mit einer Wegfahrsperre ausgerüstet. Der Motor ist in einem Kastenprofilrahmen aus Stahl-Segmenten samt Unterzügen untergebracht.

Das Vorderrad wird in einer ölgedämpften Upsidedown-Gabel mit 45 mm Tauchrohrdurchmesser von Showa geführt, deren Dämpfung und Federvorspannung einstellbar ist. Hinten stützt sich die Alu-Schwinge gegen einen progressiv angelenkten Stoßdämpfer mit einstellbarer Dämpfung und Federvorspannung ab.

Die zwei schwimmend gelagerten Bremsscheiben des Vorderrads werden mit Vierkolben-Bremssätteln verzögert, während am Hinterrad ein Einkolben-Schwimmsattel auf eine fest verschraubte Bremsscheibe wirkt. ABS ist im ersten Jahr optional erhältlich, danach serienmäßig.

Alle Modelle sind mit LED-Scheinwerfern und ebensolchen Rückleuchten ausgerüstet; LED-Blinker finden sich an vielen Modellen.

2018 wird die Modellreihe überarbeitet. Die wichtigste Änderung betrifft eine vollelektronische »Ride-by-Wire«-Drosselklappensteuerung ohne Gaszüge, hinzu kommen eine Lithium-Ionen-Batterie, neue Instrumente, Edelstahl-Speichen und ein zweiter Katalysator.

Ebenfalls 2018 wird die neue Variante namens Adventure Sports vorgestellt, die neben einem größeren Tank, einer umfänglicheren Verkleidung samt höherer Windschutzscheibe auch eine umfangreiche Protektoren-Ausrüstung, mehr Federweg und entsprechend mehr Sitzhöhe sowie Heizgriffe und eine Steckdose aufweist. Das Doppelkupplungsgetriebe ist ebenfalls optional erhältlich.

Für das Modelljahr 2019 werden keine Änderungen vorgenommen.

Ab 2020 werden alle CRF 1000-Modelle durch CRF 1100-Varianten abgelöst, die nicht in diesem Buch behandelt werden.

Maße und Gewicht

Gesamtlänge	
bis Modelljahr 2017	2335 mm
Standardmodelle ab 2018	2335 mm
Adventure Sports	2340 mm
Gesamtbreite	930 mm
Gesamthöhe	
Standardmodelle	1475 mm
Adventure Sports	1570 mm
Radstand	
Standardmodelle	1575 mm
Adventure Sports	1580 mm
Sitzhöhe (Standard/niedrig)	
Standardmodelle	870/850 mm
Adventure Sports	920/900 mm
Fußrastenhöhe	
Standardmodelle	352 mm
Adventure Sports	372 mm
Bodenfreiheit	
Standardmodelle	250 mm
Adventure Sports	270 mm
Leergewicht	
bis Modelljahr 2017 ohne ABS	228 kg
bis Modelljahr 2017 mit ABS	232 kg
bis Modelljahr 2017 mit DCT	242 kg
Standardmodelle ab 2018 mit Standardgetriebe	230 kg
Standardmodelle ab 2018 mit DCT	240 kg
Adventure Sports mit Standardgetriebe	243 kg
Adventure Sports mit DCT	253 kg

Motor

Typ	Wassergekühlter Viertakt-Paralleltwin mit 270° Hubzapfenversatz
Hubraum	998 cm³
Bohrung	92,0 mm
Hub	75,1 mm
Verdichtungsverhältnis	10,0 : 1
Kupplung	Mehrscheiben-Nasskupplung
Getriebe	6 Gänge in konstantem Eingriff
Ventiltrieb	OHC (»Uni-cam«) mit Steuerkette, 4 Einlassventile (per Tassenstößel gesteuert), 4 Auslassventile (per Kipphebel gesteuert)
Kraftstoffsystem	Einspritzung PGM-FI mit 44 mm Drosselklappendurchmesser
Zündsystem	CDI-Transistorzündung mit elektronischer Frühverstellung

Fahrwerk

Rahmen	Stahlrahmen mit zwei Unterzügen
Lenkkopfwinkel und Nachlauf	27,5°, 113 mm
Tankinhalt (einschl. Reserve)	
Standardmodelle	18,8 Liter
Adventure Sports	24,2 Liter
Tank-Reserve	ca. 3,4 Liter
Vorderradfederung	
Typ	Upsidedown-Gabel (Showa), 45 mm Tauchrohrdurchmesser
Federweg	
Standardmodelle	204 mm
Adventure Sports	224 mm
Einstellmöglichkeiten	Federvorspannung, Zugstufe, Druckstufe
Hinterradfederung	
Typ	Aluminium-Schwinge, progressiv angelenkter Mono-Stoßdämpfer
Federweg (an Achse)	
Standardmodelle	220 mm
Adventure Sports	240 mm
Einstellmöglichkeiten	Federvorspannung, Zugstufe, Druckstufe
Räder	Drahtspeichenräder mit Aluminium-Felgen, vorn 21, hinten 18 Zoll

Reifen
Vorderrad 90/90-21M/C 54H
Hinterrad 150/70-R18M/C 70H
Vorderradbremse .... 2 schwimmend gelagerte Bremsscheiben (310 mm) mit Vierkolben-Festsätteln
Hinterradbremse .... Bremsscheibe (256 mm) mit Einkolben-Schwimmsattel

Identifikationsnummern

Rahmen- und Motornummern

Die Rahmennummer (Fahrzeug-Identifizierungsnummer – FIN) ist auf der rechten Seite des Lenkkopfes eingeschlagen und findet sich wieder auf dem Typenschild rechts am Rahmenheck (siehe Abbildungen). Die Motornummer ist rechts oben in das Motorgehäuse eingeschlagen (siehe Abbildung). Die FIN steht in den Fahrzeugpapieren. Um der Polizei das Wiederfinden einer gestohlenen Maschine zu erleichtern, sollte man sich auch die möglicherweise von der Rahmennummer abweichende Motornummer notieren. Unter der Sitzbank befindet sich ein Farbcode-Aufkleber, auf dem auch der Modelljahr-Buchstabe erkennbar ist (siehe Abbildung). Die Drosselklappengehäuse sind ebenfalls mit Identifizierungsnummern versehen.

Alle in diesem Buch behandelten Modelle tragen die Modellbezeichnung CRF 1000 L, dahinter ein A (für ABS) oder ein D (für Doppelkupplungsgetriebe [diese sind stets mit ABS ausgerüstet, sodass das A entfällt]). Die Ziffer 2 hinter dem/den Buchstaben weist darauf hin, dass es sich um die Adventure-Sports-Ausführung handelt. Am Ende findet sich ein Modelljahr-Buchstabe (siehe Tabelle) – dieser muss weder das Baujahr noch das Jahr der ersten Zulassung angeben. Bei einer CFR 1000D2J handelt sich also um eine Adventure Sports von 2018 mit Doppelkupplungsgetriebe. Je nach Prozedur wird in diesem Buch darauf hingewiesen, ob das Motorrad mit oder ohne ABS bzw. mit oder ohne Doppelkupplung (DCT) ausgerüstet ist; außerdem wird ggf. unterschieden, ob es um ein Standardmodell oder die Adventure Sports-Variante und/oder um ein Fahrzeug aus den Modelljahren 2016/2017 oder 2018/2019 geht.

Modelljahr-Buchstabe	Modelljahr
G	2016
H	2017
J	2018
K	2019

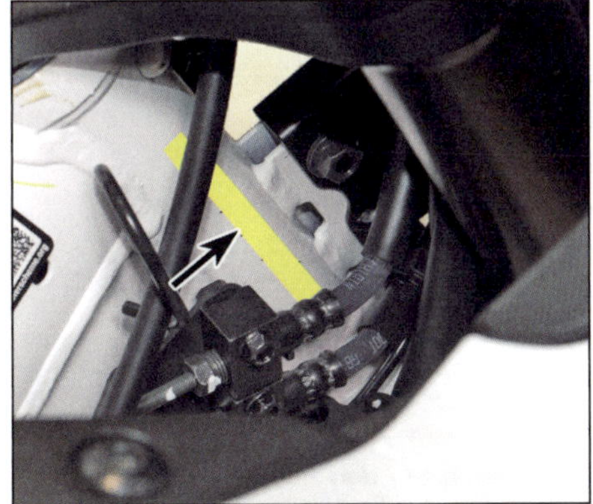

Die Rahmennummer ist rechts in den Lenkkopf eingeschlagen...

...und findet sich auf dem Typenschild rechts am Heckrahmen wieder.

Die Motornummer ist rechts oben ins Motorgehäuse eingeschlagen.

Ersatzteilkauf

Sobald Sie alle Identifikationsnummern gefunden haben, sollten diese zur Erleichterung beim Ersatzteilkauf notiert werden. Da der Hersteller technische Daten, Teile und Ausführungen auch während der laufenden Produktion ändert, ist das Bereithalten der Nummern die sicherste Methode, die richtigen Teile zu erhalten.

Wenn möglich, sollten immer die defekten Teile mitgebracht werden, um sie mit den Neuteilen zu vergleichen. Auf dem Weg vom Hersteller zum Teileregal des Händlers gibt es viele Möglichkeiten, Nummern zu verwechseln oder falsch zu notieren.

Die zwei Quellen neuer Ersatzteile für Ihr Motorrad – der Zubehörhandel und der Vertragshändler – unterscheiden sich in den Teilen, die sie bereithalten. Während der Honda-Vertragshändler jedes aufgelistete Einzelteil Ihrer Maschine besorgen kann, bietet der Zubehörhandel zumeist nur normale Verschleißteile wie Ketten- oder Dichtungssätze sowie Tuningteile wie Stoßdämpfer und Auspuffanlagen an.

Oftmals ist es möglich, von darauf spezialisierten Geschäften Gebrauchtteile zu kaufen, die grob gesagt etwa die Hälfte von Neuteilen kosten. Dafür weiß man nie genau, was man erhält. Auch hier sollten zum Vergleich immer die defekten Teile mitgebracht werden.

Unabhängig davon, ob Sie neue, gebrauchte oder überholte Teile kaufen wollen, sollten Sie sich immer an jemanden wenden, der sich auf Honda-Teile spezialisiert hat.

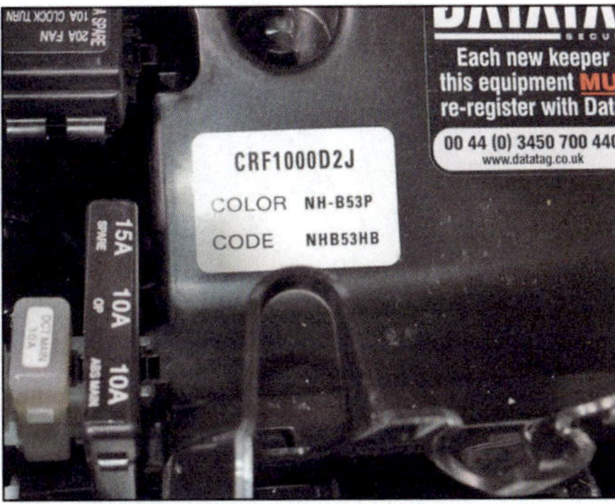

Auf dem Farbcode-Aufkleber unter der Sitzbank lässt sich der Modelljahr-Buchstabe erkennen – hier ein J.

Tägliche Kontrollen

Anmerkung: *Diese auch in der Bedienungsanleitung erwähnten Kontrollen sollten vor jeder Fahrt durchgeführt werden.*

1 Motorölpegel

Vor Beginn:

✔ Die Ölkontrolle erfolgt per Peilstab, der links vorn in den Lichtmaschinendeckel geschraubt ist. Der Öleinfülldeckel befindet sich hinten am Lichtmaschinendeckel.

✔ Starten Sie den Motor und bringen Sie ihn möglichst durch eine etwa viertelstündige Fahrt auf Betriebstemperatur.

Achtung: Der Motor darf nicht in einem geschlossenen Raum laufen.

✔ Stützen Sie das Motorrad auf einer ebenen Fläche aufrecht stehend ab (lassen Sie es ggf. von einem Assistenten halten).

✔ Schalten Sie den Motor ab und warten Sie ein paar Minuten, bis sich der Ölpegel stabilisiert hat.

Vorsichtsmaßnahmen:

- Falls regelmäßig Öl nachgefüllt werden muss, sollten die Gründe des Ölverlustes gefunden werden. Sind keine Anzeichen von Lecks an Verbindungen und Dichtungen festzustellen, wird das Öl vom Motor verbrannt (siehe Fehlersuche).

Das richtige Öl:

- Moderne, leistungsstarke Motoren stellen große Anforderungen an ihr Motoröl. Es ist deshalb sehr wichtig, ein für das Motorrad geeignete Öl zu verwenden – benutzen Sie kein Auto-Motorenöl.
- Benutzen Sie immer gutes Qualitätsöl des vorgegebenen Öltyps und einer der Umgebungstemperatur entsprechenden Viskosität und füllen Sie den Motor nicht zu voll.

Achtung: Manche Leichtlauföle für Automobile enthalten Additive, die Ölbadkupplungen möglicherweise durchrutschen lassen. Öle, die dem japanischen JASO-MA-Standard entsprechen, vertragen sich mit Ölbadkupplungen.

Öltyp	API-Klasse SG oder höher, JASO T 903 MA (Motorrad-Motoröl)
Ölviskosität	SAE 10W/30

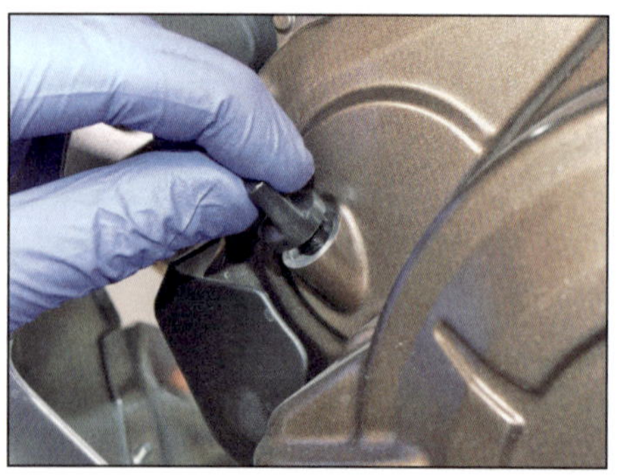

1 Drehen Sie den Peilstab heraus und wischen Sie ihn sauber.

2 Stecken Sie bei senkrecht stehendem Motorrad den Peilstab bis zum Gewinde in die Bohrung, aber schrauben Sie ihn nicht ein.

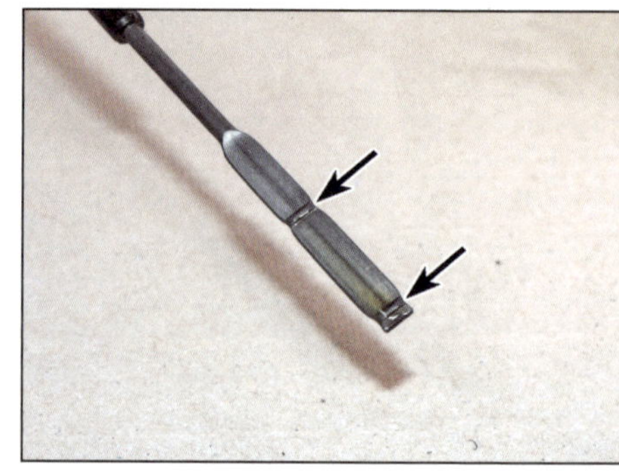

3 Ziehen Sie den Peilstab wieder heraus und kontrollieren Sie, ob der Ölpegel zwischen den zwei Markierungslinien liegt.

4 Falls der Pegel nahe oder unter der unteren Linie liegt, muss der Einfüllstopfen aus dem Lichtmaschinendeckel geschraubt werden.

5 Füllen Sie den Motor mit dem vorgeschriebenen Öl auf, bis der Pegel knapp unter der oberen Markierung liegt. Füllen Sie nicht zu viel Öl auf!

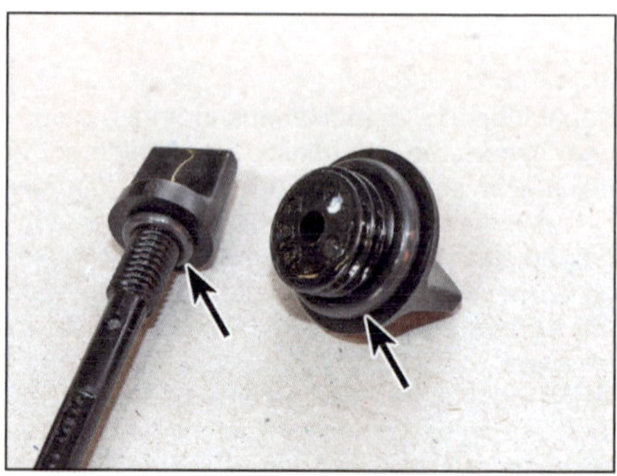

6 Prüfen Sie, ob die Dichtring des Peilstabs und des Einfüllstopfens in Ordnung sind und korrekt sitzen. Installieren Sie den Peilstab und den Stopfen, starten Sie den Motor kurzzeitig, warten Sie einige Minuten und kontrollieren Sie den Ölpegel erneut.

2 Federung, Lenkung und Antriebskette

Federung und Lenkung:

- Prüfen Sie, ob die Vorderrad- und Hinterradfederung sanft und klemmfrei arbeitet (siehe Kapitel 1).
- Kontrollieren Sie, ob die Federung entsprechend der Belastung eingestellt ist (siehe Kapitel 5) – die Einstellungen beider Gabelholme müssen gleich sein
- Überprüfen Sie, ob sich die Lenkung sanft von Anschlag zu Anschlag bewegen lässt.

Endantrieb:

- Prüfen Sie, ob die Kette den korrekten Durchhang hat, und stellen Sie sie nötigenfalls ein (siehe Kapitel 1).
- Eine trocken aussehende Kette muss geschmiert werden (siehe Kapitel 1).

3 Kühlmittelpegel

Vor Beginn:

✔ Prüfen Sie den Kühlmittel-Pegel immer nur bei kaltem Motor, da er sich bei warmem Motor ändert.
✔ Der Kühlmittel-Ausgleichsbehälter befindet sich hinter dem Bremspedal rechts am Motorrad.
✔ Stützen Sie das Motorrad auf einer ebenen Fläche senkrecht stehend ab.

Vorsichtsmaßnahmen:

- Benutzen Sie immer die vorgeschriebene aus 50% destilliertem Wasser und 50% Ethylen-Glykol mit Korrosionsschutz für Aluminium-Motoren als Frostschutz bestehende Kühlflüssigkeit. Es ist wichtig, Frostschutz ganzjährig zu verwenden und nicht nur im Winter. Füllen Sie bei gesunkenem Pegel nicht nur Wasser auf, um die Flüssigkeit nicht zu verdünnen.

Anmerkung: *Im Notfall darf weiches (kalkarmes) Leitungswasser benutzt werden – aber kein hartes Wasser; kochen Sie das Wasser im Zweifelsfall vorher ab oder verwenden Sie Regenwasser.*

- Füllen Sie den Ausgleichsbehälter nicht über die obere Markierung hinaus auf.
- Falls der Pegel stetig abfällt, muss das System auf Undichtigkeiten kontrolliert werden (siehe Kapitel 1). Werden keine Lecks gefunden, muss das Kühlsystem in einer Honda-Werkstatt einer Druckkontrolle unterzogen werden.

Warnung: Entfernen Sie NICHT den Überdruckdeckel am Kühlerstutzen, um Flüssigkeit aufzufüllen. Das Nachfüllen erfolgt über den Ausgleichsbehälter. Lagern Sie Kühlflüssigkeit NICHT in offenen Behältern, da giftige Gase entweichen können.

1 Der Kühlmittelpegel im Ausgleichsbehälter muss sich zwischen den am Behälter angebrachten FULL- und LOW-Linien befinden.

2 Entfernen Sie nötigenfalls den Deckel des Ausgleichsbehälters.

3 Füllen Sie das vorgeschriebene Kühlmittel bis zur oberen Markierung auf und installieren Sie den Deckel wieder.

4 Bremsflüssigkeitspegel

> ***Warnung: Bremsflüssigkeit kann zu Augenverletzungen führen und Lackoberflächen angreifen, bewahren Sie deshalb beim Umgang hiermit größte Sorgfalt. Beim Eingießen sollten gefährdete Teile mit Lappen verdeckt sein. Benutzen Sie keine Bremsflüssigkeit, die längere Zeit offen gestanden hat, da sie Feuchtigkeit aus der Luft absorbiert, was zu einem gefährlichen Verlust an Bremswirkung führen kann.***

Vor Beginn:

✔ Der Ausgleichsbehälter der Handbremse sitzt rechts am Lenker. Der Ausgleichsbehälter der Fußbremse sitzt rechts am Rahmen.

✔ Stellen Sie sicher, dass Sie die richtige Bremsflüssigkeit vorrätig haben – DOT 4 ist vorgeschrieben.

✔ Umwickeln Sie den Ausgleichsbehälter mit Lappen, damit keine Spritzer auf Lackteile geraten.

✔ Drehen Sie für die Kontrolle des Handbremszylinder-Ausgleichsbehälters den Lenker so, dass der Behälter möglichst gerade steht.

✔ Stützen Sie für die Kontrolle des Fußbremszylinder-Ausgleichsbehälters das Motorrad möglichst senkrecht auf einer ebenen Fläche ab.

Vorsichtsmaßnahmen:

- Der Flüssigkeitsstand in beiden Bremsausgleichsbehältern nimmt mit zunehmendem Verschleiß der Bremsbeläge ab – prüfen Sie diese bei niedrigem Pegel (siehe Kapitel 1) und ersetzen Sie sie nötigenfalls (siehe Kapitel 6). Durch den Einbau neuer Bremsbeläge steigt der Pegel im Ausgleichsbehälter wieder an; füllen Sie ihn ggf. bis zur MAX-Markierung auf – aber nicht darüber hinaus.
- Falls ein Ausgleichsbehälter wiederholt nachgefüllt werden muss, ist dies ein Indiz für ein Leck im Hydrauliksystem, das sofort repariert werden muss (siehe Kapitel 6).
- Achten Sie auf Beschädigungen oder Risse an den Hydraulikschläuchen und Komponenten – falls welche gefunden werden, müssen sie sofort ersetzt oder repariert werden (siehe Kapitel 6).
- Prüfen Sie die Funktion beider Bremsen, bevor Sie mit der Maschine fahren. Wenn Luftblasen im System sind (schwammiges Gefühl im Hebel oder Pedal), muss es entlüftet werden (siehe Kapitel 6).

Vorderradbremse

1 **Der Bremsflüssigkeitspegel ist durch das Schauglas sichtbar – er muss sich oberhalb der LOWER-Markierung befinden.**

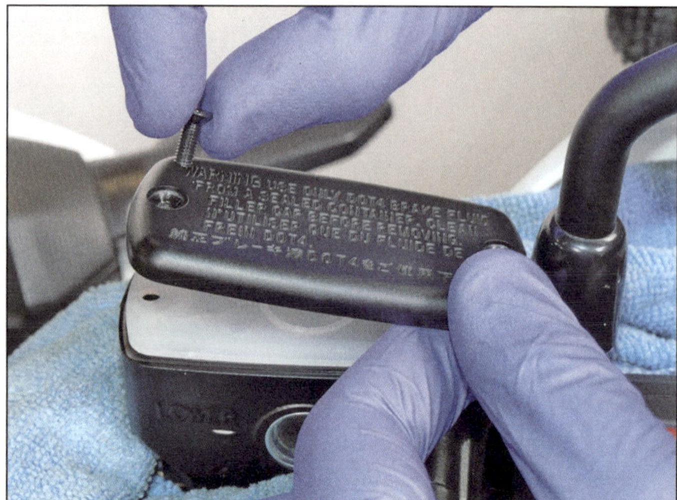

2 **Falls der Pegel nahe oder unterhalb der LOWER-Linie liegt, müssen die zwei Schrauben des Behälterdeckels gelöst und dieser samt Platte und Manschette abgenommen werden.**

3 **Füllen Sie frische DOT 4-Bremsflüssigkeit auf, bis der Pegel an der Linie innerhalb des Behälters steht – füllen Sie nicht zu viel auf und vermeiden Sie Spritzer (siehe *Warnung* oben).**

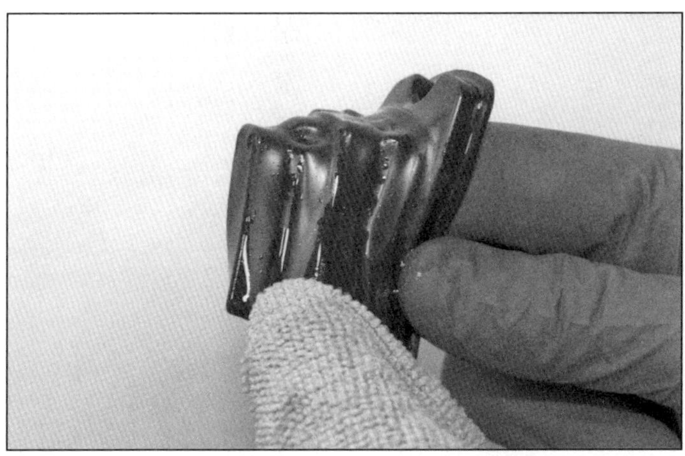

4 Wischen Sie mit einem Papiertuch Ablagerungen aus der Manschette.

5 Achten Sie vor dem Aufsetzen des Deckels darauf, dass die Manschette korrekt sitzt. Sichern Sie den Deckel mit den Schrauben.

Hinterradbremse

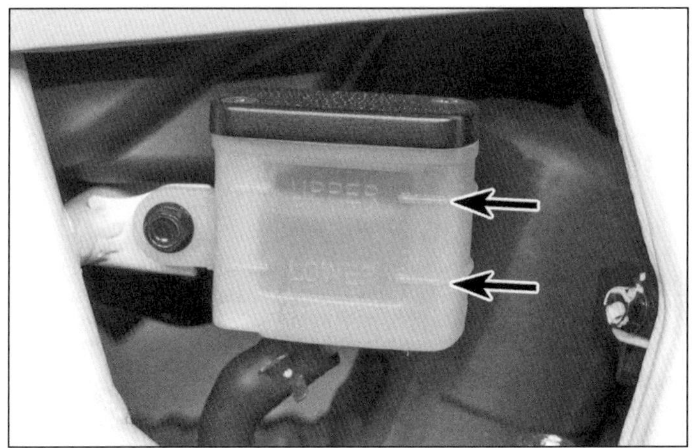

1 Der Bremsflüssigkeitspegel ist durch das transparente Gehäuse des Ausgleichsbehälters sichtbar – er muss zwischen den LOWER- und UPPER-Linien stehen.

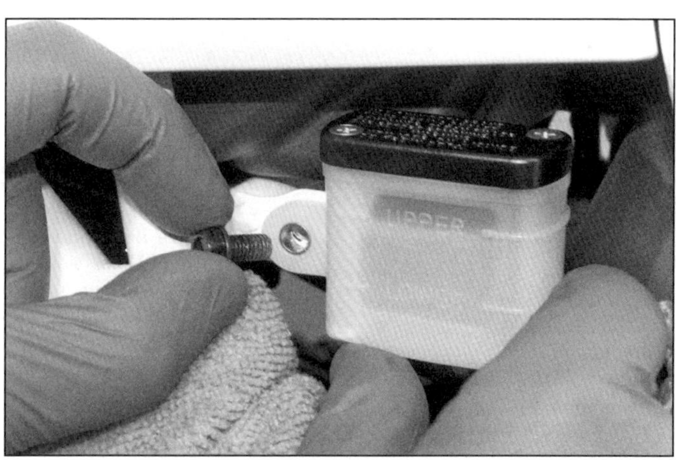

2 Lösen Sie die Befestigungsschraube des Behälters und befreien Sie diesen, damit der Deckel zugänglich ist.

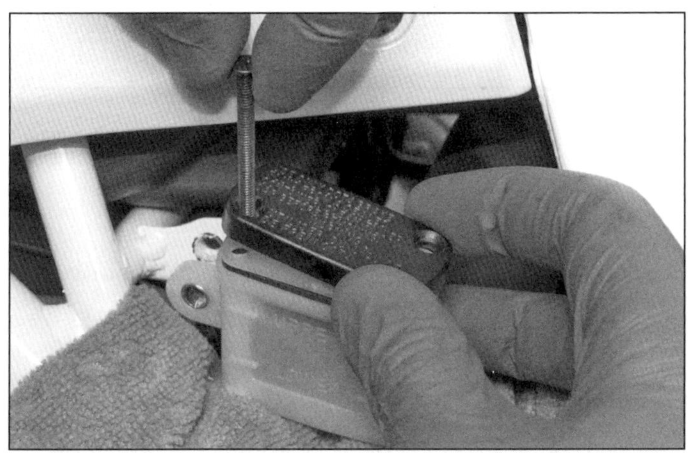

3 Lösen Sie die Deckelschrauben und entfernen Sie diesen samt Platte und Manschette.

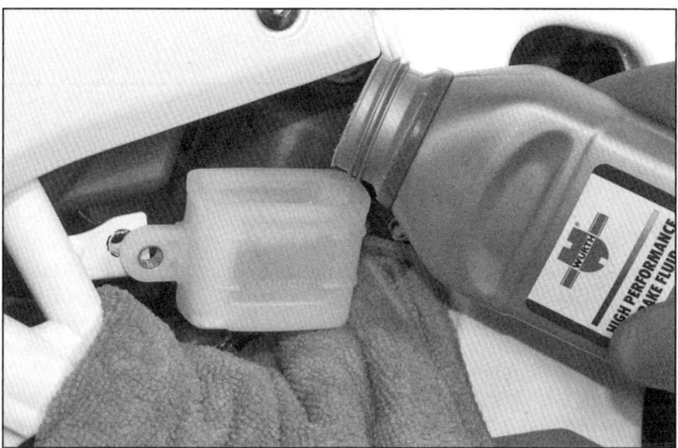

4 Füllen Sie frische DOT 4-Bremsflüssigkeit auf, bis der Pegel an der UPPER-Linie steht – füllen Sie nicht zu viel auf und vermeiden Sie Spritzer (siehe *Warnung* oben).

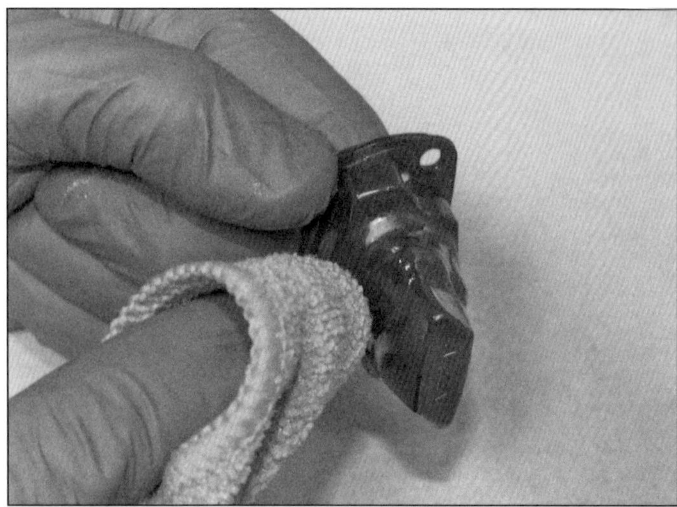

5 **Wischen Sie mit einem Papiertuch Ablagerungen aus der Manschette.**

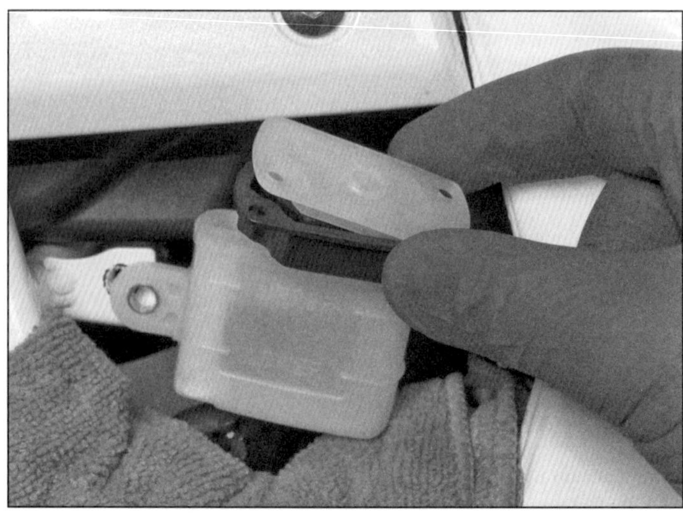

6 **Achten Sie vor dem Aufsetzen der Platte und des Deckels darauf, dass die Manschette korrekt sitzt. Schrauben Sie den Deckel auf den Behälter und ziehen Sie die Befestigungsschraube sorgfältig an.**

5 Ordnungsgemäßer Zustand und Sicherheit

Licht und Signale:

- Kontrollieren Sie, ob Scheinwerfer, Rücklicht, Bremslicht, Kennzeichen- und Instrumentenbeleuchtung sowie alle Blinker korrekt funktionieren.
- Prüfen Sie die Funktion der Hupe.
- Ein funktionierender Tachometer ist gesetzlich vorgeschrieben.

Sicherheit:

- Überprüfen Sie, ob der Gasgriff leichtgängig ist und jederzeit und in allen Lenkerstellungen von alleine wieder schließt. Kontrollieren Sie bis Modelljahr 2017 das korrekte Gasgriff-Spiel (siehe Kapitel 1).
- Prüfen Sie, ob sich der Bremshebel, das Bremspedal, der Kupplungshebel und der Schalthebel sanft und frei bewegen lassen. Schmieren alle Teile in den vorgegebenen Intervallen oder bei Erfordernis (siehe Kapitel 1).
- Prüfen Sie, ob der Motor abschaltet, wenn der Killschalter betätigt wird. Kontrollieren Sie den Sicherheits-Stromkreis (siehe Kapitel 1).
- Prüfen Sie, ob die Ständerfedern den Seitenständer im eingeklappten Zustand sicher an der Maschine halten.

Kraftstoff:

- Auch wenn es überflüssig klingt: Überprüfen Sie, ob Sie genug Benzin für die bevorstehende Fahrt im Tank haben. Wenn irgendwo Kraftstoff ausläuft, muss die Ursachen hierfür sofort beseitigt werden.
- Vergewissern Sie sich, dass immer Benzin der vorgeschriebenen Oktanzahl verwendet wird – Honda schreibt Otto-Kraftstoff mit mindestens 91 Oktan vor.

6 Reifen

Vorsichtsmaßnahmen

- Kontrollieren Sie die Reifen sorgfältig auf Risse, Schnitte, eingedrungene Nägel oder andere scharfe Dinge und erhöhte Abnutzung. Die Benutzung von Motorrädern mit stark abgefahrenen Reifen ist extrem gefährlich, auch die Straßenlage und Traktion verschlechtert sich stark.
- Achten Sie auf festsitzende Schutzkappen. Entweicht nach dem Entfernen einer Kappe Luft, kann dies an einem locker sitzenden Ventil liegen. Mithilfe eines preiswerten Werkzeugs (das es auch in die Ventilkappe integriert gibt) kann das Ventil wieder angezogen (oder ausgetauscht) werden. Kontrollieren Sie den Zustand der Reifenventile.
- Im Gummi steckende Steine, Scherben und Nägel müssen entfernt werden, damit sie nicht komplett eindringen und für einen Plattfuß sorgen.
- Wenn eine Beschädigung offensichtlich ist oder ungewöhnlich hoher Druckverlust auftritt, muss unverzüglich Rat bei einem Reifenhändler gesucht werden.

Reifenprofiltiefe

- Zurzeit muss ein Reifen laut Gesetz eine Mindestprofiltiefe von 1,6 mm aufweisen. Honda empfiehlt nicht, Reifen früher zu wechseln, doch kann es vorkommen, dass das Fahrverhalten bereits früher schlechter wird.

- Viele heutige Reifen besitzen Profiltiefen-Indikatoren, auf die an den Flanken mit Dreiecken oder der Bezeichnung TWI hingewiesen wird. Diese Indikatoren müssen **nicht** den gesetzlich vorgeschriebenen 1,6 mm entsprechen! Ermitteln Sie die Profiltiefe an der am stärksten verschlissenen Stelle des Reifens – die Polizei wird es bei einer Kontrolle ebenso tun. Ersetzen Sie einen abgefahrenen Reifen – dies erhöht die Sicherheit und schützt vor Strafe.

Der richtige Reifendruck

- Der Luftdruck muss bei **kalten** Reifen überprüft werden – also nicht direkt nach längerer Fahrt, denn hierbei wird der Reifen warm und der Luftdruck steigt. Extrem niedriger Reifenluftdruck kann den Reifen auf der Felge rutschen oder sogar abspringen lassen. Zu hoher Luftdruck lässt den Reifen in der Mitte stark verschleißen und sorgt für eine unsichere Fahrweise.
- Benutzen Sie ein genaues Messgerät.
- Ein richtiger Luftdruck erhöht die Lebensdauer der Reifen und sorgt für beste Fahrstabilität und Fahrkomfort.

bis Modelljahr 2017	vorn	hinten
Bis 90 kg Beladung (nur Fahrer + leichtes Gepäck)	2,0 bar	2,5 bar
Über 90 kg Beladung (Fahrer + Beifahrer und/oder schweres Gepäck)	2,0 bar	2,8 bar
Standardmodelle ab 2018	**vorn**	**hinten**
Bis 90 kg Beladung (nur Fahrer + leichtes Gepäck)	2,0 bar	2,5 bar
Über 90 kg Beladung (Fahrer + Beifahrer und/oder schweres Gepäck)	2,25 bar	2,8 bar
Adventure-Sports-Modelle	**vorn**	**hinten**
Bis 90 kg Beladung (nur Fahrer + leichtes Gepäck)	2,25 bar	2,8 bar
Über 90 kg Beladung (Fahrer + Beifahrer und/oder schweres Gepäck)	2,25 bar	2,8 bar

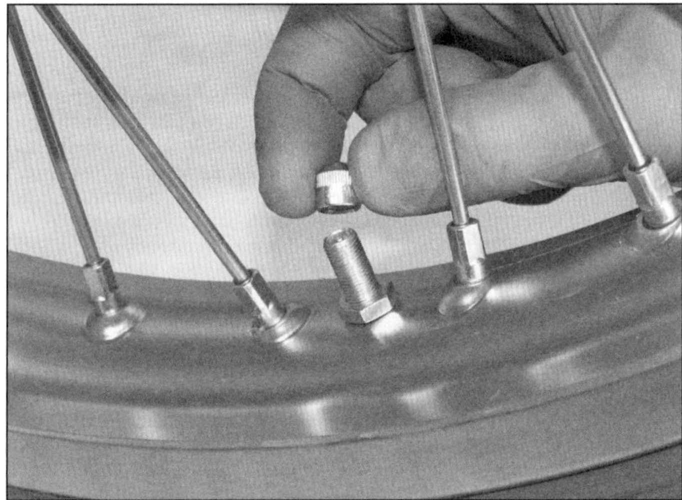

1 **Schrauben Sie die Staubkappe vom Ventil – vergessen Sie nicht, sie später wieder aufzuschrauben.**

2 **Kontrollieren Sie den Luftdruck nur bei <u>kaltem</u> Reifen und füllen Sie nur bis zum empfohlenen Druck.**

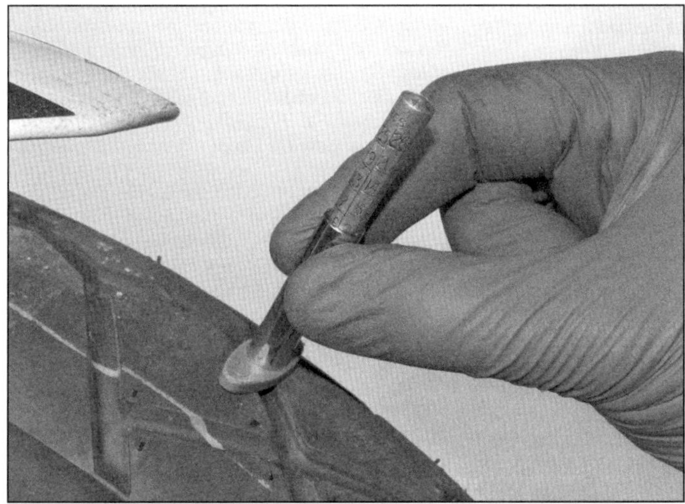

3 **Die Profiltiefe wird mithilfe eines Profiltiefenmessers an der am stärksten verschlissenen Stelle des Reifens gemessen.**

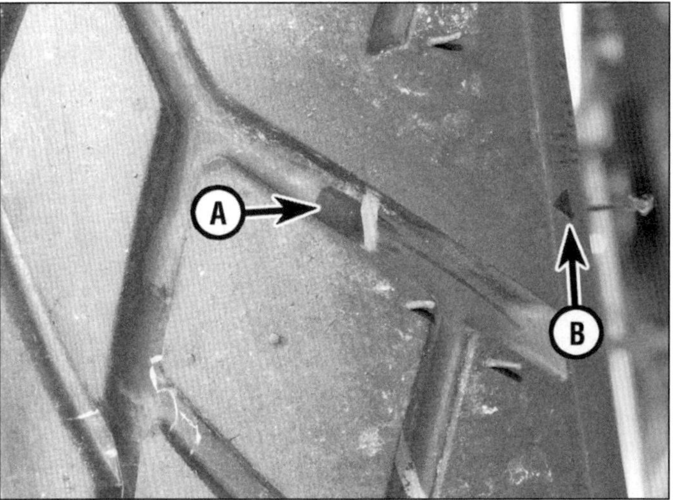

4 **Der Profiltiefen-Indikator (A) und der Pfeil, ein Dreieck oder der Hinweis (TWI = Tread Wear Indicator) auf der Reifenflanke (B).**

Sicherheit geht vor!

Professionelle Mechaniker haben während ihrer Ausbildung viel über Arbeitssicherheit gelernt. Doch auch der Enthusiast sollte sich bei seinen Tätigkeiten die Zeit nehmen, um sicherzustellen, dass er sich nicht unnötig in Gefahr begibt. Eine kurze Unachtsamkeit kann genauso zu einem Unfall führen wie die Nichtbeachtung simpler Vorsichtsmaßnahmen.

Es gibt unendlich viele Möglichkeiten, einen Unfall herbeizuführen – und es kann hier keine umfassende Liste aller Gefahren wiedergegeben werden; vielmehr soll auf das Risiko hingewiesen und auf eine sichere Herangehensweise an alle Arbeiten am Motorrad aufmerksam gemacht werden.

Asbest

• Verschiedene Reibmaterialien, Isolierungen und Dichtungen (z. B. Brems- und Kupplungsbeläge, Kopfdichtungen, Hitzeschilde, usw.) können Asbest enthalten. Absolute Vorsicht ist beim Einatmen des Staubs solcher Teile geboten, da dieser äußerst gesundheitsschädlich ist. Im Zweifelsfall sollte man immer davon ausgehen, dass Asbest enthalten ist.

Feuer

• Denken Sie immer daran, dass Benzin leicht entzündbar ist. Rauchen Sie niemals bei der Arbeit am Fahrzeug, und lassen Sie keine offenen Flammen in die Nähe kommen. Hiermit ist das Feuerrisiko jedoch noch nicht gebannt, denn Funken durch einen elektrischen Kurzschluss, das Aufeinanderschlagen zweier Metallteile, der unbedachte Einsatz von Werkzeugen oder die statische Aufladung des Körpers oder der Kleidung können in geschlossenen Räumen Benzindämpfe entzünden, die sich zu einem hochexplosiven Gemisch entwickelt haben. Verwenden Sie Benzin niemals als Reinigungsmittel, sondern benutzen Sie ungefährlichere Lösungsmittel.

• Trennen Sie vor jeder Arbeit am Kraftstoff- oder Zündsystem den Masseanschluss (–) von der Batterie. Lassen Sie niemals Benzin auf den heißen Motor oder Auspuff tropfen.

• Es wird empfohlen, in der Garage oder der Werkstatt einen für brennende Flüssigkeiten geeigneten Feuerlöscher griffbereit zu halten. Löschen Sie niemals brennendes Benzin oder unter Strom stehende Teile mit Wasser!

Dämpfe

• Manche Dämpfe sind hochgiftig und können schnell zur Bewusstlosigkeit oder gar zum Tod führen, wenn sie in einer bestimmten Konzentration eingeatmet werden. Benzindämpfe gehören genauso dazu wie Dämpfe von Lösungsmitteln wie Trichlorethylen. Sämtlicher Umgang mit solch flüchtigen Stoffen darf nur in gut belüfteten Bereichen geschehen.

• Bei der Verwendung von Reinigungs- oder Lösungsmitteln müssen stets sorgfältig die Anwendungshinweise durchgelesen werden. Benutzen Sie niemals Stoffe aus unbeschrifteten Behältern, und mischen Sie niemals verschiedene an sich harmlose Lösungsmittel – sie können giftige Dämpfe freisetzen.

• Lassen Sie niemals einen Verbrennungsmotor in geschlossenen Räumen laufen. Auspuffgase enthalten Kohlenmonoxid, das extrem giftig ist. Wenn ein Motor gestartet werden muss, hat dies möglichst im Freien zu geschehen, zumindest ist die Maschine so hinzustellen, dass der Auspuff nach draußen zeigt.

Batterie

• Setzen Sie die Batterie nie offenem Feuer oder Funken aus, da sie immer etwas Wasserstoff abgibt, der hochexplosiv ist.

• Trennen Sie vor der Arbeit am Kraftstoff- oder Zündsystem den Masse-Anschluss (–) von der Batterie – außer, die Stromzufuhr wird ausdrücklich verlangt.

• Lockern Sie beim Laden der Batterie die Einfüllstopfen. Laden Sie die Batterie nicht mit einer zu hohen Rate, da sie hierdurch beschädigt wird.

• Seien Sie beim Auffüllen, Reinigen und Tragen der Batterie vorsichtig. Die Batteriesäure ist auch im verdünnten Zustand stark ätzend. Haut- und Augenkontakt muss durch das Tragen von Gummihandschuhen und einer Schutzbrille mit Gesichtsschutz vermieden werden. Muss die Batteriesäure selber vorbereitet werden, darf nur die Säure langsam dem Wasser zugefügt werden – kippen Sie niemals das Wasser in die Säure!

Elektrizität

• Beim Einsatz von Elektrowerkzeugen, Lampen usw. muss immer ein korrekter Stromanschluss und ggf. Masseanschluss sichergestellt sein. Verwenden Sie keine Elektrogeräte in feuchter Umgebung oder in der Nähe von Benzin oder Benzindämpfen. Achten Sie darauf, dass alle Geräte und das Stromnetz den Sicherheitsstandards entsprechen.

• Einen starken Stromschlag kann man beim Berühren bestimmter Teile der elektrischen Anlage bekommen, so zum Beispiel beim Anfassen der Zündkabel bei laufendem oder durchgedrehtem Motor – und besonders, wenn Bauteile feucht sind oder eine defekte Isolierung haben. Bei elektronischen Zündanlagen kann die Zündspannung lebensgefährlich sein!

Niemals ...

✘ den Motor starten, ohne geprüft zu haben, dass sich das Getriebe im Leerlauf befindet.

✘ plötzlich den Deckel eines heißen Kühlsystems entfernen, sondern ihn mit Lappen abdecken und langsam den Druck ablassen, um sich nicht durch austretendes Kühlmittel zu verbrühen.

✘ aus einem heißen Motor Öl ablassen, sondern ihn erst etwas abkühlen lassen, um sich nicht zu verbrennen.

✘ Teile eines heißen Motors oder Auspuffs anfassen, um sich nicht zu verbrennen.

✘ Bremsflüssigkeit oder Kühlmittel auf Lack oder Kunststoffteile gelangen lassen.

✘ giftige Flüssigkeiten wie Benzin, Bremsflüssigkeit oder Frostschutzmittel mit dem Mund ansaugen oder auf die Haut gelangen lassen.

✘ Staub einatmen, der gesundheitsschädlich sein kann (siehe oben unter Asbest).

✘ Öl oder Fett auf dem Boden belassen, sondern es aufwischen, bevor jemand darauf ausrutscht.

✘ verschlissene Werkzeuge benutzen, da man damit abrutschen und sich verletzen kann.

✘ schwere Dinge wie Motoren allein heben, sondern einen Assistenten zu Hilfe holen.

✘ in Zeitnot arbeiten oder die Arbeit auf gefährlichen Wegen abkürzen.

✘ Kindern oder Tieren ermöglichen, sich in der Nähe eines unbeobachteten Fahrzeugs aufzuhalten.

✘ einen Reifen über den erlaubten Maximaldruck aufpumpen. Abgesehen von der Überlastung der Karkasse kann er in Extremfällen platzen.

Stets ...

✔ dafür sorgen, dass die Maschine sicher steht. Besonders wichtig ist dies, wenn die Maschine für den Ausbau eines Rades oder einer Radaufhängung aufgebockt wird.

✔ festsitzende Schrauben oder Muttern vorsichtig lockern. An einem Schlüssel zu ziehen ist immer besser als ihn zu drücken, damit man beim Abrutschen nicht auf die Maschine stößt.

✔ beim Einsatz von Bohrern, Schleifern und anderen Maschinen eine Schutzbrille tragen.

✔ beim Arbeiten in schmutzigen Bereichen die Hände mit Schutzcreme versehen, die nicht nur vor Infektionen schützt, sondern auch das Reinigen erleichtert. Längerer Kontakt mit Motoröl kann ein Gesundheitsrisiko sein. Passen Sie auf, dass die Hände durch die Creme nicht rutschig werden.

✔ Kleidungsstücke wie Ärmel, Halstücher oder lange Haare außerhalb des Arbeitsbereichs beweglicher Teile halten.

✔ Schmuck und Uhren vor der Arbeit – besonders an elektrischen Bauteilen – ablegen.

✔ den Arbeitsbereich sauber und geordnet halten, um nicht über herumliegende Teile zu fallen.

✔ beim Zusammendrücken von Federn für den Aus- oder Einbau vorsichtig sein. Spannen und Entspannen Sie Federn nur mit geeigneten Werkzeugen, die die Feder nicht plötzlich wegspringen lassen.

✔ aufpassen, dass Hebevorrichtungen genügend Tragkraft für die zu verrichtende Arbeit haben.

✔ jemanden regelmäßig die Arbeit kontrollieren lassen, wenn man allein am Fahrzeug arbeitet.

✔ die Arbeit in einer logischen Reihenfolge ausführen und anschließend prüfen, ob alles korrekt montiert und gesichert ist.

✔ daran denken, dass die Sicherheit des Fahrzeugs auch Ihre eigene Sicherheit und die anderer bedeutet. Bei jedem Zweifel muss professioneller Rat eingeholt werden.

• Da man sich trotz des Befolgens dieser Hinweise verletzen kann, muss dafür gesorgt werden, dass immer jemand (nötigenfalls per Telefon) erreichbar ist, der einem zu Hilfe kommen kann.

Kapitel 1
Einstellungs- und Wartungsarbeiten

Inhalt (in alphabetischer Reihenfolge, die Zahlen geben die Nummerierung in den grauen Feldern wieder)

Schwierigkeitsgrade

Leicht. Für Anfänger mit wenig Erfahrung geeignet.

Relativ leicht. Für Anfänger mit etwas Erfahrung geeignet.

Relativ schwierig. Geeignet für geübte Selbstschrauber.

Schwer. Geeignet für Selbstschrauber mit viel Erfahrung.

Sehr schwer. Geeignet für Experten und Profis.

Technische Daten

Motor

Zylindernummerierung	Nr. 1 – links; Nr. 2 – rechts
Zündkerzen-Typ	NGK SILMAR8A9S
Zündkerzen-Elektrodenabstand	0,8 bis 0,9 mm
Standgasdrehzahl	
bis Modelljahr 2017	1200 ± 100/min
ab Modelljahr 2018	1250 ± 100/min
Ventilspiel (bei **kaltem** Motor)	
Einlassventile	0,16 ± 0,03 mm
Auslassventile	0,23 ± 0,02 mm

Fahrwerk

Antriebsketten-Durchhang	
Standardmodelle	35 bis 45 mm
Adventure Sports	45 bis 55 mm
Kupplungszug-Spiel am Hebelende (Modelle mit Standardgetriebe)	10 bis 15 mm
Gaszug-Spiel am Griffbund (bis Modelljahr 2017)	2 bis 6 mm
Reifendruck	siehe *Tägliche Kontrollen*
Lenkkopflager-Vorspannung (siehe Text)	9,8 bis 14,7 N

Schmiermittel und Flüssigkeiten

Kraftstoff	Bleifreier Otto-Kraftstoff mit mindestens 91 Oktan
Motoröl-Typ und Viskosität	API-Klasse SG oder höher, JASO T 903 MA; SAE 10W/30
Motoröl-Füllmenge	
Modelle mit Standardgetriebe	
nur Ölwechsel	3,9 Liter
Öl- und Filterwechsel	4,1 Liter
nach Motorüberholung (trocken, neuer Filter)	4,9 Liter

Modelle mit Doppelkupplungsgetriebe	
nur Ölwechsel	4,0 Liter
Öl- und Filterwechsel	4,2 Liter
nach Motorüberholung (trocken, neuer Filter)	5,2 Liter
Kühlflüssigkeit-Typ	Pro Honda HP-Kühlmittel oder vergleichbares Gemisch oder 50% destilliertes Wasser und 50% Ethylen-Glykol mit Korrosionsschutz für Aluminium-Motoren
Kühlflüssigkeit-Füllmenge	
Motor, Schläuche und Kühler	
Modelle mit Standardgetriebe bis 2017	1,63 Liter
alle anderen Modelle	1,65 Liter
Ausgleichsbehälter	0,33 Liter
Bremsflüssigkeit	DOT 4
Gabelöl	Pro Honda SS8 oder 10W-Gabelöl
Antriebskette	Honda HP-Kettenspray oder anderes für Dichtringe verträgliches Kettenspray oder SAE 80/90-Getriebeöl
Lenkkopflager und Einstellring-Gewinde	Mehrzweckfett auf Harnstoffbasis mit EP2-Einstufung
Ständerzapfen	MoS2-Fett
Radlager-Dichtlippen	Lithium-Mehrzweckfett
Kupplungshebel/Parkbremsenhebel und Arretierplatte/ Schalthebel/Bremspedal/Fußrasten-Gelenke	Lithium-Mehrzweckfett
Schaltgestänge-Kugelköpfe	Lithium-Mehrzweckfett
Schwingenlager und Dichtlippen	MoS2-Fett
Stoßdämpfer- und Anlenkungs-Lager sowie Dichtlippen	MoS2-Fett
Bowdenzüge	Bowdenzug-Schmiermittel oder Waffenöl
Handbremshebel-Lager und Kontaktpunkt	Silikon-Schmiermittel
Hinterradbremssattel-Gleitzapfen und Manschetten	Silikon-Schmiermittel
Fußbremszylinder-Druckstange und Manschette	Silikon-Schmiermittel
Parkbremssattel-Gleitzapfen und Manschetten, Druckstange und Welle	Silikon-Schmiermittel

Anzugsdrehmomente	**Nm**
Auspuffkappe (Funkensieb) – US-Modelle	9
Hinterachsmutter	100
Kühlsystem-Ablassschraube	13
Kupplungs-Ölfilterdeckel-Schrauben (DCT-Modelle)	12
Lenkkopflager-Einstellring	15
Lenkschaftmutter	100
Kurbelwellenstopfen	8
Motoröl-Ablassschrauben	30
Motorölfilter	26
Standrohr-Klemmschraube (obere Gabelbrücke)	22
Steuerzeiten-Inspektionsdeckel	6
Zündkerzen	22

1 Wartungsplan

Täglich (vor jeder Fahrt)

- ☐ Alle am Anfang dieses Buchs beschriebenen *Täglichen Kontrollen*.

Nach den ersten 1000 km

Anmerkung: *Normalerweise wird die Erstinspektion nach 1000 km durch eine Honda-Fachwerkstatt durchgeführt. Danach werden alle Inspektionen nach den im Plan vorgesehenen Intervallen vorgenommen.*

Alle 1000 km

- ☐ Kontrolle, Einstellung, Reinigung und Schmieren der Antriebskette (Sektion 4)

Alle 6000 km oder 12 Monate

- ☐ Kontrolle der Räder, Radlager und Reifen (Sektion 18)

Alle 12 000 km oder 12 Monate

- ☐ Kontrolle der Motorentlüftung (Sektion 5)
- ☐ Kontrolle der Bremsbeläge, des Bremssystems und der Bremslichtschalter (Sektion 6)
- ☐ Kontrolle der Kupplung (Modelle mit Standardgetriebe) (Sektion 7)
- ☐ Kontrolle der Parkbremsen-Arretierung (DCT-Modelle) (Sektion 6)
- ☐ Kontrolle des Kraftstoffsystems und seiner Schläuche (Sektion 8)
- ☐ Kontrolle der Standgasdrehzahl (Sektion 9)
- ☐ Kontrolle des Drosselklappensystems (Sektion 10)
- ☐ Wechsel des Motoröls (Sektion 11)
- ☐ Kontrolle des Kühlsystems (Sektion 12)
- ☐ Kontrolle der Scheinwerfereinstellung (Sektion 14)
- ☐ Kontrolle des Seitenständers und des Sicherheitsstromkreises (Sektion 15)
- ☐ Kontrolle der Federelemente (Sektion 16)
- ☐ Kontrolle und ggf. Einstellung der Lenkkopflager (Sektion 17)
- ☐ Schmieren des Kupplungs- und Bremshebels, Bremspedals, der Ständerzapfen und der Bowdenzüge (Sektion 19)
- ☐ Festigkeitsprüfung aller Muttern und Schrauben (Sektion 20)

Alle 24 000 km

Neben den Punkten der 6000- und 12 000 km-Inspektion müssen folgende Aufgaben durchgeführt werden:

- ☐ Wechsel des Motorölfilters und bei DCT-Modellen des Kupplungsölfilters (Sektion 11)
- ☐ Kontrolle und ggf. Einstellung des Ventilspiels (Sektion 21)
- ☐ Kontrolle der Zündkerzen (Sektion 22)
- ☐ Wechsel des Luftfilterelements (Sektion 23)
- ☐ Kontrolle des Sekundärluftsystems und der Verdunstungsregelung (Sektion 13)

Alle 48 000 km

Neben den Punkten der 6000-, 12000- und 24 000 km-Inspektion müssen folgende Aufgaben durchgeführt werden:

- ☐ Austausch der Zündkerzen (Sektion 22)

Alle 2 Jahre

- ☐ Wechsel der Bremsflüssigkeit (Sektion 6)

Alle 3 Jahre

- ☐ Wechsel des Kühlmittels (Sektion 12)

ohne Wartungsintervalle

- ☐ Kontrolle der Batterie (Sektion 24)
- ☐ Wechsel des Gabelöls (Sektion 16)
- ☐ Nachschmieren der Stoßdämpferanlenkungs- und Schwingenlager (Kapitel 5)
- ☐ Nachschmieren der Lenkkopflager (Sektion 17)

2 Lage der Komponenten und Wartungsdaten

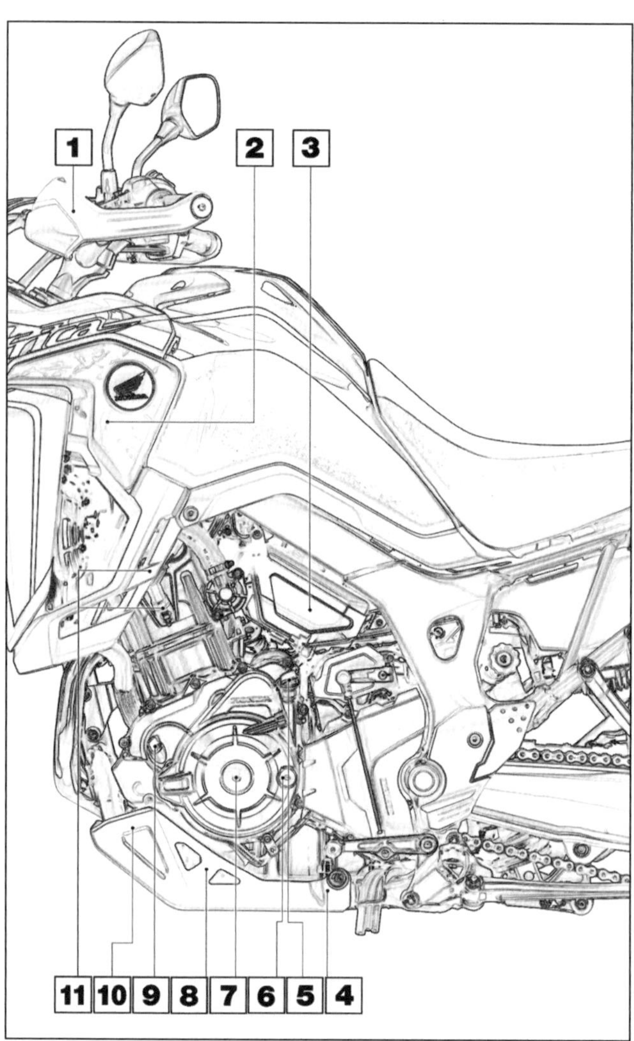

Lage der Baugruppen bei Modellen mit Standardgetriebe – linke Seite

1 Oberer Kupplungszugeinsteller
2 Luftfilter
3 Batterie
4 Hintere Motoröl-Ablassschraube
5 Motoröl-Einfülldeckel
6 Steuerzeiten-Inspektionsdeckel
7 Kurbelwellen-Stopfen
8 Vordere Motoröl-Ablassschraube
9 Motoröl-Peilstab
10 Motorölfilter
11 Zündkerzen

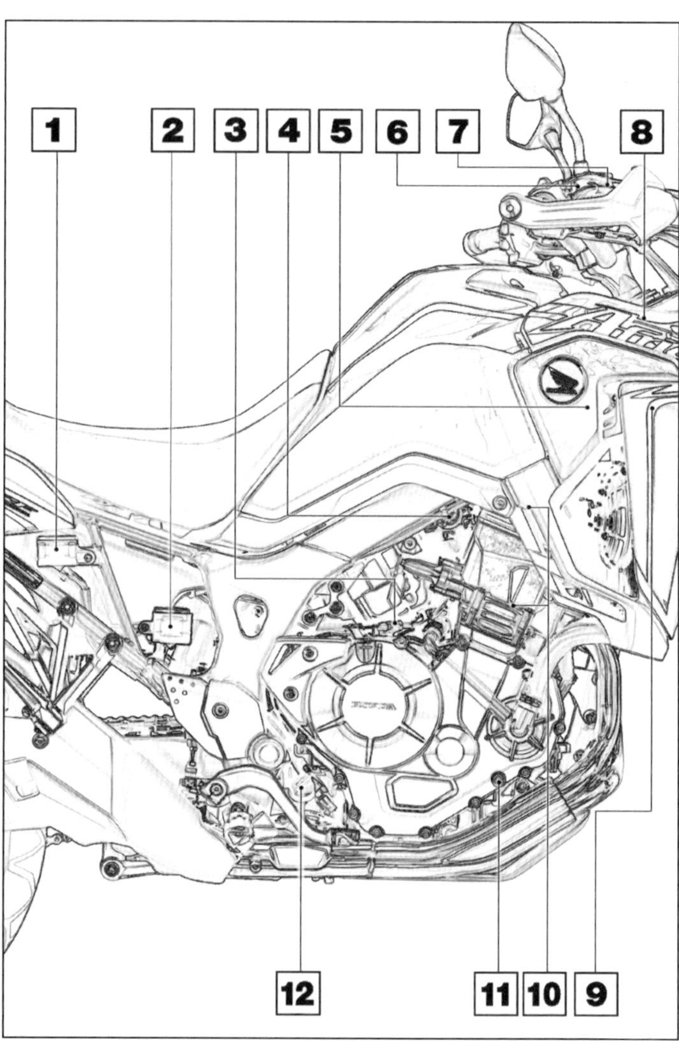

Lage der Baugruppen bei Modellen mit Standardgetriebe – rechte Seite

1 Fußbremsen-Ausgleichsbehälter (bis Modelljahr 2017)
2 Fußbremsen-Ausgleichsbehälter (ab Modelljahr 2018)
3 Unterer Kupplungszugeinsteller
4 Unterer Gaszugeinsteller (bis Modelljahr 2017)
5 Luftfilter
6 Oberer Gaszugeinsteller (bis Modelljahr 2017)
7 Handbremsen-Ausgleichsbehälter
8 Lenkkopflager-Einsteller
9 Kühlerdeckel
10 Zündkerzen
11 Kühlmittel-Ablassschraube
12 Kühlmittelausgleichsbehälter-Einfüllstopfen

Lage der Baugruppen bei Modellen mit Doppelkupplungsgetriebe (DCT) – linke Seite

1 Parkbremsen-Seilzugeinsteller
2 Luftfilter
3 Batterie
4 Hintere Motoröl-Ablassschraube
5 Motoröl-Einfülldeckel
6 Steuerzeiten-Inspektionsdeckel
7 Kurbelwellen-Stopfen
8 Vordere Motoröl-Ablassschraube
9 Motoröl-Peilstab
10 Motorölfilter
11 Zündkerzen

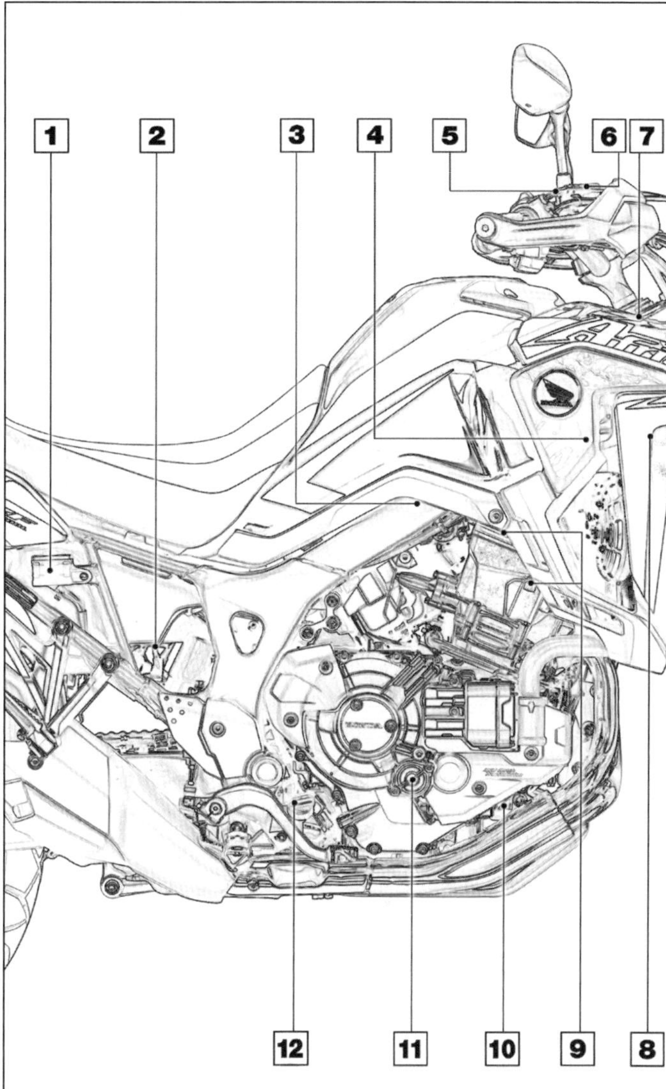

Lage der Baugruppen bei Modellen mit Doppelkupplungsgetriebe (DCT) – rechte Seite

1 Fußbremsen-Ausgleichsbehälter (bis Modelljahr 2017)
2 Fußbremsen-Ausgleichsbehälter (ab Modelljahr 2018)
3 Unterer Gaszugeinsteller (bis Modelljahr 2017)
4 Luftfilter
5 Oberer Gaszugeinsteller (bis Modelljahr 2017)
6 Handbremsen-Ausgleichsbehälter
7 Lenkkopflager-Einsteller
8 Kühlerdeckel
9 Zündkerzen
10 Kühlmittel-Ablassschraube
11 Kupplungsölfilter-Deckel
12 Kühlmittelausgleichsbehälter-Einfüllstopfen

Wartungsarbeiten

3 Allgemeine Informationen

1 Dieses Kapitel soll dem Hobbyschrauber helfen, sein Motorrad in einem sicheren und technisch guten Zustand zu halten, sodass es immer voll leistungsfähig ist und eine lange Lebensdauer erreicht.

2 Die Entscheidung, wo und wann man mit den Routinekontrollen anfangen soll, hängt von verschieden Faktoren ab. Wenn die Garantieperiode der Maschine gerade abgelaufen ist und bisherige Inspektionen von einer Werkstatt vorgenommen wurden, kann mit der nächsten Routinekontrolle bis zum nächsten vorgeschriebenen Kilometerstand oder Zeitablauf gewartet werden. Wenn Sie die Maschine schon einige Zeit haben, aber schon lange keine Inspektion haben machen lassen, sollten Sie mit dem nächsten Intervall beginnen und einige zusätzliche Kontrollen vornehmen, um sicherzugehen, dass nichts Wichtiges übersehen wurde. Wenn Sie gerade eine große Motor-Überholung erledigt haben, sollten Sie die Service-Intervalle von Anfang an beginnen. Wenn Sie eine gebrauchte Maschine erworben haben und über ihre Geschichte und Wartung nichts wissen, sollten Sie sich für eine Komplettkontrolle aller Punkte entscheiden und dann mit den normalen Intervallen weitermachen.

3 Vor Beginn irgendwelcher Wartungsarbeiten sollte das Motorrad sorgfältig gereinigt werden, besonders um den Ölfilter, die Ablassschrauben, die Ventildeckel, die Federelemente, Räder usw. herum. Saubere Teile schützen davor, dass während der Arbeit Schmutz in den Motor eindringt, außerdem lassen sie Verschleiß und Beschädigungen besser erkennen.

4 Wichtige Wartungshinweise sind oft auf Aufklebern vermerkt, die am Motorrad angebracht sind. Wenn diese Informationen sich von denen in diesem Buch angegeben unterscheiden, richten Sie sich nach denen am Motorrad.

Warnung: Lesen Sie vor Beginn der Arbeit die Sektion »Sicherheit geht vor!« am Anfang des Buchs sorgfältig durch!

4 Antriebskette und Kettenräder

Kontrolle

1 Eine vernachlässigte Antriebskette wird nur ein kurzes Leben haben und ebenfalls schnell das Motorritzel und das Kettenblatt zerstören. Weil die Kette mit zunehmendem Verschleiß länger wird, muss ihr Durchhang gelegentlich nachgestellt werden. Eine regelmäßige Einstellung und Schmierung garantiert eine maximale Lebensdauer aller Komponenten.

2 Das Motorrad muss auf dem Seitenständer stehen und darf nicht belastet sein. Das Getriebe muss sich im Leerlauf befinden und bei DCT-Modellen muss die Parkbremse gelöst sein.

3 Drücken Sie den unteren Kettentrum mittig zwischen den zwei Kettenrädern hoch und positionieren Sie ein Lineal an einer ausgewählten Stelle der Kette (wie z. B. hier am oberen Rand eines Bolzens). Lassen Sie die Kette los und lesen Sie ab, wie weit sie nach unten durchhängt (siehe Abbildungen) – bei Standardmodellen muss der Durchhang 35 bis 45 mm betragen; bei der Adventure Sports sind es 45 bis 55 mm. Weil der Kettentrieb einem gewissen Verschleiß unterliegt, muss der Durchhang gelegentlich eingestellt werden (siehe unten). Da Ketten selten gleichmäßig verschleißen, muss das Hinterrad gedreht werden, sodass ein anderer Bereich der Kette gemessen werden kann. Wiederholen Sie dies mehrmals über die gesamte Kettenlänge und markieren Sie die straffste Stelle.

Achtung: Fahren mit einer zu sehr gespannten Kette führt ebenso zu Beschädigungen wie mit einer zu lockeren Kette.

4 In Fällen mangelnder Schmierung können Korrosion und Abrieb bewirken, dass die Glieder sich nicht mehr frei bewegen können – was bei den Messungen eine stramme Kette vortäuschen kann (siehe Abbildung). Markieren Sie die Stelle, reinigen Sie den Bereich, führen Sie eine kurze Probefahrt durch und wiederholen Sie die Messung.

5 Falls die Kette nach der Probefahrt immer noch klemmt oder lose Bolzen oder beschädigt Rollen aufweist, muss dringend eine neue eingebaut werden (siehe Kapitel 6). Eine verrostete, verklemmte oder verschlissene Kette beschädigt Kettenräder und sogar Getriebewellenlager, schluckt Leistung, erhöht den Verbrauch und kann reißen – was zu schweren Beschädigungen oder gar Verletzungen und einem Sturz führen kann. Bei jedem Zweifel muss daher die Kette (und wahrscheinlich auch die Kettenräder) ersetzt werden.

6 Kontrollieren Sie die gesamte Kette auf beschädigte Rollen sowie lockere Laschen und Bolzen und fehlende O-Ringe. Erneuern Sie die Kette gegebenenfalls sofort. Nach einer erhöhten Laufleistung ist auch eine gut gewartete Kette am Ende des Einstellbereichs angekommen, sodass sie samt ihrer Kettenräder ersetzt werden muss.

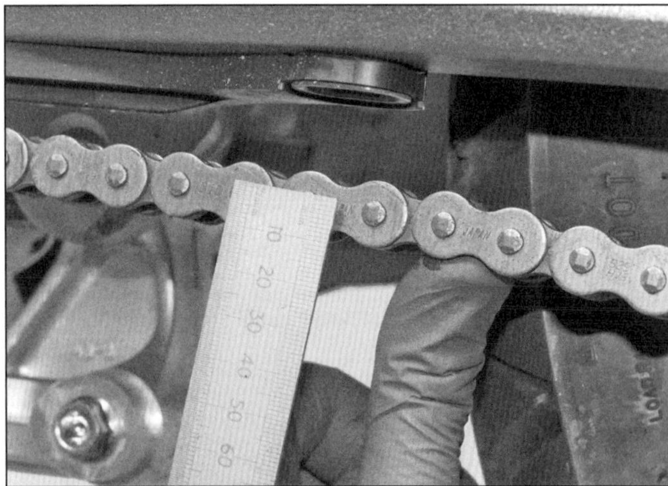

4.3a Drücken Sie den unteren Kettentrum mittig zwischen den zwei Kettenrädern hoch und »nullen« Sie das Lineal.

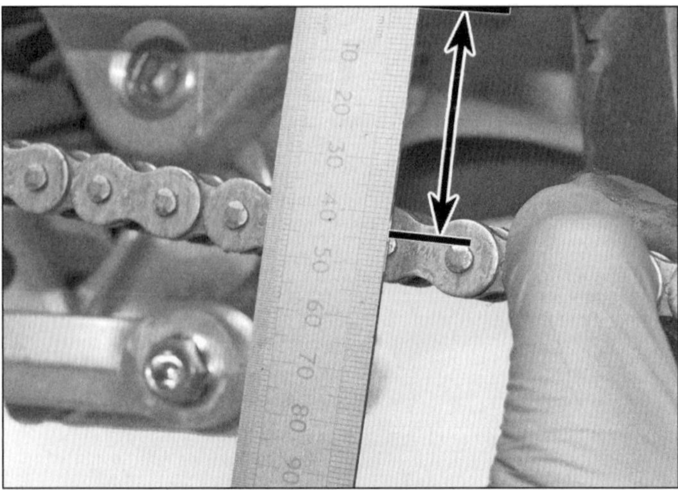

4.3b Lassen Sie die Kette los und ermitteln Sie mit dem Lineal den Durchhang.

Anmerkung: *Montieren Sie niemals eine neue Kette auf verschlissene Kettenräder und benutzen Sie niemals die alte Kette weiter, wenn Sie neue Kettenräder montiert haben – ersetzen Sie immer die Kette und beide Kettenräder als Satz.*

Einstellung

7 Wenn der Durchhang an der straffsten Stelle den Maximalwert überschreitet, muss die Kette eingestellt werden. Drehen Sie das Hinterrad so, dass der straffste Punkt der Kette in der Mitte des unteren Trums liegt. Stützen Sie das Motorrad auf dem Seitenständer ab.

8 Lockeren Sie die Hinterachsmutter (siehe Abbildung).

9 Lockern Sie an beiden Seiten der Schwinge die (vordere) Kontermuttern der Einsteller. Drehen Sie die Einstellschrauben gleichmäßig und in kleinen Schritten gegen den Uhrzeigersinn, um den Durchhang zu verringern; oder im Uhrzeigersinn, um ihn zu vergrößern – drücken Sie hierbei das Rad nach vorn, damit die Gleitstücke stets gegen die Schraubenköpfe drücken (siehe Abbildung).

10 Wenn der Durchhang stimmt, muss geprüft werden, ob die Kerben an den Gleitstücken an beiden Seiten in einer relativ gleichen Position zu den Markierungen an der Schwinge stehen (siehe Abbildung) – andernfalls müssen die Einsteller angeglichen werden, da das Hinterrad nicht mehr in Flucht zum Vorderrad steht. Kontrollieren Sie erneut den Durchhang und stellen Sie ihn nötigenfalls ein – auch wenn nur der rechte Einsteller verdreht wurde, kann sich dies auf den Kettendurchhang auswirken, sodass dieser unbedingt erneut kontrolliert werden muss.

11 Prüfen Sie, wie die obere Kerbe am linken Gleitstück zur Farbmarkierung der Schwinge ausgerichtet ist (siehe Abbildung) – sobald der Pfeil die rote Zone erreicht, ist die Verschleißgrenze der Kette erreicht und sie muss ersetzt werden.

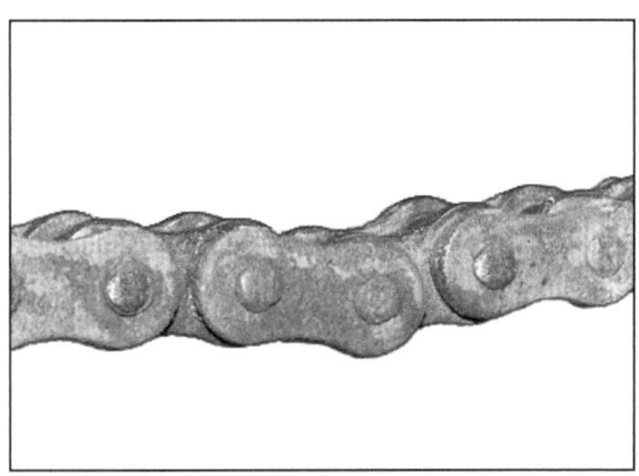

4.4 Bei einer schlecht gewarteten Kette können die Kettenglieder verklemmt sein.

4.8 Lockern Sie die Hinterachsmutter.

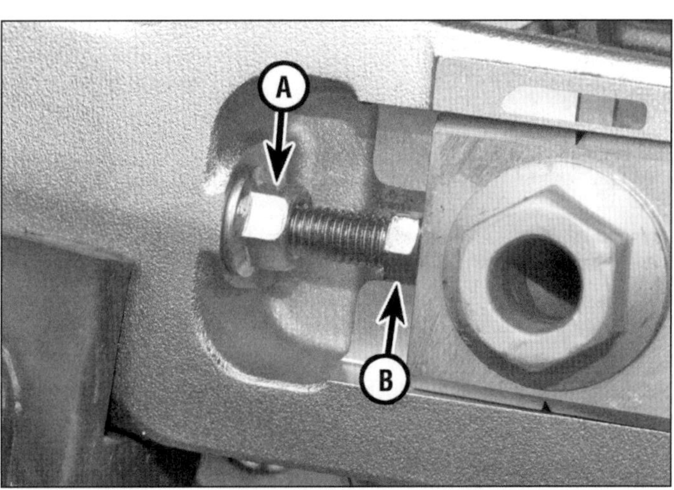

4.9 Lockern Sie an beiden Seiten die Kontermutter (A) und verdrehen Sie die Einstellschraube (B), um den korrekten Durchhang einzustellen.

1

4.10 Die Markierung an der Schwinge muss an beiden Seiten der Schwinge zur gleichen Kerbe am Gleitstück zeigen.

4.11 Prüfen Sie die Ausrichtung der Kerbe zur Farbmarkierung.

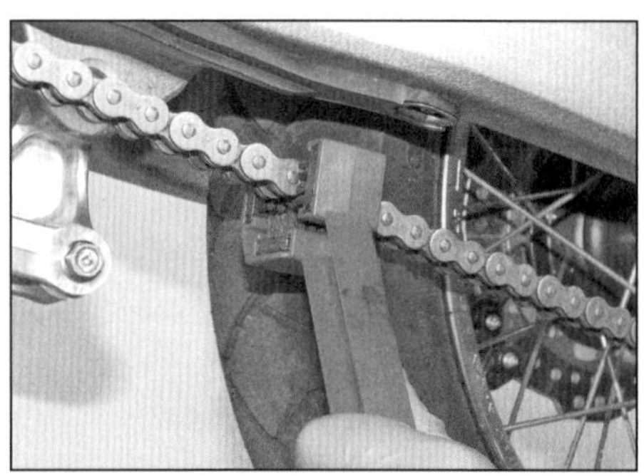

4.13 Zubehörhandel sind spezielle Bürsten für die Kettenreinigung erhältlich.

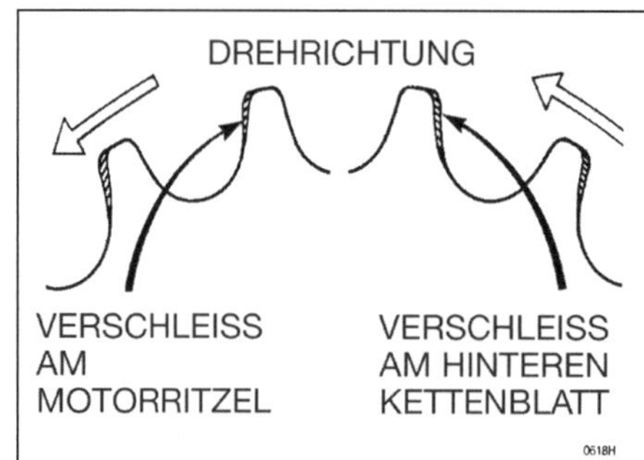

4.15 Kontrollieren Sie die Motorritzel- und Kettenblattzähne in den gezeigten Bereichen auf Verschleiß.

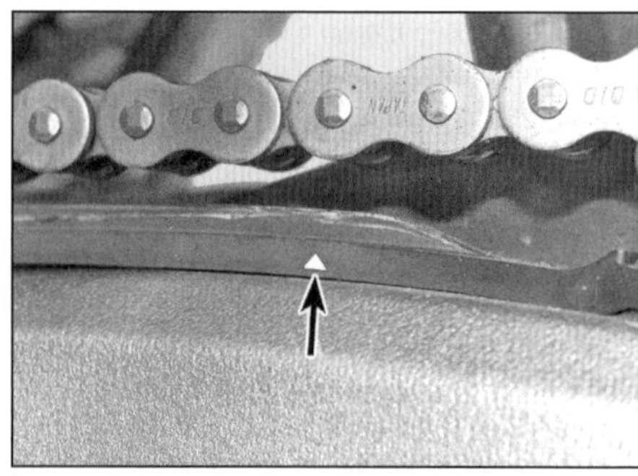

4.16 Verschleißmarkierung an der Ketten-Gleitschiene

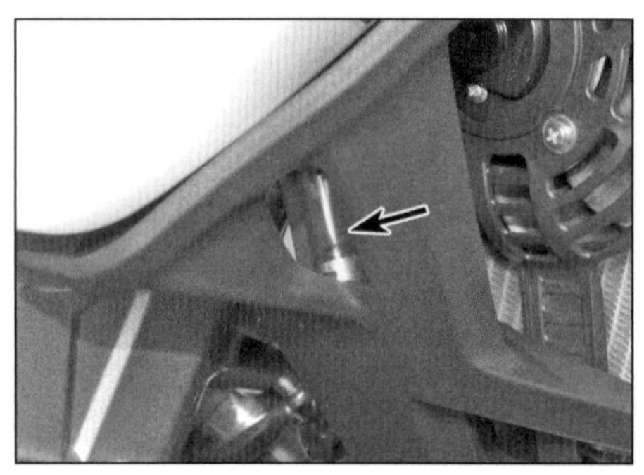

5.1a Ablaufschläuche finden sich rechts und links hinter den Verkleidungsseitenteilen...

12 Nach Beendigung der Einstellung werden die Einstellschrauben gekontert und die Kontermuttern angezogen (Abbildung 4.9) - beide Gleitstücke müssen gegen die Einstellschrauben-Köpfe drücken. Ziehen Sie die Achsmutter mit 100 Nm an (Abbildung 4.8). Kontrollieren Sie erneut den Kettendurchhang.

Reinigen und Schmieren

Anmerkung: *Falls ein automatisches Kettenschmiersystem (z. B. von Scottoiler) verwendet wird, muss kein weiterer Schmierstoff von Hand aufgetragen werden.*

Anmerkung: *Die beste Zeit zum Schmieren der Kette ist direkt nach der Fahrt, wenn sie warm ist. Der Schmierstoff dringt dann besser zwischen die Glieder als im kalten Zustand.*

13 Reinigen Sie die Kette nötigenfalls mit einem speziellen Reinigungsspray oder waschen Sie sie mit einer speziellen Bürste in Petroleum oder anderem Lösungsmittel, das nicht die Dichtringe angreift (siehe Abbildung). Wischen Sie das Reinigungsmittel ab und lassen Sie die Kette trocknen – ggf. mithilfe von Druckluft. Eine extrem verschmutzte Kette sollte demontiert und in Reinigungsmittel »eingeweicht« werden (siehe Kapitel 6).

Achtung: Verwenden Sie kein Benzin, Lösungsmittel oder andere Reinigungsmittel, welche die O-Ringe in der Kette angreifen können. Benutzen Sie keinen Dampfstrahler. Der Reinigungsprozess soll nicht länger als zehn Minuten dauern, da sonst die Dichtringe beschädigt werden können.

14 Tragen Sie den Ketten-Schmierstoff von der Innenseite der Kette her auf die Stellen auf, wo sich die Laschen überlappen, nicht in die Mitte der Rollen. Schützen Sie beim Aufsprühen den Reifen mit einem Stück Pappe.

Anmerkung: *Honda empfiehlt die Verwendung von Honda HP-Kettenschmiermittel oder andere O- oder X-Ring verträglichem Kettensprays. Nötigenfalls kann auch SAE 80 oder 90 Getriebeöl verwendet werden. Lassen Sie das Öl in Ruhe einziehen und ggf. vorhandenes Lösungsmittel verdunsten.*

Tragen Sie den Schmierstoff auf der Oberseite des unteren Kettentrums auf, damit ihn die Fliehkräfte während der Fahrt in die gesamte Kette drücken. Lassen Sie den Schmierstoff einige Minuten einwirken, bevor überschüssiges Öl mit einem Lappen abgewischt wird.

Warnung: Das Schmiermittel darf nicht auf den Reifen oder die Bremsscheibe geraten. Reinigen Sie kontaminierte Bereiche sorgfältig mit Bremsenreiniger, bevor Sie mit dem Motorrad fahren.

Kettenrad-Verschleiß

15 Demontieren Sie den Motorritzeldeckel (siehe Kapitel 6). Überprüfen Sie die Zähne des Ritzels und des hinteren Kettenblatts auf Verschleiß (siehe Abbildung). Wenn die Kettenräder verschlissen sind, müssen sie zusammen mit der Kette ausgetauscht werden.

16 Inspizieren Sie die vorn an der Schwinge sitzende Ketten-Gleitschiene auf übermäßigen Verschleiß und Beschädigungen (siehe Abbildung). Falls die Reibfläche bis zur Markierung verschlissen ist, muss die Schwinge demontiert und die Gleitschiene ersetzt werden (siehe Kapitel 5). Um die Markierung deutlich erkennen zu können, muss die Schiene wahrscheinlich gereinigt werden.

5 Motorentlüftung

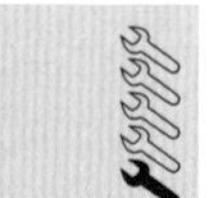

Anmerkung: *Falls das Motorrad regelmäßig bei feuchter Witterung oder viel mit Vollgas gefahren wird, muss die Motorgehäuseentlüftung häufiger kontrolliert werden; Auch nachdem das Motorrad umgefallen ist, muss geprüft werden, ob im Sammelbehälter Ablagerungen sichtbar sind.*

1 Das Luftfiltergehäuse ist rechts mit einem und links mit zwei Ablaufschläuchen ausgerüstet, die regelmäßig kontrolliert werden müssen (siehe Abbildungen). Falls sich darin Ablagerungen finden, müssen sie entleert werden; bei den vorderen Schläuchen müssen dazu die entsprechenden Verkleidungsseitenteile demontiert werden (siehe Kapitel 7). Halten Sie saugfähige Lappen bereit, lockern Sie die Schelle und ziehen Sie den Stopfen heraus, um die Ablagerungen zu beseitigen (siehe Abbildung). Installieren Sie den Stopfen und sichern Sie ihn mit der Schelle.

6 Bremssystem

Bremsbelag-Verschleißkontrolle

1 Original-Bremsbeläge sind auf der Kontaktfläche oder am Rand mit Verschleißmarkierungen versehen, die vorn von der Unterseite und

5.1b ...sowie links hinter dem Zylinderkopf.

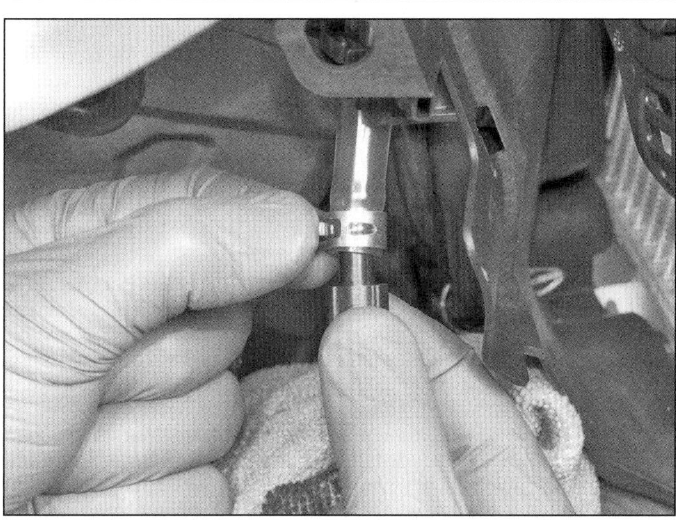

5.1c Lockern Sie die Schelle und ziehen Sie den Stopfen heraus.

hinten von der Rückseite erkennbar sind (siehe Abbildungen). Bei jedem Zweifel über die Stärke des Belagmaterials oder falls die Beläge für eine Kontrolle gereinigt werden sollen, müssen der entsprechende Bremssattel demontiert und die Bremsbeläge ausgebaut werden (siehe Kapitel 6).

2 Falls die Vorderrad-Bremsbeläge bis zum Grund der Verschleißnuten oder die Hinterrad-Bremsbeläge bis zum Beginn des Ausschnitts verschlissen sind, müssen sie ersetzt werden.

Anmerkung: *Zubehör-Bremsbeläge können von Originalteilen abweichende Verschleißanzeigen aufweisen.*

3 Falls die Verschleißanzeigen schwierig zu erkennen sind, lässt sich auch anhand der Belagstärke deren Verschleiß ermitteln. Honda gibt zwar keine Minimalstärken an, doch gelten Beläge mit nur 1 mm Materialstärke als stark verschlissen.

4 Prüfen Sie an den Vorderrad-Bremssätteln auch deren gleichmäßigen Verschleiß – ungleicher Verschleiß weist auf einen klemmenden Kolben im Bremssattel hin. Falls die Beläge der Hinterradbremse unterschiedlich stark verschlissen sind, gleitet der Bremssattel wahrscheinlich nicht korrekt auf seinen Zapfen. Entsprechende Bremssättel müssen ggf. kontrolliert, gereinigt und nötigenfalls überholt werden (siehe Kapitel 6).

5 Übermäßig verschlissene Bremsbeläge können auch die Bremsscheibe in Mitleidenschaft ziehen – kontrollieren Sie diese nötigenfalls (siehe Kapitel 6).

6 Bei Modellen mit Doppelkupplungsgetriebe müssen auch die Beläge der Parkbremse überprüft werden – solange man nicht mit aktivierter Parkbremse gefahren ist, sollte hier nur sehr geringer Verschleiß auftreten.

Bremssystem-Kontrolle

7 Eine routinemäßige Gesamtkontrolle des Bremssystems stellt sicher, dass jedes Problem erkannt und behoben ist, bevor die Sicherheit des Fahrers aufs Spiel gesetzt wird.

8 Kontrollieren Sie den Verschleiß der Bremsbeläge (siehe oben) und die Pegel der Ausgleichsbehälter (siehe *Tägliche Kontrollen*).

9 Kontrollieren Sie den Bremshebel und das Pedal auf lockeren Sitz, Schwergängigkeit, übermäßiges Spiel, Verzug und andere Schäden. Ersetzen Sie alle schadhaften Teile (siehe Kapitel 5). Reinigen und schmieren Sie die Gelenke des Hebels und des Pedals, um Schwergängigkeit zu verhindern (siehe Sektion 19). Falls am Hebel oder Pedal ein schwammiges Gefühl festgestellt wird, muss die entspre-

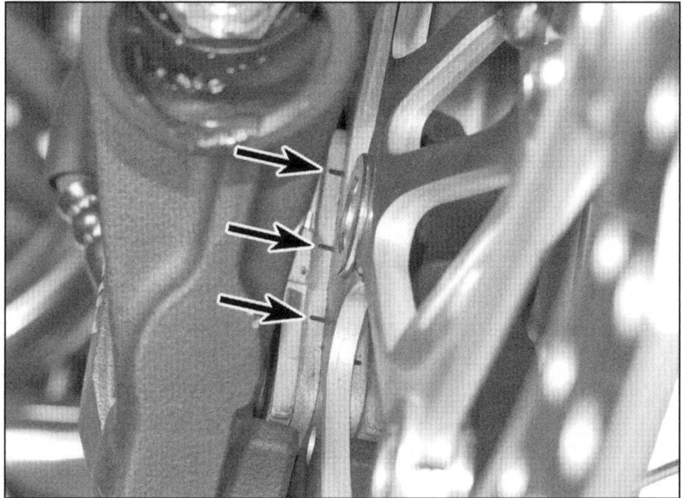

6.1a Verschleißanzeige an originalen Vorderrad-Bremsbelägen

6.1b Verschleißgrenzen-Ausschnitt an originalen Hinterrad-Bremsbelägen

chende Bremse entlüftet werden (siehe Kapitel 6).

10 Kontrollieren Sie alle Bremsleitungs-Anschlüsse auf Undichtigkeiten und Beschädigungen (siehe Abbildungen) – ersetzen Sie schadhafte Bremsschläuche (siehe Kapitel 6). Alle Bremsleitungs-Anschlüssen müssen korrekt angezogen sein. Falls an den Geberzylindern oder den Bremssätteln Flüssigkeit austritt, müssen sie überholt oder ersetzt werden (siehe Kapitel 6).

11 Prüfen Sie, ob das Bremslicht beim Betätigen der Handbremse leuchtet. Der unten am Bremszylinder sitzende Bremslichtschalter ist nicht einstellbar – kontrollieren Sie ggf. seine Funktion (siehe Kapitel 8).

12 Prüfen Sie, ob das Bremslicht beim Betätigen der Fußbremse kurz vor dem Einsetzen der Bremswirkung leuchtet. Der einstellbare Schalter sitzt über dem Bremspedal innen am Rahmen. Halten Sie zum Einstellen des Schalters dessen Gehäuse und drehen Sie den Ring, bis die Einstellung korrekt ist (siehe Abbildung) – drehen Sie nicht den Schalter selbst! Falls das Bremslicht zu spät oder gar nicht aufleuchtet, muss der Ring nach unten gedreht werden, damit der Schalter aus dem Halter gehoben wird. Falls das Bremslicht zu früh oder dauerhaft aufleuchtet, muss der Ring nach oben gedreht werden, damit der Schalter in den Halter gezogen wird. Arbeitet der Schalter überhaupt nicht, muss er kontrolliert werden (siehe Kapitel 8).

13 Der Handbremshebel ist mit einem Weitenversteller ausgerüstet, um seinen Abstand zum Gasgriff anzupassen. Die Einstellungen sind mit Nummern markiert, die zum Dreieck am Hebel ausgerichtet sein müssen. Drücken Sie den Hebel nach vorn und drehen Sie den Einsteller in die gewünschte Position (siehe Abbildung) – die entsprechende Ziffer muss exakt zum Dreieck am Hebel ausgerichtet sein (siehe Abbildung).

14 Die Höhe des Bremspedals kann individuell geringfügig angepasst werden. Lockern Sie hierzu die Kontermutter der Druckstange und drehen Sie diese, bis das Pedal die gewünschte Höhe erreicht hat (siehe Abbildung); ziehen Sie die Kontermutter anschließend wieder an. Beachten Sie, dass das untere Ende der Druckstange stets aus dem Gelenkstück ragen muss. Honda gibt einen Einstellbereich von 83 bis 85 mm vor – gemessen von der Mitte der unteren Geberzylinder-Befestigungsschraube zur Mitte des Gelenkbolzens (der die Druckstange mit dem Pedal verbindet) und parallel zum Bremszylinder. Stellen Sie nach dem Ändern der Pedalhöhe auch den Bremslichtschalter neu ein (Schritt 12).

Parkbremse (DCT-Modelle)

Kontrolle und Einstellung

15 Betätigen Sie die Parkbremse und prüfen Sie, ob sie das Hinterrad blockiert, sodass das Motorrad nicht geschoben werden kann. Falls die Parkbremse das Motorrad nicht halten

6.10a Kontrollieren Sie alle Bremsschläuche und ihre Anschlüsse...

6.10b ...sowie ihre Verbindungen auf Schäden und Undichtigkeiten.

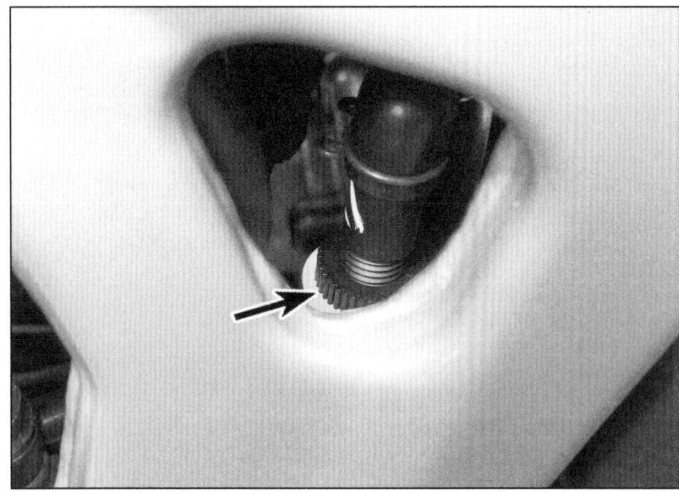

6.12 Einstellring des Hinterrad-Bremslichtschalters

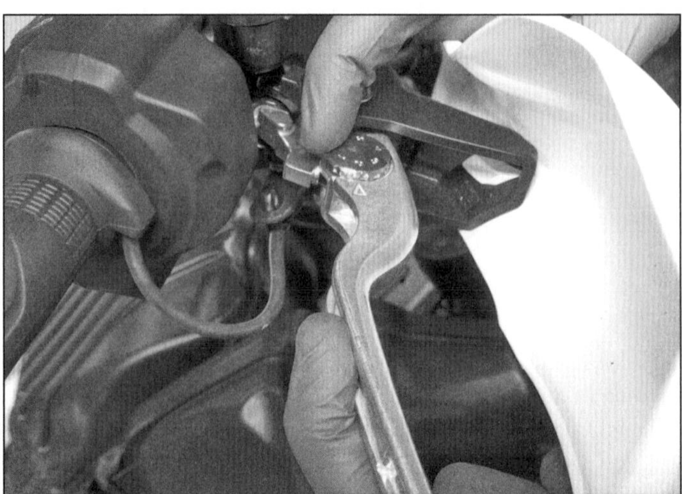

6.13a Drücken Sie den Bremshebel nach vorn, um den Weitenversteller drehen zu können.

6.13b Richten Sie die gewünschte Ziffer exakt zum Dreieck am Hebel aus.

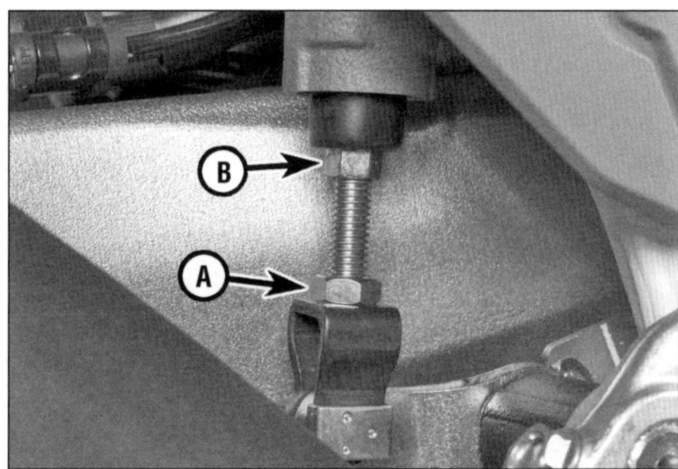

6.14 Lockern Sie die Kontermutter (A) und stellen Sie mit dem Druckstangen-Sechskant (B) die Pedalhöhe ein.

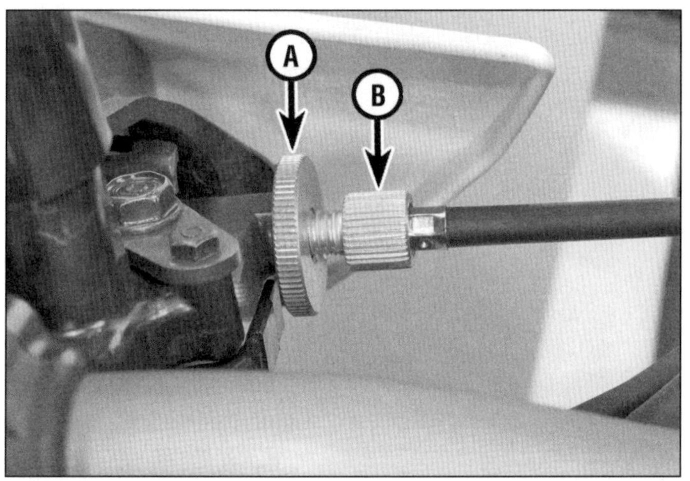

6.16 Lockern Sie den Konterring (A) und verdrehen Sie den Einsteller (B), um die Parkbremse zu justieren.

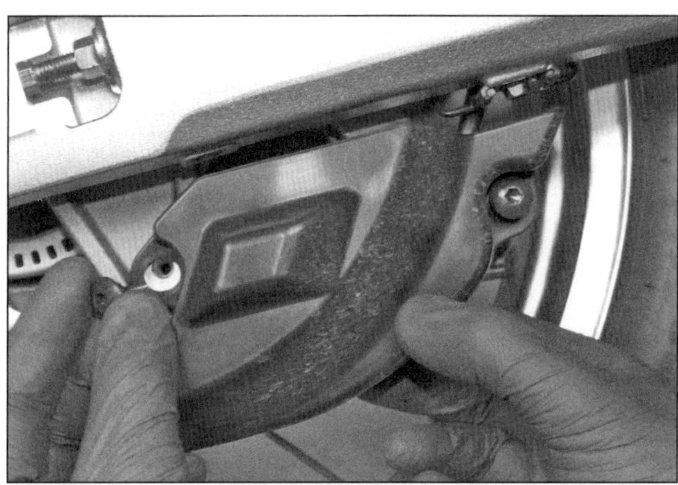

6.18 Die Abdeckung des Parkbremsen-Sattels ist mit zwei Schrauben gesichert.

1

kann, muss sie eingestellt werden; auch der Bremsbelag-Verschleiß und eine Längung des Bremszugs muss durch Justieren kompensiert werden.

16 Stellen Sie die Parkbremse zunächst am Bremshebel ein; stützen Sie das Motorrad zunächst hinten so ab, dass das Hinterrad nicht den Boden berührt. Positionieren Sie die Parkbremse in der ersten Arretierungsnut. Lockern Sie den Konterring des Einstellers und drehen Sie diesen so weit heraus, bis am Hinterrad leichtes Schleifen spürbar wird. Halten Sie den Einsteller in dieser Position und drehen Sie den Konterring gegen den Halter (siehe Abbildung). Der Einsteller muss stets mit einigen Gewindegängen in den Halter gedreht bleiben, um stabil zu sitzen.

17 Falls am Bremshebel keine weiteren Einstellungen mehr nötig sind, muss die Parkbremse gelöst und der obere Einsteller vollständig in den Halter gedreht werden, um maximales Spiel im Bremszug zu erzeugen; drehen Sie ihn wieder um eine Umdrehung heraus, um ihn in seine Grundposition zu bringen.

18 Die Parkbremsen wird jetzt am Bremssattel korrekte eingestellt – entfernen Sie zunächst dessen Abdeckung (siehe Abbildung).

19 Positionieren Sie die Parkbremse in der ersten Arretiernut und lockern Sie die Kontermutter der Druckstange (siehe Abbildung). Drehen Sie das Hinterrad langsam von Hand und ziehen Sie die Druckstange mit einem Inbusschlüssel so weit an, bis am Hinterrad leichtes Schleifen spürbar wird. Halten Sie die Druckstange und ziehen Sie ihre Kontermutter sorgfältig an. Montieren Sie die Abdeckung. Weitere Einstellungen können jetzt wieder am Lenkerhebel vorgenommen werden.

Bremsflüssigkeitswechsel

20 Die Bremsflüssigkeit muss bei jeder Zerlegung oder Überholung einer Bremsenkomponente sowie spätestens nach zwei Jahren erneuert werden. Details hierzu finden sich in Kapitel 6, Sektion 11. Stellen Sie sicher, dass sämtliche alte Bremsflüssigkeit aus dem System gepumpt wird. Kontrollieren Sie den Pegel

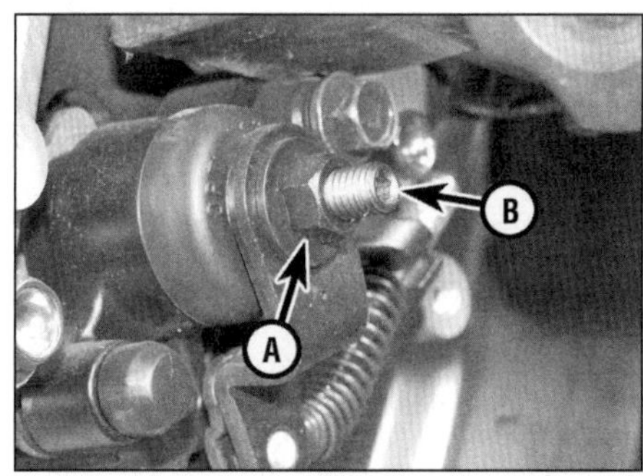

6.19 Kontermutter (A) und Innensechskant der Parkbremsensattel-Druckstange

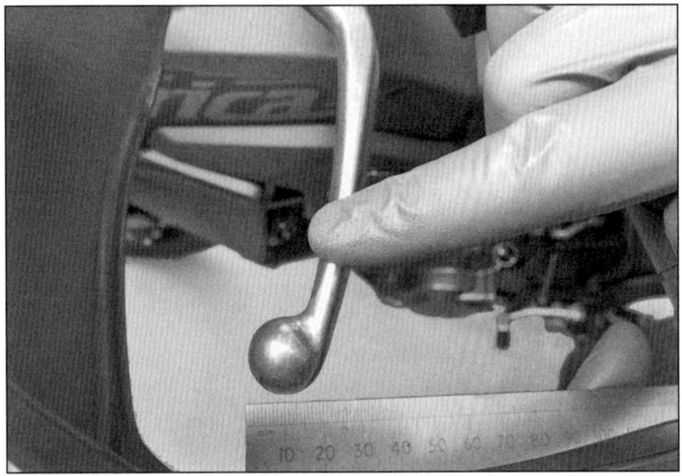

7.3 **Messen Sie das Spiel des Kupplungshebels an dessen Ende.**

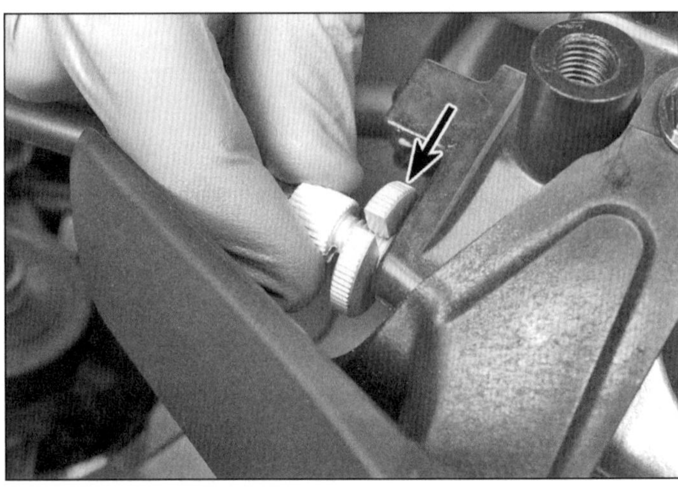

7.4 **Konterring des oberen Kupplungszugeinstellers**

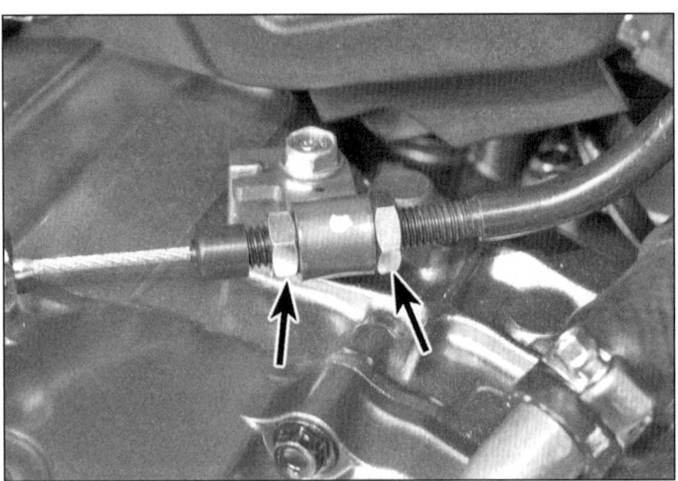

7.8 **Muttern am unteren Kupplungszug-Halter**

8.2 **Kontrollieren Sie den Tank und die Schläuche wie beschrieben – hier gezeigt bei demontiertem Tank.**

im Ausgleichsbehälter und testen Sie die Bremsen vor der ersten Fahrt.

7 Kupplungszug

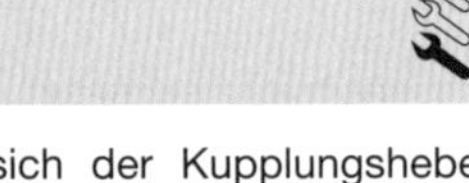

1 Prüfen Sie, ob sich der Kupplungshebel sanft und ohne große Kraftanstrengung betätigen lässt.

2 Falls sich die Kupplung nur schwergängig betätigen lässt, muss der Kupplungszug ausgehängt oder besser vollständig ausgebaut (siehe Kapitel 2, Sektion 13) und geschmiert werden (siehe Sektion 19). Wenn sich der Seilzug danach immer noch schwergängig in der Hülle bewegt, muss der Kupplungszug ersetzt werden.

3 Soweit der Kupplungszug und der Hebel leichtgängig sind, muss die Einstellung kontrolliert werden – gelegentliches Justieren gleicht den Verschleiß der Kupplungsbeläge und eine Längung des Zugseils aus. Prüfen Sie, ob sich das Ende des Kupplungshebels 10 bis 20 mm frei bewegen lässt, bevor der Zug unter Last gesetzt wird (siehe Abbildung).

4 Falls eine Einstellung nötig wird, kann das Spiel am oberen Ende des Bowdenzuges justiert werden. Lockern Sie den Konterring und drehen Sie den Einsteller in den Hebelhalter, um das Spiel zu vergrößern – oder heraus, um es zu verringern (siehe Abbildung).

5 Achten Sie darauf, dass die Öffnung des Einstellers nicht zu derjenigen des Hebelhalters ausgerichtet ist, damit der Zug nicht während der Fahrt herausspringen kann. Der Einsteller muss stets mit einigen Gewindegängen in den Halter gedreht bleiben, um stabil zu sitzen.

6 Falls am Kupplungshebel keine Einstellungen mehr nötig sind, wird hier der Einsteller vollständig in den Halter gedreht, um maximales Kupplungszug-Spiel zu erzeugen; drehen Sie ihn wieder um eine Umdrehung heraus, um ihn in seine Grundposition zu bringen.

7 Stellen Sie das Kupplungszug-spiel jetzt am Widerlager des unteren Kupplungszug-Endes ein – dies sitzt rechts oben am Motorgehäuse.

8 Lockern Sie die Muttern an beiden Seiten der Aufnahme (siehe Abbildung). Zur Vergrößerung des Spiels müssen die Muttern ein Stück weit auf den Einsteller gedreht werden; zur Verringerung müssen sie heruntergedreht werden. Sobald das Spiel korrekt ist, werden die Muttern wieder sorgfältig angezogen. Weitere Einstellungen können jetzt wieder am Lenkerhebel vorgenommen werden.

8 Kraftstoffsystem

Warnung: Benzin ist sehr leicht entzündbar. Treffen Sie deshalb besondere Vorsichtsmaßnahmen, wenn Sie am Kraftstoffsystem arbei-

ten. Rauchen Sie nicht und lassen Sie keine offenen Flammen oder Glühbirnen in die Nähe. Arbeiten Sie nicht in Garagen, in denen ein Gasheizgerät läuft. Sollte Benzin auf die Haut geraten, muss die Stelle sofort mit Wasser und Seife abgewaschen werden. Tragen Sie bei Arbeiten an der Kraftstoffanlage immer eine Schutzbrille und stellen Sie einen Feuerlöscher, der für brennende Flüssigkeiten ausgelegt ist, bereit – vergewissern Sie sich, wie er zu benutzen ist.

1 Heben Sie den Tank an und stützen Sie ihn ab (siehe Kapitel 4).

2 Überprüfen Sie die Unterseite des Tanks sowie die Zulauf-, Überlauf-, Belüftungs- und Unterdruckschläuche auf Anzeichen von Undichtigkeit, Porosität und Beschädigungen (siehe Abbildung). Benzinschläuche werden mit der Zeit spröde und härten aus, sie müssen deshalb gelegentlich ausgewechselt werden (siehe Kapitel 4).

3 Kontrollieren Sie die Dichtfläche der Benzinpumpenplatte zum Tank. Falls die Dichtung der Benzinpumpe leckt, muss zunächst geprüft werden, ob die Muttern vorschriftsmäßig mit 12 Nm angezogen sind. Hilft ein Nachziehen nicht, muss die Pumpe ausgebaut und mit einer neuen Dichtung versehen werden (siehe Kapitel 4).

4 Inspizieren Sie die Verbindungen zwischen dem Druckspeicher, den Einspritzdüsen und den Drosselklappengehäusen (siehe Abbildung) – falls Lecks auftreten, müssen der Druckspeicher und die Einspritzdüsen demontiert und mit neuen Dichtungen und O-Ringen ausgerüstet werden (siehe Kapitel 4).

5 Der Austausch des Kraftstofffilters gehört nicht zu den regelmäßigen Wartungsarbeiten. kann jedoch eine Beeinträchtigung der Kraftstoffversorgung nicht auf andere Ursachen zurückzuführen sein, sollten das Ansaugsieb und der Filter der Pumpe kontrolliert werden – hierfür muss sie ausgebaut und zerlegt werden (siehe Kapitel 4). Der Filter ist separat erhältlich, das Sieb jedoch nicht.

9 Standgasdrehzahl

1 Bringen Sie den Motor auf Betriebstemperatur und kontrollieren Sie die Standgasdrehzahl – sie muss bis Modelljahr 2017 bei 1200/min liegen, ab Modelljahr 2018 soll sie 1250/min betragen.

2 Die Standgasdrehzahl wird elektronisch überwacht – bis Modelljahr 2017 vom Standgasluft-Regelventil (IACV), das die an den Drosselklappen vorbeiströmende Luftmenge reguliert. Das Ventil wird vom Steuermodul (ECM/PCM) geregelt, welches Informationen von den Lufttemperatur- und Drosselklappen-Sensoren erhält. Nach dem Einschalten der Zündung führt das Ventil eine Selbstkontrolle durch, indem es einmal vollständig öffnet und wieder schließt – dies sollte hörbar sein. Ab Modelljahr 2018 wird die Standgasdrehzahl von der Motorsteuerung und der vollelektronischen Drosselklappensteuerung reguliert.

3 Falls ein Fehler auftritt, wird durch die Motorsteuerungs-Warnleuchte (Motor-Symbol) auf einen gespeicherten Fehlercode hingewiesen (siehe Kapitel 4).

4 Läuft der Motor trotz nicht aufleuchtender Warnlampe mit einer falschen Standgasdrehzahl, müssen das Gasgriff-Spiel (bis Modelljahr 2017 – Sektion 10), die Zündkerzen (Sektion 22), die Luftfilter (Sektion 23) und das Ventilspiel (Sektion 21) kontrolliert werden.

5 Heben Sie als Nächstes den Tank an und stützen Sie ihn ab (siehe Kapitel 4). Kontrollieren Sie die Ansauggummis zwischen den Drosselklappengehäusen und dem Zylinderkopf auf lockere Schellen und Risse im Gummi – hierdurch kann Nebenluft angesaugt und das Gemisch abgemagert werden. Bis Modelljahr 2017 hat das Standgasluft-Regelventil einen O-Ring und das Ventilgehäuse ist zu den Drosselklappengehäusen mit Gummidichtungen ausgerüstet – diese können spröde werden und undicht werden, sodass das Ventil und/oder sein Gehäuse demontiert und mit neuen Dichtungen ausgerüstet werden müssen (siehe Kapitel 4).

6 Falls keine Probleme festgestellt werden, muss die Standgasdrehzahl in einer Honda-Werkstatt mit einem Diagnosegerät kontrolliert und ggf. justiert werden.

10 Drosselklappensteuerung

1 Der Gasgriff muss sich in allen Lenkerstellungen sanft bis zum Anschlag drehen lassen und beim Loslassen in seine Grundposition zurückkehren. Falls der Gasgriff klemmt, muss er kontrolliert und ggf. geschmiert werden – beachten Sie die Hinweise zu den entsprechenden Modelljahren.

bis Modelljahr 2017

Gaszug-Spiel

Kontrolle und Einstellung

2 Prüfen Sie, ob die Gaszüge etwas Spiel haben – dies wird durch den Leerweg des Gasgriffs ermittelt, dessen Griffgummi-Bund zwischen 2 und 6 mm Drehspiel zum Gehäuse haben sollte (siehe Abbildung) – falls eine Einstellung nötig wird, müssen die folgenden Schritten beachtet werden:

1

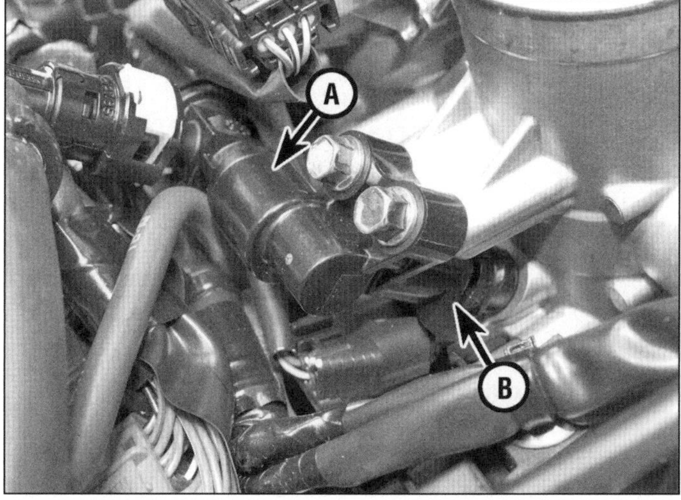

8.4 Druckspeicher (A) und Einspritzdüse des rechten Zylinders (B).

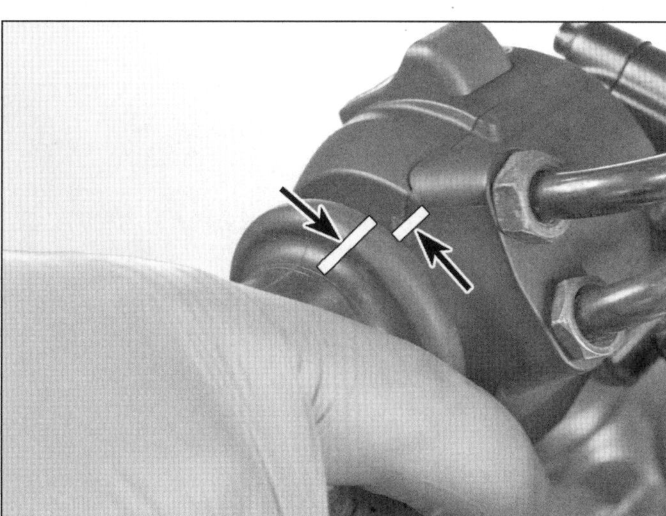

10.2 Ermittlung des Gasgriff-Spiels

10.3a Ziehen Sie das Gummi vom oberen Gaszugeinsteller,...

10.3b ...lockern Sie die Kontermutter und verdrehen Sie den Einsteller wie gewünscht.

3 Stellen Sie zunächst das Spiel am oberen Einsteller des ins Gasgriffgehäuses geschraubten Führungsrohrs ein – ziehen Sie zunächst das Gummi ab. Lockern Sie die Kontermutter und verdrehen Sie den Einsteller entsprechend, um das gewünschte Spiel zu erreichen; ziehen Sie die Kontermutter anschließend wieder an (siehe Abbildungen).
4 Falls am oberen Einsteller kein korrektes Spiel justiert werden kann, muss er vollständig in das Führungsrohr gedreht werden, um maximales Spiel zu erzeugen. Heben Sie den Tank an und stützen Sie ihn ab (siehe Kapitel 4), um Zugang zum unteren Einsteller am Drosselklappengehäuse zu erhalten.
5 Der Öffnerzug sitzt vorn im Halter (siehe Abbildung). Lockern Sie an seiner Unterseite die Kontermutter und verdrehen Sie die Einstellmutter entsprechend, um das gewünschte Spiel zu erreichen; ziehen Sie die Kontermutter anschließend wieder an. Weitere Einstellungen können jetzt wieder oben vorgenommen werden. Falls sich der Gaszug mit beiden Einstellern nicht korrekt justieren lässt, müssen beide Gaszüge durch Neuteile ersetzt werden (siehe Kapitel 4, Sektion 16). Prüfen Sie, ob sich der Gasgriff sanft bewegen lässt und selbstständig wieder zurückschnappt.

⚠ ***Warnung: Bei im Leerlauf arbeitendem Motor wird der Lenker von Anschlag zu Anschlag bewegt. Der Motor darf dabei an keiner Stelle höher drehen, andernfalls ist mindestens ein Gaszug falsch verlegt. Dieser Zustand muss unbedingt vor der nächsten Fahrt korrigiert werden!***

Gaszug-Kontrolle und Gasgriff-Schmierung

6 Falls der Gasgriff klemmt, müssen die Gaszüge getrennt werden (siehe Kapitel 4, Sektion 16) – sie müssen nicht demontiert werden. Prüfen Sie, ob sich die Zugseile frei und sanft in den Hüllen bewegen lassen, und ersetzen Sie die Gaszüge nötigenfalls.
7 Prüfen Sie bei getrennten Gaszügen, ob sich der Gasgriff frei auf dem Lenker drehen lässt – Schmutz und Schmiermangel können zu Schwergängigkeit führen. Lösen Sie nötigenfalls die Schraube des Lenkergewichts, entnehmen Sie die Gummischeibe und drücken Sie den Handprotektor beiseite. Entfernen Sie dann das Gewicht und ziehen Sie den Gasgriff vom Lenker. Befreien Sie den Lenker und den Innenbereich des Gasgriffs von alten Fettresten und schmieren Sie den Lenker mit frischem Mehrzweckfett, bevor Sie den Griff wieder aufschieben. Reinigen Sie vor dem Einbau das Gewinde der Lenkergewicht-Schraube, tragen Sie mittelfeste Sicherungspaste auf und ziehen Sie die Schraube sorgfältig an.
8 Prüfen Sie auch die Funktion der Betätigung am Drosselklappengehäuse, indem Sie sie von Hand drehen (beachten Sie den Gegendruck der Feder) – falls sie rau läuft oder klemmt, müssen die Drosselklappengehäuse demontiert und gereinigt werden, bevor die Welle und die Drosselklappen kontrolliert werden können (siehe Kapitel 4, Sektion 16).
9 Verbinden Sie die Gaszüge wieder (siehe Kapitel 4).

ab Modelljahr 2018

10 Hier sitzt am Gasgriff ein Sensor (APS-Sensor), der seine Bewegung an das Steuer-

10.5 Unterer Öffnerzug-Einsteller

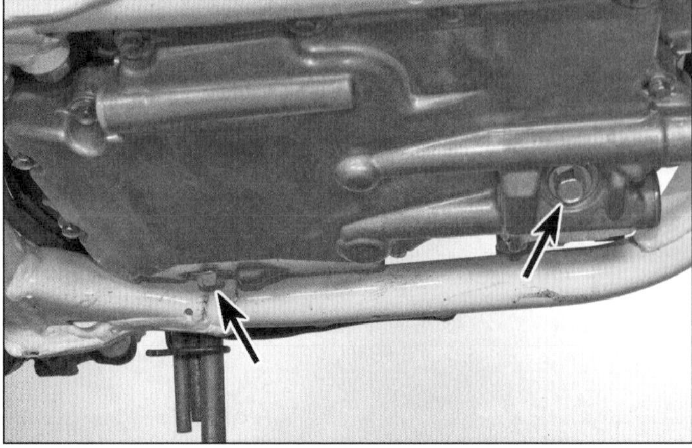

11.3 Die zwei Ablassschrauben in der Ölwanne

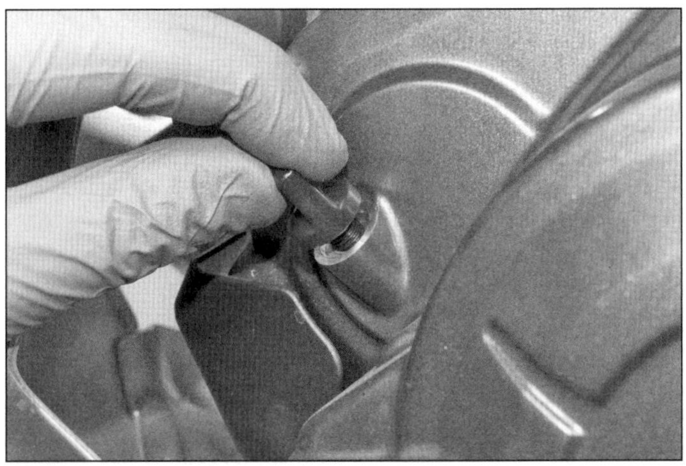

11.4a Drehen Sie den Peilstab...

11.4b ...und den Öleinfülldeckel heraus, um den Motor zu belüften

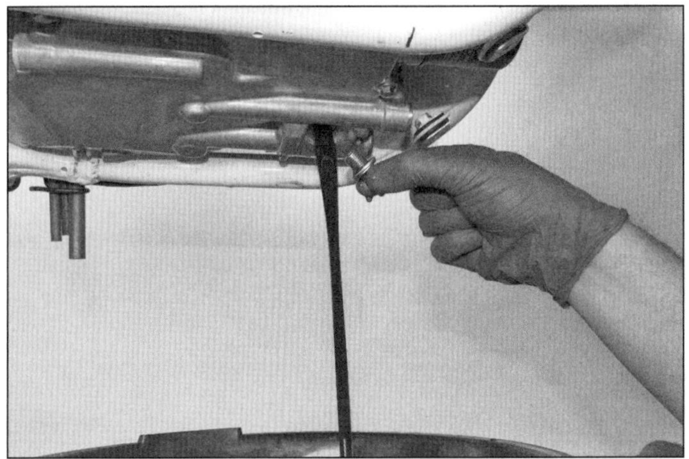

11.5a Lösen Sie die Ölablassschrauben...

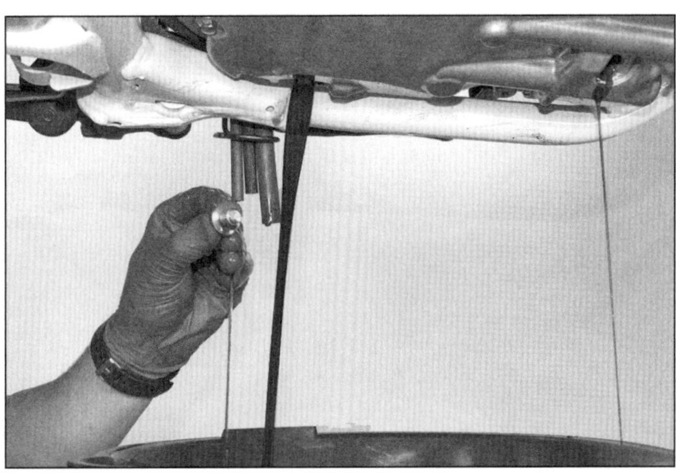

11.5b ...und lassen Sie das Motoröl vollständig ablaufen.

modul (ECM/PCM) leitet. Eine Kontrolle ist in Kapitel 4, Sektion 9 beschrieben.

11 Motoröl und Ölfilter

Spezialwerkzeug: *Für die Demontage des Motorölfilters wird ein spezieller Filterschlüssel oder Bandschlüssel benötigt (siehe Schritt 6).*

Warnung: Seien Sie beim Ablassen des Motoröls vorsichtig – der Auspuff, der Motor und das Öl selbst sind heiß und man kann sich schwere Verbrennungen zuziehen!

1 Ein regelmäßiger Öl- und Filterwechsel ist die wichtigste Wartungsarbeit für den Erhalt eines Motorrades. Das Öl ist nicht nur zur Schmierung der Motorinnereien, der Kupplung und des Getriebes da, sondern auch zum Kühlen, Reinigen, Abdichten und den Oberflächenschutz. Aufgrund dieser Anforderungen trägt das Motoröl einen hohen Grad an Verantwortung für die Funktion des Motors und muss deshalb spätestens nach 12.000 km ersetzt werden. Der/die Ölfilter ist/sind bei jedem zweiten Ölwechsel auszutauschen (dürfen aufgrund ihrer geringen Kosten aber auch bei jedem Ölwechsel erneuert werden – siehe Schritte 6 bis 11).

Praxis TiPP

Für das durch Preisunterschied zwischen Billig-Öl und Markenöl gesparte Geld kann man sich nach einem möglichen Motorschaden nicht allzu viele Ersatzteile kaufen.

2 Wärmen Sie den Motor zunächst auf, damit das Öl besser abfließen kann. Demontieren Sie den Ölwannenschutz (siehe Kapitel 7).

3 Die Ölwanne des Motors ist mit zwei Ablassschrauben ausgerüstet – einer vorn und einer hinten links (siehe Abbildung). Der Motorölfilter sitzt vorn am Motor. Modelle mit Doppelkupplungsgetriebe sind mit einem zweiten Ölfilter rechts am Motor ausgerüstet, der zusammen mit dem Motorölfilter ausgetauscht werden muss. Das Motoröl und beide Filter können bei auf dem Seitenständer stehendem Motorrad gewechselt werden.

4 Stellen Sie einen geeigneten Auffangbehälter (mit über 4 Liter Fassungsvermögen) unter den Motor. Drehen Sie den Einfülldeckel und den Peilstab aus dem Kupplungsdeckel – einmal um ihn zu belüften und zum anderen als Erinnerung daran, dass sich kein Öl im Motor befindet (siehe Abbildungen).

5 Schrauben Sie die Ölablassschrauben aus der Ölwanne und lassen Sie das Öl in den Behälter ablaufen (siehe Abbildungen). Befreien Sie die Dichtscheibe von den Schrauben – nötigenfalls müssen sie aufgeschnitten werden – und ersetzen Sie sie durch ein Neuteil (Abbildung 11.8). Falls der/die Ölfilter gewechselt werden soll(en), ist der Austausch jetzt durchzuführen (siehe Schritte 6 bis 11).

1

11.6a Lösen Sie den Motorölfilter mit einem geeigneten Schlüssel...

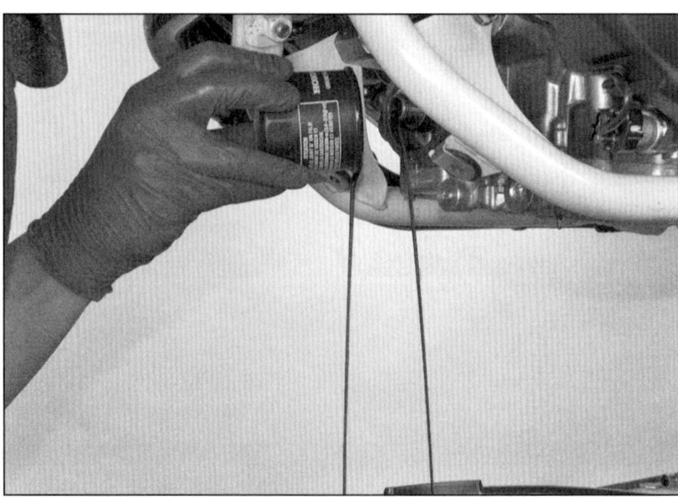

11.6b ...und lassen Sie das restliche Öl ablaufen.

11.7a Lösen Sie die Schrauben...

11.7b ...und entnehmen Sie den Deckel des Kupplungs-Ölfilters,...

11.7c ...die Feder...

11.7d ...und den Filter.

6 Lösen Sie den Motorölfilter mit einem geeigneten Schlüssel (Honda bietet unter der Teilenummer 07HAA-PJ70101 ein entsprechendes Spezialwerkzeug an), schrauben Sie ihn vom Stutzen und gießen Sie das darin befindliche Öl in den Sammelbehälter (siehe Abbildungen).

7 Lösen Sie beim DCT-Modell rechts am Motor die zwei Schrauben des Kupplungs-Ölfilterdeckels und entnehmen Sie diesen, die Feder und den Filter (siehe Abbildungen) – der O-Ring des Deckels muss beim Einbau erneuert werden.

8 Nachdem das Öl abgelassen wurde, werden die Ablassschrauben mit neuen Dichtscheiben ausgerüstet, in die Ölwanne gedreht und mit 30 Nm angezogen (siehe Abbildungen) – zu festes Anziehen kann das Gewinde der Ölwanne beschädigen!

9 Bevor der neue Motorölfilter montiert wird, sollte sichergestellt werden, dass sich sein Gewindestutzen nicht aus dem Motor gelöst hat – messen Sie dazu das vorstehende Gewinde: Es muss 15,5 bis 16,5 mm herausragen (siehe Abbildung). Reinigen Sie sorgfältig die Dichtfläche am Motorgehäuse.

10 Entfernen Sie die Schutzfolie oder Kappe vom neuen Ölfilter (siehe Abbildung) und schmieren Sie die Gummidichtung – falls nicht bereits gefettet – mit frischem Motoröl. Drehen Sie den Ölfilter von Hand auf den Stutzen (siehe Abbildung). Ziehen Sie den Filter entweder mit 26 Nm oder so fest wie möglich von Hand an. Manchmal finden sich auf am Filter selbst Hinweise zur Montage.

Anmerkung: *Ziehen Sie einen Filter niemals mit einem Band- oder Kettenschlüssel an, da er hierdurch beschädigt werden kann!*

11.8a Rüsten Sie die Ablassschrauben mit neuen Dichtscheiben aus...

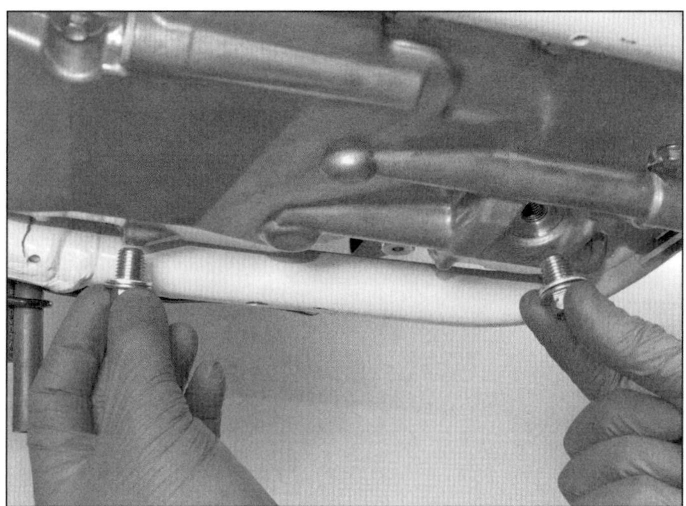

11.8b ...und installieren Sie sie in die Ölwanne.

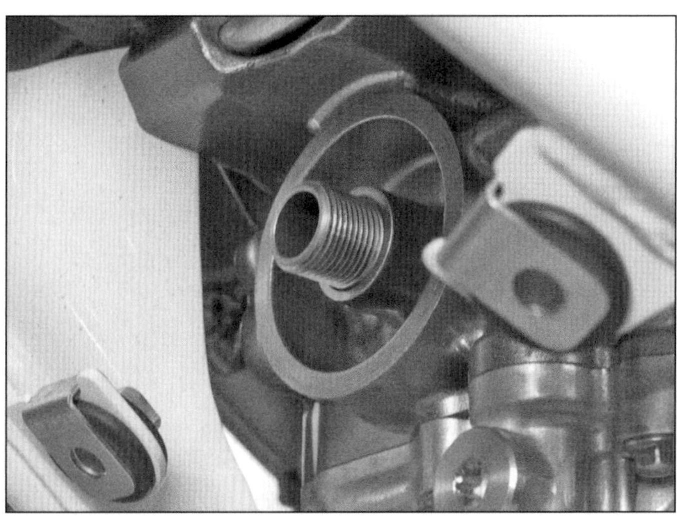

11.9 Das Gewinde des Ölfilterstutzens muss 15,5 bis 16,5 mm aus dem Motor ragen.

1

11.10a Schmieren Sie die Ölfilter-Dichtung...

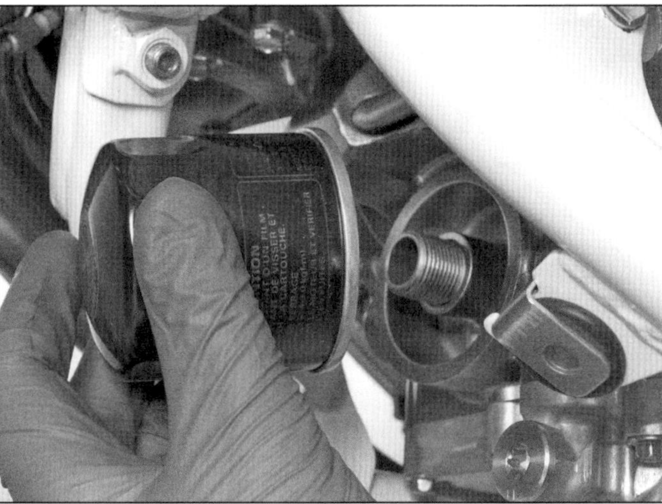

11.10b ...und drehen Sie den Filter wie beschrieben auf seinen Stutzen.

11.11a Installieren Sie den neuen Kupplungs-Ölfilter richtig herum seinen Sitz, ...

11.11b ... schieben Sie die Feder hinein und setzen Sie den mit einem neuen O-Ring ausgerüsteten Deckel an.

11.12a Füllen Sie Motoröl auf (hier mithilfe eines aus einer gereinigten Kühlmittelflasche gebauten Trichters) auf...

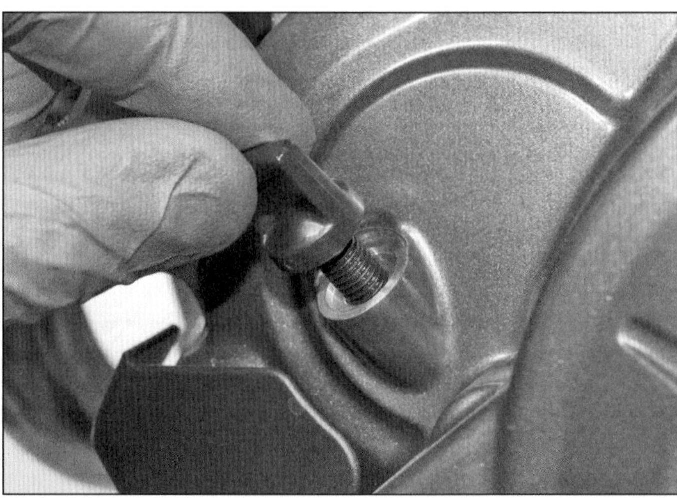

11.12b ... und kontrollieren Sie bis bei senkrecht stehendem Motorrad der Pegel mit dem nur eingeschobenen Peilstab, ...

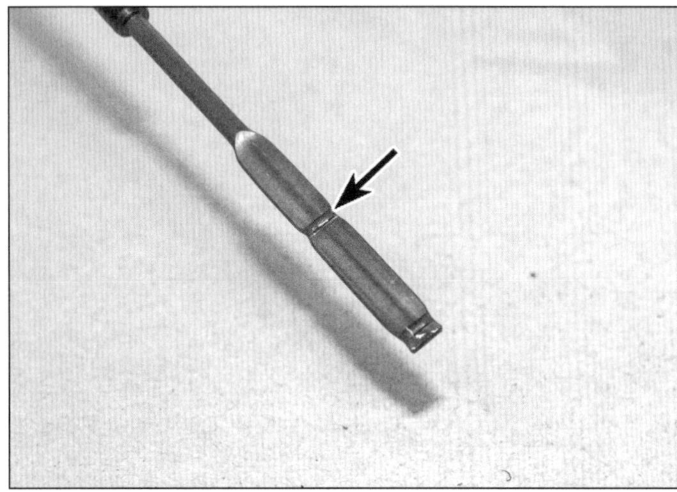

11.12c ... wo er an der oberen Markierungslinie stehen muss.

11.12d Die O-Ringe des Peilstabs und des Einfülldeckels müssen in Ordnung sein und korrekt sitzen.

11 Rüsten Sie beim DCT-Modell den Kupplungs-Ölfilterdeckel mit einem neuen O-Ring aus und schmieren Sie diesen mit Motoröl. Installieren Sie den neuen Kupplungs-Ölfilter mit dem Gummiring nach innen und der Beschriftung OUTSIDE nach außen in seinen Sitz, schieben Sie die Feder hinein, setzen Sie den Deckel an und ziehen Sie dessen Schrauben mit 12 Nm an (siehe Abbildungen).

12 Füllen Sie einen Großteil des vorgeschriebenen Motoröls durch die Einfüllöffnung (nicht die Peilstab-Öffnung!) auf (siehe *Tägliche Kontrollen*) (siehe Abbildung). Prüfen Sie mit dem eingesteckten (nicht eingeschraubten!) Peilstab, ob der Pegel **bei gerade stehendem Motorrad** an der oberen Markierungslinie steht (siehe Abbildungen). Füllen Sie entsprechend Öl nach und kontrollieren Sie mehrmals den Pegel. Kontrollieren Sie die O-Ringe des Peilstabs und des Einfülldeckels, erneuern Sie sie nötigenfalls und installieren Sie beide Teile in den Lichtmaschinendeckel (siehe Abbildung).

Um einen übermäßigen Verschleiß im Motor zu ermitteln, sollte man das ablaufende Öl durch ein Sieb in den Behälter fließen lassen, sodass Fremdkörper herausgefiltert werden. Falls sich im Öl kleine Metallbrocken oder Splitter finden, läuft in Ihrem Motor etwas entschieden falsch, und die Maschine muss zur Inspektion und Reparatur zerlegt werden. Metallischer Schimmer im Öl weist bei einem neuen oder überholten Motor darauf hin, dass die Komponenten eingefahren wurden – bei einem eigentlich bereits eingefahrenen Motor zeigt er Schmierprobleme an. Wenn Sie faserartiges Material vorfinden, weist das auf extremen Kupplungsverschleiß hin.

13 Starten Sie den Motor und lassen Sie ihn zwei bis drei Minuten laufen. Schalten Sie den Motor ab, warten Sie einige Minuten und kontrollieren Sie erneut den Ölpegel. Da sich das Öl im Motor und in den Filtern verteilt hat, muss wahrscheinlich Motoröl nachgefüllt werden, bis der Pegel knapp unter der oberen Markierung des Peilstabs liegt.

14 Kontrollieren Sie die Bereiche um die Ablassschrauben und ggf. den/die Ölfilter auf Undichtigkeiten. Ziehen Sie nötigenfalls alle Schrauben und ggf. den Filter nach oder ersetzen Sie schadhafte O-Ringe.

15 Montieren Sie den Ölwannenschutz (siehe Kapitel 7).

16 Das alte Motoröl kann nicht mehr verwendet werden und sollte in einen auslaufsicheren Behälter gefüllt werden. Jeder Händler, der technische Öle verkauft, ist auch dazu verpflichtet, entsprechende Mengen Altöl zurückzunehmen und zur fachgerechten Entsorgung oder zum Recycling zu bringen. Lassen Sie nie Altöl in die Kanalisation gelangen oder im Boden versickern! Ein entleerter Ölfilter darf zwar im Hausmüll entsorgt werden, sollte jedoch zusammen mit dem Altöl beim Händler oder dem Sondermüll abgegeben werden.

12 Kühlsystem

Kontrolle

Warnung: Der Motor muss zunächst vollständig abgekühlt sein.

1 Kontrollieren Sie den Kühlmittelpegel im Ausgleichsbehälter (siehe *Tägliche Kontrollen*).

2 Demontieren Sie die Verkleidungsseitenteile (siehe Kapitel 7).

3 Prüfen Sie jeden Gummischlauch auf der ganzen Länge. Achten Sie auf Risse, Scheuerstellen und andere Beschädigungen. Drücken Sie alle Schläuche an verschiedenen Stellen von Hand zusammen, um zu erkennen, ob sie spröde oder ausgehärtet sind (siehe Abbildung) – sie müssen sich griffig und glatt anfühlen und nach dem Lösen in ihre alte Form zurückkehren. Wenn sie spröde oder verhärtet sind, müssen sie ersetzt werden. Ziehen Sie alle Schlauchschellen sorgfältig an, um die Anschlüsse dichtzuhalten.

4 Kontrollieren Sie sämtliche Schlauchanschlüsse des Kühlsystems, außerdem den Auslassstutzen hinten am Motor, das oben in den Kupplungsdeckel führende Rohr und das Thermostatgehäuse links am Zylinderkopf. Falls Lecks entdeckt werden, müssen die Schlauchschelle(n), Anschlüsse, Rohr- und Thermostatschrauben sorgfältig angezogen werden. Nötigenfalls müssen der Anschluss, das Rohr oder der Thermostatdeckel demontiert und mit neuen Dichtungen ausgerüstet werden (siehe Kapitel 3).

5 Um kein Kühlmittel ins Motoröl und umgekehrt auch kein Öl in den Kühlkreislauf eindringen zu lassen, ist die Wasserpumpenwelle innerhalb des Pumpengehäuses mit zwei Dichtungen ausgerüstet – einer Gleitringdichtung am Wasserpumpenrad und einem konventionellen Wellendichtring gegen das Motoröl. An der Unterseite des im Kupplungsdeckel sitzenden Pumpengehäuses befindet sich eine Ablaufbohrung (siehe Abbildung) – falls eine der Dichtungen ausfällt, tritt hier Kühlmittel oder Öl (oder beides) aus. Austretende Flüssigkeit hinterlässt verräterische Spuren. Honda weist darauf hin, dass der Austritt einer geringe Mengen Kühlmittels nicht schlimm ist. Beide Dichtungen sind nicht separat erhältlich, sodass eine Reparatur nur durch den Austausch der gesamten Wasserpumpe erfolgen kann (siehe Kapitel 3) – lassen Sie sich im Zweifel von einer Honda-Werkstatt beraten.

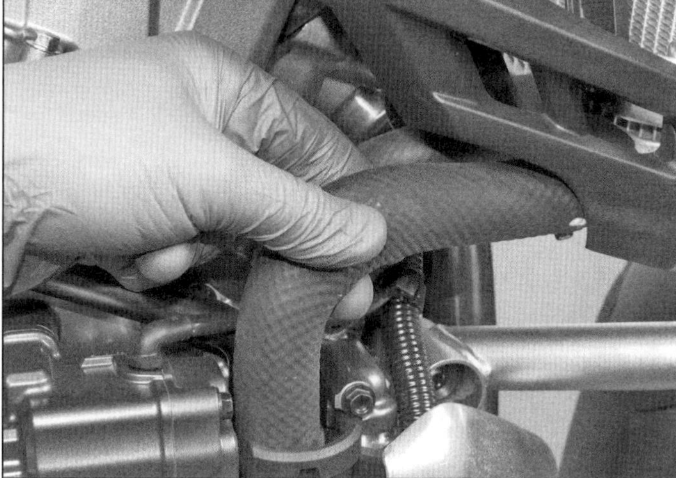

12.3 Drücken Sie die Schläuche, um sie auf Risse und Verhärtung zu prüfen. Alle Schellen müssen fest sitzen.

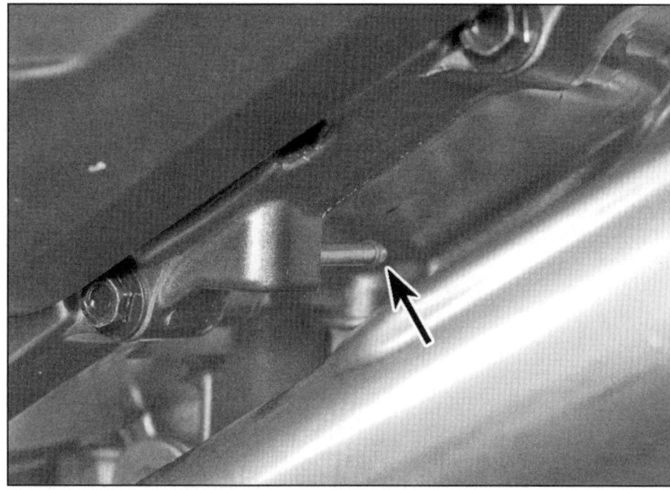

12.5 Kontrollieren Sie die Wasserpumpen-Ablaufbohrung auf ausgetretene Flüssigkeiten.

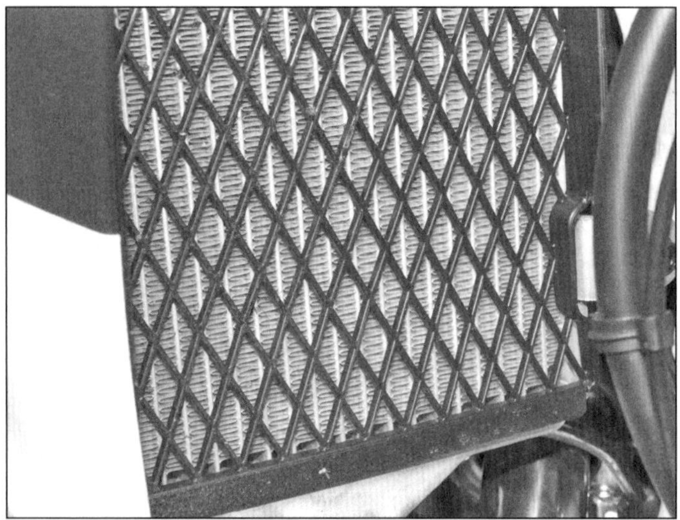

12.7 Kontrollieren Sie die Kühlerlamellen und biegen Sie sie nötigenfalls gerade.

12.8 Entfernen Sie den Kühlerdeckel.

6 Inspizieren Sie die Wasserkühler auf Undichtigkeiten und andere Schäden. Lecks am Kühler hinterlassen verräterische Ablagerungen verdunsteter Kühlflüssigkeit. Der Kühler muss in diesem Fall unverzüglich von einem Fachbetrieb repariert oder ausgetauscht werden (siehe Kapitel 3).

Achtung: Versuchen Sie nicht, einen Kühler mit chemischen Dichtmitteln zu reparieren.

7 Kontrollieren Sie die Lamellen des Wasserkühlers auf getrockneten Matsch, Schmutz und Insekten. Hiermit setzt sich der Kühler zu und die Luft kann nicht mehr hindurchströmen. Demontieren Sie gegebenenfalls den Kühler (siehe Kapitel 3) und reinigen Sie ihn mit Wasser oder mit von der Innenseite her vorsichtig eingesetzter Druckluft. Sind Lamellen verbogen, können sie vorsichtig mit einem kleinen Schraubendreher wieder gerichtet werden. Falls ein größerer Bereich (mehr als ein Viertel) der Kühlerlamellen beschädigt ist besteht die Gefahr, dass der Motor überhitzt – ersetzen Sie den Kühler nötigenfalls.

⚠ ***Warnung: Demontieren Sie bei heißem Motor nicht den Kühlerdeckel. Bedecken Sie im Zweifel den Deckel mit dicken Lappen und drehen Sie ihn langsam gegen den Uhrzeigersinn. Warten Sie bei zischenden Geräuschen, bis der Druck abgebaut ist. Drehen Sie den Deckel erst dann nach unten gedrückt weiter, bis er entnommen werden kann.***

8 Lösen Sie den Kühlerdeckel, wie in der Warnung beschrieben (siehe Abbildung).

9 Kontrollieren Sie den Zustand des Kühlmittels. Wenn es rostfarben ist oder starke Ablagerungen sichtbar sind, muss es abgelassen und das System gespült und neu befüllt werden (siehe unten). Kontrollieren Sie den Frostschutzgehalt des Kühlmittels möglichst mit einem Frostschutz-Hydrometer – ein fünfzigprozentiges Frostschutz-Gemisch muss eine Dichte von 1,084 (bei 5 °C) bis 1,074 (bei 25 °C) aufweisen. Zu wenig Frostschutzmittel (Dichte unter 1,07 bzw. 1,06) führt zu unzureichendem Schutz gegen Frost- und Korrosionsschäden, zu viel verringert hingegen die Kühlwirkung der Flüssigkeit. Zeigt das Hydrometer unkorrekte Werte, muss das Kühlsystem entleert, gespült und neu aufgefüllt werden (siehe unten).

12.15 Schrauben der Motoröldruck-Sensor-Abdeckung

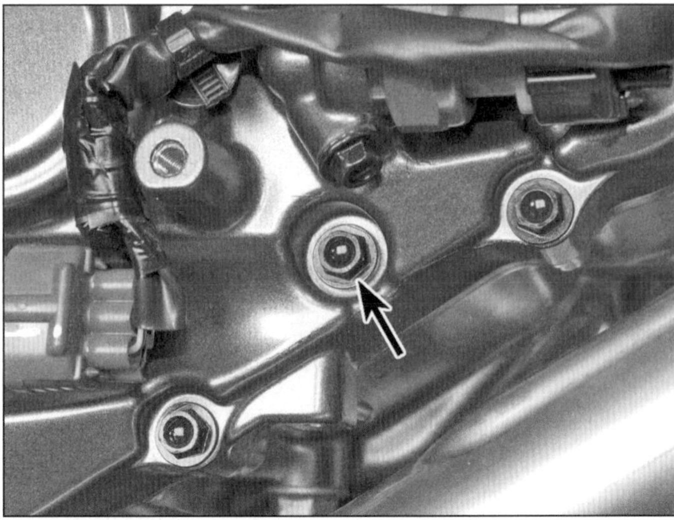

12.17a Lösen Sie die Schraube...

10 Ohne ein korrekt funktionierendes Überdruckventil im Kühlerdeckel kann das Kühlsystem nicht korrekt arbeiten. Kontrollieren Sie die Ventildichtung auf Risse und andere Schäden. Falls das Kühlsystem stetig Flüssigkeit verliert und/oder der Motor überhitzt, aber keine Undichtigkeiten auffindbar sind, muss das Ventil bei Zweifel über seinen Zustand von einer Honda-Werkstatt getestet oder prophylaktisch ausgetauscht werden – ein neuer Kühlerdeckel ist nicht teuer.

11 Installieren Sie das Druckventil, indem Sie den Deckel im Uhrzeigersinn bis zum Anschlag drehen, dann herunterdrücken und fest drehen. Starten Sie den Motor und bringen Sie ihn auf Betriebstemperatur. Kontrollieren Sie erneut die Dichtigkeit des Kühlsystems. Wenn die Kühltemperatur stark ansteigt, müssen die hinten am Kühler sitzenden Ventilatoren automatisch einsetzen, bis die Temperatur wieder auf einen normalen Wert abgesunken ist. Bei anderen Ergebnissen müssen der Schalter, die Ventilatoren und der entsprechende Stromkreis kontrolliert werden (siehe Kapitel 3).

12 Montieren Sie die Verkleidungsseitenteile (siehe Kapitel 7).

Austausch des Kühlmittels

Warnung: Der Motor muss abgekühlt sein, bevor mit dieser Kontrolle begonnen werden kann. Frostschutzmittel darf nicht mit der Haut oder Lackoberflächen in Berührung kommen. Wischen Sie Spritzer unverzüglich mit reichlich Wasser ab. Frostschutz kann giftige und explosive Gase produzieren, wenn es in offenen Behältern gelagert oder auf den Boden verschüttet wird. Kinder und Tiere können durch den süßen Geschmack irritiert werden und das Mittel trinken. Frostschutzmittel ist brennbar und darf daher nicht in der Nähe offener Flammen gelagert werden. Fragen Sie Ihren Fachhändler, wo Sie altes Frostschutzmittel entsorgen können.

12.17b ...und lassen Sie das Kühlmittel ablaufen.

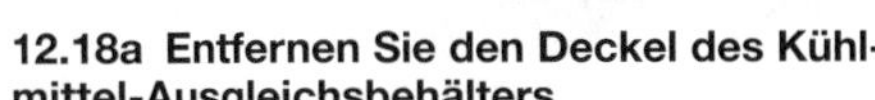

12.18a Entfernen Sie den Deckel des Kühlmittel-Ausgleichsbehälters...

13 Stützen Sie das Motorrad auf einer ebenen Fläche möglichst senkrecht ab – hierzu kann ein Montageständer verwendet werden.

Ablassen

14 Entfernen Sie das rechte Verkleidungsseitenteil (siehe Kapitel 7).

15 Demontieren Sie bei Modellen mit Doppelkupplungsgetriebe den Deckel des Motoröldruck-Sensors (siehe Abbildung).

16 Demontieren Sie den Kühlerdeckel (Abbildung 12.8). Bedecken Sie im Zweifel den Deckel mit dicken Lappen und drehen Sie ihn langsam gegen den Uhrzeigersinn. Warten Sie bei zischenden Geräuschen, bis der Druck abgebaut ist. Drehen Sie den Deckel erst dann nach unten gedrückt weiter, bis er entnommen werden kann. Entfernen Sie ebenfalls den Deckel des Kühlmittel-Ausgleichsbehälters (Abbildung 12.18a)

17 Stellen Sie einen geeigneten Behälter unter die Wasserpumpe rechts am Motor und lösen Sie deren Ablassschraube, um das Kühlmittel vollständig ablaufen zu lassen (siehe Abbildungen). Später muss auf jeden Fall eine neue Dichtscheibe verwendet werden.

18 Saugen Sie das Kühlmittel aus dem geöffneten Ausgleichsbehälter (siehe Abbildungen). Wischen Sie Spritzer auf.

Spülen

19 Spülen Sie das Kühlsystem mithilfe eines in den Kühlerstutzen gesteckten Gartenschlauchs durch. Spülen Sie so lange, bis an der Ablaufbohrung klares Wasser austritt. Werden viele Rostpartikel herausgespült, müssen die Wasserkühler demontiert (siehe Kapitel 3) und professionell gereinigt werden. Spülen Sie auch den Ausgleichsbehälter durch und saugen Sie das Wasser heraus.

Auffüllen

20 Rüsten Sie die Kühlsystem-Ablassschraube mit einer neuen Dichtscheibe aus und ziehen Sie sie mit 13 Nm an (siehe Abbildung).

12.18b ...und saugen Sie das darin befindliche Kühlmittel ab.

12.20 Die Ablassschraube muss stets mit einer neuen Dichtscheibe ausgerüstet werden.

12.21a Füllen Sie das Kühlsystem wie beschrieben auf,...

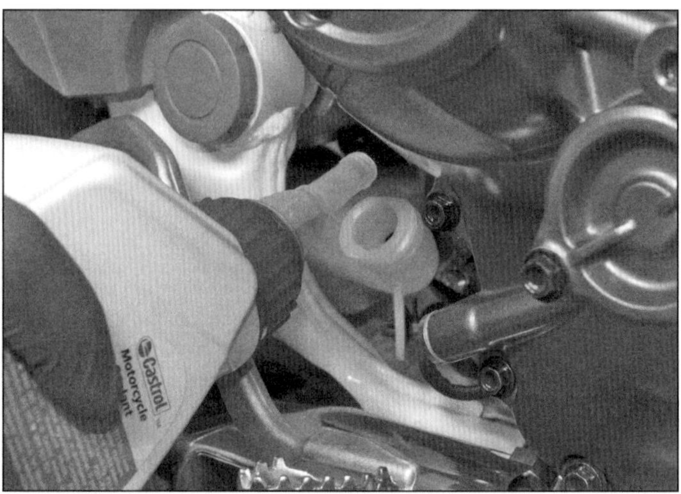

12.21b ...bis der Pegel an der oberen Linie des Ausgleichsbehälters steht.

12.26 Der Deckel des Motoröldruck-Sensors muss mit den Hülsen ausgerüstet sein.

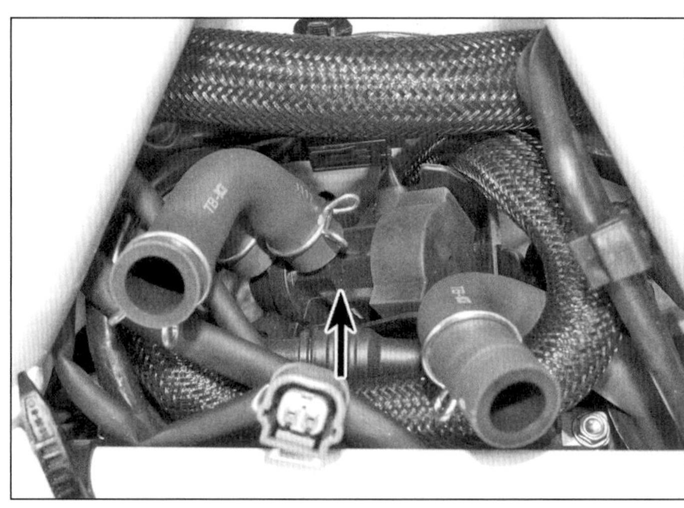

13.4 Sekundärluft-Abschaltventil (Pfeil) und Schläuche

21 Füllen Sie das Kühlsystem über den Kühlerstutzen bis zu dessen Basis mit dem in den technischen Daten angegebenen Gemisch aus destilliertem Wasser und Frostschutzmittel auf (siehe Abbildung). *Füllen Sie das Kühlmittel nur langsam auf, um möglichst wenig Luft ins System eindringen zu lassen.* Wenn der Kühler bis zum Einfüllstutzen gefüllt ist, wird der Deckel installiert. Füllen Sie den Ausgleichsbehälter bis zur oberen Linie auf (siehe Abbildung).

22 Starten Sie den Motor und lassen Sie ihn einige Minuten im Standgas laufen. Geben Sie dann drei- bis viermal kurz Gas, sodass die Drehzahl auf etwa 4000/min steigt. Schalten Sie den Motor dann aus – sämtliche im System gefangenen Luftblasen sollten jetzt bis in den Kühlerstutzen gestiegen sein, sodass der Pegel gefallen ist.

23 Warten Sie ein paar Minuten, entfernen Sie das Druckventil und kontrollieren Sie den Pegel im Stutzen sowie im Ausgleichsbehälter. Füllen Sie den Kühler nötigenfalls erneut bis zur Basis des Stutzens auf und installieren Sie den Kühlerdeckel. Füllen Sie auch den Ausgleichsbehälter bis zur UPPER-Linie auf und installieren Sie dessen Deckel.

24 Starten Sie den Motor erneut und bringen Sie ihn auf Betriebstemperatur. Schalten Sie den Motor ab, lassen Sie ihn abkühlen und entfernen Sie den Kühlerdeckel (siehe Warnung oben). Prüfen Sie, ob der Kühlmittelpegel weiterhin im Einfüllstutzen steht – füllen Sie nötigenfalls etwas nach. Installieren Sie den Kühlerdeckel wieder.

25 Kontrollieren Sie den Pegel im Ausgleichsbehälter und füllen Sie auch hier nötigenfalls Kühlmittel nach.

26 Kontrollieren Sie bei Modellen mit Doppelkupplungsgetriebe, ob der Deckel des Motoröldruck-Sensors mit den Hülsen ausgerüstet ist (siehe Abbildung) und montieren Sie den Deckel (Abbildung 12.15).

27 Montieren Sie das rechte Verkleidungsseitenteil (siehe Kapitel 7).

28 Entsorgen Sie die alte Kühlflüssigkeit im Fachhandel oder beim Sondermüll (siehe Warnung zu Beginn dieser Sektion).

13 Emissionsregelung

Sekundärluftsystem

1 Um im Abgas den Anteil unverbrannter Kohlenwasserstoffe zu reduzieren, sind alle Modelle mit einem Sekundärluftsystem (PAIR) ausgerüstet, das aus einem Abschaltventil (oben am Ventildeckel), den Zungenventilen (innerhalb des Ventildeckels) und Verbindungsschläuchen zwischen ihnen und zum Luftfiltergehäuse besteht. Das Abschalt-

14.2a Der Höhenversteller hinten am Scheinwerfer...

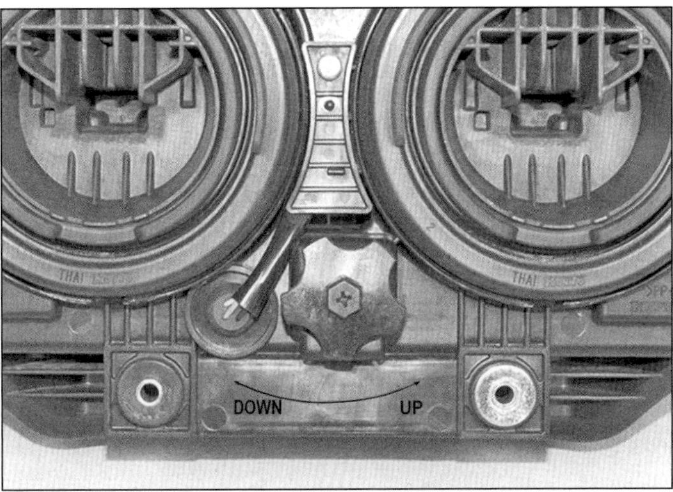

14.2b ...– hier gezeigt im ausgebauten Zustand.

ventil wird vom Steuermodul (ECM/PCM) aktiviert.

2 Unter normalen Betriebsbedingungen lässt das Ventil gefilterte Frischluft durch die Zungenventile in die Auslasskanäle des Zylinderkopfs strömen, wo sie sich mit den Abgasen vermischt und bisher unverbrannte Partikel verbrennen lässt. Hierdurch wird ein Großteil des vorhandenen Kohlenwasserstoffs und Kohlenmonoxids in relativ harmloses Kohlendioxid und Wasser umgewandelt. Die Zungenventile im Zylinderkopf verhindern das Zurückströmen der Abgase in den Luftfilter.

3 Das System ist nicht einstellbar und erfordert nur wenig Wartung. Für den Zugang muss das Luftfiltergehäuse demontiert werden (siehe Kapitel 4).

4 Die Schläuche des Sekundärluftsystems dürfen nicht geknickt, gequetscht oder spröde sein, zudem müssen sie an beiden Enden sicher verbunden sein (siehe Abbildung). Ersetzen Sie alle zweifelhaften Schläuche und korrodierte oder ermüdete Federklemmen.

5 Für weitere Informationen und falls im System ein Fehler vermutet wird, müssen die Hinweise in Kapitel 4, Sektion 18 beachtet werden.

Verdunstungsregelung (falls vorhanden)

6 Dieses bei einigen Modellen eingebaute System sorgt bei abgeschaltetem Motor dafür, dass keine Benzindämpfe aus dem Tank in die Atmosphäre entweichen, indem sie in einem Behälter gespeichert und nach dem Start des Motors in die Drosselklappengehäuse geleitet werden. Inspizieren Sie alle Schläuche und das Rückschlagventil auf Knicke, Risse und andere Schäden. Alle Schläuche müssen vollständig aufgeschoben und mit Schellen gesichert sein. Ersetzen Sie schadhafte Teile. Der Sammelbehälter darf keine Risse oder anderen Schäden aufweisen. Für weitere Informationen und falls im System ein Fehler vermutet wird, müssen die Hinweise in Kapitel 4, Sektion 20 beachtet werden.

14 Scheinwerfereinstellung

Anmerkung: *Ein schlecht eingestellter Scheinwerfer blendet den Gegenverkehr und/oder leuchtet die Fahrbahn nicht korrekt aus. Bei der Hauptuntersuchung wird die Einstellung der Leuchtweite kontrolliert.*

1 Der Lichtstrahl des Scheinwerfers kann vertikal eingestellt werden. Vor Beginn müssen der Reifendruck und die Einstellung des Stoßdämpfers geprüft werden. Einstellungen sollten möglichst mit halb gefülltem Tank und einem auf der Maschine sitzenden Assistenten auf einer ebenen Fläche vorgenommen werden. Wird vorzugsweise zu zweit gefahren, muss eine zweite Person auf dem Rücksitz platz nehmen.

2 Der Einstellknopf sitzt mittig hinten an der Scheinwerfer-Baugruppe – drehen Sie diesen gegen den Uhrzeigersinn, um den Lichtstrahl anzuheben, und im Uhrzeigersinn, um ihn abzusenken (siehe Abbildungen).

15 Ständer und Sicherheitsstromkreis

Seitenständer

1 Der Ständer muss während der Fahrt sicher von seinen Federn oben gehalten werden. Kontrollieren Sie die Federn (SA) – eine ermüdete oder gebrochene Feder muss umgehend durch ein Neuteil ersetzt werden (siehe Kapitel 5).

2 Das Ständer-Gelenk muss regelmäßig geschmiert werden (siehe Sektion 19) – es muss sich sanft und spielfrei bewegen lassen.

3 Kontrollieren Sie den Ständer und seine Halterung auf Risse und andere Schäden. Ein beschädigter Ständer darf geschweißt werden.

Sicherheitsstromkreis

4 Der Sicherheitsstromkreis soll davor schützen, mit ausgeklapptem Ständer loszufahren. Prüfen Sie seine Funktion bei Modellen mit Standardgetriebe wie folgt:

- Schalten Sie die Zündung ein, den Killschalter auf RUN und das Getriebe in den Leerlauf. Klappen Sie den Ständer ein und starten Sie den Motor. Ziehen Sie die Kupplung und legen Sie einen Gang ein. Halten Sie die Kupplung gezogen und klappen Sie den Ständer aus – der Motor muss ausgehen.
- Schalten Sie das Getriebe in den Leerlauf, klappen Sie den Ständer aus und starten Sie den Motor. Ziehen Sie die Kupplung und legen Sie einen Gang ein – der Motor muss ausgehen.
- Bei ausgeklapptem Ständer darf sich der Motor nur starten lassen, wenn im Getriebe der Leerlauf eingelegt ist.

1

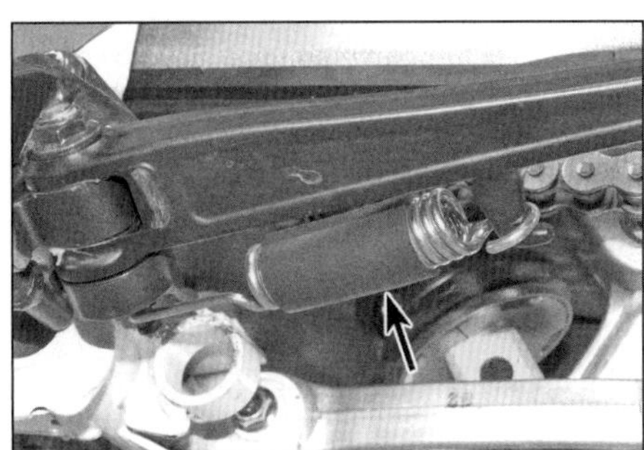

15.1 Kontrollieren Sie die ineinander steckenden Seitenständerfedern.

- Bei eingeklapptem Ständer und eingelegtem Gang darf sich der Motor nur starten lassen, wenn die Kupplung gezogen ist.

5 Prüfen Sie die Funktion des Sicherheitsstromkreises bei Modellen mit Doppelkupplungsgetriebe wie folgt:

- Schalten Sie die Zündung ein und den Killschalter auf RUN. Im Cockpit muss das N (für Leerlauf) aufleuchten. Bei ausgeklapptem Seitenständer darf es nicht möglich sein, einen Gang einzulegen.
- Wählen Sie bei eingeklapptem Ständer und laufendem Motor einen Gang aus. Klappen Sie den Ständer aus – der Motor muss ausgehen.

16.2 Drücken Sie die Gabel zusammen, um ihre Funktion zu testen.

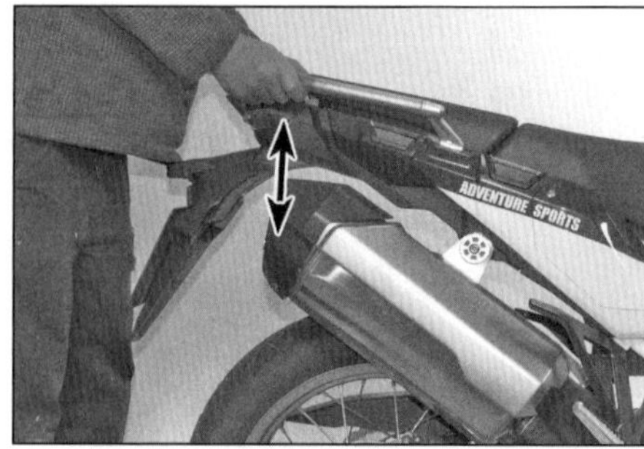

16.6 Prüfen Sie die Funktion der Hinterradfederung.

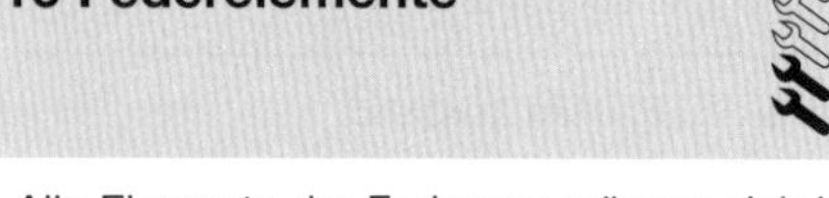

16 Federelemente

1 Alle Elemente der Federung müssen sich in gutem Zustand befinden, um die Sicherheit des Fahrers zu gewährleisten. Lockere, verschlissene oder beschädigte Komponenten vermindern die Stabilität und die Kontrolle über die Maschine.

Vorderradfederung

Kontrolle

2 Stellen Sie sich neben die Maschine und drücken Sie mit betätigter Bremse den Lenker mehrmals nach unten (siehe Abbildung). Klemmt die Gabel oder federt sie nicht weich ein und aus, sollte sie demontiert und begutachtet werden (siehe Kapitel 5).

3 Inspizieren Sie die Oberflächen der Tauchrohre auf Kratzer, Korrosion und kleine Pickel, die zu vorzeitigem Ausfall der Dichtringe führen können (siehe Abbildung). Hebeln Sie mit einem Schraubendreher vorsichtig die Staubkappe unten aus dem Standrohr und inspizieren Sie die Tauchrohre im Bereich der Dichtringe – sämtliche Riefen, Ausbrüche und aufgeblühte Korrosion lassen den Dichtring rasch verschleißen. Bei übermäßiger Beschädigung oder Undichtigkeiten müssen die Rohre ersetzt werden (siehe Kapitel 5). Kleine

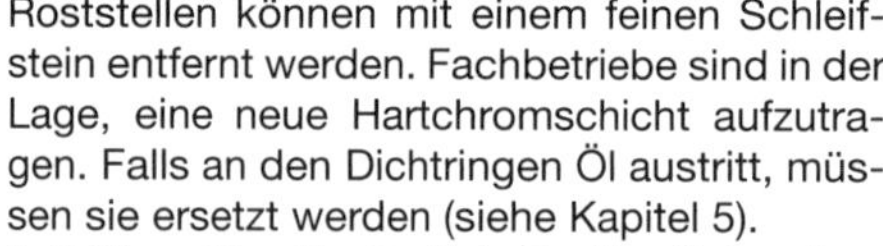

Roststellen können mit einem feinen Schleifstein entfernt werden. Fachbetriebe sind in der Lage, eine neue Hartchromschicht aufzutragen. Falls an den Dichtringen Öl austritt, müssen sie ersetzt werden (siehe Kapitel 5).

4 Prüfen Sie die Festigkeit aller Schrauben und Muttern der Federelemente – beachten Sie dazu die Anzugswerte in Kapitel 5.

16.7 Kontrollieren Sie, ob die Schwingenlager Spiel aufweisen.

Hinterradfederung

Kontrolle

Anmerkung: *Die Schwingenlagerung und die Stoßdämpferanlenkung dürfen keinesfalls mit einem Hochdruckreiniger gesäubert werden. Hierbei kann Wasser durch Dichtlippen eindringen und das Fett herauswaschen – was zu Korrosion und vorzeitigem Ausfall der Lager führt.*

5 Kontrollieren Sie den Stoßdämpfer auf Undichtigkeit und fest sitzende Aufnahmen (siehe Abbildung). Wenn ein Leck festgestellt wurde, muss der Dämpfer von einem Spezialisten kontrolliert und gegebenenfalls überholt oder ersetzt werden (siehe Kapitel 5).

6 Lassen Sie einen Assistenten das Motorrad halten und drücken einige Male das Heck herunter (siehe Abbildung) – es muss sich ohne Klemmen frei auf und ab bewegen können. Wenn hier irgendwelche Ungleichmäßigkeiten gefühlt werden, muss das fehlerhafte Teil identifiziert und kontrolliert werden (siehe Kapitel 5). Das Problem kann am Stoßdämpfer, an seiner Anlenkung oder an der Schwingenlagerung liegen.

16.8 Prüfen Sie, ob in der Stoßdämpferanlenkung und den Stoßdämpferaufnahmen Spiel vorhanden ist.

7 Stützen Sie das Motorrad mit einer geeigneten Vorrichtung ab, sodass das Hinterrad nicht den Boden berührt. Greifen Sie die Schwinge und drücken Sie sie seitlich hin und her. Hinten sollten keine erkennbaren Bewegungen festzustellen sein (siehe Abbildung). Bei leichtem Spiel oder leichtem Klicken müssen alle Befestigungen der Hinterradfederung und des Stoßdämpfers auf Festigkeit und richtige Anzugsdrehmomente überprüft werden (siehe Kapitel 5). Wiederholen Sie die Kontrolle anschließend.

8 Als Nächstes wird das Hinterrad nach oben gezogen. Es darf kein erkennbarer Weg festzustellen sein, bis der Stoßdämpfer zu arbeiten beginnt (siehe Abbildung). Jedes Spiel ist auf verschlissene Lager in der Schwingenaufnahme oder der Stoßdämpferanlenkung, eine ermüdete Feder, einen defekten Dämpfer oder dessen Befestigung zurückzuführen. Verschlissene Komponenten müssen identifiziert und kontrolliert werden (siehe Kapitel 5).

9 Falls leichte Bewegung fühlbar oder ein Klicken hörbar ist, muss geprüft werden, ob die Schwingenbolzenmutter mit 80 Nm angezogen ist, dann wird die Prüfung wiederholt. Kontrollieren Sie auch die Festigkeit aller Schrauben und Muttern der Stoßdämpferanlenkung – beachten Sie die Drehmomentangaben am Anfang von Kapitel 5. Falls nach dem korrekten Anziehen aller Verbindungen weiterhin Spiel besteht oder Geräusche auftreten, können Buchsen oder Lager am Stoßdämpfer oder seiner Anlenkung oder ein Schwingenlager verschlissen sein - beachten Sie zum Austausch die Hinweise in Kapitel 5.

10 Um eine brauchbare Einschätzung der Schwingenlager zu erhalten, muss zuerst das Hinterrad demontiert werden (siehe Kapitel 6). Dann wird die Stoßdämpfer-Befestigung an der Anlenkung entfernt (siehe Kapitel 5). Greifen Sie die Schwinge hinten mit einer Hand und halten Sie die andere Hand an die Verbindung zwischen Schwinge und Rahmen. Versuchen Sie nun, die Schwinge hinten seitlich zu bewegen – jegliches Lagerspiel wird als Vor- und Zurück-Bewegung der Schwinge am Rahmen fühlbar.

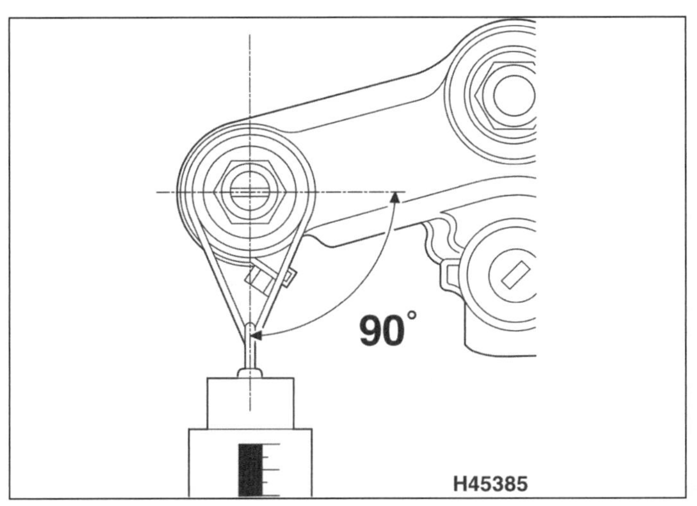

17.4 Kontrolle der Lenkkopflager-Einstellung mithilfe einer Federwaage

17.5 Kontrolle des Lenkkopflagerspiels

11 Schwenken Sie nun die Schwinge auf und ab – sie muss sich über den gesamten Federweg sanft und frei bewegen lassen. Falls Spiel festgestellt wird oder die Schwinge sich nicht frei bewegen lässt, muss sie für die Kontrolle der Lager ausgebaut werden (siehe Kapitel 5). Wird Spiel festgestellt oder lässt sich die Schwinge nicht sanft bewegen, muss sie für eine Inspektion der Lager ausgebaut werden (siehe Kapitel 5).
12 Bei getrennter Stoßdämpferanlenkung sollten auch deren Dichtringe und Lager überprüft werden; kontrollieren Sie ebenfalls das Spiel zwischen dem Anlenkhebel und dem Rahmen. Versehen Sie entweder die Dichtringe und Lager mit frischem Fett oder installieren Sie Neuteile.

Vorderradgabel

Ölwechsel

13 Obwohl für den Wechsel des Gabelöls keine Intervalle vorgegeben sind, muss bedacht werden, dass das Öl mit der Zeit schlechter wird und seine dämpfenden Eigenschaften verliert. Details zum Ausbau der Gabelrohre und dem Wechsel des Öls sind in Kapitel 5 beschrieben – die Gabel muss für den Ölwechsel nicht vollständig zerlegt werden.

Hinterradfederung

Schmieren der Lager

14 Das Fett in den Lagern der Schwinge und der Stoßdämpferanlenkung wird mit der Zeit ausgewaschen oder es verhärtet, sodass Schmutz und Wasser eindringen können. Obwohl für das Nachschmieren keine Intervalle vorgegeben sind, sollten die Lager nach einer längeren Laufzeit neu geschmiert werden – dies gilt besonders, wenn das Motorrad oft bei Feuchtigkeit gefahren wird.
15 Zum Schmieren der Lager müssen die Schwinge, die Anlenkung und der Stoßdämpfer ausgebaut und die Lager gereinigt werden – Details finden sich in Kapitel 5.

17 Lenkkopflager

Lagerspiel

Kontrolle und Einstellung

1 Die an diesen Motorrädern verwendeten Kugellager können sich auch im normalen Betrieb eindrücken und lockern oder rau laufen. In Extremfällen können verschlissene oder lockere Lenkkopflager gefährliches Lenkerflattern verursachen. Zu fest angezogene Lager sorgen für ein schlechtes Fahrverhalten.

Kontrolle

2 Stützen Sie das Motorrad mithilfe einer geeigneten Vorrichtung so ab, dass das Vorderrad nicht den Boden berührt (z. B. einem Montageständer am Heck und Hölzern unter der Ölwanne). Sorgen Sie für eine sichere Abstützung.
3 Stellen Sie das Vorderrad geradeaus und bewegen Sie den Lenker ganz langsam hin und her. Falls das Lager Druckstellen hat, rau läuft oder zu fest eingestellt ist, ist das dadurch zu spüren, dass der Lenker sich nicht weich und frei bewegen lässt. Stellen Sie das Vorderrad erneut geradeaus und klopfen Sie es vorn zu einer Seite – es muss unter seinem Eigengewicht bis zu Anschlag »fallen« und dadurch anzeigen, dass die Lenkkopflager nicht zu fest angezogen sind (berücksichtigen Sie den Widerstand durch Bowdenzüge, Hydraulikschläuche und Kabel). Wiederholen Sie diese Prüfung zur anderen Seite.
4 Falls eine Federwaage (Messbereich 0 – 30 Newton) vorhanden ist, muss sie mit einem der Standrohre verbunden und geradeaus nach vorn ausgerichtet werden (siehe Abbildung). Ziehen Sie die geradeaus stehende Gabel mit der Federwaage nach vorn und beachten Sie, bei welcher Kraft sich die Lenkung zu bewegen beginnt; unter 9,8 oder über 14,7 N sind die Lenkkopflager zu locker bzw. zu fest angezogen, sodass sie eingestellt werden müssen (siehe unten).
5 Greifen Sie als Nächstes unten an die Gabel und versuchen Sie sie vorwärts und rückwärts zu bewegen (siehe Abbildung). Jede Lockerung des Lenkkopflagers kann man durch die Bewegung der Gabel erfühlen. Wenn Lagerspiel festgestellt wird, muss der Lenkkopf wie folgt nachgestellt werden:

> **Praxis TiPP** ***Verwechseln Sie nicht irgendeine Bewegung des Motorrades auf dem Ständer mit Lagerspiel. Drücken und ziehen Sie nicht zu stark – eine leichte Bewegung reicht völlig aus. Spiel in der Gabel kann auch durch verschlissene Gleitbuchsen in den Standrohren entstehen. Verwechseln Sie dieses Spiel nicht mit dem Lenkkopflagerspiel.***

Einstellung

Spezialwerkzeug: *Für eine korrekte Einstellung werden entweder das Honda-Spezialwerkzeug 07916-KA50100, ein passender Zapfenschlüssel oder ein Dorn benötigt, der an den Nuten des Einstellrings angesetzt werden kann – siehe Schritt 9. Der Vorteil des Honda-Werkzeugs oder eines Zapfenschlüssels liegt darin, dass ein Drehmomentschlüssel angesetzt werden kann, um die Lager korrekt einzustellen; alternativ kann auch die in Schritt 4 beschriebene Methode mit der Federwaage eingesetzt werden. Für den Einsatz eines Hakenschlüssel besteht am Einstellring nicht genug Platz.*

1

17.7 Klemmschrauben der oberen Gabelbrücke

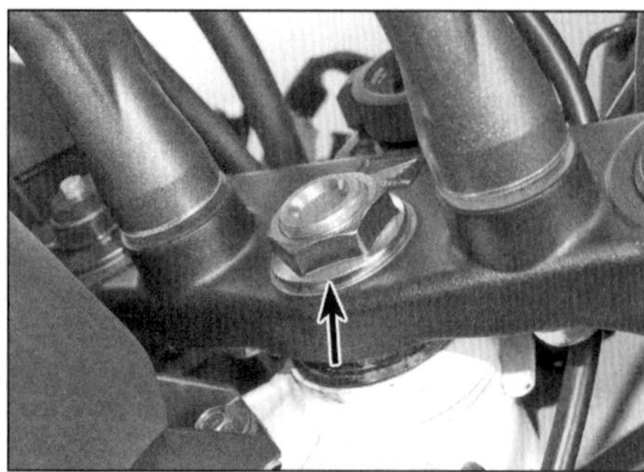

17.8 Lenkschaftmutter

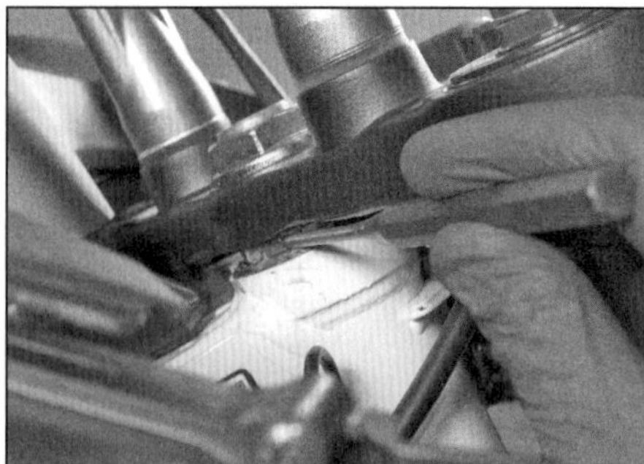

17.9 Der unter der oberen Gabelbrücke sitzende Einstellring kann nötigenfalls mit einem Dorn gedreht werden.

6 Demontieren Sie die rechte Innenverkleidung (siehe Kapitel 7). Bedecken Sie den Tank zum Schutz mit mehreren Lappen.

7 Lockern Sie die Gabelholm-Klemmschrauben der oberen Gabelbrücke; falls das Honda-Werkzeug oder ein Zapfenschlüssel verwendet werden soll, müssen die rechten Klemmschrauben vollständig entfernt werden, um die Kabelhalterung von der Gabelbrücke befreien zu können (siehe Abbildung).

8 Lockern Sie die Lenkschaftmutter (siehe Abbildung); falls das Honda-Werkzeug oder ein Zapfenschlüssel verwendet werden soll, müssen die Mutter entfernt und die Gabelbrücke samt Lenker abgehoben und mit Lappen geschützt abgelegt werden.

9 Lockern Sie den Einstellring, bis kein Druck mehr auf die Lager besteht (siehe Abbildung). Falls das Honda-Werkzeug oder ein Zapfenschlüssel verwendet werden soll, wird der Einstellring mit 15 Nm angezogen und die Lenkung fünfmal von Anschlag zu Anschlag bewegt; ziehen Sie den Ring danach erneut mit 15 Nm an. Ohne diese Werkzeuge wird der Einstellring mit einem Dorn so weit angezogen, bis kein Spiel mehr besteht, die Lenkung aber frei drehbar ist (siehe Schritte 3 und 5). Ziel ist es, die Lager unter leichten Druck zu setzen, um jegliches Spiel aufzuheben (Schritt 5), aber die Lenkung noch frei von Anschlag zu Anschlag bewegen zu können (siehe Schritt 3). Prüfen Sie auch nach dem Einsatz des Drehmomentschlüssels, ob sich die Gabel korrekt bewegt. Soweit die Federwaage vorhanden ist (Schritt 4), muss der Einstellring so justiert werden, dass die Gabel sich möglichst bei 12 Newton zu bewegen beginnt.

Achtung: Achten Sie sorgfältig darauf, beim Einstellen auf die Lager keinen hohen Druck auszuüben – dieses führt zu vorzeitigen Lagerschäden.

10 Falls sich die Lager nicht korrekt einstellen lassen, müssen der Lenkschaft demontiert und die Lenkkopflager kontrolliert werden (siehe Kapitel 5, Sektion 10).

11 Nachdem alles korrekt einstellt ist, wird ggf. die obere Gabelbrücke aufgeschoben. Installieren Sie die Lenkschaftmutter und ziehen Sie sie mit 100 Nm an. Setzen Sie rechts ggf. die Kabel-Führung an und ziehen Sie die Gabelbrücken-Klemmschrauben mit 22 Nm an.

12 Kontrollieren Sie erneut das Lenkkopflagerspiel und justieren Sie es nötigenfalls nach.

13 Montieren Sie die rechte Innenverkleidung (siehe Kapitel 7).

Schmieren

14 Mit der Zeit altert das Fett der Lenkkopflager und härtet aus, sodass Schmutz und Wasser eindringen können.

15 Honda empfiehlt, die Lenkkopflager gelegentlich zu zerlegen, zu reinigen und nachzufetten (siehe Kapitel 5, Sektion 10).

18 Räder, Reifen und Radlager

Räder

1 Inspizieren Sie die Speichen auf Beschädigungen und Korrosion (siehe Abbildung) – bei frühen Modelle können die Speichen rosten; ab 2018 wurden Edelstahl-Speichen verbaut. Eine gerissene oder verbogene Speiche muss

18.1a Inspizieren Sie die Speichen auf Beschädigungen und Korrosion.

18.1b Mit einem Maulschlüssel können die Speichennippel vorsichtig gedreht werden.

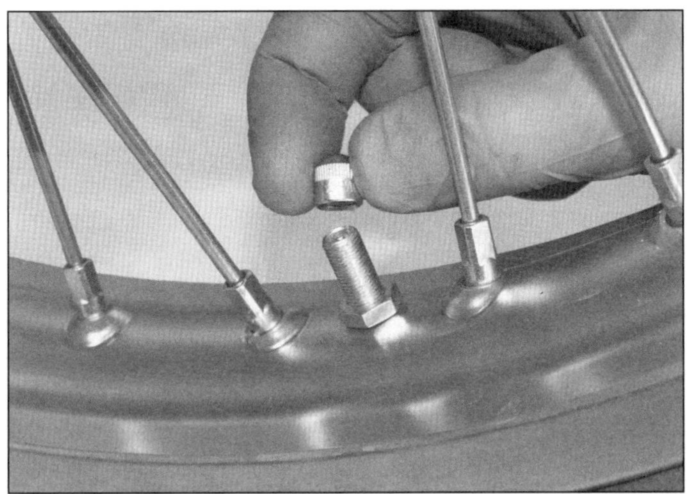

18.3 Die Ventilkappe muss aufgeschraubt sein

18.6 Kontrollieren Sie die Radlager auf Spiel.

unverzüglich erneuert werden, da bei einem Ausfall die Last durch benachbarte Speichen aufgenommen wird und diese ebenfalls brechen können. Kontrollieren Sie die Spannung der Speichen, indem Sie sie leicht mit einem Schraubendreher anklopfen – alle müssen einen hellen Klang abgeben. Stellen Sie lockere Speichen nötigenfalls am Nippel nach, bis der Klang stimmt (siehe Abbildung) (Honda gibt ein Anzugdrehmoment von 3,7 N an, das jedoch nur mit Spezialwerkzeug erzielt werden kann).

2 Ungleichmäßig gespannte Speichen können dazu führen, dass die Felge nicht korrekt zur Nabe ausgerichtet ist oder einen Schlag (Höhen- oder Seitenschlag) bekommt. Beachten Sie hierzu die Informationen in Kapitel 6 und suchen Sie Rat bei einem Fachbetrieb, der das Rad wieder korrekt einstellen kann. Achten Sie auf den festen Sitz aller vorhandenen Auswuchtgewichte an der Felge; ist ein Gewicht abgefallen, muss das Rad von einem Fachbetrieb neu ausgewuchtet werden.

Reifen

3 Kontrollieren Sie sorgfältig den Zustand und die Profiltiefe – siehe *Tägliche Kontrollen*. Achten Sie darauf, dass die Ventilkappe immer fest sitzt (siehe Abbildung).

Radlager

Anmerkung: *Vermeiden Sie es, einen Hochdruckreiniger direkt auf die Radnabe zu richten. Das Wasser kann in die Lagerdichtungen eindringen, das Fett auswaschen und zu Korrosion führen, sodass das Lager zerstört wird.*

4 Radlager verschleißen mit der Zeit und müssen daher regelmäßig kontrolliert werden, bevor sich die Fahreigenschaften der Maschine erheblich verschlechtern.

5 Stützen Sie das Motorrad auf einer geeigneten Vorrichtung ab, sodass das zu kontrollierende Rad nicht den Boden berührt.

6 Kontrollieren Sie durch Ziehen und Drücken der Räder, ob irgendein Spiel in den Lagern festzustellen ist (siehe Abbildung). Schwenken Sie zur Kontrolle des Vorderrades die Lenkung gegen einen Anschlag, damit man das Rad dagegen drücken kann. Drehen Sie außerdem das Rad und prüfen Sie, ob es sich sanft und geräuschlos dreht.

Anmerkung: *Die Bremsen und der Endantrieb können Geräusche und Widerstand hervorrufen – verwechseln Sie dies nicht mit den Radlagern.*

7 Falls in der Radnabe Spiel festgestellt wurde oder das Rad sich nicht sanft dreht (und dies nicht auf eine schleifende Bremse oder den Antrieb zurückzuführen ist), muss das Rad ausgebaut und die Lager auf Verschleiß oder Beschädigung kontrolliert werden (siehe Kapitel 6). Im Zweifel sind die Lager zu ersetzen.

Antriebs-Dämpfergummis

8 Lassen Sie einen Assistenten die Fußbremse betätigen und prüfen Sie, ob zwischen dem Kettenblatt-Mitnehmer und der Radnabe Drehspiel besteht, das auf verschlissene Dämpfergummis hinweist. Demontieren Sie ggf. das Rad und tauschen Sie die Gummis aus (siehe Kapitel 6, Sektion 23).

19 Schmier-Hinweise

1 Da die Bedienungselemente, Bowdenzüge oder andere Komponenten des Motorrades ständig den Unbilden des Wetters ausgesetzt sind, müssen sie regelmäßig geschmiert werden, um eine problemlose Funktion sicherzustellen.

2 Die Gelenke des Kupplungs- und Bremshebels, der Fußrasten, des Bremspedals, des Schalthebels und des Ständers müssen regelmäßig geschmiert werden, Je nach Art des Schmierstoffes kann es das Beste sein, die Komponenten vorher zu zerlegen, um die wichtigsten Stellen zu erreichen (siehe Kapitel 5).

3 Die von Honda empfohlenen Schmiermittel sind zu Beginn dieses Kapitels aufgeführt. Wenn Sprühöl verwendet wird, reicht es, die Verbindungsstellen zu schmieren, es kriecht dann von alleine an die Stellen, wo die Reibung auftritt (allerdings empfiehlt es sich, die Teile zu zerlegen, um sie zu reinigen und von Korrosion zu befreien).

4 Bei der Verwendung von Motoröl und dünnem Fett sollte auf Sparsamkeit geachtet werden, da Schmutz daran haften bleibt, der die Funktion der Bedienungselemente nach kurzer Zeit stark beeinträchtigen kann.

Anmerkung: *Ein alternatives Schmiermittel für Hebel-Gelenke ist Trockenfilm, der unter verschiedenen Namen im Fachhandel erhältlich ist.*

1

20 Muttern und Schrauben

1 Da sich durch die Vibrationen des Motorrades Befestigungen lockern können, sollten alle Muttern, Schrauben und Bolzen regelmäßig auf Festigkeit kontrolliert werden.

2 Beachten Sie besonders die folgenden Befestigungen – Details finden sich in den entsprechenden Kapiteln:

- Bremssattel- und Geberzylinder-Befestigungsschrauben
- Bremsleitungs-Anschlussschrauben und Entlüftungsventile
- Bremsscheibenschrauben und Befestigungen des ABS-Sensorrings
- Auspuffbefestigungen

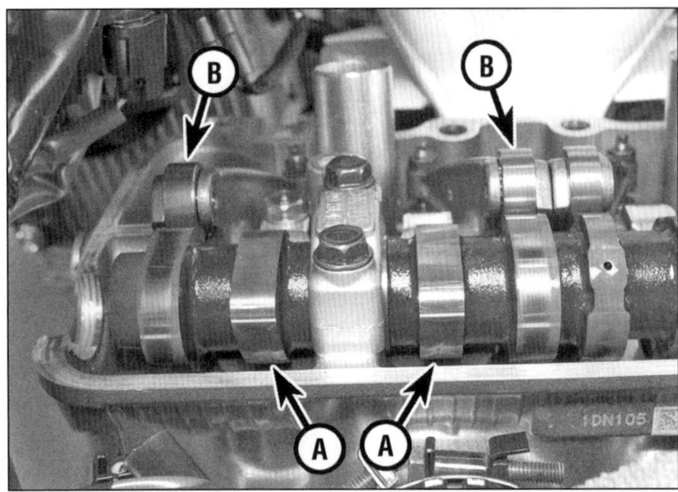

21.3a Zylinder 1: Tassenstößel der Einlassventile (A), Rollenkipphebel (B) der Auslassventile

21.3b Zylinder 2: Tassenstößel der Einlassventile (A), Rollenkipphebel (B) der Auslassventile

- Motoröl-Ablassschrauben, Ölfilterdeckel-Schrauben (DCT-Modelle)
- Motorhalterungen
- Hebel- und Pedalbolzen
- Lenker-Befestigungen
- Fußrastenträger- und Ständer-Befestigungen
- Stoßdämpferbefestigungen und Anlenkung
- Schwingenbolzen-Mutter
- Gabelbrücken-Klemmschrauben (oben und unten) und Gabel-Verschlüsse
- Lenkschaftmutter
- Vorderachse und Klemmschrauben
- Hinterachsmutter
- Ritzelschraube und Kettenblattmuttern
- Kettenspanner-Kontermuttern

3 Es ist immer sinnvoll, einen Drehmomentschlüssel zu benutzen und sich an die Drehmomentangaben am Anfang dieses und anderer Kapitel zu halten.

21 Ventilspiel

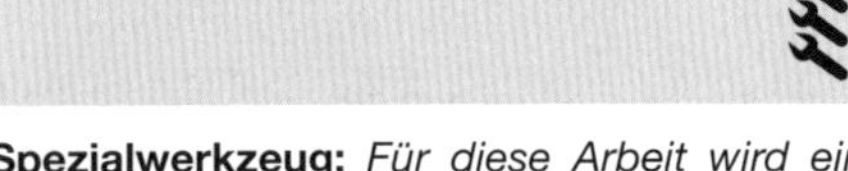

Spezialwerkzeug: *Für diese Arbeit wird ein Fühlerlehren-Set benötigt (Abbildung 21.7).*

Anmerkung: *Nach der Ventilspiel-Kontrolle sollten die Zündkerzen gewartet werden (siehe Sektion 22), da dies bei demontierter Zündspulen-Baugruppe einfacher ist.*

Kontrolle

1 Der Motor muss für die Ventilspielkontrolle völlig abgekühlt sein – am besten lässt man ihn über Nacht stehen.

2 Demontieren Sie den Ventildeckel (siehe Kapitel 2, Sektion 6). Schrauben Sie die Sekundär-Zündkerzen heraus (siehe Sektion 22).

3 Fertigen Sie eine Skizze mit den Positionen aller Ventile an, um das gemessene Spiel einzutragen. Zylinder 1 liegt in Fahrtrichtung links, die hinten liegenden Einlassventile werden per Tassenstößel gesteuert, wogegen die vorn liegenden Auslassventile per Rollenkipphebel geöffnet werden (siehe Abbildungen).

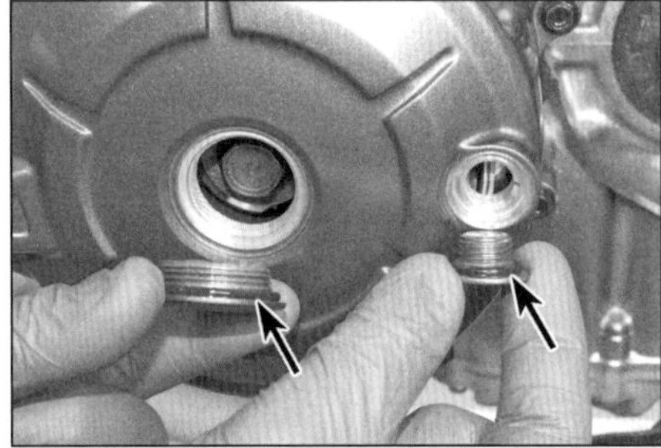

21.4 Drehen Sie links den Kurbelwellenstopfen und den Steuerzeiten-Inspektionsdeckel heraus.

21.6a Drehen Sie die Kurbelwelle vorwärts,...

4 Drehen Sie links den Kurbelwellenstopfen und den Steuerzeiten-Inspektionsdeckel aus dem Lichtmaschinendeckel (siehe Abbildung) – kontrollieren Sie ihre O-Ringe und ersetzen Sie sie nötigenfalls.

5 Für die Kontrolle des Ventilspiels muss der Motor in verschiedene Positionen gedreht werden, sodass das zu prüfende Ventil geschlossen ist. Setzen Sie dazu am Lichtmaschinenrotor-Bolzen einen Steckschlüssel an und drehen Sie die Kurbelwelle **ausschließlich vorwärts** (gegen den Uhrzeigersinn) (Abbildung 21.6a).

6 Drehen Sie die Kurbelwelle, bis die Linie neben der »T1«-Markierung zur Nut im Steuerzeiten-Inspektionsdeckel fluchtet und die Linien am Nockenwellenritzel bündig zur Dichtfläche liegen sowie die Körnermarkierung links oben steht (siehe Abbildungen). Falls die Körnermarkierung nicht sichtbar ist, muss die Kurbelwelle eine volle Umdrehung (360°) weitergedreht werden (die Nockenwelle dreht sich nur mit halber Kurbelwellendrehzahl), sodass die Markierungen jetzt wie gezeigt stehen.

7 In dieser Position können die zwei Einlassventile des linken Zylinders kontrolliert werden (Abbildung 21.3a) – führen Sie dazu ein Fühlerlehrenblatt der Stärke 0,13 bis 0,19 mm zwischen Nockenwelle und Tassenstößel ein und prüfen Sie dabei, ob es sich wie durch ein dickes Buch ziehen lässt (siehe Abbildung). Ist das Spiel zu groß oder zu klein, muss mithilfe anderer Stärken das tatsächliche Ventilspiel ermittelt werden. Notieren Sie das ermittelte Ventilspiel.

8 Drehen Sie die Kurbelwelle 270° gegen den Uhrzeigersinn, bis die Linie neben der »T2«-Markierung zur Nut in der Steuerzeiten-Inspektionsbohrung fluchtet und die Körnermarkierung am Nockenwellenritzel vorn bündig zur Dichtfläche liegt (siehe Abbildungen).

9 In dieser Position können die zwei Einlassventile des rechten Zylinders wie in Schritt 7 beschrieben kontrolliert werden (siehe Abbildung und Abbildung 21.3b). Jetzt können auch die Auslassventile des rechten Zylinders kontrolliert werden – führen Sie hierzu ein Fühlerlehrenblatt der Stärke 0,21 bis 0,25 mm zwi-

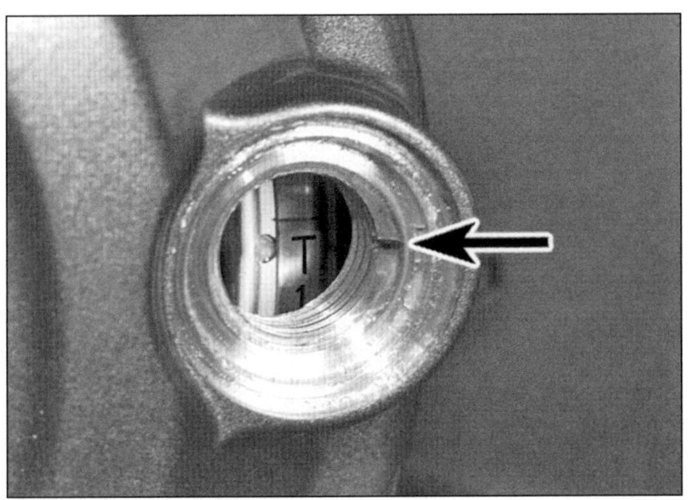

21.6b ...bis die Linie neben der »T1«-Markierung zur Nut im Steuerzeiten-Inspektionsdeckel fluchtet...

21.6c ...und die Linien am Nockenwellenritzel bündig zur Dichtfläche liegen sowie die Körnermarkierung links oben steht.

21.7 Führen Sie ein Fühlerlehrenblatt der korrekten Stärke zwischen Nockenwelle und Tassenstößel der Einlassventile des linken Zylinders ein.

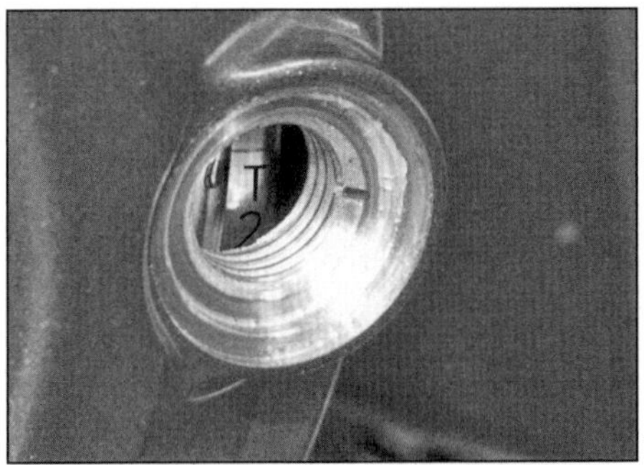

21.8a Drehen Sie die Kurbelwelle jetzt 270° vorwärts, bis die Linie neben der »T2«-Markierung zur Nut in der Inspektionsbohrung fluchtet...

21.8b ...und die Körnermarkierung am Nockenwellenritzel vorn bündig zur Dichtfläche liegt.

21.9a Führen Sie ein Fühlerlehrenblatt der korrekten Stärke zwischen Nockenwelle und Tassenstößel der Einlassventile des rechten Zylinders ein.

21.9b Kontrollieren Sie das Spiel der Auslassventile des rechten Zylinders zwischen der Rolle und dem Nocken.

1

schen Nockenwelle und Kipphebel-Rolle ein – auch hierbei muss leichter Widerstand spürbar sein (siehe Abbildung). Ist das Spiel zu groß oder zu klein, muss mithilfe anderer Stärken das tatsächliche Ventilspiel ermittelt werden. Notieren Sie das ermittelte Ventilspiel.

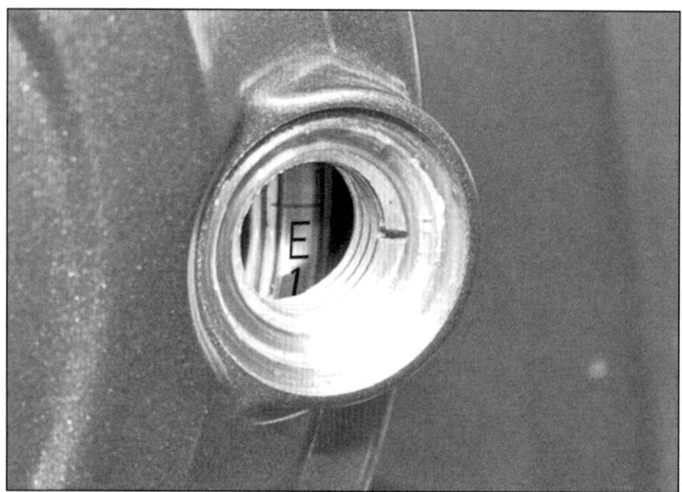

21.10a Drehen Sie die Kurbelwelle jetzt 252,5° vorwärts, bis die Linie neben der »E1«-Markierung zur Nut im Steuerzeiten-Inspektionsdeckel fluchtet...

21.10b ...und die Dreieck-Markierung am Nockenwellenritzel vorn bündig zur Dichtfläche liegt.

21.11 Ermitteln Sie wie gezeigt das Spiel der Auslassventile des linken Zylinders.

21.14a Heben Sie den Tassenstößel heraus,...

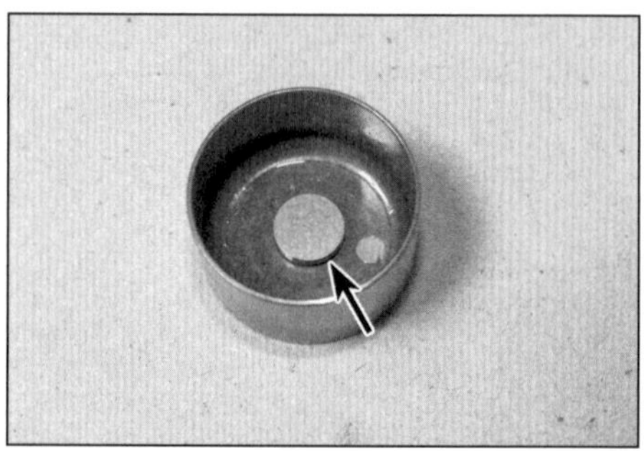

21.14b ...und befreien Sie den Shim.

10 Drehen Sie die Kurbelwelle jetzt 252,5° vorwärts, bis die Linie neben der »E1«-Markierung zur Nut im Steuerzeiten-Inspektionsdeckel fluchtet und die Dreieck-Markierung am Nockenwellenritzel vorn bündig zur Dichtfläche liegt (siehe Abbildungen).

11 Kontrollieren Sie jetzt die Auslassventile des linken Zylinders wie in Schritt 9 beschrieben (siehe Abbildung).

12 Nachdem die Werte aller Ventile ermittelt worden ist, kann jetzt abgelesen werden, ob es irgendwo außerhalb der Toleranzen ist. Je nach Position des Ventils muss eine der folgenden Einstellungen vorgenommen werden:

Einlassventile

Einstellung

13 Falls an einem oder mehrere Einlassventilen eine Einstellung nötig wird, muss das Plättchen (»Shim«) zwischen Tassenstößel und Ventil gegen ein passendes ausgetauscht werden, sodass das Ventilspiel wieder korrekt wird. Hierzu muss die Nockenwelle ausgebaut werden (siehe Kapitel 2). Legen Sie Lappen über die Zündkerzenbohrungen und den Steuerkettenschacht, damit keine Shims in den Motor fallen können.

14 Heben Sie den Tassenstößel des entsprechenden Ventils mit einem kleinen Saugnapf, einem Magneten oder einer vorsichtig eingesetzten Spitzzange heraus, um das darunter liegende Einstellplättchen sicherzustellen (siehe Abbildungen). Findet sich der Shim nicht im Stößel, so liegt er auf dem Ventil, wo er mit einem Magneten, einem mit Fett versehenen Schraubendreher (an dem er klebenbleiben soll) oder einem kleinen Schraubenzieher abgehebelt und mit einer Zange abgenommen werden kann (Abbildung 21.17). Passen Sie auf, dass der Shim nicht in den Motor fällt.

15 Messen Sie mithilfe einer Bügelmessschraube die Stärke des vorhandenen Shims (siehe Abbildung) – sie sollte auch auf dessen Oberseite markiert sein. Ein beispielsweise mit »175« markierter Shim hat eine Stärke von 1,75 mm. Ist keine Markierung sichtbar – und um sicherzugehen, dass das Plättchen nicht verschlissen ist – sollte es auf jeden Fall nachgemessen werden.

16 Falls das gemessene Ventilspiel über dem oberen Toleranzwert liegt, muss ein dickerer Shim beschafft werden; bei zu geringem Ventilspiel wird ein dünnerer Shim benötigt. Errechnen Sie, wie viel dicker oder dünner der neue Shim sein muss, um das Ventilspiel wieder in die Vorgaben zu bringen. Honda bietet Shims von 1,20 bis 2,45 mm in Steigerungen von 0,025 mm an. Wenn beispielsweise das gemessene Spiel eines Einlassventils 0,20 mm beträgt, hat das Ventil 0,04 mm mehr Spiel als vorgegeben (Mittelwert zwischen 0,13 und 0,19 mm: 0,16 mm). Beschaffen Sie einen neuen Shim, der 0,04 mm stärker ist als der vorhandene. Falls die benötigte Stärke nicht zu einer lieferbaren Größe passt, muss auf- oder abgerundet werden, um das Spiel möglichst nahe an den Mittelwert zu bringen.

Anmerkung: *Falls der benötigte Shim größer als 2,45 mm sein müsste, sitzt das Ventil wahrscheinlich aufgrund von Ölkohle-Ablagerungen nicht korrekt im Zylinderkopf – reinigen Sie es und seinen Sitz (siehe Kapitel 2).*

17 Besorgen Sie sich das entsprechende Ersatz-Plättchen und legen Sie es mit der Markierung nach oben über das Ventil (siehe Abbildung).

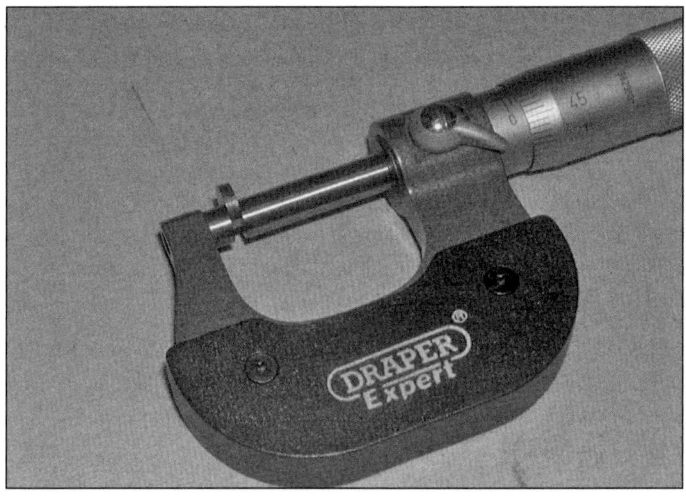

21.15 Messen Sie die Stärke des Shims mithilfe einer Bügelmessschraube.

21.17 Legen Sie den Shim in seinen Sitz...

21.18 ...und schieben Sie den Tassenstößel darüber.

21.20a Kontermutter (A) und Einsteller (B) eines Auslassventils

18 Schmieren Sie den Tassenstößel mit Motoröl und schieben Sie ihn über das Ventil (siehe Abbildung). Wiederholen Sie den Prozess bei allen anderen infrage kommenden Ventilen. Montieren Sie anschließend die Nockenwellen (siehe Kapitel 2).

19 Drehen Sie die Kurbelwelle einige Umdrehungen gegen den Uhrzeigersinn (vorwärts) (Abbildung 21.6a), damit sich die Shims setzen. Kontrollieren Sie erneut das Ventilspiel.

Auslassventile

Einstellung

20 Falls an einem oder mehrere Auslassventilen eine Einstellung nötig wird, muss an der Einstellschraube des entsprechenden Kipphebels die Kontermutter gelockert werden. Verdrehen Sie den Einsteller entsprechend, bis das gewünschte Spiel erreicht ist (sodass sich zwischen der Rolle und der Nockenwelle eine 0,23 mm-Fühlerlehre sanft hindurchziehen lässt (siehe Abbildungen). Halten Sie anschließend den Vierkant des Einstellers und ziehen Sie die Kontermutter sorgfältig an. Kontrollieren Sie erneut das Ventilspiel.

21.20b Lockern Sie die Kontermutter...

21.20c ...und verdrehen Sie den Einsteller, um das Spiel zu korrigieren.

Einbau

21 Installieren Sie die Zündkerzen (siehe Sektion 22) und den Ventildeckel (siehe Kapitel 2, Sektion 6).

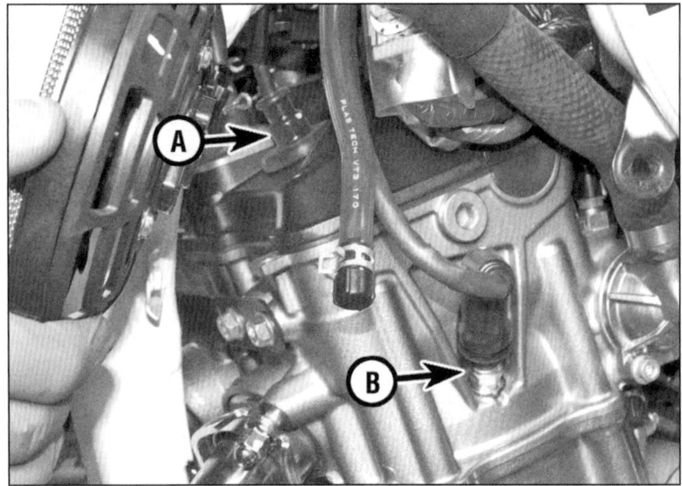

22.1a Primär- (A) und Sekundär-Zündkerze (B) von Zylinder Nr. 1

22.1b Primär- (A) und Sekundär-Zündkerze (B) von Zylinder Nr. 2

22.2a Befreien Sie alle an der Kühler-Abdeckung gesicherten Bauteile...

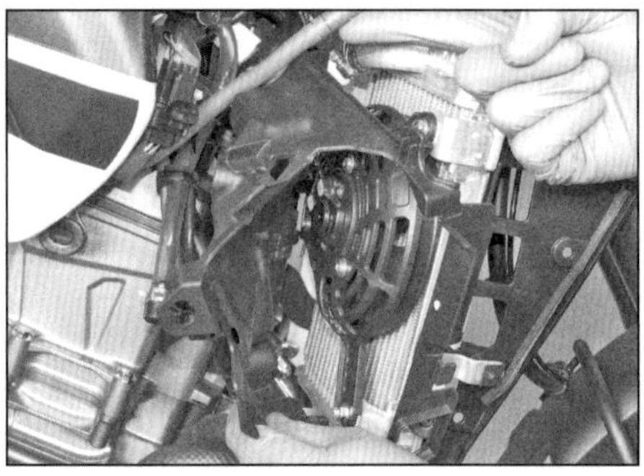

22.2b ...und entfernen Sie die Abdeckung.

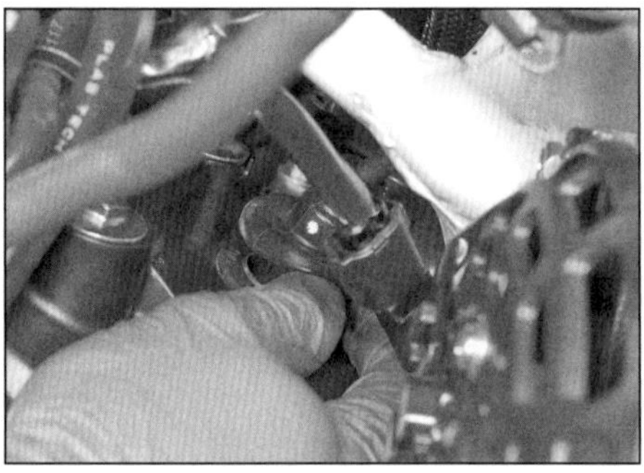

22.3 Die Primär-Zündkerzenstecker sitzen sehr tief im Zylinderkopf.

22 Rüsten Sie den Kurbelwellenstopfen und den Steuerzeiten-Inspektionsdeckel ggf. mit neuen eingeölten O-Ringen aus und fetten Sie ihre Gewinde (Abbildung 21.4). Ziehen Sie den Stopfen mit 8 Nm und den Deckel mit 6 Nm an.

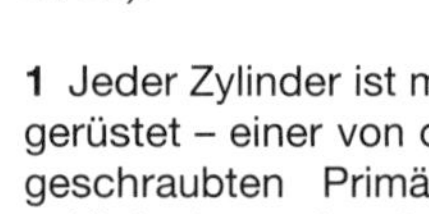

22 Zündkerzen

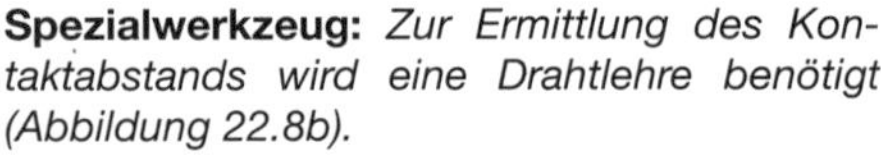

Spezialwerkzeug: *Zur Ermittlung des Kontaktabstands wird eine Drahtlehre benötigt (Abbildung 22.8b).*

Anmerkung: *Alle Modelle sind mit Iridium-Zündkerzen ausgerüstet, die nicht wie konventionelle Zündkerzen behandelt oder durch solche ersetzt werden dürfen.*

Anmerkung: *Der Zugang zu den Primär-Zündkerzen ist sehr begrenzt. Falls nur die Zündkerzen gewartet werden sollen, müssen die folgenden Schritte beachtet und die Wasserkühler demontiert werden. Falls im Zuge einer Inspektion auch das Ventilspiel kontrolliert werden soll, ist der Zugang zu den Primär-Zündkerzen deutlich leichter, weil für die Demontage des Ventildeckels auch die Zündspulen-Baugruppe demontiert werden muss (siehe Sektion 21).*

1 Jeder Zylinder ist mit zwei Zündkerzen ausgerüstet – einer von oben in den Zylinderkopf geschraubten Primär-Zündkerze und einer seitlich eingeschraubten Sekundär-Zündkerze (siehe Abbildungen).

2 Demontieren Sie die Wasserkühler – es müssen weder das Kühlmittel abgelassen noch Schläuche oder Stecker getrennt werden (siehe Kapitel 3). Befreien Sie die Verkabelung und den jeweiligen Schlauch aus der Abdeckung hinten am Kühler und entfernen Sie diese (siehe Abbildung).

3 Ziehen Sie die Zündkerzenstecker ab (siehe Abbildung).

4 Blasen Sie die Zündkerzenschächte möglichst mit Druckluft aus, damit kein Schmutz in den Brennraum fällt.

5 Verwenden Sie zum Ausbau möglichst einen langen 14er-Zündkerzen-Steckschlüssel samt Verlängerung (mit dem Bordwerkzeug sind vor allem die Primär-Zündkerzen sehr schwierig zu erreichen) und drehen Sie die Zündkerzen aus dem Zylinderkopf (siehe Abbildungen). Legen Sie die Kerzen entsprechend ihrer Einbaupositionen ab.

6 Vergleichen Sie Ihre Zündkerzen mit den farbigen Zündkerzenbildern auf der Innenseite des Rückumschlags dieses Buches. Falls anormale Zustände festgestellt werden, sollten deren Ursachen herausgefunden werden. Kontrollieren Sie das Gewinde, den Dichtring und den Keramik-Isolator der Zündkerze auf Brüche und andere Beschädigungen.

Zündkerzen können für viele Symptome verantwortlich sein: Schlechtes Anspringen, ungleichmäßiges Standgas, Fehlzündungen, hoher Verbrauch, mangelnde Leistung, usw. Ein Kerzenwechsel bewirkt hier oft Wunder.

7 Honda schreibt vor, die Zündkerzen alle 48.000 km zu erneuern (siehe Schritt 9).

8 Begutachten Sie die Spitze der Iridium-Mittelelektrode – falls sie abgerundet ist, muss die Zündkerze ersetzt werden (siehe Abbildung). Ermitteln Sie den Abstand der Mittel-

22.5a Führen Sie zum Ausbau der Primär-Zündkerzen den Spezial-Steckschlüssel in den Schacht ein,...

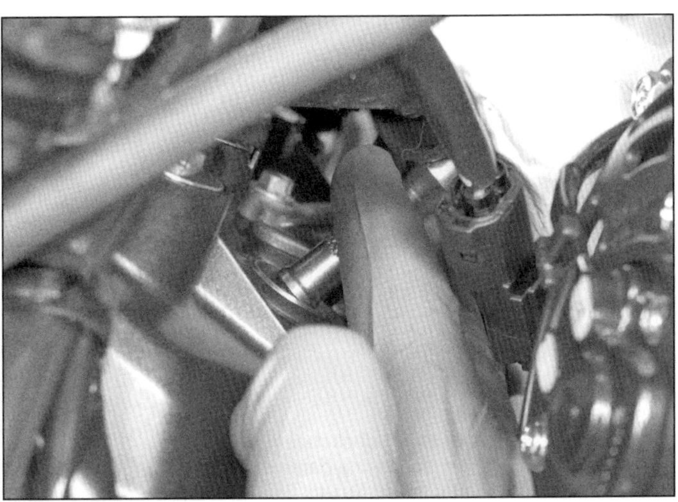

22.5b ...verbinden Sie dann die Verlängerung mit dem Steckschlüssel...

22.5c ...und setzen Sie hier die Ratsche an, um die Zündkerze zu lösen.

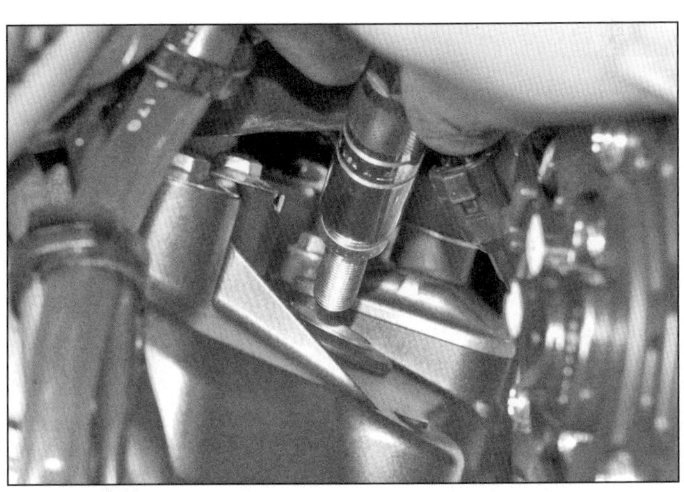

22.5d Entfernen Sie die Werkzeuge – die Zündkerze wird dabei mit dem Gummiring des Steckschlüssel herausgezogen.

elektrode zur Masseelektrode **ausschließlich** mit einer 1 mm-Drahtlehre (mit einer Fühlerlehre kann die Mittelelektrode leicht beschädigt werden). Falls sich der Draht hindurchschieben lässt, ist der Abstand zu groß und die Zündkerze muss erneuert werden (der Abstand muss 0,8 bis 0,9 mm betragen). Falls die Zündkerze versehentlich auf die Masseelektrode fallen gelassen wird und diese dabei verbiegt, muss die Zündkerze ebenfalls ersetzt werden. Biegen Sie niemals die Masseelektrode nach!

9 Stecken Sie die Zündkerze in den Kerzenschlüssel, um sie damit zu installieren. Alternativ gibt es spezielle Zündkerzen-Einbauwerkzeuge, aber auch ein passender Schlauch kann hilfreich sein. Da der Zylinderkopf aus Aluminium besteht, muss bei diesem weichen Material sehr auf Beschädigung der Kerzengewinde geachtet werden. Drehen Sie deshalb die Kerze möglichst weit per Hand in den Motor und ziehen Sie sie anschließend an. Falls ein Drehmomentschlüssel vorhanden ist, sollte die Kerze mit 22 Nm angezogen werden; ansonsten werden neue Zündkerzen nach dem Aufsetzen des Dichtrings eine halbe Umdrehung angezogen, alte Kerzen werden eine achtel bis viertel Umdrehung festgezogen – zu festes Anziehen kann schnell das Gewinde ausreißen lassen.

10 Stecken Sie die Kerzenstecker auf – sie müssen vollständig einrasten.

22.8a Kontrollieren Sie die Spitze der Iridium-Mittelelektrode auf Verschleiß.

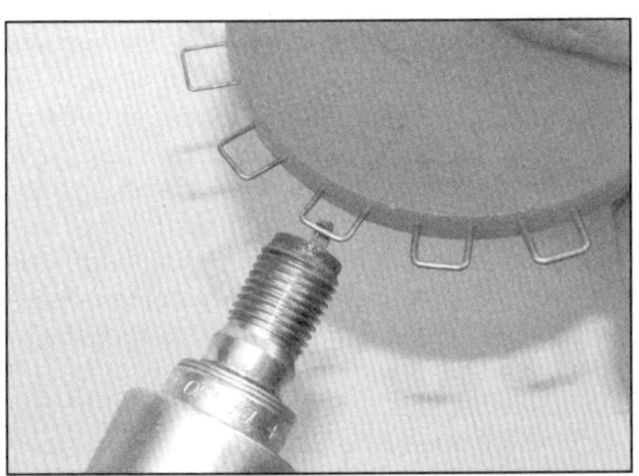

22.8b Ermitteln Sie den Kontaktabstand ausschließlich mit einer Drahtlehre.

23.2a Lösen Sie die Schrauben,...

23.2b ...befreien Sie den Stutzen...

23.2c ...und ziehen Sie den Deckel nach vorn vom Gehäuse ab.

11 Montieren Sie die Kühlerabdeckungen, sichern Sie alle Kabel und Schläuche daran und installieren Sie die Kühler (siehe Kapitel 3).

Ausgerissene Kerzengewinde können mit Gewindeeinsätzen wieder repariert werden. Beachten Sie sich hierzu die* Werkzeug- und Werkstatt-Tipps *im Anhang dieses Buchs.

23 Luftfilter

Anmerkung: *Falls die Maschine oft in staubiger oder feuchter Umgebung gefahren wird, müssen die Wechselintervalle verkürzt oder die Filter zwischendurch gereinigt werden (siehe Schritt 4).*

Achtung: Fahren Sie das Motorrad niemals ohne Luftfilter!

1 Das Luftfiltergehäuse ist an beiden Seiten mit einem Filterelement ausgerüstet – entfernen Sie für den Zugang die Verkleidungsseitenteile (siehe Kapitel 7).
2 Lösen Sie die vier Schrauben des jeweiligen Luftfilterdeckels, befreien Sie den Ansaugstutzen und entnehmen Sie die Deckel-Baugruppe (siehe Abbildungen).
3 Lösen Sie die zwei Schrauben des jeweiligen Filterelements und befreien Sie es aus dem Gehäuse (siehe Abbildungen).
4 Um das Filterelement zwischen den Wechselintervallen zu reinigen, wird es aus einer harten Oberfläche ausgeklopft, damit sich Insekten und Schmutz lösen. Blasen Sie es von innen mit Druckluft aus (siehe Abbildung). Versuche mit Reinigungsprodukten sollten unterbleiben, da hierbei die Staub-Haftbeschichtung beschädigt wird.
5 Setzen Sie das (neue) Filterelement in das Luftfiltergehäuse und sichern Sie es mit den zwei Schrauben (Abbildungen 23.3b und a).
6 Kontrollieren Sie den Zustand der Deckeldichtung (siehe Abbildung) und erneuern Sie sie nötigenfalls. Setzen Sie den Deckel an und sichern Sie ihn mit den Schrauben (Abbildungen 23.2c, b und a).
7 Montieren Sie die Verkleidungsseitenteile (siehe Kapitel 7).

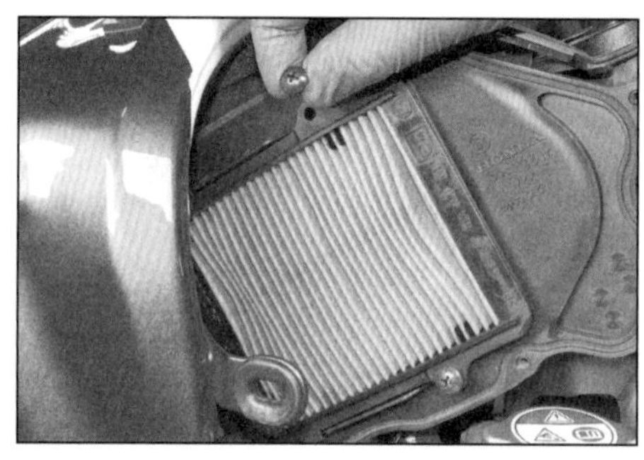

23.3a Lösen Sie die zwei Schrauben...

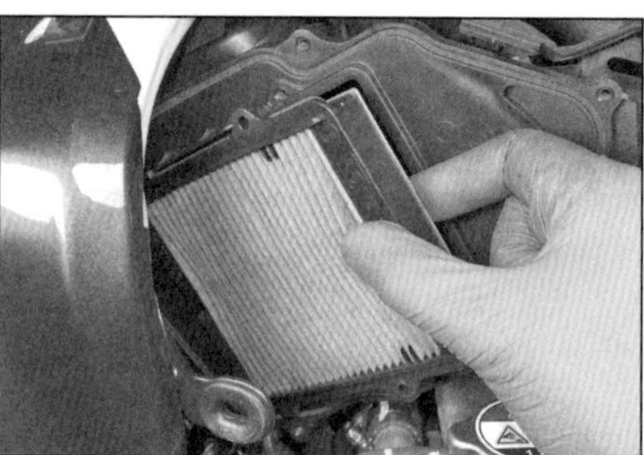

23.3b ...und entnehmen Sie das Filterelement.

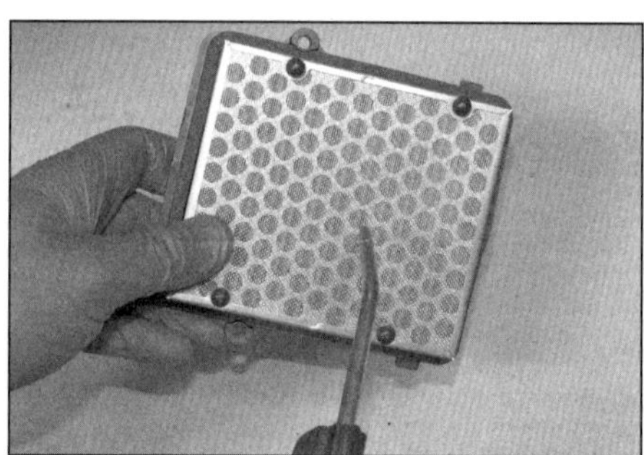

23.4 Blasen Sie das Filterelement zwischen den Wechselintervallen von innen aus.

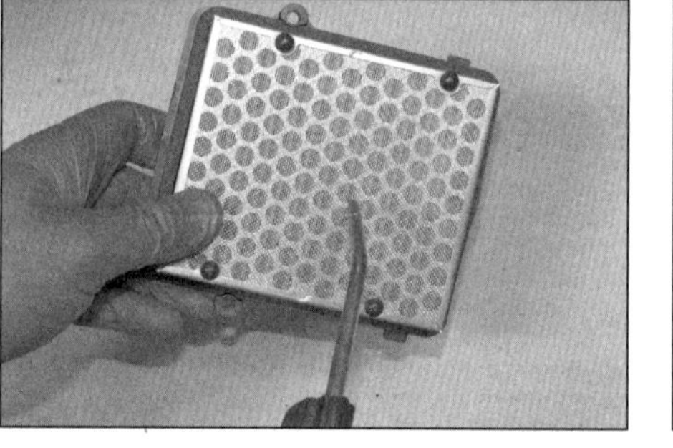

23.6 Kontrollieren Sie die Deckel-Dichtung.

24 Batterie

1 Modelle bis 2017 sind mit »wartungsfreien« Bleisäure-Batterien ausgerüstet, deren Gehäuse versiegelt sind und nicht geöffnet werden dürfen.

Achtung: Versuche, die Verschlusskappen zu öffnen, zerstört die Batterie!

2 Modelle ab 2018 sind mit Lithium-Ionen-Batterien ausgerüstet, die ebenfalls nicht geöffnet werden dürfen.
3 Die einzige mögliche Wartungsarbeit liegt darin, die Sauberkeit und Festigkeit der Batteriepole sowie die Unversehrtheit des Batteriegehäuses sicherzustellen. Weitere Details sind in Kapitel 8 beschrieben.

Achtung: Arbeiten an der Batterie müssen mit größter Sorgfalt erfolgen. Die Batteriesäure bis Modelljahr 2017 ist stark ätzend und beim Laden können explosive Gase entweichen!

4 Falls ein Motorrad bis Modelljahr 2017 nicht regelmäßig gefahren wird, sollte die Batterie vom Bordnetz getrennt und alle 4 bis 6 Wochen geladen werden (siehe Kapitel 8, Sektion 4).

Kapitel 2
Motor, Kupplung und Getriebe

Inhalt (in alphabetischer Reihenfolge, die Zahlen geben die Nummerierung in den grauen Feldern wieder)

Schwierigkeitsgrade

Leicht. Für Anfänger mit wenig Erfahrung geeignet. 

Relativ leicht. Für Anfänger mit etwas Erfahrung geeignet. 

Relativ schwierig. Geeignet für geübte Selbstschrauber. 

Schwer. Geeignet für Selbstschrauber mit viel Erfahrung. 

Sehr schwer. Geeignet für Experten und Profis.

Technische Daten

2

Allgemeines

Typ	Viertakt-Reihenzweizylindermotor
Hubraum	998 cm³
Bohrung	92,0 mm
Hub	75,1 mm
Verdichtungsverhältnis	10,0 : 1
Zylindernummerierung	Nr. 1 – links; Nr. 2 – rechts
Ventiltrieb	Steuerkette, 1 Nockenwelle (OHC), Tassenstößel (Einlass), Kipphebel (Auslass), jeweils 4 Ventile
Kühlung	Wasserkühlung
Kupplung	
Standardgetriebe	Mehrscheiben-Nasskupplung, Bowdenzug
DCT-Modelle	2 Mehrscheiben-Nasskupplungen, elektrohydraulisch betätigt
Getriebe	6 Gänge in konstantem Eingriff
Endantrieb	Dichtringkette

Nockenwellen, Kipphebel, Tassenstößel

	Standard	Verschleißgrenze
Nockenhöhe		
Einlassnockenwelle	41,24 bis 41,48 mm	41,21 mm (min.)
Auslassnockenwelle	41,53 bis 41,77 mm	41,50 mm (min.)
Nockenwellen-Lagerspiel	0,020 bis 0,062 mm	0,10 mm (max.)
Nockenwellen-Verzug	0,04 mm (max.)	
Kipphebelachsen-Durchmesser	11,977 bis 11,990 mm	

Kipphebelachselbohrung-Durchmesser	12,00 bis 12,018 mm	12,05 mm (max.)
Tassenstößel-Durchmesser	28,978 bis 28,993 mm	28,970 mm (min.)
Tassenstößelsitz-Innendurchmesser	29,010 bis 29,026 mm	29,04 mm (max.)

Zylinderkopf

Verzug	0,10 mm (max.)	

Ventile, Führungen und Federn

	Standard	**Verschleißgrenze**
Ventilspiel	siehe Kapitel 1	
Ventilschaftdurchmesser		
Einlassventile	5,475 bis 5,490 mm	5,465 mm (min.)
Auslassventile	5,465 bis 5,480 mm	5,455 mm (min.)
Ventilführungs-Innendurchmesser	5,500 bis 5,512 mm	5,552 mm (max.)
Ventilsitz-Breite		
Einlassventile	1,1 bis 1,3 mm	1,5 mm (max.)
Auslassventile	1,3 bis 1,5 mm	1,9 mm (max.)
Ventilführung-Höhe über Zylinderkopf		
Einlassventile	1,7,7 bis 18,0 mm	
Auslassventile	1,7,8 bis 1,8,1 mm	
Ventilfedern – freie Länge	43,2 mm	42,2 mm (min.)

Anlasserfreilauf

Freilaufrad-Nabe – Außendurchmesser	57,749 bis 57,768 mm	
Freilaufrad-Nabe – Innendurchmesser	44,00 bis 44,016 mm	

Kupplung – Standardgetriebe

	Standard	**Verschleißgrenze**
Belagscheiben – Anzahl	8	
Stahlscheiben – Anzahl	7	
Belagscheiben-Stärke	3,22 bis 3,38 mm	3,0 mm (min.)
Stahlscheiben-Verzug		0,2 mm (max.)
Kupplungsfedern – freie Länge	52,48 mm	51,48 mm (min.)
Kupplungsführung-Außendurchmesser	34,975 bis 34,991 mm	
Kupplungsführung-Innendurchmesser	28,00 bis 28,021 mm	
Eingangswellen-AD an Kupplungsführung	27,967 bis 27,980 mm	
Primärtriebrad-Innendurchmesser	41,958 bis 41,983 mm	

Kupplung – DCT-Modelle

	Standard	**Verschleißgrenze**
Kupplungsspiel zw. Einstellplatte u. Sicherungsring	0,7 bis 0,9 mm	1,3 mm (max.)
EOT-Sensor – Widerstand	2,5 bis 2,8 Ohm	

Schmiersystem

	Standard	**Verschleißgrenze**
Öldruck am Ölfilter (Öltemperatur: 80 °C)	6,14 bar bei 5000/min	
Ölpumpe – Spiel zw. Innenrotorspitze und Außenrotor	0,15 mm	0,20 mm (max.)

Zylinderbohrungen

	Standard	**Verschleißgrenze**
Durchmesser	92,00 bis 92,015 mm	92,10 mm (max.)
Zylinderkompression	12,7 bar bei 500/min	

Kurbelwelle und Hauptlager

	Standard	**Verschleißgrenze**
Hauptlager-Spiel	0,019 bis 0,038 mm	0,05 mm (max.)
Kurbelwellen-Verzug		0,04 mm (max.)

Pleuelstangen

	Standard	**Verschleißgrenze**
Oberes Pleuelauge – Innendurchmesser	22,030 bis 22,044 mm	22,054 mm (max.)
Pleuelfuß-Axialspiel	0,1 bis 0,2 mm	0,35 mm (max.)
Pleuelfuß-Radialspiel	0,027 bis 0,045 mm	0,065 mm (max.)

Kolben*

	Standard	**Verschleißgrenze**
Durchmesser (12 mm über unterem Rand, 90° zum Kolbenbolzen)	91,981 bis 91,996 mm	91,890 mm (min.)
Spiel zwischen Kolben und Zylinder	0,004 bis 0,034 mm	0,21 mm (max.)
Kolbenbolzen-Durchmesser	21,994 bis 22,00 mm	21,98 mm (min.)
Kolbenbolzen-Bohrung im Kolben	22,002 bis 22,008 mm	22,02 mm (max.)

** Die Maße gelten für Standard-Kolben; falls das Spiel zum Zylinder die Verschleißgrenze überschreitet, können Übermaß-Kolben samt Ringen (+ 0,25 mm) beschafft und die Zylinder entsprechend geschliffen werden, bis das Spiel wieder korrekt ist.*

Kolbenringe	**Standard**	**Verschleißgrenze**
Stoßspiel (eingebaut)		
Oberer Kompressionsring	0,15 bis 0,3 mm	0,4 mm (max.)
Zweiter Kompressionsring	0,45 bis 0,6 mm	0,7 mm (max.)
Ölabstreifring-Seitenteile	0,2 bis 0,7 mm	0,9 mm (max.)
Spiel in Ringnuten (nur Kompressionsringe)	0,03 bis 0,06 mm	

Getriebe-Untersetzung (Anzahl der Zähne)	**Standardgetriebe**	**Doppelkupplungsgetriebe**
Primäruntersetzung	1,733 zu 1 (78/45)	1,883 zu 1 (81/43)
Enduntersetzung	2,625 zu 1 (42/16)	2,625 zu 1 (42/16)
1. Gang	2,866 zu 1 (43/15)	2,562 zu 1 (41/16)
2. Gang	1,888 zu 1 (34/18)	1,761 zu 1 (37/21)
3. Gang	1,480 zu 1 (37/25)	1,375 zu 1 (33/24)
4. Gang	1,230 zu 1 (32/26)	1,133 zu 1 (34/30)
5. Gang	1,100 zu 1 (33/30)	0,972 zu 1 (36/37)
6. Gang	0,968 zu 1 (31/32)	0,882 zu 1 (30/34)

Schaltmechanismus	**Standard**	**Verschleißgrenze**
Schaltgabeln – Stärke der Gabel-Enden	5,93 bis 6,00 mm	5,83 mm (min.)
Schaltgabelachsen-Außendurchmesser	11,957 bis 11,968 mm	
Schaltgabelachsenbohrung-Innendurchmesser	12,00 bis 12,018 mm	

Anzugsdrehmomente	**Nm**
Anlasserfreilauf-Schrauben	29
Ausgleichswellenlagerhalter-Schrauben (hinten)	29
Ausgleichswellenlager-Halteplattenschrauben (vorn)	12
Ausgleichswellenrad-Schraube (vorn)	103
Getriebeeingangswellen-Lagersitzschrauben	12
Getriebesteuermotor-Deckelschrauben (DCT-Modelle)	12
Getriebesteuermotor-Schrauben (DCT-Modelle)	14
Getriebeuntersetzungsrad-Deckelschrauben (DCT-Modelle)	14
Getriebewellen-Winkelsensor-Schraube (DCT-Modelle)	12
Hubmagnetventil-Befestigungsschrauben (DCT-Modelle)	12
Hubmagnetventil-Halteplattenschraube (DCT-Modelle)	12
Hubmagnetventil-Deckelschrauben (DCT-Modelle)	12
Kipphebelachsen-Arretierschrauben	12
Kipphebelachsen-Stopfen	18
Kupplungsdeckel-Schrauben	12
Kupplungsfederplatten-Schrauben (Standardgetriebe)	12
Kupplungsmutter (Standardgetriebe)	128
Kupplungsölrohr-Deckelschrauben (DCT-Modelle)	12
Kupplungsölrohr-Führungsplattenschrauben (DCT-Modelle)	5
Kurbelwellen-Inspektionsstopfen	8
Kühlrohr-Schrauben an Kupplungsdeckel (DCT-Modelle)	12
Motorgehäuseschrauben	
M6-Schrauben	12
M8-Schrauben	24
M10-Gehäuseschrauben	39
M10-Hauptlagerschrauben	
Schritt 1	15
Schritt 2	30
Schritt 3	43
Motorhalterungen (in dieser Reihenfolge)	
Schrauben/Muttern des rechten Rahmenunterzugs	
bis Modelljahr 2017	44
ab Modelljahr 2018	30
Mutter des unteren hinteren Motorbolzens	44
Mutter des unteren vorderen Motorbolzens	44
Muttern der mittleren vorderen Motorhalterungen am Rahmen	32
Mutter des mittleren vorderen Motorbolzens	44
Bolzen der vordere Motorhalterung am Rahmen	32
Bolzen der Halter am Motor	32
Bolzen der oberen hinteren Motorhalterungen am Rahmen	32
Mutter des oberen hinteren Motorbolzens	32
Nockenwellenhalter-Schrauben	12
Nockenwellenritzel-Schrauben	20

Öldruck-Ventildeckel	30
Ölpumpen-Befestigungsschrauben	16
Ölpumpen-Gehäuseschrauben	12
Ölpumpenrad-Sicherungsschraube	12
Pleuelfußschrauben	
Schritt 1	22
Schritt 2 (mit alten Schrauben für Radialspiel-Kontrolle)	um 90° weiter
Schritt 2 (mit neuen Schrauben für Montage)	um 120° weiter
Primärtriebrad-Mutter (DCT-Modelle)	118
Primärtriebrad-Schraube (Standardgetriebe)	103
Schaltarretierung-Schraube (Standardgetriebe)	12
Schaltmechanismus-Halteplattenschrauben (Standardgetriebe)	12
Schaltstern-Schraube (DCT-Modelle)	31
Schaltstern-Schraube (Standardgetriebe)	23
Schaltwalzenlager/Schaltgabelachsen-Sicherungsschrauben	12
Schaltwalzenschieber-Führungsplatten-Schrauben (DCT-Modelle)	12
Steuerkettenspannerschinen-Gelenkbolzen	23
Steuerzeiten-Inspektionsdeckel	6
Ventildeckelschrauben	10
Zylinderkopfschrauben (M9)	83

1 Allgemeine Informationen

1 Im Zylinderkopf des wassergekühlten Reihen-Zweizylindermotors werden je vier Ventile pro Zylinder über eine obenliegende Nockenwelle und Tassenstößel (Einlassventile) bzw. Kipphebel (Auslassventile) betätigt. Die Nockenwelle wird rechts von der Kurbelwelle über eine Kette angetrieben. Das aus Leichtmetall bestehende Motorgehäuse ist horizontal geteilt.
2 Der Motor wird über ein Nasssumpfsystem mit einer über die hintere Ausgleichswelle per Zahnräder angetriebenen Doppelrotorpumpe (Modelle mit Standardgetriebe) bzw. Dreirotorpumpe (DCT-Modelle) geschmiert. Das Schmiersystem beinhaltet ein Ansaugsieb, ein im Kanal zum Ölfilter sitzendes Überdruckventil und einen Öldruckschalter im Hauptkanal.
3 Die rechts am Motor sitzende Kühlmittelpumpe wird über die vordere Ausgleichswelle angetrieben.
4 Auf dem linken Kurbelwellenstumpf sitzt die Lichtmaschine, dahinter befindet sich der Anlasserfreilauf. Außen am Lichtmaschinenrotor befinden sich die Zündauslöser sowie der Geber für den im Lichtmaschinendeckel sitzenden Kurbelwellensensor.
5 Vor und hinter der Kurbelwelle liegende Ausgleichswellen sollen Motorvibrationen eliminieren – die vordere wird links von der Kurbelwelle angetrieben, die hintere rechts.
6 Der rechts an der Kurbelwelle sitzende Primärtrieb leitet die Kraft zur Kupplung (Modelle mit Standardgetriebe) bzw. den Kupplungen (DCT-Modelle) weiter – alle Kupplungen sind im Ölbad laufende Mehrscheibenkupplungen. Die Kupplung des Standardgetriebes wird manuell per Bowdenzug betätigt, die Doppelkupplung elektrohydraulisch per Steuermodul. Hinter der/den Kupplung(en) sitzt bei allen Modellen ein Sechsgang-Getriebe mit konstantem Eingriff. Der Antrieb des Hinterrades erfolgt über Kettenräder und eine Dichtringkette.

2 Motorbauteile Zugang

Arbeiten, die bei eingebautem Motor möglich sind:

1 Die unten aufgelisteten Komponenten und Teile können demontiert werden, ohne dass der Motor aus dem Rahmen gebaut werden muss. Wenn jedoch mehrere dieser Arbeiten zugleich ausgeführt werden müssen, empfiehlt es sich, den Motor dafür auszubauen.

- Ventildeckel
- Steuerkettenspanner
- Nockenwelle, Tassenstößel und Kipphebel
- Steuerkette samt Schienen
- Zylinderkopf
- Kupplung(en)
- Ölpumpe
- Primärtriebrad
- Schaltmechanismus
- Lichtmaschine und Anlasserfreilauf
- Ausgleichswellen
- Ölwanne, Ansaugsieb und Überdruckventil
- Anlasser
- Wasserpumpe

Arbeiten, die den Ausbau des Motors erfordern:

2 Für den Zugang zu folgenden Komponenten muss der Motor aus dem Rahmen genommen und die Gehäusehälften getrennt werden:

- Kurbelwelle und Lager
- Pleuel und Pleuelfußlager
- Kolben und Kolbenringe, Zylinderbohrungen
- Getriebewellen
- Schaltwalze und -Gabeln

3 Motor Verschleißbestimmung

Warnung: Seien Sie bei Arbeiten am heißen Motor sehr vorsichtig – die Auspuffanlage, der Motor und das Motoröl können sehr heiß sein.

1 Geringe Motorleistung, Auspuffqualm, starker Ölverbrauch und schlechtes Startverhalten können die Folge mangelnder Kompression sein. Diese kann unter anderem durch undichte Ventile, eine leckende Zylinderkopfdichtung sowie Verschleiß an Kolben, den Kolbenringen und Zylinderbohrungen hervorgerufen werden. Eine Kompressionsprüfung kann helfen, die Ursache zu finden; zudem lassen sich damit übermäßige Kohleablagerungen ermitteln. Ein spezieller Druckverlust-Tester (fragen Sie Ihren Honda-Händler) kann helfen, die Gründe einzugrenzen.

Zylinderkompressionstest

Spezialwerkzeug: *Für diese Arbeit wird ein Kompressionsprüfer mit einem Adapter für 10 x 1 mm-Zündkerzengewinde benötigt. Je nach Ergebnis des ersten Tests kann es nötig werden, für weitere Kontrollen eine Öl-Spritzflasche zu beschaffen.*

2 Vor dem Durchführen des Tests muss sichergestellt werden, dass das Ventilspiel in Ordnung ist (siehe Kapitel 1). Die Batterie muss vollständig geladen sein.
3 Starten Sie den Motor, lassen Sie ihn Betriebstemperatur erreichen, schalten Sie ihn dann ab.
4 Entfernen Sie aus beiden Zylindern die Sekundär-Zündkerzen (siehe Kapitel 1, Sektion 22).

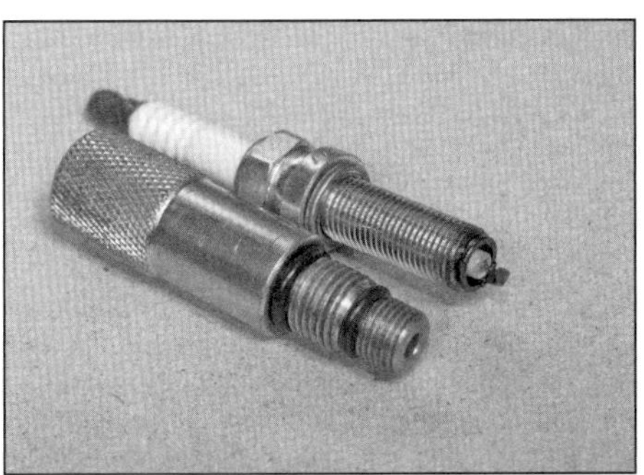

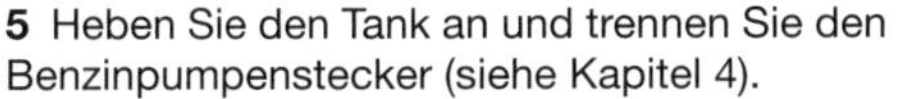
3.6a Wählen Sie den zur Zündkerze passenden Adapter aus,...

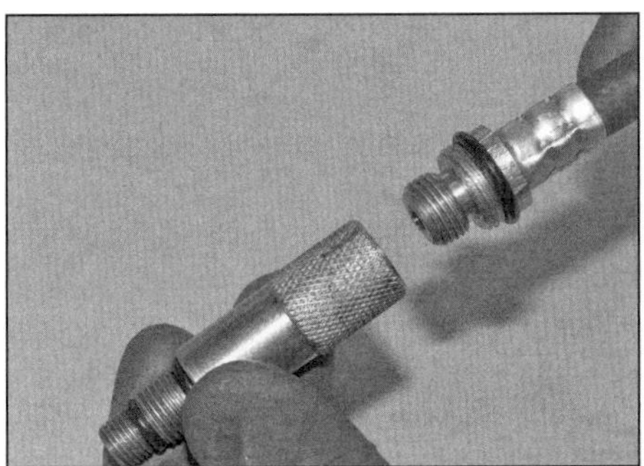

3.6b ...verbinden Sie ihn mit dem Schlauch...

5 Heben Sie den Tank an und trennen Sie den Benzinpumpenstecker (siehe Kapitel 4).
6 Prüfen Sie, ob der Adapter des Kompressionsprüfers ein 10 x 1-Gewinde hat, und drehen Sie ihn in den zu prüfenden Zylinder (siehe Abbildungen).
7 Schalten Sie die Zündung ein und den Killschalter auf RUN, legen Sie im Getriebe den Leerlauf ein, öffnen Sie vollständig den Gasgriff und drehen Sie den Motor mit dem Anlasser solange durch, bis sich das Messgerät nach ein paar Kurbelwellenumdrehungen auf einen Wert stabilisiert, der den maximalen Druck angibt (siehe Abbildung).
8 Notieren Sie den gemessenen Wert und wiederholen Sie die Messungen am anderen Zylinder. Schalten Sie anschließend die Zündung wieder aus.
9 Liegt der Zylinderdruck eines Zylinders deutlich unter 12,7 bar, kann dies an Verschleiß an der Zylinderbohrung, den Kolbenringen oder dem Kolben liegen, außerdem an einer defekten Zylinderkopfdichtung, lockeren Zylinderkopfschrauben oder undichten Ventilen. Um die Ursache näher einzugrenzen, wird etwas Motoröl durch die Zündkerzenbohrung in den Brennraum gespritzt, um die Kolbenringe gegen den Zylinder abzudichten, dann wird der Kompressionstest wiederholt – liegt das Ergebnis deutlich höher, sind der Zylinder, der Kolben und/oder die Ringe verschlissen. Bleibt die Kompression niedrig, wird wahrscheinlich eine defekte Zylinderkopfdichtung, ein lockerer Kopf oder ein undichtes Ventil der Grund sein, bei extrem niedrigen Werten sind aber auch ein Loch im Kolben oder ein gebrochener Kolbenring mögliche Gründe.
10 Drücke über den Vorgaben sind dank sauber verbrennender moderner Kraftstoffe unwahrscheinlich, würden allerdings auf massive Ölkohleablagerungen im Brennraum hinweisen. In diesem Fall muss der Zylinderkopf demontiert werden, um die Ablagerungen vom Kolben, aus dem Kopf und von den Ventilen entfernen zu können (siehe Sektion 10).

Druckverlust-Test

11 Ein Druckverlust-Test ähnelt einer Kompressionsprüfung, gibt aber auch Hinweise darauf, wie viel Druck durch Lecks verloren geht. Viele Werkstätten ziehen einen Druckverlust-Test gegenüber einer Kompressionsprüfung vor, da hierdurch gezielter auf Probleme hingewiesen wird, sodass nach einer Zerlegung leichter gegen die Ursachen vorgegangen werden kann. Die erforderliche Ausrüstung ist allerdings teurer als ein Kompressionsprüfer, zudem wird eine Druckluftquelle benötigt. Richten Sie sich bei der Durchführung des Tests ggf. nach der Bedienungsanleitung des Prüfgeräts – oder lassen Sie ihn von einer entsprechend ausgerüsteten Fachwerkstatt durchführen.
12 Ein Druckverlust-Test kann zusammen mit einer Kompressionsprüfung durchgeführt werden, um andere Probleme zu diagnostizieren – darunter schadhafte Komponenten des Ventiltriebs, unkorrekte Steuerzeiten oder Defekte am Zünd- und Einspritzsystem.

Öldruck-Kontrolle

Spezialwerkzeug: *Für diesen Test muss ein Adapter zwischen den Ölfilter und das Motorgehäuse installiert werden – Honda bietet ihn unter den Teilenummern 070MJ-0010101 oder 07AMJ-001A100 an. Ein Öldruckprüfer wird daran per Schlauch angeschlossen – diese Teile sind bei Honda unter den Nummern 07506-3000001 und 07406-00300000 erhältlich.*

13 Besteht irgendein Zweifel über die Funktion des Schmiersystems, muss eine Öldruck-Kontrolle durchgeführt werden. Dieser Check liefert auch nützliche Informationen über den Verschleiß im Motor.
14 Beim Einschalten der Zündung muss die Öldruck-Kontrolllampe aufleuchten – und beim Starten des Motors erlöschen. Falls die Lampe bei laufendem Motor weiterleuchtet oder aufzuleuchten beginnt, wurde zu niedriger Öldruck festgestellt und der Motor muss unverzüglich abgeschaltet werden, um eine Ölpegel-Kontrolle durchzuführen (siehe *Tägliche Kontrollen*). Soweit der Pegel in Ordnung ist, muss die Ölwanne demontiert werden, um das Ansaugsieb auf Verstopfung zu überprüfen (siehe Sektion 19). Kontrollieren Sie das abgelassene Öl auf Schlammbildung, was seine Fließfähigkeit behindert. Eine aufleuchtende Öldrucklampe kann auch auf einen elektrischen Defekt zurückzuführen sein – prüfen Sie

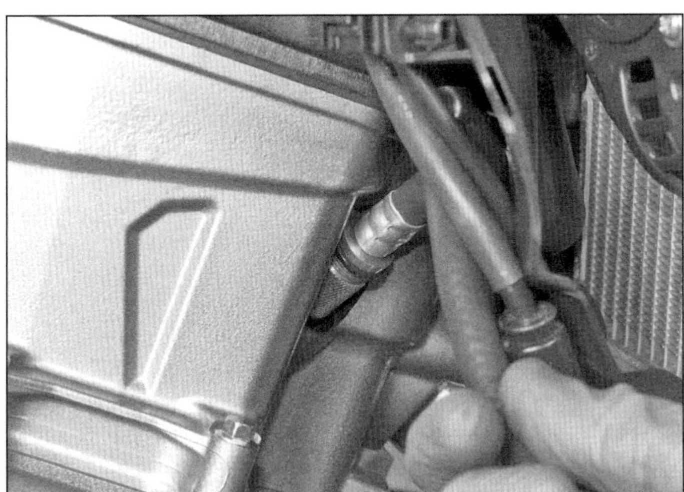

3.6c ...und drehen Sie ihn in die Sekundär-Zündkerzenbohrung.

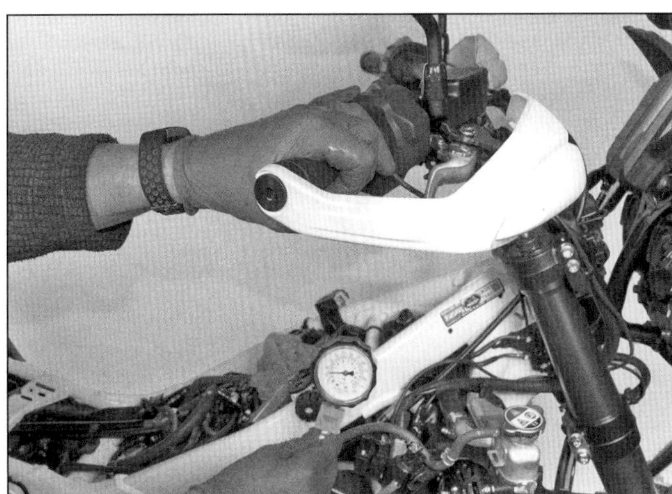

3.7 Ermitteln der Zylinderkompression

4.1a Stützen unter den Fußrastenaufnahmen geben dem Motorrad sicheren Halt, Hölzer schützen vor Kratzern.

die Funktion des Öldruckschalters, der Warnlampe und des Stromkreises (siehe Kapitel 8). Soweit hier alles in Ordnung ist, muss eine Öldruckprüfung durchgeführt werden.

15 Für eine Öldruck-Kontrolle werden die oben beschriebenen Spezialwerkzeuge benötigt.

16 Lassen Sie das Motoröl ab und demontieren Sie den Ölfilter, um den Adapter (samt Schlauch und Messuhr) zu installieren. Drehen Sie den Ölfilter wieder auf und befüllen Sie den Motor mit Öl (siehe Kapitel 1, Sektion 11).

17 Bringen Sie den Motor auf Betriebstemperatur und erhöhen Sie die Drehzahl auf 5000/min – der Öldruck muss dabei auf ca. 6,3 bar ansteigen.

18 Falls der Druck deutlich darunter liegt, können das Ansaugsieb blockiert sein, das Öl die falsche Viskosität haben (zu dünnes Öl) oder hoher Motorverschleiß vorliegen; beginnen Sie die Überprüfung mit dem Ansaugsieb (siehe Sektion 19) und kontrollieren Sie dann die Ölpumpe und das Überdruckventil (siehe Sektion 20). Soweit bis hierher alles in Ordnung ist und alle Ölkanäle frei sind, muss der Motor zerlegt werden, um das Spiel aller Gleitlager zu überprüfen und den Motor ggf. grundlegend zu überholen.

19 Falls der Öldruck zu hoch ist, kann der Ölfilter verstopft sein, das Überdruckventil im geschlossenen Zustand klemmen oder eine falsche Ölviskosität (Öl zu dickflüssig) verwendet worden sein.

20 Ist der Druck in Ordnung, müssen – soweit noch nicht erledigt – der Öldruckschalter, der Warnlampe und der Stromkreis überprüft werden (siehe Kapitel 8).

21 Schalten Sie den Motor ab und lassen Sie ihn abkühlen. Lassen Sie das Motoröl ab und demontieren Sie den Ölfilter, um den Adapter entfernen zu können. Installieren Sie den Ölfilter wieder an den Motor und befüllen Sie den Motor mit Öl (siehe Kapitel 1, Sektion 11).

4.1b Mit einem solchen Haken kann die Vorderradbremse blockiert werden.

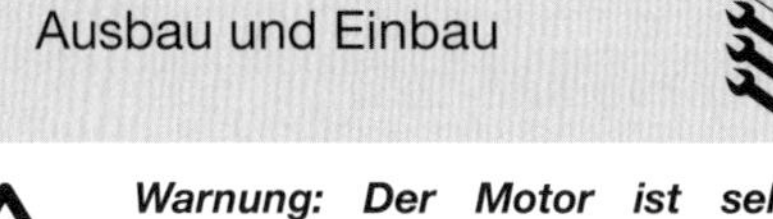

4 Motor
Ausbau und Einbau

Warnung: Der Motor ist sehr schwer. Der Ein- und Ausbau des Motors sollte immer mit der Hilfe mindestens eines Assistenten ausgeführt werden. Ein herunterfallender oder abrutschender Motor kann zu Verletzungen führen und Beschädigungen zur Folge haben. Um das Gewicht des Motors vor dem Ausbau zu reduzieren, sollten gut zugängliche Komponenten wie die Kupplung(en) (Sektion 13 oder 14), die Lichtmaschine und der Anlasser (siehe Kapitel 8) demontiert werden.

Anmerkung: *Legen Sie ausgebaute Motorbolzen mit allen Scheiben, Haltern, Hülsen und der Mutter ab, um beim Einbau alles korrekt zuordnen zu können und nichts zu vergessen.*

Ausbau

1 Stützen Sie das Motorrad auf einer ebenen Fläche mit geeigneten Hilfsmitteln aufrecht ab – ein Montageständer für die Hinterachse kann nicht verwendet werden, da die Schwinge demontiert werden muss (siehe Abbildung). Ziehen Sie den Bremshebel mit einem Gummiband oder einem speziellen Haken gegen den Lenker, damit die Maschine nicht nach vorne rollen kann (siehe Abbildung). Die Arbeit kann erleichtert werden, wenn die Maschine mithilfe einer Rampe oder Bühne auf eine bessere Höhe gebracht wird. Das Motorrad muss sicher stehen und darf nicht nach vorne überkippen (beachten Sie die *Werkzeug- und Werkstatt-Tipps* im Anhang).

2 Demontieren Sie den Fahrersitz, die Verkleidungsseitenteile und den Ölwannenschutz (siehe Kapitel 7).

3 Demontieren Sie die Auspuffanlage (siehe Kapitel 4, Sektion 17).

4 Falls der Motor – speziell an seinen Aufhängungen – verschmutzt ist, muss er zuerst gründlich gereinigt werden. Hierdurch wird nicht nur die Arbeit erleichtert, sondern auch ausgeschlossen, dass abfallender Schmutz hineingeraten kann.

5 Lassen Sie das Motoröl und das Kühlmittel ab und demontieren Sie nötigenfalls den Ölfilter (siehe Kapitel 1).

6 Demontieren Sie den Tank, das Luftfiltergehäuse und die Drosselklappengehäuse-Baugruppe (siehe Kapitel 4). Verstopfen Sie die Ansaugstutzen mit sauberen Lappen, um keine Fremdkörper eindringen zu lassen.

7 Entfernen Sie die Batterie samt Träger (siehe Kapitel 8).

8 Demontieren Sie die Zündspulen-Baugruppe und das Sekundärluft-Ventil samt seiner Schläuche (siehe Kapitel 4).

9 Demontieren Sie die Kühler samt ihrer Schläuche – merken Sie sich die Verlegung (siehe Kapitel 3).

4.10a Lösen Sie an beiden Seiten die Schraube und entnehmen Sie den Halter,...

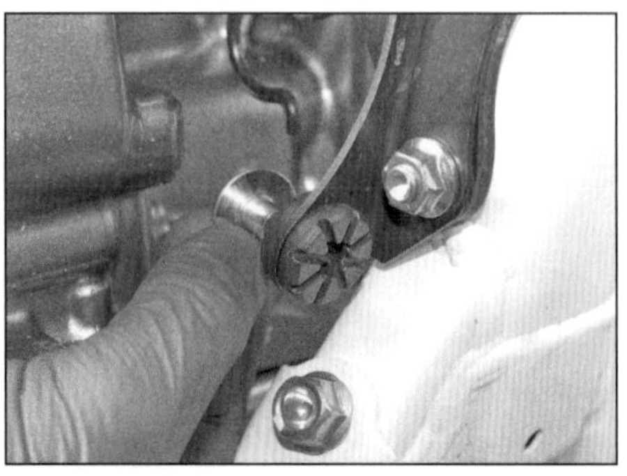

4.10b ...befreien Sie dann die Hülsen aus den Gummistopfen.

4.14a Lösen Sie die Schraube...

10 Demontieren Sie bei der Adventure Sports die untere Halterung des Sturzbügels (siehe Abbildungen).

11 Demontieren Sie das Bremspedal (siehe Kapitel 5).

12 Demontieren Sie bei Modellen mit Standardgetriebe den Schalthebel samt Gestänge und Schaltwellen-Abdeckung (Abbildungen 15.2a bis c).

13 Demontieren Sie die Schwinge samt Stoßdämpfer

14 Lösen Sie am Kühlmittel-Ausgleichsbehälter die Schraube, um ihn zu befreien – merken Sie sich seine Einbauposition (siehe Abbildungen).

15 Entfernen Sie hinten am Motor die Gummikappe von den Kabelsteckern – merken Sie sich, wie sie befestigt ist (siehe Abbildung).

16 Befreien Sie bei allen Modellen mit Standardgetriebe den grauen Zweistiftstecker des Bremslichtschalters, den schwarzen Zweistiftstecker des Seitenständerschalters und den Sechsstiftstecker der Lichtmaschine (Abbildung 4.17a). Trennen Sie den schwarzen Achtstiftstecker (bis Modelljahr 2017) bzw. den schwarzen Dreistiftstecker (ab Modelljahr 2018) des Getriebesensors; ab Modelljahr 2018 müssen auch die Stecker des Leerlaufschalters (Abbildung 4.17c) und des Schaltwellen-Schalters getrennt werden. Befreien Sie die Klemme des Lambdasondenkabels vom Halter und demontieren Sie diesen (Abbildung 4.17d). Trennen Sie den schwarzen Dreistiftstecker des Geschwindigkeitssensors (Abbildung 4.17f).

17 Befreien Sie bei DCT-Modellen den grauen Zweistiftstecker des Bremslichtschalters, den schwarzen Zweistiftstecker des Seitenständerschalters , den Sechsstiftstecker der Lichtmaschine, den blauen Dreistiftstecker des Schaltwellenwinkel-Sensors, den schwarzen Dreistiftstecker des Eingangswellen-Innensensors und den schwarzen Dreistiftstecker des Schaltbereichsensors (siehe Abbildungen). Trennen Sie das Kabel des Leerlaufschalters (siehe Abbildung). Befreien Sie die Klemme des Lambdasondenkabels vom Halter und demontieren Sie diesen, um den Clip des EOT-Sensorkabels zu befreien (siehe Abbildungen). Trennen Sie die schwarzen Dreistiftstecker des Geschwindigkeitssensors und des Eingangswellen-Außensensors (siehe Abbildung). Entfernen Sie die Abdeckung des Gangwechsel-Steuermotors, beachten Sie die Verlegung der Verkabelung und trennen Sie den schwarzen Zweistiftstecker des Motors (Abbildungen 16.1 und 16.2a).

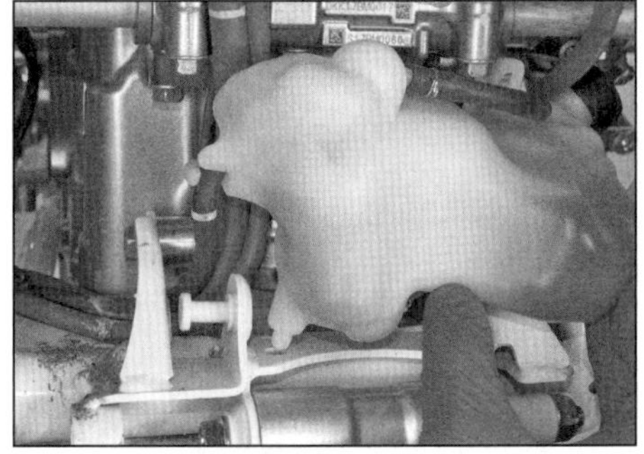

4.14b ...und entnehmen Sie den Kühlmittel-Ausgleichsbehälter.

4.15 Befreien Sie die Gummikappe von den Kabelsteckern – gezeigt am DCT-Modell von 2018.

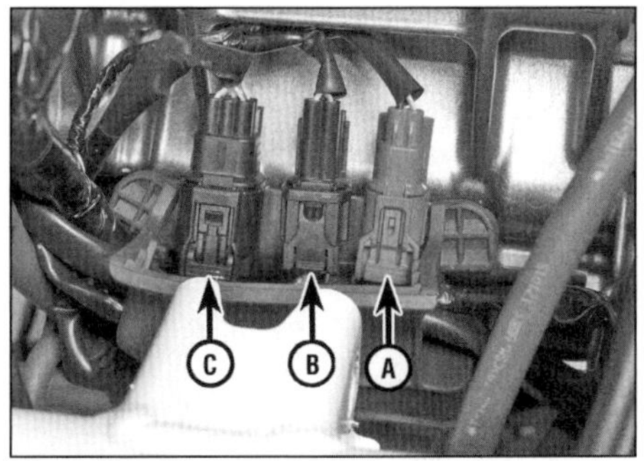

4.17a Bremslichtschalter-Stecker (A), Seitenständerschalter-Stecker (B), Lichtmaschinen-Stecker (C)

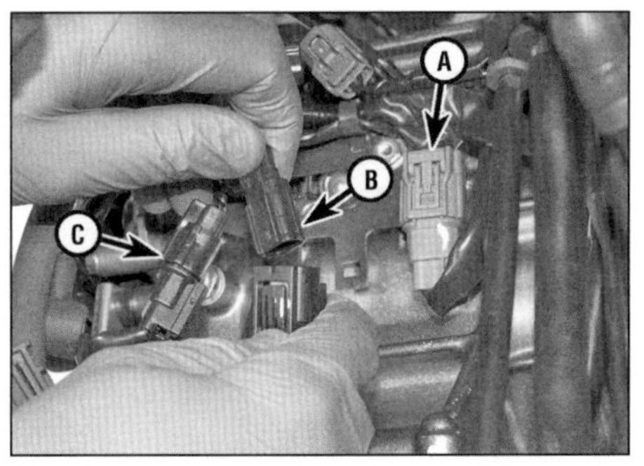

4.17b Schaltwellenwinkel-Sensorstecker (A), Eingangswellen-Innensensor-Stecker (B), Schaltbereichsensor-Stecker (C)

4.17c Ziehen Sie die Kappe vom Leerlaufschalter und lösen Sie die Mutter, um das Kabel zu befreien.

2

4.17d Befreien Sie unten am Halter den Stecker, lösen Sie die Schraube (Pfeil), befreien Sie den Halter...

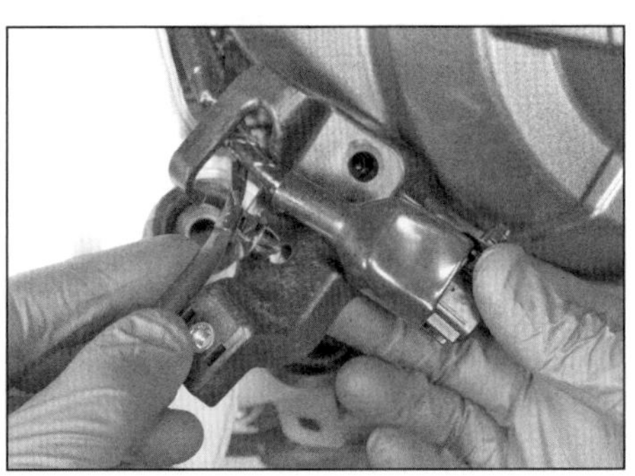

4.17e ...und trennen Sie die Verkabelung.

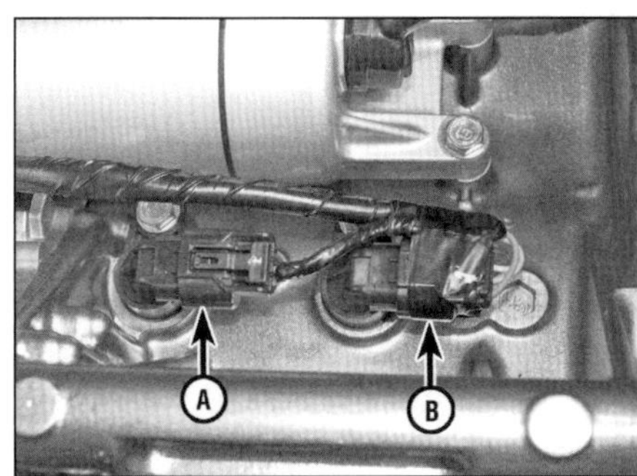

4.17f Geschwindigkeitssensor-Stecker (A), Eingangswellen-Außensensor-Stecker (B)

4.18 Befreien Sie die Verkabelung, lösen Sie die Schrauben und entnehmen Sie den Halter.

4.19 Grauer Lichtmaschinenstecker an der Regler/Gleichrichter-Baugruppe

4.20a Lösen Sie die Schrauben, entnehmen Sie die Abdeckung...

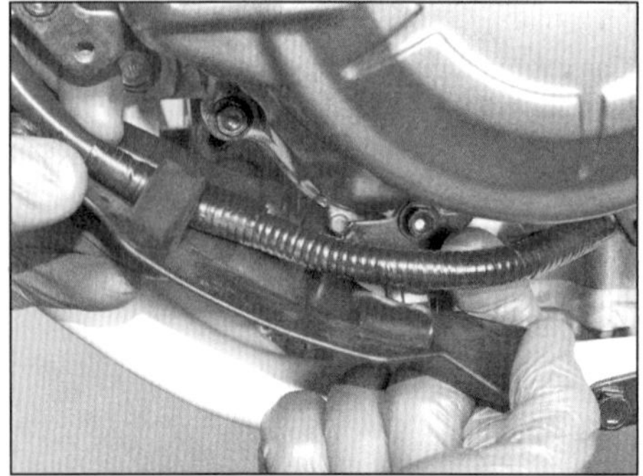

4.20b ...und befreien Sie die Kabel.

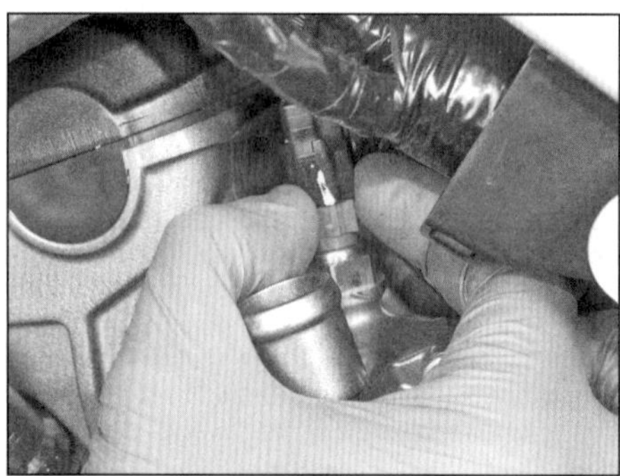

4.21 Stecker des Kühltemperatursensors

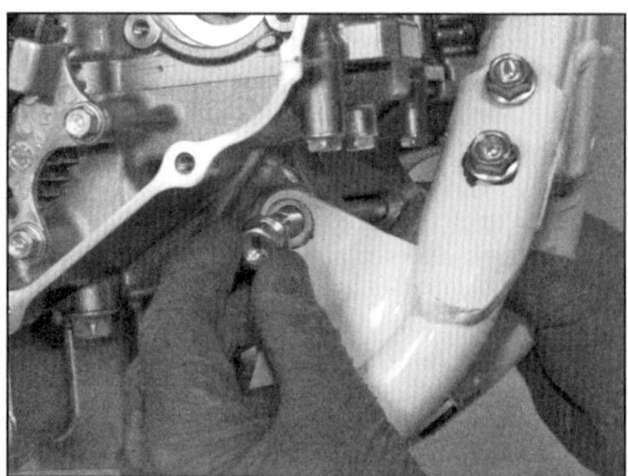

4.25a Lösen Sie rechts am vorderen unteren Motorbolzen die Mutter und ziehen Sie den Bolzen heraus.

4.25b Lösen Sie innen am rechten Unterzug die Muttern der hinteren Bolzen...

4.25c ...und ziehen Sie diese heraus – beachten Sie die unterschiedlichen Längen.

4.25d Lösen Sie die unterschiedlich langen vorderen Bolzen und entnehmen Sie den rechten Unterzug.

18 Demontieren Sie den Kabelstecker-Halter (siehe Abbildung).

19 Trennen Sie an der Regler/Gleichrichter-Baugruppe den grauen Dreistiftstecker der Lichtmaschinenkabel (siehe Abbildung). Befreien Sie die Verkabelung vom Rahmen, da sie mit dem Motor befreit wird.

20 Demontieren Sie den Lichtmaschinenkabel-Abdeckung (siehe Abbildungen).

21 Trennen Sie den Stecker des Kühltemperatursensors (siehe Abbildung).

22 Befreien Sie bei allen Modellen mit Standardgetriebe das untere Ende des Kupplungszugs vom Ausrückhebel und die Hülle aus dem Widerlager (siehe Sektion 13) – sichern Sie den Zug außerhalb des Arbeitsbereichs.

23 Demontieren Sie bei DCT-Modellen die Abdeckung des Motoröldruck-Sensors (Abbildungen 14.4a und b). Trennen Sie den schwarzen Vierstiftstecker des Hubmagnetventils und öffnen Sie die Kabelbinder (Abbildung 14.5a). Trennen Sie den grauen Dreistiftstecker des Kupplungsleitungs-Öldrucksensors, den grauen Dreistiftstecker des Öldrucksensors an Kupplung Nr. 1 sowie den schwarzen Dreistiftstecker des Öldrucksensors an Kupplung Nr. 2 (Abbildung 14.5b). Lösen Sie die Schraube der Sensorkabel-Halterung (Abbildung 14.5c). Entfernen Sie den Motoröltemperatursensor (siehe Kapitel 4) und den Öldrucksensor (siehe Kapitel 8).

24 Demontieren Sie das Motorritzel (siehe Kapitel 6).

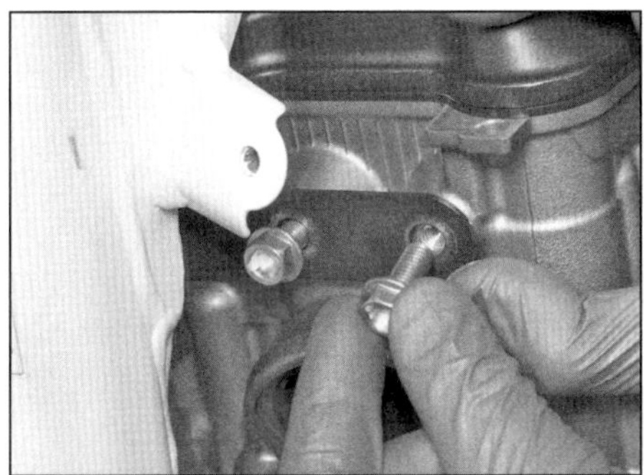

4.27a Lösen Sie die oberen vorderen Motorbolzen...

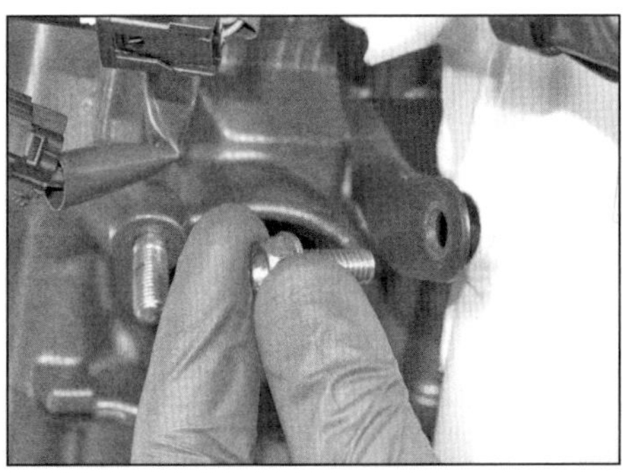

4.27b ...und entfernen Sie den oberen vorderen Halter.

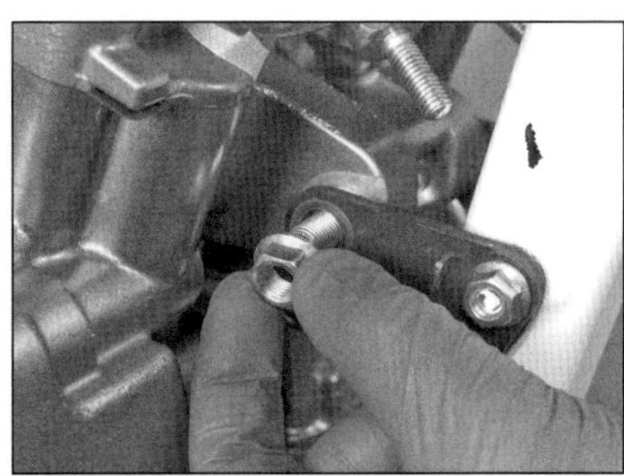

4.28a Lösen Sie die Mutter,...

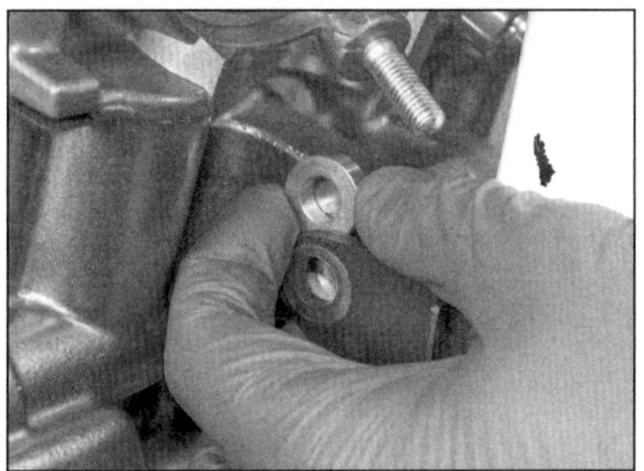

4.28b ...entnehmen Sie die rechte Distanzhülse,...

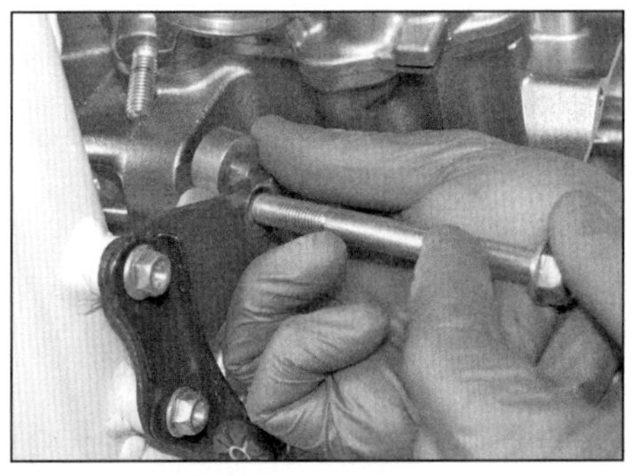

4.28c ...ziehen Sie den Bolzen heraus und entnehmen Sie auch die linke Hülse.

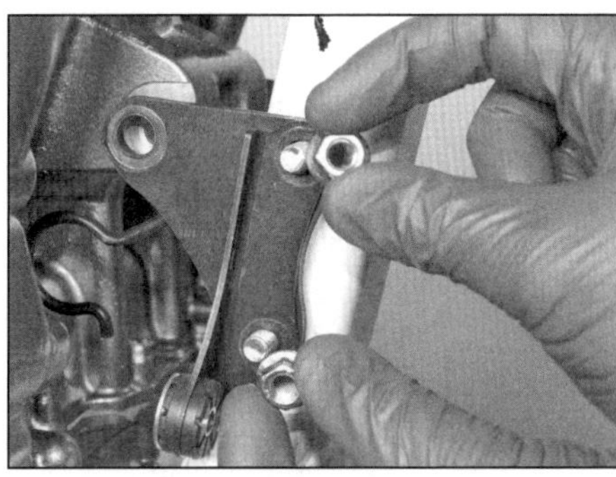

4.28d Lösen Sie die Muttern der Halterungen,...

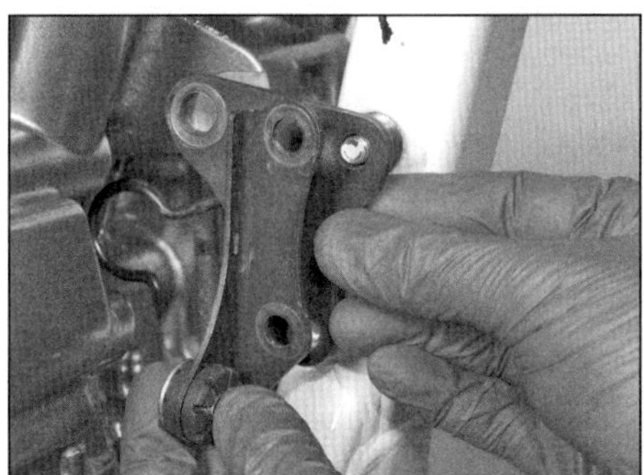

4.28e ...entnehmen Sie die rechte Halterung.

4.28f Ziehen Sie die Bolzen heraus und entnehmen Sie die linke Halterung – gezeigt bei der Adventure Sports.

4.29 Schützen Sie den Rahmen und den Motor mit umwickelten Lappen.

2

25 Lösen Sie rechts am vorderen unteren Motorbolzen die Mutter und ziehen Sie den Bolzen heraus (siehe Abbildung). Lösen Sie hinten am rechten Rahmenunterzug die Muttern der Bolzen und ziehen Sie diese heraus (siehe Abbildungen) – beachten Sie mögliche Scheiben. Lösen Sie vorn am rechten Rahmenunterzug die Bolzen und ziehen Sie sie heraus (siehe Abbildung) – beachten Sie mögliche Scheiben. Entnehmen Sie den Unterzug.

26 Stellen Sie jetzt eine mechanische oder hydraulische Hebevorrichtung unter den Motor und legen Sie ein Holz darauf, um das Motorgehäuse nicht zu beschädigen (wir haben ein Stück Gummi verwendet – siehe Abbildung 4.1a). Der Heber muss mittig positioniert sein, sodass der Motor nicht seitlich herunterfällt, nachdem der letzte Bolzen gelöst wurde. Der Heber soll lediglich das Gewicht des Motors aufnehmen (aber nicht das Motorrad anheben), damit keine Belastung auf die Motorbolzen ausgeübt wird und sie leicht herausgezogen werden können.

27 Lösen Sie die oberen vorderen Motorbolzen und den Bolzen des vorderen Halters, um diesen entnehmen zu können (siehe Abbildungen).

28 Lösen Sie rechts am mittleren vorderen Motorbolzen die Mutter und entnehmen Sie die rechte Distanzhülse. Ziehen Sie den Bolzen heraus und entnehmen Sie die linke Distanzhülse – vertauschen Sie die Hülsen nicht (siehe Abbildungen). Lösen Sie die Muttern der Halterungen, ziehen Sie die Bolzen heraus und entnehmen Sie die Halterungen (bei der Adventure Sports samt unterem Sturzbügel-Halter) (siehe Abbildungen).

29 Umwickeln Sie zum Schutz vor Kratzern Lappen um den Rahmenunterzug und den linken Bereich des Ventildeckels und sichern Sie sie mit Klebeband (siehe Abbildung).

4.30a Lösen Sie die Mutter des oberen hinteren Motorbolzens

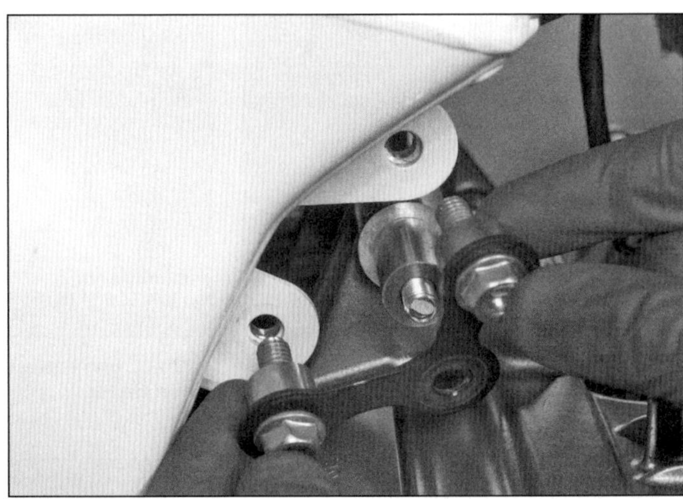

4.30b Lösen Sie die Schrauben des Halters und entnehmen Sie ihn samt Distanzhülsen...

4.30c ...sowie der Motor-Distanzhülse.

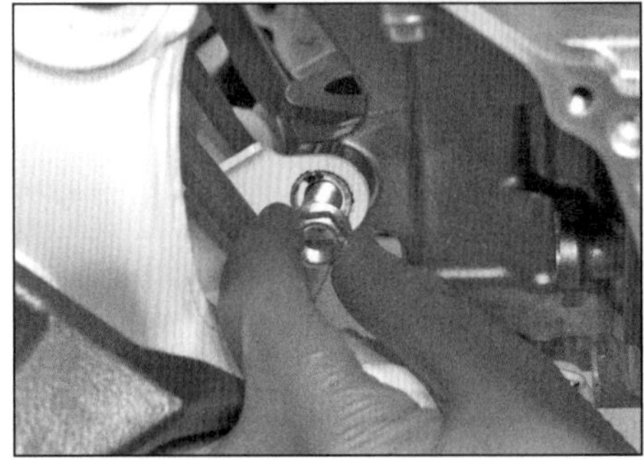

4.31a Lösen Sie rechts am unteren hinteren Motorbolzen die Mutter,...

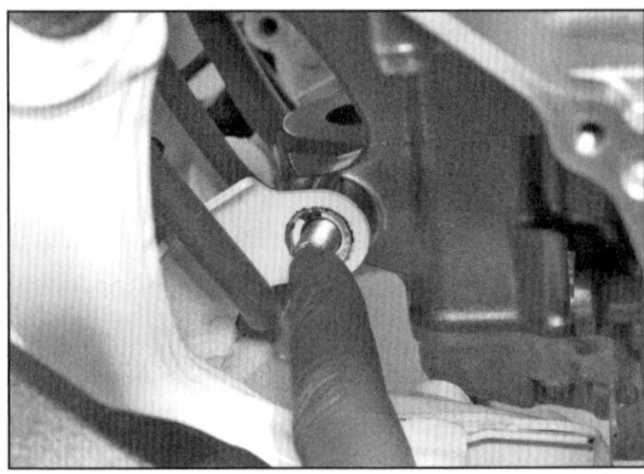

4.31b ...drücken Sie den Bolzen hinein...

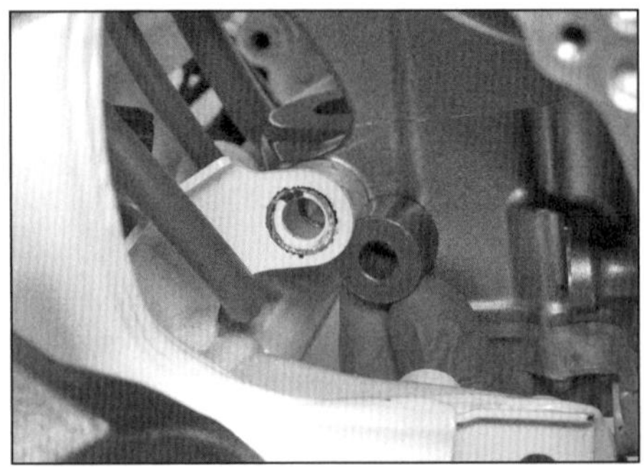

4.31c ...und entfernen Sie die schwarze Distanzhülse.

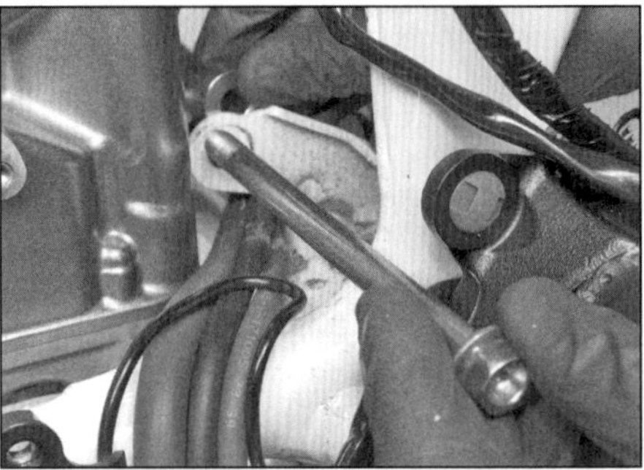

4.31d Ziehen Sie den Bolzen heraus und entnehmen Sie die linke Distanzhülse.

4.33 Ziehen Sie den oberen hinteren Motorbolzen heraus und entnehmen Sie die Distanzhülse.

30 Lösen Sie rechts am oberen hinteren Motorbolzen die Mutter (siehe Abbildung). Lösen Sie die Schrauben des oberen hinteren Halters und entnehmen Sie die Distanzhülsen (siehe Abbildungen).

31 Lösen Sie rechts am unteren hinteren Motorbolzen die Mutter, drücken Sie den Bolzen hinein und entfernen Sie die schwarze rechte Distanzhülse (siehe Abbildungen). Ziehen Sie den Bolzen nach links heraus und entnehmen Sie die mit einem L markierte linke Distanzhülse (siehe Abbildung).

32 Stellen Sie sicher, dass alle Schläuche und Kabel gelöst sind, die nicht zusammen mit dem Motor ausgebaut werden. Am Motor verbleibende Leitungen dürfen nicht am Rahmen gesichert sein – und am Rahmen verbleibende Teile nicht am Motor. Prüfen Sie, ob der Motor sicher abgestützt ist und lassen Sie ihn von einem Assistenten halten – beachten Sie die Warnhinweise am Anfang dieser Sektion.

33 Ziehen Sie den oberen hinteren Motorbolzen heraus und entnehmen Sie die Distanzhül-

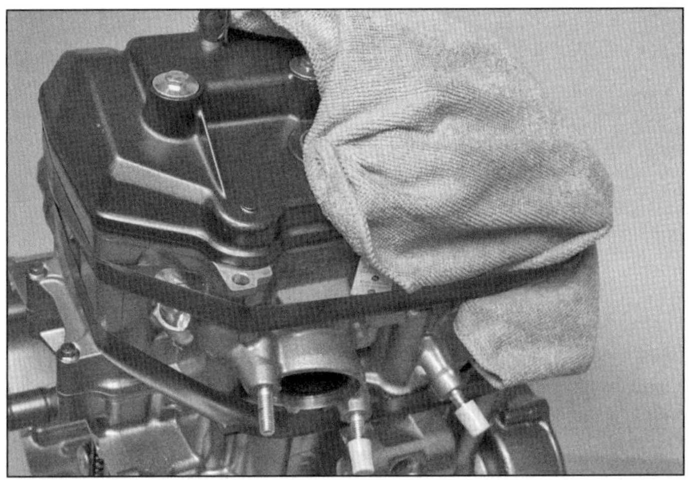

4.34 Schützen Sie den Motor wie gezeigt vor möglichen Kratzern.

4.36 Richten Sie den Motor hinten mit dem Schwingenbolzen zum Rahmen aus.

se (siehe Abbildung). Manövrieren Sie den Motor vorsichtig nach rechts aus dem Rahmen.

Einbau

Anmerkung: *Um die Motorbolzen vor Korrosion zu schützen, sollten ihre Schäfte (nicht die Gewinde!) vor dem Einbau mit Kupferpaste eingeschmiert werden.*

34 Umwickeln Sie den Rahmen und den Motor zum Schutz vor Kratzern mit Lappen (siehe Abbildung 4.34 sowie Abbildung 4.29). Manövrieren Sie den Motor mithilfe eines Assistenten von rechts in den Rahmen und stützen Sie ihn mit der Hebevorrichtung so ab, dass alle Bolzenbohrungen fluchten. Kontrollieren Sie, ob alle Kabel, Bowdenzüge usw. korrekt verlegt sind und nicht eingeklemmt werden. Nachdem einige Bolzen installiert sind, kann es nötig werden, die Position des Motors mit dem Heber zu verändern, damit auch die anderen Bohrungen fluchten.

35 Installieren Sie entgegen der Ausbaureihenfolge (Schritte 25 bis 33) alle Motorbolzen samt Muttern, Scheiben, Hülsen und Haltern sowie dem rechten Rahmenunterzug; drehen Sie die Muttern und Bolzen zunächst handfest auf – beachten Sie dabei die folgenden Punkte:

- Der obere hintere Motorbolzen ist 217 mm lang, der untere hintere Bolzen misst 153 mm. Der mittlere vordere Motorbolzen ist 100 mm und der untere vordere Bolzen ist 138 mm lang.
- Am oberen hinteren Bolzen sitzt die mittellange Distanzhülse links zwischen dem Motor und dem Rahmen; die lange Hülse sitzt rechts zwischen Motor und Rahmen und die kurze Hülse sitzt zwischen dem Halter und dem Rahmen (Abbildungen 4.33 sowie 4.30c, b und a).
- Am unteren hinteren Bolzen sitzt die mit einem L markierte Hülse links zwischen Motor und Rahmen, während die schwarze Hülse rechts zwischen Motor und Rahmen eingesetzt wird (Abbildungen 4.31d und c).
- Am mittleren vorderen Bolzen sitzt die lange Hülse links zwischen Motor und Halter, während die kürzere Hülse rechts zwischen Motor und Halter eingesetzt wird (Abbildungen 4.28c und b).
- Der Rahmenunterzug wird vorn oben mit der kürzeren Schraube und unten mit der längeren Schraube am Rahmen gesichert (Abbildung 4.25d); hinten kommt die kürzere Schraube nach vorn und die längere nach hinten (Abbildung 4.25c).

36 Installieren Sie übergangsweise den Schwingenbolzen durch den Rahmen und den Motor (siehe Abbildung).

37 Ziehen Sie jetzt alle Muttern und Schrauben in der folgenden Reihenfolge an:

- Ziehen Sie die hinteren Schrauben/Muttern des rechten Rahmenunterzugs bis Modelljahr 2017 mit 44 Nm an; ab Modelljahr 2018 werden sie mit 30 Nm angezogen.
- Ziehen Sie die vorderen Schrauben/Muttern des rechten Rahmenunterzugs bis Modelljahr 2017 mit 44 Nm an; ab Modelljahr 2018 werden sie mit 30 Nm angezogen.
- Entfernen Sie die Abstützung des Motors.
- Ziehen Sie die Mutter des unteren hinteren Bolzens mit 44 Nm an.
- Ziehen Sie die Mutter des unteren vorderen Bolzens mit 44 Nm an.
- Ziehen Sie die Muttern, die die mittleren vorderen Motorhalterungen am Rahmen sichern, mit 32 Nm an, ziehen Sie dann die Mutter des mittleren vorderen Motorbolzens mit 44 Nm an.
- Ziehen Sie den Bolzen, der die obere vordere Motorhalterung am Rahmen sicher, mit 32 Nm an, ziehen Sie dann den Bolzen, der Halter am Motor sichert, ebenfalls mit 32 Nm an.
- Ziehen Sie die Bolzen, die die oberen hinteren Motorhalterungen am Rahmen sichern, mit 32 Nm an, ziehen Sie dann die Mutter des oberen hinteren Bolzens ebenfalls mit 32 Nm an.

38 Der Rest des Einbaus entspricht der umgekehrten Ausbaureihenfolge – beachten Sie dabei folgende Punkte:

- Alle Kabel, Bowdenzüge und Schläuche müssen korrekt verlegt und angeschlossen sowie gesichert werden.
- Rüsten Sie alle Auspuff-Anschlüsse mit neuen Dichtungen aus.
- Füllen Sie den Motor mit den korrekten Mengen Motoröl und Kühlmittel auf (siehe Kapitel 1).
- Stellen Sie ggf. das Spiel der Gaszüge und des Kupplungszugs ein (siehe Kapitel 1).
- Stellen Sie den Durchhang der Antriebskette ein (siehe Kapitel 1).
- Starten Sie den Motor und prüfen Sie alles auf Dichtigkeit.

5 Motorüberholung
Allgemeine Informationen

1 Vor einer Überholung müssen alle zugehörigen Arbeitsschritte durchgelesen werden, damit man sich einen Überblick über den Umfang und die Anforderungen der Tätigkeit machen kann. Eine Motorüberholung ist nicht besonders schwierig, dafür aber zeitaufwendig. Prüfen Sie die Verfügbarkeit aller notwendigen Teile und sorgen Sie dafür, dass alle notwendigen Spezialwerkzeuge zugänglich sind.

2 Die meisten Arbeiten können mit der normalen Werkstatt-Ausrüstung durchgeführt werden, doch zur Verschleißermittlung werden zahlreiche Präzisions-Messgeräte benötigt – beachten Sie dazu die Hinweise im Anhang.

6.2 Schläuche der Motorentlüftung und des Sekundärluftsystems

6.3a Lösen Sie die drei Schrauben...

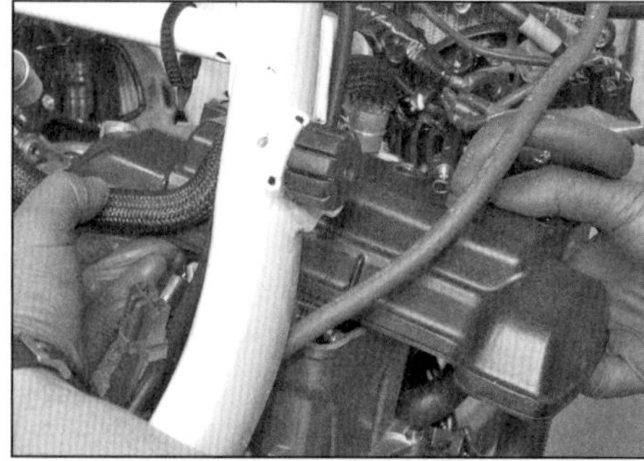
6.3b ...und heben Sie den Ventildeckel ab.

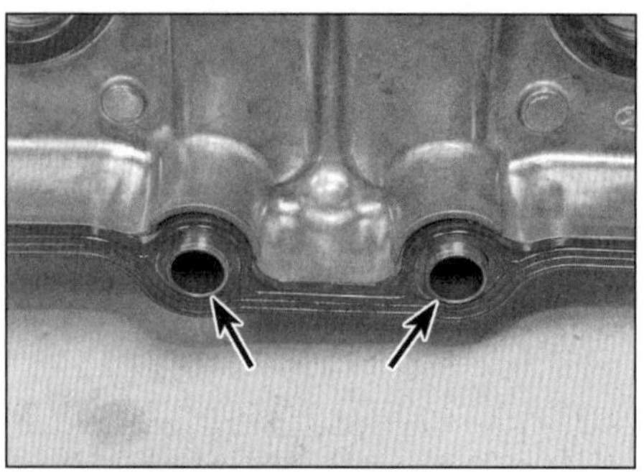
6.8 Sekundärluft-Passhülsen

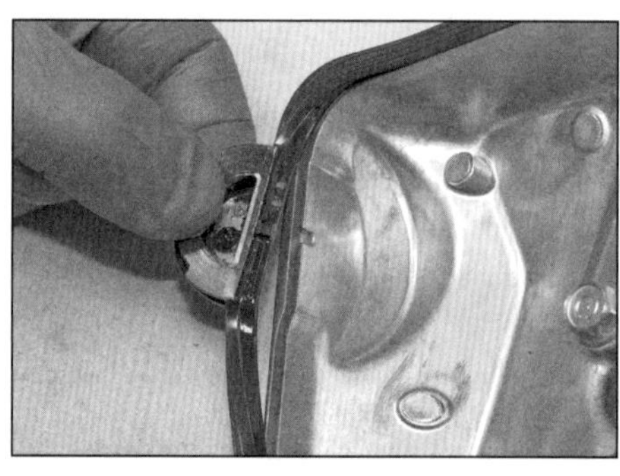
6.9 Positionieren Sie die neue Dichtung über den Sekundärluft-Passhülsen.

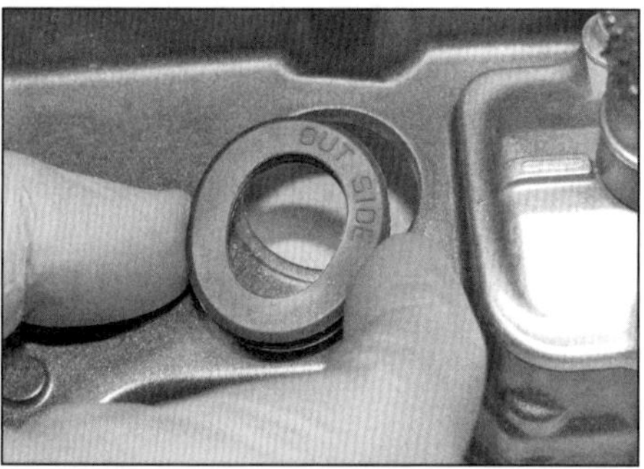

6.10a Installieren Sie die Dichtungen der Zündkerzenschächte...

3 Um den überholten Motor möglichst problemlos möglichst lange betreiben zu können, muss alles äußerst sorgfältig in einer absolut sauberen Umgebung zusammengebaut werden.

Zerlegen

4 Vor dem Zerlegen des Motors muss dieser ordentlich gereinigt und äußerlich entfettet werden. Hiermit wird einer Verschmutzung der Motorinnereien vorgebeugt und außerdem ein leichteres und sauberes Arbeiten ermöglicht. Mit einem schwer entflammbaren Lösungsmittel (Petroleum) oder besser noch einem speziellen Maschinen-Entfettungsmittel und alten Pinseln oder Zahnbürsten werden die verschiedenen Ecken und Winkel gereinigt. Passen Sie auf, dass kein Lösungsmittel oder Wasser an elektrische Teile oder in die Ein- und Auslasskanäle gerät.

Warnung: Die Verwendung von Benzin als Reinigungsmittel sollte aufgrund des hohen Entzündungsrisikos vermieden werden.

5 Schaffen Sie für den gereinigten und getrockneten Motor ausreichend Platz auf einer sauberen Arbeitsfläche – möglichst einer stabilen Werkbank –, damit alle demontierten Baugruppen bearbeitet werden können. Halten Sie eine Ansammlung von Behältern und Plastiktüten bereit, damit zusammengehörige Einzelteile in übersichtlichen Gruppen gelagert werden können. Papier und Stift sollten für Notizen und Markierungen ebenso vorhanden sein wie ein Vorrat an sauberen und saugfähigen Lappen.

6 Lesen Sie vor Arbeitsbeginn die entsprechende Sektion vollständig durch, um einen Überblick zu erhalten. Beachten Sie, dass bei der Zerlegung der verschiedenen Motorkomponenten nur selten große Kraftanstrengung nötig ist – außer dies ist extra erwähnt. Das Überprüfen des vorgeschriebenen Anzugdrehmoments einer bestimmten Schraube zeigt an, wie fest sie sitzt und wie viel Kraft zum Lösen gebraucht wird. In vielen Fällen, in denen sich Teile hartnäckig weigern, auseinanderzugehen, liegt ein unkorrekter Versuch der Demontage vor. Bei jedem Zweifel sollte im Text nachgelesen werden. Sprühen Sie korrodierte Verbindungen mit Kriechöl ein und lassen Sie es einige Stunden einwirken.

7 Beim Zerlegen des Motors müssen im Motor zusammenarbeitende »Paare« zusammengehalten werden (Kolben mit Ringen und Pleuel, Zahnräder, Ventile mit ihren Komponenten usw.). Diese Paare dürfen nur als Einheit erneuert oder wiederverwendet werden. Es ist hilfreich, eine große Pappe entsprechend des Aufbaus des Motors zu markieren, sodass die Teile darauf entsprechend ihrer Positionen im Motor verteilt werden können.

8 Die Zerlegung der Motor/Getriebe-Einheit sollte nach der folgenden generellen Reihenfolge und unter Berücksichtigung der entsprechenden Sektionen vorgenommen werden:

- Demontieren Sie die Ölwanne, das Ansaugsieg und die Ölpumpe – jetzt kann der Motor stabil auf dem flachen Gehäuse stehen.
- Demontieren Sie den Ventildeckel.
- Demontieren Sie den Zylinderkopf.
- Demontieren Sie die Kupplung(en) und das Primärtriebrad.
- Demontieren Sie die Steuerkette samt Schienen
- Demontieren Sie den Schaltmechanismus.
- Demontieren Sie den Lichtmaschinenrotor und den Anlasserfreilauf (siehe Kapitel 8).
- Demontieren Sie die Ausgleichswellen.
- Trennen Sie die Motorgehäusehälften.
- Demontieren Sie die Kurbelwelle.
- Demontieren Sie die Getriebewellen, die Schaltwalze und die Schaltgabeln.
- Demontieren Sie die Pleuelstangen samt Kolben.

Zusammenbau

9 Der Zusammenbau des Motors erfolgt in der umgekehrten Demontage-Reihenfolge.

6 Ventildeckel

Ausbau

1 Demontieren Sie die Zündspulen-Baugruppe (siehe Kapitel 4).

6.10b ... und der Schrauben richtig herum.

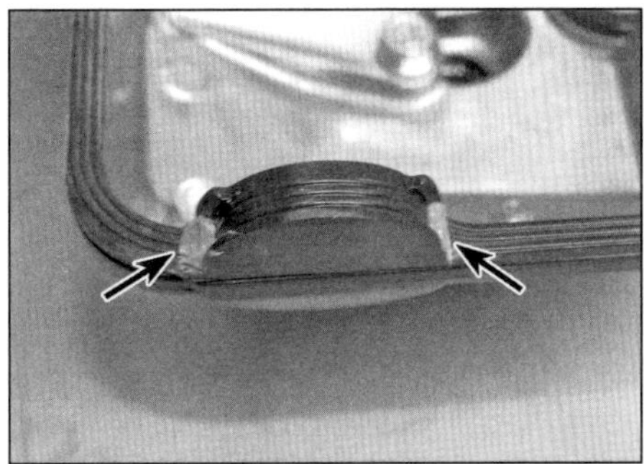

6.11a Versehen Sie die Halbkreis-Dichtung an den Ecken mit etwas Dichtmasse.

6.11b Die Dichtung muss korrekt in den Halbkreis des Zylinderkopfs greifen.

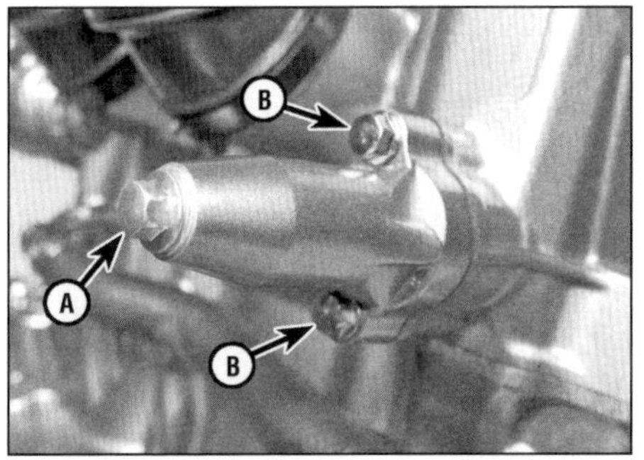

7.1 Verschlussschraube (A) und Befestigungsschrauben (B) des Steuerkettenspanners

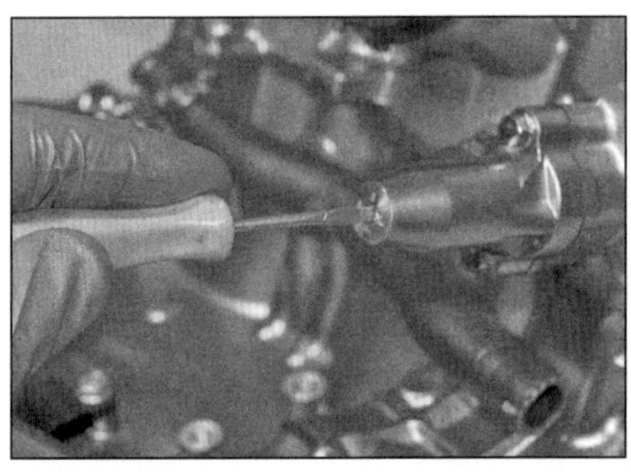

7.2 Drehen Sie den Spannerkolben mit dem Schraubendreher rechts herum.

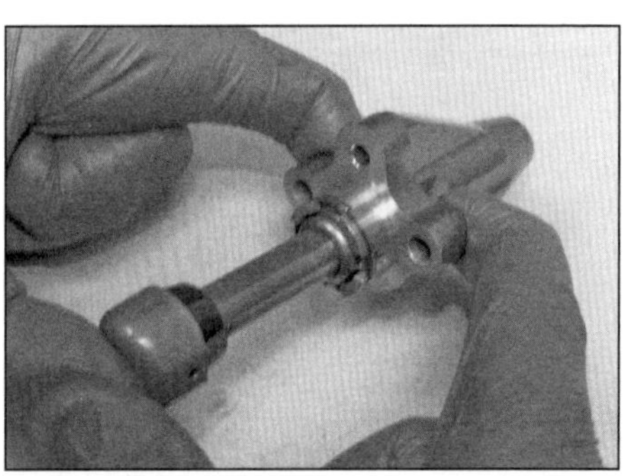

7.4 Der Spannerkolben darf sich nicht ins Spannergehäuse drücken lassen.

2 Trennen Sie nötigenfalls die Schläuche der Motorentlüftung und des Sekundärluftsystems vom Ventildeckel (siehe Abbildung).

3 Lösen Sie die drei Ventildeckelschrauben, heben Sie den Deckel vom Zylinderkopf und befreien Sie ihn nach rechts aus dem Rahmen (siehe Abbildungen) – falls er klemmt, muss er rundherum mit einem Kunststoffhammer oder Holzstück gelockert werden. Versuchen Sie nicht, den Deckel mit Gewalt abzuhebeln! Beachten Sie die Dichtungen an den Schrauben sowie den Zündkerzenschächten (Abbildungen 6.10a und b) und stellen Sie sie nötigenfalls sicher.

4 Soweit die Gummidichtung des Deckels in Ordnung ist, sollte sie in ihrem Sitz verbleiben; falls sie beschädigt (undicht) ist, muss sie aus dem Deckel befreit werden (Abbildung 6.9).

5 Stellen Sie nötigenfalls die zwei Sekundärluft-Passhülsen sicher, die die Luftkanäle des Ventildeckels mit denen des Zylinderkopfs verbinden (Abbildung 6.8).

6 Entfernen Sie nötigenfalls die Sekundärluft-Zungenventile (siehe Kapitel 4).

Einbau

7 Installieren Sie ggf. die Sekundärluft-Zungenventile (siehe Kapitel 4).

8 Stecken Sie ggf. die zwei Sekundärluft-Passhülsen in den Ventildeckel (siehe Abbildung).

9 Kontrollieren Sie die Ventildeckeldichtung auf Beschädigungen oder Porosität und ersetzen Sie sie nötigenfalls – reinigen Sie die Nut im Ventildeckel und die Dichtfläche des Zylinderkopfs. Drücken Sie die korrekt ausgerichtete neue Dichtung in die Nut des Ventildeckels – »kleben« Sie sie nötigenfalls mit etwas Fett ein (siehe Abbildung).

10 Falls entfernt, müssen die Dichtringe der Zündkerzenkanäle mit der Beschriftung OUT SIDE nach außen und die Schrauben-Dichtringe mit UP nach außen in den Deckel installiert werden (siehe Abbildungen).

11 Versehen Sie die Halbkreis-Dichtung an den Ecken mit etwas Dichtmasse (siehe Abbildung) und positionieren Sie den Deckel über dem Zylinderkopf – die Dichtungs-Halbkreise müssen korrekt in ihre Sitze und die Passhülsen in die Sekundärluft-Kanäle greifen (siehe Abbildung). Installieren Sie die Deckelschrauben und ziehen Sie mit 10 Nm an (Abbildung 6.3a).

12 Verbinden Sie ggf. die Schläuche der Motorentlüftung und des Sekundärluftsystems mit dem Ventildeckel (Abbildung 6.2).

13 Montieren Sie die Zündspulen-Baugruppe (siehe Kapitel 4).

7 Steuerkettenspanner

1 Lösen Sie die Verschlussschraube des rechts hinten am Zylinderkopf sitzenden Steuerkettenspanners und entnehmen Sie die Dichtscheibe. Lockern Sie dann die Befestigungsschrauben des Spanners (siehe Abbildung).

2 Stecken Sie einen kleinen Schlitzschraubendreher in das Ende des Spanners, sodass er in den geschlitzten Spannerkolben greift (siehe Abbildung). Drehen Sie den Schraubendreher im Uhrzeigersinn, bis der Kolben vollständig zurückgezogen ist, und halten Sie ihn in dieser Position, während gleichzeitig die Befestigungsschrauben gelöst werden (Abbildung 7.6c). Ziehen Sie den Spanner aus dem Motor und lösen Sie den Kolben – sobald der Schraubendreher entfernt ist, wird er herausspringen (für den Einbau kann er leicht wieder zurückgezogen werden).

3 Entnehmen Sie die Spanner-Dichtung – beim Einbau muss sie zusammen mit der Dichtscheibe erneuert werden. Eine weitere Zerlegung des Spanners sollte unterbleiben.

Kontrolle

4 Der Spannerkolben darf sich nicht ins Spannergehäuse drücken lassen (siehe Abbildung) – andernfalls ist der Steuerkettenspanner durch ein Neuteil zu ersetzen. Beim Eindrehen des Spannerkolbens muss sich dieser sanft bewegen, beim Lösen muss er frei herausspringen (Abbildung 7.6a).

Einbau

5 Reinigen Sie die Dichtflächen des Zylinderblocks und des Steuerkettenspanners.

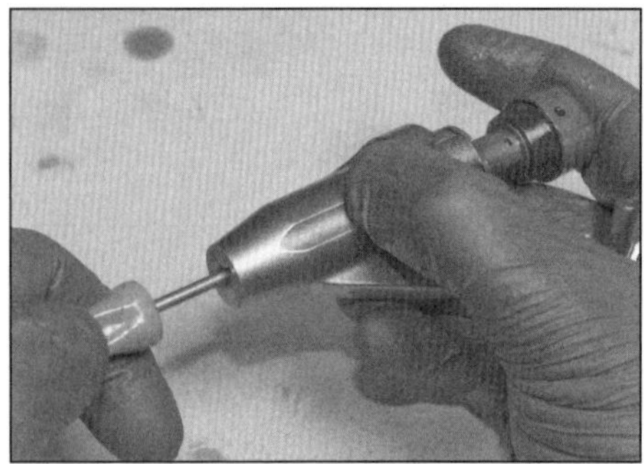

7.6a Ziehen Sie den Spannerkolben mithilfe des Schraubendrehers zurück.

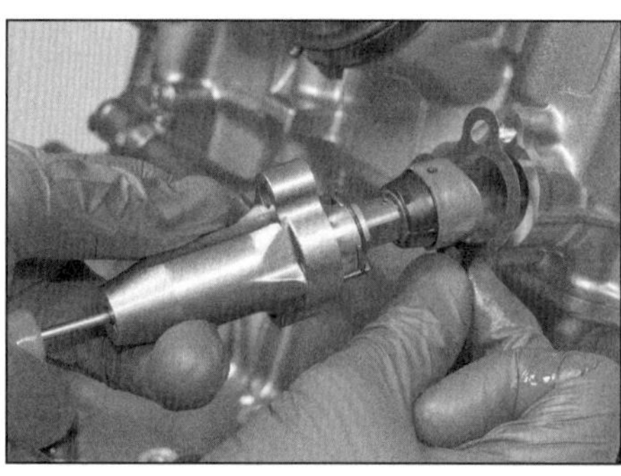

7.6b Rüsten Sie den Spanner mit einer neuen Dichtung aus, setzen Sie ihn an den Motor...

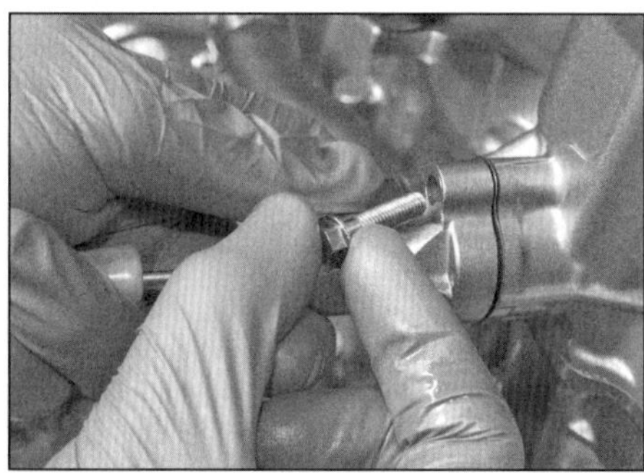

7.6c ...und installieren Sie die Befestigungsschrauben.

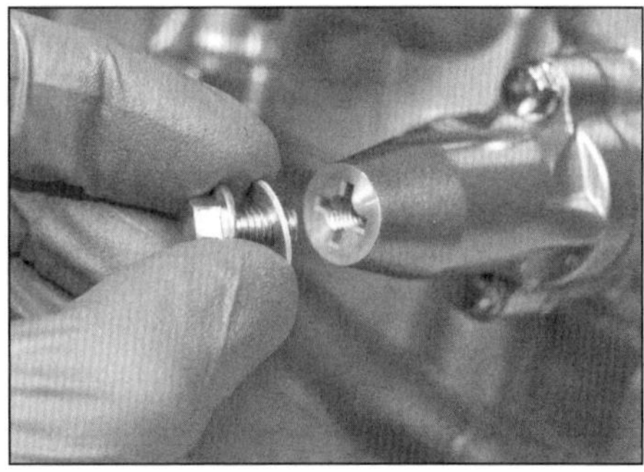

7.6d Rüsten Sie die Verschlussschraube mit einer neuen Dichtscheibe aus.

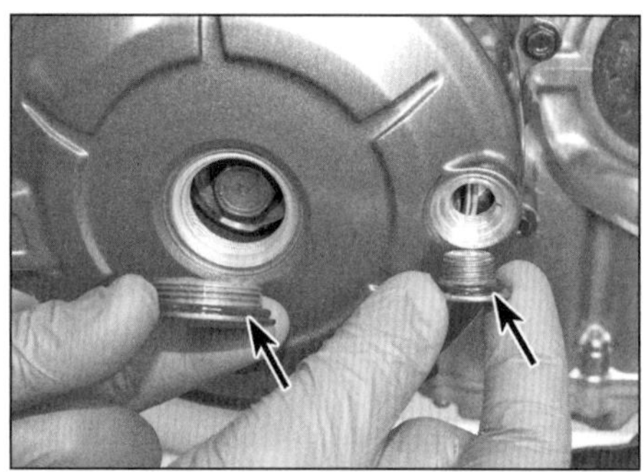

8.2 Schrauben Sie den Kurbelwellenstopfen und den Steuerzeiten-Inspektionsdeckel heraus und kontrollieren Sie ihre O-Ringe.

8.3a Drehen Sie die Kurbelwelle vorwärts,...

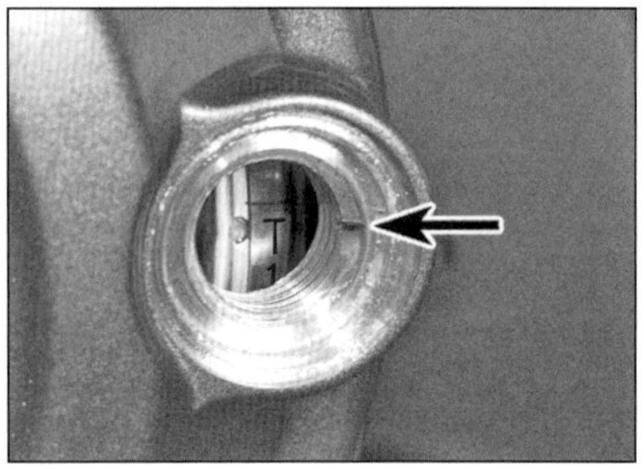

8.3b ...bis die Linie neben der »T1«-Markierung zur Nut im Steuerzeiten-Inspektionsdeckel fluchtet...

8.3c ...und die Linien am Nockenwellenritzel bündig zur Dichtfläche liegen sowie die Körnermarkierung links oben steht.

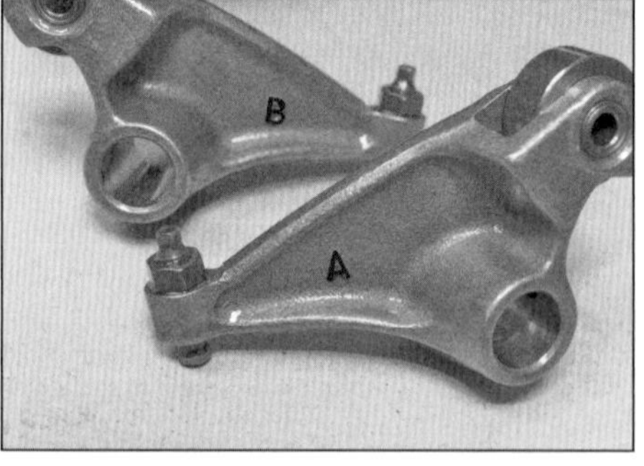

8.4 Beachten Sie die Markierungen an den Kipphebeln.

6 Drehen Sie den Spannerkolben wie beim Ausbau mit dem kleinen Schraubendreher vollständig zurück und halten Sie ihn dort (siehe Abbildung). Rüsten Sie den Spanner mit einer neuen Dichtung aus, setzen Sie ihn an den Motor und ziehen Sie die Befestigungsschrauben sorgfältig an (siehe Abbildungen). Entfernen Sie den Schraubendreher – hierbei muss der Spannerkolben hörbar gegen die Spannerschiene drücken und die Steuerkette vorspannen. Installieren Sie die mit einer neuen Dichtscheibe ausgerüstete Verschlussschraube und ziehen Sie sie sorgfältig an (siehe Abbildung).

8 Nockenwelle, Kipphebel und Tassenstößel

Ausbau

Kipphebel

1 Demontieren Sie den Ventildeckel (siehe Sektion 6) und die Sekundär-Zündkerzen (siehe Kapitel 1). Legen Sie Lappen über die Zündkerzenbohrungen und den Steuerkettenschacht, damit nichts in den Motor fallen kann.

2 Schrauben Sie den Kurbelwellenstopfen und den Steuerzeiten-Inspektionsdeckel aus dem Lichtmaschinendeckel (siehe Abbildung). Kontrollieren Sie ihre O-Ringe und beschaffen Sie nötigenfalls neue.

3 Die Kurbelwelle muss so gedreht werden, dass der linke Kolben im oberen Totpunkt (OT) der Verdichtungstaktes steht – drehen Sie dazu den Lichtmaschinenbolzen **ausschließlich** gegen den Uhrzeigersinn (links herum), bis die Linie neben der »T1«-Markierung zur Nut der Inspektionsbohrung ausgerichtet ist und die Linien am Nockenwellenritzel bündig zur Dichtfläche liegen sowie die Körnermarkierung links

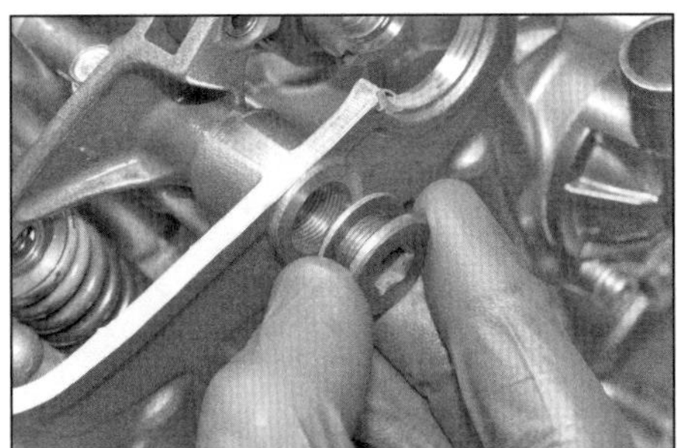

8.5a Lösen Sie den Stopfen...

8.5b ...und die zwei Arretierschrauben.

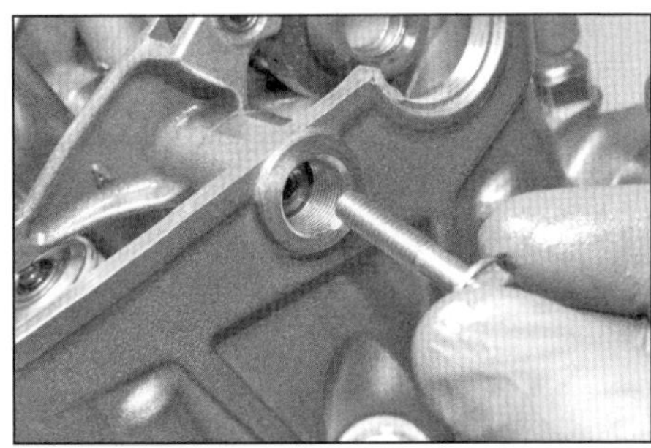

8.5c Drehen Sie eine M6-Schraube in die Kipphebelachse...

8.5d ...und ziehen Sie die Achse heraus – stellen Sie dabei die Kipphebel sicher.

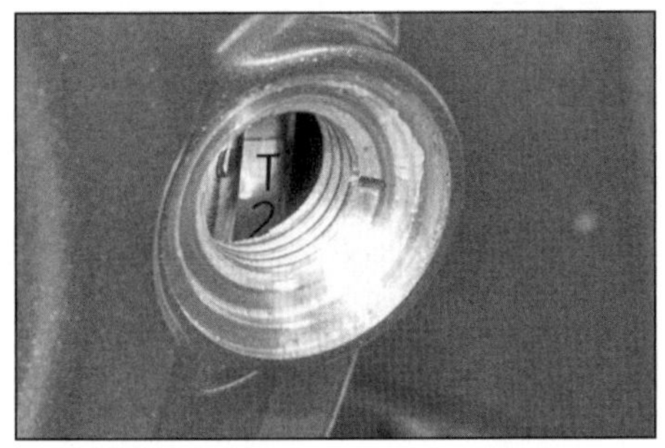

8.7a Drehen Sie die Kurbelwelle jetzt 270° vorwärts, bis die Linie neben der »T2«-Markierung zur Nut in der Inspektionsbohrung fluchtet...

8.7b ...und das Nockenwellenritzel wie gezeigt steht.

oben steht (siehe Abbildungen). Falls die Körnermarkierung nicht sichtbar ist, muss die Kurbelwelle eine volle Umdrehung (360°) weitergedreht werden (die Nockenwelle dreht sich nur mit halber Kurbelwellendrehzahl), sodass die Markierungen jetzt wie gezeigt stehen.

4 Die Kipphebel sind zwar mit A (gerader Hebel) oder B (abgewinkelter Hebel) markiert, müssen aber noch entsprechend ihrer Position über dem linken oder rechten Zylinder (mit 1 und 2 oder L und R) markiert werden, damit sie später an ihre ursprüngliche Positionen gelangen (siehe Abbildung).

5 Lösen Sie den Kipphebelachsen-Stopfen aus dem Zylinderkopf (siehe Abbildung) – die Dichtscheibe muss später erneuert werden. Lösen Sie die Kipphebelachsen-Arretierschrauben (siehe Abbildung). Drehen Sie eine M6-Schraube in das Ende der Achse und ziehen Sie sie damit langsam heraus – stellen Sie die Kipphebel sicher, sobald sie befreit sind, legen Sie sie korrekt ausgerichtet ab (siehe Abbildungen) und schieben Sie sie anschließend wieder auf die ausgebaute Achse.

Nockenwelle

6 Demontieren Sie die Kipphebel (siehe oben).

7 Drehen Sie die Kurbelwelle 270° gegen den Uhrzeigersinn, bis die Linie neben der »T2«-Markierung zur Nut in der Steuerzeiten-Inspektionsbohrung fluchtet und die Körnermarkierung am Nockenwellenritzel vorn bündig zur Dichtfläche liegt (siehe Abbildungen).

8 Demontieren Sie den Steuerkettenspanner (siehe Sektion 7).

9 Die Nockenwelle ist mit drei Deckeln gesichert – der linke ist mit A und der mittlere mit B markiert, der rechte ist breiter als die anderen (siehe Abbildung).

10 Lösen Sie die Schrauben der Lagerdeckel schrittweise und über Kreuz (siehe Abbildung), entnehmen Sie die lockeren Schrauben und heben Sie die Deckel ab (Abbildungen 8.32c und b). Die Passhülsen sollten nur entfernt werden, wenn sie locker sind und in den Motor fallen könnten (Abbildung 8.32a).

11 Heben Sie die Nockenwelle vorsichtig aus dem Zylinderkopf und befreien Sie dabei das Ritzel aus der Steuerkette (Abbildung 8.31).

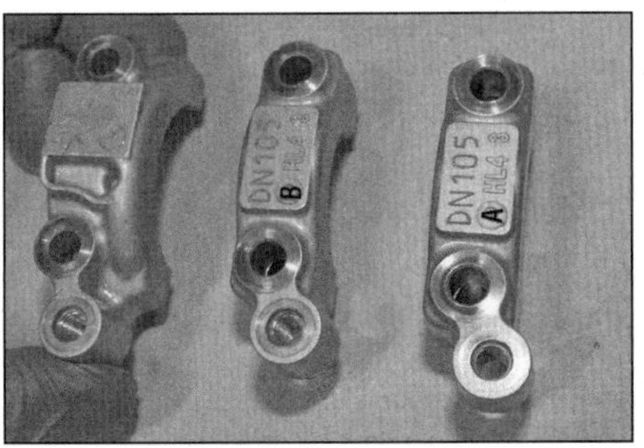

8.9 Nockenwellen-Lagerdeckel

12 Sichern Sie die Steuerkette mit einem Draht oder Kabelbinder vor dem Verschwinden im Kettenschacht.

13 Keinesfalls darf jetzt die Kurbelwelle gedreht werden, da die Steuerkette dabei zwischen dem unteren Ritzel und dem Motorgehäuse verklemmen und diese Komponenten beschädigen kann. Legen Sie Lappen über die Zündkerzenbohrungen und den Steuerkettenschacht, damit nichts in den Motor fallen kann.

14 Falls die Tassenstößel und Shims aus dem Zylinderkopf entfernt werden sollen, muss ein Behälter mit 8 Fächern (z.B. ein Eierkarton) beschafft werden, um die Teile unterzubringen. Markieren Sie alle Fächer entsprechend ihrer Position (Zylinder 1 oder 2, Ein- oder Auslass, linkes oder rechtes Ventil).

8.10 Lösen Sie die 6 Lagerdeckel-Schrauben schrittweise und über Kreuz.

15 Entfernen Sie mit einem Magneten den Tassenstößel des entsprechenden Ventils und stellen Sie den Shim entweder aus dem Stößel oder dem Ventilfederteller sicher (siehe Abbildungen) – auch hier hilft ein Magnet, eine Spitzzange oder ein Schraubendreher mit etwas Fett an der Spitze, an dem der Shim haften bleibt (Abbildung 8.28a). Lassen Sie keinen Shim ins Motorgehäuse fallen!

Kontrolle

16 Begutachten Sie die Lagergleitflächen des Zylinderkopfes und der Lagerdeckel sowie der Nockenwelle (siehe Abbildung). Achten Sie auf Kerben, tiefe Riefen und Anzeichen von Abblätterungen (die zu Ausbrüchen führen können. Falls Schäden oder starker Verschleiß festgestellt wird, muss wahrscheinlich der gesamte Zylinderkopf samt Lagerdeckeln ersetzt werden, da keine Einzelteile erhältlich sind. Kontrollieren Sie, ob alle Ölkanäle frei sind.

17 Kontrollieren Sie die Nocken, Tassenstößel und Kipphebel-Rollen auf Anlassfarben durch Überhitzung (blaue Verfärbung), Kerben, Absplitterungen, Pitting und Risse (siehe Abbildung). Messen Sie die Höhe jedes Nockens mit einer Mikrometerschraube (siehe Abbildung) und vergleichen Sie die Höhen der Nocken mit denen in den technischen Daten am Anfang des Kapitels (siehe Abbildung). Bei Beschädigungen oder starkem Verschleiß muss die Nockenwelle ersetzt werden.

Wechseln Sie zu den* Werkzeug- und Werkstatt-Tipps *im Anhang, um mehr über die Benutzung von Messinstrumenten zu erfahren.

18 Kontrollieren Sie als Nächstes das Lagerspiel der Nockenwelle; dies ist durch den Einsatz von Quetschmessstreifen möglich, die unter dem Namen »Plastigauge« bekannt sind. Reinigen Sie zunächst die Welle sowie

8.15a Heben Sie den Tassenstößel heraus...

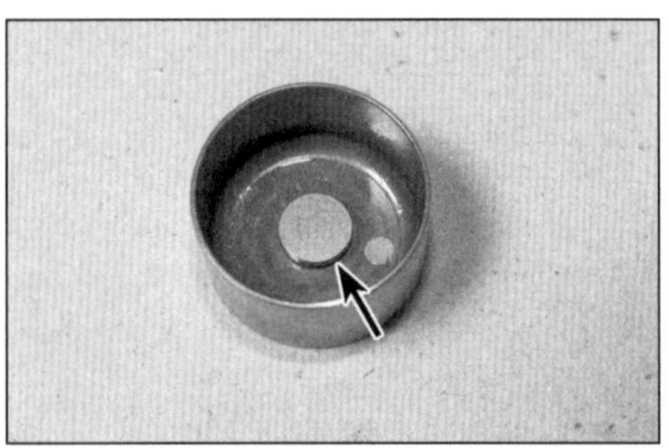

8.15b ...und stellen Sie den ggf. darin sitzenden Shim sicher.

8.16 Begutachten Sie alle Lagerflächen auf Verschleiß.

8.17a Inspizieren Sie die Nocken, die Tassenstößel und die Kipphebel-Rollen.

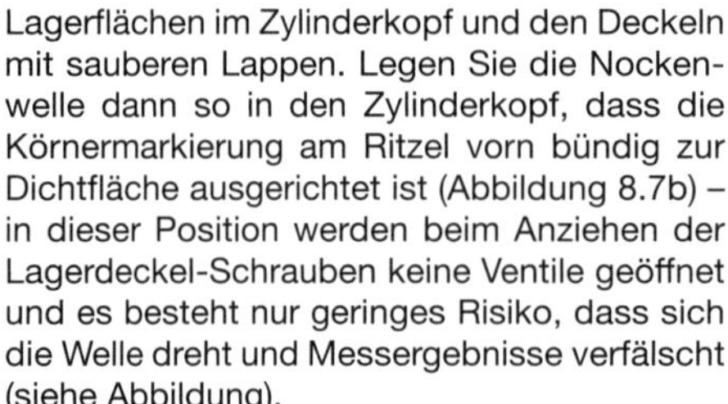

Lagerflächen im Zylinderkopf und den Deckeln mit sauberen Lappen. Legen Sie die Nockenwelle dann so in den Zylinderkopf, dass die Körnermarkierung am Ritzel vorn bündig zur Dichtfläche ausgerichtet ist (Abbildung 8.7b) – in dieser Position werden beim Anziehen der Lagerdeckel-Schrauben keine Ventile geöffnet und es besteht nur geringes Risiko, dass sich die Welle dreht und Messergebnisse verfälscht (siehe Abbildung).

19 Schneiden Sie die Quetschmessstreifen zu und legen Sie sie parallel zur Wellenlinie auf die Gleitflächen der Welle (Abbildung 24.15). Die Lagerdeckel-Passhülsen müssen installiert sein (Abbildung 8.32a), setzen Sie dann den Deckel auf und ziehen Sie die Schrauben wie in Schritt 32 beschrieben an – hierbei darf die Nockenwelle nicht gedreht werden, da dabei die Messstreifen beschädigt würden; wiederholen Sie die Messung nötigenfalls.

20 Lockern Sie die Lagerdeckel-Schrauben nun schrittweise und über Kreuz (Abbildung 8.10) und entnehmen Sie die Lagerdeckel.

21 Um das Lagerspiel ermitteln zu können, müssen die gequetschten Plastikstreifen jedes Lagers an ihrer breitesten Stelle gemessen und mit der auf ihrer Verpackung gedruckten Skala verglichen werden (Abbildung 24.18). Vergleichen Sie das Ergebnis mit den Angaben in den

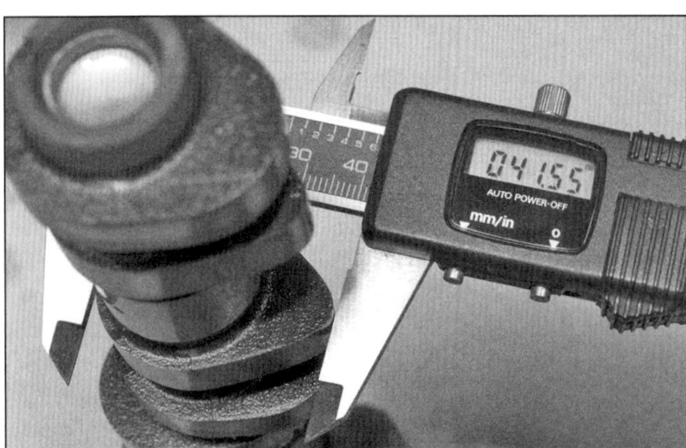

8.17b Messen Sie die Höhe der Nocken mit einer Mikrometerschraube.

8.18 Wenn alle Nocken nach vorn oder hinten zeigen, wird beim Anziehen der Lagerdeckel-Schrauben keine Ventile geöffnet.

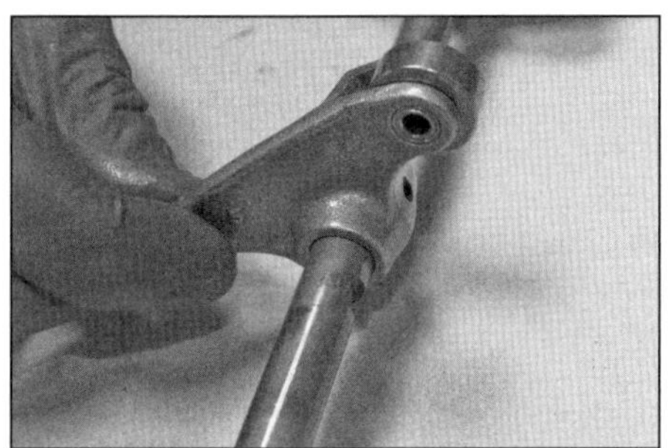

8.26a **Prüfen Sie, ob die Kipphebel auf ihrer Achse Spiel haben.**

8.26b **Begutachten Sie die Unterseiten der Einstellschrauben und ihre Kontaktflächen auf den Ventilschäften.**

8.27 **Die Körnermarkierung des Ritzels liegt gegenüber den Nockenspitzen über Zylinder 2.**

technischen Daten – wenn das Lagerspiel über 0,062 mm liegt, weist dies auf Verschleiß hin; bei 0,1 mm ist definitiv die Verschleißgrenze erreicht. Entfernen Sie die Messstreifen-Reste – dies sollte mit den Fingernägeln möglich sein. Ersetzen Sie schadhafte Teile, aber beachten Sie zunächst den *Praxis-Tipp:*

Praxis TiPP ***Es gibt Fachbetriebe, die in der Lage sind, auf verschlissene Gleitflächen Material aufzuschweißen und entsprechend zu schleifen, um sie wieder auf Sollmaß zu bringen – vergleichen Sie die Kosten für diese Arbeit mit dem Preis eines neuen Zylinderkopfes!***

22 Inspizieren Sie die Gleitflächen der Tassenstößel auf Verschleiß, Riefen oder andere Schäden. Wenn ein Tassenstößel schlecht aussieht, wird auch seine Bohrung im Zylinderkopf beschädigt sein. Ein verschlissener Stößel, der spürbares Spiel im Zylinderkopf hat, muss ersetzt werden – ist die Bohrung stark ausgeschlagen, muss der Zylinderkopf ersetzt werden – beachten Sie auch hierzu den *Praxis-Tipp* oben.

23 Außer bei Ölmangel sollte die Steuerkette nur sehr geringen Verschleiß aufweisen. Falls die Kette sich übermäßig gelängt hat (und daher nicht korrekt spannen lässt) oder klemmende Glieder aufweist, muss sie durch ein Neuteil ersetzt werden (siehe Sektion 9).

24 Kontrollieren Sie die Steuerkettenritzel der Kurbelwelle und der Nockenwelle – falls sie Hinweise auf Verschleiß, Risse oder andere Schäden aufweisen, müssen sie zusammen mit der Steuerkette ersetzt werden (der Austausch des Kurbelwellenritzels ist in Sektion 9 beschrieben). Bevor das Ritzel der Nockenwelle getrennt wird, muss seine Ausrichtung daran markiert werden (Abbildung 8.27), lösen Sie dann die Schrauben.

25 Begutachten Sie die Steuerketten-Führungs- und Spannerschiene (siehe Sektion 9).

26 Kontrollieren Sie die Kipphebel-Bohrungen und die Bereiche der Achsen, auf denen sie laufen. Prüfen Sie, ob die Kipphebel auf ihrer Achse Spiel haben (siehe Abbildung) – falls dies der Fall ist, muss anhand der technischen Daten ermittelt werden, ob der Hebel oder die Welle verschlissen ist und entsprechende Teile müssen ersetzt werden. Begutachten Sie die Unterseiten der Einstellschrauben und ihre Kontaktflächen auf den Ventilschäften (siehe Abbildung) – falls Ausbrüche festgestellt werden, müssen entsprechende Teile ersetzt werden – die Einstellschrauben können nach dem Lösen der Kontermutter ausgetauscht werden, der Austausch von Ventilen ist in Sektion 10 beschrieben.

Einbau

Nockenwelle

27 Falls das Nockenwellenritzel demontiert wurde, müssen die Gewinde der Schrauben gereinigt und mit mittelfester Sicherungspaste *(Loctite)* bestrichen werden. Setzen Sie das Ritzel so an die Welle, dass die Körnermarkierung gegenüber den Nockenspitzen über Zylinder 2 und der Kerbe im linken Wellenende liegt (siehe Abbildung). Ziehen Sie die Schrauben mit 20 Nm an.

28 Falls entfernt, werden die Einstellplättchen (Shims) mit der Größenangabe nach oben in die Vertiefung des Ventilfeder-Tellers gelegt (siehe Abbildung) – sowohl Shims als auch Tassenstößel müssen unbedingt an ihre ursprüngliche Positionen gelangen, da sonst das Ventilspiel unkorrekt ist. Schmieren Sie die Stößel an den Außenseiten mit Motoröl und schieben Sie sie über ihren Ventilen in ihre Sitze – sie müssen sanft heruntergleiten (siehe Abbildung).

29 Die Lagerflächen der Nockenwelle und des Zylinderkopfs müssen absolut sauber sein,

8.28a **Setzen Sie den Shim ein...**

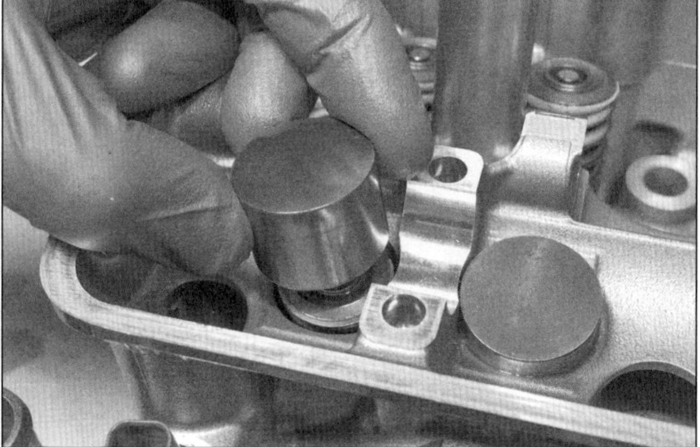

8.28b **...und schieben Sie den Tassenstößel darüber.**

dann wird hier sowie auf den Nocken ein Gemisch aus gleichen Teilen MoS_2-Fett und Motoröl aufgetragen; achten Sie darauf, dass der Schmierstoff nicht auf die Kontaktflächen des Zylinderkopfs zu den Lagerdeckeln oder in die Schraubenbohrungen gelangt.

30 Prüfen Sie, ob die Kurbelwelle weiterhin so steht, dass die Linie neben der »T2«-Markierung zur Nut in der Steuerzeiten-Inspektionsbohrung fluchtet (Abbildung 8.7a).

31 Legen Sie die Nockenwelle so in den Zylinderkopf, dass die Körnermarkierung am Ritzel vorn zur Dichtfläche ausgerichtet ist, und legen Sie die vorn stramm gehaltene Steuerkette auf (siehe Abbildung und Abbildung 8.7b) – jeglicher Durchhang muss im hinteren Kettentrum liegen, wo er später von der Spannerschiene aufgenommen wird.

32 Schmieren Sie jetzt auch die gereinigten Lagerdeckel mit MoS_2-Fett und Motoröl. Sorgen Sie dafür, dass jeder Lagerdeckel mit zwei Passhülsen ausgerüstet ist (siehe Abbildung). Setzen Sie die Lagerdeckel über der Nockenwelle auf – Deckel A kommt nach rechts, Deckel B in die Mitte, der linke Deckel muss mit der Nut über den Bund der Nockenwelle aufgesetzt werden (siehe Abbildungen). Schmieren Sie die Gewinde und Kopf-Unterseiten der Schrauben mit frischem Motoröl und drehen Sie sie zunächst handfest ein. Ziehen Sie die Schrauben dann in kleinen Schritten und über Kreuz bis zum Drehmoment von 12 Nm an – achten Sie darauf, dass sich die Lagerdeckel senkrecht über den Passhülsen setzen.

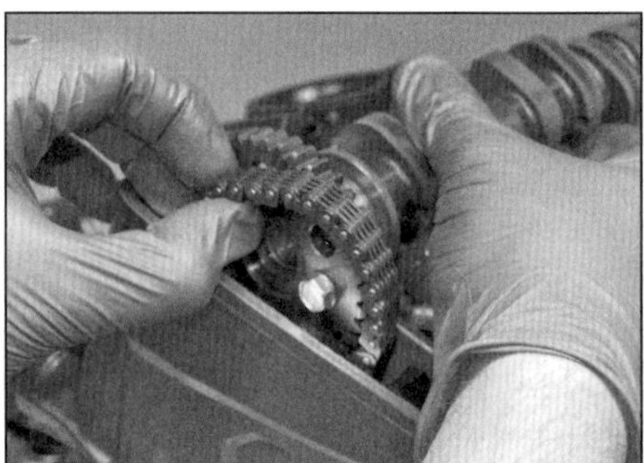

8.31 Legen Sie die Steuerkette auf das Ritzel der korrekt ausgerichteten Nockenwelle.

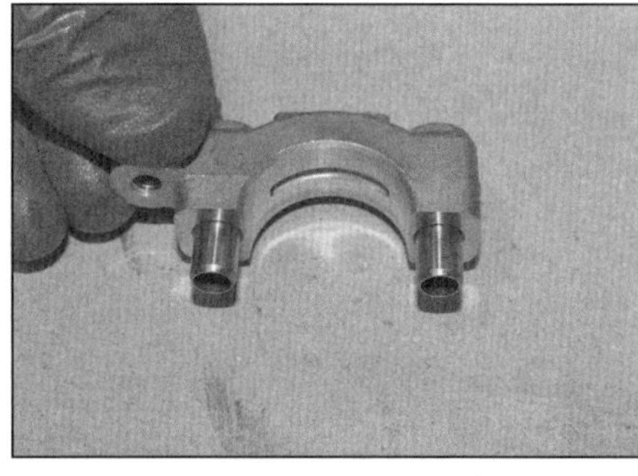

8.32a Jeder Lagerdeckel wird mit zwei Passhülsen positioniert.

33 Drücken Sie mit einem Stück Holz durch den Sitz des Steuerkettenspanners gegen die Spannerschiene und prüfen Sie, ob alle Steuerzeitenmarkierungen **exakt** wie in Schritt 7 beschrieben zueinander ausgerichtet sind (Abbildungen 8.7a und b). Die Kette kann leicht um einen Zahn versetzt aufliegen, ohne dass dadurch die Markierungen drastisch ab-

8.32b Setzen Sie den linken (A) und mittleren Lagerdeckel (B) richtig herum auf...

8.32c ...und positionieren Sie den rechten Lagerdeckel korrekt über dem Bund der Nockenwelle.

8.39a Führen Sie die korrekt ausgerichtete Achse durch die Kipphebel 1A,...

8.39b ...1B,...

8.39c ...2A...

8.39d ...und 2B vollständig ein

9.6a Machen Sie die vordere Ritzelschraube zugänglich und lösen Sie sie.

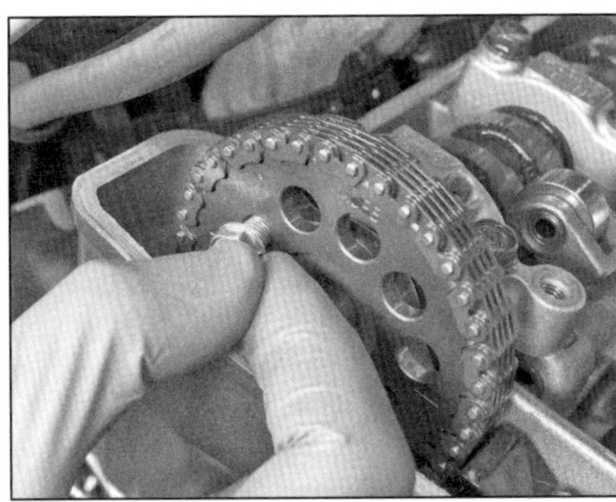

9.6b Lösen Sie dann die hintere Ritzelschraube,...

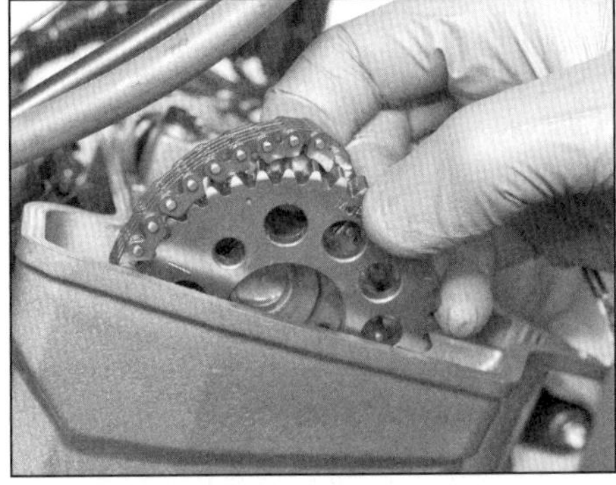

9.6c ziehen Sie das Ritzel ab und befreien Sie es aus der Kette.

9.7 Ziehen Sie das Ritzel von der Kurbelwelle und entnehmen Sie die Steuerkette.

weichen; falls sie umgesetzt werden muss, ist hierfür die Nockenwelle auszubauen und die Ausrichtung zu wiederholen.

Achtung: Bereits bei leicht abweichenden Steuerzeiten können während des ersten Motorstarts Kolben und Ventile zusammenstoßen und schwere Schäden hervorrufen!

34 Montieren Sie den Steuerkettenspanner (siehe Sektion 7).
35 Drehen Sie die Kurbelwelle zwei volle Umdrehungen vorwärts (gegen den Uhrzeigersinn) und prüfen Sie, ob sich alles korrekt bewegt und die Steuerzeitenmarkierungen anschließend wieder wie in Schritt 7 beschrieben ausgerichtet sind (Abbildungen 8.7a und b).
36 Montieren Sie die Kipphebel (siehe unten).

Kipphebel

37 Installieren Sie ggf. zunächst die Nockenwelle (siehe oben).
38 Drehen Sie die Kurbelwelle so, dass sie und die Nockenwelle wie in Schritt 3 beschrieben ausgerichtet sind.
39 Legen Sie die Kipphebel wie in Schritt 4 beschrieben im Zylinderkopf aus. Schmieren Sie ihre Bohrungen, die Rollen und ihre Gleitflächen auf der Achse mit einem Gemisch aus gleichen Teilen MoS_2-Fett und Motoröl. Schieben Sie die Achse durch die Bohrungen des Zylinderkopfs und der Kipphebel ein und drehen Sie sie so, dass die Ausschnitte zu den Bohrungen der Arretierschrauben fluchten (siehe Abbildungen). Schmieren Sie die Gewinde und Kopf-Unterseiten der Schrauben mit frischem Motoröl und ziehen Sie sie mit 12 Nm an (Abbildung 8.5b).
40 Drehen Sie die für den Aus- und Einbau benötigte M6-Schraube aus der Achse (Abbildung 8.5a). Rüsten Sie den Verschlussstopfen mit einer neuen Dichtscheibe aus und schmieren Sie sein Gewinde mit Motoröl, bevor Sie ihn mit 18 Nm anziehen (Abbildung 8.5a).
41 Drehen Sie die Kurbelwelle zwei volle Umdrehungen vorwärts (gegen den Uhrzeigersinn) und prüfen Sie, ob sich alles korrekt bewegt und die Steuerzeitenmarkierungen anschließend wieder wie in Schritt 3 beschrieben ausgerichtet sind (Abbildungen 8.3a, b und c). Kontrollieren Sie das Ventilspiel und stellen Sie es nötigenfalls ein (siehe Kapitel 1).
42 Rüsten Sie den Kurbelwellenstopfen und den Steuerzeiten-Inspektionsdeckel ggf. mit neuen eingeölten O-Ringen aus und fetten Sie ihre Gewinde (Abbildung 8.2). Ziehen Sie den Stopfen mit 8 Nm und den Deckel mit 6 Nm an.
43 Installieren Sie die Zündkerzen (siehe Kapitel 1) und montieren Sie den Ventildeckel (siehe Sektion 6).

9 Steuerkette, Ritzel und Schienen

Ausbau

Steuerkette und Ritzel

1 Bringen Sie den Kolben von Zylinder 1 in den Verdichtungs-OT (siehe Sektion 8, Schritte 1 bis 3).
2 Demontieren Sie den Steuerkettenspanner (siehe Sektion 7).
3 Entfernen Sie den Kupplungsdeckel (siehe Sektion 13 oder 14).
4 Lösen Sie bei Modellen mit Standardgetriebe die Primärtriebrad-Schraube und entnehmen Sie sie samt Scheibe.
5 Demontieren Sie bei DCT-Modellen das gesamte Primärtriebrad (siehe Sektion 17).
6 Drehen Sie die Kurbelwelle mit einem am Lichtmaschinenbolzen angesetzten Steckschlüssel ein kleines Stück im Uhrzeigersinn, bis die vordere Schraube am Nockenwellenritzel zugänglich ist und gelöst werden kann (siehe Abbildung). Drehen Sie die Kurbelwelle jetzt wieder in die OT-Position und lösen Sie die hintere Ritzelschraube (siehe Abbildung). Ziehen Sie das Ritzel von der Nockenwelle und befreien Sie es aus der Steuerkette – senken Sie diese jetzt in den Kettenschacht hinab (siehe Abbildung).
7 Ziehen Sie nun das Kurbelwellenritzel ab und befreien Sie die Steuerkette (siehe Abbildung).

Spannerschiene

8 Entfernen Sie den Kupplungsdeckel (siehe Sektion 13 oder 14).
9 Demontieren Sie den Steuerkettenspanner (siehe Sektion 7).

9.10a Lösen Sie den Bolzen, entfernen Sie die Schiene...

9.10b ...und entnehmen Sie die hintere Scheibe.

9.12 Schrauben der Führungsplatte

9.15a Richten Sie die breite Nut des Ritzels zur breiten Verzahnung der Kurbelwelle aus.

9.15b Legen Sie die Steuerkette um die breiten Zähne in der Mitte des Ritzels.

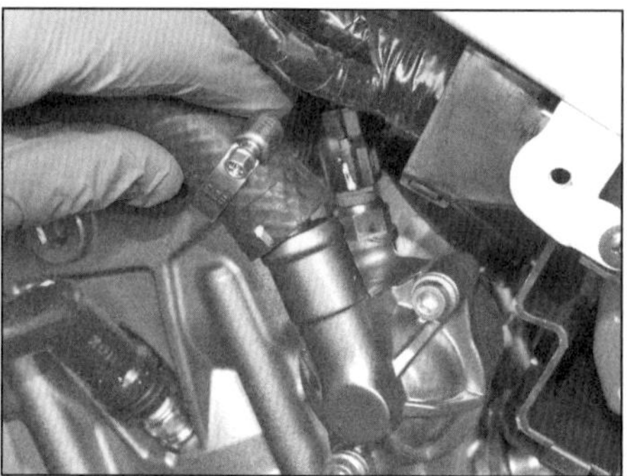

10.2 Lockern Sie die Schelle und ziehen Sie den linken Kühlerschlauch vom Thermostatdeckel.

10 Lösen Sie den Spannerschienen-Gelenkbolzen und ziehen Sie die Schiene aus dem Motor – stellen Sie dabei die hintere Scheibe sicher (siehe Abbildungen).

Führungsschiene und Platte

11 Für den Ausbau der Führungsschiene muss der Zylinderkopf demontiert werden – beachten Sie die Hinweise in Sektion 10.

12 Demontieren Sie nötigenfalls die Führungsplatte, indem Sie ihre zwei Schrauben lösen (siehe Abbildung).

Kontrolle

Steuerkette

13 Außer bei Ölmangel verschleißt die Steuerkette nur unwesentlich. Falls Glieder klemmen oder locker sind, muss die Kette erneuert werden. Inspizieren Sie die Ritzel auf Verschleiß und ausgebrochene Zähne. Ersetzen Sie die Steuerkette samt Ritzel immer als Set.

Spanner- und Führungsschienen

14 Kontrollieren Sie die Gleitflächen und Ränder der Schienen auf starken Verschleiß, tiefe Nuten, Risse und andere Schäden und ersetzen Sie sie nötigenfalls.

Einbau

15 Der Einbau entspricht der umgekehrten Ausbaureihenfolge – beachten Sie dabei folgende Punkte:

- Falls entfernt, müssen die Gewinde der Führungsplatten-Schrauben gereinigt und mit mittelfester Sicherungspaste (Loctite) bestrichen werden. Ziehen Sie die Schrauben sorgfältig an.
- Montieren Sie die Führungsschiene und den Zylinderkopf (siehe Sektion 10).
- Reinigen Sie das Gewinde des Spannerschinen-Gelenkbolzens, bestreichen Sie es mit mittelfester Sicherungspaste (Loctite), vergessen Sie beim Ansetzen der Schiene nicht die hintere Scheibe (Abbildung 9.19b) und ziehen Sie den Bolzen mit 23 Nm an.
- Schieben Sie das Kurbelwellenritzel mit der Körnermarkierung nach außen und der korrekt ausgerichteten breiten Nut auf die Verzahnung der Welle und legen Sie die Lette über die breiten mittleren Zähne (siehe Abbildungen).
- Reinigen Sie das Gewinde der Nockenwellenritzel-Schrauben und bestreichen Sie sie mit mittelfester Sicherungspaste (Loctite). Positionieren Sie alle Steuerzeitenmarkierungen so, wie in Sektion 8, Schritte 1 bis 3 beschrieben. Installieren Sie die hintere Ritzelschraube und ziehen Sie sie mit 20 Nm an, drehen Sie dann den Motor ein kleines Stück rückwärts und installieren Sie die vordere Schraube auf die gleiche Weise (Abbildungen 9.6b und a). Bringen Sie den Motor erneut in den Verdichtungs-OT des linken Zylinders und überprüfen Sie erneut, ob alle Markierungen exakt fluchten. Folgen Sie den letzten drei Schritten in Sektion 8 – das Einstellen der Ventile ist nur nötig, falls die Nockenwelle demontiert wurde.
- Installieren Sie die verbliebenen Komponenten entsprechend der Hinweise in den verschiedenen Sektionen.

10 Zylinderkopf
Ausbau und Einbau

Anmerkung: *Diese Prozedur beschreibt den Aus- und Einbau des Zylinderkopfs bei eingebautem Motor – falls er ausgebaut ist, müssen nicht zutreffende Schritte ignoriert werden. Auch die Steuerketten-Spannerschiene und der Spanner müssen nicht zwingend demontiert werden.*

Ausbau

1 Lassen Sie das Motoröl und das Kühlmittel ab (siehe Kapitel 1).

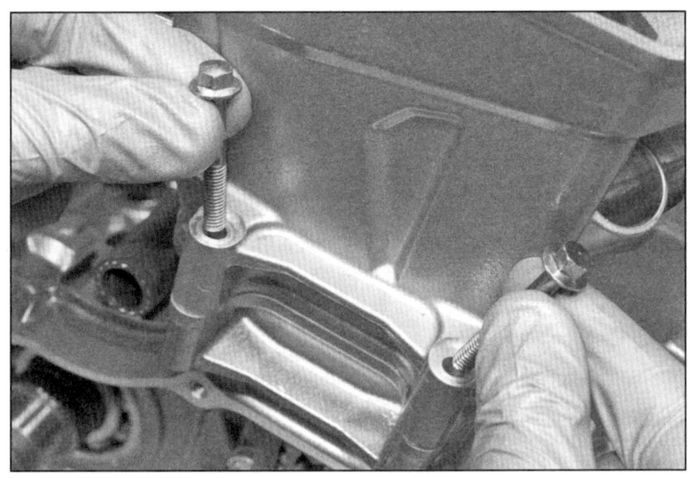

10.8a Entfernen Sie rechts die zwei M6-Schrauben.

10.8b M9-Zylinderkopfschrauben

2 Demontieren Sie die Wasserkühler (siehe Kapitel 3) – trennen Sie beim Ausbau des linken Kühlers dessen Schlauch vom Thermostatdeckel (siehe Abbildung). Trennen Sie den Stecker des Kühltemperatursensors (Abbildung 4.21).

3 Demontieren Sie die Auspuffanlage (siehe Kapitel 4).

4 Demontieren Sie die Kipphebel und die Nockenwelle (siehe Sektion 8) – die Steuerkette kann anschließend in den Kettenschacht abgelassen werden.

5 Demontieren Sie nötigenfalls den Thermostaten (siehe Kapitel 3).

6 Entfernen Sie den Steuerkettenspanner (siehe Sektion 7).

7 Demontieren Sie den oberen vorderen Motorhalter (Abbildungen 4.27a und b).

8 Der Zylinderkopf ist mit zwei M6-Schrauben und sechs M9-Schrauben mit integrierten Scheiben (die nicht von ihnen entfernt werden können) am Zylinderblock gesichert. Lösen Sie zuerst die M6-Schrauben außen am Steuerkettenschacht (siehe Abbildung). Saugen Sie um die M9-Schrauben angesammeltes Öl auf und lockern Sie diese schrittweise und über Kreuz von außen nach innen, bis alle locker sind (siehe Abbildung).

9 Heben Sie den Zylinderkopf ein Stück weit vom Motorblock und stützen Sie ihn ab. Drücken Sie dann die Steuerketten-Führungsschiene nach oben aus ihrem Sitz; beachten Sie, wie ihre Stifte in den Ausschnitten der Gehäuse-Dichtfläche liegen. Verdrehen Sie die Schiene um 90° und ziehen Sie sie nach oben aus dem Zylinderkopf (siehe Abbildungen). Falls sich der Zylinderkopf nicht löst, muss er mit einem weichen Hammer oder Holz rundherum leicht abgeklopft werden. Versuchen Sie nicht, den Zylinderkopf abzuhebeln – Sie würden dabei die Dichtflächen zerstören. Nachdem die Führungsschiene entfernt ist, kann der Zylinderkopf nach rechts aus dem Rahmen befreit werden (siehe Abbildung).

10 Entfernen Sie die Zylinderkopfdichtung und stellen Sie nötigenfalls die zwei Passhülsen sicher (Abbildung 10.16) – sie können auch unten im Kopf stecken. Die Zylinderkopfdichtung muss später durch ein Neuteil ersetzt werden.

10.9a Heben Sie den Zylinderkopf vorsichtig an, drücken Sie die Führungsschiene hoch...

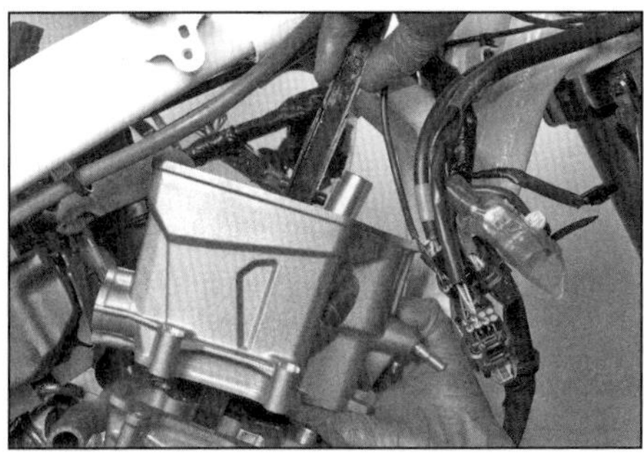

10.9b ...und verdrehen Sie sie, um sie zu entfernen.

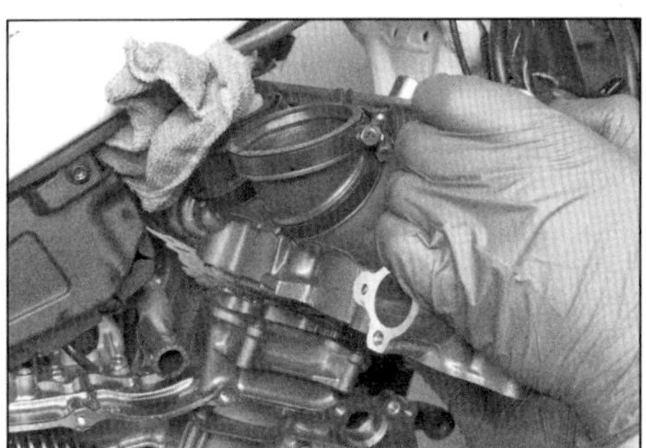

10.9c Der Zylinderkopf wird nach rechts aus dem Rahmen befreit.

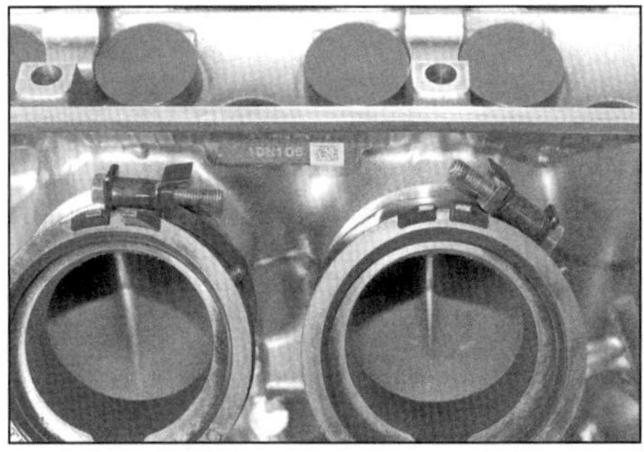

10.13 Beachten Sie die Ausrichtung der Stutzen und ihrer Schellen, bevor Sie sie demontieren.

11 Reinigen Sie die Dichtflächen des Kopfes und des Zylinders mit einem geeigneten Lösungsmittel. Entfernen Sie sämtliche Dichtungsreste. Wird ein Schaber eingesetzt, muss aufgepasst werden, dass nicht das relativ weiche Aluminium abgetragen wird. Dichtungsreste dürfen nicht ins Motorgehäuse, die Zylinderbohrung oder Öl- und Wasserkanäle geraten.

12 Kontrollieren Sie die Zylinderkopfdichtung sowie die Dichtflächen des Zylinderkopfes und des Zylinders auf Anzeichen von Undichtigkeiten, die einen Verzug anzeigen können. Wechseln Sie nach Sektion 11, Schritt 14 und überprüfen Sie den Verzug des Zylinderkopfes.

13 Lockern Sie nötigenfalls die Schellen der Ansaugstutzen, merken Sie sich deren Ausrichtung und ziehen Sie sie ab (siehe Abbildung).

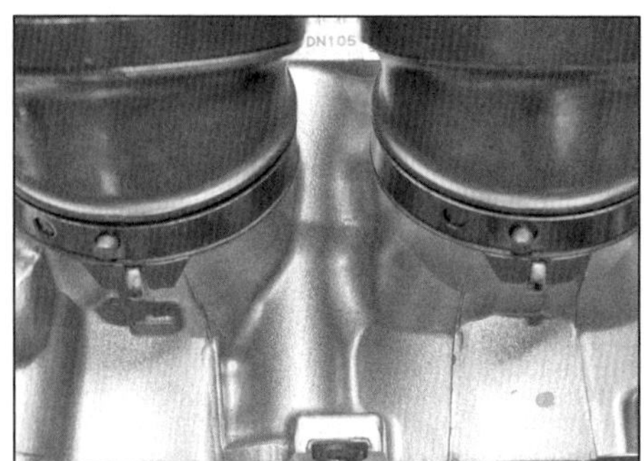

10.15 Die Ansaugstutzen und ihre Schellen müssen wie gezeigt positioniert sein.

10.16 Legen Sie die neue Zylinderkopfdichtung über die Passhülsen (Pfeile) auf den Zylinderblock.

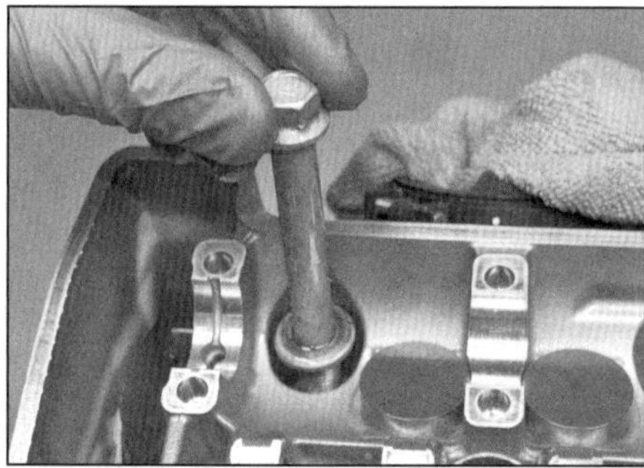

10.18 Schmieren Sie die Schrauben und Scheiben vor dem Einbau mit MoS_2-Fett und Motoröl.

Einbau

14 Die Dichtflächen des Zylinderkopfs und des Motorgehäuses müssen absolut sauber sein.

15 Montieren Sie ggf. die Ansaugstutzen – ihre markierten Seiten gehören nach außen und unten müssen die Laschen um die Angüsse des Zylinderkopfs liegen. Die Schellen müssen korrekt ausgerichtet sein und mit den korrekten Bohrungen über den Stiften liegen (siehe Abbildung 10.15 und Abbildung 10.13).

16 Installieren Sie ggf. die Passhülsen und legen Sie eine neue Zylinderkopfdichtung korrekt ausgerichtet darüber (siehe Abbildung) – verwenden Sie **niemals** die alte Dichtung wieder!

17 Positionieren Sie den Zylinderkopf vorsichtig über dem Motorgehäuse und stützen Sie ihn ab. Senken Sie dann die Führungsschiene mit der Gleitfläche nach außen zeigend im Kettenschacht ab; sobald sich die Stifte über dem Motorgehäuse befinden, wird die Schiene eine Viertelumdrehung im Uhrzeigersinn gedreht, sodass die Stifte in die Ausschnitte und die Ausschnitte am unteren Ende in die Führungsplatte greifen. Setzen Sie den Zylinderkopf dann vorsichtig über die Passhülsen auf den Motor (Abbildungen 10.9c, b und a). Ziehen Sie die Steuerkette mit einem Draht oder Magneten hoch und sichern Sie sie oben im Schacht.

18 Schmieren Sie die Gewinde und Kopf-Unterseiten der M9-Schrauben sowie die Scheiben mit einem Gemisch aus gleichen Teilen MoS_2-Fett und Motoröl (siehe Abbildung), installieren Sie die Schrauben und ziehen Sie sie schrittweise und über Kreuz von innen nach außen bis zum Drehmoment von 83 Nm an.

19 Installieren Sie die M6-Schrauben außen am Kettenschacht und ziehen Sie sie sorgfältig an (Abbildung 10.8a).

20 Montieren Sie alle anderen entfernten Teile in der entgegengesetzten Ausbaureihenfolge (Schritte 7 bis 2). Ziehen Sie die oberen vorderen Motorbolzen mit 32 Nm an – sichern Sie zuerst den Halter am Rahmen, bevor Sie den Motor daran sichern. Füllen Sie Motoröl und Kühlmittel auf (siehe Kapitel 1).

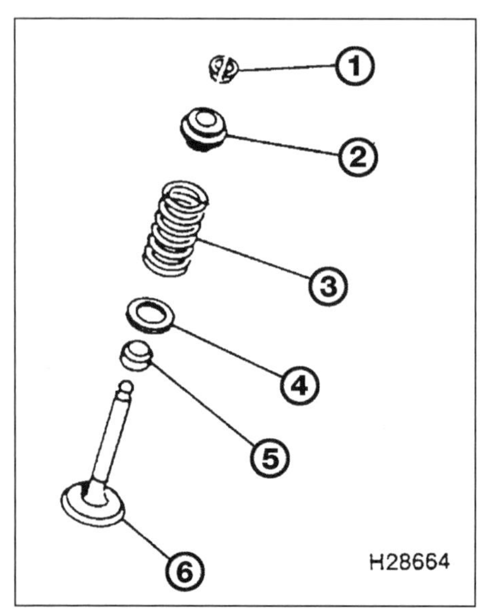

11.5 Ventil-Bauteile
1 Keile *4 Federsitz*
2 Federteller *5 Ventilschaftdichtung*
3 Ventilfeder *6 Ventil*

11 Zylinderkopf und Ventile
Überholen

Spezialwerkzeug: *Für diese Arbeit ist eine für Motorradmotoren geeignete Ventilfederpresse unerlässlich.*

1 Aufgrund der Komplexität dieser Arbeit und der notwendigen Werkzeuge und Ausrüstungen müssen die meisten Motorradbesitzer Arbeiten an den Ventilen, Ventilsitzen und Ventilführungen einer professionellen Werkstatt überlassen. Allerdings kann man eine Abschätzung über die Dichtigkeit der Ventile und Sitze erhalten, indem eine kleine Menge Lösungsmittel in jeden Ventilkanal gefüllt und dabei beobachtet wird, ob diese am Ventil vorbei in den Brennraum sickert (was ein nicht korrekt sitzendes und abdichtendes Ventil anzeigt).

2 Der Heimwerker kann mithilfe einer geeigneten Ventilfederpresse die Ventile ausbauen, die Bauteile reinigen und auf Verschleiß kontrollieren. Solange die Ventilsitze nicht nachgeschnitten werden müssen, können die Ventile zudem eingeschliffen und wieder installiert werden.

3 Die Werkstatt kann zudem die Ventile und Ventilsitze überarbeiten oder austauschen und die Ventilführungen erneuern.

4 Nach erfolgter Ventilüberholung ist der Zylinderkopf in einem neuwertigen Zustand. Wenn Sie den Kopf zurückerhalten, sollten Sie ihn vor dem Einbau sorgfältig reinigen und von Metallspänen und Schleifmittelresten befreien, die von der Überholung stammen können. Wenn möglich, sollten alle Löcher und Kanäle mit Druckluft ausgeblasen werden.

Zerlegen

5 Vor Arbeitsbeginn muss sichergestellt sein, dass die Ventile und ihre zugehörigen Bauteile so gelagert werden können, dass später jedes Teil wieder genau an seinen Platz im Zylinderkopf gebaut werden kann (siehe Abbildung). Verwenden Sie entweder den in Sektion 8 für die Tassenstößel und Shims verwendeten Behälter oder beschaffen Sie neue, um die 8 Ventile samt Kleinteile unterbringen und später wieder korrekt zuordnen zu können. Alternativ können beschriftete Plastikbeutel benutzt werden.

6 Richten Sie die Federpresse zu den beiden Enden des ersten Ventils aus – achten Sie auf ihren korrekten Sitz (siehe Abbildung). An der Oberseite muss der Adapter etwa die gleiche Größe haben wie der Federteller – falls er zu klein ist, wird es schwierig, die Ventilschaft-Keile aus- und einzubauen (siehe Abbildung). An der Unterseite (im Brennraum) muss darauf geachtet werden, dass die Presse nur auf das Ventil drückt – und nicht gegen das Aluminium des Kopfes (siehe Abbildung) – verwenden Sie nötigenfalls eine Distanzhülse. Komprimieren Sie die Feder nicht stärker als nötig.

Achtung: Passen Sie besonders auf, mit der Federpresse keine Tassenstößel-Bohrungen zu beschädigen!

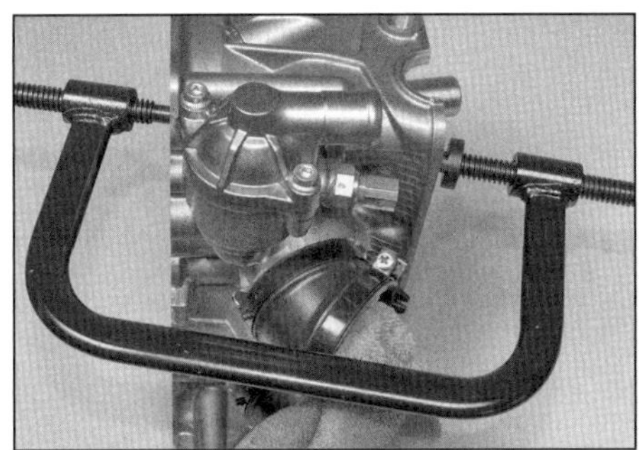
11.6a Drücken Sie die Ventilfeder mithilfe der Federpresse zusammen...

11.6b ...– achten Sie darauf, dass die Presse korrekt gegen den Federteller...

11.6c ...und den Ventilteller drückt.

11.7a Entfernen Sie die Keile wie beschrieben.

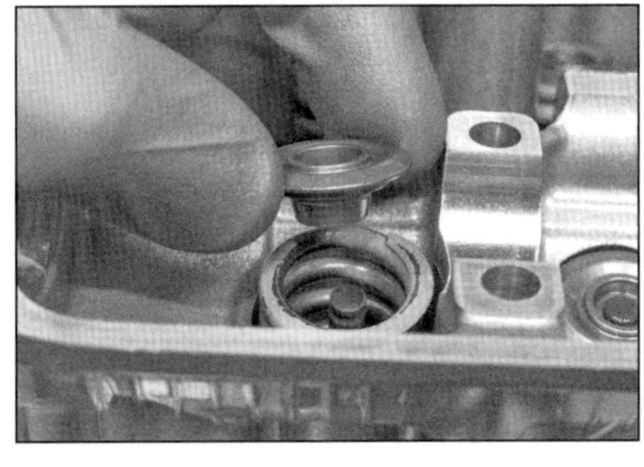
11.7b Entfernen Sie den Federteller...

11.7c ...und die Ventilfeder,...

7 Entfernen Sie mit einer Zange, einer Pinzette, einem Magneten oder einem mit Fett bestrichenen Schraubendreher die Keile (siehe Abbildung). Lösen sie vorsichtig die Federpresse und entfernen Sie den Federteller und die Feder – merken Sie sich die Einbaulagen (siehe Abbildungen). Ziehen Sie das Ventil nach unten aus dem Kopf – falls es in der Führung klemmt und sich nicht hindurchziehen lässt, muss es zurückgedrückt und im Bereich um die Keilnut mit einer sehr feinen Feile oder einem Nassschleifstein entgratet werden (siehe Abbildung).

8 Ziehen Sie mit einer Zange die Ventilschaftdichtung von der Ventilführung und entsorgen sie (alte Dichtungen dürfen NIEMALS wiederverwendet werden). Jetzt kann der Federsitz unter Beachtung seiner Einbaulage befreit werden – hierzu eignet sich ein Magnet sehr gut (siehe Abbildungen).

9 Wiederholen Sie die Prozedur an den anderen Ventilen und achten Sie darauf, dass die Einzelteile genau wieder dem entsprechenden Kanal im Zylinderkopf zugeordnet werden.

10 Als Nächstes wird der Zylinderkopf mit Lösungsmittel gereinigt und sorgfältig getrocknet. Druckluft beschleunigt das Trocknen und sorgt dafür, dass alle Löcher und Ecken sauber werden.

Anmerkung: *Der Brennraum darf nicht mit einem rotierenden Drahtbürstenaufsatz gereinigt werden, da hierbei Aluminium abgetragen würde.*

11.7d ...drücken Sie dann das Ventil herunter, um es herauszuziehen.

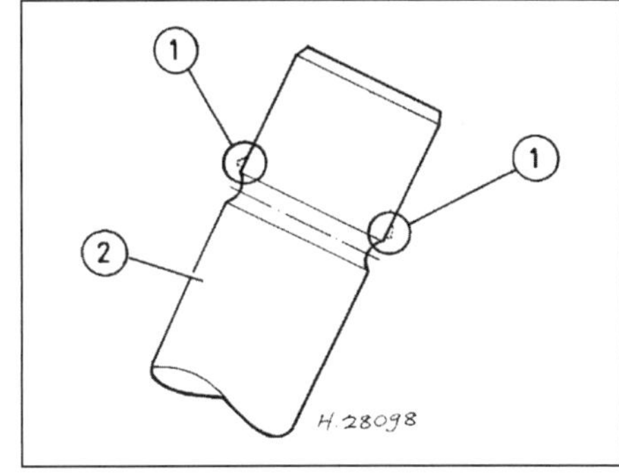

11.7e Falls das Ventil klemmt, müssen alle Grate (1) an den Keilnuten des Ventilschaftes (2) geglättet werden.

2

11.8a Ziehen Sie die Ventilschaftdichtung von der Ventilführung...

11.8b ...und entfernen Sie den Federsitz.

11.15a Kontrollieren Sie die Dichtflächen des Ventils und des Sitzrings.

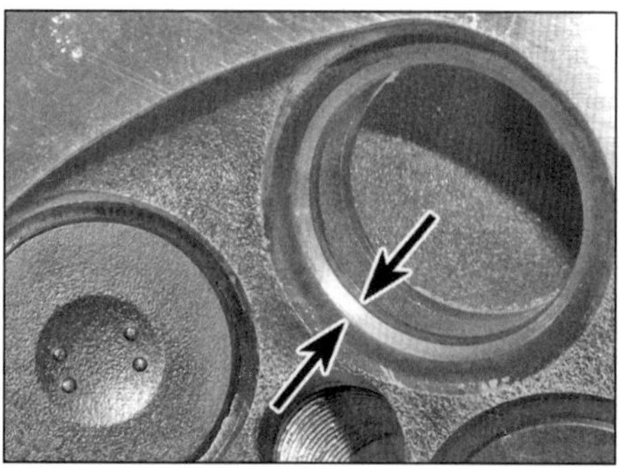

11.15b Messen Sie die Breite des Ventilsitzes.

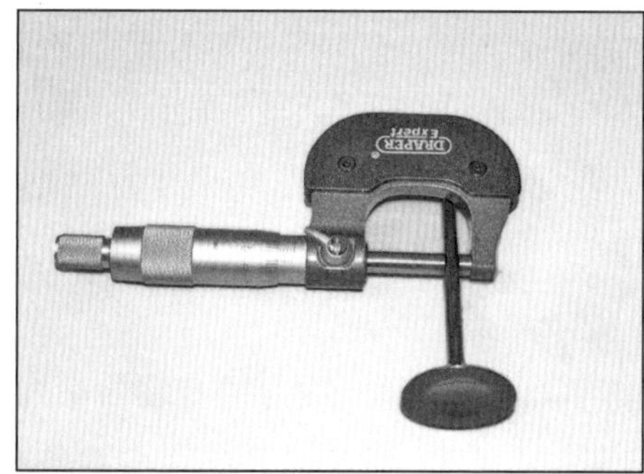

11.16a Messen Sie den Ventilschaft-Durchmesser…

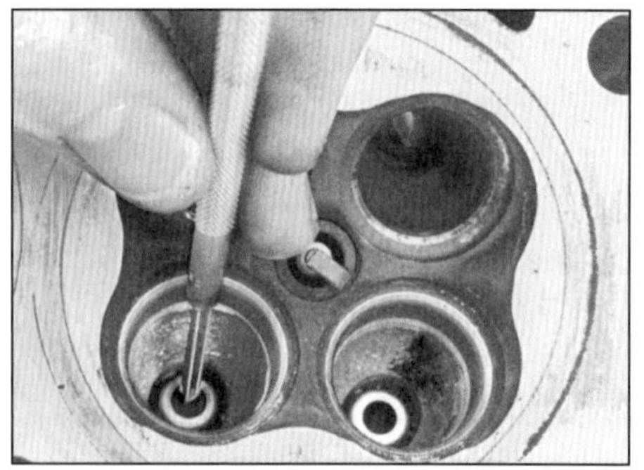

11.16b …und den Innendurchmesser der Ventilführung.

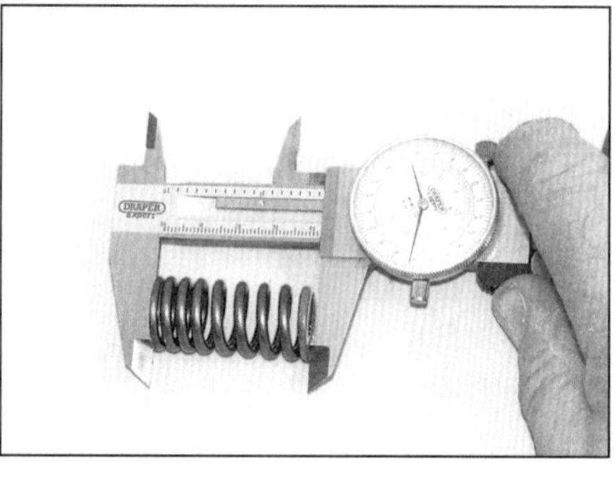

11.19 Messen Sie die freie Länge aller Ventilfedern.

11.23 Installieren Sie den Federsitz.

11 Reinigen Sie alle Ventil-Bauteile mit Lösungsmittel und trocknen Sie sie sorgfältig. Reinigen Sie zurzeit immer nur die Teile eines Ventils, um Verwechslung zu vermeiden.

12 Schaben Sie alle Kohleablagerungen von den Ventilen. Reinigen Sie Ventilteller und Schaft anschließend mit einem Drahtbürstenaufsatz für die Bohrmaschine. Achten Sie darauf, dass die Ventile nicht durcheinandergeraten.

Kontrolle

13 Inspizieren Sie den Zylinderkopf sorgfältig auf Risse und andere Beschädigungen. Falls Risse festgestellt werden, muss der Zylinderkopf ausgetauscht werden. Kontrollieren Sie die Gleitflächen der Nockenwellenlager auf Verschleiß und Klemmspuren, begutachten Sie ebenso die Nockenwellen und Lagerdeckel auf Verschleiß (siehe Sektion 8).

14 Mithilfe einem Präzisions-Richtwinkel und einer 0,1-mm-Fühlerlehre (der Wert des maximalen Verzugs) wird die Dichtfläche des Zylinderkopfes vermessen. Wechseln Sie zu Sektion 3 in den *Werkzeug- und Werkstatt-Tipps* im Anhang, um genaue Angaben zur Messung des Zylinderkopf-Verzugs zu erhalten. Wenn der Zylinderkopf verzogen ist, kann er ggf. geplant werden – konsultieren Sie hierzu eine Honda-Werkstatt oder einen Motoren-Spezialisten. Bei zu großem Verzug ist er durch einen neuen zu ersetzen.

15 Begutachten Sie die Ventilsitze im Brennraum. Falls sie Ausbrüche, Risse oder Verbrennungen zeigen, übersteigt dies die notwendige Arbeit die Möglichkeiten eines Hobbyschraubers. Messen Sie die Breite der Ventilsitze (siehe Abbildung) und vergleichen Sie die Ergebnisse mit den Vorgaben in den technischen Daten – beachten Sie die unterschiedlichen Werte für Ein- und Auslassventile; falls sie irgendwo breiter als vorgegeben sind oder ungleichmäßig verlaufen, ist eine Überholung in einer Fachwerkstatt notwendig.

16 Messen Sie den Ventilschaft-Durchmesser eines Ventils (siehe Abbildung). Befreien Sie seine Ventilführung von sämtlichen Kohleablagerungen. Ermitteln Sie auch den Innendurchmesser der Ventilführung an beiden Enden und in der Mitte, um ungleichmäßigen Verschleiß festzustellen (siehe Abbildung). Vergleichen Sie die Messwerte mit den Angaben in den technischen Daten und ersetzen Sie alle übermäßig verschlissenen Komponenten. Falls eine Ventilführung innerhalb der Toleranzwerte liegt aber ungleichmäßig verschlissen ist, muss sie dennoch ersetzt werden. Wiederholen Sie die Prozedur an den anderen Ventilen. Der Austausch von Ventilführungen sollte von einer Fachwerkstatt durchgeführt werden.

17 Inspizieren Sie sorgfältig den Ventilteller, den Schaft und die Keilnute auf Risse, Löcher sowie verbrannte Stellen.

18 Drehen Sie das Ventil und prüfen Sie dabei, ob es verzogen sein könnte und ersetzt werden muss. Kontrollieren Sie das Ende des Ventilschafts und die Keilnuten auf Ausbrüche und übermäßigen Verschleiß (siehe Abbildung) – ersetzen Sie das Ventil nötigenfalls.

19 Kontrollieren Sie die Enden der Ventilfedern auf Verschleiß und Ausbrüche. Messen Sie die freie Länge der Federn (siehe Abbildung) – ist eine Feder kürzer als in den technischen Daten angegeben, so ist sie erlahmt und alle Federn müssen als Set ausgetauscht werden.

Anmerkung: *Wenn eine Feder ermüdet ist, werden auch die anderen Federn bald verschlissen sein. Ermüdete Federn können die Ventile bei hohen Drehzahlen keine vorschriftsmäßig schließenden Ventile sicherstellen, sodass die Gefahr bestünde, dass Ventile und Kolben sich berühren. Dies würde schwere Motorschäden nach sich ziehen! Ermitteln Sie mithilfe eines Richtwinkels, ob eine Feder verzogen ist – in diesem Fall ist sie ebenfalls zu ersetzen.*

20 Kontrollieren Sie die Federsitze, Federteller und Keile auf sichtbaren Verschleiß und Brüche.

21 Wenn die Inspektion erkennen lässt, dass keine Überholung notwendig ist, können die Bauteile des Ventiltriebs wieder in den Zylin-

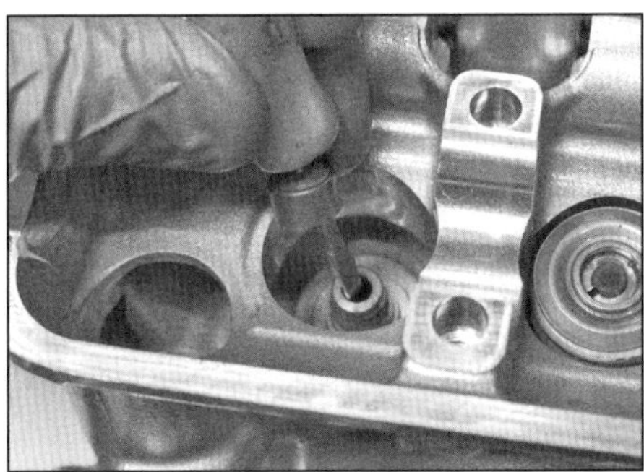

11.24a Installieren Sie die neue Ventilschaftdichtung mit einer Stange als Führung...

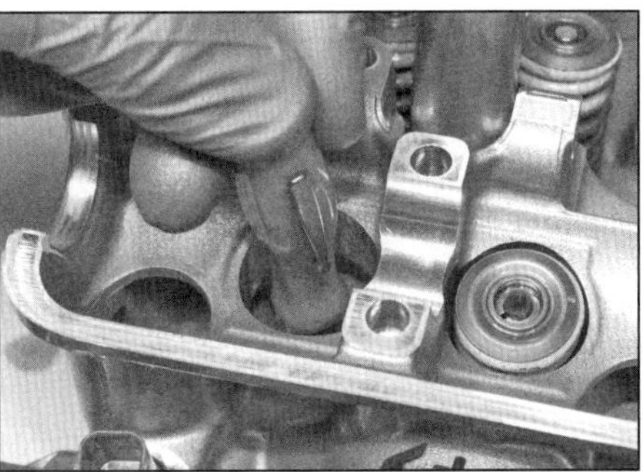

11.24b ...und drücken Sie sie herunter, bis sie einrastet.

11.27 Die Ventilkeile müssen korrekt in ihrer Nut sitzen und den Federteller halten.

derkopf installiert werden. Alle fragwürdigen Teile dürfen nicht wiederverwendet werden, da bei ihrem Ausfall im Motorbetrieb sehr großer Schaden entstehen kann.

Zusammenbau

22 Wenn keine Ventilüberholung durchgeführt wurde, sollten die Ventile vor dem Einbau in den Kopf eingeschliffen (»geläppt«) werden, um die Dichtigkeit an den Ventilsitzen sicherzustellen – beides sollte von der Fachwerkstatt erledigt werden.

23 Zurzeit immer nur an einem Ventil arbeitend, wird der Federsitz an seinen Platz im Zylinderkopf gelegt – der Bund muss nach oben zeigen und in die Feder greifen können (siehe Abbildung). Damit der Sitz nicht auf der Ventilführung verkantet, sollte er mit einer Stange oder einem Schraubendreher geführt werden.

24 Stecken Sie die neue innen mit Öl geschmierte Ventilschaftdichtung auf die Ventilführung – sie sollte ebenfalls mit einer geeigneten Stange geführt werden. Drücken Sie sie mit dem Daumen oder einem geeigneten Steckschlüssel auf die Führung, bis sie fühlbar eingerastet ist (siehe Abbildungen). Auf keinen Fall darf die Dichtung verkantet, gedreht oder wieder abgezogen werden, da sie dann das Ventil nicht mehr korrekt abdichtet.

25 Schmieren Sie den Ventilschaft mit einem Gemisch aus gleichen Teilen MoS_2-Fett und Motoröl und stecken Sie das Ventil drehend in die Führung, um die Dichtung nicht zu beschädigen (Abbildung 11.7d). Kontrollieren Sie, ob es sich frei auf und ab bewegen lässt.

26 Jetzt werden die Ventilfeder mit den engeren Wicklungen voran und der Federteller mit dem Bund nach unten in die Feder installiert (Abbildungen 11.7c und b).

27 Geben Sie etwas Fett innen an die Keile, um sie an das Ventil »kleben« zu können (siehe Abbildung). Drücken Sie die Feder mit der korrekt sitzenden Federpresse nur so weit wie nötig zusammen, um die Keile montieren zu können (siehe Schritt 6) (Abbildungen 11.6a, b und c). Bringen Sie die Keile nacheinander mithilfe eines gefetteten Schraubendrehers in Position (Abbildung 11.7a). Achten Sie darauf, dass die Keile korrekt in den Nuten sitzen, und lösen Sie vorsichtig die Presse (siehe Abbildung).

28 Wiederholen Sie die Prozedur an den anderen Ventilen. Denken Sie daran, die Bauteile einer Ventilbaugruppe zusammenzuhalten, damit sie in die alten Positionen montiert werden können.

29 Stützen Sie den Zylinderkopf so auf Holzblöcken, dass die sich öffnenden Ventile nicht die Werkbank berühren können, und schlagen Sie sanft mit einem Hammer und einem Messingdorn (oder anderem weichen Material) oben auf die Ventilschäfte, damit die Keile sich besser in die Nuten setzen können.

Praxis TiPP ***Kontrollieren Sie die Dichtigkeit der Ventile durch das Einfüllen von Lösungsmittel in den jeweiligen Kanal. Wenn die Flüssigkeit am Ventil vorbei in den Brennraum läuft, muss die Ventilbaugruppe wieder zerlegt und ggf. von einem Fachbetrieb begutachtet werden.***

30 Nach der Montage des Zylinderkopfes und der Nockenwellen muss das Ventilspiel kontrolliert und eventuell eingestellt werden (siehe Kapitel 1).

12 Anlasserfreilauf und Untersetzung

Kontrolle

1 Die Funktion des Anlasserfreilaufs kann im eingebauten Zustand überprüft werden: Entfernen Sie den Lichtmaschinendeckel und das Untersetzungsrad (siehe Kapitel 8). Prüfen Sie nun, ob sich das an der Rückseite des Lichtmaschinenrotors sitzende Zahnrad (von links betrachtet) im Uhrzeigersinn drehen lässt und gegen den Uhrzeigersinn blockiert – bei anderen Ergebnissen kann der Freilauf defekt sein und muss zur Inspektion demontiert werden.

Ausbau

2 Demontieren Sie den Lichtmaschinenrotor (siehe Kapitel 8) – das Freilaufrad ist an dessen Rückseite verschraubt. Befreien Sie das Nadellager aus der Freilaufrad-Nabe oder von der Kurbelwelle (Abbildung 12.7a).

3 Während der Lichtmaschinenrotor nach unten auf der Werkbank liegt, wird geprüft, ob sich das Freilauf-Zahnrad frei gegen Uhrzeigersinn drehen lässt – im Uhrzeigersinn muss es blockieren (siehe Abbildung). Ist dies nicht der Fall, muss der Freilauf zerlegt werden.

4 Ziehen Sie das Freilaufrad aus dem Anlasserfreilauf (siehe Abbildung) – falls es klemmt, muss es dabei gegen den Uhrzeigersinn gedreht werden.

12.3 Das Freilaufrad muss sich nach links drehen lassen und beim Versuch, es nach rechts zu drehen, blockieren.

12.4 Befreien Sie das Freilaufrad aus dem Anlasserfreilauf.

2

12.5 Kontern Sie beim Lösen der Freilauf-Schrauben den Lichtmaschinenrotor.

12.6 Begutachten Sie die Spreizrollen im Freilauf und die Gleitfläche der Zahnrad-nabe.

12.7a Kontrollieren Sie das Nadellager sowie seine Gleitflächen in der Freilaufnabe...

12.7b ...und auf der Kurbelwelle.

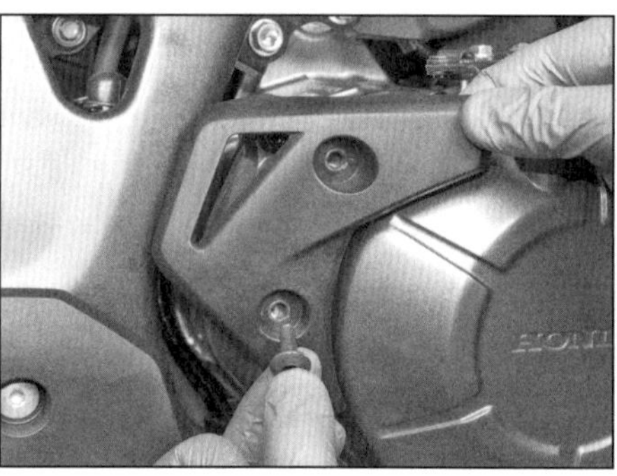

13.2a Lösen Sie die Schrauben der Abdeckung...

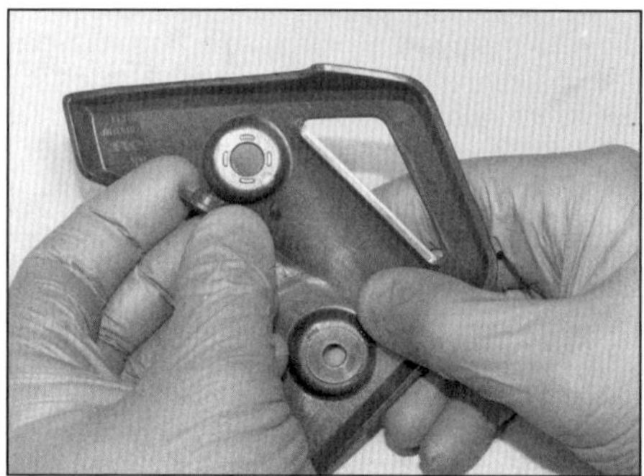

13.2b ...und beachten Sie die darin sitzenden Hülsen.

5 Um den Freilauf vom Lichtmaschinenrotor lösen zu können, muss dieser mit einem Bandschlüssel oder großen verstellbaren Maulschlüssel gehalten und die 6 Schrauben darin gelöst werden (siehe Abbildung). Hebel Sie den Freilauf ab und entnehmen Sie die Spreizrollen-Baugruppe aus dem Gehäuse.

Inspektion

6 Inspizieren Sie die im Freilaufgehäuse sitzenden Spreizrollen und ihre Gleitfläche auf der Zahnradnabe (siehe Abbildung). Sind Schäden, Ausbrüche oder Abflachungen festzustellen oder lässt sich das Zahnrad nicht wie in 6 beschrieben drehen, muss der Freilauf ersetzt werden. Messen Sie den Außendurchmesser der Nabe – er muss mindestens 57,75 mm betragen.

7 Kontrollieren Sie das Nadellager sowie seine Gleitflächen in der Freilaufnabe und auf der Kurbelwelle (siehe Abbildungen). Messen Sie den Innendurchmesser der Nabe - er darf höchstens 44,016 mm betragen. Falls das Lager oder seine Gleitfläche auf der Nabe verschlissen sind, müssen entsprechende Teile ersetzt werden.

8 Kontrollieren Sie die Zähne der Anlasserwelle, des Zwischen/Untersetzungsrad-Paars und des Freilaufrads auf Verschleiß und Beschädigungen. Inspizieren Sie die Gleitfläche der Welle auf Verschleiß oder Beschädigungen und ersetzen Sie sie nötigenfalls.

Einbau

9 Installieren Sie die Spreizrollen-Baugruppe in das Gehäuse und setzen Sie dieses an den Rotor. Reinigen Sie die Gewinde der Schrauben und bestreichen Sie sie mit mittelfester Sicherungspaste (Loctite), bevor Sie sie schrittweise und über Kreuz mit 29 anziehen.

10 Schmieren Sie die Freilaufnabe außen mit frischem Motoröl und drehen Sie sie beim Einsetzen gegen den Uhrzeigersinn, um die Rollen zu spreizen (Abbildung 12.4). Schieben Sie das Nadellager in die Nabe (Abbildung 12.7a).

11 Montieren Sie den Lichtmaschinenrotor (siehe Kapitel 8).

13 Kupplung und Kupplungszug (Modelle mit Standardgetriebe)

Kupplung

Spezialwerkzeug: *Zum Lösen und Anziehen der Kupplungsmutter wird ein Arretierwerkzeug benötigt – siehe Schritt 11*

Ausbau

1 Lassen Sie das Motoröl und das Kühlmittel ab (siehe Kapitel 1).

2 Demontieren Sie die hinten am Kupplungsdeckel sitzende Abdeckung (siehe Abbildungen).

3 Lockern Sie am unteren Kupplungszughalter die vordere Mutter und drehen Sie sie so weit wie möglich nach vorn (Abbildung 13.44a). Schieben Sie den Kupplungszug in den Halter, um das Spiel zu vergrößern, und befreien Sie den Seilzugnippel aus dem Ausrückhebel (Abbildung 13.44b).

4 Ziehen Sie die Kühlerschläuche ab (siehe Abbildung).

5 Lockern Sie schrittweise und über Kreuz die Kupplungsdeckel-Schrauben (siehe Abbildung) – beachten Sie bei der Adventure Sports den Halter des Ölwannenschutzes. Verdrehen Sie den Ausrückhebel bis zum Anschlag im Uhrzeigersinn und ziehen Sie den Deckel ab – seien Sie auf etwas austretendes Öl vorbereitet. Entnehmen Sie die Dichtung und stellen Sie nötigenfalls die im Deckel oder Motorgehäuse steckenden Passhülsen sicher (Abbildung 13.37a). Entfernen Sie den O-Ring vom Wasserpumpen-Auslassstutzen (Abbildung 14.25) – dieser muss zusammen mit der Kupplungsdeckel-Dichtung beim Einbau erneuert werden.

6 Verstopfen Sie den Kühlmittelkanal und alle Schläuche mit sauberen Lappen, damit keine Kühlmittelreste in das Motorgehäuse ablaufen.

7 Halten Sie zum Lockern der drei nicht sehr fest sitzenden Federplatten-Schrauben die Kupplung mit Lappen fest und lösen Sie diese

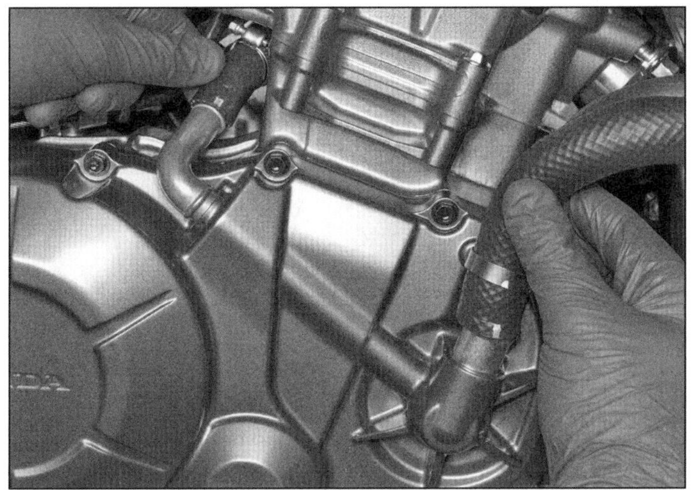

13.4 Lockern Sie die Schellen, um die zwei Schläuche abzuziehen.

13.5 Kupplungsdeckel-Schrauben

13.7a Lösen Sie die Federplatten-Schrauben schrittweise und über Kreuz...

13.7b ...und entnehmen Sie dann die Platte...

13.7c ...sowie die Federn.

13.8a Entnehmen Sie die Druckplatte samt den äußeren Belag- und Stahlscheiben...

13.8b ...und ziehen Sie die Ausrückstange heraus.

schrittweise und über Kreuz, bis der Federdruck abgebaut ist. Entfernen Sie die Schrauben zusammen mit der Platte und den Federn (siehe Abbildungen).

8 Entfernen Sie die Druckplatte samt den äußeren Belag- und Stahlscheiben – beachten Sie, wie die Laschen der äußeren Belagscheibe versetzt zu den anderen in den flachen Nuten des Kupplungskorbs liegen (siehe Abbildung). Ziehen Sie die Ausrückstange aus dem Druckplattenlager oder der Getriebewelle (siehe Abbildung).

13.9a Die meisten Kupplungsscheiben lassen sich als Paket herausnehmen, ...

13.9b ... während der Rest ...

13.9c sowie die Geräuschdämm-Feder und der Federsitz mit einem Haken befreit werden müssen.

13.10 Befreien Sie den Bund der Kupplungsmutter aus der Wellennut.

13.11a Der EBC-Kupplungsnabenhalter CT009 ...

13.11b ... wird samt Griffverlängerung ...

13.11c ... zwischen Kupplungskorb und Kupplungsnabe angesetzt, ...

9 Entfernen Sie die Kupplungsscheiben (siehe Abbildungen) – solange sie nicht durch Neuteile ersetzt werden, müssen sie in ihrer ursprünglichen Reihenfolge verbleiben, da sie unterschiedlich ausgeführt sind. Befreien Sie auch die Geräuschdämm-Feder und den Federsitz. Falls nur die Kupplungsscheiben durch Neuteile ersetzt werden sollen, kann mit Schritt 15 fortgefahren werden.

10 Klopfen Sie mithilfe eines geeigneten Dorns oder kleinen Meißels den Sicherungsbund der Kupplungsmutter aus der Vertiefung der Getriebewelle zurück (siehe Abbildung).

11 Zum Lösen der Kupplungsmutter muss die Kupplungsnabe blockiert werden – Honda bietet hierfür unter der Teilenummer 07724-0050002 ein Spezialwerkzeug an, hier kommt

13.11d ...um die Kupplung beim Lösen der Mutter zu halten.

13.14 Richten Sie die Primärrad-Segmente gegen die Federkraft gegeneinander aus, um den Kupplungskorb abzuziehen.

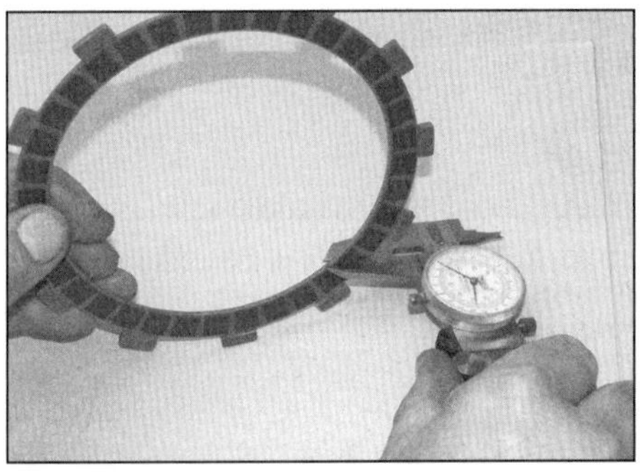

13.15 Messen Sie die Stärke der Belagscheiben.

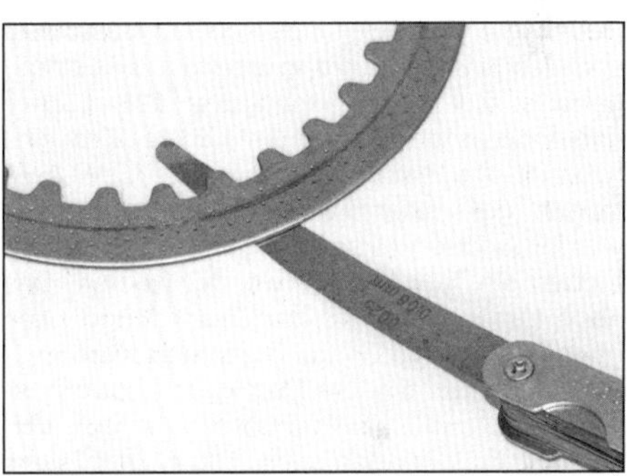

13.16 Kontrollieren Sie die Stahlscheiben auf Verzug.

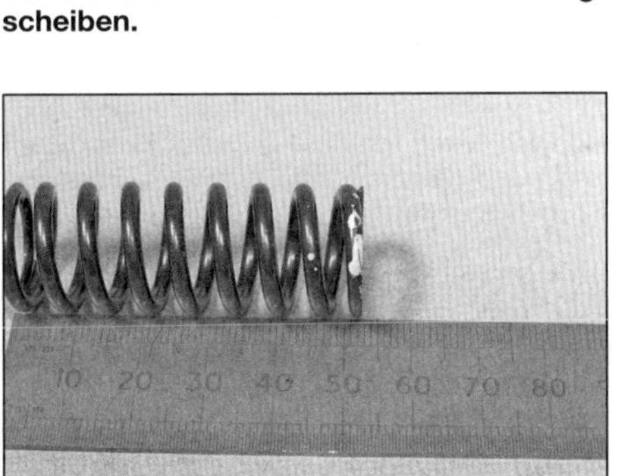

13.17 Messen Sie die Länge aller Kupplungsfedern.

13.18 Kontrollieren Sie die Kupplungsfeder-Sitze in der Druckplatte.

das EBC-Werkzeug CT009 samt Griffverlängerung zum Einsatz (siehe Abbildungen). Halten Sie die Kupplungsnabe gut fest, während die sehr fest sitzende Mutter gelöst wird (siehe Abbildung). Entnehmen Sie die Mutter samt Scheibe – beim Einbau wird eine neue Mutter benötigt.

12 Ziehen Sie die Kupplungsnabe von der Getriebeeingangswelle (Abbildung 13.28b) und entnehmen Sie die Anlaufscheibe (Abbildung 31.28b).

13 Falls neben der Kupplung auch das Primärantriebrad demontiert werden soll, muss dessen Schraube jetzt gelockert werden (siehe Sektion 17).

14 Das Primärtriebrad besteht aus zwei gegeneinander verspannten Segmenten, um Leergang zu verhindern und Geräusche zu dämmen. Stecken Sie einen Schraubendreher oder ein anderes Werkzeug in die durchgehende Bohrung, um beide Hälften gegen die Federkraft zueinander auszurichten, und ziehen Sie den Kupplungskorb ab (siehe Abbildung). Entfernen Sie die Kupplungsführung und die Scheibe – die Teile können hinten am Kupplungskorb oder auf der Welle sitzen (Abbildung 13.26).

Kontrolle

15 Nach einer großen Laufleistung ist es normal, dass die Kupplungsscheiben verschleißen und zu rutschen beginnen. Messen Sie mithilfe eines Messschiebers die Stärke der Belagscheiben (siehe Abbildung). Wenn irgendeine Scheibe unter der Verschleißgrenze von 3 mm liegt, müssen alle Belagscheiben als Satz ausgewechselt werden. Dies gilt ebenfalls, wenn Scheiben verbrannt oder verglast sind.

16 Die Stahlscheiben dürfen keine Anzeichen starker Erwärmung (Blaufärbung) aufweisen. Kontrollieren sie mithilfe einer Fühlerlehre den Verzug der Scheiben, indem Sie sie auf eine ebene Oberfläche legen (siehe Abbildung). Wenn eine der Scheiben 0,2 mm oder mehr verzogen oder angelaufen ist, müssen alle Stahlscheiben als Satz ausgewechselt werden.

17 Messen Sie die freien Längen aller Kupplungsfedern (siehe Abbildung). Stellen Sie die Federn auf eine ebene Fläche, um ihren Verzug zu ermitteln. Falls eine Feder kürzer als 41,48 mm oder übermäßig verzogen ist (Honda gibt hierfür keine Toleranzgrenze an), müssen alle Federn als Set ausgetauscht werden.

18 Kontrollieren Sie die Federplatte auf Risse. Inspizieren Sie die Federsitze in der Druckplatte auf Verzug – sie können an den Seiten zusammengedrückt werden, bis ihre offenen Enden aus der Nut befreit sind (siehe Abbildung).

19 Kontrollieren Sie die Belagscheiben-Laschen und deren Führungen am Kupplungskorb auf Riefen und Abdrücke (siehe Abbildung). Überprüfen Sie ebenso den Verschleiß an den Zungen der Stahlscheiben und der Kupplungsnabe (siehe Abbildung). Ein solcher Verschleiß äußert sich in Kupplungsrutschen und langsamem Einrücken beim Schalten, da die Scheiben haken, wenn die Druckplatte ausgerückt wird. Minimaler Verschleiß kann mit einer feinen Feile geschlichtet werden – ist er zu groß, müssen die entsprechenden Bauteile ausgetauscht werden.

20 Inspizieren Sie die inneren und äußeren Lagerflächen an der Kupplungsführung und die Gleitflächen an der Eingangswelle (siehe Abbildung). Messen Sie den Außen- und Innendurchmesser der Führung sowie den Außendurchmesser der Getriebewelle im Bereich der Führung. Vergleichen Sie die Ergebnisse mit den Angaben in den technischen Daten. Falls Verschleiß, Ausbrüche oder andere Schäden festgestellt werden, müssen entsprechende Teile ersetzt werden. Kontrollieren Sie auch das Nadellager im Kupplungskorb auf Verschleiß und Beschädigungen und ersetzen Sie es nötigenfalls. Zum Auspressen des alten Lagers und Einpressen des neuen Lagers wird eine hydraulische Presse benötigt, sodass der Austausch ggf. einer Fachwerkstatt überlassen werden sollte. Keinesfalls darf zum Aus- und Einbau ein Treibdorn verwendet werden. Das neue Lager muss mit der Beschriftung nach oben mittig in die Bohrung gepresst werden.

21 Inspizieren Sie die Druckplatte, das Ausrücklager und die Ausrückstange auf Verschleiß und Schäden sowie rauen Lauf (siehe Abbildung). Der Außenring des Lagers muss fest in der Platte sitzen und der Innenring muss sich klemmfrei drehen lassen. Begutachten Sie den Kopf der Ausrückstange und dessen Sitz in der Ausrückhebel-Welle auf Verschleiß und Beschädigungen (siehe Abbildung) und ersetzen Sie entsprechende Teile. Das Ausrücklager kann mit einem geeigneten Steckschlüssel von außen her aus der Druckplatte ausgetrieben werden; treiben Sie das neue Lager von innen mit einem Steckschlüssel, der nur seinen Außenring berührt, vollständig in seinen Sitz.

22 Kontrollieren Sie Gleitbereiche des Anti-Hopping-Mechanismus an der Druckplatte und der Kupplungsnabe auf Verschleiß und Beschädigungen (siehe Abbildung).

23 Die Ausrückhebel-Welle muss sich sanft in ihrem Sitz im Deckel drehen lassen. Falls sie rau läuft, muss sie herausgezogen und ihre Rückholfeder entfernt werden – beachten Sie die Ausrichtung ihrer Enden (siehe Abbildungen). Hebeln Sie den Dichtring heraus, um die Nadellager der Welle zu kontrollieren und ggf. zu ersetzen (siehe Abbildungen) (beachten Sie dazu die *Werkzeug- und Werkstatt-Tipps* im

13.19a Kontrollieren Sie die Laschen der Belagscheiben und die Nuten im Kupplungskorb.

13.19b Kontrollieren Sie die Zungen der Stahlscheiben und die Nuten in der Kupplungsnabe.

13.20 Kontrollieren Sie die Gleitflächen der Führung und der Welle sowie das Lager im Kupplungskorb.

13.21a Inspizieren Sie die Druckplatte und das Ausrücklager.

13.21b Begutachten Sie den Kopf der Ausrückstange und dessen Sitz in der Ausrückhebel-Welle.

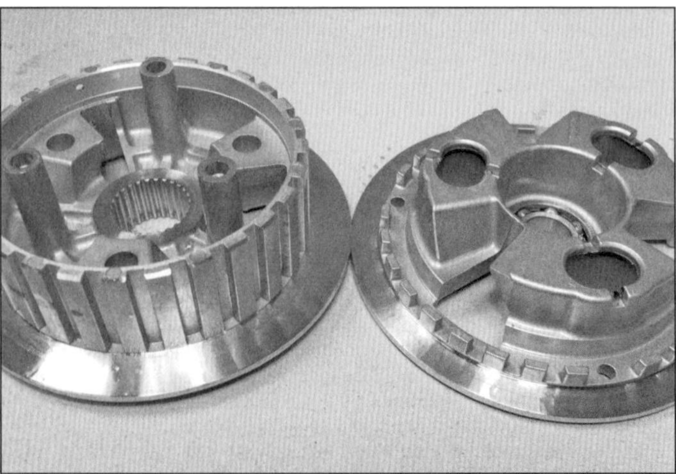

13.22 Kontrollieren Sie Gleitbereiche des Anti-Hopping-Mechanismus

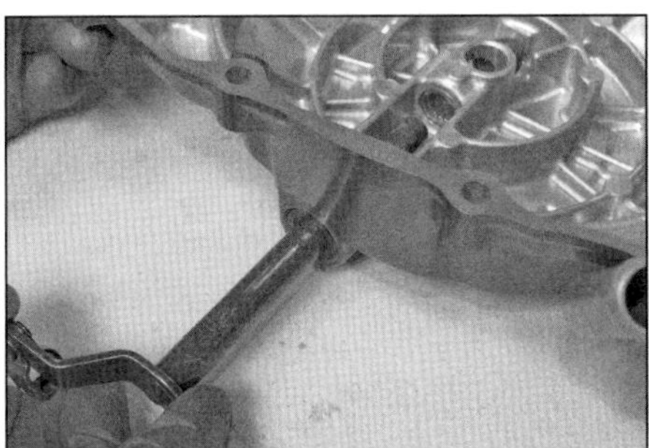

13.23a Ziehen Sie die Ausrückhebel-Welle aus dem Deckel...

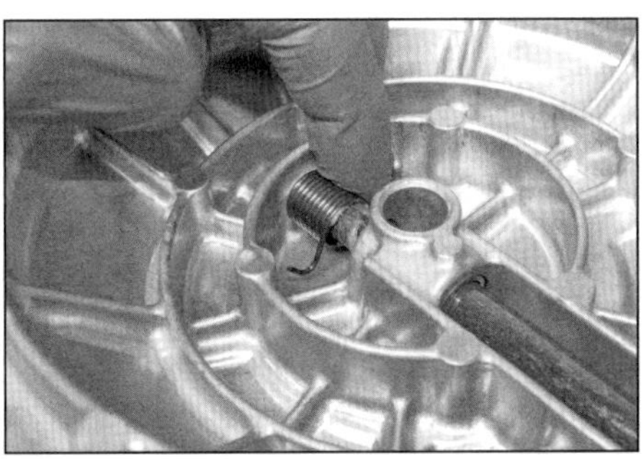

13.23b ...und befreien Sie die Feder.

13.23c Hebeln Sie den alten Dichtring heraus...

13.23d ...und kontrollieren Sie die Lager.

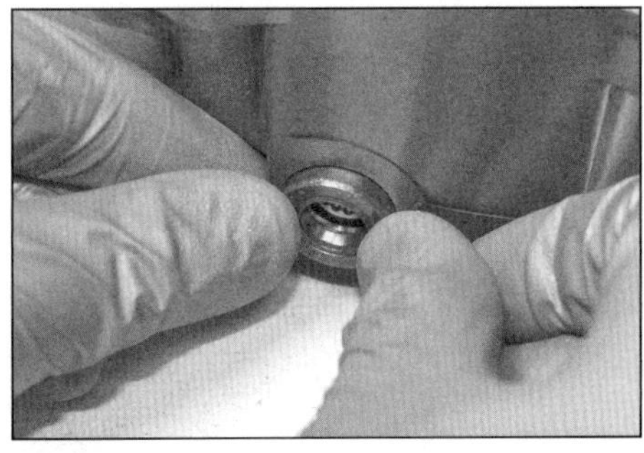

13.23e Drücken Sie den neuen Dichtring senkrecht in seinen Sitz.

13.23f Die Rückholfeder muss wie gezeigt in der Welle und im Deckel eingehängt sein.

13.26 Installieren Sie die Führung samt Scheibe von hinten in den Kupplungskorb.

13.27 Die Primärräder müssen bündig ineinander greifen.

2

Anhang). Treiben Sie das neue obere Lager 6,5 bis 7,5 mm tief ein, damit der neue Dichtring vollständig in seinen Sitz gedrückt werden kann – schmieren Sie die Lager beim Einbau mit Motoröl, installieren Sie den Dichtring mit der Beschriftung nach außen und fetten Sie seine Dichtlippe (siehe Abbildung). Schieben Sie die Welle ein und hängen Sie die Feder wie gezeigt ein (siehe Abbildung).

24 Inspizieren Sie die Zähne der Primärtriebräder hinten am Kupplungskorb und vorn an der Kurbelwelle auf Verschleiß und ausgebrochene Zähne. Das Rad des Kupplungskorbs ist in diesen integriert, sodass er nötigenfalls ersetzt werden muss. Beachten Sie für den Austausch des vorderen Primärantriebrads die Hinweise in Sektion 17.

Einbau

25 Reinigen Sie die Dichtflächen des Motorgehäuses und des Kupplungsdeckels.

26 Schmieren Sie das Nadellager des Kupplungskorbs sowie den Innen- und Außenbereich der Kupplungsführung mit einem Gemisch aus gleichen Teilen MoS_2-Fett und Motoröl, rüsten Sie die Führung mit der Scheibe aus und schieben Sie sie von hinten in das Lager (siehe Abbildung).

27 Richten Sie die Segmente des Primärantriebrads wieder zueinander aus und schieben Sie den Kupplungskorb auf die Welle (Abbildung 13.14). Entnehmen Sie das Ausrichtwerkzeug und prüfen Sie, ob beide Primärräder bündig zueinander liegen (siehe Abbildung). Falls das Kurbelwellenrad entfernt war, muss jetzt ihre Schraube angezogen werden (siehe Sektion 17).

13.28a Legen Sie die Anlaufscheibe auf...

13.28b ...und schieben Sie die Kupplungsnabe auf die Verzahnung der Welle.

13.29a Installieren Sie die glatte Scheibe...

13.29b ...und die Federscheibe,...

13.29c ...drehen Sie dann die neue Kupplungsmutter auf...

13.29d ...und ziehen Sie sie bei blockierter Kupplung mit 128 Nm an...

28 Legen Sie die Anlaufscheibe auf und schieben Sie die Kupplungsnabe auf die Welle (siehe Abbildungen).

29 Legen Sie die glatte Scheibe und dann die Federscheibe (mit OUT nach außen) auf die Welle (siehe Abbildungen). Schmieren Sie das Gewinde und die Kontaktfläche der neuen Kupplungsmutter mit Motoröl und drehen Sie sie mit dem dünnen Bund nach außen zeigend auf (siehe Abbildung). Blockieren Sie die Kupplung wie beim Ausbau und ziehen Sie die Mutter mit 128 Nm an; prüfen Sie anschließend, ob sich die Kupplungsnabe frei drehen lässt. Stemmen Sie den Kupplungsmutter-Bund in die Vertiefung der Welle (siehe Abbildungen).

13.29e ...Verstemmen Sie den Bund in den Vertiefungen der Welle,...

13.29f ...sodass es wie gezeigt aussieht.

13.30a Installieren Sie den Geräuschdämmfedersitz...

13.30b ...und schieben Sie dann die Feder so auf,...

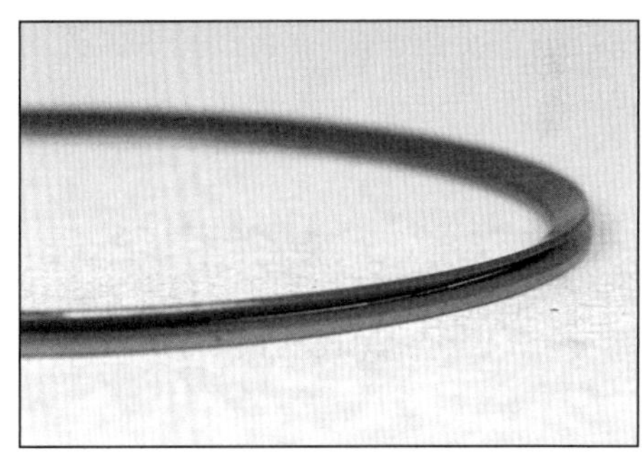

13.30c ...dass ihr Außenrand vom Federsitz abgehoben ist.

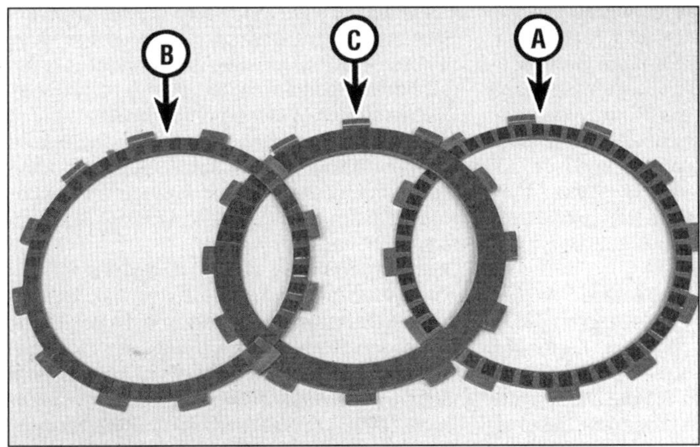

13.31a Die drei Belagscheiben-Typen lassen sich anhand des Innendurchmessers und des Belagmaterials unterscheiden.

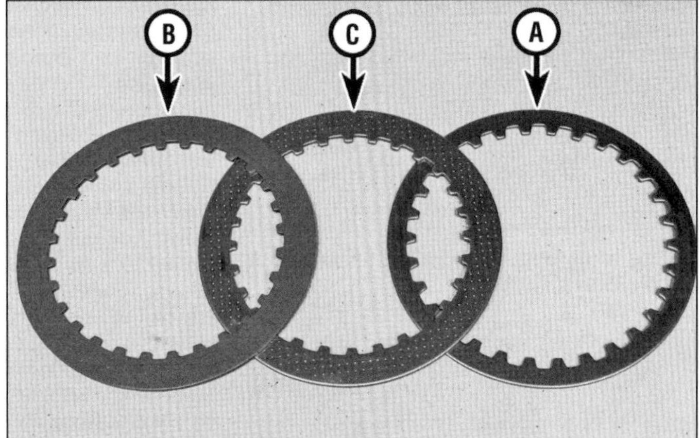

13.31b Die drei Stahlscheiben-Typen lassen sich anhand des Innendurchmessers und der Oberfläche unterscheiden.

30 Installieren Sie den Sitz der Geräuschdämmfeder über die Kupplungsnabe und schieben Sie dann die Feder auf – ihr Außenrand muss vom Federsitz abgehoben sein (siehe Abbildungen).

31 In der Kupplung sitzen 8 Belagscheiben und 7 Stahlscheiben. Die Belagscheiben gibt es in den drei Versionen A, B und C (siehe Abbildung): Die einzelne Scheibe des Typs A mit größerem Innendurchmesser und dunkleres Belagmaterial kommt ganz nach außen an die Druckplatte; die zwei Belagscheiben des Typs B mit ebenfalls größerem Innendurchmesser kommen innen und außen in den Kupplungskorb; die fünf Scheiben des Typs C weisen einen kleineren Innendurchmesser auf. Auch die Stahlscheiben gibt es in drei Versionen A, B und C (siehe Abbildung): Die einzelne Scheibe des Typs A mit größerem Innendurchmesser und glatter Oberfläche kommt ganz nach außen; die einzelne Scheibe des Typs B mit matter Oberfläche und kleinen Vertiefungen kommt ganz nach innen; die fünf Scheiben des Typs C sind glatt und mit Vertiefungen versehen.

2

13.32a Beginnen Sie mit einer Belagscheibe des Typs B...

13.32b ...und der Stahlscheibe B.

13.32c Fahren Sie abwechselnd mit Belagscheiben des Typs C...

13.32d ...und Stahlscheiben des Typs C fort...

13.32e ...und beenden Sie den Aufbau mit der zweiten Belagscheibe B.

13.32f Legen Sie die Belagscheibe A...

13.32g ...gefolgt von der Stahlscheibe A auf die Druckplatte.

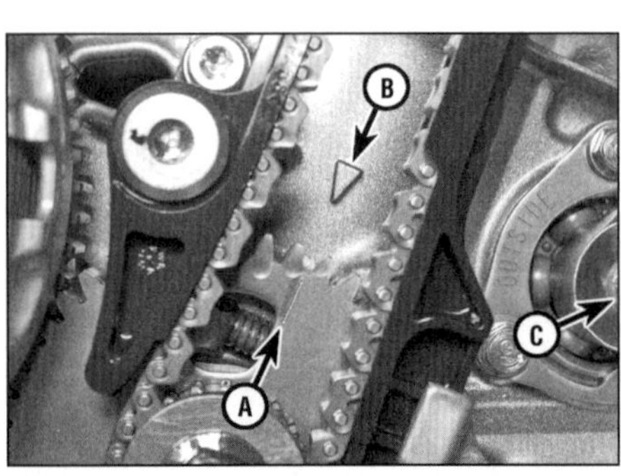

13.35 Richten Sie die Linie am Primärrad (A) zum Dreieck am Motorgehäuse (B) aus, sodass die Antriebslasche (C) wie gezeigt steht.

32 Schmieren Sie alle Scheiben vor dem Einbau mit Motoröl und legen Sie sie wie in Schritt 31 beschrieben zusammen: Beginnen Sie mit einer Belagscheibe B, führen Sie ihre Laschen in die tiefen Nuten des Kupplungskorbs ein und legen Sie sie um die Geräuschdämmfeder und deren Sitz. Legen Sie dann die Stahlscheibe B um die Kupplungsnabe. Installieren Sie dann abwechselnd alle Belag- und Stahlscheiben der Typen C und schließlich die zweite Belagscheibe B (siehe Abbildungen). Legen Sie die äußere Belagscheibe A gefolgt von der Stahlscheibe A auf die Druckplatte (siehe Abbildungen).

33 Das Lager und die Federsitze müssen korrekt in der Druckplatte sitzen (Abbildung 13.18). Schmieren Sie das Lager mit Motoröl und installieren Sie die Ausrückstange (Abbildung 13.8b). Richten Sie die Druckplatte so auf der Kupplung aus, dass die Laschen der äußeren Belagscheibe versetzt zu den anderen in den flachen Nuten des Kupplungskorbs liegen (Abbildung 13.8a).

34 Installieren Sie die Kupplungsfedern, die Federplatte und die Schrauben. Halten Sie den Kupplungskorb und ziehen Sie die Schrauben schrittweise und über Kreuz mit 12 Nm an (Abbildungen 13.7c und b).

35 Um den Kupplungsdeckel aufsetzen zu können, muss die Nut der Wasserpumpenwelle zur Antriebslasche der vorderen Ausgleichswelle ausgerichtet werden. Entfernen Sie die Sekundär-Zündkerzen (um den Motor leichter durchdrehen zu können) und setzen Sie an der Primärantriebsrad-Schraube einen Steckschlüssel an, um die Kurbelwelle vorwärts (im Uhrzeigersinn) zu verdrehen, bis die Linie am Primärrad zum Dreieck am Motorgehäuse fluchtet – jetzt muss die Antriebslasche in der gezeigten Position stehen (siehe Abbildung). Drehen Sie die Wasserpumpenwelle, bis ihre Nut zu den Markierungen am Pumpengehäuse fluchtet (Abbildung 14.23b). Alternativ kann die Pumpenwellen-Nut nach Auge ausgerichtet und beim Aufsetzen des Deckels nötigenfalls leicht verdreht werden.

36 Installieren Sie einen neuen mit Öl geschmierten O-Ring in die Nut des Wasserpumpen-Auslassstutzens (Abbildung 14.25).

37 Tragen Sie in den Bereichen der Motorgehäusehälften-Kontaktflächen 10 bis 15 mm lange Streifen Silikon-Dichtmasse (z. B. Threebond 1207B) auf (Abbildung 14.26a). Stecken Sie ggf. die Passhülse und den Passstift ins Motorgehäuse und legen Sie die neue Dichtung darüber (siehe Abbildung). Drehen Sie den Ausrückhebel nach außen, setzen Sie den Deckel ans Motorgehäuse und verdrehen Sie den Hebel im Uhrzeigersinn, sodass die Welle hinter den Kopf der Ausrückstange greift (siehe Abbildung). Installieren Sie alle Kupplungsdeckelschrauben zunächst handfest – vergessen Sie bei der Adventure Sports nicht den Halter des Ölwannenschutzes. Ziehen Sie die Schrauben anschließend schrittweise und über Kreuz mit 12 Nm an (Abbildung 13.5).

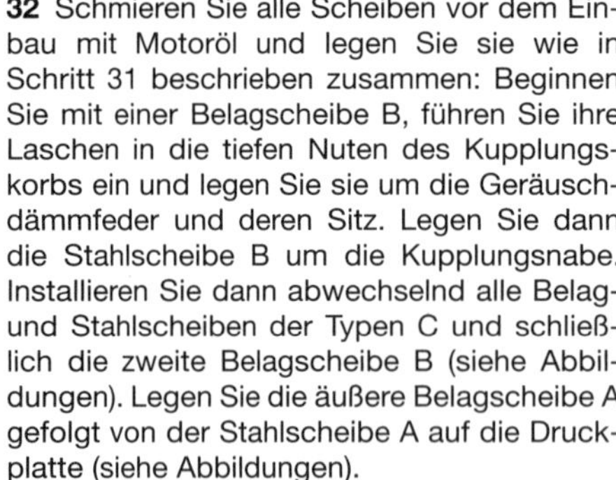

13.37a Legen Sie die neue Kupplungsdeckel-Dichtung über die Passhülse und den Passstift (Pfeile).

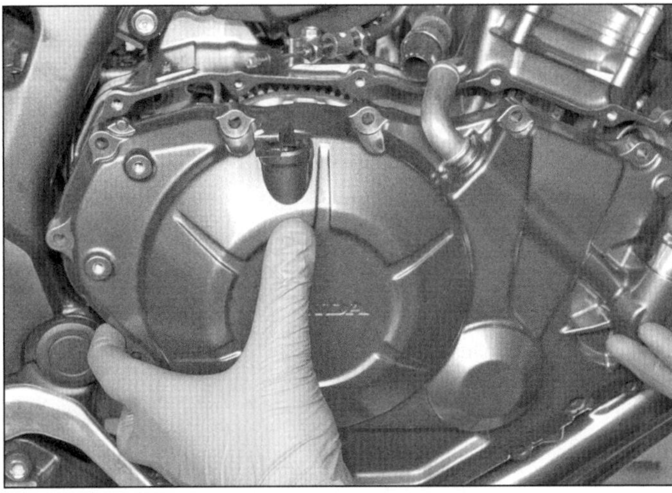

13.37b Setzen Sie den Deckel wie beschrieben auf.

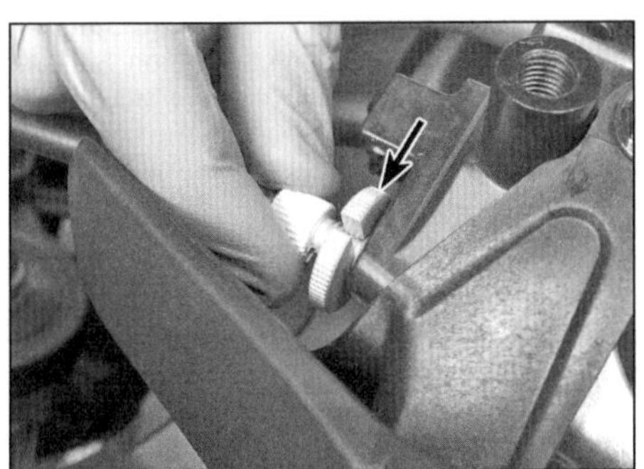

13.43 Lockern Sie den Konterring (Pfeil) und drehen Sie den Einsteller in den Hebelhalter.

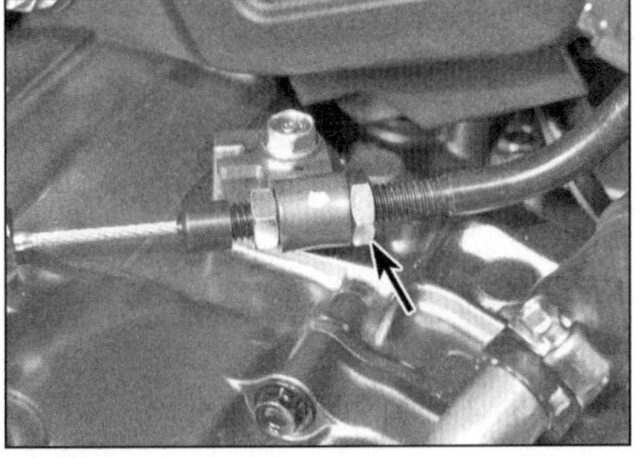

13.44a Lockern Sie die vordere Mutter und drehen Sie sie nach vorn,...

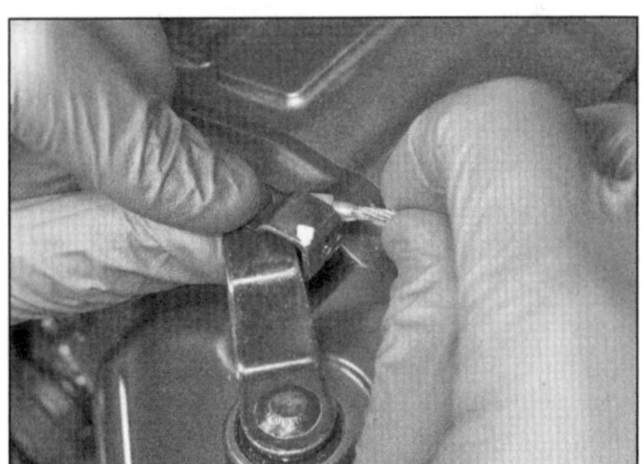

13.44b ...um den Seilzugnippel aus dem Ausrückhebel zu befreien.

38 Schieben Sie die Kühlerschläuche vollständig auf ihre Stutzen und sichern Sie sie mit den Schellen (Abbildung 13.4).
39 Verbinden Sie den Kupplungszug-Nippel mit dem Ausrückhebel (Abbildung 13.44b). Stellen Sie das Spiel des Kupplungszugs ein (siehe Kapitel 1).
40 Montieren Sie die Abdeckung hinten an den Kupplungsdeckel (Abbildungen 13.2b und a).
41 Füllen Sie Motoröl und Kühlmittel auf (siehe Kapitel 1).

Kupplungszug

42 Demontieren Sie den Tank und für einen besseren Zugang auch das Luftfiltergehäuse (siehe Kapitel 4). Der Kupplungshebel lässt sich besser erreichen, wenn der linke Handprotektor entfernt ist (siehe Kapitel 7).
43 Lockern Sie an der Kupplungshebel-Aufnahme den Konterring und drehen Sie den Einsteller vollständig in den Halter, um maximales Spiel im Bowdenzug und den Anfang des Einstellbereichs zu erreichen (siehe Abbildung).
44 Lockern Sie am unteren Kupplungszughalter die vordere Mutter und drehen Sie sie so weit wie möglich nach vorn (siehe Abbildung). Schieben Sie den Kupplungszug in den Halter, um das Spiel zu vergrößern, und befreien Sie den Seilzugnippel aus dem Ausrückhebel (siehe Abbildung). Ziehen Sie die Gummikappe vom Gewinde, drehen Sie die untere Mutter ab und befreien Sie den unteren Einsteller aus dem Widerlager (siehe Abbildungen).
45 Ziehen Sie den Kupplungszug nach vorn aus dem Fahrzeug – merken Sie sich seine Verlegung.

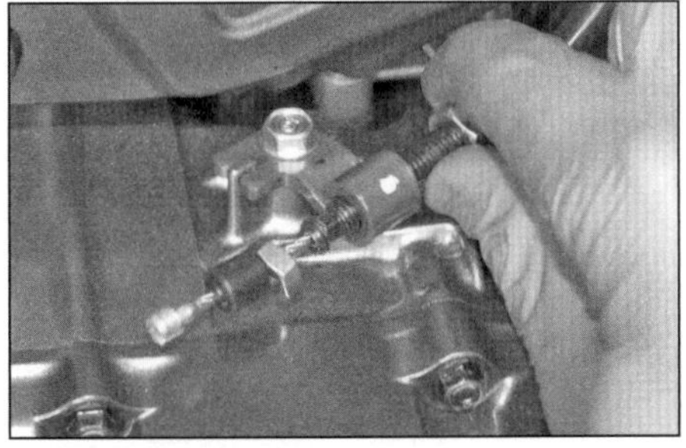

13.44c Ziehen Sie die Kappe ab, drehen Sie die Mutter vom Einsteller-Gewinde...

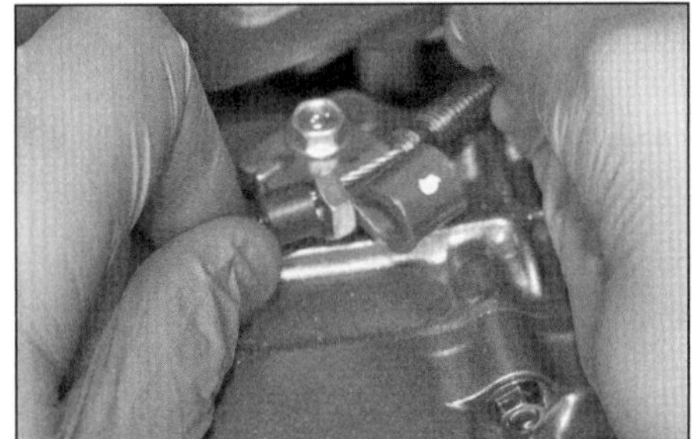

13.44d ...und befreien Sie dies seitlich aus dem Halter.

Um einen Bowdenzug sicher in der ursprünglichen Position verlegen zu können, wird das untere Ende des neuen Zuges mit Draht am oberen Ende des alten Zuges befestigt – und der neue Zug beim Herausziehen des alten Zuges in seine korrekte Einbaulage gezogen.

13.46a Befreien Sie den Kupplungszug aus dem oberen Einsteller...

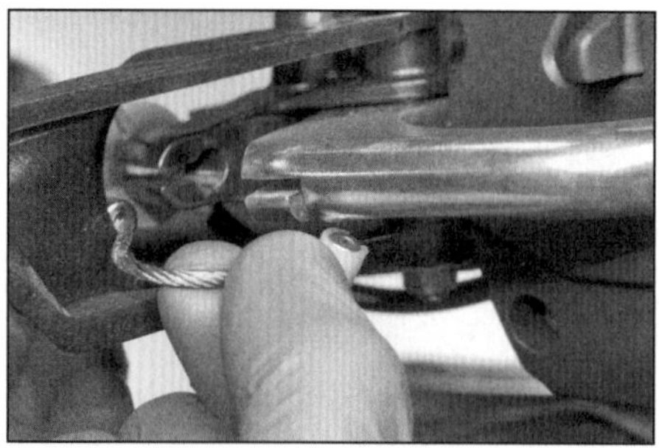

13.46b ...und dem Kupplungshebel.

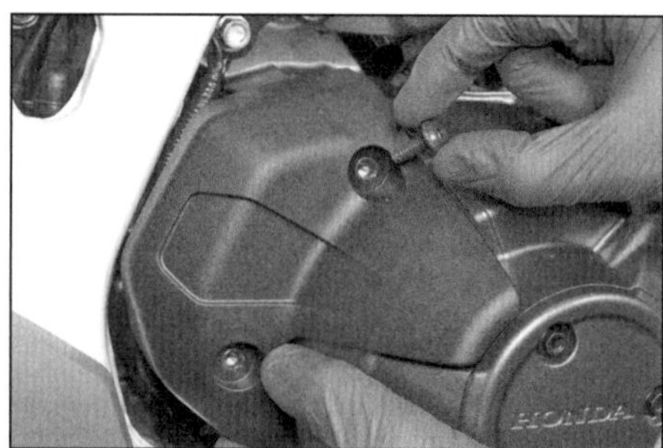

14.2a Lösen Sie die Schrauben der Abdeckung...

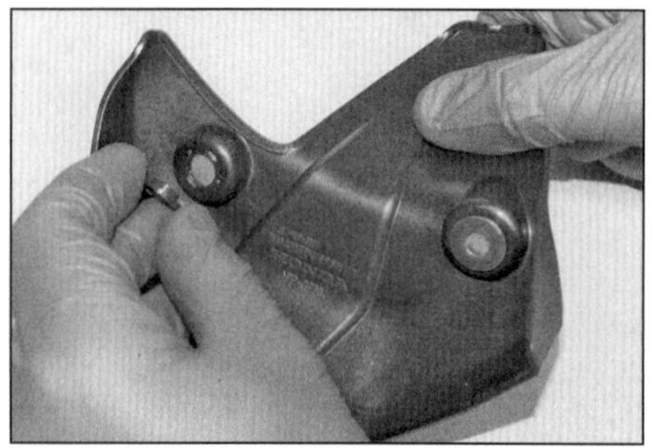

14.2b ...und beachten Sie die darin sitzenden Hülsen.

14.3 Schraube des Schaltwellen-Winkelsensors

14.4a Lösen Sie die Schrauben des Öldrucksensors,...

14.4b ...beachten Sie die Hülsen.

46 Richten Sie am Lenkerhebel die Nuten des Einstellers und des Konterrings zu derjenigen im Hebelhalter aus, befreien Sie das Stahlseil aus den Nuten des Einstellers, des Hebelhalters und des Hebels und ziehen Sie den Nippel nach unten ab (siehe Abbildungen).

47 Der Einbau entspricht der umgekehrten Ausbaureihenfolge. Schmieren Sie die Enden des Kupplungszugs mit Fett. Ziehen Sie den neuen Zug korrekt ein (siehe *Praxis-Tipp*). Stellen Sie das Spiel des Kupplungshebels ein (siehe Kapitel 1).

14 Doppelkupplung und Hubmagnetventil (DCT-Modelle)

Anmerkung: *Das Steuersystem der Doppelkupplung ist in Kapitel 4 beschrieben.*

Doppelkupplung

Ausbau

1 Lassen Sie das Motoröl und das Kühlmittel ab (siehe Kapitel 1).

2 Demontieren Sie die hinten am Kupplungsdeckel sitzende Abdeckung (siehe Abbildungen).

14.5a Stecker des Hubmagnetventils

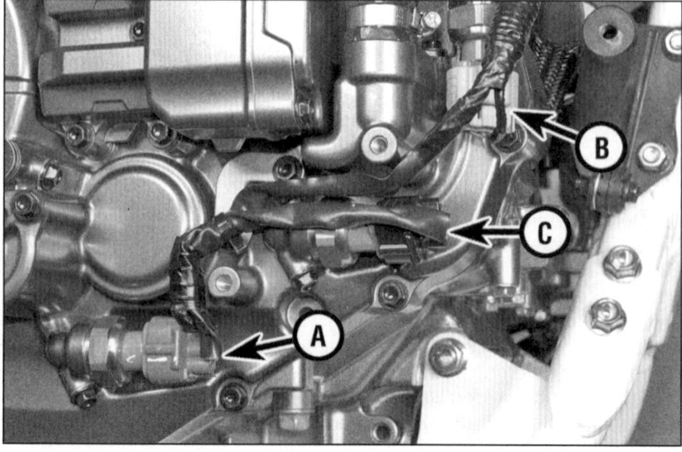

14.5b Stecker des Kupplungsleitungs-Sensors (A), der Kupplungsdrucksensoren Nr. 1 (B) und Nr. 2 (C)

14.5c Lösen Sie die Schraube des Sensorkabel-Halters.

14.6a Lockern Sie die Schelle und ziehen Sie den Schlauch ab.

14.6b Lösen Sie die Schrauben des Rohrs,...

14.6c ...ziehen Sie den Schlauch ab...

14.6d ...und entnehmen Sie das Rohr – beachten Sie den O-Ring (Pfeil).

14.7a Demontieren Sie den Deckel,...

3 Demontieren Sie den Schaltwellen-Winkelsensor (siehe Abbildung) – beim Einbau wird ein neuer O-Ring benötigt.
4 Demontieren Sie den Deckel des Kupplungsöldruck-Sensors (siehe Abbildungen).
5 Trennen Sie den schwarzen Vierstift-Stecker des Hubmagnetventils, trennen Sie die Kabelbinder und führen Sie den Stecker nach unten weg – merken Sie sich die Verlegung der Verkabelung (siehe Abbildung). Trennen Sie die grauen Dreistift-Stecker des Kupplungsleitungs-Sensors und des Kupplungsdrucksensors Nr. 1 sowie den schwarzen Dreistift-Stecker des Kupplungsdrucksensors Nr. 2 (siehe Abbildung). Lösen Sie die Schraube des Sensorkabel-Halters (siehe Abbildung).
6 Trennen Sie den Kühlmittel-Einlassschlauch und demontieren Sie das Rohr (siehe Abbildung) – beim Einbau wird am Rohr ein neuer O-Ring benötigt.
7 Demontieren Sie den mit drei Schrauben gesicherten äußeren Deckel vom Kupplungsdeckel (siehe Abbildung) – beim Einbau werden neue Dichtscheiben für die Schrauben und ein neuer O-Ring für den Deckel benötigt. Ziehen Sie das innere Ölrohr heraus und entnehmen Sie die Ölrohr-Führungsplatte sowie das äußere Ölrohr (siehe Abbildungen) – beim Einbau werden für das äußere Rohr und die Platte neue O-Ringe benötigt. (siehe Abbildung).

14.7b ...ziehen Sie das innere Rohr heraus...

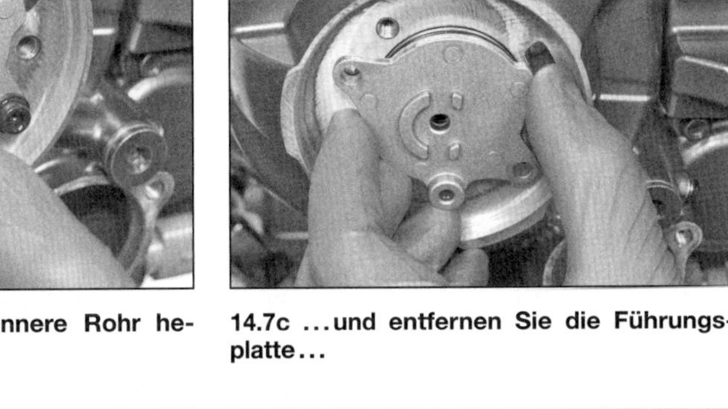

14.7c ...und entfernen Sie die Führungsplatte...

2

14.7d ...sowie das äußere Rohr.

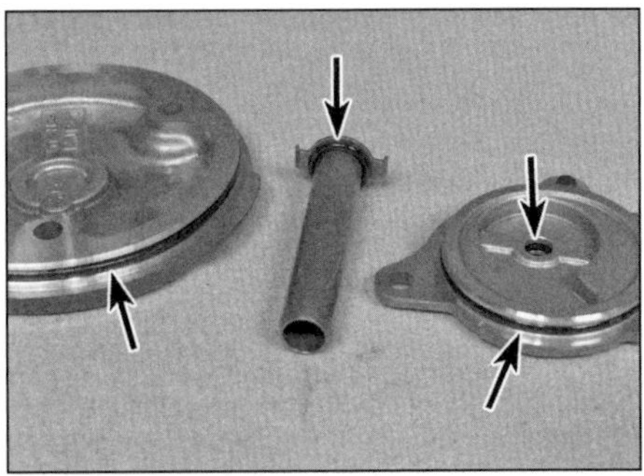

14.7e Die gezeigten O-Ringe müssen beim Einbau erneuert werden.

14.8 Kupplungsdeckel-Schrauben

14.10a Verdrehen und arretieren Sie das Primärtriebrad wie gezeigt.

14.10b Ziehen Sie die Doppelkupplungs-Baugruppe von der Getriebewelle.

14.10c Beachten Sie die Ausrichtung der Dichtringe, bevor Sie sie abziehen.

14.12a Befreien Sie die Kupplungsnabe Nr. 1...

14.12b ...samt Scheibe aus der äußeren Kupplung.

14.12c Befreien Sie die Kupplungsnabe Nr. 2...

14.12d ...samt Scheibe aus der inneren Kupplung.

8 Lockern Sie schrittweise und über Kreuz die Kupplungsdeckel-Schrauben (siehe Abbildung) – beachten Sie bei der Adventure Sports den Halter des Ölwannenschutzes. Ziehen Sie den Deckel ab – seien Sie auf etwas austretendes Öl vorbereitet. Entnehmen Sie die Dichtung und stellen Sie nötigenfalls die im Deckel oder Motorgehäuse steckenden Passhülsen sicher (Abbildung 14.26b). Entfernen Sie den O-Ring vom Wasserpumpen-Auslassstutzen (Abbildung 14.25) und das Öl-Verbindungsrohr (Abbildung 14.24) – alle O-Ringe und Dichtringe müssen zusammen mit der Kupplungsdeckel-Dichtung beim Einbau erneuert werden.
9 Verstopfen Sie den Kühlmittelkanal und alle Schläuche mit sauberen Lappen, damit keine Kühlmittelreste in das Motorgehäuse ablaufen.
10 Das (vordere) Primärantriebsrad besteht aus zwei gegeneinander verspannten Segmenten, um Leergang zu verhindern und Geräusche zu dämmen. Stecken Sie einen Schraubendreher oder ein anderes Werkzeug in die durchgehende Bohrung, um beide Hälften gegen die Federkraft zueinander auszurichten, und stecken Sie eine M6-Schraube in die andere Bohrung, um die Segmente so zu arretieren (siehe Abbildung). Ziehen Sie jetzt die aus der Doppelkupplung und dem hinteren Primärabtriebsrad bestehende Baugruppe von der Welle (siehe Abbildung). Entfernen Sie die vier geteilten Dichtringe von der Welle (siehe Abbildung) – beim Einbau werden Neuteile benötigt.
11 Das hinten an der Doppelkupplung sitzende Primärabtriebsrad ist außen mit einer Index-Linie sowie wellenförmigen Ausschnitten versehen (Abbildung 14.18). Die zwei Kupp-

14.14a Positionieren Sie die Messuhr wie gezeigt...

14.14b ...und heben Sie dann die Einstellplatte an, um das Spiel zwischen ihr und dem Sicherungsring zu ermitteln.

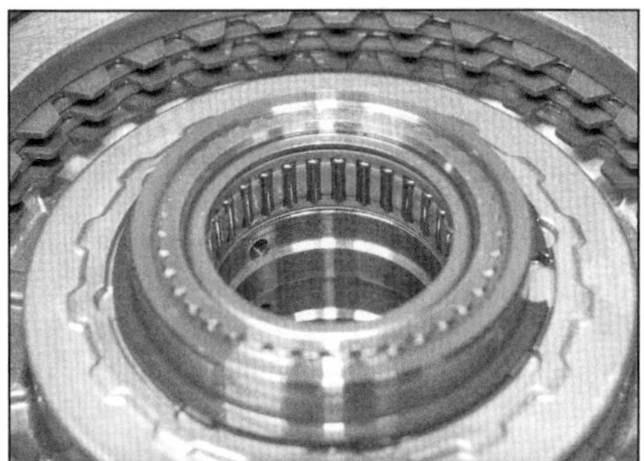

14.15 Kontrollieren Sie die Lager und alle Gleitflächen der Wellen.

14.17 Kontrollieren Sie die Lager um Kupplungsdeckel.

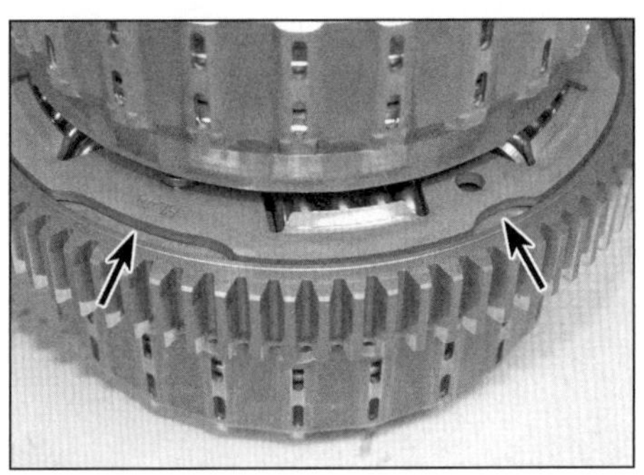

14.18 Schieben Sie das Kupplungsscheiben-Paket Nr. 1 auf der Wellen-Seite mit einer Index-Linie und wellenförmigen Ausschnitten auf.

14.20 Die Enden der Dichtringe müssen korrekt zueinander ausgerichtet werden.

lungsscheiben-Baugruppen sind identisch, doch die darin sitzenden Kupplungsnaben unterscheiden sich: Die (äußere) Nabe Nr. 1 sitzt mit einer kleineren Keilnuten-Bohrung auf der inneren Eingangswelle; die (innere) Nabe Nr. 2 sitzt mit einer größeren Keilnuten-Bohrung auf der äußeren Eingangswelle.

12 Befreien Sie die Kupplungsnabe samt Scheibe aus dem jeweiligen Kupplungsscheiben-Paket (siehe Abbildungen).

13 Falls die Kupplungsscheiben-Pakete aus den Kupplungskörben des Primärrads befreit werden sollen, müssen sie entsprechend markiert werden, um später wieder an ihre ursprüngliche Positionen zu gelangen. Versuchen Sie nicht, die Kupplungsscheiben-Pakete weiter zu zerlegen. Befreien Sie die Kupplungs-Baugruppen von der jeweiligen Primärabtriebsrad-Welle – hierbei müssen sie anfangs von den fest sitzenden O-Ringen gezogen werden. Entfernen Sie die O-Ringe und ersetzen Sie sie durch Neuteile.

Kontrolle

14 Nach einer großen Laufleistung ist es normal, dass die Kupplungsscheiben verschleißen und zu rutschen beginnen. Mit zunehmendem Verschleiß steigt das Spiel zwischen der Einstellplatte und dem Sicherungsring. Für eine Kontrolle muss eine Messuhr oben an der Einstellplatte angesetzt und diese gegen den Sicherungsring angehoben werden (siehe Abbildungen). Wiederholen Sie diese Messung an zwei weiteren Positionen, um ungleichmäßigen Verschleiß zu ermitteln. Das normale Spiel darf zwischen 0,7 und 0,9 mm liegen; falls mehr als 1,3 mm festgestellt werden, sind die Kupplungsscheiben verschlissen und müssen erneuert werden – sie sind nur als komplettes Paket erhältlich.

15 Inspizieren Sie die Gleitflächen der Primärtriebrad-Welle, der Kupplungs-Baugruppe, der Kupplungsnabe sowie der inneren und äußeren Eingangswelle auf Verschleiß und Beschädigungen und ersetzen Sie schadhafte Teile. Kontrollieren Sie auch die Nadellager in der Primärtriebrad-Welle auf Verschleiß und Beschädigungen und ersetzen Sie die Primärabtriebsrad-Baugruppe nötigenfalls (siehe Abbildung) – die Lager sind nicht separat erhältlich.

16 Begutachten Sie die Zähne der beiden Primärtriebräder an der Kupplung und der Kurbelwelle auf Verschleiß und ausgebrochene Zähne. Das Rad der Kupplungskörbe ist in diese integriert, sodass nötigenfalls die gesamte Baugruppe ersetzt werden muss. Beachten Sie für den Austausch des vorderen Primärtriebrads die Hinweise in Sektion 17.

17 Kontrollieren Sie die Lager um Kupplungsdeckel (siehe Abbildung) und ersetzen Sie sie nötigenfalls – beachten Sie für den Austausch die Hinweise in Sektion 5 der *Werkzeug- und Werkstatt-Tipps* im Anhang.

Einbau

18 Installieren Sie neue eingeölte O-Ringe in die Nuten an beiden Enden der Primärtriebabtriebsrad-Welle. Schmieren Sie die Kerbverzahnung der Welle mit einem Gemisch aus gleichen Teilen MoS_2-Fett und Motoröl. Schieben Sie das Kupplungsscheiben-Paket Nr. 1 auf der Seite der Welle auf, wo das Abtriebsrad mit einer Index-Linie und wellenförmigen Ausschnitten versehen ist; schieben Sie dann das Kupplungsscheiben-Paket Nr. 2 auf der anderen Seite auf (siehe Abbildung).

19 Legen Sie die Scheibe auf die (äußere) Kupplungsscheiben-Baugruppe Nr. 1 und installieren Sie die Kupplungsnabe mit der kleineren Bohrung (Abbildungen 14.2b und a). Wiederholen Sie dies mit der Scheibe und der Kupplungsnabe Nr. 2 an der (inneren) Kupplungsscheiben-Baugruppe Nr. 2 (Abbildungen 14.12d und c).

20 Installieren Sie die eingeölten Dichtringe in die Nuten der inneren Eingangswelle – ihre geteilten Enden müssen korrekt zusammenliegen (siehe Abbildung). Schmieren Sie die Nadellager in der Primärtriebrad-Welle mit Motoröl. Schmieren Sie die inneren und äußeren Kerbverzahnungen der Welle mit einem Gemisch aus gleichen Teilen MoS_2-Fett und Motoröl.

2

14.23a Richten Sie die Linie am Primärrad (A) zum Dreieck am Motorgehäuse (B) aus, sodass die Antriebslasche (C) wie gezeigt steht.

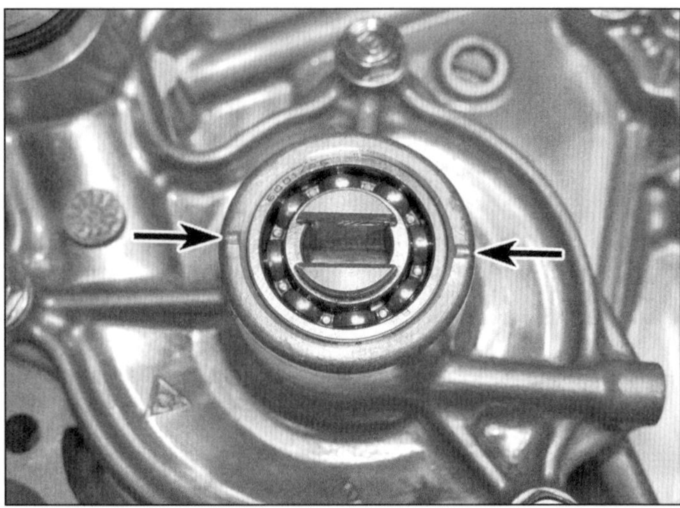

14.23b Richten Sie die Nut der Wasserpumpenwelle zu den Markierungen aus.

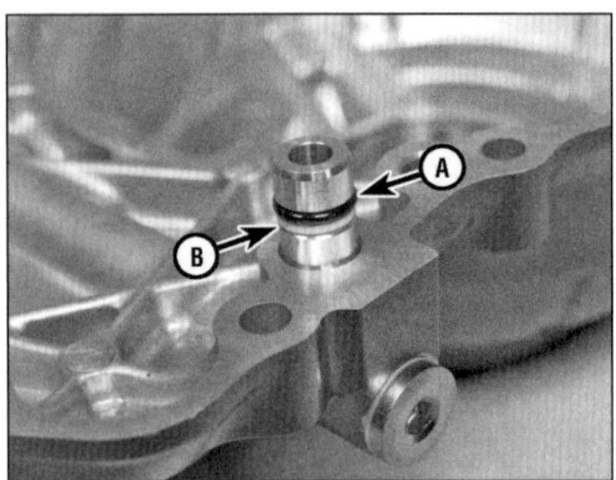

14.24 Rüsten Sie das Ölrohr an beiden Enden mit einem neuen O-Ring (A) und Dichtring (B) aus.

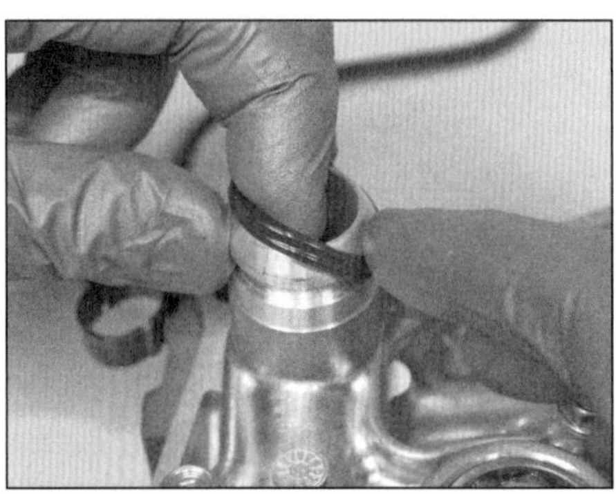

14.25 Führen Sie einen neuen geölten O-Ring in die Nut des Wasserpumpenstutzens ein.

14.26a Tragen Sie in den Bereichen der Motorgehäusehälften-Kontaktflächen Dichtmasse auf.

21 Falls die Schraube zum Ausrichten der Primärrad-Segmente nicht mehr installiert ist, müssen diese mit einem Schraubendreher oder Dorn wieder in Flucht gebracht und die Schraube installiert werden (Abbildung 14.10a).

22 Schieben Sie die aus der Doppelkupplung und dem Primärtrieb-Abtriebsrad (mit der Indexlinie und den wellenförmigen Ausschnitten nach außen zeigend – siehe Abbildung 14.18) bestehende Baugruppe auf die Welle und lassen Sie die Keilverzahnung von Kupplungsnabe Nr. 2 mit derjenigen der äußeren Welle sowie die Verzahnung von Kupplungsnabe Nr. 1 mit denjenigen der inneren Welle fluchten. Falls die Primärtriebräder nicht bündig ineinander greifen wollen, müssen nötigenfalls die Segmente des vorderen Rads mit einem Schraubendreher oder Dorn besser in Flucht gebracht werden (Abbildung 14.10b). Entfernen Sie die Ausricht-Schraube aus dem Antriebsrad (Abbildung 14.10a).

23 Um den Kupplungsdeckel aufsetzen zu können, muss die Nut der Wasserpumpenwelle zur Antriebslasche der vorderen Ausgleichswelle ausgerichtet werden. Entfernen Sie die Sekundär-Zündkerzen (um den Motor leichter durchdrehen zu können) und setzen Sie an der Primärrad-Schraube einen Steckschlüssel an, um die Kurbelwelle vorwärts (im Uhrzeigersinn) zu verdrehen, bis die Linie am Primärrad zum Dreieck am Motorgehäuse fluchtet – jetzt muss die Antriebslasche in der gezeigten Position stehen (siehe Abbildung). Drehen Sie die Wasserpumpenwelle, bis ihre Nut zu den Markierungen am Pumpengehäuse fluchtet (siehe Abbildung). Alternativ kann die Pumpenwellen-Nut nach Auge ausgerichtet und beim Aufsetzen des Deckels nötigenfalls leicht verdreht werden.

24 Installieren Sie neue eingeölte O-Ringe und Dichtringe in die Nuten des Ölrohrs und schieben Sie dies ins Motorgehäuse (siehe Abbildung).

25 Installieren Sie einen neuen mit Öl geschmierten O-Ring in die Nut des Wasserpumpen-Auslassstutzens (siehe Abbildung).

26 Tragen Sie in den Bereichen der Motorgehäusehälften-Kontaktflächen 10 bis 15 mm lange Streifen Silikon-Dichtmasse (z. B. *Threebond* 1207B) auf (siehe Abbildung). Stecken Sie ggf. die Passhülse und den Passstift ins Motorgehäuse und legen Sie die neue Dichtung darüber (siehe Abbildung). Installieren Sie alle Kupplungsdeckelschrauben zunächst handfest – vergessen Sie bei der Adventure Sports nicht den Halter des Ölwannenschutzes. Ziehen Sie die Schrauben anschließend schrittweise und über Kreuz mit 12 Nm an (Abbildung 14.8).

27 Rüsten Sie das äußere Ölrohr, die Führungsplatte und den äußeren Kupplungsdeckel mit neuen eingeölten O-Ringen aus (Abbildung 14.7e). Installieren Sie das äußere Ölrohr mit den Laschen waagerecht zwischen die Rippen, installieren Sie die Führungsplatte mit dem Stift in die Bohrung und ziehen Sie seine zwei Schrauben mit 5 Nm an (siehe Abbildungen). Installieren Sie das innere Ölrohr mit den Laschen senkrecht zwischen die Rip-

14.26b Legen Sie die neue Kupplungsdeckel-Dichtung über die Passhülse und den Passstift (Pfeile)...

14.26c ...und setzen Sie den Deckel auf.

14.27a Die Laschen des äußeren Ölrohrs müssen waagerecht stehen.

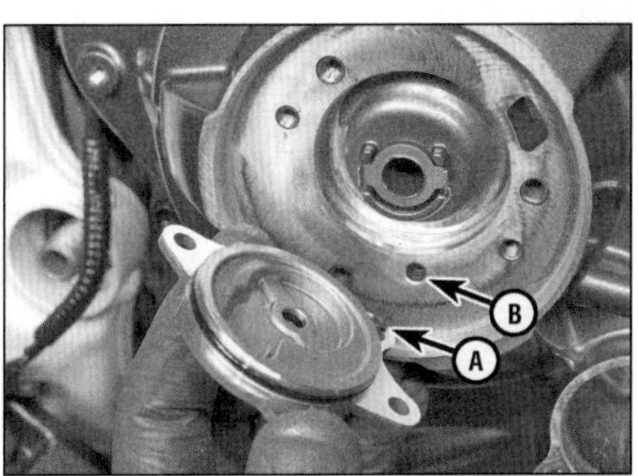

14.27b Der Führungsplattenstift (A) muss in die Bohrung (B) greifen.

14.27c Die Laschen des inneren Ölrohrs müssen senkrecht stehen.

14.27d Die Schrauben müssen mit neuen Dichtscheiben ausgerüstet sein.

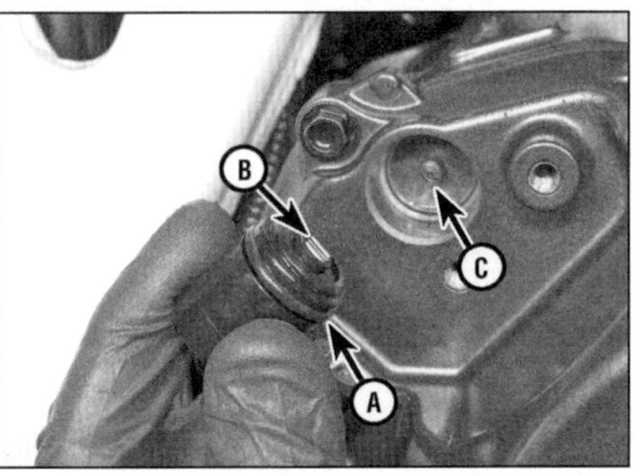

14.30 Installieren Sie den O-Ring (A) und richten Sie die Abflachung des Sensors (B) zu derjenigen an der Schaltwelle (C) aus.

pen, setzen Sie den äußeren Deckel an, installieren Sie die mit neuen Dichtscheiben ausgerüsteten Schrauben und ziehen Sie sie mit 12 Nm an (siehe Abbildungen).

28 Rüsten Sie das Kühlmittelrohr mit einem neuen eingeölten O-Ring aus, installieren Sie es und ziehen Sie seine Schrauben mit 12 Nm an (Abbildungen 14.6d, c und b). Schieben Sie den Kühlerschlauch vollständig auf seinen Stutzen und sichern Sie ihn mit der Schelle (Abbildung 14.6a).

29 Verbinden Sie die Sensor- und Hubmagnetventil-Stecker und montieren Sie den Sensor-Deckel (Schritte 5 und 4).

30 Installieren Sie den Schaltwellen-Winkelsensor mit einem neuen geölten O-Ring und richten Sie die Abflachungen des Sensors und der Schaltwelle zueinander aus (siehe Abbildung), bevor Sie die Schraube mit 12 Nm anziehen.

31 Montieren Sie die Abdeckung hinten an den Kupplungsdeckel (Abbildungen 13.2b und a).

32 Füllen Sie Motoröl und Kühlmittel auf (siehe Kapitel 1).

33 Nach dem Einbau einer neuen Doppelkupplung muss eine Initialisierungsprozedur durchgeführt werden (siehe Kapitel 4, Sektion 10).

Hubmagnetventile

Achtung: Bei der Arbeit muss äußerste Reinlichkeit gewährleistet sein, damit keine Schmutzpartikel in das Ventilgehäuse oder Kanäle des Motorgehäuses gelangen!

Ausbau

34 Lassen Sie das Motoröl ab (siehe Kapitel 1).

35 Demontieren Sie das rechte Verkleidungsseitenteil (siehe Kapitel 7).

36 Demontieren Sie den Deckel des Kupplungsöldruck-Sensors (Abbildungen 14.4a und b). Trennen Sie den schwarzen Vierstift-Stecker des Hubmagnetventils und trennen Sie die Kabelbinder (Abbildung 14.5a).

14.37a Lösen Sie die Schrauben...

14.37b ...und entnehmen Sie das Ventilgehäuse.

14.39 Lösen Sie die Schrauben des Magnetventildeckels.

14.40 Schraube der Ventil-Halteplatte

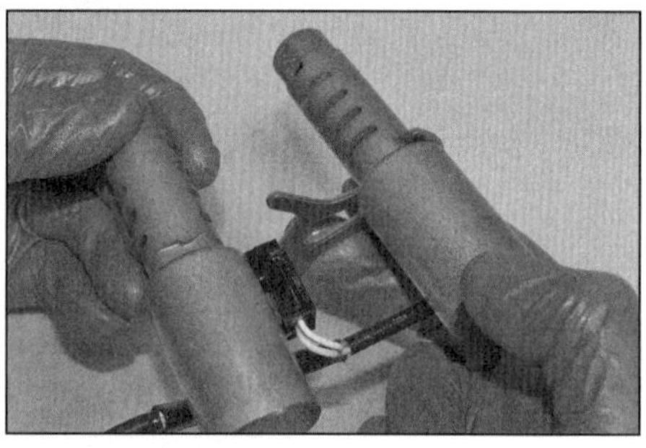

14.43a Setzen Sie die Halteplatte um die Ventile herum an,...

14.43b ...installieren Sie die Baugruppe in das Gehäuse...

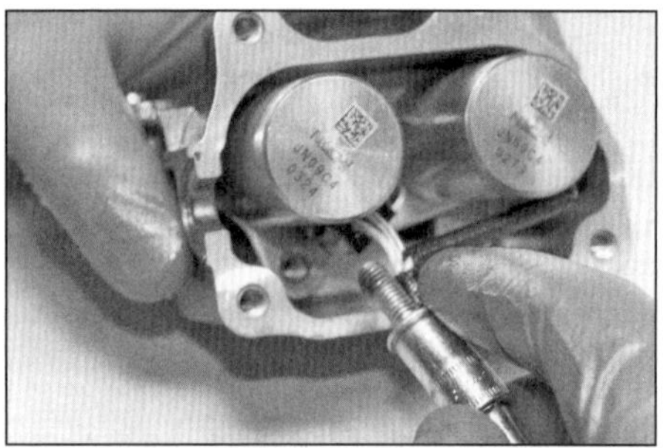

14.43c und ziehen Sie die mit *Loctite* versehene Schraube mit 12 Nm an.

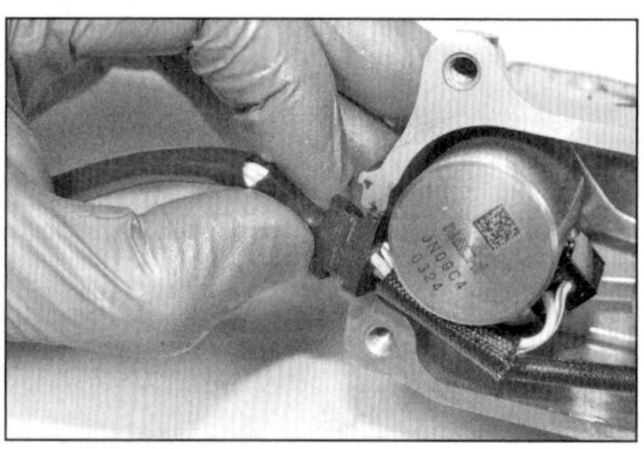

14.43d Stecken Sie den mit Dichtmasse versehenen Kabelstopfen in den Ausschnitt des Gehäuses.

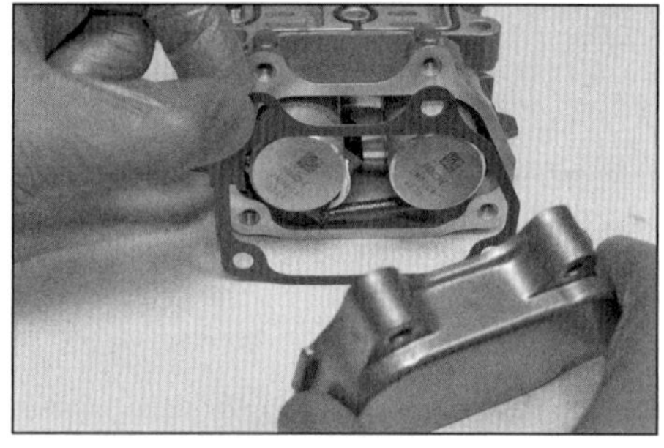

14.44 Installieren Sie den Deckel mit einer neuen Dichtung.

37 Lösen Sie die Befestigungsschrauben des Ventilgehäuses und entnehmen Sie dieses (siehe Abbildungen). Entnehmen Sie den Gehäuse-Dichtring und den Steuerventil-Filter aus dem Kupplungsdeckel, befreien Sie dann den Dichtring vom Filter (Abbildungen 14.46c, b und a) – alle Dichtringe müssen später erneuert werden.

38 Entfernen Sie die Zwischenplatte und den Dichtring vom Ventilgehäuse und stellen Sie nötigenfalls die Passhülsen sicher (Abbildungen 14.45b und a) – der Dichtring muss später erneuert werden.

Zerlegen

39 Lösen Sie die Schrauben des Magnetventildeckels und entnehmen Sie diesen (siehe Abbildung) – die Dichtung muss später erneuert werden.

40 Lösen Sie die Schraube der Ventil-Halteplatte und befreien Sie die Ventil-Baugruppe aus dem Gehäuse – beachten Sie die Positionen des Kabelstopfens und der Platte (siehe Abbildung).

41 Befreien Sie die Dichtflächen des Deckels und des Gehäuses sowie den Kabelstopfen von alten Dichtungsresten. Reinigen Sie alle Teile mit Druckluft.

Zusammenbau

42 Sorgen Sie dafür, dass alle Teile absolut sauber sind.

43 Reinigen Sie das Gewinde der Halteplatten-Schraube und bestreichen Sie sie mit mittelfester Sicherungspaste *(Loctite)*. Setzen Sie die Halteplatte um die Ventile herum an, installieren Sie die Baugruppe in das Gehäuse und ziehen Sie die Schraube mit 12 Nm an (siehe Abbildungen). Versehen Sie den Kabelstopfen mit frischer Dichtmasse und drücken Sie ihn in den Ausschnitt des Gehäuses (siehe Abbildung).

44 Legen Sie den Deckel samt neuer Dichtung auf und ziehen Sie seine Schrauben mit 12 Nm an (siehe Abbildung).

Einbau

45 Installieren Sie ggf. die Passhülsen, schmieren Sie die neue Zwischenplatten-Dichtung mit Motoröl, legen Sie sie in die Nut im Gehäuse und positionieren Sie die Platte darüber (siehe Abbildungen).

46 Ölen Sie die neue Steuerventilfilter-Dichtung und die neue Gehäuse-Dichtung ein. Rüsten Sie den Filter mit der Dichtung aus und positionieren Sie ihn am Kupplungsdeckel. Legen Sie die neue Gehäusedichtung in die Nut des Kupplungsdeckels (siehe Abbildungen).

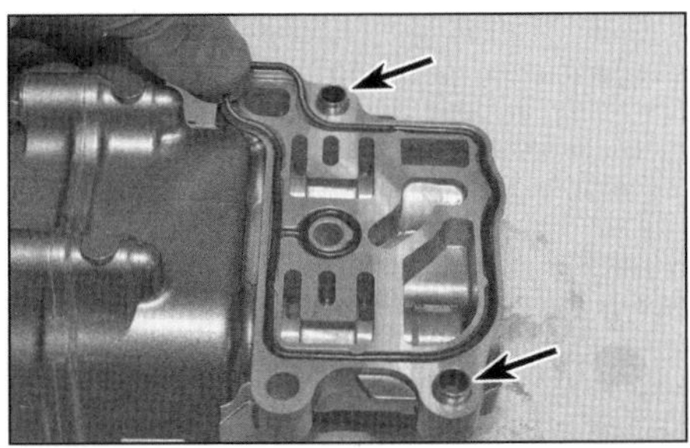

14.45a Legen Sie die neue Dichtung in die Gehäusenut. Die Passhülsen (Pfeile) müssen im Gehäuse stecken.

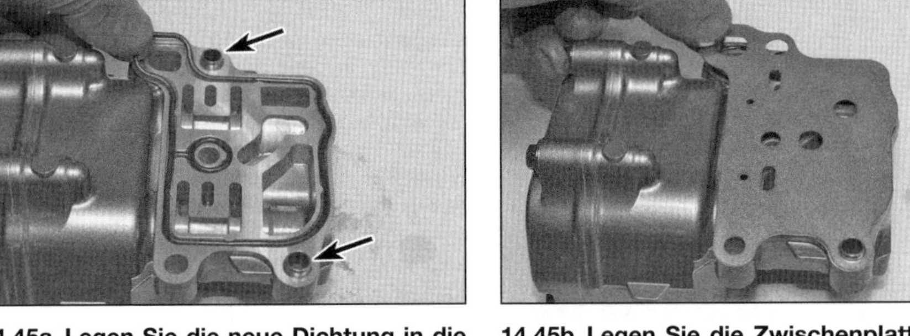

14.45b Legen Sie die Zwischenplatte über die Passhülsen auf das Gehäuse.

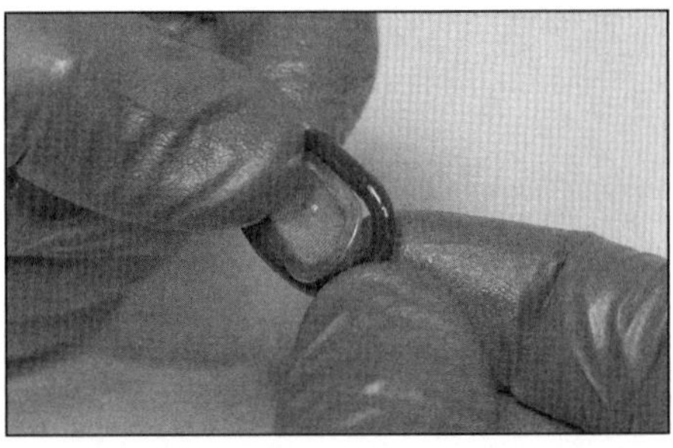

14.46a Rüsten Sie den Filter mit dem neuen Dichtring aus...

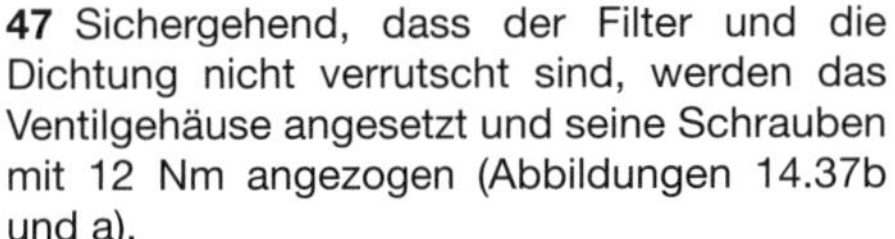

47 Sichergehend, dass der Filter und die Dichtung nicht verrutscht sind, werden das Ventilgehäuse angesetzt und seine Schrauben mit 12 Nm angezogen (Abbildungen 14.37b und a).

48 Verbinden Sie den Kabelstecker, sichern Sie die korrekt verlegte Verkabelung (Abbildung 14.5a) und montieren Sie den Deckel des Öldrucksensors (Abbildungen 14.4b und a).

49 Füllen Sie Motoröl auf (siehe Kapitel 1).

15 Schaltmechanismus (Standardgetriebe)

Ausbau

1 Schalten Sie das Getriebe in den Leerlauf. Demontieren Sie die Kupplung (siehe Sektion 13). Verstopfen Sie Öffnungen zur Ölwanne mit sauberen Lappen, damit nichts hineinfallen kann.

2 Lösen Sie die Schaltgestänge-Klemmschraube und ziehen Sie den Hebel von der Schaltwelle – beachten Sie die Ausrichtung der Klemmöffnung zur Körnermarkierung der Welle (siehe Abbildung). Demontieren Sie die Schaltwellen-Abdeckung (siehe Abbildungen). Reinigen Sie das Ende der Welle.

3 Entfernen Sie das Schaltmechanismus-Halteblech (siehe Abbildung). Beachten Sie die Ausrichtung der Schalthebel-Rückholfeder-Enden an beiden Seiten des Arretierstifts im Gehäuse. Beachten Sie außerdem die Ausrichtung der Schaltklauen auf den Stiften des Schaltsterns. Greifen Sie das Ende der Welle und ziehen Sie die Baugruppe heraus (siehe Abbildung) – stellen Sie nötigenfalls die Scheibe vom Motorgehäuse sicher.

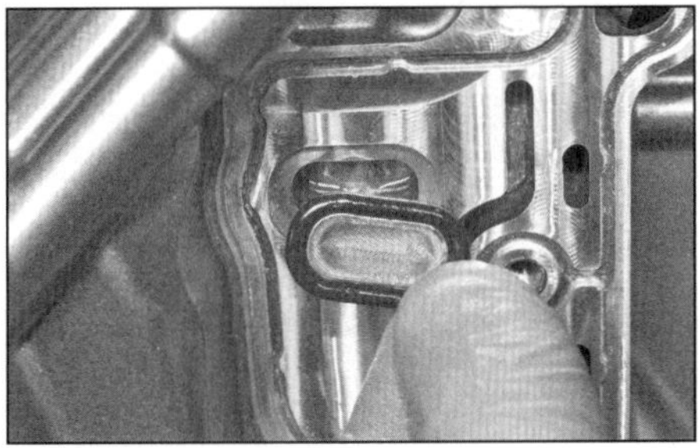

14.46b ...und setzen Sie ihn mit der Wölbung nach außen ein.

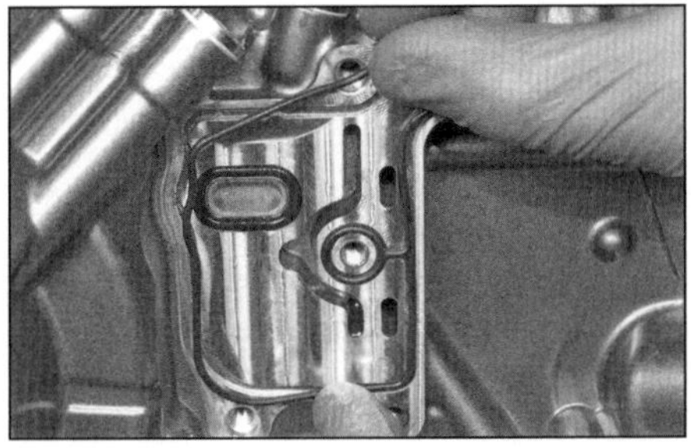

14.46c Legen Sie die Gehäusedichtung in ihre Nut.

15.2a Beachten Sie die Ausrichtung, entfernen Sie die Schraube und ziehen Sie die Welle von der Schaltwelle.

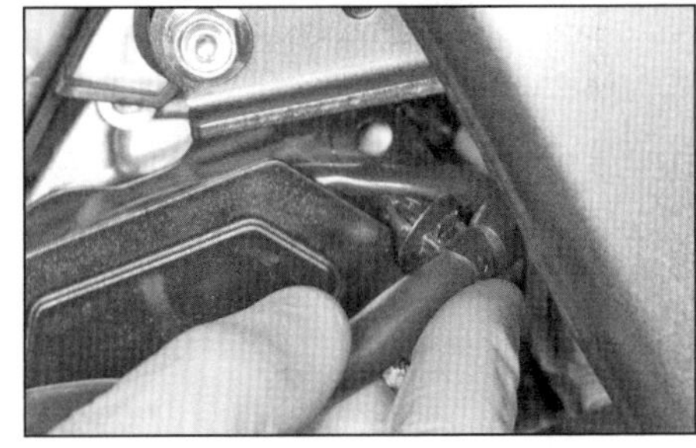

15.2b Befreien Sie den Kabel-Clip,...

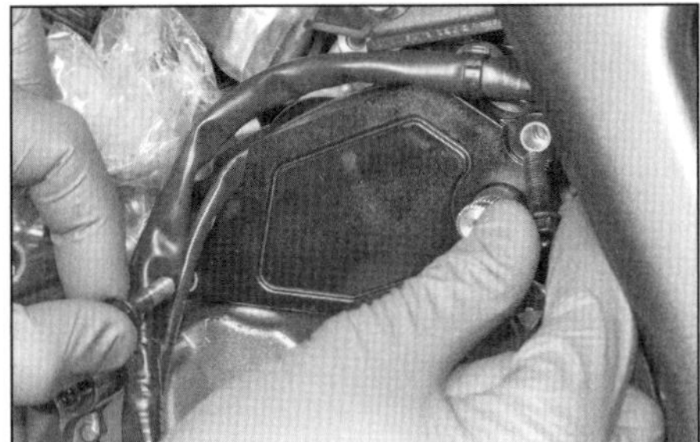

15.2c ...lösen Sie die Schrauben und entfernen Sie den Deckel.

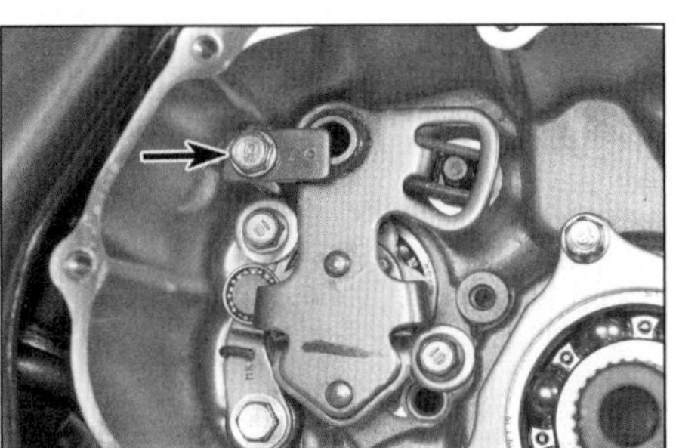

15.3a Schraube des Schaltmechanismus-Halteblechs

15.3b Ziehen Sie die Schaltwelle samt Schaltklauen heraus, beachten Sie die Scheibe (Pfeil).

15.4 Schraube des Arretierhebels

15.6a Kontrollieren Sie die Schaltklauen und die Stifte des Schaltsterns...

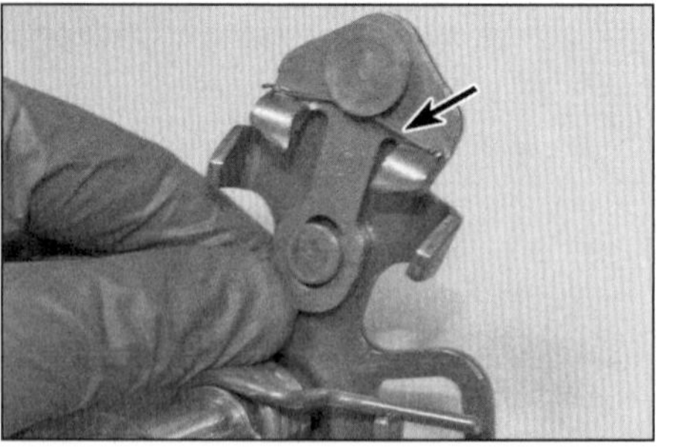

15.6b ...sowie die Funktion des Schaltklauenarms und seiner Feder.

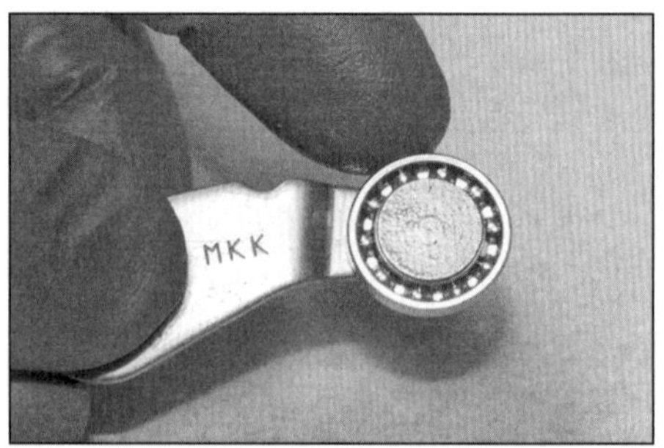

15.6c Die Rolle des Arretierhebels muss sich frei drehen lassen.

4 Beachten Sie nötigenfalls am Arretierhebel die Positionen der Feder-Enden und die Lage der Rolle im Leerlauf-Ausschnitt des Schaltsterns, lösen Sie dann die Schraube und entfernen Sie den Hebel samt Scheibe und Feder (siehe Abbildung).

5 Hebeln Sie mit einem Haken oder kleinen Schraubendreher den Schaltwellen-Dichtring heraus (Abbildung 16.22) – er muss beim Einbau erneuert werden.

Kontrolle

6 Kontrollieren Sie den Schaltklauenarm auf Risse, Verzug und Verschleiß an den Schaltklauen; inspizieren Sie genauso die Stifte am Schaltstern (siehe Abbildung). Der Arm muss sich sanft nach oben verschieben lassen und mit Federkraft wieder zurückkehren (siehe Abbildung). Überprüfen Sie auch die Arretierhebel-Rolle auf freie Drehbarkeit und die Ausschnitte des Schaltsterns auf Anzeichen von Verschleiß oder Beschädigungen (siehe Abbildung) – ersetzen Sie alle schadhaften Teile. Der Schaltstern kann nötigenfalls nach dem Lösen der zentralen Schraube von der Schaltwalze getrennt werden; beim Einbau muss der Stift in den größeren Ausschnitt hinten am Schaltstern positioniert werden. Reinigen Sie das Gewinde der Schaltstern-Schraube und

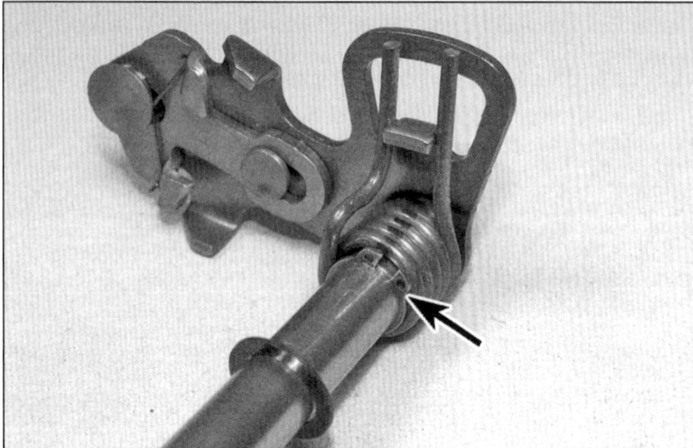

15.7a Seegerring zum Sichern der Feder

15.7b Arretierstift der Schalthebel-Rückholfeder

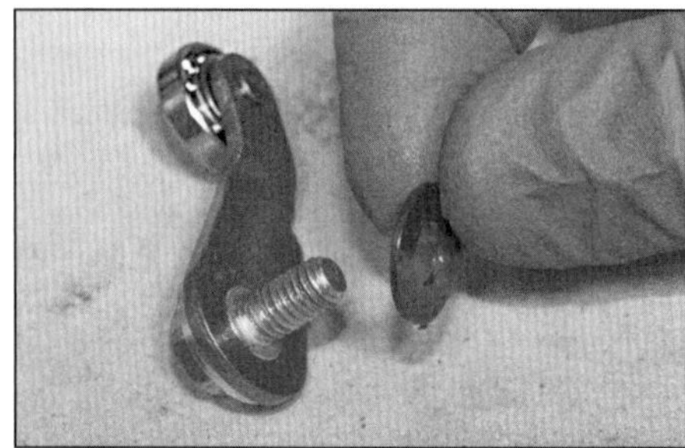

15.10a Führen Sie den Bund der Schraube in den Arretierhebel ein und legen Sie die Scheibe auf,...

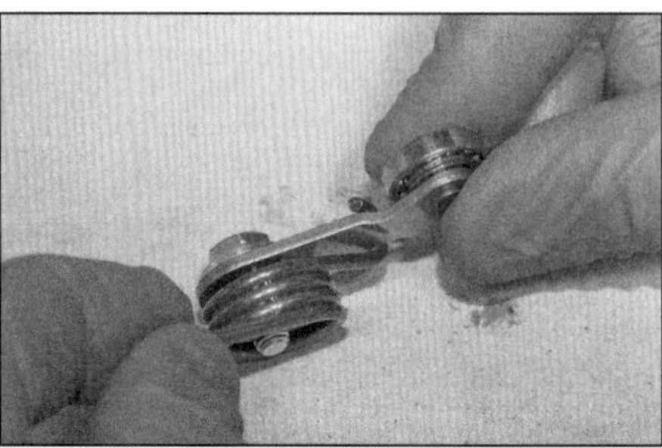

15.10b ...installieren Sie dann die Feder.

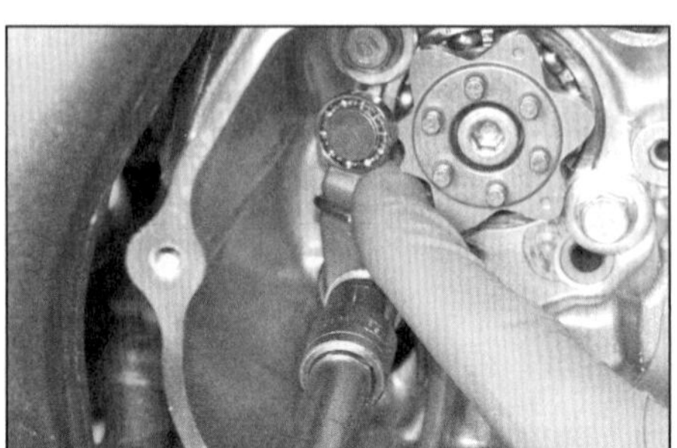

15.10c Drücken Sie den Hebel beim Eindrehen der Schraube gegen die Feder hoch und positionieren Sie die Rolle im Leerlauf-Ausschnitt.

bestreichen Sie sie mit mittelfester Sicherungspaste *(Loctite)*, bevor Sie die Schraube mit 23 Nm anziehen.

7 Inspizieren Sie die Rückholfeder und die Arretierhebelfeder auf Ermüdung, Verschleiß und Beschädigungen und ersetzen Sie schadhafte Komponenten. Zum Entfernen der Schaltwellen muss zunächst die Scheibe abgezogen und dann der Seegerring entfernt werden, ziehen Sie dann die Feder unter Beachtung ihrer Ausrichtung ab (siehe Abbildung). Installieren Sie die neue Feder, richten Sie ihre Enden an beiden Seiten der gebogenen Lasche aus und sichern Sie sie mit dem Seegerring, der korrekt in seiner Nut sitzen muss. Schieben Sie die Scheibe gegen den Seegerring. Prüfen Sie den festen Sitz des Arretierstifts (siehe Abbildung) – falls er locker sitzt, muss er herausgeschraubt, sein Gewinde gereinigt und mit frischer Sicherungspaste *(Loctite)* bestrichen und wieder eingeschraubt werden.

8 Die Schaltwelle muss gerade und unbeschädigt sein – falls die Welle verbogen ist, kann sie vielleicht gerichtet werden – bei einer beschädigten Kerbverzahnung muss sie ausgewechselt werden.

Einbau

9 Pressen oder treiben Sie den neuen Schallwellen-Dichtring von Hand oder mit einem passenden Steckschlüssel mit der markierten Seite nach außen zeigend senkrecht und bündig in seinen Sitz (Abbildung 16.26b).

10 Falls entfernt, wird das Gewinde der Arretierhebel-Schraube gereinigt und mit frischer Sicherungspaste *(Loctite)* bestrichen. Führen Sie die Schraube durch den Arretierhebel und legen Sie die Scheibe sowie die Rückholfeder auf (siehe Abbildung). Installieren Sie den Hebel, sodass die Rolle im Leerlauf-Ausschnitt des Schaltsterns greift und die Enden der Feder korrekt positioniert sind (siehe Abbildung). Ziehen Sie die Schraube mit 12 Nm an und prüfen Sie, ob der Hebel und die Feder-Enden korrekt positioniert sind (Abbildung 15.4).

11 Prüfen Sie, ob die Schaltwellen-Rückholfeder korrekt positioniert ist, und schieben Sie ggf. die Scheibe auf die Welle (Abbildung 15.7). Versehen Sie die Dichtlippe des Schaltwellen-Dichtrings links im Motorgehäuse mit etwas Fett und umwickeln Sie die Verzahnung der Welle mit einer Lage dünnen Klebebands. Schieben Sie die Welle vollständig ein, bis die Verzahnung links herausragt (Abbildung 15.3b). Richten Sie die Schaltklauen auf den Stiften der Schaltwalze und die Enden der Rückholfeder an beiden Seiten des Arretierstifts aus (Abbildung 15.3a). Reinigen Sie das Gewinde der Halteblech-Schraube und bestreichen Sie es mit frischer Sicherungspaste *(Loctite)*, bevor Sie sie mit 12 Nm anziehen.

12 Entfernen Sie den/die Lappen aus den Gehäusebohrungen und montieren Sie die Kupplung (siehe Sektion 13).

13 Entfernen Sie das Klebeband von der Schaltwellenverzahnung, setzen Sie die Abdeckung an und sichern Sie die Verkabelung (Abbildungen 15.2c und b). Schieben Sie den Schaltgestängehebel mit der Klemmnut zur Körnermarkierung ausgerichtet auf die Welle, installieren Sie die Klemmschraube und ziehen Sie sie sorgfältig an (Abbildung 15.2a).

16 Schaltmechanismus (DCT-Modelle)

Gangwechsel-Steuermotor und Untersetzungsräder

Ausbau

1 Demontieren Sie die Steuermotor-Abdeckung (siehe Abbildung).

2 Trennen Sie den Steuermotor-Stecker, lösen Sie die Schrauben des Motors und entnehmen Sie ihn (siehe Abbildungen) – beim Einbau wird ein neuer O-Ring benötigt (Abbildung 16.14).

3 Demontieren Sie den Untersetzungsrad-Deckels (siehe Abbildungen) – die Dichtung muss später erneuert werden (Abbildung 16.13). Stellen Sie nötigenfalls die Passhülsen sicher.

4 Entnehmen Sie die Untersetzungsräder – beachten Sie ihre Ausrichtung, ihren Eingriff ineinander und ihre Positionen (Abbildungen 16.12, 16.11 und 16.10).

Kontrolle

5 Verbinden Sie eine geladene 12-Volt-Batterie mithilfe von Überbrückungskabeln mit den Kontakten des Steuermotors – er muss in eine Richtung drehen; vertauschen Sie die Kontak-

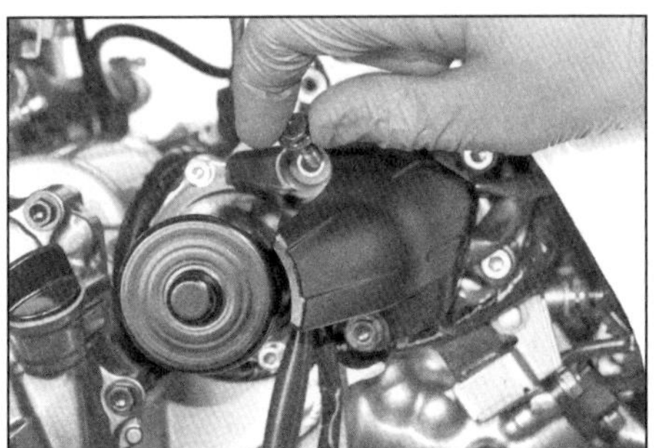

16.1 Lösen Sie die Schrauben und entnehmen Sie die Steuermotor-Abdeckung.

16.2a Trennen Sie den Stecker, ...

16.2b ... lösen Sie die Schrauben ...

16.2c ... und entnehmen Sie den Steuermotor.

16.3a Entfernen Sie die Schrauben samt Scheiben ...

16.3b ... und entnehmen Sie den Untersetzungsrad-Deckels.

16.7 Kontrollieren Sie die fünf Untersetzungsrad-Lager.

16.10 Führen Sie das mittlere Untersetzungsrad mit dem Halbring nach innen und nach vorn zeigend in sein Lager ein.

16.11 Richten Sie den Halbring wie gezeigt aus und installieren Sie das vordere Untersetzungsrad.

16.12 Das hintere Zahnrad-Segment wird wie gezeigt auf die Welle geschoben und zum mittleren Untersetzungsrad ausgerichtet.

16.13 Legen Sie die neue Dichtung über die Passhülsen.

16.14 Installieren Sie einen neuen O-Ring in die Nut des Steuermotor-Flanschs.

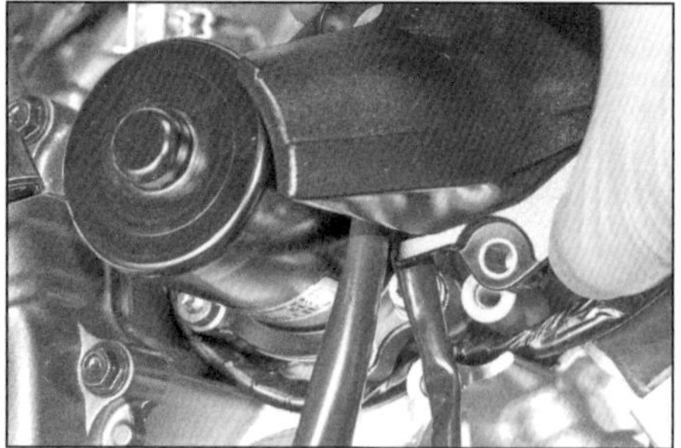

16.15 Achten Sie beim Ansetzen der Abdeckung auf ein korrekt verlegtes Kabel.

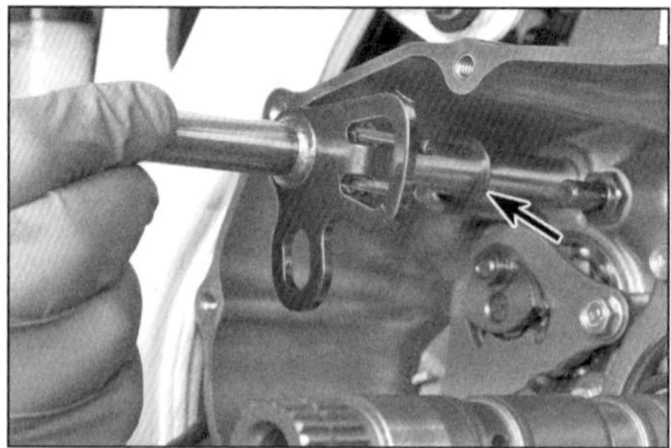

16.17a Ziehen Sie die Schaltwelle samt Schaltklauen heraus, beachten Sie die Scheibe (Pfeil).

te – er muss in die andere Richtung drehen. Bei anderen Ergebnissen muss der Steuermotor erneuert werden.

6 Kontrollieren Sie die Zähne der Steuermotor-Welle und der Untersetzungsräder – falls irgendwo Ausbrüche oder übermäßiger Verschleiß festgestellt wird, müssen entsprechende Räder oder der Steuermotor erneuert werden.

7 Kontrollieren Sie die drei Lager im Untersetzungsrad-Deckels und die zwei Lager im Motorgehäuse (siehe Abbildung) und ersetzen Sie sie nötigenfalls – beachten Sie für den Austausch die Hinweise in Sektion 5 der *Werkzeug- und Werkstatt-Tipps* im Anhang. Nachdem ihre Sitze mit einem Heißluftgebläse auf etwa 80 °C erwärmt wurden, sollten sich die Lager leicht entfernen lassen. Installieren Sie neue Lager mit der markierten Seite nach außen und klopfen oder treiben Sie sie mit einem am Außenring angesetzten Steckschlüssel in ihre Sitze. Schmieren Sie die Lager mit frischem Motoröl.

Einbau

8 Befreien Sie die Dichtflächen des Motorgehäuses und des Untersetzungsrad-Deckels von alten Dichtungsresten.

9 Schmieren Sie die Zähne, Wellenstümpfe und Lager der Untersetzungsräder mit Unirex N3 oder vergleichbarem Fett.

10 Installieren Sie zuerst das mittlere Untersetzungsrad mit dem Halbring nach innen und nach vorn zeigend (siehe Abbildung).

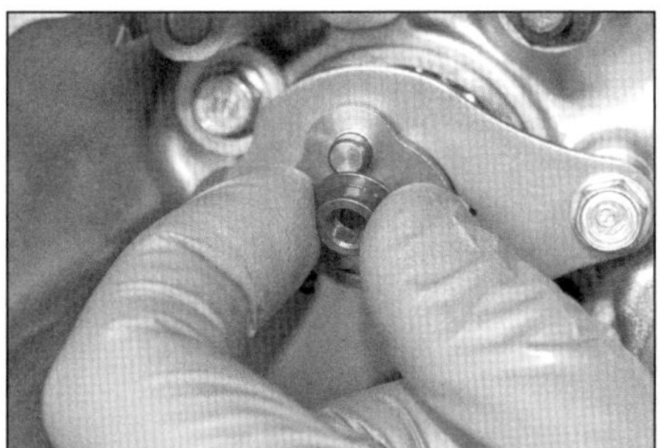
16.17b Entnehmen Sie die Rolle.

16.18a Lösen Sie die Schrauben...

16.18b ...und entnehmen Sie die Schaltwalzen-Führungsplatte.

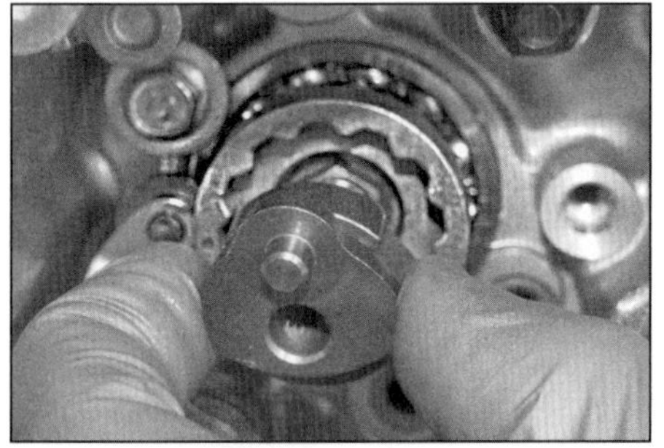
16.19 Entnehmen Sie die Schaltmechanismus-Baugruppe und befreien Sie die Klauen, die Kolben und die Federn.

16.20a Lösen Sie die Schraube...

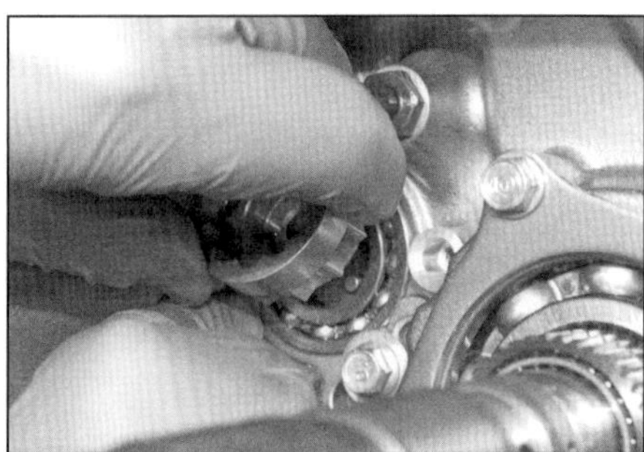
16.20b ...und entnehmen Sie den Schaltnocken...

11 Richten Sie den Halbring zu den Gehäuserippen aus und installieren Sie das vordere Untersetzungsrad mit dem kleineren Rad nach innen und in den Halbring des mittleren Rades greifend (siehe Abbildung).
12 Installieren Sie das hintere Zahnrad-Segment mit der Körnermarkierungen nach außen und zu derjenigen am mittleren Untersetzungsrad bzw. mit der Aussparung der Innenverzahnung zur Körnermarkierung an der Welle zeigend (siehe Abbildung).
13 Installieren Sie ggf. die Passhülsen und legen Sie eine neue Dichtung auf (siehe Abbildung). Setzen Sie den Deckel an und ziehen Sie seine Schrauben mit 14 Nm an (Abbildungen 16.3b und a).
14 Rüsten Sie den Flansch des Steuermotors mit einem neuen geschmierten O-Ring aus (siehe Abbildung). Installieren Sie den Motor und ziehen Sie seine Schrauben mit 14 Nm an (Abbildungen 16.2b und a), verbinden Sie dann seinen Kabelstecker (Abbildung 16.2a).
15 Installieren Sie die Steuermotor-Abdeckung, achten Sie dabei auf eine korrekte Verlegung des Kabels und ziehen Sie die Schrauben mit 12 Nm an (siehe Abbildung).

Schaltwelle

Ausbau

16 Schalten Sie das Getriebe in den Leerlauf. Entfernen Sie den Gangwechsel-Steuermotor und die Untersetzungsräder (siehe oben). Demontieren Sie die aus der Doppelkupplung und dem hinteren Primärtriebrad bestehende Baugruppe (siehe Sektion 14). Verstopfen Sie Öffnungen zur Ölwanne mit sauberen Lappen, damit nichts hineinfallen kann.
17 Beachten Sie, wie die Enden der Schaltwellen-Rückholfeder an beiden Seiten des Arretierstifts im Gehäuse positioniert sind. Beachten Sie außerdem die Ausrichtung der Bohrung im Schaltarm über der Rolle am Schaltwalzen-Mechanismus liegt. Greifen Sie das Ende der Welle und ziehen Sie die Baugruppe heraus (siehe Abbildung) – stellen Sie nötigenfalls die Scheibe vom Motorgehäuse sicher. Entnehmen Sie die Rolle vom Stift des Schaltwalzen-Mechanismus (siehe Abbildung).
18 Lösen Sie die Schrauben der Schaltwalzen-Führungsplatte und entnehmen Sie diese (siehe Abbildungen). Entfernen Sie nötigenfalls die Distanzhülse, den Passstift und die Scheibe (Abbildungen 16.30c, b und a).
19 Halten Sie die Klauen und entnehmen Sie die Baugruppe unter Beachtung ihrer Einbaulage aus dem Schaltnocken. Lösen Sie dann die Klauen und entfernen Sie sie samt Kolben und Federn (siehe Abbildung).
20 Lösen Sie die Schaltnocken-Schraube, halten Sie den Arretierhebel beiseite und entnehmen Sie den Nocken; der Hebel kann jetzt über die Schaltwalze geschwenkt werden, um seine Feder zu entspannen (siehe Abbildungen). Beachten Sie den Arretierstift in der Walze und stellen Sie ihn nötigenfalls sicher (siehe Abbildung).
21 Beachten Sie die Position der Arretierhebel und entnehmen Sie diesen (siehe Abbildung).

16.20c ...sowie nötigenfalls den Arretierstift.

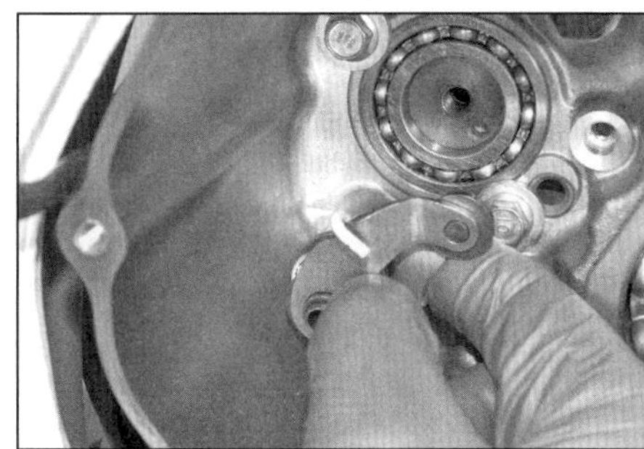
16.21 Entfernen Sie den Arretierhebel.

16.22 Hebeln Sie den alten Dichtring heraus.

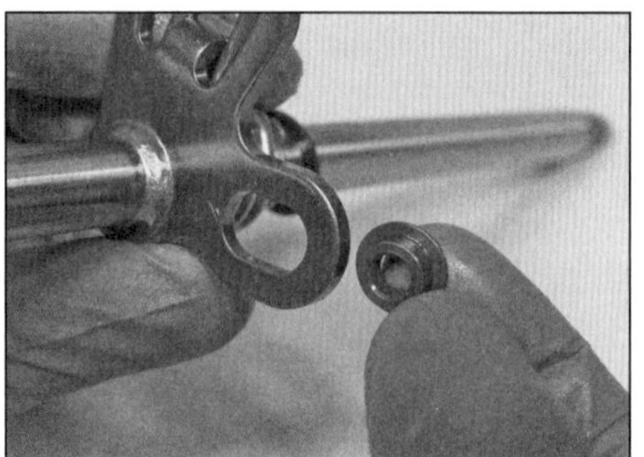

16.23a Kontrollieren Sie die Schaltklauen und die Rolle...

16.23b ...sowie die Enden der Schaltklauen und ihre Sitze im Schaltnocken.

16.23c Inspizieren Sie auch die Arretierhebel-Rolle und den Außenbereich des Schaltnockens.

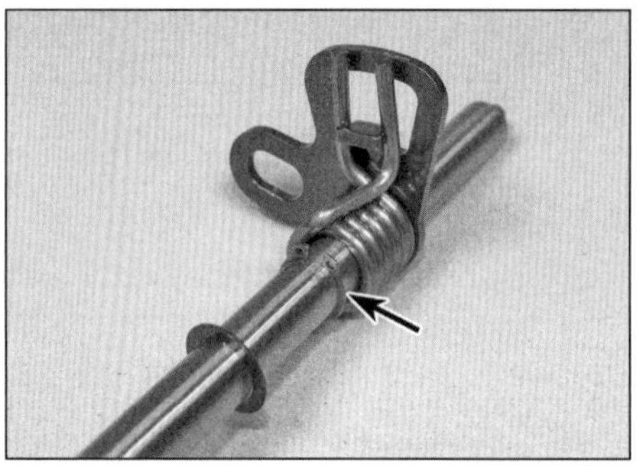

16.24a Seegerring zum Sichern der Feder

16.24b Arretierstift der Schalthebel-Rückholfeder

16.25 Schaltwellen-Lager

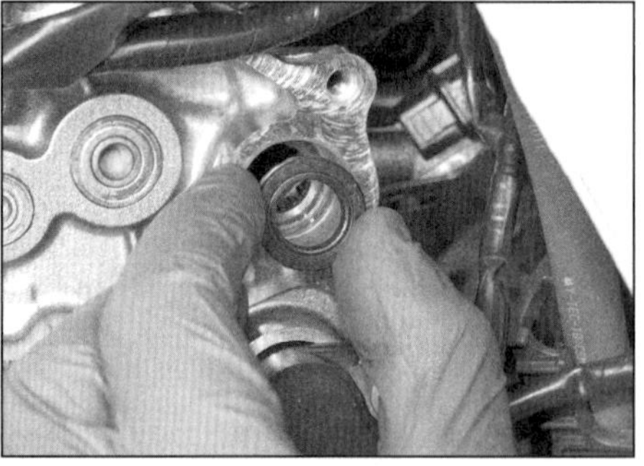

16.26a Installieren Sie den Dichtring mit der Markierung nach außen...

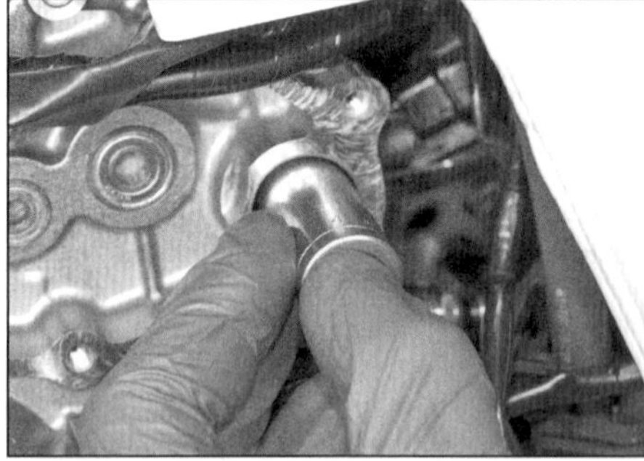

16.26b ...und pressen Sie ihn mit einem geeigneten Steckschlüssel 11,9 bis 12,4 mm tief ein.

22 Hebeln Sie den alten Dichtring aus der Schaltwellenbohrung (siehe Abbildung) – später muss ein Neuteil installiert werden.

Kontrolle

23 Kontrollieren Sie den Schaltklauenarm samt seiner Rolle und die Schaltnocken sowie die Klauen auf Verschleiß und Beschädigungen (siehe Abbildungen). Überprüfen Sie auch die Arretierhebel-Rolle auf freie Drehbarkeit und die Ausschnitte des Schaltsterns auf Anzeichen von Verschleiß oder Beschädigungen (siehe Abbildung) – ersetzen Sie alle schadhaften Teile.

24 Inspizieren Sie die Rückholfeder und die Arretierhebelfeder auf Ermüdung, Verschleiß und Beschädigungen und ersetzen Sie schadhafte Federn. Zum Entfernen der Schaltklauenfeder muss zunächst die Scheibe abgezogen und dann der Seegerring entfernt werden, ziehen Sie dann die Feder unter Beachtung ihrer Ausrichtung ab (siehe Abbildung). Installieren Sie die neue Feder, richten Sie ihre Enden an beiden Seiten der gebogenen Lasche aus und sichern Sie sie mit dem Seegerring, der korrekt in seiner Nut sitzen muss. Schieben Sie die Scheibe gegen den Seegerring. Prüfen Sie den festen Sitz des Arretierstifts (siehe Abbildung) – falls er locker sitzt, muss er herausgeschraubt, sein Gewinde gereinigt und mit frischer Sicherungspaste *(Loctite)* bestrichen und wieder eingeschraubt werden.

25 Die Schaltwelle muss gerade und unbeschädigt sein – falls die Welle verbogen ist, kann sie vielleicht gerichtet werden – bei einer beschädigten Kerbverzahnung muss sie ausgewechselt werden. Kontrollieren Sie das Wellenlager im Motorgehäuse (siehe Abbildung) und ersetzen Sie sie nötigenfalls – beachten Sie für den Austausch die Hinweise in Sektion 5 der *Werkzeug- und Werkstatt-Tipps* im Anhang.

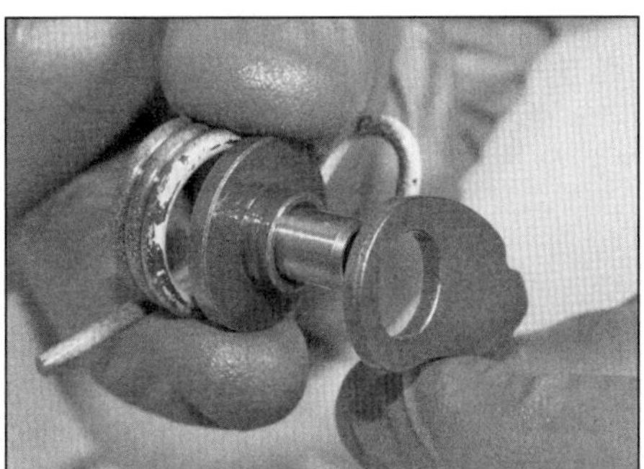

16.27a Setzen Sie den Arretierhebel wie gezeigt zusammen...

16.27b ...und richten Sie die Feder über dem Hebel aus.

Einbau

26 Drücken Sie einen neuen Wellendichtring senkrecht und mit der Beschriftung nach außen 11,9 bis 12,4 mm tief in seinen Sitz (siehe Abbildungen).

27 Falls der Arretierhebel zerlegt wurde, muss die Hülse durch die Buchse geschoben und die Feder korrekt positioniert werden. Setzen Sie dann den Hebel gegen die Buchse und richten Sie die Feder wie gezeigt gegen den Hebel aus (siehe Abbildungen). Montieren Sie die Baugruppe ans Motorgehäuse – achten Sie auf korrekt positionierte Feder-Enden (Abbildung 16.21).

28 Installieren Sie ggf. den Arretierstift in die Schaltwalze (Abbildung 16.20c). Schwenken Sie den Arretierhebel gegen den Federdruck von der Schaltwalze weg und halten Sie ihn dort. Installieren Sie den Schaltnocken über den Arretierstift der Schaltwalze (siehe Abbildung). Lassen Sie den Arretierhebel gegen den Schaltnocken drücken. Reinigen Sie das Gewinde der Schaltnocken-Schraube und bestreichen Sie es mit frischer Sicherungspaste *(Loctite)*, bevor Sie sie mit 31 Nm anziehen (Abbildung 16.20a). Falls die Körnermarkierung außen am Schaltnocken-Bund nicht zur Rolle des Arretierhebels ausgerichtet ist, muss die Schaltwalze entsprechend verdreht werden (siehe Abbildung).

29 Vervollständigen Sie den Schaltwalzen-Mechanismus mit dem Federn, Kolben und Klauen (siehe Abbildungen). Drücken Sie die Klauen zusammen und installieren Sie den Mechanismus mit dem Stift nach oben und außen zeigend in den Schaltnocken; lassen Sie anschließend die Klauen in die Ausschnitte des Nockenrings greifen (Abbildung 16.19).

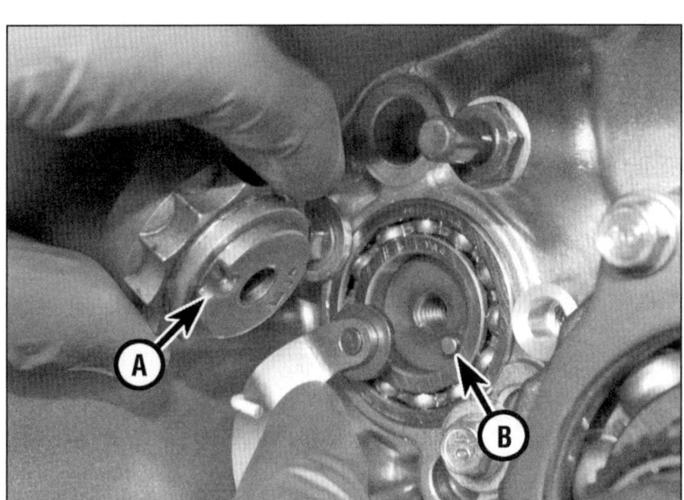

16.28a Bevor der Schaltnocken mit dem Ausschnitt (A) über dem Arretierstift angesetzt werden kann, muss der Arretierhebel nach links geschwenkt werden.

16.28b Richten Sie die Körnermarkierung außen am Schaltnocken-Bund nicht zur Rolle des Arretierhebels aus.

2

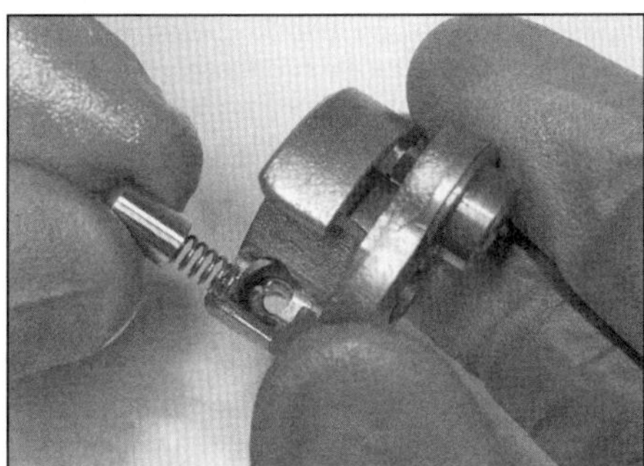

16.29a Installieren Sie die Federn und die Kolben in die Bohrungen...

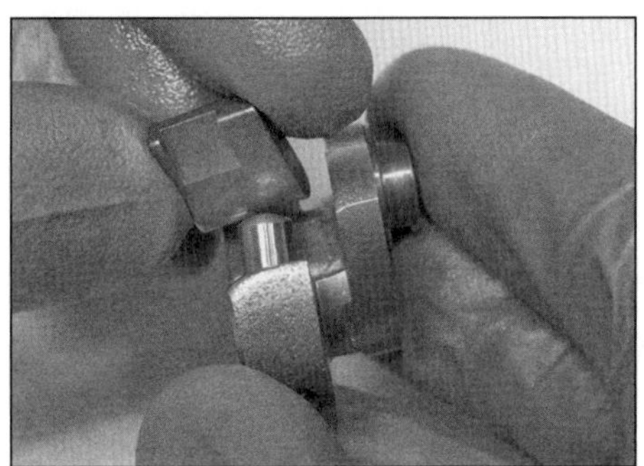

16.29b ...und montieren Sie die Klauen mit den Abflachungen darüber,...

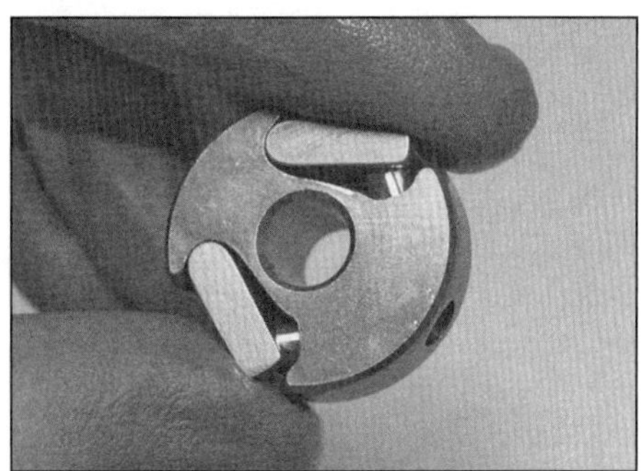

16.29c ...sodass die Baugruppe so aussieht und die Klauen sich sanft bewegen lassen.

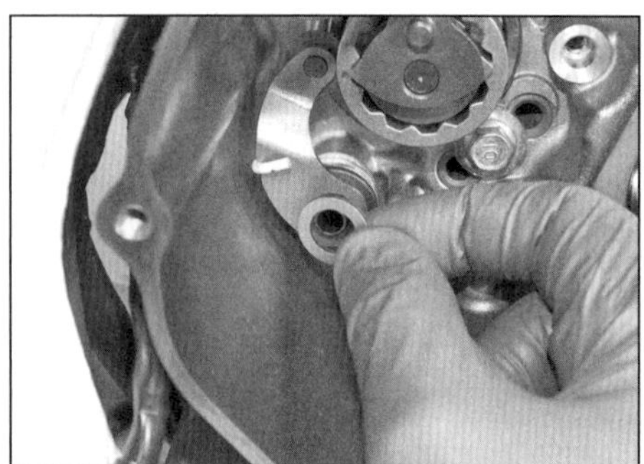

16.30a Installieren Sie die Scheibe,...

16.30b ...die Passhülse...

16.30c ...und die Distanzhülse.

30 Legen Sie die Scheibe um die Arretierhebel-Buchse gegen den Hebel (siehe Abbildung). Installieren Sie ggf. die Führungsplatten-Passhülse, schieben Sie die Distanzhülse auf und installieren Sie die Führungsplatte korrekt über den Schaltwalzen-Mechanismus, die Klauen und die Passhülsen (siehe Abbildungen sowie Abbildung 16.18b). Reinigen Sie die Gewinde der Führungsplatten-Schraube und bestreichen Sie sie mit frischer Sicherungspaste (Loctite), bevor Sie sie mit 12 Nm anziehen (Abbildung 16.18a).

31 Stecken Sie die Rolle auf den Stift des Schaltwalzen-Mechanismus (Abbildung 16.17b). Prüfen Sie, ob die Rückholfeder korrekt sitzt und die Scheibe auf die Welle geschoben ist (Abbildung 16.24a). Schmieren Sie links am Motorgehäuse die Lippe des Schaltwellen-Dichtrings und umwickeln Sie die Verzahnung der Welle mit einer Lage Isolierband, bevor Sie sie von rechts vollständig einschieben, bis die Verzahnung links aus dem Dichtring ragt (Abbildung 16.17a). Richten Sie den Schaltarm über der Rolle und seine Rückholfeder an beiden Seiten des im Motorgehäuse sitzenden Arretierstifts aus (siehe Abbildung).

32 Entfernen Sie den/die Lappen aus den Gehäusebohrungen und montieren Sie die Kupplungs/Primärrad-Baugruppe (siehe Sektion 13).

33 Entfernen Sie das Klebeband von der Schaltwellenverzahnung. Montieren Sie die Untersetzungsräder und den Gangwechsel-Steuermotor (siehe oben).

17 Primärtriebrad

Modelle mit Standardgetriebe

Ausbau

1 Demontieren Sie die Führungsplatte, die Steuerkette und die Spannerschiene; die Führungsschiene kann im Motor und das Ritzel auf der Kurbelwelle verbleiben (siehe Sektion 9).

2 Um die Kurbelwelle beim Lösen der Primärradschraube am Mitdrehen zu hindern, müssen die Zähne beider Primärtriebräder mit oben eingelegtem festem Stoff oder Weichmetall-Teilen (Aluminium oder Kupfer – aber niemals Stahl!) blockiert werden (Abbildung 17.23a). Lösen Sie die Schraube und entfernen Sie die Scheibe (siehe Abbildung). Entnehmen Sie die Blockade.

3 Demontieren Sie die Kupplung (siehe Sektion 13).

4 Demontieren Sie die hintere Ausgleichswelle (siehe Sektion 18).

5 Ziehen Sie das Steuerkettenritzel von der Kurbelwelle und drücken Sie die Steuerketten-Führungsschiene unten beiseite – verbiegen Sie sie dabei nicht mehr als nötig. Jetzt kann das Primärtriebrad abgezogen werden.

Kontrolle

6 Kontrollieren Sie die Zähne der beiden gegeneinander verspannten Zahnrad-Segmente sowie des Abtriebsrades hinten am Kupplungskorb – bei Verschleiß oder Beschädigungen müssen entsprechende Räder oder der Kupplungskorb ausgetauscht werden.

7 Falls nur ein Antriebsrad-Segment beschädigt ist oder Federn ermüdet oder gebrochen sind, kann das Primärtriebrad zerlegt werden, um Einzelteile zu ersetzen. Heben Sie dazu das vorgespannte Segment vom Haupt-Zahnrad – beachten Sie, wie die Laschen an seiner Innenseite gegen die Federn drücken (Abbildung 17.21b). Befreien Sie dann die Federn aus ihren Sitzen (Abbildung 17.21a).

8 Installieren Sie die (neuen) Federn in ihre Sitze und schmieren Sie die Gleitflächen beider Primärrad-Segmente mit einem Gemisch aus gleichen Teilen MoS_2-Fett und Motoröl. Richten Sie die Linie auf der Außenseite des Vorspann-Segments zur breiten Keilnut des Hauptrades aus, positionieren Sie die Laschen gegen die Federn und setzen Sie die Segmente zusammen (Abbildung 17.21b).

Einbau

9 Richten Sie die breiten Keilnute des Hauptrades zu derjenigen der Kurbelwelle, halten Sie die Steuerketten-Führungsschiene beiseite und schieben Sie das Primärrad mit dem Hauptsegment voran auf die Kurbelwelle (Abbildung 17.2).

10 Schieben Sie das Steuerkettenritzel mit der Körnermarkierung nach außen und mit der breiten Keilnut korrekt ausgerichtet auf die Kurbelwelle (Abbildung 9.15a).

11 Installieren Sie die hintere Ausgleichswelle (siehe Sektion 18).

12 Montieren Sie die Kupplung (siehe Sektion 13).

13 Schmieren Sie das Gewinde und die Kopf-Unterseite der Primärtriebrad-Schraube mit frischem Motoröl. Blockieren Sie die beiden

16.30d Die Führungsplatte muss korrekt um die Klauen und die Passhülsen anliegen.

16.31 Der Schaltarm muss wie gezeigt positioniert sein.

17.2 Primärrad-Schraube

17.16a Blockieren Sie die Primärräder...

17.16b ...und lösen Sie die Mutter – sie hat ein Linksgewinde!

17.18a Drehen Sie die Mutter ab, entnehmen Sie die Scheibe...

17.18b ...und ziehen Sie das Primärrad von der Kurbelwelle.

17.21a Installieren Sie die Federn.

Primärräder jetzt mit unten eingelegtem festem Stoff oder Weichmetall-Teilen (Abbildung 17.16a). Installieren Sie die Schraube samt Scheibe und ziehen Sie sie mit 103 Nm an. Entnehmen Sie die Blockade.

14 Montieren Sie die Spannerschiene, die Steuerkette und die Führungsplatte (siehe Sektion 9).

DCT-Modelle

Ausbau

15 Entfernen Sie den Kupplungsdeckel (siehe Sektion 14).

16 Um die Kurbelwelle beim Lösen der mit einem Linksgewinde versehenen Primärradmutter am Mitdrehen zu hindern, müssen die Zähne beider Primärtriebräder mit unten eingelegtem festem Stoff oder Weichmetall-Teilen (Aluminium oder Kupfer – aber **niemals** Stahl!) blockiert werden (siehe Abbildung). Lösen Sie die Mutter im Uhrzeigersinn! Entnehmen Sie die Blockade.

17 Entspannen Sie das äußere Primärrad-Segment mit einem in ein Loch eingeschobenen Schraubendreher und sichern Sie die zueinander ausgerichteten Segmente mit einer in die andere Bohrung eingeschobenen M6-Schraube (Abbildung 14.10a).

18 Drehen Sie die Mutter ab, entnehmen Sie die Scheibe und ziehen Sie das Primärrad ab (siehe Abbildungen).

Kontrolle

19 Kontrollieren Sie die Zähne der beiden gegeneinander verspannten Zahnrad-Segmente sowie des Abtriebsrads hinten am Kupplungskorb – bei Verschleiß oder Beschädigungen müssen entsprechende Räder oder der Kupplungskorb ausgetauscht werden.

20 Falls nur ein Antriebsrad-Segment beschädigt ist oder Federn ermüdet oder gebrochen sind, kann das Primärtriebrad zerlegt werden, um Einzelteile zu ersetzen. Entfernen Sie dazu die M6-Schraube, heben Sie das vorgespannte Segment vom Haupt-Zahnrad – beachten Sie, wie die Laschen an seiner Innenseite gegen die Federn drücken (Abbildung 17.21b). Befreien Sie dann die Federn aus ihren Sitzen (Abbildung 17.21a).

21 Installieren Sie die (neuen) Federn in ihre Sitze und schmieren Sie die Gleitflächen beider Primärrad-Segmente mit einem Gemisch aus gleichen Teilen MoS_2-Fett und Motoröl. Richten Sie die Linie auf der Außenseite des Vorspann-Segments zur breiten Keilnut des Hauptrades aus, positionieren Sie die Laschen gegen die Federn und setzen Sie die Segmente zusammen. Installieren Sie dann die M6-Schraube locker in ihre Bohrung (siehe Abbildungen).

2

17.21b Richten Sie die Linie auf der Außenseite des Vorspann-Segments zur breiten Keilnut des Hauptrades aus.

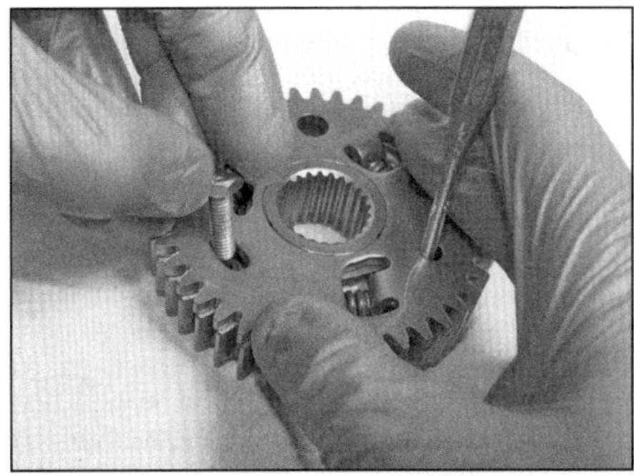

17.21c Installieren Sie die Schraube, um die Zahnrad-Segmente zusammenzuhalten.

17.22 Schieben Sie das Primärtriebrad vollständig auf die Kurbelwelle, bis das äußere Segment bündig zum Abtriebsrad sitzt.

17.23a Blockieren Sie die Primärtriebräder von oben...

17.23b ...und ziehen Sie die Mutter gegen den Uhrzeigersinn mit 118 Nm an.

18.4a Blockieren Sie die Zahnräder z. B. mit einem Streifen Alu-Blech...

18.4b ...und lockern Sie die Schraube.

18.5 Richten Sie die Zahnradsegmente zueinander aus und ziehen Sie das Rad von der Ausgleichswelle.

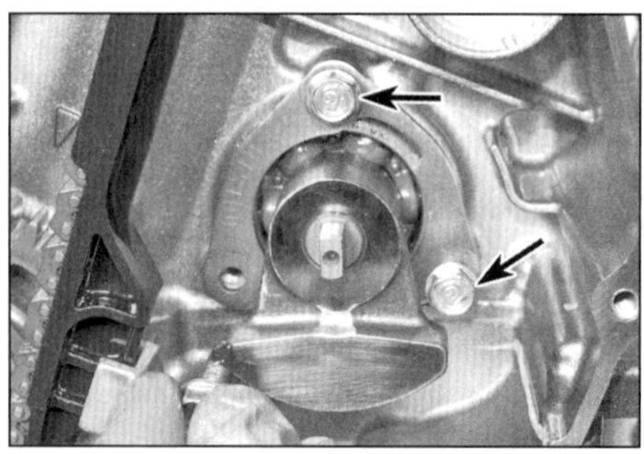

18.7a Lösen Sie die Schrauben...

18.7b ...und ziehen Sie die vordere Ausgleichswelle nach rechts heraus.

18.8 Ziehen Sie das linke Ausgleichswellenlager heraus.

Einbau

22 Richten Sie die breiten Keilnute des Hauptrades zu derjenigen der Kurbelwelle, halten Sie die Steuerketten-Führungsschiene beiseite und schieben Sie das Primärrad mit dem Hauptsegment voran auf die Kurbelwelle (Abbildung 17.18b) – falls die Zähne des Vorspann-Segments nicht in das Abtriebsrad greifen wollen, müssen die Segmente beim Aufschieben mit einem Schraubendreher oder Dorn zueinander ausgerichtet werden (siehe Abbildung). Schmieren Sie das Gewinde und die Unterseite der Primärtriebrad-Mutter mit frischem Motoröl, legen Sie die Scheibe auf die Kurbelwelle und drehen Sie die Mutter auf (Abbildung 17.18a). Entfernen Sie die M6-Schraube.

23 Blockieren Sie die beiden Primärräder jetzt mit oben eingelegtem festem Stoff oder Weichmetall-Teilen (siehe Abbildung). Ziehen Sie die Mutter gegen den Uhrzeigersinn mit 118 Nm an (siehe Abbildung). Entnehmen Sie die Blockade.

24 Montieren Sie den Kupplungsdeckel (S 14).

18 Ausgleichswellen

1 Im Motor befinden sich zwei Ausgleichswellen – die vordere wird von einem Zahnrad links auf der Kurbelwelle angetrieben; die hintere wird vom Primärrad (Modelle mit Standardgetriebe) bzw. einem separaten Zahnrad (DCT-Modelle) rechts auf der Kurbelwelle angetrieben.

Ausbau

Vordere Ausgleichswelle

2 Demontieren Sie den Lichtmaschinenrotor (siehe Kapitel 8). Demontieren Sie den Kupplungsdeckel (siehe Sektion 13 oder 14) und schrauben Sie die Sekundär-Zündkerzen heraus (siehe Kapitel 1).

3 Das Getriebe muss sich im Leerlauf befinden. Drehen Sie die vordere Ausgleichswelle mit einem am Bolzen angesetzten Steckschlüssels im Uhrzeigersinn, bis die Markierungen der

18.10a Drehen Sie das Primärrad im Uhrzeigersinn, ...

18.10b ... um die Markierungen wie gezeigt zueinander auszurichten.

18.11 Lösen Sie die drei Schrauben des Halters.

18.12 Ziehen Sie die Buchse zusammen mit den drei Scheiben und dem Drucklager ab.

18.13 Ziehen Sie das Ausgleichswellenrad von der Welle.

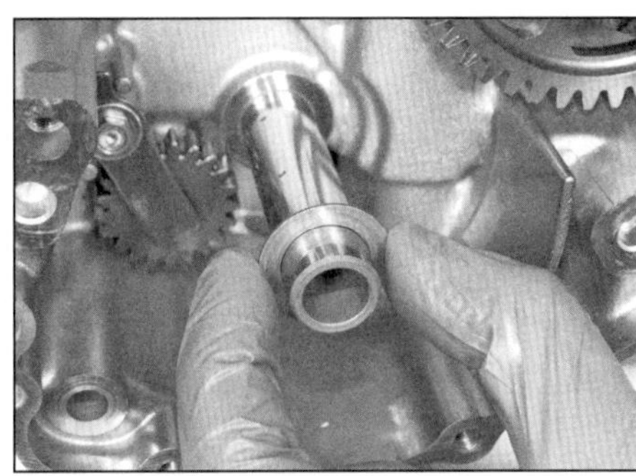

18.14a Entfernen Sie die Scheibe...

beiden Zahnräder wie in Abbildung 18.22b gezeigt zueinander ausgerichtet sind.

4 Um die Ausgleichswelle beim Lösen der Schraube am Mitdrehen zu hindern, müssen die Zähne beider Zahnräder mit unten eingelegtem festem Stoff oder Weichmetall-Teilen (Aluminium oder Kupfer – aber **niemals** Stahl!) blockiert werden (siehe Abbildung). Lösen Sie die Schraube und entnehmen Sie die Scheibe (siehe Abbildung). Entnehmen Sie die Blockade.

5 Das Ausgleichswellen-Zahnrad besteht zur Geräuschdämmung aus zwei gegeneinander verspannten Segmenten; richten Sie diese mithilfe eines Schraubendrehers oder Dorns zueinander aus und ziehen Sie das Zahnrad von der Welle (siehe Abbildung).

6 Ziehen Sie das Ausgleichsgewicht von der Welle (Abbildung 18.21).

7 Lösen Sie rechts an der Welle die Schrauben der Lager-Halteplatte (siehe Abbildung) und ziehen Sie die Welle samt Lager und Platte heraus (siehe Abbildung). Richten Sie ggf. die Halteplatte wie in Abbildung 18.19 gezeigt aus, um sie befreien zu können.

8 Ziehen Sie das linke Ausgleichswellenlager aus dem Motorgehäuse (siehe Abbildung).

Hintere Ausgleichswelle

9 Demontieren Sie den Kupplungsdeckel (siehe Sektion 13 oder 14) und schrauben Sie die Sekundär-Zündkerzen heraus (siehe Kapitel 1).

10 Das Getriebe muss sich im Leerlauf befinden. Drehen Sie das mit einem am Bolzen oder der Mutter angesetzten Steckschlüssels im Uhrzeigersinn, bis die Markierung am Ausgleichswellenrad zwischen denen des Antriebsrades liegt (siehe Abbildungen).

11 Demontieren Sie den Halter der hinteren Ausgleichswelle (siehe Abbildung) und stellen Sie nötigenfalls die Passhülsen sicher (Abbildung 18.29).

12 Ziehen Sie die Buchse, die Federscheibe, die vordere Scheibe, das Drucklager und die hintere Scheibe zusammen als Baugruppe von der Welle und befreien Sie die Scheiben sie die Scheiben von der Buchse (siehe Abbildung).

13 Ziehen Sie das Ausgleichswellenrad von der Welle (siehe Abbildung) – es besteht zur Geräuschdämmung aus zwei gegeneinander verspannten Segmenten; richten Sie diese nötigenfalls mithilfe eines Schraubendrehers oder Dorns zueinander aus, um es abziehen zu können; bei Modellen mit Standardgetriebe müssen nötigenfalls auch die Primärtriebrad-Segmente zueinander ausgerichtet werden, um das Ausgleichswellenrad befreien zu können.

14 Befreien Sie die innere Scheibe von der Welle und ziehen Sie diese aus dem Motorgehäuse (siehe Abbildungen).

Kontrolle

15 Kontrollieren Sie die Ausgleichswellenräder und ihre Antriebsräder auf Verschleiß und Beschädigungen. Begutachten Sie bei der hinteren Ausgleichswelle auch das Ölpumpen-Antriebsrad an dessen Rückseite (siehe Abbildung) sowie das Ölpumpenrad selbst (Abbildung 20.3a) – dessen Ausbau ist in Sektion 20 beschrieben.

2

18.14b ... und die Welle.

18.15 Ölpumpen-Antriebsrad

18.17 Anhand des am Gewicht angebrachten Buchstabens kann das korrekte Lager beschafft werden.

18.19 Richten Sie die Ausschnitte der Platte über dem Gewicht aus, um sie aufzuschieben.

18.20a Schieben Sie das Lager mit der Markierung nach außen zeigend auf das linke Ausgleichswellen-Ende...

16 Alle Lager müssen sich sanft und frei drehen lassen, andernfalls sind sie zu ersetzen. Beachten Sie für das Nadellager der hinteren Welle die korrekte Lagergröße (siehe unten).

Lagerauswahl hintere Ausgleichswelle

17 Das hintere Ausgleichswellenrad läuft auf einem Nadellager, dessen Größe an den Innendurchmesser angepasst sein muss. Ein im Gewicht angegebener Buchstabe (a, b oder c) dient der Identifizierung des korrekten Lagers (siehe Abbildung).

18 Messen Sie den Innendurchmesser des Ausgleichswellenrades und vergleichen Sie das Ergebnis mit der Angabe für den entsprechenden Buchstaben. Falls die Lagerbohrung verschlissen ist, kann ggf. ein größeres Lager beschafft werden oder das Rad muss samt Lager ersetzt werden. Wird kein Verschleiß ermittelt, muss ein neues Lager entsprechend des angegebenen Buchstabens beschafft werden.

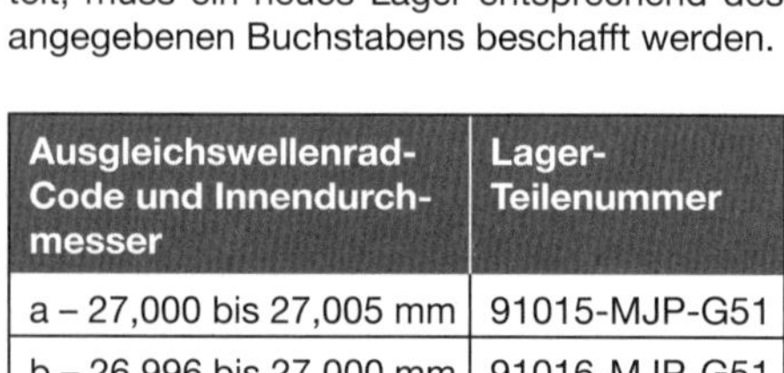

Ausgleichswellenrad-Code und Innendurchmesser	Lager-Teilenummer
a – 27,000 bis 27,005 mm	91015-MJP-G51
b – 26,996 bis 27,000 mm	91016-MJP-G51
c – 26,992 bis 26,996 mm	91017-MJP-G51

Einbau

Vordere Ausgleichswelle

19 Schmieren Sie die Ausgleichswellenlager mit Motoröl. Installieren Sie die rechte Lager-Halteplatte mit »OUTSIDE« nach außen über das Gewicht und gegen das Lager (siehe Abbildung).

20 Schieben Sie die Welle von rechts ins Motorgehäuse und drücken Sie das rechte Lager in seinen Sitz (Abbildung 18.7b), installieren Sie dann das linke Lager (siehe Abbildungen). Reinigen Sie die Gewinde der (rechts sitzenden) Halteplatten-Schraube und bestreichen Sie sie mit frischer Sicherungspaste *(Loctite)*, bevor Sie sie mit 12 Nm anziehen (Abbildung 18.7a).

18.20b ...und drücken Sie es bündig in seinen Sitz.

18.22a Richten Sie die Markierungen beider Zahnräder wie gezeigt aus,...

21 Schieben Sie links das Ausgleichsgewicht auf die Welle – die Position ist durch die breite Nut der Keilverzahnung vorgegeben (siehe Abbildung).

22 Schieben Sie das Ausgleichswellen-Zahnrad mit der breiten Kerbe über die breite Nut der Welle und drehen Sie diese nötigenfalls so, dass die Markierungen beider Zahnräder wie gezeigt ineinandergreifen (siehe Abbildung). Richten Sie die Segmente des Ausgleichswellenrades mit einem Schraubendreher oder Dorn zueinander aus (Abbildung 18.5) und schieben Sie das Zahnrad auf, bis es bündig zum Kurbelwellenrad liegt (siehe Abbildung).

23 Schmieren Sie das Gewinde und die Kopf-Unterseite der Ausgleichswellenrad-Schraube mit Motoröl und installieren Sie sie samt Scheibe (siehe Abbildung). Blockieren Sie die beiden Zahnräder jetzt mit oben eingelegtem festem Stoff oder Weichmetall-Teilen (siehe Abbildung). Ziehen Sie die Mutter mit 103 Nm an (siehe Abbildung). Entnehmen Sie die Blockade.

24 Montieren Sie den Lichtmaschinenrotor und den Kupplungsdeckel.

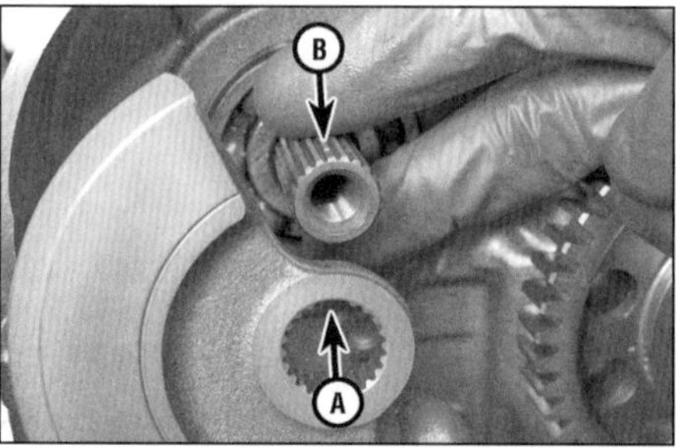

18.21 Richten Sie die breite Kerbe des Gewichts (A) zur breiten Nut der Welle (B) aus.

18.22b ...und schieben Sie die bündig zueinander liegenden Zahnrad-Segmente auf, bis sie in einer Ebene zum Antriebsrad liegen.

Hintere Ausgleichswelle

25 Prüfen Sie, ob die Kurbelwelle so positioniert ist, dass die Linie am Primärtriebrad (Modelle mit Standardgetriebe) oder die Körnermarkierung am Antriebsrad (DCT-Modelle) zum Dreieck am Motorgehäuse ausgerichtet ist (siehe Abbildung). Falls das Ölpumpenrad demontiert wurde, muss es jetzt installiert werden (siehe Sektion 20).

18.23a Installieren Sie die geschmierte Schraube samt Scheibe,...

18.23b ...blockieren Sie die Zahnräder von oben...

18.23c ...und ziehen Sie die Schraube mit 103 Nm an.

18.25 Richten Sie die Linie oder Körnermarkierung des Antriebsrades zum Dreieck am Motorgehäuse aus.

18.27a Lassen Sie zunächst das innere Zahnradsegment korrekt ins Antriebsrad greifen...

18.27b ...und drehen Sie das äußere Segment nach links, um beide Segmente fluchten zu lassen,...

18.27c ...und schieben Sie das Ausgleichsrad vollständig auf, sodass die Markierungen wie gezeigt ausgerichtet sind.

26 Schmieren Sie die Lager und die Welle mit Motoröl. Installieren Sie das Nadellager in das Zahnrad (Abbildung 18.17). Schieben Sie die Welle ein und legen Sie die innere Scheibe auf (Abbildungen 18.14b und a).

27 Schieben Sie das Ausgleichsrad mit dem Gewicht nach außen auf die Welle, richten Sie den Zahn mit der Linie zwischen die zwei markierten Zähne des Antriebsrades aus und lassen Sie das innere Zahnradsegment ins Antriebsrad greifen. Drehen Sie das äußere Segment gegen den Uhrzeigersinn und den Federmechanismus, um das Zahnrad vollständig aufzuschieben, sodass es ins Ölpumpenrad und vollständig ins Antriebsrad greift (siehe Abbildungen).

18.28a Legen Sie die Federscheibe so auf die Hülse,...

18.28b ...dass ihr Außenrand nach oben zeigt.

18.28c Legen Sie dann die innere Scheibe,...

18.28d ...das Drucklager...

18.28e ...und die äußere Scheibe auf.

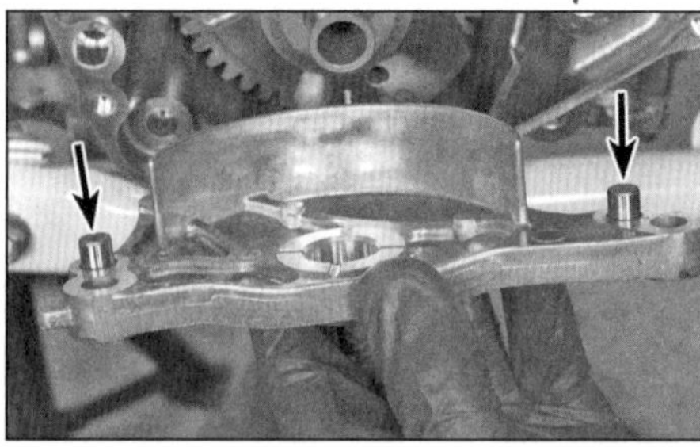

18.29 Setzen Sie die Halteplatte mit den Passhülsen (Pfeile) an.

28 Legen Sie die Federscheibe so auf die Hülse, dass ihr Außenrand nach oben zeigt. Legen Sie dann die innere Scheibe, das Drucklager und die äußere Scheibe auf (siehe Abbildungen) und installieren Sie die Baugruppe so auf die Welle, dass die Hülse außen liegt (Abbildung 18.12).
29 Installieren Sie ggf. die Passhülsen des Lager-Halters und installieren Sie diesen (siehe Abbildung). Reinigen Sie die Gewinde der Halteplatten-Schraube und bestreichen Sie sie mit frischer Sicherungspaste (Loctite), bevor Sie sie mit 29 Nm anziehen (Abbildung 18.11).
30 Montieren Sie den Kupplungsdeckel (siehe Sektion 13 oder 14).

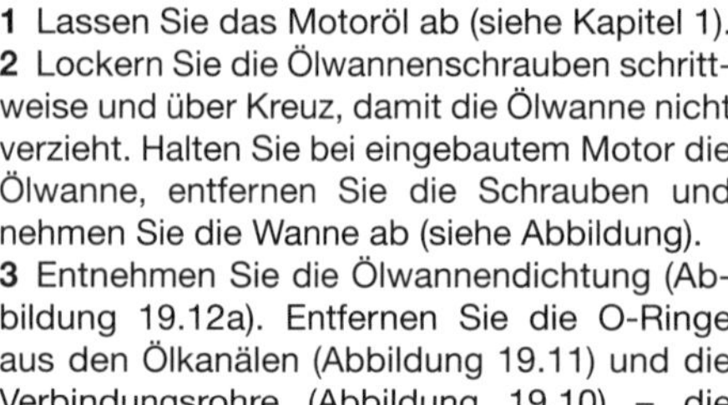

19 Ölwanne und Ansaugsieb

1 Lassen Sie das Motoröl ab (siehe Kapitel 1).
2 Lockern Sie die Ölwannenschrauben schrittweise und über Kreuz, damit die Ölwanne nicht verzieht. Halten Sie bei eingebautem Motor die Ölwanne, entfernen Sie die Schrauben und nehmen Sie die Wanne ab (siehe Abbildung).
3 Entnehmen Sie die Ölwannendichtung (Abbildung 19.12a). Entfernen Sie die O-Ringe aus den Ölkanälen (Abbildung 19.11) und die Verbindungsrohre (Abbildung 19.10) – die Dichtung, die O-Ringe für die Ölkanäle sowie die O-Ringe und Stützringe für die Verbindungsrohre müssen beim Einbau durch Neuteile ersetzt werden.
4 Ziehen Sie das Ansaugsieb aus der Ölpumpe – merken Sie sich die Einbaurichtung (siehe Abbildung). Entfernen Sie die Gummidichtung vom Sieb (siehe Abbildung) – sie muss beim Einbau erneuert werden.
5 Befreien Sie das Sieb aus der Nut der Ölwanne (siehe Abbildung).

Kontrolle

6 Beseitigen Sie Dichtungsreste von den Dichtflächen des Motorgehäuses und der Öl-

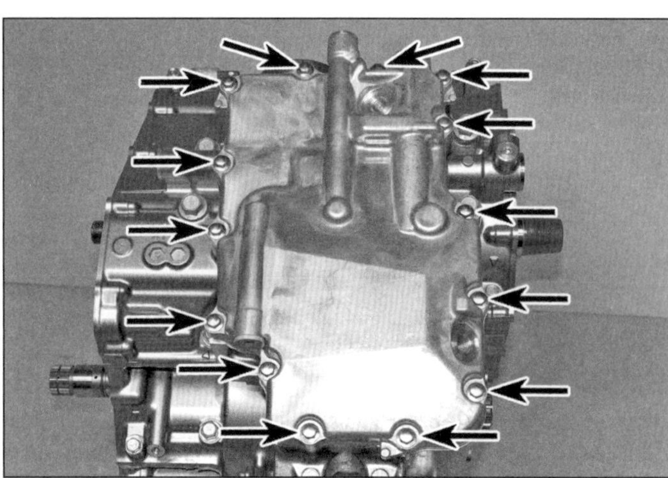

19.2 Lösen Sie die 14 Ölwannenschrauben schrittweise und über Kreuz.

19.4a Befreien Sie das Ansaugsieg aus dem Stutzen.

19.4b Falls die Gummidichtung nicht am Ansaugsieb sitzt, befindet sie sich im Ölpumpenstutzen.

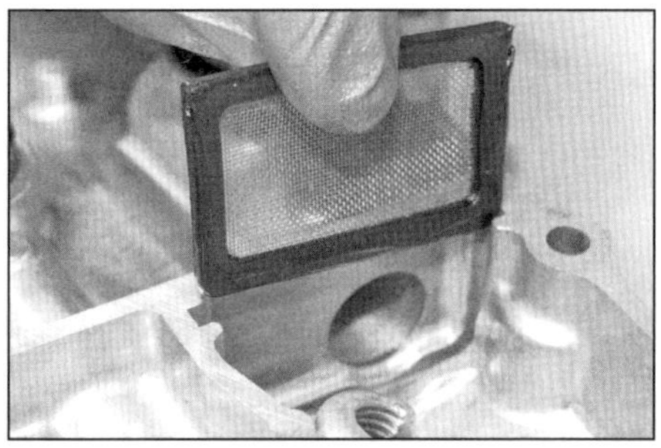

19.5 Heben Sie das Sieb aus seiner Nut.

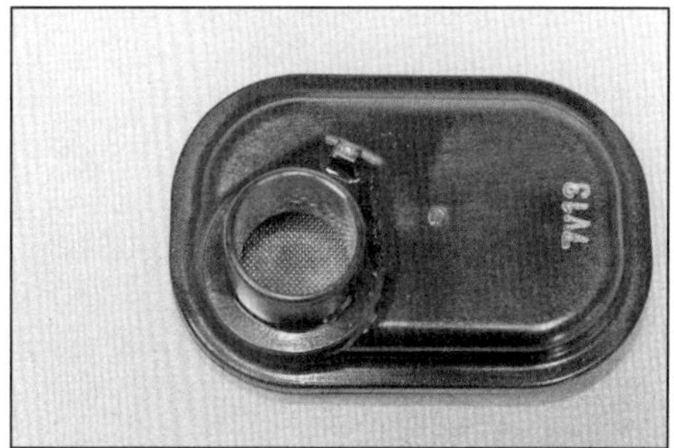

19.7 Reinigen und kontrollieren Sie das Ansaugsieb.

19.8 Installieren Sie das Sieb mit der schmaleren Seite voran in die Ölwanne.

19.9a Schmieren Sie die neue Dichtung und installieren Sie sie in den Ölpumpenstutzen.

19.9b Die Lasche am Ansaugsieg muss zwischen die Angüsse des Stutzens greifen.

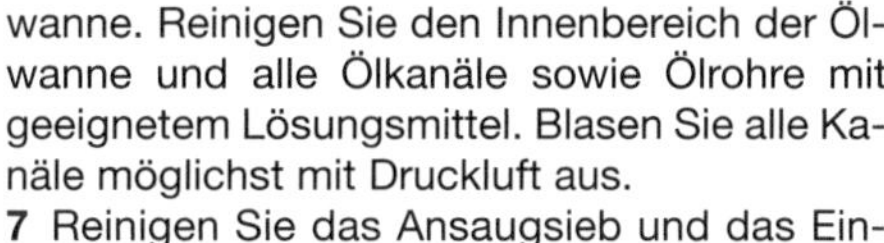

wanne. Reinigen Sie den Innenbereich der Ölwanne und alle Ölkanäle sowie Ölrohre mit geeignetem Lösungsmittel. Blasen Sie alle Kanäle möglichst mit Druckluft aus.

7 Reinigen Sie das Ansaugsieb und das Einschub-Sieb mit Lösungsmittel und entfernen Sie alle Ablagerungen aus den Maschen (siehe Abbildung). Falls Maschen beschädigt sind, muss das entsprechende Sieb ersetzt werden.

Einbau

8 Installieren Sie das Einschub-Sieb mit dem breiteren Rand nach oben in die Ölwanne (siehe Abbildung).

9 Installieren Sie eine neue und mit Öl geschmierte Dichtung in den Ölpumpenstutzen (siehe Abbildung) – beim Ansetzen am Ansaugsieb würde sie sich verschieben. Installieren Sie das Ansaugsieb in den Stutzen – die Lasche muss zwischen die Angüsse des Stutzens greifen (siehe Abbildung).

10 Schmieren Sie die neuen O-Ringe und Stützringe mit Öl und positionieren Sie sie in die Nuten der Verbindungsrohre, stecken Sie diese dann in die Ölwanne (siehe Abbildung).

11 Legen Sie neue und eingeölte O-Ringe um die Ölkanäle (siehe Abbildung).

12 Legen Sie die neue Ölwannendichtung auf die saubere Dichtfläche der Ölwanne (bei eingebautem Motor) oder des Motorgehäuses (bei ausgebautem Motor) (siehe Abbildung). Setzen Sie die Ölwanne ans Motorgehäuse (siehe Abbildung) – die Dichtung darf sich dabei nicht verschieben. Drehen Sie die Ölwannenschrauben zunächst handfest ein und ziehen Sie sie dann schrittweise und über Kreuz sorgfältig an.

19.10 Die zwei Verbindungsrohre müssen jeweils mit zwei schwarzen O-Ringen und zwei weißen Stützringen ausgerüstet werden.

19.11 Ölkanal-O-Ringe

19.12a Legen Sie die Dichtung auf...

19.12b ...und setzen Sie die Ölwanne an.

13 Füllen Sie Motoröl auf (siehe Kapitel 1).

14 Starten Sie den Motor und prüfen Sie vor der ersten Fahrt den Bereich um die Ölwanne auf Undichtigkeiten.

2

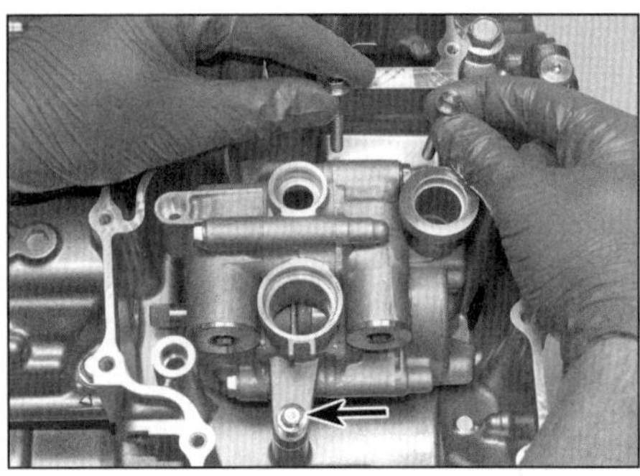

20.2 Lösen Sie die drei Ölpumpenschrauben und entnehmen Sie die Pumpe.

20.3a Lösen Sie die Schraube, entnehmen Sie das Halteblech...

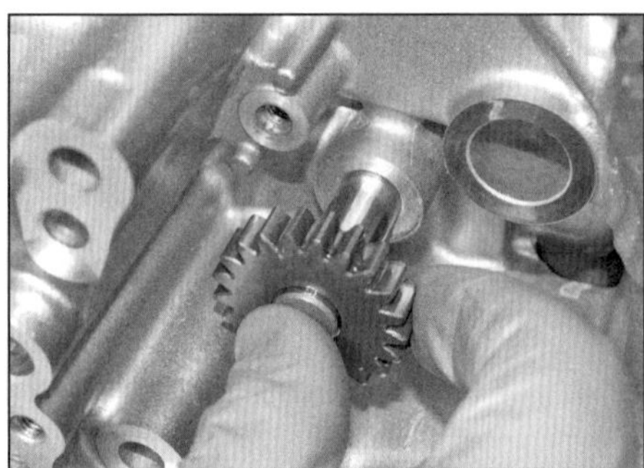

20.3b ...und ziehen Sie das Ölpumpenrad samt Welle heraus.

20 Ölpumpe und Regelventil(e)

Ausbau

1 Demontieren Sie die Ölwanne und das Ansaugsieb (siehe Sektion 19).

2 Lösen Sie die drei Ölpumpenschrauben und entnehmen Sie die Pumpe (siehe Abbildung) – beachten Sie, wie die Antriebswellen-Lasche in die Nut der Pumpenradwelle greift.

3 Um das Ölpumpenrad demontieren zu können, muss die hintere Ausgleichswelle ausgebaut werden (siehe Sektion 18). Lösen Sie dann die Schraube des Halteblechs und ziehen Sie das Zahnrad samt Welle heraus (siehe Abbildungen).

Zerlegen, Kontrolle und Zusammenbau

4 Beachten Sie beim Zerlegen die Körnermarkierungen an den Rotoren, um sie wieder richtig herum zu montieren.

5 Bei **Modellen mit Standardgetriebe** hat die Ölpumpe zwei Kammern und zwei Rotor-Paare – die rechte Kammer dient der Druckschmierung, die linke dem Absaugen aus der Ölwanne. Lösen Sie rechts die vier Schrauben – merken Sie sich ihre Positionen, da sie drei unterschiedliche Längen aufweisen; lösen Sie links die zwei Schrauben und beachten Sie auch deren Positionen (Abbildungen 20.6a und f). Entfernen Sie die Druckschmierungs-Kammer und die Rotoren und ziehen Sie den inneren Rotor-Mitnehmerstift heraus. Entfernen Sie die Ansaug-Kammer und die Rotoren und ziehen Sie den inneren Rotor-Mitnehmerstift heraus. Ziehen Sie die Welle heraus.

6 Bei **DCT-Modellen** hat die Ölpumpe drei Kammern und drei Rotor-Paare – die rechte Kammer dient der Schmierung der Doppelkupplung, die mittlere Kammer der Druckschmierung im Rest des Motors und die linke dem Absaugen aus der Ölwanne. Lösen Sie rechts die vier Schrauben – merken Sie sich ihre Positionen, da sie drei unterschiedliche Längen aufweisen; entnehmen Sie die DCT-Kammer samt Rotoren und ziehen Sie den inneren Rotor-Mitnehmerstift heraus (siehe Abbildungen). Lösen Sie links die kurze Schraube, entnehmen Sie die Ansaugkammer samt Rotoren und ziehen Sie den inneren Rotor-Mitnehmerstift heraus (siehe Abbildungen). Lösen Sie die verbliebene Schraube, entnehmen Sie das Pumpengehäuse aus der Druckschmierungs-Kammer, ziehen Sie die Welle heraus, befreien Sie den Mitnehmerstift und entfernen Sie die Rotoren aus der Kammer (siehe Abbildungen).

7 Reinigen Sie alle Komponenten mit Lösungsmittel.

8 Kontrollieren Sie alle Teile auf Riefen und andere Beschädigungen. Werden Schäden oder hoher Verschleiß festgestellt, muss die Pumpe erneuert werden – Einzelteile sind nicht erhältlich.

9 Installieren Sie die Rotor-Paare in ihre jeweiligen Gehäuse und führen Sie die Welle ein, um sie auszurichten. Messen Sie mit einer Fühler-

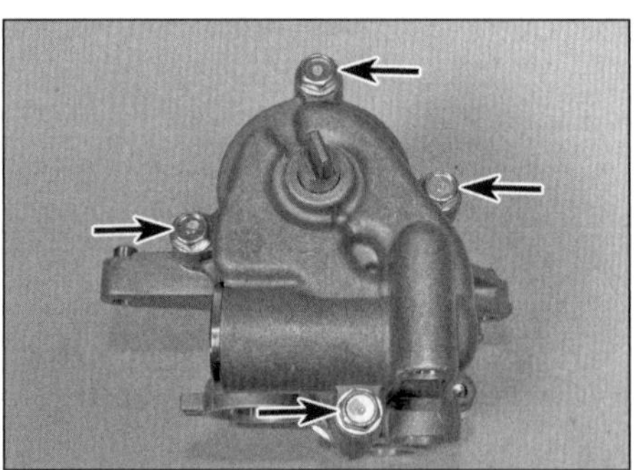

20.6a Lösen Sie die vier Schrauben...

20.6b ...und entnehmen Sie die DCT-Kammer,...

20.6c ...den Außenrotor,...

20.6d ...den Innenrotor...

20.6e ...und den Mitnehmerstift.

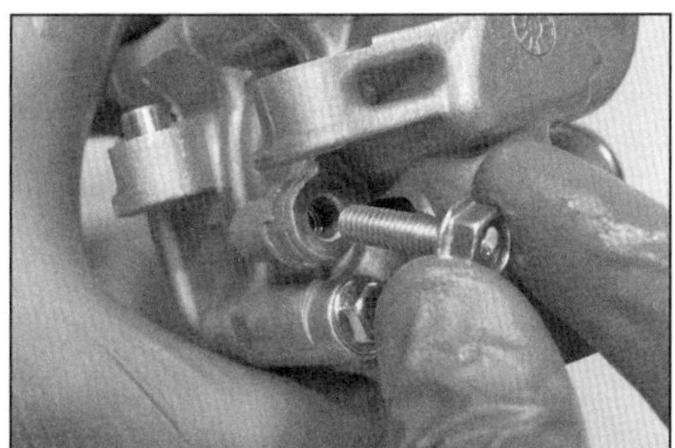

20.6f Lösen Sie die Schraube...

20.6g ...und entnehmen Sie die Ansaugkammer,...

20.6h ...den Außenrotor,...

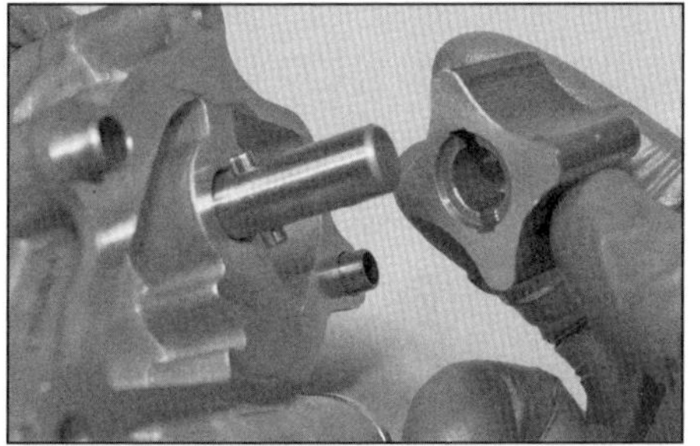

20.6i ...den Innenrotor...

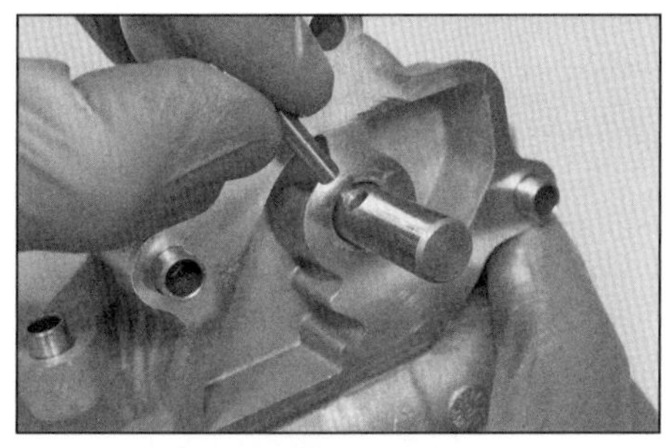

20.6j ...und den Mitnehmerstift.

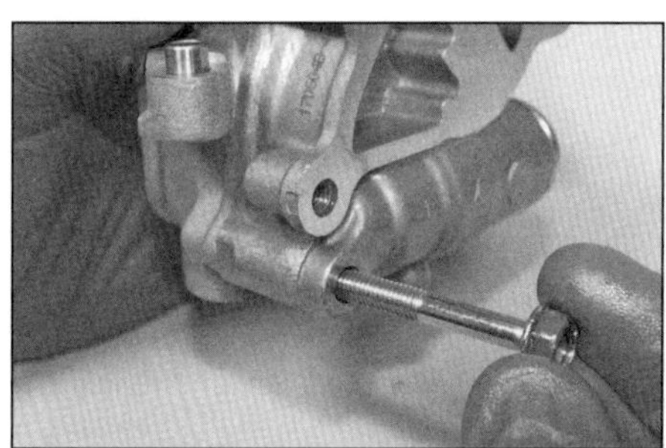

20.6k Lösen Sie die Schraube...

20.6l ...und entnehmen Sie das Pumpengehäuse.

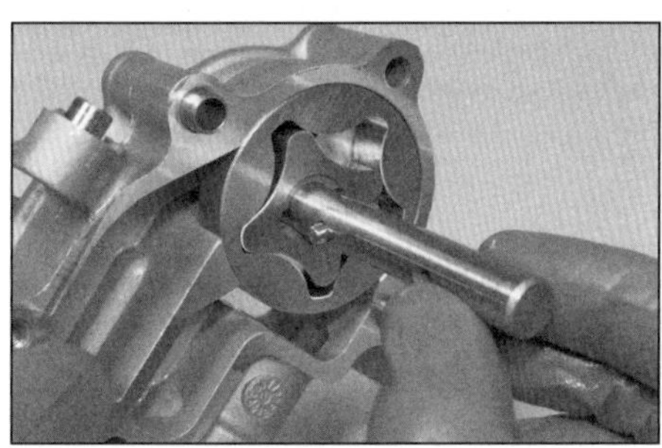

20.6m Ziehen Sie die Welle heraus...

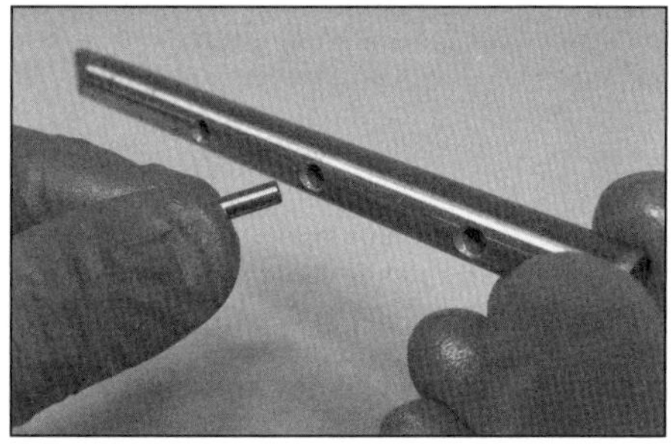

20.6n ...und befreien Sie den Mitnehmerstift.

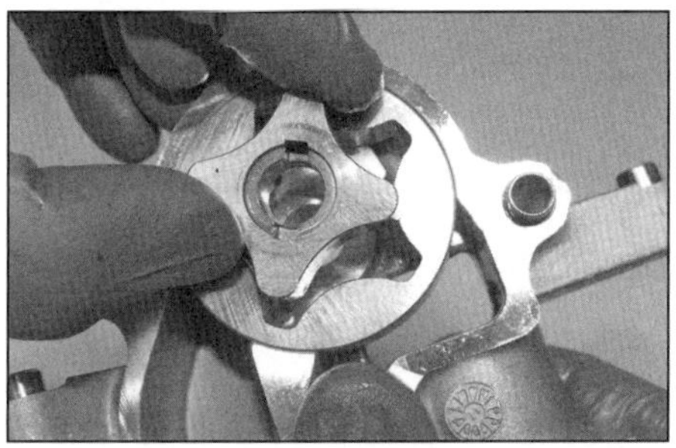

20.6o Entnehmen Sie den Innenrotor...

20.6p ...und den Außenrotor.

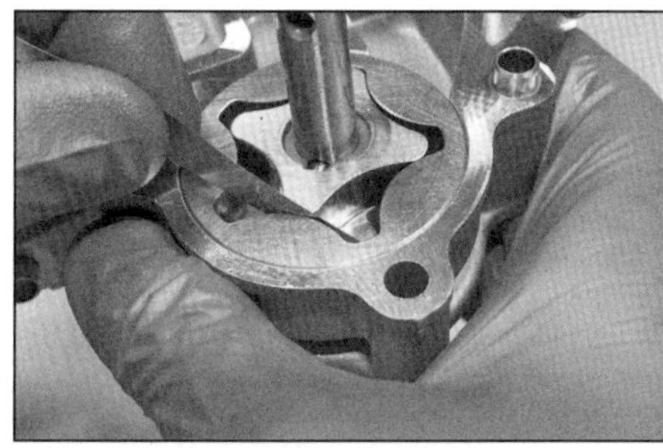

20.9 Messen Sie das Spiel zwischen den Innenrotor-Spitzen und dem Außenrotor.

lehre das Spiel zwischen den Innenrotor-Spitzen und dem Außenrotor (siehe Abbildung) – falls irgendwo mehr als 0,2 mm festgestellt werden, muss die gesamte Ölpumpe ersetzt werden.

10 Kontrollieren Sie die Zähne des Pumpen-Zahnrades auf Verschleiß und Beschädigungen; inspizieren Sie ebenfalls das Antriebsrad an der Rückseite des hinteren Ausgleichswellenrades (siehe Sektion 18).

11 Soweit die Pumpe in Ordnung ist, müssen alle Komponenten gesäubert und mit frischem Motoröl geschmiert werden.

12 Bei **Modellen mit Standardgetriebe** wird der Druckschmierungs-Außenrotor mit der Körnermarkierung nach innen in seine Kammer gelegt, installieren Sie dann den Innenrotor mit den Ausschnitten für den Mitnehmerstift nach außen zeigend in den Außenrotor (Abbildungen 20.6p

2

20.13a Einbaupositionen der zwei mittellangen Schrauben...

20.13b sowie der langen und der kurzen Schraube

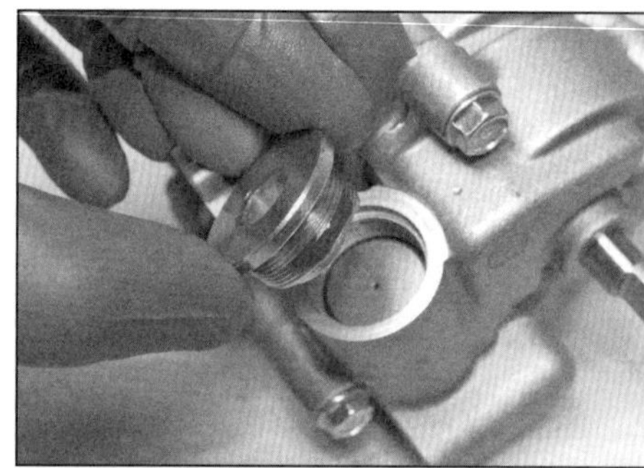

20.15a Schrauben Sie die Kappe ab...

20.15b ...und drücken Sie mit einem umgebogenen Draht das Ventil heraus, um es zu entfernen.

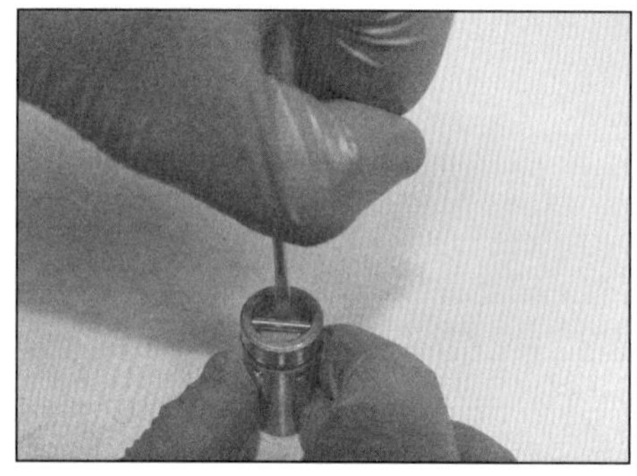

20.15c Drücken Sie den Kolben in das Gehäuse, um seine Funktionsfähigkeit zu prüfen.

20.15d Installieren Sie einen neuen O-Ring in die Nut des Ventils.

und o). Installieren Sie den Mitnehmerstift in die mittlere Bohrung der Welle und führen Sie diese mit der Lasche voran ein, bis der Stift in den Ausschnitten des Innenrotors liegt (Abbildungen 20.6n und m). Sichergehend, dass die Passhülsen korrekt sitzen, wird das Pumpengehäuse über die Rotoren geschoben (Abbildung 20.6l). Installieren Sie den Mitnehmerstift in das linke Ende der Welle und schieben Sie den Ansaug-Innenrotor korrekt ausgerichtet darüber (Abbildungen 20.6j und i). Installieren Sie den Außenrotor mit der Körnermarkierung nach außen darüber (Abbildung 20.6h). Sichergehend, dass die Passhülsen korrekt sitzen, werden die Ansaugkammer angesetzt und die zwei Schrauben handfest eingedreht (Abbildungen 20.6g und f). Installieren Sie die vier rechten Schrauben handfest – achten Sie auf die unterschiedlichen Längen (Abbildungen 20.13a und b). Ziehen Sie jetzt alle sechs Schrauben schrittweise und über Kreuz mit 12 Nm an.

13 Bei **DCT-Modellen** wird der Druckschmierungs-Außenrotor mit der Körnermarkierung nach innen in seine Kammer gelegt, installieren Sie dann den Innenrotor mit den Ausschnitten für den Mitnehmerstift nach außen zeigend in den Außenrotor (Abbildungen 20.6p und o). Installieren Sie den Mitnehmerstift in die mittlere Bohrung der Welle und führen Sie diese mit der Lasche voran ein, bis der Stift in den Ausschnitten des Innenrotors liegt (Abbildungen 20.6n und m). Sichergehend, dass die Passhülsen korrekt sitzen, wird das Pumpengehäuse über die Rotoren geschoben (Abbildung 20.6l). Installieren Sie die Schraube handfest (Abbildung 20.6k). Installieren Sie den Mitnehmerstift in das linke Ende der Welle und schieben Sie den Ansaug-Innenrotor korrekt ausgerichtet darüber (Abbildungen 20.6j und i). Installieren Sie den Außenrotor mit der Körnermarkierung nach außen darüber (Abbildung 20.6h). Sichergehend, dass die Passhülsen korrekt sitzen, werden die Ansaugpumpenkammer angesetzt und die zwei Schrauben handfest eingedreht (Abbildungen 20.6g und f). Installieren Sie den Mitnehmerstift in das rechte Ende der Welle und schieben Sie den DCT-Innenrotor korrekt ausgerichtet darüber (Abbildungen 20.6e und d). Schieben Sie den Außenrotor auf (Abbildung 20.6c). Sichergehend, dass die Passhülsen korrekt sitzen, wird die DCT-Pumpenkammer über die Rotoren geschoben (Abbildung 20.6b). Installieren Sie die vier Schrauben handfest – achten Sie auf die unterschiedlichen Längen (siehe Abbildungen). Ziehen Sie jetzt alle sechs Schrauben schrittweise und über Kreuz mit 12 Nm an.

14 Drehen Sie die Pumpenwelle von Hand durch, um ihre Freigängigkeit sicherzustellen. Lässt sich die Pumpe nur schwer drehen, muss sie erneut zerlegt, kontrolliert und wieder zusammengebaut werden.

15 Modelle mit Standardgetriebe sind mit einem Überdruckventil für den Druckschmierungsbereich ausgerüstet. DCT-Modelle haben je ein Überdruckventil für den Druckschmierungsbereich und den DCT-Bereich. Um das/die Ventil(e) entfernen zu können, muss die jeweilige Kappe abgeschraubt und das Ventil herausgedrückt werden (siehe Abbildungen). Drücken Sie den Überdruckventil-Kolben in das Gehäuse, um er sich frei bewegen lässt und vom Federdruck wieder herauskommt (siehe Abbildung) – falls nicht, muss die Ölpumpe erneuert werden. Führen Sie einen neuen mit Öl geschmierten O-Ring in die Nut des Ventils und schieben Sie dies vollständig in das Pumpengehäuse. Reinigen Sie das Gewinde der Kappe und bestreichen Sie es mit frischer Sicherungspaste (Loctite), bevor Sie sie mit 30 Nm anziehen.

Einbau

16 Falls ausgebaut, wird die Antriebsradwelle mit einem Gemisch aus gleichen Teilen MoS_2-Fett und Motoröl geschmiert, bevor sie ins Motorgehäuse geschoben und ihre Nut zur Lasche der Pumpenwelle ausgerichtet (siehe Abbildung). Reinigen Sie das Gewinde der Sicherungsschraube und bestreichen Sie es mit frischer Sicherungspaste *(Loctite)*, richten Sie das Sicherungsblech zu den beiden Gehäusezapfen aus und ziehen Sie die Schraube mit 12 Nm an (Abbildung 20.3a).

17 Füllen Sie frisches Motoröl in die Ölpumpe ein und drehen Sie die Welle, um die Pumpe

20.16 Richten Sie die Antriebsradelle beim Einschieben mit dem Ausschnitt zur Lasche der Pumpenwelle aus.

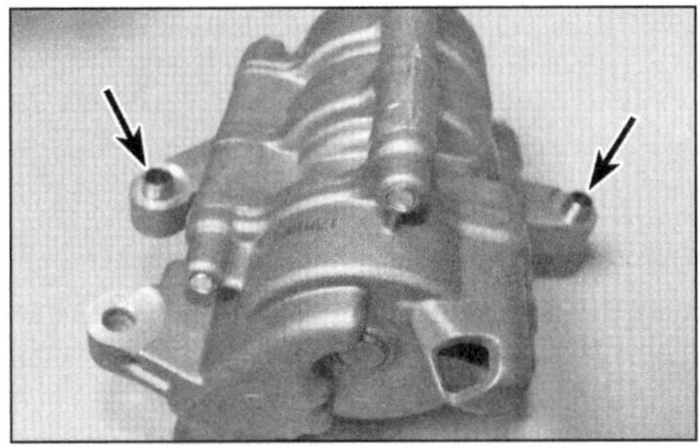

20.17 Passhülsen zur korrekten Positionierung der Ölpumpe.

21.3 Kühlerschlauch und Stutzen hinten am Zylinderblock

vorzufüllen. Prüfen Sie, ob die Passhülsen korrekt positioniert sind (siehe Abbildung).

18 Drehen Sie die Ölpumpen-Antriebswelle, um ihre Lasche zur Nut der Welle auszurichten, setzen Sie die Pumpe an und ziehen Sie ihre Schrauben mit 16 Nm an (Abbildung 20.2).

21 Motorgehäuse
Trennen und Zusammenbauen

Trennen

1 Um zu den Pleuelstangen, den Kolben samt Ringen, der Kurbelwelle, den Getriebewellen und der Schaltwalze samt Gabeln sowie allen dazugehörigen Lagern Zugang zu erhalten, muss das Motorgehäuse getrennt werden.

2 Bauen Sie den Motor zunächst aus (siehe Sektion 4).

Anmerkung: *Um das Gewicht des Motors zu reduzieren, sollten möglichst viele der unten aufgelisteten Teile vor dem Ausbau des Motors demontiert werden. Bevor die Gehäusehälften für eine komplette Motorüberholung getrennt werden können, sind folgende Baugruppen zu entfernen:*

- Ventildeckel (Sektion 6)
- Nockenwelle (Sektion 8) – siehe Anmerkung
- Zylinderkopf (Sektion 10) – siehe Anmerkung
- Lichtmaschine (Kapitel 8)
- Steuerkette und Schienen (Sektion 9) – siehe Anmerkung
- Kupplung (Sektion 13) oder Doppelkupplung (Sektion 14)
- Ausgleichswellen (Sektion 18)
- Ölpumpe (Sektion 20)
- Schaltmechanismus (Sektion 15) – siehe Anmerkung
- Schalter und Sensoren – je nach Ausführung (Kapitel 4)

Anmerkung: *Um die Kurbelwelle ohne Pleuel und Kolben ausbauen zu können, muss die Steuerkette entfernt werden, aber der Zylinderkopf kann montiert bleiben. Falls auch der Ausbau der Pleuel geplant ist, muss der Zylinderkopf demontiert werden. Um die Getriebewellen und die Schaltwalze samt Gabeln zu kontrollieren oder auszubauen, können die Nockenwelle und der Zylinderkopf montiert bleiben. Der Schaltmechanismus kann montiert bleiben, solange die Getriebewellen und die Schaltwalze samt Gabeln nicht ausgebaut werden sollen.*

3 Ziehen Sie entweder den Kühlerschlauch hinten am Zylinderblock vom Stutzen oder lösen Sie dessen Schrauben, um ihn samt Schlauch vom Motor zu trennen (siehe Abbildung) – der Stutzen muss später mit einem neuen O-Ring montiert werden.

4 Stützen Sie den Motor auf dem Kopf stehend mit geeigneten Hölzern sicher ab.

5 Die Gehäusehälften sind mit Schrauben unterschiedlicher Stärken und Längen miteinander verbunden; einige sind zudem mit Dichtscheiben ausgerüstet. Um die Schrauben ihren ursprünglichen Positionen zuordnen zu können, sollten sie in eine entsprechend skizzierte Pappe gesteckt werden. Dichtscheiben sollten beim Zusammenbau generell durch Neuteile ersetzt werden.

6 Lösen Sie die acht M6-Schrauben, die neun M8-Schraube und die einzelne M10-Schraube schrittweise und über Kreuz, bis alle locker sind und entfernt werden können – beachten Sie ggf. vorhandene Dichtscheiben. Stecken Sie die Schrauben entsprechend ihrer Positionen in die vorbereitete Pappe (siehe Abbildungen).

2

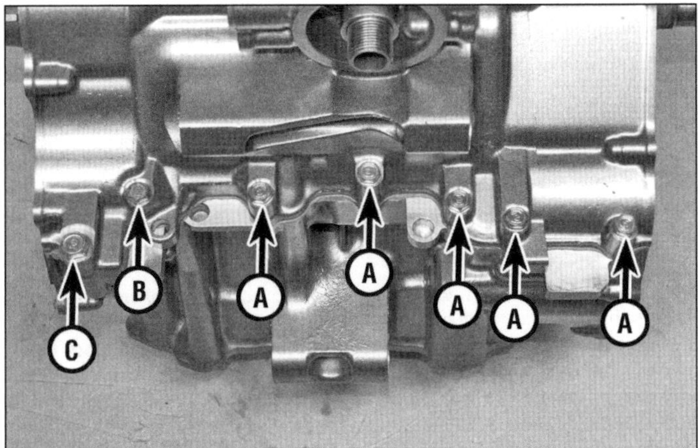

21.6a M6 x 35-Schrauben (A), M6 x 40-Schraube mit blauer Farbmarkierung (B), M8 x 40-Schraube (C)

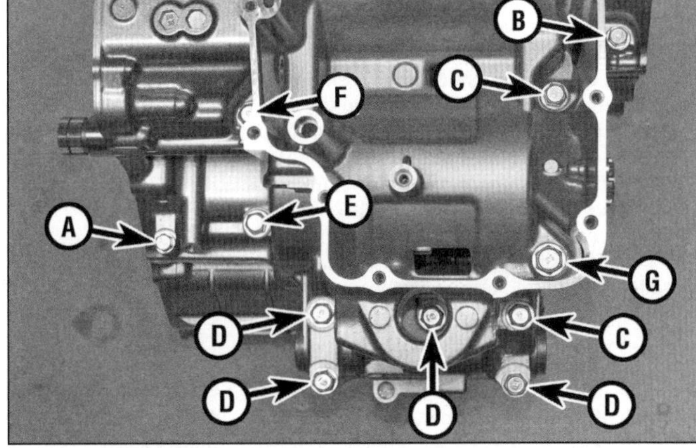

21.6b M6 x 35-Schraube mit Dichtscheibe (A), M6 x 60-Schraube mit Dichtscheibe (B), M8 x 55-Schraube (C), M8 x 40-Schraube (D), M8 x 55-Schraube mit Dichtscheibe (E), M8 x 95-Schraube mit Dichtscheibe (F), M10 x 75-Schraube (G)

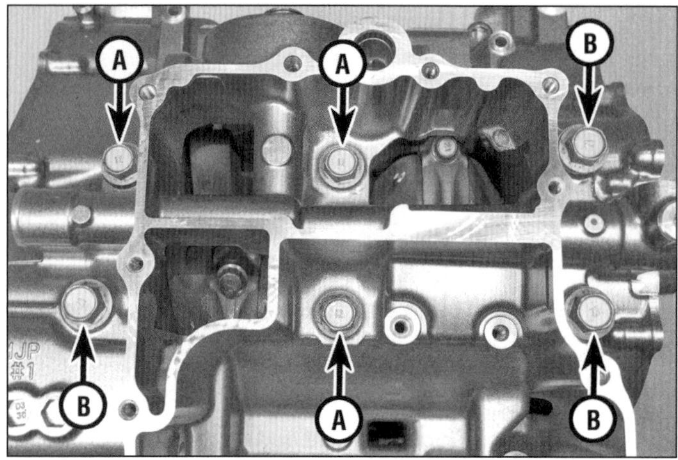

21.7 M10-Kurbelwellenlager-Schrauben – 110 mm lang (A) und 145 mm lang (B)

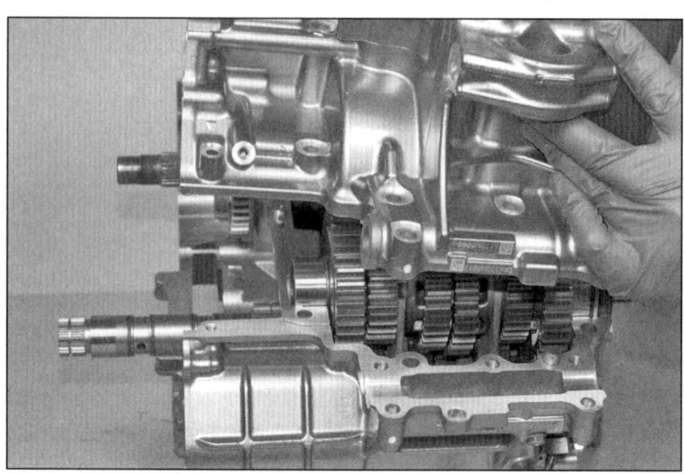

21.8 Heben Sie die untere Gehäusehälfte von der oberen.

21.9 Stellen Sie ggf. die Passhülsen (A) sicher und ziehen Sie die Öldüsen (B) heraus.

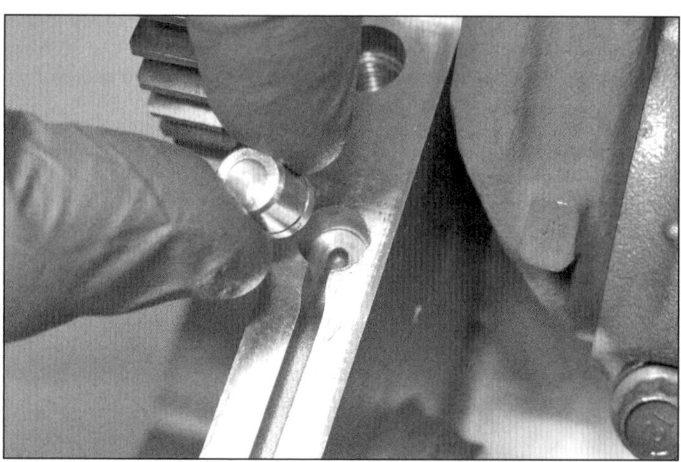

21.14 Die rechte Öldüse muss mit der kleineren Bohrung voran in die obere Gehäusehälfte gesteckt werden.

7 Lösen Sie jetzt die sechs M10-Kurbelwellenlager-Schrauben schrittweise und über Kreuz, von außen nach innen beginnend bis alle locker sind und entfernt werden können – beachten Sie die unterschiedlichen Längen. Stecken Sie die Schrauben entsprechend ihrer Positionen in die vorbereitete Pappe (siehe Abbildung).

8 Heben Sie vorsichtig die untere Gehäusehälfte ab – klopfen Sie nötigenfalls mit einem Kunststoffhammer oder Holzstück um die Dichtfläche herum das Gehäuse ab, um die Dichtung zu lockern (siehe Abbildung). Die Kurbelwelle, die Getriebewellen und die Schaltwalze samt Schaltgabeln verbleiben nach dem Trennen in der oberen Hälfte.

Achtung: Falls die Hälften sich nicht leicht trennen lassen, stellen Sie sicher, dass wirklich alle Befestigungen gelöst sind. Keinesfalls darf ein Hebel angesetzt werden, da damit die Dichtflächen zerstört würden!

9 Entfernen Sie die drei Passhülsen – sie können in der unteren oder der oberen Gehäusehälfte stecken. Entfernen Sie die zwei Öldüsen (siehe Abbildung).

10 Wechseln Sie zu den entsprechenden folgenden Sektionen, um die im Gehäuse sitzenden Baugruppen aus- und einzubauen und zu kontrollieren.

11 Beseitigen Sie sämtliche Dichtungsreste von den Kontaktflächen der Gehäusehälften. Reinigen Sie die Gehäusehälften und die Öldüsen (siehe Sektion 22).

Zusammenbau

12 Prüfen Sie, ob alle Komponenten und ihre Lager in den jeweiligen Gehäusehälften installiert sind. Falls die Getriebewellen nicht ausgebaut wurden, muss der links auf der Ausgangswelle sitzende Simmerring entfernt und durch ein Neuteil ersetzt werden (Abbildung 27.13).

13 Schmieren Sie die Getriebewellen, die Schaltwalze samt Gabeln, die Kurbelwelle, die Ausgleichswelle und vor allem alle Lager großzügig mit frischem Motoröl. Reinigen Sie dann mit Lösungsmittel die Gehäuse-Dichtflächen, um sie absolut ölfrei zu bekommen.

14 Stecken Sie (falls entfernt) die drei Passhülsen sowie die zwei Öldüsen in die obere Gehäusehälfte (Abbildung 21.9) – installieren Sie die rechte Öldüse mit der kleineren Bohrung voran (siehe Abbildung).

15 Verteilen Sie geeignetes Dichtmittel (z. B. *Three-Bond 1207B*, erkundigen Sie sich andernfalls im Fachhandel) dünn auf den markierten Bereichen der unteren Gehäusehälfte (siehe Abbildungen).

Achtung: Zu dick aufgetragenes Dichtmittel würde sich beim Zusammenbau des Motorgehäuses herausdrücken und kann möglicherweise Ölkanäle verstopfen. Das Dichtmittel darf nicht zu nahe (2 bis 3 mm) an Lagerschalen, Gleitflächen oder Öldüsen aufgebracht werden.

16 Prüfen Sie erneut, ob alle Bauteile korrekt positioniert sind – achten Sie besonders darauf, dass die Lagerschalen korrekt in der un-

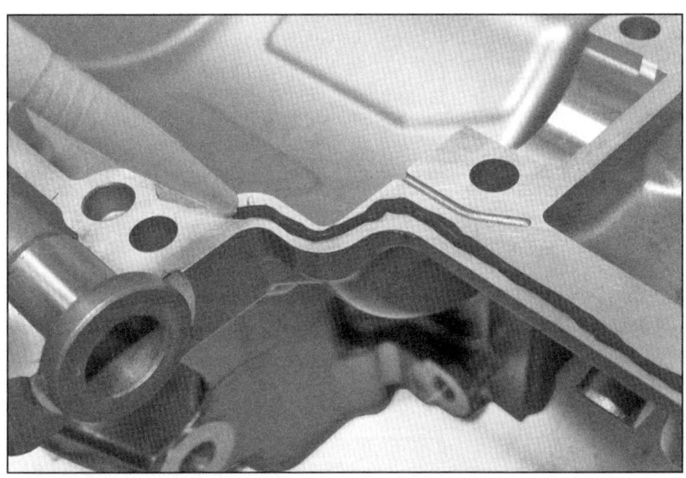

21.15a Tragen Sie Dichtmasse…

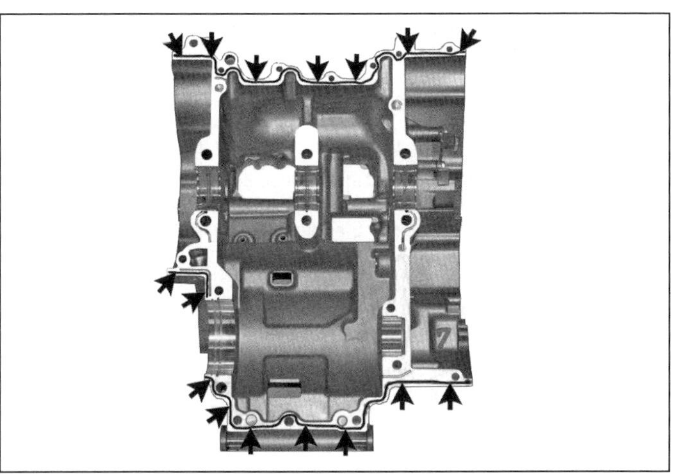

21.15b …in den gezeigten Bereichen der unteren Gehäusehälfte auf.

teren Gehäusehälfte sitzen. Setzen Sie die untere Gehäusehälfte über die Passhülsen auf die obere Hälfte (Abbildung 21.8).

17 Prüfen Sie, ob die Gehäusehälften rundherum Kontakt haben.

Achtung: Die Gehäusehälften müssen sich ohne Kraftaufwand verbinden lassen. Wenn sie nicht richtig passen, muss die untere Hälfte abgehoben und das Problem untersucht werden. Versuchen Sie nicht, das Gehäuse mit den Gehäuseschrauben zusammenzuziehen – dies würde zu Brüchen und zur Zerstörung des Gehäuses führen!

18 Schmieren Sie die sechs M10-Gehäuseschrauben an den Gewinden und unter den Köpfen mit einem Gemisch aus gleichen Teilen MoS_2-Fett und Motoröl und installieren Sie sie in ihre ursprüngliche Positionen (Abbildung 21.7). Drehen Sie alle Schrauben zunächst handfest und ziehen Sie sie dann schrittweise von innen nach außen zunächst mit 15 Nm an; wiederholen Sie den Anzug in zwei weiteren Durchgängen mit 30 Nm und schließlich mit 43 Nm.

19 Installieren Sie die gereinigten acht M6-Schrauben, die neun M8-Schrauben und die einzelne M10-Schraube und installieren Sie alle Schrauben in ihre ursprüngliche Positionen (Abbildungen 21.6a und b) – vergessen Sie nicht die Dichtscheiben unter den jeweils zwei M6- und M8-Schrauben. Drehen Sie alle Schrauben zunächst handfest und ziehen Sie sie zuerst die M10-Schraube mit 39 Nm an. Ziehen Sie dann schrittweise und über Kreuz die M8-Schrauben mit 24 Nm und die M6-Schrauben mit 12 Nm an.

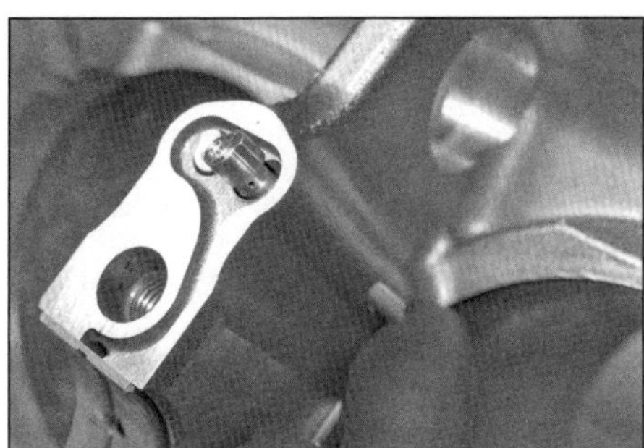

22.2 Drücken Sie die Öldüsen heraus.

20 Nachdem alle Gehäuseschrauben korrekt angezogen sind, wird geprüft, ob sich die Kurbelwelle und die Getriebewellen sanft und leichtgängig drehen lassen. Schalten Sie im Getriebe nacheinander die Gänge durch und prüfen Sie, ob sich die Wellen im Leerlauf unabhängig voneinander drehen lassen. Bei irgendwelchen Hinweisen und Schwergängigkeit, rauen Lauf oder andere Probleme müssen diese vor dem weiteren Zusammenbau behoben werden.

21 Installieren Sie ggf. den Kühlmittelstutzen mit einem neuen eingeölten O-Ring (Abbildung 21.3).

22 Installieren Sie alle entfernten Komponenten in der umgekehrten Ausbaureihenfolge (siehe Schritt 2).

22 Motorgehäusehälften und Zylinderbohrungen

Motorgehäusehälften

1 Nachdem das Motorgehäuse getrennt worden ist, werden die Kurbelwelle samt ihrer Lagerschalen, die Pleuel samt Kolben, die Hauptlager, die Getriebewellen und die Schaltwalze samt Gabeln entfernt. Befreien Sie alle Lager aus den Gehäusehälften sowie alle vorhandenen Schalter und Sensoren. Falls noch weitere Komponenten am Motorgehäuse montiert sind, müssen sie entsprechend der Hinweise in den relevanten Kapiteln entfernt werden.

2 Befreien Sie die Kolbenboden-Öldüsen aus der oberen Gehäusehälfte – ihre O-Ringe müssen beim Einbau durch Neuteile ersetzt werde (siehe Abbildung).

3 Reinigen Sie die Motorgehäusehälften sorgfältig mit Lösungsmittel und blasen Sie sie mit Druckluft aus – besondere Beachtung müssen hierbei die Ölkanäle und Düsen finden.

4 Befreien Sie die Dichtflächen von altem Dichtungsmaterial. Kleinste Beschädigungen der Dichtflächen können mit einem feinen Schleifstein geschlichtet werden.

Achtung: Seien Sie sehr vorsichtig, die Dichtflächen nicht einzukerben oder abzutragen, da der Motor dadurch nicht mehr öldicht sein wird. Kontrollieren Sie die Motorgehäuseteile sorgfältig auf Brüche und andere Beschädigungen.

5 Kleine Brüche oder Löcher in Leichtmetallgehäusen können provisorisch mit Epoxid-Harz repariert werden. Permanente Reparaturen können nur mit speziellen Schweißverfahren ausgeführt werden und nur ein Spezialist ist in der Lage, wirtschaftliche und praktische Aspekte abzuwägen. Wenn eine irreparable Beschädigung vorliegt, müssen die Gehäuseteile als Satz ausgetauscht werden.

6 Beschädigte Gewinde können kostengünstig wiederhergestellt werden, wenn man nach entsprechendem Aufbohren einen Gewindeeinsatz (z. B. *Heli-Coil*) einschraubt.

7 Abgerissene Schrauben und Bolzen können normalerweise mit Linksausdrehern demontiert werden, deren kegelförmiges Linksgewinde sich in ein vorsichtig vorgebohrtes Loch in der Schraube einfrisst und diese herauszieht. Falls Sie befürchten, hierbei an die Grenzen ihrer Fähigkeiten zu gelangen, sollten Sie lieber eine Fachwerkstatt aufsuchen, bevor Sie das sehr teure Gehäuse zerstören.

Wechseln Sie zu Sektion 2 in den* Werkzeug- und Werkstatt-Tipps *im Anhang, um Details über Gewindeeinsätze, Stehbolzen- und Linksausdreher zu erfahren.

8 Rüsten Sie die Kolbenboden-Öldüsen mit neuen O-Ringen aus, richten Sie ihre Laschen zu den Nuten in den Bohrungen aus und drücken Sie sie bis zum Anschlag ein (siehe Abbildungen).
9 Installieren Sie alle anderen Komponenten und Baugruppen entsprechend der Hinweise in den Sektionen dieses und anderer Kapitel an die Gehäusehälften, bevor Sie diese zusammensetzen.

Zylinderbohrungen

10 Inspizieren Sie die Zylinderwandungen sorgfältig auf Kratzer und Riefen.
11 Mit Präzisionsmessgeräten kann der Verschleiß, die Kegel- und Ovalförmigkeit der Zylinderbohrungen überprüft werden. Messen Sie dazu im oberen Bereich (aber noch unterhalb der Position des oberen Kolbenrings im OT) in der Mitte und unten (aber noch oberhalb der Position des Ölabstreifrings im UT) – je einmal in Fahrtrichtung und einmal parallel zur Kurbelwelle (siehe Abbildungen). Errechnen Sie anhand der Differenzen zwischen diesen sechs Ergebnissen und mithilfe der Angaben in den technischen Daten den Verschleiß. Honda bietet Übermaß-Kolben samt Ringe (+ 0,25 mm) an, für die die Zylinderbohrungen von einer Fachwerkstatt aufgebohrt werden müssen.
12 Sind keine Präzisionsmessgeräte zur Hand, kann das Motorgehäuse zur Vermessung in eine Honda-Werkstatt gebracht werden.
13 Wurde extremer Verschleiß oder Verzug festgestellt, wird der Austausch der Gehäusehälften wahrscheinlich unerlässlich. Es gibt Motorenspezialisten, die stark beschädigte Zylinderbohrungen wieder aufarbeiten können – holen Sie sich angesichts des Preises für ein neues Motorgehäuse zunächst dort Rat.

22.8a Installieren Sie neue O-Ringe in die Nuten der Kolbenboden-Öldüsen...

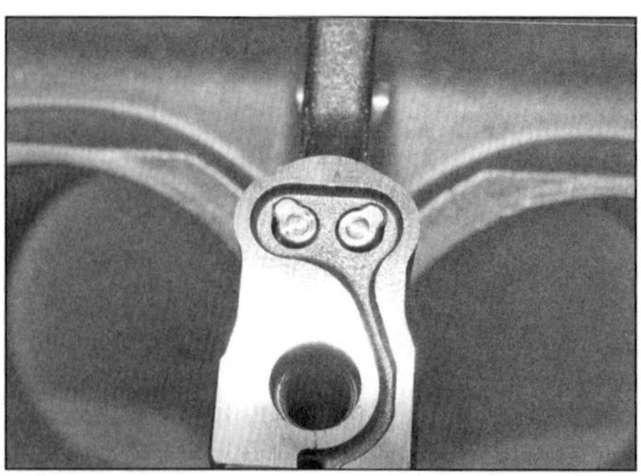

22.8b ...und installieren Sie deren Angüsse zu den Aussparungen des Gehäuses aus.

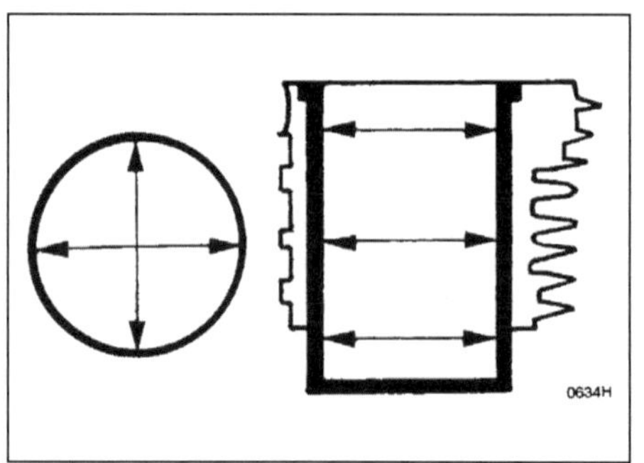

22.11a Vermessen Sie die Zylinderbohrungen an insgesamt sechs Stellen...

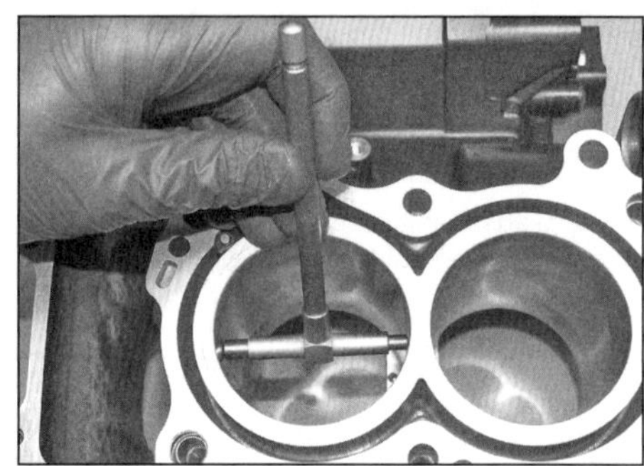

22.11b ...mit einem speziellen Innen-Messgerät.

23 Kurbelwellen- und Pleuelfußlager
Allgemeine Information

1 Auch wenn die Haupt- und Pleuellager normalerweise bei einer Motorüberholung ersetzt werden, sollten die alten Bauteile für eine genaue Begutachtung aufbewahrt werden, um aus Ihnen wertvolle Informationen über den Zustand des Motors zu ziehen.
2 Lagerschäden beruhen zumeist auf Ölmängel, Schmutz oder Fremdkörper im Motor, Motorüberlastung und/oder Korrosion. Ungeachtet des Grundes für die Lagerschäden muss dieser vor der Motormontage korrigiert werden, um eine Wiederholung auszuschließen.
3 Zu einer Begutachtung der Lager werden alle Lagerschalen entsprechend ihrer Positionen an der Kurbelwelle auf eine saubere Oberfläche gelegt. Dieses erlaubt Ihnen, ein erkanntes Lagerproblem dem entsprechenden Kurbelzapfen zuzuordnen.
4 Schmutz und andere Fremdkörper können auf unterschiedliche Weise in den Motor gelangen. Sie können beim Zusammenbau zurückgelassen werden oder durch den Filter bzw. die Motorentlüftung eindringen. Die Partikel gelangen mit dem Öl in die Lager. Oftmals finden sich Metallsplitter als Bearbeitungsrückstände oder Verschleißspuren. Ablagerungen verbleiben auch nach Überholungen in Motorkomponenten, besonders wenn die Teile nicht sorgfältig gereinigt wurden. Solche Teilchen arbeiten sich auf jeden Fall in das weiche Lagermaterial ein und können leicht erkannt werden. Große Partikel werden jedoch nicht in das Lager eingebettet, sondern kerben und zerkratzen die Lager und Zapfen. Der beste Schutz gegen diese Lager-Ausfälle ist sorgfältiges Reinigen und absolute Sauberkeit bei der Motormontage. Ebenso müssen natürlich regelmäßig das Öl und der Ölfilter gewechselt werden.
5 Ölmangel und eine Unterbrechung der Schmierung haben eine Reihe von zusammenhängenden Gründen: Extreme Hitze verdünnt das Öl, Überlastung drückt das Öl aus den Lagern und überhöhtes Lagerspiel oder eine verschlissene Ölpumpe lässt den nötigen Druck des Schmiersystems zusammenbrechen. Blockierte Ölleitungen lassen ein Lager trocken laufen und schnell zerstören. Lagerschalen besitzen zwar sogenannte »Notlaufeigenschaften«, aber nur für die jeweils ersten Sekunden nach dem Anlassen – wird jedoch bei hohen Drehzahlen einmal die Schmierung für Zehntelsekunden unterbrochen, können Schalen und Zapfen bereits schrottreif sein. Das Lagermaterial wird vom Schild abgetragen und die durch die Reibung entstehende starke Hitze zerstört den Wellenzapfen.

Beachten Sie zur Fehlersuche bei Lagern die Hinweise in Sektion 5 der Werkzeug- und Werkstatt-Tipps im Anhang.

6 Auch die Fahrweise hat einen direkten Einfluss auf die Laufzeiten von Lagern. Vollgas bei niedrigen Drehzahlen und hohe Belastung beanspruchen die Lager stark, da diese dazu neigen, den Ölfilm abzuquetschen. Diese Zustände belasten die Lager stark und erzeugen feine Ermüdungsbrüche in der Oberfläche. Eventuell kann das Lagermaterial ausbrechen und selbst weitere Schäden erzeugen. Kurzstreckenbetrieb führt zu Korrosion der Lager, da der Motor keine ausreichende Betriebstemperatur erreicht, um Kondenswasser und aggressive Gase zu vertreiben. Diese Produkte sammeln sich im Motoröl und bilden Säure und Schlamm. Wenn dieses Öl in die Lager gelangt, greift die Säure die Lager an und lässt das Material korrodieren.
7 Eine nachlässige Lagermontage während des Motorzusammenbaus kann ebenso zu Problemen führen. Fest sitzende Lager führen zu geringem Lagerspiel und einem unzureichenden Schmierfilm. Hinter einer Lagerscha-

le verbleibender Schmutz oder Fremdteile verbiegen die Schale und sorgen für punktuellen Verschleiß.

8 Um Lagerprobleme zu vermeiden, müssen alle Teile vor dem Einbau sorgfältig gereinigt, mehrmals überprüft, genau vermessen und anschließend mit frischem Motoröl geschmiert werden.

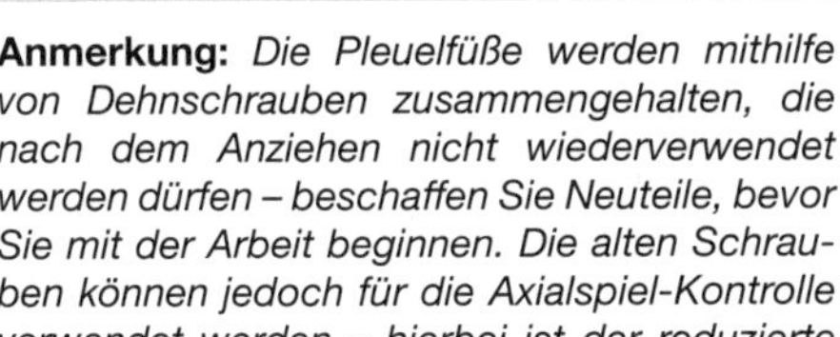

24 Kurbelwelle und Hauptlager

Anmerkung: *Die Pleuelfüße werden mithilfe von Dehnschrauben zusammengehalten, die nach dem Anziehen nicht wiederverwendet werden dürfen – beschaffen Sie Neuteile, bevor Sie mit der Arbeit beginnen. Die alten Schrauben können jedoch für die Axialspiel-Kontrolle verwendet werden – hierbei ist der reduzierte Anzugswinkel zu beachten (siehe Text).*

Ausbau

1 Bauen Sie den Motor aus (siehe Sektion 4) und trennen Sie die Gehäusehälften (siehe Sektion 21).

2 Markieren Sie mit Farbe oder einem Filzstift die Zugehörigkeit des jeweiligen Pleuels zu seinem Zylinder – einmal oben auf dem Kolben und einmal vorne über die Pleuelfußhälften. Die bereits über die Abflachung am Pleuelfuß und Pleuel eingeätzte Zahl steht für die Lagersitzgröße – nicht für die Zylinderidentifikation (Abbildung 25.19b).

3 Bevor die Pleuel von der Kurbelwelle getrennt werden, sollte mit einer Fühlerlehre ihr Axialspiel (der Spalt zwischen dem Pleuelfuß und der Kurbelwange) gemessen werden – falls es 0,35 mm übersteigt, muss das entsprechende Pleuel ersetzt werden; bleibt das Spiel nach dessen Austausch zu groß, muss auch eine neue Kurbelwelle beschafft werden.

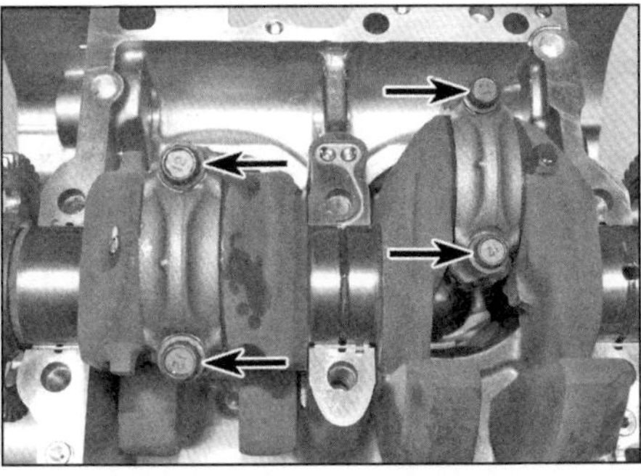

24.4a Lösen Sie die Schrauben und heben Sie die unteren Pleuelfußhälften samt Lagerschalen ab.

4 Lösen Sie die Pleuelschrauben (siehe Abbildung). Trennen Sie die untere Pleuelfußhälfte samt Lagerschale von der Pleuelstange und schieben Sie diese samt Kolben vollständig in den Zylinder, um den Hubzapfen zu befreien (siehe Abbildung) – lassen Sie die Pleuel nicht gegen den Zylinder schlagen und schützen Sie diesen möglichst mit Lappen. Soweit an den Kolben/Pleuel-Baugruppen nicht gearbeitet werden muss, können diese in den Zylindern verbleiben. Beachten Sie nötigenfalls die Hinweise in Sektion 25, um die Komponenten auszubauen und zu trennen. Bei der Montage müssen auf jeden Fall neue Pleuelfußschrauben benötigt (siehe Anmerkung oben).

5 Heben Sie die Kurbelwelle (ggf. samt Steuerkette) aus der oberen Gehäusehälfte – die Hauptlagerschalen dürfen dabei nicht aus ihren Sitzen fallen (siehe Abbildung). Umwickeln Sie spätestens jetzt die Pleuel mit Lappen, um die Zylinder nicht zu beschädigen.

6 Befreien Sie die Hauptlagerschalen aus den Gehäusehälften (siehe Abbildung) und legen Sie sie so ab, dass sie wieder an ihre ursprüngliche Positionen gelangen.

24.4b Drücken Sie die Pleuel vom Hubzapfen ab.

Kontrolle

7 Reinigen Sie die Kurbelwelle mit Lösungsmittel und spülen Sie Ölkanäle durch. Blasen Sie die Kanäle möglichst mit Druckluft aus und trocknen Sie damit die Kurbelwelle. Kontrollieren Sie die in die Kurbelwelle integrierten Zahnräder auf übermäßigen Verschleiß und ausgebrochene Zähne und ersetzen Sie die Kurbelwelle nötigenfalls; begutachten Sie nötigenfalls auch die korrespondierenden Zahnräder der Ausgleichswelle(n) und ggf. das Primärtriebrad am Kupplungskorb auf Verschleiß und Ausbrüche.

8 Wechseln Sie nach Sektion 20 und begutachten Sie die Pleuelfuß-Lagerschalen – falls sie riefig sind oder Fress- oder Klemmspuren zeigen, sind sie durch neu ausgewählte Lagerschalen zu ersetzen – immer bei beiden Pleuel. Wenn sie stark beschädigt sind, muss die Gleitfläche des Hubzapfens untersucht werden. Verfärbungen sind Hinweise auf starke Hitze, die durch Schmiermangel entsteht. Stellen Sie sicher, dass die Ölpumpe und der Öldruckregler sowie die Ölkanäle und -Bohrungen in Ordnung sind, bevor der Motor wieder zusammengebaut wird.

24.5 Heben Sie die Kurbelwelle aus der oberen Gehäusehälfte.

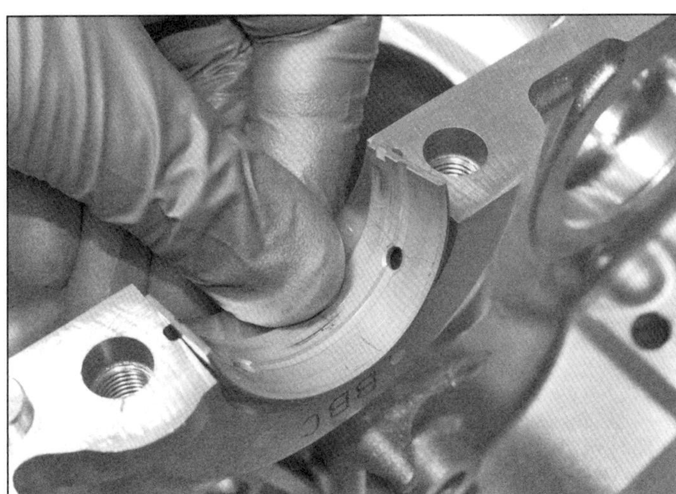

24.6 Befreien Sie die Hauptlagerschalen aus den Gehäusehälften.

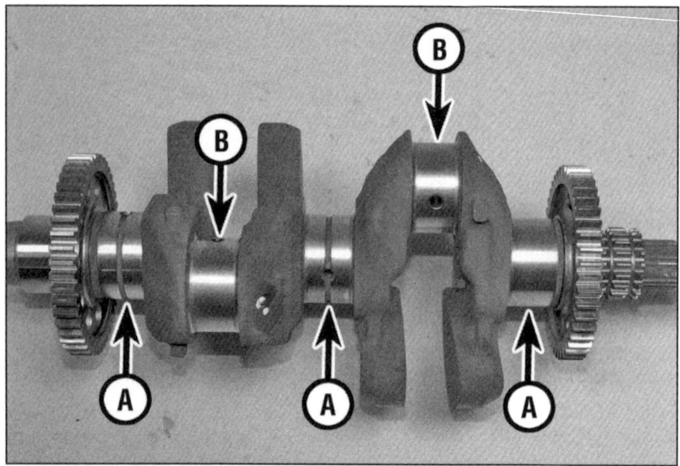

24.9 Hauptlagerzapfen (A) und Hubzapfen (B) der Kurbelwelle

24.15 Legen Sie die Messstreifen längs zur Welle auf die Lagerzapfen.

24.18 Messen Sie die Breite der gequetschten Messstreifen.

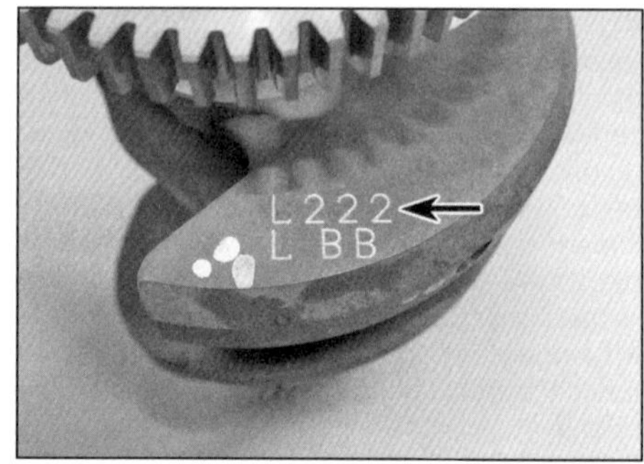

24.22a Größen-Code für die Kurbelwellen-Hauptlagerzapfen an der linken Kurbelwange

24.22b Größen-Code für die Kurbelwellen-Hauptlagersitz links an der oberen Gehäusehälfte

9 Inspizieren Sie penibel die Lagerzapfen der Kurbelwelle – vor allem, falls schadhafte Lagerschalen entdeckt wurden (siehe Abbildung). Falls ein Lagerzapfen Riefen oder Ausbrüche aufweist, muss die Kurbelwelle ersetzt werden.

Anmerkung: *Erkundigen Sie sich bei Fachbetrieben, ob das Aufschweißen von Material und passgenaues Abdrehen eine preisliche Alternative wäre.*

10 Legen Sie die äußeren Kurbelwellenzapfen in Prismenblöcke und prüfen Sie mit einer Messuhr, ob der rechte Wellenstumpf verzogen ist – falls mehr als 0,04 mm ermittelt werden, muss die Kurbelwelle erneuert werden.

Kontrolle des Lagerspiels

11 Unabhängig davon, ob die alten Lagerschalen wiederverwendet oder Neuteile verwendet werden, sollte vor dem Zusammenbau das Lagerspiel kontrolliert werden. Zu diesem Zweck gibt es im Fachhandel Quetschmessstreifen namens »Plastigauge«.

12 Reinigen Sie beide Seiten der Lagerschalen und die Sitze in beiden Gehäusehälften mit Lösungsmittel.

13 Drücken Sie die Lagerschalen in ihre Positionen, die Laschen an jeder Schale müssen in die Nuten des Sitzes einrasten (Abbildung 24.25). Gehen Sie sicher, dass die Lager in ihren originalen Positionen sitzen, und passen Sie auf, die Lageroberflächen nicht mit den Fingern zu berühren.

14 Legen Sie die gereinigte Kurbelwelle in die obere Gehäusehälfte (Abbildung 24.5). Installieren Sie ggf. die drei Passhülsen (Abbildung 21.9).

15 Schneiden Sie von den Quetschmessstreifen drei Stücke ab, die etwas kürzer als die Lagerbreite des Gehäuses sein müssen, und legen Sie sie auf die Lagerzapfen (siehe Abbildung) – achten Sie darauf, sie nicht über eine Ölbohrung zu legen. Die Kurbelwelle darf nicht mehr gedreht werden.

16 Setzen Sie vorsichtig die untere Gehäusehälfte über die Passhülsen auf die obere (Abbildung 21.8). Schmieren Sie die sechs M10-Gehäuseschrauben an den Gewinden und unter den Köpfen mit einem Gemisch aus gleichen Teilen MoS_2-Fett und Motoröl und installieren Sie sie in ihre ursprüngliche Positionen (Abbildung 21.7). Drehen Sie alle Schrauben zunächst handfest und ziehen Sie sie dann schrittweise von innen nach außen zunächst mit 15 Nm an; wiederholen Sie den Anzug in zwei weiteren Durchgängen mit 30 Nm und schließlich mit 43 Nm.

17 Lockern Sie die Schrauben schrittweise und über Kreuz von außen nach innen und entfernen Sie sie wieder. Heben Sie vorsichtig die untere Gehäusehälfte ab, ohne dabei die Messstreifen zu beschädigen.

18 Vergleichen Sie die gequetschten Streifen mit der Skala auf der Packung, um das Lagerspiel zu ermitteln (siehe Abbildung). Liegt der Wert zwischen 0,019 und 0,038 mm und sind die Lagerschalen in Ordnung, können sie wiederverwendet werden.

19 Nach Beendigung der Messung muss der gequetschte Plastikstreifen vorsichtig aus dem Lager entfernt werden. Hierzu reicht normalerweise ein Fingernagel.

20 Falls das Spiel nahe oder über 0,05 mm liegt, müssen die Lagerschalen durch Neuteile ersetzt (siehe Schritte 22 und 23) und die Messung wiederholt werden. Ersetzen Sie immer alle Lagerschalen als Satz.

21 Falls das Spiel auch mit neuen Lagerschalen zu groß ist, müssen die Lagerzapfen vermessen und die Ergebnisse mit den Vorgaben

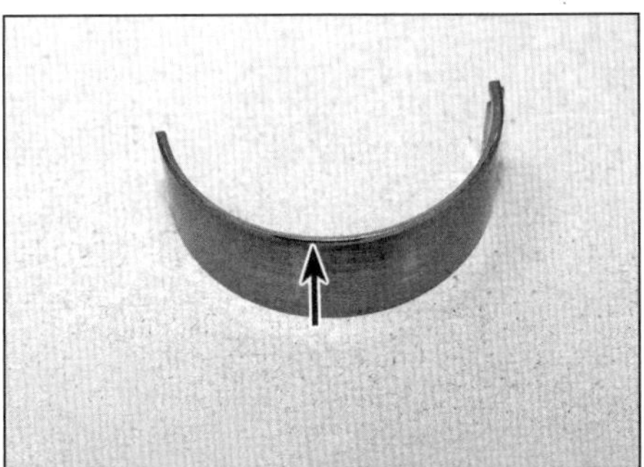

24.23 Farbcode an der Lagerschale

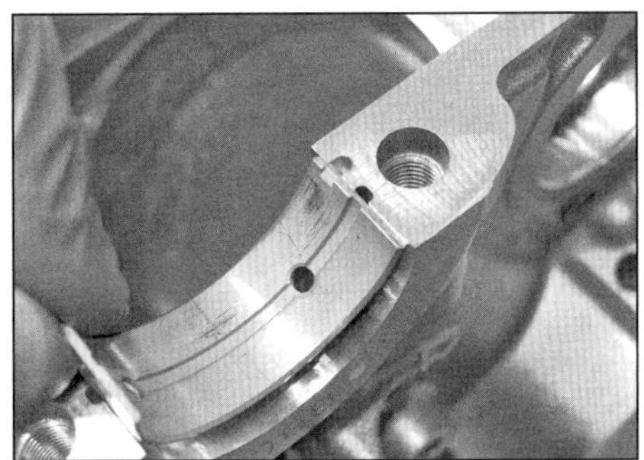

24.25 Die Lagerschalen müssen korrekt positioniert werden und ihre Laschen in die Nuten greifen.

24.27a Ziehen Sie die Pleuel vorsichtig gegen die Hubzapfen…

24.27b …und setzen Sie die unteren Pleuelfußhälften korrekt an.

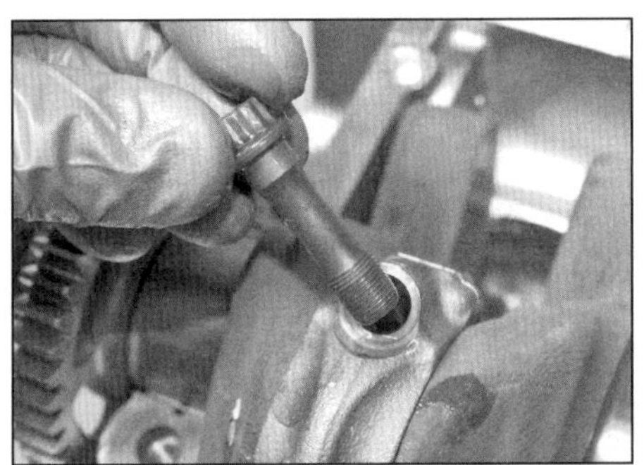

24.28a Installieren Sie die NEUEN und an den Gewinden sowie unter den Köpfen eingeölten Schrauben.

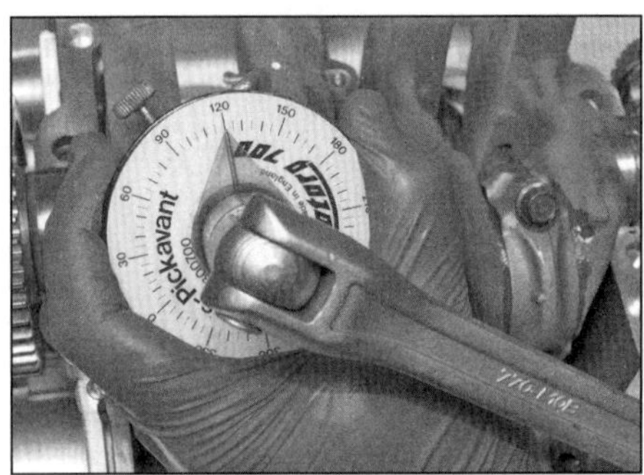

24.28b Ziehen Sie die Schrauben zunächst schrittweise mit 22 Nm und dann in einem Durchgang um 120° weiter.

in der folgenden Tabelle verglichen werden. Wählen Sie dann entweder entsprechend dimensionierte Lagerschalen aus oder ersetzen Sie die Kurbelwelle und beschaffen Sie zu den darauf angebrachten Codierungen passende Lagerschalen.

Auswahl der Hauptlagerschalen

22 Ersatz-Hauptlagerschalen gibt es in verschiedenen Paarungsgrößen zu den Wellenzapfen und den Lagersitzen. Zur Identifizierung der korrekten Ersatz-Lagerschalen werden die an der Welle angegebenen Ziffern und die am Motorgehäuse angegebenen Buchstaben herangezogen – diejenigen für die Lagerzapfen-Größen sind als Dreierblock (1, 2 oder 3) links außen an der Kurbelwange eingeschlagen (siehe Abbildung) (der Zweierblock mit Buchstaben darunter gibt die Hubzapfen-Größen an). Die erste Ziffer neben dem L steht für die Größe des linken Lagerzapfens. Die korrespondierenden Lagersitz-Größen finden sich links an der oberen Motorgehäusehälfte – der linke Buchstabe steht wieder für den linken Lagersitz (siehe Abbildung).

23 Neue Hauptlagerschalen gibt es in verschiedenen Größen. Die an den Kurbelwangen und am Motorgehäuse vorhandenen Code-Nummern und Buchstaben (oder der gemessene Lagerzapfen-Durchmesser) werden zur Identifizierung der korrekten Lagerschalen benötigt. Ist beispielsweise für den rechten Lagerzapfen eine 2 angegeben und für den Lagersitz im Gehäuse ein C, werden Lagerschalen mit schwarzen Farb-Codierungen benötigt – diese sind an deren Seiten angebracht (siehe Abbildung).

	Hauptlagersitz-Code am Gehäuse		
Lagerzapfen-Code an Kurbelwange	**A**	**B**	**C**
1 (44,004 bis 44,010 mm)	gelb	grün	braun
2 (43,998 bis 44,004 mm)	grün	braun	schwarz
3 (43,992 bis 43,998 mm)	braun	schwarz	blau

Einbau

Anmerkung: *Für den endgültigen Zusammenbau werden neue Pleuelschrauben benötigt.*

24 Beide Seiten der Lagerschalen und ihre Sitze in beiden Gehäusehälften müssen absolut sauber sein. Falls neue Lagerschalen verwendet werden, müssen diese mit Petroleum von sämtlichem Schutzfett befreit werden. Trocknen Sie die Schalen und beide Gehäusehälften mit einem sauberen fusselfreien Lappen. Achten Sie darauf, dass alle Ölbohrungen frei sind, und blasen Sie sie möglichst mit Druckluft aus.

25 Drücken Sie die Lagerschalen in ihre Sitze und gehen Sie sicher, dass die Laschen in die Sitznuten greifen (Abbildung 24.11). Achten Sie darauf, dass alle Schalen im richtigen Sitz liegen – die Lagerflächen dürfen nicht mit den Fingern berührt werden. Schmieren Sie die Lagerschalen mit einem Gemisch aus gleichen Teilen MoS_2-Fett und Motoröl.

26 Entnehmen Sie die um die Pleuel gelegten Lappen und senken Sie die untere Gehäusehälfte über der oberen ab (Abbildung 24.5).

27 Schmieren Sie die Hubzapfen mit einem Gemisch aus gleichen Teilen MoS_2-Fett und Motoröl und ziehen Sie die Pleuel vorsichtig dagegen (siehe Abbildung) – beschädigen Sie dabei nicht die Zylinderwandungen. Setzen Sie die unteren Pleuelfußhälften korrekt ausgerichtet und positioniert an (siehe Abbildung).

28 Schmieren Sie die **neuen** Pleuelfußschrauben an den Gewinden und unter den Köpfen mit frischem Motoröl und drehen Sie sie handfest ein (siehe Abbildung). Ziehen Sie sie zunächst in zwei oder drei Schritten bis zum Drehmoment an. Ziehen Sie sie dann – nötigenfalls mithilfe einer Gradscheibe – in einem Durchgang um 120° (eine drittel Umdrehung) weiter (siehe Abbildung) – hierbei sollte ein Assistent die Kurbelwelle herunterdrücken, damit sie nicht aus ihren Lagern springt.

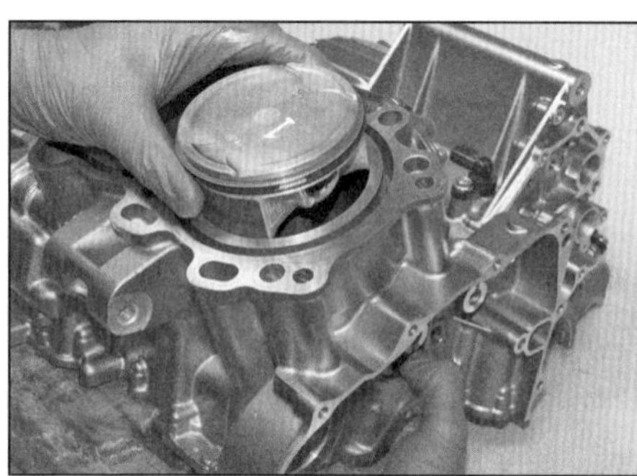

25.4 Die Kolben/Pleuel-Baugruppe kann nur nach oben aus der Zylinderbohrung gedrückt werden.

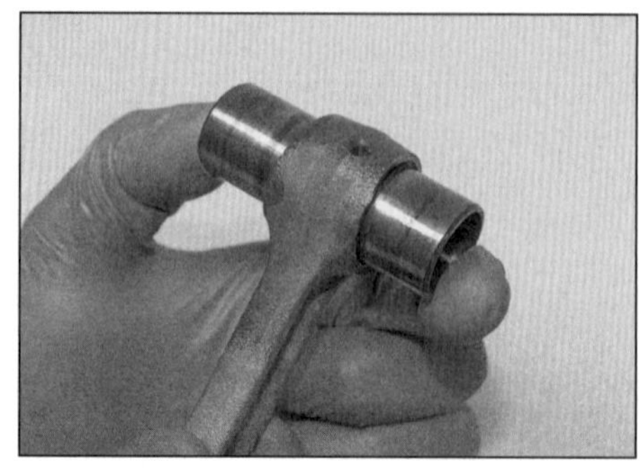

25.8 Prüfen Sie, ob der Kolbenbolzen Spiel im oberen Pleuelauge hat.

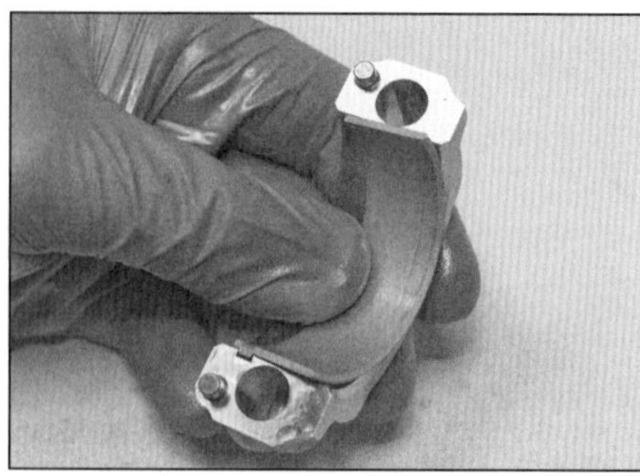

25.9 Drücken Sie die Lagerschalen seitlich heraus.

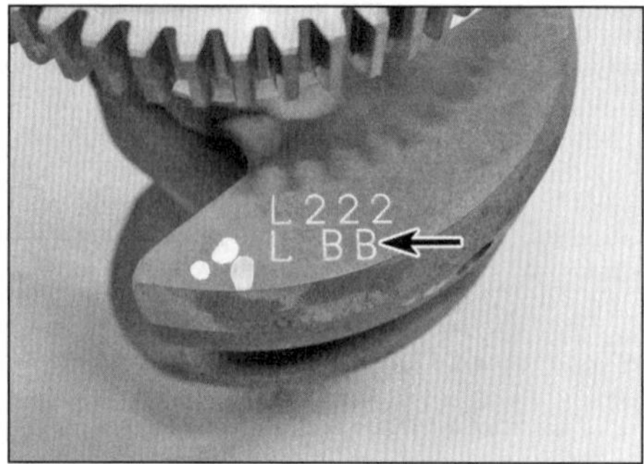

25.19a Angaben für die Hubzapfen-Größe

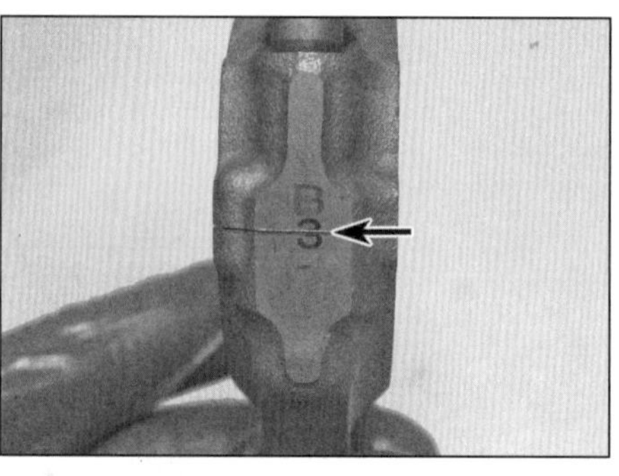

25.19b Code für die Pleuelfuß-Größe

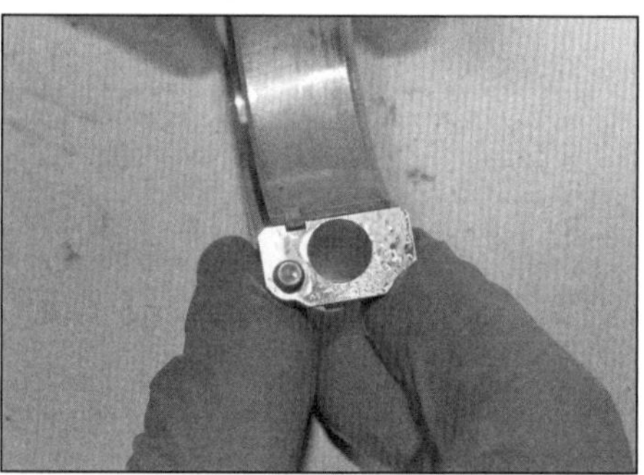

25.22 Die Laschen der Lagerschalen müssen korrekt in die Nuten des Pleuels greifen.

29 Drehen Sie vorsichtig die Kurbelwelle; falls sie klemmt oder schwer drehbar ist, können die Pleuelfüße eventuell durch sanftes Abgeklopft gelockert werden, andernfalls müssen die Pleuelfuß-Hälften gelöst werden, um das Lagerspiel zu messen (siehe Sektion 25).

30 Überprüfen Sie, ob alle Komponenten an ihre ursprüngliche Positionen gelangt sind.

31 Setzen Sie das Motorgehäuse zusammen (siehe Sektion 21).

25 Pleuel und Pleuellager

Ausbau

1 Bauen Sie den Motor aus (siehe Sektion 4) und trennen Sie die Gehäusehälften (siehe Sektion 21). Demontieren Sie die Getriebeeingangswelle (siehe Sektion 27).

2 Bevor eine Kolben/Pleuel-Baugruppe aus dem Zylinder entfernt wird, sollte mit einer Reißnadel oder einem Filzstift auf dem Kolbenboden die Einbauposition markiert werden (Abbildung 25.4). Auf dem Kolbenboden sollte die Einlassseite (hinten) mit »IN« markiert sein – dies ist möglicherweise erst nach dessen Reinigung sichtbar.

3 Demontieren Sie die Kurbelwelle (siehe Sektion 24). Umwickeln Sie die Pleuel mit Lappen, um die Zylinderwandungen zu schützen. Eine mögliche Axialspiel-Kontrolle sollte jetzt durchgeführt werden (siehe Schritt 11), bevor die Kolben/Pleuel-Baugruppen aus den Zylinderbohrungen befreit werden.

4 Heben Sie das Motorgehäuse auf Hölzer oder legen Sie es auf eine Seite, sodass die Kolben/Pleuel-Baugruppen nach oben aus den Zylinderbohrungen befreit werden können; drücken Sie sie von unten hoch, aber beschädigen sie nicht die Zylinderwandungen (siehe Abbildung).

Um den Ausbau der Kolben zu erleichtern, sollten Ölkohleablagerungen im oberen Zylinderbereich mit einem Schaber, einer Klinge oder einem Scheuertuch entfernt werden. Falls eine Verschleißkante fühlbar ist, muss diese mit einem speziellen Fräser beseitigt werden.

Achtung: Die Kolben/Pleuel-Baugruppen können nicht nach unten aus den Zylinderbohrungen befreit werden, da die Kolben nicht zwischen den Kurbelwellen-Hauptlagersitzen hindurchpassen. Falls ein Kolben zu weit nach unten gedrückt wurde, kann der Ölabstreifring austreten und sich entspannen, sodass der Kolben blockiert ist. Versuche, den Ring wieder in die Zylinderbohrung einzuführen, würden ihn wahrscheinlich zerstören.

5 Setzen Sie die Pleuel samt Lagerschalen mit den handfest eingedrehten Schrauben zusammen, um keine Teile zu vertauschen. Die Schrauben dürfen nur für die Axialspiel-Kontrolle verwendet werden – für die Montage werden Neuteile benötigt.

6 Demontieren Sie nötigenfalls die Kolben von den Pleuel (siehe Sektion 26) – für eine Axialspiel-Kontrolle müssen sie allerdings an den Pleuel verbleiben, damit diese sich nicht auf den Hubzapfen drehen und die Messstreifen beschädigen.

Kontrolle

7 Begutachten Sie die Pleuelstangen auf Risse und andere sichtbare Beschädigungen.

8 Schmieren Sie den Kolbenbolzen von Zylinder Nr. 1 mit frischem Motoröl, schieben Sie ihn in das obere Pleuelauge und kontrollieren Sie das Spiel zwischen den Teilen (siehe Abbildung). Falls Spiel fühlbar ist, müssen in der Mitte des Kolbenbolzens der Außendurchmesser und der Innendurchmesser des oberen Pleuelauges gemessen werden – falls der Kolbenbolzen dünner als 21,98 mm und/oder die Pleuelaugenbohrung größer als 22,054 mm ist, muss das entsprechende Teil ersetzt werden.

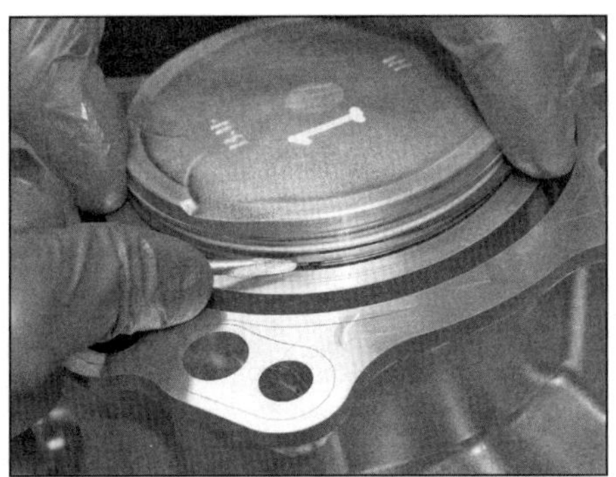

25.23a Drücken Sie vorsichtig die Kolbenringe zusammen, um sie einzuführen.

25.23b Alternativ kann ein Kolbenring-Spannband um den Kolben gelegt...

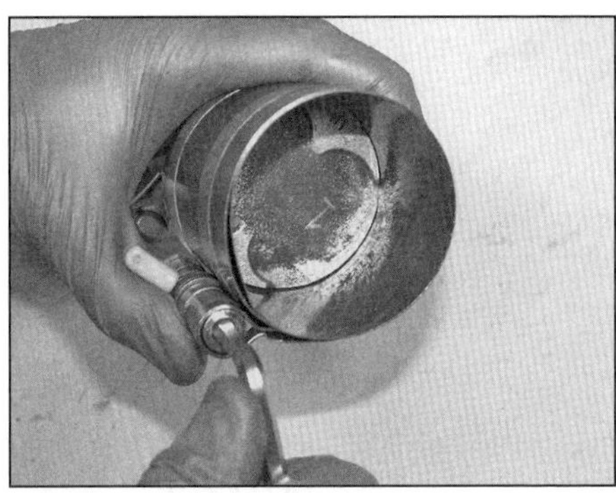

25.23c ...und angezogen werden.

9 Wechseln Sie nach Sektion 23 und begutachten Sie die Pleuelfuß-Lagerschalen – falls sie riefig sind oder Fress- oder Klemmspuren zeigen, sind sie durch neu ausgewählte Lagerschalen zu ersetzen (siehe Abbildung) – immer bei beiden Pleuel. Wenn sie stark beschädigt sind, muss die Gleitfläche des Hubzapfens untersucht werden (Abbildung 24.9). Verfärbungen sind Hinweise auf starke Hitze, die durch Schmiermangel entsteht. Stellen Sie sicher, dass die Ölpumpe und der Öldruckregler sowie die Ölkanäle und -Bohrungen in Ordnung sind, bevor der Motor wieder zusammengebaut wird.
10 Lassen Sie die Pleuelstangen von einer Honda-Werkstatt auf Verzug und Verbiegung kontrollieren, wenn über ihren Zustand Zweifel besteht.

Kontrolle des Lagerspiels

11 Unabhängig davon, ob die alten Lagerschalen wiederverwendet oder Neuteile verwendet werden, sollte vor dem Zusammenbau das Lagerspiel kontrolliert werden. Zu diesem Zweck gibt es im Fachhandel Quetschmessstreifen namens »Plastigauge«.
12 Reinigen Sie beide Seiten der Lagerschalen und ihre Sitze in beiden Pleuelfußhälften.
13 Drücken Sie die Lagerschalen in ihre Positionen, die Laschen an jeder Schale müssen in die Nuten des Sitzes einrasten (Abbildung 25.22). Gehen Sie sicher, dass die Lager korrekt sitzen, und achten Sie darauf, dass die Lageroberflächen nicht mit den Fingern berührt werden dürfen. Installieren Sie die Pleuel/Kolben-Baugruppe ggf. richtig herum in ihren Zylinder (Schritt 23). Legen Sie die Kurbelwelle in die obere Gehäusehälfte und ziehen Sie die Pleuelstange gegen den Hubzapfen (Abbildung 24.27a).
14 Schneiden Sie von den Quetschmessstreifen ein Stück ab, das etwas kürzer als die Lagerbreite des Hubzapfens sein muss, und legen Sie ihn auf den gereinigten Hubzapfen (Abbildung 24.15) – achten Sie darauf, ihn nicht über eine Ölbohrung zu legen. Setzen Sie die obere Pleuelfußhälfte korrekt ausgerichtet auf den Hubzapfen (Abbildung 24.27b), sodass die zuvor angebrachten Markierungen fluchten. Schmieren Sie an den **alten** Pleuelschrauben die Gewinde und Kopf-Unterseiten mit frischem Motoröl und drehen Sie sie handfest ein (Abbildung 24.28a). Ziehen Sie sie zunächst in zwei oder drei Schritten bis zum Drehmoment an. Ziehen Sie sie dann – nötigenfalls mithilfe einer Gradscheibe – in einem Durchgang um 120° (eine drittel Umdrehung) weiter (siehe Abbildung) – hierbei sollte ein Assistent die Kurbelwelle herunterdrücken, damit sie nicht aus ihren Lagern springt.
15 Lockern Sie die Pleuelschrauben und entfernen Sie die Pleuel-Bauteile vom Hubzapfen – ohne dabei das Pleuel zu drehen. Vergleichen Sie die gequetschten Streifen mit der Skala auf der Packung, um das Lagerspiel zu ermitteln (Abbildung 24.18). Liegt der Wert zwischen 0,027 und 0,045 mm und sind die Lagerschalen in Ordnung, können sie wiederverwendet werden.
16 Falls das Spiel nahe oder über 0,065 mm liegt, müssen die Lagerschalen durch Neuteile ersetzt (siehe Schritte 19 und 20) und die Messung wiederholt werden. Ersetzen Sie immer alle Lagerschalen als Satz.
17 Falls das Spiel auch mit neuen Lagerschalen zu groß ist, wird der Hubzapfen verschlissen sein und die Kurbelwelle muss ausgetauscht werden – sie kann höchstens noch von einem Spezialbetrieb durch Aufschweißen und Schleifen gerettet werden – erkundigen Sie sich vor dem Kauf einer neuen Welle nach dieser Möglichkeit.
18 Nach Beendigung der Messung muss der gequetschte Plastikstreifen vorsichtig aus dem Lager entfernt werden. Hierzu reicht normalerweise ein Fingernagel. Wiederholen Sie die Kontrolle mit den anderen Pleuel und entsorgen Sie alle Pleuelschrauben.

Auswahl der Lagerschalen

19 Neue Lagerschalen für die Pleuelfußlager gibt es in verschiedenen Größen. Die Code-Buchstaben (A, B oder C) für die Hubzapfen sind außen in die linke Kurbelwange eingeschlagen (siehe Abbildung) – der linke Buchstabe neben dem L steht für das linke Pleuel. Die Größe des Pleuels ist als Ziffer (1, 2 oder 3) an der abgeflachten Verbindung zwischen den beiden Pleuelfußhälften eingeätzt (siehe Abbildung).
20 Lagerschalen werden in verschiedenen Größen angeboten. Um die korrekte Schale zu finden, muss mit der Tabelle der benötigte Farbcode herausgefunden werden. Hat beispielsweise der Hubzapfen die Größe B und das Pleuel die Größe 3, wird eine schwarz markierte Lagerschale benötigt (Abbildung 24.23).

	Pleuelfuß-Code		
Hubzapfen-Code an Kurbelwange	**A**	**B**	**C**
A (43,992 bis 43,998 mm)	gelb	grün	braun
B (43,986 bis 43,992 mm)	grün	braun	schwarz
C (43,980 bis 43,986 mm)	braun	schwarz	blau

Einbau

Anmerkung: *Für den endgültigen Zusammenbau werden neue Pleuelschrauben benötigt.*

21 Falls entfernt, werden die Kolben mit den Pleuelstangen verbunden (siehe Sektion 26) – die Öffnungen der Kolbenringe müssen korrekt ausgerichtet sein (Abbildung 26.22).
22 Die Rückseiten der Lagerschalen, die Sitze in beiden Pleuel-Hälften und die Hubzapfen müssen absolut sauber sein. Falls neue Lagerschalen verwendet werden, müssen diese mit Petroleum von sämtlichem Schutzfett befreit werden. Trocknen Sie die Schalen und beide Pleuelfußhälften mit einem sauberen fusselfreien Lappen. Drücken Sie die Lagerschalen in ihre Positionen, die Laschen an jeder Schale müssen in die Nuten des Sitzes einrasten (siehe Abbildung). Falls die alten Lagerschalen verwendet werden, muss sichergestellt werden, dass sie in ihre ursprünglichen Positionen gelangen. Achten Sie darauf, die Gleitflächen nicht mit den Fingern zu berühren. Schmieren Sie die Lagerschalen mit einem Gemisch aus gleichen Teilen MoS_2-Fett und Motoröl.

25.23d Führen Sie den Kolben samt Spannband in die Zylinderbohrung ein...

25.23e ...und drücken oder klopfen Sie ihn vorsichtig aus dem Spannband in den Zylinder.

26.3a Hebeln Sie den Sicherungsring aus dem Kolben.

26.3b Drücken Sie den Kolbenbolzen heraus und entnehmen Sie den Kolben.

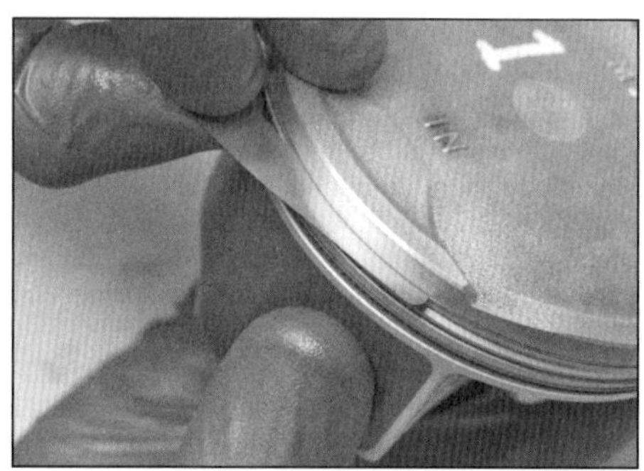

26.10 Messen Sie das Spiel der Kompressionsringe in ihren Nuten mit einer Fühlerlehre.

23 Schmieren Sie die Kolben, ihre Ringe und die Zylinderbohrungen mit frischem Motoröl. Achten Sie darauf, dass »MJP« am Kolben und am Pleuel auf den gleichen Seiten zu lesen ist (Abbildung 26.25a). Umwickeln Sie das Pleuel unten mit Lappen, um die Zylinderwand nicht zu beschädigen, und führen Sie den Kolben mit »IN« nach hinten zeigend von oben in die Bohrung ein (Abbildung 25.4). Drücken Sie die Kolbenringe vorsichtig zusammen und senken Sie den Kolben dabei ab, bis er bündig im Zylinder steckt (siehe Abbildung). Falls vorhanden, sollte zum Einführen der Kolben ein passendes Kolbenring-Spannband verwendet werden. Legen Sie das Werkzeug um den Kolben, ziehen Sie es zusammen, um die Kolbenringe in ihre Nuten zu drücken, und führen Sie den Kolben zusammen mit dem Spannband in seine Bohrung ein – nach dem Lockern des Spannbands kann er vorsichtig in seine Bohrung geklopft werden (siehe Abbildungen).

24 Montieren Sie die Kurbelwelle (siehe Sektion 24) und die Getriebeeingangswelle (siehe Sektion 27).

25 Verbinden Sie die Motorgehäusehälften (siehe Sektion 21).

26 Kolben und Ringe

Ausbau

1 Bauen Sie den Motor aus (siehe Sektion 4), trennen Sie die Gehäusehälften (siehe Sektion 21) und befreien Sie die Kolben/Pleuel-Baugruppen nach oben aus den Zylinderbohrungen (siehe Sektion 25).

2 Bevor der Kolben vom Pleuel getrennt wird, muss sichergestellt sein, dass beide Teile entsprechend ihres Zylinders markiert sind. Beide Komponenten müssen später unbedingt wieder in ihrer alten Konstellation zusammengesetzt werden.

3 Hebeln Sie vorsichtig mit einer Spitzzange oder einem kleinen Schraubenzieher, den Sie in die Nut einführen, auf beiden Seiten des Kolbens die Sicherungsringe aus (siehe Abbildung) – diese müssen später stets durch Neuteile ersetzt werden. Falls sich an den Nuten Grate gebildet haben, müssen sie mit einer sehr feinen Feile oder einer Messerklinge entfernt werden. Drücken Sie dann den Kolbenbolzen heraus und befreien Sie den Kolben vom Pleuel (siehe Abbildung). Nachdem der Kolben demontiert ist, sollte der Bolzen hineingesteckt werden, um ein Vertauschen zu vermeiden.

Falls ein Kolbenbolzen fest im Kolben steckt, kann sein Sitz mit einem Heißluftgebläse erwärmt werden, damit sich das Aluminium ausdehnt und den Bolzen freigibt. Falls der Kolbenbolzen mit einem Auszieh-werkzeug befreit werden muss (siehe **Werkzeug- und Werkstatt-Tipps** ***im Anhang), ist dabei die Gleitfläche des Kolbens zu schützen.***

4 Mithilfe der Daumen oder einer Kolbenringzange werden die Ringe eines Kolbens vorsichtig abgenommen (Abbildungen 26.21, 26.20b sowie 26.18c, b und a) – sie dürfen hierbei nicht geknickt oder verkantet werden. Beachten Sie die Einbaulage der einzelnen Ringe, wenn sie wiederverwendet werden sollen. Die Oberseite des oberen Kompressionsrings ist neben der Öffnung an einer Seite mit einem R markiert, der zweite Kompressionsring trägt die Buchstaben RN (Abbildung 26.20a). Die beiden Kompressionsringe unterscheiden sich außerdem durch ihre Profile und Stärke (der obere ist schmaler).

5 Schaben Sie die Ölkohle vom Kolbenboden. Eine weiche Drahtbürste oder feines Schmirgelleinen kann zur Nacharbeit verwendet werden. Benutzen Sie keinesfalls einen Drahtbürstenaufsatz auf einer Bohrmaschine, das Kolbenmaterial ist sehr weich und würde abgetragen werden.

6 Die Kolbenring-Nuten können mit einem Spezialwerkzeug, aber auch mit einem abgebrochenen Stück eines alten Kolbenringes von Kohleresten befreit werden. Seien Sie vorsichtig, dass kein Kolben-Metall entfernt wird oder die Seiten der Nut gequetscht oder eingekerbt werden.

7 Sobald die Kohleablagerungen beseitigt sind, wird jeder Kolben mit Lösungsmittel gereinigt und anschließend getrocknet. Gehen Sie sicher, dass die Ölrücklaufbohrungen in der Nut des Ölabstreifrings sauber sind. Wenn die angebrachten Markierungen nicht mehr lesbar sind, müssen Sie erneuert werden.

Kontrolle

8 Begutachten Sie jeden Kolben sorgfältig auf Brüche am Hemd, an den Bolzenaugen und um die Kolbenringnuten. Normaler Kolbenverschleiß zeigt sich in gleichmäßige senkrechte Spuren auf der Lauffläche und leichtem Spiel des oberen Kolbenrings in seiner Nut. Falls das Hemd Riefen oder Klemmspuren zeigt, kann der Motor an Überhitzung gelitten haben und/oder eine abnormale Verbrennung sorgte für extrem hohe Arbeitstemperatur.

9 Ein Loch im Kolbenboden ist ein Zeichen für abnormale Verbrennung (durch Frühzündung). Verbrannte Stellen am Rand des Bodens weisen auf Klingeln oder Klopfen hin. Wenn eines dieser Probleme existiert, müssen die Gründe beseitigt werden, damit die Schäden sich nicht fortsetzen (siehe *Fehlersuche* im Anhang).

10 Messen Sie das Spiel zwischen den Kompressionsringen und deren Nuten im Kolben durch Einlegen eines Ringes und Erfühlen des Spiels mittels einer Fühlerlehre (siehe Abbildung) – gehen Sie sicher, dass Sie den passenden Ring verwenden. Kontrollieren Sie an drei oder vier Stellen rundherum. Falls das Spiel über der Verschleißgrenze von 0,06 mm liegt, muss der Kolben samt Ringen ersetzt werden. Wenn neue Ringe verwendet werden sollen, muss das Spiel mit den neuen Ringen gemessen werden. Liegt das Spiel immer noch über der Toleranzgrenze, ist der Kolben verschlissen und muss ersetzt werden.

11 Kontrollieren Sie das Spiel zwischen Kolben und Zylinder durch Messen der Zylinderbohrung (siehe Sektion 22) und des Kolbendurchmessers. Messen Sie den zugehörigen Kolben 12 mm oberhalb des unteren Endes des Hemds und 90° zum Kolbenbolzen (siehe Abbildung). Achten Sie darauf, dass der Kolben zum richtigen Zylinder passt. Falls der Durchmesser unter 91,89 mm liegt, muss er ersetzt werden.

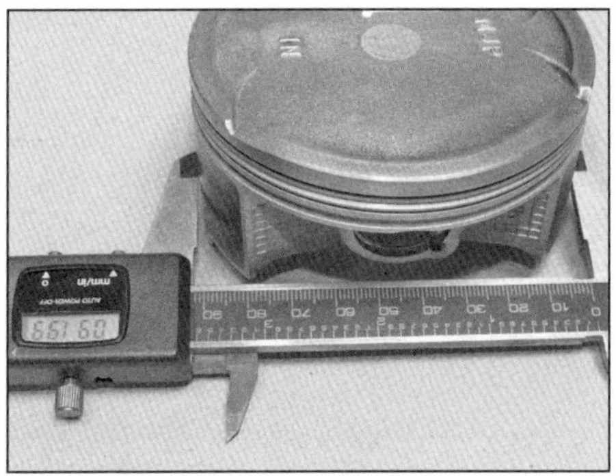

26.11 Messen Sie den Durchmesser des Kolbens an der beschriebenen Stelle.

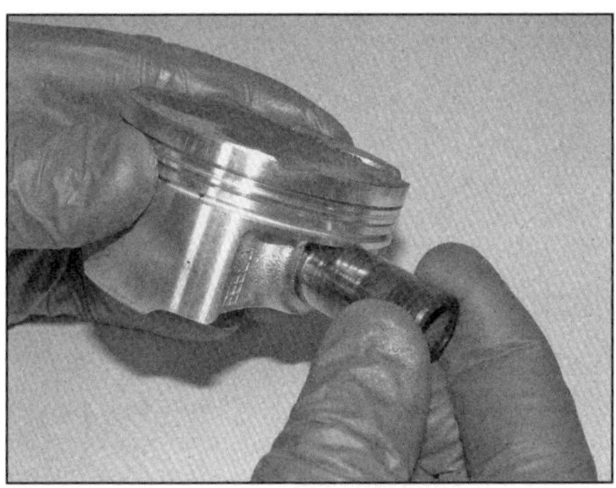

26.12 Stecken Sie den Bolzen in den Kolben und prüfen Sie, ob Spiel fühlbar ist.

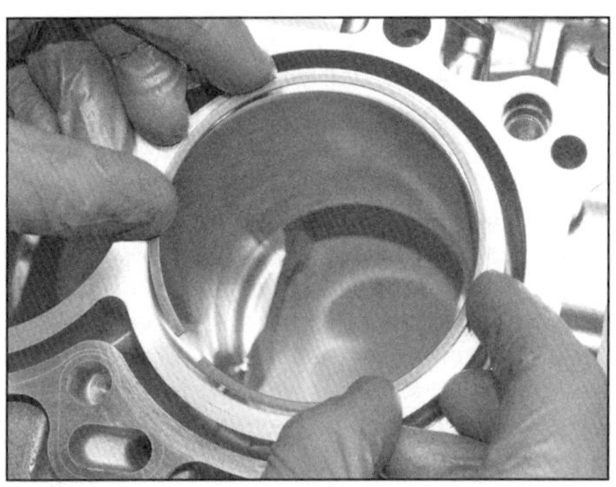

26.14a Installieren Sie den Kolbenring senkrecht in seine Bohrung...

26.14b ...und messen Sie die Breite der Ringöffnung (»Stoßspiel«).

12 Geben Sie frisches Motoröl auf den Kolbenbolzen, schieben Sie ihn in den Kolben und fühlen Sie, ob Spiel vorhanden ist (siehe Abbildung). Messen Sie den Außendurchmesser des Kolbenbolzens (an den Rändern) sowie den Innendurchmesser seiner Bohrungen im Kolben und vergleichen Sie das Ergebnis mit den technischen Daten. Falls noch nicht geschehen, sollte auch die Passung des Kolbenbolzens im oberen Pleuelauge ermittelt werden (siehe Sektion 25). Ersetzen Sie alle Bauteile, die außerhalb der Verschleißgrenzen liegen.

Kolbenringe

Anmerkung: *Generell ist es empfehlenswert, die Kolbenringe bei jeder Motorüberholung zu erneuern.*

13 Unabhängig davon, ob die alten Kolbenringe wiederverwendet oder neue eingebaut werden sollen, muss das Stoßspiel ihrer Enden im Zylinder gemessen werden. Legen Sie die Kolben stets zusammen mit ihren Ringen ab und achten Sie darauf, dass alle Teile in den entsprechenden Zylinder gelangen.

14 Schieben Sie den oberen Kompressionsring von oben in die Zylinderbohrung und richten Sie ihn mit dem Kolben rechtwinklig aus (siehe Abbildung). Der Ring muss mindestens 20 mm unterhalb des oberen Bohrungs-Randes – und damit in seinem Arbeitsbereich – liegen. Messen Sie nun mit einer Fühlerlehre das Stoßspiel der Ring-Enden und vergleichen Sie den Wert mit dem der technischen Daten (siehe Abbildung).

15 Falls das Stoßspiel kleiner als 0,15 oder größer als 0,30 mm ist, muss zunächst überprüft werden, ob der Kolbenring im richtigen Zylinder steckt. Ein Spalt bis 0,4 mm ist kein Problem, zu geringes Stoßspiel kann jedoch dazu führen, dass die Enden nach dem Erwärmen Kontakt zueinander bekommen und die Zylinderwand beschädigen.

16 Falls das Stoßspiel auch mit neuen Kolbenringen zu groß ist, muss die Zylinderbohrung kontrolliert werden (siehe Sektion 22).

17 Wiederholen Sie die Messungen mit dem zweiten Kompressionsring und den Ölabstreifringen (aber nicht mit deren Expander). Bedenken Sie stets, die Ringe und Kolben dem richtigen Zylinder zuzuordnen.

26.18a Installieren Sie den Ölring-Expander in die untere Nut...

26.18b ...und bringen Sie dann den unteren...

26.18c ...und den oberen Ölabstreifring in Position.

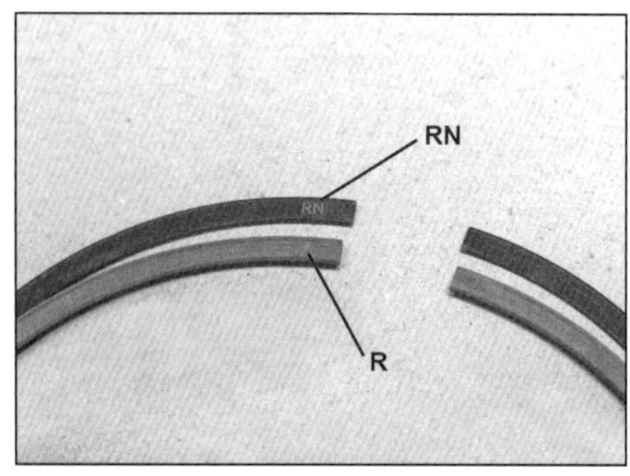

26.20a Der zweite Kompressionsring ist mit RN markiert, der obere mit R.

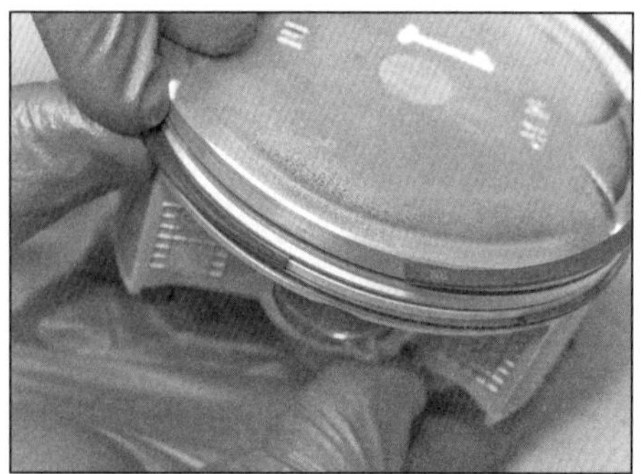

26.20b Installieren Sie vorsichtig den zweiten Kompressionsring mit RN nach oben...

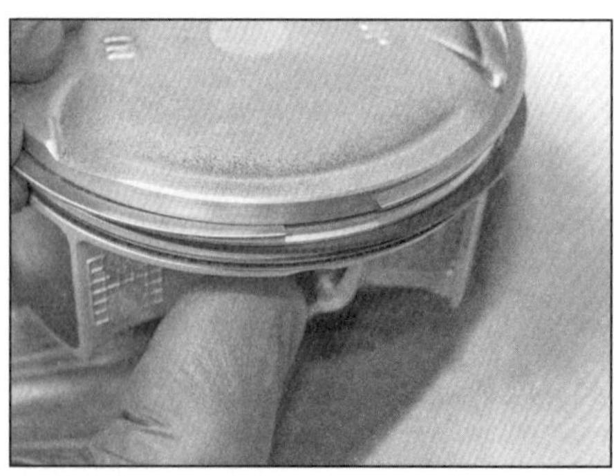

26.21 ...und zum Schluss den oberen Kompressionsring mit R nach oben.

Einbau

18 Der Ölabstreifring muss als unterer zuerst an den Kolben installiert werden. Er besteht aus drei Teilen: dem Expander und zwei dünnen Ringen. Zuerst wird der Expander in die Nut gesetzt, ohne dass sich seine Enden überlappen (siehe Abbildung). Installieren Sie dann den unteren Ölring (siehe Abbildung). Diese Arbeit darf nicht mit einer Kolbenringzange ausgeführt werden, da hiermit die Gefahr einer Beschädigung besteht. Setzen Sie stattdessen ein Ende des Ringes in die Nut zwischen Expander und Kolben. Halten Sie es fest und schieben Sie den Ring nach und nach in die Nut. Installieren Sie danach den oberen Ring auf die gleiche Weise (siehe Abbildung). Prüfen Sie anschließend erneut, ob sich die Enden des Expanders berühren, aber nicht überlappen.

19 Nachdem alle drei Ölringbauteile installiert sind, muss kontrolliert werden, ob sich die beiden dünnen Ringe in ihrer Nut sanft drehen lassen.

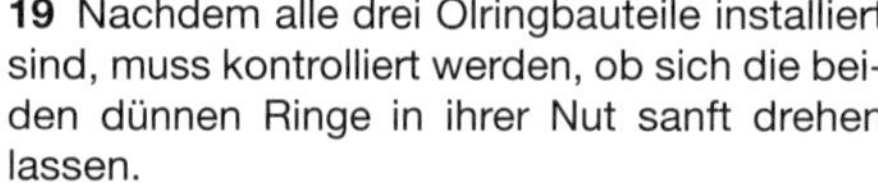

20 Bauen Sie als Nächstes den zweiten Kompressionsring ein, der anhand der Markierung RN identifiziert werden kann, die oben stehen muss; der obere Kompressionsring ist mit einem R markiert (siehe Abbildung). Kolbenringe sind sehr spröde und brechen leicht, drücken Sie den Ring daher nicht weiter auseinander als nötig und installieren Sie ihn in die mittlere Kolbennut (siehe Abbildung). Am sichersten geht der Einbau mit einer Kolbenringzange oder alten Fühlerlehrenblättern.

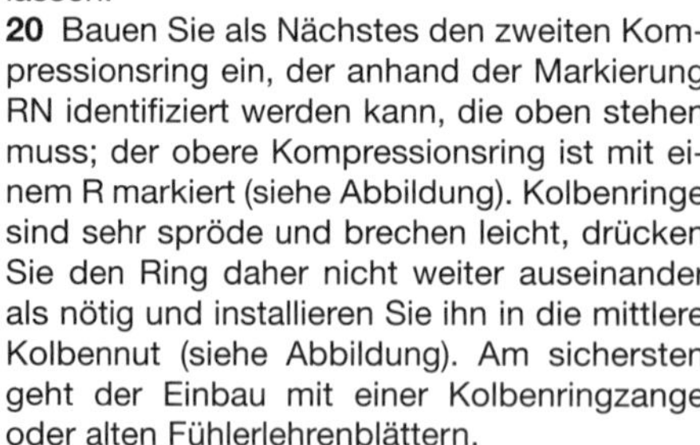

21 Setzen sie schließlich den oberen Ring in gleicher Weise in die obere Nut des Kolbens ein (siehe Abbildung).

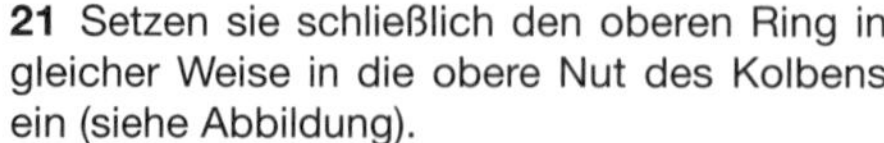

22 Wenn die Ringe korrekt installiert sind, müssen sie sich frei und ohne zu haken bewegen lassen. Verdrehen Sie die Ringstöße anschließend wie gezeigt (siehe Abbildung).

23 Setzen Sie einen **neuen** Sicherungsring in ein Kolbenbolzenauge ein (benutzen Sie nie gebrauchte!) - drücken Sie ihn nicht mehr als nötig zusammen und richten Sie seine Öffnung mindestens 3 mm von der Ausbaunut entfernt aus. Der Ring muss rundherum korrekt in seiner Nut liegen.

24 Schmieren Sie den Kolbenbolzen, seine Bohrung im Kolben und das obere Pleuelauge mit einem Gemisch aus gleichen Teilen MoS_2-Fett und Motoröl.

25 Richten Sie den Kolben so zum Pleuel aus, dass alle zuvor angebrachten Markierungen fluchten und »MJP« an der gleichen Seite lesbar ist (siehe Abbildung). Schieben Sie den Kolbenbolzen von der Seite ohne Sicherungsring hindurch und sichern Sie ihn mit dem zweiten **neuen** Ring (siehe Abbildung) – beachten Sie hierbei die Hinweise in Schritt 23.

26 Montieren Sie die Pleuel (siehe Sektion 25).

27 Getriebewellen
Ausbau und Einbau

Anmerkung: *Der Ausgangswellen-Dichtring kann nur nach dem Trennen der Motorgehäusehälften ersetzt werden, da er mit einer umlaufenden Lippe in einer Nut sitzt.*

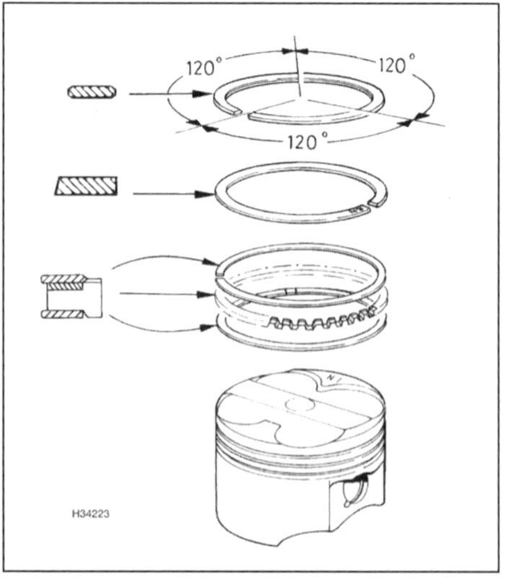

26.22 Profile und Ausrichtung der Kolbenring-Öffnungen
Verdrehen Sie die Ringe um jeweils 120° zueinander – die Öffnungen der beiden Ölabstreifringe müssen jedoch mindestens 20 mm voneinander entfernt liegen.

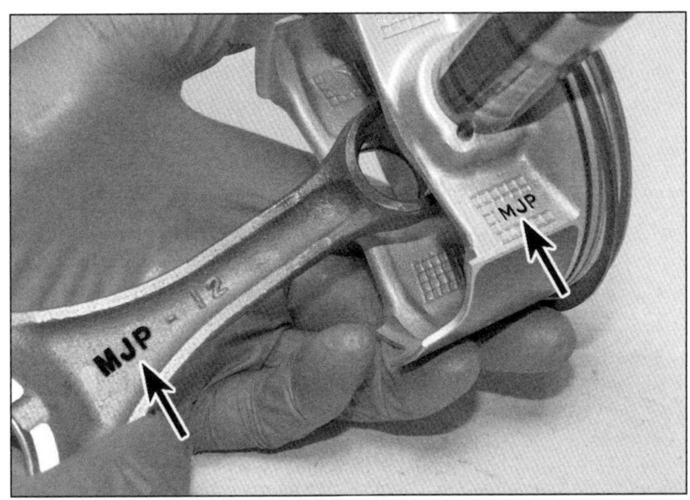

26.25a »MJP« muss am Pleuel und am Kolben auf der gleichen Seite stehen.

26.25b Sichern Sie den Kolbenbolzen mit neuen und korrekt sitzenden Sicherungsringen.

27.2a Heben Sie die Ausgangswelle aus dem oberen Motorgehäuse.

27.2b Stellen Sie den Stift aus dem Gehäuse (oder dem Lager) sicher.

27.4 Entfernen Sie das Kugellager-Sicherungsblech der Eingangswelle.

27.6a Ziehen Sie die Eingangswelle samt Lager heraus, ...

27.6b ... ziehen Sie dann das Lager von der Welle ...

27.6c ... und entnehmen Sie die Welle.

Ausbau

1 Bauen Sie den Motor aus (siehe Sektion 4) und trennen Sie die Motorgehäusehälften (siehe Sektion 21).

2 Heben Sie die Ausgangswelle aus dem oberen Motorgehäuse – beachten Sie, wie sie in die Eingangswelle greift und die Schaltgabeln in die Mitnehmernuten der Getrieberäder greifen; achten Sie auch darauf, wie rechts die Bohrung im Nadellager über dem Gehäusestift liegt (siehe Abbildungen). Falls sich die Welle nicht anheben lässt, können ihre Enden vorsichtig mit einem weichen Hammer angeklopft werden. Stellen Sie den Stift entweder aus dem Gehäuse oder dem Nadellager sicher. Ziehen Sie den Dichtring ab (Abbildung 27.13) – beim Einbau wird ein Neuteil benötigt.

3 Demontieren Sie die Schaltgabeln (siehe Sektion 30) – die Schaltwalze kann ggf. im Gehäuse verbleiben.

4 Lösen Sie die am Kugellager-Sicherungsblech der Eingangswelle die Schrauben und entnehmen Sie es (siehe Abbildung).

5 Drehen Sie die Kurbelwelle so, dass die Kurbelwangen nicht die Eingangswelle behindern.

6 Ziehen Sie die Eingangswelle ein Stück weit aus dem Gehäuse, bis das rechte Lager frei ist und von der Welle gezogen werden kann; heben Sie dann die Eingangswelle aus dem Gehäuse (siehe Abbildungen). Falls die Anlaufscheibe nicht links auf der Welle sitzt, kann sie am Lager im Motorgehäuse kleben oder heruntergefallen sein.

7 Die Getriebewellen können jetzt nötigenfalls zerlegt und auf Verschleiß oder Beschädigun-

2

27.10 Der äußere Teil der Eingangswelle muss gegen die Scheibe drücken, sodass deren Laschen vollständig in den Ausschnitten liegen.

27.13 Schieben Sie den gefetteten Dichtring auf die Ausgangswelle.

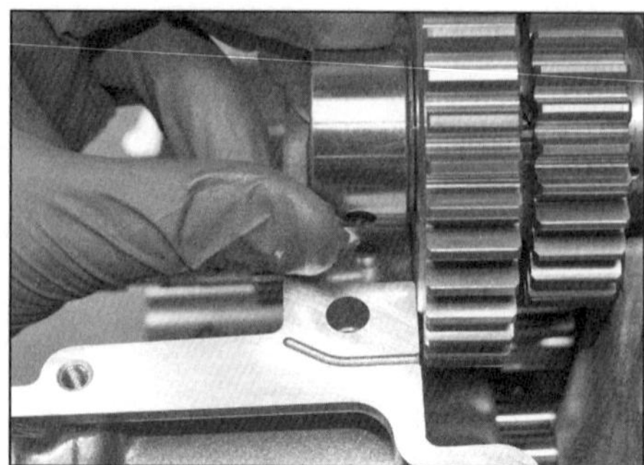

27.15a Positionieren Sie die Bohrung im Nadellager über dem Arretierstift,...

27.15b ...sodass die Markierungen am Lager mit der Dichtfläche fluchten.

27.15c Der Sicherungsring des Kugellagers und der Bund des Wellendichtrings müssen korrekt in ihren Nuten sitzen.

gen überprüft werden (siehe Sektion 28). Bedenken Sie, dass Zahnräder immer paarweise ausgetauscht werden sollten.

8 Kontrollieren Sie die Lager auf den Wellen und im Motorgehäuse und ersetzen Sie sie nötigenfalls (siehe *Werkzeug- und Werkstatt-Tipps* im Anhang) (siehe Sektion 28). Beachten Sie, dass das linke Lager der Ausgangswelle nicht separat erhältlich ist.

Einbau

9 Drehen Sie die Kurbelwelle so, dass ihre Wangen nicht den Einbau der Eingangswelle behindern.

10 Schmieren Sie die Eingangswellenlager mit Öl. Bei Modellen mit Standardgetriebe muss sich die Anlaufscheibe links auf der Welle befinden. Positionieren Sie die Welle im Motorgehäuse (Abbildung 27.6c) (aber stecken Sie ihr inneres Ende noch nicht in das Lager). Achten Sie bei DCT-Modellen darauf, dass die umgebogenen Laschen der Scheibe weiterhin in den Nuten mit der kürzeren Verzahnung sitzen (siehe Abbildung) (der äußere Teil der Welle kann sich samt Scheibe leicht auf der Welle verdrehen, sodass das rechte Lager nicht korrekt im Motorgehäuse sitzen würde). Schieben Sie dann das rechte Lager mit der markierten Seite nach außen auf die Welle, bis es korrekt sitzt (Abbildung 27.6b). Schieben Sie jetzt die Welle in ihr linkes Lager und das rechte Lager ins Motorgehäuse (Abbildung 27.6a).

11 Reinigen Sie die Gewinde der Sicherungsblech-Schrauben und tragen Sie frische Sicherungspaste *(Loctite)* auf. Setzen Sie das Sicherungsblech vor das Lager und ziehen Sie die Schrauben mit 12 Nm an (Abbildung 27.4).

12 Installieren Sie ggf. die Schaltwalze und montieren Sie die Schaltgabeln (siehe Sektion 30).

13 Schmieren Sie die Lippen des neuen Ausgangswellen-Dichtrings mit Fett und schieben Sie diesen auf die Welle (siehe Abbildung).

14 Stecken Sie den Nadellager-Arretierstift in seine Bohrung im Motorgehäuse (Abbildung 27.2b).

15 Senken Sie die Ausgangswelle in die obere Motorgehäusehälfte ab (Abbildung 27.2a) – die Schaltgabeln müssen in ihre Führungsnute, die Bohrung im Nadellager korrekt über den Arretierstift, der Sicherungsring des Kugellagers in die innere Nut des Lagersitzes und der Bund des Wellendichtrings in dessen äußere Nut greifen (siehe Abbildungen).

Achtung: Falls eine der Lagersicherungen nicht korrekt positioniert sind, lassen sich die Gehäusehälften nicht richtig zusammensetzen!

16 Während die Schaltwalze in der Leerlaufposition steht, wird geprüft, ob sich beide Getriebewellen unabhängig voneinander drehen lassen. Prüfen Sie auch, ob sich die Gänge einlegen lassen, während mit einer Hand schrittweise die Schaltwalze und von der anderen Hand die Eingangswelle gedreht wird.

17 Bauen Sie die Motorgehäusehälften wieder zusammen (siehe Sektion 19).

28 Getriebewellen Überholen (Standardgetriebe)

1 Befreien Sie die Getriebewellen aus dem Motorgehäuse (siehe Sektion 27). Zerlegen Sie die Getriebewellen einzeln, um Verwechslungen der Bauteile zu vermeiden.

> Praxis TiPP — ***Beim Zerlegen der Getriebewellen sollten die Teile auf eine Stange gesteckt oder ein Draht durch sie hindurch gezogen werden, um die richtige Reihenfolge und Einbaulage zu garantieren.***

Eingangswelle

Zerlegen

2 Ziehen Sie links die Anlaufscheibe von der Welle (Abbildungen 28.20c und b). Ziehen Sie dann das 2.-Gangrad ab (Abbildung 28.20a).

3 Ziehen Sie die Laschenscheibe von der Welle, drehen Sie dann die Nutenscheibe, um sie zu den Keilnuten der Welle auszurichten, und ziehen Sie sie ab (Abbildungen 28.19c und a). Ziehen Sie das 6.-Gangrad und seine Buchse gefolgt von der Scheibe von der Welle (Abbildungen 28.18c, b und a).

4 Entfernen Sie den Seegerring und ziehen Sie das kombinierte 3./4.-Gangradpaar von der Welle – merken Sie sich seine Einbaurichtung (Abbildungen 28.17b und a).

5 Entfernen Sie den Seegerring und ziehen Sie die Scheibe sowie das 5.-Gangrad samt Lagerbuchse und die Anlaufscheibe von der Welle (Abbildungen 28.16e, d, c, b und a). Das

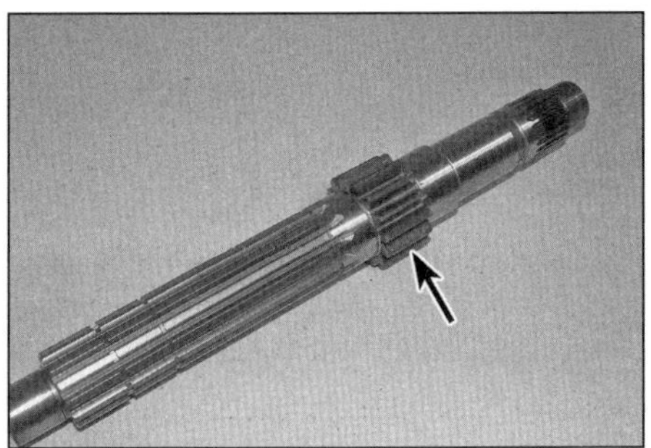

28.5 Das 1.-Gangrad ist fest in die Eingangswelle integriert.

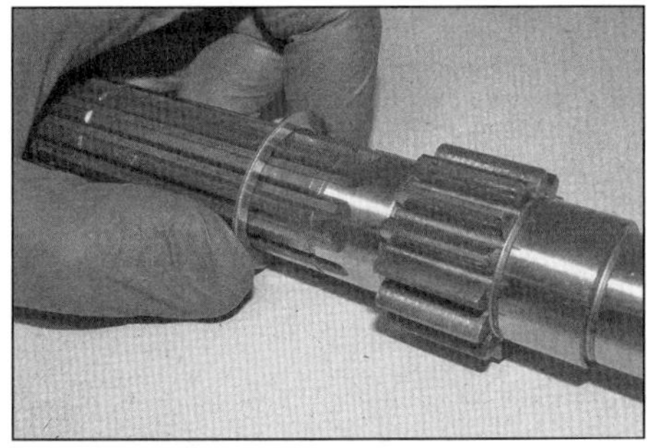

28.16a Schieben Sie die Anlaufscheibe...

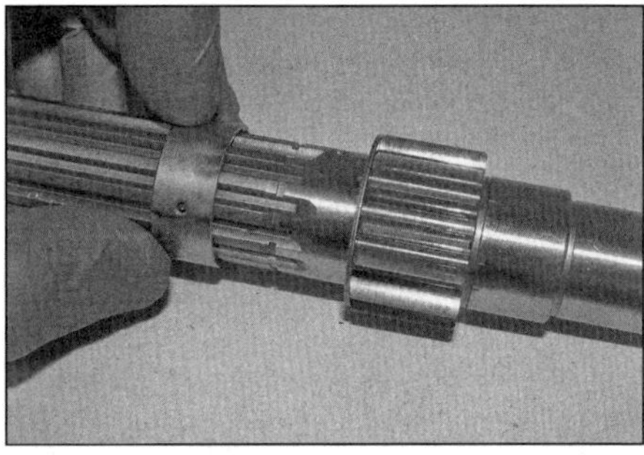

28.16b ...und die Buchse auf.

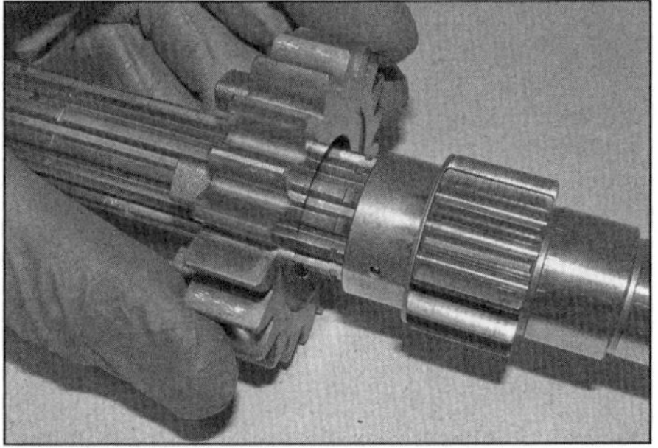

28.16c Schieben Sie das 5.-Gangrad...

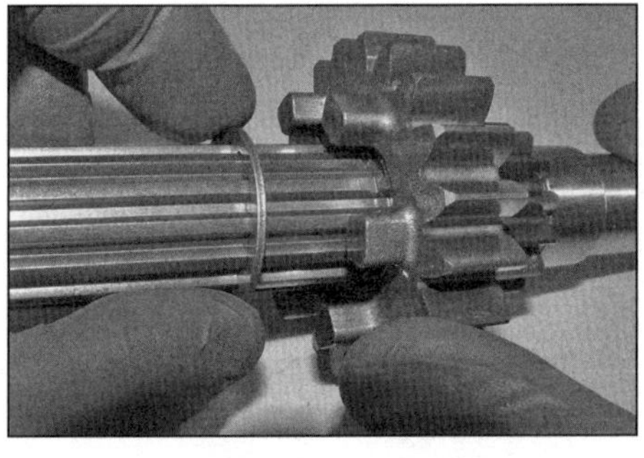

28.16d ...und die Laschenscheibe auf,...

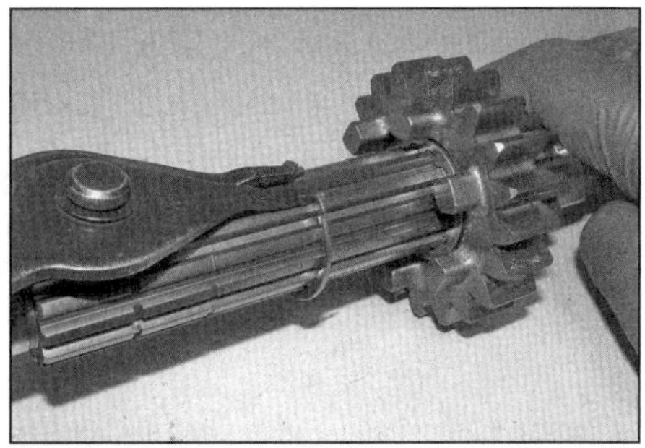

28.16e ...sichern Sie diese mit dem Seegerring,...

1.-Gangrad ist in die Welle integriert (siehe Abbildung).

6 Um das linke Lager aus dem Motorgehäuse befreien zu können, muss dies im Bereich des Lagers mit einem Heißluftgebläse erwärmt werden – falls das Lager nicht von alleine herausfällt, muss es mit einem geeigneten Haken herausgezogen werden (Abbildung 29.6); nötigenfalls muss es mit einem Innenabzieher samt Zughammer ausgebaut werden – beachten Sie die Hinweise in Sektion 5 der *Werkzeug- und Werkstatt-Tipps* im Anhang. Ein einmal ausgebautes Lager muss durch ein Neuteil ersetzt werden.

Eingangswelle

Kontrolle

7 Waschen Sie alle Bauteile in sauberem Lösungsmittel und trocknen Sie sie ab.

8 Kontrollieren Sie alle Zähne auf Ausbrüche, Lochbildung und andere augenfällige Beschädigungen oder Verschleiß. Alle beschädigten Zahnräder müssen ausgetauscht werden.

9 Inspizieren Sie die Mitnehmer und Mitnehmernuten der Zahnräder auf Brüche, Absplitterungen und exzessiven Verschleiß, besonders auch auf abgerundete Ecken. Gehen Sie sicher, dass Zahnradpaare sauber ineinandergreifen. Falls Ersatz nötig wird, ist immer paarweise auszutauschen.

10 Kontrollieren Sie alle Räder, Buchsen und die Welle auf Riefen und blaue Verfärbung, die auf Überhitzung durch mangelhafte Schmierung zurückzuführen ist. Prüfen Sie, ob alle Ölbohrungen und Kanäle sauber sind. Ersetzen Sie alle beschädigten Komponenten.

11 Prüfen Sie, ob alle Räder sich frei aber ohne Spiel auf der Welle oder Buchse drehen und gegebenenfalls verschieben lassen. Kontrollieren Sie, ob sich die Buchsen frei aber ohne übermäßiges Spiel auf der Welle drehen.

12 Eine Beschädigung der Welle ist sehr unwahrscheinlich, es sei denn, der Motor ist trocken gelaufen und hat gefressen, das Getriebe wurde unter sehr hoher Last gefahren, oder es liegt eine extrem hohe Laufleistung vor. Kontrollieren Sie die Oberfläche der Welle, besonders die Laufflächen der Zahnräder, und tauschen Sie die Welle aus, wenn Kerben oder Ausbrüche zu sehen sind oder anderer Verschleiß vorliegt.

13 Kontrollieren Sie alle Scheiben und Sicherungsringe und ersetzen Sie schadhafte Teile. Seegerringe sollten beim Zusammenbau generell durch Neuteile ersetzt werden.

Eingangswelle

Zusammenbau

14 Schmieren Sie während der Montage alle belasteten Teile der Welle, der Buchsen und der Zahnräder mit einem Gemisch aus gleichen Teilen MoS_2-Fett und Motoröl. Spannen Sie die **neuen** Sicherungsringe nicht mehr als nötig und setzen Sie ausgestanzte Ringe und Scheiben mit der abgerundeten Seite zum Zahnrad und der flachen Seite zur Druckbelastung ein. Die Öffnungen der Seegerringe müssen zwischen erhabenen Bereichen der Welle liegen – beachten Sie dafür die Sektion 2 der *Werkzeug- und Werkstatt-Tipps* im Anhang.

28.16f ...der rundherum korrekt in seiner Nut sitzen muss.

15 Falls das linke Lager ausgebaut wurde, muss das neue Lager (möglichst über Nacht) im Gefrierfach abgekühlt werden, bevor es mit der markierten Seite nach innen in das per Heißluftgebläse erwärmte Gehäuse gesetzt wird. Treiben Sie es mithilfe eines Werkzeugs, das nur seinen Außenring berührt, bündig in seinen Sitz (Abbildung 29.6).

16 Schieben Sie links die Anlaufscheibe und die Buchse des 5.-Gangrades auf die Welle (siehe Abbildungen). Schieben Sie dann das 5.-Gangrad mit den Mitnehmern vom integrierten 1.-Gangrad weg zeigend auf (siehe Abbildung). Schieben Sie die Laschenscheibe auf und sichern Sie alles mit dem korrekt sitzenden Seegerring (siehe Abbildungen).

17 Schieben Sie das kombinierte 3./4.-Gangradpaar so auf, dass das kleinere 3.-Gangrad zum 5.-Gangrad zeigt, und sichern Sie es mit dem Seegerring (siehe Abbildungen).

18 Schieben Sie die Laschenscheibe gefolgt von der 6.-Gang-Nutenbuchse auf und positionieren Sie das 6.-Gangrad mit den Mitnehmern zum 4.-Gangrad zeigend darüber (siehe Abbildungen).

19 Schieben Sie die Nutenscheibe auf und verdrehen Sie sie in ihrer Nut, sodass ihre inneren Laschen mit den Erhebungen der Welle ausgerichtet sind (siehe Abbildungen). Schieben Sie die Laschenscheibe auf, sodass ihre äußeren Laschen in die Nutenscheibe greifen und diese gegen Verdrehen in der Wellennut sichern (siehe Abbildung).

20 Schieben Sie das 2.-Gangrad mit dem Bund nach außen vor die Laschenscheibe und die Anlaufscheibe davor (siehe Abbildungen).

21 Überprüfen Sie, ob alle Bauteile korrekt installiert sind.

Ausgangswelle

Zerlegung

22 Ziehen Sie rechts den äußeren Lagerring und das Nadellager von der Welle (Abbildung 28.37c).

28.17a Schieben Sie das kombinierte 3./4.-Gangradpaar mit dem kleinen Rad voran auf...

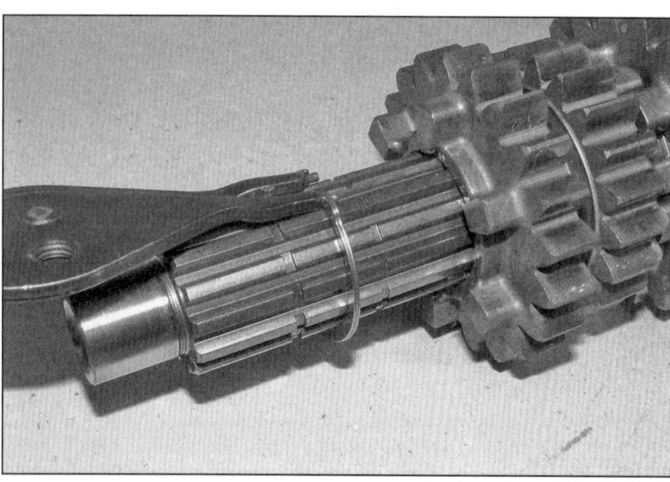

28.17b ...und sichern Sie es mit dem Seegerring,...

28.17c ...der korrekt in seiner Nut positioniert sein muss.

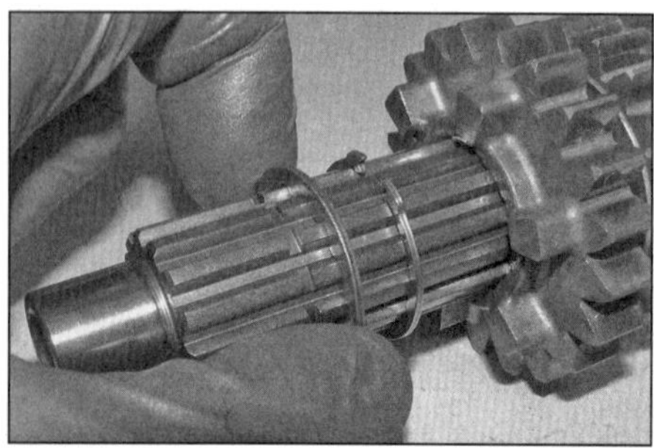

28.18a Schieben Sie die Laschenscheibe,...

28.18b ...die Nutenbuchse...

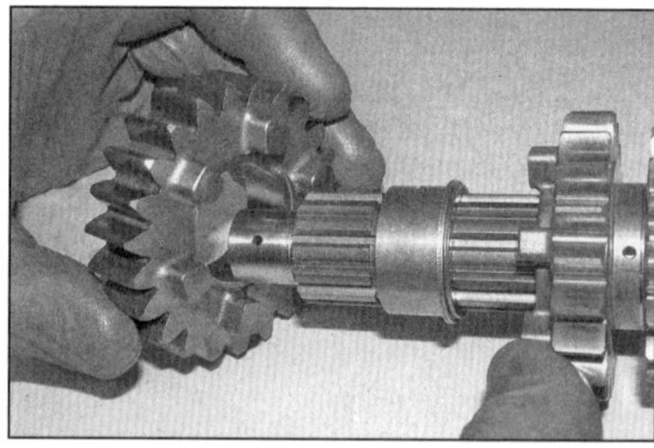

28.18c ...und das 6.-Gangrad auf.

28.19a Schieben Sie die Nutenscheibe auf...

28.19b ...und verdrehen Sie sie wie gezeigt.

28.19c Sichern Sie die Nutenscheibe mit der korrekt ausgerichteten Laschenscheibe.

28.20a Schieben Sie das 2.-Gangrad mit dem Bund nach außen auf...

28.20b ...und die Anlaufscheibe davor.

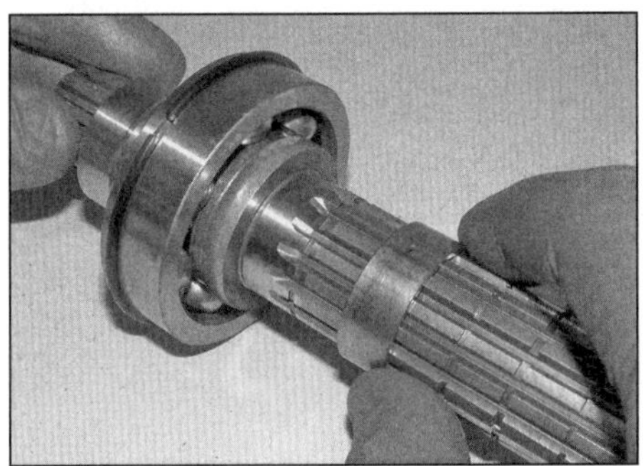

28.31a Schieben Sie die 2.-Gangbuchse,...

28.31b ...das 2.-Gangrad...

28.31c ...und die Laschenscheibe auf.

28.31d Sichern Sie alles mit dem Seegerring,...

28.31e ...der korrekt in seiner Nut positioniert sein muss.

23 Ziehen Sie die Anlaufscheibe sowie das 1.-Gangrad samt Lagerbuchse von der Welle. Ziehen Sie dann die zweite Anlaufscheibe und das 5.-Gangrad ab (Abbildungen 28.37b und a sowie 28.36b und a).

24 Entfernen Sie den Seegerring und ziehen Sie die Laschenscheibe, das 3.-Gangrad samt Buchse und die Hülse von der Welle (Abbildungen 28.35c, b und a).

25 Ziehen Sie die Laschenscheibe von der Welle, drehen Sie dann die Nutenscheibe, um sie zu den Keilnuten der Welle auszurichten, und ziehen Sie sie ab (Abbildungen 28.34c und a).

26 Ziehen Sie das 4.-Gangrad gefolgt von der Buchse und der Laschenscheibe von der Welle (Abbildungen 28.33c, b und a).

27 Entfernen Sie den Seegerring und ziehen Sie das 6.-Gangrad ab (Abbildungen 28.32b und a).

28 Entfernen Sie den Seegerring und ziehen Sie die Laschenscheibe, das 2.-Gangrad und seine Buchse von der Welle (Abbildung 28.31d, c, b und a).

Ausgangswelle

Kontrolle

29 Wechseln Sie hierfür zu den Schritten 7 bis 13.

Ausgangswelle

Zusammenbau

30 Schmieren Sie während der Montage alle belasteten Teile der Welle, der Buchsen und der Zahnräder mit einem Gemisch aus gleichen Teilen MoS_2-Fett und Motoröl. Spannen Sie die Sicherungsringe nicht mehr als nötig und setzen Sie ausgestanzte Ringe und Scheiben mit der abgerundeten Seite zum Zahnrad und der flachen Seite zur Druckbelastung ein. Die Öffnungen der Seegerringe müssen zwischen erhabenen Bereichen der Welle liegen – beachten Sie dafür die Sektion 2 der *Werkzeug- und Werkstatt-Tipps* im Anhang.

31 Schieben Sie die 2.-Gangbuchse gefolgt vom 2.-Gangrad auf – dessen Vertiefung muss vom Lager weg zeigen. Schieben Sie die Laschenscheibe auf (siehe Abbildungen). Es folgt der Seegerring, der korrekt in seiner Nut liegen muss (siehe Abbildungen).

28.32a Schieben Sie das 6.-Gangrad auf...

28.32b ...und sichern Sie es mit dem Seegerring,...

28.32c ...der rundherum korrekt in seiner Nut sitzen muss.

28.33a Schieben Sie die Nutenscheibe,...

28.33b ...die 4.-Gangbuchse...

28.33c ...und das 4.-Gangrad auf die Welle.

28.34a Schieben Sie die Nutenscheibe auf...

28.34b ...und verdrehen Sie sie wie gezeigt.

28.34c Sichern Sie die Nutenscheibe mit der korrekt ausgerichteten Laschenscheibe.

28.35a Schieben Sie die Hülse, die Buchse und das 3.-Gangrad...

28.35b sowie die Laschenscheibe auf...

28.35c ... und sichern Sie alles mit dem Seegerring, ...

28.35d ... der korrekt in seiner Nut positioniert sein muss.

28.36a Schieben Sie das 5.-Gangrad ...

28.36b ... und die Anlaufscheibe auf die Welle.

28.37a Schieben Sie die 1.-Gangbuchse auf die Welle und das 1.-Gangrad darüber.

28.37b Schieben Sie dann die Anlaufscheibe auf die Welle ...

28.37c ... und installieren Sie das Nadellager samt Außenring.

32 Schieben Sie das 6.-Gangrad mit der Schaltgabelnut vom 2.-Gangrad weg zeigend auf und sichern Sie es mit dem korrekt in seiner Nut sitzenden Seegerring (siehe Abbildungen).
33 Schieben Sie die Scheibe und die Buchse des 4.-Gangrades auf. Es folgt das 4.-Gangrad mit den Vertiefungen zum 6.-Gangrad zeigend (siehe Abbildungen).
34 Schieben Sie die Nutenscheibe auf und verdrehen Sie sie in ihrer Nut, sodass ihre inneren Laschen mit den Erhebungen der Welle ausgerichtet sind (siehe Abbildungen). Schieben Sie die Laschenscheibe auf, sodass ihre äußeren Laschen in die Nutenscheibe greifen und diese gegen Verdrehen in der Wellennut sichern (siehe Abbildung).
35 Schieben Sie die Hülse und die Buchse des 3.-Gangrades auf. Es folgt das 3.-Gangrad mit den Vertiefungen vom 4.-Gangrad weg zeigend (siehe Abbildung). Schieben Sie die Laschenscheibe auf und sichern Sie alles mit dem korrekt in seiner Nut sitzenden Seegerring (siehe Abbildungen).
36 Schieben Sie das 5.-Gangrad mit der Schaltgabelnut zum 3.-Gangrad zeigend auf, schieben Sie dann die Anlaufscheibe davor (siehe Abbildungen).
37 Schieben Sie die 1.-Gangbuchse gefolgt vom 1.-Gangrad auf – dessen Vertiefung muss zum 5.-Gangrad zeigen. Es folgen die Anlaufscheibe, das Nadellager und dessen äußerer Ring (siehe Abbildungen).
38 Überprüfen Sie, ob alle Bauteile korrekt installiert sind.

29 Getriebewellen
Überholen (DCT-Modelle)

1 Befreien Sie die Getriebewellen aus dem Motorgehäuse (siehe Sektion 27). Zerlegen Sie die Getriebewellen einzeln, um Verwechslungen der Bauteile zu vermeiden.

Beim Zerlegen der Getriebewellen sollten die Teile auf eine Stange gesteckt oder ein Draht durch sie hindurch gezogen werden, um die richtige Reihenfolge und Einbaulage zu garantieren.

29.3 Das 2.-Gangrad ist fest in die Außen-Eingangswelle integriert.

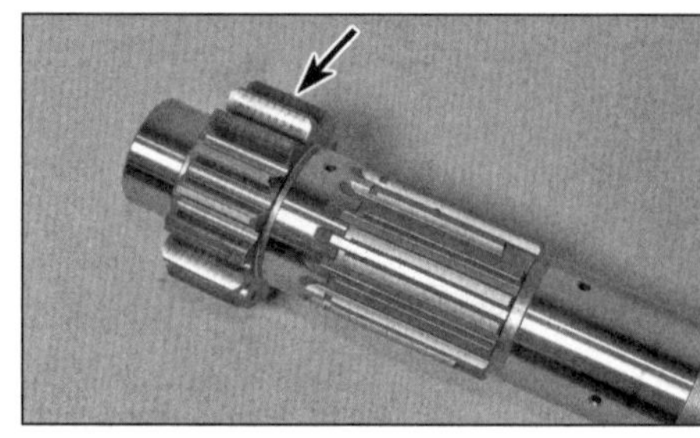

29.5 Das 1.-Gangrad ist fest in die Innen-Eingangswelle integriert.

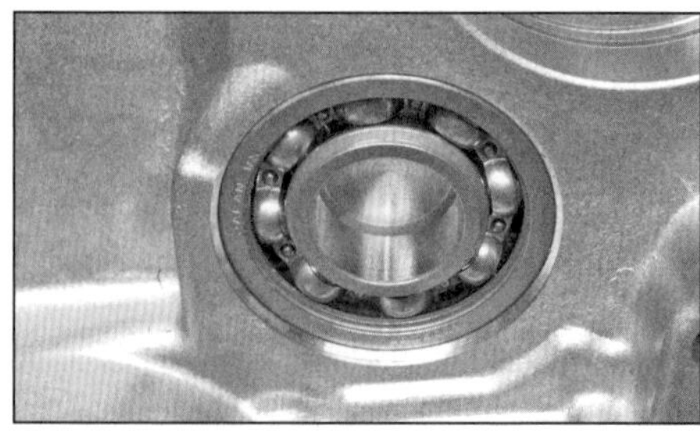

29.6 Das linke Eingangswellenlager sitzt fest im Motorgehäuse.

29.17a Schieben Sie die Anlaufscheibe...

29.17b ...und die Buchse gegen das 1.-Gangrad auf die Innenwelle

29.17c Schieben Sie das 5.-Gangrad...

29.17d ...und die Laschenscheibe auf,...

29.17e ...sichern Sie diese mit dem Seegerring,...

29.17f ...der rundherum korrekt in seiner Nut sitzen muss.

Eingangswelle

Zerlegen

2 Befreien Sie die Außenwelle von der Innenwelle und ziehen Sie die Nadellager heraus (Abbildungen 29.20b und a).

3 Ziehen Sie das 4.-Gangrad von der Außenwelle (Abbildung 29.19g). Entfernen Sie den Seegerring und ziehen Sie die Scheibe, das 6.-Gangrad samt Buchse und die Anlaufscheibe von der Außenwelle (Abbildungen 29.19e, d, c, b und a). Das 2.-Gangrad ist in die Außenwelle integriert (siehe Abbildung).

4 Ziehen Sie die mit den ungebogenen Laschen versehene Scheibe und das 3.-Gangrad von der Innenwelle (Abbildungen 29.18b und a).

5 Entfernen Sie den Seegerring und ziehen Sie die Scheibe, das 5.-Gangrad samt Buchse und die Anlaufscheibe von der Innenwelle (Abbildungen 29.17e, d, c, b und a). das 1.-Gangrad ist in die Innenwelle integriert (siehe Abbildung).

6 Um das linke Lager aus dem Motorgehäuse befreien zu können, muss dies im Bereich des Lagers mit einem Heißluftgebläse erwärmt werden – falls das Lager nicht von alleine herausfällt, muss es mit einem geeigneten Haken herausgezogen werden (siehe Abbildung); nötigenfalls muss es mit einem Innenabzieher samt Zughammer ausgebaut werden – beachten Sie die Hinweise in Sektion 5 der *Werkzeug- und Werkstatt-Tipps* im Anhang. Ein einmal ausgebautes Lager muss durch ein Neuteil ersetzt werden.

Eingangswelle

Kontrolle

7 Waschen Sie alle Bauteile in sauberem Lösungsmittel und trocknen Sie sie ab.

8 Kontrollieren Sie alle Zähne auf Ausbrüche, Lochbildung und andere augenfällige Beschädigungen oder Verschleiß. Alle beschädigten Zahnräder müssen ausgetauscht werden.

9 Inspizieren Sie die Mitnehmer und Mitnehmernuten der Zahnräder auf Brüche, Absplitterungen und exzessiven Verschleiß, besonders auch auf abgerundete Ecken. Gehen Sie sicher, dass Zahnradpaare sauber ineinandergreifen. Falls Ersatz nötig wird, ist immer paarweise auszutauschen.

10 Kontrollieren Sie alle Räder, Buchsen und die Welle auf Riefen und blaue Verfärbung, die auf Überhitzung durch mangelhafte Schmierung zurückzuführen ist. Prüfen Sie, ob alle Ölbohrungen und Kanäle sauber sind. Ersetzen Sie alle beschädigten Komponenten.

11 Prüfen Sie, ob alle Räder sich frei aber ohne Spiel auf der Welle oder Buchse drehen und gegebenenfalls verschieben lassen. Kontrollieren Sie, ob sich die Buchsen frei aber ohne übermäßiges Spiel auf der Welle drehen.

12 Eine Beschädigung der Welle ist sehr unwahrscheinlich, es sei denn, der Motor ist trocken gelaufen und hat gefressen, das Getriebe wurde unter sehr hoher Last gefahren, oder es liegt eine extrem hohe Laufleistung vor. Kontrollieren Sie die Oberfläche der Welle, besonders die Laufflächen der Zahnräder, und tauschen Sie die Welle aus, wenn Kerben oder Ausbrüche zu sehen sind oder anderer Verschleiß vorliegt.

29.18a Schieben Sie das 3.-Gangrad mit der Schaltgabelnut voran auf die Welle...

29.18b ...und schieben Sie die Scheibe mit den umgebogenen Laschen nach innen zeigend so auf,...

29.18c ...dass diese korrekt in die Lücken der Kerbverzahnung greifen.

29.19a Schieben Sie die Anlaufscheibe,...

29.19b ...die Nutenbuchse...

29.19c ...und das 6.-Gangrad auf.

29.19d Schieben Sie die Laschenscheibe auf...

29.19e ...und sichern Sie diese mit dem Seegerring,...

29.19f ...der rundherum korrekt in seiner Nut sitzen muss.

13 Kontrollieren Sie die Nadellager der Außenwelle und ersetzen Sie sie nötigenfalls durch Neuteile.

14 Kontrollieren Sie alle Scheiben und Sicherungsringe und ersetzen Sie schadhafte Teile. Seegerringe sollten beim Zusammenbau generell durch Neuteile ersetzt werden.

Eingangswelle

Zusammenbau

15 Schmieren Sie während der Montage alle belasteten Teile der Welle, der Buchsen und der Zahnräder mit einem Gemisch aus gleichen Teilen MoS_2-Fett und Motoröl. Spannen Sie die **neuen** Sicherungsringe nicht mehr als nötig und setzen Sie ausgestanzte Ringe und Scheiben mit der abgerundeten Seite zum Zahnrad und der flachen Seite zur Druckbelastung ein. Die Öffnungen der Seegerringe müssen zwischen erhabenen Bereichen der Welle liegen – beachten Sie dafür die Sektion 2 der *Werkzeug- und Werkstatt-Tipps* im Anhang.

16 Falls das linke Lager ausgebaut wurde, muss das neue Lager (möglichst über Nacht) im Gefrierfach abgekühlt werden, bevor es mit der markierten Seite nach innen in das per Heißluftgebläse erwärmte Gehäuse gesetzt wird. Treiben Sie es mithilfe eines Werkzeugs, das nur seinen Außenring berührt, bündig in seinen Sitz (Abbildung 29.6).

17 Schieben Sie die Anlaufscheibe gefolgt von der 5.-Gangbuchse rechts gegen das 1.-Gangrad auf die Innenwelle (siehe Abbildungen). Installieren Sie dann das 5.-Gangrad mit den Mitnehmern vom integrierten 1.-Gangrad weg zeigend (siehe Abbildung). Schieben Sie die Laschenscheibe auf und sichern Sie alles mit dem korrekt sitzenden Seegerring (siehe Abbildungen).

18 Schieben Sie das 3.-Gangrad mit der Schaltgabelnut zum 5.-Gangrad zeigend auf (siehe Abbildung). Schieben Sie die Scheibe mit den umgebogenen Laschen nach innen zeigend so auf, dass diese korrekt in die Lücken der Kerbverzahnung greifen (die Laschen sind nicht symmetrisch angeordnet, sodass die Scheibe entsprechend verdreht werden muss) (siehe Abbildungen).

19 Schieben Sie die Anlaufscheibe auf das innere (längere) Ende der Außenwelle (siehe Abbildung). Installieren Sie die 6.-Gang-Nutenbuchse und positionieren Sie das 6.-Gangrad mit den Mitnehmernlöchern vom integrierten 2.-Gangrad weg zeigend darüber (siehe Abbildungen). Schieben Sie die Laschenscheibe auf und sichern Sie alles mit dem korrekt sitzenden Seegerring (siehe Abbildungen). Schieben Sie das 4.-Gangrad mit der Schaltgabelnut zum 6.-Gangrad zeigend auf (siehe Abbildung).

29.19g Schieben Sie das 4.-Gangrad auf.

2

29.20a Installieren Sie die Nadellager in die Außenwelle...

29.20b ...und schieben Sie diese auf die Innenwelle,...

29.20c ...bis sie an der Scheibe mit den umgebogenen Laschen anschlägt.

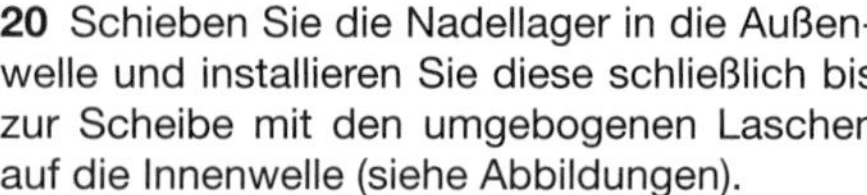

20 Schieben Sie die Nadellager in die Außenwelle und installieren Sie diese schließlich bis zur Scheibe mit den umgebogenen Laschen auf die Innenwelle (siehe Abbildungen).
21 Überprüfen Sie, ob alle Bauteile korrekt installiert sind. Die komplettierte DCT-Eingangswelle muss wie gezeigt aussehen (siehe Abbildung).

Ausgangswelle

Zerlegung

22 Ziehen Sie rechts den äußeren Lagerring und das Nadellager von der Welle (Abbildung 29.37d).
23 Ziehen Sie die Anlaufscheibe sowie das 2.-Gangrad samt Lagerbuchse von der Welle. Ziehen Sie dann die zweite Anlaufscheibe und das 6.-Gangrad ab (Abbildungen 29.37c, b und a sowie 29.36b und a).
24 Entfernen Sie den Seegerring und ziehen Sie die Laschenscheibe, das 4.-Gangrad samt Buchse und die Hülse von der Welle (Abbildungen 29.35d, c, b und a).
25 Ziehen Sie die Laschenscheibe von der Welle, drehen Sie dann die Nutenscheibe, um sie zu den Keilnuten der Welle auszurichten, und ziehen Sie sie ab (Abbildungen 29.34c und a).
26 Ziehen Sie das 3.-Gangrad gefolgt von der Buchse und der Laschenscheibe von der Welle (Abbildungen 29.33c, b und a).
27 Entfernen Sie den Seegerring und ziehen Sie das 5.-Gangrad ab (Abbildungen 29.32b und a).
28 Entfernen Sie den Seegerring und ziehen Sie die Laschenscheibe, das 1.-Gangrad und seine Buchse von der Welle (Abbildungen 29.31d, c, b und a).

Ausgangswelle

Kontrolle

29 Wechseln Sie hierfür zu den Schritten 7 bis 14.

Ausgangswelle

Zusammenbau

30 Schmieren Sie während der Montage alle belasteten Teile der Welle, der Buchsen und der Zahnräder mit einem Gemisch aus gleichen Teilen MoS_2-Fett und Motoröl. Spannen Sie die Sicherungsringe nicht mehr als nötig und setzen Sie ausgestanzte Ringe und Scheiben mit der abgerundeten Seite zum Zahnrad und der flachen Seite zur Druckbelastung ein. Die Öffnungen der Seegerringe müssen zwischen erhabenen Bereichen der Welle liegen – beachten Sie dafür die Sektion 2 der *Werkzeug- und Werkstatt-Tipps* im Anhang.
31 Schieben Sie die 1.-Gangbuchse gefolgt vom 1.-Gangrad auf – dessen Bund muss vom Lager weg zeigen. Schieben Sie die Laschenscheibe auf (siehe Abbildungen). Es folgt der Seegerring, der korrekt in seiner Nut liegen muss (siehe Abbildungen).

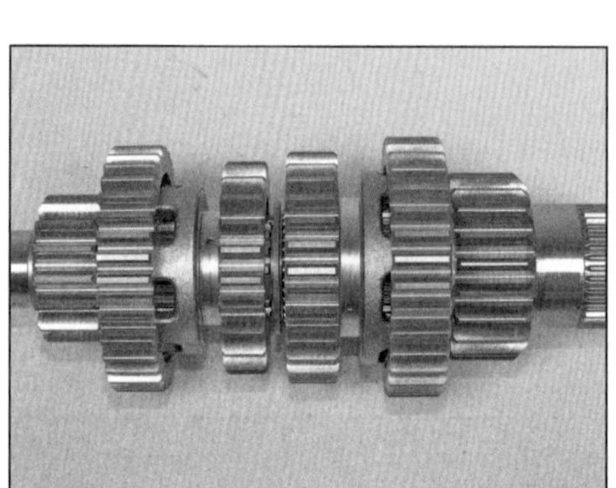

29.21 Die komplette DCT-Eingangswelle muss so aussehen.

29.31b ...das 1.-Gangrad...

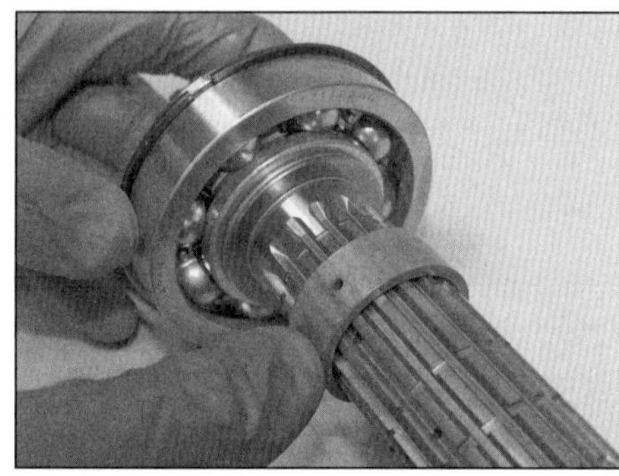

29.31a Schieben Sie die 1.-Gangbuchse,...

29.31c ...und die Laschenscheibe auf.

32 Schieben Sie das 5.-Gangrad mit der Schaltgabelnut vom 1.-Gangrad weg zeigend auf und sichern Sie es mit dem korrekt in seiner Nut sitzenden Seegerring (siehe Abbildungen).
33 Schieben Sie die Scheibe und die Buchse des 3.-Gangrades auf. Es folgt das 3.-Gangrad mit den Vertiefungen zum 5.-Gangrad zeigend (siehe Abbildungen).
34 Schieben Sie die Nutenscheibe auf und verdrehen Sie sie in ihrer Nut, sodass ihre inneren Laschen mit den Erhebungen der Welle ausgerichtet sind (siehe Abbildungen). Schieben Sie die Laschenscheibe auf, sodass ihre äußeren Laschen in die Nutenscheibe greifen und diese gegen Verdrehen in der Wellennut sichern (siehe Abbildung).

29.31d Sichern Sie alles mit dem Seegerring,...

29.31e ...der korrekt in seiner Nut positioniert sein muss.

29.32a Schieben Sie das 5.-Gangrad auf...

29.32b ...und sichern Sie es mit dem Seegerring,...

29.32c ...der rundherum korrekt in seiner Nut sitzen muss.

29.33a Schieben Sie die Nutenscheibe,...

29.33b ...die 3.-Gangbuchse...

29.33c ...und das 3.-Gangrad auf die Welle.

2

29.34a Schieben Sie die Nutenscheibe auf...

29.34b ...und verdrehen Sie sie wie gezeigt.

29.34c Sichern Sie die Nutenscheibe mit der korrekt ausgerichteten Laschenscheibe.

29.35a Schieben Sie die Buchse,...

29.35b ...das 4.-Gangrad...

29.35c sowie die Laschenscheibe auf...

29.35d ...und sichern Sie alles mit dem Seegerring,...

29.35e ...der korrekt in seiner Nut positioniert sein muss.

29.36a Schieben Sie das 6.-Gangrad...

29.36b ...und die Anlaufscheibe auf die Welle.

29.37a Schieben Sie die 2.-Gangbuchse auf die Welle...

29.37b ...und das 2.-Gangrad darüber.

29.37c Schieben Sie dann die Anlaufscheibe auf die Welle...

35 Schieben Sie die Buchse des 4.-Gangrades auf. Es folgt das 4.-Gangrad mit den Vertiefungen vom 3-Gangrad weg zeigend (siehe Abbildung). Schieben Sie die Laschenscheibe auf und sichern Sie alles mit dem korrekt in seiner Nut sitzenden Seegerring (siehe Abbildungen).

36 Schieben Sie das 6.-Gangrad mit der Schaltgabelnut zum 4.-Gangrad zeigend auf, schieben Sie dann die Anlaufscheibe davor (siehe Abbildungen).

37 Schieben Sie die 2.-Gangbuchse gefolgt vom 2.-Gangrad auf – dessen Vertiefung muss zum 6.-Gangrad zeigen. Es folgen die Anlaufscheibe, das Nadellager und dessen äußerer Ring (siehe Abbildungen).

38 Überprüfen Sie, ob alle Bauteile korrekt installiert sind. Die komplettierte DCT-Ausgangswelle muss wie gezeigt aussehen (siehe Abbildung).

30 Schaltwalze und Schaltgabeln

Ausbau

1 Bauen Sie den Motor aus (siehe Sektion 4) und trennen Sie die Motorgehäusehälften (siehe Sektion 21) – die Schaltwalze und die Schaltgabeln befinden sich in der oberen Gehäusehälfte.

29.37d ... und installieren Sie das Nadellager samt Außenring.

29.38 Die komplette DCT-Ausgangswelle muss so aussehen.

2 Heben Sie die Ausgangswelle aus der oberen Gehäusehälfte (siehe Sektion 27). Falls noch nicht geschehen, muss der Schaltmechanismus entfernt werden (siehe Sektion 15). Demontieren Sie bei Modellen mit Standardgetriebe den Getriebeschalter oder Sensor (siehe Kapitel 8, Sektion 20). Demontieren Sie bei DCT-Modellen den Getriebe-Sensor (siehe Kapitel 4, Sektion 9).

3 Beachten Sie vor dem Ausbau der Schaltgabeln die darauf angebrachten Buchstaben und deren Ausrichtung. Weil zwei Gabeln baugleich sind, müssen sie entsprechend markiert werden, um später an ihre ursprüngliche Positionen zu gelangen.

4 Lösen Sie die Schrauben, mit denen das Schaltwalzenlager und die Schaltgabel-Achsen gesichert sind (siehe Abbildung).

5 Stützen Sie bei **Modellen mit Standardgetriebe** die Schaltgabeln, ziehen Sie Achse aus dem Gehäuse und entnehmen Sie die Gabeln, sobald sie frei sind (Abbildung 30.6a). Schieben Sie die Gabeln anschließend wieder in ihrer korrekten Einbauposition auf die Achse. Ziehen Sie die Schaltwalze nach rechts aus dem Motorgehäuse (Abbildung 30.6b).

6 Stützen Sie bei **DCT-Modellen** die Ausgangswellen-Schaltgabeln, ziehen Sie Achse aus dem Gehäuse und entnehmen Sie die Gabeln, sobald sie frei sind (siehe Abbildung). Schieben Sie die Gabeln anschließend wieder in ihrer korrekten Einbauposition auf die Achse. Befreien Sie anschließend die Eingangswellen-Schaltgabeln auf die gleiche Weise. Ziehen Sie die Schaltwalze nach rechts aus dem Motorgehäuse (siehe Abbildung).

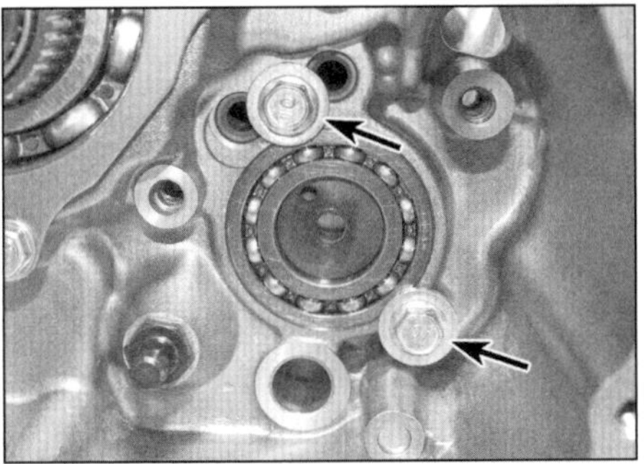

30.4 Schrauben zur Sicherung des Schaltwalzenlagers und der Schaltgabel-Achsen

30.6a Ziehen Sie die Achse heraus und befreien Sie die Schaltgabeln.

Kontrolle

7 Begutachten Sie die Schaltgabeln auf Anzeichen von Verschleiß und Beschädigung – dies gilt besonders an den Enden, womit sie in die Nuten der Getrieberäder greifen (siehe Abbildung). Prüfen Sie genau, ob die Gabeln verbogen sind. Sind die Gabeln auf irgendeine Weise beschädigt oder ihre Enden verschlissen, müssen sie erneuert werden.

8 Messen Sie die Breite der Schaltgabel-Enden (siehe Abbildung) – falls weniger als 5,83 mm ermittelt werden muss die Schaltgabel ersetzt werden.

30.6b Ziehen Sie die Schaltwalze nach rechts aus dem Motorgehäuse.

30.7 Kontrollieren Sie den Sitz der Schaltgabeln in ihren Nuten

30.8 Kontrollieren und vermessen Sie die Enden der Schaltgabeln.

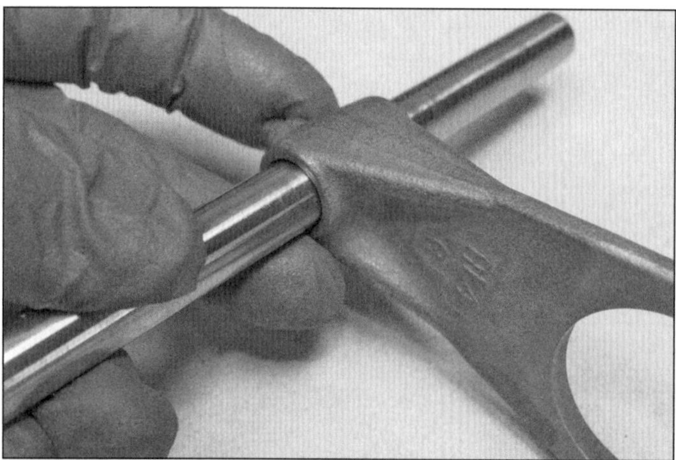

30.9 Prüfen Sie den Sitz der Schaltgabeln auf ihren Achsen.

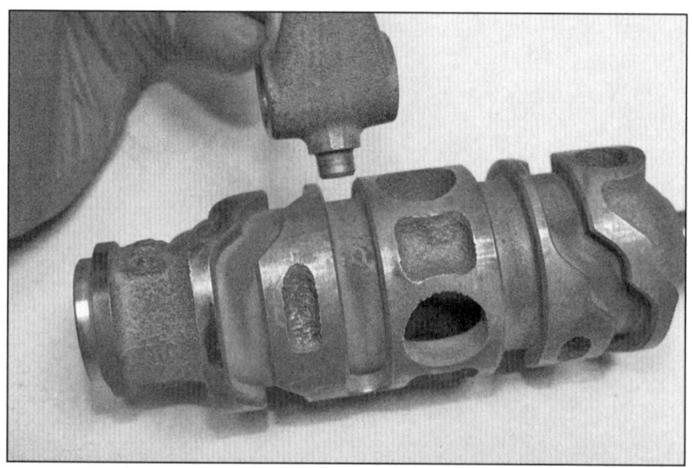

30.11 Kontrollieren Sie die Schaltwalzen-Nuten und die Schaltgabel-Führungsstifte.

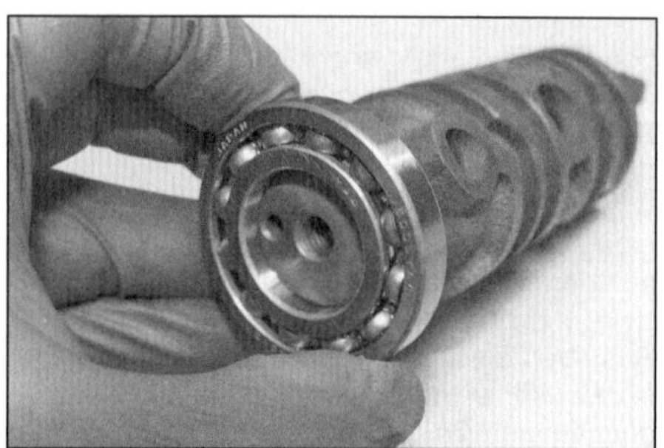

30.12a Ziehen Sie das Kugellager vom Ende der Schaltwalze.

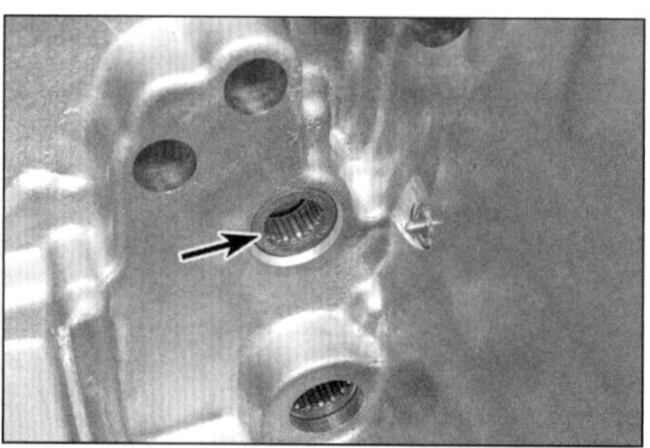

30.12b Schaltwalzen-Nadellager von DCT-Modellen

30.13 Schieben Sie die Schaltwalze vollständig in ihren Sitz.

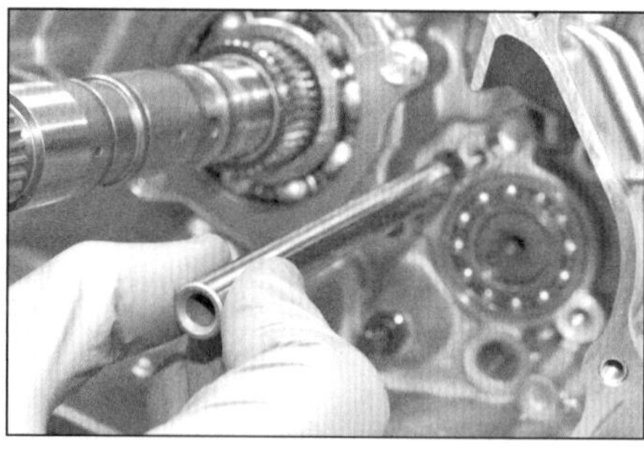

30.15a Schieben Sie die Schaltgabel-Achse für die Eingangswelle in die vordere Bohrung ein...

9 Kontrollieren Sie, ob die Gabeln korrekt auf ihrer Achse sitzen (siehe Abbildung). Sie sollen sich frei und mit leichtem Schlupf bewegen, aber kein spürbares Lagerspiel aufweisen. Messen Sie nötigenfalls den Innendurchmesser der Schaltgabel(n) und den Außendurchmesser ihrer Achse(n) und vergleichen Sie die Ergebnisse mit den Angaben in den technischen Daten, um festzustellen, welche Teile verschlissen sind und ersetzt werden müssen. Überprüfen Sie, ob die Achsbohrungen im Motorgehäuse weder verschlissen noch beschädigt sind.

10 Jede Schaltgabel-Achse sollte durch Rollen auf einer ebenen Oberfläche auf Biegung überprüft werden – eine verbogene Achse verursacht schwergängiges Schalten und muss ersetzt werden.

11 Inspizieren Sie die Nuten der Schaltwalze und die Führungen der Schaltgabeln auf Verschleiß und Schäden (siehe Abbildung) – ersetzen Sie schadhafte Teile.

12 Kontrollieren Sie, ob sich das Schaltwalzen-Lager sanft dreht und kein Spiel im Gehäuse hat. Um bei **Modellen mit Standardgetriebe** das Lager zu ersetzen, müssen die Hinweise in Sektion 15, Schritt 6 beachtet und die Schraube des Schaltsterns gelöst werden, um diesen zu entfernen – blockieren Sie die Schaltwalze dabei mit einer hineingesteckten Stange. Befreien Sie das Lager und installieren Sie das Neuteil mit der markierten Seite nach außen (beachten Sie dazu die *Werkzeug- und Werkstatt-Tipps* im Anhang) (siehe Abbildung). Kontrollieren Sie bei **DCT-Modellen** auch das Nadellager im Motorgehäuse und ersetzen Sie es ggf. durch ein Neuteil (beachten Sie dazu die *Werkzeug- und Werkstatt-Tipps* im Anhang) (siehe Abbildung).

Einbau

13 Schmieren Sie das/die Lager und das linke Ende der Schaltwalze mit Motoröl. Schieben Sie die Schaltwalze ins Motorgehäuse (Abbildung 30.6b) – ihr inneres Ende muss korrekt in die Bohrung oder das Nadellager greifen (siehe Abbildung).

14 Schmieren Sie bei **Modellen mit Standardgetriebe** die Schaltgabel-Achse mit einem Gemisch aus gleichen Teilen MoS_2-Fett und Motoröl und schieben Sie sie ins Motorgehäuse – richten Sie dabei die korrekt positionierten und ausgerichteten Schaltgabeln mit den Führungszapfen in den Nuten der Schaltwalze und den Halbkreis der mittleren Gabel zur Führungsnut der Eingangswelle aus.

15 Schmieren Sie bei **DCT-Modellen** die Schaltgabel-Achse für die Eingangswelle mit einem Gemisch aus gleichen Teilen MoS_2-Fett und Motoröl und schieben Sie sie ins Motorgehäuse – richten Sie dabei die korrekt positionierten und ausgerichteten Schaltgabeln mit den Führungszapfen in den Nuten der Schaltwalze und die Halbkreise zu den Führungsnuten der Eingangswelle aus (siehe Abbildungen). Schmieren Sie genauso die Schaltgabel-Achse für die Ausgangswelle und schieben Sie sie ins Motorgehäuse – richten Sie dabei die korrekt positionierten und ausgerichteten Schaltgabeln mit den Führungszapfen in den Nuten der Schaltwalze und die Halbkreise zu den Führungsnuten der Ausgangswelle aus (siehe Abbildungen).

30.15b ... und positionieren Sie die rechte Eingangswellen-Schaltgabel mit dem »R« nach rechts zeigend ...

30.15c ... sowie die linke Eingangswellen-Schaltgabel mit dem »L« ebenfalls nach rechts zeigend, ...

30.15d ... sodass ihre Führungszapfen in die Nuten der Schaltwalze greifen.

30.15e Schieben Sie die Schaltgabel-Achse für die Ausgangswelle in die hintere Bohrung ein ...

30.15f ... und führen Sie sie nach und nach durch die Schaltgabeln, ...

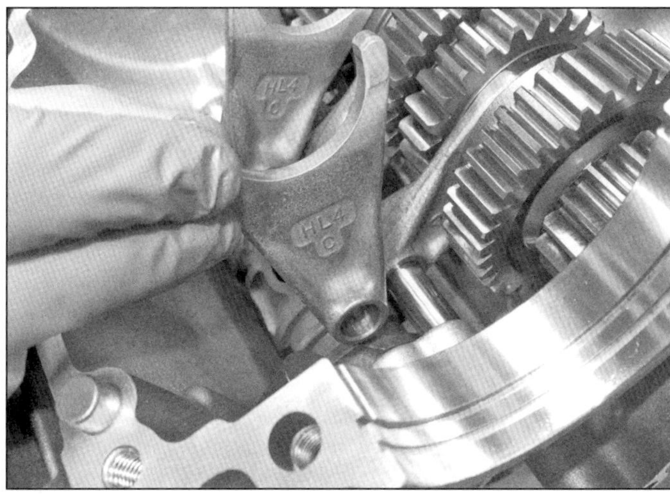

30.15g ... deren mit »C« markierte Seite links liegen muss.

16 Reinigen Sie die Gewinde der Sicherungsblech-Schrauben und tragen Sie mittelfeste Sicherungspaste auf. Setzen Sie die Schrauben mit ihren Scheiben an und ziehen Sie sie mit 12 Nm an (Abbildung 30.4).

17 Montieren Sie die Getriebe-Ausgangswelle und bauen Sie das Motorgehäuse zusammen (siehe Sektion 21). Montieren Sie (je nach Modell) zunächst den Getriebeschalter oder Sensor, bevor die Schaltmechanismus-Komponenten installiert werden – so rutscht die Schaltwalze nicht ins Motorgehäuse, was die Montage des Schaltsterns erschwert.

31 Einfahrhinweise

1 Stellen Sie sicher, dass die Motoröl- und Kühlmittel-Pegel korrekt sind (siehe *Tägliche Kontrollen*). Sorgen Sie dafür, dass sich im Tank Benzin befindet.

2 Schalten Sie die Zündung ein und den Killschalter auf ON. Bringen Sie das Getriebe in den Leerlauf.

3 Starten Sie den Motor und lasen Sie ihn mit leicht erhöhter Leerlaufdrehzahl Betriebstemperatur erreichen.

4 Falls die Öldruck-Kontrolllampe nicht wenige Sekunden nach dem Starten des Motors erlischt, muss der Motor sofort gestoppt werden und die Ursache gefunden werden. Wenn ein Motor auch nur sehr kurze Zeit ohne Öl gefahren wird, entstehen Schäden größter Ausmaße.

5 Kontrollieren Sie sorgfältig alles auf Öl- und Kühlmittel-Undichtigkeiten. Überprüfen Sie vor der ersten Probefahrt besonders die Bremsen, die Kupplung und der Antrieb, aber auch die Instrumente ordentlich funktionieren.

6 Behandeln Sie die Maschine auf den ersten Kilometern vorsichtig, um sicherzugehen, dass überall im Motor Öl angekommen ist und sich alle neuen Teile zu setzen begonnen haben.

7 Große Sorgfalt ist geboten, wenn neue Kolben, Kolbenringe oder Lagerschalen eingebaut wurden. Im Falle neuer Kolben oder Kolbenringe muss die Maschine behandelt werden, als wäre sie neu. Das bedeutet, dass öfter geschaltet werden muss, um immer im optimalen Drehzahlbereich zu fahren und das Gas auf den ersten 500 km nur bis zur Hälfte geöffnet werden sollte. Eine Geschwindigkeitsbegrenzung wird nicht vorgeschrieben, hauptsächlich sollen die Teile des Motors sich »einschleifen« und die Leistung langsam auf den ersten 500 km gesteigert werden. Hat man bereits Erfahrungen mit der Maschine, wird man merken, wann der Motor sich frei dreht.

8 Lassen Sie den Motor nach der Probefahrt abkühlen und prüfen Sie das Ventilspiel (siehe Kapitel 1). Kontrollieren Sie den Öl- und Kühlmittelpegel (siehe *Tägliche Kontrollen*).

Kapitel 3
Kühlsystem

Inhalt (in alphabetischer Reihenfolge, die Zahlen geben die Nummerierung in den grauen Feldern wieder)

Schwierigkeitsgrade

Leicht. Für Anfänger mit wenig Erfahrung geeignet. 	**Relativ leicht.** Für Anfänger mit etwas Erfahrung geeignet. 	**Relativ schwierig.** Geeignet für geübte Selbstschrauber. 	**Schwer.** Geeignet für Selbstschrauber mit viel Erfahrung. 	**Sehr schwer.** Geeignet für Experten und Profis.

Technische Daten

Kühlmittel

Kühlflüssigkeit-Typ . . . . *Pro Honda HP*-Kühlmittel oder vergleichbares Gemisch oder 50% destilliertes Wasser und 50% Ethylen-Glykol mit Korrosionsschutz für Aluminium-Motoren

Kühlflüssigkeit-Füllmenge
- Motor, Schläuche und Kühler
  - Modelle mit Standardgetriebe bis 2017 . . . . 1,63 Liter
  - alle anderen Modelle . . . . 1,65 Liter
- Ausgleichsbehälter . . . . 0,33 Liter

Kühltemperatursensor

Widerstand bei 40 °C . . . . 1,0 bis 1,3 K-Ohm
Widerstand bei 100 °C . . . . 140 bis 180 Ohm

Thermostat

Öffnung beginnt bei . . . . 80 bis 84 °C
Vollständig geöffnet bei . . . . 95 °C
Öffnungs-Hub . . . . 8 mm (min.)

Wasserkühler

Druckventil öffnet bei . . . . 1,1 bis 1,4 bar

Anzugsdrehmomente

	Nm
Kühlmittelrohr-Schrauben (DCT-Modelle)	12
Kühltemperatursensor	12
Lüfterhauben-Schrauben	8,5
Lüfterrad-Mutter	1,1
Thermostatdeckel-Schrauben	12
Ventilatormotor-Schrauben	2,7
Wasserpumpen-Befestigungsschrauben	13

1 Allgemeine Informationen

1 Das Kühlsystem arbeitet mit einem Wasser/Frostschutz-Gemisch, welches die Aufgabe hat, die beim Verbrennungsvorgang entstehende Wärme abzuleiten und die Temperatur im Motor möglichst konstant zu halten. Dazu werden die Zylinder von Kühlmittel umspült, das mithilfe einer über die vordere Ausgleichswelle angetriebenen Wasserpumpe durch den Thermostaten zunächst in den linken und dann in rechten Kühler gepumpt wird. Nachdem es deren Lamellen passiert hat und abgekühlt wurde, gelangt es zur Wasserpumpe und wird wieder in den Motor gedrückt.

2 Bei kaltem Motor wird der Kühlkreislauf durch den Thermostaten verkürzt – das Kühlmittel gelangt also nicht durch die Kühler. Nachdem die Betriebstemperatur im sogenannten inneren Kühlkreislauf erreicht ist, öffnet der Thermostat sein Ventil und das Kühlmittel durchströmt die Kühler. Durch diese Maßnahme gelangt der Motor schneller auf Betriebstemperatur.

3 Ein am Zylinderkopf sitzender Temperatursensor gibt Informationen an die Temperaturanzeige im Cockpit sowie an das Steuermodul (ECM/PCM) weiter.

4 An den Rückseiten der Kühler sitzen die vom Steuermodul über ein Relais aktivierten Ventilatoren, die bei extremer Kühlmitteltemperatur Luft durch die Kühler saugt.

5 Das Kühlsystem ist teilweise abgedichtet und arbeitet bei Betrieb unter Druck. Der durch ein federunterstütztes Überdruckventil im rechten Kühlerdeckel regulierte höhere Druck setzt den Siedepunkt herauf, damit das Kühlmittel unter widrigen Umständen nicht überkocht. Der Überlaufschlauch des Kühlsystems mündet in einen Ausgleichsbehälter, beim Abkühlen des Motors fließt das Kühlmittel automatisch wieder ins Kühlsystem zurück.

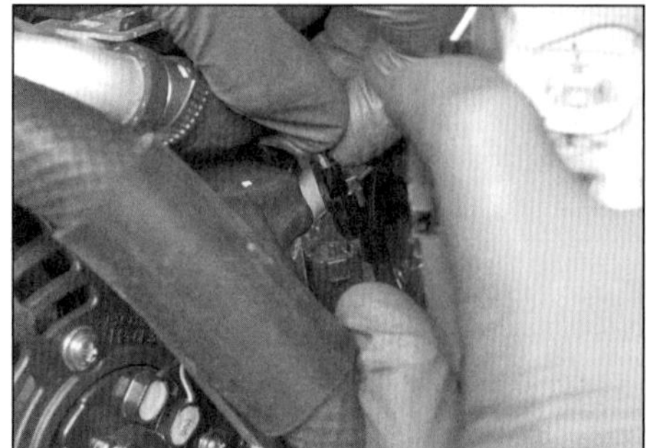

2.4a Stecker des linken Ventilators

2.4b Stecker des rechten Ventilators

Warnung: Entfernen Sie bei heißem Motor NIEMALS den Kühlerdeckel! Das unter Druck stehende Kühlmittel kann bei Druckverlust plötzlich aufkochen, sodass heißer Dampf austritt und ernsthafte Verbrennungen verursacht. Nachdem der Motor ausreichend abgekühlt ist, muss ein dicker Lappen oder ein Handtuch um den Deckel gelegt werden. Entfernen Sie den Kühlerdeckel durch vorsichtiges Drehen nach links bis zum Anschlag. Wenn ein zischendes Geräusch hörbar wird, muss gewartet werden, bis es aufhört. Jetzt wird der Deckel heruntergedrückt und weiter nach links gedreht, bis er abgenommen werden kann.

Achtung: Frostschutzmittel darf nicht mit der Haut oder Lackoberflächen in Berührung kommen. Wischen Sie Spritzer unverzüglich mit reichlich Wasser ab. Aus dem Mittel können giftige und explosive Gase entweichen, wenn es in offenen Behältern gelagert oder auf den Boden verschüttet wird. Kinder und Tiere können durch den süßen Geschmack irritiert werden und das Mittel trinken. Fragen Sie Ihren Fachhändler, wo Sie altes Frostschutzmittel entsorgen können.

Achtung: Benutzen Sie immer das vorgeschriebene Frostschutzmittel und mixen Sie im korrekten Verhältnis mit destilliertem Wasser. Das Mittel beinhaltet einen Korrosionsschutz, um das Kühlsystem zu schützen. Fehlt dieses, kann Rost entstehen und die feinen Leitungen des Kühlsystems blockieren. Durch den Einsatz von destilliertem Wasser wird die Bildung von Kalkablagerungen verhindert, welche ebenfalls die Kühlwirkung beeinträchtigen können.

2 Ventilatoren und Relais

Ventilatoren

Kontrolle

1 Hinter jedem der zwei Kühler sitzt ein Ventilator. Falls sich die Ventilatoren beim überhitzenden Motor nicht einschalten, muss zuerst deren Sicherung überprüft werden (siehe Kapitel 8) – soweit diese in Ordnung ist oder die Ventilatoren ständig laufen, muss das Relais kontrolliert werden (siehe unten).

2.5a Befreien Sie alle an der Lüfterhaube sitzenden Bauteile...

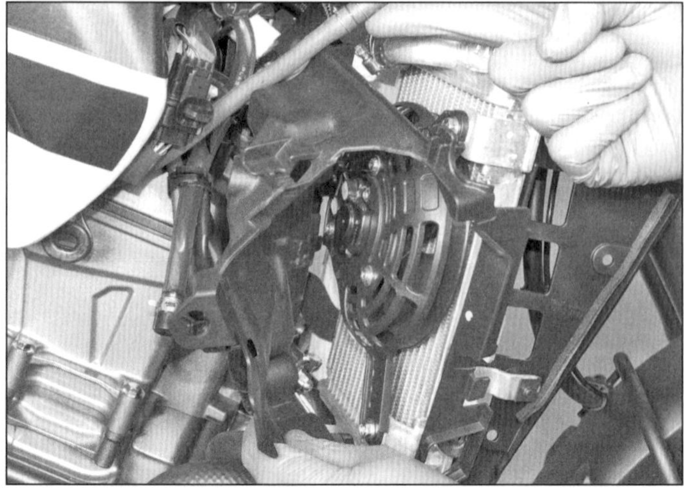

2.5b ...und trennen Sie diese vom Kühler.

2.6 **Schrauben des Ventilatorträgers**

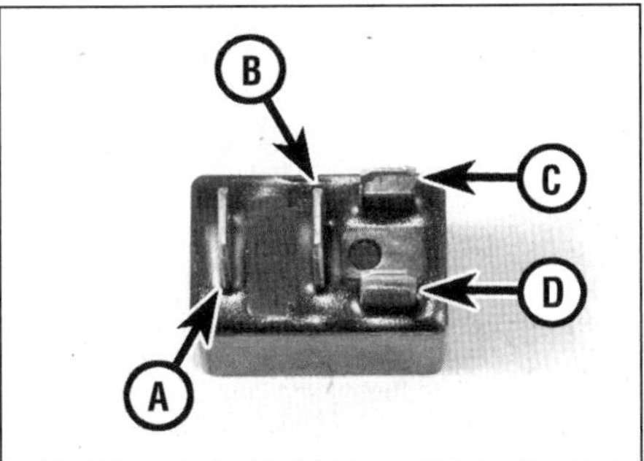

2.11 **Ventilatorrelais-Kontakte**

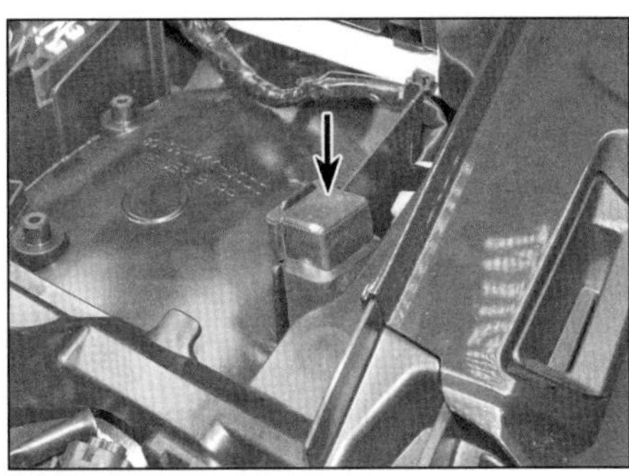

2.13 **Ventilatorrelais**

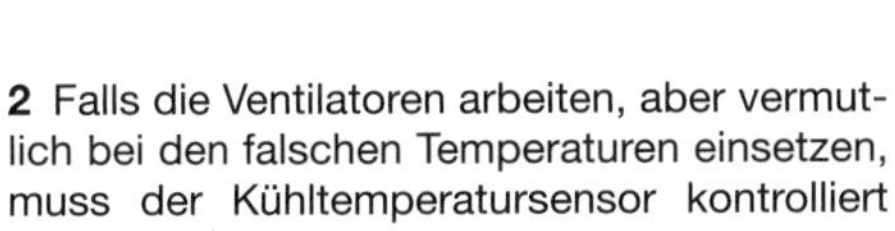

2 Falls die Ventilatoren arbeiten, aber vermutlich bei den falschen Temperaturen einsetzen, muss der Kühltemperatursensor kontrolliert werden (siehe Sektion 3).
3 Zum Testen eines Ventilatormotors muss der entsprechende Kühler demontiert und die Verkabelung sowie der Schlauch von der Lüfterhaube befreit werden (Schritt 5).
4 Trennen Sie den Ventilatorstecker (siehe Abbildungen). Verbinden Sie den Pluspol einer vollständig geladenen 12-Volt-Batterie mithilfe eines Überbrückungskabels mit dem Ventilatorstecker-Kontakt des schwarz/weißen Kabels und den Minuspol mit dem Kontakt des schwarzen Kabels – jetzt sollte der Ventilator laufen. Arbeitet er nicht (und sind die Kabel und Stecker zum Motor in Ordnung), ist der Ventilatormotor defekt.

Ausbau und Einbau

5 Beachten Sie die Hinweise in Sektion 5 und befreien Sie den entsprechenden Wasserkühler – hierbei müssen weder das Kühlmittel abgelassen noch Schläuche oder Stecker getrennt werden. Befreien Sie die Verkabelung und den Schlauch von der Lüfterhaube – merken Sie sich deren Verlegung. Demontieren Sie die Lüfterhaube (siehe Abbildungen).
6 Lösen Sie die drei Schrauben des Ventilators und entfernen Sie diesen (siehe Abbildung).
7 Lösen Sie nötigenfalls die Mutter des Lüfterrads, um dies abzunehmen. Befreien Sie die Kabelführung. Lösen Sie die Schrauben des Ventilatormotors und entnehmen Sie diesen.

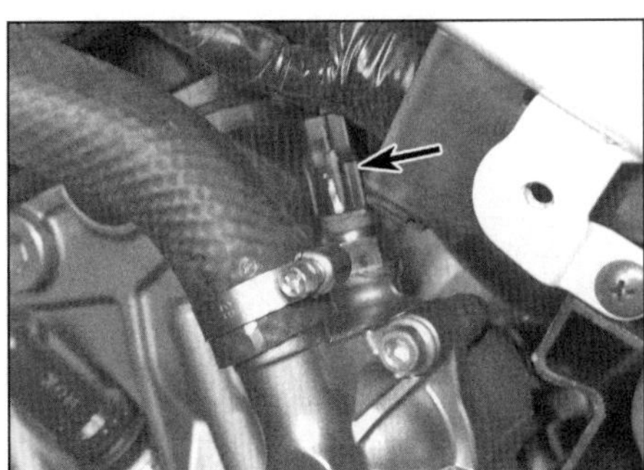

3.3 **Stecker des Kühltemperatursensors**

8 Der Einbau entspricht der umgekehrten Ausbaureihenfolge. Ziehen Sie die Schrauben des Ventilatormotors mit 2,7 Nm an. Reinigen Sie das Gewinde der Motorwelle. Richten Sie die Abflachungen der Welle zu denen der Lüfterradbohrung aus und schieben Sie es auf. Versehen Sie die Mutter mit mittelfester Sicherungspaste (Loctite) und ziehen Sie sie mit 1,1 Nm (also sehr leicht!) an. Ziehen Sie die Lüfterhauben-Schrauben mit 8,5 Nm an.
9 Montieren Sie den Kühler (siehe Sektion 5).

Ventilatorrelais

Kontrolle

10 Befreien Sie das Relais (Schritte 12 und 13).
11 Verbinden Sie ein auf den Messbereich Ohm x 1 geschaltetes Multimeter mit den Relaiskontakten A und B (siehe Abbildung) – es darf kein Durchgang festgestellt werden (»1«). Verbinden Sie eine geladene Batterie mithilfe von Überbrückungskabeln mit den Relais-Anschlüssen D (+) und C (–). Jetzt muss aus dem Relais ein deutliches Klicken vernehmbar sein und der Widerstand auf 0 Ohm (voller Durchgang) fallen – in diesem Fall ist das Relais in Ordnung. Wurde am Relais ständig Durchgang festgestellt oder hat es auch bei angeschlossener Batterie den Durchgang nicht freigeschaltet, ist es defekt und muss ersetzt werden.

Ausbau und Einbau

12 Demontieren Sie die Sitze (siehe Kapitel 7).
13 Befreien Sie das Relais und entfernen Sie die Abdeckung, ziehen Sie dann das Relais aus seinem Sockel (siehe Abbildung).
14 Der Einbau entspricht der umgekehrten Ausbaureihenfolge.

3 Temperatur-Warnleuchte und Sensor

Temperatur-Warnleuchte

1 Der Stromkreis besteht aus dem links hinten am Zylinderkopf sitzenden Kühltemperatursensor sowie der Temperatur-Warnlampe im Cockpit.
2 Falls die Temperatur-Warnlampe nicht aufleuchtet und das Cockpit ansonsten korrekt funktioniert (falls nicht: siehe Kapitel 8), aber die Motorsteuerung-Warnleuchte keinen Fehlercode anzeigt (siehe ggf. Kapitel 4), müssen die Kabel des Stromkreises kontrolliert werden (siehe Kapitel 8, Sektion 2).
3 Falls die Temperatur-Warnlampe ständig leuchtet, muss der Stecker des Kühltemperatursensors getrennt werden (siehe Abbildung). Schalten Sie die Zündung ein – falls die Lampe jetzt nicht leuchtet, ist der Sensor defekt.

Kühltemperatursensor

Kontrolle

4 Der Widerstand des Sensors ändert sich temperaturabhängig (siehe *Technische Daten*). Während es theoretisch möglich ist, den Sensor bei den Prüftemperaturen zu messen, lässt sich dieser Test in der Praxis nur schwierig ausführen.
5 Allerdings lässt sich der Widerstand des eingebauten Sensors bei kaltem, warmem und heißem Motor ermitteln. Trennen Sie dazu den Stecker des Kühltemperatursensors (Abbildung 3.3). Verbinden Sie die Klemmen eines auf den Ohm-Bereich geschalteten Multimeters mit den Sensorkontakten und notieren Sie den Widerstand. Starten Sie den Motor und wärmen Sie ihn etwas auf – führen Sie dabei mehrere Messungen durch. Der Widerstand muss bei steigender Temperatur absinken. Bei defektem Sensor wird wahrscheinlich voller Durchgang (»0«) oder unendlicher Widerstand (»1«) festgestellt; auch ein unveränderter Widerstand trotz unterschiedlichen Temperaturen ist möglich. Falls die gemessenen Werte stark von den Vorgaben abweichen, ist der Sensor defekt und muss ersetzt werden.

Ausbau und Einbau

Warnung: Der Motor muss vollständig abgekühlt sein, bevor diese Arbeit ausgeführt werden kann.

6 Entleeren Sie das Kühlsystem (siehe Kapitel 1).
7 Trennen Sie links hinten im Zylinderkopf den Sensorstecker(Abbildung 3.3).

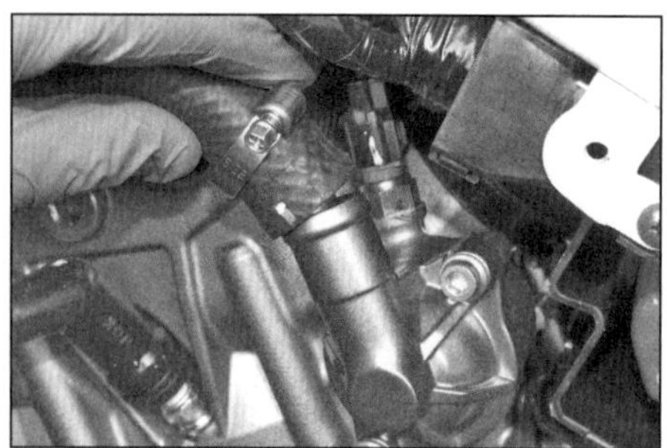

4.3 Falls der Thermostatdeckel vollständig entnommen werden soll, muss der Schlauch abgezogen werden.

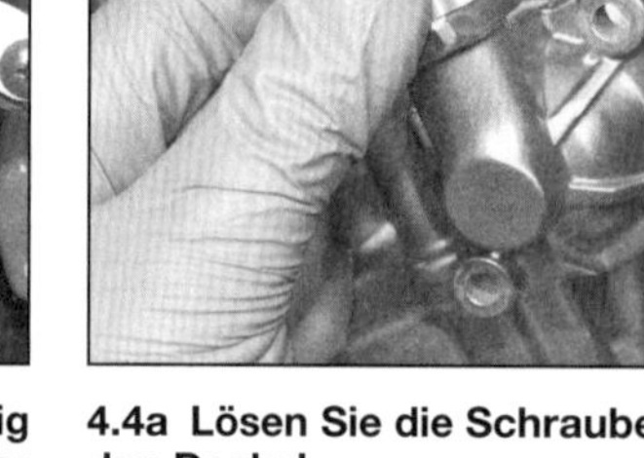

4.4a Lösen Sie die Schrauben, befreien Sie den Deckel...

4.4b ...und ziehen Sie den Thermostaten heraus – beachten Sie die Position der Entlüftungsbohrung (Pfeil).

8 Schrauben Sie den Sensor heraus – Honda schreibt zwar beim Einbau die Verwendung eines neuen O-Rings vor, listet diesen jedoch nicht als gesondertes Ersatzteil; erkundigen Sie sich im Fachhandel nach einem neuen O-Ring (nehmen Sie den alten mit).
9 Rüsten Sie den Sensor mit dem neuen O-Ring aus, drehen Sie ihn in den Zylinderkopf und ziehen Sie ihn mit 12 Nm an. Verbinden Sie den Sensorstecker.
10 Füllen Sie das Kühlsystem auf.

4 Thermostat

1 Der Thermostat arbeitet automatisch und normalerweise jahrelang zuverlässig. Im Falle eines Defektes kann das Ventil im offenen Zustand verklemmen – dann dauert es wesentlich länger, bis der Motor Betriebstemperatur erreicht. Andererseits kann das Ventil auch geschlossen blockieren, dann fließt die Kühlflüssigkeit nicht durch den Kühler und der Motor kann überhitzen. Keiner dieser Zustände ist akzeptabel und der Defekt muss unverzüglich behoben werden.

Ausbau

Warnung: Der Motor muss vollständig abgekühlt sein, bevor diese Arbeit durchgeführt werden darf.

2 Lassen Sie das Kühlmittel ab (siehe Kapitel 1).
3 Lockern Sie am Stutzen des Thermostat-Auslassschlauchs nötigenfalls die Schelle und ziehen Sie den Schlauch ab (siehe Abbildung).
4 Lösen Sie die Schrauben des Thermostatdeckels und befreien Sie diesen vom Zylinderkopf (siehe Abbildung). Ziehen Sie den Thermostaten heraus – beachten Sie die Position der Entlüftungsbohrung (siehe Abbildung).

Kontrolle

5 Führen Sie vor dem Test eine Sichtkontrolle durch. Wenn der Thermostat bei Raumtemperatur offen steht, ist er defekt und muss ersetzt werden. Kontrollieren Sie auch die Gummidichtung des Thermostaten.
6 Um die Funktion des Thermostaten prüfen zu können, werden ein mit kaltem Wasser gefüllten Topf und ein Herd benötigt. Hängen Sie den Thermostaten mit einem Stück Draht in das kalte Wasser, und halten Sie ein Thermometer (Messbereich bis über 100 °C) in die Nähe des Thermostaten (siehe Abbildung). Erwärmen Sie jetzt das Wasser. Weder das Thermometer noch der Thermostat dürfen den Topfboden berühren. Prüfen Sie, ob sich der Thermostat bei 80 bis 84 °C zu öffnen beginnt. Kontrollieren Sie ebenfalls, ob der Thermostat bei 95 °C um mindestens 8 mm geöffnet ist. Bei anderen Ergebnissen ist der Thermostat defekt und muss ersetzt werden.
7 Falls der Thermostat nicht öffnet, kann er **im Notfall** – und nach dem Abkühlen des Motors – ausgebaut, der Deckel wieder angeschraubt und dann weitergefahren werden (dies ist besser, als den Motor überhitzen zu lassen). Klemmt das Ventil im offenen Zustand, sollte der Thermostat eingebaut bleiben. In beiden Fällen muss beachtet werden, dass die Warmlaufzeit des Motors erheblich länger als üblich ist. Bauen Sie so schnell wie möglich einen neuen Thermostaten ein.

Einbau

8 Die Thermostat-Dichtung muss absolut sauber sein – falls sie in irgendeiner Weise beschädigt ist, muss sie ersetzt werden (siehe Abbildung). Installieren Sie den Thermostaten mit der Entlüftungsbohrung nach oben zeigend in sein Gehäuse (Abbildung 4.4b) – richten Sie dabei die Rippen in den Nuten aus.
9 Setzen Sie den Thermostatdeckel auf und ziehen Sie seine Schrauben mit 12 Nm an (Abbildung 4.4a).
10 Drücken Sie ggf. den Schlauch auf den Stutzen und sichern Sie ihn mit der Schelle (Abbildung 4.3).
11 Füllen Sie das Kühlsystem auf (siehe Kapitel 1).

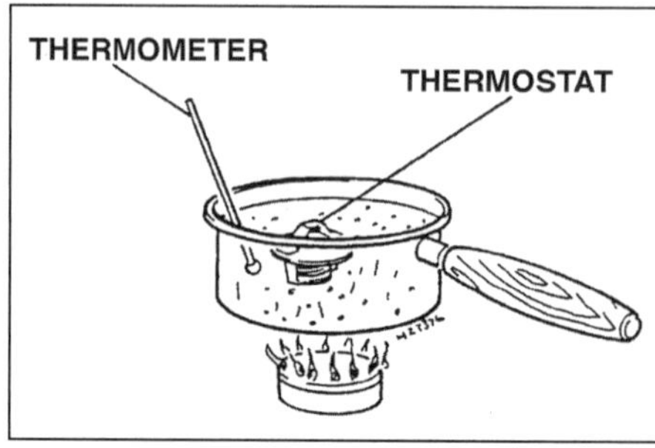

4.6 Aufbau für den Test des Thermostaten

5 Wasserkühler

Anmerkung: *Falls die Kühler im Zuge eines Motorausbaus demontiert werden müssen, sollten die Schläuche eher am Motor als am Kühler abgezogen und zusammen mit ihnen befreit werden – merken Sie sich die Verlegung der Schläuche.*

Ausbau

Warnung: Der Motor muss vollständig abgekühlt sein, bevor diese Arbeit durchgeführt werden darf.

1 Lassen Sie das Kühlmittel ab (siehe Kapitel 1).

Rechter Kühler

2 Entfernen Sie die rechte Innenverkleidung (siehe Kapitel 7).

4.8 Rüsten Sie den Thermostaten nötigenfalls mit einer neuen Dichtung aus.

5.4a Ziehen Sie den Überlaufschlauch vom Einfüllstutzen...

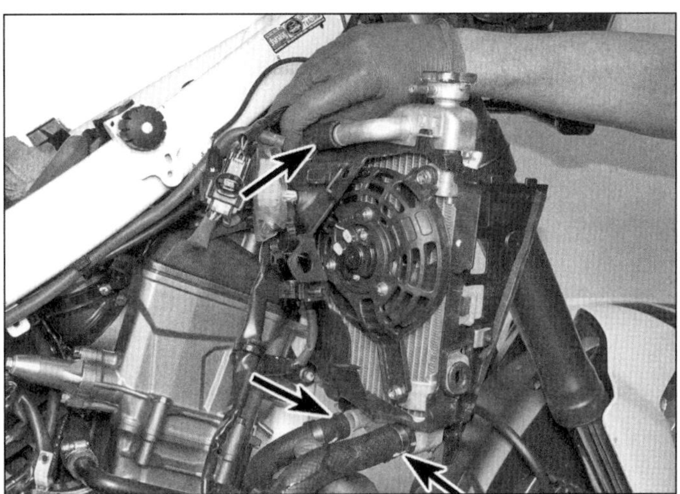

5.4b ...und die drei größeren Schläuche von den Kühlerstutzen.

5.5 Befestigungsschrauben des rechten Kühler

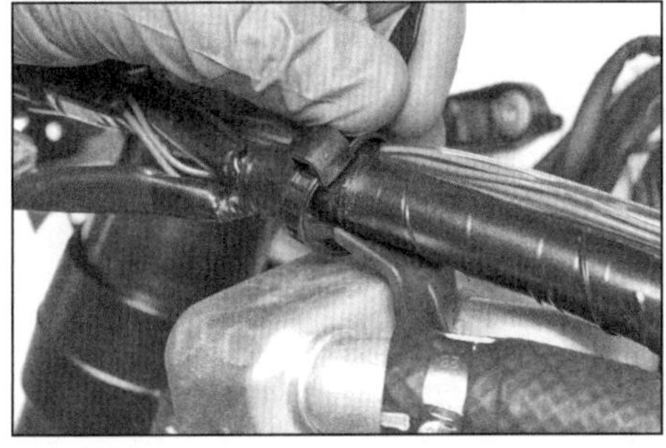

5.10a Befreien Sie die Verkabelung,...

3 Befreien Sie alle Kabel und Schläuche von der Lüfterhutze (Abbildung 2.5a).
4 Lockern Sie die Schellen und befreien Sie die Schläuche vom Kühler (siehe Abbildungen).
5 Lösen Sie die Kühler-Befestigungsschrauben – beachten Sie die Scheiben (siehe Abbildung). Befreien Sie den Kühler heraus und trennen Sie den Ventilatorstecker (Abbildung 2.4b). Der Kühler kann jetzt entnommen werden – beschädigen Sie dabei nicht seine Lamellen.
6 Beachten Sie die Hülsen in den Gummiösen (Abbildung 5.13) und ersetzen Sie diese, falls sie beschädigt, verformt oder spröde sind.
7 Um Sie den Kühler vollständig auf Beschädigungen kontrollieren zu können, müssen vorn das Schutzgitter (Abbildung 5.14) und hinten die Hutze sowie der Ventilator demontiert werden (siehe Sektion 2). Entfernen Sie sämtlichen Schmutz, der die Kühlwirkung behindern kann. Falls die Lamellen verbogen sind, können sie eventuell mit einem kleinen Schraubendreher wieder gerichtet werden; wenn sie stark beschädigt oder abgebrochen sind, muss der Kühler ersetzt werden.

Linker Kühler

8 Entfernen Sie die linke Innenverkleidung (siehe Kapitel 7).
9 Demontieren Sie die Hupe (siehe Kapitel 8).
10 Befreien Sie alle Kabel und Schläuche von der Lüfterhutze (siehe Abbildungen).

5.10b ...die Stecker...

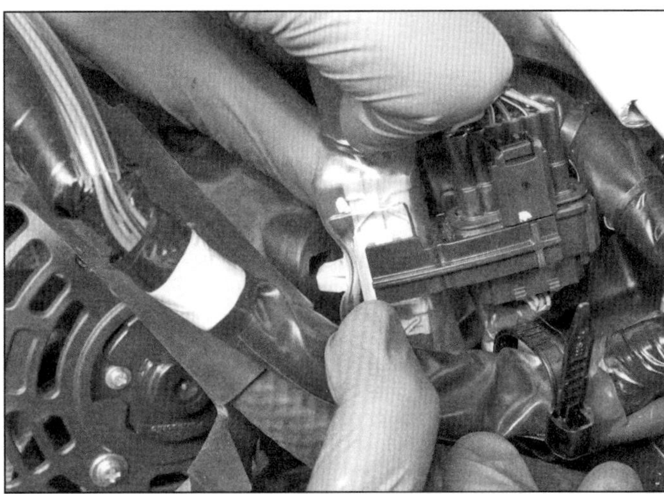

5.10c ...und den Steckerhalter-Clip.

5.11 Lockern Sie die Schellen und befreien Sie die Schläuche vom Kühler.

5.12 Befestigungsschrauben des linken Kühler

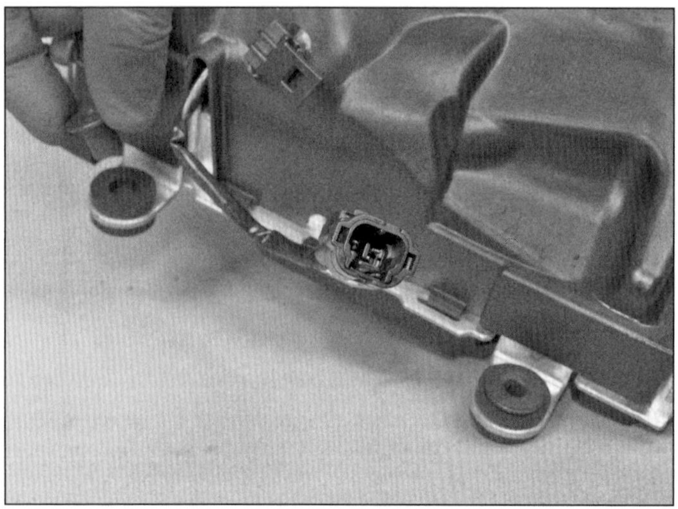

5.13 Stellen Sie ggf. die Hülsen sicher und kontrollieren Sie die Gummibuchsen.

5.14 Das Schutzgitter ist mit einer Schraube gesichert.

11 Lockern Sie die Schellen und befreien Sie die Schläuche vom Kühler (siehe Abbildungen).

12 Lösen Sie die Kühler-Befestigungsschrauben – beachten Sie die Scheiben und die Kabelklemme an der oberen Schraube (siehe Abbildung). Befreien Sie den Kühler heraus und trennen Sie den Ventilatorstecker (Abbildung 2.4a). Der Kühler kann jetzt entnommen werden – beschädigen Sie dabei nicht seine Lamellen.

13 Beachten Sie die Hülsen in den Gummiösen (siehe Abbildung) und ersetzen Sie diese, falls sie beschädigt, verformt oder spröde sind.

14 Um Sie den Kühler vollständig auf Beschädigungen kontrollieren zu können, müssen vorn das Schutzgitter (siehe Abbildung) und hinten die Hutze sowie der Ventilator demontiert werden (siehe Sektion 2). Entfernen Sie sämtlichen Schmutz, der die Kühlwirkung behindern kann. Falls die Lamellen verbogen sind, können sie eventuell mit einem kleinen Schraubendreher wieder gerichtet werden; wenn sie stark beschädigt oder abgebrochen sind, muss der Kühler ersetzt werden.

Einbau

15 Der Einbau entspricht der umgekehrten Ausbaureihenfolge – beachten Sie dabei folgende Punkte:

- Die Kühlerschläuche müssen sich in einem guten Zustand befinden (siehe Kapitel 1) und korrekt mit ihren (ggf. neuen) Schellen gesichert werden.
- Die Gummiösen müssen in ihren Aufnahmen stecken und die Hülsen von hinten eingeschoben werden (Abbildung 5.13).
- Das Ventilatorkabel muss korrekt verlegt und sicher verbunden sein.
- Das Kühlsystem muss aufgefüllt (siehe Kapitel 1) und anschließend auf Undichtigkeiten überprüft werden.

Kühlerdeckel-Prüfung

16 Wenn Probleme wie Überhitzung und Flüssigkeitsverlust auftreten, muss das Kühlsystem wie in Kapitel 1 beschrieben überprüft werden. Der Öffnungsdruck des Kühlerdeckels muss von einer entsprechend ausgerüsteten Honda-Werkstatt getestet werden. Ist das Ventil defekt, muss es ersetzt werden.

6.4a Lösen Sie die Schrauben...

6.4b ...und befreien Sie die Wasserpumpe aus dem Kupplungsdeckel.

6 Wasserpumpe

Kontrolle

1 Beachten Sie hierfür die Hinweise in Kapitel 1, Sektion 12.

Ausbau

2 Lassen Sie Motoröl und das Kühlmittel ab (siehe Kapitel 1).
3 Demontieren Sie den Kupplungsdeckel (siehe Kapitel 2).
4 Lösen Sie die Befestigungsschrauben und befreien Sie die Wasserpumpe aus dem Deckel (siehe Abbildungen) – das Dichtgummi muss beim Einbau durch ein Neuteil ersetzt werden (Abbildung 6.7b). Stellen Sie ggf. die Passhülsen sicher (Abbildung 6.7a).
5 Falls das Pumpenrad und/oder die Dichtungen beschädigt sind, muss die gesamte Pumpe ausgetauscht werden – Einzelteile sind nicht erhältlich.
6 Kontrollieren Sie das Pumpenradlager, indem Sie das Pumpenrad hin und her wackeln und daran drehen (siehe Abbildung) – falls es Spiel hat oder rau läuft, muss die Pumpe ersetzt werden. Ablagerungen und Korrosion im Pumpengehäuse können ggf. vorsichtig beseitigt werden.

Einbau

7 Stecken Sie ggf. die Passhülsen in den Kupplungsdeckel (siehe Abbildung). Rüsten Sie das Pumpengehäuse mit einem neuen Dichtgummi aus (siehe Abbildung). Reinigen Sie die Gewinde der Pumpen-Schrauben und tragen Sie frische Sicherungspaste *(Loctite)* auf. Setzen Sie die Pumpe an und ziehen Sie die Schrauben mit 13 Nm an (Abbildung 6.4a).
8 Montieren Sie den Kupplungsdeckel (siehe Kapitel 2).
9 Füllen Sie Motoröl und Kühlmittel auf (siehe Kapitel 1).

6.6 Kontrollieren Sie das Pumpenrad wie beschrieben.

6.7a Wasserpumpen-Passhülsen

6.7b Legen Sie das neue Dichtgummi in die Nut des Pumpengehäuses.

3

7.2a Lösen Sie die Schraube,...

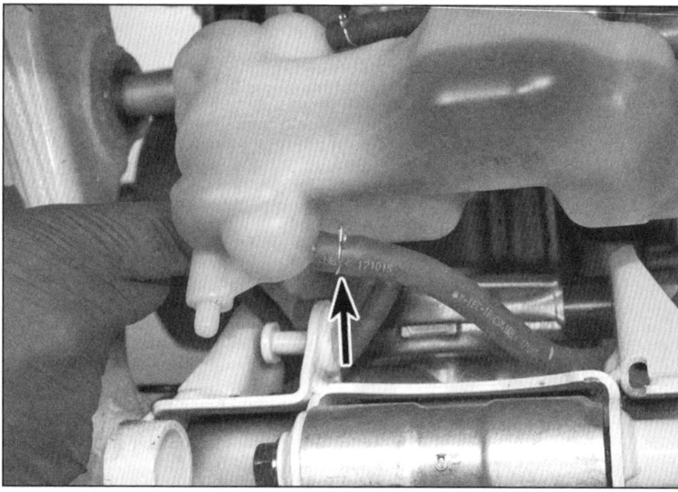

7.2b ...befreien Sie den Behälter und trennen Sie den Schlauch.

7 Ausgleichsbehälter

Ausbau

1 Der Kühlmittel-Ausgleichsbehälter sitzt zwischen dem Motor und dem Hinterradstoßdämpfer – demontieren Sie diesen, um Zugang zu erhalten (siehe Kapitel 5). Beschaffen Sie einen geeigneten Sammelbehälter, um das Kühlmittel aufzunehmen.

2 Lösen Sie die Befestigungsschraube des Behälters und befreien Sie diesen – beachten Sie die Position des Zapfens in seiner Bohrung. Trennen Sie unten am Behälter den Kühler-Überlaufschlauch und lassen Sie das Kühlmittel in den Sammelbehälter ablaufen (siehe Abbildungen).

Einbau

3 Der Einbau entspricht der umgekehrten Ausbaureihenfolge – füllen Sie den Behälter mit dem vorgeschriebenen Kühlmittel bis zur UPPER-Markierung auf (siehe *Tägliche Kontrollen*).

8 Schläuche, Rohre und Anschlüsse

Warnung: Der Motor muss vollständig abgekühlt sein, bevor irgendein Kühlerschlauch abgezogen wird.

Ausbau

1 Lassen Sie zunächst das Kühlmittel ab (siehe Kapitel 1).

Anmerkung: *Seien Sie beim Entfernen von Kühlsystem-Komponenten auf austretende Kühlmittelreste vorbereitet.*

2 Lockern Sie mit Schrauben versehene Schlauchschellen mit einem Schraubendreher und ziehen Sie sie über den Stutzen zurück (Abbildung 4.3). Andere Schläuche sind mit Federklemmen gesichert, zu deren Entspannung die Enden mit einer Zange zusammengedrückt werden müssen (Abbildung 5.4a).

Achtung: Die Kühler-Anschlüsse sind empfindlich. Ziehen Sie die Schläuche nicht mit zu viel Kraft ab.

3 Falls ein Schlauch sich nicht lösen lässt, muss versucht werden, ihn drehend abzuziehen. Wenn das auch nicht klappt, muss mit einem scharfen Messer ein Längsschnitt über dem Flansch gezogen werden, sodass der Schlauch abgeschält werden kann. Es ist immer besser, nur einen neuen Schlauch zu beschaffen als den ganzen Kühler zu ersetzen.

4 Der Stutzen am Motorblock kann nach dem Abziehen des Schlauchs und dem Lösen der Schrauben entfernt werden (siehe Abbildung) – der O-Ring muss später erneuert werden.

5 Bei DCT-Modellen kann das am Kupplungsdeckel sitzende Kühlmittelrohr nach dem Trennen des Schlauchs vom Deckel demontiert werden – lösen Sie dazu die Rohr-Schrauben und befreien Sie das Rohr vom Deckel und dem Schlauch (siehe Kapitel 2, Sektion 14). Verwenden Sie beim Einbau einen neuen O-Ring.

Einbau

6 Montieren Sie bei DCT-Modellen das Kühlmittelrohr mithilfe eines neuen und geölten O-Rings an den Kupplungsdeckel und ziehen Sie die Schrauben mit 12 Nm an (siehe Kapitel 2, Sektion 14).

7 Falls der Einlassstutzen vom Motorblock getrennt wurde, muss ein neuer O-Ring in dessen Nut gelegt werden.

8 Schieben Sie die Schelle über den Schlauch und stecken Sie diesen ggf. bis zur Begrenzung auf den entsprechenden Anschluss-Stutzen. Alle Schläuche müssen korrekt ausgerichtet sein, damit ihre vorgegebene Form beim Anziehen der Schellen nicht verziehen.

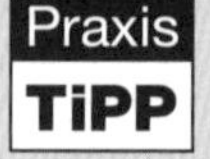

Praxis TiPP

Wenn ein Schlauch schwer aufzuschieben ist, kann er zum Erweichen in heißes Wasser gehalten werden. Alternativ hilft die Verwendung von Seifenwasser als Schmiermittel.

9 Drehen Sie den Schlauch in Position, bevor Sie die Schelle über den Stutzen schieben und ihn sichern.

10 Füllen Sie das Kühlsystem auf (siehe Kapitel 1).

8.4 Schrauben des Motorblock-Kühlerstutzens

Kapitel 4
Motorsteuerung

Inhalt (in alphabetischer Reihenfolge, die Zahlen geben die Nummerierung in den grauen Feldern wieder)

Schwierigkeitsgrade

Leicht. Für Anfänger mit wenig Erfahrung geeignet. 

Relativ leicht. Für Anfänger mit etwas Erfahrung geeignet. 

Relativ schwierig. Geeignet für geübte Selbstschrauber. 

Schwer. Geeignet für Selbstschrauber mit viel Erfahrung. 

Sehr schwer. Geeignet für Experten und Profis.

Technische Daten

Allgemeine Informationen

Zylindernummerierung	links: 1; rechts: 2
Zündkerzen-Typ	NGK SILMAR8A9S
Zündkerzen-Elektrodenabstand	0,8 bis 0,9 mm

Kraftstoff

Typ	Super bleifrei (min. 95 Oktan)
Tankinhalt (inkl. ca. 3,4 Liter Reserve)	
Standardmodelle	18,8 Liter
Adventure Sports	24,2 Liter

Einspritzanlage

Standgasdrehzahl	
bis Modelljahr 2017	1200 ± 100/min
ab Modelljahr 2018	1250 ± 100/min
Kraftstoffdruck bei Standgasdrehzahl	3,3 bis 3,7 bar
Minimaler Kraftstoffdurchsatz	320 ml in 10 sec.

Prüfdaten – Kraftstoffsystem

Kühltemperatursensor (ECT-Sensor) – Widerstand	1,0 bis 1,3 K-Ohm bei 40 °C
Standgasluftregelventil (IACV) – Widerstand	99 bis 121 Ohm bei 25 °C
Einspritzdüsen-Widerstand	11 bis 13 Ohm bei 20 °C
Ansauglufttemperatursensor (IAT-Sensor)	1,0 bis 1,3 K-Ohm bei 40 °C
Lambdasonden-Vorwärmung – Widerstand	6,7 bis 10,5 Ohm bei 20 °C
Kurbelwellensensor (CKP-Sensor) – Spitzenspannung	0,7 Volt (min.) - siehe Text
Tankanzeige-Geber – Widerstand	
Tank voll	6,4 bis 10,4 Ohm
Tank leer	205 bis 211 Ohm
Sekundärluftregelungs-Magnetventil (PAIR) – Widerstand	24 bis 28 Ohm bei 20 °C
Verdunstungsregelungs-Magnetventil (EVAP) – Widerstand	30 bis 34 Ohm bei 20 °C

Zündspulen

Anmerkung: *Alle Werte gelten nur bei Temperaturen von 20 °C*

Primärwicklungs-Widerstand	ca. 2,6 Ohm
Sekundärwicklungs-Widerstand	
mit Zündkerzenstecker	ca. 17,8 K-Ohm
ohne Zündkerzenstecker	ca. 13 K-Ohm
Zündkerzenstecker-Widerstand	ca. 4,8 K-Ohm
Initial-Zündspannung	ca. 12,8 V (Batteriespannung)
Spitzenspannung (siehe Text)	100 Volt (min.).

Zündzeitpunkt

Bei Standgas	10° vor OT (F-Markierung)

Anzugsdrehmomente

	Nm
Auspuffanlage	
Krümmerflanschmuttern	20
Schalldämpfer-Klemmschrauben	17
Benzinpumpenhalteplatten-Muttern	12
Einspritzdüsenhalter/Druckspeicher-Schrauben	5
Schaltbereichssensor-Schraube	12
Kurbelwellenstopfen	8
Kupplung – Motoröldrucksensoren	20
Lambdasonde	24,5
Motoröl-Temperatursensor	15
Sekundärluft-Zungenventildeckel-Schrauben	12
Steuerzeiten-Inspektionsdeckel	6

1 Allgemeine Informationen und Warnhinweise

1 Alle Modelle sind mit einer programmierten Einspritzanlage (PGM-FI) ausgerüstet, die bei Modellen mit Standardgetriebe vom Motorsteuermodul (ECM) und bei Modellen mit Doppelkupplung (DCT) von einem kombinierten Motor/Antriebsstrang-Steuermodul (ECM/PCM) überwacht wird.

Kraftstoffsystem

2 Das Kraftstoffsystem besteht aus dem Benzintank, der darin sitzenden Benzinpumpe (samt Druckregler, Filter und Ansaugsieb),der Kraftstoffleitung zum Druckspeicher samt Einspritzdüsen, den Drosselklappengehäusen und bis Modelljahr 2017 den Gaszügen. Die für die Verbrennung benötigte Luft wird durch ein unter dem Tank sitzendes Luftfiltergehäuse angesaugt. Die Benzinpumpe wird über ein Relais vom Zündschloss aktiviert, während der Kraftstoffdruck innerhalb der Pumpe vom Druckregler konstant gehalten wird. Die 44 mm großen Drosselklappen regulieren entsprechend der Vorgaben die Luftzufuhr. Die Einspritzdüsen werden vom Steuermodul anhand der Informationen diverser Sensoren aktiviert – beachten Sie für weitere Informationen die Hinweise in Sektion 6.

3 Alle Modelle sind mit einem im Tank sitzenden Geber und einer Tankanzeige im Cockpit ausgerüstet.

Zündsystem

4 Die elektronische Transistorzündung ist mit der Einspritzanlage kombiniert und beide werden mit dem Steuermodul (ECM/PCM) geregelt. Die Zündanlage besteht aus dem Zündauslöser, dem Kurbelwellensensor (CKP), dem Steuermodul, vier separaten Zündspulen und den jeweils zwei Zündkerzen pro Zylinder.

5 Die am Lichtmaschinenrotor (links auf der Kurbelwelle) sitzenden Auslöser aktivieren bei sich drehendem Motor magnetisch den im Lichtmaschinendeckel sitzenden Kurbelwellensensor. Dieser sendet ein Signal an das Steuermodul, welches die Zündspulen mit dem zur Bildung eines Zündfunken benötigten Stroms versorgt. Der Zündzeitpunkt ist nicht einstellbar.

6 Das Zündsystem ist mit einem Sicherheitsstromkreis ausgerüstet, der bei laufendem Motor die Zündung unterbricht, falls bei eingelegtem Gang der Seitenständer ausgeklappt ist. Der Stromkreis verhindert auch das Starten des Motors, falls ein Gang eingelegt ist und (bei eingeklappten Seitenständer) nicht die Kupplung gezogen wird.

7 Manche Modelle sind mit einer Wegfahrsperre namens HISS *(Honda Ignition Security System)* ausgerüstet, die das Starten des Motors nur mit dem richtigen Schlüssel ermöglicht. Dieses System hat seine eigene Fehlerdiagnosefunktion.

Anmerkung: *Bauartbedingt können die Teile der Motorsteuerung zwar kontrolliert, aber nicht repariert werden. Wenn im Einspritz- oder Zündsystem Probleme auftreten, kann die fehlerhafte Komponente isoliert und durch ein Austauschteil ersetzt werden. Elektronikteile können oftmals nach dem Kauf nicht umgetauscht werden. Um unnötige Kosten zu vermeiden, sollten Sie absolut sicher gehen, dass das fehlerhafte Teil richtig identifiziert worden ist, bevor Sie ein Neuteil kaufen.*

Vorsichtsmaßnahmen

⚠ ***Warnung: Benzin ist leicht entzündlich, vor allem in Form von Dampf. Daher müssen unten stehende Vorsichtsmaßnahmen getroffen werden. Beachten Sie, dass Benzindampf schwerer ist als Luft und sich daher in schlecht belüfteten Ecken sammeln kann. Vermeiden Sie Hautkontakt und suchen Sie einen Arzt auf, wenn Benzin in die Augen gelangt ist oder verschluckt wurde. Tragen Sie immer eine Sicherheitsbrille und haben Sie einen geeigneten Feuerlöscher zur Hand.***

8 Nachdem der Motor abgeschaltet wurde, steht das Kraftstoffsystem noch längere Zeit unter einem gewissen Druck, der vor dem Trennen von Anschlüssen abgelassen werden muss (siehe Sektion 2). Bei getrennten Kraftstoffleitungen darf kein Schmutz in den Tank oder den Druckspeicher gelangen, da hierdurch die Einspritzanlage verstopft oder beschädigt werden kann. Vor dem Trennen oder

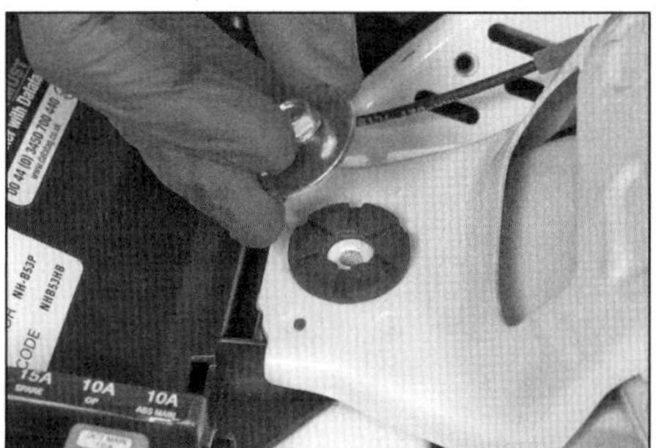

2.3 Lösen Sie die Tank-Schraube und entnehmen Sie die Scheibe.

2.4a Positionieren Sie die Tank-Haken über den Haltegummis...

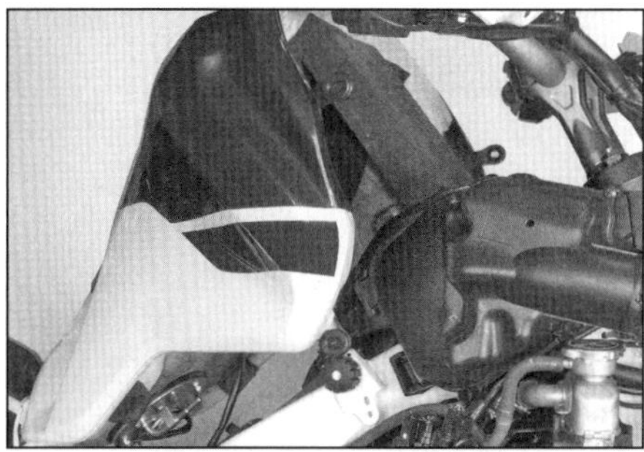

2.4b ...heben Sie den Tank vorn an und stützen Sie ihn wie gezeigt mit dem Holz ab.

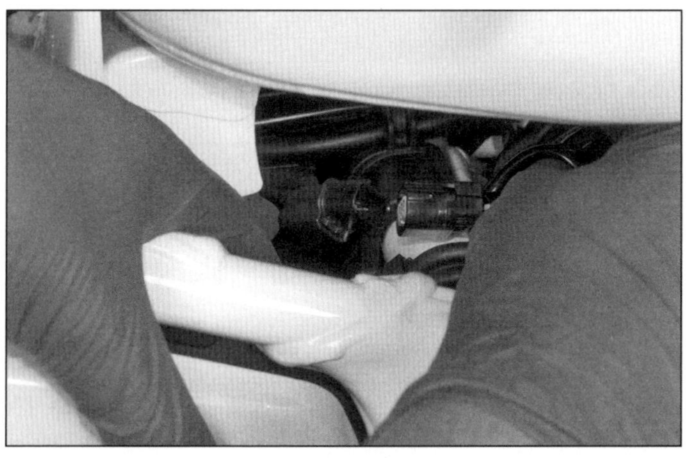

2.6 Trennen Sie den Benzinpumpenstecker...

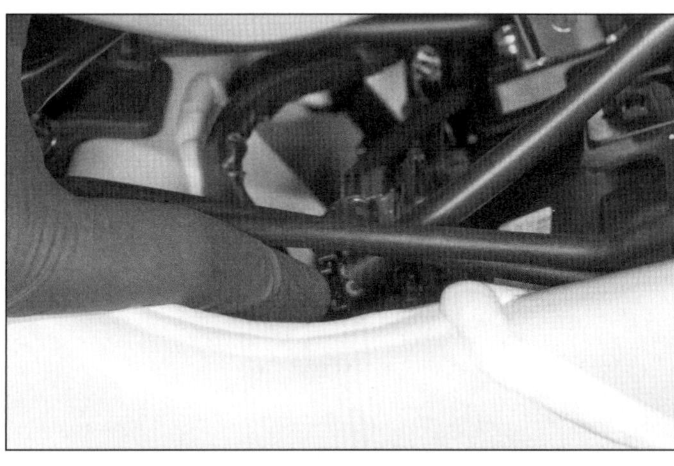

2.7 ...und den Stecker des Tankanzeige-Gebers.

Verbinden von Kabelsteckern der Motorsteuerung muss sichergestellt sein, dass die Zündung abgeschaltet ist – andernfalls kann das Steuermodul (ECM/PCM) beschädigt werden.
9 Führen Sie Arbeiten am Kraftstoffsystem nur in gut belüfteten Räumen durch.
10 Stellen Sie sicher, dass sich keine offenen Flammen oder Funken (z. B. Zündanlage) in der Nähe befinden, wenn Sie mit Benzin hantieren.
11 Beachten Sie absolutes Rauchverbot für jedermann bei Arbeiten am Kraftstoffsystem. Denken Sie an die Gefahr, die von brennenden Zigaretten ausgeht, und entfernen Sie sich zum Rauchen weit genug vom Arbeitsplatz.
12 Denken Sie daran, dass elektrische Geräte wie Schalter, Bohrmaschinen, Schleifböcke u. a. Funken produzieren. Vermeiden Sie daher den Betrieb solcher Geräte bei Arbeiten am Kraftstoffsystem und lüften Sie den Raum gründlich aus, bevor Sie damit beginnen.
13 Wischen Sie grundsätzlich verschüttetes Benzin auf und entsorgen Sie benzingetränkte Lappen und Tücher in einem feuersicheren Behälter (z. B. einem Stahlfass).
14 Benzin darf nur in dafür geprüften und luftdicht verschlossenen und beschrifteten Behältern gelagert werden. Die Menge der Vorratshaltung in Wohnhäusern ist gesetzlich begrenzt. Bewahren Sie auch demontierte Benzintanks mit geschlossenem Tankdeckel sicher auf.
15 Lesen Sie sorgfältig die »Sicherheit Zuerst!«-Sektion am Anfang dieses Buchs, bevor Sie mit der Arbeit beginnen.

2 Tank

Warnung: Lesen Sie zunächst die Warnhinweise in Sektion 1.

Anheben

1 Demontieren Sie den Fahrersitz, die Verkleidungsseitenteile, die Tankverkleidungen und die Sitzhalterung (siehe Kapitel 7).
2 Die Zündung muss ausgeschaltet und der Tankdeckel sicher verschlossen sein. Lösen Sie hinten am Tank die Befestigungsschraube und entnehmen Sie die Scheibe (siehe Abbildung).
3 Positionieren Sie ein Holz (ca. 20 x 10 x 5 cm) vorn zwischen Tank und Rahmen. Ziehen Sie die Tankhalterung vorsichtig zurück, bis seine Haken aus den Haltegummis des Rahmens befreit sind; legen Sie den Tank dann mit den Haken auf den Haltegummis ab und positionieren Sie die hintere Gummiöse wieder über dem Zapfen (siehe Abbildung). Drehen Sie die hintere Tank-Schraube wieder locker ein, heben Sie den Tank vorn an und legen Sie das Holz zwischen den Tank und den Rahmen (siehe Abbildung) – der Tank muss sicher aufliegen.

Demontage

Anmerkung: *Bei der Demontage geht unweigerlich eine geringe Menge Kraftstoff verloren – beachten Sie zunächst die Warnhinweise in Sektion 1 und halten Sie Lappen bereit. Nachdem der Tank demontiert ist, muss er auf weichen Lappen gelagert werden, damit keine Schlauchanschlüsse oder der Lack beschädigt werden. Um das Gewicht des Tanks zu reduzieren, sollte er demontiert werden, wenn er fast leer ist. Pumpen Sie einen gefüllten Tank nötigenfalls ab.*

4 Heben Sie den Tank an (siehe oben).
5 Trennen Sie den Benzinpumpenstecker (siehe Abbildung).
6 Trennen Sie den Stecker des Tankanzeige-Gebers (siehe Abbildung).
7 Um Benzinreste aus dem Tank zu entfernen, wird der Motor gestartet und solange laufen gelassen, bis er abstirbt. Schalten Sie dann die Zündung ab.

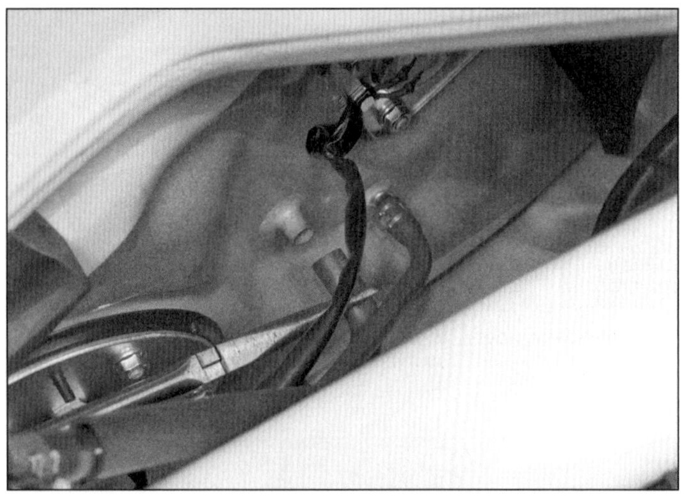

2.10 Ziehen Sie die Schläuche von den Stutzen.

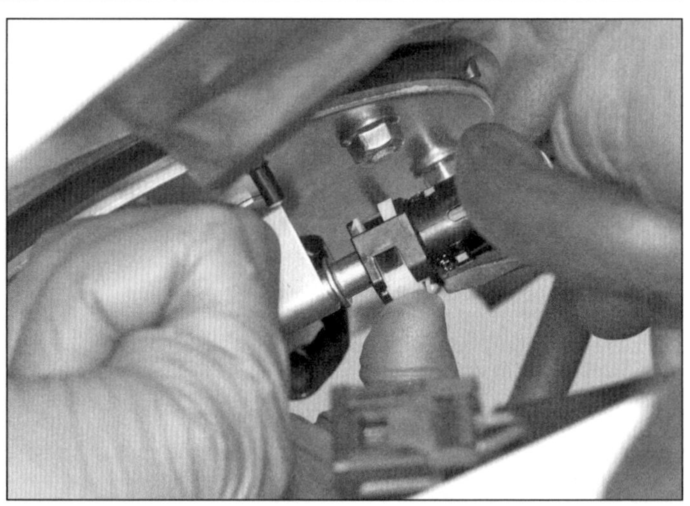

2.11a Drücken Sie die Lasche ein und den Verbinder hoch...

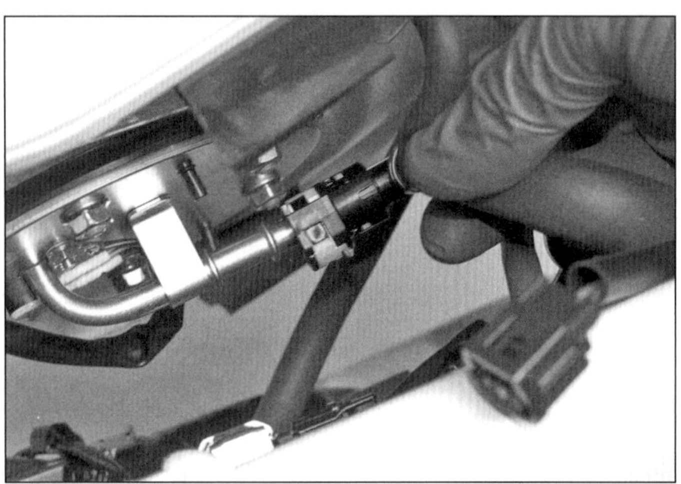

2.11b ...und ziehen Sie den Anschluss vom Rohr.

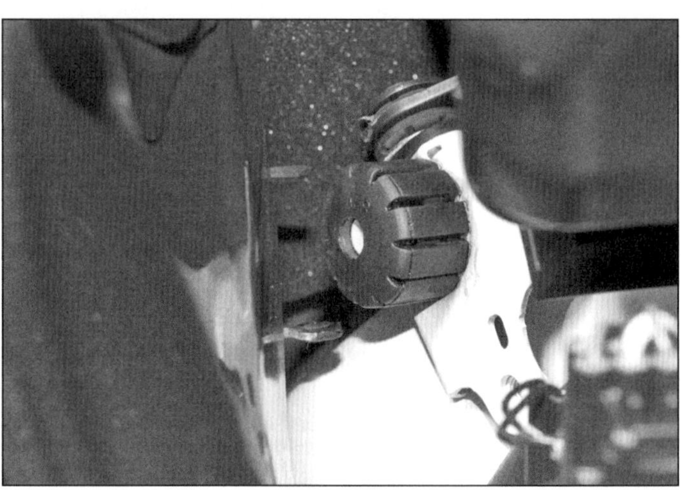

2.21 Positionieren Sie die Tank-Haken um die Gummis am Rahmen.

8 Trennen Sie den Masseanschluss (–) der Batterie (siehe Kapitel 5).

9 Trennen Sie den Überlaufschlauch und den Belüftungsschlauch vom Tank (siehe Abbildung).

10 Reinigen Sie den Schnellverbinder der Kraftstoffleitung, damit kein Schmutz ins System gelangt. Legen Sie Lappen unter den Anschluss, um austretendes Benzin aufzunehmen. Drücken Sie die Sicherungslasche, drücken Sie das Verbindungsstück hoch und ziehen Sie den Anschluss vom Rohr (siehe Abbildungen). Umwickeln Sie beide Anschlüsse mit Frischhaltefolie oder dem Finger eines Latexhandschuhs sowie einem Gummiband, damit kein Schmutz eindringen kann.

3.2 Befreien Sie die Luftstutzen.

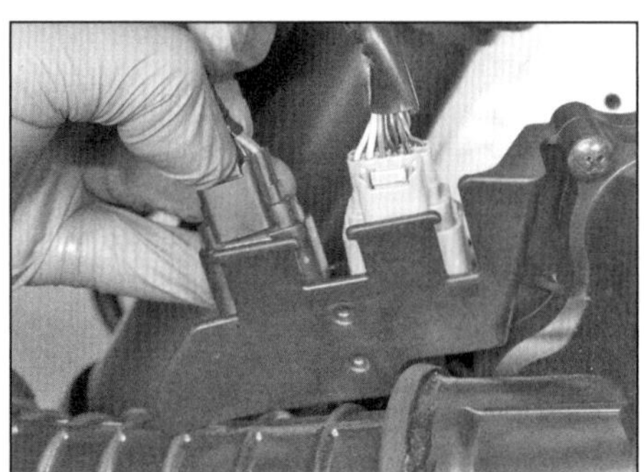

3.3 Trennen Sie die zwei Kabelbaum-Stecker.

11 Entfernen Sie die unter dem Tank liegende Stütze und senken Sie den Tank ab – klemmen Sie dabei keine Schläuche oder Kabel ein.

12 Lösen Sie die hintere Tank-Schraube (Abbildung 2.3) und heben Sie den Tank vorsichtig vom Rahmen ab.

13 Begutachten Sie die Tankhalterungen und ihre Gummiösen auf Beschädigungen und Alterungserscheinungen und ersetzen Sie schadhafte Teile.

Einbau

14 Je nach Füllmenge und Lagerposition kann beim Bewegen des Tanks Kraftstoff aus dem unten sitzenden Belüftungsrohr austre-

3.5 Ansaugstutzen-Schellenschrauben

3.6 Lösen Sie die Gehäuseschrauben und stellen Sie die Scheibe sowie die Hülsen sicher.

ten – seien Sie mit Lappen darauf vorbereitet. Sobald der Tank aufrecht steht, füllt sich das Rohr mit Luft.

15 Positionieren Sie den Tank mit den Haken auf den Gummis und drehen Sie die hintere Schraube locker ein (Abbildungen 2.4a und 2.3). Heben Sie den Tank an und stützen Sie ihn ab (Abbildung 2.4b).

16 Verbinden Sie den Schnellverbinder mit dem Rohr und drücken Sie ihn auf, bis er hörbar einrastet; versuchen Sie, daran zu ziehen, um sicherzugehen, dass er korrekt sitzt (Abbildung 2.11b).

17 Verbinden Sie die Stecker der Benzinpumpe und des Tankanzeige-Gebers (Abbildungen 2.6 und 2.7).

18 Verbinden Sie den Überlauf- und den Belüftungsschlauch (Abbildung 2.10) – beim Belüftungsschlauch muss ein 9 mm breiter Spalt zwischen dem Schlauch und der Stutzen-Basis am Tank bestehen.

19 Schließen Sie die Batterie wieder an (siehe Kapitel 8). Schalten Sie den Killschalter auf RUN und die Zündung ein, damit die Benzinpumpe das System unter Druck setzt, und schalten Sie die Zündung wieder aus – starten Sie NICHT den Motor. Wiederholen Sie dies einige Male und kontrollieren Sie dabei, ob am Schnellverbinder kein Kraftstoff austritt.

20 Entfernen Sie die Abstützung und senken Sie den Tank auf die Haltegummis ab. Drehen Sie die hintere Tankschraube heraus und positionieren Sie den Tank so, dass die Haken um die Gummis greifen (siehe Abbildung). Installieren Sie die hintere Tankschraube samt Scheibe und ziehen Sie sie sorgfältig an.

21 Montieren Sie die Sitzhalterung, alle Verkleidungsteile und den Fahrersitz (siehe Kapitel 7).

Reparatur

22 Reparaturarbeiten am Benzintank sollten von Fachbetrieben ausgeführt werden, da sie sehr schwierig und gefährlich sind. Auch nach dem Reinigen und Ausspülen des Tanks können explosive Gase zurückbleiben, die sich im Zuge der Arbeiten entzünden können.

23 Nach der Demontage des Tanks sollte er so gelagert werden, dass die ausströmenden Gase nicht durch Funken und Flammen entzündet werden können. Besondere Vorsicht ist in Räumen mit Gasheizungen geboten, da deren Zündflamme eine Explosion verursachen kann.

3 Luftfiltergehäuse

Warnung: Lesen Sie zunächst die Warnhinweise in Sektion 1.

Ausbau

1 Demontieren Sie den Tank (siehe Sektion 2).

2 Befreien Sie die Luftstutzen vom inneren Deckel (siehe Abbildung).

3 Trennen Sie links am Gehäuse den schwarzen und den grauen Kabelbaum-Zwölfstiftstecker (siehe Abbildung).

4 Befreien Sie die Luftfiltergehäuse-Ablaufschläuche aus ihren Befestigungen.

5 Lockern Sie die Schellen der Ansaugstutzen (siehe Abbildung).

6 Lösen Sie die vordere Befestigungsschraube und entnehmen Sie die Scheibe, lösen Sie dann die hintere Befestigungsschrauben und entnehmen Sie die Hülsen (siehe Abbildung).

7 Heben Sie das Luftfiltergehäuse an und trennen Sie den Stecker des Ansauglufttemperatursensors. Ziehen Sie den Schlauch der Motorentlüftung und des Sekundärluftsystems ab (siehe Abbildung).

8 Entnehmen Sie das Luftfiltergehäuse – beachten Sie die Verlegung der Ablaufschläuche (siehe Abbildung). Bedecken oder verstopfen Sie die Einlässe des Drosselklappengehäuses.

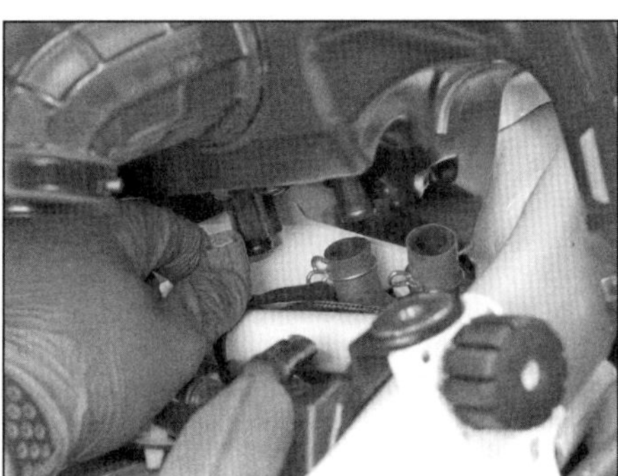

3.7 Trennen Sie die Schläuche und den Stecker des AIT-Sensors.

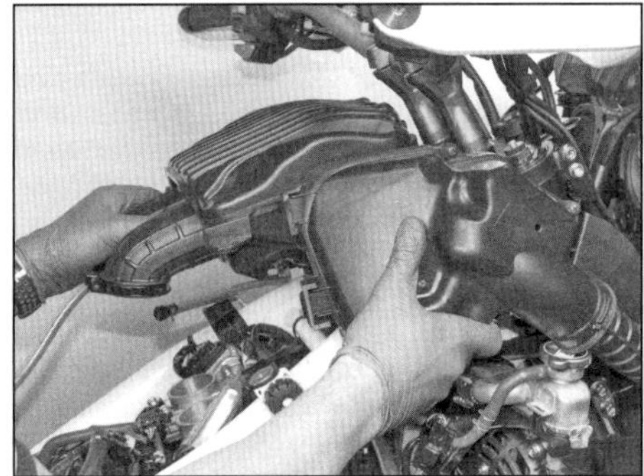

3.8 Beachten Sie beim Abnehmen des Gehäuses die Verlegung der Schläuche.

3.9a Verlegen Sie die Ablaufschläuche,...

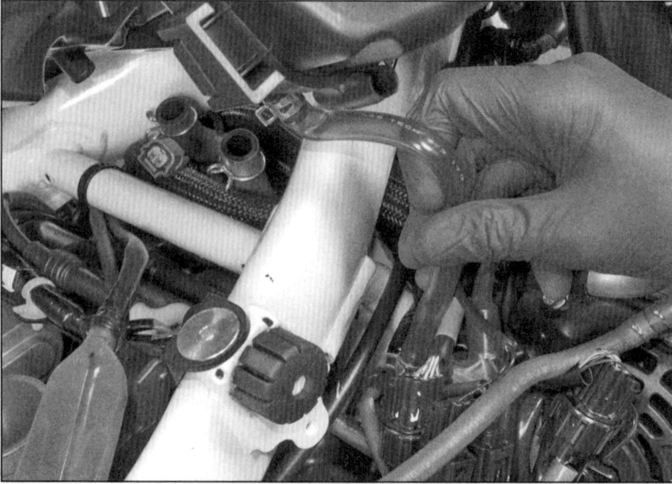

3.9b ...während Sie das Luftfiltergehäuse aufsetzen.

Einbau

9 Der Einbau entspricht der umgekehrten Ausbaureihenfolge – beachten Sie dabei folgende Punkte:

- Kontrollieren Sie die Schläuche und ihre Schellen und ersetzen Sie beschädigte Teile.
- Vergessen Sie nicht, mögliche Lappen aus den Einlässen zu entnehmen.
- Achten Sie darauf, die Ablaufschläuche korrekt zu verlegen (siehe Abbildungen).
- Der Stecker des AIT-Sensors und die Schläuche der Motorentlüftung und des Sekundärluftsystems müssen sicher verbunden sein (Abbildung 3.7).
- Die Ansaugstutzen müssen korrekt auf dem Drosselklappengehäuse sitzen (siehe Abbildung) und die Schellen-Schrauben korrekt ausgerichtet sein (Abbildung 3.5).
- Alle Schläuche und Kabel müssen korrekt verlegt und gesichert sein, die Ablaufrohre an beiden Seiten des Gehäuses dürfen nicht geknickt oder gequetscht sein.

4 Drosselklappengehäuse

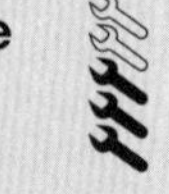

Warnung: Lesen Sie vor Arbeitsbeginn die Warnhinweise in Sektion 1.

bis Modelljahr 2017

Ausbau

1 Demontieren Sie das Luftfiltergehäuse (siehe Sektion 3).

2 Ziehen Sie am Lenkerende die Gummikappe vom Gaszugeinsteller, lockern Sie die Kontermutter vollständig und drehen Sie den Einsteller komplett ein, um maximales Gaszugspiel zu erhalten.

3 Trennen Sie die Stecker des Ansaugluftdrucksensors und des Standgasluft-Regelventils.

4 Falls vorhanden, muss der Verdunstungssystem-Schlauch vom Dreifach-Anschluss getrennt werden.

5 Lockern Sie vollständig die Drosselklappengehäuse-Schellen und befreien Sie das Gehäuse aus den Ansaugstutzen (Abbildung 4.24).

6 Trennen Sei die Stecker des Drosselklappensensors und der Einspritzdüsen.

7 Lösen Sie die Gaszüge (siehe Sektion 16) und entnehmen Sie das Drosselklappengehäuse.

8 Befreien Sie nötigenfalls die Ansaugstutzen vom Zylinderkopf (siehe Kapitel 2, Sektion 10). Kontrollieren Sie die Ansaugstutzen-Gummis, achten Sie vor allem auf Risse und ersetzen Sie sie nötigenfalls durch Neuteile.

Achtung: Bedecken oder verstopfen Sie die Einlasskanäle des Zylinderkopfes, damit nichts in den Motor fallen kann.

Achtung: Lassen Sie bei getrennten Gaszügen die Drosselklappen nicht aus der Vollgas-Position zurückschnappen, da hierdurch die Standgasregelung beschädigt werden kann.

Zerlegen

Achtung: Die Drosselklappen-Baugruppe muss als geschlossene Einheit behandelt werden. Lösen Sie NIEMALS eine der weiß lackierten Muttern oder Schrauben, da hiermit die korrekte Synchronisation der Drosselklappen ab Werk eingestellt wurden.

9 Bevor Teile der Baugruppe demontiert werden, muss diese sorgfältig gereinigt werden, damit kein Schmutz eindringt. Falls die Drosselklappen-Baugruppe ersetzt werden soll, müssen die unten angegebenen Teile davon entfernt werden; andernfalls können einzelne Teile nach Wunsch demontiert werden.

3.9c Die Ansaugstutzen müssen rundherum korrekt auf dem Drosselklappengehäuse sitzen.

10 Falls der Kraftstoffschlauch getrennt werden soll, muss der Schnellverbinder gereinigt werden. Legen Sie Lappen unter den Anschluss, um austretendes Benzin aufzunehmen. Drücken Sie die Sicherungslasche, drücken Sie das Verbindungsstück hoch und ziehen Sie den Anschluss vom Rohr (Abbildungen 2.11a und b). Umwickeln Sie beide Anschlüsse mit Frischhaltefolie oder dem Finger eines Latexhandschuhs sowie einem Gummiband, damit kein Schmutz eindringen kann.

11 Entfernen Sie den Ansaugluftdrucksensor samt seiner Schläuche (siehe Sektion 9). KEINESFALLS darf der Drosselklappensensor demontiert werden.

12 Entfernen Sie den Druckspeicher und die Einspritzdüsen (siehe Sektion 5).

13 Entfernen Sie das Standgasluft-Regelventil samt Gehäuse (siehe Sektion 12).

14 Entfernen Sie den Gaszughalter.

15 Falls vorhanden, müssen die Verdunstungsregelungs-Schläuche entfernt werden.

Achtung: Verwenden Sie zur Säubern der Drosselklappengehäuse-Komponenten NIE-

MALS Lösungsmittel! Die Drosselbohrungen sind mit einer Molybdän-Beschichtung versehen, die hierdurch gelöst werden kann.

16 Entfernen Sie oben am Drosselklappengehäuse die Platte der Ansauggummis, indem Sie ihre Schrauben lösen. Entfernen Sie die Dichtung aus der Nut – sie muss später erneuert werden.

Zusammenbau und Einbau

17 Der Zusammenbau und Einbau entspricht der umgekehrten Ausbaureihenfolge – beachten Sie dabei folgende Punkte:

- Kontrollieren Sie alle Schläuche auf Risse oder Alterungserscheinungen und ersetzen Sie sie nötigenfalls.
- Montieren Sie ggf. die Ansaugstutzen an den Zylinderkopf (siehe Kapitel 2, Sektion 10).
- Montieren Sie die Platte der Ansauggummis unter Verwendung einer neuen eingeölten Dichtung, die korrekt in ihrer Nut liegen muss.
- Verbinden Sie den Schnellverbinder mit dem Rohr und drücken Sie ihn auf, bis er hörbar einrastet; versuchen Sie, daran zu ziehen, um sicherzugehen, dass er korrekt sitzt
- Vergessen Sie nicht, mögliche Lappen aus den Einlässen zu entnehmen.
- Die Drosselklappengehäuse-Schellen müssen korrekt ausgerichtet sein und mit den Bohrungen über den Stiften liegen. Schmieren Sie die Stutzen innen mit etwas Motoröl, damit das Gehäuse besser hineinrutschen kann. Lassen Sie die Rippen am Gehäuse zwischen die Laschen der Stutzen gleiten.
- Alle Kabelstecker müssen sicher verbunden sein.
- Alle Schläuche und Kabel müssen korrekt verlegt sein.
- Kontrollen und justieren Sie ggf. das Gaszug-Spiel (siehe Kapitel 1, Sektion 10).

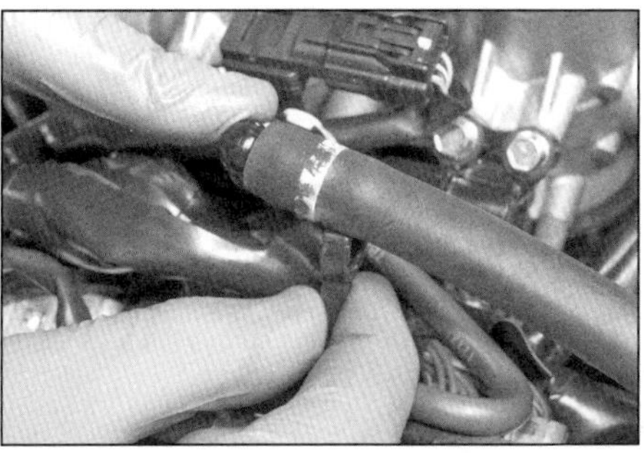

4.20 Befreien Sie den Kraftstoffschlauch.

4.21 Trennen Sie die Stecker des Ansaugluftdrucksensors...

4.22 ...und der elektronischen Drosselklappensteuerung.

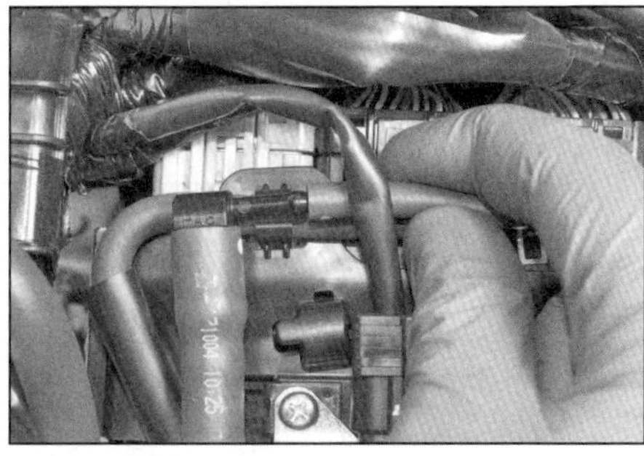

4.23 Ziehen Sie den Verdunstungssystem-Schlauch ab.

ab Modelljahr 2018

Ausbau

18 Demontieren Sie das Luftfiltergehäuse (siehe Sektion 3).

19 Entfernen Sie die Werkzeugbox (siehe Kapitel 7).

20 Befreien Sie den Kraftstoffschlauch aus seinen Clips (siehe Abbildung).

21 Trennen Sie den Stecker des Ansaugluftdrucksensors (siehe Abbildung).

22 Trennen Sie den Stecker der elektronischen Drosselklappensteuerung (siehe Abbildung).

23 Falls vorhanden, muss der Verdunstungssystem-Schlauch vom Dreifach-Anschluss getrennt werden.

24 Lockern Sie vollständig die Drosselklappengehäuse-Schellen und befreien Sie das Gehäuse aus den Ansaugstutzen (siehe Abbildung).

25 Befreien Sie das Drosselklappengehäuse aus den Ansaugstutzen und trennen Sie die Stecker der Einspritzdüsen (siehe Abbildung).

4.24 Lockern Sie an beiden Seiten die Drosselklappengehäuse-Schellen...

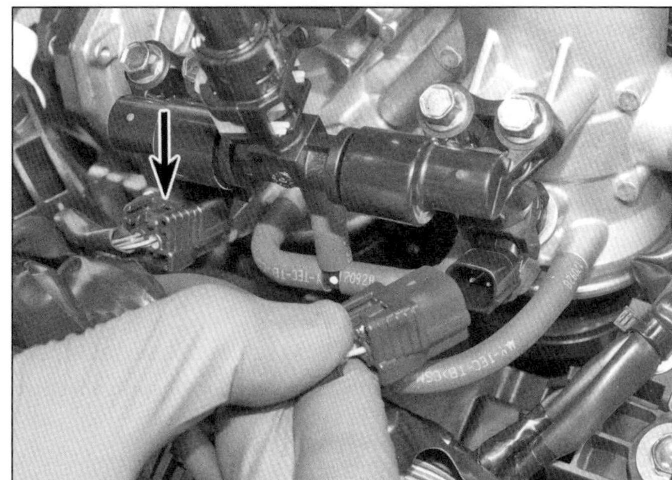

4.25 ...befreien Sie das Gehäuse und trennen Sie die Einspritzdüsen-Stecker.

4.28 Die elektronische Drosselklappensteuerung ist in die Drosselklappen-Baugruppe integriert und darf nicht getrennt werden!

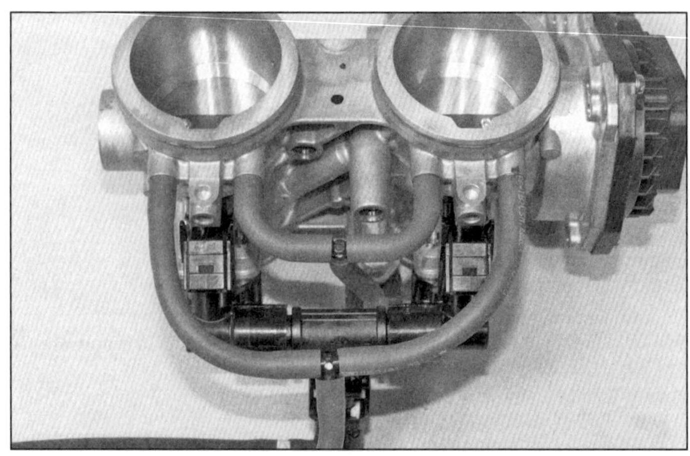

4.30 Schläuche der Verdunstungsregelung und des Ansaugluftdrucksensors

5.4 Prüfen Sie den Widerstand der beiden Einspritzdüsen (gezeigt im ausgebauten Zustand).

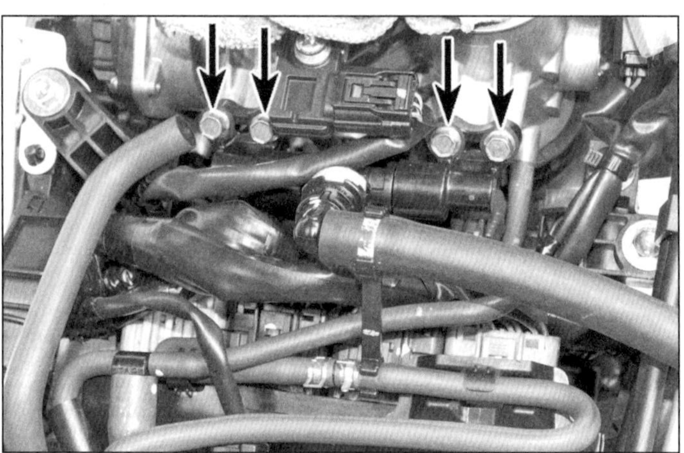

5.10a Lösen Sie die Schrauben,...

5.10b ...heben Sie den Druckspeicher samt der Einspritzdüsen ab und trennen Sie die Kabelstecker.

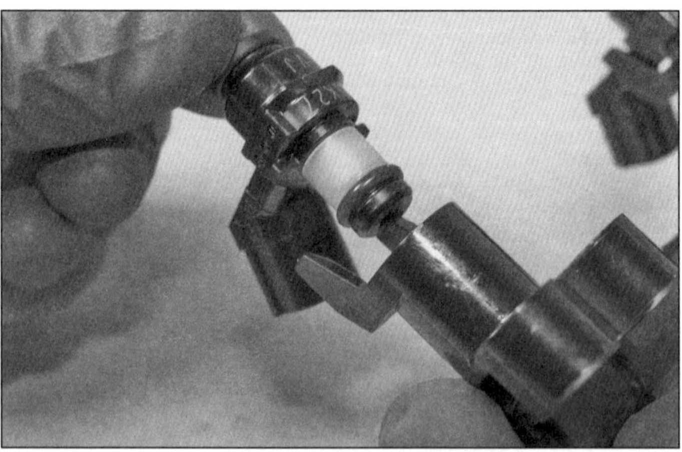

5.12 Ziehen Sie die Einspritzdüse aus ihrem Halter.

26 Befreien Sie nötigenfalls die Ansaugstutzen vom Zylinderkopf (siehe Kapitel 2, Sektion 10). Kontrollieren Sie die Ansaugstutzen-Gummis, achten Sie vor allem auf Risse und ersetzen Sie sie nötigenfalls durch Neuteile.

Achtung: Bedecken oder verstopfen Sie die Einlasskanäle des Zylinderkopfes, damit nichts in den Motor fallen kann.

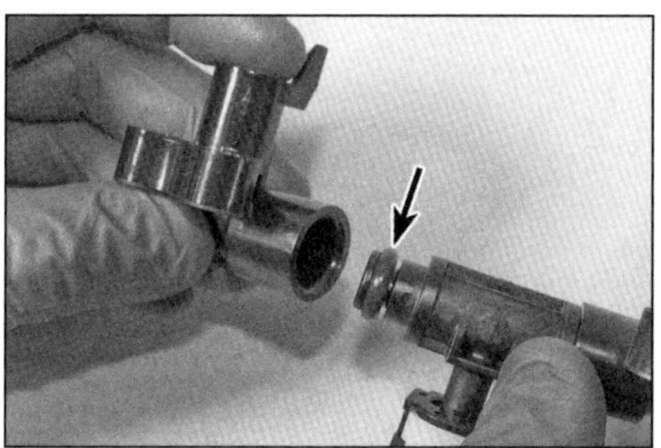
5.13 O-Ring am Druckspeicher

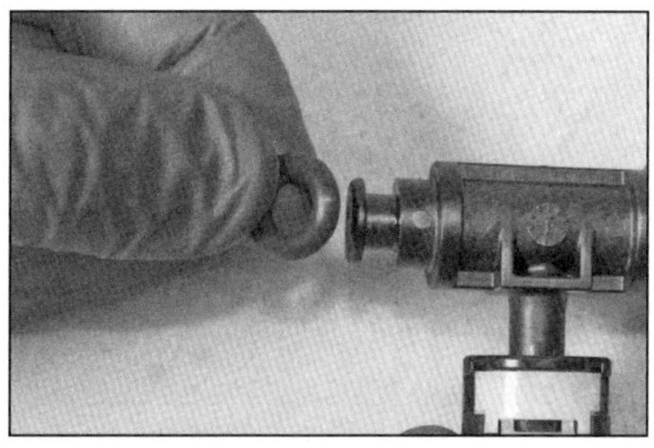
5.14 Rüsten Sie den Druckspeicher an beiden Seiten mit neuen O-Ringen aus.

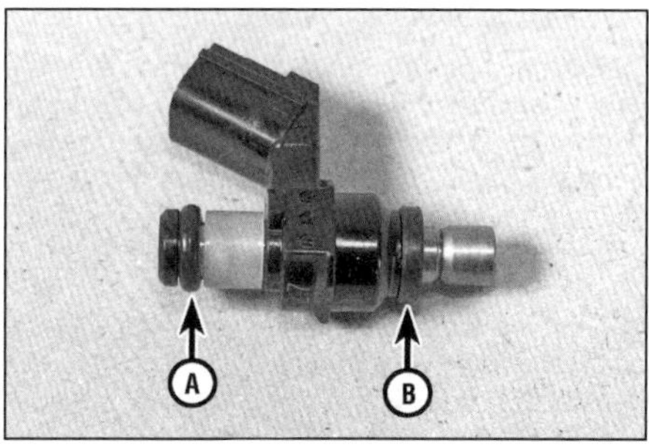

5.15 Einspritzdüsen-O-Ring (A) und Dichtring (B)

Zerlegen

Achtung: Die Drosselklappen-Baugruppe muss als geschlossene Einheit behandelt werden. Lösen Sie NIEMALS eine der weiß lackierten Muttern oder Schrauben, da hiermit die korrekte Synchronisation der Drosselklappen ab Werk eingestellt wurden.

27 Falls der Kraftstoffschlauch getrennt werden soll, muss der Schnellverbinder gereinigt werden. Legen Sie Lappen unter den Anschluss, um austretendes Benzin aufzunehmen. Drücken Sie die Sicherungslasche, drücken Sie das Verbindungsstück hoch und ziehen Sie den Anschluss vom Rohr (Abbildungen 2.11a und b). Umwickeln Sie beide Anschlüsse mit Frischhaltefolie oder dem Finger eines Latexhandschuhs sowie einem Gummiband, damit kein Schmutz eindringen kann.
28 Entfernen Sie nötigenfalls den Ansaugluftdrucksensor samt seiner Schläuche (siehe Sektion 9). KEINESFALLS darf die elektronische Drosselklappensteuerung demontiert werden (siehe Abbildung).
29 Demontieren Sie ggf. den Druckspeicher und die Einspritzdüsen (siehe Sektion 5).
30 Entfernen Sie ggf. die Schläuche der Verdunstungsregelung (siehe Abbildung).

Achtung: Verwenden Sie NIEMALS Lösungsmittel zum Säubern der Drosselklappengehäuse-Komponenten! Die Drosselbohrungen sind mit einer Molybdän-Beschichtung versehen, die hierdurch gelöst werden kann.

Zusammenbau und Einbau

31 Der Zusammenbau und Einbau entspricht der umgekehrten Ausbaureihenfolge – beachten Sie dabei folgende Punkte:
- Kontrollieren Sie alle Schläuche auf Risse oder Alterungserscheinungen und ersetzen Sie sie nötigenfalls.
- Montieren Sie ggf. die Ansaugstutzen an den Zylinderkopf (siehe Kapitel 2, Sektion 10).
- Verbinden Sie den Schnellverbinder mit dem Rohr und drücken Sie ihn auf, bis er hörbar einrastet; versuchen Sie, daran zu ziehen, um sicherzugehen, dass er korrekt sitzt
- Vergessen Sie nicht, mögliche Lappen aus den Einlässen zu entnehmen.
- Die Drosselklappengehäuse-Schellen müssen korrekt ausgerichtet sein und mit den Bohrungen über den Stiften liegen. Schmieren Sie die Stutzen innen mit etwas Motoröl, damit das Gehäuse besser hineinrutschen kann. Lassen Sie die Rippen am Gehäuse zwischen die Laschen der Stutzen gleiten.
- Alle Kabelstecker müssen sicher verbunden sein.
- Alle Schläuche und Kabel müssen korrekt verlegt sein.

5 Druckspeicher und Einspritzdüsen

Warnung: Lesen Sie vor Arbeitsbeginn die Warnhinweise in Sektion 1.

Kontrolle

1 Heben Sie den Tank an und stützen Sie ihn ab (siehe Sektion 2).
2 Soweit der Motor läuft, wird er gestartet und im Standgas laufen gelassen. Prüfen Sie nacheinander die Funktion der Einspritzdüsen, indem Sie einen Schraubendreher oder andere Stange an die Düse halten und auf klickende Geräusche achten – falls an einer Düse keine Geräusche zu hören sind, ist entweder sie oder ihre Verkabelung defekt.
3 Falls der Motor nicht läuft, muss zunächst der Tank (siehe Sektion 2) und dann das Steuermodul (ECM/PCM) demontiert werden. Trennen Sie die Stecker der Einspritzdüsen (Abbildung 4.25).
4 Verbinden Sie ein Ohmmeter mit den beiden Kontakten der Einspritzdüse und messen Sie den Widerstand (siehe Abbildung) – bei 20 °C müssen 11 bis 13 Ohm festgestellt werden; andernfalls muss der Druckspeicher demontiert werden (siehe unten), um die Einspritzdüse austauschen zu können.
5 Um die Kabel und Stecker des Einspritzanlagen-Stromkreises kontrollieren zu können, müssen die Hinweise in Kapitel 8, Sektion 2 und die Schaltpläne am Ende von Kapitel 8 beachtet werden.

Ausbau

6 Demontieren Sie den Tank (siehe Sektion 2).
7 Befreien Sie den Kraftstoffschlauch aus seinen Clips (Abbildung 4.20).
8 Trennen Sie den Stecker des Ansaugluftdrucksensors (Abbildung 4.21).
9 Reinigen Sie die Einspritzdüsen-Sitze mit Druckluft.
10 Lösen Sie die Einspritzdüsenhalter/Druckspeicher-Schrauben (siehe Abbildung). Heben Sie den Druckspeicher samt der Einspritzdüsen vorsichtig als Baugruppe ab und trennen Sie die Kabelstecker (siehe Abbildung).
11 Entfernen Sie die Dichtringe, die entweder in den Einspritzdüsen-Sitzen liegen oder an deren Mündungen verbleiben (Abbildung 5.15) – sie müssen später durch Neuteile ersetzt werden.
12 Ziehen Sie die Einspritzdüsen nötigenfalls aus ihren Haltern (siehe Abbildung) – die jetzt zugänglichen O-Ringe müssen später durch Neuteile ersetzt werden (Abbildung 5.15).
13 Ziehen Sie die Einspritzdüsenhalter nötigenfalls vom Druckspeicher ab – die jetzt zugänglichen O-Ringe müssen später durch Neuteile ersetzt werden.

Einbau

14 Falls die Einspritzdüsenhalter vom Druckspeicher getrennt waren, müssen neue geschmierte O-Ringe in die Nuten an beiden Seiten des Speichers installiert werden (siehe Abbildung). Schieben Sie die Halter auf, ohne dabei die O-Ringe aus ihren Positionen zu drücken.
15 Falls die Einspritzdüsen aus ihren Haltern befreit wurden, müssen neue geschmierte O-Ringe in die oberen Nuten installiert werden (siehe Abbildung). Richten Sie die Düsen-Sockel zu den Ausschnitten der Halter aus und schieben Sie die Düsen ein, ohne dabei die O-Ringe aus ihren Positionen zu drücken (Abbildung 5.12).
16 Schmieren Sie die neuen Dichtringe mit Motoröl und schieben Sie sie unten auf die Einspritzdüse (Abbildung 5.15).

17 Verbinden Sie die Einspritzdüsenstecker (Abbildung 5.10b) und installieren Sie die Druckspeicher-Baugruppe – die Düsen-Mündungen müssen in ihre Sitze eingeführt werden und die Dichtringe in Position verbleiben (siehe Abbildung). Installieren Sie die Befestigungsschrauben und ziehen Sie sie mit 5 Nm an (siehe Abbildung).

18 Verbinden Sie den Stecker des Ansaugluftdrucksensors (Abbildung 4.21) und sichern Sie den Kraftstoffschlauch in seinem Clip (Abbildung 4.20).

19 Montieren Sie den Tank (siehe Sektion 2).

20 Starten Sie den Motor und kontrollieren Sie vor der ersten Fahrt die Dichtigkeit und die korrekte Funktion des Kraftstoffsystems.

5.17a Richten Sie die Einspritzdüsen beim Einbau des Druckspeichers zu ihren Sitzen aus...

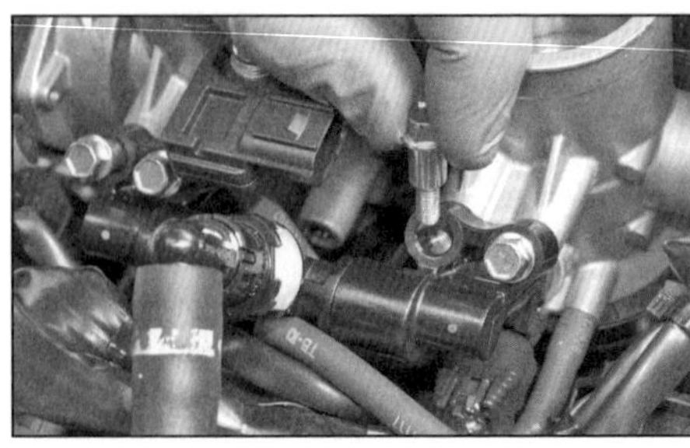

5.17b ...und installieren Sie dessen vier Schrauben.

6 Einspritzanlage
Beschreibung

1 Die Honda PGM-FI-Einspritzanlage wird von einem Motorsteuermodul (ECM) überwacht, das auch die Zündung steuert. Weil das Steuermodul bei Modellen mit Doppelkupplung auch den Gangwechsel regelt, heißt es hier PCM (Powertrain Control Module).

Modelle mit Standardgetriebe

2 Das Motorsteuermodul (ECM) erhält und koordiniert Signale der folgenden Sensoren:

- Drosselklappensensor (TP-Sensor)
- Ansaugluftdrucksensor (MAP-Sensor)
- Ansauglufttemperatursensor (IAT-Sensor)
- Kühltemperatursensor (ECT-Sensor)
- Kurbelwellensensor (CKP-Sensor)
- Geschwindigkeitssensor (Speed-Sensor)
- Lambdasonde (λ-Sonde)
- Neigungswinkelsensor (TO-Sensor)

3 Anhand der erhaltenen Informationen berechnet das Steuermodul den besten Zünd- und Einspritz-Zeitpunkt sowie die erforderliche Kraftstoffmenge – Letzteres geschieht durch verschieden lange elektronische Impulse an die Einspritzdüsen, also über die Einspritzdauer. Diese Menge hängt davon ab, ob der Motor gestartet oder warm gefahren wird, im Standgas läuft, im Schiebebetrieb rollt oder unter Last arbeitet. Die Einspritzanlage arbeitet komplett sequentiell, sodass jede Einspritzdüse ihr eigenes Signal vom ECM erhält. Die Einspritzdüsen sitzen hinter den Drosselklappen im Drosselklappengehäuse.

4 Bis **Modelljahr 2017** werden der Kaltstart, die Aufwärmphase und die Standgasdrehzahl vom Standgasluftregelventil (IACV) überwacht, das sich in einem Gehäuse hinten am Drosselklappengehäuse befindet und vom ECM gesteuert wird. Das Ventil lässt ggf. zusätzliche Luft an den geschlossenen Drosselklappen vorbeiströmen, um die Drehzahl zu erhöhen. Ab **Modelljahr 2018** werden der Kaltstart, die Aufwärmphase und die Standgasdrehzahl von der elektronischen Drosselklappensteuerung überwacht.

DCT-Modelle

5 Das Antriebssteuermodul (PCM) erhält und koordiniert Signale der folgenden Sensoren:

- Drosselklappensensor (TP-Sensor)
- Ansaugluftdrucksensor (MAP-Sensor)
- Ansauglufttemperatursensor (IAT-Sensor)
- Kühltemperatursensor (ECT-Sensor)
- Kurbelwellensensor (CKP-Sensor)
- Geschwindigkeitssensor (Speed-Sensor)
- Lambdasonde (λ-Sensor)
- Neigungswinkelsensor (TO-Sensor)
- Kupplungskanal-Öldrucksensor
- Kupplungs-Öldrucksensor Nr. 1
- Kupplungs-Öldrucksensor Nr. 2
- Schaltwellen-Winkelsensor
- Schaltbereichssensor

6 Anhand der erhaltenen Informationen berechnet das Steuermodul den besten Zünd- und Einspritz-Zeitpunkt sowie die erforderliche Kraftstoffmenge – Letzteres geschieht durch verschieden lange elektronische Impulse an die Einspritzdüsen, also über die Einspritzdauer. Diese Menge hängt davon ab, ob der Motor gestartet oder warm gefahren wird, im Standgas läuft, im Schiebebetrieb rollt oder unter Last arbeitet. Die Einspritzanlage arbeitet komplett sequentiell, sodass jede Einspritzdüse ihr eigenes Signal vom PCM erhält. Die Einspritzdüsen sitzen hinter den Drosselklappen im Drosselklappengehäuse.

7 Der Kaltstart, die Aufwärmphase und die Standgasdrehzahl werden von der elektronischen Drosselklappensteuerung überwacht.

Alle Modelle

8 Im Falle eines abnormalen Sensor-Signals legt das Steuermodul fest, ob der Motor weiterhin sicher am Laufen gehalten werden kann – falls ja, ersetzt ein Sicherungsmodus die Sensorsignale durch einen festen Wert, sodass das Motorrad mit reduzierter Leistung nach Hause oder in eine Werkstatt gefahren werden kann. Bei einem schwerwiegenden Defekt (Ausfall des Kurbelwellensensors oder der Einspritzdüsen) wird die Einspritzanlage abgeschaltet und der Motor geht aus – in allen Fällen beginnt die Motor-Warnlampe zu blinken oder dauerhaft zu leuchten und der entsprechende Fehlercode wird im ECM/PCM gespeichert. Später kann der Fehler mithilfe der Selbstdiagnosefunktion ausgelesen werden (siehe Sektion 7).

9 Falls bei DCT-Modellen zum Getriebe gehörende Sensoren abnormale Werte liefern, schaltet das PCM in den Sicherungsmodus um. Je nach Problem entscheidet das PCM, ob weiterhin Gangwechsel vorgenommen werden können oder ob im eingelegten Gang weitergefahren werden muss; unter bestimmten Umständen kann der Motor auch komplett abgeschaltet werden. Sobald das PCM in den Sicherungsmodus wechselt oder irgendein Fehler auftritt, blinkt die Ganganzeige im Cockpit und der Fehlercode wird im PCM gespeichert. Später kann der Fehler mithilfe der Selbstdiagnosefunktion ausgelesen werden (siehe Sektion 7).

10 Die meisten Modelle sind mit einer Wegfahrsperre namens HISS *(Honda Ignition Security System)* ausgerüstet, die das Starten des Motors nur mit dem richtigen Schlüssel ermöglicht. Ein Fehler in diesem System darf nicht mit Fehlern in der Motorsteuerung verwechselt werden. Die Wegfahrsperre hat ihre eigene Warnlampe und Fehlerdiagnosefunktion (siehe Sektion 24).

7 Einspritzanlage
Fehlerdiagnose

1 Die Motorsteuerung-Warnleuchte (mit dem Motor-Symbol) leuchtet bei auf RUN stehendem Killschalter nach dem Einschalten der Zündung (zusammen mit allen anderen Warnleuchten) für einige Sekunden auf und erlischt dann (falls der Killschalter auf OFF steht, erlischt die Lampe erst, nachdem er auf RUN geschaltet wurde).

2 Falls bei **2016er-Modellen** die Motorsteuerung-Warnleuchte nicht erlischt oder bei laufendem Motor aufleuchtet, ist in der Einspritzanlage oder der Zündung ein Fehler aufgetreten. Falls der Fehler während der Fahrt bei einer Drehzahl über 2100/min auftritt, bleibt die Lampe an. Falls der Fehler bei auf dem Seitenständer stehendem Motorrad, eingeschalteter Zündung und Killschalter auf RUN stehend oder im Standgas laufendem Motor auftritt, blinkt die Warnleuchte, um den vom Steuermodul gespeicherten Fehlercode anzuzeigen. Auch nach dem Abschalten der Zündung wird der Fehler im Steuermodul gespeichert, um später ausgelesen werden zu können.

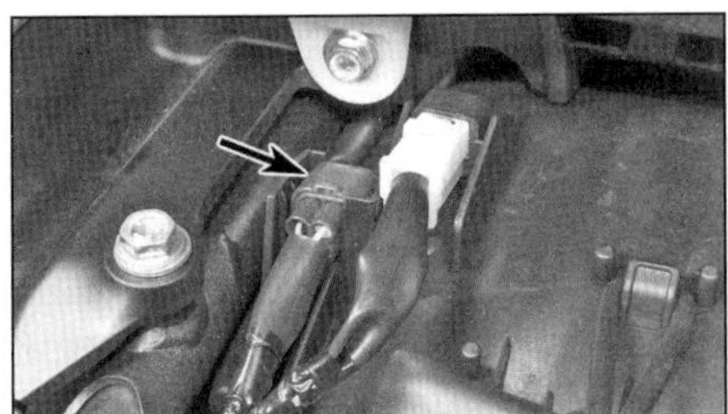

7.4a Datenstecker unter dem Beifahrersitz

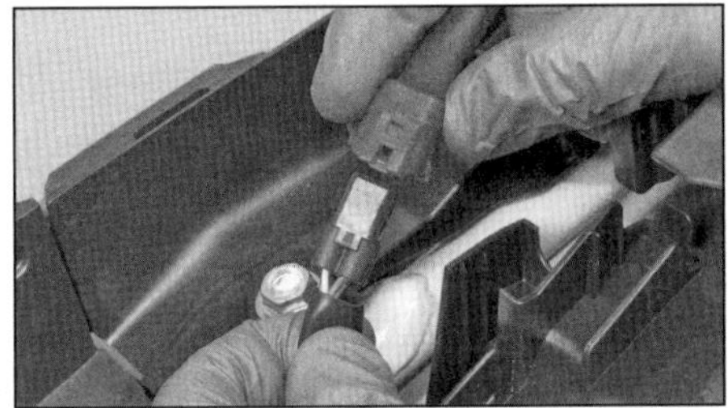

7.4b Befreien Sie den Stecker und entfernen Sie die Kappe.

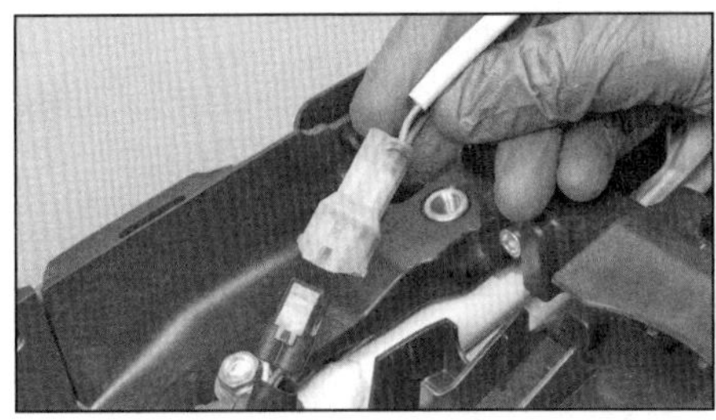

7.4c Hier wird der von Honda angebotene Service-Stecker auf den Datenstecker gesteckt.

3 Falls ab **Modelljahr 2017** die Motorsteuerung-Warnleuchte nicht erlischt oder bei laufendem Motor aufleuchtet, ist in der Einspritzanlage oder der Zündung ein Fehler aufgetreten. Der Fehlercode wird im Steuermodul gespeichert, um später ausgelesen werden zu können.

4 Um einen aktuellen oder gespeicherten Fehler auslesen zu können, muss zunächst der Fahrersitz demontiert werden (siehe Kapitel 7). Unter dem Beifahrersitz findet sich ein mit einer roten Kappe verschlossener Datenstecker (4 Stifte) (siehe Abbildung). Verbinden Sie jetzt entweder den Honda Service-Stecker (SCS-Stecker – Teilenummer 070PZ-ZY30100), einen vergleichbaren Stecker aus dem Zubehörmarkt mit dem Stecker oder verwenden Sie Überbrückungskabel, um die Kontakte des grau/blauen und des grün/blauen Kabels zu verbinden (siehe Abbildung). Nachdem der Stecker angeschlossen oder die Kontakte verbunden sind, werden der Killschalter auf RUN und die Zündung eingeschaltet; beobachten Sie jetzt die Motorsteuerung-Warnleuchte – bei gespeicherten Fehlern beginnt sie zu blinken, andernfalls wird sie dauerhaft aufleuchten.

5 Die Warnleuchte zeigt mit langen (1,3 sec.) und kurzen (0,3 sec.) Blinkzeichen den Fehlercode an. Lange Blinkzeichen geben bei mehrstelligen Fehlercodes die erste Ziffer an, kurze Blinkzeichen zeigen einstellige Fehlercodes oder die zweite Ziffer zweistelliger Fehlercodes. Beispiele: sieben kurze Blinkzeichen (0,3 sec.) zeigen Fehlercode 7 an; zwei lange Blinkzeichen (1,3 sec.) und drei kurze Blinkzeichen (0,3 sec.) zeigen Fehlercode 23 an. Falls mehr als ein Fehlercode gespeichert wurde, werden diese mit kurzen Pausen dazwischen und mit der niedrigsten Zahl beginnend angezeigt. Nachdem alle gespeicherten Fehlercodes angezeigt wurden, beginnt das Steuermodul mit der Wiederholung der Anzeige. Die Fehlercodes, ihre Symptome und mögliche Ursachen sind in der folgenden Tabelle aufgeführt.

Fehlercode (Blinkzeichen)	Symptome	Mögliche Ursachen
kein Code, Warnlampe aus	Motor dreht durch, springt aber nicht an	Sicherung durchgebrannt
	Benzinpumpe baut nach Einschalten der Zündung keinen Druck auf	Defekte Stromversorgung vom oder zum ECM
		Defektes Motor-Abschaltrelais oder schadhafte Kabel
		Defekter Motor-Abschalter oder schadhafte Kabel
		Defektes Zündschloss
		Defekter Neigungswinkelsensor oder schadhafte Kabel
		Defektes ECM oder PCM
	Motor dreht durch, springt aber nicht an oder ist schwierig zu starten, stirbt ab oder hat ungleichmäßiges Standgas	Kraftstoffversorgung behindert oder Benzin verunreinigt
		Tankbelüftung oder Verdunstungssystem-Schlauch blockiert (erzeugt Unterdruck im Tank)
		Motor zieht Nebenluft durch lockere oder schadhafte Ansaugstutzen
		Defektes Standgasluft-Regelventil (IACV) (bis Modelljahr 2017)
		Defektes Zündsystem
	Fehlzündungen im Schiebebetrieb	Defektes Sekundärluftsystem
	Fehlzündungen beim Beschleunigen	Defektes Zündsystem
	Schwache Motorleistung und/oder hoher Verbrauch	Probleme an Kraftstoffversorgung (Pumpe, Druckregler, Filter, Schlauch)
		Defekter Ansaugluftdrucksensor (MAP-Sensor)
		Defekte Einspritzdüse
		Defektes Zündsystem
	Standgas zu niedrig	Defektes Standgasluft-Regelventil (IACV) – Ventil klemmt geschlossen (bis Modelljahr 2017)
		Probleme an Kraftstoffversorgung (Pumpe, Druckregler, Filter, Schlauch)
		Defektes Zündsystem
	Standgas zu hoch	Defektes Standgasluft-Regelventil (IACV) – Ventil klemmt offen (bis Modelljahr 2017)
		Motor zieht Nebenluft durch lockere oder schadhafte Ansaugstutzen
		Klemmende Gaszüge oder zu geringes Gaszug-Spiel (bis Modelljahr 2017)
		Defektes Zündsystem

Fehlercode (Blinkzeichen)	Symptome	Mögliche Ursachen
kein Code, Warnlampe leuchtet niemals oder permanent	Motor läuft normal	Defekter Warnlampen-Stromkreis
		Defektes ECM oder PCM
1	Motor läuft normal	Defekter Ansaugluftdrucksensor (MAP-Sensor) oder schadhafte Verkabelung
2	Motor läuft normal	Defekter Ansaugluftdrucksensor (MAP-Sensor) oder getrennter Sensorschlauch
7	Motor bei niedrigen Temperaturen schwierig zu starten	Defekter Kühltemperatursensor (ECT-Sensor) oder schadhafte Verkabelung
8 (bis Modelljahr 2017)	Schlechte Gasannahme	Defekter Drosselklappensensor (TP-Sensor) oder schadhafte Verkabelung
9	Motor läuft normal	Defekter Ansauglufttemperatursensor (IAT-Sensor) oder schadhafte Verkabelung
11	Motor läuft normal	Defekter Geschwindigkeitssensor oder schadhafte Verkabelung
12	Motor lässt sich nicht starten	Defekte Einspritzdüse Nr. 1 oder schadhafte Verkabelung
13	Motor lässt sich nicht starten	Defekte Einspritzdüse Nr. 2 oder schadhafte Verkabelung
21	Motor läuft normal	Defekte Lambdasonde oder schadhafte Verkabelung
23	Motor läuft normal	Defekte Lambdasonden-Vorwärmung
29 (bis Modelljahr 2017)	Motor ist schwierig zu starten, stirbt ab oder hat ungleichmäßiges Standgas	Defektes Standgasluft-Regelventil (IACV)
33	Motor läuft normal	Defektes ECM/PCM-EEPROM
41	Motor läuft normal, Drehmoment-Vorwahl (HSTC) außer Funktion	Defekter Schaltbereichsensor, schadhafte Verkabelung, defektes ECM/PCM
54	Motor läuft normal	Defekter Neigungswinkelsensor oder schadhafte Verkabelung
66	Motor läuft normal	Defekter Hinterradsensor oder schadhafte Verkabelung
67	Motor läuft normal	Defekter Vorderradsensor oder schadhafte Verkabelung
71 (ab Modelljahr 2018)	Höchstgeschwindigkeit auf 120 km/h begrenzt, Drehmoment-Vorwahl (HSTC) außer Funktion	Defekter Drosselklappensensor-Kontakt Nr. 1 oder schadhafte Verkabelung
72 (ab Modelljahr 2018)	Höchstgeschwindigkeit auf 120 km/h begrenzt, Drehmoment-Vorwahl (HSTC) außer Funktion	Defekter Drosselklappensensor-Kontakt Nr. 2 oder schadhafte Verkabelung
73 (ab Modelljahr 2018)	Motor läuft im Standgas, Drehmoment-Vorwahl (HSTC) außer Funktion	Defekte Drosselklappensensor-Kontakte Nr. 1 und 2 oder schadhafte Verkabelung
74 (ab Modelljahr 2018)	Motor läuft im Standgas, Drehmoment-Vorwahl (HSTC) außer Funktion	Defekter Gasgriffsensor-Kontakt (APS 1) oder schadhafte Verkabelung
75 (ab Modelljahr 2018)	Motor läuft im Standgas, Drehmoment-Vorwahl (HSTC) außer Funktion	Defekter Gasgriffsensor-Kontakt (APS 2) oder schadhafte Verkabelung
76 (ab Modelljahr 2018)	Motor läuft im Standgas, Drehmoment-Vorwahl (HSTC) außer Funktion	Defekter APS-Sensor oder schadhafte Verkabelung
77 (ab Modelljahr 2018)	Höchstgeschwindigkeit auf 120 km/h begrenzt, Drehmoment-Vorwahl (HSTC) außer Funktion	Defekte Rückholfeder der elektronischen Drosselklappensteuerung (TBW)
78 (ab Modelljahr 2018)	Motor läuft im Standgas, Drehmoment-Vorwahl (HSTC) außer Funktion	Defekter Stellmotor der elektronischen Drosselklappensteuerung (TBW) oder schadhafte Verkabelung
79 (ab Modelljahr 2018)	Motor läuft normal	Defektes elektronischen Drosselklappensteuerung-System (TBW) oder schadhafte Verkabelung
83	Motor läuft normal	Defekter Öldrucksensor (EOP-Sensor) oder schadhafte Verkabelung
84	Motor läuft normal	Defekter ECM/PCM-Hauptprozessor
85 (ab Modelljahr 2018)	Motor läuft im Standgas oder Höchstgeschwindigkeit auf 120 km/h begrenzt, Drehmoment-Vorwahl (HSTC) außer Funktion	Defektes Relais der elektronischen Drosselklappensteuerung (TBW) oder schadhafte Verkabelung

Fehlercode (Blinkzeichen)	Symptome	Mögliche Ursachen
88	Motor läuft normal	Defektes Verdunstungsregelungs-Absaugventil (EVAP) oder schadhafte Verkabelung
89	Motor läuft normal	Defektes Sekundärluft-Regelventil (PAIR) oder schadhafte Verkabelung
91	Motor läuft nur auf Zylinder Nr. 2	Defekte Primär-Zündspule von Zylinder Nr. 1 oder schadhafte Verkabelung
92	Motor läuft nur auf Zylinder Nr. 1	Defekte Primär-Zündspule von Zylinder Nr. 2 oder schadhafte Verkabelung
93	Motor läuft nur auf Zylinder Nr. 2	Defekte Sekundär-Zündspule von Zylinder Nr. 1 oder schadhafte Verkabelung
94	Motor läuft nur auf Zylinder Nr. 1	Defekte Sekundär-Zündspule von Zylinder Nr. 2 oder schadhafte Verkabelung
103	Motor läuft normal, Drehmoment-Vorwahl (HSTC) außer Funktion	Defekte CAN-Kommunikation, defekte Instrumente oder defektes ECM/PCM
107	Motor läuft normal, Quickshifter außer Funktion	Defekter Quickshifter oder schadhafte Verkabelung
108	Motor läuft normal, Quickshifter außer Funktion	Defekte Schaltspindel oder schadhafte Verkabelung
113	Motor läuft normal, Quickshifter außer Funktion	Defekter Kupplungsschalter oder schadhafte Verkabelung

6 Nachdem alle Fehlercodes ausgelesen wurden, werden die Zündung abgeschaltet und der SCS-Stecker oder das Überbrückungskabel vom Datenstecker entfernt. Identifizieren Sie mithilfe der oben angegebenen Tabelle die fehlerhafte Komponente oder den schadhaften Stromkreis und fahren Sie mit den folgenden Prüf-Prozeduren fort:
7 Stellen Sie zunächst sicher, dass alle zum System gehörenden Stecker fest verbunden und frei von Korrosion sind – schlechte Verbindungen sind die häufigsten Gründe für elektrische Probleme. Inspizieren Sie auch die Kabel selbst auf Quetschungen, Brüche oder Scheuerstellen; prüfen Sie mit einem Durchgangstester die Kabel zwischen den Komponenten, ihren Steckern und dem Steuermodul (sowie ggf. das grüne Kabel auf guten Massekontakt) – beachten Sie dazu die Schaltpläne am Ende von Kapitel 8. Beachten Sie als Nächstes in Sektion 9, ob spezielle Kontrollen der Komponenten mit Hausmitteln durchgeführt werden können.
8 Prüfen Sie, ob Defekte nicht auf schlechte Wartung zurückzuführen sind: Das Ventilspiel muss korrekt eingestellt sein, die Zündkerzen müssen sich in einem guten Zustand befinden und die Luftfilter müssen sauber sein (siehe Kapitel 1, Sektionen 21 bis 23), außerdem muss die Motorkompression (siehe Kapitel 2, Sektion3) und der Zündzeitpunkt korrekt sein (siehe Sektion 23). Generell kann es hilfreich sein, die entsprechenden Sensoren zu demontieren (siehe Sektion 9), um ihre Spitzen auf Sauberkeit zu überprüfen.
9 Falls bei den Punkten 7 und 8 keine Ursachen gefunden werden, sollte das Motorrad zu einer Honda-Werkstatt gebracht werden, wo mithilfe spezieller Prüfgeräte alle Systeme schnell und einfach getestet werden können. Falls an den System-Komponenten oder ihren Verkabelungen keine Defekte festgestellt werden, kann das Problem im Steuermodul liegen.
10 Nachdem ein Fehler entdeckt und beseitigt wurde, muss der Fehlercode aus dem ECM/PCM gelöscht und dies zurückgesetzt werden. Schalten Sie hierfür zunächst die Zündung aus und überbrücken Sie im Datenstecker die Kontakte des grau/blauen und des grün/blauen Kabels (Schritt 4). Sichergehend, dass der Killschalter auf RUN steht, wird die Zündung eingeschaltet. Trennen Sie jetzt das Überbrückungskabel oder den SCS-Stecker vom Datenstecker – jetzt leuchtet die Warnlampe für ca. 5 Sekunden auf und in dieser Zeit muss das Überbrückungskabel oder der SCS-Stecker wieder verbunden werden; die Warnleuchte muss jetzt durch Blinken anzeigen, dass alle Fehlercodes gelöscht wurden. Schalten Sie die Zündung aus und entfernen Sie das Überbrückungskabel oder den SCS-Stecker. Schalten Sie die Zündung wieder ein und prüfen Sie erneut die Funktion der Warnleuchte (in manchem Fällen kann es nötig sein, das Löschen mehr als einmal zu wiederholen). Beachten Sie, dass bei DCT-Modellen ab 2017 die gespeicherten DCT-Fehlercodes zusammen mit den Einspritzanlagen-Fehlercodes gelöscht werden.

8 DCT-System Fehlerdiagnose

1 Die Ganganzeige im Cockpit leuchtet bei auf RUN stehendem Killschalter nach dem Einschalten der Zündung (zusammen mit allen anderen Warnleuchten) für einige Sekunden auf und erlischt dann.
2 Falls ein Fehler auftritt, blinkt in der Ganganzeige » – «. Der aktuelle Fehlercode kann als Serie von Blinkzeichen angezeigt werden (siehe Schritt4), sobald der Seitenständer ausgeklappt und dann die Zündung abgeschaltet wird; andernfalls wird der Fehlercode gespeichert und kann später ausgelesen werden (siehe Schritt 3).
3 Um einen aktuellen oder gespeicherten Fehler auslesen zu können, muss zunächst der Fahrersitz demontiert werden (siehe Kapitel 7). Unter dem Beifahrersitz findet sich ein mit einer roten Kappe verschlossener Datenstecker (4 Stifte) (Abbildungen 7.4a und b). Verbinden Sie jetzt entweder den Honda Service-Stecker (SCS-Stecker – Teilenummer 070PZ-ZY30100), einen vergleichbaren Stecker aus dem Zubehörmarkt mit dem Stecker oder verwenden Sie Überbrückungskabel, um die Kontakte des /braunen und des grünen Kabels zu verbinden (Abbildung 7.4c). Nachdem der Stecker angeschlossen oder die Kontakte verbunden sind, werden der Killschalter auf RUN gestellt, der +- Gangwechselschalter gedrückt gehalten und die Zündung eingeschaltet; beobachten Sie jetzt die Ganganzeige – bei gespeicherten Fehlern beginnt » – « zu blinken, andernfalls wird sie abwechselnd zwei Sekunden aufleuchten und drei Sekunden erlöschen. Lösen Sie den + -Gangwechselschalter.
4 Die Ganganzeige zeigt mit langen (1,2 sec.) und kurzen (0,4 sec.) Blinkzeichen den Fehlercode an. Lange Blinkzeichen geben bei zweistelligen Fehlercodes die erste Ziffer an, kurze Blinkzeichen zeigen einstellige Fehlercodes oder die zweite Ziffer zweistelliger Fehlercodes. Beispiele: acht kurze Blinkzeichen (0,4 sec.) zeigen Fehlercode 8 an; zwei lange Blinkzeichen (1,2 sec.) und drei kurze Blinkzeichen (0,4 sec.) zeigen Fehlercode 23 an. Falls mehr als ein Fehlercode gespeichert wurde, werden diese mit kurzen Pausen dazwischen und mit der niedrigsten Zahl beginnend angezeigt. Nachdem alle gespeicherten Fehlercodes angezeigt wurden, beginnt das Steuermodul mit der Wiederholung der Anzeige. Die Fehlercodes, ihre Symptome und mögliche Ursachen sind in der folgenden Tabelle aufgeführt.

Fehlercode (Blinkzeichen)	Symptome	Mögliche Ursachen
1 (ab Modelljahr 2018)	DCT-Schalthebel (optional) außer Funktion	Defekter Schalthebel-Mechanismus, defekter Winkelsensor oder schadhafte Verkabelung
7 (ab Modelljahr 2018)	Motor bei niedrigen Temperaturen schwierig zu starten	Defekter Kühltemperatursensor (ECT-Sensor) oder schadhafte Verkabelung
8 (bis Modelljahr 2017)	Gangwechsel nicht möglich	Defekter Drosselklappensensor (TP-Sensor) oder schadhafte Verkabelung
8 (ab Modelljahr 2018)	Höchstgeschwindigkeit auf 120 km/h begrenzt, Drehmoment-Vorwahl (HSTC) außer Funktion	Defekter Drosselklappensensor oder schadhafte Verkabelung
9	Schaltung arbeitet normal	Defekter Kupplungsleitungs-Öldrucksensor oder schadhafte Verkabelung
11	Gangwechsel nicht möglich	Defekter Geschwindigkeitssensor oder schadhafte Verkabelung
19	Motor läuft nicht, Gangwechsel nicht möglich	Defekter Kurbelwellensensor oder schadhafte Verkabelung
21	Gangwechsel nicht möglich	Defekter Schaltwinkelsensor oder schadhafte Verkabelung
22 und 23	Gangwechsel nicht möglich	Defekter Schalthebel-Mechanismus, defekter Winkelsensor oder schadhafte Verkabelung
24	Gangwechsel nicht möglich	Defekter Gangwechsel-Stellmotor oder schadhafte Verkabelung
27	Gangwechsel nicht möglich	Defekter Schaltbereichsensor oder schadhafte Verkabelung, defekter Schaltmechanismus
31	Gangwechsel nicht möglich	Defektes Zündungs-Halterelais in PCM, geschmolzene DCT-Sicherung (30 A), lockerer PCM-Stecker
32	Gangwechsel nicht möglich	Defekte Stromversorgung am PCM, defektes Sicherungsrelais im PCM, geschmolzene DCT-Sicherung (30 A)
37	Gangwechsel nicht möglich	Defektes Zündungs-Halterelais in PCM, geschmolzene DCT-Sicherung (7,5 A), defekte Stromversorgung am PCM
41	Leerlaufschalter (N-D) außer Funktion	Defekter Leerlaufschalter oder schadhafte Verkabelung
42	Schalthebel außer Funktion	Defekter Gangwechsel-Schalter oder schadhafte Verkabelung
44	Schaltung arbeitet normal	Defekter Öldrucksensor oder schadhafte Verkabelung
47	Gangwechsel nicht möglich	Defekter Kupplungs-Öldrucksensor Nr. 1 oder schadhafte Verkabelung
48	Gangwechsel nicht möglich	Defekter Kupplungs-Öldrucksensor Nr. 2 oder schadhafte Verkabelung
49	Gangwechsel nicht möglich	Niedriger Öldruck im Kupplungs-Ölkreis, defekter Öldrucksensor oder schadhafte Verkabelung
51	Gangwechsel nicht möglich	Defekter Schaltbereichsensor (TR) oder schadhafte Verkabelung
52	Gangwechsel je nach Fehler möglich oder nicht möglich	Leerlaufschalter klemmt (aus oder an) oder schadhafte Verkabelung
53	Gangwechsel nicht möglich	Defekter Sensor an innerer Eingangswelle oder schadhafte Verkabelung
54	Gangwechsel nicht möglich	Defekter Sensor an äußerer Eingangswelle oder schadhafte Verkabelung
55	Gangwechsel nicht möglich	Defektes Linear-Magnetventil Nr. 1 oder schadhafte Verkabelung
56	Gangwechsel nicht möglich	Defektes Linear-Magnetventil Nr. 2 oder schadhafte Verkabelung
57	Gangwechsel nicht möglich	Defekter Schaltmechanismus, defekter Schaltbereichssensor (TR) oder schadhafte Verkabelung
58	Motor läuft nicht,Gangwechsel nicht möglich	Defekt an Kupplung Nr. 1 oder deren Ölkreis
59	Motor läuft nicht, Gangwechsel nicht möglich	Defekt an Kupplung Nr. 2 oder deren Ölkreis
61	Gangwechsel nicht möglich	Öldruck an Kupplung Nr. 1 niedrig, defekter Kupplungs-Öldrucksensor Nr. 1, defektes Linear-Magnetventil Nr. 1 oder schadhafte Verkabelung
62	Gangwechsel nicht möglich	Öldruck an Kupplung Nr. 1 zu hoch, defekter Kupplungs-Öldrucksensor Nr. 1, defektes Linear-Magnetventil Nr. 1 oder schadhafte Verkabelung
63	Gangwechsel nicht möglich	Öldruck an Kupplung Nr. 2 niedrig, defekter Kupplungs-Öldrucksensor Nr. 2, defektes Linear-Magnetventil Nr. 2 oder schadhafte Verkabelung
64	Gangwechsel nicht möglich	Öldruck an Kupplung Nr. 2 zu hoch, defekter Kupplungs-Öldrucksensor Nr. 2, defektes Linear-Magnetventil Nr. 2 oder schadhafte Verkabelung
65	Gangwechsel nicht möglich	Defekter Vorder- oder Hinterradsensor oder Geschwindigkeitssensor oder schadhafte Verkabelung, defekter ABS-Modulator

Fehlercode (Blinkzeichen)	Symptome	Mögliche Ursachen
66	Gangwechsel nicht möglich	Defekter Hinterradsensor oder schadhafte Verkabelung, defekter Sensorring oder ABS-Modulator
67	Gangwechsel nicht möglich	Defekter Vorderradsensor oder schadhafte Verkabelung, defekter Sensorring oder ABS-Modulator
68	Gangwechsel nicht möglich	Defekt an Kupplung Nr. 1, defekter Geschwindigkeitssensor oder schadhafte Verkabelung
69	Gangwechsel nicht möglich	Defekt an Kupplung Nr. 2, defekter Geschwindigkeitssensor oder schadhafte Verkabelung
71	Gangwechsel nicht möglich	Defekter Geschwindigkeitssensor oder schadhafte Verkabelung, defekter Sensor an innerer Eingangswelle oder schadhafte Verkabelung
72	Gangwechsel nicht möglich	Defekter Geschwindigkeitssensor oder schadhafte Verkabelung, defekter Sensor an äußerer Eingangswelle oder schadhafte Verkabelung
84	Gangwechsel nicht möglich	Defekter PCM-Hauptprozessor

5 Nachdem alle Fehlercodes ausgelesen wurden, werden die Zündung abgeschaltet und der SCS-Stecker oder das Überbrückungskabel vom Datenstecker entfernt. Identifizieren Sie mithilfe der oben angegebenen Tabelle die fehlerhafte Komponente oder den schadhaften Stromkreis und fahren Sie mit den folgenden Prüf-Prozeduren fort:

6 Stellen Sie zunächst sicher, dass alle zum System gehörenden Stecker fest verbunden und frei von Korrosion sind – schlechte Verbindungen sind die häufigsten Gründe für elektrische Probleme. Inspizieren Sie auch die Kabel selbst auf Quetschungen, Brüche oder Scheuerstellen; prüfen Sie mit einem Durchgangstester die Kabel zwischen den Komponenten, ihren Steckern und dem Steuermodul (sowie ggf. das grüne Kabel auf guten Massekontakt) – beachten Sie dazu die Schaltpläne am Ende von Kapitel 8. Beachten Sie als Nächstes in Sektion 9, ob spezielle Kontrollen der Komponenten mit Hausmitteln durchgeführt werden können.

7 Prüfen Sie, ob Defekte nicht auf schlechte Wartung zurückzuführen sind: Kontrollieren Sie den Ölpegel (siehe *Tägliche Kontrollen*) und tauschen Sie nötigenfalls das Motoröl und den Ölfilter aus (siehe Kapitel 1, Sektion 11) und/oder führen Sie eine Öldruckprüfung durch (siehe Kapitel 2, Sektion 3). Generell kann es hilfreich sein, die entsprechenden Sensoren zu demontieren (siehe Sektion 9), um ihre Spitzen auf Sauberkeit zu überprüfen.

8 Falls bei den Punkten 6 und 7 keine Ursachen gefunden werden, sollte das Motorrad zu einer Honda-Werkstatt gebracht werden, wo mithilfe spezieller Prüfgeräte alle Systeme schnell und einfach getestet werden können. Falls an den System-Komponenten oder ihren Verkabelungen keine Defekte festgestellt werden, kann das Problem im Steuermodul liegen.

9 Nachdem ein Fehler entdeckt und beseitigt wurde, muss der Fehlercode aus dem PCM gelöscht und dies zurückgesetzt werden. Schalten Sie hierfür zunächst **bei 2016er-Modellen** die Zündung aus und überbrücken Sie im Datenstecker die Kontakte des grau/blauen und des grün/blauen Kabels (Schritt 3). Sichergehend, dass der Killschalter auf RUN steht, werden der +-Gangwechselschalter gedrückt gehalten und die Zündung eingeschaltet. Lösen Sie nun den + -Gangwechselschalter und drücken Sie den – -Schalter, dann wieder den + -Schalter – die Ganganzeige beginnt » – « für zwei Sekunden anzuzeigen und nach drei Sekunden Pause zu wiederholen, um anzuzeigen, dass alle Fehlercodes gelöscht sind. Schalten Sie die Zündung aus und entfernen Sie das Überbrückungskabel oder den SCS-Stecker. Schalten Sie die Zündung wieder ein und prüfen Sie erneut die Funktion der Warnleuchte (in manchem Fällen kann es nötig sein, das Löschen mehr als einmal zu wiederholen). Beachten Sie, dass bei **DCT-Modellen ab 2017** die gespeicherten DCT-Fehlercodes zusammen mit den Einspritzanlagen-Fehlercodes gelöscht werden (siehe Sektion 7, Sektion 10).

9 Motorsteuerungs-system-Sensoren (Einspritzung und DCT)

Achtung: Bevor irgendwelche elektrischen Leitungen der Motorsteuerung getrennt oder verbunden werden, muss die Zündung abgeschaltet werden – andernfalls kann das Steuermodul beschädigt werden!

Einspritzanlagen-Sensoren

Drosselklappensensor (TP-Sensor)

1 Bis **Modelljahr 2017** ist der Drosselklappensensor in das Drosselklappengehäuse integriert und darf nicht daraus entfernt werden. Falls der Sensor defekt ist, muss das gesamte Drosselklappengehäuse ersetzt werden.

2 Ab **Modelljahr 2018** ist der Drosselklappensensor in die elektronische Drosselklappensteuerung integriert, die wiederum Bestandteil des Drosselklappengehäuses ist, sodass es bei einem defekten Sensor ersetzt werden muss.

Gasgriffsensor (APS-Sensor) ab Modelljahr 2018

3 Demontieren Sie den rechten Rückspiegel, da Lenkergewicht und den Handprotektor (siehe Kapitel 7).

4 Trennen Sie die Stecker des Bremslichtschalters (siehe Abbildung). Lösen Sie die zwei Handbremszylinder-Klemmschrauben (siehe Abbildung) – die untere sichert auch das Kabel-Klemmstück – und positionieren Sie die Bremszylinder-Baugruppe abseits des Lenkers, ohne dabei den Bremsschlauch unter Last zu setzen, halten Sie sie dabei aufrecht, damit keine Bremsflüssigkeit austritt.

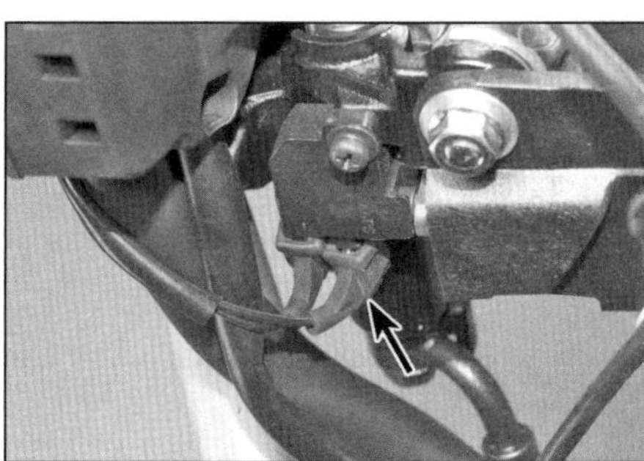

9.4a Bremslichtschalter-Stecker

9.4b Handbremszylinder-Klemmschrauben

4

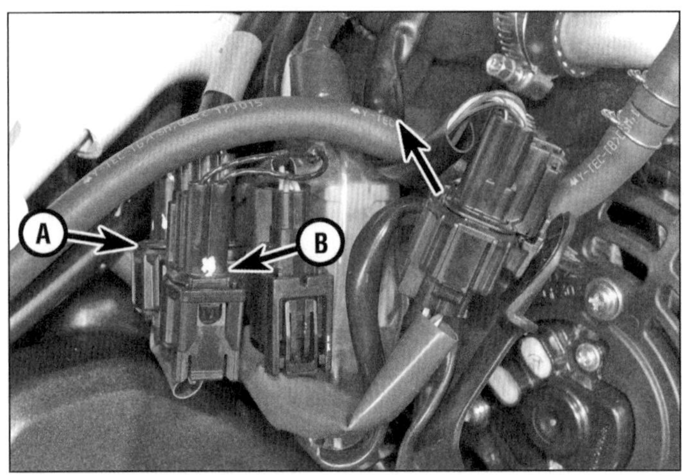

9.6 Stecker des Gasgriffsensors (A) und der Griffheizung (B)

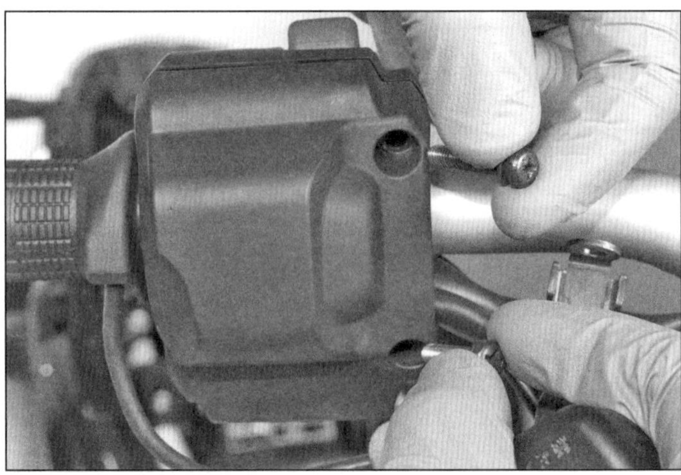

9.7a Lösen Sie die zwei Schrauben,...

9.7b ...um die vordere Gehäusehälfte zu befreien.

9.7c Lösen Sie dann die vier Schrauben,...

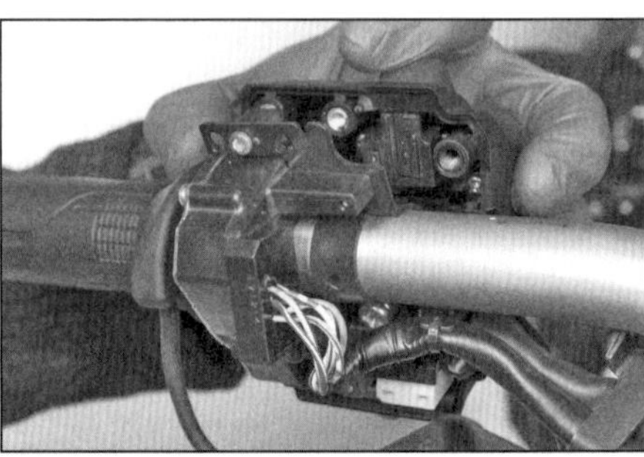

9.7d ...um die hintere Gehäusehälfte vom Gasgriffsensor zu trennen.

5 Heben Sie den Tank an (siehe Sektion 2).
6 Befreien und trennen Sie den Stecker des Gasgriffsensors und bei der Adventure Sports auch den Stecker der Griffheizung (siehe Abbildung). Führen Sie die Verkabelung zum Sensor zurück, merken Sie sich die Verlegung und befreien Sie sie aus allen Befestigungen.
7 Lösen Sie die Schrauben des rechten Schaltergehäuses, befreien Sie die vordere Gehäusehälfte und lösen Sie dann die vier Schrauben der hinteren Gehäusehälfte, um sie vom Gasgriffsensor zu befreien (siehe Abbildungen).
8 Lösen Sie die Klemmschraube des Gasgriffsensors und entnehmen Sie das Klemmstück, um den Stift aus der Bohrung im Lenker zu befreien (siehe Abbildung). Ziehen Sie den Gasgriff vom Lenker, beachten Sie seinen Sitz am Sensor und ziehen Sie diesen ab (siehe Abbildung).
9 Der Einbau entspricht der umgekehrten Ausbaureihenfolge – der Gasgriff muss korrekt zum Sensor ausgerichtet sein (Abbildung 9.8b) und der Stift seines Klemmstücks korrekt in die Lenkerbohrung greifen (siehe Abbildung). Setzen Sie das Handbremszylinder-Klemmstück mit »UP« nach oben zeigend an und richten Sie die obere Klemmöffnung zur Markierung am Lenker aus (siehe Abbildung). Ziehen Sie zuerst die obere Klemmschraube mit 10 Nm an, vergessen Sie an der unteren Schraube nicht die Kabelklemme und ziehen Sie sie ebenfalls mit 10 Nm an.

Ansauglufdrucksensor (MAP-Sensor)

10 Demontieren Sie das Luftfiltergehäuse (siehe Sektion 3).
11 Trennen Sie den Sensorstecker (Abbildung 4.21).
12 Lösen Sie die Schraube des Sensors, befreien Sie diesen und ziehen Sie an seiner Unterseite den Schlauch ab (siehe Abbildung).
13 Der Einbau entspricht der umgekehrten Ausbaureihenfolge – die Schläuche zwischen dem Sensor und dem Drosselklappengehäuse müssen in Ordnung, korrekt verlegt und sicher verbunden sein (Abbildung 4.30).

Ansauglufttemperatursensor (IAT-Sensor)

14 Demontieren Sie das Luftfiltergehäuse (siehe Sektion 3) – der Sensor sitzt an dessen Unterseite.

Kontrolle

15 Verbinden Sie ein Ohmmeter mit den sensorseitigen Steckerkontakten und messen Sie den Widerstand – bei 40 °C müssen zwischen 1,0 und 1,3 K-Ohm festgestellt werden; bei stark abweichenden Ergebnissen ist der Sensor defekt (bringen Sie nötigenfalls den Motor auf Betriebstemperatur, sodass auch die Ansaugluft im Luftfiltergehäuse erwärmt wird, oder demontieren Sie den Sensor und erwärmen Sie ihn mit einem Haartrockner). Falls das Messgerät vollen Durchgang (0) oder Widerstand (1) anzeigt, wird der Sensor definitiv defekt sein.

Ausbau und Einbau

16 Lösen Sie die Schrauben und befreien Sie den Sensor aus dem Luftfiltergehäuse.
17 Der Einbau entspricht der umgekehrten Ausbaureihenfolge – achten Sie auf einen korrekt sitzenden O-Ring.

Kühltemperatursensor (ECT-Sensor)

18 Beachten Sie die Hinweise in Kapitel 3, Sektion 3.

Motor-Öldrucksensor (EOP-Sensor)

19 Beachten Sie die Hinweise in Kapitel 8, Sektion 16.

9.8a Lösen Sie die Klemmschraube und beachten Sie die Position des Klemmstücks.

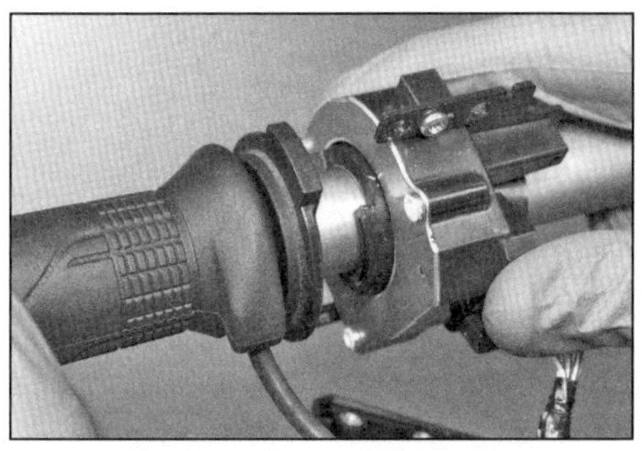

9.8b Ziehen Sie den Gasgriff und den Sensor ab – beachten Sie, wie beide Teile zusammengehören.

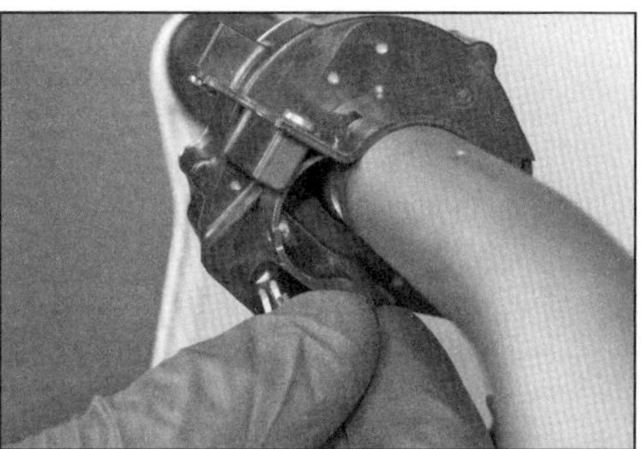

9.9a Hängen Sie das Sensor-Klemmstück oben ein und führen Sie seinen Stift in die Lenkerbohrung ein.

9.9b Richten Sie die obere Klemmöffnung des Handbremszylinders zur Markierung am Lenker aus.

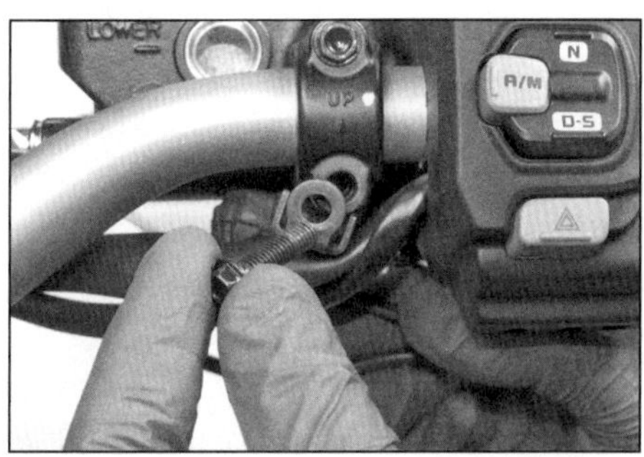

9.9c Die Kabelklemme muss oberhalb der Verkabelung korrekt ausgerichtet sein.

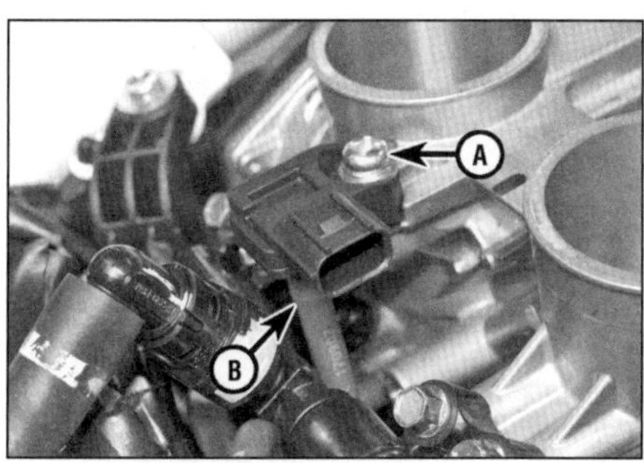

9.12 Schraube (A) und Schlauch (B) des Ansaugluftdrucksensors

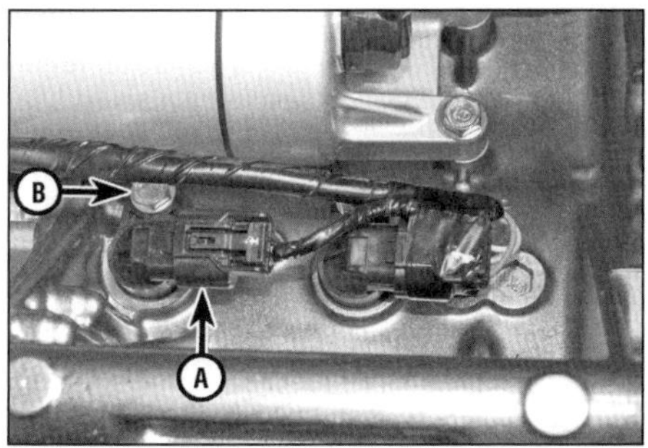

9.22 Stecker (A) und Schraube (B) des Geschwindigkeitssensors

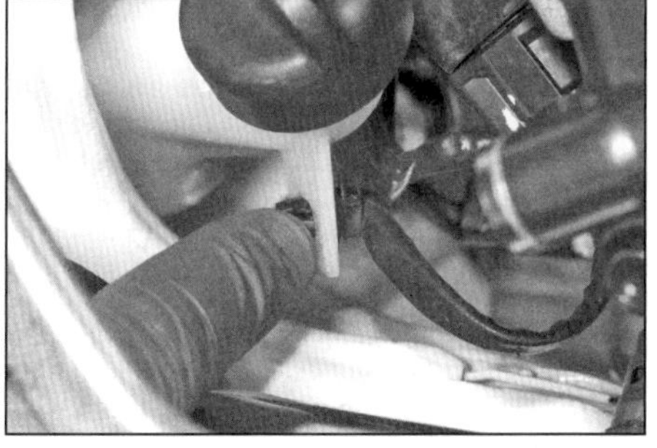

9.26a Befreien Sie die Kabelklemme...

9.26b ...und trennen Sie den Lambdasondenstecker.

Geschwindigkeitssensor (VS-Sensor)

20 Kontrollieren Sie den Sensor entsprechend der Hinweise in Kapitel 8, Sektion 15.
21 Bauen Sie die Batterie samt Box aus (siehe Kapitel 8, Sektion 3).
22 Trennen Sie den Sensorstecker (siehe Abbildung).
23 Lösen Sie die Schraube und befreien Sie den Sensor (Abbildung 9.22) – der O-Ring muss beim Einbau durch ein Neuteil ersetzt werden. Verstopfen Sie den Sensorsitz mit einem sauberen Lappen.
24 Der Einbau entspricht der umgekehrten Ausbaureihenfolge – schmieren Sie den neuen O-Ring vor dem Einbau mit Motoröl.

Lambdasonde

Kontrolle

25 Abgesehen von den in Sektion 7 beschriebenen Kontrollen des Steckers und der Verkabelung kann die Funktion der eigentlichen Sonde nicht geprüft werden. Soweit der Stromkreis in Ordnung ist (und dies von einer Fachwerkstatt bestätigt wurde), wird die Lambdasonde defekt sein und muss ersetzt werden (siehe unten).
26 Um die Lambdasonden-Vorwärmung kontrollieren zu können, muss ihr Stecker getrennt werden (siehe Abbildungen). Verbinden Sie ein Ohmmeter mit den sondenseitigen Kontakten der weißen Kabel (Modelle mit Standardgetriebe) bzw. des weißen und des rot/weißen Kabels (DCT-Modelle) und messen Sie den Widerstand – er muss zwischen 6,7 und 10,5 Ohm liegen. Prüfen Sie, ob keines der weißen Kabel Durchgang zu Masse hat; bei anderen Ergebnissen muss die Lambdasonde durch ein Neuteil ersetzt werden.

Ausbau und Einbau

Anmerkung: *Die Lambdasonde ist sehr empfindlich und verträgt weder Schläge noch Reinigungsmittel. Lassen Sie die Auspuffanlage zunächst vollständig abkühlen. Beschaffen Sie möglichst einen geschlitzten Steckschlüssel, um das Kabel durchführen zu können (Honda bietet unter der Teilenummer FRXM17 einen passenden Steckschlüssel an) und die Sonde mit dem korrekten Drehmoment anziehen zu können.*

9.28 Lambdasonde

9.34 Muttern des Neigungswinkelsensors

9.36 Lassen Sie den Stoßdämpfer wie gezeigt an der Schwinge hängen.

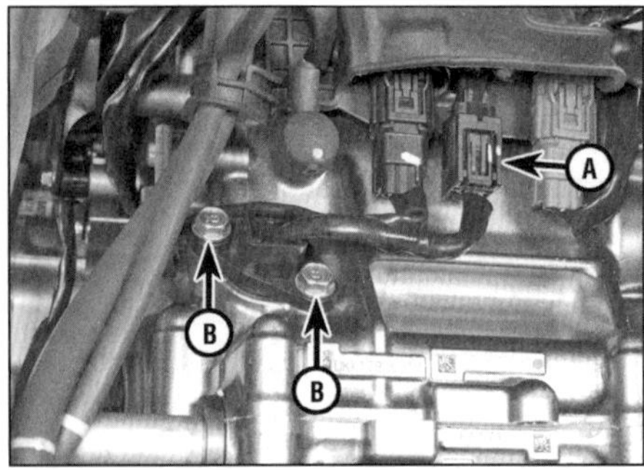

9.37 Stecker (A) und Schrauben (B) des Eingangswellen-Innensensors

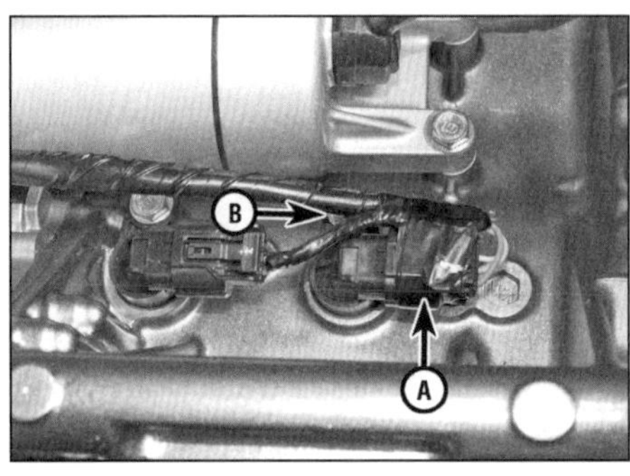

9.41 Stecker (A) und Schraube (B) des Eingangswellen-Außensensors

9.45 Lösen Sie die Schrauben der Abdeckung des Gangwechsel-Stellmotors.

27 Nachdem die äußere Abdeckung und die Hitzeschilde vom Auspuff entfernt sind (siehe Sektion 17), wird der Lambdasonden-Stecker getrennt (Abbildungen 9.26a und b) – jetzt kann die Lambdasonde mit einem Maulschlüssel oder geschlitzten Ringschlüssel herausgeschraubt werden; um sie mit einem Steckschlüssel lösen zu können, muss die Auspuffanlage demontiert werden (siehe Sektion 17).

28 Schrauben Sie die Lambdasonde aus der Auspuffanlage (siehe Abbildung).

29 Der Einbau entspricht der umgekehrten Ausbaureihenfolge – ziehen Sie die Lambdasonde – möglichst mithilfe des Steckschlüssels – mit 24,5 Nm an.

Kurbelwellensensor (CKP-Sensor)

Spezialwerkzeug: *Für den Test des Kurbelwellensensors werden ein Spitzenspannungsadapter (Honda-Teilenummer 07HGJ-0020100) und ein Digital-Multimeter mit einer Impedanz von mindestens 10 M-Ohm/DCV benötigt. Lassen Sie den Sensor nötigenfalls von einer entsprechend ausgerüsteten Fachwerkstatt überprüfen.*

30 Falls die erforderlichen Messinstrumente vorhanden sind, kann der Kurbelwellensensor wie folgt kontrolliert werden: Schalten Sie das Standardgetriebe in den Leerlauf. Schalten Sie die Zündung ab. Demontieren Sie bei DCT-Modellen das Anlasserrelais (siehe Kapitel 8) und überbrücken Sie die kabelbaumseitigen Kontakte des grün/roten und des grünen Kabels. Trennen Sie den grauen (bis Modelljahr 2017) bzw. schwarzen 33-Stiftstecker (ab Modelljahr 2018) vom ECM/PCM (siehe Sektion 10). Verbinden Sie die Plusklemme des Spitzenspannungsadapters mit dem steckerseitigen Kontakt des gelben Kabels und dessen Minusklemme mit dem Kontakt des weiß/gelben Kabels. Stellen Sie den Killschalter auf RUN, schalten Sie die Zündung ein und drehen Sie den Motor mit dem Anlasser durch – die angezeigte Spitzenspannung muss über 0,7 Volt liegen.

31 Kontrollieren Sie bei anderen Ergebnissen die Verkabelung zwischen dem ECM/PCM-Stecker und dem Sechsstiftstecker der Lichtmaschine und des Sensors – beachten Sie für den Zugang die Hinweise in Kapitel 8, Sektion 29. Auch kann der Test nötigenfalls an den Kontakten des gelben und weiß/gelben Kabels am Sechsstiftstecker wiederholt werden, nachdem der ECM/PCM-Stecker und die Batterie getrennt sind.

32 Falls der Kurbelwellensensor defekt ist, muss der gesamte Lichtmaschinenstator ausgetauscht werden (siehe Kapitel 8, Sektion 29), da der Sensor darin integriert ist.

Neigungswinkelsensor

33 Demontieren Sie den Scheinwerfer (siehe Kapitel 8, Sektion 7).

34 Lösen Sie an der Rückseite des Scheinwerfers die Muttern des Sensors und entnehmen Sie diesen (siehe Abbildung).

35 Der Einbau entspricht der umgekehrten Ausbaureihenfolge – die Beschriftung »UP« am Sensor muss nach oben zeigen.

DCT-Sensoren

Eingangswellensensoren

Sensor der inneren Welle

36 Befreien Sie den Hinterrad-Stoßdämpfer von der Anlenkung (siehe Kapitel 5, Sektion 11) und lassen Sie ihn wie gezeigt herunterhängen (siehe Abbildung) – die Schwing muss nicht demontiert werden.

37 Befreien und trennen Sie den Sensorstecker (siehe Abbildung).

38 Lösen Sie die Schrauben des Sensors und befreien Sie diesen (Abbildung 9.37) – der O-Ring muss später erneuert werden. Verstopfen Sie die Sensorbohrung mit sauberen Lappen.

39 Der Einbau entspricht der umgekehrten Ausbaureihenfolge – schmieren Sie den neuen O-Ring vor dem Einbau mit Motoröl und ziehen Sie die Schrauben sorgfältig an.

Sensor der äußeren Welle

40 Bauen Sie die Batterie samt Box aus (siehe Kapitel 8, Sektion 3).

41 Trennen Sie den Sensorstecker (siehe Abbildung).

9.47 Stecker des Schaltbereichsensors

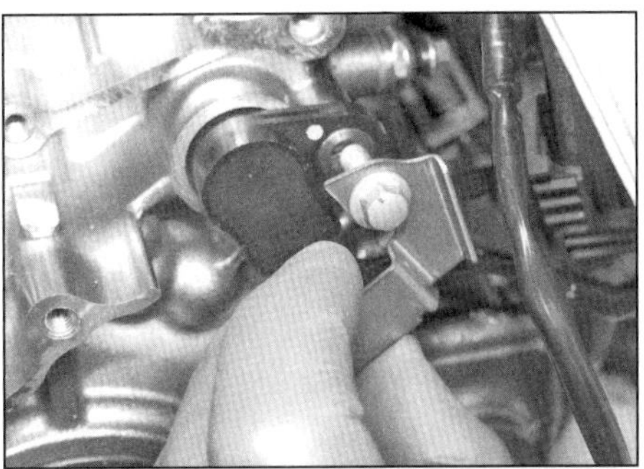

9.48a Lösen Sie die Schraube der Sensorabdeckung, entnehmen Sie diese...

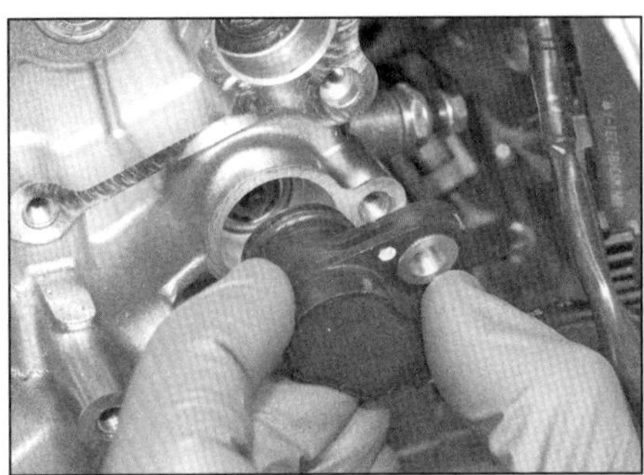

9.48b ...und befreien Sie den Sensor.

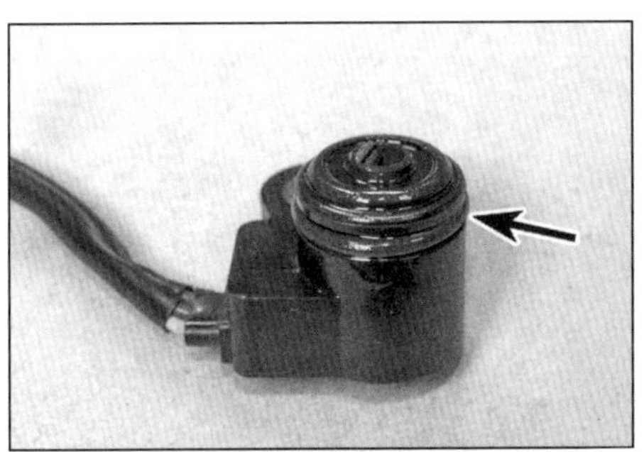

9.48c O-Ring des Schaltbereichsensors

9.49a Richten Sie beim Ansetzen des Sensors seine Abflachung zu derjenigen der Schaltwalze aus.

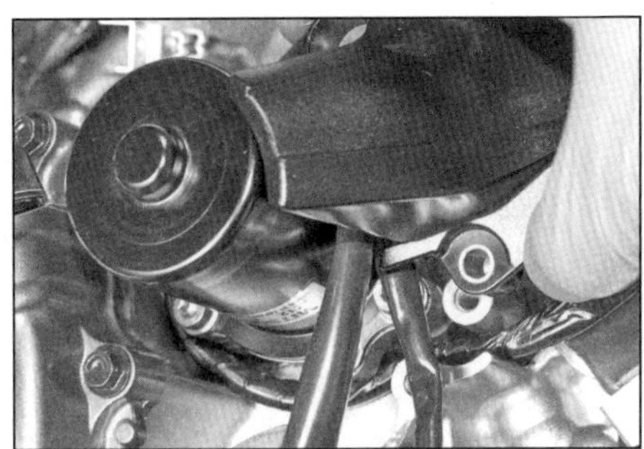

9.49b Das Kabel des Gangwechsel-Stellmotors muss beim Ansetzen der Abdeckung korrekt verlegt sein.

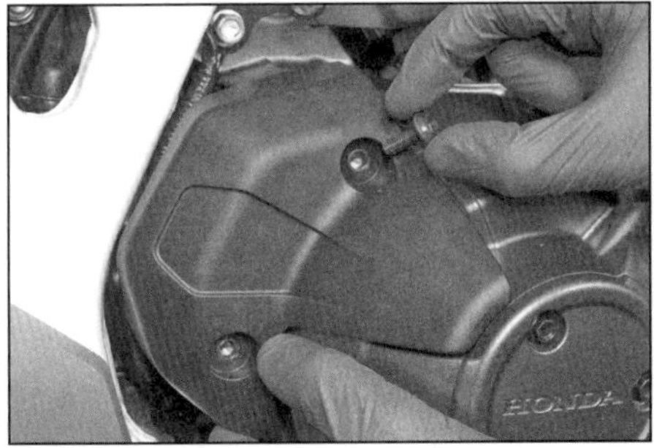

9.50a Lösen Sie die Schrauben der Abdeckung...

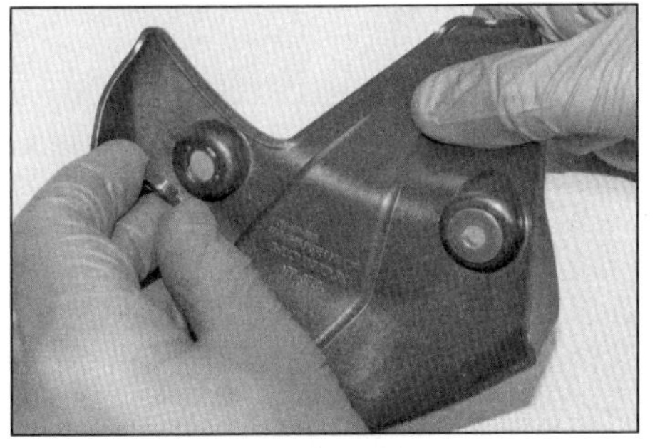

9.50b ...und beachten Sie die darin sitzenden Hülsen.

9.52 Stecker des Schaltwellen-Winkelsensors

42 Lösen Sie die Schraube des Sensors und befreien Sie diesen (Abbildung 9.41) – der O-Ring muss später erneuert werden. Verstopfen Sie die Sensorbohrung mit sauberen Lappen.
43 Der Einbau entspricht der umgekehrten Ausbaureihenfolge – schmieren Sie den neuen O-Ring vor dem Einbau mit Motoröl und ziehen Sie die Schraube sorgfältig an.

Schaltbereichsensor (TR-Sensor)

44 Demontieren Sie die Ritzel-Abdeckung (siehe Kapitel 6, Sektion 22).
45 Demontieren Sie die Abdeckung des Gangwechsel-Stellmotors (siehe Abbildung).
46 Befreien Sie den Hinterrad-Stoßdämpfer von der Anlenkung (siehe Kapitel 5, Sektion 11) und lassen Sie ihn wie in Abbildung 9.36 gezeigt herunterhängen – die Schwing muss nicht demontiert werden.
47 Befreien und trennen Sie den Sensorstecker (siehe Abbildung).
48 Lösen Sie die Schraube der Sensorabdeckung, entnehmen Sie diese und befreien Sie den Sensor (siehe Abbildungen) – der O-Ring muss beim Einbau erneuert werden (siehe Abbildung).
49 Der Einbau entspricht der umgekehrten Ausbaureihenfolge – schmieren Sie den neuen O-Ring vor dem Einbau mit Motoröl (Abbildung 9.48c). Richten Sie die Abflachungen des Sensors und der Schaltwalze zueinander aus (siehe Abbildung). Installieren Sie die Abdeckung und ziehen Sie ihre Schraube mit 12 Nm an (Abbildung 9.48a). Achten Sie beim Ansetzen der Abdeckung des Gangwechsel-Stellmotors auf eine korrekte Verlegung des Kabels (siehe Abbildung).

Schaltwellen-Winkelsensor

50 Demontieren Sie die hinten am Kupplungsdeckel sitzende Abdeckung (siehe Abbildungen).
51 Befreien Sie den Hinterrad-Stoßdämpfer von der Anlenkung (siehe Kapitel 5, Sektion 11) und lassen Sie ihn wie in Abbildung 9.36 gezeigt herunterhängen – die Schwing muss nicht demontiert werden.
52 Befreien und trennen Sie den Sensorstecker (siehe Abbildung).

9.53 Lösen Sie die Schraube des Schaltwellen-Winkelsensors

9.54 Installieren Sie einen neuen O-Ring und richten Sie die Abflachungen zueinander aus.

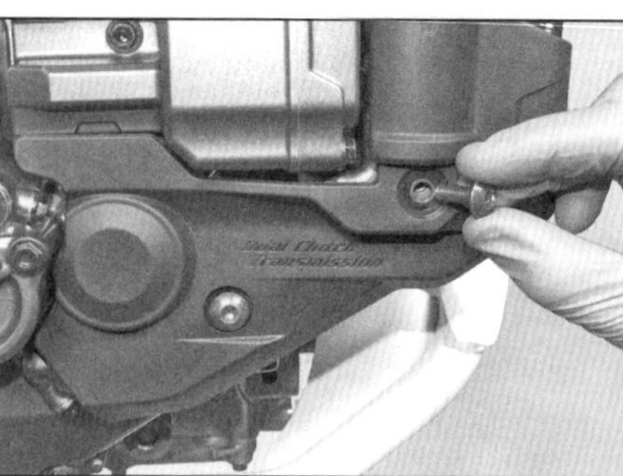

9.56a Lösen Sie die Schrauben des Öldrucksensors,...

9.56b ...beachten Sie die Hülsen.

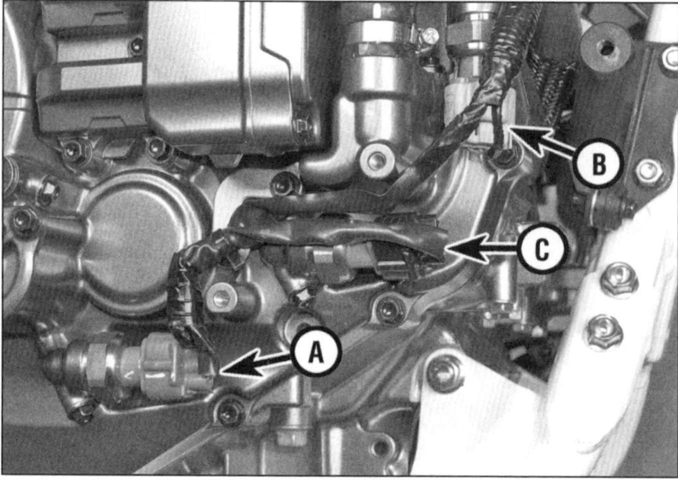

9.57 Stecker des Kupplungsleitungs-Sensors (A), der Kupplungsdrucksensoren Nr. 1 (B) und Nr. 2 (C)

9.62 Stecker des Motoröltemperatursensors

9.64 Rüsten Sie den Motoröltemperatursensor mit einer neuen Dichtscheibe aus.

53 Lösen Sie die Schraube des Schaltwellen-Winkelsensors und entnehmen Sie diesen (siehe Abbildung) – beim Einbau wird ein neuer O-Ring benötigt (Abbildung 9.54).
54 Der Einbau entspricht der umgekehrten Ausbaureihenfolge – schmieren Sie den neuen O-Ring vor dem Einbau mit Motoröl, richten Sie die Abflachungen des Sensors und der Schaltwelle zueinander aus und ziehen Sie die Schraube mit 12 Nm an (siehe Abbildung).

Kupplungs-Öldrucksensoren

55 Lassen Sie das Motoröl ab (siehe Kapitel 1, Sektion 11).
56 Demontieren Sie den Deckel des Kupplungsöldruck-Sensors (siehe Abbildungen).
57 Es gibt im Doppelkupplungssystem drei Öldrucksensoren: den Kupplungsleitungs-Sensor sowie die Sensoren der Kupplung 1 und 2 (siehe Abbildung). Trennen Sie nötigenfalls die grauen Dreistift-Stecker des Kupplungsleitungs-Sensors und des Kupplungsdrucksensors Nr. 1 sowie den schwarzen Dreistift-Stecker des Kupplungsdrucksensors Nr. 2.
58 Schrauben Sie den/die Sensor(en) heraus – die O-Ringe entfernter Sensoren müssen beim Einbau durch Neuteile ersetzt werden.
59 Der Einbau entspricht der umgekehrten Ausbaureihenfolge – schmieren Sie den neuen O-Ring vor dem Einbau mit Motoröl und ziehen Sie die Sensoren mit 20 Nm an.

Motoröltemperatursensor (EOT-Sensor)

60 Lassen Sie das Motoröl ab (siehe Kapitel 1, Sektion 11).
61 Befreien und trennen Sie den Lambdasondenstecker (Abbildungen 9.26a und b).
62 Trennen Sie den Stecker des Motoröltemperatursensors (siehe Abbildung).
63 Schrauben Sie den Sensor heraus – die Dichtscheibe muss beim Einbau durch ein Neuteil ersetzt werden (Abbildung 9.64).
64 Der Einbau entspricht der umgekehrten Ausbaureihenfolge – verwenden Sie eine neue

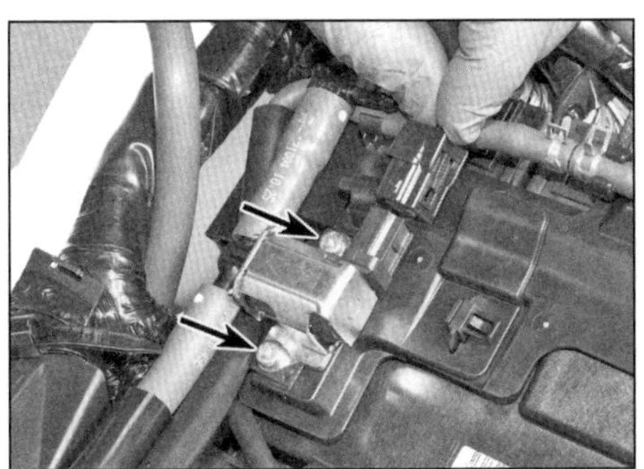

10.5a Trennen Sie den Absaugventil-Stecker, lösen Sie die Schrauben (Pfeile),...

10.5b befreien Sie den Schlauch aus den Clips und verlagern Sie das Ventil samt Schläuchen beiseite.

10.6a Lösen Sie den Verschluss der Abdeckung (gezeigt am späteren Modell),...

Dichtscheibe, schmieren Sie das Sensor-Gewinde vor dem Einbau mit Motoröl und ziehen Sie die Sensoren mit 15 Nm an (siehe Abbildung).

10 Motor/Antriebsstrang-Steuermodul (ECM/PCM)

1 Modelle mit Standardgetriebe sind mit einem Motorsteuermodul *(Engine Control Module* = ECM) ausgerüstet, DCT-Modelle verfügen über ein kombiniertes Steuermodul, das auch für den Gangwechsel zuständig ist *(Powertrain Control Module = PCM).*

Kontrolle

2 Das ECM/PCM kann selbst nicht kontrolliert werden. Falls sich jedoch mit den in den vorherigen Sektionen beschriebenen Tests keine Fehlerursache eingrenzen ließ und die FI-Sicherungen (siehe Kapitel 8) und Relais (siehe Sektion 11) der Motorsteuerung in Ordnung sind, kann das Steuermodul selbst defekt sein. Trennen Sie zunächst die Steuermodul-Stecker (siehe unten) und kontrollieren Sie alle Kontaktstifte und ihre Anschlüsse auf lockeren Sitz oder gebrochene Kontakte; prüfen Sie dann alle Kabel zum oder vom ECM/PCM zu den jeweiligen Komponenten oder Masse auf Durchgang – beachten Sie dazu die Schaltpläne am Ende von Kapitel 8 sowie die Hinweise in der Fehlersuche (Sektion 2 in Kapitel 8). Falls irgendwo kein Durchgang besteht, liegt der Fehler meistens eher in den Steckern und Anschlüssen des Stromkreises als in den Kabeln selbst. Lassen Sie das Motorrad nötigenfalls von einer mit einem Diagnosegerät ausgerüsteten Fachwerkstatt kontrollieren.

Ausbau

3 Die Zündung muss abgeschaltet sein. Demontieren Sie den Tank (siehe Sektion 2).

4 Befreien Sie bei Modellen **ohne** Verdunstungsregelung (EVAP) die Tankentlüftungsschläuche aus ihren Führungen an der ECM/PCM-Abdeckung.

5 Trennen Sie bei Modellen **mit** Verdunstungsregelung (EVAP) den Drosselklappengehäuse-Schlauch vom Verteilerstück (Abbildung 4.23), trennen Sie dann den Absaugventil-Stecker und befreien Sie das Ventil; jetzt kann der Tankentlüftungsschlauch aus seiner Führung an der ECM/PCM-Abdeckung befreit werden (siehe Abbildungen).

6 Lösen Sie die Schraube (bis Modelljahr 2017) oder den Drehverschluss (ab Modelljahr 2018) der Abdeckung, heben Sie das ECM/PCM heraus und trennen Sie seine Stecker (siehe Abbildungen).

Einbau

7 Der Einbau entspricht der umgekehrten Ausbaureihenfolge – falls bei einem Modell mit Wegfahrsperre ein neues ECM/PCM installiert wird, muss es registriert werden (siehe Sektion 24). Bei DCT-Modellen muss die Getriebe-Steuerung initialisiert werden (siehe unten).

Initialisieren des Doppelkupplung-Getriebes

8 Falls ein neues PCM installiert wurde, muss für das Doppelkupplung-Getriebes die Anlernprozedur durchgeführt werden. Nach dem Einbau des neuen PCM werden nach dem ersten Einschalten der Zündung unter der Ganganzeige die Buchstaben D und S angezeigt, um daran zu erinnern.

9 Stellen Sie zunächst sicher, dass weder im ECM noch im PCM Fehlercode gespeichert sind (siehe Sektion 7 und 8).

10 Bringen Sie den Motor auf Betriebstemperatur, sodass in der Ganganzeige weder niedrige oder sehr niedrige Öltemperatur angezeigt werden noch die Kühlerventilatoren einschalten (warten Sie nötigenfalls, bis sie wieder abschalten). Schalten Sie den Motor aus.

11 Stellen Sie den Killschalter auf RUN, drücken und halten Sie das D-Modus-Ende des N-D-Schalters und schalten Sie die Zündung ein – die Motor-Warnlampe muss aufleuchten. Warten Sie, bis die Warnlampe erlischt und lassen Sie den N-D-Schalter los. Falls ein neues PCM installiert wurde, werden unter der Ganganzeige die Buchstaben D und S angezeigt; falls eine neue Doppelkupplung installiert wurde, werden D und S nicht angezeigt.

12 Betätigen Sie jetzt den N-D-Schalter wie folgt: Drücken und lösen Sie zweimal hintereinander den D-Modus, dann den N-Modus, erneut den D-Modus und wieder den N-Modus – wenn in der Ganganzeige in zwei-Sekunden-Intervallen » – « angezeigt wird, ist das PCM ist bereit, den »Kupplungs-Initialisierungs-Lernprozess« durchzuführen.

13 Starten Sie den Motor und lassen Sie ihn im Standgas laufen, bis » – « nicht mehr blinkt und die Buchstaben D und S verschwunden sind. Schalten Sie den Motor ab. Falls der Prozess nicht erfolgreich war, werden » – « in 0,5-Sekunden-Intervallen blinken und die

4

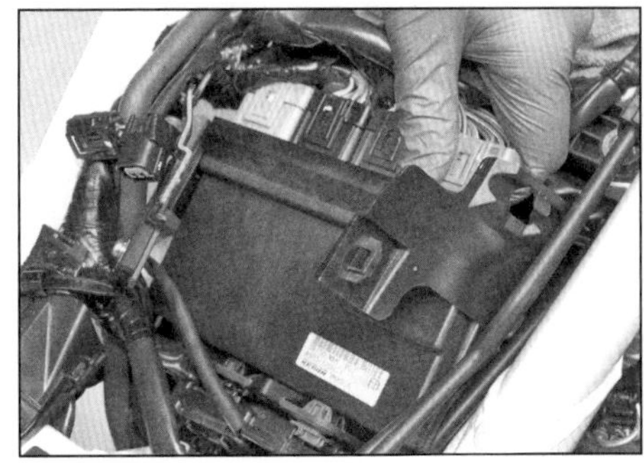

10.6b ...heben Sie das ECM/PCM an...

10.6c ...und trennen Sie seine Stecker.

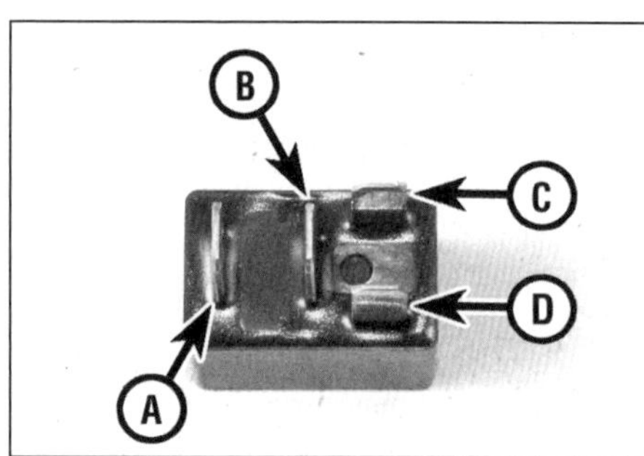

11.3 Anschluss-Identifikation eines Relais

11.6a Benzinpumpenrelais – ab Modelljahr 2018

11.6b Halter des Einspritzanlagen-Relais und des Motor-Abschaltrelais

Buchstaben D und S nicht verschwinden, sodass die Initialisierung erneut durchgeführt werden muss.

14 Starten Sie den Motor erneut, drücken Sie am N-D-Schalter den D-Modus – unter der Ganganzeige muss der Buchstabe D erscheinen.

11 Steuermodul-Relais

1 Folgende Relais sind vorhanden. In allen Modellen finden sich die gleichen Relais, das Anlasserstromkreis-Relais der DCT-Modelle darf jedoch nicht mit dem bei allen Modellen vorhandenen Anlasserrelais (siehe Kapitel 8) verwechselt werden.

- Bei Modellen mit Standardgetriebe bis 2017 überwachen zwei Relais die Stromkreise der Motorsteuerung: das Einspritzanlagen-Relais und das Benzinpumpenrelais.
- Bei DCT-Modellen bis 2017 überwachen drei Relais die Stromkreise des Steuermoduls: das Einspritzanlagen-Relais, das Benzinpumpenrelais und das Anlasserstromkreis-Relais.
- Bei Modellen mit Standardgetriebe ab 2018 überwachen vier Relais die Stromkreise der Motorsteuerung: das Einspritzanlagen-Relais, das Benzinpumpenrelais, das Motor-Abschaltrelais und das Relais für die elektronische Drosselklappensteuerung (TBW-Relais).
- Bei DCT-Modellen ab 2018 überwachen fünf Relais die Stromkreise des Steuermoduls: das Einspritzanlagen-Relais, das Benzinpumpenrelais, das Anlasserstromkreis-Relais, das Motor-Abschaltrelais und das Relais für die elektronische Drosselklappensteuerung (TBW-Relais).

Kontrolle

2 Bauen Sie das Relais aus (siehe unten).

3 Verbinden Sie die Klemmen eines auf den Messbereich Ohm x 1 geschalteten Multimeters mit den Relais-Kontakten A und B (siehe Abbildung) – es darf kein Durchgang festgestellt werden (»1«). Verbinden Sie jetzt eine geladene 12-Volt-Batterie mithilfe von Überbrückungskabeln mit den Relais-Kontakten D (+) und C (–) – jetzt muss das Relais klicken und das Messgerät vollen Durchgang (»0«) anzeigen; bei anderen Ergebnissen ist das Relais defekt und muss erneuert werden.

4 Falls ein Defekt nicht auf ein schadhaftes Relais zurückzuführen ist, muss die Verkabelung mithilfe der Hinweise in Kapitel 8, Sektion 2 und der Schaltpläne am Ende des Kapitels überprüft werden.

Ausbau und Einbau

5 Um bis **Modelljahr 2017** Zugang zum Einspritzanlagen-Relais und zum Benzinpumpenrelais zu erhalten, muss der rechte Seitendeckel entfernt werden (siehe Kapitel 7). Befreien Sie dann den Relaishalter, entfernen Sie die Abdeckung und ziehen Sie das entsprechende Relais aus seinem Sockel.

6 Um ab **Modelljahr 2018** Zugang zum Benzinpumpenrelais zu erhalten, muss der ETC-Träger entfernt werden (siehe Kapitel 7, Sektion 12). Befreien Sie dann das Relais, entfernen Sie die Abdeckung und ziehen Sie es aus seinem Sockel (siehe Abbildung). Um Zugang zum Einspritzanlagen-Relais und zum Motor-Abschaltrelais zu erhalten, müssen die Bremsleitungen vom ABS-Modulator getrennt werden (siehe Kapitel 6, Sektion 14). Befreien Sie dann den Relaishalter, entfernen Sie die Abdeckung und ziehen Sie das entsprechende Relais aus seinem Sockel (siehe Abbildung).

7 Um bei DCT-Modellen Zugang zum Anlasserstromkreis-Relais zu erhalten, muss der rechte Seitendeckel entfernt werden (siehe Kapitel 7). Befreien Sie dann das Relais, entfernen Sie die Abdeckung und ziehen Sie es aus seinem Sockel (siehe Abbildung).

8 Um ab **Modelljahr 2018** Zugang zum Relais für die elektronische Drosselklappensteuerung (TBW-Relais) zu erhalten, muss der Tank demontiert werden (siehe Sektion 2). Befreien Sie dann den Relaishalter, entfernen Sie die Abdeckung und ziehen Sie das Relais aus seinem Sockel (siehe Abbildung).

9 Der Einbau entspricht der umgekehrten Ausbaureihenfolge – falls ab Modelljahr 2018 das Einspritzanlagen-Relais oder das Motor-Abschaltrelais demontiert wurde, müssen anschließend die Bremsleitungen an den ABS-Modulator angeschlossen und das Bremssystem entlüftet werden (siehe Kapitel 6, Sektion 14).

12 Standgasluft-Regelventil (bis Modelljahr 2017)

Kontrolle

1 Die Standgasdrehzahl wird automatisch von einem oben auf dem Drosselklappengehäuse sitzenden Ventil gesteuert, das den an den Klappen vorbeiströmenden Luftstrom regu-

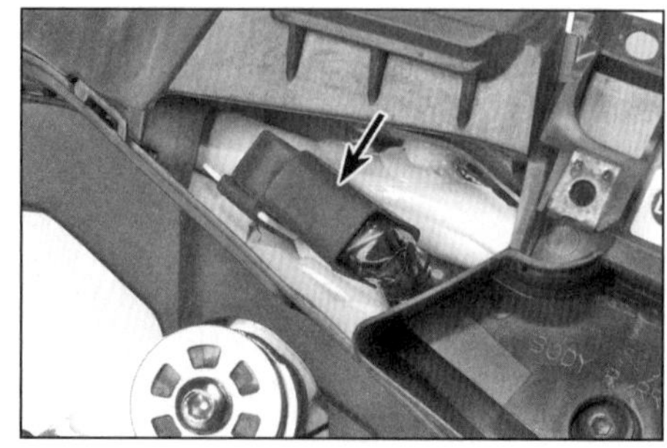

11.7 Anlasserstromkreis-Relais – DCT-Modelle

11.8 Relais für die elektronische Drosselklappensteuerung (TBW-Relais) – ab Modelljahr 2018

12.8 Lösen Sie die Stecker-Lasche und ziehen Sie den Stecker vom Regelventil.

12.9a Lösen Sie die zwei Schrauben der Regelventil-Platte, entnehmen Sie diese...

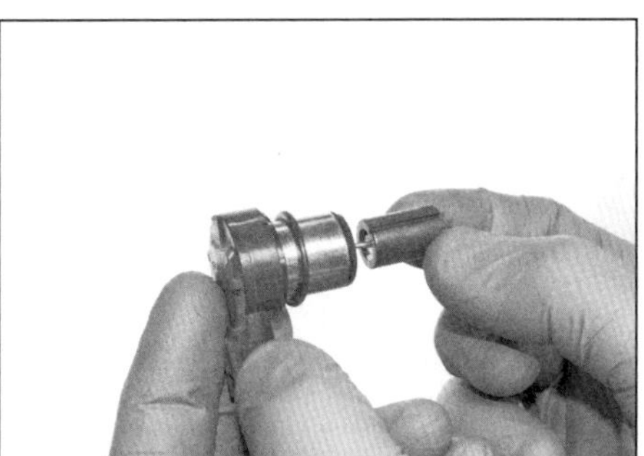

12.9b ...und ziehen Sie das Ventil heraus.

12.12a Drehen Sie das Ventil vorsichtig bis zum Anschlag ein.

12.12b Die Nut im Ventil muss zum Stift in der Gehäusebohrung fluchten.

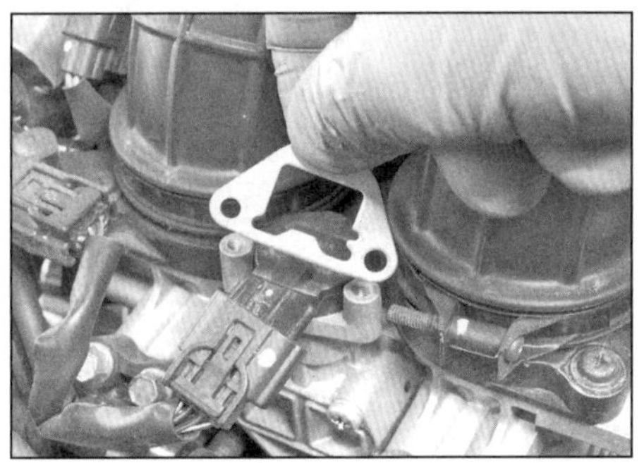

12.12c Setzen Sie die Regelventil-Platte richtig herum auf.

liert. Das Ventil wird vom ECM/PCM mithilfe der von verschiedenen Sensoren am Motor und am Drosselklappengehäuse empfangenen Signale aktiviert. Nach dem Einschalten der Zündung führt das Ventil eine Selbstkontrolle durch, indem es einmal vollständig öffnet und schließt – was bei demontiertem Tank zu hören sein sollte. Falls ein Defekt auftritt, wird dieser durch die Motor-Warnlampe im Cockpit angezeigt (siehe Sektion 7).

2 Falls die Standgasdrehzahl nicht bei 1200 ± 100/min liegt, aber kein Fehler angezeigt wird, müssen das Gaszug-Spiel, die Zündkerzen, der Luftfilter und das Ventilspiel kontrolliert werden (siehe Kapitel 1).

3 Heben Sie als Nächstes den Tank an (siehe Sektion 2) und kontrollieren Sie Ansaugstutzen zwischen dem Drosselklappengehäuse und dem Zylinderkopf auf lockere Schellen oder Risse, die zum Eindringen von Nebenluft und dadurch ein abgemagertes Gemisch führen können.

4 Falls ein Fehlercode angezeigt wird, muss der Tank demontiert werden (siehe Sektion 2). Trennen Sie den Regelventil-Stecker (Abbildung 12.8) und kontrollieren Sie seine Kontakte und die Verkabelung auf Schäden und Verschmutzung. Messen Sie den Widerstand zwischen den zwei äußeren Kontakten und zwischen den zwei inneren Kontakten – bei 25 °C müssen jeweils zwischen 99 und 121 Ohm ermittelt werden, andernfalls ist das Ventil defekt. Prüfen Sie auch, ob zwischen den zwei linken und zwischen den zwei rechten Kontakten Durchgang besteht – falls ja, ist das Ventil defekt.

5 Bauen Sie das Ventil nötigenfalls für eine Kontrolle aus (siehe unten) und verbinden Sie den Stecker. Schalten Sie die Zündung ein und kontrollieren Sie, ob sich das Ventil bewegt und piept.

6 Falls die gemessenen Widerstände korrekt sind, sich das Ventil aber nicht bewegt, müssen alle Kabel zwischen dem Stecker und dem ECM/PCM auf Durchgang getestet werden; zudem darf keines der Kabel einen Massekontakt aufweisen. Ist hier alles in Ordnung, kann das ECM/PCM defekt sein.

Ausbau

7 Demontieren Sie den Tank (siehe Sektion 2).

8 Trennen Sie den Regelventil-Stecker (siehe Abbildung).

9 Lösen Sie die zwei Schrauben der Regelventil-Platte, entnehmen Sie diese und ziehen Sie das Ventil heraus (siehe Abbildungen) – der O-Ring muss später erneuert werden. Prüfen Sie die Funktion des Ventils, indem Sie es drehen.

10 Um das Regelventil-Gehäuse demontieren zu können, müssen zunächst der Druckspeicher und die Einspritzdüsen entfernt werden (siehe Sektion 5). Lösen Sie die Gehäuseschrauben und entnehmen Sie das Gehäuse samt Dichtung – diese muss später erneuert werden.

Einbau

11 Installieren Sie ggf. das Regelventil-Gehäuse unter Verwendung einer neuen Dichtung und ziehen Sie seine Schrauben sorgfältig an. Montieren Sie den Druckspeicher und die Einspritzdüsen (siehe Sektion 5).

12 Rüsten Sie das Ventil mit einem neuen O-Ring aus und schmieren Sie ihn mit Motoröl. Drehen Sie das Ventil vorsichtig bis zum Anschlag im Uhrzeigersinn (siehe Abbildung). Richten Sie die Nut des Ventils zum Stift im Gehäuse aus – drehen Sie das Ventil dazu nötigenfalls etwas zurück – und installieren Sie es ins Gehäuse (siehe Abbildung). Setzen Sie die Platte mit dem Ausschnitt über dem Vorsprung des Ventils aus und sichern Sie sie mit den Schrauben (siehe Abbildung).

13 Montieren Sie den Tank (siehe Sektion 2). Starten Sie den Motor und prüfen Sie, ob die Einspritzanlage korrekt funktioniert und die Standgasdrehzahl bei 1200 ± 100/min liegt.

13 Kraftstoffdruck-Prüfung

Warnung: Lesen Sie vor Arbeitsbeginn die Warnhinweise in Sektion 1.

Anmerkung: *Für diese Kontrolle werden ein Druckprüfer samt passender Schläuche und Anschlüsse für die Schnellverbinder der Kraft-*

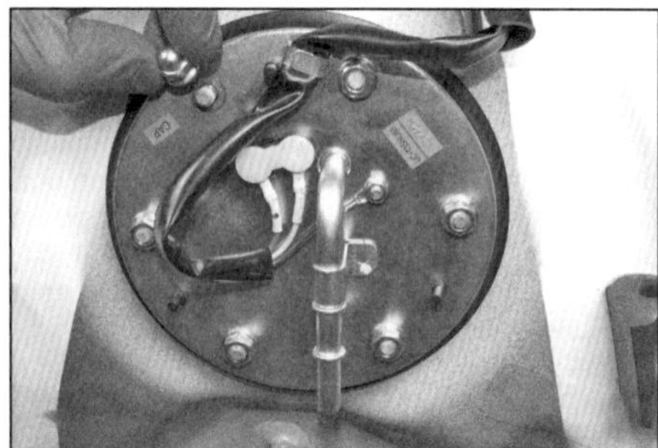

14.7a Lösen Sie die Muttern der Pumpenplatte...

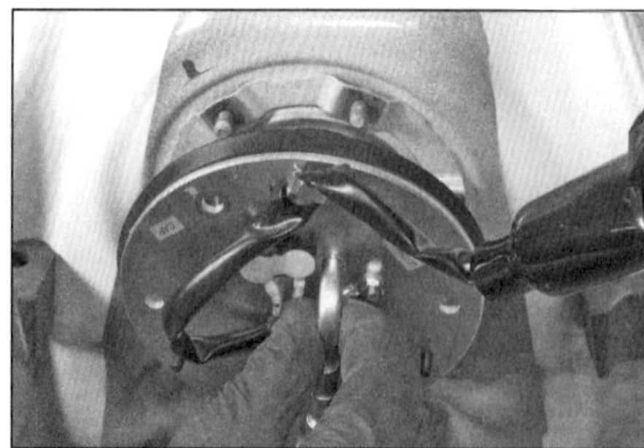

14.7b ...und befreien Sie die Pumpen-Baugruppe vorsichtig aus dem Tank.

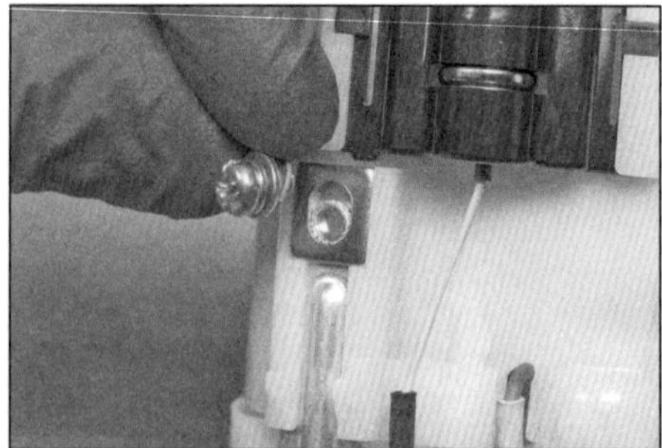

14.9a Lösen Sie die Schraube und befreien Sie das Massekabel,...

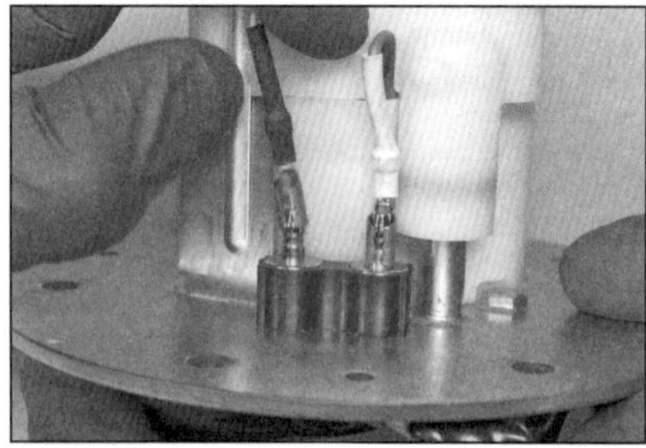

14.9b ...trennen Sie dann den Strecker der Stromversorgung.

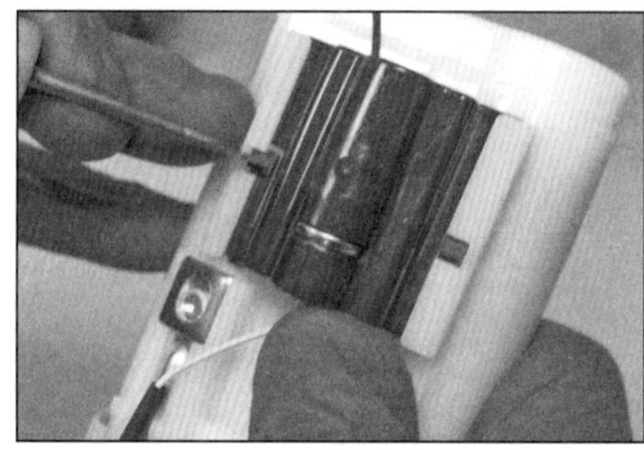

14.9c Befreien Sie die Laschen...

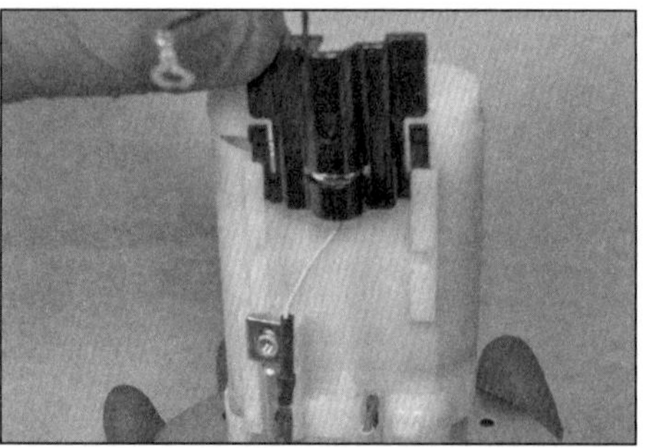

14.9d ...und ziehen Sie den Reserveanzeige-Geber von der Benzinpumpe ab.

stoffleitung benötigt. Honda liefert die erforderlichen Teile zwar, doch es kann billiger sein, die Druckprüfung von einer entsprechend ausgerüsteten Fachwerkstatt durchführen zu lassen – zumal die Ausrüstung wahrscheinlich nie wieder benötigt wird.

1 Heben Sie den Tank an (siehe Sektion 2), trennen Sie den Benzinpumpen-Stecker, machen Sie das Kraftstoffsystem drucklos und trennen Sie die Schnellverbinder der Kraftstoffleitung.
2 Verbinden Sie den Druckprüfer zwischen den Tank und die getrennte Kraftstoffleitung.
3 Verbinden Sie den Benzinpumpen-Stecker wieder, schalten Sie die Zündung ein, starten Sie den Motor und lassen Sie ihn im Standgas laufen – es müssen 3,3 bis 3,7 bar abgelesen werden. Schalten Sie die Zündung anschließend wieder ab.
4 Falls der Kraftstoffdruck deutlich über 3,7 bar liegt, können der Druckregler in der Benzinpumpe oder die Pumpe selbst defekt sein; tauschen Sie die Benzinpumpe aus (siehe Sektion 14).
5 Falls der Kraftstoffdruck deutlich unter 3,3 bar liegt, muss zunächst geprüft werden, ob irgendwo Benzin austritt. Falls keine Lecks entdeckt werden, muss kontrolliert werden, ob einer der Schläuche (Tankbelüftung, Verdunstungsregelung, Kraftstoffschlauch) gequetscht oder verstopft ist. Bauen Sie als Nächstes die Benzinpumpe aus, um sie auf ein verstopftes Ansaugsieb zu kontrollieren und den Filter ggf. zu ersetzen. Bleibt der Druck auch mit einem neuen Filter zu niedrig, können der Druckregler in der Benzinpumpe oder die Pumpe selbst defekt sein; tauschen Sie die Benzinpumpe aus (siehe Sektion 14).
6 Trennen Sie zum Schluss den Benzinpumpen-Stecker, machen Sie das Kraftstoffsystem drucklos und trennen Sie die Druckprüfer von der Kraftstoffleitung – seien Sie auf etwas austretendes Benzin vorbereitet. Verbinden Sie die Kraftstoffleitung wieder mit dem Tank und den Stecker mit der Pumpe und senken Sie den Tank ab.
7 Starten Sie den Motor und kontrollieren Sie den Arbeitsbereich auf Undichtigkeiten.

14 Benzinpumpe

Warnung: Lesen Sie vor Arbeitsbeginn die Warnhinweise in Sektion 1.

Kontrolle

1 Die Benzinpumpe sitzt innerhalb des Tanks. Nach dem Einschalten der Zündung (Killschalter auf RUN) muss die Pumpe einige Sekunden hörbar laufen, bis das Kraftstoffsystem unter Druck gesetzt ist, dann schaltet sie sich bis zum Starten des Motors ab. Falls von der Pumpe nichts zu hören ist, muss geprüft werden, ob die ENG-STOP-Sicherung in Ordnung ist (siehe Kapitel 8).
2 Falls die Sicherung nicht das Problem ist, muss der Tank angehoben werden (siehe Sektion 2).
3 Trennen Sie bei ausgeschalteter Zündung den Benzinpumpenstecker (Abbildung 2.6). Verbinden Sie ein Voltmeter mit den kabelseitigen Kontakten des gelb/roten Kabels (+) und des schwarz/weißen Kabels (–). Schalten Sie die Zündung ein und beobachten Sie das Messgerät.
4 Falls für einige Sekunden Batteriespannung (ca. 12,8 V) festgestellt wird, arbeitet der Benzinpumpen-Stromkreis korrekt und die Pumpe selbst wird defekt sein, sodass sie durch ein Neuteil ersetzt werden muss.
5 Falls keine Spannung festgestellt wird, muss zuerst das Pumpenrelais kontrolliert werden (siehe Sektion 11). Überprüfen Sie anschließend die Kabel der Benzinpumpe und des Pumpenrelais-Stromkreises auf Durchgang und stellen Sie sicher, dass alle Stecker frei von Korrosion sind und sicher angeschlossen sind. Reparieren oder ersetzen Sie schadhafte Kabel und reinigen Sie die Stecker mit Kontaktreiniger. Lässt sich der Ausfall hierdurch nicht beseitigen, müssen alle Komponenten des Pumpen- und Relais-Stromkreises kontrolliert werden; wird kein Schaden festgestellt, kann das ECM/PCM defekt sein.

Ausbau

6 Entleeren Sie den Tank so weit wie möglich (z.B. mit einer geeigneten Pumpe) und demontieren Sie ihn (siehe Sektion 2). Legen Sie den Tank bei gut verschlossenem Tankdeckel

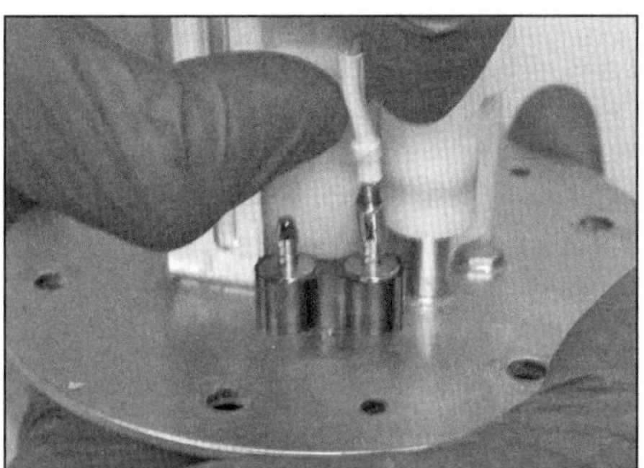

14.10a Trennen Sie das Massekabel und das Stromversorgungskabel...

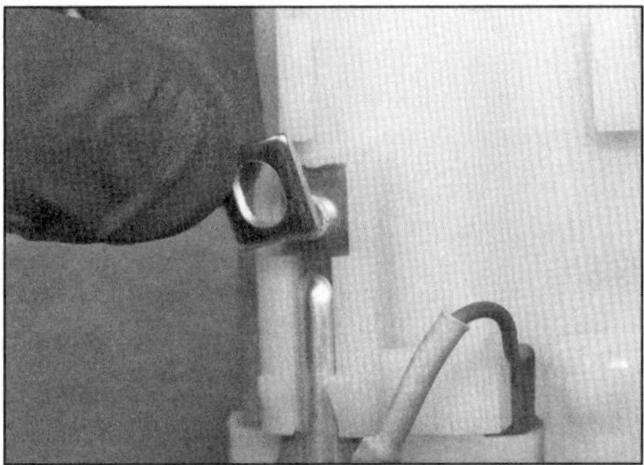

14.10b ...und entnehmen Sie an der Rückseite der Masseanschluss-Schraube das Plättchen.

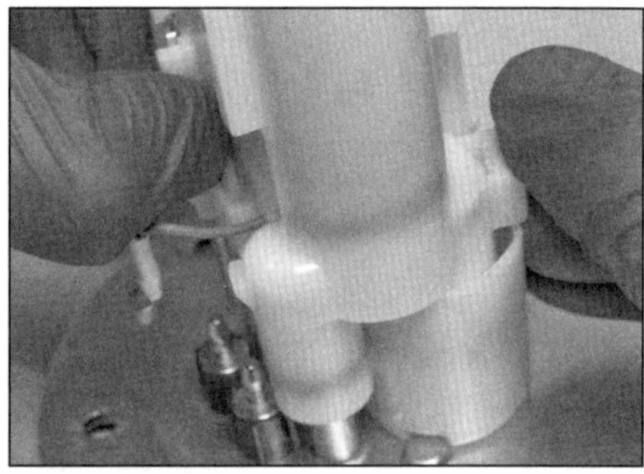

14.10c Lösen Sie die Clips...

auf Lappen ab. Reinigen Sie die Tank-Unterseite und die Pumpenplatte.

7 Lösen Sie die Pumpenplatten-Muttern – beachten Sie die Position der Hutmutter (siehe Abbildung). Heben Sie die Pumpen-Baugruppe vorsichtig aus dem Tank (siehe Abbildung).

8 Beachten Sie die Einbaulage der Pumpenplatten-Dichtung und entfernen Sie sie – sie muss später durch ein Neuteil ersetzt werden (Abbildung 14.15a).

Filterwechsel

9 Trennen Sie die Verkabelung des Reserve-Gebers (siehe Abbildungen). Befreien Sie die Laschen des Sensors und ziehen Sie ihn von der Pumpe ab (siehe Abbildungen).

10 Trennen Sie die Benzinpumpen-Verkabelung und entnehmen Sie an der Rückseite der Masseanschluss-Schraube das Plättchen (siehe Abbildungen). Befreien Sie an beiden Seiten die Laschen und ziehen Sie die Filter/Pumpenmotor-Baugruppe von der Pumpenplatte (siehe Abbildungen).

11 Ziehen Sie den Pumpenmotor und den Druckregler aus dem Filtergehäuse (siehe Abbildungen). Kontrollieren Sie das Ansaugsieb auf Verschmutzung und reinigen Sie es nötigenfalls (siehe Abbildung) – es ist in die Benzinpumpe integriert und nicht separat erhältlich, sodass bei Beschädigungen oder nicht entfernbaren Ablagerungen die gesamte Pumpe ersetzt werden muss.

12 Entfernen Sie die O-Ringe vom Filter-Stutzen an der Pumpenplatte, vom Pumpenmotor und vom Druckregler (siehe Abbildung) – sie müssen beim Zusammenbau durch Neuteile ersetzt werden.

13 Rüsten Sie alle Teile mit neuen O-Ringen aus und setzen Sie die Pumpe in der umgekehrten Zerlegungsreihenfolge wieder zusammen. Achten Sie beim Ansetzen der Filter-Baugruppe an die Pumpenplatte darauf, dass alle Anschlüsse, Laschen und Kabel korrekt positioniert werden (siehe Abbildung).

Einbau

14 Alle Anschlussschrauben müssen sorgfältig angezogen und alle Stecker sicher verbunden sein.

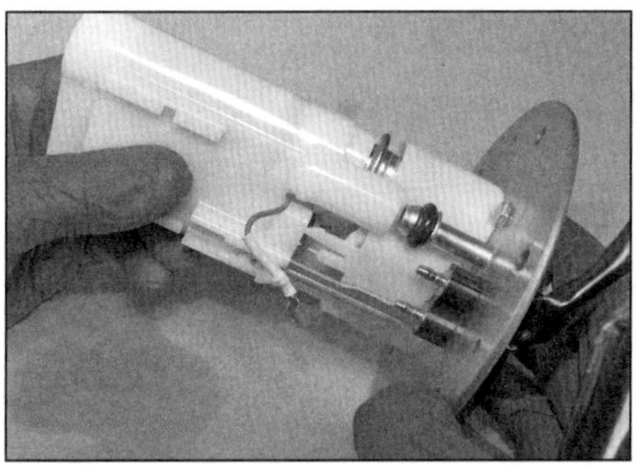

14.10d ...und ziehen Sie die Filter/Pumpenmotor-Baugruppe ab.

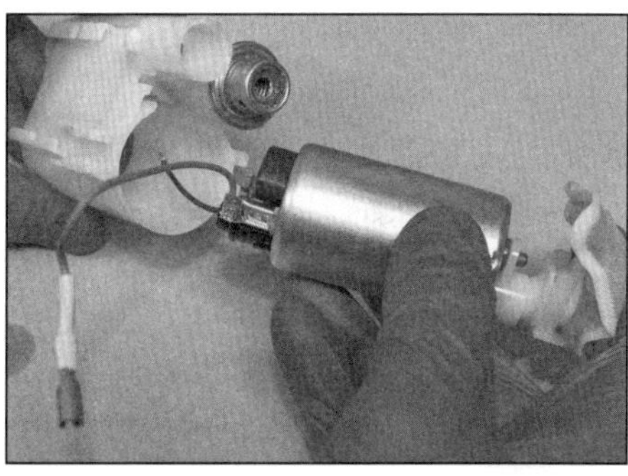

14.11a Entfernen Sie den Pumpenmotor...

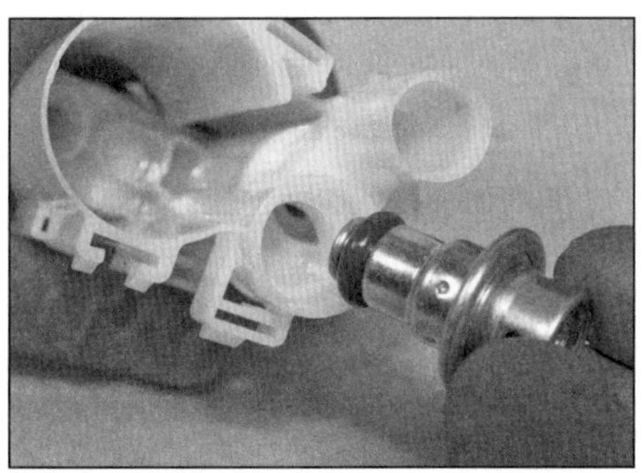

14.11b ...und den Druckregler aus dem Filtergehäuse.

14.11c Der Filter ist Bestandteil der Pumpen-Baugruppe.

14.12 Erneuern die drei O-Ringe.

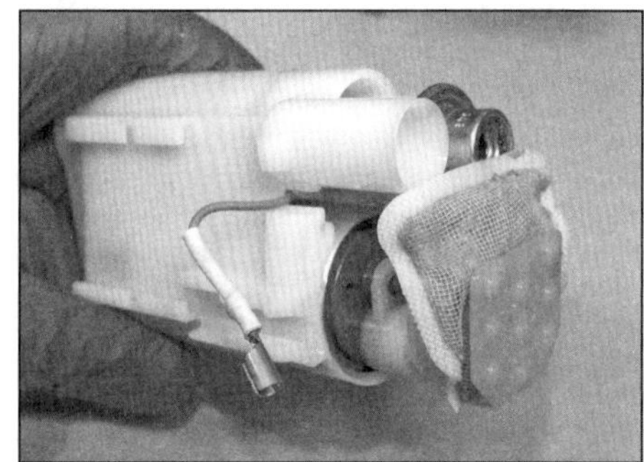

14.13 Alle Pumpenkabel müssen korrekt verlegt sein.

4

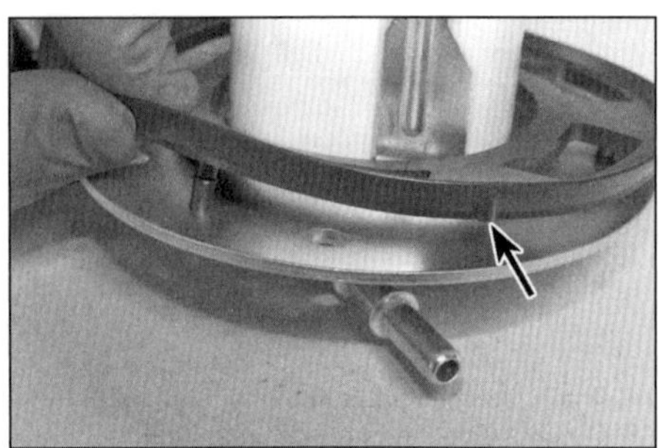

14.15a Richten Sie den seitlichen Vorsprung der Dichtung zum Benzinschlauch-Anschluss aus…

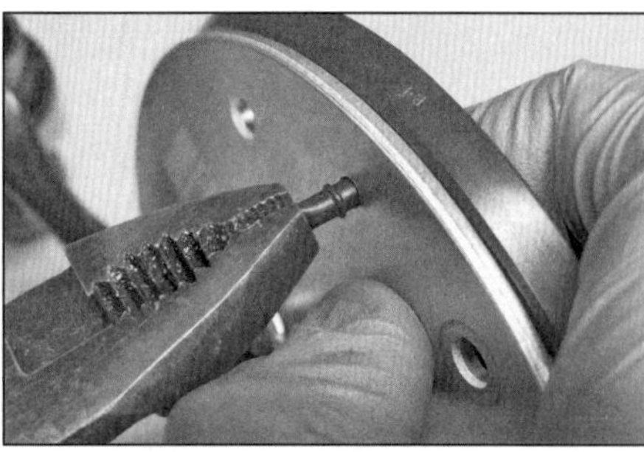

14.15 …und ziehen Sie die Gummizapfen durch die Platte, bis sie einrasten.

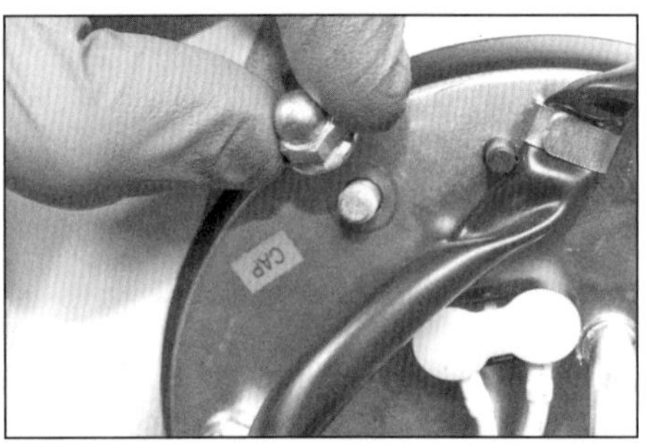

14.17 Die Hutmutter muss korrekt positioniert sein.

15.8 Muttern der Tankanzeige-Geberplatte

15 Die Pumpenplatte und ihr Sitz am Tank müssen sauber und trocken sein. Rüsten Sie die Platte mit der neuen Dichtung aus, deren seitlicher Vorsprung zum Benzinschlauch-Anschluss ausgerichtet sein muss. Ziehen Sie die Gummizapfen durch die Bohrungen der Platte, bis sie einrasten (siehe Abbildungen).
16 Manövrieren Sie die Pumpenbaugruppe vorsichtig in den Tank – richten Sie sie dabei korrekt aus (Abbildung 14.7b).
17 Installieren Sie die Muttern – achten Sie auf die korrekt positionierte Hutmutter – und ziehen Sie sie handfest an (siehe Abbildung). Ziehen Sie alle Muttern nun schrittweise und über Kreuz mit 12 Nm an.
18 Montieren Sie den Tank (siehe Sektion 2).

15 Tankanzeige- und Reserve-Geber

Kontrolle

1 Der Stromkreis besteht aus den im Tank sitzenden Gebern für die Tankanzeige und die Reserveanzeige sowie der in die Multifunktionsanzeige im Cockpit integrierte Tankanzeige. Unter normalen Umständen sind bei vollem Tank alle fünf Segmente in der Tankanzeige sichtbar und sobald die Benzinmenge auf unter 3,4 Liter sinkt, beginnt das letzte Segment zu blinken. Nach dem Einschalten der Zündung führt das System eine Selbstdiagnose durch. Falls dabei ein offener Stromkreis oder ein Kurzschluss festgestellt werden, wird zunächst das mittlere Segment aktiviert; es folgen die benachbarten Segmente und schließlich die äußeren Segmente. Dann beginnen die Segmente in der gleichen Reihenfolge wieder zu verschwinden. Dies wird solange wiederholt, bis der Fehler behoben ist.

Tankanzeige-Geber

2 Falls ein Fehler angezeigt wird, muss der Tank angehoben werden (siehe Sektion 2), um den Stecker des Gebers zu trennen. Trennen Sie auch den Instrumentenstecker (siehe Kapitel 8, Sektion 14). Prüfen Sie mit einem Multimeter den Durchgang des rot/blauen Kabels zwischen den Steckern. Prüfen Sie auch, ob das grüne Kabel am Geberstecker guten Masseschluss hat. Soweit die Verkabelung in Ordnung ist, muss der Geber wie folgt kontrolliert werden:
3 Demontieren Sie den Tankanzeige-Geber (siehe unten). Kontrollieren Sie den Schwimmerarm auf Beschädigungen und den Schwimmer auf Undichtigkeiten. Der Arm muss sich sanft und frei auf und ab bewegen. Kontrollieren Sie auch die Verkabelung. Verbinden Sie die Klemmen eines Multimeters mit den Geber-Kontakten und messen Sie den Widerstand bei abgesenktem Schwimmer (Tank leer) und bei angehobenem Schwimmer (Tank voll) – bei vollem Tank müssen 6,4 bis 10,4 Ohm und bei leerem Tank zwischen 205 und 211 Ohm festgestellt werden. Bei stark abweichenden Ergebnissen muss der Geber durch ein Neuteil ersetzt werden. Sind die Werte in Ordnung, kann der Fehler im Instrument liegen (siehe Kapitel 8, Sektion 15).

Reserve-Geber

4 Falls ein Fehler angezeigt wird, muss der Tank angehoben werden (siehe Sektion 2), um den Stecker der Benzinpumpe getrennt werden. Trennen Sie auch den Instrumentenstecker (siehe Kapitel 8, Sektion 14). Prüfen Sie mit einem Multimeter den Durchgang des rot/schwarzen Kabels zwischen den Steckern. Prüfen Sie auch, ob das grüne Kabel am Pumpenstecker guten Masseschluss hat. Soweit die Verkabelung in Ordnung ist, muss der Geber wie folgt kontrolliert werden:
5 Der Geber ist ein Thermosensor, der auf Temperaturunterschiede reagiert, die beim Übergang vom eingetauchten zum aufgetauchten Zustand auftreten. Der Schalter ist offen, solange er sich innerhalb des Kraftstoffs befindet, und schließt, sobald er an der Luft ist.
6 Bauen Sie die Benzinpumpe aus und befreien Sie den Sensor (siehe Sektion 14, Schritt 9). Kontrollieren Sie die Verkabelung. Füllen Sie einen ausreichend großen Behälter mit Benzin und verbinden Sie ein Multimeter mit den Geber-Kontakten. Solange der Sensor an der Luft ist, muss Durchgang festgestellt werden; nachdem der Geber untergetaucht ist, muss der Durchgang unterbrochen werden. Bei anderen Ergebnissen muss eine neue Benzinpumpe beschafft werden – der Geber ist nicht separat erhältlich. Ist der Geber in Ordnung, kann der Fehler im Instrument liegen (siehe Kapitel 8, Sektion 15).

Ausbau und Einbau

Tankanzeige-Geber

7 Entleeren Sie den Tank so weit wie möglich (z. B. mit einer geeigneten Pumpe) und demontieren Sie ihn (siehe Sektion 2). Legen Sie den Tank bei gut verschlossenem Tankdeckel auf Lappen ab. Reinigen Sie die Tank-Unterseite und die Geber-Platte.
8 Lösen Sie die Muttern der Geberplatte (siehe Abbildung). Ziehen Sie den Geber vorsichtig aus dem Tank – beachten Sie seine Ausrichtung und beschädigen Sie nicht den Schwimmerarm. Der O-Ring muss beim Einbau erneuert werden.
9 Legen Sie einen neuen eingeölten O-Ring in die Nut der Geberplatte. Manövrieren Sie den Geber in den Tank, richten Sie dabei die Bohrung der Platte zum Stift aus und ziehen Sie die Muttern schrittweise und über Kreuz sorgfältig an. Montieren Sie den Tank und kontrollieren Sie den Bereich um die Geberplatte auf Undichtigkeiten.

Reserve-Geber

10 Der Geber kann zwar von der Benzinpumpe befreit werden, ist aber nicht separat erhältlich – beachten Sie die Hinweise in Sektion 14).

16.3a Lockern Sie die Kontermutter und befreien Sie den Schließerzug.

16.3b Befreien Sie anschließend den Öffnerzug.

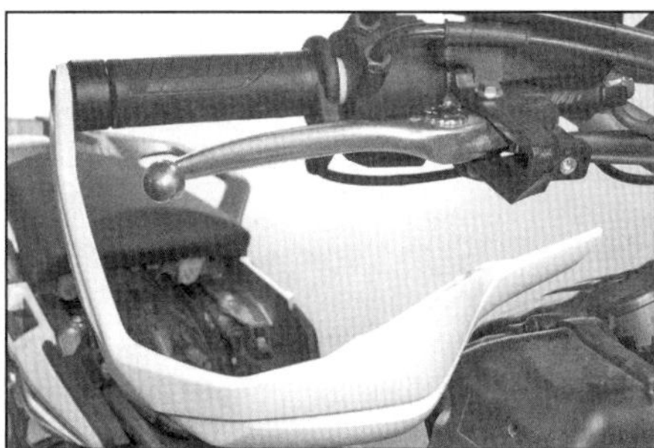

16.5 Schwenken Sie den Handprotektor herunter, um an die Lenkerschalter-Schrauben zu gelangen.

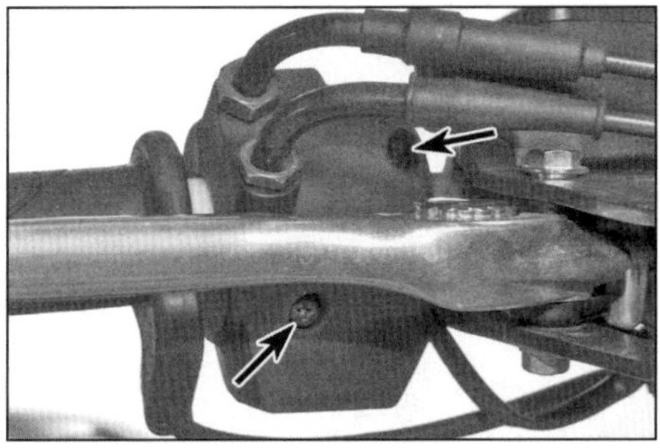

16.6a Die Hälften des rechten Schalter/ Gasgriff-Gehäuses sind mit zwei Schrauben miteinander verbunden.

16.6b Befreien Sie die Nippel des Schließerzugs...

16.6c ...und des Öffnerzugs aus der Betätigung.

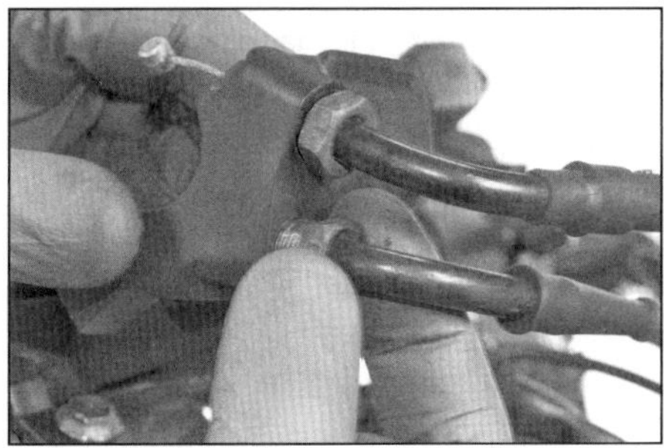

16.7 Lösen Sie die Muttern der Gaszug-Winkelrohre, um diese aus dem Gehäuse befreien zu können.

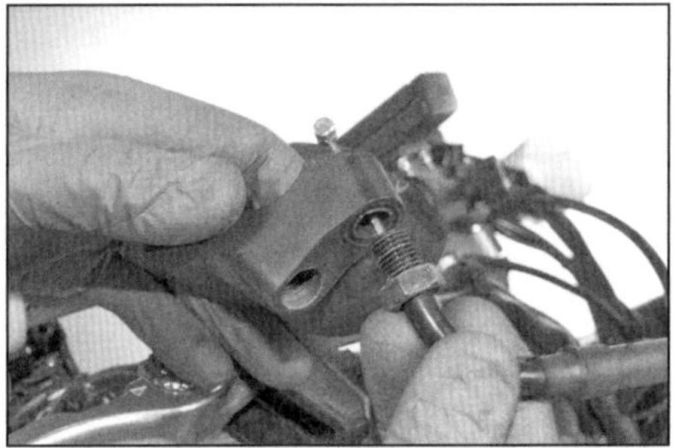

16.8a Drehen Sie den Öffnerzug oben in das Gehäuse.

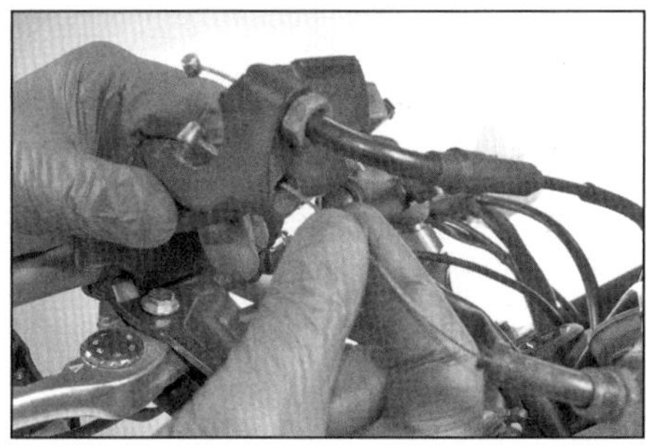

16.8b Installieren Sie den Schließerzug unten in das Gehäuse.

16 Gaszüge (bis Modelljahr 2017)

Ausbau

1 Demontieren Sie den Tank (siehe Sektion 2).
2 Demontieren Sie für einen besseren Zugang das Luftfiltergehäuse (siehe Sektion 3) – so kann auch sichergestellt werden, dass die neuen Gaszüge korrekt und durch die Führungen verlegt werden; die Enden der Gaszüge sind auch bei montiertem Luftfiltergehäuse gut zugänglich.
3 Lockern Sie die Kontermutter, die den (hinteren) Schließerzug im Halter des Drosselklappengehäuses sichert, und ziehen Sie den Bowdenzug aus dem Halter (siehe Abbildung). Lockern Sie vollständig die Kontermutter des (vorderen) Öffnerzugs und drehen Sie die Einstellmutter ganz zurück, um maximales Spiel zu erhalten. Ziehen Sie den Bowdenzug dann aus dem Halter (siehe Abbildung). Befreien Sie die Gaszugnippel aus der Drosselklappenbetätigung (Abbildungen 16.12a und b).
4 Befreien Sie die Gaszüge aus dem Motorrad – merken Sie sich ihre Verlegung.
5 Lösen Sie die Schraube des Handprotektors und schwenken Sie diesen herunter, um Zugang zu den Schrauben des rechten Lenkerschalters zu erhalten (siehe Abbildung). Lockern Sie auch die Bremszylinder-Klemmschrauben und verdrehen Sie den Bremszylinder leicht, um den Zugang zu den Schrauben zu verbessern.
6 Lösen Sie die Schrauben des Schaltergehäuses und trennen Sie die Hälften (siehe Abbildung). Befreien Sie die Gaszugnippel aus der Betätigung (siehe Abbildungen).
7 Lösen Sie die Mutter des Schließerzug-Winkelrohrs und ziehen Sie den Gaszug aus dem Gehäuse (siehe Abbildung). Drehen Sie das Öffnerzug-Winkelrohr aus dem Gehäuse.

Einbau

8 Installieren Sie den Öffnerzug in den oberen Anschluss des Gasgriffgehäuses – drehen Sie das Winkelstück locker ein, damit es sich selbst ausrichten kann (siehe Abbildung). Installieren Sie den Schließerzug in den unteren Anschluss (siehe Abbildung) – drehen Sie die Mutter dazu locker in das Gehäuse.

16.9a Der Stift am Schaltergehäuse muss in das Loch des Lenkers greifen.

16.9b Installieren Sie die Gaszugnippel in die Betätigung.

16.10 Die Gehäusehälften müssen korrekt zusammensitzen, bevor die Schrauben angezogen werden.

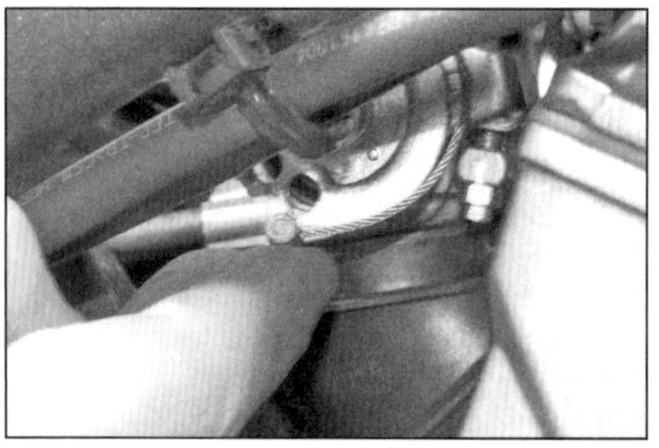

16.12a Führen Sie den Öffnerzug um die Rolle und den Nippel in den vorderen Sitz ein.

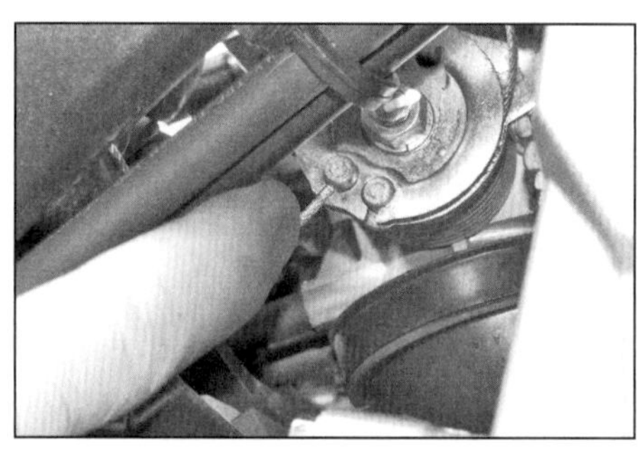

16.12b Installieren Sie den Schließerzugnippel in den hinteren Sitz.

16.12c Ziehen Sie die Kontermutter des Schließerzugs an.

9 Richten Sie das Gehäuse mit dem Stift zum Loch im Lenker aus (siehe Abbildung). Schmieren Sie die Enden der Gaszüge mit Mehrzweckfett und installieren Sie die Nippel in die Betätigung (siehe Abbildung).

10 Verbinden Sie die Gehäusehälften und installieren Sie die Schrauben (siehe Abbildung).

11 Führen Sie die Gaszüge zum Drosselklappengehäuse – achten Sie auf eine korrekte Verlegung.

12 Installieren Sie den Öffnerzugnippel in den vorderen Sitz an der Drosselklappenbetätigung (siehe Abbildung) und positionieren Sie den Einsteller vorn am Halter. Installieren Sie den Schließerzugnippel in den hinteren Sitz (siehe Abbildung) und positionieren Sie dessen Einsteller hinten an den Halter. Achten Sie darauf, dass die Halteplatte bei beiden Gaszügen korrekt über den inneren Rand des Halters liegt. Ziehen Sie die Kontermutter des Schließerzugs an, um diesen im Halter zu sichern (siehe Abbildung). Stellen Sie mit der Einstellmutter des Öffnerzugs das korrekte Gaszug-Spiel ein (siehe Kapitel 1, Sektion 10) und ziehen Sie die Kontermutter an.

13 Ziehen Sie am Lenker die Winkelstück-Muttern an. Kontrollieren Sie erneut das Gaszug-Spiel. Weitere Einstellungen können am oberen Ende vorgenommen werden. Prüfen Sie, ob sich der Gasgriff sanft bewegen lässt und beim Loslassen automatisch schließt. Bewegen Sie den Lenker von Anschlag zu Anschlag und prüfen Sie, ob die Gaszüge die Lenkung behindern.

14 Montieren Sie ggf. das Luftfiltergehäuse (siehe Sektion 3). Montieren Sie den Tank (siehe Sektion 2). Positionieren Sie den Bremszylinder wie in Kapitel 6, Sektion 8, Schritt 15 beschrieben. Richten Sie bei der Montage des Handprotektors dessen Lasche zur Nut im Halter aus.

15 Starten Sie den Motor und überprüfen Sie, dass die Leerlaufdrehzahl nicht steigt, wenn der Lenker bewegt wird – falls dies der Fall ist, sind die Bowdenzüge falsch verlegt und müssen korrekt eingebaut werden, bevor mit dem Motorrad gefahren wird.

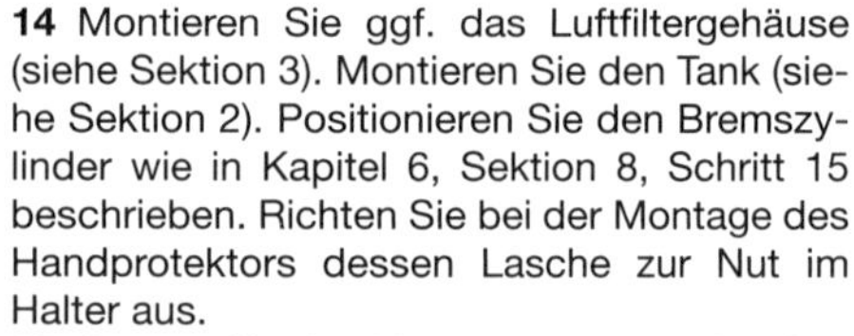

17 Auspuffanlage

Warnung: Wenn der Motor kürzlich in Betrieb war, ist der Auspuff sehr heiß. Lassen Sie ihn einige Zeit abkühlen, bevor Sie mit der Arbeit beginnen.

Auspuffbefestigungen neigen zum Korrodieren, sodass ihre Schrauben oder Muttern fest gehen. Es ist ratsam, sie einige Stunden vor dem Lösen mit Kriechöl einzusprühen.

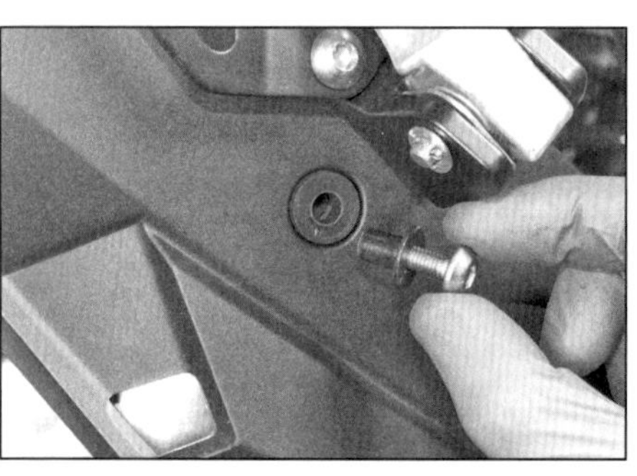

17.1a Lösen Sie die äußere Schraube und entnehmen Sie die Hülse.

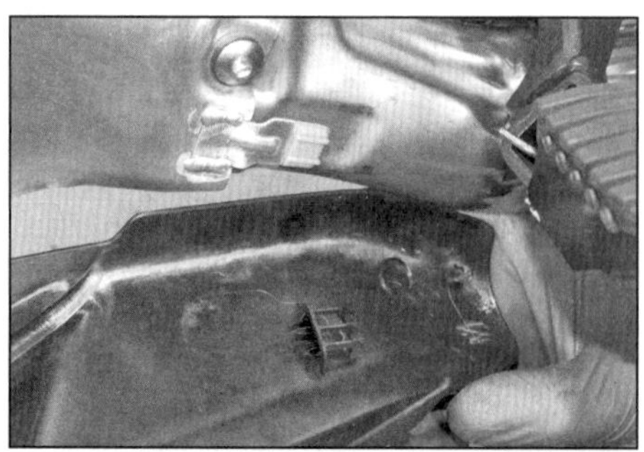

17.1b Ziehen Sie die Blende nach vorn den mit Gummis versehenen Laschen des Hitzeschilds.

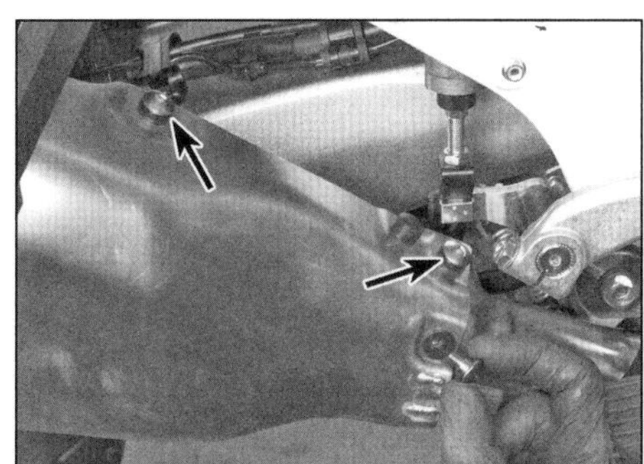
17.1c Lösen Sie die Schrauben des Hitzeschilds...

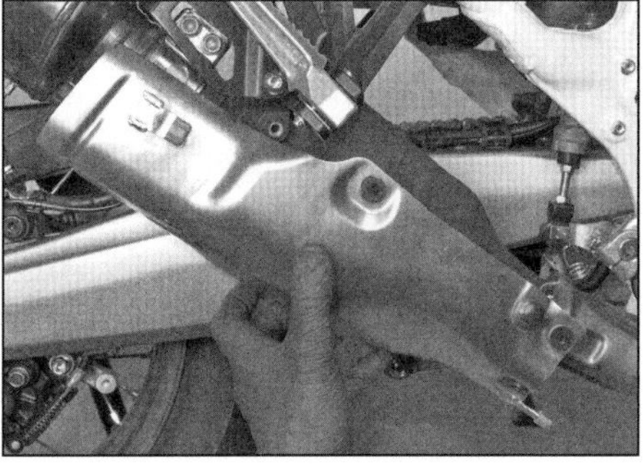
17.1d ...und entnehmen Sie dies.

17.2 Schrauben der Schalldämpfer-Schelle

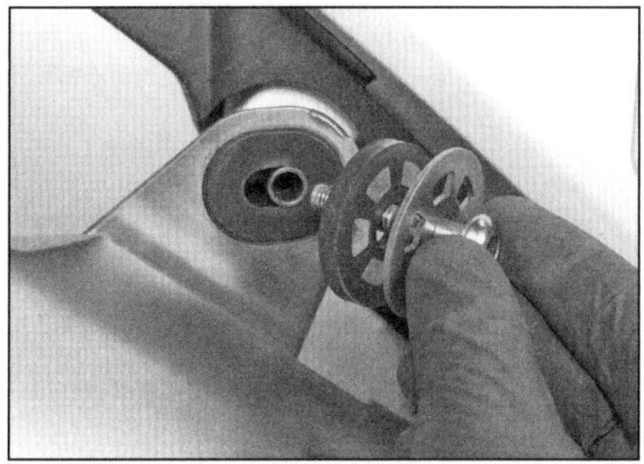
17.3a Lösen Sie die Schraube...

17.3b ...und ziehen Sie den Schalldämpfer ab.

Ausbau

Schalldämpfer

1 Demontieren Sie die äußere Blende und den Hitzeschild (siehe Abbildungen). Entfernen Sie nötigenfalls die Gummis aus den Laschen des Hitzeschilds.

2 Lockern Sie die Schrauben der Schalldämpfer-Schelle (siehe Abbildung).

3 Lösen Sie die Schraube der Schalldämpfer-Aufhängung, entnehmen Sie die Scheiben und ziehen Sie den Schalldämpfer vom Sammlerrohr (siehe Abbildungen). Ziehen Sie die Halterung aus der Aufnahmebuchse des Schalldämpfers (siehe Abbildung).

4 Kontrollieren Sie die im Schalldämpferflansch sitzende Dichtung und ersetzen Sie sie nötigenfalls (siehe Abbildung). Für den Austausch muss zunächst die Schelle entfernt und die alte Dichtung herausgezogen werden. Spreizen Sie den Flansch vor dem Einbau der neuen Dichtung leicht auseinander, um die neue Dichtung ohne Beschädigungen einschieben zu können.

5 Entfernen Sie nötigenfalls die Endkappe und die Abdeckung vom Schalldämpfer – beachten Sie die Positionen aller Scheiben, Hülsen und Buchsen.

6 Kontrollieren Sie alle Bauteile der Befestigung und ersetzen Sie nötigenfalls durch Neuteile.

Krümmer-Baugruppe

Anmerkung: *Die Krümmerflanschmuttern können dermaßen fest sitzen, dass sie nicht mit Kriechöl zu lösen sind und erst der Einsatz einer extrem heißen Schneidbrennerflamme Erfolg bringt. Wer nicht über einen Schneidbrenner verfügt, kann es mit einer Lötlampe versuchen. Zu harte mechanische Beanspruchung kann zum Abreißen der Stehbolzen führen. Zu viel Hitze kann hingegen das Leichtmetall des Zylinderkopfes zum Schmelzen bringen. Im Zweifelsfall sollte die Arbeit einer Fachwerkstatt überlassen werden.*

7 Demontieren Sie den Schalldämpfer (siehe oben).

8 Entfernen Sie bei der Adventure Sports den Ölwannenschutz (siehe Kapitel 7).

9 Befreien und trennen Sie die Lambdasonden-Verkabelung (Abbildungen 9.26a und b).

17.3c Entfernen Sie die Halterung aus der Aufnahmebuchse.

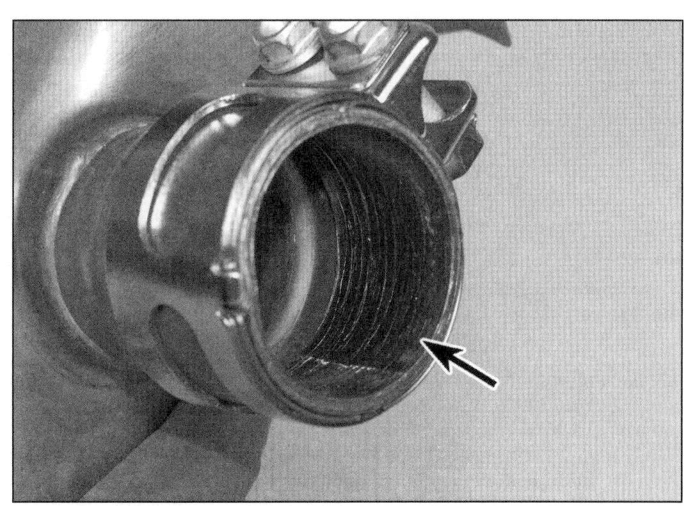
17.4 Tauschen Sie die Dichtung nötigenfalls aus.

17.10a Lösen Sie innen am Sammler-Befestigungsbolzen die Mutter, aber belassen Sie den Bolzen zunächst in der Aufnahme.

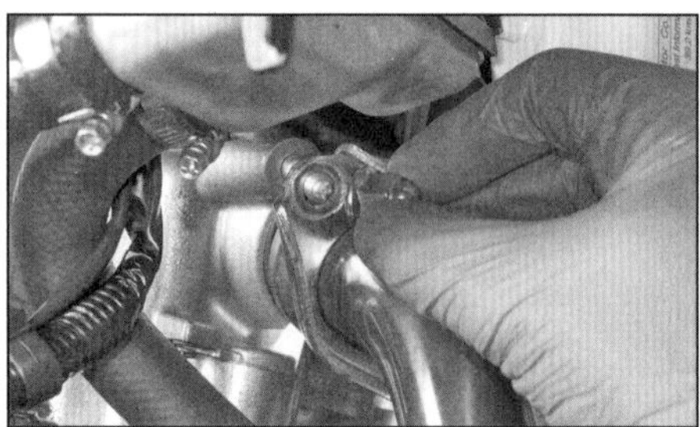

17.10b Lösen Sie die Krümmerflanschmuttern...

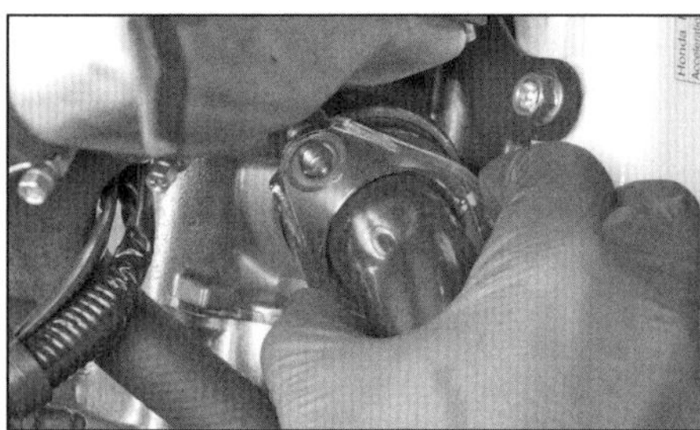

17.10c ...und ziehen Sie die Flansche ab.

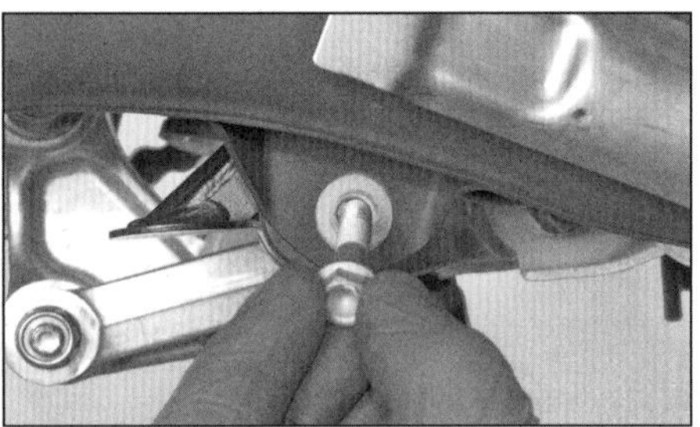

17.10d Ziehen Sie den Sammler-Befestigungsbolzen heraus...

17.10e ...und befreien Sie die Krümmer-Baugruppe.

17.11 Entfernen Sie die Krümmerflanschdichtungen.

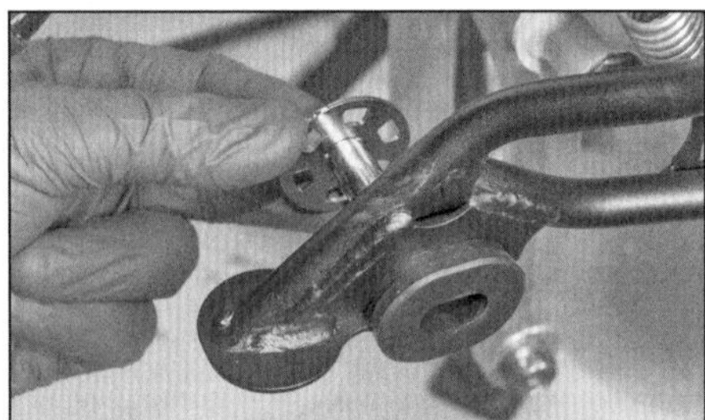

17.12 Entfernen Sie die Buchse aus der Sammler-Aufnahme.

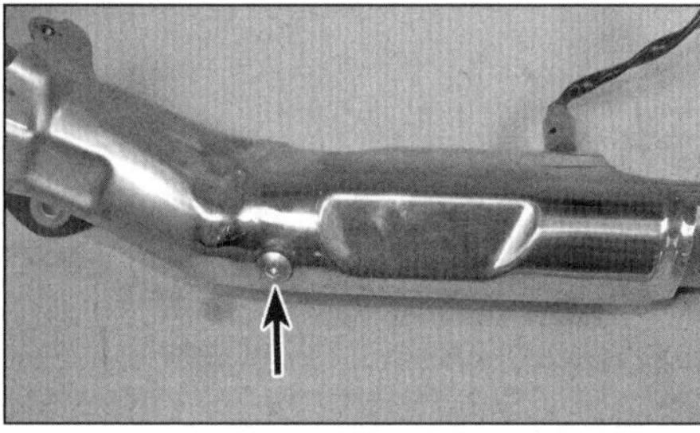

17.13a Lösen Sie die hintere Hitzeschild-Schraube und ziehen Sie den Schild nach hinten, um seine Laschen zu befreien.

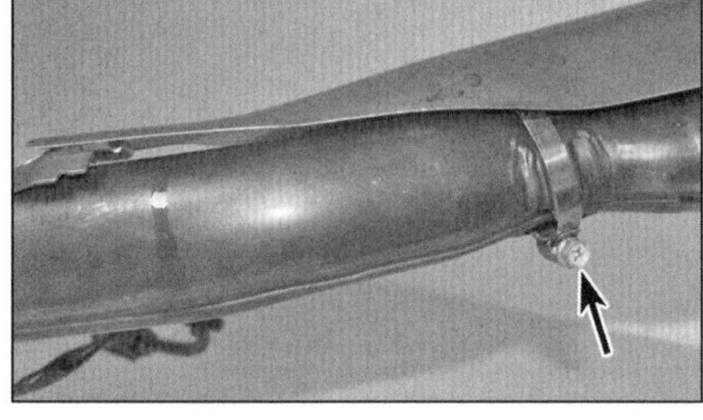

17.13b Lösen Sie die vordere Hitzeschild-Schelle und ziehen Sie den Schild nach vorn, um seine Laschen zu befreien.

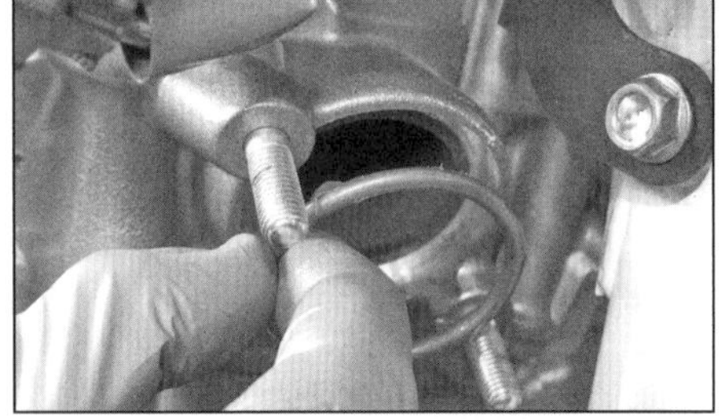

17.14 Installieren Sie neue Krümmerflanschdichtungen.

10 Lösen Sie die Mutter der Sammler-Befestigung (siehe Abbildung). Lösen Sie am Zylinderkopf die Krümmerflanschmuttern und ziehen Sie die Flansche ab (siehe Abbildungen). Stützen Sie die Baugruppe, ziehen Sie am Sammler den Bolzen heraus, befreien Sie die Krümmer aus dem Zylinderkopf und manövrieren Sie die Baugruppe nach unten weg (siehe Abbildungen).

11 Befreien Sie die Dichtringe aus den Auslasskanälen (siehe Abbildung) – beim Einbau werden Neuteile benötigt.

12 Stellen Sie nötigenfalls die Buchse aus der Sammler-Aufnahme sicher (siehe Abbildung). Kontrollieren Sie alle Muttern und Schrauben, die Hülse und die Gummibuchse und ersetzen Sie schadhafte Teile.

13 Entfernen Sie nötigenfalls den Hitzeschild (siehe Abbildungen).

Einbau

14 Der Einbau entspricht der umgekehrten Ausbaureihenfolge – beachten Sie dabei folgende Punkte:

- Ersetzen Sie alle beschädigten, verzogenen oder gealterten Befestigungsgummis durch Neuteile. Ersetzen Sie stark korrodierte Schellen, Hülsen, Muttern, Schrauben und Scheiben durch Neuteile. Installieren Sie die Hülsen in die Gummibuchsen.
- Prüfen Sie, ob die Stehbolzen korrekt in den Zylinderkopf gedreht sind – sie müssen 23,5 mm herausragen.
- Die neuen Krümmerflanschdichtungen können mit etwas Fett in den Zylinderkopf »geklebt« werden (siehe Abbildung).
- Versehen Sie alle Schrauben und Muttern mit Kupferpaste, um sie vor Korrosion zu schützen. Installieren Sie alle Befestigungen zunächst handfest. Ziehen Sie ggf. zuerst die Krümmerflanschmuttern mit 20 Nm und dann die Mutter des Sammler-Befestigungsbolzens sorgfältig an. Ziehen Sie die Schraube der Schalldämpfer-Aufhängung mit 17 Nm an.
- Vergessen Sie nicht, das Kabel der Lambdasonde korrekt zu verlegen und den Stecker anzuschließen.
- Starten Sie den Motor und prüfen Sie die Auspuffanlage auf Undichtigkeit.

18.6a Zwischen den Zungen und ihren Sitzen darf kein Spalt erkennbar sein.

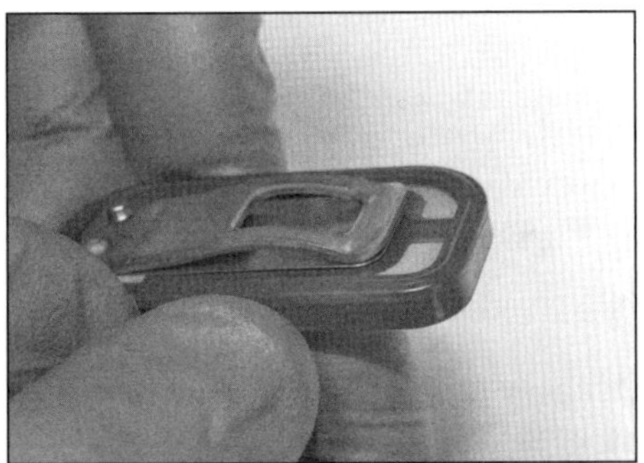

18.6b Drücken Sie die Zungen vorsichtig hoch – sie dürfen nicht am Sitz kleben.

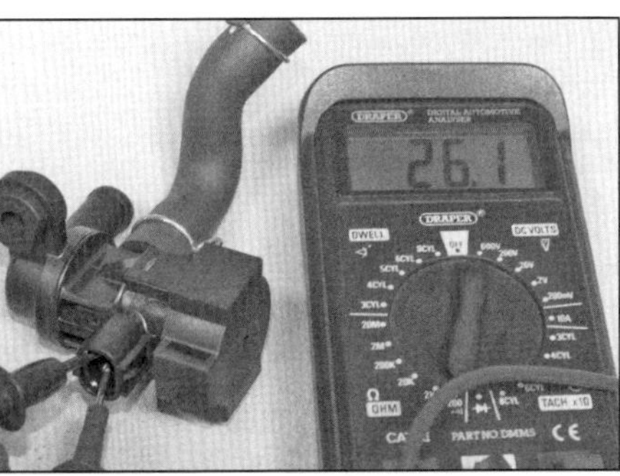

18.7 Messen Sie den Widerstand des Magnetventils.

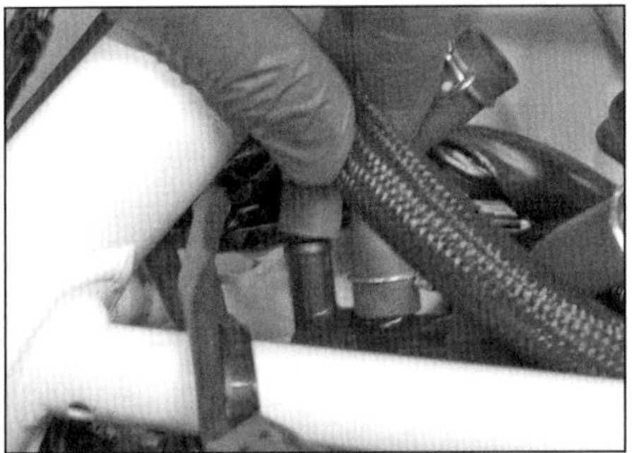

18.10a Ziehen Sie links den Schlauch vom Auslassstutzen des Magnetventils,...

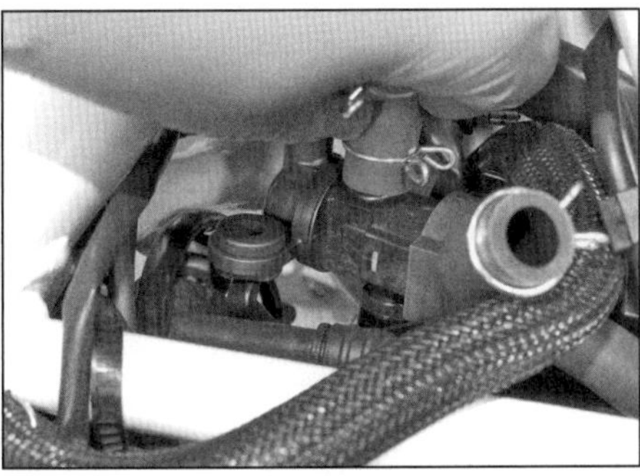

18.10b ...befreien Sie das Ventil...

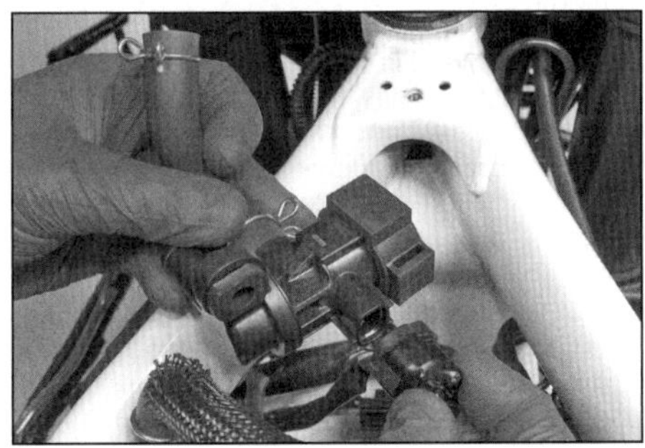

18.10c ...und trennen Sie den Kabelstecker.

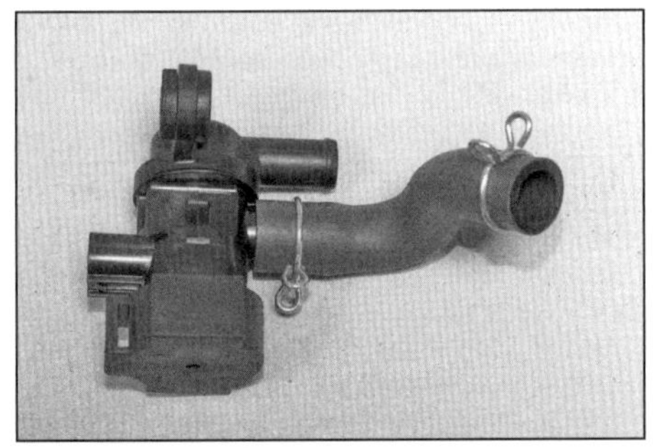
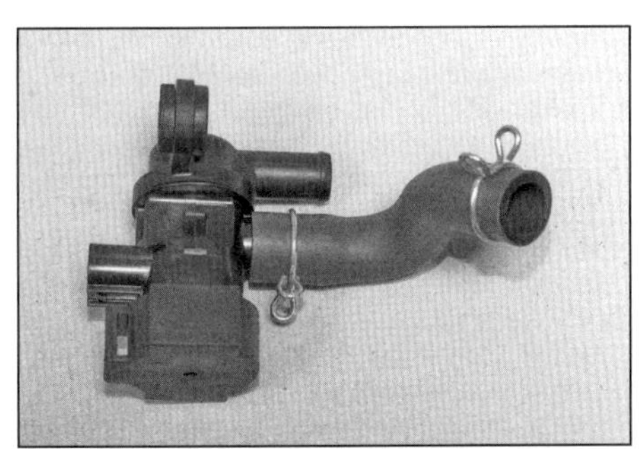

18.10d Einlassschlauch am Magnetventil

18 Sekundärluftsystem

Funktion

1 Das System nutzt den durch die pulsierenden Abgase entstehenden Unterdruck, um durch ein Magnetventil (oben auf dem Ventildeckel) und Zungenventile (im Ventildeckel) Frischluft aus dem Luftfilter in die Auslasskanäle zu saugen, wo sie sich mit heißen Abgasen vermischt. Der dabei zugeführte Sauerstoff lässt bisher unverbrannte Kohlenwasserstoffe und Kohlenmonoxide zu Wasser und Kohlendioxid verbrennen, sodass die Emissionswerte verbessert werden. Das Magnetventil wird vom Steuermodul (ECM/PCM) überwacht.

2 Unter normalen Betriebsbedingungen ist das Ventil geöffnet. Die Zungenventile innerhalb des Ventildeckels sorgen dafür, dass Luft nur in Richtung Auslasskanäle strömen kann, aber Abgase nicht durch das Magnetventil in das Luftfiltergehäuse gelangen.

Testen

3 Starten Sie den Motor und bringen Sie ihn auf Betriebstemperatur, schalten Sie ihn dann ab.

4 Demontieren Sie das Luftfiltergehäuse (siehe Sektion 3). Prüfen Sie, ob der Schlauch des Sekundärluftsystems sauber ist – Rußablagerungen weisen auf Defekte im System hin.

5 Befreien Sie das Magnetventil (siehe unten – belassen Sie jedoch ab Modelljahr 2018 den Schlauch am Auslassstutzen) und trennen Sie den Kabelstecker (Abbildung 18.10c). Reinigen Sie das Ende des Luftfilterschlauchs und blasen Sie hinein – die Luft muss durch das Magnetventil und die Zungenventile strömen. Legen Sie mithilfe von Überbrückungskabeln am Magnetventil Batteriespannung an und wiederholen Sie den Test – es darf keine Luft hindurchströmen. Trennen Sie die Batterie wieder. Falls das Ventil nicht wie beschrieben arbeitet, muss sein Widerstand gemessen werden (Schritt 7).

6 Saugen Sie jetzt am Luftfilter-Ende des Schlauchs – wenn die Zungenventile korrekt schließen, darf keine Luft angesaugt werden; andernfalls müssen die Zungenventile demontiert werden (siehe unten), um zu prüfen, ob die Zungen rundherum korrekt sitzen. Drücken Sie die Zungen vorsichtig hoch – sie dürfen nicht am Sitz kleben (siehe Abbildungen). Reinigen Sie die Grundplatten und Ventilgehäuse. Montieren Sie die Zungenventile und testen Sie das System erneut. Schadhafte Ventile müssen ersetzt werden.

7 Ermitteln Sie den Widerstand zwischen den Anschlüssen des Magnetventils (siehe Abbildung) – bei 20 °C müssen 24 bis 28 Ohm festgestellt werden. Ersetzen Sie das Magnetventil, falls der Widerstand deutlich von den Vorgaben abweicht.

Austausch der Komponenten

Magnetventil

8 Demontieren Sie das Luftfiltergehäuse (siehe Sektion 3).

9 Lösen Sie **bis Modelljahr 2017** die Schrauben des Magnetventils und entnehmen Sie die Hülsen. Befreien Sie das Ventil und trennen Sie den Kabelstecker. Lockern Sie die Schellen, ziehen Sie die Schläuche ab und entnehmen Sie das Ventil.

10 Lockern Sie **ab Modelljahr 2018** links am Ventil die Schelle und ziehen Sie den Schlauch vom Auslassstutzen (siehe Abbildung). Befreien Sie das Ventil und trennen Sie den Kabelstecker (siehe Abbildungen). Ziehen Sie nötigenfalls auch den Schlauch vom Einlassstutzen (siehe Abbildung).

11 Der Einbau entspricht der umgekehrten Ausbaureihenfolge.

Zungenventile

12 Demontieren Sie das Magnetventil (siehe oben) und die Zündspulen-Baugruppe (siehe Sektion 22).

13 Lockern Sie am Zungenventil-Deckel die Schelle und ziehen Sie den Schlauch ab (siehe Abbildung).

14 Lösen Sie die Schrauben des Zungenventil-Deckels und entnehmen Sie diesen sowie die Zungenventile und ihre Grundplatten (siehe Abbildungen) – merken Sie sich die Einbaurichtungen.

15 Der Einbau entspricht der umgekehrten Ausbaureihenfolge - die Zungenventil-Komponenten und ihre Gehäuse müssen sauber sein und die Ventile sowie ihre Grundplatten korrekt sitzen. Reinigen Sie die Gewinde der Deckel-Schrauben, tragen Sie mittelfeste Sicherungspaste (Loctite) auf und ziehen Sie sie mit 12 Nm an.

18.13 Schelle am Zungenventil-Schlauch

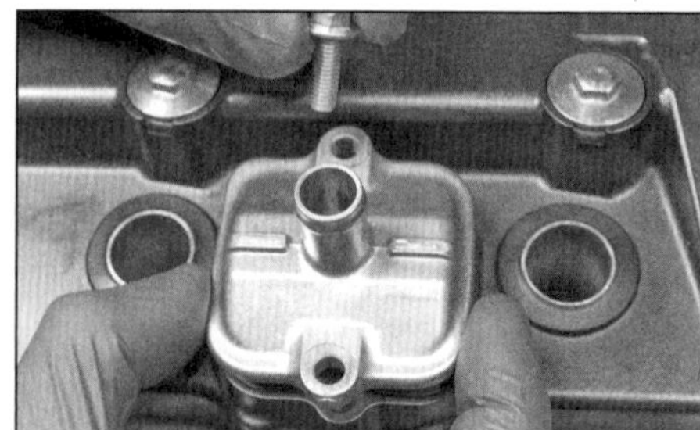

18.14a Entfernen Sie den Zungenventil-Deckel,...

19 Katalysator

Allgemeine Informationen

1 In der Auspuffanlage ist ein Katalysator integriert, der die im Motor entstehenden giftigen Abgase in relativ harmlose Gase umwandeln soll, bevor sie aus dem Auspuff entlassen werden.

2 Durch eine auf feinen Gittermaschen angebrachte spezielle Metallbeschichtung wandelt der Katalysator Stickoxide in Stickstoff und Sauerstoff sowie unverbrannte Kohlenwasserstoffe und Kohlenmonoxide in Wasser und Kohlendioxide um. Die Wirksamkeit des Katalysators wird durch Ablagerungen von Ölkohle, Öl oder Blei beeinträchtigt.

3 Beim hier eingesetzten Dreiwege-Katalysator ermittelt eine Lambdasonde den Rest-Sauerstoffgehalt der Abgase und das damit verbundene Steuermodul (ECM/PCM) passt die Einspritzung und Zündung entsprechend an, um optimale Abgaswerte zu erzielen.

4 Die Lambdasonde ist mit einem Vorwärmelement ausgerüstet. Bei kaltem Motor schaltet das Steuermodul dieses Element ein, um die an der Sonde entlang strömenden Abgase zu erwärmen und dadurch den Katalysator schneller auf Betriebstemperatur zu bringen, sodass sich die Abgaswerte auch in der Aufwärmphase verbessern. Sobald der Motor ausreichend aufgewärmt ist, wird das Element wieder abgeschaltet.

5 Wechseln Sie für den Aus- und Einbau der Auspuffanlage nach Sektion 17. Details zur Lambdasonde finden sich in Sektion 9.

Vorsichtsmaßnahmen

6 Der Katalysator arbeitet automatisch und erfordert praktisch keine Wartung. Trotzdem sollten folgende Hinweise beachtet werden:

- Tanken Sie immer bleifreien Kraftstoff und verwenden Sie keine Kraftstoffzusätze – bereits kleine Mengen verbleiten Benzins zerstören den Katalysator.
- Halten Sie das Kraftstoff- und Zündsystem in einem guten Zustand. Wird ein unkorrektes Benzin/Luft-Gemisch vermutet, muss das System mithilfe eines Abgas-Analysegerätes untersucht werden.
- Wenn der Motor Fehlzündungen produziert, muss dies unverzüglich behoben werden, da der Katalysator dadurch zerstört wird.
- Benutzen Sie keine Kraftstoff- oder Öl-Zusätze (Additive) – diese können Substanzen enthalten, die den Katalysator beschädigen.
- Wenn der Motor Öl verbrennt und blaue Abgaswolken produziert, muss er unverzüglich repariert werden, da der Katalysator dadurch zerstört wird.
- Behandeln Sie die ausgebaute Auspuffanlage vorsichtig – der Katalysator und die Lambdasonde vertragen keine Schläge oder Stürze.

20 Verdunstungsregelungs-System (EVAP)

Allgemeine Informationen

1 Die *Evaporative Emission Control System* (EVAP) genannte Verdunstungsregelung ist nötig, um die Abgasnorm EURO 4 einzuhalten. Das System minimiert das Austreten von Benzindämpfen aus dem Tank in die Atmosphäre. Der Tank ist dazu abgedichtet und bei abgeschaltetem Motor entstehende Dämpfe werden in einem Aktivkohlebehälter gespeichert, von wo sie bei laufendem Motor mithilfe eines Absaugventils in das Drosselklappengehäuse geführt werden, um in die normale Verbrennung zu gelangen. Das Absaugventil wird vom Steuermodul (ECM/PCM) überwacht.

18.14b ...das Zungenventil...

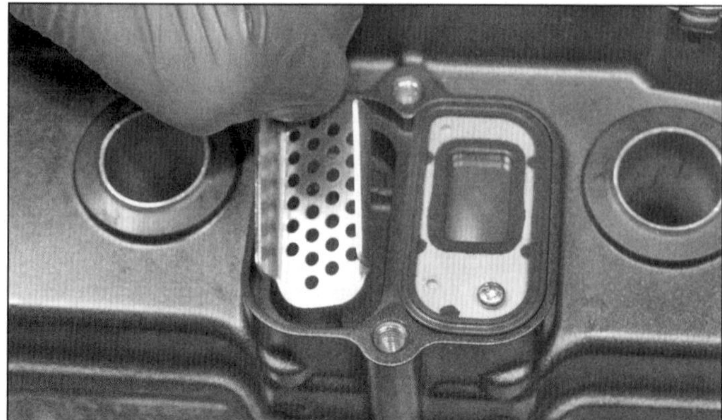

18.14c ...und seine Grundplatte.

2 Das Absaugventil muss getestet werden, falls ein Problem beim Heißstart des Motors auftritt.

Test

Absaugventil

3 Demontieren Sie den Tank (siehe Sektion 3).
4 Trennen Sie am Ventil den Stecker, lösen Sie die zwei Schrauben, befreien Sie das Ventil und ziehen Sie die Schläuche ab (Abbildung 10.5a).
5 Prüfen Sie die Funktion des Ventils, indem Sie durch den Einlass (Behälterschlauch) blasen – das Ventil darf keine Luft durchlassen. Verbinden Sie jetzt eine geladene 12-V-Batterie mit den Ventil-Kontakten – plus mit dem Kontakt des schwarz/weißen Kabels (bis Modelljahr 2017) oder braun/schwarzen Kabels (ab Modelljahr 2018) – jetzt muss das Ventil öffnen und Luft hindurchgelangen.
6 Prüfen Sie nötigenfalls den Widerstand zwischen den Ventil-Kontakten – bei 20 °C müssen 30 bis 34 Ohm festgestellt werden. Ersetzen Sie das Absaugventil, falls der Widerstand deutlich von den Vorgaben abweicht.

Aktivkohlebehälter

7 Der Behälter kann nicht getestet werden. Falls er aus irgendeinem Grund beschädigt ist, muss er durch ein Neuteil ersetzt werden.

21 Zündsystem
Kontrolle

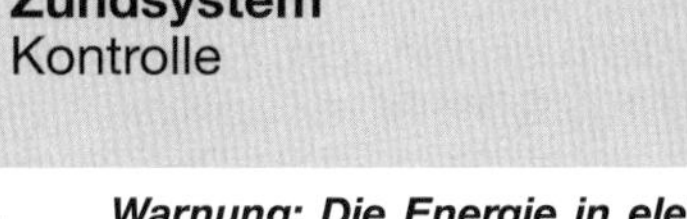

Warnung: Die Energie in elektronischen Zündsystemen kann sehr hoch sein. Daher darf niemals die Zündung angeschaltet werden, während Kerzenstecker oder Zündkerzen in der Hand gehalten werden. Hochspannungs-Stromschläge können sehr unangenehm sein.

Bei getrennten Zündspulen oder ausgebauten Zündkerzen darf der Motor niemals durchgedreht werden oder laufen, ohne dass ein guter Masseschluss sichergestellt ist (z. B. für einen Zündfunkentest). Zündsystem-Komponenten können ernsthafte Schäden erleiden, falls der Hochspannungs-Stromkreis isoliert wird!

1 Da das Zündsystem völlig wartungsfrei ist und nicht eingestellt werden kann, können Fehlfunktionen nur auf Defekte in den einzelnen Komponenten oder in der Verkabelung zurückgeführt werden. Wahrscheinlicher ist die zweite Ursache. Bei Fehlfunktionen müssen die Zündungsbauteile in systematischer Reihenfolge wie folgt überprüft werden:
2 Die Zündung muss abgeschaltet sein. Beachten Sei für den Zugang die Hinweise in Kapitel 1, Sektion 22 und ziehen Sie die Kerzenstecker von den Zündkerzen. Stecken Sie eine (möglichst neue) Zündkerze in den Kerzenstecker der zu testenden Zündspule und halten Sie die Kerze mit einem gut isolierten Werkzeug gegen den Zylinderkopf.

Warnung: Nehmen Sie für diese Kontrolle nie die Kerzen aus dem Motor, da austretendes Luft/Benzin-Gemisch sich entzünden und zu Verletzungen führen kann! Stellen Sie außerdem sicher, dass beim Zündfunkentest die Kerze gründlichen Kontakt zu Masse hat, da sonst das Steuermodul beschädigt werden kann.

3 Schalten Sie den Killschalter auf RUN und die Zündung ein, legen Sie den Leerlauf ein und drehen den Motor mit dem Anlasser durch. Ist die Zündung in Ordnung, werden an den Zündkerzen-Elektroden dicke blaue Funken überspringen; sind die Funken schwach, gehen ins Gelbe oder bleiben ganz aus, muss die Ursache gefunden werden. Schalten Sie vor weiterer Arbeit die Zündung wieder aus und wiederholen Sie den Test mit den anderen Zündspulen.
4 Die Zündung muss einen Funken erzeugen, der in der Lage ist, eine Strecke von mindestens 6 mm zu überspringen. Für eine solche Kontrolle sind im Fachhandel sogenannte Funkenstrecken-Tester erhältlich (siehe Abbildung) – folgen Sie der beigefügten Anleitung.
5 Wenn die Testergebnisse in Ordnung sind, kann das Zündsystem als funktionsfähig betrachtet werden. Bei schwachen Funken sind weitere Untersuchungen nötig.
6 Stellen Sie zuerst sicher, dass die Batterie vollständig geladen ist. Außerdem müssen alle Sicherungen in Ordnung sein (siehe Sektion 8).
7 Fehlfunktionen der Zündanlage können in zwei Kategorien eingeteilt werden: ein vollständiger Ausfall oder gelegentliche Fehlfunktion. Die wahrscheinlichsten Ursachen sind unten aufgeführt, beginnend mit der häufigsten. Arbeiten Sie sich systematisch durch diese Liste, wobei in den jeweiligen Unterpunkten dieses Kapitels für Details nachgeschaut werden muss.

- Lockere, korrodierte oder beschädigte elektrische Steckverbindungen, gebrochene Kabel im Zündsystem.
- Lockerer oder defekter Kerzenstecker, schadhaftes Zündkabel, schadhafte Zündkerze, verschlissene oder korrodierte Kerzenelektroden (siehe Kapitel 1)
- Fehlerhafter Leerlauf-, Getriebe-, Kupplungs- oder Seitenständer-Schalter (siehe Kapitel 8)
- Defekte Zündspule(n) (siehe Sektion 22).
- Defekter Kill- oder Zündschalter (siehe Kapitel 8).
- Defekter Kurbelwellensensor (siehe Sektion 9) oder beschädigter Auslöser am Lichtmaschinenrotor (siehe Kapitel 8).
- Defektes Relais (siehe Sektion 11).
- Defektes Steuermodul (ECM/PCM (siehe Sektion 10).

8 Wenn alle oben beschriebenen Möglichkeiten keinen Grund des Problems erkennen lassen, sollte sie Zündanlage von einer Honda-Werkstatt getestet werden – diese verfügt über ein Testgerät, das eine Diagnose der Zündanlage erstellen kann.

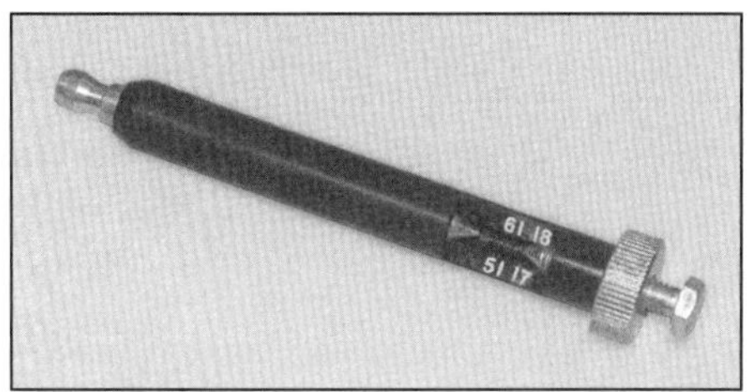

21.4 Ein typisches Zündfunken-Messgerät

22 Zündspulen

Spezialwerkzeug: *Für eine umfangreiche Kontrolle der Zündspulen werden ein Spitzenspannungsadapter (Honda-Teilenummer 07HGJ-0020100) und ein Digital-Multimeter mit einer Impedanz von mindestens 10 M-Ohm/DCV benötigt. Lassen Sie die Zündspule(n) nötigenfalls von einer entsprechend ausgerüsteten Fachwerkstatt überprüfen.*

Kontrolle

1 Entfernen Sie die Zündspulen-Baugruppe (siehe unten).
2 Unterziehen Sie die Zündspule(n) einer Sichtkontrolle auf lockere, beschädigte oder verschmutzte Anschlüsse, Risse und andere Beschädigungen.
3 Messen Sie wie folgt den Primärwicklungs-Widerstand der Zündspule: Trennen Sie die Primärwicklungs-Stecker der entsprechenden Zündspule – befreien Sie diese dazu nötigenfalls vom Träger (siehe unten). Verbinden Sie ein auf den Ohm-Bereich geschalteten Messgeräts mit den Primär-Kontakten der Zündspule und messen Sie den Widerstand (siehe Abbildung) – es müssen ca. 2,6 Ohm festgestellt werden. Bei stark abweichenden Ergebnissen wird die Zündspule wahrscheinlich defekt sein.

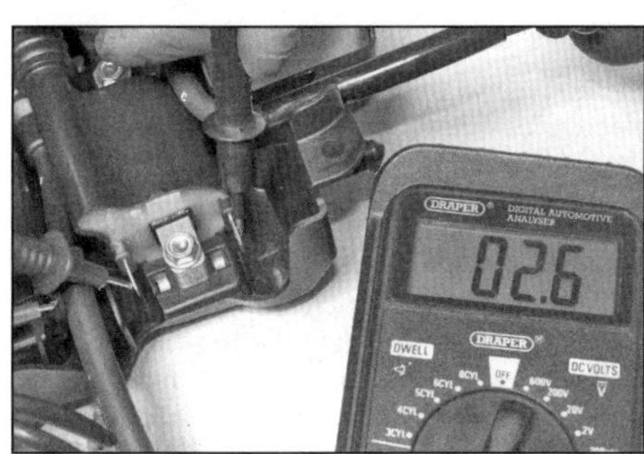

22.3 Ermitteln Sie an den Steckerkontakten den Primärwicklungs-Widerstand der Zündspule.

4

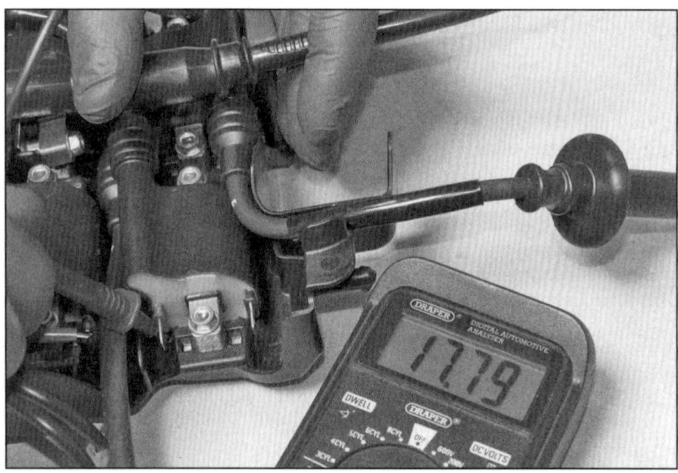

22.4a **Ermitteln Sie an den gezeigten Kontakten den Sekundärwicklungs-Widerstand der Zündspule.**

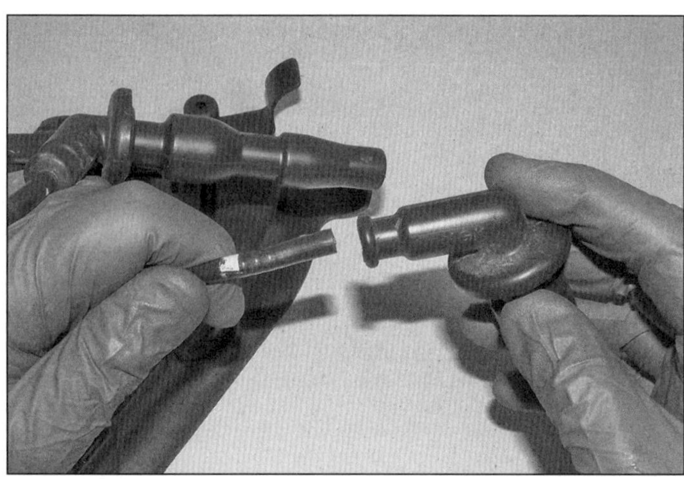

22.4b **Drehen Sie den Kerzenstecker vom Zündkabel und testen Sie die Zündspule erneut.**

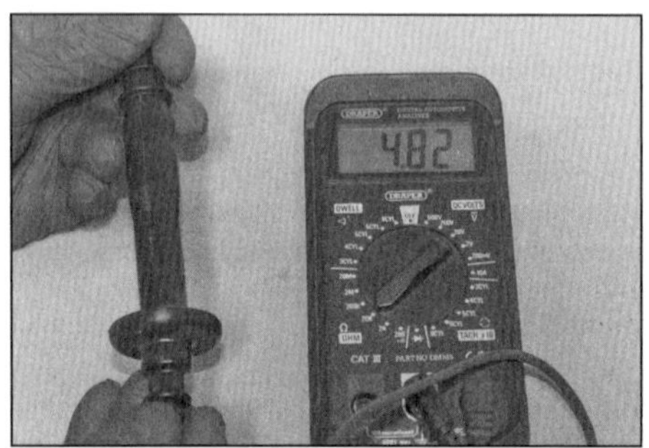

22.4c **Messen Sie den Widerstand des getrennten Kerzensteckers.**

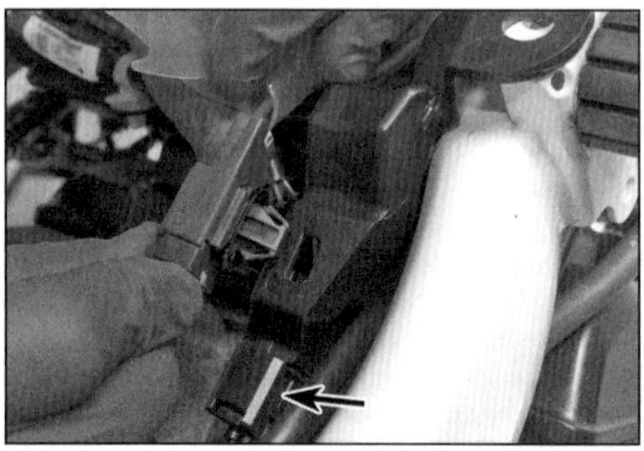

22.8 **Befreien und trennen Sie die Stecker des Zündschlosses sowie ggf. des Wegfahrsperren-Empfängers (Pfeil) – gezeigt am Modell ab 2018.**

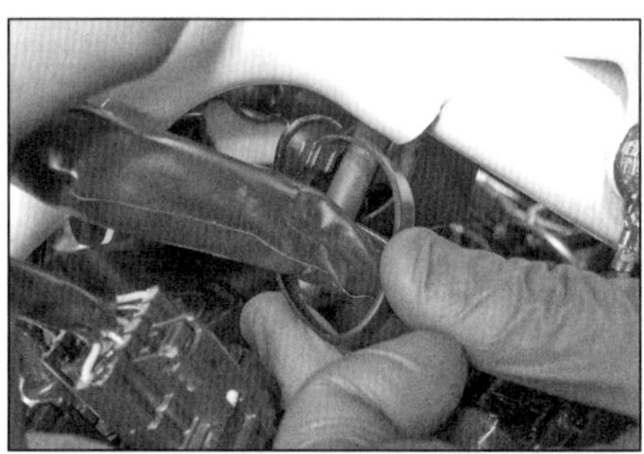

22.9a **Befreien Sie den Kabelbaum links aus dem Kabelbinder...**

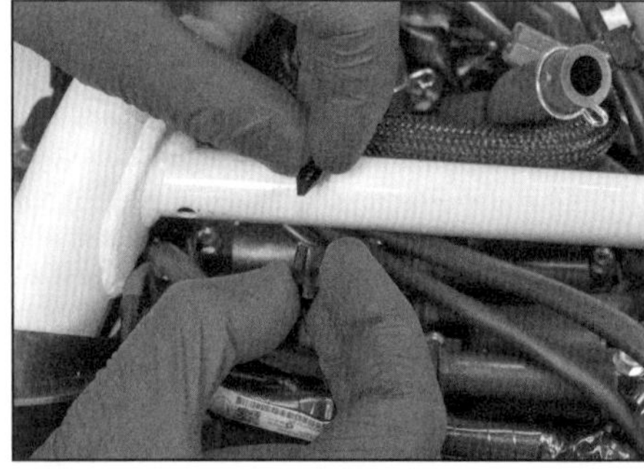

22.9b **...und ab Modelljahr 2018 auch aus der Befestigung an der Rahmen-Querstrebe.**

4 Messen Sie wie folgt den Sekundärwicklungs-Widerstand der Zündspule: Schalten Sie das Messgerät auf den K-Ohm-Messbereich und verbinden Sie ein Kabel mit dem Kontakt im Zündkerzenstecker und das andere mit einem der Primärwicklungs-Kontakte (siehe Abbildung) – falls dabei nicht ca. 17,8 K-Ohm festgestellt werden, muss der Kerzenstecker vom Zündkabel geschraubt und der Test mit dem ersten Messgerät-Kabel an dessen Ende wiederholt werden (siehe Abbildung) – jetzt müssen ca. 13 K-Ohm festgestellt werden, andernfalls wird die Zündspule defekt sein. Ist der Wert beim zweiten Test in Ordnung, muss der Widerstand des Kerzensteckers gemessen werden: Verbinden Sie dazu die Messkabel mit beiden Enden des Steckers – er muss ca. 4,8 K-Ohm aufweisen, andernfalls wird er defekt sein und muss ersetzt werden.

5 Falls ein Spitzenspannungs-Adapter vorhanden ist (siehe Werkzeug-Tipp), kann damit die Primär-Spitzenspannung geprüft werden; dies muss bei eingebauter Zündspule geschehen. Entfernen Sie das Luftfiltergehäuse (siehe Sektion 3). Ziehen Sie alle vier Kerzenstecker ab und stecken Sie eine neue Zündkerze in den Stecker der zu testenden Zündspule, um sie mit einem gut isolierten Werkzeug gegen den Zylinderkopf zu halten. Verbinden Sie die Plusklemme des Spitzenspannungs-Messgeräts mit dem Kontakt des blau/schwarzen (Primär-Zündspule Nr. 1), blau/weißen (Sekundär-Zündspule Nr. 1), blau/roten (Primär-Zündspule Nr. 2) oder blau/gelben (Sekundär-Zündspule Nr. 2) Kabels; die Minusklemme muss mit Masse verbunden werden. Schalten Sie ein Modell mit Standardgetriebe in den Leerlauf. Bei eingeschalteter Zündung und Killschalter auf RUN muss das Messgerät Batteriespannung (ca. 12.8 V) anzeigen. Drehen Sie den Motor mit dem Anlasser durch und notieren Sie die angezeigte Spitzenspannung – sie muss mindestens 100 Volt betragen.

Falls im Zündstromkreis eines Zylinders ein Fehler auftritt, können die Zündspulen ausgetauscht werden – falls der Fehler jetzt am anderen Zylinder auftritt, ist die Zündspule definitiv defekt.

Ausbau und Einbau

6 Demontieren Sie das Drosselklappengehäuse (siehe Sektion 3) und das Sekundärluftsystem-Magnetventil (siehe Sektion 18).

7 Ziehen Sie die Kerzenstecker ab.

8 Befreien und trennen Sie die Stecker des Zündschlosses sowie ggf. des Wegfahrsperren-Empfängers (siehe Abbildung).

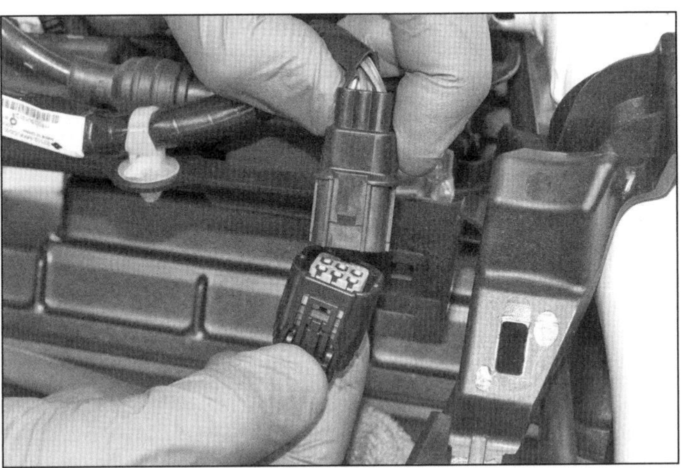

22.10 Trennen Sie den Mehrfachstecker der Zündspulen-Baugruppe.

22.11a Befreien Sie die Zündspulen-Baugruppe nach hinten aus den Gummiösen...

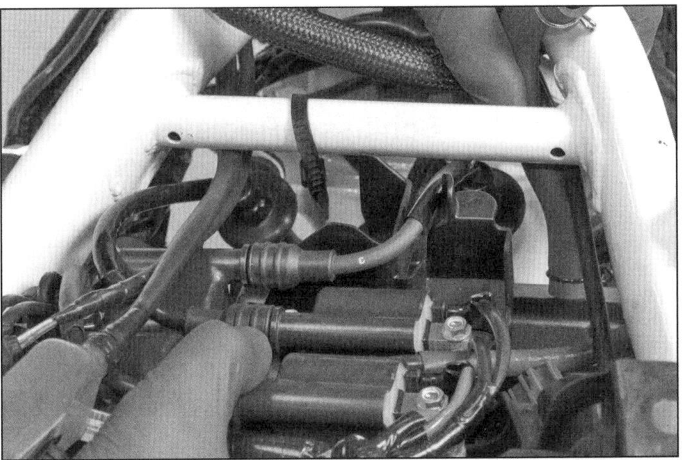

22.11b ...und befreien Sie sie aus dem Motorrad – führen Sie dabei die Zündkabel heraus und merken Sie sich ihre Positionen.

22.12 Aufbau der Zündspulen ab Modelljahr 2018

9 Befreien Sie den Kabelbaum links aus dem Kabelbinder und ab Modelljahr 2018 auch aus der Befestigung an der Rahmen-Querstrebe (siehe Abbildungen).

10 Trennen Sie den Mehrfachstecker der Zündspulen-Baugruppe (siehe Abbildung).

11 Ziehen Sie die Zündspulen-Baugruppe nach hinten, um ihre Zapfen aus den Gummiösen zu befreien, manövrieren Sie sie dann heraus (siehe Abbildungen).

12 Falls eine oder mehrere Zündspulen vom Träger entfernt werden sollen, muss anhand der Nummern an den Zündkabeln und dem Träger notiert werden, welche wo sitzt (auch die Länge und Ausrichtung der Zündkabel und Bauformen der Kerzenstecker geben Hinweise) (siehe Abbildung). Trennen Sie die Primärwicklungsstecker der zu demontierenden Zündspule, lösen Sie die Schrauben und entnehmen Sie die Spule (falls der Zugang zu den Steckern begrenzt ist, können diese auch nach der Demontage getrennt werden). Die Zündspule an der Unterseite des Trägers trägt bis Modelljahr 2017 an den Unterseiten der Schrauben konventionelle Muttern, wogegen alle anderen Schrauben in Muttern gedreht sind, die in der Platte sitzen.

13 Der Einbau der Zündspulen, des Trägers und aller anderen Komponenten entspricht der umgekehrten Ausbaureihenfolge. Die Muttern der Trägerplatte müssen korrekt positioniert sein. Die Zapfen des Trägers müssen korrekt in die Gummiösen greifen (Abbildung 22.11a). Die Kerzenstecker müssen vollständig auf die Zündkerzen gedrückt werden und die Kabelstecker müssen fest verbunden sein.

23 Zündzeitpunkt

Allgemeine Informationen

1 Da es für die Einstellung des Zündzeitpunkts weder eine Vorrichtung gibt noch irgendwelche Komponenten verschleißen, besteht auch kein Grund für regelmäßige Kontrollen. Falls jedoch Leistungseinbuße oder Fehlzündungen festgestellt werden, sollte der Zündzeitpunkt überprüft werden.

2 Der Zündzeitpunkt wird dynamisch – also bei laufendem Motor – mithilfe einer Stroboskoplampe kontrolliert. Billige Neonlampen sollen in der Theorie auch funktionieren, aber in der Praxis erzeugen sie so schwache Lichtimpulse, dass die Zündmarkierung kaum erkennbar bleiben. Verwenden Sie möglichst eine präzise Xenonlampen mit externer Stromversorgung. Vermeiden Sie die Bordbatterie als Stromquelle zu nutzen, da Streuimpulse der Bordelektrik zu falschen Ergebnissen führen können.

Kontrolle

3 Starten Sie den Motor, lassen Sie ihn Betriebstemperatur erreichen, schalten Sie ihn dann ab.

4 Verbinden Sie die Prüflampe mit dem Sekundärzündkabel des linken Zylinders Nr. 1).
5 Schrauben Sie den Inspektionsstopfen aus dem Lichtmaschinendeckel (siehe Abbildung) – kontrollieren Sie den Zustand seines O-Rings und ersetzen Sie ihn nötigenfalls.

Die Zündmarkierung kann mithilfe weißer Farbe (Tipp-Ex) versehen werden, um unter dem Stroboskoplicht besser sichtbar zu sein.

7 Starten Sie den Motor erneut und richten Sie die Lampe in die Inspektionsöffnung.
8 Bei im Standgas laufendem Motor muss die Zündmarkierung des Rotors mit der Kerbe in der Öffnung fluchten. Erhöhen Sie nun die Drehzahl auf über 3000/min – die Markierung muss im Uhrzeigersinn wegschwenken, weil der Zündzeitpunkt in Richtung früh verstellt wird.
9 Wie bereits erwähnt, besteht keine Möglichkeit, den Zündzeitpunkt einzustellen. Falls der Zündzeitpunkt inkorrekt ist oder zu sein scheint, liegt irgendwo im Zündsystem ein Fehler vor und es muss wie in den vorherigen Sektionen beschrieben – oder von einer Fachwerkstatt – getestet werden.
10 Nach Beendigung der Kontrolle wird der Inspektionsstopfen ggf. mit einem neuen O-Ring ausgerüstet und dieser mit Motoröl oder Fett geschmiert (Abbildung 23.5), bevor der Stopfen mit 6 Nm angezogen wird.

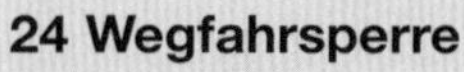

24 Wegfahrsperre

Allgemeine Informationen

1 Die Wegfahrsperre namens HISS *(Honda Ignition Security System)* ermöglicht den Start des Motorrades nur, wenn der korrekt registrierte Schlüssel im Zündschloss steckt. Das System besteht aus einem im Zündschlüssel sitzenden Transponder (Antwortsender), einem vor dem Zündschloss sitzenden Empfänger und dem Steuermodul (ECM/PCM).
2 Beim Einschalten der Zündung sendet das Steuermodul Energie durch den Empfänger an den Transponder. Dieser sendet ein Code-Signal durch den Empfänger zurück zum Steuermodul. Wenn dieses Signal mit dem im Modul gespeicherten Signal übereinstimmt, beginnt die Wegfahrsperren-Lampe im Cockpit für zwei Sekunden zu leuchten und nach dem Erlöschen erlaubt das Steuermodul den Start des Motors. Falls der Schlüssel-Code nicht erkannt wird oder im System ein Fehler auftritt, leuchtet die Wegfahrsperren-Lampe dauerhaft weiter – wechseln Sie in diesem Fall zur Fehlerdiagnose und Fehlerbehebung (siehe unten); das Gleiche gilt, wenn die Lampe gar nicht aufleuchtet.
3 Das Steuermodul kann die Codierungen von bis zu vier registrierten Schlüsseln speichern. Diese Schlüssel müssen separat gehalten werden (also nicht an einem Schlüsselbund), da die Nähe eines anderen Schlüssels zu dem im Zündschloss zu vermischten Signalen führen kann, die das Starten des Motors verhindern. Jeder Schlüssel hat einen eingebauten Transponder, der beschädigt werden kann, wenn der Schlüssel fallen gelassen, zu heiß, zu nahe an ein Magnetfeld gehalten oder zu lange unter Wasser getaucht wird. Falls alle Schlüssel verloren gehen, muss das Steuermodul ersetzt werden, sodass es sinnvoll ist, stets mindestens einen Ersatzschlüssel parat zu haben. Nach der Beschaffung eines neuen Schlüssels muss dieser im System registriert werden, um das Motorrad damit starten zu können.

Schlüssel-Registrierung mit dem alten Zündschloss

Anmerkung: *Hierzu werden Honda-Spezialwerkzeuge benötigt (Teilenummern 07XMZ-MBW0101 und 070MZ-MEC0101), bei denen es sich um Adapter handelt, mit denen eine Batterie an den Wegfahrsperren-Stecker der Kabelbaumseite angeschlossen wird.*

4 Beschaffen Sie beim Honda-Händler einen Schlüssel und lassen Sie ihn entsprechend des Originalschlüssels feilen. Besorgen Sie eine geladene 12-Volt-Batterie.
5 Demontieren Sie den Fahrersitz (siehe Kapitel 7). Befreien und trennen Sie den Wegfahrsperren-Stecker (siehe Abbildung). Verbinden Sie die Honda-Adapter gemeinsam mit dem Stecker und dann das Kabelstecker-Ende mit dem Wegfahrsperren-Stecker, klemmen Sie dann den roten Clip des Adapters mit dem Pluspol der Batterie und den schwarzen Clip mit deren Minuspol.
6 Stellen Sie den Killschalter auf RUN und schalten Sie mit dem Originalschlüssel die Zündung ein – die Wegfahrsperrenlampe muss dauerhaft leuchten. Falls sie nach zehn Sekunden zu blinken beginnt, liegt ein Fehler im System vor, das in den Fehlerdiagnose-Modus gewechselt hat; das ausgesendete Blinksignal zeigt einen Fehlercode an (siehe Fehlerdiagnosen unten). Trennen Sie jetzt die rote Klemme vom Pluspol der Batterie und belassen Sie sie mindestens für zwei Sekunden getrennt, schließen Sie sie dann wieder an. Die Lampe muss jetzt für zwei Sekunden angehen und dann viermal aufblinken – dies zeigt an, dass das System in den Registrierungsmodus gewechselt hat. Zu diesem Zeitpunkt werden die Registrierungen aller Schlüssel, außer derjenigen im Zündschloss, gelöscht. Soweit Sie außer dem neuen Ersatzschlüssel weitere Schlüssel besitzen, müssen diese wieder neu registriert werden.
7 Schalten Sie die Zündung aus und ziehen Sie den Originalschlüssel aus dem Schloss. Legen Sie den Schlüssel weit genug vom Empfänger ab.
8 Stecken Sie den neuen Schlüssel in das Zündschloss und schalten Sie die Zündung ein. Die Lampe muss jetzt für zwei Sekunden aufleuchten und dann viermal aufblinken. Dies zeigt an, dass das System den neuen Schlüssel registriert hat. Falls sie nach zehn Sekunden zu blinken beginnt, liegt ein Fehler im System vor, das in den Fehlerdiagnose-Modus gewechselt hat; das ausgesendete Blinksignal zeigt einen Fehlercode an (siehe Fehlerdiagnosen unten). Schalten Sie die Zündung ab und entfernen Sie den Schlüssel.
9 Zum Registrieren anderer Ersatzschlüssel, die zuvor gelöscht worden sind, wird Schritt 8 wiederholt. Es können bis zu vier Schlüssel registriert werden.
10 Zum Schluss werden die Zündung abgeschaltet und die Adapter entfernt, dann werden die Wegfahrsperren-Stecker wieder miteinander verbunden. Schalten Sie die Zündung mit irgendeinem der registrierten Schlüssel ein, um das System in den normalen Betriebsmodus zu bringen.
11 Prüfen Sie, ob das Motorrad mit allen registrierten Schlüsseln gestartet werden kann.

Schlüssel-Registrierung mit einem neuen Zündschloss

12 Beschaffen Sie beim Honda-Händler ein neues Zündschloss und zwei (auf Wunsch auch mehr) Schlüssel (2 sollten dem Schloss beiliegen).
13 Demontieren Sie das defekte Zündschloss (siehe Kapitel 8), doch behalten Sie den Wegfahrsperren-Empfänger, um ihn an das neue Zündschloss zu setzen.
14 Demontieren Sie den Fahrersitz (siehe Kapitel 7). Befreien und trennen Sie den Wegfahrsperren-Stecker (Abbildung 24.5). Verbinden Sie die Honda-Adapter gemeinsam mit dem Stecker und dann das Kabelstecker-Ende mit dem Wegfahrsperren-Stecker, klemmen Sie dann den roten Clip des Adapters mit dem Pluspol der Batterie und den schwarzen Clip mit deren Minuspol.
15 Legen Sie einen der originalen Schlüssel des defekten Zündschlosses neben den Empfänger.
16 Schließen Sie das neue Zündschloss an den Stecker des Kabelbaums an, aber halten Sie es vom Empfänger fern. Stellen Sie den Killschalter auf RUN und schalten Sie am neuen Schloss mit einem neuen Schlüssel die Zündung an – die Wegfahrsperren-Lampe muss zu leuchten beginnen und anbleiben, was bedeutet, dass das ECM/PCM den alten am Empfänger liegenden Schlüssel erkannt hat – falls die Lampe nach zehn Sekunden zu blinken beginnt, liegt ein Fehler im System vor, das in den Fehlerdiagnose-Modus gewechselt hat; das ausgesendete Blinksignal zeigt einen Fehlercode an (siehe Fehlerdiagnosen unten). Trennen Sie jetzt die rote Klemme vom Pluspol der Batterie und belassen Sie sie mindestens für zwei Sekunden getrennt, schließen Sie sie dann wieder an. Die Lampe muss jetzt für zwei Sekunden angehen und dann viermal aufblin-

23.5 Schrauben Sie den Inspektionsstopfen aus dem Lichtmaschinendeckel und kontrollieren Sie den O-Ring.

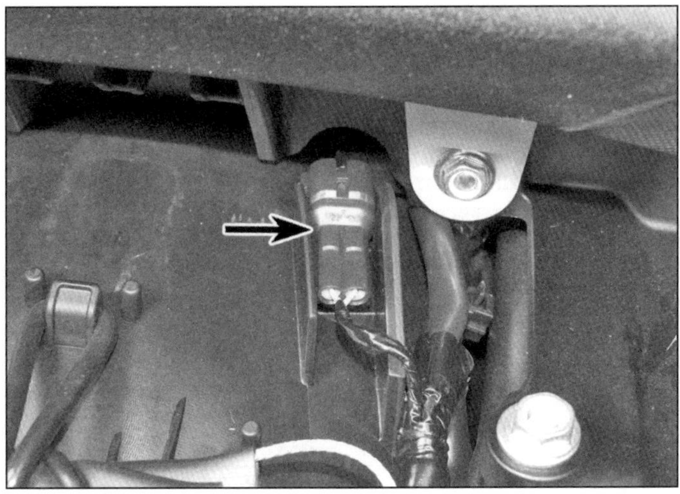

24.5 Wegfahrsperren-Stecker – gezeigt beim Modell ab 2018

ken – dies zeigt an, dass das System in den Registrierungsmodus gewechselt hat. Zu diesem Zeitpunkt werden die Registrierungen aller Schlüssel, außer derjenigen im Zündschloss, gelöscht.

17 Schalten Sie die Zündung aus und entfernen Sie den neuen Schlüssel.

18 Montieren Sie das neue Zündschloss und setzen Sie den Empfänger an (siehe Kapitel 8).

19 Stecken Sie den neuen Schlüssel in das Zündschloss und schalten Sie die Zündung ein. Die Lampe muss jetzt für zwei Sekunden angehen und dann viermal aufblinken – dies zeigt an, dass das System den neuen Schlüssel registriert hat. Falls im System ein Fehler vorliegt, wird die Lampe entsprechend des Fehlercodes zu blinken beginnen (siehe unten). Schalten Sie die Zündung ab und entfernen Sie die rote Adapter-Klemme vom Pluspol der Batterie.

20 Schalten Sie mit dem erneut registrierten Schlüssel die Zündung ein – die Lampe muss für zwei Sekunden aufleuchten und dann erlöschen.

21 Schalten Sie die Zündung ab und verbinden Sie die rote Klemme wieder mit dem Pluspol der Batterie.

22 Schalten Sie mit dem erneut registrierten Schlüssel die Zündung ein – die Lampe muss angehen und nicht mehr erlöschen. Falls die Lampe nach zehn Sekunden zu blinken beginnt, liegt ein Fehler im System vor, das in den Fehlerdiagnose-Modus gewechselt hat; das ausgesendete Blinksignal zeigt einen Fehlercode an (siehe Fehlerdiagnosen unten). Trennen Sie jetzt die rote Klemme vom Pluspol der Batterie und belassen Sie sie mindestens für zwei Sekunden getrennt, schließen Sie sie dann wieder an. Die Lampe muss jetzt für zwei Sekunden angehen und dann viermal aufblinken – dies zeigt an, dass das System in den Registrierungsmodus gewechselt hat. Zu diesem Zeitpunkt werden die Registrierungen aller alten Schlüssel (für das alte Zündschloss) gelöscht.

23 Schalten Sie die Zündung aus und ziehen Sie den Schlüssel aus dem Schloss. Legen Sie ihn weit genug vom Empfänger ab.

24 Stecken Sie den zweiten neuen Schlüssel in das Zündschloss und schalten Sie die Zündung ein. Die Lampe muss jetzt für vier Sekunden aufleuchten und dann viermal aufblinken. Dies zeigt an, dass das System den zweiten neuen Schlüssel registriert hat. Schalten Sie die Zündung aus und entfernen Sie den Schlüssel.

25 Zum Registrieren weiterer Ersatzschlüssel wird der Schritt 24 wiederholt. Es können bis zu vier Schlüssel registriert werden.

26 Zum Schluss wird die Zündung abgeschaltet und die Adapter entfernt, dann werden die Wegfahrsperren-Stecker wieder miteinander verbunden. Schalten Sie die Zündung mit irgendeinem der Schlüssel an und bringen Sie das System so in den normalen Betriebsmodus.

27 Prüfen Sie, ob das Motorrad mit allen registrierten Schlüsseln gestartet werden kann.

Schlüssel-Registrierung mit einem neuen Steuermodul (ECM/PCM)

28 Beschaffen Sie ein neues Steuermodul samt zwei neuer Schlüssel. Installieren Sie das Modul (siehe Sektion 10). Lassen Sie die Schlüssel entsprechend des Originalschlüssels ihres Zündschlosses feilen.

29 Stellen Sie den Killschalter auf RUN. Stecken Sie einen neuen Schlüssel in das Zündschloss und schalten Sie die Zündung an. Die HISS-Lampe muss für zwei Sekunden zu leuchten beginnen und dann viermal aufblinken, was bedeutet, dass das System den neuen Schlüssel erkannt hat. Falls die Lampe nach zehn Sekunden leuchten zu blinken beginnt, liegt ein Fehler im System vor, das in den Fehlerdiagnose-Modus gewechselt hat; das ausgesendete Blinksignal zeigt einen Fehlercode an (siehe Fehlerdiagnosen unten).

30 Schalten Sie die Zündung aus und entfernen Sie den Schlüssel.

31 Stecken Sie den zweiten neuen Schlüssel in das Zündschloss und schalten Sie die Zündung an. Die Lampe muss jetzt für zwei Sekunden aufleuchten und dann viermal aufblinken. Dies zeigt an, dass das System den zweiten neuen Schlüssel registriert hat.

32 Schalten Sie die Zündung aus und entfernen Sie den Schlüssel.

33 Das neue Steuergerät kann in diesem Schritt nur zwei neue Schlüssel registrieren. Wenn Sie einen dritten Schlüssel registrieren lassen wollen, müssen Sie dies entsprechend der Schritte 4 bis 10 erledigen – hierzu werden die dort erwähnten Adapter benötigt.

34 Prüfen Sie, ob das Motorrad mit beiden neu registrierten Schlüsseln gestartet werden kann.

Fehlerdiagnosen

35 Es gibt zwei Fehlerdiagnose-Modi – einen für einen im normalen Betrieb auftretenden Fehler und einen für einen beim Registrieren eines neuen Schlüssels auftretenden Fehler. Achten Sie darauf, in der Tabelle unten bei der Diagnose das korrekte Fehlercode-Muster zu verwenden.

36 Wenn die Wegfahrsperren-Lampe im normalen Betrieb aufleuchtet und an bleibt, muss der Fahrersitz entfernt werden (siehe Kapitel 7). Trennen Sie den Wegfahrsperren-Stecker (Abbildung 24.5) und schließen Sie die Adapter an. Verbinden Sie nun den Stecker mit der Kabelbaumseite des Sensorsteckers sowie die rote Klemme des Adapters mit dem Pluspol der Batterie und die schwarze Klemme mit deren Minuspol.

37 Schalten Sie den Killschalter auf RUN und die Zündung ein. Die Wegfahrsperren-

Lampe wird für zehn Sekunden leuchten und dann zu blinken beginnen. Dies bedeutet, dass in den Diagnose-Modus gewechselt wurde. Das Blinkmuster zeigt jetzt den Fehler an, der aufgetreten ist und wiederholt sich kontinuierlich. Vergleichen Sie das Muster mit den unten gezeigten Fehlercodes, stellen Sie sicher, sich in der richtigen Tabelle zu befinden. Wenn die Lampe nach zehn Sekunden weiter konstant leuchtet und nicht blinkt, ist im System kein Fehler protokolliert.

Fehler tritt im normalen Betrieb auf

Blinkmuster	Fehler	Lösung
2 kurz, 1 lang, 1 kurz	defektes Steuermodul	Neues Steuermodul einbauen
2 kurz, 2 lang	defekter Empfänger oder Schäden an Verkabelung	Kabel und Stecker des Wegfahrsperren-Stromkreises kontrollieren (siehe Kapitel 8, Sektion 2 sowie Schaltpläne), andernfalls Empfänger erneuern
1 lang, 3 kurz	Signal durch anderen Schlüssel gestört	Anderen Schlüssel mit mindestens 5 cm Abstand vom Empfänger halten
1 lang, 2 kurz, 1 lang	Signal durch anderen Schlüssel gestört	Anderen Schlüssel mit mindestens 5 cm Abstand vom Empfänger halten

Fehler tritt während der Schlüssel-Registrierung auf

Blinkmuster	Fehler	Lösung
1 kurz, 1 lang, 1 kurz, 1 lang	Schlüssel ist bereits registriert	Neuen oder gelöschten Schlüssel benutzen
2 kurz, 2 lang	defekter Empfänger oder Schäden an Verkabelung	Kabel und Stecker des Wegfahrsperren-Stromkreises kontrollieren (siehe Kapitel 8, Sektion 2 sowie Schaltpläne), andernfalls Empfänger erneuern
1 kurz, 1 lang, 2 kurz	Schlüssel ist bereits in altem Steuergerät registriert	Neuen Schlüssel verwenden

Ersetzen

38 Um den Empfänger ersetzen zu können, muss das Luftfiltergehäuse demontiert werden (siehe Kapitel 7). Befreien und trennen Sie dann den Empfänger-Stecker (siehe Abbildung). Verfolgen Sie das Kabel des Empfängers am Zündschloss, befreien Sie es aus allen Befestigungen und merken Sie sich seine Verlegung. Lösen Sie die Schrauben des Empfängers und entfernen Sie ihn (siehe Abbildung). Der Zugang zu den Schrauben hängt vom vorhandenen Werkzeug ab – ein sehr langer Schraubendreher kann zwischen dem Scheinwerfer und den Gabelbrücken eingeführt werden; ein sehr kurzer kann von oben angesetzt werden. Entfernen Sie sonst nötigenfalls die Verkleidungsseitenteile, die Innenverkleidung samt Abdeckung, die Frontabdeckung und den Scheinwerfer.

39 Zum Austausch des Steuermoduls (ECM/PCM) muss Sektion 10 beachtet werden.

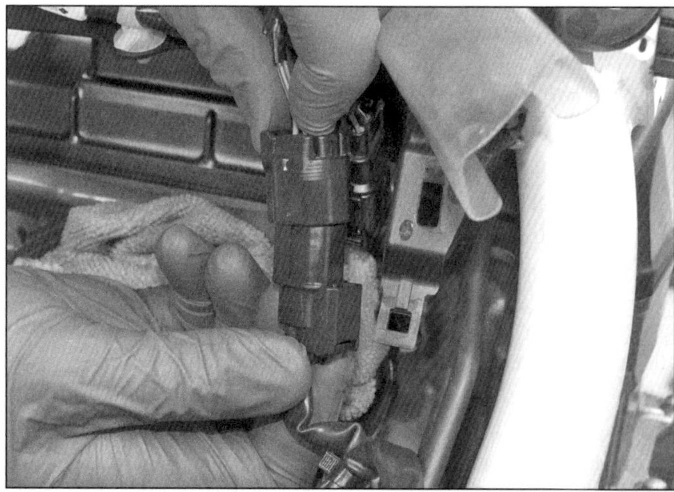

24.38a Stecker des Wegfahrsperren-Empfängers – gezeigt am Modell von 2018

24.38b Lösen Sie an beiden Seiten die Schraube.

Kapitel 5
Rahmen und Federung

Inhalt (in alphabetischer Reihenfolge, die Zahlen geben die Nummerierung in den grauen Feldern wieder)

Schwierigkeitsgrade

Leicht. Für Anfänger mit wenig Erfahrung geeignet. 	**Relativ leicht.** Für Anfänger mit etwas Erfahrung geeignet. 	**Relativ schwierig.** Geeignet für geübte Selbstschrauber. 	**Schwer.** Geeignet für Selbstschrauber mit viel Erfahrung. 	**Sehr schwer.** Geeignet für Experten und Profis.

Technische Daten

Gabel

Gabelöl-Typ	10W-Gabelöl (z. B. Pro-Honda Suspension-Fluid SS8) oder vergleichbares Gabelöl
Gabelöl-Füllmenge (pro Holm)	
Standard-Modelle	721 ± 2,5 ml
Adventure Sports	695 ± 2,5 ml
Gabelöl-Pegel*	
Standard-Modelle	95 mm
Adventure Sports	110 mm
Freie Federlänge	
Standard-Modelle	
Standard	433,7 mm
Verschleißgrenze (min.)	425,0 mm
Adventure Sports	
Standard	465,7 mm
Verschleißgrenze (min.)	456,4 mm

** Der Ölpegel wird bei ausgebauter Feder und zusammengedrückter Gabel vom Standrohr-Rand aus gemessen.*

Lenkkopflager

Lager-Vorspannung (siehe Text)	9,8 bis 14,7 N

Anzugsdrehmomente

	Nm
Gabel – Dämpferpatronenschraube	34
Gabel-Verschlussschraube	35
Gabelbrücken-Klemmschrauben	
obere Brücke	22
untere Brücke	25
Handbremszylinder-Klemmschrauben	10
Kupplungs/Parkbremsenhebelhalter-Klemmschrauben	10
Lenkerhebel-Gelenkbolzen	1
Lenkerhebel-Gelenkbolzen-Kontermutter	6
Lenker-Klemmschrauben	32
Lenkerhalter-Muttern	39
Lenkkopflager-Einstellring	15

Lenkschaftmutter	100
Schwingenbolzenmutter	80
Seitenständer-Gelenkbolzen	10
Seitenständer-Gelenkbolzen-Kontermutter	
bis Modelljahr 2017	29
ab Modelljahr 2018	42
Seitenständerschalter-Schraube	10
Stoßdämpferanlenkung	
Anlenkstange an Rahmen	45
Anlenkhebel an Schwinge	74
Anlenkhebel an Stoßdämpfer	44
Anlenkstange an Anlenkhebel	55
Stoßdämpferbolzen/Muttern	
oben	54
unten	44

1 Allgemeine Informationen

1 Alle Modelle sind mit einem Schleifen-Rahmen aus Stahl-Kastenprofilen ausgerüstet, dessen rechter Unterzug demontierbar ist. Das Rahmenheck ist verschweißt.
2 Das Vorderrad steckt in einer Upsidedown-Teleskopgabel mit 45 mm Standrohrdurchmesser und interner Dämpferpatrone. Die Gabel aller Modelle ist in der Federvorspannung sowie der Druck- und der Zugdämpfung einstellbar.
3 Das Hinterrad wird in einer Leichtmetall-Schwinge geführt, die sich über ein progressiv angelenktes Zentralfederbein mit einstellbarer Federvorspannung sowie der Druck- und Zugdämpfung gegen den Rahmen abstützt.
4 Der Schwingen-Lagerbolzen ist durch den Rahmen und den Motor geführt.

2 Rahmen

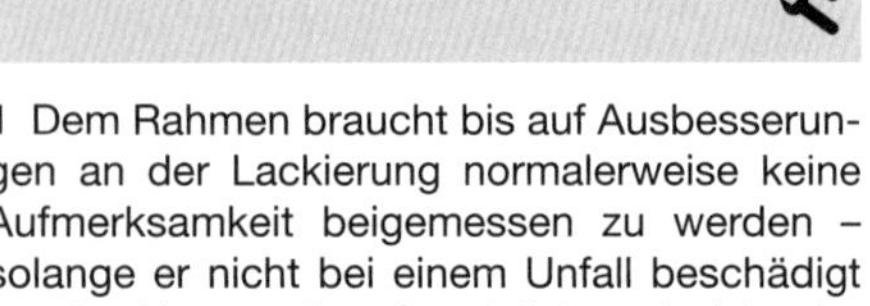

1 Dem Rahmen braucht bis auf Ausbesserungen an der Lackierung normalerweise keine Aufmerksamkeit beigemessen zu werden – solange er nicht bei einem Unfall beschädigt wurde. Nur wenige Spezialisten sind in der Lage, einen verzogenen Rahmen zu reparieren und wieder zu richten – und selbst diese raten bei schweren Schäden oft zum Austausch des Rahmens, weil Segmente überlastet sein können.
2 Nachdem eine Maschine sehr viele Kilometer zurückgelegt hat, sollte der gesamte Rahmen auf Anzeichen von Brüchen oder Rissen an den Schweißnähten begutachtet werden. Lockere Motorhaltebolzen können ihre Aufnahmen ausgeschlagen oder verbogen haben. Kleine Beschädigungen können je nach Ausmaß und Art eventuell von Spezialisten geschweißt werden.
3 Beachten Sie, dass ein verbogener Rahmen Fahrwerksprobleme hervorruft. Falls ein Verzug infolge eines Unfalls festgestellt wird, muss der Rahmen von sämtlichen Anbauteilen befreit werden, um ihn komplett kontrollieren und vermessen zu können.

3 Fußrasten, Bremspedal und Schalthebel

Fußrasten

Ausbau

1 Um eine Fahrerfußraste zu demontieren, müssen unten am Lagerzapfen der Splint samt Scheibe entfernt werden, dann wird der Zapfen herausgezogen und die Fußraste entnommen (siehe Abbildung) – beachten der Ausrichtung der Feder.
2 Um eine Beifahrerfußraste zu demontieren, müssen unten am Lagerzapfen der Splint samt Scheibe entfernt werden, dann wird der Zapfen herausgezogen und die Fußraste samt Einrast-Platte, Kugel und Feder entnommen (siehe Abbildung) – lassen Sie die Kugel und die Feder bei der Demontage nicht wegspringen.
3 An den Fahrerfußrasten können die Gummis ersetzt werden – lösen Sie dazu die Schraube an der Unterseite und befreien Sie das Gummi samt Platte, um anschließend beide Teile zu trennen.

Einbau

4 Der Einbau entspricht der umgekehrten Ausbaureihenfolge. Schmieren Sie Lagerzapfen mit etwas Fett.

Bremspedal und Lagerzapfen

Bremspedal

Ausbau

5 Beachten Sie die Ausrichtung der Bremspedal-Klemmöffnung zur Körnermarkierung am Lagerzapfen. Lösen Sie dann die Klemmschraube und ziehen Sie das Pedal ab (siehe Abbildung).

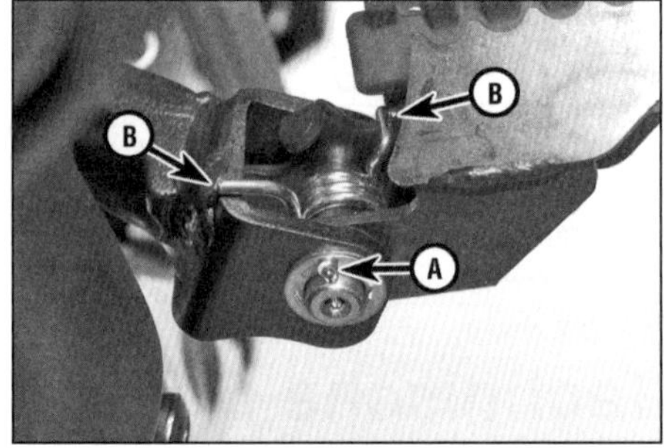

3.1 Entfernen Sie den Splint (A) samt Scheibe und ziehen Sie den Lagerzapfen nach oben heraus – beachten Sie die Positionierung der Feder-Enden (B).

Lagerzapfen

Ausbau

6 Entfernen Sie das Bremspedal (Schritt 5).
7 Demontieren Sie die Auspuffanlage (siehe Kapitel 4, Sektion 17).
8 Biegen Sie die Enden des Splints gerade und ziehen Sie ihn aus dem Gelenkstift der Fußbremszylinder-Druckstange, um dies befreien zu können (siehe Abbildungen). Beim Einbau wird ein neuer Splint benötigt.
9 Hängen Sie die Bremspedal-Rückholfeder am Fußrastenträger und vorn am Lagerzapfen-Hebel aus. Hängen Sie vorn auch die Bremslichtschalter-Feder aus (siehe Abbildungen).
10 Lockern Sie die untere Schraube des Fußrastenträgers, entfernen Sie die obere Schraube und schwenken Sie den Träger herunter, um die zwischen ihm und dem Rahmen sitzende Scheibe zu entfernen, den Lagerzapfen abzuziehen und die Staubdichtungen zu entnehmen (siehe Abbildungen).

Einbau

11 Der Einbau entspricht der umgekehrten Ausbaureihenfolge – beachten Sie dabei folgende Punkte:

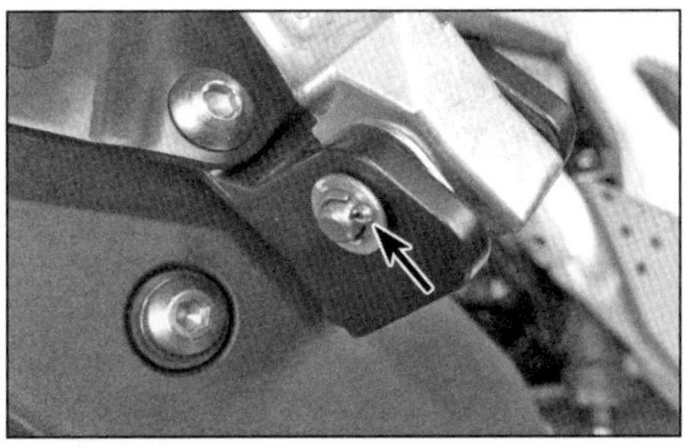

3.2a Entfernen Sie den Splint samt Scheibe und ziehen Sie den Lagerzapfen nach oben heraus –...

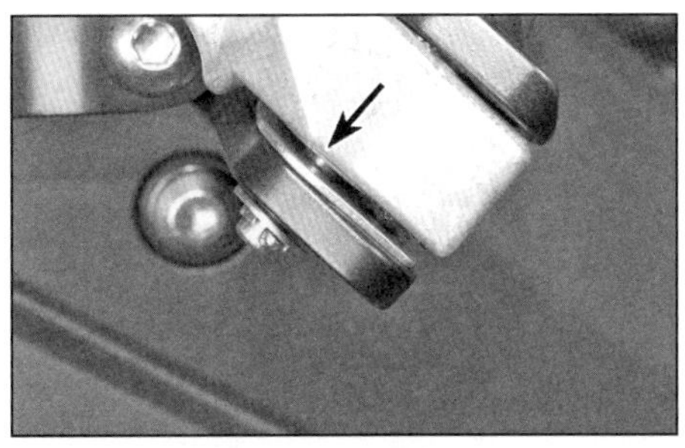

3.2b ...beachten Sie die Positionen der Einrast-Platte, der Kugel und der Feder und entnehmen Sie die Fußraste.

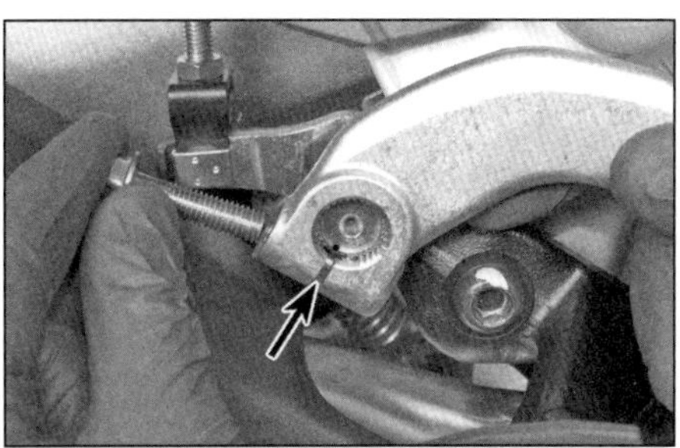

3.5 Beachten Sie die Klemmöffnung des Bremspedals zum Lagerzapfen.

3.8a Biegen Sie die Enden gerade,...

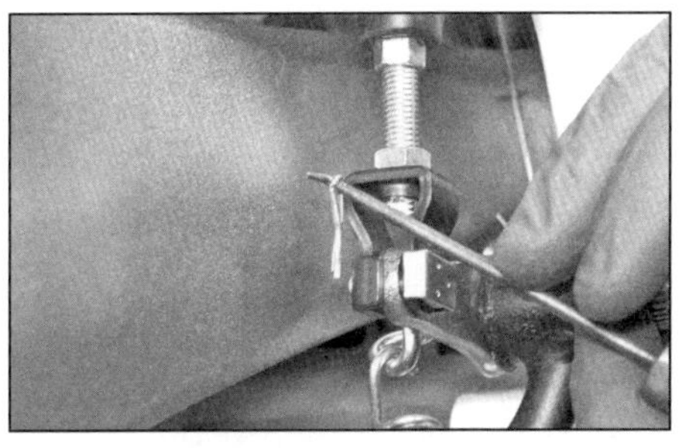

3.8b ...ziehen Sie den Splint heraus...

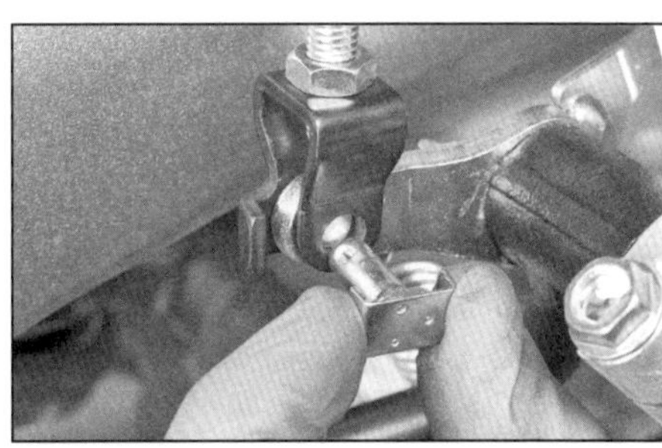

3.8c ...und befreien Sie das Gelenkstück zur Druckstange.

3.9a Hängen Sie die Bremspedal-Rückholfeder...

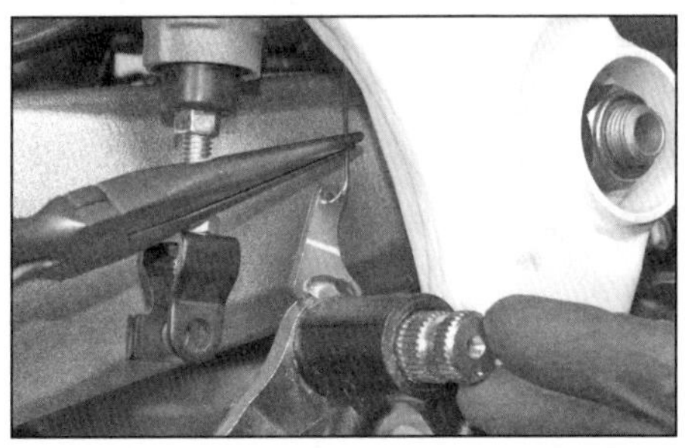

3.9b ...und die Bremslichtschalter-Feder aus.

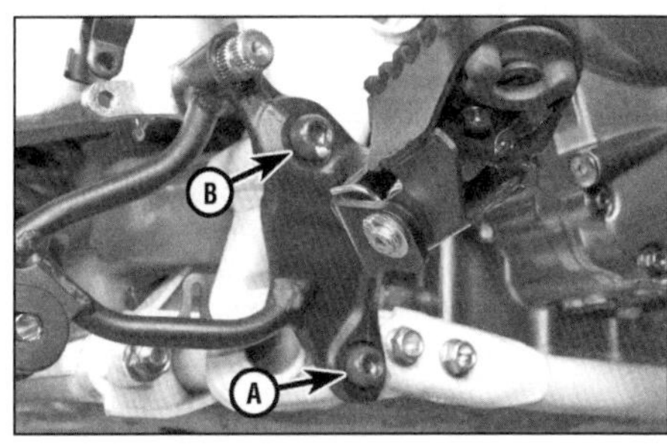

3.10a Lockern Sie die untere Schraube (A) und entfernen Sie die obere (B),...

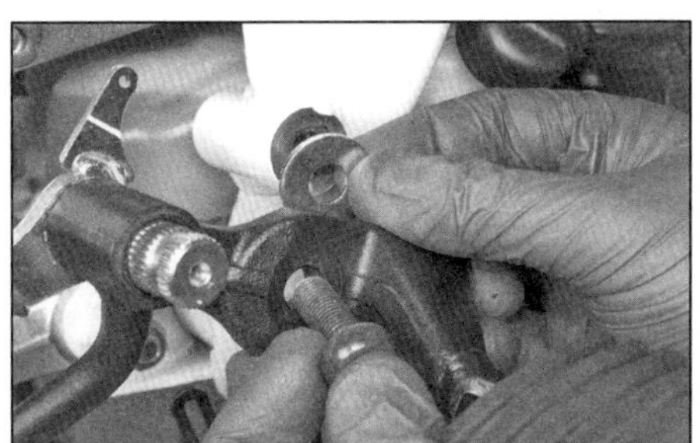

3.10b ...schwenken Sie den Fußrastenträger herunter und entnehmen Sie die Scheibe,...

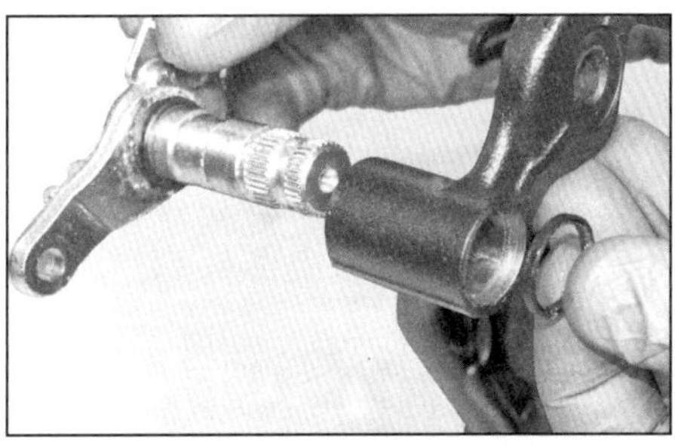

3.10c ...ziehen Sie dann den Lagerzapfen heraus und entnehmen Sie die Staubdichtungen.

3.11 Biegen Sie die Enden des neuen Splints herum, um den Gelenkstift zu sichern.

- Reinigen Sie den Lagerzapfen und seinen Sitz im Fußrastenträger und tragen Sie frisches Fett auf. Installieren Sie die Staubdichtungen mit den Dichtlippen nach außen zeigend in den Lagerzapfensitz (Abbildung 3.10c).
- Alle Federn müssen korrekt eingehängt sein (Abbildungen 3.9b und a).
- Sichern Sie den Gelenkstift mit einem neuen Splint, dessen Enden um ihn herum gebogen werden müssen (siehe Abbildung).
- Richten Sie die Ausrichtung der Bremspedal-Klemmöffnung zur Körnermarkierung am Lagerzapfen aus (Abbildung 3.5).
- Prüfen Sie die Funktion des Bremslichtschalters (siehe Kapitel 1).

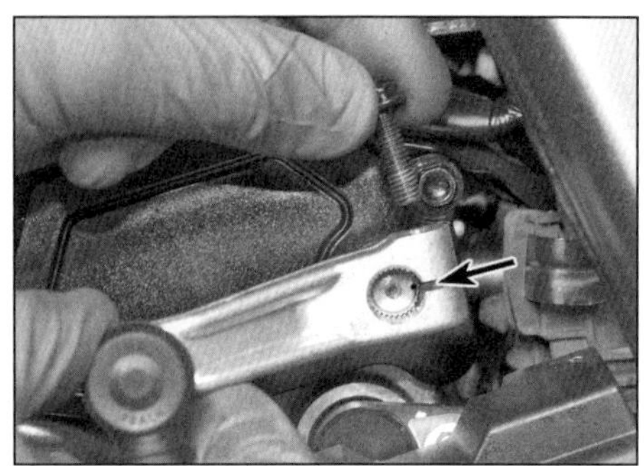
3.12 Beachten Sie die Klemmöffnung des Schaltgestängehebels zu Markierung an der Schaltwelle.

3.13a Lösen Sie den Gelenkbolzen...

3.13b ...und entfernen Sie die Staubdichtungen.

Schalthebel und Gestänge (Modelle mit Standardgetriebe)

Ausbau

12 Beachten Sie die Ausrichtung der Schaltgestängehebel-Klemmöffnung zur Körnermarkierung an der Schaltwelle. Lösen Sie dann die Klemmschraube und ziehen Sie den Hebel ab (siehe Abbildung).

13 Lösen Sie den Schalthebel-Gelenkbolzen und entfernen Sie den Hebel samt Schaltgestänge. Befreien Sie die Staubdichtungen des Schalthebels (siehe Abbildungen).

14 Falls das Schaltgestänge von den beiden Hebeln befreit werden soll, sollte zunächst seine Länge zwischen den Kugelköpfen gemessen werden, um beim Einbau wieder die ursprüngliche Höhe des Schalthebels zur Fußraste einrichten zu können. Lockern Sie die Kontermuttern des Gestänges (Abbildung 3.15b) – drehen Sie die obere (von oben betrachtet) gegen den Uhrzeigersinn, da sie ein Linksgewinde hat. Drehen Sie dann das Gestänge links herum aus beiden Kugelköpfen.

Einbau

15 Der Einbau entspricht der umgekehrten Ausbaureihenfolge – beachten Sie dabei folgende Punkte:

- Kontrollieren Sie die über den Kugelköpfen sitzenden Gummikappen und ersetzen Sie sie nötigenfalls durch Neuteile (siehe Abbildung). Reinigen Sie die Kugelköpfe und kontrollieren Sie sie auf Verschleiß und Spiel – nötigenfalls muss der entsprechende Hebel ersetzt werden (die Kugelköpfe sind nicht separat erhältlich). Schmieren Sie die Köpfe vor dem Aufschieben der Gummikappen mit Fett.
- Befreien Sie den Gelenkbolzen und seine Bohrung im Schalthebel von altem Fett und tragen Sie frisches Fett auf. Kontrollieren Sie die Staubdichtungen und ersetzen Sie sie nötigenfalls. Installieren Sie die Staubdichtungen mit den Dichtlippen nach außen zeigend (Abbildung 3.13b).

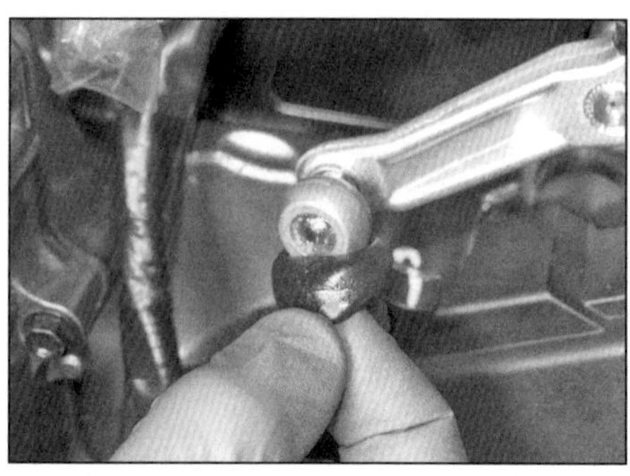
3.15a Kontrollieren Sie die Gummikappen und schmieren Sie die Kugelköpfe.

3.15b Schaltgestänge-Kontermuttern

- Richten Sie die Schaltgestängehebel-Klemmöffnung zur Körnermarkierung an der Schaltwelle aus (Abbildung 3.12).
- Stellen Sie nötigenfalls die Höhe des Schalthebels durch Lockern der Kontermuttern und Verdrehen des Gestänges ein (siehe Abbildung). Laut Honda wird die Standardhöhe mit einer Verbindungsstangen-Länge von 186,2 bis 187,2 mm (zwischen den Kugelköpfen) sichergestellt. Ziehen Sie die Kontermuttern anschließend sorgfältig an.

4 Seitenständer

Ausbau

1 Stützen Sie das Motorrad mit einer geeigneten Vorrichtung sicher ab. Binden Sie ggf. den Bremshebel gegen den Lenker, um das Vorderrad zu blockieren.

2 Lösen Sie die Schraube des Seitenständerschalters und befreien Sie diesen (siehe Abbildung) – beachten Sie seine Position. Der Schalter muss nicht vollständig entfernt werden, sondern kann am Kabel hängend am Motorrad verbleiben.

3 Lösen Sie die Mutter des Gelenkbolzens (siehe Abbildung), schrauben Sie diesen heraus, befreien Sie den Ständer und hängen Sie dessen Federn aus. Entfernen Sie die Gelenkbolzen-Hülse.

Einbau

4 Schmieren Sie den Gelenkbolzen und seine Hülse sowie den Gleitbereich des Ständers mit MoS_2-Fett. Hängen Sie die Federn ein und positionieren Sie den Ständer an seinem Halter (siehe Abbildung). Setzen Sie einen Schraubendreher als Hebel gegen die Federkraft an, um die Bohrungen auszurichten; installieren Sie die Hülse und den Bolzen und ziehen Sie diesen mit 10 Nm an. Drehen Sie die Mutter zunächst handfest auf, kontern Sie den Bolzen und ziehen Sie die Mutter mit 29 Nm (bis Modelljahr 2017) bzw. 42 Nm (ab Modelljahr 2018) an (Abbildung 4.3). Prüfen Sie, ob die Federn den Ständer sicher in der eingeklappten Position halten – ein während der Fahrt ausklappender Ständer kann zu schweren Unfällen führen.

5 Montieren Sie den Seitenständerschalter – richten Sie die Lasche an der Innenseite des Schalters zur Bohrung im Ständer aus und positionieren Sie die Aussparung des Gehäuses um den Feder-Zapfen (Abbildung 4.2). Verwenden Sie eine neue Schraube oder reinigen Sie das Gewinde der alten Schraube und tragen Sie mittelfeste Sicherungspaste (Loctite) auf. Ziehen Sie die Schraube mit 10 Nm an.

6 Prüfen Sie die Funktion des Seitenständers und seines Schalters (siehe Kapitel 1, Sektion 15).

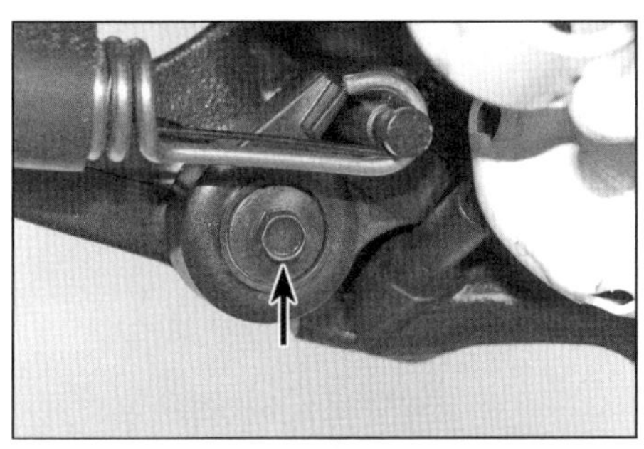

4.2 Lösen Sie die Schraube des Seitenständerschalters und heben Sie diesen ab.

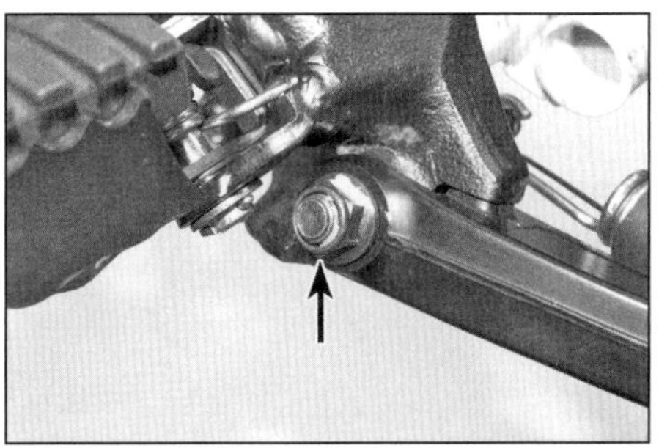

4.3 Mutter des Seitenständer-Gelenkbolzens

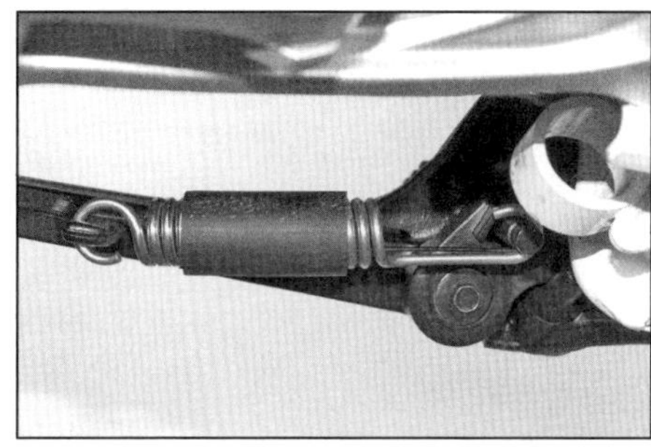

4.4 Hängen Sie die Federn wie gezeigt ein.

5 Lenker und Hebel

Lenker

Demontage

Anmerkung: *Der Lenker kann von der oberen Gabelbrücke demontiert werden, ohne dass irgendwelche Bauteile von ihm getrennt werden müssen – siehe Schritt 11. Achten Sie darauf, keine Kabel unter Last zu setzen. Lagern Sie den demontierten Lenker auf Lappen. Bedecken Sie auch den Ausgleichsbehälter der Handbremse mit Lappen.*

1 Demontieren Sie zur Sicherheit den Tank (siehe Kapitel 4, Sektion 2) – dies ist zwar nicht zwingend nötig, schützt seinen Lack aber vor versehentlich abrutschenden Werkzeugen.

2 Entfernen Sie die Rückspiegel (siehe Kapitel 7).

3 Entfernen Sie die Lenkergewichte und die Handprotektoren (siehe Kapitel 7).

4 Trennen Sie die Kabel des Bremslichtschalters (siehe Abbildung). Lösen Sie die zwei Handbremszylinder-Klemmschrauben – die untere sichert ggf. auch den Kabelhalter – und entnehmen Sie das Klemmstück (siehe Abbildung). Positionieren Sie die Bremszylinder-Baugruppe ab – halten Sie den Ausgleichsbehälter aufrecht, um das Auslaufen von Bremsflüssigkeit zu vermeiden und keine Luft in die Hydraulik eindringen zu lassen. Setzen Sie den Hydraulikschlauch nicht unter Last.

5 Trennen Sie bei **Modellen mit Standardgetriebe** die Stecker des Kupplungsschalters. Befreien Sie den Kupplungszug aus dem Clip (Abbildung 5.6b). Lösen Sie die zwei Kupplungshebel-Klemmschrauben, entnehmen Sie das Klemmstück und positionieren Sie den Kupplungshalter abseits des Lenkers (Abbildung 5.6c).

6 Trennen Sie bei **DCT-Modellen** die Kabel des Parkbremsenschalters und befreien Sie die Verkabelung aus dem Clip (siehe Abbildungen). Lösen Sie die zwei Parkbremsenhebel-Klemmschrauben, entnehmen Sie das Klemmstück und positionieren Sie den Hebelhalter abseits des Lenkers (siehe Abbildung).

7 Lösen Sie die Schrauben des linken Lenkerschaltergehäuses und befreien Sie dies (siehe Abbildung).

8 Ziehen Sie links das Griffgummi vom Lenker – bei **Standardmodellen** muss ggf. ein (nicht den Lenker zerkratzendes!) Werkzeug

5.4a Stecker des Bremslichtschalters

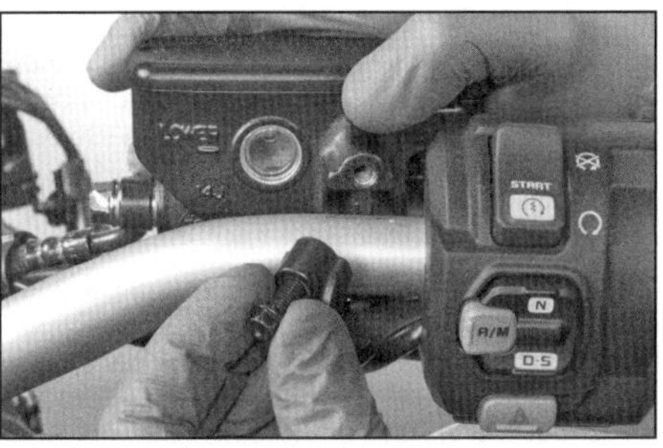

5.4b Befreien Sie das Klemmstück und lagern Sie die Bremszylinder-Baugruppe aufrecht ab.

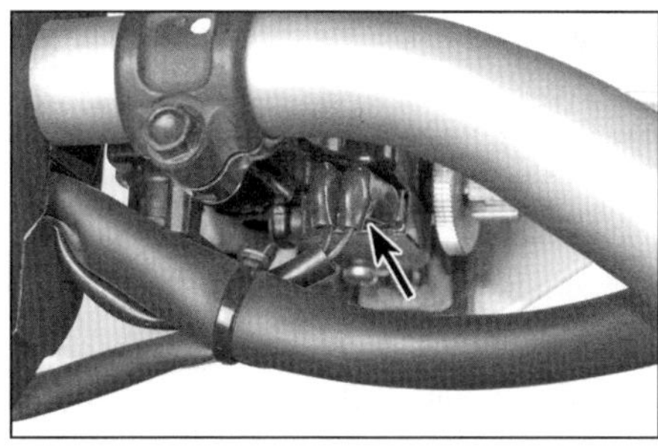

5.6a Stecker des Parkbremsenschalters

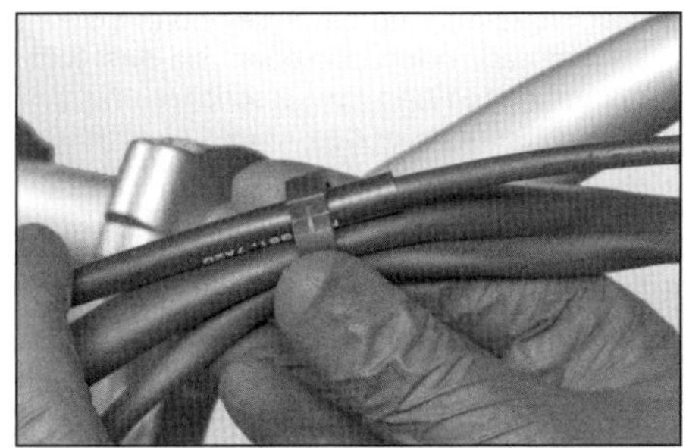

5.6b Befreien Sie den Bowdenzug.

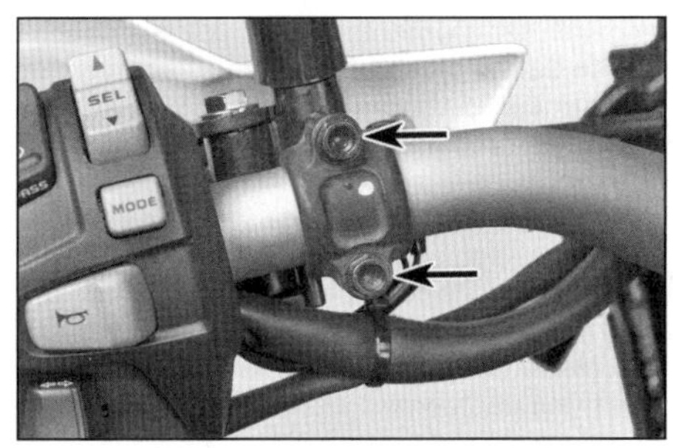

5.6c Lösen Sie die Schrauben des Hebelhalter-Klemmstücks

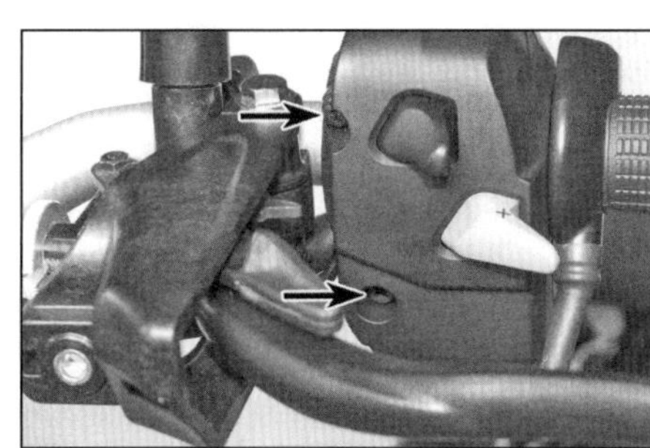

5.7 Schrauben des linken Schaltergehäuses

5

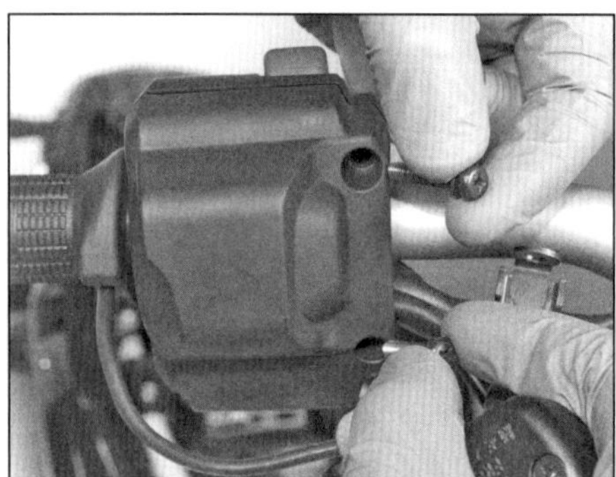
5.10a Lösen Sie die zwei Schrauben...

5.10b ...und entfernen Sie die vordere Schaltergehäuse-Hälfte.

5.10c Lösen Sie die vier Schrauben...

5.10d ...und befreien Sie die hintere Schalter-Hälfte.

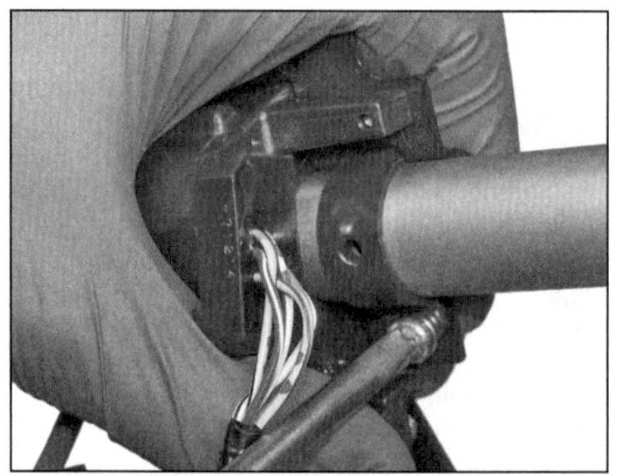
5.10e Lösen Sie die Klemmschraube des Gasgriffsensors – beachten Sie die Position der Klemme.

5.11a Entfernen Sie die Stopfen...

von innen eingeführt werden, um Kriechöl (z. B. *WD40*) einsprühen zu können. Bewegen Sie das Werkzeug um den Lenker, damit sich das Öl gut verteilt und der Griff abgezogen werden kann; nötigenfalls muss es längs aufgeschnitten und später durch ein neues Griffgummi ersetzt werden. Bei der **Adventure Sports** sollte die Verkabelung der Griffheizung getrennt und befreit werden. Seien Sie beim Abziehen des Griffgummis vorsichtig, um nicht das Heizelement oder den Schalter zu beschädigen – verwenden Sie daher nicht das oben beschriebene Werkzeug!

Achtung: Tragen Sie beim Einsatz von Sprühöl oder Druckluft eine Schutzbrille!

9 Lösen Sie **bis Modelljahr 2017** die Schrauben des rechten Schaltergehäuses und befreien Sie es vom Lenker (Abbildung 16.6a in Kapitel 4).

10 Lösen Sie ab **Modelljahr 2018** die Schrauben des rechten Schaltergehäuses und befreien Sie dessen vordere Hälfte. Lösen Sie dann die vier Schrauben, um die hintere Hälfte vom Gasgriffsensor zu trennen. Lösen Sie die Klemmschraube des Sensors (siehe Abbildungen).

11 Befreien Sie die Stopfen aus den Lenker-Klemmschrauben (siehe Abbildung). Lösen Sie die Schrauben, entnehmen Sie die Klemmstücke und befreien Sie den Lenker aus der Gasgriffrolle und ggf. dem Gasgriffsensor (siehe Abbildungen).

12 Lösen Sie nötigenfalls die Muttern der Lenkerhalter an der Unterseite der oberen Gabelbrücke und stellen Sie die Scheiben sicher. Ziehen Sie die Halter nach oben heraus und entfernen Sie die Scheiben und Gummis (siehe Abbildung).

Einbau

13 Die Montage des Lenkers erfolgt in der umgekehrten Demontagereihenfolge – beachten Sie dabei folgende Punkte:

- Kontrollieren Sie die Gummis der Lenkerhalter und ersetzen Sie sie, falls sie beschädigt, verformt oder spröde sind. Drehen Sie die Muttern zunächst nur locker auf und ziehen Sie erst nach der Montage des Lenkers (wodurch sich die Halter korrekt ausrichten) mit 39 Nm an.
- Schieben Sie **bis Modelljahr 2017** den Gasgriff auf den Lenker, bevor Sie diesen in den Haltern sichern.
- Schieben Sie **ab Modelljahr 2018** den Gasgriffsensor und den Gasgriff auf den Lenker, bevor Sie diesen in den Haltern sichern (Abbildung 5.11c). Der Stift der Sensorklemme muss in die Bohrung des Lenkers greifen (Abbildung 5.10e).
- Richten Sie die Markierungen an der Rückseite des Lenkers außen zu den Klemmbereichen der Halter aus (siehe Abbildung). Ziehen Sie zuerst die vorderen und dann die hinteren Klemmschrauben mit 32 Nm an, sodass hinten an den Klemmstücken die Spalten entstehen.
- Um bei **Standardmodellen** das linke Griffgummi zu montieren, muss der Lenker gereinigt und ein Klebstoff wie Honda Bond A oder Pro Honda-Griffkleber aufgetragen werden; lassen Sie den Kleber drei bis fünf Minuten abbinden, schieben Sie das Griffgummi gegen den Lenkerschalter und verdrehen Sie es, um den Kleber gleichmäßig zu verteilen. Lassen Sie den Kleber mindestens eine Stunde trocknen, bevor Sie mit dem Motorrad fahren.
- Um bei **Adventure Sports-Modellen** das linke Griffgummi zu montieren, muss der Lenker gereinigt und auf den ersten 10 cm ein Klebstoff wie *Honda Bond A* oder *Pro Honda*-Griffkleber aufgetragen werden. Sprühen Sie dann den Lenker und das Innere des Griffgummis mit Isopropylalkohol ein.

Richten Sie die Unterseite des Heizgriffschalters 4 mm unter den Abblendschalter aus und schieben Sie das Griffgummi gegen das Schaltergehäuse – verdrehen oder knicken Sie es dabei nicht und vermeiden Sie, Druck auf den Schalter auszuüben. Falls er klemmt, muss mehr Isopropylalkohol auf die freiliegenden Bereiche des Lenkers gesprüht werden. Lassen Sie den Kleber mindestens eine Stunde trocknen, bevor Sie mit dem Motorrad fahren. Schalten Sie die Heizgriffe in der ersten Woche maximal auf Stufe 2.

- Setzen Sie den Handbremszylinder und den Kupplungs- oder Parkbremsen-Halter so an den Lenker, dass die Klemmfläche zur Körnermarkierung des Lenkers ausgerichtet ist (siehe Abbildung). Setzen Sie das Klemmstück mit UP nach oben zeigend an und ziehen Sie zuerst die obere Klemmschraube und dann die untere mit 10 Nm an – vergessen Sie ggf. nicht die Kabelklemme an der unteren Schraube des Handbremszylinders (siehe Abbildung).
- Richten Sie den Stift des linken Schaltergehäuses zur Bohrung im Lenker aus. Ziehen Sie zuerst die obere und dann die untere Schaltergehäuseschraube sorgfältig an.
- Richten Sie **bis Modelljahr 2017** den Stift des rechten Schaltergehäuses zur Bohrung im Lenker aus und fügen Sie das Gehäuse korrekt um den Gasgriff herum zusammen. Ziehen Sie zuerst die obere und dann die untere Schaltergehäuseschraube sorgfältig an.
- Achten Sie **ab Modelljahr 2018** darauf, dass der Gasgriff korrekt an seinem Sensor sitzt, bevor die hintere Gehäusehälfte daran verschraubt und beide Hälften miteinander verbunden werden (Abbildungen 5.10d, c, b und a). Ziehen Sie zuerst die obere und dann die untere Schaltergehäuseschraube sorgfältig an.
- Vergessen Sie nicht, die Kabel des Bremslichtschalters und des Kupplungs- oder Parkbremsen-Schalters anzuschließen (Abbildungen 5.4a und 5.6a)

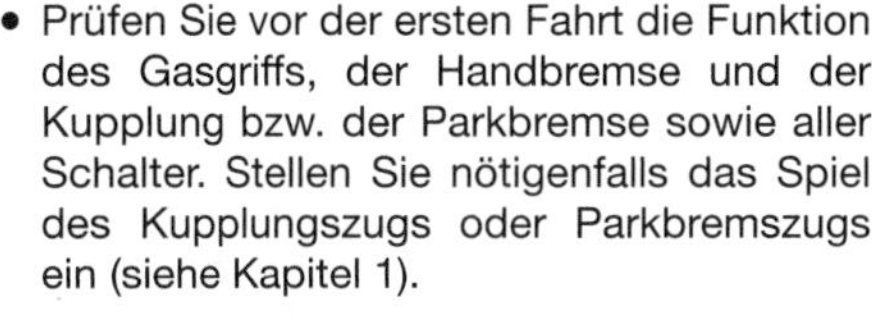

- Prüfen Sie vor der ersten Fahrt die Funktion des Gasgriffs, der Handbremse und der Kupplung bzw. der Parkbremse sowie aller Schalter. Stellen Sie nötigenfalls das Spiel des Kupplungszugs oder Parkbremszugs ein (siehe Kapitel 1).

5.11b ... aus den vier Lenker-Klemmschrauben

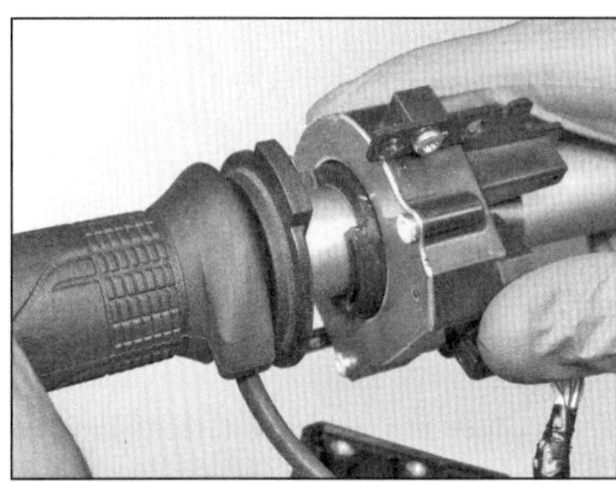

5.11c Ziehen Sie den Gasgriff und ggf. dessen Sensor ab – beachten Sie, wie sie zusammensitzen.

5.12 Mutter eines Lenkerhalters

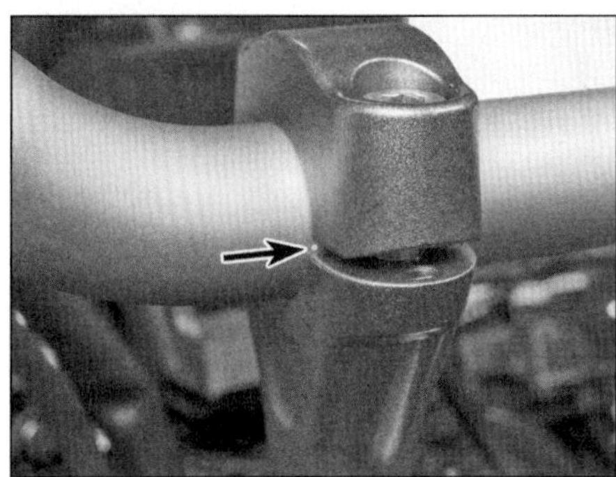

5.13a Richten Sie die Markierungen an der Rückseite des Lenkers außen zu den Klemmbereichen der Halter aus.

5.13b Richten Sie die Klemmfläche zur Markierung am Lenker aus.

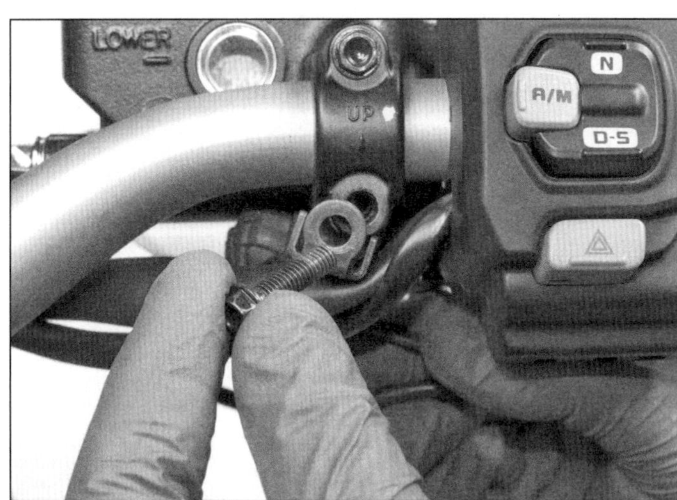

5.13c Die Kabelklemme muss über der Verkabelung liegen und korrekt ausgerichtet sein.

5

5.14a Lösen Sie an der Unterseite die Mutter, entnehmen Sie die Hülse,...

5.14b ...drehen Sie den Gelenkbolzen heraus und entnehmen Sie den Bremshebel.

5.15a Lockern Sie den Konterring (Pfeil) und drehen Sie den Einsteller in den Hebelhalter.

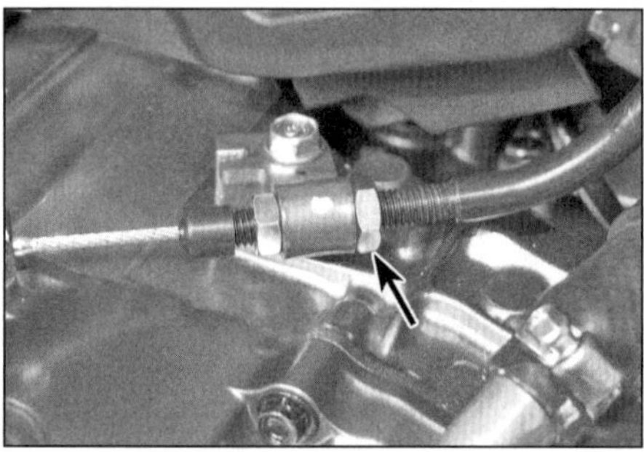

5.15b Lockern Sie vollständig die Kontermutter...

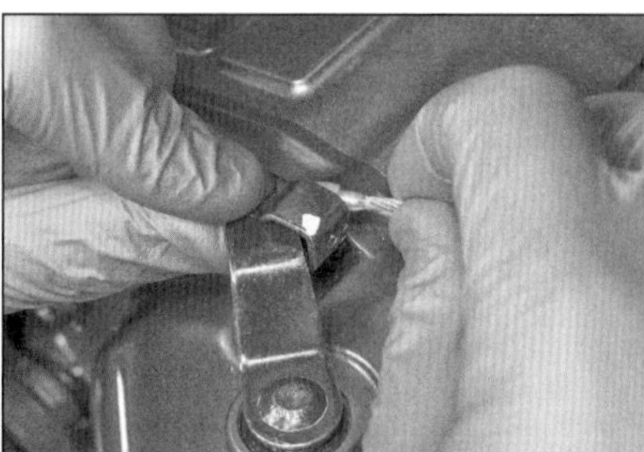

5.15c ...und befreien Sie den Nippel des Kupplungszugs aus dem Betätigungshebel.

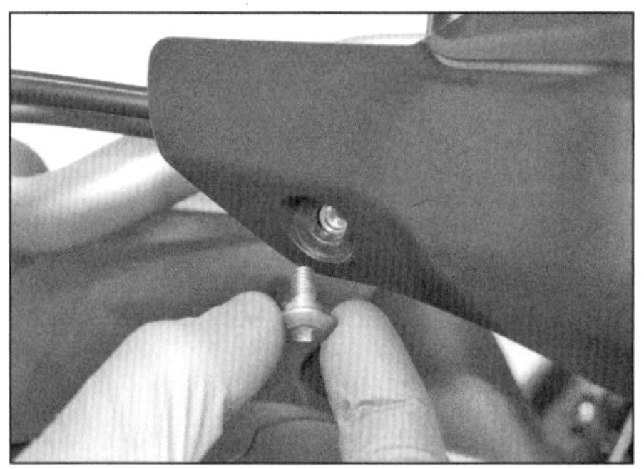

5.15d Lösen Sie die Schraube...

5.15e ...und schwenken Sie den Handprotektor herunter.

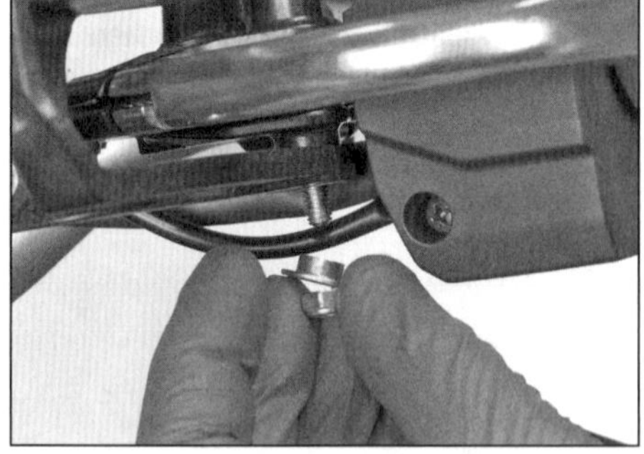

5.15f Lösen Sie an der Unterseite die Mutter, entnehmen Sie die Hülse,...

Hebel

14 Lösen Sie am Handbremshebel die Kontermutter des Gelenkbolzens und entnehmen Sie die Hülse – beachten Sie deren Sitz im Handprotektor-Halter. Befreien Sie den Gelenkbolzen und entnehmen Sie den Bremshebel (siehe Abbildungen).

15 Um bei **Modellen mit Standardgetriebe** den Kupplungshebel demontieren zu können, muss der Kupplungszug maximales Spiel aufweisen – lockern Sie dazu den Konterring des Einstellers und drehen Sie diesen vollständig in den Hebelhalter; lockern Sie ebenfalls am Widerlager des Motorgehäuses die vordere Kontermutter und befreien Sie den Nippel des Kupplungszugs aus dem Betätigungshebel (siehe Abbildungen). Lösen Sie die Schraube des Handprotektors, befreien Sie diesen vom Kupplungszughalter und schwenken Sie ihn herunter (siehe Abbildungen) – lockern Sie nötigenfalls die Schraube des Lenkergewichts, um den Protektor besser schwenken zu können. Lösen Sie die Kontermutter des Gelenkbolzens und entnehmen Sie die Hülse – beachten Sie deren Sitz im Handprotektor-Halter. Befreien Sie den Gelenkbolzen, entfernen Sie den Protektor-Halter und entnehmen Sie den Kupplungshebel – befreien Sie dabei den Kupplungszug-Nippel (siehe Abbildungen).

5.15g ...drehen Sie den Gelenkbolzen heraus, befreien Sie den Protektor-Halter...

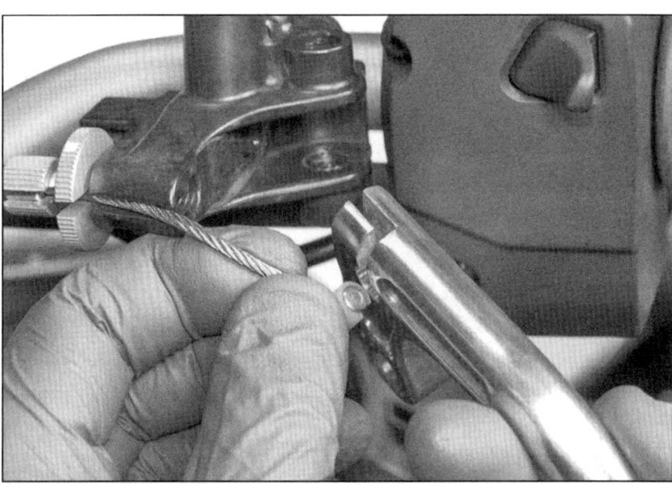

5.15h ...und entnehmen Sie den Kupplungshebel – befreien Sie dabei den Kupplungszug-Nippel.

5.16a Lösen Sie die Schrauben und entnehmen Sie die Bremssattel-Abdeckung.

5.16b Lockern Sie die Kontermutter und drehen Sie die Druckstange heraus.

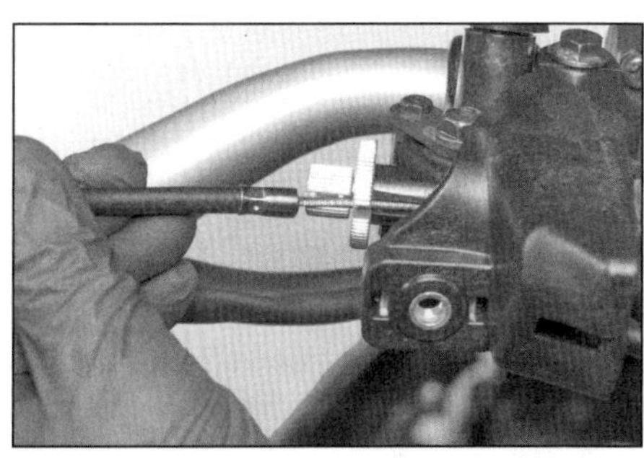

5.16c Richten Sie die Öffnungen des Einstellers und des Konterrings zu der am Hebelhalter aus und befreien Sie den Bremszug.

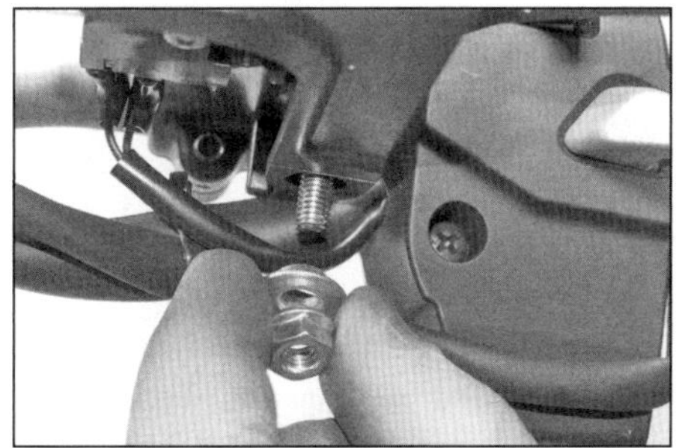

5.16d Lösen Sie an der Unterseite die Mutter, entnehmen Sie die Hülse,...

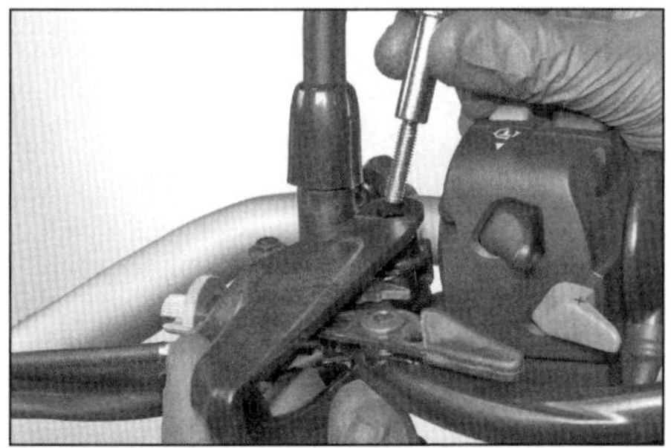

5.16e ...drehen Sie den Gelenkbolzen heraus, befreien Sie den Protektor-Halter,...

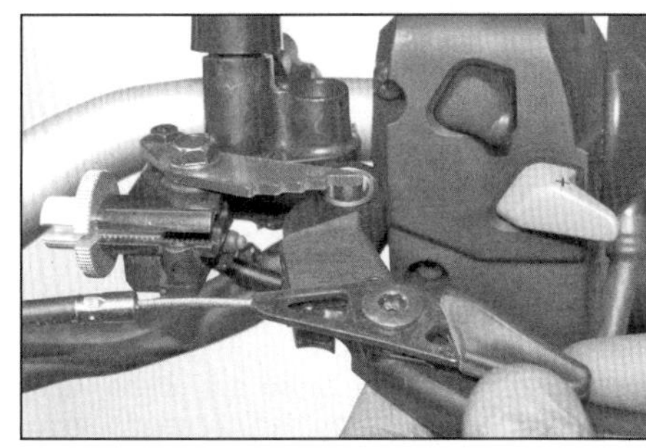

5.16f ...entnehmen Sie den Kupplungshebel...

16 Um bei DCT-Modellen den Parkbremsenhebel demontieren zu können, muss der Bremszug maximales Spiel aufweisen – lockern Sie dazu den Konterring des Einstellers und drehen Sie diesen vollständig in den Hebelhalter (Abbildung 5.15a); entfernen Sie dann am Hinterrad-Bremssattel die Abdeckung, lockern Sie die Kontermutter und drehen Sie die Druckstange heraus (siehe Abbildungen). Lösen Sie die Schraube des Handprotektors, befreien Sie diesen vom Bremszughalter und schwenken Sie ihn herunter (Abbildungen 5.15d und e) – lockern Sie nötigenfalls die Schraube des Lenkergewichts, um den Protektor besser schwenken zu können. Befreien Sie den Bremszug aus dem Einsteller des Hebelhalters (siehe Abbildung). Lösen Sie die Kontermutter des Gelenkbolzens und entnehmen Sie die Hülse – beachten Sie deren Sitz im Handprotektor-Halter. Befreien Sie den Gelenkbolzen, entfernen Sie den Protektor-Halter und entnehmen Sie den Parkbremsenhebel – befreien Sie dabei den Bremszug-Nippel (siehe Abbildungen).

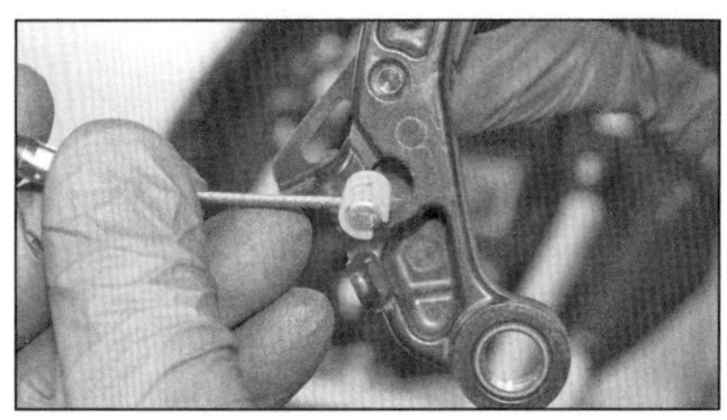

5.16g ...und befreien Sie dabei den Bremszug-Nippel.

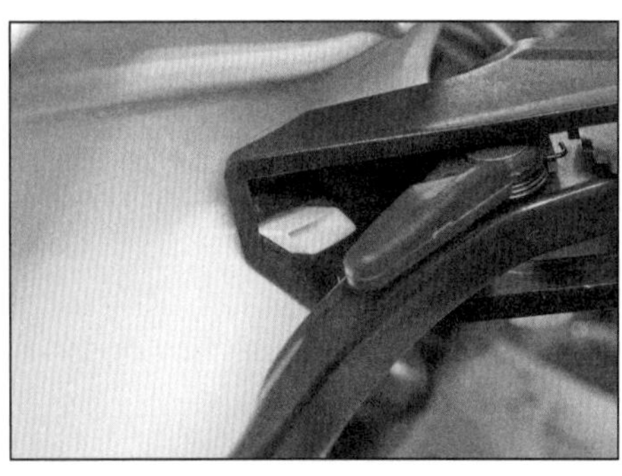

5.17 Der Handprotektor muss korrekt im Halter sitzen.

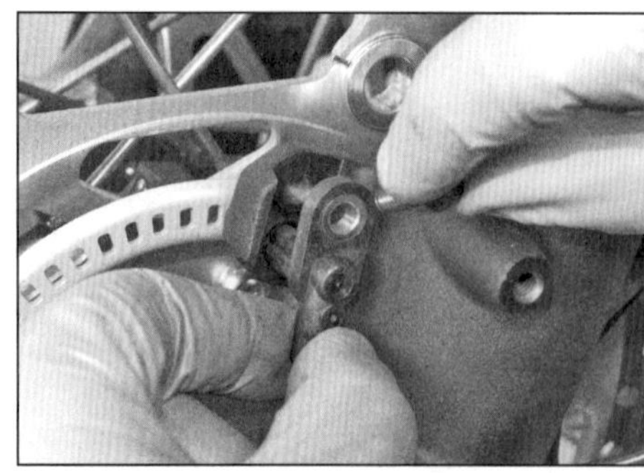

6.5 Befreien Sie den Radsensor vom Tauchrohr.

6.6 Klemmschrauben der oberen Gabelbrücke

17 Der Einbau entspricht der umgekehrten Ausbaureihenfolge. Tragen Sie an den Kontaktflächen des Handbremshebels und der Spitze der Bremszylinder-Druckstange sowie am Gelenkbolzen Silikon-Schmiermittel auf. Tragen Sie am Gelenkbolzen des Kupplungs- oder Parkbremsenhebels, an den Bowdenzug-Enden und den Kontaktflächen des Hebels und seines Halters Mehrzweckfett auf. Ziehen Sie die Gelenkbolzen handfest an, kontern Sie sie und ziehen Sie die Kontermuttern mit 6 Nm an. Der Anguss des Handprotektors muss in der Bohrung seines Halters sitzen (siehe Abbildung). Stellen Sie das Spiel des Kupplungszugs oder Parkbremsen-Zugs ein (siehe Kapitel 1).

6.7 Lockern Sie die Gabel-Verschlussschraube.

6.8a Lockern Sie die Standrohr-Klemmschrauben der unteren Gabelbrücke...

6.8b ...und ziehen Sie den Holm heraus.

6.10 Das Standrohr muss bündig zur oberen Brücke sitzen, sodass nur die Verschlussschraube herausragt.

6 Gabel
Ausbau und Einbau

Ausbau

1 Stützen Sie das Motorrad senkrecht ab, sodass das Vorderrad nicht den Boden berührt. Entfernen Sie zum Schutz vor Beschädigungen die Verkleidungsseitenteile (siehe Kapitel 7).

2 Demontieren Sie das Vorderradschutzblech (siehe Kapitel 7).

3 Bauen Sie das Vorderrad aus (siehe Kapitel 6). Sichern Sie die an den Leitungen angeschlossenen Bremssättel außerhalb des Arbeitsbereichs.

4 Arbeiten Sie stets an einem Gabelholm. Notieren Sie die Verlegung aller durch die Gabel führenden Bowdenzüge, Bremsleitungen und Kabel.

5 Lösen Sie die Schraube des Radsensors und befreien Sie diesen (siehe Abbildung).

6 Lockern Sie die Klemmschrauben der oberen Gabelbrücke (siehe Abbildung).

7 Falls das Gabelöl gewechselt oder die Gabel zerlegt werden soll, sollte jetzt zum Schutz eine Lage Krepp- oder Isolierband um die Verschlussschraube gewickelt und diese gelockert werden (siehe Abbildung).

6 Halten Sie den Gabelholm fest, lockern Sie die Klemmschrauben der unteren Gabelbrücke und ziehen den Holm nach unten aus der Brücke – drehen Sie ihn dabei nötigenfalls (siehe Abbildungen).

Falls die Standrohre fest in den Gabelbrücken sitzen, wird der Bereich mit Kriechöl eingesprüht und diesem etwas Zeit zum Einwirken gegeben, bevor der nächste Ausbauversuch gestartet wird.

Einbau

9 Entfernen Sie Schmutz und Korrosion vom Standrohr und aus den Gabelbrücken.

10 Schieben Sie den Gabelholm durch die untere Gabelbrücke – achten Sie darauf, dass alle Kabel, Züge und Schläuche wie beim Ausbau notiert verlegt sind. Richten Sie das Standrohr bündig zur oberen Brücke aus, sodass nur die Verschlussschraube darüber hinaus ragt (siehe Abbildung). Ziehen Sie die Klemmschrauben der unteren Gabelbrücke mit 25 Nm an.

7.4 Drehen Sie die Verschlussschraube aus dem Standrohr.

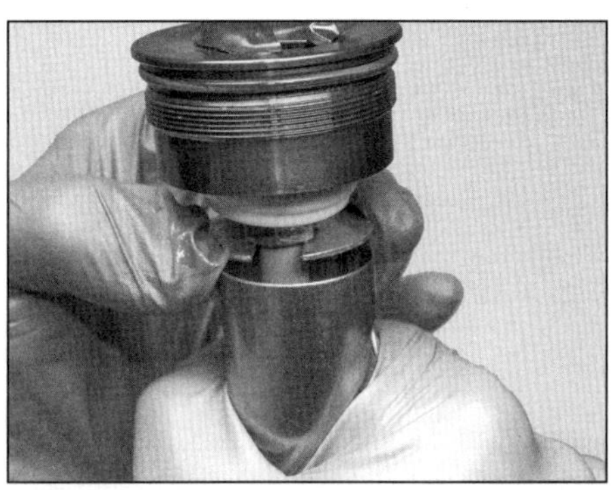

7.5 Ziehen Sie das Distanzrohr herunter und schieben Sie die geschlitzte Scheibe und die Mutter.

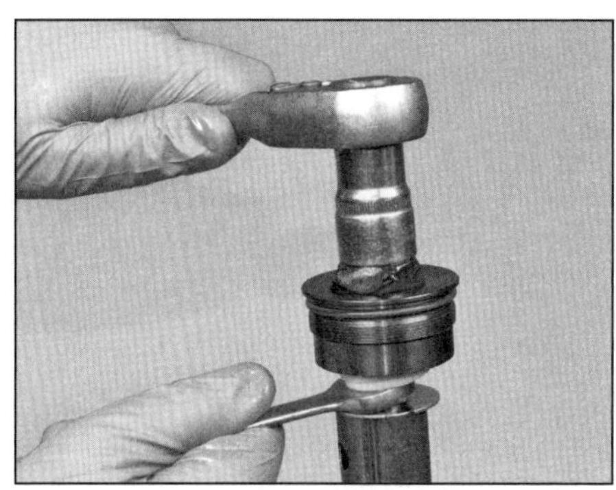

7.6a Halten Sie die Kontermutter und lockern Sie die obere Schraube.

11 Falls das Gabelöl gewechselt oder die Gabelholme zerlegt wurden, wird jetzt die Verschlussschraube mit 35 Nm angezogen (Abbildung 6.7).
12 Ziehen Sie jetzt die Klemmschrauben der oberen Gabelbrücke mit 22 Nm an (Abbildung 6.6).
13 Montieren Sie den Radsensor (Abbildung 6.5).
14 Montieren Sie das Vorderrad (siehe Kapitel 6) und das Schutzblech (siehe Kapitel 7).
15 Montieren Sie die Verkleidungsseitenteile (siehe Kapitel 7).
16 Prüfen Sie vor der ersten Fahrt die Funktion der Gabel und der Vorderradbremse.

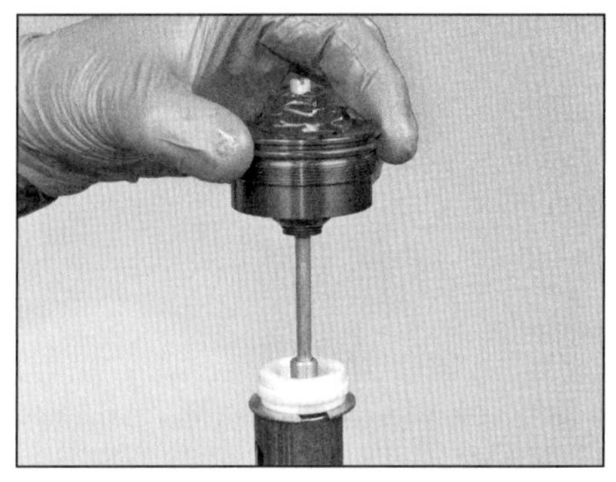

7.6b Drehen Sie die obere Schraube heraus und ziehen Sie die Einstellstange...

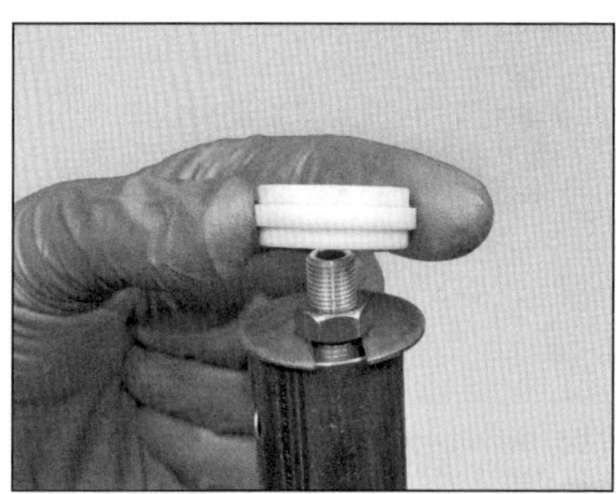

7.6c ...sowie den Distanzrohr-Sitz heraus.

7 Gabel
Ölwechsel

Spezialwerkzeug: *Um den Gabelholm komprimiert zusammenzuhalten, wird ein spezielles Haltewerkzeug benötigt (siehe Schritt 5).*

1 Gabelöl altert mit der Zeit und verliert seine dämpfende und schmierende Eigenschaft, sodass es gelegentlich erneuert werden muss. Wechseln Sie immer das Gabelöl beider Gabelholme gleichzeitig.
2 Stellen Sie die Federvorspannung und die Zugdämpfung auf den Minimalwert (siehe Sektion 14) – zählen Sie dabei die Umdrehungen oder Klicks, um später wieder die ursprüngliche Einstellung einzurichten.
3 Bauen Sie einen Gabelholm aus – lockern Sie vor dem Lösen der unteren Gabelbrücken-Klemmschrauben die Verschlussschraube (siehe Sektion 6).
4 Drehen Sie die Verschlussschraube aus dem Standrohr (siehe Abbildung) – sie verbleibt von einer Kontermutter gesichert an der Dämpferstange. Schieben Sie das Standrohr bis zum Anschlag auf das Tauchrohr.
5 Jetzt wird entweder das Honda-Haltewerkzeug mit der Teilenummer 070MF-MBZC130 oder eine große Unterlegscheibe mit einem eingesägten Schlitz oberhalb des Distanzrohrs um die Dämpferstange gelegt (Abbildung 7.7a). Lassen Sie einen Assistenten die Verschlussschraube und den darunter liegenden Distanzrohr-Sitz nach oben ziehen, während Sie mit dem Werkzeug das Rohr herunterdrücken, bis die Kontermutter der Dämpferstange zugänglich ist. Lassen Sie den Assistenten nun die Nutenscheibe unter die Mutter schieben (siehe Abbildung). Lockern Sie vorsichtig den Druck auf das Rohr, sodass es gegen die Nutenscheibe drücken kann.
6 Kontern Sie mit einem Maulschlüssel die Mutter der Dämpferstange und lockern Sie die Schraube des Federvorspanners. Drehen Sie die Schraube heraus und ziehen Sie die Dämpfer-Einstellstange heraus (siehe Abbildungen). Entfernen Sie den Distanzrohr-Sitz (siehe Abbildung).
7 Drücken Sie das Distanzrohr herunter, entfernen Sie das Werkzeug und, Sie anschließend die Feder vorsichtig entspannen und entnehmen Sie das Rohr (siehe Abbildungen).

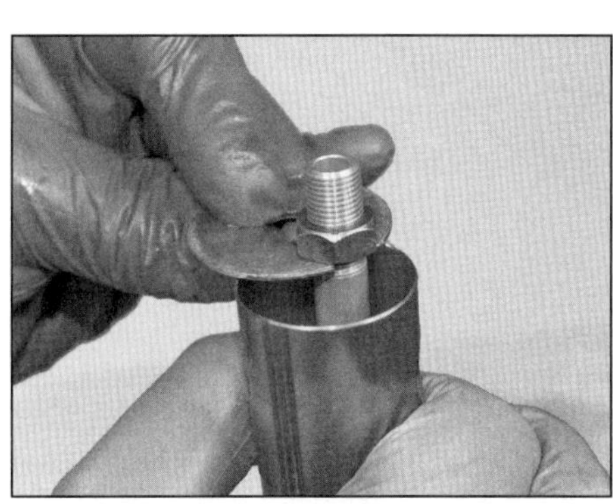

7.7a Entfernen Sie das Haltewerkzeug...

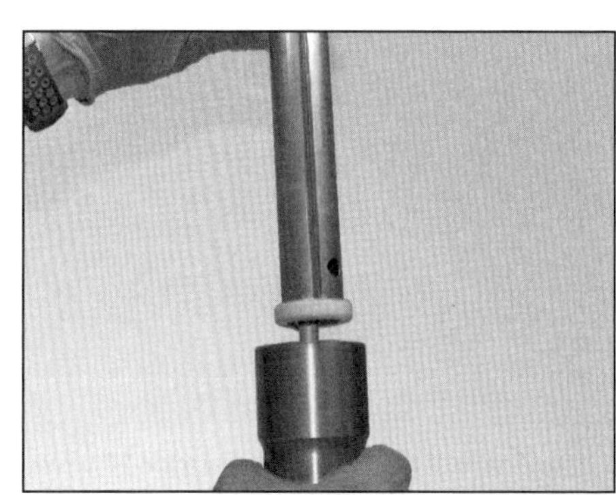

7.7b ...und das Distanzrohr.

5

7.8a Gießen Sie das Gabelöl aus und stellen Sie die Feder sicher.

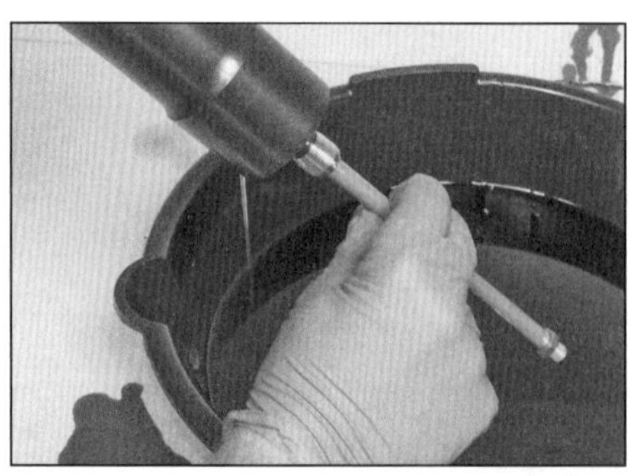

7.8b Pumpen Sie mit der Dämpferstange sämtliches Öl heraus.

7.9a Füllen Sie langsam frisches Gabelöl ein, damit möglichst wenige Luftblasen entstehen.

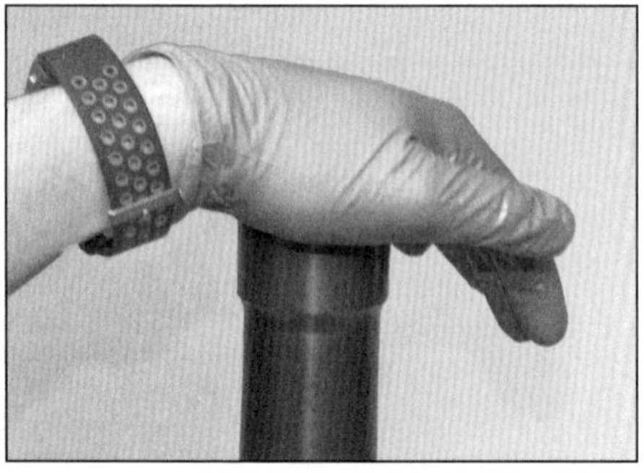

7.9b Beseitigen Sie wie beschrieben Luft aus dem Gabelholm...

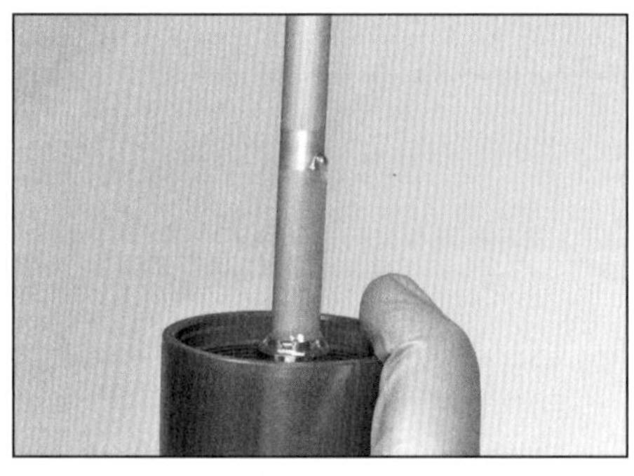

7.9c ...und pumpen Sie mit der Dämpferstange, bis Öl aus ihrer Bohrung austritt.

7.9d Messen Sie den Pegel bei senkrecht stehendem Gabelholm.

8 Gießen Sie das Gabelöl in einen Sammelbehälter, stellen Sie die herausrutschende Feder sicher (siehe Abbildung). Pumpen Sie mit dem Standrohr und der Dämpferstange einige Male, um möglichst viel Öl herauszubekommen (siehe Abbildung). Stellen Sie den Gabelholm eine Zeit lang verkehrt herum in den Behälter, um das Öl abtropfen zu lassen, und pumpen Sie anschließend erneut.

Anmerkung: *Falls das Gabelöl Metallpartikel enthält, müssen die Gleitbuchsen auf Verschleiß überprüft werden (siehe Sektion 8). Wischen Sie die Distanzhülse und die Feder sauber.*

9 Stellen Sie den zusammengeschobenen Gabelholm aufrecht hin und füllen Sie langsam die vorgeschriebene Menge des empfohlenen Gabelöls ein (siehe Abbildung). Ziehen Sie das Standrohr vollständig nach oben, bedecken Sie es mit der Hand und drücken Sie es vorsichtig wieder herunter (siehe Abbildung). Entnehmen Sie die Hand und ziehen Sie es wieder hoch. Wiederholen Sie dies zwei- bis dreimal. Pumpen Sie jetzt einige Male langsam mit der Dämpferstange, bis aus ihrer Bohrung Öl austritt (siehe Abbildung). Schieben Sie das Dämpferrohr vorsichtig bis zum Anschlag ein und belassen Sie es dort für etwa fünf Minuten. Messen Sie anschließend vom oberen Rand die Höhe des Ölpegels (siehe Abbildung) – er muss bei Standardmodellen 95 mm und bei der Adventure Sports 110 mm betragen. Füllen Sie nötigenfalls Öl nach oder gießen Sie etwas aus, bis der Pegel korrekt ist.

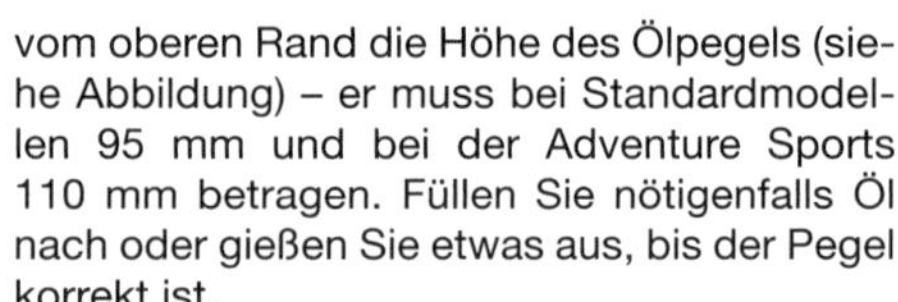

10 Drehen Sie die Kontermutter auf, sodass über ihr 10,5 mm freies Gewinde steht (siehe Abbildung). Installieren Sie die Gabelfeder mit den engeren Wicklungen voran ins Standrohr (siehe Abbildung). Ziehen Sie die Dämpferstange möglichst weit heraus und schieben Sie das Distanzrohr mit dem farbig markierten Sitzring voran auf (Abbildung 7.7b).

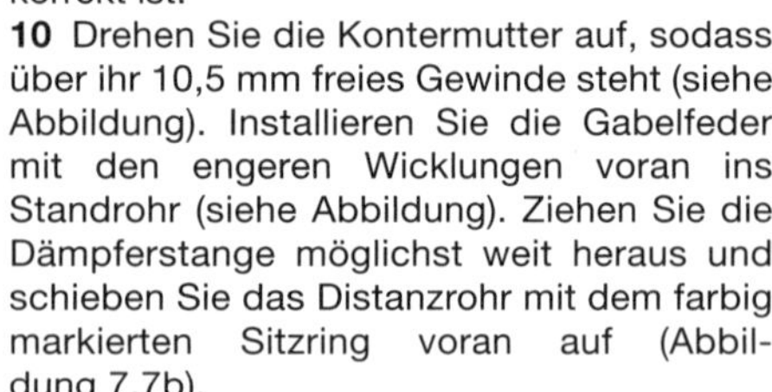

11 Drücken Sie bei weiterhin herausgezogener Dämpferstange das Distanzrohr herunter, um die Feder zu komprimieren und das Haltewerkzeug unter die Kontermutter installieren zu können (siehe Abbildung).

12 Installieren Sie den Distanzstangen-Sitz (Abbildung 7.6c). Schieben Sie die Dämpfer-Einstellstange ein und drehen Sie die Verschlussschraube auf die Dämpferstange (Abbildung 7.6b). Halten Sie die Kontermutter und ziehen Sie die Verschlussschrauben-Baugruppe mithilfe eines am Federvorspannungs-Einsteller angesetzten Schlüssel sorgfältig dagegen (Abbildung 7.6a). Drücken Sie die Distanzhülse herunter, um die Feder zu komprimieren, entnehmen Sie das Haltewerkzeug und entlasten Sie die Feder vorsichtig wieder (Abbildung 7.5). Prüfen Sie, ob der Distanzhül-

7.10a Drehen Sie die Kontermutter 10,5 mm auf die Dämpferstange.

7.10b Installieren Sie die Gabelfeder mit den engeren Wicklungen voran ins Standrohr.

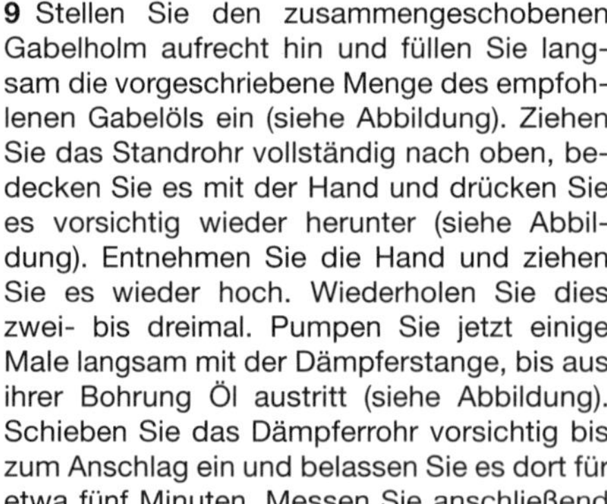

7.11 Schieben Sie das Haltewerkzeug unter die Kontermutter.

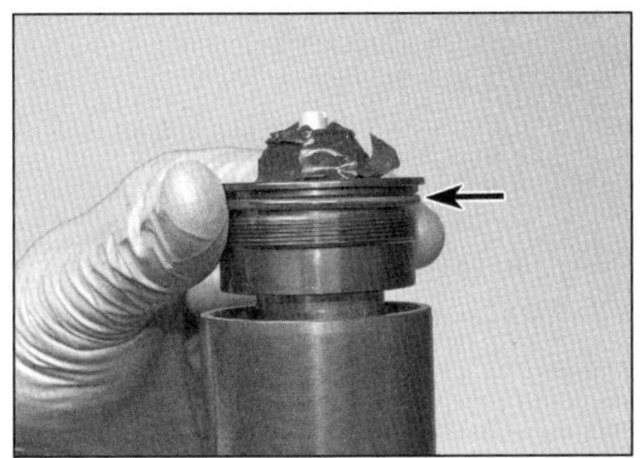

7.13 Kontrollieren und schmieren Sie den O-Ring der Verschlussschraube.

sensitz korrekt zwischen der Hülse und der oberen Schraube liegt.

13 Falls der O-Ring der Verschlussschraube beschädigt ist oder Alterungserscheinungen zeigt, muss er ersetzt werden (siehe Abbildung). Schmieren Sie den O-Ring mit Gabelöl und drehen Sie die Verschlussschraube ins vollständig herausgezogene Standrohr – drehen Sie sie möglichst weit von Hand ein – sie darf dabei nicht verkanten.

Anmerkung: *Die Verschlussschraube kann mit dem korrekten Drehmoment angezogen werden, wenn der Gabelholm montiert und mit der unteren Gabelbrückenklemmschraube gesichert ist – die obere Klemmschraube darf erst danach angezogen werden.*

14 Montieren Sie den Gabelholm (siehe Sektion 6). Stellen Sie die Federvorspannung und die Zugdämpfung ein (siehe Sektion 14).

8 Gabel
Überholen

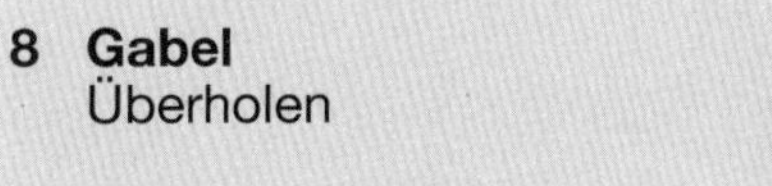

Zerlegen

Spezialwerkzeug: *Für den Einbau der unteren Dichtrings (Schritt 20) wird das Honda-Spezialwerkzeug 07KMD-KZ30100 oder ein vergleichbarer Eintreiber für 45 mm Rohrdurchmesser benötigt.*

1 Stellen Sie die Federvorspannung und die Zugdämpfung auf den Minimalwert (siehe Sektion 14) – zählen Sie dabei die Umdrehungen oder Klicks, um später wieder die ursprüngliche Einstellung einzurichten.

2 Bauen Sie einen Gabelholm aus – lockern Sie vor dem Lösen der unteren Gabelbrücken-Klemmschrauben die Verschlussschraube (siehe Sektion 6).

3 Zerlegen Sie die Gabelholme immer einzeln, um Verwechslungen von Teilen zu vermeiden, was nach der Montage zu einem erhöhten Verschleiß führen würde. Lagern Sie alle Komponenten in getrennten und markierten Behältern.

4 Legen Sie den Gabelholm mit den Bremssattel-Aufnahmen nach links zeigend auf die Werkbank. Drücken Sie den Holm herunter und lockern Sie die unten im Tauchrohr sitzende Dämpferpatronenschraube (siehe Abbildung). Falls sich die Dämpferpatrone dabei mitdreht, muss mit der Feder Druck auf das Patronengehäuse ausgeübt werden, um es zu kontern. Alternativ kann ein Luftdruck-Schrauber verwendet werden. Drehen Sie die Dämpferpatronenschraube wieder handfest ein.

5 Wechseln Sie zu Sektion 7, Schritte 4 bis 8, um das Gabelöl auszugießen.

6 Entfernen Sie die Dämpferpatronenschraube samt Dichtscheibe unten aus dem Tauchrohr (Abbildung 8.24c) – die Scheibe muss später erneuert werden.

7 Ziehen Sie die Dämpferpatrone aus dem Standrohr und kippen Sie ihren Sitz heraus (siehe Abbildungen). Pumpen Sie den Dämpfer einige Male über dem Sammelbehälter, um das restliche Öl herauszubekommen.

8 Hebeln Sie vorsichtig die Staubdichtung unten aus dem Standrohr (siehe Abbildung)

9 Hebeln Sie dann mit einem kleinen Schraubendreher vorsichtig den Sicherungsdraht des Dichtrings aus dem Standrohr – zerkratzen Sie dabei nicht die Oberfläche des Tauchrohrs (siehe Abbildung).

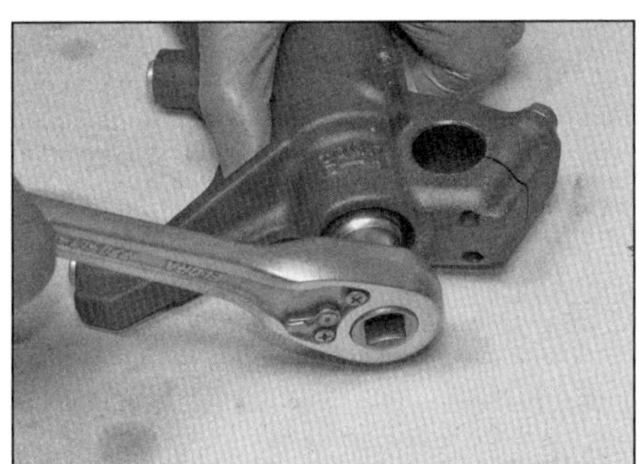

8.4 Lockern Sie die Dämpferpatronenschraube.

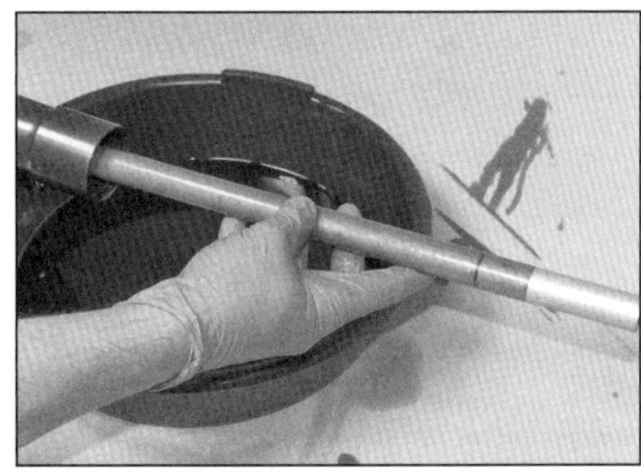

8.7a Ziehen Sie die Dämpferpatrone aus dem Standrohr . . .

8.7b . . . und kippen Sie ihren Sitz heraus.

8.8 Hebeln Sie mit einem Schraubendreher die Staubdichtung ab.

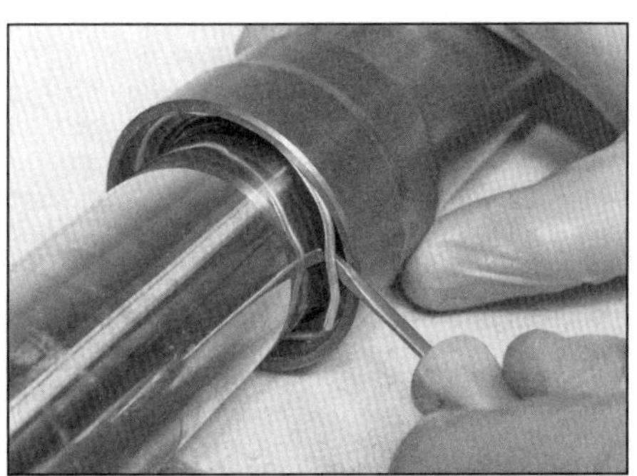

8.9 Hebeln Sie die Drahtsicherung vorsichtig mit einem Schraubendreher heraus.

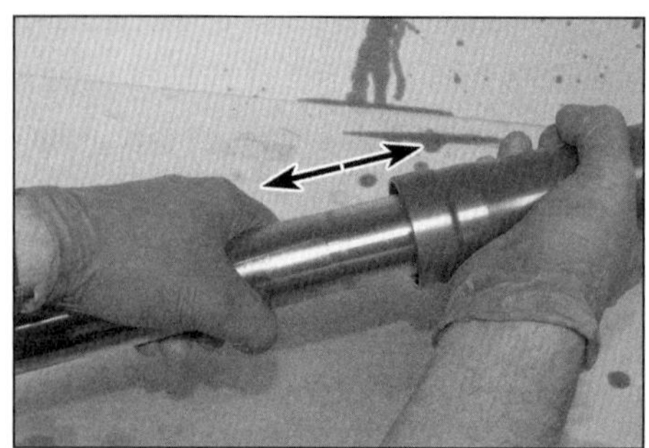

8.10a Ziehen Sie die beiden Rohre zum Trennen mehrmals kräftig auseinander,...

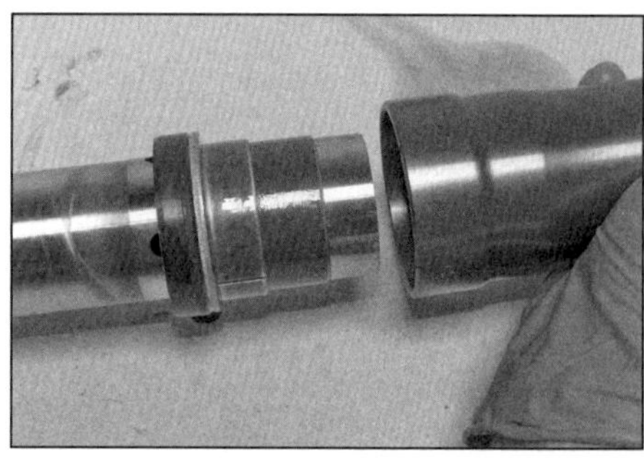

8.10b ...um den Dichtring, die Scheibe und die untere Buchse aus dem Standrohr zu ziehen.

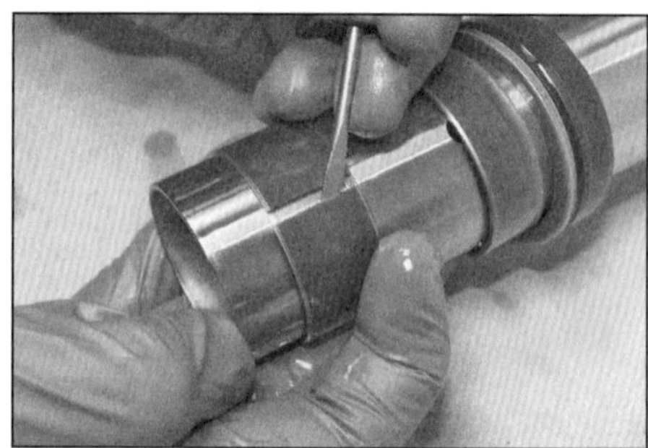

8.11 Hebeln Sie vorsichtig die Enden der oberen Buchse auseinander, um sie zu entfernen.

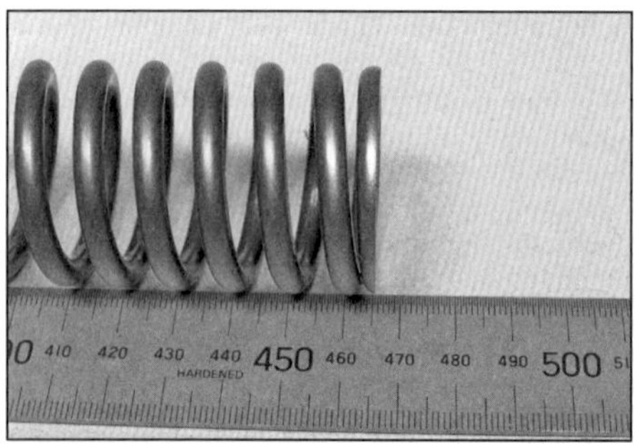

8.15 Messen Sie die freie Länge der Gabelfeder.

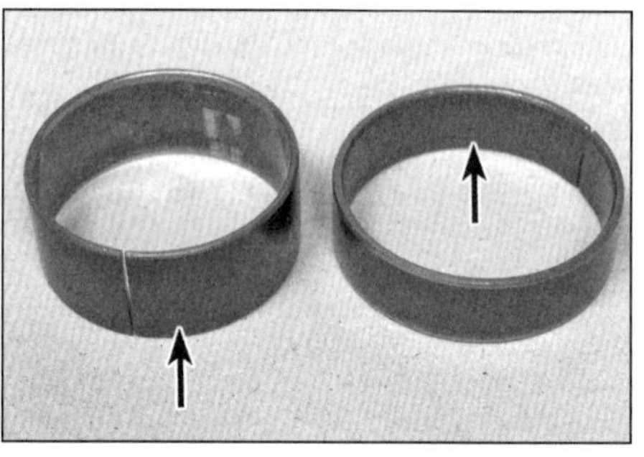

8.16 Kontrollieren Sie die Gleitflächen der Buchsen.

8.18a Kleben Sie die Kanten mit Isolierband ab, um den Dichtring zu schützen.

8.18b Schieben Sie alle Bauteile korrekt ausgerichtet auf das Tauchrohr.

8.18c Spreizen Sie die obere Buchse etwas, um sie aufzuschieben.

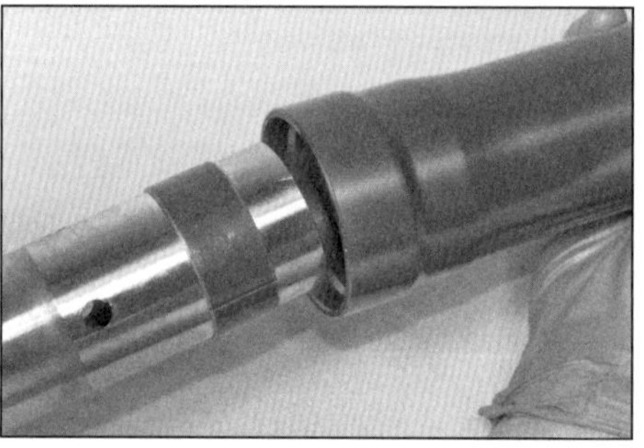

8.19a Schieben Sie das Tauchrohr vollständig ins Standrohr.

10 Um die beiden Gabelrohre zu trennen, müssen der Dichtring und die untere Gleitbuchse aus dem Standrohr befreit werden. Weil die am Tauchrohr sitzende obere Buchse nicht durch die ins Standrohr gepresste untere Buchse passt, kann sie als Ausziehwerkzeug benutzt werden. Greifen Sie das Standrohr mit der einen Hand und das Tauchrohr mit der anderen und schieben Sie die Teile zusammen; ziehen Sie sie dann kräftig auseinander, sodass die obere die untere Buchse und den Dichtring herausdrückt. Wiederholen Sie dies, bis die Rohre getrennt sind (siehe Abbildungen).

11 Hebeln Sie mit einem Schraubendreher vorsichtig die Enden der oberen Buchse auseinander und schieben Sie diese aus ihrem Sitz am Standrohr (siehe Abbildung). Ziehen Sie die untere Buchse, die Dichtring-Scheibe, den Dichtring, den Sicherungsring und die Staubdichtung vom Tauchrohr – merken Sie sich die Einbaurichtungen. Der Dichtring und die Staubdichtung müssen auf jeden Fall durch Neuteile ersetzt werden. Honda schreibt auch vor, die Gleitbuchsen ungeachtet ihres Zustands nach jedem Ausbau zu erneuern.

Kontrolle

12 Reinigen Sie alle Teile in Lösungsmittel und blasen Sie sie möglichst mit Druckluft aus.

13 Begutachten Sie das Tauchrohr auf Kerben, Kratzer, abblätternde Beschichtung und extremen oder abnormalen Verschleiß und ersetzen Sie das Tauchrohr nötigenfalls. Kontrollieren Sie das Tauchrohr mithilfe von Prismenblöcken und einer Messuhr auf Verzug (siehe Abbildung). Ein verzogenes Rohr darf nicht gerichtet, sondern muss ersetzt werden.

14 Kontrollieren Sie das Standrohr auf Risse. Begutachten Sie den Dichtring-Sitz im Standrohr auf Kerben, Beulen und Riefen – solche Schäden können zu Undichtigkeit führen. Kontrollieren Sie auch die Dichtringscheibe auf Schäden und Verzug und ersetzen Sie sie nötigenfalls.

15 Kontrollieren Sie die Feder auf Brüche und andere Beschädigungen. Messen Sie ihre freie Länge und vergleichen Sie den Wert mit den Angaben in den technischen Daten (siehe Abbildung). Falls eine Gabelfeder gebrochen oder ermüdet und kürzer als in der Verschleißgrenze angegeben ist, müssen immer die Federn beider Gabelholme ersetzt werden – niemals eine einzelne!

8.19b Schieben Sie die Buchse vollständig in ihren Sitz und legen Sie die Scheibe auf.

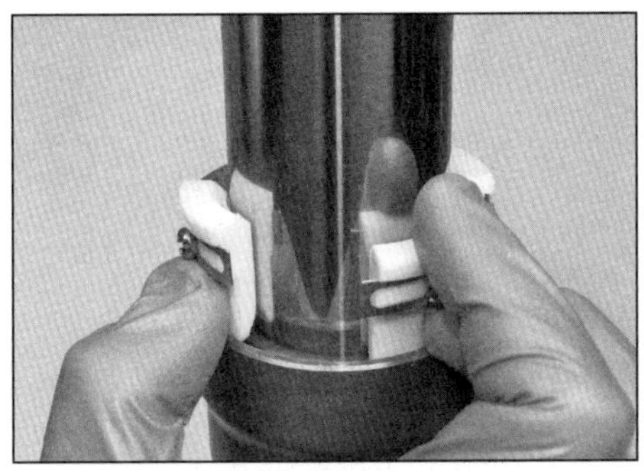

8.20a Positionieren Sie die Eintreib-Hülse über der Scheibe,...

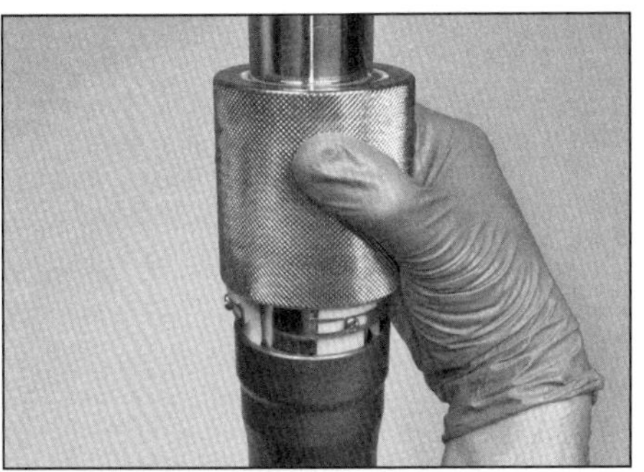

8.20b ...Setzen Sie das Gewicht an und treiben Sie die Hülse bis zum Bund ein.

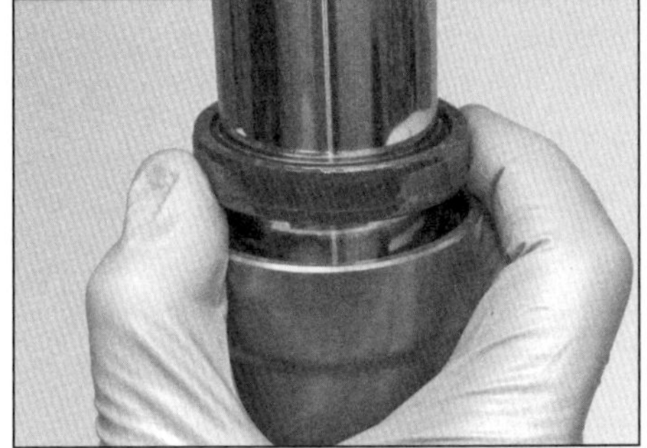

8.21a Installieren Sie den neuen Dichtring über seinen Sitz im Standrohr...

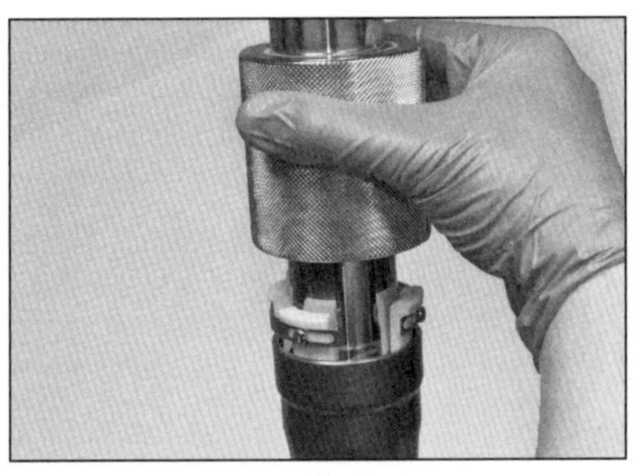

8.21b ...und treiben Sie ihn vollständig ein,...

8.21c ...sodass die Nut des Sicherungsrings rundherum frei liegt.

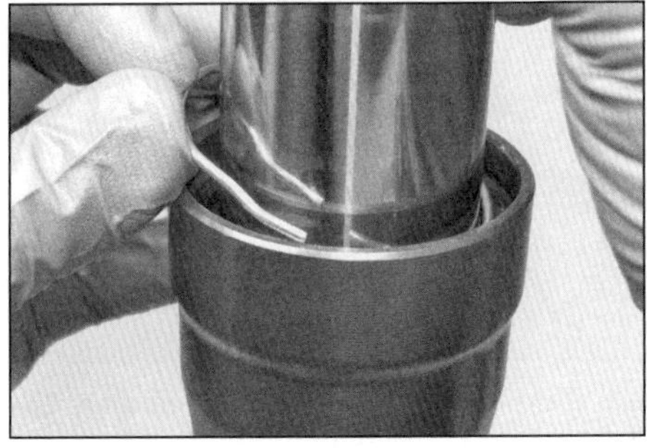

8.22 Installieren Sie den Sicherungsdraht in seine Nut...

8.23 ...und drücken Sie die neue Staubdichtung darüber.

16 Überprüfen Sie die Gleitflächen der Buchsen (also die innere Fläche der unteren und die Außenfläche der oberen Buchse) (siehe Abbildung) – sie müssen überall mit Teflon beschichtet sein. Falls die Gleitschicht auf mehr als 75 % der Fläche verschwunden ist oder Riefen erkennbar sind, müssen die Buchsen ersetzt werden.

Anmerkung: *Honda empfiehlt, die Buchsen nach jedem Zerlegen des Gabelholms auszutauschen – sie sind nicht teuer.*

17 Kontrollieren Sie die Dämpferpatrone und die Stange auf Schäden und Verschleiß. Halten Sie das Patronengehäuse und pumpen Sie mit der Stange – sobald Verschleiß oder Beschädigungen festgestellt werden oder die Stange sich nicht sanft im Gehäuse bewegen lässt, muss der Dämpfer ersetzt werden.

Zusammenbau

18 Umwickeln Sie die Kanten an der Vertiefung für die obere Buchse im Tauchrohr mit einer Lage dünnen Isolierbands, um die Dichtring-Lippe zu schützen (siehe Abbildung). Schmieren Sie das Isolierband und die Dichtring-Lippe mit etwas Öl. Schieben Sie die neue Staubdichtung, den Sicherungsdraht, den neuen Dichtring und die Dichtringscheibe richtig herum auf das Tauchrohr – achten Sie darauf, dass alle Teile richtig herum montiert werden (siehe Abbildung). Entfernen Sie das Isolierband, schmieren Sie die untere Buchse innen mit Gabelöl und schieben Sie sie auf das Tauchrohr (siehe Abbildung). Installieren Sie die neue obere Buchse in ihren Sitz (siehe Abbildung). Schmieren Sie beide Buchsen außen mit Gabelöl.

19 Schieben Sie das Tauchrohr vollständig ins Standrohr (siehe Abbildung). Stellen Sie den Gabelholm verkehrt herum auf die Werkbank und lassen Sie einen Assistenten die aufgeschobenen Komponenten oben halten. Schieben Sie die untere Buchse unten ins Standrohr und drücken Sie sie nach oben in ihren Sitz, legen Sie dann die Scheibe darüber (siehe Abbildung).

20 Treiben Sie die untere Buchse mithilfe des Honda-Spezialwerkzeugs 07KMD-KZ30100 oder eines für 45 mm starke Rohre geeigneten Eintreibers vorsichtig in ihren Sitz – die Scheibe schützt sie dabei (siehe Abbildung). Sobald die Buchse korrekt sitzt, ändern sich die Geräusche beim Einklopfen. Heben Sie die Scheibe an, um den korrekten Sitz zu überprüfen (siehe Abbildungen). Schieben Sie die Dichtringscheibe wieder über die Buchse. 5

21 Schieben Sie den neuen Dichtring herunter und drücken oder treiben Sie ihn mit einer der in Schritt 20 beschriebenen Methoden in seinen Sitz im Standrohr, bis die Nut des Sicherungsrings rundherum frei liegt (siehe Abbildungen).

22 Installieren Sie die Drahtsicherung rundherum in ihre Nut (siehe Abbildung).

23 Drücken Sie die neue Staubdichtung in ihren Sitz im Standrohr (siehe Abbildung).

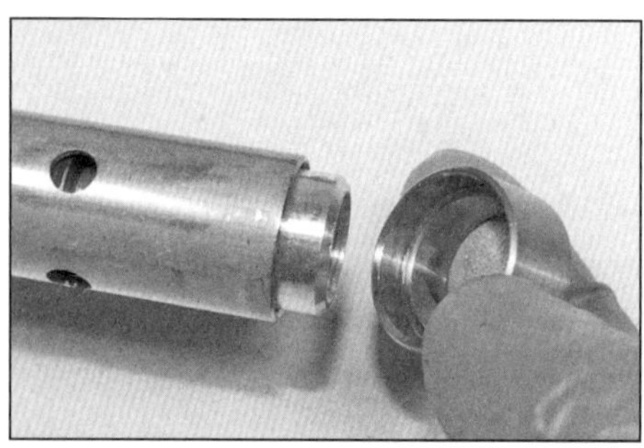

8.24a Installieren Sie den Sitz an die Dämpferpatrone...

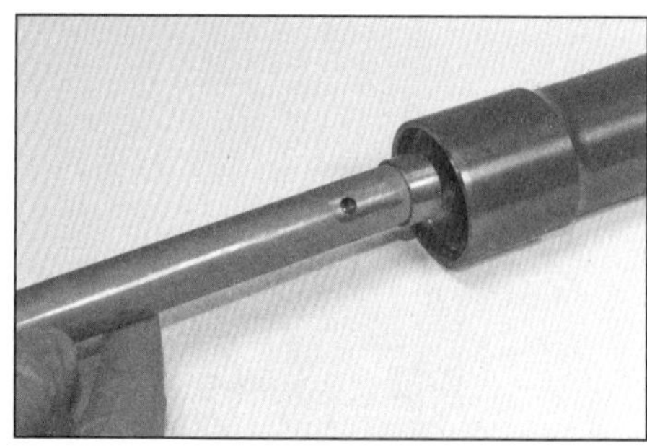

8.24b ...und schieben Sie diese in den Gabelholm.

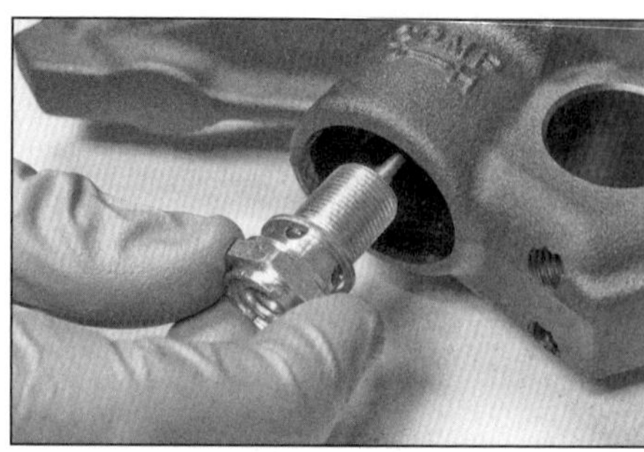

8.24c Rüsten Sie die Dämpferpatronenschraube mit einer neuen Dichtscheibe aus...

24 Legen Sie den Gabelholm mit den Bremssattel-Aufnahmen nach rechts zeigend auf die Werkbank. Schieben Sie den Sitz auf die Dämpferpatrone und diese vollständig in den Gabelholm (siehe Abbildungen). Rüsten Sie die Dämpferpatronenschraube mit einer neuen Dichtscheibe aus, installieren Sie sie unten ins Tauchrohr und drehen Sie sie in die Dämpferpatrone; ziehen Sie sie mit 34 Nm an (siehe Abbildungen) – falls die Patrone sich mitdreht, muss mit dem Anziehen gewartet werden, bis der Gabelholm vervollständigt ist und mit der Feder Druck auf die Patrone ausgeübt werden kann.

25 Wechseln Sie zu Sektion 7, Schritte 9 bis 13, um Gabelöl aufzufüllen und den Zusammenbau abzuschließen.

26 Falls die Dämpferpatronenschraube noch angezogen werden muss (siehe Schritt 24), muss der Gabelholm über Kopf auf mit Lappen geschützten Hölzer gestellt werden, sodass nur der Rand der Verschlussschraube gestützt wird, aber der/die Einsteller in ihrer Mitte nicht den Boden berühren. Lassen Sie einen Assistenten den Holm komprimieren, damit der Dämpferpatronenkopf unter maximalem Federdruck steht, während die Schraube mit 34 Nm angezogen wird.

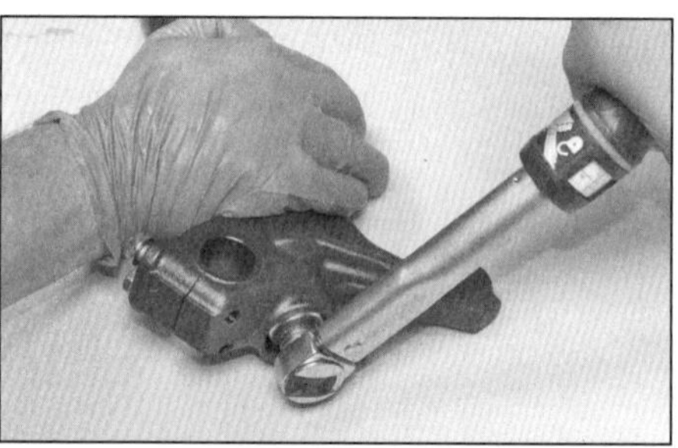

8.24d ...und ziehen Sie sie mit 34 Nm an.

9.2a Befreien Sie das Gummi des Bremsschlauchs aus der Führung...

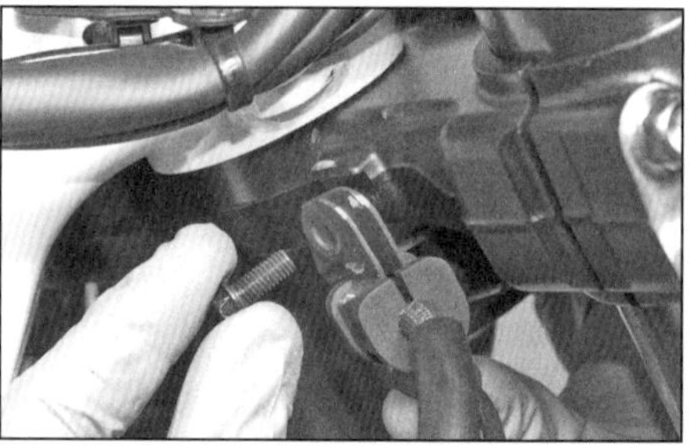

9.2b ...und trennen Sie die Bremsschlauchführung von der unteren Gabelbrücke.

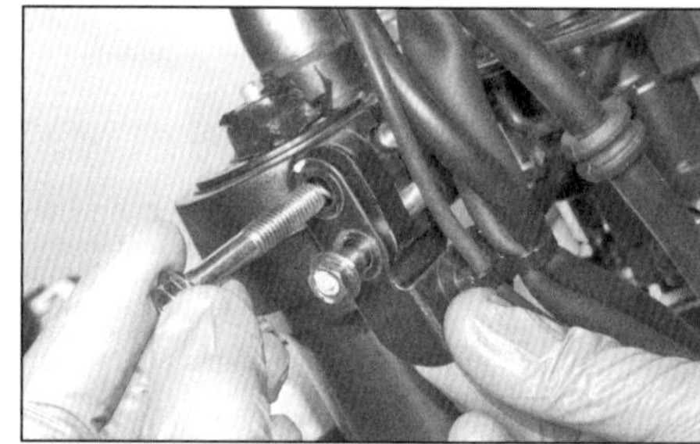

9.3 Befreien Sie rechts an der oberen Gabelbrücke die Kabelführung.

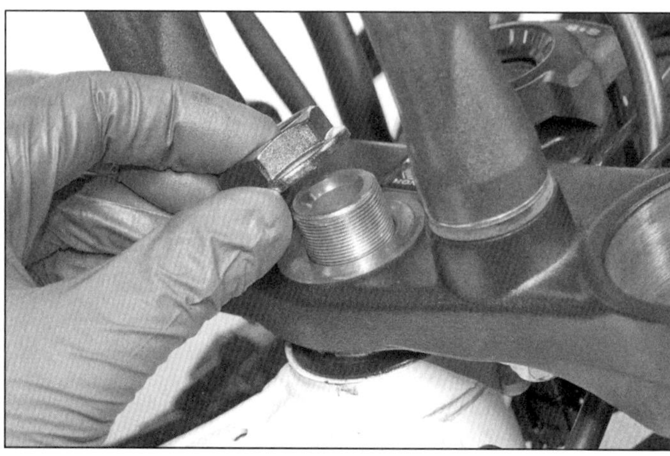

9.4a Lösen Sie die Lenkschaftmutter,...

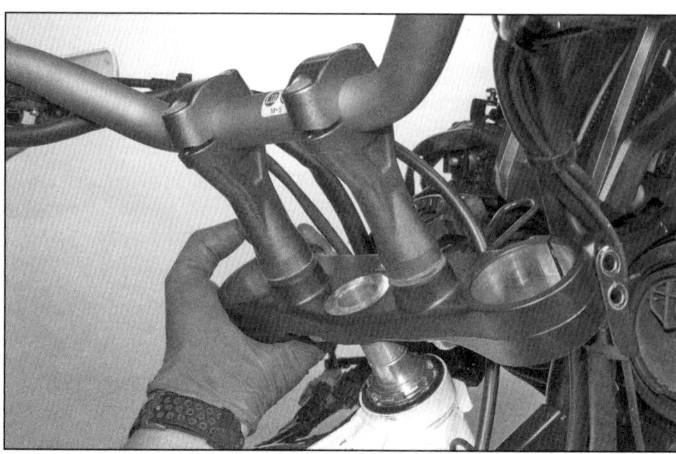

9.4b ...heben Sie die obere Gabelbrücke ab...

9.4c ...und sichern Sie die mit Lappen geschützte Baugruppe mit Kabelbindern am Windschutzscheibenträger.

9.6a Lösen Sie den Einstellring – hier mit einem Hakenschlüssel...

27 Montieren Sie den Gabelholm (siehe Sektion 6). Stellen Sie die Federvorspannung und die Zugdämpfung ein (siehe Sektion 14).

9 Lenkschaft

Spezialwerkzeug: *Beschaffen Sie das Honda-Werkzeug 07916-KA50100, einen entsprechenden Zapfen-Steckschlüssel oder einen passenden Hakenschlüssel.*

Ausbau

1 Demontieren Sie den Tank und für einen besseren Zugang auch das Luftfiltergehäuse (siehe Kapitel 4). Entfernen Sie die Windschutzscheibe und für einen besseren Zugang auch die Frontverkleidung sowie alle Innenverkleidungen (siehe Kapitel 7).
2 Befreien Sie den Bremsschlauch aus der Führung neben dem Zündschloss und trennen Sie die Bremsschlauchführung von der unteren Gabelbrücke (siehe Abbildungen).
3 Demontieren Sie die Gabelholme (siehe Sektion 6) – drehen Sie dabei die rechten Klemmschrauben der oberen Gabelbrücke vollständig heraus, um die Kabelführung zu befreien (siehe Abbildung).
4 Lösen Sie die Lenkschaftmutter (siehe Abbildung). Heben Sie die obere Gabelbrücke samt Lenker vom Lenkschaft und sichern Sie sie die Baugruppe mit Kabelbindern am Windschutzscheibenträger – unterlegen Sie zum Schutz vor Lackschäden alles mit Lappen (siehe Abbildungen).
5 Falls kein mit einem Drehmomentschlüssel zu verbindender Zapfenschlüssel zur Hand ist, müssen zwischen dem Einstellring und dem Rahmen Markierungen angebracht werden, damit der Ring später grob mit der korrekten Vorspannung angezogen werden kann. Zählen Sie beim Lösen des Rings die Umdrehungen.

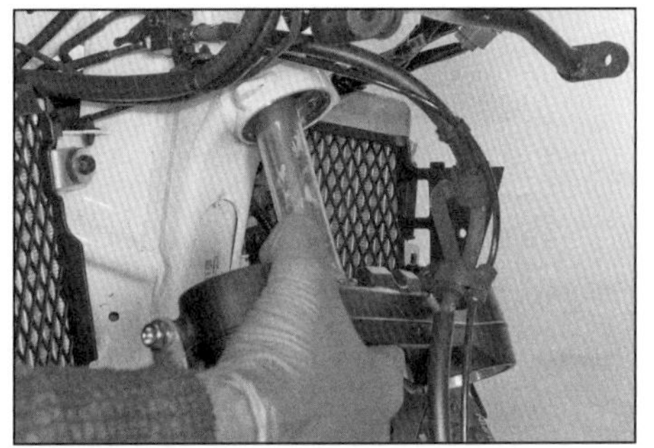

9.6b ...und senken Sie die untere Gabelbrücke samt Lenkschaft vorsichtig ab.

9.7a Entfernen Sie die Fettdichtung,...

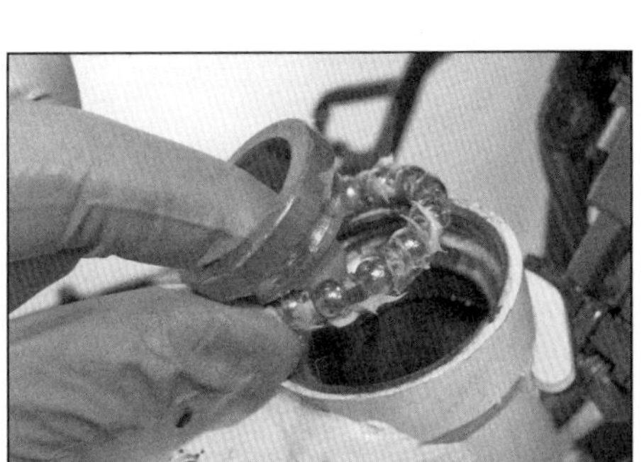

9.7b ...die innere Lagerschale und den oberen Kugelkäfig aus dem Lenkkopf...

9.7c ...sowie den unteren Kugelkäfig vom Lenkschaft.

6 Stützen Sie die untere Gabelbrücke ab und lösen Sie den Einstellring – entweder mit dem Zapfenschlüssel oder den in einer der Nuten angesetzten Hakenschlüssel (siehe Abbildung). Senken Sie die untere Gabelbrücke samt Lenkschaft vorsichtig aus dem Lenkkopf ab (siehe Abbildung).
7 Entfernen Sie die Fettdichtung, die innere Lagerschale und den oberen Kugelkäfig aus dem Lenkkopf (siehe Abbildungen). Heben Sie den unteren Kugelkäfig vom Lenkschaft ab (siehe Abbildung).

8 Befreien Sie die Kugelkäfige und Lagerschalen vom alten Fett und kontrollieren Sie alles auf Beschädigungen und Verschleiß (siehe Sektion 10). Demontieren sie die oben und unten im Lenkkopf sitzenden äußeren Lagerschalen und die unten auf dem Lenkschaft sitzende innere Lagerschale nur, wenn sie ausgetauscht werden müssen.

Einbau

9 Verteilen Sie eine ausreichende Menge Mehrzweckfett auf Harnstoffbasis mit EP2-

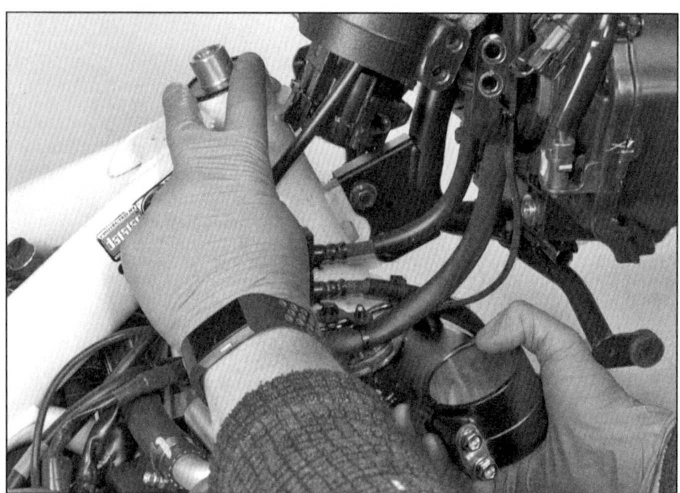

9.11a Halten Sie die oberen Lager-Bauteile in Position und schieben Sie den Lenkschaft ein.

9.11b Drehen Sie den Einstellring handfest auf.

9.13 Ziehen Sie den Einstellring mit dem Hakenschlüssel in die zuvor markierte Position.

10.3a Kontrollieren Sie die äußeren Lagerschalen oben...

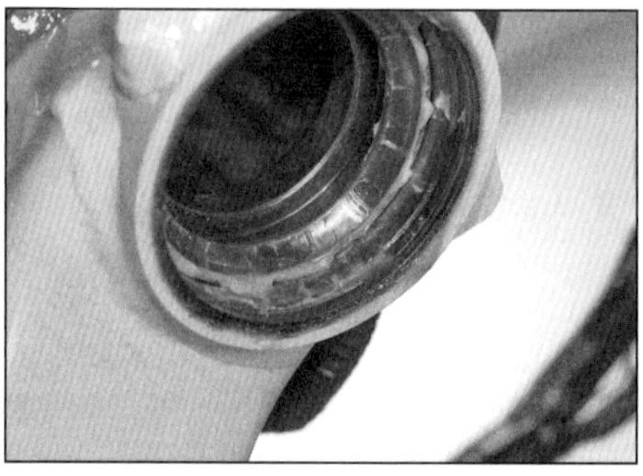

10.3b ...und unten im Lenkkopf auf Verschleiß und Schäden.

Einstufung auf den Lagerschalen und arbeiten Sie es gut in beide Lagerkäfige ein. Schmieren Sie auch die Lippen der (ggf. erneuerten) Fettdichtung und das Gewinde des Einstellrings.
10 Schieben Sie den unteren Kugelkäfig über den Lenkschaft und legen Sie ihn auf dem unteren Innenring ab (Abbildung 9.7c). Legen Sie den oberen Kugelkäfig und die Innenlagerschale in den Lenkkopf (Abbildung 9.7b). Legen Sie die Fettdichtung auf (Abbildung 9.7a).
11 Heben Sie vorsichtig die untere Gabelbrücke mit dem Lenkschaft in den Lenkkopf – drücken Sie dabei nicht das obere Lager heraus. Drehen Sie den Einstellring auf (siehe Abbildungen).
12 Falls das Honda-Werkzeug oder ein geeigneter Zapfen-Steckschlüssel zur Hand ist, wird der Einstellring damit mit 15 Nm angezogen. Schwenken Sie die untere Gabelbrücke fünfmal von Anschlag zu Anschlag und ziehen Sie den Einstellring erneut mit 15 Nm an. Der Lenkschaft muss sich sanft über den gesamten Schwenkbereich bewegen lassen (eine gewisse Schwergängigkeit ist auf die fehlende Gabel samt Vorderrad zurückzuführen. Führen Sie nach der Montage aller Bauteile eine akkurate Kontrolle des Lenkkopflagerspiels durch (siehe Kapitel 1, Sektion 17).
13 Falls ein Hakenschlüssel verwendet wird, muss der Einstellring um die beim Lösen gezählten Umdrehungen aufgeschraubt werden, dann werden die zuvor angebrachten Markierungen ausgerichtet (siehe Abbildung). Schwenken Sie die untere Gabelbrücke fünfmal von Anschlag zu Anschlag, lockern Sie den Einstellring und ziehen Sie ihn erneut bis zur Ausrichtung der Markierungen an. Der Lenkschaft muss sich sanft über den gesamten Schwenkbereich bewegen lassen (eine gewisse Schwergängigkeit ist auf die fehlende Gabel samt Vorderrad zurückzuführen. Führen Sie nach der Montage aller Bauteile eine akkurate Kontrolle des Lenkkopflagerspiels durch (siehe Kapitel 1, Sektion 17).

Achtung: Üben Sie beim Anziehen des Einstellrings keinen hohen Druck auf die Lenkkopflager aus – diese können hierbei beschädigt werden!

14 Montieren Sie die obere Gabelbrücke samt Lenker über den Lenkschaft (Abbildung 9.4b) und drehen Sie die Lenkschaftmutter zunächst handfest auf (Abbildung 9.4a). Schieben Sie übergangsweise einen der Gabelholme ein, um die beiden Gabelbrücken zueinander auszurichten; ziehen Sie hierbei nur die Klemmschrauben der unteren Brücke an. Ziehen Sie jetzt die Lenkschaftmutter mit 100 Nm an.
15 Montieren Sie alle verbliebenen Teile in der entgegengesetzten Ausbaureihenfolge.
16 Führen Sie zum Schluss eine erneute Kontrolle des Lenkkopflagerspiels durch (siehe Kapitel 1, Sektion 17).

10 Lenkkopflager

Kontrolle

1 Demontieren Sie den Lenkschaft (siehe Sektion 9).
2 Entfernen Sie alte Fettreste aus den Lagern und Schalen und kontrollieren Sie sie auf Verschleiß.

10.4a Verklemmen Sie den Innenabzieher unter der oberen Lagerschale...

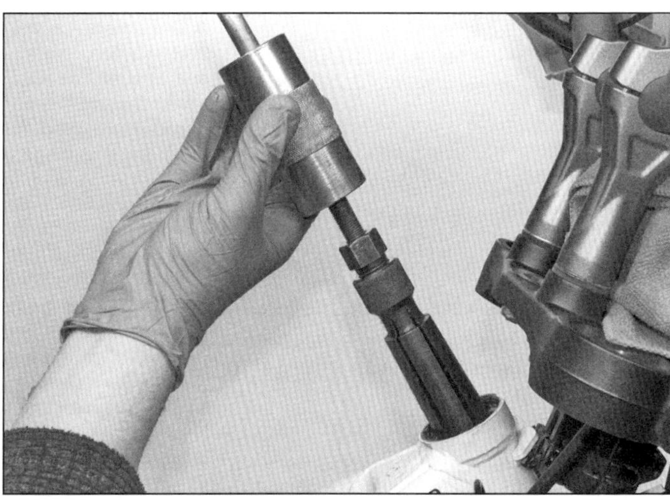

10.4b ...und treiben Sie sie mit dem Zughammer aus.

10.4c Verklemmen Sie den Innenabzieher über der unteren Lagerschale...

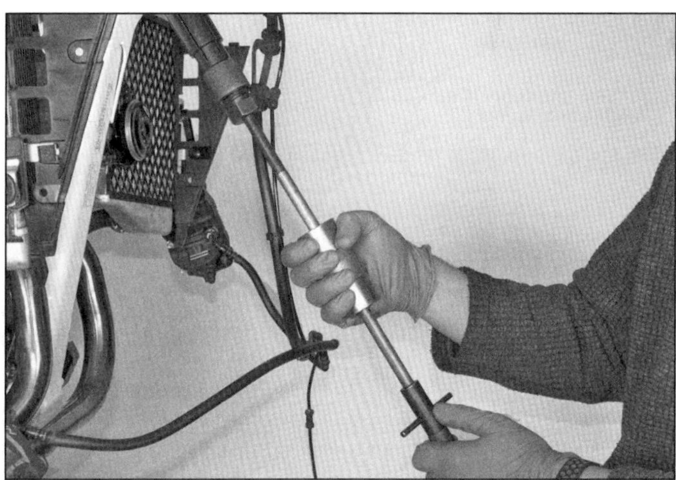

10.4d ...und treiben Sie sie mit dem Zughammer aus.

3 Die äußeren Lagerschalen oben und unten im Lenkkopf müssen glatt und ohne Eindrücke sein (siehe Abbildung). Inspizieren Sie die Kugeln auf Verschleiß, Schäden und Verfärbung und überprüfen Sie ihren Käfig auf Brüche oder Risse. Wenn irgendwelche Anzeichen von Verschleiß an einem Teil festgestellt werden, müssen beide Lenkkopflager als Satz ausgewechselt werden. Demontieren Sie die äußeren Lagerschalen oben und unten im Lenkkopf sowie den auf den Lenkschaft gepressten unteren Innenring nur, wenn die Teile ersetzt werden sollen – einmal ausgebaut, müssen sie erneuert werden.

Ersetzen

4 Die äußeren Lagerschalen sind in den Lenkkopf eingepresst und können mit einem geeigneten Innenabzieher samt Zughammer ausgebaut werden. Verklemmen Sie den Abzieher hinter der jeweiligen Lagerschale, setzen Sie den Zughammer an und klopfen Sie das Lager heraus (siehe Abbildungen).

5 Die neuen äußeren Lagerschalen können mit einer Einziehvorrichtung in den Lenkkopf gepresst (siehe Abbildung) oder mit einem entsprechend großen Rohr oder Steckschlüssel eingetrieben werden. Achten Sie darauf, dass die Scheibe des Einziehers oder der Rand des Treibers nur den äußeren Rand des Lagers und niemals die Lagerlauffläche berührt.

Der Einbau neuer Lagerschalen kann vereinfacht werden, wenn man sie über Nacht in die Kühltruhe legt. Sie schrumpfen dadurch und lassen sich leichter einbauen. Alternativ kann Kältespray verwendet werden.

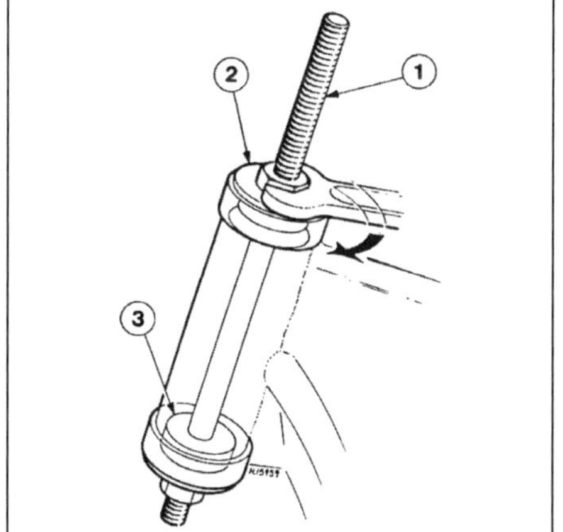

10.5 Lenkkopflager-Einziehvorrichtung
1 Lange Schraube oder Gewindestange
2 Dicke Scheibe
3 Führung für unteren Lagerring

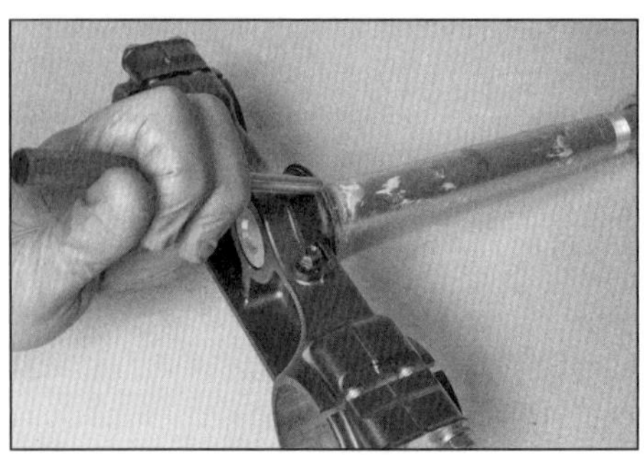

10.6a Demontieren Sie den unteren Lager-Innenring mit einem Meißel oder Dorn...

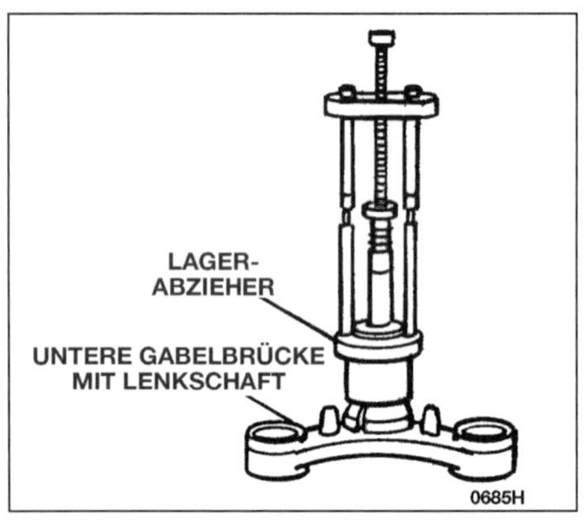

10.6b ...oder mit einem speziellen Abzieher.

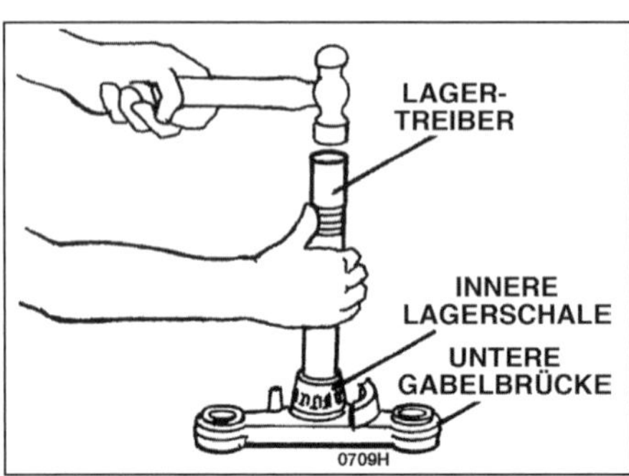

10.8 Treiben Sie das neue Lager mit einem geeigneten Treiber oder Rohr auf.

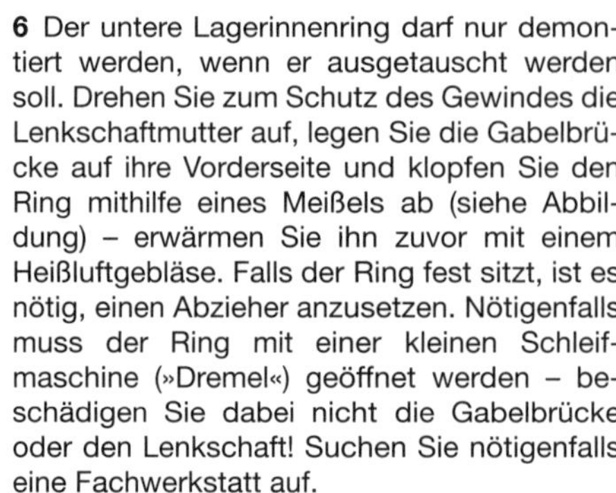

6 Der untere Lagerinnenring darf nur demontiert werden, wenn er ausgetauscht werden soll. Drehen Sie zum Schutz des Gewindes die Lenkschaftmutter auf, legen Sie die Gabelbrücke auf ihre Vorderseite und klopfen Sie den Ring mithilfe eines Meißels ab (siehe Abbildung) – erwärmen Sie ihn zuvor mit einem Heißluftgebläse. Falls der Ring fest sitzt, ist es nötig, einen Abzieher anzusetzen. Nötigenfalls muss der Ring mit einer kleinen Schleifmaschine (»Dremel«) geöffnet werden – beschädigen Sie dabei nicht die Gabelbrücke oder den Lenkschaft! Suchen Sie nötigenfalls eine Fachwerkstatt auf.

7 Entnehmen Sie die Staubdichtung und ersetzen Sie sie durch ein mit Fett versehenes Neuteil.

8 Installieren Sie einen neuen unteren Lager-Innenring über den Lenkschaft. Klopfen Sie den Ring mit einem Rohr, das nicht die Lager-Gleitflächen berührt, in seine Position (siehe Abbildung); durch Erhitzen des Rings und Abkühlen des Lenkschaftes wird die Arbeit erleichtert. Benützen Sie nötigenfalls eine hydraulische Presse.

9 Montieren Sie den Lenkschaft (siehe Sektion 9).

11 Stoßdämpfer

Warnung: Versuchen Sie nicht, den Stoßdämpfer zu zerlegen. Er enthält eine Stickstoff-Füllung, die unter hohem Druck steht. Unsachgemäßes Zerlegen kann zu ernsthaften Verletzungen führen. Bringen Sie den Stoßdämpfer nötigenfalls zu einer Honda-Werkstatt oder zu einem Fahrwerk-Spezialisten.

Ausbau

1 Stützen Sie das Motorrad mit einer anderen geeigneten Vorrichtung senkrecht ab, sodass keine Gewicht über die Hinterradaufhängung übertragen wird – beispielsweise unter beiden Fußrastenträgern (solange nicht die Gestänge der Stoßdämpferanlenkung demontiert werden sollen) (Abbildung 12.1a). Sichern Sie den Bremshebel gegen den Lenker, damit das Motorrad nicht nach vorn rollen kann (Abbildung 12.1b).

2 Demontieren Sie die Regler/Gleichrichter-Baugruppe (siehe Kapitel 8, Sektion 30).

3 Befreien Sie die Anlenkstange vom Anlenkhebel und schwenken Sie sie herunter (siehe Abbildung).

4 Befreien Sie den Stoßdämpfer vom Anlenkhebel (siehe Abbildung).

5 Demontieren Sie die Hinterradschwinge (siehe Sektion 13) – der Anlenkhebel kann daran verbleiben.

6 Lösen Sie die Mutter des oberen Stoßdämpferbolzens, ziehen Sie diesen heraus und entnehmen Sie den Stoßdämpfer (siehe Abbildung).

Kontrolle

7 Inspizieren Sie das Stoßdämpfergehäuse auf sichtbare Beschädigungen, die Dämpferstange auf und Undichtigkeiten sowie die Feder auf lockeren Sitz, Risse und Anzeichen von Ermüdung (siehe Abbildung).

8 Kontrollieren Sie die im oberen Stoßdämpferauge sitzende Lagerbuchse auf Verschleiß und Beschädigung (siehe Abbildung).

9 Honda bietet für den Stoßdämpfer keine Einzelteile an, sodass er bei Verschleiß oder Schäden ersetzt werden muss. Bevor jedoch ein neuer Stoßdämpfer gekauft wird, sollte ein Fachbetrieb konsultiert werden, ob nicht doch eine Reparatur möglich ist.

Einbau

10 Der Einbau entspricht der umgekehrten Ausbaureihenfolge – beachten Sie dabei folgende Punkte:

- Schmieren Sie die Gelenkpunkte des Stoßdämpfers mit Lithium-Mehrzweckfett.
- Schieben Sie alle Bolzen von links ein.
- Ziehen Sie die Muttern des oberen Bolzens mit 54 Nm, des unteren Bolzens mit 44 Nm und an der Verbindung der Anlenkstange zum Anlenkhebel mit 55 Nm an.

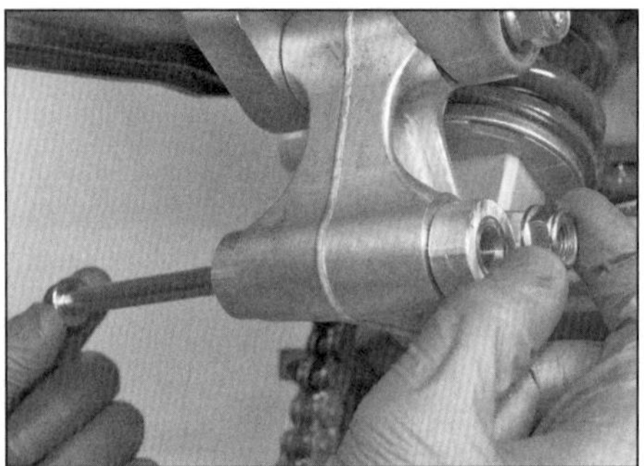

11.3 Lösen Sie die Mutter, ziehen Sie den Bolzen heraus und schwenken Sie die Anlenkstange herunter.

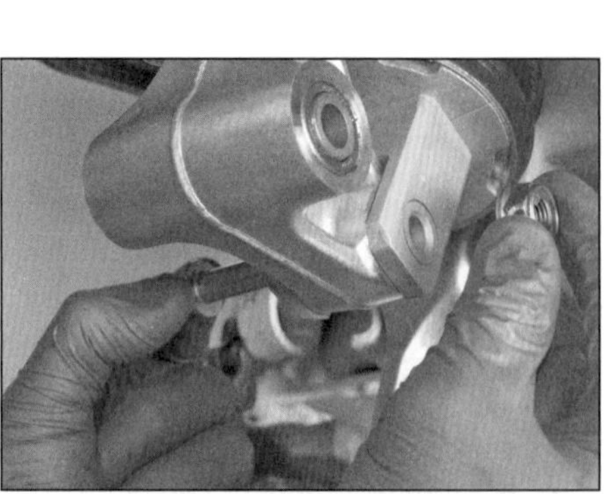

11.4 Lösen Sie die Mutter, ziehen Sie den Bolzen heraus und schwenken Sie den Anlenkhebel herunter.

12 Stoßdämpferanlenkung

Ausbau

1 Stützen Sie das Motorrad mit einer anderen geeigneten Vorrichtung senkrecht ab, sodass keine Gewicht über die Hinterradaufhängung übertragen wird (siehe Abbildung). Um den Bolzen der Anlenkstangen-Befestigung am Rahmen herausziehen zu können, muss links der Fußrastenträger samt Seitenständeraufnahme demontiert werden – stützen Sie das Motorrad links also unter dem Rahmen ab. Sichern Sie den Bremshebel gegen den Lenker, damit das Motorrad nicht nach vorn rollen

11.6 Lösen Sie die Mutter, ziehen Sie den Bolzen heraus und entnehmen Sie den Stoßdämpfer.

11.7 Am Stoßdämpfer darf kein Öl austreten.

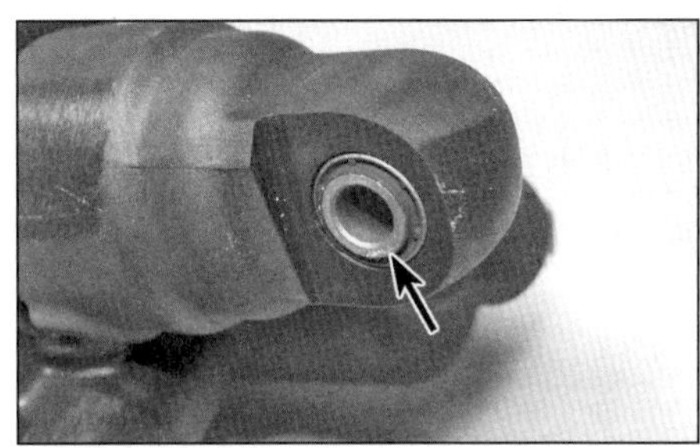

11.8 Lagerbuchse im oberen Stoßdämpferauge

12.1a Rechts kann das Motorrad unter dem Fußrastenträger abgestützt werden, links muss der Rahmen gestützt werden. Hölzer verhindern Lackschäden.

12.1b Eine im Fachhandel erhältliche Bremshebel-Klemme

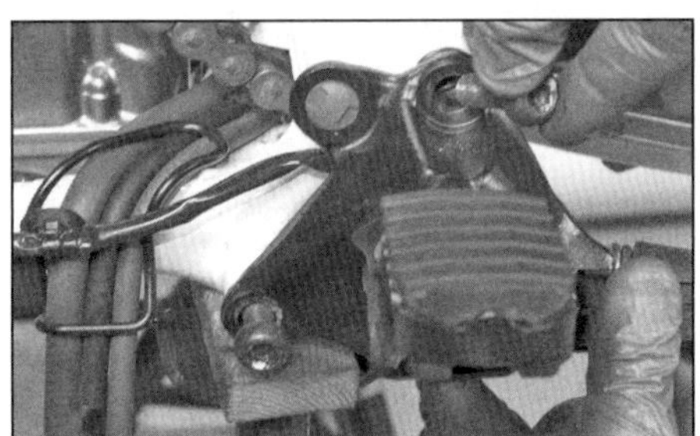

12.2 Lösen Sie die zwei Schrauben, um den Fußrastenträger samt Seitenständeraufnahme zu entnehmen.

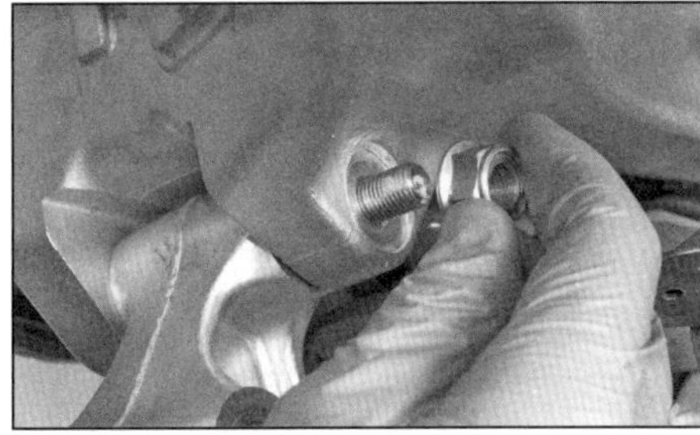

12.5a Lösen Sie die Mutter,...

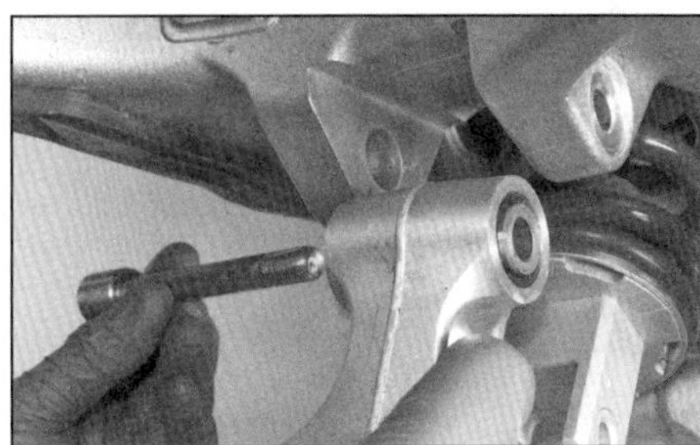

12.5b ...ziehen Sie den Bolzen heraus und entnehmen Sie den Anlenkhebel.

kann – entweder mit Gummibändern oder einer spezielle Klemme (siehe Abbildung).

2 Demontieren Sie links den Fußrastenträger samt Seitenständeraufnahme (siehe Abbildung).

3 Befreien Sie die Anlenkstange vom Anlenkhebel und schwenken Sie sie herunter (Abbildung 11.3).

4 Befreien Sie den Stoßdämpfer vom Anlenkhebel (Abbildung 11.4).

5 Befreien Sie den Anlenkhebel von der Hinterradschwinge (siehe Abbildungen).

6 Befreien Sie die Anlenkstange vom Rahmen (siehe Abbildungen).

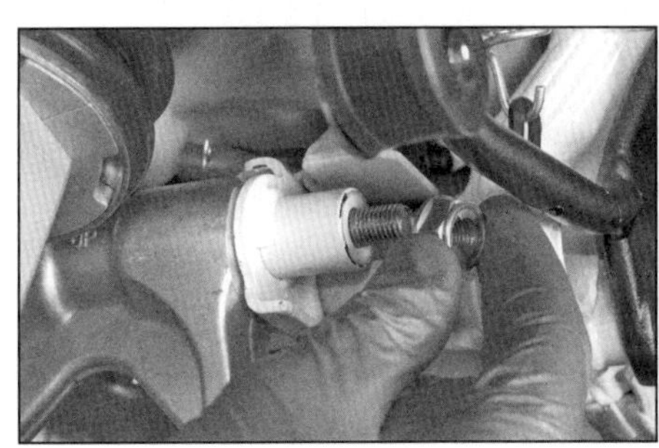

12.6a Lösen Sie die Mutter,...

12.6b ...ziehen Sie den Bolzen heraus und entnehmen Sie die Anlenkstange.

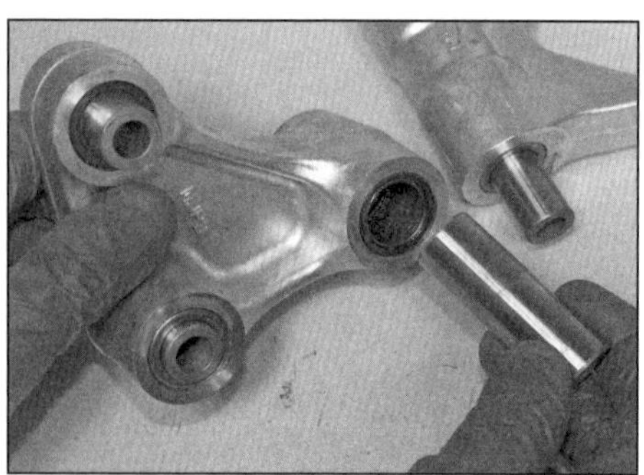

12.7a Ziehen Sie die Hülsen aus den Lagern des Anlenkhebels und der Anlenkstange,...

12.7b ...merken Sie sich ihre Positionen.

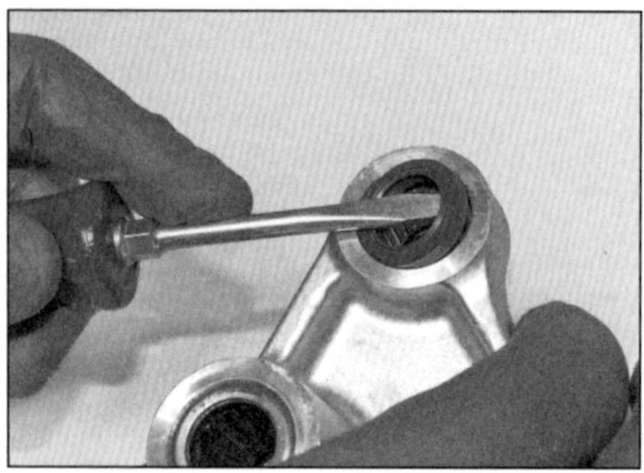

12.11 Hebeln Sie die alten Dichtringe heraus.

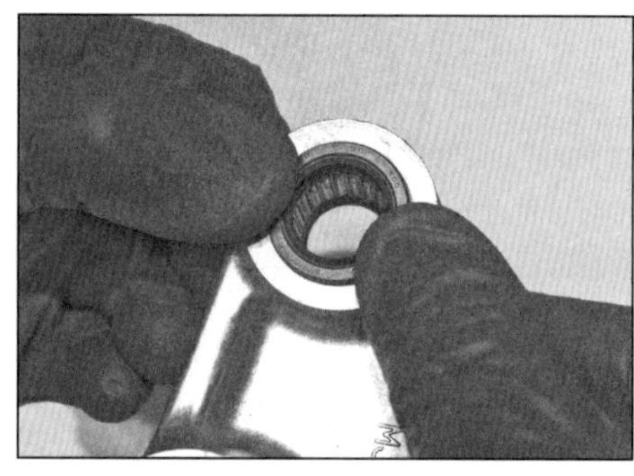

12.15 Drücken Sie die Dichtringe von Hand ein.

Kontrolle

7 Ziehen Sie die Hülsen aus den Lagern des Anlenkhebels und der Anlenkstange (siehe Abbildung).

8 Reinigen Sie alle Komponenten, entfernen Sie sämtlichen Schmutz, Korrosion und altes Fett.

9 Kontrollieren Sie den Anlenkhebel und die Stange sowie deren Aufnahmen an der Schwinge, dem Stoßdämpfer und dem Rahmen sorgfältig auf Verschleiß (Riefen) und Beschädigungen (Risse, Verformungen). Ersetzen Sie verschlissene und beschädigte Bauteile.

10 Kontrollieren Sie die Fettdichtungen und Lager – der Anlenkhebel ist mit Standard-Dichtungen zum Stoßdämpfer und der Schwinge abgedichtet, die Dichtungen der Anlenkstange sind jedoch in die Lager integriert. Schieben Sie die Hülsen in die Lager und prüfen Sie, ob sie kein übermäßiges Spiel aufweisen. Beachten Sie die Hinweise in Sektion 5 der *Werkzeug- und Werkstatt-Tipps* im Anhang, um mehr über Nadellager zu erfahren. Begutachten Sie alle Komponenten penibel auf Verschleiß (Riefen) und Beschädigungen (Risse, Verformungen). Ersetzen Sie verschlissene und beschädigte Bauteile.

11 Hebeln Sie ggf. mit einem Haken oder Schraubendreher die Dichtungen aus dem Stoßdämpfer und den Schwingen-Aufnahmen der Anlenkstange (siehe Abbildung) und ersetzen Sie sie durch Neuteile.

12 Verschlissene Lager können aus ihren Bohrungen getrieben oder gezogen werden – einmal ausgebaut dürfen sie nicht wieder installiert werden. Die neuen Lager müssen in ihre Sitze gepresst oder gezogen werden – Eintreiben würde sie beschädigen. Falls keine Presse vorhanden ist, kann eine in Sektion 5 der *Werkzeug- und Werkstatt-Tipps* im Anhang beschriebene Einziehvorrichtung verwendet werden.

13 Neue Lager müssen eingepresst oder eingezogen werden – Eintreiben würde sie beschädigen. Achten Sie bei der Montage der neuen Lager in die Anlenkstangen-Aufnahme zum Anlenkhebel darauf, dass die Dichtungen außen und bündig zum Hebel oder zur Stange liegen. Das Lager im Stoßdämpferauge muss möglichst mittig sitzen – an beiden Seiten muss der Abstand zum Rand 5,8 bis 6,2 mm betragen, da ansonsten die Dichtungen nicht korrekt sitzen werden. Die Lager in den Schwingen-Aufnahmen müssen an beiden Seiten zwischen 5,3 und 5,7 mm tief sitzen.

14 Schmieren Sie die Lager, die Hülsen und die Dichtringlippen mit Lithium-Mehrzweckfett.

15 Drücken Sie die neuen Dichtringe mit den Markierungen nach außen senkrecht in ihre Sitze (siehe Abbildung). Installieren Sie die Hülsen (Abbildungen 12.7b und a).

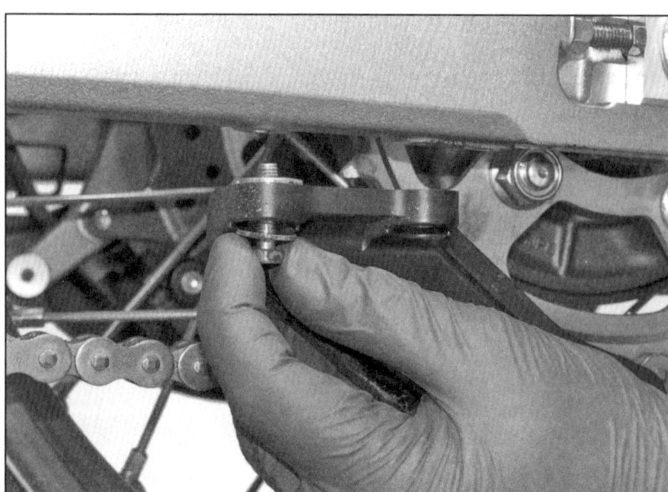

13.2 Lösen Sie die zwei Schrauben, beachten Sie die Scheiben und entnehmen Sie den unteren Kettenschutz.

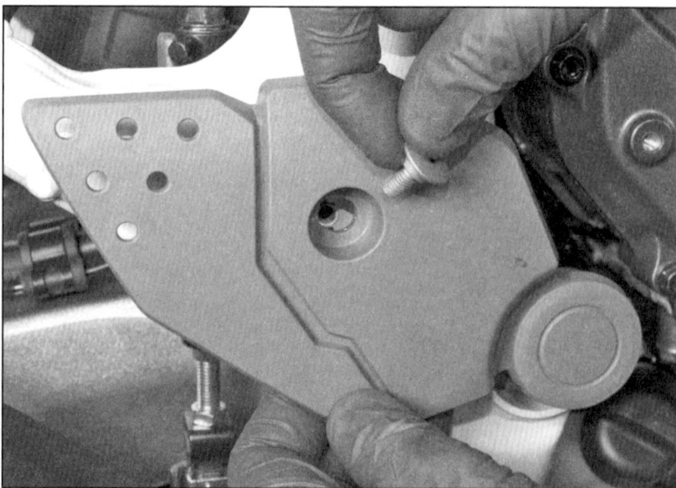

13.4 Jeder Fersenschutz ist mit einer zentralen Schraube gesichert.

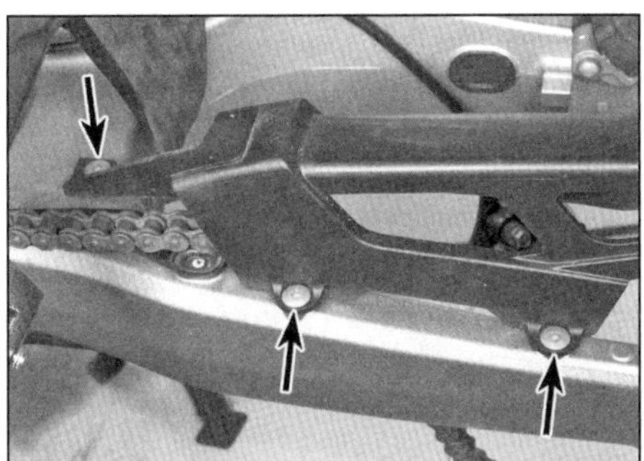

13.5 Kettenschutz-Schrauben

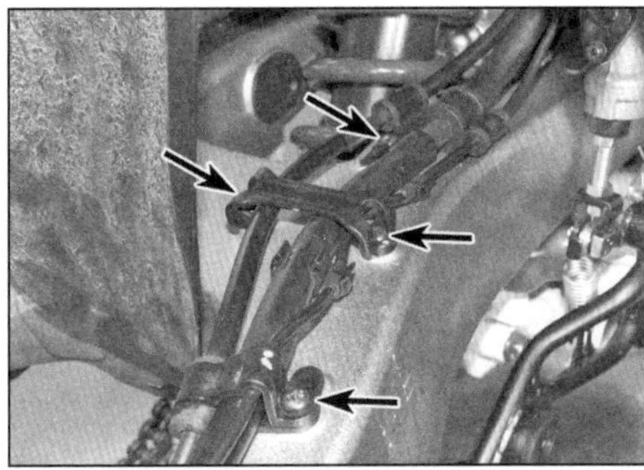

13.6a Schrauben der Bremsleitungs- und Sensorkabel-Führungen...

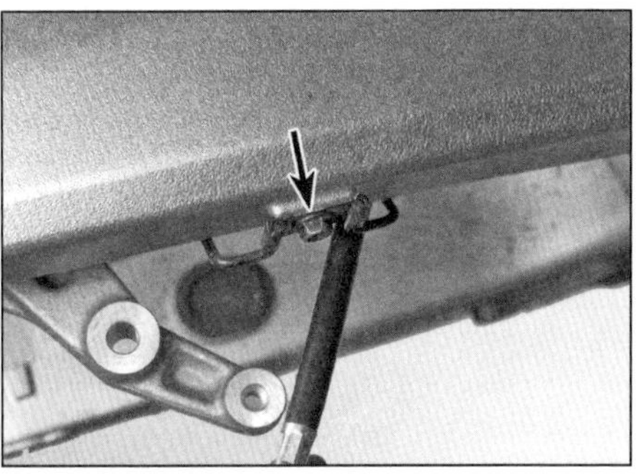

13.6b ...sowie bei DCT-Modellen der Parkbremsenzug-Führung.

Einbau

16 Der Einbau entspricht der umgekehrten Ausbaureihenfolge – beachten Sie dabei folgende Punkte:

- Schmieren Sie alle Gelenkpunkte mit MoS_2-Fett.
- Montieren Sie die Anlenkstange mit »UP« nach oben zeigend (Abbildung 12.6b).
- Installieren Sie alle Bolzen von links.
- Ziehen Sie die Muttern an der Verbindung der Anlenkstange zum Rahmen mit 45 Nm, an der Verbindung der Anlenkstange zur Schwinge Rahmen mit 74 Nm,am unteren Stoßdämpferbolzen mit 44 Nm und an der Verbindung der Anlenkstange zum Anlenkhebel mit 55 Nm an.

13 Schwinge

Ausbau

1 Stützen Sie das Motorrad mit einer anderen geeigneten Vorrichtung senkrecht ab, sodass keine Gewicht über die Hinterradaufhängung übertragen wird – beispielsweise unter beiden Fußrastenträgern (solange nicht die Gestänge der Stoßdämpferanlenkung demontiert werden sollen) (Abbildung 12.1a). Sichern Sie den Bremshebel gegen den Lenker, damit das Motorrad nicht nach vorn rollen kann (Abbildung 12.1b).

2 Demontieren Sie die Abdeckung des Motorritzels (siehe Kapitel 6). Entfernen Sie den unteren Kettenschutz (siehe Abbildung).

3 Bauen Sie das Hinterrad aus (siehe Kapitel 6).

4 Demontieren Sie an beiden Seiten den Fersenschutz (siehe Abbildung).

5 Lösen Sie die drei Schrauben des Kettenschutzes und entnehmen Sie diesen (siehe Abbildung).

6 Befreien Sie die Bremsleitung und das Kabel des ABS-Sensors von der Schwinge, befreien Sie bei DCT-Modellen auch den Bowdenzug der Parkbremse (siehe Abbildungen). Sichern Sie den Bremssattel außerhalb des Arbeitsbereichs.

7 Befreien Sie den Stoßdämpfer-Anlenkhebel von der Schwinge (Abbildungen 12.5a und b).

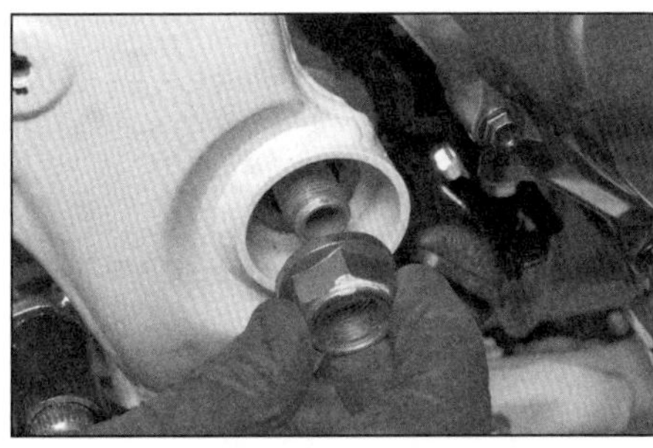

13.8 Lösen Sie die Schwingenbolzen-Mutter.

8 Lösen Sie rechts die Mutter des Schwingenbolzens (siehe Abbildung) – kontern Sie diesen nötigenfalls.

9 Ziehen Sie den Schwingenbolzen heraus und manövrieren Sie die Schwinge nach hinten heraus (siehe Abbildung).

10 Demontieren Sie nötigenfalls die Gleitschiene von der Schwinge (siehe Abbildung) – beachten Sie die speziell geformten Scheiben. Eine stark verschlissene oder beschädigte Gleitschiene muss ersetzt werden.

13.9 Ziehen Sie den Schwingenbolzen heraus, um die Schwinge zu befreien.

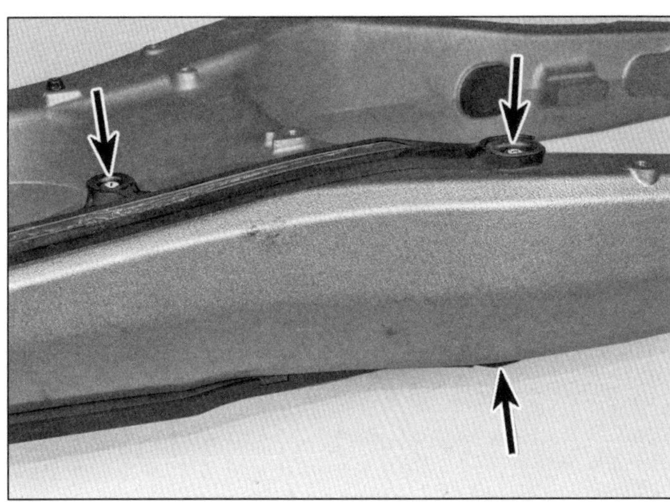

13.10 Die Ketten-Gleitschiene ist mit drei Schrauben befestigt.

13.11a Entfernen Sie links die Lagerhülse...

13.11b ...und rechts die Lager- sowie die Distanzhülse.

13.15a Hebeln Sie an beiden Seiten der Schwinge...

Kontrolle

11 Ziehen Sie links die Lagerhülse und rechts die Lager- sowie die Distanzhülse aus den Schwingenlagern (siehe Abbildungen).

12 Reinigen Sie sorgfältig die Schwinge und alle Schwingenlager-Komponenten und entfernen Sie Korrosion und Fettreste.

13 Inspizieren Sie die Schwinge penibel auf tiefe Riefen, Risse oder andere Beschädigungen.

14 Kontrollieren Sie die Fettdichtungen und die Lager – rechts sitzen ein Kugellager und ein Nadellager, links nur ein Nadellager. Das Kugellager muss sich sanft drehen. Stecken Sie die Hülsen zurück in die Nadellager und prüfen Sie, ob Spiel fühlbar ist. Beachten Sie die Hinweise in Sektion 5 der *Werkzeug- und Werkstatt-Tipps* im Anhang, um mehr über Nadellager zu erfahren. Begutachten Sie alle Komponenten penibel auf Verschleiß (Riefen) und Beschädigungen (Risse, Verformungen).

15 Falls neue Dichtringe und/oder Lager installiert werden sollen, müssen die alten Dichtringe mit einem Haken oder Schraubendreher herausgehebelt werden (siehe Abbildungen).

16 Entfernen Sie rechts den Seegerring aus seiner Nut (siehe Abbildung). Befreien Sie mit einem Innenabzieher oder einem durch das Nadellager eingeführten Steckschlüssel das Kugellager heraus. Befreien Sie beide Nadellager auf die gleiche Weise oder mit einer Ausziehvorrichtung (siehe Sektion 5 der *Werkzeug- und Werkstatt-Tipps* im Anhang); nötigenfalls muss eine hydraulische Presse zum Einsatz kommen. Einmal ausgebaute Lager müssen durch Neuteile ersetzt werden.

17 Die neuen Lager müssen (mit den Markierungen nach außen zeigend) in ihre Sitze gepresst oder gezogen werden – Eintreiben würde sie beschädigen. Das rechte Lager muss von außen gemessen 4,5 bis 5,0 mm tief eingepresst werden, das linke Lager muss 5,0 bis 5,5 mm tief sitzen. Schmieren Sie die Lager mit MoS_2-Fett.

18 Pressen oder treiben Sie mit der gleichen Technik das Kugellager (ebenfalls mit der Markierung nach außen) bis zum Anschlag ein – das Werkzeug darf dabei nur seinen Außenring berühren. Sichern Sie das Lager mit einem neuen Seegerring, der rundherum in seiner Nut sitzen muss (Abbildung 13.16). Fetten Sie das Kugellager ebenfalls mit MoS_2-Fett.

19 Drücken Sie die neuen Dichtringe mit den Markierungen nach außen vor die Lager (siehe Abbildung). Schieben Sie links die Lagerhülse und rechts die Lager- sowie die Distanzhülse in die Lager (Abbildungen 13.11a und b).

Einbau

20 Montieren Sie ggf. die Ketten-Gleitschiene an die Schwinge – vorn muss sie korrekt über dem Anguss liegen und ihre Zapfen müssen in die Bohrungen greifen (siehe Abbildung).

21 Reinigen Sie den Schwingenbolzen und schmieren Sie ihn mit Fett.

22 Bringen Sie die Schwinge in Position – die Kette muss vorn darüber gelegt sein – und schieben Sie von links den Schwingenbolzen ein (Abbildung 13.9).

23 Schmieren Sie das Gewinde und den Sitz der Schwingenbolzenmutter mit Motoröl, drehen Sie sie auf den Bolzen und ziehen Sie sie mit 80 Nm an – kontern Sie dabei den Bolzenkopf (Abbildung 13.8). Prüfen Sie, ob sich die Schwinge sanft auf und ab bewegen lässt.

24 Verbinden Sie den Stoßdämpfer-Anlenkhebel an die Schwinge (Abbildungen 12.5b und a) und ziehen Sie die Bolzenmutter mit 74 Nm an.

25 Montieren Sie alle verbliebenen Komponenten in der umgekehrten Ausbaureihenfolge.

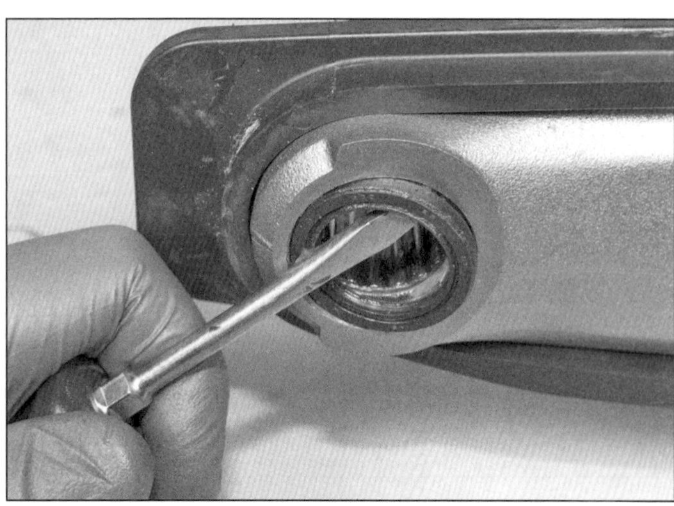

13.15b ...die Fett-Dichtungen heraus.

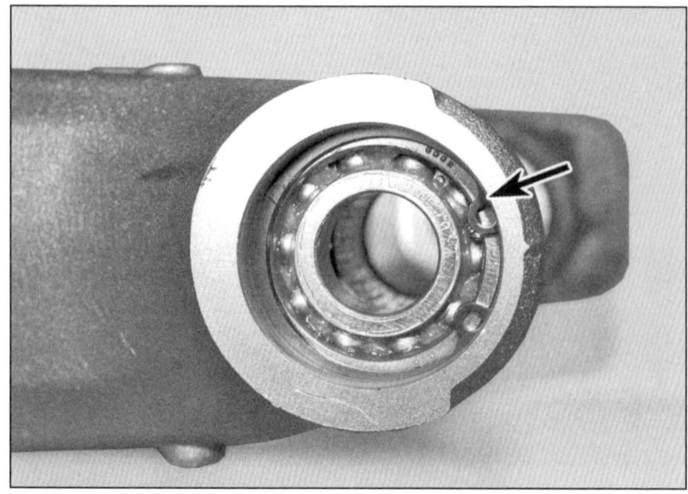

13.16 Rechts ist das Kugellager mit einem Seegerring gesichert.

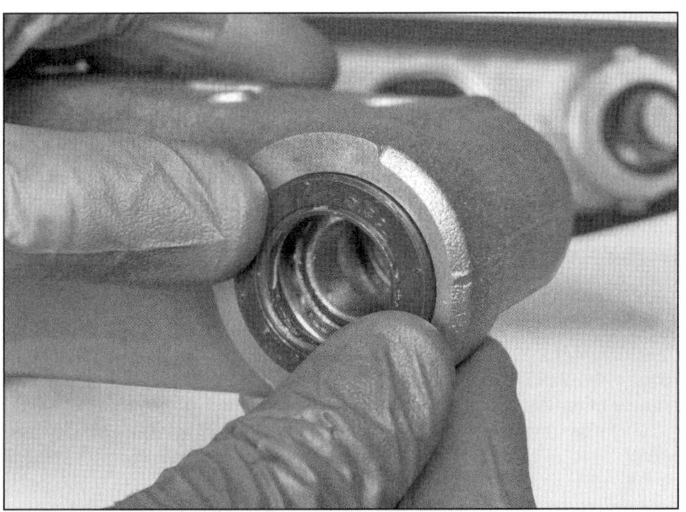

13.19 Drücken Sie die neuen Dichtringe von Hand bündig in ihre Sitze.

13.20 Positionieren Sie vorn den Ausschnitt der Gleitschiene über den Anguss der Schwinge.

26 Kontrollieren Sie vor der ersten Fahrt den Kettendurchhang (siehe Kapitel 1) und prüfen Sie die Funktion der Hinterradfederung und der Bremse.

14 Federelemente
Einstellung

Gabel

1 Die Gabel ist in der Federvorspannung und ihre Dämpfung in der Zug- und Druckstufe einstellbar. Die Einstellungen in beiden Gabelholmen müssen stets gleich sein.

2 Die Federvorspannung wird am Sechskant oberhalb der Verschlussschraube eingestellt (siehe Abbildung) – ein passender Maulschlüssel ist dem Bordwerkzeug beigefügt. Drehen Sie den Einsteller im Uhrzeigersinn, um die Federvorspannung zu erhöhen und nach links, um sie zu verringern. Zum Einrichten der Standardeinstellung wird der Einsteller bis zum Anschlag gegen den Uhrzeigersinn und dann 5 Umdrehungen (Modelle mit Standardgetriebe) bzw. 8 ½ Umdrehungen (DCT-Modelle) nach rechts gedreht.

3 Die Zugdämpfung wird an der Schlitzschraube oben im Federvorspanner eingestellt (Abbildung 14.2). Drehen Sie die Schraube im Uhrzeigersinn, um die Zugdämpfung zu erhöhen, und nach links, um sie zu verringern. Zum Einrichten der Standardeinstellung wird die Schraube bis zum Anschlag im Uhrzeigersinn und dann 2 ¼ Umdrehungen herausgedreht, sodass die Körnermarkierungen der Schraube und des Federvorspanners fluchten.

4 Die Druckdämpfung wird an der Schlitzschraube unten in der Dämpferpatronenschraube eingestellt (siehe Abbildung). Drehen Sie die Schraube im Uhrzeigersinn, um die Zugdämpfung zu erhöhen, und nach links, um sie zu verringern. Zum Einrichten der Standardeinstellung wird die Schraube bis zum Anschlag im Uhrzeigersinn und dann 8 Umdrehungen (Standard-Modelle) bzw. 4 Umdrehungen (Adventure Sports) nach links gedreht.

Hinterradstoßdämpfer

5 Der Stoßdämpfer ist in der Federvorspannung und seine Dämpfung in der Zug- und Druckstufe einstellbar.

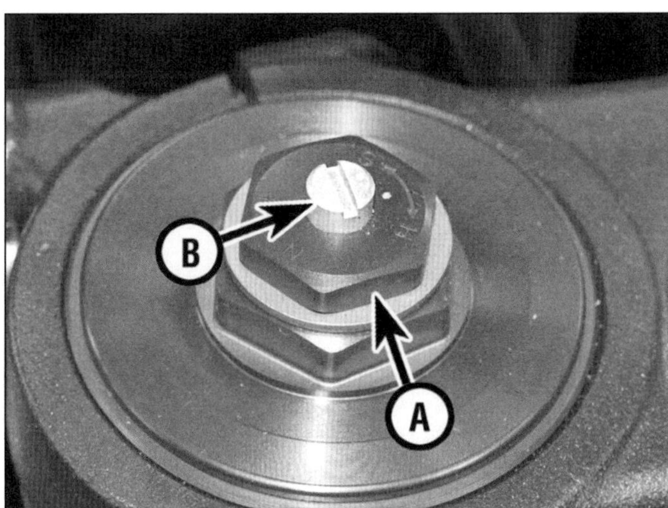

14.2 Einstellung für die Federvorspannung (A) und die Zugdämpfung (B)

14.4 Einstellschraube für die Druckdämpfung

6 Die Federvorspannung wird am Drehknopf links unterhalb der Sitzbank eingestellt (siehe Abbildung). Drehen Sie den Einsteller im Uhrzeigersinn, um die Federvorspannung zu erhöhen, und nach links, um sie zu verringern. Zum Einrichten der Standardeinstellung wird der Einsteller bis zum Anschlag gegen den Uhrzeigersinn und dann einen Klick nach rechts gedreht – dies ist die geringste Vorspannung; drehen Sie ihn für die Standardeinstellung 7 Klicks weiter.

7 Die Zugdämpfung wird an der Schlitzschraube links unten am Stoßdämpfer eingestellt (siehe Abbildung). Drehen Sie die Schraube im Uhrzeigersinn, um die Zugdämpfung zu erhöhen und nach links, um sie zu verringern. Zum Einrichten der Standardeinstellung wird die Schraube bis zum Anschlag im Uhrzeigersinn und dann 11 Klicks (Standardmodelle bis 2017) bzw. 9 Klicks (Standardmodelle ab 2018) bzw. 13 Klicks (Adventure Sports) nach links gedreht, sodass die Körnermarkierungen der Schraube und des Stoßdämpfers fluchten.

8 Die Druckdämpfung wird an der Schlitzschraube rechts am Stoßdämpfer-Ausgleichsbehälter eingestellt (siehe Abbildung). Drehen Sie die Schraube im Uhrzeigersinn, um die Druckdämpfung zu erhöhen, und nach links, um sie zu verringern. Zum Einrichten der Standardeinstellung wird die Schraube bis zum Anschlag im Uhrzeigersinn und dann 14 Klicks (Standardmodelle) bzw. bzw. 19 Klicks (Adventure Sports) nach links gedreht, sodass die Körnermarkierungen der Schraube und des Ausgleichsbehälters fluchten.

14.6 Einstellknopf zum Verändern der Federvorspannung am Stoßdämpfer

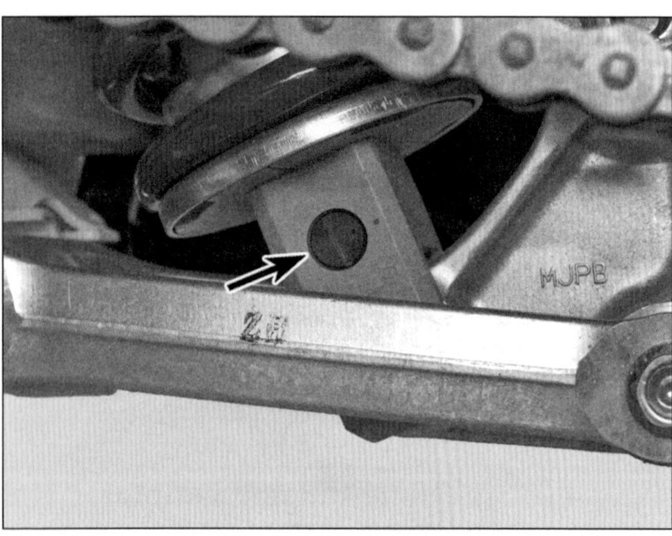

14.7 Einstellschraube für die Zugdämpfung

14.8 Einstellschraube für die Druckdämpfung

Kapitel 6
Bremsen, Räder und Endantrieb

Inhalt (in alphabetischer Reihenfolge, die Zahlen geben die Nummerierung in den grauen Feldern wieder)

Schwierigkeitsgrade

Leicht. Für Anfänger mit wenig Erfahrung geeignet. 

Relativ leicht. Für Anfänger mit etwas Erfahrung geeignet. 

Relativ schwierig. Geeignet für geübte Selbstschrauber. 

Schwer. Geeignet für Selbstschrauber mit viel Erfahrung.

Sehr schwer. Geeignet für Experten und Profis. 

Technische Daten

Bremsen

Bremsflüssigkeit . . . DOT 4

Bremsscheiben

Bremsscheibenstärke
- Vorderradbremse
  - Standard . . . 4,5 mm
  - Verschleißgrenze (min.) . . . 3,5 mm
- Hinterradbremse
  - Standard . . . 6,0 mm
  - Verschleißgrenze (min.) . . . 5,0 mm

Bremsscheiben-Verzug (max.)
- Vorderrad . . . 0,2 mm
- Hinterrad . . . 0,3 mm

ABS

Radsensor-Abstand zu Sensorring
- Vorderrad . . . 0,4 bis 1,15 mm
- Hinterrad . . . 0,4 bis 1,06 mm

Räder

Seitenschlag (axial) (max.) . . . 1,0 mm
Höhenschlag (radial) (max.) . . . 1,0 mm
Achsen-Verzug (max.) . . . 0,2 mm

Reifen

Luftdruck . . . siehe *Tägliche Kontrollen*

Reifengrößen*	
Vorderrad	90/90-21 MC (54H)
Hinterrad	150/70-R 18 MC (70H)

** Beachten Sie die Eintragungen in Ihren Fahrzeugpapieren und der Bedienungsanleitung, wenden Sie sich im Zweifel an einen Honda-Händler, einen Reifenhändler, den TÜV oder die DEKRA.*

Endantrieb

Ketten-Typ	DID 525 HV3-130ZB (124 Glieder)
Antriebsketten-Durchhang	
Standardmodelle	35 bis 45 mm
Adventure Sports	45 bis 55 mm
Kettenrad-Größen (Anzahl der Zähne)	vorn 16, hinten 42 Zähne

Anzugsdrehmomente

	Nm
ABS-Sensorschraube	10
ABS-Sensorring-Schrauben	7
Bremsbelagstift (Hinterrad)	17
Bremsrohr-Muttern	14
Bremssattel-Entlüftungsventile	5,5
Bremsscheiben-Schrauben	
Vorderrad	20
Hinterrad	42
Bremsschlauch-Anschlussschrauben	34
Fußbremszylinder-Schrauben	14
Handbremszylinder-Klemmschrauben	10
Hinterachsmutter	100
Hinterradbremssattel – hinterer Gleitbolzen	22
Kettenblatt-Muttern	100
Motorritzel-Schraube	54
Parkbremszylinder-Schrauben	31
Vorderachsmutter	60
Vorderachsen-Klemmschraube	22
Vorderradbremssattel-Befestigungsschrauben	45
Vorderradbremssattel-Gehäuseschrauben	27

1 Allgemeine Informationen

1 Alle Modelle sind mit Drahtspeichenrädern ausgerüstet, die nur mit Schlauchreifen samt Schläuchen bestückt werden dürfen.
2 Vorn und hinten verzögern hydraulisch betätigte Scheibenbremsen die Räder. Modelle mit Doppelkupplungsgetriebe (DCT) verfügen am Hinterrad zusätzlich über einen per Seilzug aktivierten Parkbremsen-Sattel.
3 Vorn wirken zwei radial montierte Vierkolben-Festsättel auf zwei 310 mm große schwimmend gelagerte Bremsscheiben, während die fest verschraubte hintere Bremsscheibe (256 mm Durchmesser) von einem Einkolben-Schwimmsattel umgriffen wird.
4 Ein Anti-Blockier-System (ABS) war anfangs optional, später serienmäßig erhältlich.
5 Der Antrieb des Hinterrades erfolgt über eine Dichtringkette, im Hinterrad sitzt ein Ruckdämpfer.

Achtung: Scheibenbremsen-Bauteile erzwingen selten eine Demontage. Zerlegen Sie keine Komponenten, wenn es nicht unbedingt nötig ist. Wenn die Wirkung einer Hydraulik-Bremsanlage schwach wird, muss das betreffende System demontiert, entleert, gereinigt und dann sorgfältig gefüllt und entlüftet werden. Innereien der Bremsen dürfen keinesfalls mit Lösungsmitteln gereinigt werden, da hierdurch die Dichtungen quellen und zerstört werden. Verwenden Sie zum Reinigen nur frische DOT-4-Bremsflüssigkeit. Passen Sie beim Arbeiten mit Bremsflüssigkeit besonders auf, sie nicht in die Augen zu bekommen. Auch Lack und Plastikteile sind gefährdet.

2 Vorderrad-Bremsbeläge

Anmerkung: *Honda empfiehlt, die Bremssattel-Schrauben nach jeder Demontage durch Neuteile zu ersetzen, da diese mit einer Sicherungs-Beschichtung versehen sind. Falls keine neuen Schrauben zur Verfügung stehen, müssen die Gewinde der alten Schrauben gereinigt und mit mittelfester Sicherungspaste (Loctite) bestrichen werden.*

Achtung: Betätigen Sie nicht die Bremse, solange der Bremssattel von der Bremsscheibe befreit ist!

1 Zur Verbesserung des Zugangs kann die Abdeckung der Schutzblechstrebe entfernt werden (siehe Abbildung).
2 Lösen Sie die zwei Bremssattel-Schrauben und ziehen Sie den Sattel von der Bremsscheibe (siehe Abbildung).
3 Schieben Sie einen Bremsbelag zur Mitte, bis die Laschen an seinen Enden aus den Nuten des Bremssattel befreit sind, und entnehmen Sie den Belag (siehe Abbildung) – wiederholen Sie dies mit dem anderen Bremsbelag. Falls der Platz für den Ausbau des ersten Bremsbelags nicht ausreicht, müssen die Bremsbeläge auseinander gehebelt werden, um die Kolben in ihre Bohrungen zu drücken.
4 Kontrollieren Sie die Oberflächen der Beläge auf Verunreinigungen und prüfen Sie, ob die Belagmaterial-Stärke noch nicht unter der Verschleißmarkierung liegt (siehe Kapitel 1, Sektion 6). Ersetzen Sie alle Beläge der gesamten Vorderradbremse immer als Satz, auch wenn nur einer nahe oder unterhalb der

2.1 Lösen Sie die Schraube, befreien Sie die Clips und entnehmen Sie die Streben-Abdeckung.

2.2 Lösen Sie die zwei Bremssattel-Schrauben und ziehen Sie den Sattel ab.

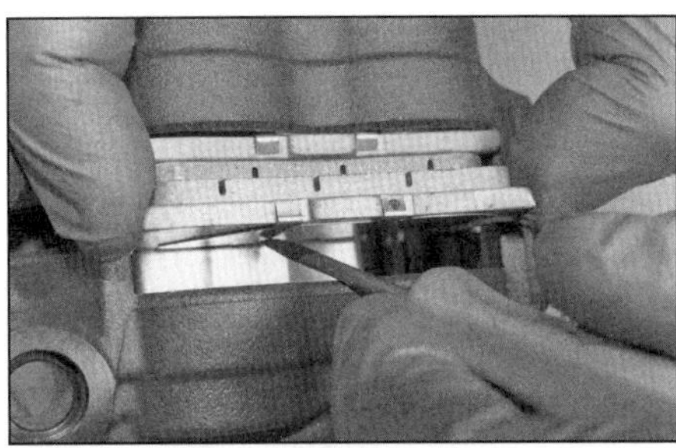

2.3 Schieben Sie einen Bremsbelag zur Mitte, um die Laschen an seinen Enden aus den Nuten des Bremssattel zu befreien.

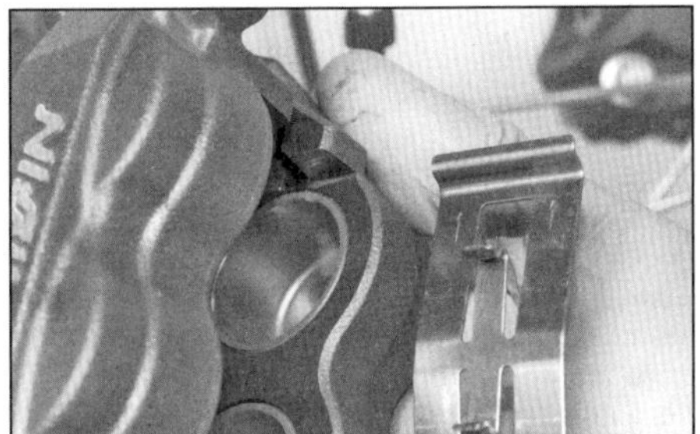

2.6a Befreien Sie nötigenfalls die Belagfeder.

2.6b Drücken Sie die Kolben mithilfe einer der beschriebenen Methoden in den Bremssattel.

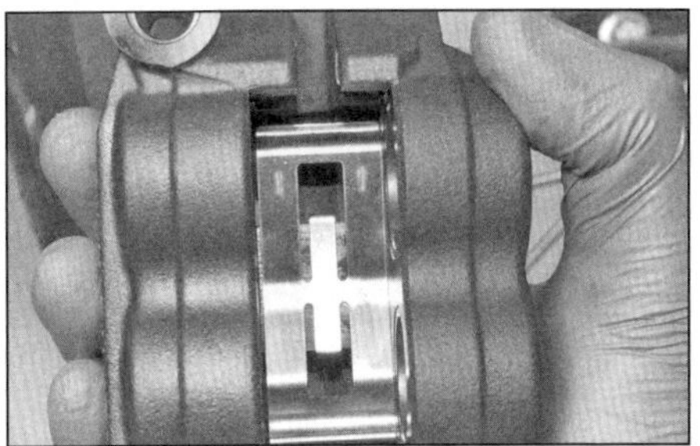

2.9a Die Belagfeder muss sauber...

2.9b ...und korrekt ausgerichtet sein.

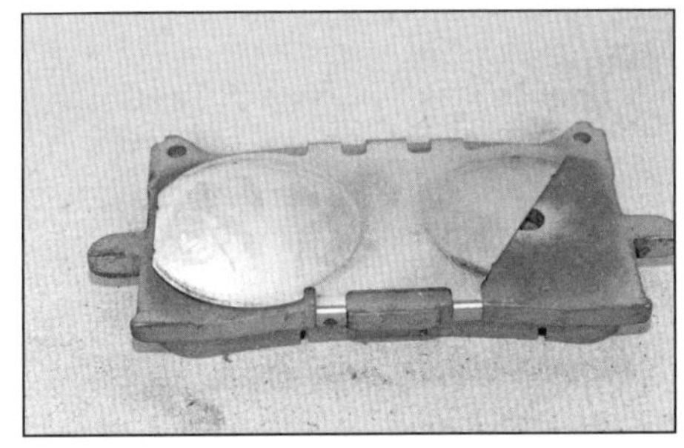

2.10 Die Bremsbeläge müssen ggf. mit den korrekt sitzenden Blechen ausgerüstet sein.

Verschleißgrenze liegt. Falls ein Belag ungleichmäßig verschlissen ist, weist dies auf einen klemmenden Kolben hin (Schritte 6 und 7). Außerdem müssen die Bremsbeläge ersetzt werden, wenn sie mit Öl oder Fett verschmutzt, stark eingekerbt oder durch Schmutz oder Sand beschädigt wurden.

Anmerkung: *Es ist kaum möglich, Bremsbeläge vollständig zu entfetten – wenn sie in irgendeiner Weise verunreinigt sind, müssen sie ersetzt werden.*

5 Wenn die Bremsbeläge in gutem Zustand sind, werden Sie mit einer vollkommen fett- und ölfreien feinen Drahtbürste sorgfältig gereinigt. Arbeiten Sie mit einem spitzen Werkzeug eingearbeitete Partikel aus dem Material und schleifen Sie verglaste Stellen mit Schmirgelleinen ab. Leichte Verunreinigungen können mit Bremsenreiniger-Spray behandelt werden.

6 Befreien Sie nötigenfalls die Belagfeder aus dem Bremssattel – merken Sie sich die Einbaulage (siehe Abbildung). Reinigen Sie die freiliegenden Bereiche der Kolben, damit ihre Dichtungen nicht durch Ablagerungen beschädigt werden können. Falls neue Bremsbeläge installiert werden sollen, müssen für deren Platzbedarf die Kolben vollständig in den Sattel gedrückt werden; soweit die alten Bremsbeläge weiterverwendet werden sollen, reicht es, die Kolben ein kleines Stück einzudrücken. Drücken Sie die Kolben möglichst von Hand ein, verwenden Sie nötigenfalls ein Stück Holz als Hebel oder beschaffen Sie ein spezielles Bremskolben-Rückstellwerkzeug. Es kann nötig sein, den Deckel des Handbremsen-Ausgleichsbehälters samt Platte und Manschette entfernen zu müssen, damit etwas Bremsflüssigkeit abgesaugt werden kann (siehe Sektion 11). Falls sich die Kolben sehr schwierig zurückdrücken lassen, muss die Kappe des Entlüftungsventils entfernt, ein Schlauch auf das Ventil gesteckt und sein anderes Ende in einen Sammelbehälter gehalten werden; öffnen Sie das Ventil und versuchen Sie erneut, die Kolben einzudrücken – achten Sie darauf, keine Luft ins Bremssystem zu saugen, da es dann entlüftet werden muss (siehe Sektion 11). Sobald die Kolben vollständig eingedrückt sind, wird das Ventil geschlossen, der Schlauch abgezogen und die Kappe aufgesteckt.

7 Falls ein Kolben fest sitzt, müssen zunächst die anderen mit Hölzern oder Kabelbindern blockiert werden, um dann durch Betätigen des Bremshebels zu testen, ob sich der Kolben überhaupt bewegt. Falls er sich herausbewegen, aber nicht eindrücken lässt, wird er wahrscheinlich durch versteckte Korrosion behindert. Generell empfiehlt sich bei Problemen mit den Kolben eine Überholung des Bremssattels (siehe Sektion 3).

8 Kontrollieren Sie den Zustand der Bremsscheiben (siehe Sektion 4).

9 Reinigen Sie ggf. die Belagfeder und installieren Sie sie in den Bremssattel – die Pfeile müssen in die normale Drehrichtung der Bremsscheibe zeigen (siehe Abbildungen).

10 Falls die Bremsbeläge mit Geräuschdämm-Blechen ausgerüstet sind, müssen diese korrekt an ihren Rückseiten positioniert sein (siehe Abbildung).

6

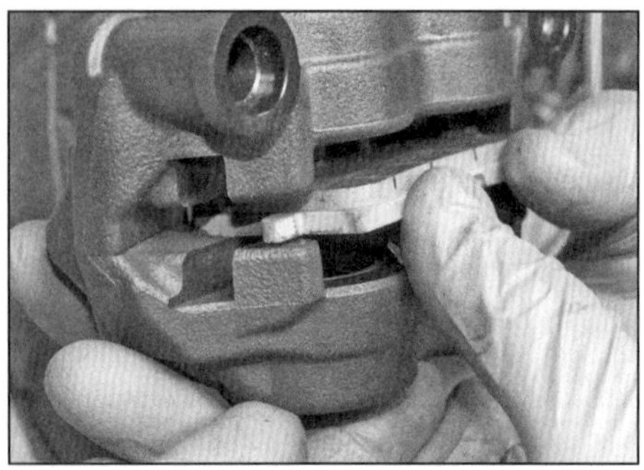

2.11a Installieren Sie die Beläge mit den abgerundeten Rändern nach innen, …

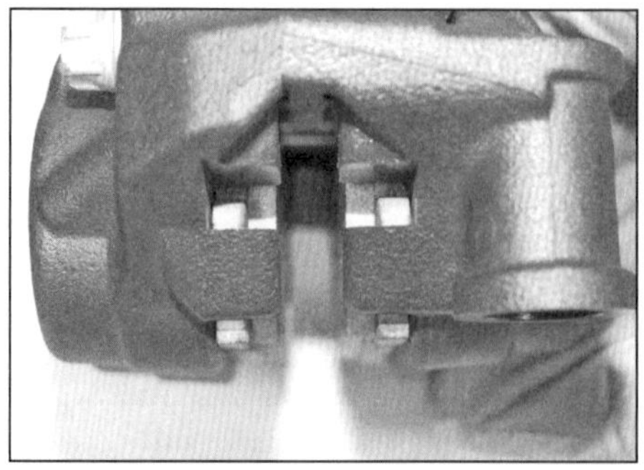

2.11b …sodass ihre flachen Ränder wie gezeigt liegen.

3.1a Lösen Sie die Bremsschlauch-Anschlussschraube…

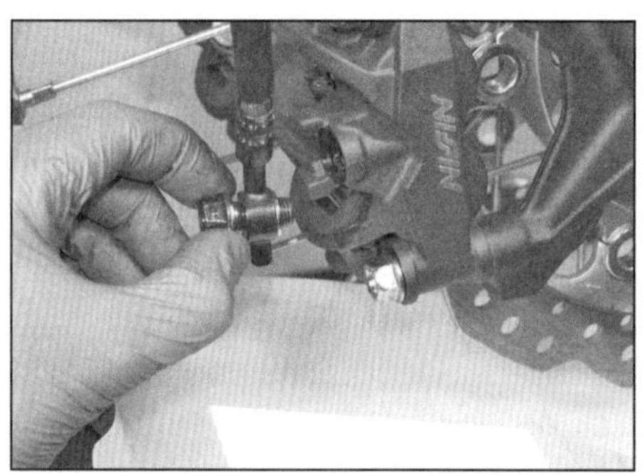

3.1b …und lassen Sie austretende Bremsflüssigkeit in den Behälter abtropfen (es wird nicht viel sein).

3.1c Zum Abdichten des Anschlussauges können eine Schraube samt Mutter und die alten Dichtscheiben…

3.1d …oder eine solche Federklemme mit konischen Gummis verwendet werden.

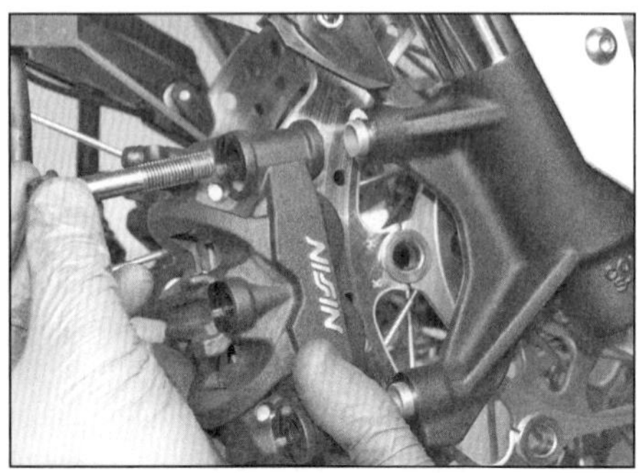

3.2a Lösen Sie die zwei Bremssattel-Schrauben, ziehen Sie den Sattel ab…

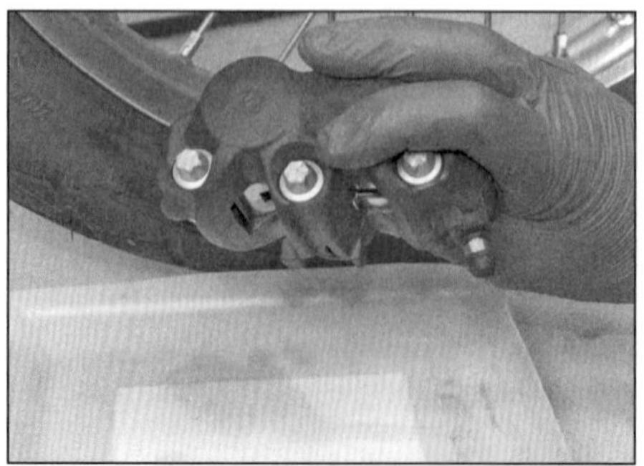

3.2b …und gießen Sie die restliche Bremsflüssigkeit aus.

11 Installieren Sie die Bremsbeläge nacheinander mit den abgerundeten Rändern der Laschen nach oben (und dem Belagmaterial nach innen) zeigend in die Mitte des Bremssattels, drücken Sie sie gegen die Feder und schieben Sie sie über die Laschen zu den Kolben (siehe Abbildungen).

12 Schieben Sie den Bremssattel auf die Bremsscheibe, sodass die Beläge an beiden Seiten liegen (Abbildung 2.2). Installieren Sie entweder neue Bremssattel-Schrauben oder reinigen Sie die Gewinde der alten Schrauben, bestreichen Sie sie mit mittelfester Sicherungspaste *(Loctite)* und ziehen Sie sie mit 45 Nm an.

13 Montieren Sie die Abdeckung der Schutzblechstrebe, positionieren Sie ab Modelljahr 2018 den Schlauch des linken Bremssattels in dessen vorderen Ausschnitt und achten Sie darauf, dass die Clips der Abdeckung korrekt im Schutzblech einrasten (Abbildung 2.1).

14 Betätigen Sie mehrmals den Bremshebel, um die Beläge an die Scheibe zu drücken.

15 Kontrollieren Sie den Bremsflüssigkeitsstand und füllen Sie nötigenfalls auf (siehe *Tägliche Kontrollen*).

16 Prüfen Sie vor der ersten Fahrt die Funktion der Bremse – neue Bremsbeläge entwickeln erst nach einigen sanften Bremsmanövern ihre volle Leistung.

3 Vorderradbremssättel

Warnung: Falls eine Überholung des Bremssattels nötig ist (normalerweise bei Undichtigkeiten oder Funktionsverweigerung), muss jegliche alte Bremsflüssigkeit abgelassen werden. Das Zerlegen, Überholen und Montieren von Bremsenteilen muss auf einer absolut sauberen Arbeitsfläche geschehen, damit keine Fremdkörper in die Bremse gelangen und sie während der Fahrt ausfallen lassen. Verwenden Sie zum Reinigen von Bremsenteilen auf keinen Fall Lösungsmittel auf Petroleumbasis. Benutzen Sie saubere DOT 4-Bremsflüssigkeit, Bremsenreiniger oder Spiritus. Seien Sie bei der Arbeit mit Bremsflüssigkeit äußerst vorsichtig – sie kann ihren Augen schaden und greift Lack und Kunststoff an.

Anmerkung: *Falls ein Bremssattel (z. B. wegen eines klemmenden Kolbens oder Undichtigkeiten) überholt werden soll, muss zunächst die gesamte Sektion durchgelesen und sichergestellt werden, dass alle erforderlichen Ersatzteile sowie frische Bremsflüssigkeit (DOT 4) vorhanden sind.*

Ausbau

Anmerkung: *Honda empfiehlt, die Bremssattel-Schrauben nach jeder Demontage durch Neuteile zu ersetzen, da diese mit einer Siche-*

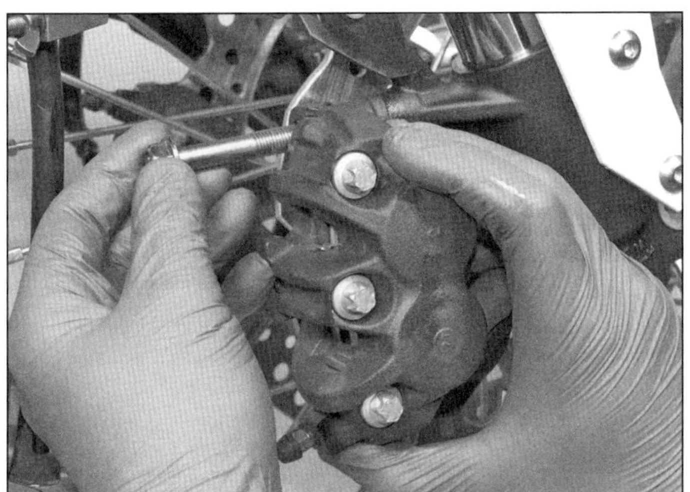

3.3a Montieren Sie den Bremssattel verkehrt herum an seine Aufnahme, ...

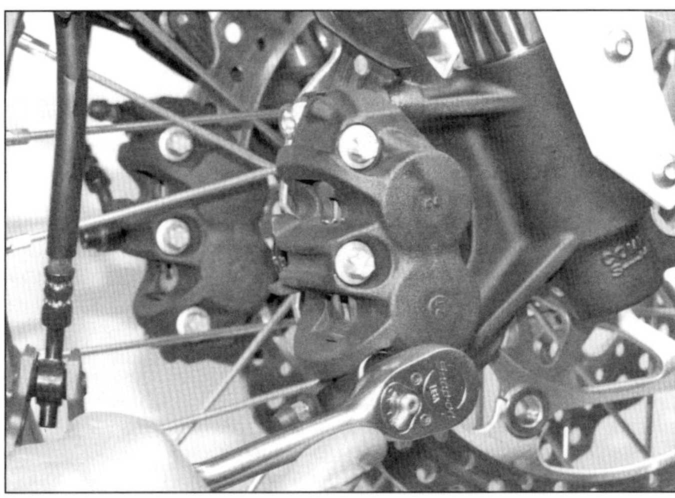

3.3b ... um mit einem E12-Schlüssel die Gehäuseschrauben zu lockern.

rungs-Beschichtung versehen sind. Falls keine neuen Schrauben zur Verfügung stehen, müssen die Gewinde der alten Schrauben gereinigt und mit mittelfester Sicherungspaste (Loctite) bestrichen werden. Zum Lösen und Anziehen der Bremssattel-Gehäuseschrauben wird ein Außentorx-Schlüssel der Größe E12 benötigt.

Achtung: Betätigen Sie nicht die Bremse, solange der Bremssattel von der Bremsscheibe befreit ist!

1 Stellen Sie einen Auffangbehälter unter den Bremssattel, lösen Sie die Bremsschlauch-Anschlussschraube und befreien Sie die Leitung(en) unter Beachtung ihrer Ausrichtung(en) (siehe Abbildungen). Dichten Sie alle Leitung(en) mit Schlauchklemmen oder Schrauben, Muttern und Dichtscheiben oder speziellen Anschlussaugen-Dichtwerkzeugen ab (siehe Abbildungen), alternativ können sie auch mit Frischhaltefolie umwickelt werden. Beim Anschließen werden neue Dichtscheiben benötigt.

2 Lösen Sie die zwei Bremssattelschrauben und ziehen Sie den Sattel von der Bremsscheibe; gießen Sie die restliche Bremsflüssigkeit in den Sammelbehälter (siehe Abbildungen).

Überholung

3 Setzen Sie den Bremssattel verkehrt herum an seine Aufnahme und ziehen Sie die Befestigungsschrauben leicht an, um die Gehäuseschrauben lockern zu können (siehe Abbildungen). Entfernen Sie den Bremssattel wieder.

4 Drehen Sie die Gehäuseschrauben heraus und trennen Sie den Bremssattel. Falls noch nicht geschehen, müssen die Bremsbeläge und die Belagfeder entnommen werden (siehe Abbildungen) – beachten Sie ihre Einbaupositionen.

5 Entnehmen Sie den Dichtring des Bremsflüssigkeits-Kanals (siehe Abbildung).

6 Reinigen Sie den Bremssattel mit Bremsenreiniger und einer alten Zahnbürste o. ä. Markieren Sie die Innenseiten aller Kolben entsprechend ihrer Einbauposition, um sie später wieder korrekt zuordnen zu können.

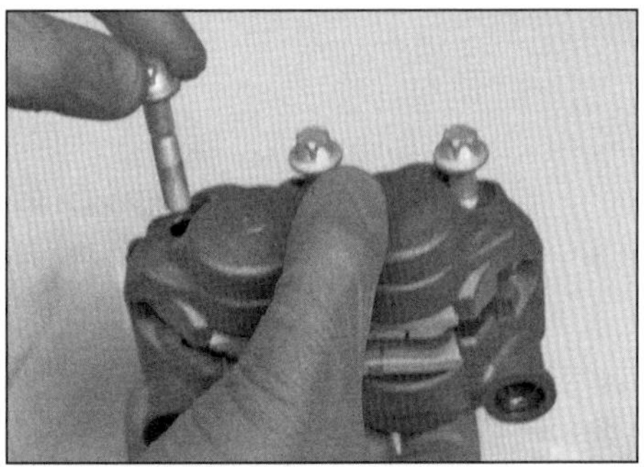

3.4a Entfernen Sie die Schrauben ...

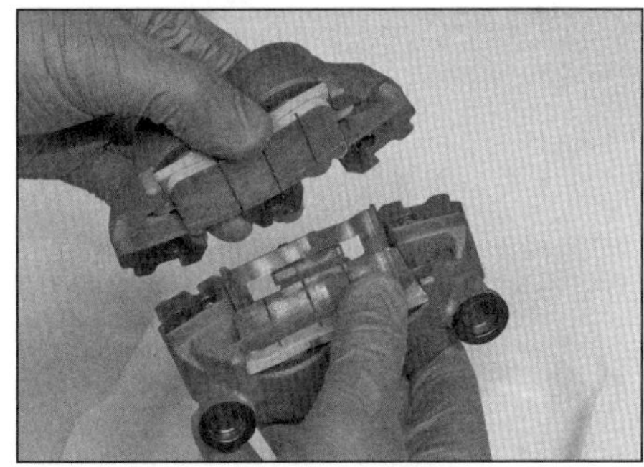

3.4b ... und trennen Sie das Gehäuse.

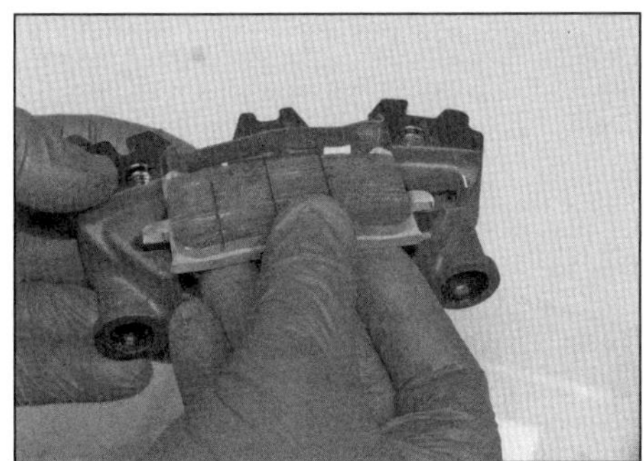

3.4c Entnehmen Sie die Bremsbeläge ...

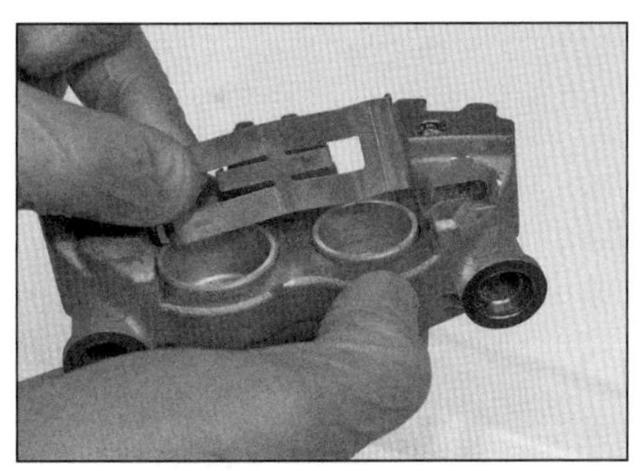

3.4d ... und die Belagfeder.

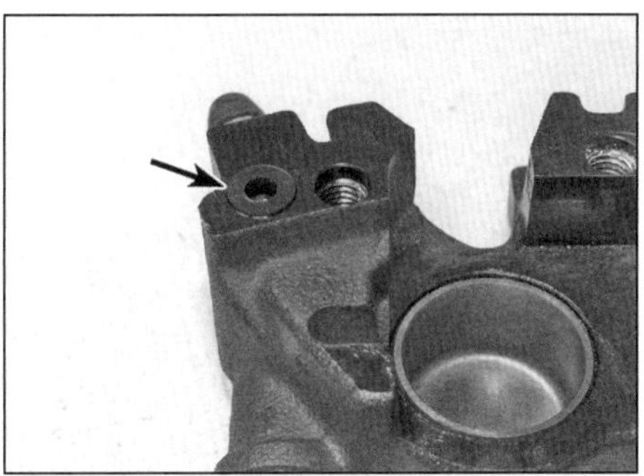

3.5 Dichtring des Bremsflüssigkeits-Kanals

7 Die Kolben können normalerweise mithilfe einer Außenseegerringzange herausgezogen werden, im Fachhandel sind auch spezielle Ausbauwerkzeuge erhältlich (siehe Abbildung) – drehen Sie den Kolben beim Ausbau und achten Sie darauf, dass er nicht verkantet.

Achtung: Versuchen Sie nicht, einen Kolben mit einer außen angesetzten Zange auszubauen – hierbei wird seine empfindliche Oberfläche beschädigt, sodass er später die Dichtungen zerstört!

8 Falls die Kolben von Hand schwierig auszubauen sind, kann Druckluft eingesetzt werden: Legen Sie Lappen über die Kolben und den Bremssattel und setzen am Bremsflüssigkeits-Kanals vorsichtig Druckluft an, bis die Kolben fast herausgedrückt sind – achten Sie darauf, dass sie sich gleichmäßig herausbewegen. Jetzt können die Kolben von Hand entfernt werden.
9 Falls ein (oder mehrere) Kolben fest im Bremssattel sitzt, muss der Bremssattel durch ein Neuteil ersetzt werden.
10 Entfernen Sie mit einem Holz- oder Plastikwerkzeug die Staubdichtungen und die Kolbendichtungen aus den Sattelbohrungen, um diese nicht zu beschädigen (siehe Abbildung). Die Dichtungen müssen auf jeden Fall ersetzt werden.

11 Reinigen Sie Bohrungen und Dichtungsnuten mit Spiritus, Bremsenreiniger oder sauberer Bremsflüssigkeit. Ist (gefilterte und ölfreie) Druckluft vorhanden, werden die Kanäle damit durchgeblasen. Kontrollieren Sie das Bremssattelgehäuse auf Risse und die Zylinderwandungen auf schadhafte Oberflächen.

Achtung: Benutzen Sie zum Reinigen von Bremsenteilen auf keinen Fall Lösungsmittel auf Petroleumbasis!

12 Reinigen Sie die Kolben und kontrollieren Sie sie auf schadhafte Oberflächen. Ersetzen Sie schadhafte Kolben durch Neuteile.
13 Schmieren Sie die neuen Kolbendichtungen mit sauberer Bremsflüssigkeit und setzen Sie sie in die inneren Nuten der Sattelbohrungen (siehe Abbildung).
14 Schmieren Sie die neuen Staubdichtungen mit Silikonpaste und setzen Sie sie in die äußeren Nuten der entsprechenden Bohrung (siehe Abbildungen).
15 Schmieren Sie die Kolben mit Bremsflüssigkeit und setzen Sie sie entsprechend ihrer zuvor markierten Position mit der geschlossenen Seite voran in die Sattelbohrungen, ohne die Dichtungen aus den Nuten zu drücken (siehe Abbildung). Drücken Sie sie mit den Daumen senkrecht bis auf den Boden (siehe Abbildung). Wischen Sie überschüssige Bremsflüssigkeit ab, da sie Schmutz binden würde.

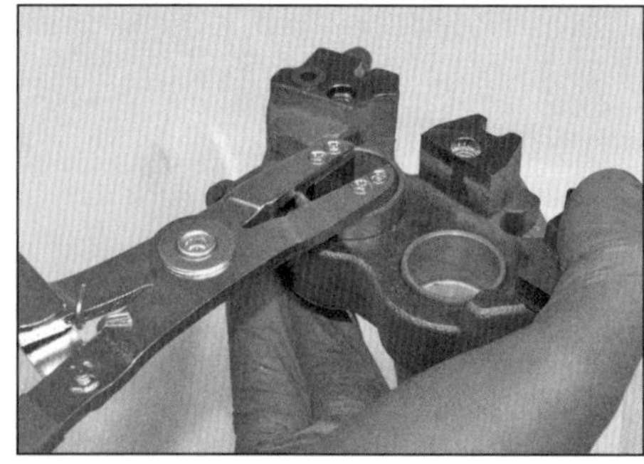

3.7 Einsatz eines speziellen Ausbauwerkzeug zum Ausbau eines Bremssattelkolbens

16 Legen Sie eine neue Dichtring um den Bremsflüssigkeits-Kanal (Abbildung 3.5).
17 Installieren Sie die Bremsbelagfeder mit den Pfeilen in die normale Drehrichtung der Bremsscheibe zeigend (Abbildungen 3.4d sowie 2,9a und b). Installieren Sie die Bremsbeläge (siehe Sektion 2), verbinden Sie die Bremssattel-Hälften und drehen Sie die Schrauben ein. Montieren Sie den Bremssattel verkehrt herum an seine Aufnahme und ziehen Sie die Gehäuseschrauben mit 27 Nm an (Abbildungen 3.4c, b und a).

3.10 Hebeln Sie die Dichtungen vorsichtig heraus.

3.13 Installieren Sie die neuen Kolbendichtungen korrekt in die unteren Nuten.

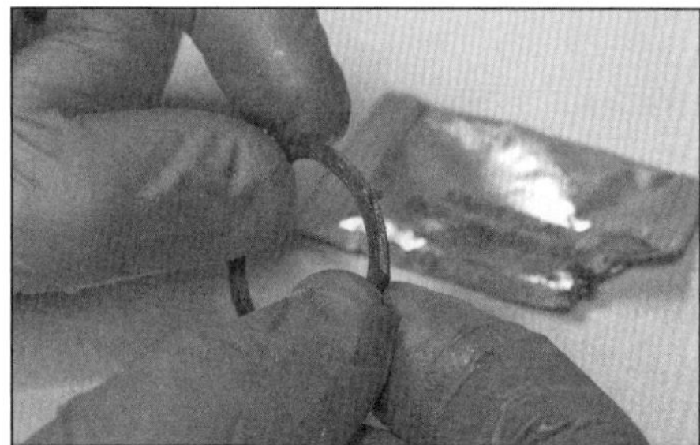

3.14a Schmieren Sie die neue Staubdichtung mit Silikonpaste,...

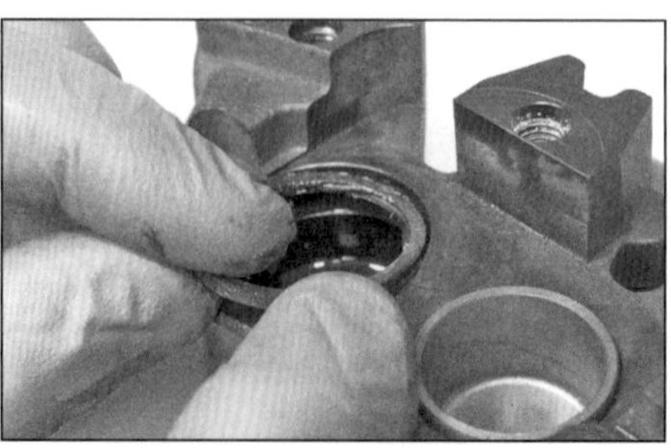

3.14b ...und installieren Sie sie in die vordere Nut.

3.15a Installieren Sie die Kolben in ihre ursprüngliche Bohrungen...

Einbau

18 Schieben Sie den Bremssattel auf die Bremsscheibe – die Beläge müssen an beiden Seiten der Scheibe liegen (Abbildung 3.2a). Installieren Sie entweder neue Bremssattel-Schrauben oder reinigen Sie die Gewinde der alten Schrauben, bestreichen Sie sie mit mittelfester Sicherungspaste *(Loctite)* und ziehen Sie sie mit 45 Nm an.

19 Schließen Sie die Bremsleitungen unter Verwendung neuer Dichtscheiben an – bis Modelljahr 2017 müssen also drei Dichtscheiben (zwei außen an beiden Anschlüssen und eine zwischen ihnen) verwendet werden (siehe Abbildung). Richten Sie die Bremsleitung(en) wie bei der Demontage notiert aus und ziehen Sie die Anschlussschraube mit 34 Nm an (Abbildung 3.1a).

20 Füllen Sie ggf. Bremsflüssigkeit auf und entlüften Sie das System (siehe Sektion 11). Kontrollieren Sie alles auf Undichtigkeit und prüfen Sie vor der ersten Fahrt die Funktion der Bremse.

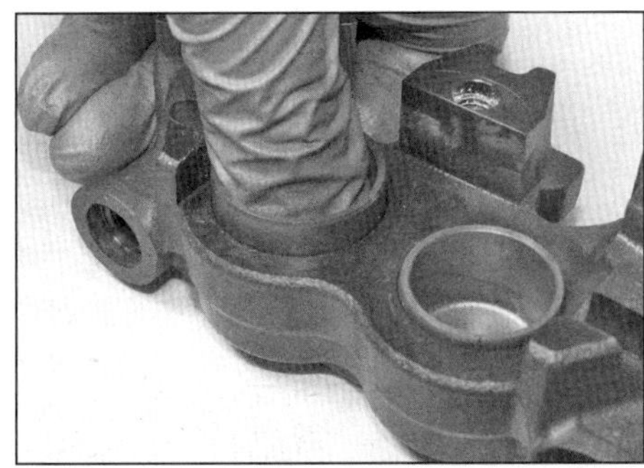

3.15b ... und drücken Sie sie von Hand vollständig ein.

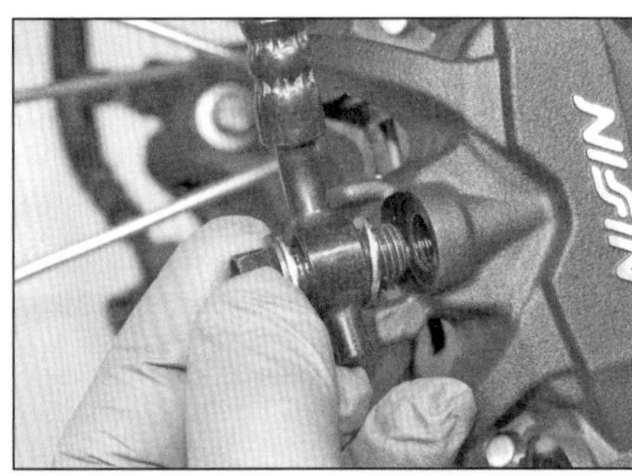

3.19 Verwenden Sie an beiden Seiten (je) des Anschlussauges neue Dichtscheiben.

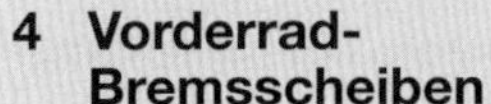

4 Vorderrad-Bremsscheiben

Kontrolle

1 Begutachten Sie den Zustand der Bremsscheiben-Oberfläche auf Kerben und andere Beschädigungen. Leichte Kratzer sind nach Gebrauch normal und behindern nicht die Funktion der Bremse, tiefe Kerben und starker Abrieb reduzieren jedoch die Bremswirkung und erhöhen den Belagverschleiß. Wenn eine Scheibe stark riefig ist, muss sie ersetzt werden.

2 Die Scheibe darf nicht dünner verschlissen sein, als in den technischen Daten und auf der Scheibe selbst als minimaler Toleranzwert angegeben ist (siehe Abbildung). Die Stärke kann in der Mitte des Bremsbelag-Kontaktbereichs mit einer Bügelmessschraube gemessen werden (siehe Abbildung) – messen Sie nicht am Außenrand, wo kein Verschleiß stattfindet. Ersetzen Sie die Bremsscheibe nötigenfalls.

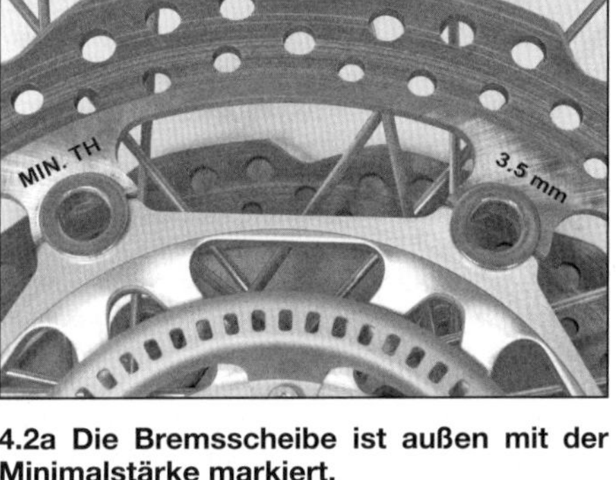

4.2a Die Bremsscheibe ist außen mit der Minimalstärke markiert.

4.2b Messen Sie die Stärke der Bremsscheibe.

4.3 Prüfen Sie den Scheibenverzug mit einer Messuhr.

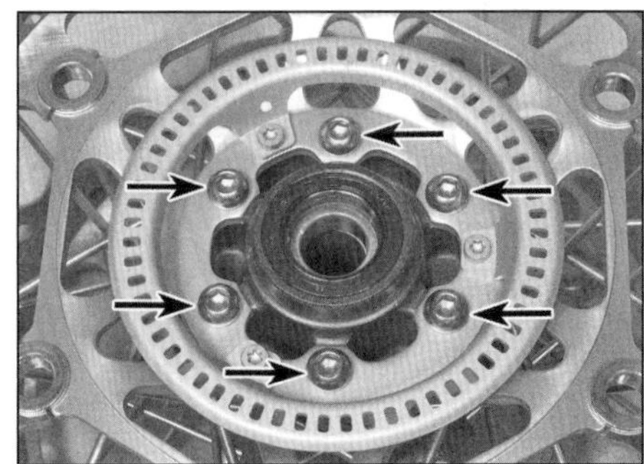

4.5 Vorderrad-Bremsscheiben sind mit 6 Schrauben gesichert (links ist der Sensorring mit 3 Schrauben an der Scheibe gesichert).

3 Um den Scheibenverzug zu kontrollieren, muss das Motorrad so abgestützt werden, dass das Rad nicht den Boden berührt. Befestigen Sie eine Messuhr so an der Gabel, dass der Messdorn die Scheibe etwa 10 mm unter ihrem Außenrand abtasten kann (siehe Abbildung). Drehen Sie das Rad langsam und beobachten Sie die Messuhr-Nadel. Wenn der Schlag größer als 0,2 mm ist, müssen zunächst die Radlager auf erhöhtes Spiel kontrolliert werden (siehe Kapitel 1) – falls sie verschlissen sind, müssen sie ersetzt (siehe Sektion 19) und diese Kontrolle wiederholt werden. Wenn immer noch starker Verzug vorliegt, muss die Scheibe demontiert (Schritte 4 und 5) und ihr Sitz an der Radnabe auf Korrosion überprüft und diese ggf. entfernt werden. Auch kann es helfen, die Bremsscheibe um ein Loch zu versetzen und nach dem Anziehen der Schrauben erneut auf Verzug zu kontrollieren. In den meisten Fällen muss die Bremsscheibe jedoch ersetzt werden – fragen Sie bei einem Fachbetrieb nach, ob es möglich ist, sie überarbeiten zu lassen.

Ausbau

Anmerkung: *Honda empfiehlt, die Bremssattel-Schrauben nach jeder Demontage durch Neuteile zu ersetzen, da diese mit einer Sicherungs-Beschichtung versehen sind. Falls keine neuen Schrauben zur Verfügung stehen, müssen die Gewinde der alten Schrauben gereinigt und mit mittelfester Sicherungspaste (Loctite) bestrichen werden.*

4 Bauen Sie das Rad aus (siehe Sektion 17). Legen Sie die Felge auf Hölzern ab (Legen Sie das Rad niemals auf die untere Bremsscheibe!), sodass die zu bearbeitende Bremsscheibe oben liegt. Demontieren Sie links ggf. den Sensorring (siehe Sektion 14).

5 Wenn die alte Scheibe wiederverwendet werden soll, muss ihre Einbaulage am Rad markiert werden, sodass sie in der ursprünglichen Position und an der gleichen Seite wieder montiert werden kann. Lösen Sie die Bremsscheibenschrauben schrittweise über Kreuz, um ein Verziehen der Bremsscheibe zu vermeiden. Heben Sie die Scheibe vom Rad (siehe Abbildung).

Einbau

6 Stellen Sie vor der Montage der Bremsscheibe sicher, dass sich auf ihrem Sitz weder Korrosion noch Schmutz abgelagert haben, da hierdurch die Scheibe nicht flach aufliegt und beim Bremsen ein Rubbeln verursacht und/ oder verzieht. Links auf der Bremsscheibe muss auch der Sitz des Sensorrings sauber sein.

7 Bauen Sie die Scheibe so an das Rad, dass die eingeschlagenen Beschriftungen außen liegen (Abbildung 4.2a) und – falls Sie die originale Bremsscheibe installieren – die zuvor angebrachten Markierungen zur Radnabe ausgerichtet sind.

8 Verwenden Sie neue Schrauben oder reinigen Sie die Gewinde der alten Bremsscheiben-Schrauben und tragen Sie mittelfeste Sicherungspaste *(Loctite)* auf, bevor sie schrittweise und über Kreuz bis zum Drehmoment von 20 angezogen werden. Reinigen Sie die Bremsscheiben mit Aceton oder Bremsenreiniger. Falls eine neue Bremsscheibe verwendet wird, muss deren Schutzüberzug entfernt werden – zudem sind neue Bremsbeläge zu montieren.

9 Montieren Sie bei Modellen mit ABS den Sensorring (siehe Sektion 14).

10 Bauen Sie das Rad ein (siehe Sektion 17).

11 Betätigen Sie mehrmals den Bremshebel, um die Beläge an die Scheibe zu drücken. Kontrollieren Sie den Bremsflüssigkeitsstand und füllen Sie nötigenfalls auf (siehe *Tägliche Kontrollen*). Kontrollieren Sie bei Modellen mit ABS den Abstand zwischen dem Sensor und dem Sensorring (siehe Sektion 13).

12 Prüfen Sie vor der ersten Fahrt die Funktion der Bremse – neue Bremsbeläge entwickeln erst nach einigen sanften Bremsmanövern ihre volle Leistung.

5 Handbremszylinder

Warnung: Seien Sie bei der Arbeit mit Bremsflüssigkeit äußerst vorsichtig – sie kann ihren Augen schaden und greift Lack und Kunststoff an! Bedecken Sie bei Arbeiten am Bremssystem stets lackierte Flächen mit Lappen und wischen Sie Spritzer unverzüglich mit Seife und Wasser ab. Halten Sie einen Behälter bereit, um Bremsflüssigkeit hineingießen zu können. Das Überholen von Bremsenteilen muss auf einer absolut sauberen Arbeitsfläche geschehen, damit keine Fremdkörper in die Bremse gelangen und sie während der Fahrt ausfallen lassen. Verwenden Sie zum Reinigen von Bremsenteilen auf keinen Fall Lösungsmittel auf Petroleumbasis; benutzen Sie stattdessen saubere Bremsflüssigkeit, Bremsenreiniger oder Spiritus.

Anmerkung: *Wenn der Geberzylinder (üblicherweise aufgrund schwacher Bremswirkung, Klemmneigung oder Lecks) überholt werden soll, müssen die gesamte Prozedur durchgelesen und alle erforderlichen Ersatzteile einschließlich frischer DOT-4-Bremsflüssigkeit beschafft werden.*

Ausbau

1 Demontieren Sie rechts den Handprotektor und den Rückspiegel (siehe Kapitel 7).

2 Demontieren Sie den Handbremshebel (siehe Kapitel 5). Entfernen Sie den Protektor-Halter.

3 Demontieren Sie den Bremslichtschalter (siehe Kapitel 8).

4 Lockern Sie die Schrauben des Ausgleichsbehälter-Deckels. Lösen Sie die Bremsschlauch-Anschlussschraube und befreien Sie die Leitung unter Beachtung ihrer Ausrichtung (siehe Abbildung). Dichten Sie die Leitung mit einer Schlauchklemme oder einer Schraube samt Mutter und Dichtscheiben oder speziellen Anschlussaugen-Dichtwerkzeugen ab (Abbildungen 3.1c oder d), alternativ kann sie auch mit Frischhaltefolie umwickelt werden. Beim Anschließen werden neue Dichtscheiben benötigt.

5 Lösen Sie die zwei Handbremszylinder-Klemmschrauben – die untere sichert ggf. auch den Kabelhalter – und entnehmen Sie das Klemmstück (siehe Abbildung). Heben Sie den Handbremszylinder ab (siehe Abbildung).

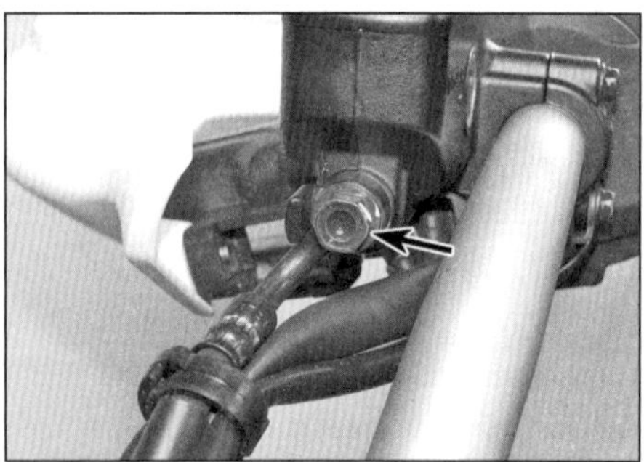

5.4 Bremsleitungs-Anschlussschraube am Handbremszylinder

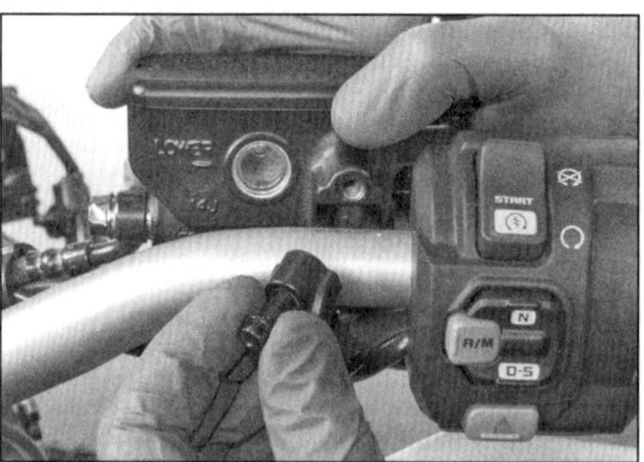

5.5 Lösen Sie die Schrauben, entnehmen Sie das Klemmstück und heben Sie den Handbremszylinder ab.

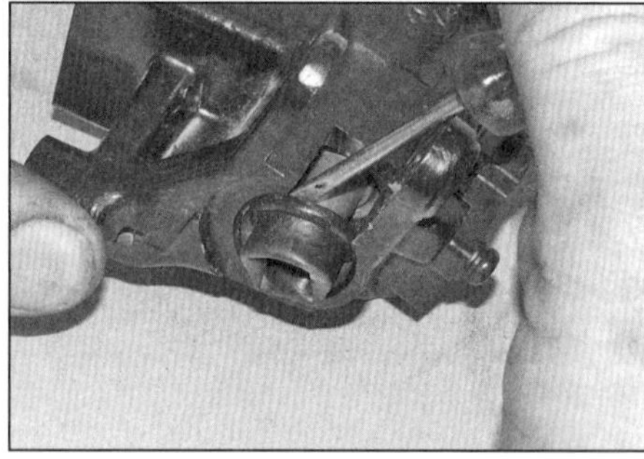

5.7 Befreien Sie die Staubkappe aus dem Handbremszylinder.

5.8a ...drücken Sie den Kolben ein, entfernen Sie den Seegerring...

5.8b ...und ziehen Sie ihn samt Feder heraus.

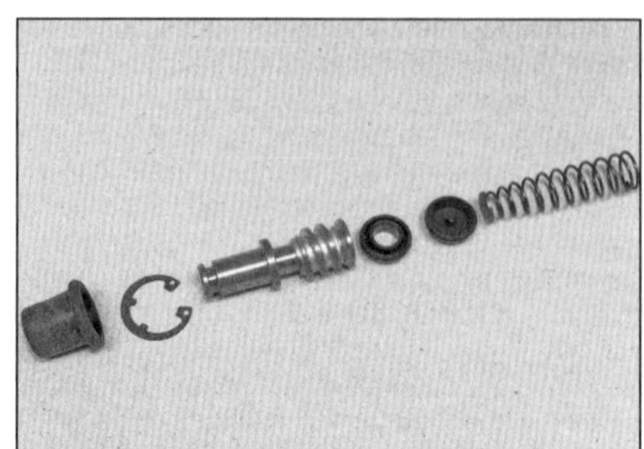

5.11 Handbremszylinder-Reparaturset

6 Entfernen Sie den Ausgleichsbehälter-Deckel samt Platte und Manschette und gießen Sie die Bremsflüssigkeit in den Sammelbehälter. Wischen Sie Flüssigkeitsreste mit einem sauberen Lappen aus dem Reservoir.

Überholen

7 Entfernen Sie die Staubkappe aus der Zylinderbohrung (siehe Abbildung).

8 Der Kolben ist mit einem Seegerring gesichert – drücken Sie ihn ein, um den Seegerring mit einer entsprechenden Zange zu entfernen. Ziehen Sie dann den Kolben samt Feder heraus (siehe Abbildungen).

9 Reinigen Sie den Bremszylinder und den Ausgleichsbehälter mit frischer Bremsflüssigkeit. Falls gefilterte und ölfreie Druckluft vorhanden ist, sollten damit alle Kanäle durchgeblasen werden.

Achtung: Benutzen Sie zum Reinigen von Bremsenteilen unter keinen Umständen Lösungsmittel auf Petroleumbasis!

10 Inspizieren Sie die Bremszylinderbohrung auf Korrosion, Kerben oder Riefen. Falls defekte Oberflächen vorhanden sind, muss der Handbremszylinder ersetzt werden. Falls der Handbremszylinder verschlissen oder beschädigt ist, müssen auch die Bremssättel kontrolliert werden.

11 Die Druckstange, die Staubkappe, der Seegerring, der Kolben samt Dichtungen sowie die Feder sind im Reparaturset enthalten, alle anderen Bauteile sind separat erhältlich. Benutzen Sie ungeachtet ihres Zustands immer alle Teile des Reparatursets (siehe Abbildung).

12 Falls noch nicht installiert, muss die Dichtung mit der breiteren Seite nach innen zeigend auf den Kolben geschoben werden (siehe Abbildung). Stecken Sie die Kappe mit dem Stift in das schmalere Ende der Feder (siehe Abbildung). Schmieren Sie die Kappe mit frischer Bremsflüssigkeit und stecken Sie die Feder mit der weiten Seite voran in die Bohrung. Schmieren Sie den Kolben und die Dich-

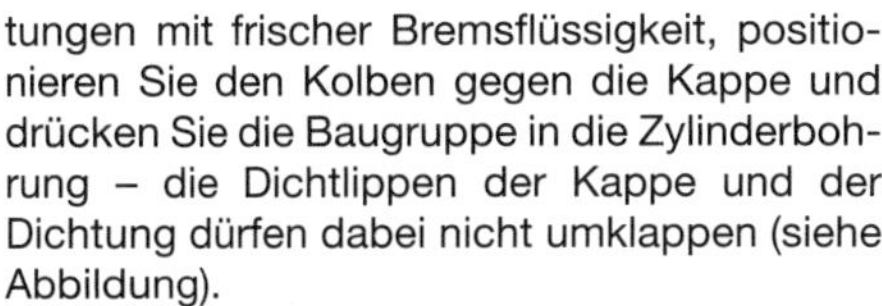

tungen mit frischer Bremsflüssigkeit, positionieren Sie den Kolben gegen die Kappe und drücken Sie die Baugruppe in die Zylinderbohrung – die Dichtlippen der Kappe und der Dichtung dürfen dabei nicht umklappen (siehe Abbildung).

13 Drücken Sie den Kolben gegen die Feder in den Zylinder und installieren Sie den neuen Seegerring in seine Nut. Entlasten Sie den Kolben und prüfen Sie, ob der Seegerring korrekt sitzt (siehe Abbildungen).

14 Drücken Sie vorsichtig den breiten Rand der Staubkappe in den Bremszylinder und richten Sie ihren schmalen Rand in der Nut des Kolbens aus (siehe Abbildungen).

5.12a Die Dichtung muss wie gezeigt auf dem Kolben sitzen.

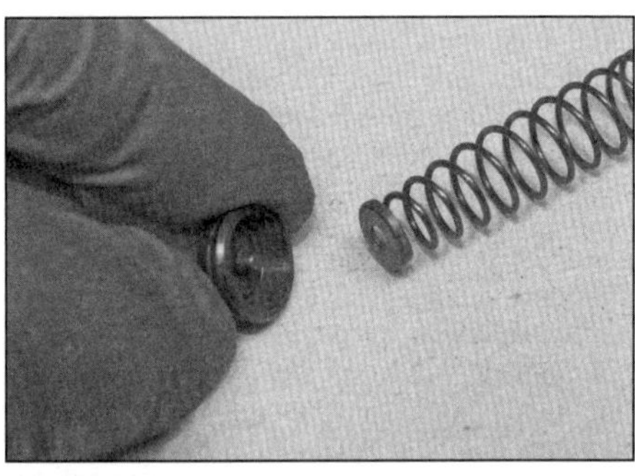

5.12b Positionieren Sie die Kappe an der Feder.

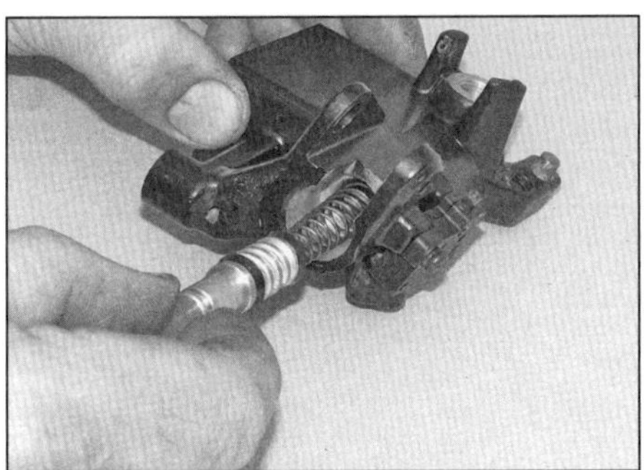

5.12c Schieben Sie die Feder und den Kolben in die Zylinderbohrung.

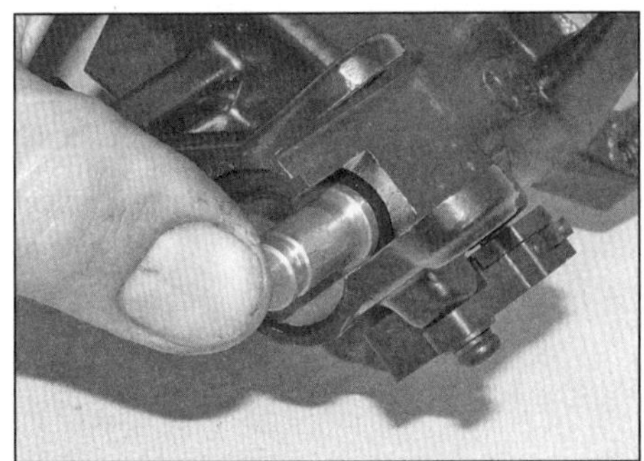

5.13a Drücken Sie den Kolben in seine Bohrung...

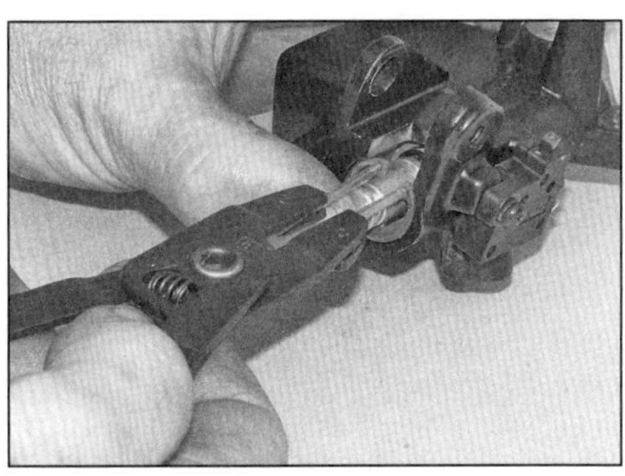

5.13b ...und sichern Sie ihn mit dem Seegerring,...

5.13c ...der nötigenfalls mit einem kleinen Schraubendreher in seine Nut gedrückt werden muss.

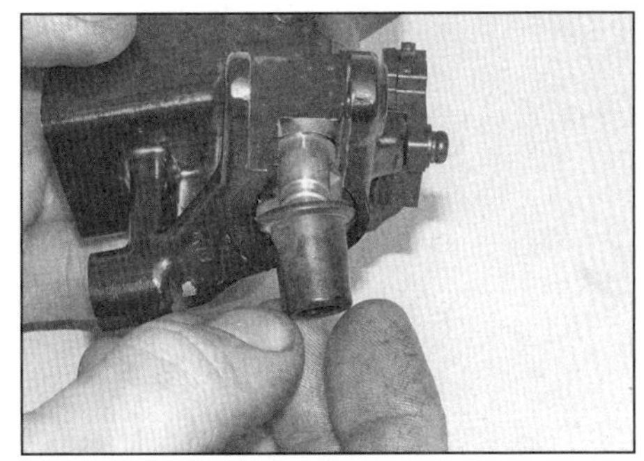

5.14a Installieren Sie die Staubkappe,...

5.14b ...sodass sie wie gezeigt sitzt.

5.15 Richten Sie die Klemmöffnung zur Körnermarkierung am Lenker aus.

Einbau

15 Richten sie den Handbremszylinder mit der Klemmung zur Körnermarkierung oben am Lenker aus. Setzen Sie das Klemmstück mit der »UP«-Markierung nach oben zeigend an (siehe Abbildung) und ziehen Sie zuerst die obere Schraube und dann die untere mit 10 Nm an – vergessen Sie ggf. nicht die Kabelklemme an der unteren Schraube.
16 Schließen Sie ggf. das an beiden Seiten mit neuen Dichtscheiben versehene und korrekt ausgerichtete Bremsleitungsauge an (Abbildung 3.19) und ziehen Sie die Anschlussschraube mit 34 Nm an (Abbildung 5.4).
17 Montieren Sie den Bremslichtschalter (siehe Kapitel 8).
18 Montieren Sie ggf. den Handprotektor-Halter und den Bremshebel (siehe Kapitel 5). Montieren Sie den Handprotektor (siehe Kapitel 7).
19 Füllen Sie DOT 4-Bremsflüssigkeit auf und entlüften Sie die Bremse (siehe Sektion 11).
20 Kontrollieren Sie das System auf Undichtigkeiten und prüfen Sie vor der ersten Fahrt die Funktion der Bremse.

6 Hinterrad-Bremsbeläge

Hydraulikbremse alle Modelle

Anmerkung: *Honda empfiehlt, die Bremssattel-Gleitzapfen nach jeder Demontage durch Neuteile zu ersetzen, da diese mit einer Sicherungs-Beschichtung versehen sind. Falls keine neuen Zapfen zur Verfügung stehen, müssen die Gewinde der alten gereinigt und mit mittelfester Sicherungspaste (Loctite) bestrichen werden.*

Achtung: Betätigen Sie bei demontiertem Bremssattel nicht das Bremspedal!

1 Lösen Sie den Bremsbelagstift (siehe Abbildung).
2 Schrauben Sie den hinteren Gleitzapfen heraus, schwenken Sie den Bremssattel hoch und entnehmen Sie die Bremsbeläge (siehe Abbildungen).
3 Lösen Sie den vorderen Gleitzapfen und heben Sie den Bremssattel von seinem Halter (siehe Abbildung).
4 Ziehen Sie die Hülse aus der Gummimanschette des Bremssattels (siehe Abbildung). Befreien Sie die Gleitzapfen, Manschetten und die Hülse von Korrosion und altem Fett (siehe Abbildung). Falls eine Manschette beschädigt oder spröde ist, muss sie ersetzt werden.
5 Kontrollieren Sie die Oberflächen der Beläge auf Verunreinigungen und prüfen Sie, ob die Belagmaterial-Stärke noch nicht unter der Verschleißmarkierung liegt (siehe Kapitel 1, Sektion 6). Ersetzen Sie beide Beläge der Hinterradbremse immer als Satz, auch wenn nur einer nahe oder unterhalb der Verschleißgrenze liegt. Außerdem müssen die Bremsbeläge ersetzt werden, wenn sie mit Öl oder Fett verschmutzt, stark eingekerbt oder durch Schmutz oder Sand beschädigt wurden.

Anmerkung: *Es ist kaum möglich, Bremsbeläge vollständig zu entfetten – wenn sie in irgendeiner Weise verunreinigt sind, müssen sie ersetzt werden.*

6 Wenn sich die Bremsbeläge in einem guten Zustand befinden, können sie mit einer absolut fettfreien feinen Drahtbürste von Straßen-

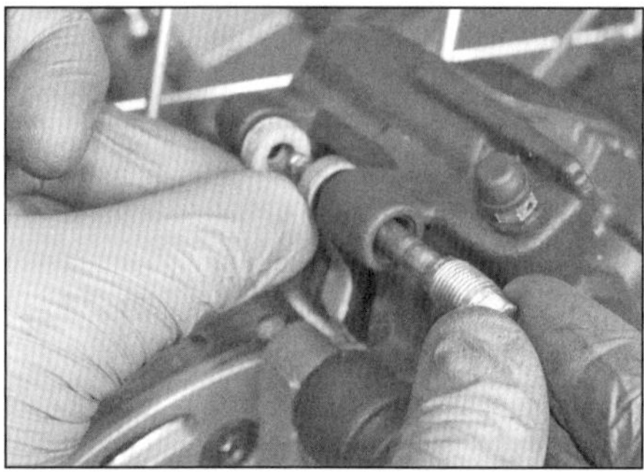

6.1 Schrauben Sie den Bremsbelagstift heraus.

6.2a Lösen Sie den Zapfen, ...

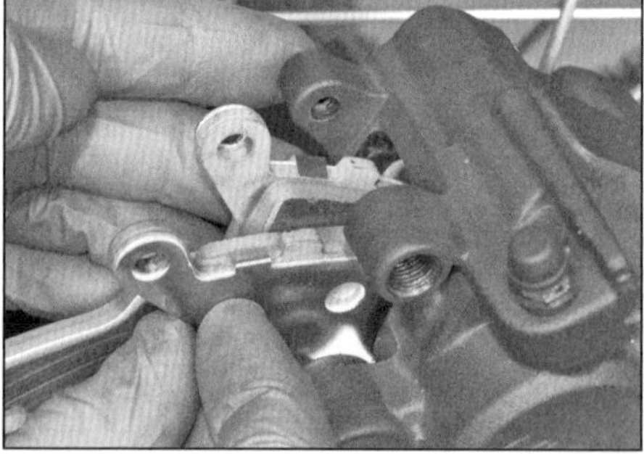

6.2b ... schwenken Sie den Bremssattel hoch und entnehmen Sie die Bremsbeläge.

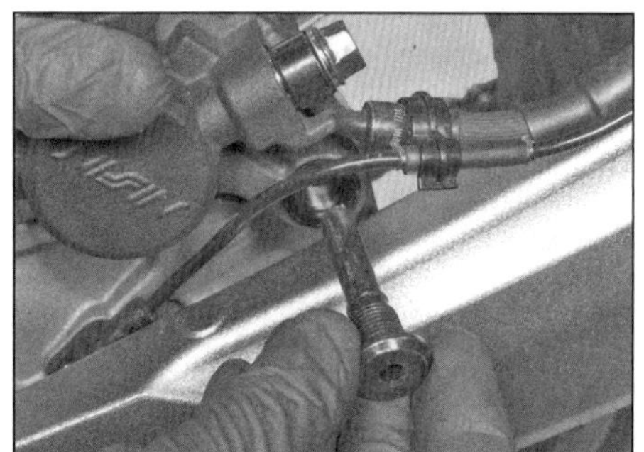

6.3 Lösen Sie den vorderen Gleitzapfen und heben Sie den Bremssattel ab.

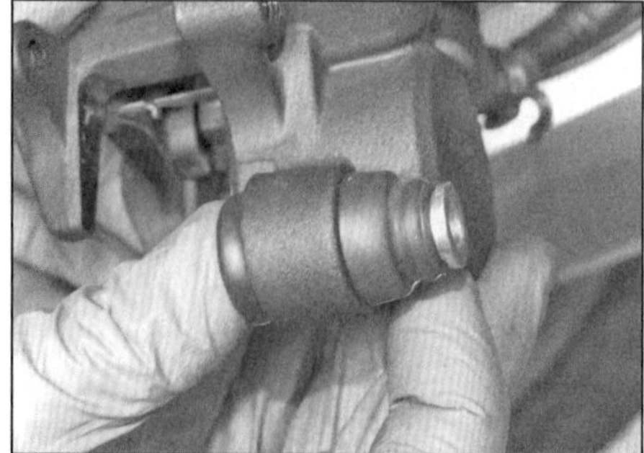

6.4a Ziehen Sie die Hülse heraus und kontrollieren Sie die Manschette des Bremssattels ...

6.4b ... sowie seines Halters.

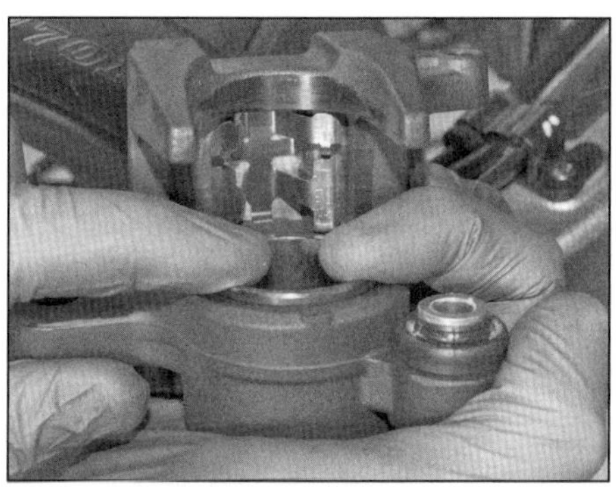

6.7 Drücken Sie den Kolben wie beschrieben ein, um Platz für die neuen Bremsbeläge zu schaffen.

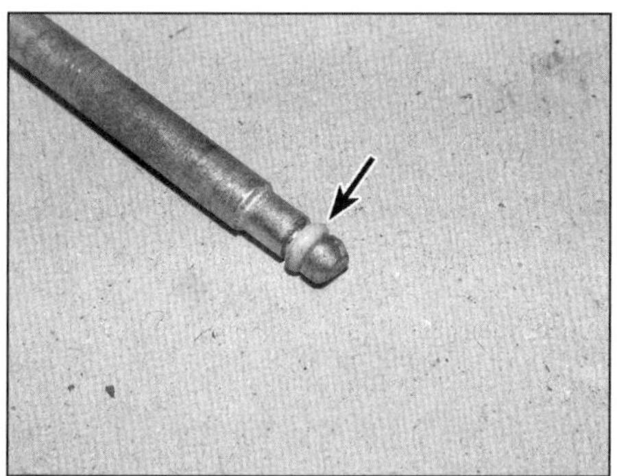

6.9 Anschlagring am Bremsbelagstift

6.11 Die Belagfeder muss sauber sein und korrekt sitzen.

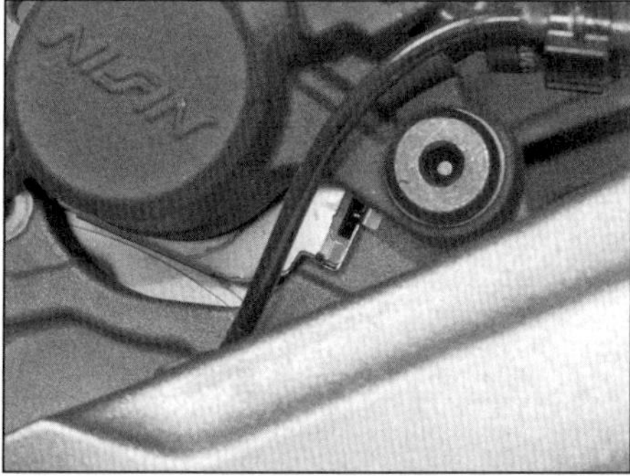

6.13 Die Bremsbeläge müssen korrekt an der Führung des Halters anliegen.

6.19 Bremsbelagstifte der Parkbremse

schmutz und Korrosion befreit werden. Arbeiten Sie eingedrungene Partikel nötigenfalls mit einer Nadel o. ä. heraus. Sprühen Sie die Beläge mit Bremsenreiniger ein.

7 Befreien Sie nötigenfalls die Belagfeder aus dem Bremssattel – merken Sie sich ihre Einbaulage (Abbildung 6.11). Reinigen Sie die freiliegenden Bereiche des Kolbens, damit seine Dichtungen nicht durch Ablagerungen beschädigt werden können. Falls neue Bremsbeläge installiert werden sollen, muss für deren Platzbedarf der Kolben vollständig in den Sattel gedrückt werden; soweit die alten Bremsbeläge weiterverwendet werden sollen, reicht es, den Kolben ein kleines Stück einzudrücken. Drücken Sie den Kolben möglichst von Hand ein (siehe Abbildung), verwenden Sie nötigenfalls ein Stück Holz als Hebel oder beschaffen Sie ein spezielles Bremskolben-Rückstellwerkzeug. Es kann nötig sein, den Deckel des Fußbremsen-Ausgleichsbehälters samt Platte und Membrane entfernen zu müssen, damit etwas Bremsflüssigkeit abgesaugt werden kann (siehe Sektion 11). Falls sich der Kolben sehr schwierig zurückdrücken lässt, muss die Kappe des Entlüftungsventils entfernt, ein Schlauch auf das Ventil gesteckt und sein anderes Ende in einen Sammelbehälter gehalten werden; öffnen Sie das Ventil und versuchen Sie erneut, den Kolben einzudrücken – achten Sie darauf, keine Luft ins Bremssystem zu saugen, da es dann entlüftet werden muss (siehe Sektion 11). Sobald der Kolben vollständig eingedrückt ist, wird das Ventil geschlossen, der Schlauch abgezogen und die Kappe aufgesteckt.

8 Falls der Kolben fest sitzt, muss durch Betätigen des Bremspedals getestet werden, ob sich der Kolben überhaupt bewegt. Falls er sich herausbewegen, aber nicht eindrücken lässt, wird er wahrscheinlich durch versteckte Korrosion behindert. Generell empfiehlt sich bei Problemen mit den Kolben eine Überholung des Bremssattels (siehe Sektion 7).

9 Befreien Sie den Belagstift von Korrosion und kontrollieren Sie ihn auf Verschleiß und Beschädigungen. Kontrollieren Sie den Zustand des am Stift sitzenden Anschlagrings und ersetzen Sie ihn, falls er beschädigt oder verformt ist (siehe Abbildung).

10 Kontrollieren Sie die Bremsscheibe (siehe Sektion 8).

11 Kontrollieren Sie die Belagfeder und installieren Sie sie nötigenfalls wieder in den Bremssattel (siehe Abbildung). Reinigen Sie die Bremsbelagführung am Halter und prüfen Sie, ob sie korrekt sitzt (Abbildung 6.4b).

12 Schmieren Sie den Gleitbereich der Zapfen und die Innenbereiche der Manschetten mit Silikonpaste. Stecken Sie die Hülse in die Bremssattel-Manschette (Abbildung 6.4a). Beschaffen Sie entweder einen neuen vorderen Gleitzapfen oder reinigen Sie das Gewinde des alten und tragen Sie mittelfeste Sicherungsmasse *(Loctite)* auf. Setzen Sie den Bremssattel an den Halter und drehen Sie den vorderen Zapfen zunächst handfest ein (Abbildung 6.3).

13 Installieren Sie die Beläge in den Bremssattel, sodass ihr Belagmaterial zur Bremsscheibe zeigt (Abbildung 6.2b) und die Trägerplatten gegen die Führung des Halters anliegen (siehe Abbildung). Schwenken Sie den Bremssattel über die Beläge herunter. Beschaffen Sie entweder einen hinteren Gleitzapfen oder reinigen Sie das Gewinde des alten und tragen Sie mittelfeste Sicherungsmasse *(Loctite)* auf; drehen Sie den Zapfen zunächst handfest ein (Abbildung 6.2a).

14 Schmieren Sie den Anschlagring des Bremsbelagstifts mit Silikonpaste (Abbildung 6.9). Drücken Sie die Bremsbeläge gegen die Feder hoch, um die Bohrungen auszurichten, führen Sie den Belagstift ein und drehen Sie ihn handfest (Abbildung 6.1).

15 Ziehen Sie den hinteren Gleitzapfen mit 22 Nm und den vorderen sorgfältig an (für ihn gibt es keine Anzugwerte). Ziehen Sie dann den Belagstift mit 17 Nm an.

16 Betätigen Sie mehrmals das Bremspedal, um die Beläge an die Scheibe zu drücken.

17 Kontrollieren Sie den Bremsflüssigkeitsstand und füllen Sie nötigenfalls auf (siehe *Tägliche Kontrollen*).

18 Prüfen Sie vor der ersten Fahrt die Funktion der Bremse.

Parkbremse DCT-Modelle

Anmerkung: *Honda empfiehlt, die Bremssattel-Befestigungsschrauben, die Gleitzapfen und die Belagstifte nach jeder Demontage durch Neuteile zu ersetzen, da diese mit einer Sicherungs-Beschichtung versehen sind. Falls keine Neuteile zur Verfügung stehen, müssen die Gewinde der alten gereinigt und mit mittelfester Sicherungspaste (Loctite) bestrichen werden.*

19 Lockern Sie die Bremsbelagstifte (siehe Abbildung).

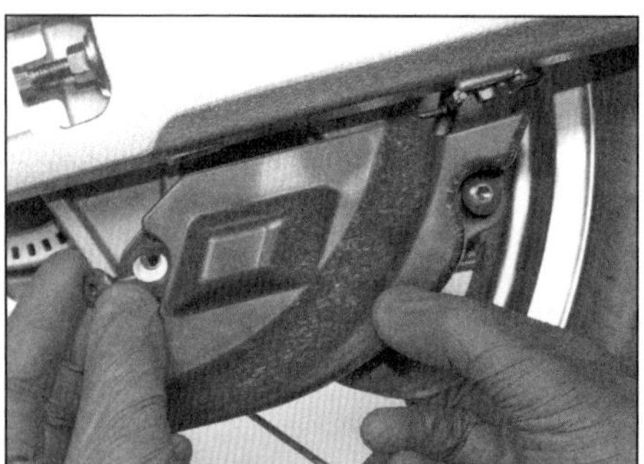

6.20a Lösen Sie die Schrauben und entnehmen Sie die Abdeckung.

6.20b Lockern Sie den Gleitzapfen (Pfeil), lösen Sie die Bremssattel-Befestigungsschrauben und befreien Sie den Bremssattel.

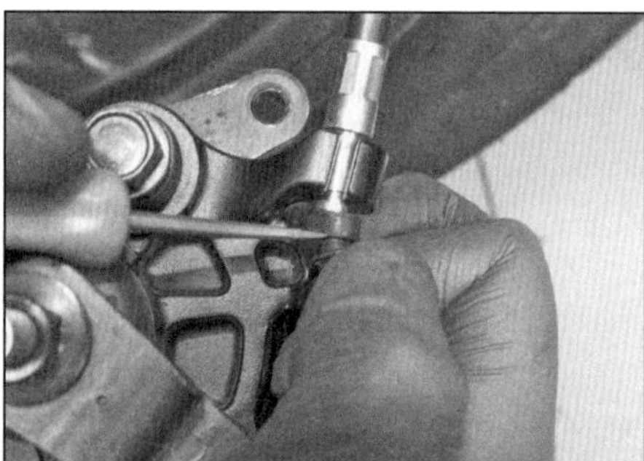

6.20c Ziehen Sie die Gummikappe ab,...

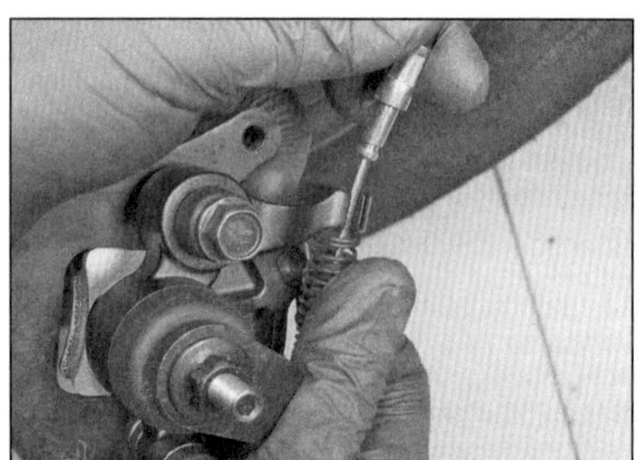

6.20d ...ziehen Sie die Bowdenzughülle aus dem Halter...

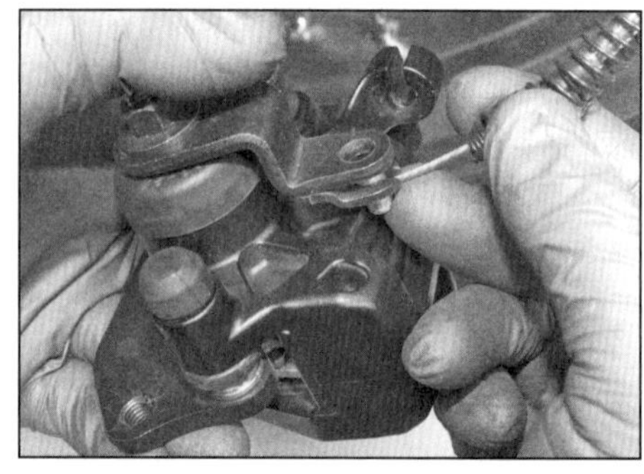

6.20e ...und befreien Sie den Nippel aus dem Hebel.

6.21 Ziehen Sie die Belagstifte heraus und entnehmen Sie die Bremsbeläge.

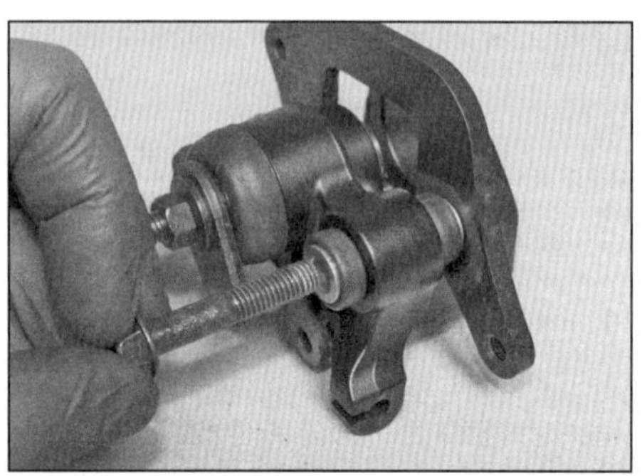

6.22a Lösen Sie den Gleitbolzen...

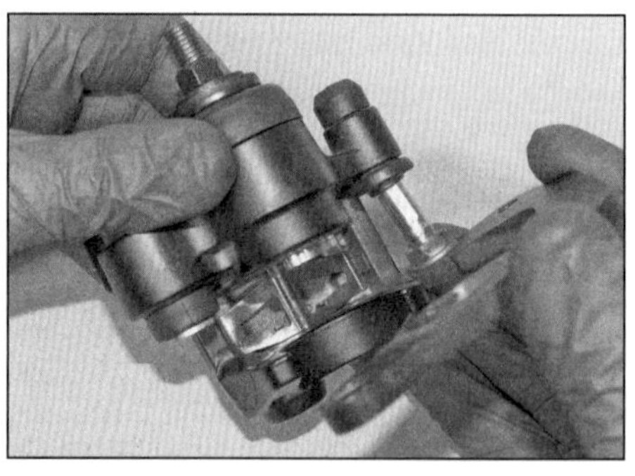

6.22b ...und ziehen Sie den Bremssattel vom Halter.

6.23a Ziehen Sie die Hülse heraus...

20 Entfernen Sie die Bremssattelabdeckung (siehe Abbildung). Lockern Sie den Gleitzapfen, lösen Sie die Bremssattel-Befestigungsschrauben und befreien Sie den Bremssattel von der Bremsscheibe (siehe Abbildungen). Zur Verbesserung des Zugangs kann der Bremszug vom Bremssattel getrennt werden (siehe Abbildungen).
21 Drehen Sie die Belagstifte heraus und entnehmen Sie die Bremsbeläge – beachten Sie ihre Einbaulage (siehe Abbildung).
22 Drehen Sie den Gleitbolzen heraus und ziehen Sie den Bremssattel vom Halter (siehe Abbildungen).
23 Ziehen Sie die Hülse aus der Gummimanschette des Bremssattels (siehe Abbildung). Befreien Sie die Gleitzapfen, Manschetten und die Hülse von Korrosion und altem Fett (siehe Abbildung). Falls eine Manschette beschädigt oder spröde ist, muss sie ersetzt werden.
24 Kontrollieren Sie die Oberflächen der Beläge auf Verunreinigungen und prüfen Sie, ob die Belagmaterial-Stärke noch nicht unter der Verschleißmarkierung liegt (siehe Kapitel 1, Sektion 6). Ersetzen Sie beide Beläge der Parkbremse immer als Satz, auch wenn nur einer nahe oder unterhalb der Verschleißgrenze liegt. Außerdem müssen die Bremsbeläge ersetzt werden, wenn sie mit Öl oder Fett verschmutzt, stark eingekerbt oder durch Schmutz oder Sand beschädigt wurden.

Anmerkung: *Es ist kaum möglich, Bremsbeläge vollständig zu entfetten – wenn sie in irgendeiner Weise verunreinigt sind, müssen sie ersetzt werden.*

25 Wenn sich die Bremsbeläge in einem guten Zustand befinden, können sie mit einer absolut fettfreien feinen Drahtbürste von Straßenschmutz und Korrosion befreit werden. Arbeiten Sie eingedrungene Partikel nötigenfalls mit einer Nadel o. ä. heraus. Sprühen Sie die Beläge mit Bremsenreiniger ein.
26 Befreien Sie nötigenfalls die Belagfeder aus dem Bremssattel – merken Sie sich ihre Einbaulage (Abbildung 6.29). Reinigen Sie die freiliegenden Bereiche des Kolbens, damit sei-

6.23b ... und kontrollieren Sie die Manschetten.

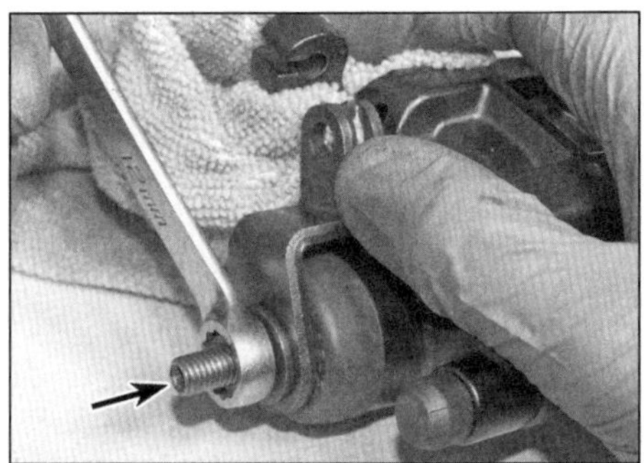

6.26 Lockern Sie die Kontermutter und drehen Sie die Druckstange (Pfeil) heraus, um den Kolben zurückzuziehen.

6.29 Die Belagfeder muss sauber sein und korrekt sitzen.

ne Dichtungen nicht durch Ablagerungen beschädigt werden können. Falls neue Bremsbeläge installiert werden sollen, muss die Kontermutter der Kolben-Druckstange gelockert werden und der Kolben vollständig in den Sattel gedreht werden, um Platz zu schaffen (siehe Abbildung). Soweit die alten Bremsbeläge weiterverwendet werden sollen, reicht es, den Kolben ein kleines Stück einzudrehen.

27 Prüfen Sie, ob sich der Hebel sanft und frei drehen lässt – andernfalls müssen der Kolben und sein Schneckentrieb vollständig gereinigt und kontrolliert werden. Das Überholen des Sattels ist in Sektion 7 beschrieben.

28 Befreien Sie den Belagstift von Korrosion und kontrollieren Sie ihn auf Verschleiß und Beschädigungen.

29 Kontrollieren Sie die Belagfeder und installieren Sie sie nötigenfalls wieder in den Bremssattel (siehe Abbildung).

30 Schmieren Sie den Gleitbereich der Zapfen und die Innenbereiche der Manschetten mit Silikonpaste. Stecken Sie die Hülse in die vordere Manschette (Abbildung 6.23a) und positionieren Sie die äußeren Lippen der Manschetten in den Nuten (siehe Abbildung). Beschaffen Sie entweder einen neuen vorderen Gleitzapfen oder reinigen Sie das Gewinde des alten und tragen Sie mittelfeste Sicherungsmasse *(Loctite)* auf. Setzen Sie den Bremssattel an den Halter und drehen Sie den vorderen Zapfen zunächst handfest ein (Abbildungen 6.22b und a).

31 Installieren Sie die Bremsbeläge mit dem Belagmaterial zueinander zeigend in den Bremssattel (siehe Abbildung). Installieren Sie entweder neue Belagstifte oder reinigen Sie die Gewinde der alten und tragen Sie mittelfeste Sicherungsmasse *(Loctite)* auf. Drücken Sie die Bremsbeläge gegen die Feder hoch, um die Bohrungen auszurichten, führen Sie die Belagstifte ein und drehen Sie sie handfest (Abbildung 6.21).

32 Verbinden Sie ggf. den Bremszug mit dem Bremssattel (Abbildungen 6.20e, d und c).

33 Beschaffen Sie entweder neue Bremssattel-Schrauben oder reinigen Sie das Gewinde der alten und tragen Sie mittelfeste Sicherungsmasse *(Loctite)* auf. Schieben Sie den Bremssattel über die Bremsscheibe und ziehen Sie die Schrauben mit 31 Nm an (Abbildung 6.20b). Ziehen Sie dann den Gleitzapfen mit 22 Nm und die Belagstifte mit 17 Nm an (Abbildung 6.20a).

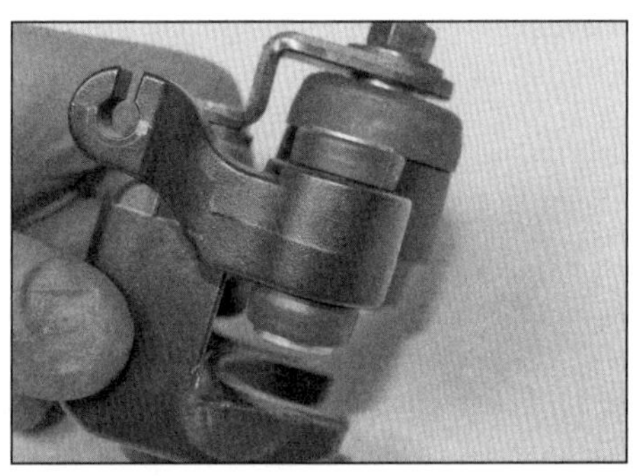

6.30 Die Manschetten-Lippen müssen korrekt sitzen.

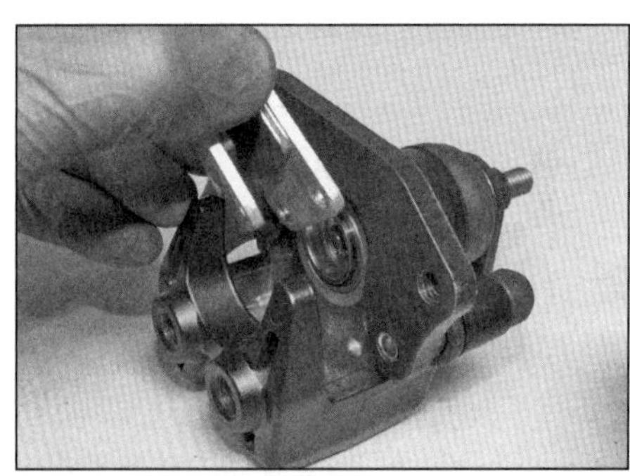

6.31 Positionieren Sie die Bremsbeläge mit dem Belagmaterial zueinander zeigend im Bremssattel.

34 Stellen Sie das Spiel des Bremsbowdenzugs ein (siehe Kapitel 1). Testen Sie die Bremse.

35 Montieren Sie die Bremssattel-Abdeckung (Abbildung 6.19).

7 Hinterradbremssattel

Hydraulikbremssattel alle Modelle

Warnung: Falls eine Überholung des Bremssattels nötig ist (normalerweise bei Undichtigkeiten oder Funktionsverweigerung), muss jegliche alte Bremsflüssigkeit abgelassen werden. Das Zerlegen, Überholen und Montieren von Bremsenteilen muss auf einer absolut sauberen Arbeitsfläche geschehen, damit keine Fremdkörper in die Bremse gelangen und sie während der Fahrt ausfallen lassen. Verwenden Sie zum Reinigen von Bremsenteilen auf keinen Fall Lösungsmittel auf Petroleumbasis. Benutzen Sie saubere DOT 4-Bremsflüssigkeit, Bremsenreiniger oder Spiritus. Seien Sie bei der Arbeit mit Bremsflüssigkeit äußerst vorsichtig – sie kann ihren Augen schaden und greift Lack und Kunststoff an.

Anmerkung: *Falls ein Bremssattel (z. B. wegen eines klemmenden Kolbens oder Undichtigkeiten) überholt werden soll, muss zunächst die gesamte Sektion durchgelesen und sichergestellt werden, dass alle erforderlichen Ersatzteile sowie frische Bremsflüssigkeit (DOT 4) vorhanden sind.*

Ausbau

Achtung: Betätigen Sie nicht die Bremse, solange der Bremssattel von der Bremsscheibe befreit ist!

1 Stellen Sie einen Auffangbehälter unter den Bremssattel, lösen Sie die Bremsschlauch-Anschlussschraube und befreien Sie die Leitung unter Beachtung ihrer Ausrichtung. Dichten Sie die Leitung mit Schlauchklemmen oder Schrauben, Muttern und Dichtscheiben oder speziellen Anschlussaugen-Dichtwerkzeugen ab (Abbildungen 3.1c und d), alternativ kann sie auch mit Frischhaltefolie umwickelt werden. Beim Anschließen werden neue Dichtscheiben benötigt.

7.21a Lösen Sie die Mutter, entnehmen Sie den Hebel...

7.21b ...und ziehen Sie die Gummikappe ab.

7.22a Drehen Sie die Druckstange in den Bremssattel,...

7.22b ...ziehen Sie sie samt Kolben aus dem Schneckentrieb...

7.22c ...und drehen Sie dann diesen heraus.

2 Demontieren Sie den Bremssattel und entnehmen Sie die Bremsbeläge (siehe Sektion 6, Schritte 1 bis 3).

Überholen

3 Entfernen Sie die Belagfeder – beachten Sie ihre Einbaulage (Abbildung 6.11).

4 Reinigen Sie den Sattel mit Bremsenreiniger oder Spiritus mithilfe einer Zahnbürste o. ä.

5 Der Kolben kann normalerweise mithilfe einer Außenseegerringzange herausgezogen werden, im Fachhandel sind auch spezielle Ausbauwerkzeuge erhältlich (Abbildung 3.7) – drehen Sie den Kolben beim Ausbau und achten Sie darauf, dass er nicht verkantet.

Achtung: Versuchen Sie nicht, den Kolben mit einer außen angesetzten Zange auszubauen – hierbei wird seine empfindliche Oberfläche beschädigt, sodass er später die Dichtungen zerstört!

6 Falls der Kolben von Hand schwierig auszubauen ist, kann Druckluft eingesetzt werden: Legen Sie Lappen zwischen den Kolben und den Bremssattel und setzen am Bremsflüssigkeits-Kanals vorsichtig Druckluft an, bis der Kolben fast herausgedrückt ist, dann kann er von Hand entfernt werden.

7 Falls der Kolben fest im Bremssattel sitzt, muss der Bremssattel durch ein Neuteil ersetzt werden.

8 Entfernen Sie mit einem Holz- oder Plastikwerkzeug die Staubdichtung und Kolbendichtung aus den Nuten der Sattelbohrung, um diese nicht zu beschädigen (Abbildung 3.10). Die Dichtungen müssen auf jeden Fall ersetzt werden.

9 Reinigen Sie Bohrung und Dichtungsnuten mit Spiritus, Bremsenreiniger oder sauberer Bremsflüssigkeit. Ist (gefilterte und ölfreie) Druckluft vorhanden, werden die Kanäle damit durchgeblasen. Kontrollieren Sie das Bremssattelgehäuse auf Risse und die Zylinderwandungen auf schadhafte Oberflächen. Reinigen Sie den Kolben und kontrollieren Sie ihn auf schadhafte Oberflächen – ein schadhafter Kolben muss durch ein Neuteil ersetzt werden.

Achtung: Benutzen Sie zum Reinigen von Bremsenteilen auf keinen Fall Lösungsmittel auf Petroleumbasis!

10 Schmieren Sie die neue Kolbendichtung mit sauberer Bremsflüssigkeit und setzen Sie sie in die innere Nut der Sattelbohrungen (Abbildung 3.13).

11 Schmieren Sie die neue Staubdichtung mit Silikonpaste und setzen Sie sie in die äußere Nut der Bohrung (Abbildungen 3.14a und b).

12 Schmieren Sie den Kolben mit Bremsflüssigkeit und setzen Sie ihn mit der geschlossenen Seite voran in die Sattelbohrung, ohne die Dichtungen aus den Nuten zu drücken. Drücken Sie sie mit den Daumen senkrecht bis auf den Boden (Abbildungen 3.15a und b). Wischen Sie überschüssige Bremsflüssigkeit ab, da sie Schmutz binden würde.

13 Reinigen Sie die Bremsbelagfeder und installieren Sie sie korrekt in den Bremssattel (Abbildung 6.11).

Einbau

14 Installieren Sie die Bremsbeläge und den Bremssattel (siehe Sektion 6, Schritte 12 bis 15).

15 Schließen Sie die Bremsleitung an – verwenden Sie dabei unbedingt neue Dichtscheiben (Abbildung 3.19). Richten Sie die Leitung wie beim Trennen notiert aus und ziehen Sie die Anschlussschraube mit 34 Nm an.

16 Füllen Sie ggf. Bremsflüssigkeit auf und entlüften Sie das System (siehe Sektion 11).

17 Prüfen Sie vor der ersten Fahrt die Dichtigkeit und die Funktion der Bremse.

Parkbremse DCT-Modelle

Ausbau

18 Demontieren Sie den Bremssattel und die Bremsbeläge (siehe Sektion 6, Schritte 19 bis 22).

Überholen

19 Entfernen Sie die Bremsbelagfeder unter Beachtung ihrer Einbaulage (Abbildung 6.29).

7.23 Staubdichtung

7.28 Installieren Sie die Gummikappe korrekt in die Nut des Schneckentriebs.

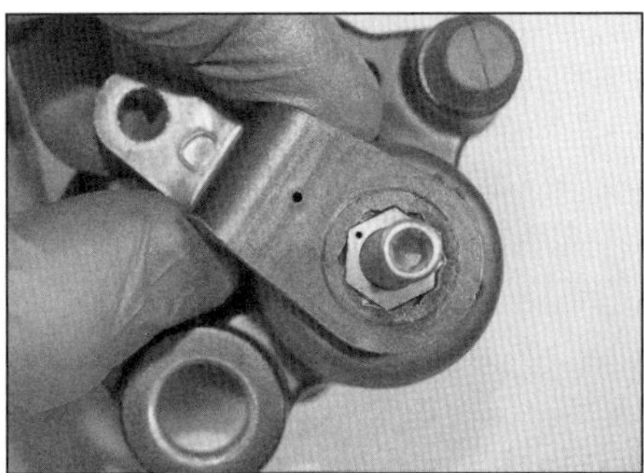

7.29 Richten Sie die Körnermarkierungen des Hebels und des Sechskants zueinander aus.

7.35a Befreien Sie den Parkbremsen-Bowdenzug aus der Führung unten an der Schwinge...

7.35b ...und den Führungen an deren Oberseite.

7.36a Richten Sie alle Schlitze aus, ziehen Sie die Bowdenzughülle aus dem Einsteller...

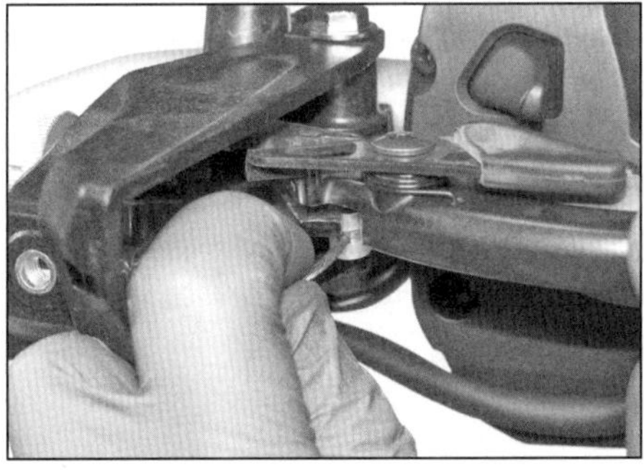

7.36b ...und befreien Sie den Seilzugnippel aus dem Hebel.

20 Reinigen Sie den Sattel mit Bremsenreiniger oder Spiritus mithilfe einer Zahnbürste o. ä.

21 Halten Sie den Hebel, lösen Sie die Kontermutter und entnehmen Sie den Hebel unter Beachtung seiner Einbaulage (siehe Abbildung). Entfernen Sie die Gummikappe (siehe Abbildung).

22 Drehen Sie die Druckstange mithilfe eines Inbusschlüssels im Uhrzeigersinn, ziehen Sie sie samt Kolben aus dem Schneckentrieb und drehen Sie dann diesen heraus (siehe Abbildungen).

23 Befreien Sie die Staubdichtung aus ihrer Nut – verwenden Sie dazu ein Werkzeug, das nicht die Bohrung oder die Nut beschädigt (siehe Abbildung). Beim Einbau wird eine neue Staubdichtung benötigt.

24 Reinigen Sie alle Komponenten. Kontrollieren Sie das Bremssattelgehäuse auf Risse und die Zylinderwandungen auf schadhafte Oberflächen. Beschaffen Sie ggf. einen neuen Bremssattel (dieser ist mit allen Komponenten außer den Bremsbelägen und den Befestigungsschrauben ausgerüstet).

25 Schmieren Sie die neue Staubdichtung mit Silikonpaste und setzen Sie sie in die äußere Nut der Bohrung (Abbildung 7.23).

26 Schmieren Sie den Schneckentrieb mit Silikonpaste und drehen Sie ihn vollständig in den Bremssattel, sodass die Körnermarkierung **gegenüber** der Linie neben der Bohrung liegt; drehen Sie den Schneckentrieb jetzt etwa eine drittel Umdrehung (120°) im Uhrzeigersinn, sodass die Körnermarkierung zur Linie unten am Bremssattel fluchtet.

27 Halten Sie den Schneckentrieb und drehen Sie die Kolben/Druckstangen-Baugruppe vollständig hinein (Abbildungen 7.22b und a).

28 Schmieren Sie die Gummikappe mit Silikonpaste und installieren Sie sie so an den Bremssattel, dass ihre Lippe in der oberen Nut des Schneckentriebs sitzt (siehe Abbildung).

29 Setzen Sie den Hebel so an den Sechskant des Schneckentriebs, dass die Körnermarkierungen fluchten (siehe Abbildung). Sichern Sie den Hebel mit der Kontermutter (Abbildung 7.21a).

30 Reinigen Sie die Belagfeder und installieren Sie sie korrekt in den Bremssattel (Abbildung 6.29).

Einbau

31 Installieren Sie die Bremsbeläge und den Bremssattel und (siehe Sektion 6, ab Schritt 23).

Parkbremsen-Bowdenzug

32 Demontieren Sie den Tank und für einen besseren Zugang auch das Luftfiltergehäuse (siehe Kapitel 4, Sektion 2 und 3). Zur weiteren Verbesserung des Zugangs kann der linke Handprotektor entfernt werden (siehe Kapitel 7, Sektion 15).

33 Erzeugen Sie im Parkbremsen-Bowdenzug maximales Spiel (siehe Kapitel 1, Sektion 6).

34 Demontieren Sie die Parkbremsen-Abdeckung und trennen Sie den Bowdenzug vom Bremssattel (siehe Sektion 6).

35 Ziehen Sie den Bowdenzug nach vorn heraus, befreien Sie ihn dabei aus allen Führungen der Schwinge (siehe Abbildungen).

36 Richten Sie am Lenker-Ende die Schlitze des Einstellers, des Konterrings und des Hebelhalters zueinander aus, ziehen Sie die Bowdenzughülle aus dem Einsteller und befreien Sie den Seilzugnippel aus dem Hebel (siehe Abbildungen).

37 Der Einbau entspricht der umgekehrten Ausbaureihenfolge. Schmieren Sie die Bow-

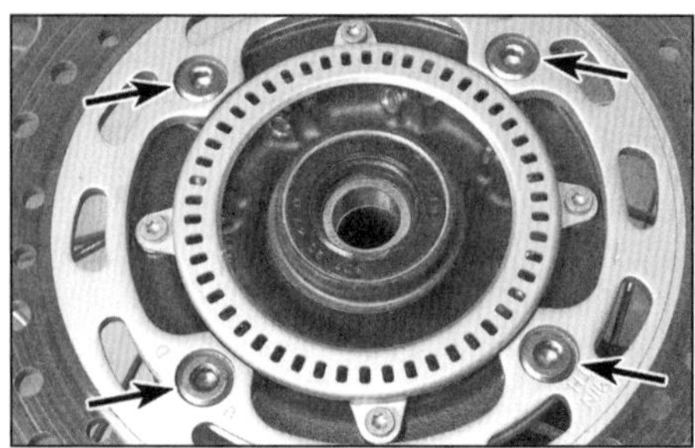

8.3 Die Hinterrad-Bremsscheibe ist mit vier Schrauben gesichert.

denzug-Enden mit Fett und achten Sie auf eine korrekte Verlegung des Seilzugs. Stellen Sie zum Schluss das Spiel der Parkbremse ein (siehe Kapitel 1, Sektion 6).

8 Hinterrad-Bremsscheibe

Kontrolle

1 Wechseln Sie hierfür nach Sektion 4 – die Messuhr muss in diesem Fall an der Schwinge angebracht werden.

Ausbau

Anmerkung: *Honda empfiehlt, die Bremsscheiben-Schrauben nach jeder Demontage durch Neuteile zu ersetzen, da diese mit einer Sicherungs-Beschichtung versehen sind. Falls keine neuen Schrauben zur Verfügung stehen, müssen die Gewinde der alten gereinigt und mit mittelfester Sicherungspaste (Loctite) bestrichen werden.*

2 Bauen Sie das Hinterrad aus (siehe Sektion 18). Legen Sie das Rad mit der Felge auf Hölzer, sodass die Bremsscheibe nach oben zeigt.

3 Wenn die alte Scheibe wiederverwendet werden soll, muss ihre Einbaulage am Rad markiert werden, sodass sie in derselben Position wieder montiert werden kann. Lösen Sie die Bremsscheibenschrauben schrittweise über Kreuz, um ein Verziehen der Bremsscheibe zu vermeiden, und heben Sie diese vom Rad (siehe Abbildung).

Einbau

4 Stellen Sie vor der Montage der Bremsscheibe sicher, dass sich auf ihrem Sitz weder Korrosion noch Schmutz abgelagert haben, da hierdurch die Scheibe nicht flach aufliegt und beim Bremsen ein Rubbeln verursacht und/oder verzieht. Wird eine nicht korrekt aufliegende Bremsscheibe festgeschraubt, kann sie dauerhaft verziehen.

5 Setzen Sie die Bremsscheibe so an das Rad, dass die Beschriftung außen liegt und die ggf. zuvor angebrachten Markierungen zueinander ausgerichtet sind.

6 Installieren Sie die neuen Schrauben oder reinigen Sie die Gewinde der Bremsscheiben-Schrauben und tragen Sie mittelfeste Sicherungspaste auf, bevor sie schrittweise und über Kreuz bis zum Drehmoment von 42 angezogen werden. Reinigen Sie die Bremsscheibe

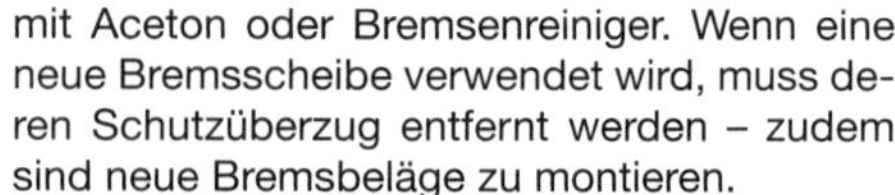

mit Aceton oder Bremsenreiniger. Wenn eine neue Bremsscheibe verwendet wird, muss deren Schutzüberzug entfernt werden – zudem sind neue Bremsbeläge zu montieren.

7 Bauen Sie das Hinterrad ein (siehe Sektion 18).

8 Betätigen Sie mehrmals die Fußbremse, um die Beläge an die Scheibe zu drücken.

9 Kontrollieren Sie den Bremsflüssigkeitsstand und füllen Sie nötigenfalls auf (siehe *Tägliche Kontrollen*). Prüfen Sie vor der ersten Fahrt die Funktion der Bremse.

9 Fußbremszylinder

Warnung: Seien Sie bei der Arbeit mit Bremsflüssigkeit äußerst vorsichtig – sie kann ihren Augen schaden und greift Lack und Kunststoff an! Bedecken Sie bei Arbeiten am Bremssystem stets lackierte Flächen mit Lappen und wischen Sie Spritzer unverzüglich mit Seife und Wasser ab. Halten Sie einen Behälter bereit, um Bremsflüssigkeit hineingießen zu können. Das Überholen von Bremsenteilen muss auf einer absolut sauberen Arbeitsfläche geschehen, damit keine Fremdkörper in die Bremse gelangen und sie während der Fahrt ausfallen lassen. Verwenden Sie zum Reinigen von Bremsenteilen auf keinen Fall Lösungsmittel auf Petroleumbasis; benutzen Sie stattdessen saubere Bremsflüssigkeit, Bremsenreiniger oder Spiritus.

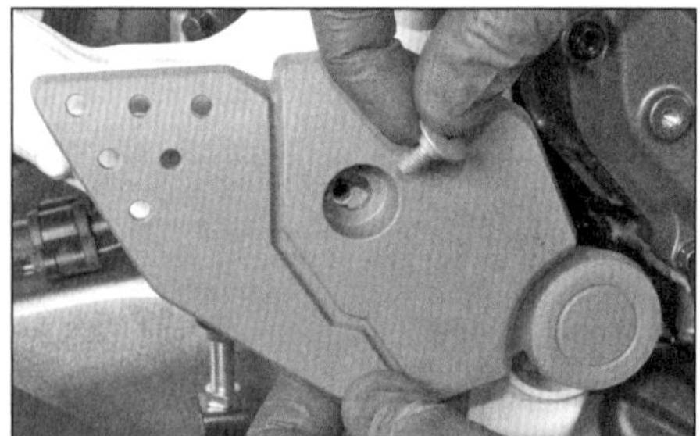

9.1 Der Fersenschutz ist mit einer zentralen Schraube gesichert.

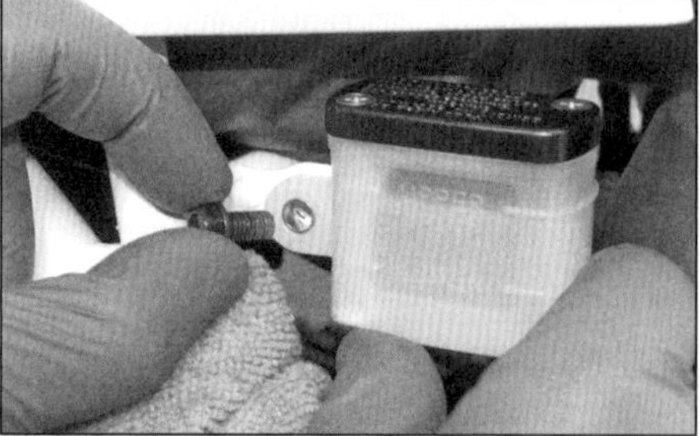

9.2a Befreien Sie den Ausgleichsbehälter...

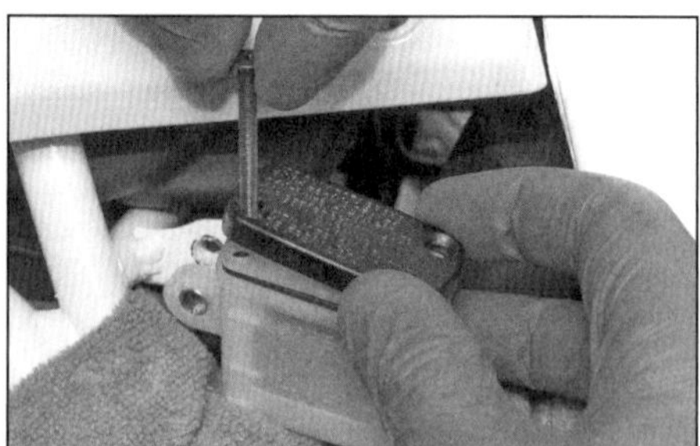

9.2b ...und demontieren Sie seinen Deckel samt Platte und Manschette, um die Bremsflüssigkeit auszugießen.

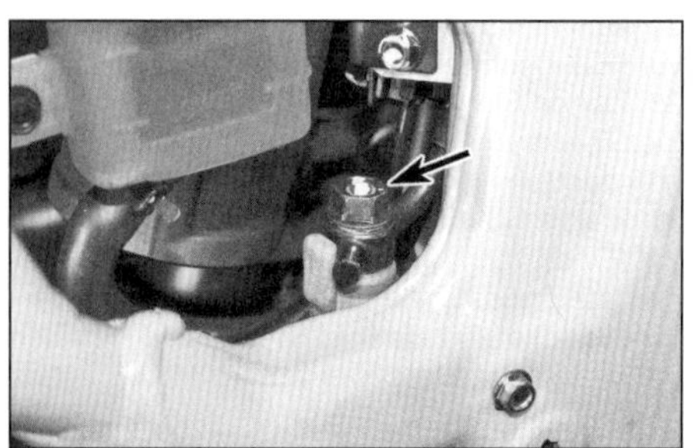

9.3 Bremsleitungs-Anschlussschraube

9.4a Biegen Sie die Enden gerade,...

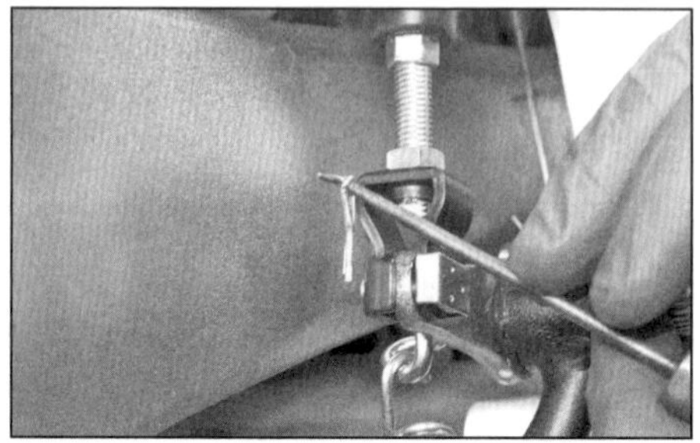

9.4b ...ziehen Sie den Splint heraus...

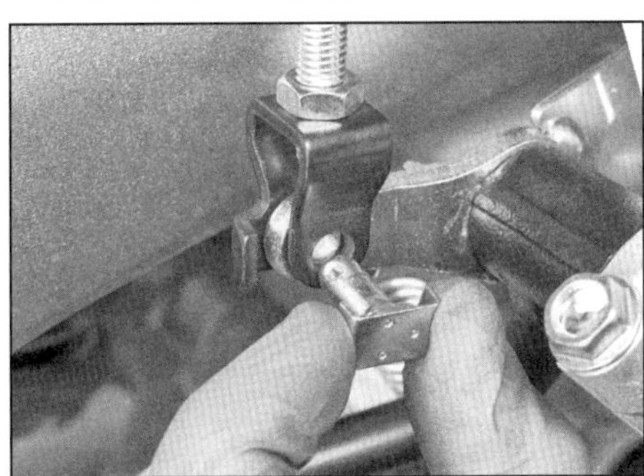

9.4c ...und befreien Sie das Gelenkstück zur Druckstange.

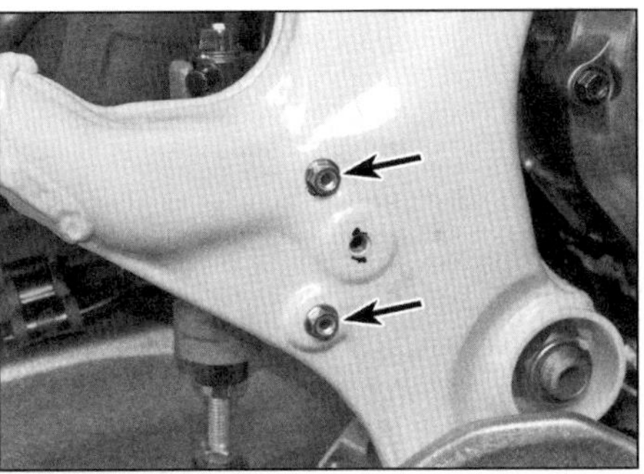

9.5 Befestigungsschrauben des Fußbremszylinders

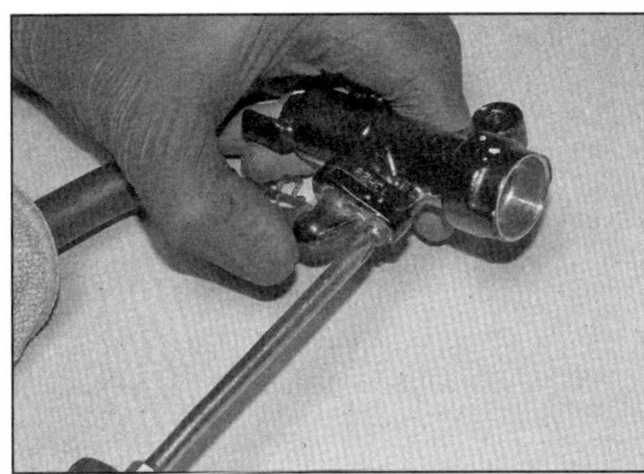

9.6 Lösen Sie nötigenfalls die Schraube des Schlauchstutzens.

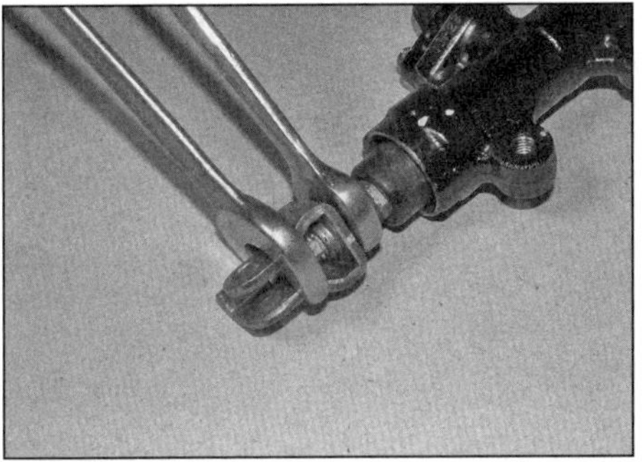

9.7a Lockern Sie die Kontermutter...

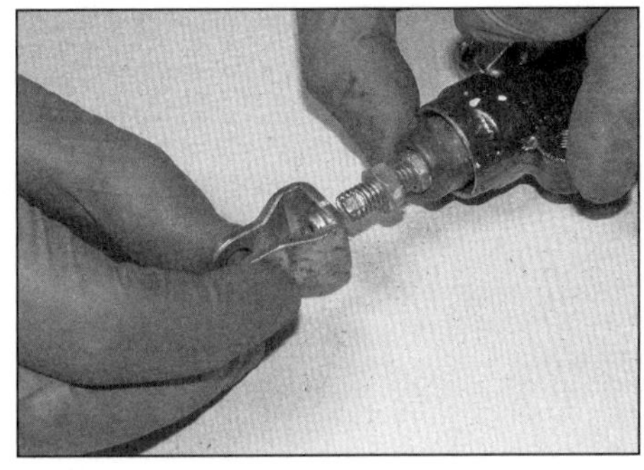

9.7b ...und drehen Sie sie zusammen mit dem Gelenk von der Druckstange.

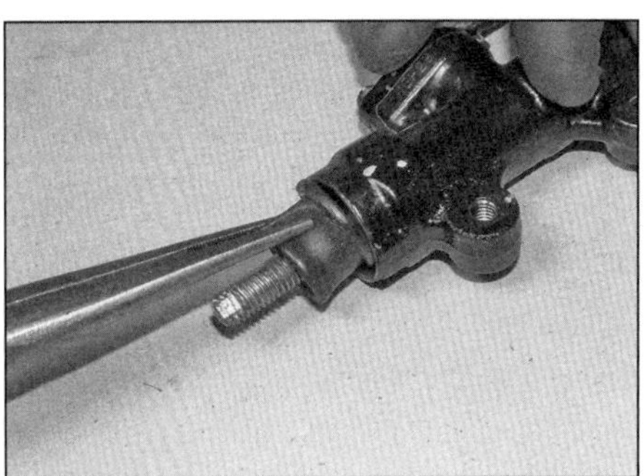

9.8a Entfernen Sie die Gummikappe,...

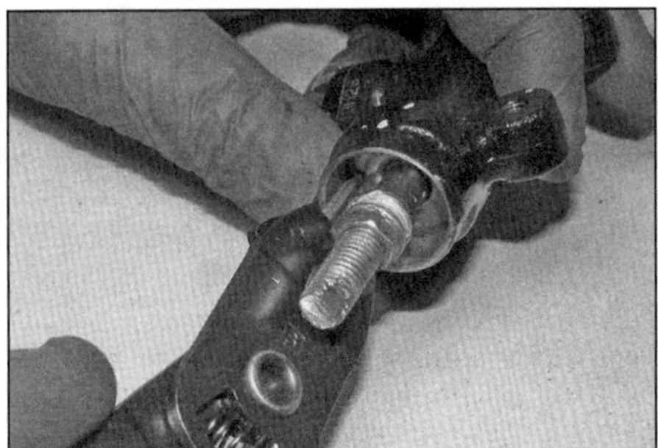

9.8b ...befreien Sie den Seegerring...

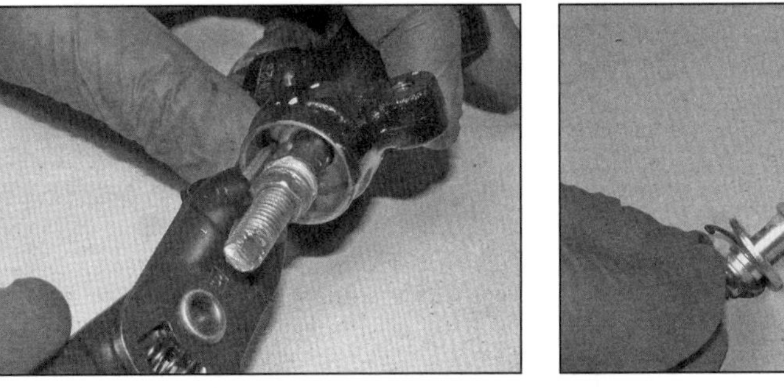

9.8c ...und ziehen Sie die Druckstange samt Kolben und Feder aus dem Bremszylinder.

Anmerkung: *Wenn der Geberzylinder (üblicherweise aufgrund schwacher Bremswirkung, Klemmneigung oder Lecks) überholt werden soll, müssen die gesamte Prozedur durchgelesen und alle erforderlichen Ersatzteile einschließlich frischer DOT-4-Bremsflüssigkeit beschafft werden.*

Ausbau

1 Demontieren Sie den rechten Fersenschutz (siehe Abbildung).

2 Lösen Sie die Schraube des Ausgleichsbehälters und ziehen Sie diesen heraus. Lösen Sie die Schrauben des Deckels und entnehmen Sie diesen samt Platte und Manschette (siehe Abbildungen). Gießen Sie die Bremsflüssigkeit in den Sammelbehälter und wischen Sie Reste mit einem sauberen Lappen aus. Kontrollieren Sie die Manschette auf Beschädigungen und Verformung. Setzen Sie den Ausgleichsbehälter wieder an seine Aufnahme. Lockern Sie die Schelle, die den Ausgleichsbehälter-Schlauch am Bremszylinder sichert, und ziehen Sie ihn ab – umwickeln Sie ihn mit Lappen, um Bremsflüssigkeits-Spritzer zu vermeiden.

3 Lösen Sie die Bremsleitungs-Anschlussschraube, merken Sie sich die Ausrichtung der Leitung, entnehmen Sie die Dichtscheiben und dichten Sie die Leitung mit Schlauchklemmen oder Schrauben, Muttern und Dichtscheiben oder speziellen Anschlussaugen-Dichtwerkzeugen ab (Abbildungen 3.1c und d), alternativ kann sie auch mit Frischhaltefolie umwickelt werden. Beim Anschließen werden neue Dichtscheiben benötigt.

4 Biegen Sie die Enden des Splints gerade und ziehen Sie ihn aus dem Gelenkstift der Fußbremszylinder-Druckstange, um dies befreien zu können (siehe Abbildungen). Beim Einbau wird ein neuer Splint benötigt.

5 Lösen Sie die Befestigungsschrauben des Fußbremszylinders und entnehmen Sie diesen (siehe Abbildung). Gießen Sie die darin verbliebene Bremsflüssigkeit in den Sammelbehälter.

Überholen

6 Kontrollieren Sie den Ausgleichsbehälter-Schlauch auf Brüche und Risse und ersetzen Sie ihn nötigenfalls. Lösen Sie nötigenfalls die Schraube, die den Schlauchstutzen am Fußbremszylinder sichert (siehe Abbildung) – später muss ein neuer O-Ring verwendet werden. Kontrollieren Sie die Schlauchschellen auf Korrosion und Verformung und ersetzen Sie sie nötigenfalls durch Neuteile.

7 Lockern Sie oben am Druckstangengelenk die Kontermutter (siehe Abbildung). Notieren Sie, wie weit das Gelenk auf die Druckstange geschraubt ist (siehe Schritt 14), und drehen Sie es samt der Kontermutter ab (siehe Abbildung).

8 Ziehen Sie die Gummikappe aus dem Bremszylinder und von der Druckstange (siehe Abbildung). Befreien Sie den in der Bremszylinderbohrung sitzenden Seegerring und ziehen Sie die Druckstange samt Kolben und Feder heraus (siehe Abbildungen).

9.12a Die Dichtkappe (A) und der Dichtring (B) müssen so am Kolben sitzen.

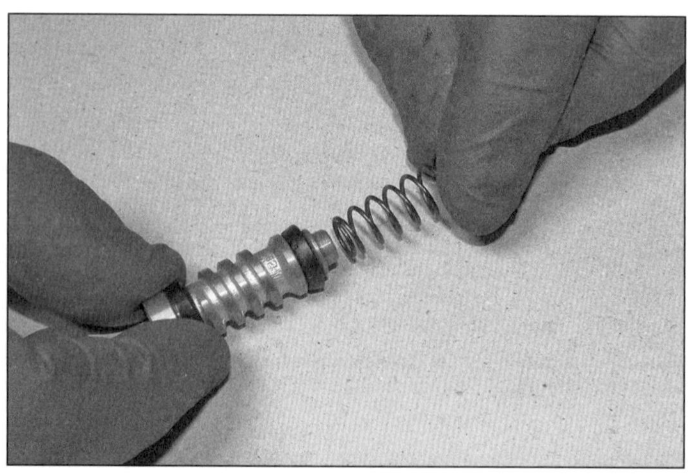

9.12b Stecken Sie die Feder auf den Kolben.

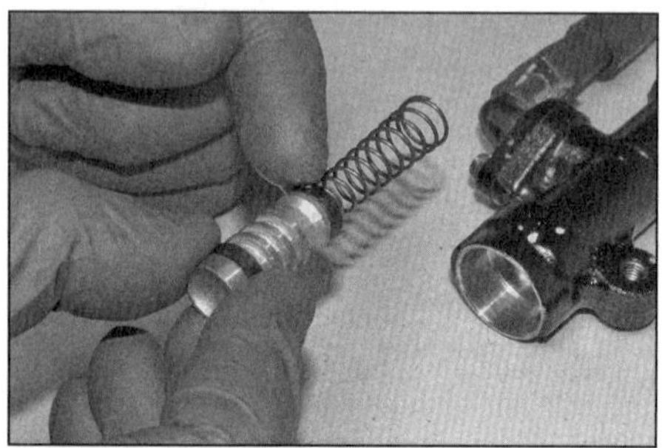

9.12c Schmieren Sie den Kolben und die Dichtungen mit Bremsflüssigkeit.

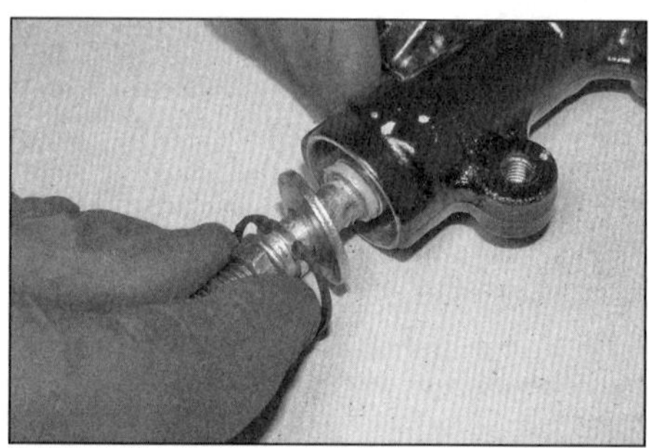

9.13a Drücken Sie den Kolben ein,...

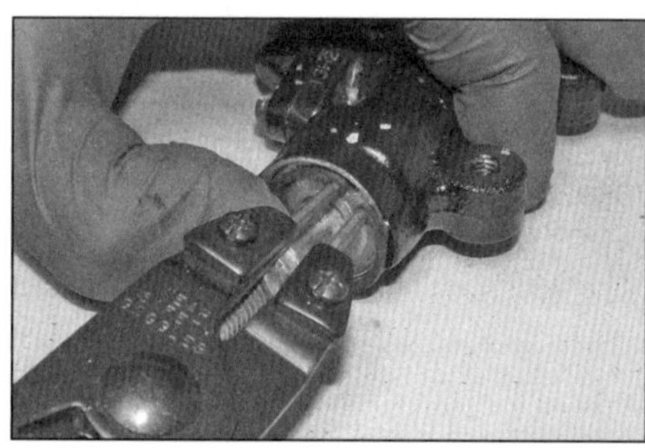

9.13b ...installieren Sie den Seegerring...

9.13c ...und drücken Sie ihn rundherum in seine Nut.

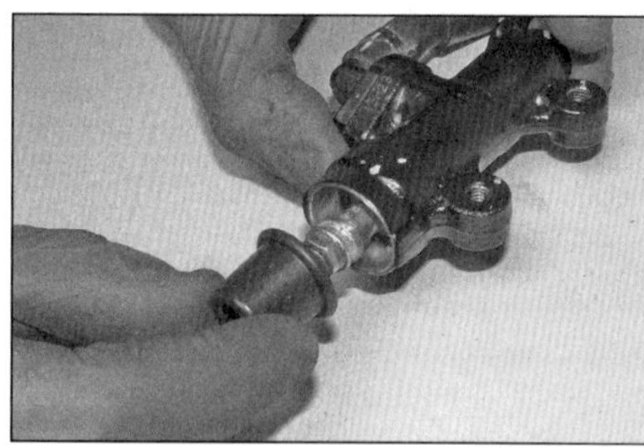

9.13d Schieben Sie die Gummikappe auf,...

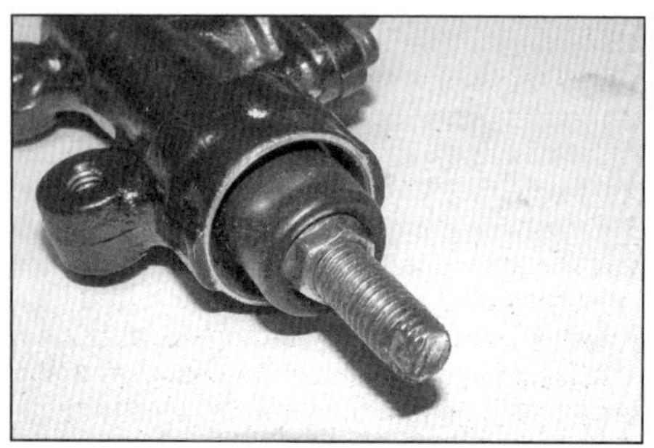

9.13e ...sodass sie wie gezeigt sitzt.

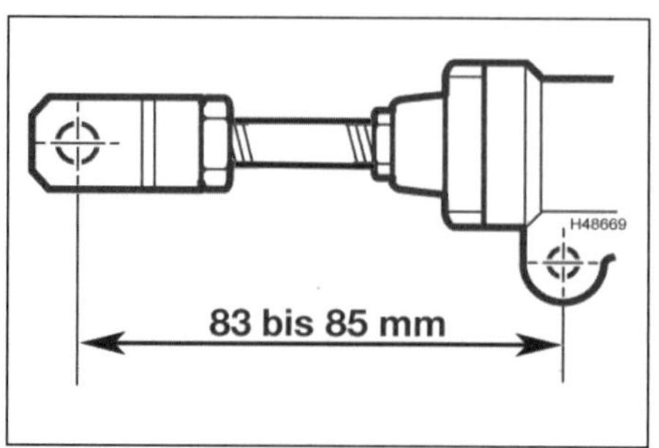

9.14 Einstellbereich des Gelenkstücks zum Bremszylinder

9 Reinigen Sie den Bremszylinder innen mit frischer Bremsflüssigkeit. Falls gefilterte und ölfreie Druckluft vorhanden ist, sollten damit alle Kanäle durchgeblasen werden.

Achtung: Benutzen Sie zum Reinigen von Bremsenteilen unter keinen Umständen Lösungsmittel auf Petroleumbasis!

10 Inspizieren Sie die Bremszylinderbohrung auf Korrosion, Kerben oder Riefen. Falls defekte Oberflächen vorhanden sind, muss der Fußbremszylinder ersetzt werden. Falls der Bremszylinder verschlissen oder beschädigt ist, muss auch der Hinterrad-Bremssattel kontrolliert werden.

11 Alle internen Komponenten des Fußbremszylinders sind zusammen als Reparaturset erhältlich – benutzen Sie unabhängig vom Zustand der alten Teile immer alle Neuteile.

12 Falls noch nicht vormontiert müssen die zwei Dichtungen mit den breiteren Seiten in den Bremszylinder zeigend an den Kolben installiert werden (siehe Abbildung). Stecken Sie das schmale Ende der Feder auf den Vorsprung des Kolbens (siehe Abbildung). Schmieren Sie den Kolben und seine Dichtungen mit frischer Bremsflüssigkeit und schieben Sie die Baugruppe mit der Feder voran in den Bremszylinder (siehe Abbildung) – die

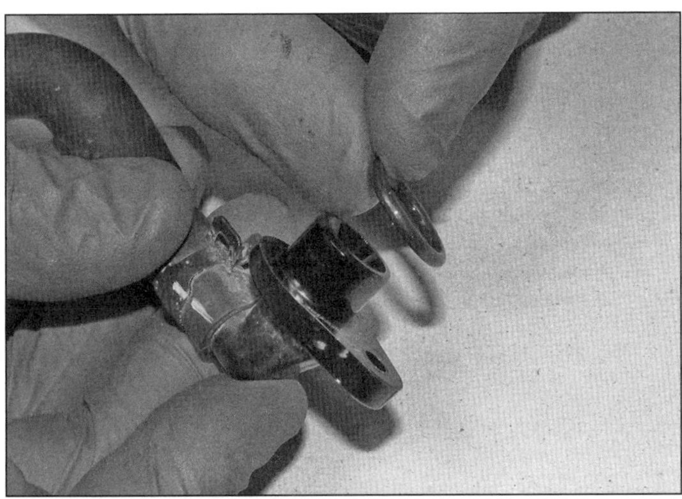

9.15a Rüsten Sie den Stutzen mit einem neuen mit Bremsflüssigkeit geschmierten O-Ring aus...

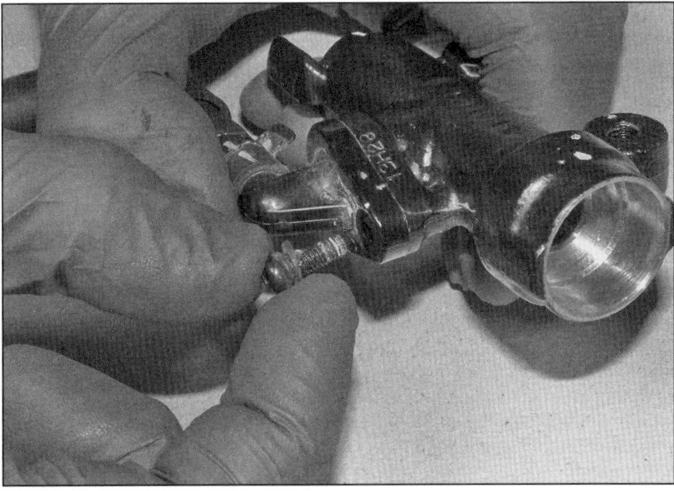

9.15b ...und sichern Sie ihn am Bremszylinder.

Dichtlippen dürfen dabei nicht umklappen. Legen Sie die Scheibe auf

13 Installieren Sie den Seegerring mit der abgerundeten Seite zur Scheibe zeigend über den Kolben. Setzen Sie die Druckstange mit der abgerundeten Seite zum Kolben an, drücken Sie den Kolben gegen die Feder und installieren Sie den Seegerring in die Nut des Bremszylinders (siehe Abbildungen). Lösen Sie den Druck und prüfen Sie, ob der Seegerring rundherum korrekt sitzt. Installieren Sie die Gummikappe über die Druckstange und in den Bremszylinder (siehe Abbildungen).

14 Drehen Sie die Kontermutter und das Gelenkstück auf die Druckstange, positionieren Sie das Gelenk wie beim Ausbau notiert und drehen Sie die Kontermutter dagegen (Abbildungen 9.7b und a). Die Position des Gelenks beeinflusst die Höhe des Bremspedals zur Fußraste. Honda gibt als Einstellbereich einen Mitten-Abstand von 83 bis 85 mm zwischen der Gelenkstift-Bohrung und der unteren Befestigungsbohrung des Bremszylinders vor – gemessen parallel zum Bremszylinder (siehe Abbildung).

15 Falls der Stutzen des Ausgleichsbehälterschlauch vom Bremszylinder gelöst wurde, muss das Gewinde seiner Schraube gereinigt und mit mittelfester Sicherungspaste *(Loctite)* versehen werden. Rüsten Sie den Stutzen mit einem neuen mit Bremsflüssigkeit geschmierten O-Ring aus, drücken Sie den Stutzen in den Bremszylinder und ziehen Sie die Schraube sorgfältig an (siehe Abbildungen).

9.17 Sichern Sie den Gelenkstift mit einem neuen Splint.

Einbau

16 Setzen Sie den Fußbremszylinder am Rahmen an und ziehen Sie die Schrauben mit 14 Nm an (Abbildung 9.5).

17 Richten Sie das Gelenk zum Bremspedal aus und schieben Sie den Gelenkstift ein (Abbildung 9.4c). Installieren Sie einen neuen Splint und biegen Sie seine Enden um den Stift, um ihn zu sichern (siehe Abbildung).

18 Stecken Sie den Ausgleichsbehälterschlauch auf den Stutzen und sichern Sie ihn mit der Schelle.

19 Schließen Sie die Bremsleitung an – verwenden Sie dabei unbedingt neue Dichtscheiben (Abbildung 3.19). Richten Sie die Leitung wie beim Trennen notiert aus (Abbildung 9.3) und ziehen Sie die Anschlussschraube mit 34 Nm an.

20 Montieren Sie den Fersenschutz (Abbildung 9.1).

21 Füllen Sie ggf. Bremsflüssigkeit auf und entlüften Sie das System (siehe Sektion 11).

22 Prüfen Sie vor der ersten Fahrt die Dichtigkeit und die Funktion der Bremse.

10 Bremsschläuche und Anschlüsse

Kontrolle

1 Um bei Modellen mit ABS alle Bremsleitungen vollständig kontrollieren zu können, muss der Tank angehoben und abgestützt werden (siehe Kapitel 4, Sektion 2), dann wird der ETC-Träger entfernt (siehe Kapitel 7, Sektion 12).

2 Der Zustand aller Bremsleitungen muss regelmäßig kontrolliert werden (siehe Kapitel 1). Die Schläuche müssen bei den ersten Alterungsanzeichen von Riss- oder Beulen-Bildung ersetzt werden. Drehen und biegen Sie die Gummischläuche, um Risse, Beulen und durchsickernde Flüssigkeit zu entdecken. Begutachten Sie besonders die Verbindungen der Schläuche zu den Anschlussaugen, da hier die meisten Probleme auftreten.

Der regelmäßige Austausch der Leitungen lässt sich umgehen, indem man im Zubehörhandel erhältliche Stahlflex-Leitungen montiert. Diese Leitungen halten – solange sie nicht mechanisch beschädigt werden – ewig. Viele Fahrer behaupten zudem, sie verbessern auch den Druckpunkt.

3 Kontrollieren Sie bei Modellen mit ABS alle Rohre, Anschlussmuttern und den Modulator auf Schäden und Undichtigkeiten (siehe Sektion 14).

4 Inspizieren Sie alle Bremsleitungs-Anschlüsse auf Undichtigkeiten und Beschädigungen, Rost, Kratzer und Risse und ersetzen Sie entsprechende Leitungen.

Ausbau und Einbau

5 Demontieren Sie das Luftfiltergehäuse (siehe Kapitel 4, Sektion 3) und den ETC-Träger (siehe Kapitel 7, Sektion 12).

6 Entleeren Sie die entsprechende Bremse (siehe Sektion 11).

7 Die Bremsschläuche haben an den Enden zumeist Ring-Anschlüsse. Bei Modellen mit ABS sind Rohrleitungen mit Überwurfmuttern und Ringanschlüssen verschraubt (siehe Abbildung). Bedecken Sie umliegende Flächen mit Lappen, um Bremsflüssigkeits-Spritzer aufzunehmen. Beachten Sie die Ausrichtung der Ringanschlüsse an Geberzylinder und Bremssattel. Lösen Sie die Anschlussschraube oder -Mutter an jeder Seite des Schlauchs (Abbildungen 3.1a, 5.4 und 9.3). Lösen Sie bei ABS-Modellen auch die Schraube des Anschlussblock. Befreien Sie die Leitung(en) aus allen Clips und Führungen und merken Sie sich ihre Verlegung. Die Dichtscheiben müssen bei der Montage durch Neuteile ersetzt werden. Betätigen Sie keinesfalls die Bremse, solange Leitungen getrennt sind.

8 Positionieren Sie die neue Bremsleitung so, dass sie korrekt ausgerichtet und nicht verdreht oder anderweitig unter Last gesetzt ist. Achten Sie auf eine korrekte Verlegung und sichern Sie sie mit allen Befestigungen und Führungen.

9 Achten Sie darauf, dass die Leitungen keine beweglichen Teile berühren. Wenn die Anschlüsse korrekt ausgerichtet sind, werden die mit neuen Dichtscheiben ausgerüsteten Anschlussschrauben installiert (Abbildung 3.19). Wo mit einer Schraube zwei Leitungen gesichert werden, müssen drei Dichtscheiben verwendet werden – eine zwischen den Ringanschlüssen und je eine außen. Ziehen Sie die Anschlussschraube mit 34 Nm an.

10 Positionieren Sie bei ABS-Modellen die Rohre und sichern Sie sie mit den Clips, bevor Sie die Muttern sorgfältig anziehen – mithilfe des korrekten Werkzeugs werden sie mit 14 Nm angezogen.

11 Füllen Sie die Anlage mit frischer DOT-4-Bremsflüssigkeit auf (siehe *Tägliche Kontrollen*) und entlüften Sie sie (siehe Sektion 11).

12 Prüfen Sie vor der ersten Fahrt sorgfältig die Funktion der Bremse.

11 Bremsanlage Entlüften und Bremsflüssigkeitswechsel

Entlüftung

1 Entlüften der Bremse besagt, dass alle Luftblasen aus dem Bremsflüssigkeitsbehälter, den Leitungen und den Bremssätteln entfernt werden. Entlüften ist immer notwendig, wenn eine Hydraulik-Verbindung gelöst wurde, wenn eine Komponente oder Leitung gewechselt wurde, oder wenn ein Geberzylinder oder Sattel überholt wurde. Sind ein schwammiges Gefühl in der Bremse oder mangelhafte Bremsleistung nicht auf mechanische Defekte (z. B. klemmender Kolben im Bremssattel oder durch Korrosion klemmende Bremsbeläge) zurückzuführen, weist dies ebenfalls auf notwendiges Entlüften hin. Lecks im System können ebenfalls das Eindringen von Luft ermöglichen, aber sie zeigen auch durch auslaufende Flüssigkeit das Problem an und weisen auf eine dringend notwendige Reparatur hin.

2 Selbst erfahrene Profischrauber betrachten das Entlüften von Bremsen oft als »Schwarze Kunst«, weil sie manchmal große Probleme haben, einen festen Druckpunkt zu erreichen, wogegen mancher Anfänger überhaupt keine Schwierigkeiten damit hat. Besonders bei der Vorderradbremse besteht eines der Probleme darin, dass man gegen ein Naturgesetz arbeiten muss, wonach Luftblasen in Flüssigkeiten aufsteigen, beim Entlüften jedoch die Bremsflüssigkeit (einschließlich langsam darin aufsteigender Luftblasen) vom Geberzylinder zum Entlüftungsventil am darunterliegenden Bremssattel gepumpt werden muss. Luft kann sich auch in hohen Punkten der Leitung oder ABS-Komponenten sammeln.

3 Zum Entlüften der Bremsen mit der konventionellen Methode werden frische DOT-4-Bremsflüssigkeit, ein durchsichtiger Vinyl- oder Plastikschlauch und ein zum Teil mit sauberer Bremsflüssigkeit gefüllter Behälter benötigt, dazu Lappen und ein 8-mm-Ringschlüssel für das Entlüftungsventil. Im Fachhandel sind relativ preiswerte Entlüftungskits erhältlich, die aus dem Schlauch und einem Einwegventil bestehen – und die Arbeit beträchtlich erleichtern (siehe Abbildung).

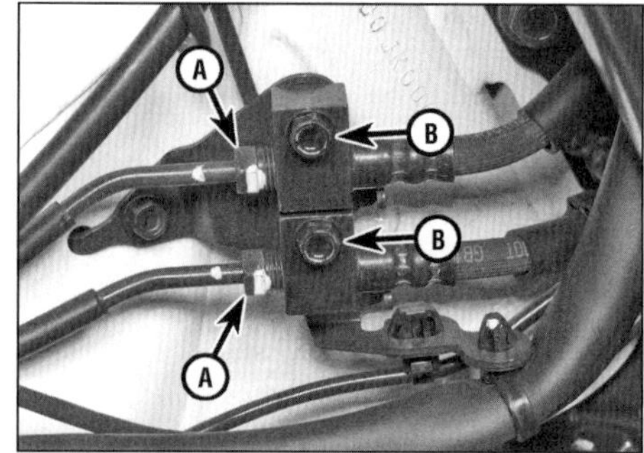

10.7 Überwurfmuttern (A) sichern Sie die Bremsrohre an den Anschlussblöcken; diese sind mit Schrauben (B) befestigt.

4 Decken Sie gefährdete Lackteile ab, die Bremsflüssigkeitsspritzer abbekommen könnten.

Achtung: Bremsflüssigkeit greift Lack und Kunststoff an! Decken Sie gefährdete Bereiche mit Lappen ab und waschen Sie Spritzer mit reichlich Seifenwasser ab.

Vorderradbremse

5 Drehen Sie den Lenker so, dass der Ausgleichsbehälter möglichst geradesteht. Lösen Sie die Schrauben des Deckels und entfernen Sie diesen samt Platte und Manschette (siehe Abbildung). Pumpen Sie langsam einige Male mit dem Hebel, bis keine aus der kleinen Boh-

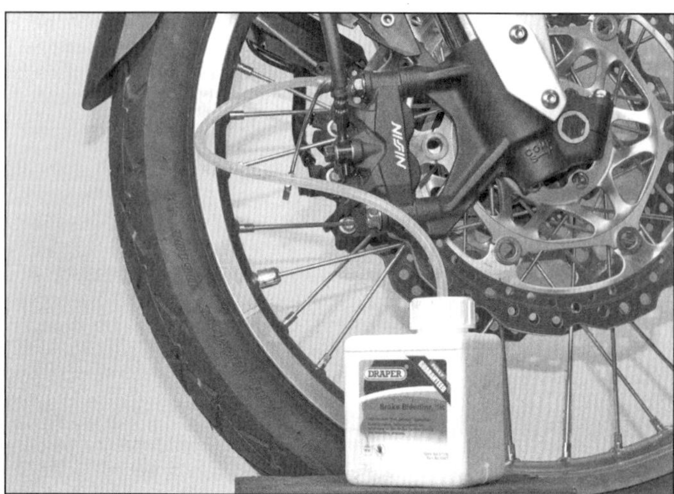

11.3 Aufbau zum Entlüften eines Bremssattels

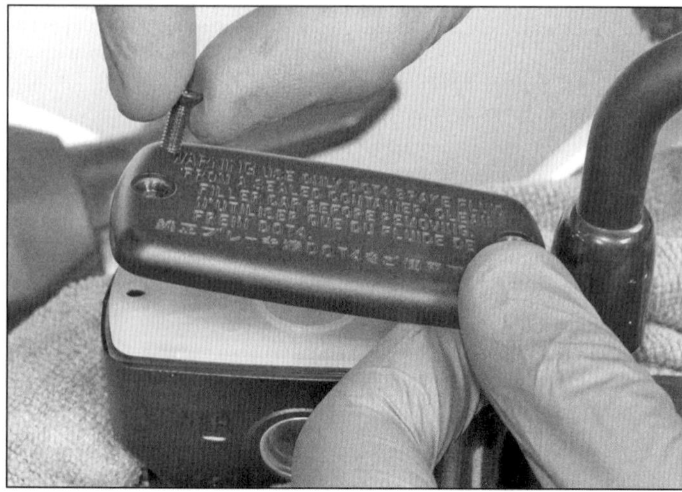

11.5 Lösen Sie die Schrauben und heben Sie den Deckel, die Platte und die Manschette ab.

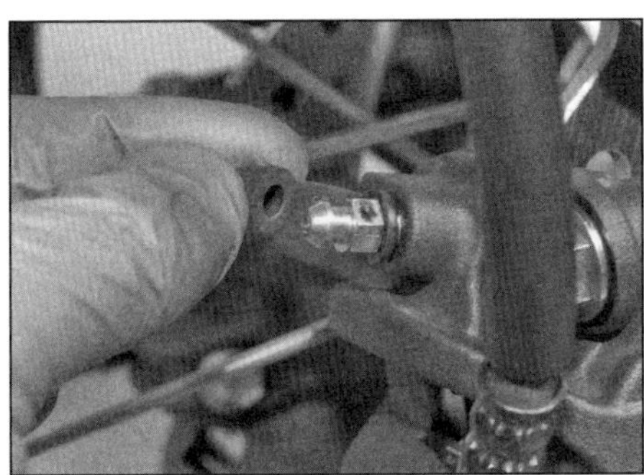

11.6a Ziehen Sie die Kappe vom Entlüftungsventil.

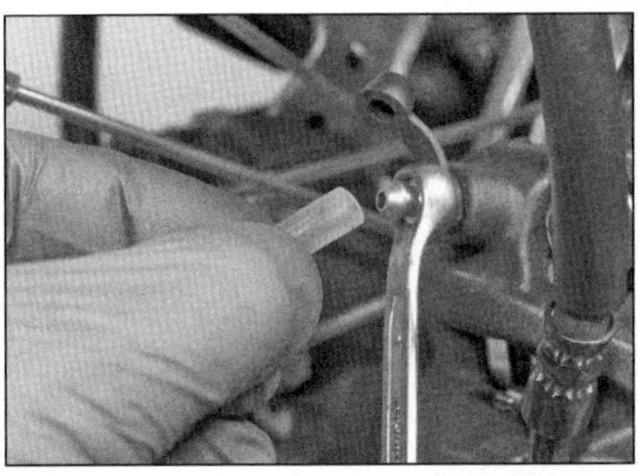

11.6b Setzen Sie einen Ringschlüssel am Ventil an und stecken Sie den Schlauch auf.

11.7 Halten Sie den Pegel im Ausgleichsbehälter stets über der unteren Markierung.

11.8 Entlüften der Vorderradbremse

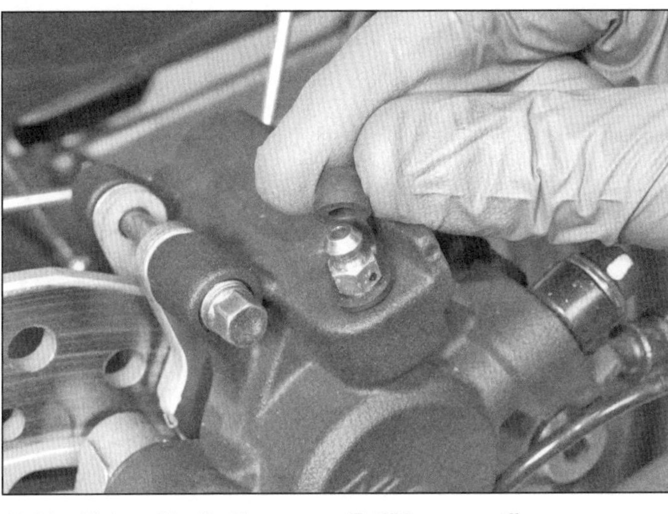

11.11a Ziehen Sie die Kappe vom Entlüftungsventil.

rung am Boden des Behälters aufsteigenden Blasen mehr zu sehen sind.

6 Ziehen Sie am ersten Bremssattel die Gummikappe vom Entlüftungsventil (siehe Abbildung). Es müssen stets beide Bremssättel entlüftet werden, doch die Reihenfolge ist egal. Setzen Sie möglichst einen Ringschlüssel an, schieben Sie das eine Ende des durchsichtigen Schlauchs auf das Ventil und stecken Sie das andere Ende in die Bremsflüssigkeit des Sammelbehälters (siehe Abbildungen).

Praxis TiPP ***Um Schäden am Entlüftungsventil zu vermeiden, sollte es vor dem Anschließen des Schlauchs mit einem Ringschlüssel gelockert und später wieder angezogen werden. Während des Entlüftens kann entweder der weiterhin am Ventil sitzende Ringschlüssel oder ein Maulschlüssel verwendet werden.***

7 Kontrollieren Sie den Pegel im Ausgleichsbehälter und lassen Sie ihn während des Prozesses nicht unter den unteren Schauglas-Rand sinken (siehe Abbildung).

8 Pumpen Sie vorsichtig drei- oder viermal mit dem Hebel und halten Sie ihn gezogen, während das Bremssattelventil eine Vierteldrehung geöffnet wird (siehe Abbildung) und (ggf. mit Luftblasen versetzte) Bremsflüssigkeit aus dem Sattel durch den Schlauch in den Behälter fließt – der Bremshebel kann jetzt an den Lenker gezogen werden.

9 Ziehen Sie das Entlüftungsventil leicht an und lösen Sie langsam die Bremse. Wiederholen Sie diesen Prozess, bis in der ausfließenden Bremsflüssigkeit keine Blasen mehr zu sehen sind und am Hebel oder Pedal ein Druckpunkt zu spüren ist. Zum Schluss wird der Entlüftungsschlauch abgenommen, das Ventil mit 5,5 Nm angezogen und die Staubkappe aufgesetzt. Entlüften Sie auf die gleiche Weise den anderen Bremssattel.

Hinterradbremse

10 Lösen Sie die Schraube des Ausgleichsbehälters, um diesen zu befreien (Abbildung 9.2a). Lösen Sie die Schrauben des Deckels und entfernen Sie diesen samt Platte und Manschette (Abbildung 9.2b). Setzen Sie den Ausgleichsbehälter wieder an seinen Halter, sodass er waagerecht steht. Betätigen Sie einige Male langsam das Bremspedal, um die im Fußbremszylinder steckenden Luftblasen zu befreien.

11 Ziehen Sie am Bremssattel die Gummikappe vom Entlüftungsventil (siehe Abbildung). Setzen Sie den Ringschlüssen an, schieben Sie das eine Ende des durchsichtigen Schlauchs auf das Ventil und stecken Sie das andere Ende in die Bremsflüssigkeit des Sammelbehälters (siehe Abbildung).

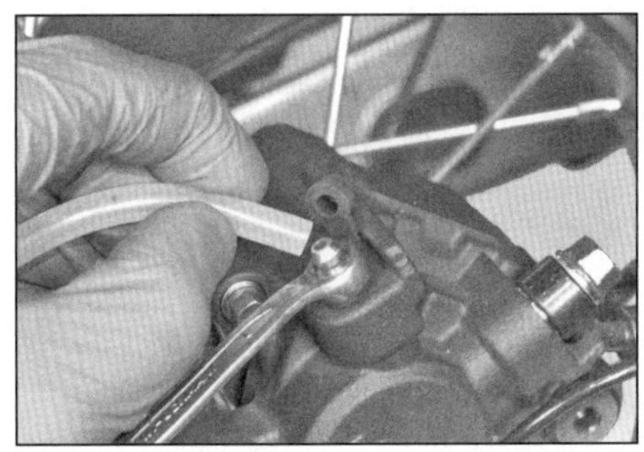

11.11b Setzen Sie den Ringschlüssel an und stecken Sie den Schlauch auf das Ventil.

6

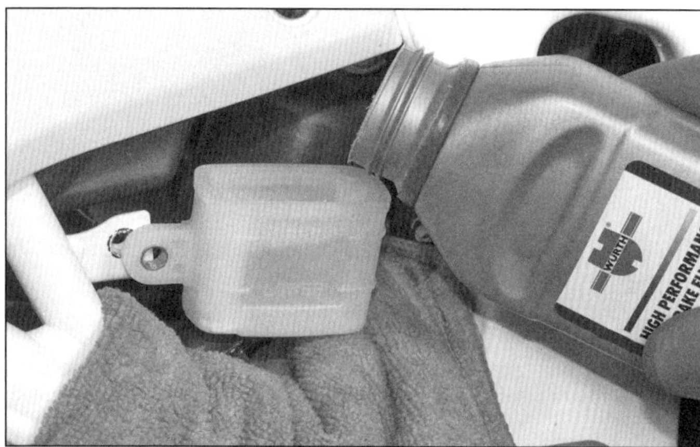

11.12 Der Pegel im Ausgleichsbehälter darf nie unter die untere Markierung absinken.

11.13 Entlüften der Hinterradbremse

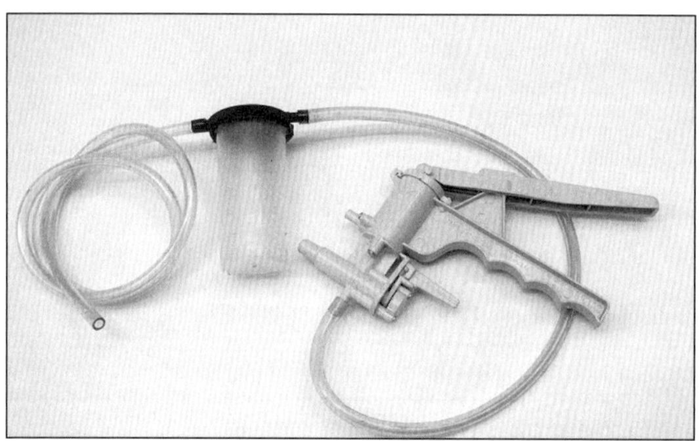

11.17 Ein Vakuum-Entlüftungsgerät

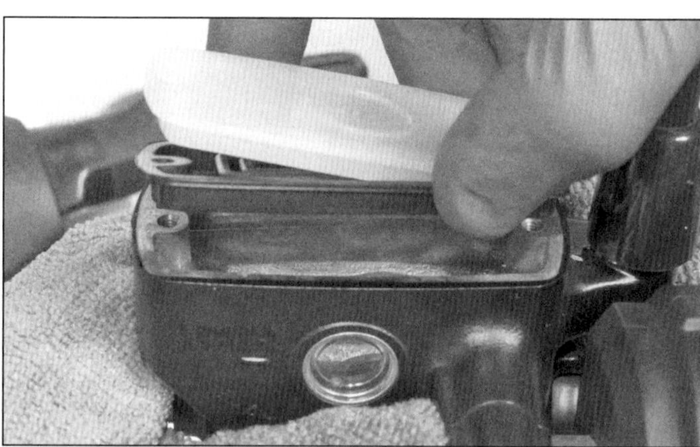

11.19 Die korrekt gefaltete Manschette muss rundherum auf dem Behälter sitzen, dann werden die Platte und der Deckel aufgesetzt.

12 Kontrollieren Sie den Flüssigkeitsstand im Ausgleichsbehälter. Lassen Sie den Pegel während des Prozesses nicht unter die untere Markierung sinken (siehe Abbildung).

13 Pumpen Sie vorsichtig einige Male mit dem Pedal und halten Sie es gedrückt, während das Bremssattelventil eine Viertelumdrehung geöffnet wird (siehe Abbildung) und (ggf. mit Luftblasen versetzte) Bremsflüssigkeit aus dem Sattel durch den Schlauch in den Behälter fließt – das Bremspedal lässt sich weiter nach unten bewegen.

14 Ziehen Sie das Entlüftungsventil wieder an und lösen Sie das Bremspedal langsam. Wiederholen Sie die Prozedur, bis keine Luftblasen mehr austreten und ein Druckpunkt spürbar ist. Füllen Sie nötigenfalls den Ausgleichsbehälter auf. Ziehen Sie das Entlüftungsventil an.

Beide Bremsen

15 Falls es nicht möglich ist, im Hebel oder Pedal einen Druckpunkt zu finden, müssen entsprechende Verkleidungsteile demontiert (siehe Kapitel 7) und bei Modellen mit ABS der Tank angehoben werden (siehe Kapitel 4, Sektion 2), um nach hohen Punkten im Bremssystem zu suchen, in denen sich Luft sammeln kann. Befreien Sie entsprechende Leitungen und klopfen Sie sie ab, damit sich Blasen lösen können (aber verbiegen Sie dabei keine Rohre). Demontieren Sie nötigenfalls den Geberzylinder und/oder den/die Bremssättel und bewegen Sie die Teile so, dass mögliche Luftblasen zum Entlüftungsventil aufsteigen – beachten Sie zur Demontage die entsprechenden Sektionen. Bei ABS-Modellen ist es nicht möglich, den Modulator oder das Verteilerventil zu befreien, da hierfür Bremsleitungen getrennt werden müssen, was für noch mehr Luft im System sorgt – bringen Sie das Motorrad nötigenfalls zu einer Honda-Werkstatt.

16 Falls weiterhin Probleme bestehen, kann die Flüssigkeit aufgeschäumt sein. Zur Abhilfe kann die Bremse unter Druck gesetzt werden, indem der Bremshebel an den Lenker gebunden und das Pedal belastet wird. Achtung: Zu viel Druck kann die Dichtungen der Bremszylinder und Bremssättel beschädigen. Lassen Sie die Bremsflüssigkeit für einige Stunden in Ruhe, damit die kleinen Blasen entweder aufsteigen oder sich zu größeren Blasen verbinden, die sich beim erneuten Entlüften leichter herausspülen lassen.

17 Falls das Entlüften der Bremse mit herkömmlichen Werkzeugen und Methoden nicht zu befriedigenden Ergebnissen führt, kann auch ein im Fachhandel erhältliches Vakuum-Entlüftungswerkzeug (z. B. die »Mityvac«) benutzt werden – beachten Sie die beigefügte Anleitung (siehe Abbildung). Diese Pumpe saugt die Bremsflüssigkeit am Entlüftungsventil ab und viele Anwender sind von der in der Bremsflüssigkeit auftretenden Luftmenge verwirrt. Doch oft wird diese erst durch das Gewinde des Entlüftungsventils gesogen (Luft bietet dem Vakuum weniger Widerstand als Bremsflüssigkeit) und ist ein Hinweis darauf, dass mit zu viel Unterdruck gearbeitet wird oder das Entlüftungsventil zu locker ist. Eine Möglichkeit, dies Problem zu umgehen, besteht darin, das Entlüftungsventil herauszudrehen und sein Gewinde mit PTFE-Band zu umwickeln – die hierbei austretende Bremsflüssigkeit muss mit Lappen aufgesaugt werden.

18 Nachdem die Bremse erfolgreich entlüftet wurde, wird am Bremshebel oder Pedal ein fester Druckpunkt spürbar sein, sobald die

Bremse betätigt wird. Der Bremshebel darf sich nicht bis zum Lenker ziehen lassen und das Pedal darf sich nicht bis an den Anschlag drücken lassen.

19 Entfernen Sie zum Schluss die Entlüftungs-Ausrüstung, ziehen Sie alle Entlüftungsventile mit 5,5 Nm oder sorgfältig an und stecken Sie die Staubkappe auf. Füllen Sie nach dem Entlüften den Ausgleichsbehälter auf und montieren Sie die Manschette, die Platte und den Deckel (siehe Abbildung). Sichern Sie den Ausgleichsbehälter der Hinterradbremse mit der Schraube an seiner Aufnahme. Wischen Sie Bremsflüssigkeits-Spritzer weg.

20 Prüfen Sie vor der ersten Fahrt die Funktion der Bremse(n).

Bremsflüssigkeitswechsel

21 Der Wechsel der Bremsflüssigkeit ist ein ähnlicher Prozess wie das Entlüften der Bremse und erfordert das gleiche Material, außerdem ggf. eine Pumpe zum Entleeren der Ausgleichsbehälter. Stellen Sie sicher, dass der Sammelbehälter groß genug ist, die gesamte alte Bremsflüssigkeit aufnehmen zu können.

22 Decken Sie gefährdete Lackteile ab, die Bremsflüssigkeitsspritzer abbekommen könnten. Verbinden Sie die zur Entlüftung verwendete Ausrüstung mit dem entsprechenden Bremssattel. Entfernen Sie den Behälterdeckel, die Platte und die Manschette (Schritt 5 oder 10). Saugen Sie die Bremsflüssigkeit aus dem Behälter (Abbildungen 11.5 oder 9,2a und b). Wischen Sie den Ausgleichsbehälter mit Haushaltstüchern sauber und füllen Sie frische Bremsflüssigkeit auf (Abbildungen 11.7 oder 11.12). Betätigen Sie die Bremse und öffnen Sie das Entlüftungsventil (Abbildungen 11.8 und 11.13) – Bremsflüssigkeit wird durch den Entlüftungsschlauch austreten und der Hebel oder das Pedal wird sich bis zum Griffgummi bzw. Anschlag bewegen lassen.

23 Ziehen Sie das Entlüftungsventil wieder leicht an und lösen Sie langsam wieder die Bremse. Halten Sie den Ausgleichsbehälter immer gut gefüllt, damit keine Luft eintritt und die Aufgabe deutlich in die Länge zieht. Wiederholen Sie die Prozedur, bis am Entlüftungsventil frische Bremsflüssigkeit austritt.

Alte Bremsflüssigkeit ist deutlich dunkler als frische, sodass leicht erkannt werden kann, wann die Bremse mit frischer Flüssigkeit gefüllt ist.

24 Entfernen Sie zum Schluss die verwendete Ausrüstung vom Entlüftungsventil, ziehen Sie es möglichst mit 5,5 Nm an und stecken Sie die Gummikappe auf. Füllen Sie den Ausgleichsbehälter auf und installieren Sie die Manschette, die Abdeckung und den Deckel. Wischen Sie verschüttete Bremsflüssigkeit unverzüglich mit einem nassen Lappen ab und kontrollieren sie das ganze System auf Undichtigkeiten.

25 Prüfen Sie vor der ersten Fahrt die Funktion der Bremse(n).

Ablassen der Bremsflüssigkeit (für eine Überholung)

26 Das Ablassen der Bremsflüssigkeit ist ein ähnlicher Prozess wie das Entlüften der Bremse. Am schnellsten und einfachsten geht dies mit einer im Handel erhältlichen Vakuumpumpe (siehe Schritt 17) – folgen Sie den beiliegenden Herstellerangaben. Ist keine solche Pumpe zugänglich, müssen Sie der oben gegebenen Prozedur für den Wechsel der Flüssigkeit folgen, dürfen dabei aber den Ausgleichsbehälter nicht auffüllen.

27 Das Auffüllen ist wieder mit der Vakuumpumpe am einfachsten – jetzt muss darauf geachtet werden, dass immer genügend Bremsflüssigkeit im Ausgleichsbehälter steht. Ohne die Pumpe muss der Behälter anfangs aufgefüllt und dann den Hinweisen zum Entlüften gefolgt werden, bis am Entlüftungsschlauch keine Luftblasen mehr austreten.

12 ABS Funktion

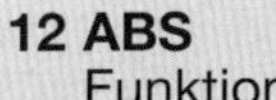

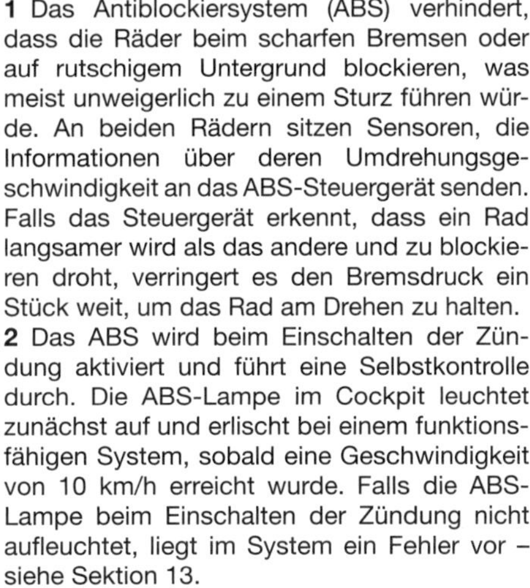

1 Das Antiblockiersystem (ABS) verhindert, dass die Räder beim scharfen Bremsen oder auf rutschigem Untergrund blockieren, was meist unweigerlich zu einem Sturz führen würde. An beiden Rädern sitzen Sensoren, die Informationen über deren Umdrehungsgeschwindigkeit an das ABS-Steuergerät senden. Falls das Steuergerät erkennt, dass ein Rad langsamer wird als das andere und zu blockieren droht, verringert es den Bremsdruck ein Stück weit, um das Rad am Drehen zu halten.

2 Das ABS wird beim Einschalten der Zündung aktiviert und führt eine Selbstkontrolle durch. Die ABS-Lampe im Cockpit leuchtet zunächst auf und erlischt bei einem funktionsfähigen System, sobald eine Geschwindigkeit von 10 km/h erreicht wurde. Falls die ABS-Lampe beim Einschalten der Zündung nicht aufleuchtet, liegt im System ein Fehler vor – siehe Sektion 13.

3 Falls die ABS-Lampe bei höherem Tempo weiter leuchtet oder blinkt oder während der Fahrt aufzuleuchten beginnt, liegt im System ein Fehler vor und das ABS wird abgeschaltet – die Bremsen funktionieren weiter normal wie bei einer Maschine ohne ABS. Wenn bei blinkender ABS-Lampe die Zündung aus und wieder eingeschaltet wird und die ABS-Lampe arbeitet wieder normal, war der Fehler nur kurzzeitig oder wurde beseitigt. Der Fehler wird im Steuergerät gespeichert.

4 Um einen aktuellen oder gespeicherten Fehler auslesen zu können, muss zunächst der Fahrersitz demontiert werden (siehe Kapitel 7). Unter dem Beifahrersitz findet sich ein mit einer roten Kappe verschlossener Datenstecker (4 Stifte) (siehe Abbildung). Verbinden Sie jetzt entweder den Honda Service-Stecker (SCS-Stecker – Teilenummer 070PZ-ZY30100), einen vergleichbaren Stecker aus dem Zubehörmarkt mit dem Stecker oder verwenden Sie Überbrückungskabel, um die Kontakte des grau/blauen und des grün/blauen Kabels zu verbinden (siehe Abbildung). Nachdem der Stecker angeschlossen oder die Kontakte verbunden sind, werden der Killschalter auf RUN und die Zündung eingeschaltet; beobachten Sie jetzt die ABS-Warnleuchte – bei gespeicherten Fehlern leuchtet sie für zwei Sekunden auf, erlischt dann für 3,6 Sekunden und beginnt dann durch Blinkzeichen den Fehlercode anzuzeigen. Falls keine Fehler gespeichert ist, leuchtet sie für zwei Sekunden auf, erlischt dann für 3,6 Sekunden und leuchtet dann dauerhaft. Betätigen Sie beim Auslesen der Fehler weder den Bremshebel noch das Bremspedal.

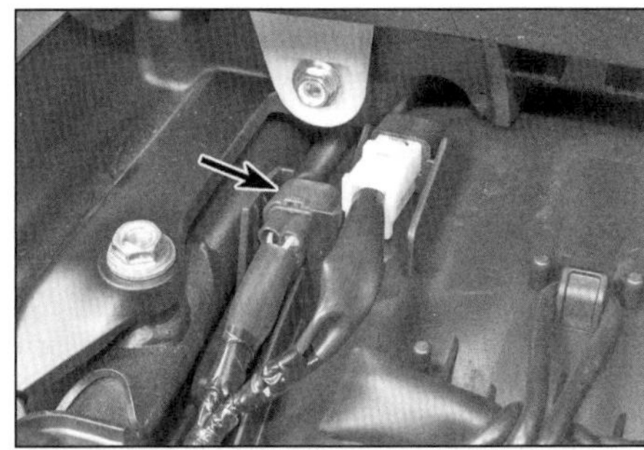

12.4a Datenstecker unter dem Beifahrersitz

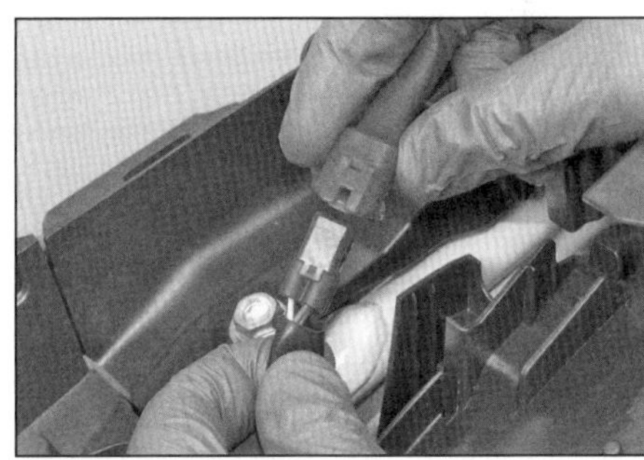

12.4b Befreien Sie den Stecker und entfernen Sie die Kappe.

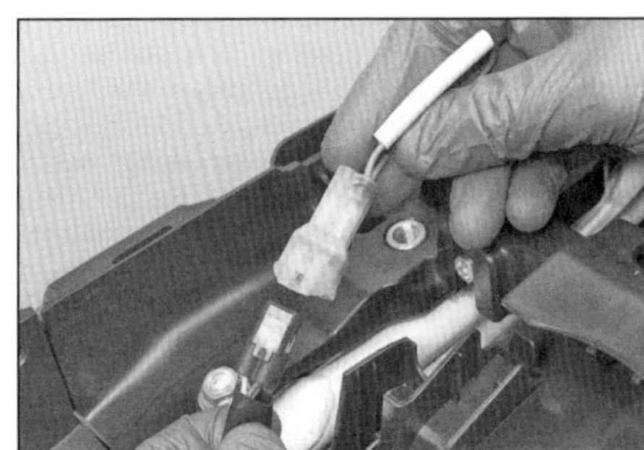

12.4c Hier wird der von Honda angebotene Service-Stecker auf den Datenstecker gesteckt.

13.2a Messen Sie am Vorderrad den Abstand zwischen Radsensor und Sensorring.

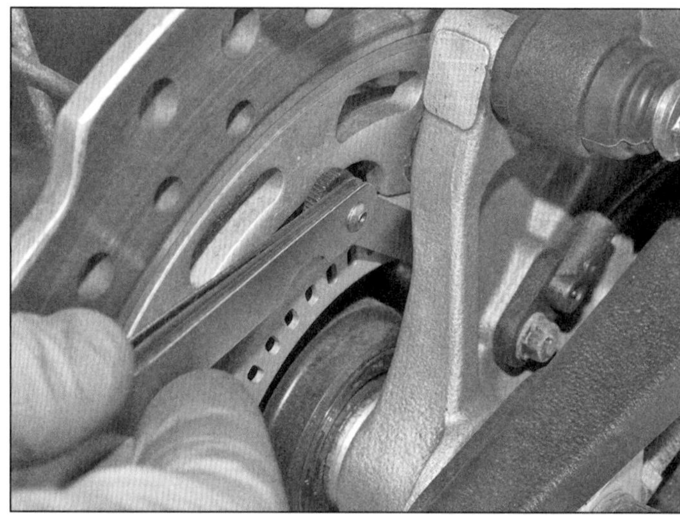

13.2b Messen Sie am Hinterrad den Abstand zwischen Radsensor und Sensorring.

5 Die Warnleuchte zeigt mit langen (1,3 sec.) und kurzen (0,3 sec.) Blinkzeichen den Fehlercode an. Lange Blinkzeichen geben die erste Ziffer des zweistelligen Fehlercodes an, kurze Blinkzeichen zeigen die zweite Ziffer. Ein Beispiel: zwei lange Blinkzeichen (1,3 sec.) und drei kurze Blinkzeichen (0,3 sec.) zeigen Fehlercode 23 an. Falls mehr als ein Fehlercode gespeichert wurde, werden diese mit 3,5 Sekunden dauernden Pausen dazwischen und mit der niedrigsten Zahl beginnend angezeigt. Nachdem alle gespeicherten Fehlercodes angezeigt wurden, beginnt das Steuermodul mit der Wiederholung der Anzeige. Die Fehlercodes, ihre Symptome und mögliche Ursachen sind in der Tabelle in Sektion 13 aufgeführt.

6 Nachdem alle Fehlercodes ausgelesen wurden, wird die Zündung abgeschaltet und der SCS-Stecker oder das Überbrückungskabel vom Datenstecker entfernt. Identifizieren Sie mithilfe der Tabelle in Sektion 13 die fehlerhafte Komponente oder den schadhaften Stromkreis und fahren Sie mit den Prüf-Prozeduren fort.

7 Nachdem ein Fehler entdeckt und beseitigt wurde, muss der Fehlercode wie folgt gelöscht werden: Schalten Sie zunächst die Zündung aus und überbrücken Sie im Datenstecker die Kontakte des grau/blauen und des grün/blauen Kabels (Schritt 4). Sichergehend, dass der Killschalter auf RUN steht, werden der Handbremshebel betätigt und dann die Zündung eingeschaltet – die ABS-Lampe leuchtet für zwei Sekunden auf und erlischt dann. Lassen Sie nach dem Erlöschen unverzüglich den Bremshebel los – die Lampe muss wieder aufleuchten; betätigen Sie jetzt unverzüglich wieder die Bremse – die Lampe muss erlöschen; lassen Sie erneut den Bremshebel unverzüglich los. Jetzt sollten alle Fehler gelöscht sein – die ABS-Lampe zeigt dies durch zweimaliges Blinken und dann dauerhaftes Leuchten an.

8 Schalten Sie die Zündung aus und entfernen Sie das Überbrückungskabel oder den SCS-Stecker. Prüfen Sie, ob das ABS normal arbeitet (siehe Schritt 2).

9 Falls nicht alle Fehler gelöscht wurden, muss die Prozedur in Schritt 7 wiederholt werden.

Achtung: Das ABS kann Fehler diagnostizieren, die durch geänderte Reifengrößen, falsche Luftdruckwerte oder längere Fahrten über sehr schlechte Straßen hervorgerufen wurden. Auch ein während der Fahrt angehobenes Vorderrad (»Wheelie«) oder ein bei aufgebocktem Motorrad durch den Motor in Drehung versetztes Hinterrad kann zu einer Fehlermeldung führen.

13 ABS Fehlerdiagnose

Systemprüfung

Anmerkung: *Bevor spezifische Kontrollen durchgeführt werden, müssen der Fehlercode gelöscht (siehe Sektion 12) und der Selbstdiagnoseprozess eingeleitet werden. Falls der Fehlercode auf ein ungewöhnliches Fahrverhalten, besondere Umstände oder eine kurzzeitige Störung zurückzuführen war, wird die ABS-Lampe erlöschen. Falls der Fehlercode erneut erscheint, müssen die folgenden Kontrollen durchgeführt werden:*

1 Falls ein ABS-Fehler angezeigt wird, muss zunächst geprüft werden, ob die Batterie vollständig geladen ist, kontrollieren Sie dann die ABS-Sicherungen (siehe Kapitel 8).

2 Soweit ein Fehler auf einen der Radsensoren oder deren Ringe hinweist, muss mit einer Fühlerlehre der Abstand zwischen Sensor und Ring gemessen werden (siehe Abbildungen). Vorn müssen 0,4 bis 1,15 mm und hinten 0,4 bis 1,06 mm festgestellt werden. Der Abstand ist nicht einstellbar – prüfen Sie nötigenfalls die Festigkeit des Sensors und des Rings. Die Komponenten dürfen nicht beschädigt oder verschmutzt sein – reinigen oder ersetzen Sie den Sensor oder den Ring.

3 Beachten Sie für eine allgemeine Elektrik-Fehlersuche und die benötigte Ausrüstung die Hinweise in Kapitel 8, Sektion 2 und kontrollieren Sie alle Kabel und Anschlüsse des durch den Fehlercode angezeigten Stromkreises – der Zugang zu den Komponenten ist in Sektion 14 beschrieben. Führen Sie alle Kontrollen bei abgeschalteter Zündung durch.

4 Falls die Ursache eines Fehlers auch nach sorgfältiger Kontrolle nicht gefunden werden kann, muss das ABS von einer Honda-Werkstatt überprüft werden.

14 ABS-Komponenten

Anmerkung: *Achten Sie darauf, den Sensorring und die Sensorspitze nicht zu beschädigen, keine magnetisierten Werkzeuge in ihre Nähe zu bringen und ihnen keinen Stöße zuzufügen.*

Vorderradsensor

1 Demontieren Sie das Luftfiltergehäuse (siehe Kapitel 4, Sektion 3). Demontieren Sie das Vorderrad-Schutzblech (siehe Kapitel 7).

Fehlercode-Tabelle

Fehlercodes	Defekte Komponente oder System	Mögliche Gründe
Kein angezeigter Fehlercode	ABS-Lampe leuchtet beim Einschalten der Zündung nicht	ABS-Sicherung durchgebrannt
	ABS-Lampe leuchtet ständig	Kabel oder Stecker defekt
		Modulator defekt
		ABS-Lampe defekt
11, 12, 15, 21	Vorderradsensor-Stromkreis	Kabel oder Stecker defekt
	Vorderradsensor	Sensor defekt
	Vorderrad-Sensorring	Sensorring defekt
13, 14, 15, 23	Hinterradsensor-Stromkreis	Kabel oder Stecker defekt
	Hinterradsensor	Sensor defekt
	Hinterrad-Sensorring	Sensorring defekt
31, 32, 33, 34	Modulator-Magnetschalter	Modulator defekt
41, 42	Vorderradsensor-Stromkreis	Sensor defekt
	Vorderradsensor	Kabel oder Stecker defekt
	Vorderrad-Sensorring	Sensorring defekt
43	Hinterradsensor-Stromkreis	Sensor defekt
	Hinterradsensor	Kabel oder Stecker defekt
	Hinterrad-Sensorring	Sensorring defekt
51, 52, 53	Modulator-Motor blockiert	Modulator defekt
		Kabel oder Stecker defekt
		30A-ABS-Modulatorsicherung durchgebrannt
54	Relais-Stromkreis	30A-ABS-Modulatorsicherung durchgebrannt
		Relais-Stromkreis defekt
		Modulator defekt
61	Versorgungsspannung niedrig	7,5 oder 10A-ABS-Sicherung
		Kabel oder Stecker defekt
		Modulator defekt
62	Versorgungsspannung zu hoch	Kabel oder Stecker defekt
		Modulator defekt
71	Radumfänge weichen von Vorgaben ab	Reifengröße falsch oder Luftdruck zu niedrig
81	CPU in Modulator-Steuergerät	Modulator defekt
82	Anzeige für REAR (Hinterrad) ABS OFF arbeitet nicht	Anzeige oder Verkabelung defekt

2 Befreien und trennen Sie den Sensor-Stecker (siehe Abbildung). Führen Sie das Kabel zum Sensor zurück, befreien Sie es dabei aus allen Führungen und Befestigungen und merken Sie sich seine Verlegung. Lösen Sie die Schraube des Sensors und ziehen Sie diesen heraus (siehe Abbildung).
3 Die Sensorspitze, der Sitz des Sensors und der Sensorring müssen sauber und dürfen nicht beschädigt sind. Verwenden Sie eine neue Sensorschraube oder reinigen Sie das Gewinde der alten Schraube und tragen Sie mittelfeste Sicherungspaste *(Loctite)* auf. Installieren Sie den Sensor und ziehen Sie die Schraube mit 10 Nm an. Verlegen Sie das Kabel wie beim Ausbau notiert zum Stecker, verbinden Sie es und sichern Sie es mit allen Befestigungen.
4 Prüfen Sie den Abstand zwischen Sensor und Ring (siehe Sektion 13, Schritt 2). Montieren Sie das Luftfiltergehäuse (siehe Kapitel 4) und das Vorderrad-Schutzblech (siehe Kapitel 7).

Vorderrad-Sensorring

5 Bauen Sie das Vorderrad aus (siehe Sektion 17).
6 Lösen Sie die drei Schrauben des Sensorrings und heben Sie diesen ab (siehe Abbildung).
7 Die Kontaktflächen des Rings und der Bremsscheibe müssen von Schmutz und Korrosion befreit sein, damit der Ring korrekt sitzt und der Sensor keine falschen Signale übermittelt. Der Sensorring darf nicht verschmutzt, beschädigt oder verzogen sein.
8 Installieren Sie neue oder die alten gereinigten und mit mittelfester Sicherungspaste *(Loctite)* versehene Schrauben und ziehen Sie sie schrittweise und über Kreuz mit 7 Nm an.
9 Bauen Sie das Vorderrad ein (siehe Sektion 17).
10 Prüfen Sie den Abstand zwischen Sensor und Ring (siehe Sektion 13, Schritt 2).

Hinterradsensor

11 Demontieren Sie das Hinterrad (siehe Sektion 18) und entfernen Sie den ETC-Träger (siehe Kapitel 7, Sektion 12).

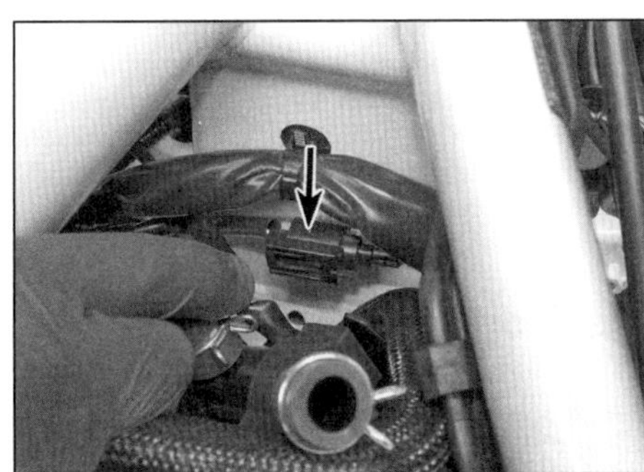
14.2a Stecker des Vorderradsensors

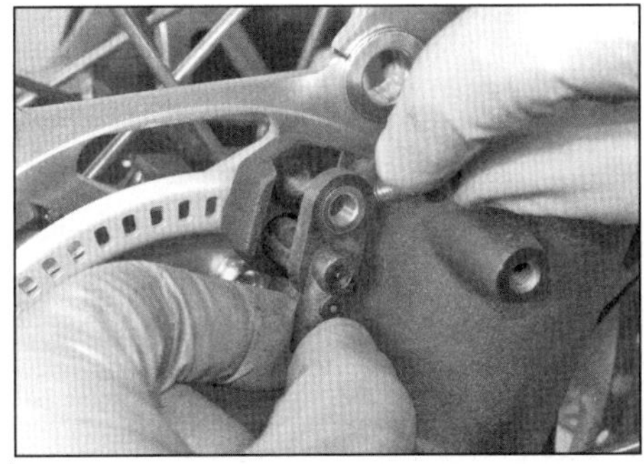
14.2b Lösen Sie die Schraube und ziehen Sie den Sensor heraus.

14.6 Schrauben des Vorderrad-Sensorrings

6

14.12 Stecker des Hinterradsensors

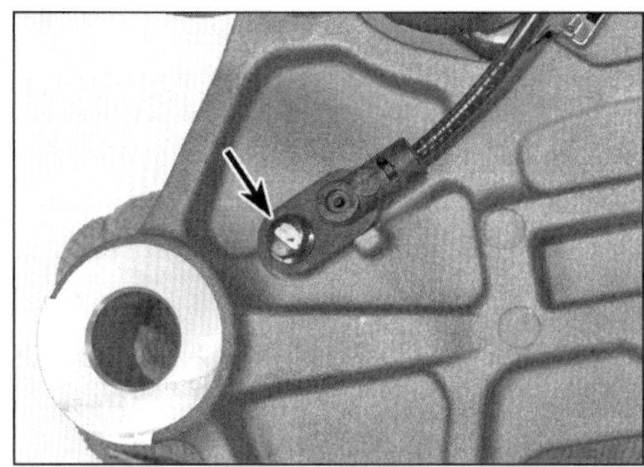

14.13 Schraube des Hinterradsensors

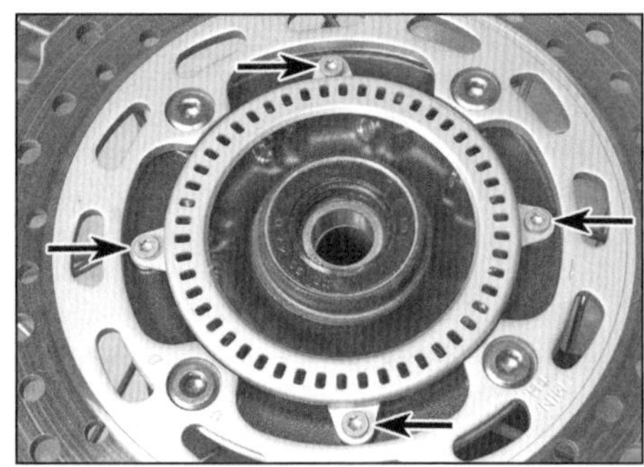

14.17 Schrauben des Hinterrad-Sensorrings

14.44 Befreien Sie die zwei Relais.

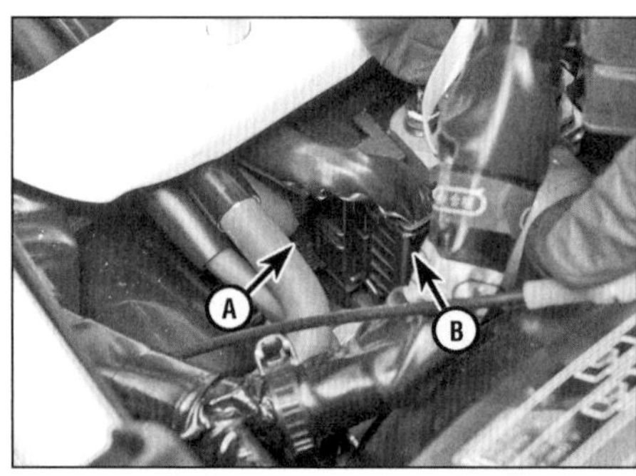

14.45 Drücken Sie die Arretierlasche (A) nach hinten, um den Stecker (B) zu trennen.

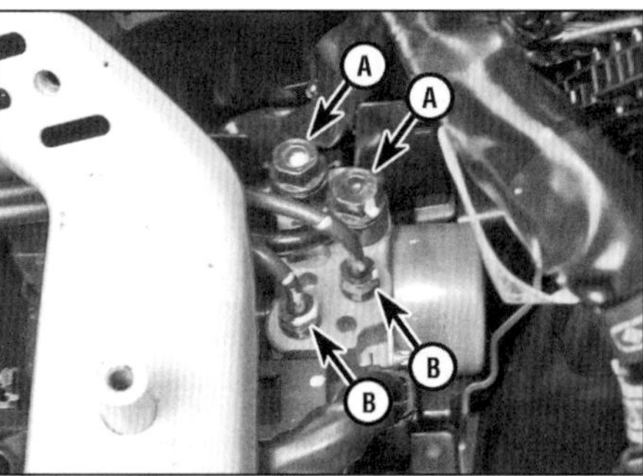

14.47 Bremsleitungs-Anschlussschrauben (A), Bremsrohr-Überwurfmuttern (B)

14.49 Befestigungsschrauben des Modulators

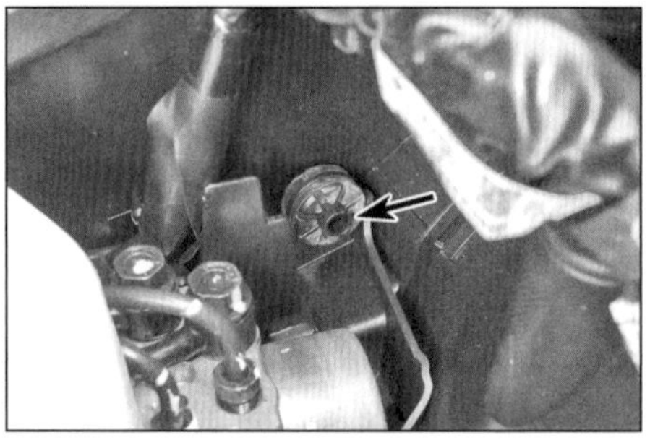

14.50 Befreien Sie den Halter vom Rahmen.

12 Trennen und befreien Sie den Sensorstecker (siehe Abbildung). Falls bis Modelljahr 2017 die Bremsleitung zum Modulator den Zugang zu sehr begrenzt, muss sie getrennt werden (siehe unten).

13 Führen Sie das Kabel zum Sensor zurück, befreien Sie es dabei aus allen Führungen und Befestigungen und merken Sie sich seine Verlegung (Abbildung 7.35b). Befreien Sie den Bremssattelhalter von der Schwinge, lösen Sie die Schraube des Sensors und ziehen Sie diesen heraus (siehe Abbildung).

14 Die Sensorspitze, der Sitz des Sensors und der Sensorring müssen sauber und dürfen nicht beschädigt sind. Verwenden Sie eine neue Sensorschraube oder reinigen Sie das Gewinde der alten Schraube und tragen Sie mittelfeste Sicherungspaste *(Loctite)* auf. Installieren Sie den Sensor und ziehen Sie die Schraube mit 10 Nm an. Verlegen Sie das Kabel wie beim Ausbau notiert zum Stecker, verbinden Sie es und sichern Sie es mit allen Befestigungen. Verbinden Sie ggf. die Bremsleitung mit dem Modulator (siehe unten) und entlüften Sie das Bremssystem (siehe Sektion 11).

15 Bauen Sie das Hinterrad ein (siehe Sektion 18). Prüfen Sie den Abstand zwischen Sensor und Ring (siehe Sektion 13, Schritt 2). Installieren Sie den ETC-Träger (siehe Kapitel 7, Sektion 12).

Hinterrad-Sensorring

16 Bauen Sie das Hinterrad aus (siehe Sektion 18).

17 Lösen Sie die vier Schrauben des Sensorrings und heben Sie diesen ab (siehe Abbildung).

18 Die Kontaktflächen des Rings und der Radnabe müssen von Schmutz und Korrosion befreit sein, damit der Ring korrekt sitzt und der Sensor keine falschen Signale übermittelt. Der Sensorring darf nicht verschmutzt, beschädigt oder verzogen sein.

19 Installieren Sie neue oder die alten gereinigten und mit mittelfester Sicherungspaste *(Loctite)* versehene Schrauben und ziehen Sie sie schrittweise und über Kreuz mit 7 Nm an.

20 Bauen Sie das Hinterrad ein (siehe Sektion 18).

21 Prüfen Sie den Abstand zwischen Sensor und Ring (siehe Sektion 13, Schritt 2).

ABS-Modulator

Anmerkung: *Bevor der Modulator aus dem Motorrad demontiert werden kann, muss die gesamte Bremsflüssigkeit abgelassen werden (siehe Sektion 11). Der Modulator kann nicht zerlegt werden und es sind keine Ersatzteile erhältlich – bei einem Ausfall muss er ausgetauscht werden.*

bis Modelljahr 2017

22 Demontieren Sie den Gepäckträger (siehe Kapitel 7).

23 Trennen Sie die Stecker der Blinker und der Kennzeichenbeleuchtung. Lösen Sie die Schrauben der Rücklicht-Abdeckung – an jeder Seite eine samt Hülse und zwei an der Un-

terseite. Befreien Sie die Laschen und ziehen Sie die Abdeckung nach hinten ab.
24 Trennen Sie den Seilzug der Sitzbank-Verriegelung.
25 Demontieren Sie die Regler/Gleichrichter-Baugruppe (siehe Kapitel 8, Sektion 30).
26 Befreien Sie bei Modellen mit Standardgetriebe das Blinkrelais, bei DCT-Modellen wird dessen Stecker getrennt (siehe Kapitel 8, Sektion 10).
27 Demontieren Sie den Tank und die Auspuffanlage (siehe Kapitel 4, Sektion 2 und 17).
28 Öffnen Sie links am Modulator den Kabelbinder.
29 Trennen Sie bei Modellen mit Verdunstungsregelung die Schläuche des Sammelbehälters.
30 Befreien Sie die Kabelstecker und das Ventilatorrelais vom Träger. Befreien Sie oberhalb des Fußbremszylinders das Kabel des Hinterradsensors aus der Führung rechts am Rahmen.
31 Befreien und trennen Sie den Modulatorstecker.
32 Lösen Sie die Bremsleitungs-Verbindungsschrauben, um beim Trennen der Rohre vom Modulator etwas mehr Bewegungsspielraum zu erhalten. Bedecken Sie die Bereiche um den Modulator mit Lappen, damit keine Bremsflüssigkeitsspritzer den Lack angreifen können.
33 Lösen Sie die Bremsleitungs-Anschlussschraube, merken Sie sich die Ausrichtung der Leitung, entnehmen Sie die Dichtscheiben und dichten Sie die Leitung mit Schlauchklemmen oder Schrauben, Muttern und Dichtscheiben oder speziellen Anschlussaugen-Dichtwerkzeugen ab (Abbildungen 3.1c und d), alternativ kann sie auch mit Frischhaltefolie umwickelt werden. Beim Anschließen werden neue Dichtscheiben benötigt.
34 Lösen Sie die Überwurfmuttern der Bremsrohre und befreien Sie diese. Verstopfen Sie die Rohre oder umwickeln Sie sie mit Frischhaltefolie, um den Flüssigkeitsverlust gering zu halten und das Eindringen von Schmutz zu verhindern.
35 Lösen Sie die zwei Befestigungsschrauben des Modulators.
36 Lösen Sie an beiden Seiten des Trägers die Schraube, befreien Sie ihn und manövrieren Sie ihn nach unten.
37 Demontieren Sie ggf. den Sammelbehälter der Verdunstungsregelung.
38 Befreien Sie den Modulatorträger von der Lasche am Rahmen und entnehmen Sie den Modulator, ohne dabei die Bremsleitungen zu beschädigen.
39 Lösen Sie nötigenfalls die zwei Schrauben, um den Modulator von seinem Träger zu trennen.
40 Beachten Sie die Hülsen in den Gummibuchsen und ersetzen Sie diese nötigenfalls, falls sie spröde oder verhärtet sind.
41 Der Einbau entspricht der umgekehrten Ausbaureihenfolge – beachten Sie dabei folgende Punkte:

- Schmieren Sie die Überwurfmuttern der Bremsrohre mit frischer Bremsflüssigkeit. Falls ein geeignetes Werkzeug zur Hand ist, werden sie mit 14 Nm angezogen.
- Rüsten Sie die Anschlussaugen der Bremsschläuche an beiden Seiten mit neuen Dichtscheiben aus. Richten Sie die Schläuche korrekt aus und ziehen Sie die Anschlussschrauben mit 34 Nm an.
- Verbinden Sie den Modulatorstecker und sichern Sie ihn mit der Lasche.
- Füllen Sie das Bremssystem auf und entlüften Sie es (siehe Sektion 11). Kontrollieren Sie das Bremssystem auf Dichtigkeit und prüfen Sie vor der ersten Fahrt die Funktion der Bremsen.

Achtung: Weil Bremsflüssigkeit Kunststoffe und Lacke angreift, müssen bei der Arbeit am Bremssystem entsprechende Oberflächen stets gut abgedeckt werden. Waschen Sie Spritzer mit reichlich Wasser ab.

ab Modelljahr 2018

42 Demontieren Sie den Tank (siehe Kapitel 4, Sektion 2).
43 Demontieren Sie den ETC-Träger (siehe Kapitel 7, Sektion 12).
44 Befreien Sie den Stecker des Hinterradsensors (Abbildung 14.12) und befreien Sie die Relais aus ihren Halterungen (siehe Abbildung).
45 Befreien und trennen Sie den Modulatorstecker (siehe Abbildung).
46 Lösen Sie die Bremsleitungs-Verbindungsschrauben, um beim Trennen der Rohre vom Modulator etwas mehr Bewegungsspielraum zu erhalten. Bedecken Sie die Bereiche um den Modulator mit Lappen, damit keine Bremsflüssigkeitsspritzer den Lack angreifen können.
47 Lösen Sie die Bremsleitungs-Anschlussschraube, merken Sie sich die Ausrichtung der Leitung (siehe Abbildung), entnehmen Sie die Dichtscheiben und dichten Sie die Leitung mit Schlauchklemmen oder Schrauben, Muttern und Dichtscheiben oder speziellen Anschlussaugen-Dichtwerkzeugen ab (Abbildungen 3.1c und d), alternativ kann sie auch mit Frischhaltefolie umwickelt werden. Beim Anschließen werden neue Dichtscheiben benötigt.
48 Lösen Sie die Überwurfmuttern der Bremsrohre und befreien Sie diese (Abbildung 14.47). Verstopfen Sie die Rohre oder umwickeln Sie sie mit Frischhaltefolie, um den Flüssigkeitsverlust gering zu halten und das Eindringen von Schmutz zu verhindern.
49 Lösen Sie die zwei Befestigungsschrauben des Modulators (siehe Abbildung).
50 Befreien Sie den Modulatorträger von der Lasche am Rahmen und entnehmen Sie den Modulator, ohne dabei die Bremsleitungen zu beschädigen (siehe Abbildung).
51 Lösen Sie nötigenfalls die zwei Schrauben, um den Modulator von seinem Träger zu trennen.
52 Beachten Sie die Hülsen in den Gummibuchsen und ersetzen Sie diese nötigenfalls, falls sie spröde oder verhärtet sind.
53 Der Einbau entspricht der umgekehrten Ausbaureihenfolge – beachten Sie dabei folgende Punkte:

- Schmieren Sie die Überwurfmuttern der Bremsrohre mit frischer Bremsflüssigkeit. Falls ein geeignetes Werkzeug zur Hand ist, werden sie mit 14 Nm angezogen.
- Rüsten Sie die Anschlussaugen der Bremsschläuche an beiden Seiten mit neuen Dichtscheiben aus. Richten Sie die Schläuche korrekt aus und ziehen Sie die Anschlussschrauben mit 34 Nm an.
- Verbinden Sie den Modulatorstecker und sichern Sie ihn mit der Lasche.
- Füllen Sie das Bremssystem auf und entlüften Sie es (siehe Sektion 11). Kontrollieren Sie das Bremssystem auf Dichtigkeit und prüfen Sie vor der ersten Fahrt die Funktion der Bremsen.

Achtung: Weil Bremsflüssigkeit Kunststoffe und Lacke angreift, müssen bei der Arbeit am Bremssystem entsprechende Oberflächen stets gut abgedeckt werden. Waschen Sie Spritzer mit reichlich Wasser ab.

15 Räder
Inspektion und Reparatur

1 Um eine vernünftige Inspektion der Räder durchführen zu können, ist das Motorrad so aufzustellen, dass das zu kontrollierende Rad frei drehbar ist. Stützen Sie die Maschine mit einer geeigneten Vorrichtung sicher ab und reinigen Sie die Räder sorgfältig, da Matsch und Schmutz die Inspektion stören und Schäden verdecken können. Führen Sie eine allgemeine Kontrolle der Räder (siehe Kapitel 1) und Reifen (siehe *Tägliche Kontrollen*) durch.
2 Befestigen Sie eine Messuhr an der Gabel oder der Schwinge und richten Sie den Messdorn seitlich gegen die Felge. Drehen sie das Rad langsam und kontrollieren Sie das Axial-(Seiten-) Spiel (siehe Abbildung) – es dürfen jeweils nicht mehr als 1,0 mm Spiel mm festgestellt werden.

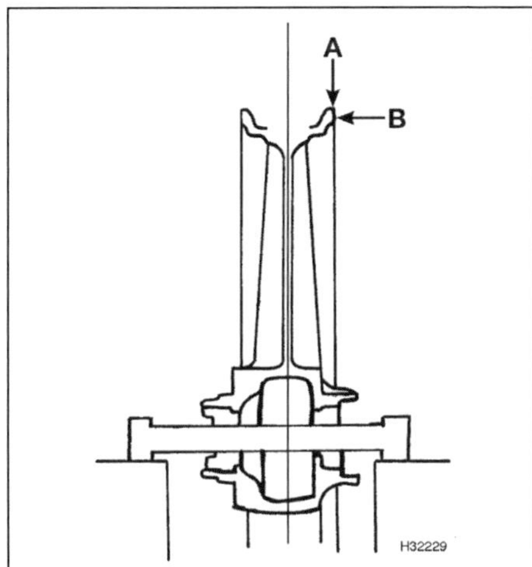

15.2 Kontrollieren Sie das Rad auf Höhenschlag (A) und Seitenschlag (B).

6

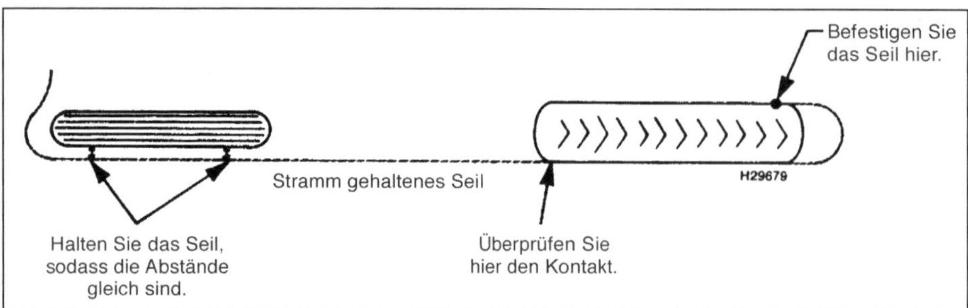

16.5 Spurkontrolle des Rades mithilfe eines Seils

3 Um das Radial- (Höhen-) Spiel akkurat messen zu können, muss das Rad ausgebaut und der Reifen demontiert werden. Bei im Schraubstock eingespannter Achse und einer Messuhr kann dann der Höhenschlag ermittelt werden – es dürfen nicht mehr als 1,0 mm Spiel festgestellt werden.

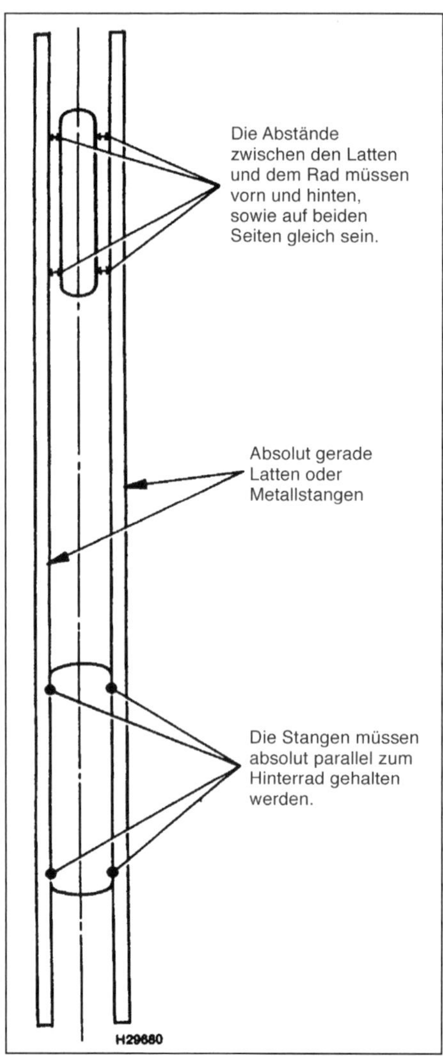

16.7 Spurkontrolle des Rades mithilfe von Holzlatten

4 Eine einfachere jedoch auch ungenauere Methode zum Ermitteln des Radialspiels ist durch das Befestigen eines festen Drahtes an der Gabel oder Schwinge zu erreichen, dessen Ende nahe an den Außenrand der Felge, wo der Reifen aufliegt, gebogen wird. Wenn das Rad in Ordnung ist, wird sich der Abstand zum Draht beim Drehen des Rades nicht verändern.

5 Bei übermäßigem Spiel muss zunächst kontrolliert werden, ob die Ursache nicht in verschlissenen Radlagern zu suchen ist. Sind die Radlager in Ordnung, werden ungleichmäßig gespannte Speichen die Ursache sein. Das Richten einer Felge durch Spannen der Speichen ist eine Arbeit, die viel Erfahrung erfordert – überlassen Sie sie nötigenfalls einer Fachwerkstatt.

16 Räder
Spurkontrolle

1 Falls die Räder aufgrund eines schräg eingebauten Hinterrades, eines verzogenen Rahmens oder einer verbogenen Gabel nicht in Flucht laufen, können hierin die Ursachen für ein schlechtes und auch gefährliches Fahrverhalten der Maschine liegen. Wenn der Rahmen oder die Gabelbrücken verzogen sind, kann nur ein Rahmenricht-Spezialist weiterhelfen, oder die Baugruppen müssen getauscht werden.

2 Um die Spur kontrollieren zu können, wird neben einem Assistenten ein Seil oder eine absolut gerade Holzlatte und ein Lineal benötigt. Ebenfalls braucht man ein Lot.

3 Zur ordentlichen Kontrolle muss das Motorrad auf einer geeigneten Abstützung gerade ausgerichtet sein. Sorgen Sie zunächst dafür, dass die Kettenspanner auf beiden Seiten exakt gleich eingestellt sind (siehe Kapitel 1, Sektion 4). Messen Sie dann die Breite beider Räder an der dicksten Stelle. Ziehen Sie den Wert des Vorderrades von dem des Hinterrads ab und teilen Sie den Wert durch zwei. Das Ergebnis ist der Wert, der bei den folgenden Messungen auf beiden Seiten der Räder herauskommen sollte.

4 Wenn ein Seil verwendet wird, muss der Assistent das eine Ende auf halber Höhe zwischen Boden und Hinterradachse halten, sodass es die hintere Seitenfläche des Reifens berührt.

5 Halten Sie das andere Ende des Seils am Vorderrad in die gleiche Höhe und bringen Sie es stramm gespannt in Berührung mit der vorderen Seitenfläche des Hinterrads. Drehen Sie das Vorderrad, bis es parallel mit dem Seil steht. Messen Sie den Abstand der Reifenflanken zum Seil (siehe Abbildung).

6 Wiederholen Sie die Prozedur auf der anderen Seite der Maschine. Der Abstand zwischen Vorderrad und Seil muss auf beiden Seiten gleich sein.

7 Wie erwähnt, kann man die Messung auch mit einer absolut geraden Holzlatte durchführen (siehe Abbildung). Die Ausführung bleibt die gleiche.

8 Wenn der Abstand zwischen Reifen und Seil auf beiden Seiten variiert oder das Hinterrad nicht fluchtet, muss eine Honda-Werkstatt oder ein Rahmen-Spezialist konsultiert werden.

9 Wenn die Spur stimmt, können die Räder immer noch vertikal nicht in Flucht stehen.

10 Mit einem Lot oder einem entsprechenden Gewicht und einer Schnur wird am Hinterrad gemessen, ob es senkrecht steht. Hierfür wird die Schnur an der oberen Seitenfläche des Reifens angelegt und das Lot herabgelassen. Wenn die Schnur beide Reifenflanken gleichzeitig berührt, steht das Rad gerade. Wenn nicht, muss der Ständer unterlegt werden, bis das Rad senkrecht steht.

11 Wenn das Hinterrad senkrecht steht, wird das Vorderrad in gleicher Weise kontrolliert. Wenn beide Räder nicht vertikal gleich stehen, ist der Rahmen und/oder ein wesentlicher Teil der Federelemente verzogen.

17 Vorderrad

Ausbau

1 Stützen Sie das Motorrad mithilfe einer geeigneten Stütze so ab, dass das Vorderrad nicht den Boden berührt. Achten Sie immer auf einen sicheren Stand. Unterlegen Sie den Ölwannenschutz ggf. mit Hölzern, um die Last besser zu verteilen und das Metall nicht zu zerkratzen

2 Lösen Sie die Bremssattel-Schrauben und ziehen Sie die Sättel von den Bremsscheiben (Abbildung 2.2) – beachten Sie zu den Schrauben die Anmerkung in Sektion 2. Sichern Sie die Sättel so, dass die Bremsleitungen nicht unter Last stehen. Es ist nicht nötig, die Bremsleitungen zu trennen.

Anmerkung: *Betätigen Sie nicht die Bremse, wenn die Bremssättel demontiert sind.*

3 Entfernen Sie ggf. links die Kappe aus der Radachse. Lösen Sie die Achsmutter (siehe Abbildung).

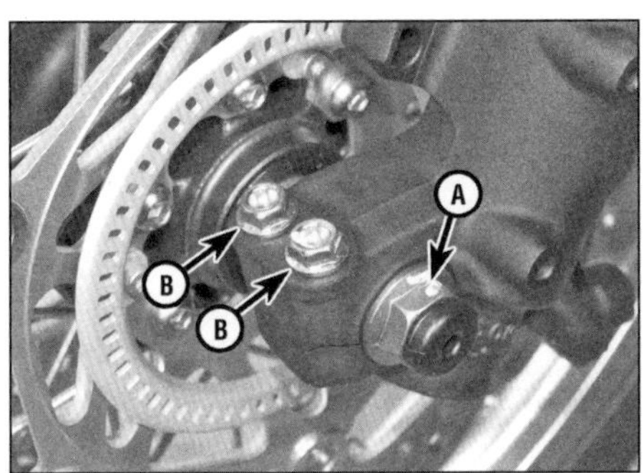

17.3 Achsmutter mit Kappe (A), Achsen-Klemmschrauben (B)

17.5 Ziehen Sie die Achse heraus und manövrieren Sie das Rad nach vorn aus der Gabel.

17.6 Entfernen Sie die Distanzhülsen.

4 Lockern Sie unten am rechten oder linken Tauchrohr die Achsen-Klemmschrauben (Abbildung 17.3).

5 Halten Sie das Rad und klopfen Sie die Achse von links mithilfe eines weichen Hammers nach rechts, ziehen Sie sie dann heraus und manövrieren Sie das Rad nach vorn aus der Gabel (siehe Abbildung).

6 Entfernen Sie die Distanzhülsen aus beiden Seiten der Radnabe (siehe Abbildung). Reinigen Sie die Hülsen, die Achse und die Dichtringe. Entfernen Sie Korrosion ggf. mithilfe von Stahlwolle von der Achse.

Achtung: Legen Sie das Rad nicht auf eine der Bremsscheiben, da sie dadurch verziehen kann. Legen Sie das Rad auf Blöcke, sodass die Felge das Gewicht des Rades stützt.

7 Kontrollieren Sie die Achse durch Rollen auf einer ebenen Oberfläche (z.B. einer Glasscheibe) auf Verzug. Wenn die Ausrüstung vorhanden ist, wird die Achse in Prismenblöcke gelegt und ihr Verzug gemessen – wenn die Achse stärker als 0,2 mm verbogen ist, muss sie ersetzt werden.

8 Kontrollieren Sie die Dichtringe und die Radlager (siehe Sektion 19).

Einbau

9 Schmieren Sie die Dichtringe und die Distanzhülsen innen mit Lithiumfett. Stecken Sie die Hülsen in beide Dichtringe (Abbildung 17.6).

10 Positionieren Sie das Rad richtig herum (mit dem Pfeil des Reifens in die normale Drehrichtung zeigend) zwischen den Gabelholmen. Fetten Sie die Achse dünn ein.

11 Schieben Sie bei in Position gehaltenem Rad – die Distanzhülsen müssen dabei in Position bleiben – die Achse von rechts ein, bis sie bündig zur Aufnahme sitzt (Abbildung 17.5). Drehen Sie links die Mutter zunächst handfest auf, kontern Sie den Achskopf entweder mit einem 17er-Inbusschlüssel oder den übergangsweise mit 22 Nm angezogenen rechten Klemmschrauben, und ziehen Sie die Mutter mit 60 Nm an (siehe Abbildungen). Drücken

17.11a Drehen Sie die Mutter auf,...

17.11b ...kontern Sie den Achskopf (hier mit einem Multi-Innensechskant)...

17.11c ...und ziehen Sie die Mutter mit 60 Nm an.

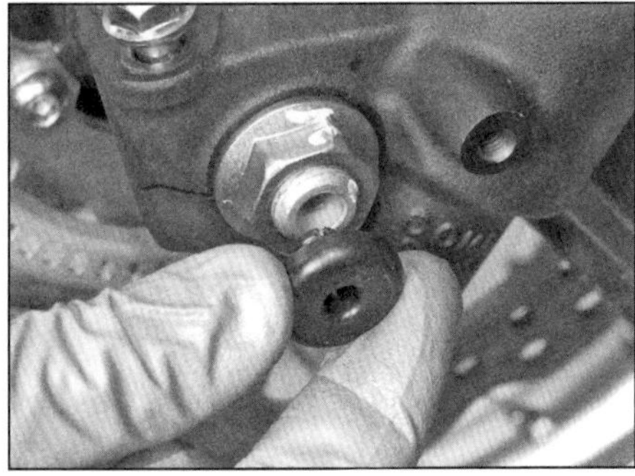

17.11d Stecken Sie ggf. die Kappe in die Achse.

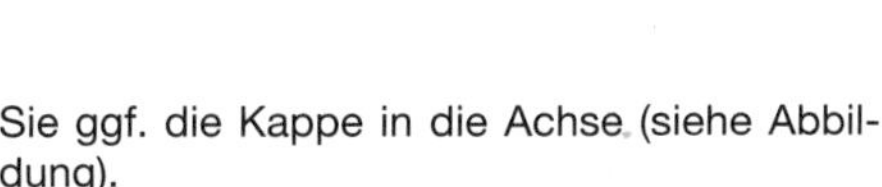

Sie ggf. die Kappe in die Achse (siehe Abbildung).

12 Lockern Sie ggf. die rechten Klemmschrauben wieder. Ziehen Sie links die Klemmschrauben mit 22 Nm an – ziehen Sie die Schrauben nacheinander erneut mit 22 Nm an, da sie sich durch das Anziehen der andere Schraube etwas lockern können.

13 Senken Sie das Vorderrad auf den Boden ab. Schieben Sie die Bremssättel auf die Bremsscheibe, installieren Sie deren neuen oder alten mit Sicherungspaste bestrichenen Schrauben und ziehen Sie sie mit 45 Nm an (Abbildung 2.2).

14 Betätigen Sie mehrmals den Handbremshebel, um die Beläge an der Bremsscheibe anliegen zu lassen. Ziehen Sie die Bremse und komprimieren Sie mehrmals die Gabel, damit sich alles setzt und vor allem der rechte Gabelholm spannungsfrei auf der Achse ausrichtet.

15 Ziehen Sie nun die Klemmschrauben des rechten Gabelholms wie in Schritt 12 beschrieben mit 22 Nm an.

16 Reinigen Sie die Bremsscheibe, kontrollieren Sie ggf. den Abstand zwischen dem Radsensor und dem Sensorring (siehe Sektion 13, Schritt 2) und prüfen Sie vor der ersten Fahrt die Funktion der Bremse.

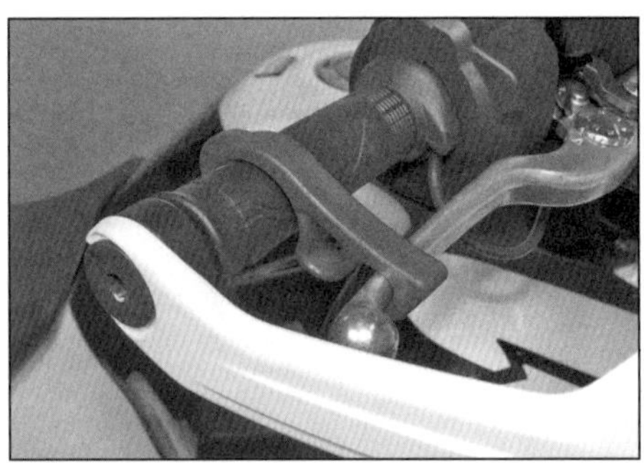

18.1 Eine im Fachhandel erhältliche Bremshebel-Klemme

18.2a Lösen Sie die Achsmutter und entfernen Sie die Scheibe...

18.2b ...sowie den Kettenspanner-Block.

18.3 Ziehen Sie die Achse heraus und senken Sie das Rad ab.

18.4a Heben Sie die Kette vom Kettenblatt.

18.4b Ziehen Sie das Rad nach hinten, bis der Bremssattelhalter aus seiner Führung an der Schwinge befreit ist.

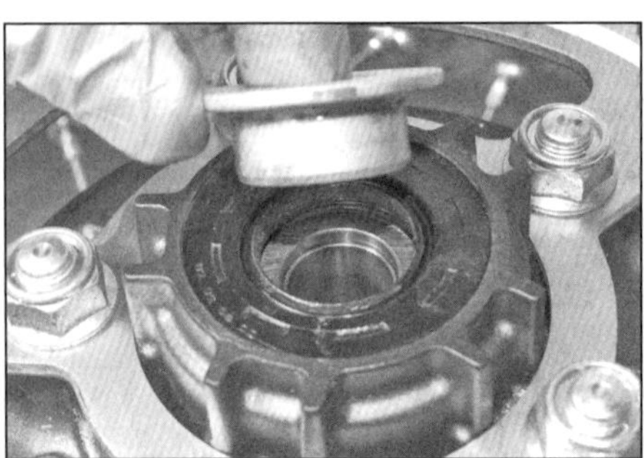

18.5a Entfernen Sie links das Distanzstück mit dem Bund...

18.5b ...und rechts die Distanzhülse.

18.12 Ziehen Sie die Achsmutter bei gekonterter Achse mit 100 Nm an.

18 Hinterrad

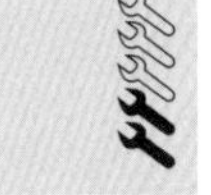

Ausbau

1 Stützen Sie das Motorrad mithilfe einer geeigneten Stütze so ab, dass das Hinterrad nicht den Boden berührt. Achten Sie immer auf einen sicheren Stand. Sorgen Sie bei DCT-Modellen dafür, dass die Parkbremse gelöst ist. Erzeugen Sie an der Antriebskette maximalen Durchhang (siehe Kapitel 1, Sektion 4). Sichern Sie den Bremshebel gegen den Lenker, damit das Motorrad nicht nach vorn rollen kann – entweder mit Gummibändern oder einer spezielle Klemme (siehe Abbildung).

2 Lösen Sie die Achsmutter und entfernen Sie die Scheibe sowie den Kettenspanner-Block (siehe Abbildungen).

3 Entlasten Sie das Hinterrad und ziehen Sie die Achse samt linken Kettenspanner-Block nach links heraus. Senken Sie das Rad auf den Boden ab (siehe Abbildung). Falls die Achse fest sitzt, muss sie von rechts mit einem weichen Hammer ausgetrieben werden.

4 Heben Sie die Kette vom Kettenblatt (siehe Abbildung). Ziehen Sie das Rad nach hinten, bis der Bremssattelhalter aus seiner Führung an der Schwinge befreit ist und zwischen Rad und Schwinge herausgehoben werden kann – lagern Sie ihn so, dass die Bremsleitung nicht belastet wird (siehe Abbildung). Manövrieren Sie das Rad aus der Schwinge heraus. Positionieren Sie nötigenfalls den Bremssattelhalter wieder an der Schwinge und sichern Sie ihn dort mit einem Kabelbinder.

Achtung: Legen Sie das Rad nicht auf die Bremsscheibe oder das Kettenblatt, da sie dadurch verziehen können. Legen Sie das Rad auf Blöcke, sodass die Felge das Gewicht des Rades stützt. Betätigen Sie nicht das Bremspedal, wenn der Bremssattel demontiert ist.

5 Entfernen Sie links das Distanzstück mit dem Bund aus der Radnabe und rechts die Distanzhülse (siehe Abbildungen).

6 Kontrollieren Sie die Achse durch Rollen auf einer ebenen Oberfläche (z.B. einer Glas-

19.3 Hebeln Sie die Dichtringe aus der Radnabe.

19.4a Drücken Sie die Distanzhülse zur Seite, um den Lagerinnenring freizulegen, ...

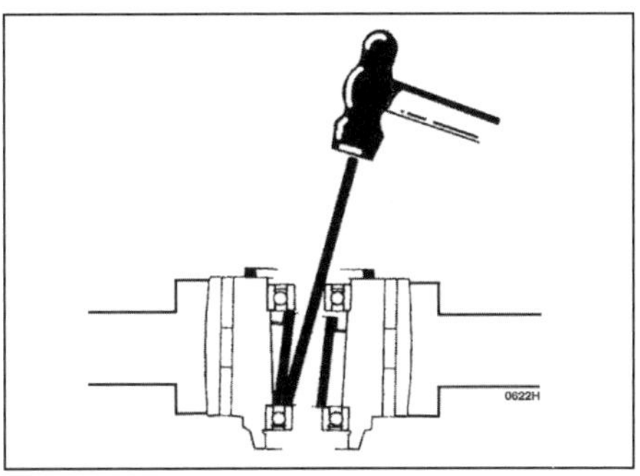

19.4b ... und treiben Sie das Lager wie gezeigt aus.

19.7 Treiben Sie das neue Lager mit einem passenden Steckschlüssel ein.

scheibe) auf Verzug. Wenn die Ausrüstung vorhanden ist, wird die Achse in Prismenblöcke gelegt und ihr Verzug gemessen – wenn die Achse stärker als 0,2 mm verbogen ist, muss sie ersetzt werden.

7 Kontrollieren Sie die Dichtringe und die Radlager (siehe Sektion 19).

Einbau

8 Schmieren Sie die Dichtringe und die Distanzhülsen innen mit Lithiumfett. Stecken Sie die Hülsen in beide Dichtringe (Abbildungen 18.5a und b). Fetten Sie die Achse dünn ein. Falls der Bremssattelhalter an der Schwinge gesichert ist, muss er jetzt befreit und abseits gelagert werden.

9 Stecken Sie den linken Kettenspanner-Block auf die Achse.

10 Bringen Sie das Rad innerhalb der Schwinge in Position. Schieben Sie den Bremssattelhalter zwischen das Rad und die Schwinge und positionieren Sie ihn an seiner Führung (Abbildung 18.4b). Heben Sie die Antriebskette über das Kettenblatt (Abbildung 18.4a).

11 Heben Sie das Rad in Position, führen Sie dabei die Bremsscheibe zwischen den Bremsbelägen ein. Schieben Sie die Achse von links ein (Abbildung 18.3) – die Distanzstücke und der Bremssattelhalter müssen an ihren Positionen verbleiben. Führen Sie den Kettenspanner-Block in der Vertiefung der Schwinge ein. Prüfen Sie, ob alles korrekt ausgerichtet ist. Schieben Sie rechts den zweiten Kettenspanner-Block auf die Achse, legen Sie die Scheibe auf und drehen Sie die Achsmutter zunächst handfest auf (Abbildungen 18.2b und a).

12 Stellen Sie den Kettendurchhang ein (siehe Kapitel 1, Sektion 4). Kontern Sie anschließend den Achsenkopf und ziehen Sie die Mutter mit 100 Nm an (siehe Abbildung).

13 Reinigen Sie die Bremsscheibe mit Bremsenreiniger. Bringen Sie durch mehrmaliges Betätigen des Bremspedals die Bremsbeläge in Kontakt mit der Bremsscheibe, kontrollieren Sie ggf. den Abstand zwischen dem Radsensor und dem Sensorring (siehe Sektion 13, Schritt 2) und prüfen Sie vor der ersten Fahrt die Funktion der Bremse.

19 Radlager

Anmerkung: *Ersetzen Sie Radlager immer als Set – niemals einzeln. Der Austausch von Lagern geht einfacher, wenn die Lagersitze mit einem Heißluftgebläse erwärmt und die neuen Lager vor dem Einbau im Eisfach gekühlt werden. Vermeiden Sie den Einsatz von Hochdruckreinigern im Bereich der Radlager.*

Vorderradlager

1 Bauen Sie das Rad aus (siehe Sektion 14). Demontieren Sie nötigenfalls die Bremsscheiben (ggf. samt Sensorring), um sie beim Austausch der Radlager nicht zu beschädigen (siehe Sektion 4). Stützen Sie das Rad mit der Felge auf Hölzern, um die Bremsscheiben nicht zu beschädigen.

2 Inspizieren Sie die Dichtringe und Lager – deren Innenringe müssen sich sanft drehen lassen und der Außenring muss fest in der Nabe sitzen; beachten Sie hierzu die Sektion 5 der *Werkzeug- und Werkstatt-Tipps* im Anhang.

Anmerkung: *Die Radlager dürfen nur ausgebaut werden, wenn sie erneuert werden sollen.*

3 Falls neue Lager montiert werden müssen, müssen mit einem Schlitzschraubendreher oder einem speziellen Haken an beiden Seiten die Dichtringe herausgehebelt werden (siehe Abbildung) – beschädigen Sie dabei nicht die Nabe. Die Dichtringe müssen später durch Neuteile ersetzt werden.

4 Drücken Sie die zwischen den Lagern sitzenden Distanzhülse zur Seite, um den Innenring des unteren Lagers freizulegen und von oben einen Treibdorn anzusetzen und das Lager rundherum auszutreiben (siehe Abbildungen). Falls sich die Distanzhülse nicht bewegen lässt oder der Treibdorn nicht richtig angesetzt werden kann, müssen die Lager mit einem Ausziehwerkzeug ausgebaut werden, dessen Spreizvorrichtung zwischen dem Lager-Innenring und dem Distanzrohr verklemmt werden kann (Abbildung 19.14b). Ziehen Sie entweder den Ausziehbolzen an oder treiben Sie bei fest hinuntergedrücktem Rad das Lager mithilfe eines Zughammers heraus (Abbildung 19.14c). Nachdem das erste Lager entfernt ist, wird die zwischen den Lagern sitzende Distanzhülse entnommen.

5 Legen Sie das Rad auf die andere Seite und demontieren Sie das andere Lager auf die gleiche Weise oder treiben Sie es mit einem geeigneten Steckschlüssel von der anderen Seite aus.

6 Reinigen Sie die Radnabe mit Lösungsmittel und begutachten Sie die Lagersitze auf Riefen und Verschleiß. Sind die Sitze beschädigt, muss das Rad von einer Fachwerkstatt untersucht werden.

7 Installieren Sie die neuen Lager mit den abgedichteten Seiten nach außen. Installieren Sie zuerst das linke Lager. Benutzen Sie entweder ein altes Lager, einen Eintreiber oder eine geeignete Steckschlüssel-Nuss, die groß genug ist, nur den Außenring zu berühren, um das Lager senkrecht in seinen Sitz zu treiben (siehe Abbildung). Alternativ kann eine selbstgebaute Einziehvorrichtung eingesetzt werden – beachten Sie hierzu die Sektion 5 der *Werkzeug- und Werkstatt-Tipps* im Anhang.

8 Drehen Sie das Rad um und stecken Sie die Distanzhülse in die Nabe. Treiben Sie das rechte Radlager genauso in seinen Sitz, bis es an der Distanzhülse anliegt.

19.9 Drücken Sie den Dichtring bündig ein und fetten Sie seine Dichtlippe.

19.11 Heben Sie den Kettenblatt-Mitnehmer heraus.

19.13 Hebeln Sie rechts den Dichtring aus der Radnabe.

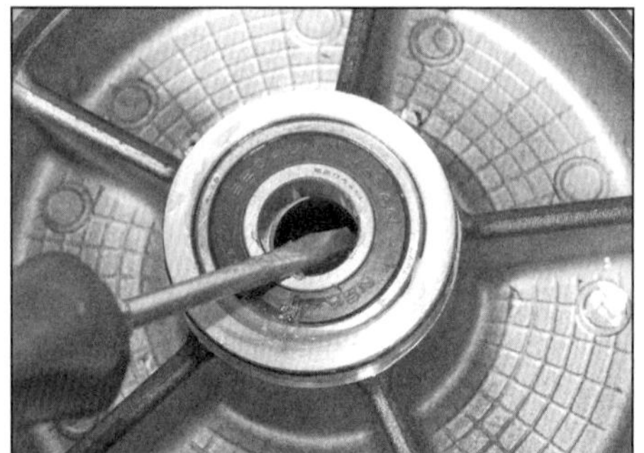

19.14a Drücken Sie die Distanzhülse zur Seite, um den Lagerinnenring freizulegen.

19.14b Setzen Sie den Abzieher unter dem Innenring an, sichern Sie ihn...

19.14c ...und treiben Sie das Lager mit dem Zughammer heraus.

19.17 Treiben Sie das neue Lager mit einem passenden Steckschlüssel ein.

19.19 Drücken Sie den Dichtring bündig ein und fetten Sie seine Dichtlippe.

19.20 Ersetzen Sie nötigenfalls den O-Ring der Radnabe.

9 Installieren Sie die neuen Dichtringe von Hand oder mit einem Werkzeug, das nur den Außenrand berührt, bündig zur Radnabe (siehe Abbildung). Schmieren Sie die Dichtlippen mit Fett.

10 Montieren Sie ggf. die Bremsscheiben und den Sensorring (siehe Sektion 4). Reinigen Sie die Bremsscheiben mit Aceton oder Bremsenreiniger und bauen Sie das Rad ein (siehe Sektion 17).

Hinterradlager

11 Bauen Sie das Rad aus (siehe Sektion 18). Demontieren Sie nötigenfalls die Bremsscheibe und ggf. den Sensorring, um sie beim Austausch der Radlager nicht zu beschädigen (Sektionen 8 und 14). Stützen Sie das Rad mit der Felge auf Hölzern, um die Bremsscheibe nicht zu beschädigen. Entfernen Sie den Kettenblatt-Mitnehmer und die Gummidämpfer aus der Nabe (siehe Abbildung).

12 Inspizieren Sie die Dichtringe und Lager – die Innenringe der Kugellager müssen sich sanft drehen lassen und die Außenringe müssen fest in der Nabe sitzen; beachten Sie hierzu die Sektion 5 der *Werkzeug- und Werkstatt-Tipps* im Anhang.

Anmerkung: *Die Radlager dürfen nur ausgebaut werden, wenn sie erneuert werden sollen.*

13 Falls neue Lager montiert werden sollen, muss mit einem Schlitzschraubendreher oder einem speziellen Haken rechts der Dichtring herausgehebelt werden (siehe Abbildung) – beschädigen Sie dabei nicht die Nabe. Der Dichtring muss später durch ein Neuteil ersetzt werden.

14 Drücken Sie die zwischen den Lagern sitzenden Distanzhülse zur Seite, um den Innenring des unteren Lagers freizulegen und von oben einen Treibdorn anzusetzen und das Lager rundherum auszutreiben (siehe Abbildung sowie Abbildung 19.4b). Falls sich die Distanzhülse nicht bewegen lässt oder der Treibdorn nicht richtig angesetzt werden kann, müssen die Lager mit einem Ausziehwerkzeug ausgebaut werden, dessen Spreizvorrichtung zwischen dem Lager-Innenring und dem Distanzrohr verklemmt werden kann (siehe Abbildung). Ziehen Sie entweder den Ausziehbolzen an oder treiben Sie bei fest hinuntergedrücktem Rad das Lager mithilfe eines Zughammers heraus (siehe Abbildung). Nachdem das erste Lager entfernt ist, wird die zwischen den Lagern sitzende Distanzhülse entnommen.

15 Legen Sie das Rad auf die andere Seite und demontieren Sie das andere Lager auf die gleiche Weise oder treiben Sie es mit einem geeigneten Steckschlüssel von der anderen Seite aus.

16 Reinigen Sie die Radnabe mit Lösungsmittel und begutachten Sie die Lagersitze auf Riefen und Verschleiß. Sind die Sitze beschädigt, muss das Rad von einer Fachwerkstatt untersucht werden.

17 Installieren Sie die neuen Lager mit den abgedichteten Seiten nach außen. Installieren Sie zuerst das rechte Lager. Benutzen Sie entweder ein altes Lager, einen Eintreiber oder eine geeignete Steckschlüssel-Nuss, die groß genug ist, nur den Außenring zu berühren, um das Lager senkrecht in seinen Sitz zu treiben (siehe Abbildung). Alternativ kann eine selbstgebaute Einziehvorrichtung eingesetzt werden – beachten Sie hierzu die Sektion 5 der *Werkzeug- und Werkstatt-Tipps* im Anhang.

19.23 Hebeln Sie den Dichtring heraus.

19.24 Treiben Sie die Distanzhülse von außen aus dem inneren Lagerring.

18 Drehen Sie das Rad um und stecken Sie die Distanzhülse in die Nabe. Treiben Sie das linke Radlager genauso in seinen Sitz, bis es an der Distanzhülse anliegt.

19 Installieren Sie die neuen Dichtringe von Hand oder mit einem Werkzeug, das nur den Außenrand berührt, bündig zur Radnabe (siehe Abbildung). Schmieren Sie die Dichtlippen mit Fett.

20 Kontrollieren Sie die Mitnehmer-Gummidämpfer (siehe Sektion 23) sowie den O-Ring der Radnabe (siehe Abbildung) – ersetzen Sie ihn nötigenfalls. Schmieren Sie den O-Ring mit Öl und stecken Sie den Mitnehmer in die Radnabe (Abbildung 19.11). Montieren Sie ggf. die Bremsscheibe und den Sensorring (Sektionen 8 und 14). Reinigen Sie die Bremsscheibe mit Aceton oder Bremsenreiniger und bauen Sie das Rad ein (siehe Sektion 18).

Mitnehmer-Lager

21 Bauen Sie das Hinterrad aus (siehe Sektion 18) und befreien Sie den Kettenradmitnehmer und seine Dämpferelemente aus der Radnabe (Abbildung 19.11).

22 Inspizieren Sie den Dichtring und das Lager – der Innenring des Kugellagers muss sich sanft drehen lassen und der Außenring muss fest im Mitnehmer sitzen; beachten Sie hierzu die Sektion 5 der *Werkzeug- und Werkstatt-Tipps* im Anhang.

Anmerkung: *Das Lager darf nur ausgebaut werden, wenn es erneuert werden soll.*

23 Falls ein neues Lager montiert werden soll, muss der Dichtring herausgehebelt werden (siehe Abbildung) – beschädigen Sie dabei nicht die Nabe. Der Dichtring muss später durch ein Neuteil ersetzt werden.

24 Entfernen Sie die Hülse aus dem Mitnehmer-Lager – falls sie fest darin sitzt, muss der Mitnehmer mit dem Kettenblatt nach oben auf die Werkbank gelegt und die Hülse mit einem 15er-Steckschlüssel ausgetrieben werden (siehe Abbildung).

25 Legen Sie den Mitnehmer mit dem Kettenblatt nach unten auf Hölzer und treiben Sie das Lager von innen mit einem passenden Steckschlüssel aus (siehe Abbildung).

26 Reinigen Sie den Mitnehmer mit Lösungsmittel und begutachten Sie den Lagersitz auf Riefen und Verschleiß. Falls der Sitze beschädigt ist, muss eine Fachwerkstatt konsultiert werden, bevor das Rad zusammengesetzt wird.

27 Installieren Sie das neue Lager mit der markierten Seite nach außen und treiben Sie es mithilfe eines Werkzeugs, das nur seinen Außenring berührt, senkrecht in den Mitnehmer (siehe Abbildung).

28 Drehen Sie den Mitnehmer um, stützen Sie das Lager über seinen Innenring ab und treiben Sie die Hülse von innen ein (siehe Abbildungen).

19.25 Treiben Sie das alte Lager von innen aus.

19.27 Treiben Sie das neue Lager mit einem passenden Steckschlüssel von außen ein.

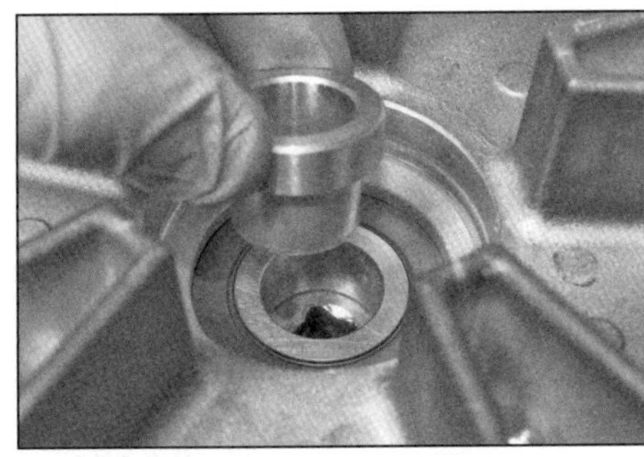

19.28a Stützen Sie das Lager auf dem Innenring ab...

19.28b ...und treiben Sie die Hülse ein.

6

29 Installieren Sie den neuen Dichtring von Hand oder mit einem Werkzeug, das nur seinen Außenrand berührt, bündig in den Mitnehmer (siehe Abbildung). Schmieren Sie die Dichtlippen mit Fett.

30 Kontrollieren Sie die Mitnehmer-Gummidämpfer (siehe Sektion 23) sowie den O-Ring der Radnabe (Abbildung 19.20) – ersetzen Sie ihn nötigenfalls. Schmieren Sie den O-Ring mit Öl und stecken Sie den Mitnehmer in die Radnabe (Abbildung 19.11). Bauen Sie das Rad ein (siehe Sektion 18).

20 Reifen

Allgemeine Informationen

1 Auf die an diesen Modellen verwendeten Räder müssen mit Schläuchen ausgerüstete Reifen gezogen werden. Die Reifengrößen finden sich in den technischen Daten dieses Kapitels, im Fahrerhandbuch und in den Fahrzeugpapieren.

2 Wechseln Sie zu den Täglichen Kontrollen am Anfang dieses Handbuches, um Räder und Reifen zu warten.

3 Die Auswahl neuer Reifen wird von den Eintragungen in den Fahrzeugpapieren bestimmt. Achten Sie darauf, dass Vorder- und Hinterreifen zusammenpassen, die Größe und Geschwindigkeitsangabe stimmen. Lassen Sie sich von einem Honda- oder Reifenhändler beraten (siehe Abbildung).

4 Es empfiehlt sich, Reifen bei einem Spezialisten wechseln zu lassen. Eine Werkstatt ist zusätzlich in der Lage, neue Reifen auszuwuchten.

5 Um Reifen selbst zu wechseln, werden mindestens zwei geeignete Montierhebel und Felgenschützer benötigt, außerdem ein Ventilausdreher, Montagepaste oder Talkum und ein Druckprüfer. In den folgenden Abbildungen ist zwar ein Gussrad gezeigt, doch die Reifenwechsel-Prozedur ist bei Drahtspeichenrädern identisch.

Ventilausdreher gibt es in die Ventilkappe integriert zu kaufen – so hat man das kleine Werkzeug immer dabei. Eine Gummikappe auf dem Ausdreher sorgt dafür, dass er fast unsichtbar ist und nicht missbraucht wird.

Ausbau

6 Bauen Sie zunächst das Rad aus (siehe Sektion 17 oder 18). Falls der Reifen wiederverwendet werden soll, muss mit Kreide im Bereich des Ventils eine Markierung angebracht werden – so erspart man sich das spätere Auswuchten. Reifen lassen sich warm deutlich besser demontieren als kalt, sodass bei kühlem Wetter das Rad zunächst im Innenraum aufgewärmt werden sollte.

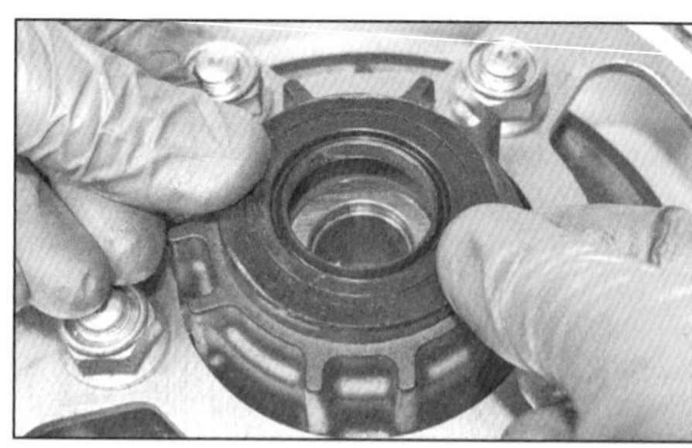

19.29 Drücken Sie den Dichtring bündig in den Mitnehmer.

7 Schrauben Sie zunächst das Ventil heraus, um die Luft vollständig abzulassen. Drehen Sie den Konterring vom Ventilsitz und drücken Sie ihn in die Felge.

8 Drücken Sie mithilfe der Montiereisen eine der Reifenwülste in die Mitte der Felge – manchmal wird hierzu eine spezielle Maschine benötigt. Absolut *nicht empfehlenswert* ist das Fahren mit luftleeren Reifen, um die Wülste in die Felge zu drücken – hierbei wird die Felge leicht beschädigt.

9 Legen Sie das Rad auf einen dicken alten Teppich, damit es nicht herumrutschen kann. Schützen Sie die Bremsscheibe oder das Ket-

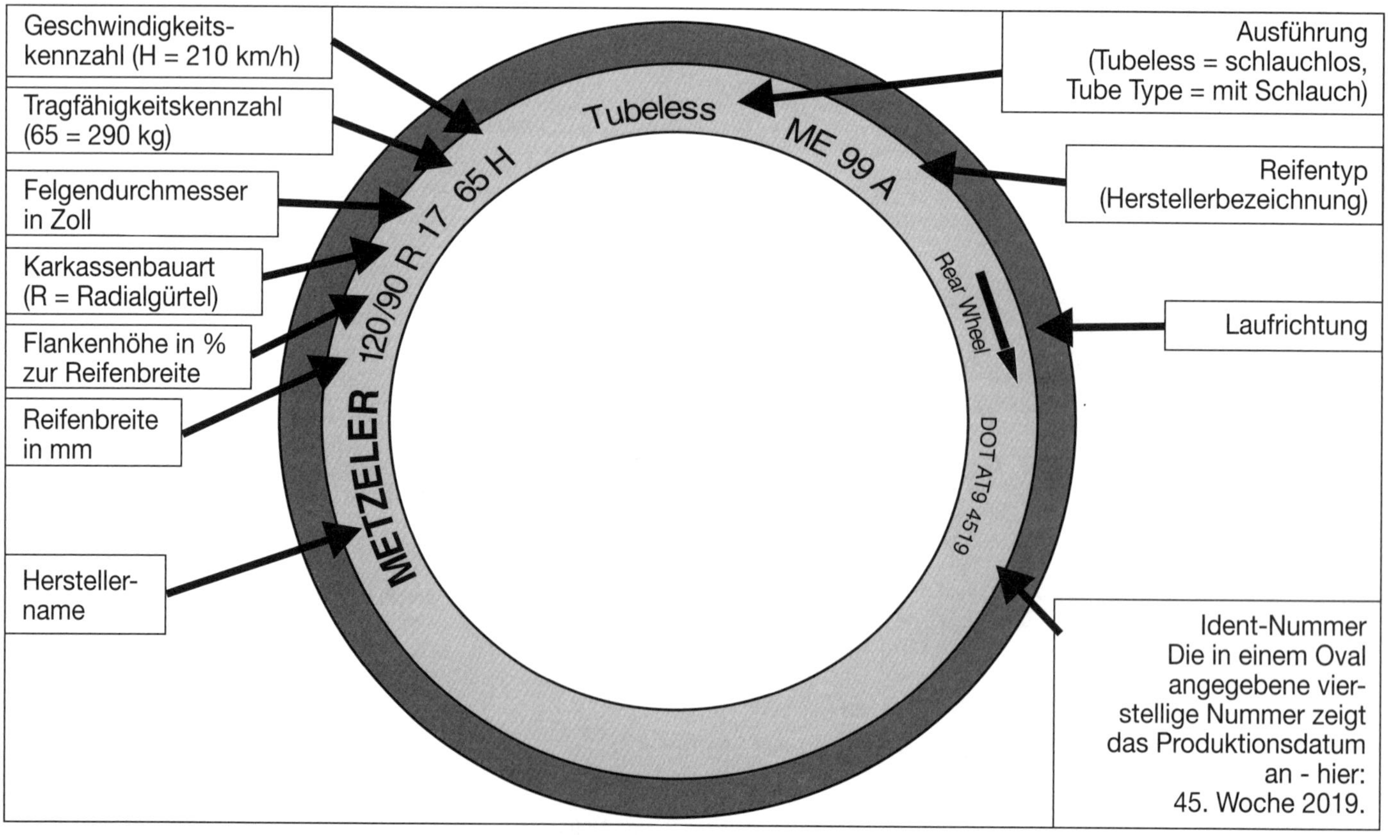

Geschwindigkeitskennzahl (H = 210 km/h)
Tragfähigkeitskennzahl (65 = 290 kg)
Felgendurchmesser in Zoll
Karkassenbauart (R = Radialgürtel)
Flankenhöhe in % zur Reifenbreite
Reifenbreite in mm
Herstellername
Tubeless
ME 99 A
120/90 R 17 65 H
METZELER
Rear Wheel
DOT AT9 4519
Ausführung (Tubeless = schlauchlos, Tube Type = mit Schlauch)
Reifentyp (Herstellerbezeichnung)
Laufrichtung
Ident-Nummer Die in einem Oval angegebene vierstellige Nummer zeigt das Produktionsdatum an - hier: 45. Woche 2019.

20.3 Übliche Reifen-Markierungen

tenblatt – demontieren Sie die Teile nötigenfalls (Sektionen 4, 8 und 23).

10 Sobald die Wulst rundherum aus ihren Sitzen befreit ist, werden der Innenrand der Felge und die Reifenwulst mit Montagepaste oder Talkum bestrichen (verwenden Sie niemals Öl oder Fett, da Schmiermittel auf Erdölbasis das Gummi angreifen).

11 Drücken Sie im Bereich des Ventils einen Montierhebel zwischen Reifenwulst und Felge ein (beschädigen Sie dabei nicht den Schlauch!) und hebeln Sie die Wulst über den Felgenrand – falls dies schwierig geht, muss geprüft werden, ob die Wulst rundherum in der Mitte der Felge sitzt (siehe Abbildung).

12 Halten Sie den Montierhebel mit dem über die Felge gezogenen Reifen zur Nabe herunter und schieben Sie einige Zentimeter daneben einen zweiten Montierhebel ein, um den Reifen weiter über die Felge zu hebeln (siehe Abbildung). Beschädigen Sie bei dieser Aktion nicht die Reifenwulst und den Schlauch (was besonders schnell mit Behelfs-Werkzeugen wie Schraubendrehern passiert).

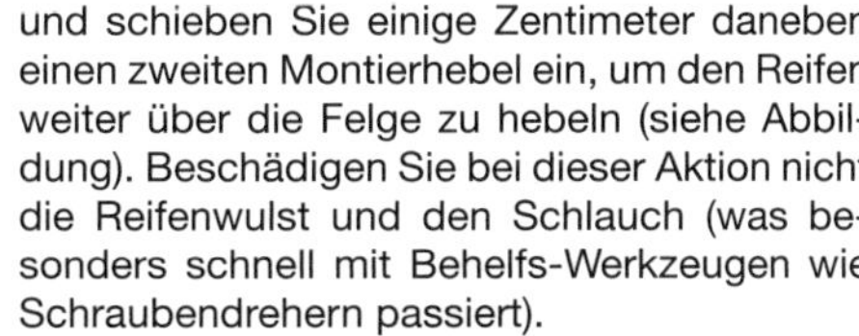

13 Falls kein dritter Montierhebel zur Hand ist, kann mit etwas Glück einer der bereits eingesetzten Hebel herausgezogen werden, ohne dass der Reifen zurück in die Felge springt. Hebeln Sie den Reifen erneut einige Zentimeter entfernt über die Felge. Wiederholen Sie dies, bis etwa ein Viertel des Reifens über die Felge gehebelt ist – die verbliebene Wulst muss weiterhin in der Vertiefung der Felge liegen. Ab jetzt sollte der Reifen von Hand über die Felge gezogen werden können.

14 Nachdem der Reifen an einer Seite über die Felge gehoben ist, kann der Schlauch herausgezogen werden (siehe Abbildung) – beginnen Sie gegenüber des Ventils, drücken Sie dies zum Schluss vollständig ein und greifen Sie es von innen, um den Schlauch zu entfernen. Um nur den Schlauch zu ersetzen, muss der Reifen nicht vollständig von der Felge entfernt werden, doch die Suche nach eingedrungenen Fremdkörpern wird durch die Demontage einfacher.

15 Um den Reifen komplett von der Felge zu trennen, muss zunächst sichergestellt werden, dass auch die andere Reifenwulst komplett im Felgenbett sitzt. Stellen Sie das Rad aufrecht hin und halten Sie es mit einer Hand. Hebeln oder drücken Sie nun den Reifen auf der gleichen Seite wie in Schritt 14 über den Felgenrand, während Sie diese herausziehen (siehe Abbildung) – soweit die Wulst korrekt mittig im Felgenbett sitzt, sollte sich der Reifen sehr einfach abziehen lassen. Beim Einsatz eines Montierhebels muss die Felge erneut mit einem Felgenschutz vor Kratzern geschützt werden.

20.11 Drücken Sie rundherum die Reifenwulst in das Felgenbett, setzen Sie einen Felgenschützer an und beginnen Sie am Ventil mit der Demontage.

20.12 Hebeln Sie mit dem zweiten Montiereisen den Reifen über die Felge. Beachten Sie den Einsatz der Felgenschützer.

20.14 Befreien Sie den Schlauch aus dem Reifen.

20.15 Hebeln Sie die zweite Reifenwulst über den gleichen Felgenrand wie die erste.

20.20a Führen Sie den leicht aufgeblasenen Schlauch in den Reifen ein.

20.20b Drücken Sie den Ventilsitz durch seine Bohrung und sichern Sie ihn mit dem Konterring.

Kontrolle

16 Verwenden Sie nach einer Reifenpanne oder bei der Montage eines neuen Reifens stets einen neuen Schlauch. Schläuche können zwar im Notfall wie Fahrradschläuche geflickt werden, doch sie altern auch mit der Zeit, sodass man mit einem neuen Schlauch auf der sicheren Seite ist. Schläuche sind nicht teuer.

17 Kontrollieren Sie die Felge auf scharfe Kanten oder Beschädigungen. Das Felgenband muss in Ordnung sein und korrekt über den Speichennippeln liegen, um den Schlauch zu schützen.

18 Kontrollieren Sie nach einem Plattfuß vorsichtig den Innenbereich des Reifens, um die möglicherweise noch darin steckende Ursache zu finden und zu entfernen. Überprüfen Sie den Reifen auch äußerlich, um darin steckende Nägel, Dorne oder Splitter zu entfernen.

Einbau

19 Die Montage eines Reifens erfolgt im Grunde in entgegengesetzter Demontage-Reihenfolge. Viele Reifen sind an der leichtesten Stelle mit Auswucht-Markierungen versehen, die zum Ventil ausgerichtet werden sollten. Ein Laufrichtungs-Pfeil muss in die normale Drehrichtung zeigen.

20 Nachdem der Reifen mit einer Wulst über die Felge gedrückt oder gehebelt wurde, muss der Schlauch etwas aufgepumpt werden, damit er rund wird und keine Falten aufwirft (siehe Abbildung). Bestreuen Sie ihn mit Talkumpulver, damit er im Reifen etwas rutschen kann. Heben Sie die freie Reifenwulst an und führen Sie den Schlauch mit dem Ventilsitz zur Bohrung der Felge zeigend faltenfrei in den Reifen ein (siehe Abbildung). Drücken Sie anschließend den Ventilsitz durch die Bohrung der Felge und sichern Sie ihn mit dem um wenige Umdrehungen aufgedrehten Konterring.

20.21a Wenn der Schlauch korrekt sitzt, wird gegenüber vom Ventil beginnend die zweite Wulst über die Felge gedrückt.

20.21b Drücken Sie das Ventil nach innen, damit der Reifen nicht seine Verdickung am Schlauch einklemmt.

21.1 Ein Nietschloss lässt sich anhand der anders aussehenden Nietköpfe erkennen.

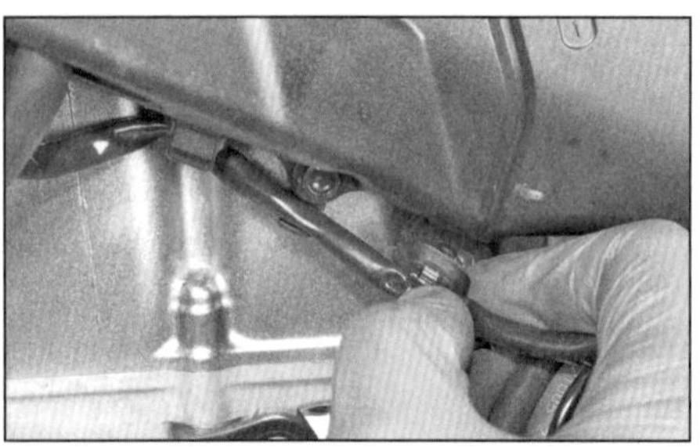

21.2 Lösen Sie die drei Schrauben und entnehmen Sie den Kettenschutz.

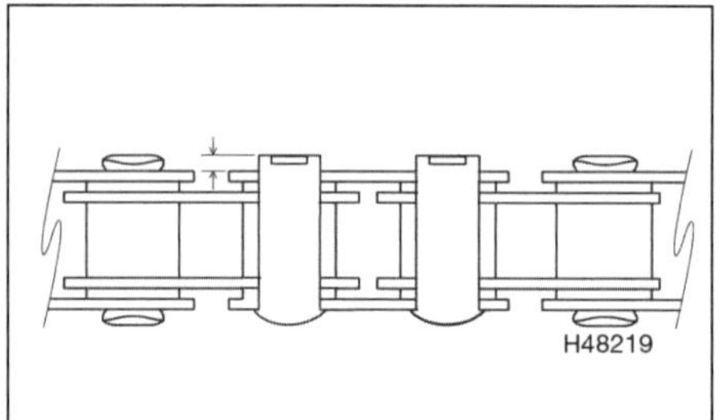

21.8 Die Bolzen müssen 1,3 bis 1,5 mm aus den Laschen herausragen.

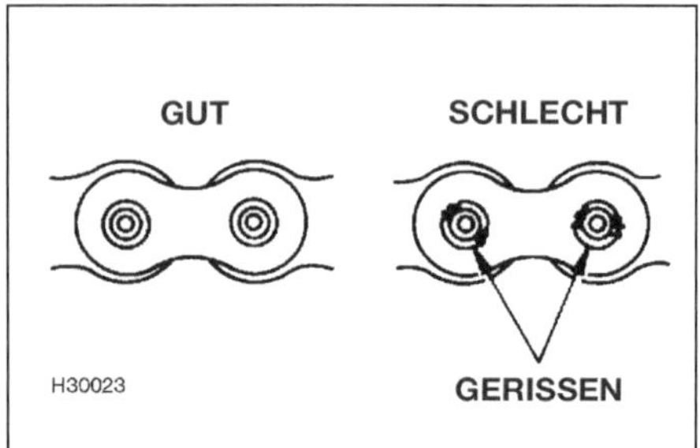

21.9a Kontrollieren Sie die vernieteten Bolzenköpfe auf Risse

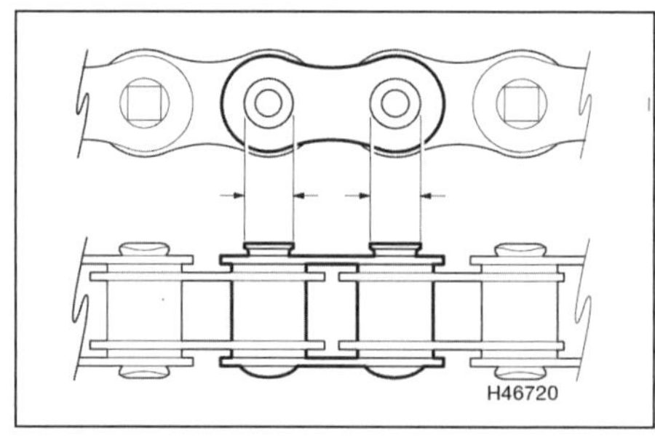

21.9b Messen Sie den Durchmesser der vernieteten Köpfe – er muss bei DID-Ketten 5,5 bis 5,8 mm betragen.

21 Schmieren Sie die Reifenwulst und drücken Sie sie gegenüber vom Ventil über den Felgenrand in die Mitte des Felgenbetts. Drücken Sie nun rundherum die Wulst vorsichtig über die Felge – achten Sie dabei darauf, dass sie in deren Mitte gleitet. Der letzte Teil muss mit Montierhebeln erledigt werden – beschädigen Sie dabei nicht den Schlauch (siehe Abbildung). Im Bereich des Ventils muss dies nach innen gedrückt werden, damit der Reifen nicht die Verdickung des Ventilsitzes einklemmt (siehe Abbildung).

22 Nachdem die Reifenwulst über die Felge gehebelt ist, muss sichergestellt werden, dass der Ventilsitz senkrecht in der Bohrung steckt – drehen Sie den Reifen nötigenfalls leicht auf der Felge, um den Sitz auszurichten. Drehen Sie den Konterring weiter auf den Schaft, aber ziehen Sie ihn nicht an. Installieren Sie ggf. das Reifenventil.

23 Pumpen Sie den Schlauch auf etwa 2,7 bar auf, um zu kontrollieren, ob der Reifen an beiden Seiten rundherum gleichmäßig aus der Felge kommt – hierfür sind an den meisten Reifen spezielle Hilfslinien angebracht.

Warnung: Pumpen Sie den Reifen nicht zu stark auf, da der Schlauch platzen kann!

24 Soweit der Reifen rundherum korrekt sitzt, wird der korrekte Druck eingestellt (siehe *Tägliche Kontrollen*). Drehen Sie den Konterring gegen die Felge und installieren Sie die Ventilkappe.

25 Falls eine Vorrichtung zum Wuchten und entsprechende Gewichte vorhanden sind, muss das Rad damit gewuchtet werden; andernfalls sollte diese Arbeit einem Reifenspezialisten überlassen werden. Vor allem ein ungewuchtetes Vorderrad macht sich durch Vibrationen unangenehm bemerkbar.

21 Antriebskette

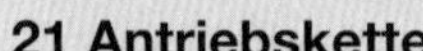

Anmerkung 1: *Die Kette sollte stets zusammen mit den die Kettenrädern ausgetauscht werden (siehe Sektion 22) – eine neue Kette auf alten Kettenrädern oder eine alte Kette auf neuen Kettenrädern sorgen für rapiden Verschleiß. Beachten Sie die Hinweise in Kapitel 1, um Details zur Wartung und Überprüfung des Antriebsstrangs zu erhalten.*

Spezialwerkzeug: *Die Kette kann entweder nach dem Ausbau der Schwinge (siehe Kapitel 5, Sektion 13) im geschlossenen Zustand befreit werden oder sie muss mit einem speziellen Kettentrenn-/Nietwerkzeug geöffnet werden – verwenden Sie hierzu entweder das Honda-Werkzeug (Teile-Nr. 07HMH-MR10103) oder ein im Zubehörhandel erhältlichen Werkzeug (aber nicht das billigste!). Nietschlossketten sind an den Verbindungen durch Vertiefungen in den Bolzen zu erkennen, die sich von den abgeflachten anderen Bolzen unterscheiden.*

Ausbau

1 Stützen Sie das Motorrad so ab, dass das Hinterrad nicht den Boden berührt. Bringen Sie das Nietschloss durch Drehen des Hinterrades in eine geeignete Position – die Mitte des unteren Kettentrums ist ideal (siehe Abbildung). Vergrößern Sie den Kettendurchhang (siehe Kapitel 1, Sektion 4). Möglicherweise ist das Motorrad mit einer Endloskette ausgerüstet, bei der ein Bolzen abgeschliffen werden muss, damit er mit dem Werkzeug herausgedrückt werden kann.

2 Entfernen Sie den Kettenschutz von der Schwinge (siehe Abbildung).
3 Demontieren Sie den Ritzeldeckel (siehe Sektion 22). Falls ein neues Ritzel montiert werden soll, muss jetzt bei gebremsten Hinterrad und eingelegtem hohen Gang die Ritzelschraube gelockert werden.
4 Trennen Sie die Kette mit einem geeigneten Werkzeug am Nietschloss – beachten Sie dazu die dem Werkzeug beigefügte Anleitung und die Sektion 8 der *Werkzeug- und Werkstatt-Tipps* im Anhang. Befreien Sie die Kette aus der Schwinge – beachten Sie dabei ihre Verlegung.
5 Falls neue Kettenräder montiert werden sollen, muss dies jetzt geschehen (siehe Sektion 22).

Einbau

Warnung: Benutzen Sie NIEMALS eine Kette mit einem Federclip-Schloss! Verwenden Sie immer das korrekte Werkzeug, um das Nietschloss zu sichern. Wenn Sie ein solches Werkzeug nicht besitzen oder Zweifel an Ihren Fähigkeiten haben, sollten Sie die Arbeit von einer Fachwerkstatt erledigen lassen. Eine durch ein fehlerhaft montiertes Schloss während der Fahrt abreißende Kette kann nicht nur große Schäden am Motorrad anrichten, sondern auch zu schwersten Verletzungen und/oder durch ein blockierendes Hinterrad zu einem Sturz führen!

Anmerkung 2: *Die in den Schritten 9 und 10 angegebenen Maße gelten nur für die ab Werk montierten Ketten von DID. Beachten Sie die korrekte Kettenlänge – falls die neue Kette mehr als 124 Glieder hat, muss sie mit dem Werkzeug entsprechend gekürzt werden.*

6 Befreien Sie den Kettenschutz, die Schwinge, das Hinterrad und den Bereich um das Motorritzel von altem Kettenfett und Schmutz – hierzu eignen sich spezielle Kettenreiniger-Sprays oder Entfetter sowie eine alte Zahnbürste.
7 Führen Sie die Kette um/durch die Schwinge und um beide Kettenräder, halten Sie die Enden in der Mitte des unteren Trums zusammen.
8 Vernieten Sie die Kette, wie in Sektion 8 der *Werkzeug- und Werkstatt-Tipps* im Anhang beschrieben. Rüsten Sie beide Bolzen des Schlosses mit einem O-Ring aus, schieben Sie das Schloss von innen durch beide Ketten-Enden, legen Sie die anderen beiden O-Ringe auf und stecken Sie die Schloss-Lasche mit der Beschriftung nach außen darüber. Drücken Sie die Lasche mit dem Werkzeug so weit auf, bis die Bolzen 1,3 bis 1,5 mm herausragen (siehe Abbildung). Vernieten Sie die Bolzen mit dem korrekten Werkzeug entsprechend der Anleitungen des Ketten- und des Werkzeugherstellers. Benutzen Sie keine Teile alter Nietschlösser ein zweites Mal!
9 Kontrollieren Sie die Vernietung. Bei gerissenen Bolzen-Köpfen müssen alle Teile des Kettenschlosses erneuert werden (siehe Abbildung). Messen Sie den Durchmesser der vernieteten Köpfe in zwei Richtungen und prüfen Sie, ob die Köpfe eine gleichmäßige Breite und einen Durchmesser von 5,5 bis 5,8 mm (gilt nur für DID-Ketten!) haben (siehe Abbildung).
10 Ziehen Sie jetzt ggf. bei blockiertem Ritzel dessen Schraube mit 54 Nm an. Montieren Sie den Ritzel-Deckel (siehe Sektion 22).
11 Montieren Sie den Kettenschutz.
12 Zum Schluss wird der Kettendurchhang eingestellt und die Kette geschmiert (siehe Kapitel 1, Sektion 4).

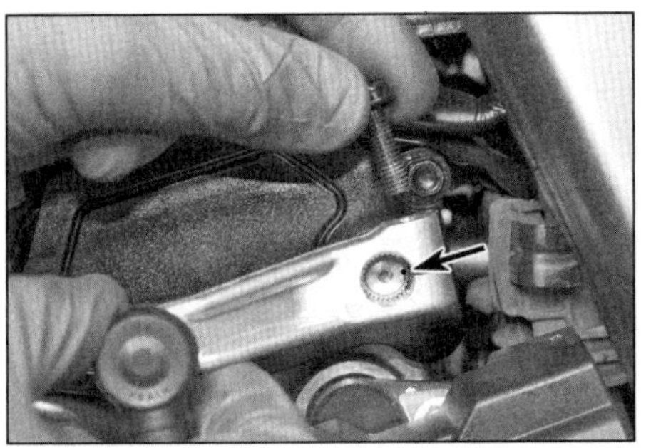

22.1 Beachten Sie die Markierung und lösen Sie die Schraube, um den Schaltgestängehebel abzuziehen.

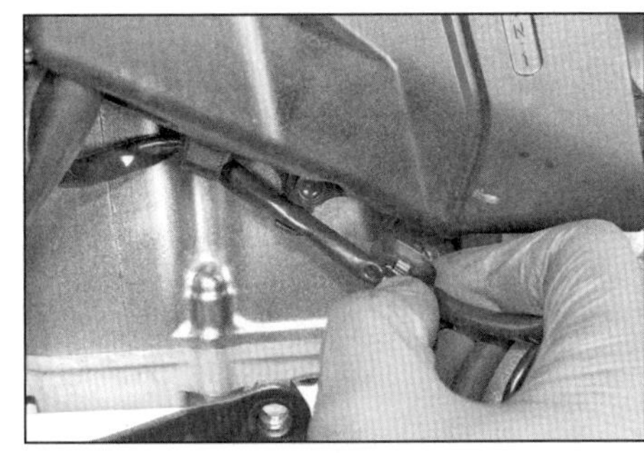

22.2 Lösen Sie den Clip und befreien Sie das Kabel aus den Führungen.

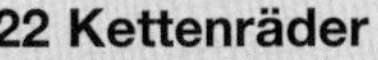

22 Kettenräder

Anmerkung: *Die Kettenräder sollten stets zusammen mit der Kette ausgetauscht werden (siehe Sektion 21) – eine neue Kette auf alten Kettenrädern oder eine alte Kette auf neuen Kettenrädern sorgen für rapiden Verschleiß. Beachten Sie die Hinweise in Kapitel 1, Sektion 4, um Details zur Wartung und Überprüfung des Antriebsstrangs zu erhalten.*

Ritzeldeckel

1 Beachten Sie bei Modellen mit Standardgetriebe die Ausrichtung der Linie an der Schaltwelle zur Körnermarkierung am Schaltgestängehebel, lösen Sie dessen Klemmschraube und ziehen Sie den Hebel ab. Schwenken Sie das Schaltgestänge beiseite (siehe Abbildung).
2 Befreien Sie den Seitenständerschalter-Kabelclip aus dem Deckel und merken Sie sich die Verlegung des Kabels in den Führungen (siehe Abbildung).
3 Lösen Sie die Schrauben des Ritzeldeckels und entnehmen Sie diesen – befreien Sie dabei vorn die Verkabelung aus dem Deckel (siehe Abbildungen). Beachten Sie die Führungsplatte im Deckel und entfernen Sie sie nötigenfalls (siehe Abbildung).

22.3a Lösen Sie die Deckelschrauben.

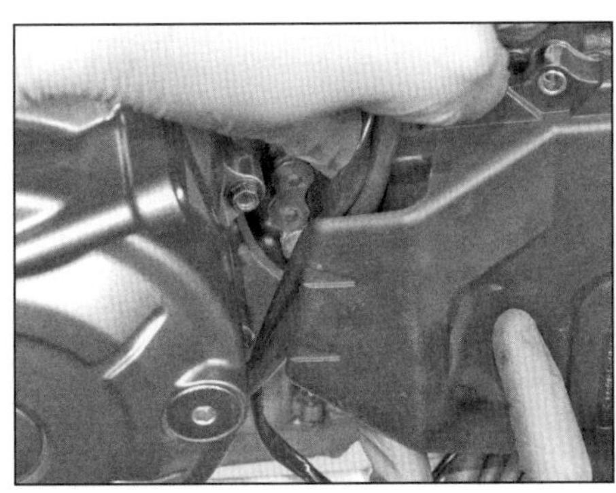

22.3b Befreien Sie die Verkabelung und merken Sie sich ihre Verlegung.

22.3c Entfernen Sie nötigenfalls die Führungsplatte.

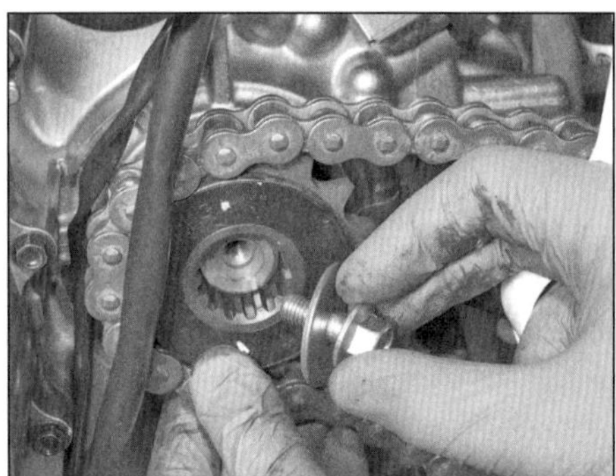

22.8 Lösen Sie die Ritzelschraube und entnehmen Sie die Scheibe.

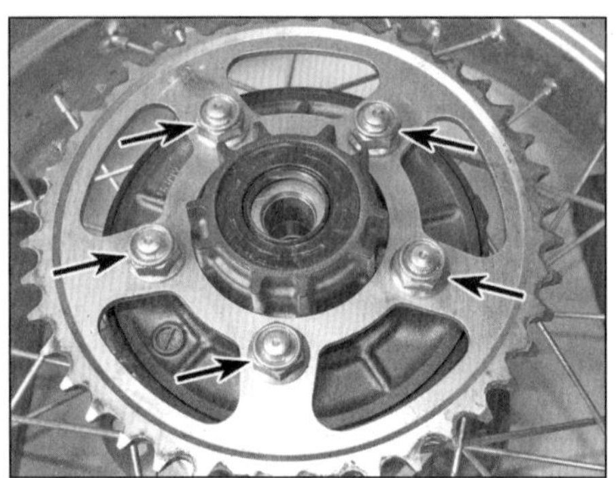

22.16 Kettenblattmuttern

4 Setzen Sie beim Einbau ggf. die Führungsplatte an den Ritzeldeckel (Abbildung 22.3c), führen Sie beim Ansetzen des Deckels das Kabel durch dessen Kanal und ziehen Sie die Schrauben sorgfältig an (Abbildungen 22.3b und a).
5 Sichern Sie das Kabel des Seitenständerschalters (Abbildung 22.2).
6 Schieben Sie bei Modellen mit Standardgetriebe den mit der Klemmöffnung zur Körnermarkierung ausgerichteten Schaltgestängehebel auf die Schaltwelle und ziehen Sie die Klemmschraube sorgfältig an (Abbildung 22.1).

Motorritzel

7 Demontieren Sie den Ritzeldeckel (Schritte 1 bis 3).
8 Legen Sie bei Modellen mit Standardgetriebe einen hohen Gang ein und lassen Sie einen Assistenten die Fußbremse betätigen, um die Ritzelschraube lösen zu können. Aktivieren Sie bei DCT-Modellen die Parkbremse und lassen Sie einen Assistenten die Fußbremse betätigen, um die Ritzelschraube lösen zu können.

22.10 Ziehen Sie das Ritzel von der Getriebewelle und befreien Sie es aus der Kette.

23.3 Kontrollieren Sie die Gummidämpfer-Segmente auf Risse, Verhärtung und Alterungserscheinungen.

Entfernen Sie die Schraube samt Scheibe (siehe Abbildung).
9 Erzeugen Sie maximalen Durchhang in der Antriebskette (siehe Kapitel 1, Sektion 4). Falls eine neue Kette montiert werden soll, muss die alte jetzt getrennt werden (siehe Sektion 21). Falls auch das hintere Kettenblatt demontiert werden soll, kann jetzt das Hinterrad ausgebaut werden (siehe Sektion 18), um den Durchhang der Kette zu vergrößern; heben Sie ansonsten die Kette vom Kettenblatt.
10 Ziehen Sie das Ritzel von der Getriebewelle und befreien Sie es ggf. aus der Kette (siehe Abbildung).
11 Legen Sie das Ritzel mit der Markierung nach außen ggf. in die Kette und schieben Sie es auf die Getriebewelle (Abbildung 22.10).
12 Montieren Sie ggf. das hintere Kettenblatt (siehe unten) und bauen Sie das Rad ein (siehe Sektion 18). Montieren Sie ggf. eine neue Kette (siehe Sektion 21). Falls die Kette nur vom Kettenblatt gehoben war, muss sie jetzt aufgelegt werden. Verringern Sie den Kettendurchhang auf den vorgegebenen Wert.
13 Installieren Sie die Ritzelschraube samt Scheibe (Abbildung 22.8). Lassen Sie einen Assistenten die Fußbremse betätigen und ziehen Sie die Schraube mit 54 Nm an.
14 Montieren Sie den Ritzeldeckel (Schritte 4 bis 6). Schmieren Sie die Kette und stellen Sie den korrekten Durchhang ein (siehe Kapitel 1, Sektion 4).

Kettenblatt

15 Demontieren Sie das Hinterrad (siehe Sektion 18). Legen Sie das Rad mit dem Kettenblatt nach oben so auf Hölzer, dass die Bremsscheibe nicht beschädigt wird.
16 Lösen Sie die fünf Kettenblatt-Muttern und heben Sie das Kettenblatt von den Stehbolzen (siehe Abbildung) – merken Sie sich die Einbaurichtung.
17 Legen Sie das Kettenblatt mir den Markierungen nach außen über die Stehbolzen auf die Radnabe. Drehen Sie die Muttern auf und ziehen Sie sie schrittweise und über Kreuz mit 100 Nm an.
18 Montieren Sie das Hinterrad (siehe Sektion 18).

23 Kettenblatt-Mitnehmer und Ruckdämpfer

1 Demontieren Sie das Hinterrad (siehe Sektion 18). Legen Sie das Rad mit dem Kettenblatt nach oben so auf Hölzer, dass die Bremsscheibe nicht beschädigt wird. Versuchen Sie, das Kettenblatt zu drehen, um mögliches Spiel zu ermitteln – dies weist auf verschlissene Dämpfergummis hin.
2 Heben Sie den Kettenblatt-Mitnehmer aus dem Rad, belassen Sie dabei die Gummidämpfer in der Radnabe (Abbildung 19.11). Beachten Sie das Distanzstück im Lager – es muss fest darin sitzen. Kontrollieren Sie den Mitnehmer auf Risse und andere Schäden.
3 Heben Sie die Gummidämpfer-Segmente aus der Radnabe und kontrollieren Sie sie auf Risse, Verhärtung und Alterungserscheinungen (siehe Abbildung). Ersetzen Sie nötigenfalls alle Segmente als Set.
4 Kontrollieren Sie den O-Ring der Radnabe (Abbildung 19.20) – ersetzen Sie ihn nötigenfalls. Schmieren Sie den O-Ring mit Öl.
5 Kontrollieren Sie das Mitnehmerlager und ersetzen Sie es nötigenfalls (siehe Sektion 19, Schritte 22 ff.).
6 Der Einbau entspricht der umgekehrten Ausbaureihenfolge. Setzen Sie das Distanzstück richtig herum in das Lager. Richten Sie den Mitnehmer zu den Gummisegmenten aus und drücken Sie ihn vollständig in die Radnabe.
7 Montieren Sie das Hinterrad (siehe Sektion 18).

Kapitel 7
Anbauteile

Inhalt (in alphabetischer Reihenfolge, die Zahlen geben die Nummerierung in den grauen Feldern wieder)

Schwierigkeitsgrade

Leicht. Für Anfänger mit wenig Erfahrung geeignet. 

Relativ leicht. Für Anfänger mit etwas Erfahrung geeignet. 

Relativ schwierig. Geeignet für geübte Selbstschrauber. 

Schwer. Geeignet für Selbstschrauber mit viel Erfahrung. 

Sehr schwer. Geeignet für Experten und Profis. 

1 Allgemeine Informationen

1 In diesem Kapitel sind die nötigen Arbeitsschritte beschrieben, die zum Entfernen und Montieren der Anbau- und Verkleidungsteile am Motorrad nötig sind. Da bei vielen Wartungsarbeiten und Reparaturen Anbauteile entfernt werden müssen, sind die Arbeitsschritte hier zusammengefasst und werden in anderen Kapiteln erwähnt.

2 Im Falle einer Beschädigung der Teile ist es normalerweise üblich, diese Komponenten durch Neu- oder Gebrauchtteile zu ersetzen. Das Material, aus dem die Verkleidungsteile sind, lässt sich mit konventioneller Technik nicht reparieren. Es gibt jedoch einige Spezialisten, die Kunststoff wieder »schweißen« können. Es lohnt sich, hier Angebote einzuholen, bevor teure Neuteile verbaut werden.

3 Wenn die Demontage eines Verkleidungsteils ansteht, sollte es zunächst genau studiert und alle Befestigungen und Anschlüsse beachtet werden, um beim Einbau alles wieder korrekt an seinen Platz zu bekommen. Wenn alle sichtbaren Befestigungen entfernt worden sind, muss versucht werden, das Teil wie beschrieben abzuziehen – **aber nicht mit Gewalt.** Wenn es sich nicht entfernen lässt, muss vor einem erneuten Versuch überprüft werden, ob alle Befestigungen gelöst sind.

4 Beim Anbau von Verkleidungsteilen muss zuvor genau studiert werden, ob alle Befestigungen und angeschlossenen Teile wieder an ihren korrekten Platz gelangen. Achten Sie darauf, dass alle Befestigungen, wie auch alle Klemmen und Blindsteckmuttern in gutem Zustand sind. Alle verschlissenen oder beschädigten Teile müssen ersetzt werden, bevor die Komponente installiert wird. Prüfen Sie auch, ob alle Halterungen gerade sind und reparieren oder ersetzen Sie, bevor versucht wird, das Anbauteil zu montieren.

5 Ziehen Sie Befestigungs-Schrauben sorgfältig an, aber seien Sie vorsichtig, nichts zu überdrehen, da – nicht immer sofort – Belastungsbrüche oder Risse auftreten können.

2 Verkleidungsstifte

1 An diesen Motorrädern kommen drei Verkleidungsstift-Typen zum Einsatz. Achten Sie bei der Demontage von Bauteilen genau darauf, welcher Typ verwendet wird.

2 Der erste und am häufigsten vorhandene Typ hat einen Mittelstift, der in sein Gehäuse gedrückt werden muss, damit dies aus seinem Sitz gezogen werden kann (siehe Abbildungen). Vor dem Einbau wird das Mittelteil nach oben herausgedrückt (siehe Abbildung). Installieren Sie den Verkleidungsstift in seine Bohrung und drücken Sie den Stift wieder bündig ein, um ihn zu sichern.

2.2a Drücken Sie den Mittelstift in das Gehäuse,...

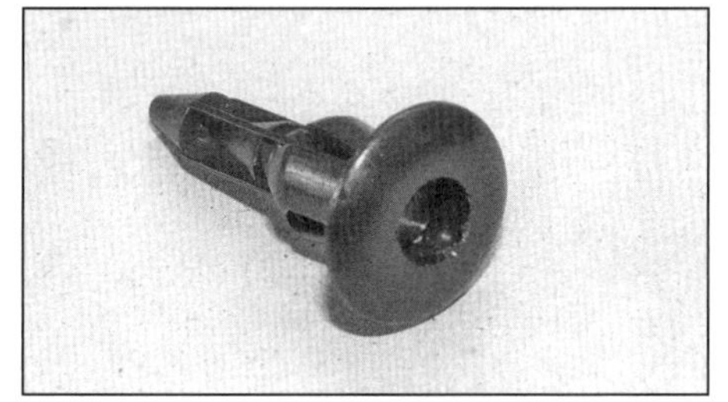

2.2b ...um den Verkleidungsstift zu befreien.

2.2c Drücken Sie den Stift vor dem Einbau nach oben heraus, um ihn nach dem Einbau bündig einzudrücken.

2.3 Ziehen Sie den Mittelstift (Pfeil) heraus, um den Verkleidungsstift zu befreien; drücken Sie ihn zum Sichern wieder ein.

2.4a Drehen Sie den Kreuzschlitz-Kopf heraus und ziehen Sie den Verkleidungsstift aus seinem Sitz.

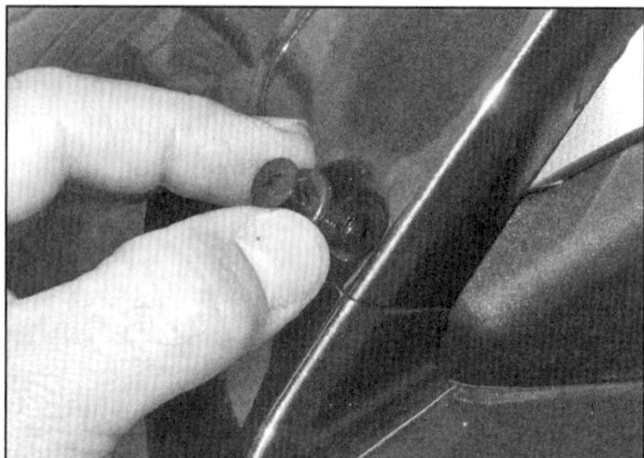

2.4b Stecken Sie den Verkleidungsstift in seinen Sitz und drücken Sie den Mittelstift hinein.

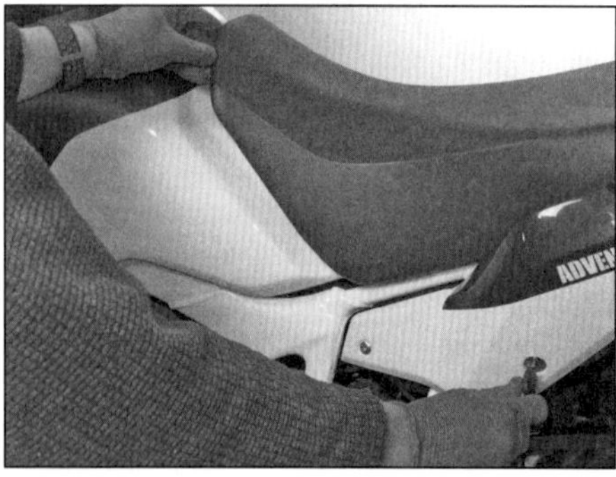

3.1 Entriegeln Sie den Fahrersitz und heben Sie ihn ab.

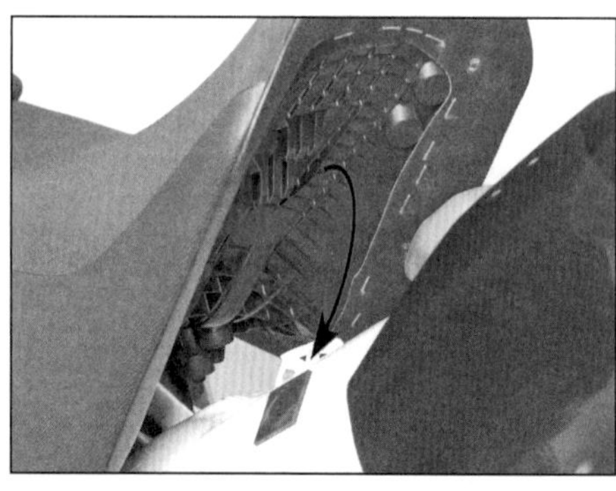
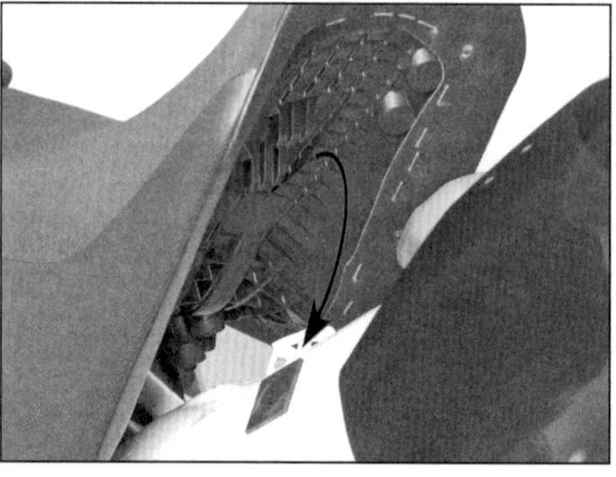

3.2 Hängen Sie den entsprechenden Haken am Halter ein.

3.5a Schrauben des Sitzhalters

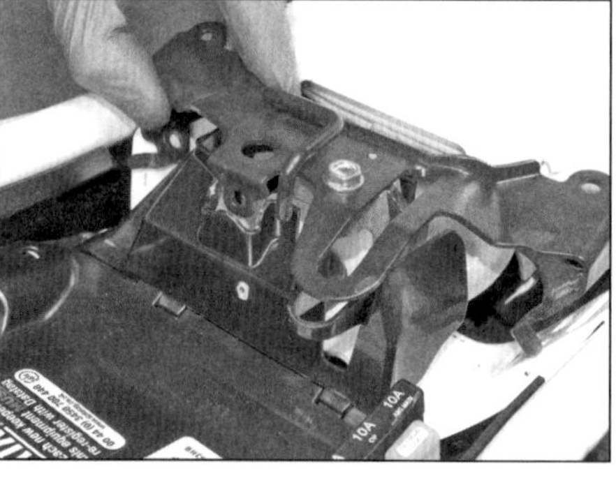

3.5b Heben Sie den Halter an...

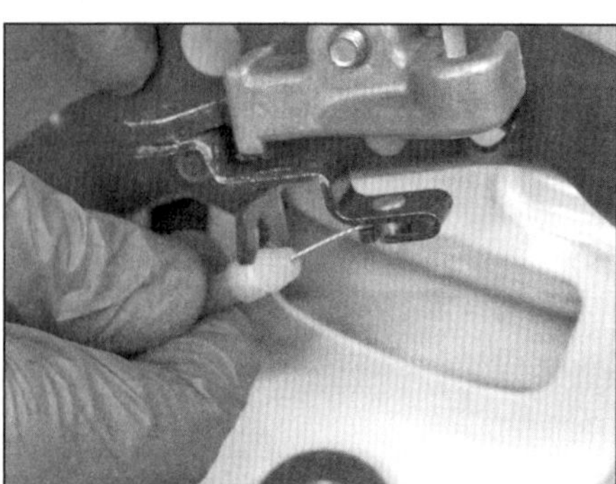

3.5c ...und trennen Sie den Seilzug der Sitzentriegelung.

3.6 Entfernen Sie ab Modelljahr 2018 die Abdeckung der Sitzentriegelung.

3 Beim zweiten Typ muss der herausragende Mittelstift herausgezogen werden, um das Gehäuse aus seinem Sitz zu ziehen (siehe Abbildung). Stecken Sie den Verkleidungsstift in seinen Sitz und drücken Sie den Mittelstift wieder ein, um ihn zu sichern.

4 Der dritte Typ hat einen Kreuzschlitz-Kopf, der herausgeschraubt werden muss, bevor das Gehäuse des Verkleidungsstifts aus seinem Sitz befreit wird (siehe Abbildung). Stecken Sie den Verkleidungsstift in seinen Sitz und drücken Sie den Mittelstift wieder ein, um ihn zu sichern (siehe Abbildung). Da die Stifte aus Kunststoff bestehen, verschleißt das Gewinde leicht, sodass sich der Mittelstift nicht herausschrauben lässt – hebeln Sie in diesem Fall den Mittelstift mit einem kleinen Schlitzschraubendreher heraus und ersetzen Sie den Verkleidungsstift durch ein Neuteil.

3 Sitze und Halter

Fahrersitz

1 Stecken Sie den Zündschlüssel ins Sitzbankschloss, drehen Sie ihn im Uhrzeigersinn und ziehen Sie den Sitz hoch und nach vorn, um ihn zu befreien (siehe Abbildung).

2 Der Einbau entspricht der umgekehrten Ausbaureihenfolge – der Sitz muss je nach gewünschter Sitzhöhe mit dem oberen oder unteren Haken in der Aufnahme am Tank eingehängt werden (siehe Abbildung). Drücken Sie den Sitz hinten herunter, damit die Verriegelung einrastet.

Sitzhalter

3 Entfernen Sie den Fahrersitz (siehe oben).

4 Demontieren Sie die hintere Tankverkleidung (siehe Sektion 11).

5 Lösen Sie die zwei Schrauben des Halters, heben Sie diesen an und trennen Sie den Seilzug der Sitzentriegelung (siehe Abbildungen).

6 Entfernen Sie **ab Modelljahr 2018** die Abdeckung der Sitzentriegelung (siehe Abbildung).

7 Der Einbau entspricht der umgekehrten Ausbaureihenfolge.

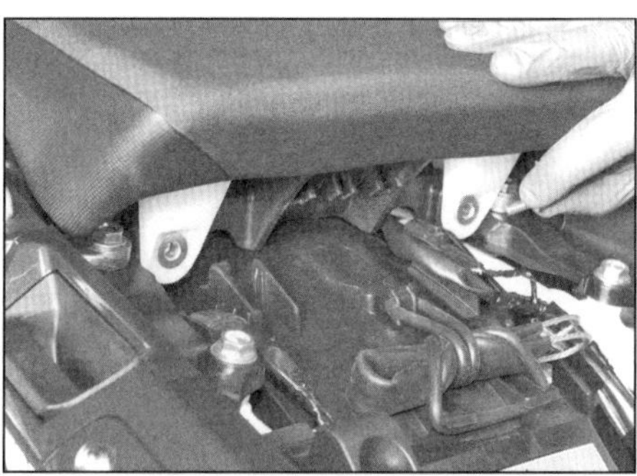

3.9 Der Beifahrersitz ist mit zwei Schrauben gesichert.

3.10 Hängen Sie die Laschen unter den Haken ein.

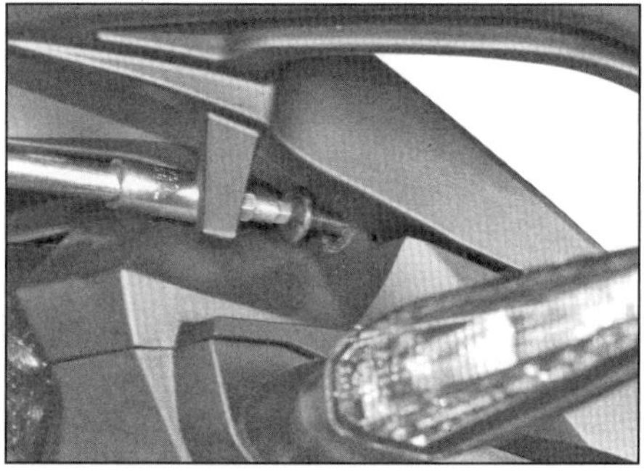

4.4a Lösen Sie an beiden Seiten die hintere Schraube,...

Beifahrersitz

8 Entfernen Sie den Fahrersitz (siehe oben).
9 Lösen Sie die zwei Schrauben des Beifahrersitzes – beachten Sie die Hülsen. Ziehen Sie den Sitz nach vorn ab – beachten Sie die Positionen der Laschen (siehe Abbildung).
10 Der Einbau entspricht der umgekehrten Ausbaureihenfolge – die Laschen müssen korrekt unter die Haken greifen (siehe Abbildung).

4 Gepäckträger

1 Demontieren Sie beide Sitze (siehe Sektion 3).
2 Entfernen Sie bei **Standardmodellen** die Seitendeckel (siehe Sektion 5).
3 Lösen Sie **bis Modelljahr 2017** an jeder Seite die einzelne Schraube sowie die sechs oberen Schrauben – beachten Sie die Hülsen an den zwei hinteren und die Scheiben an den vier anderen. Entnehmen Sie den Gepäckträger.
4 Lösen Sie **ab Modelljahr 2018** an jeder Seite die hinteren Schrauben sowie die sechs oberen Schrauben – beachten Sie die Hülsen an den zwei hinteren und die Scheiben an den vier anderen. Entnehmen Sie den Gepäckträger (siehe Abbildungen).
5 Lösen Sie an der **Adventure Sports** die vier Schrauben des Gepäckträgers und befreien Sie dessen zwei Gummis aus den Seitendeckels (siehe Abbildungen).
6 Der Einbau entspricht der umgekehrten Ausbaureihenfolge.

5 Seitendeckel

Standardmodelle

1 Demontieren Sie beide Sitze (siehe Sektion 3).
2 Lösen Sie die Schraube und entnehmen Sie sie samt ihrer Hülse (siehe Abbildung).

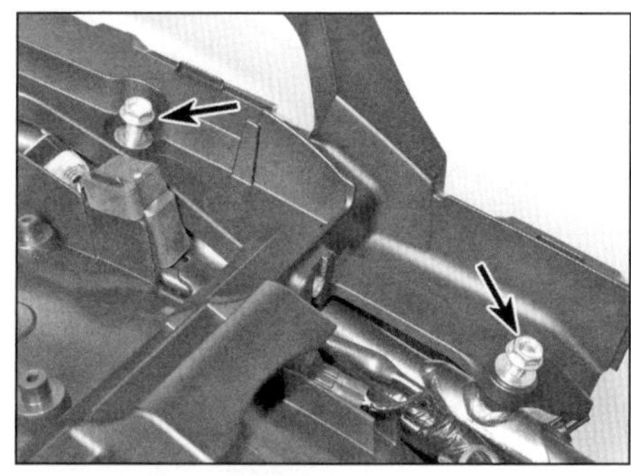

4.4b ...an jeder Seite die zwei vorderen Schrauben (mit Scheiben)...

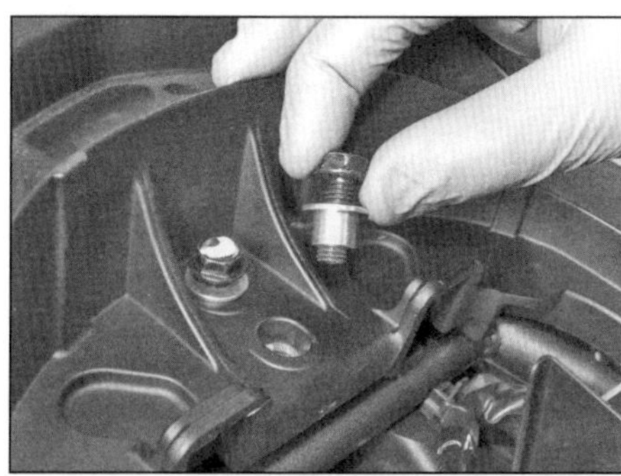

4.4c ...und hinten die zwei Schrauben mit den Hülsen,...

4.4d ...um den Gepäckträger abzuheben – beachten Sie die Zapfen in den Gummistopfen (Pfeile).

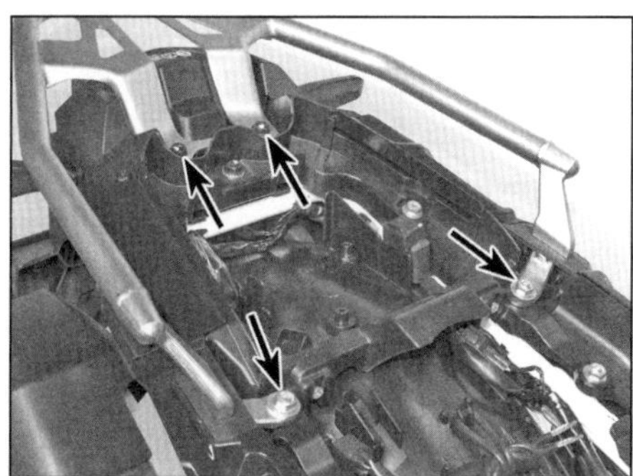

4.5a Lösen Sie bei der Adventure Sports die vier Gepäckträger-Schrauben...

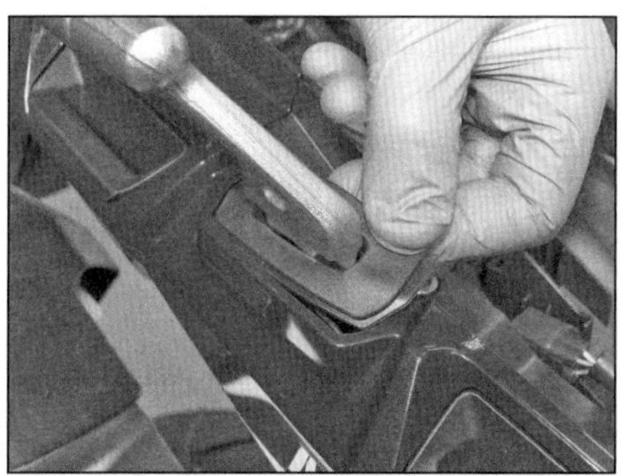

4.5b ...und befreien Sie beim Abheben die Gummis.

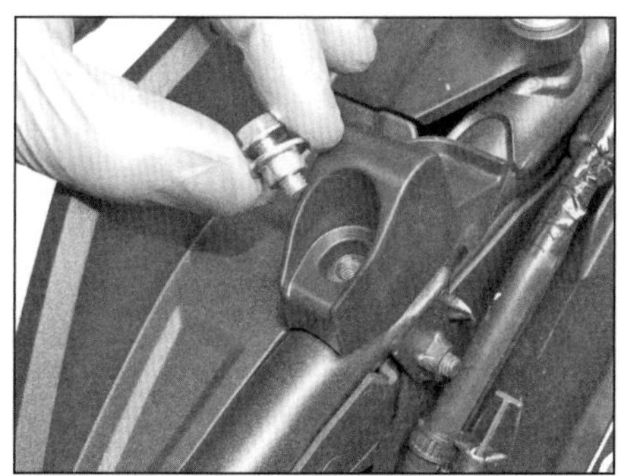

5.2 Entfernen Sie die Schraube samt Hülse.

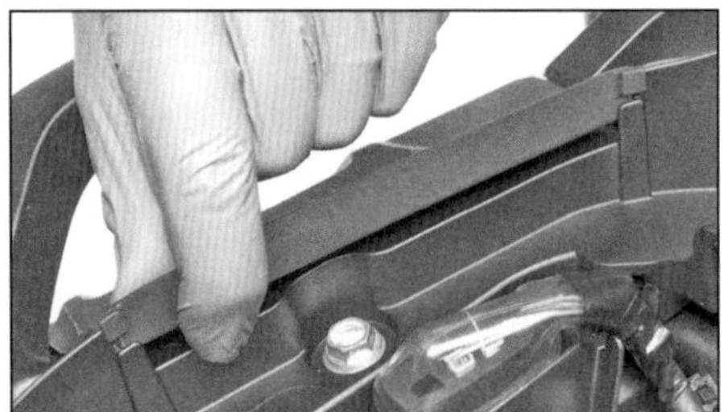
5.3a Befreien Sie die Laschen...

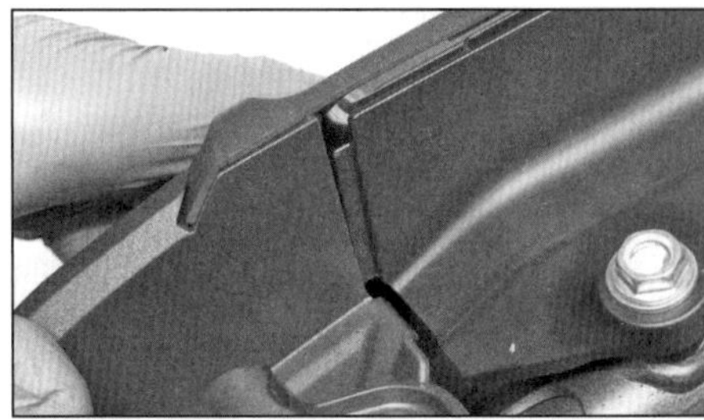
5.3b ...am oberen...

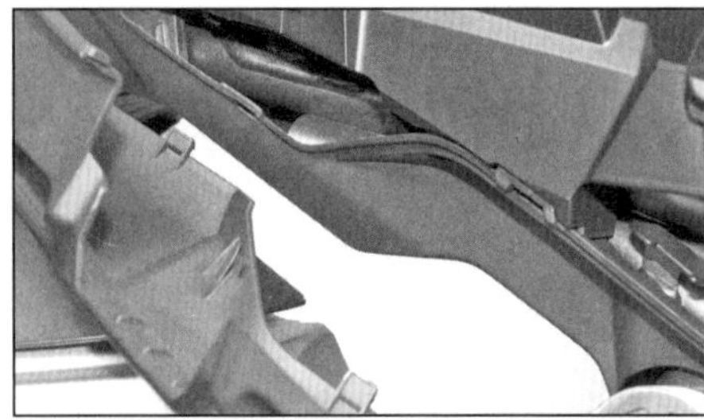
5.3c ...und unteren Rand...

5.3d ...und lösen Sie den Schnappverschluss-Clip.

5.7a Lösen Sie die zwei Schrauben...

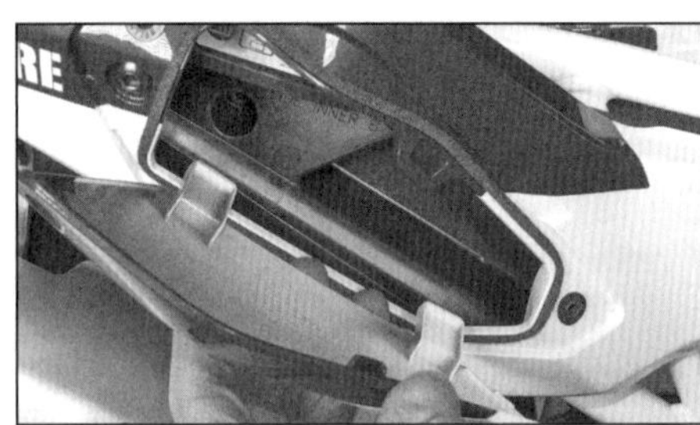
5.7b ...und entnehmen Sie den Staufachdeckel.

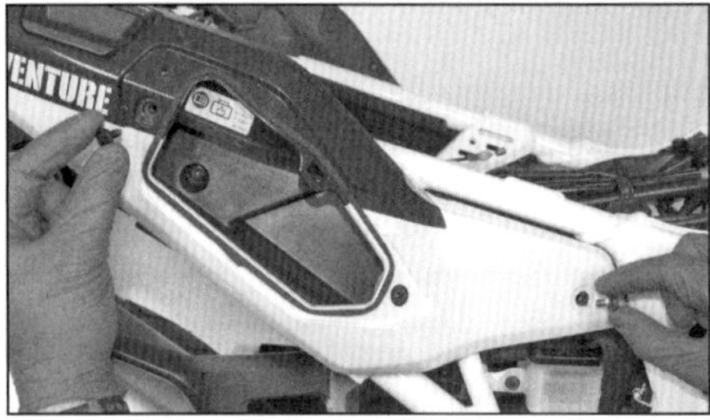

5.8 Lösen Sie die zwei äußeren Schrauben...

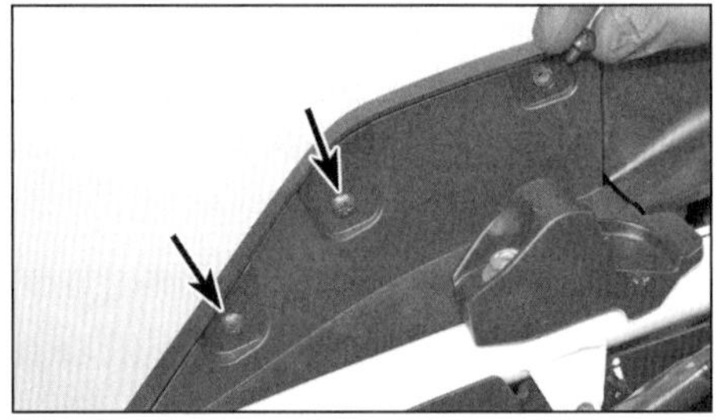
5.9 ...und die drei inneren Schrauben.

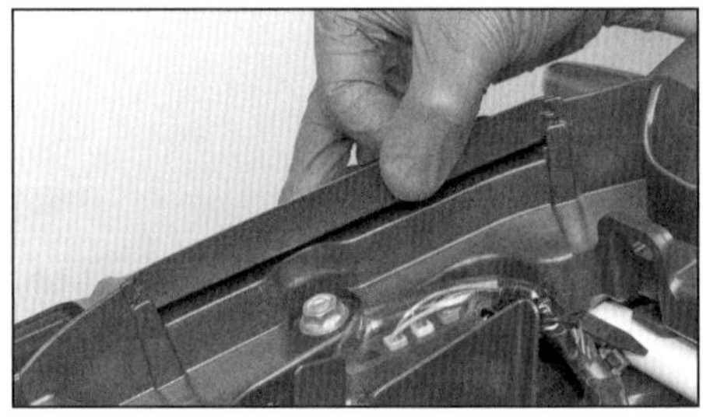
5.10a Befreien Sie die Laschen...

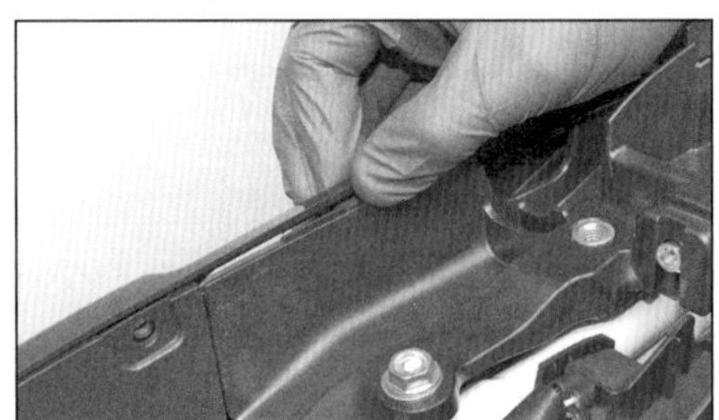
5.10b ...am oberen...

5.10c ...und unteren Rand...

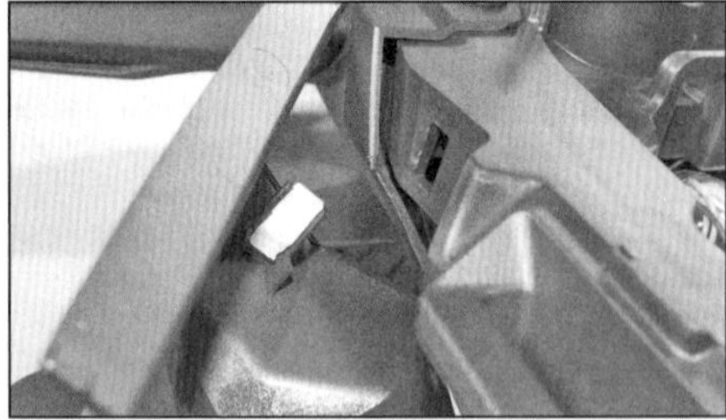
5.10d ...und lösen Sie den Schnappverschluss-Clip.

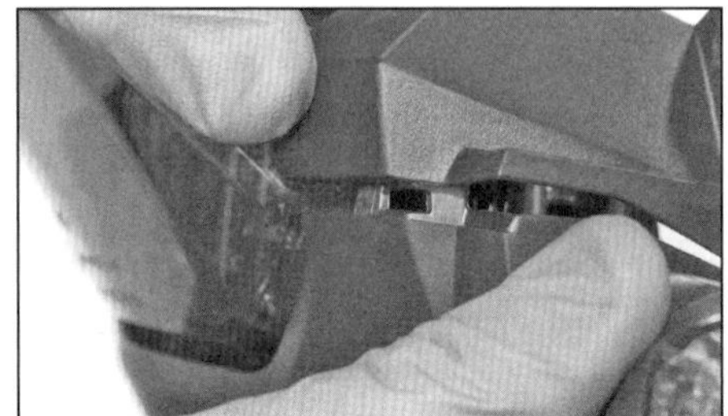
6.2a Befreien Sie die hinteren...

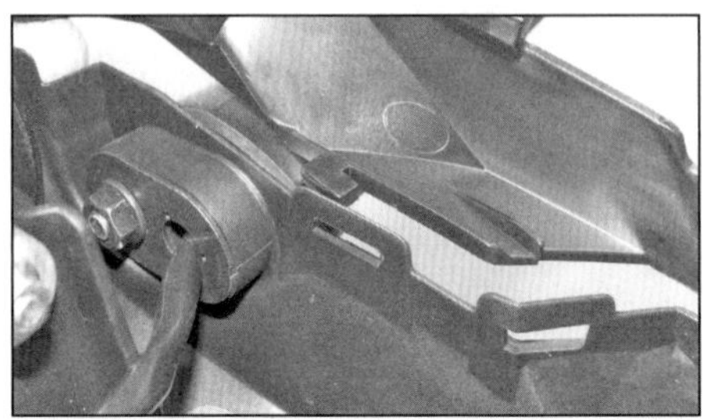
6.2b ...und die seitlichen Laschen.

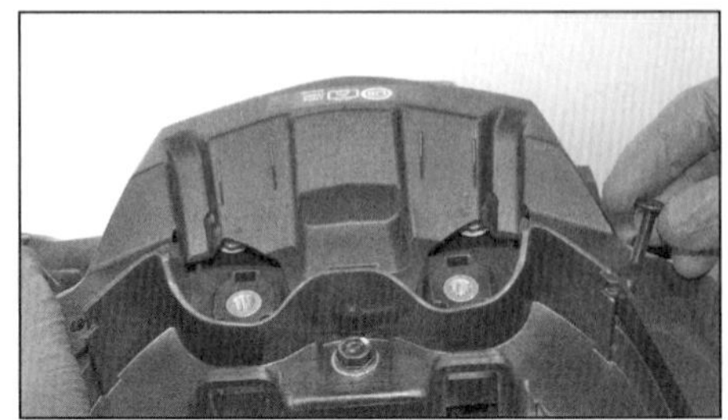
6.3a Lösen Sie die Schrauben...

6.3b ...und befreien Sie dann die seitlichen....

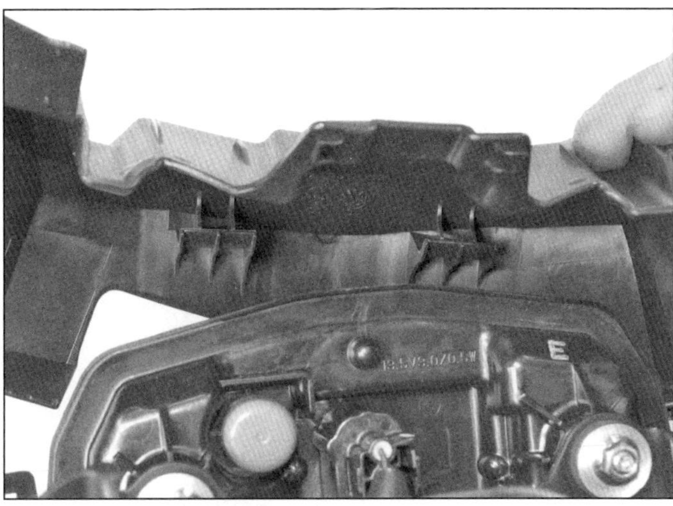
6.3c ...und die hinteren Laschen.

7.2 Lösen Sie die zwei oberen Schrauben...

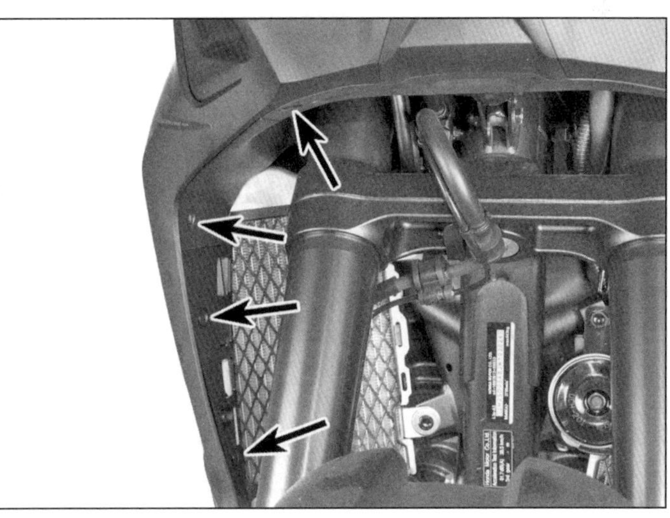
7.3 ...und lösen Sie die Verkleidungsstifte.

3 Befreien Sie oben und unten vorsichtig die Laschen, lösen Sie den Schnappverschluss-Clip aus seinem Sitz und entnehmen Sie den Seitendeckel (siehe Abbildungen).
4 Der Einbau entspricht der umgekehrten Ausbaureihenfolge.

Adventure Sports

5 Demontieren Sie beide Sitze (siehe Sektion 3).
6 Demontieren Sie den Gepäckträger (siehe Sektion 4).
7 Vor dem Ausbau des rechten Seitendeckels müssen die zwei Schrauben des Staufachdeckels gelöst und dieser entnommen werden (siehe Abbildungen).
8 Lösen Sie die zwei Schrauben außen am Seitendeckel (siehe Abbildung).
9 Lösen Sie die drei inneren Schrauben im oberen Bereich des Seitendeckels (siehe Abbildung).
10 Befreien Sie oben und unten vorsichtig die Laschen, lösen Sie den Schnappverschluss-Clip aus seinem Sitz und entnehmen Sie den Seitendeckel (siehe Abbildungen).
11 Der Einbau entspricht der umgekehrten Ausbaureihenfolge.

6 Rücklichtabdeckung (ab Modelljahr 2018)

1 Demontieren Sie den Gepäckträger (siehe Sektion 4).
2 Befreien Sie bei **Standardmodellen** die hinteren und seitlichen Laschen und entnehmen Sie die Abdeckung (siehe Abbildungen).
3 Lösen Sie bei der **Adventure Sports** die zwei Schrauben (siehe Abbildung). Befreien Sie die seitlichen und hinteren Laschen und entnehmen Sie die Abdeckung (siehe Abbildungen).
4 Der Einbau entspricht der umgekehrten Ausbaureihenfolge.

7 Verkleidungsseitenteile

Anmerkung: *Beachten Sie zum Lösen von Verkleidungsstiften die Hinweise in Sektion 2.*

Standardmodelle

1 Demontieren Sie die seitlichen Tankverkleidungen (siehe Sektion 11).
2 Lösen Sie die zwei oberen Schrauben (siehe Abbildung).
3 Befreien Sie vorn die vier Verkleidungsstifte (siehe Abbildung).

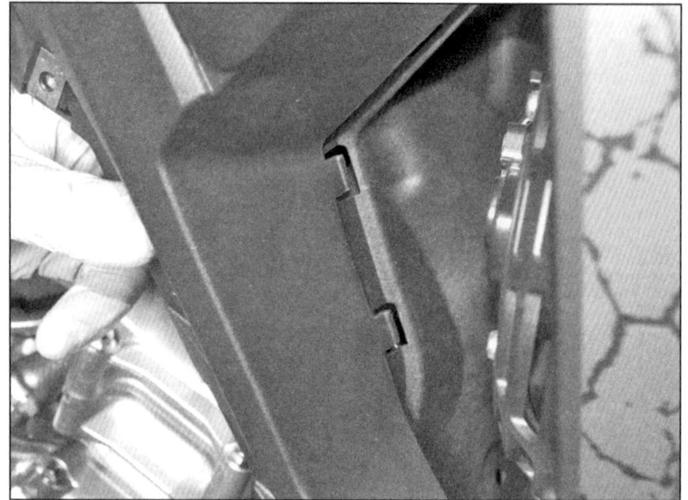

7.4a Lösen Sie die Laschen aus der Lüfterhutze,...

7.4b ...der vorderen Tankverkleidung...

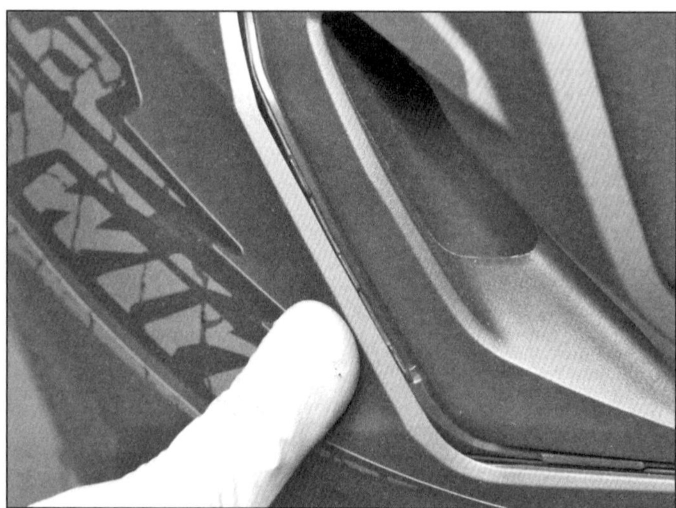

7.4c ...und der Frontverkleidung,...

7.4d ...befreien Sie dann hinten und an der Seite die Zapfen aus den Gummiösen.

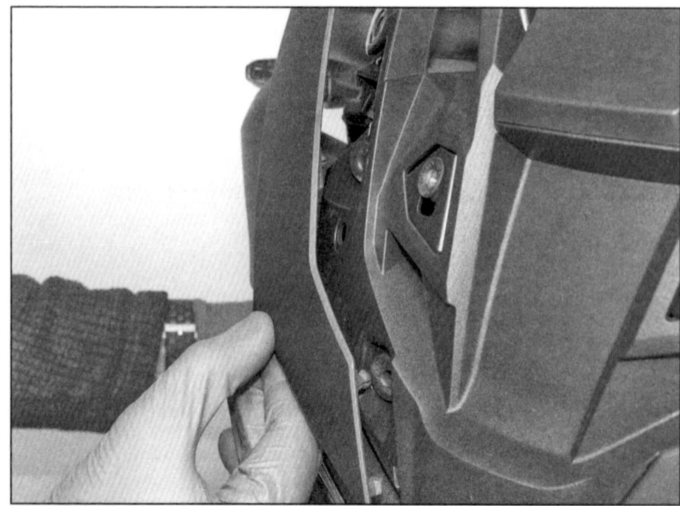

7.5a Befreien Sie die vorderen Zapfen...

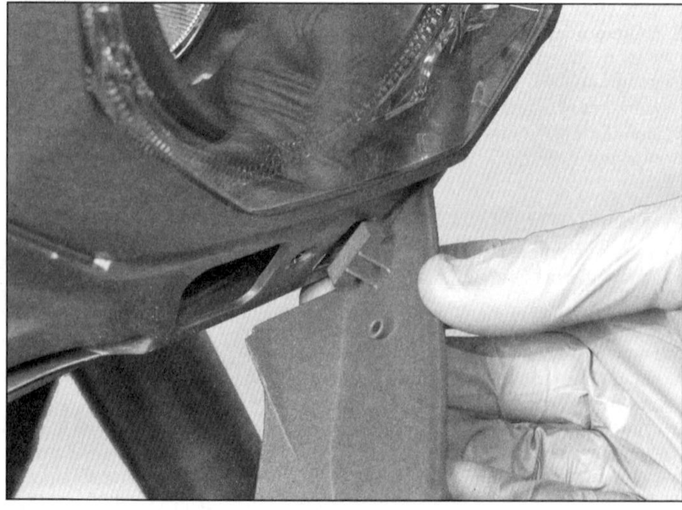

7.5b ...und Laschen.

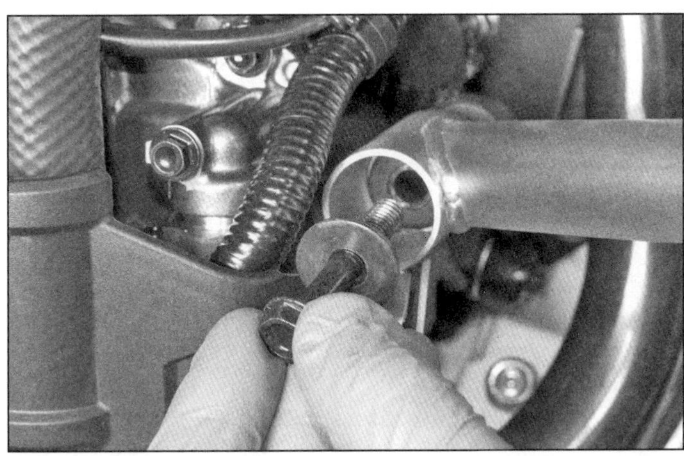

7.8a Lösen Sie an beiden Seiten die untere Schraube und entnehmen Sie sie samt Scheibe.

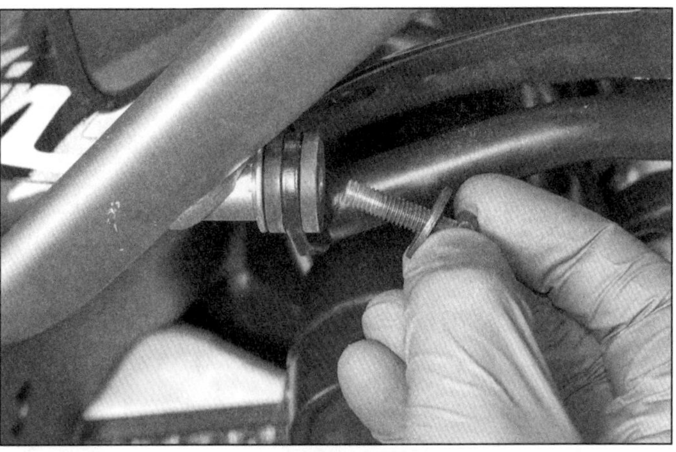

7.8b Stützen Sie die Bügel, lösen Sie an beiden Seiten die obere Schraube und entnehmen Sie sie samt Scheibe.

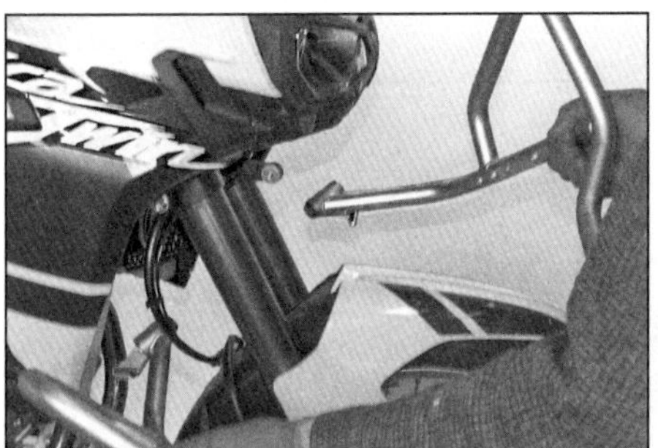

7.8c Heben Sie die Sturzbügel ab.

7.8d Entfernen Sie die Hülsen aus den unteren...

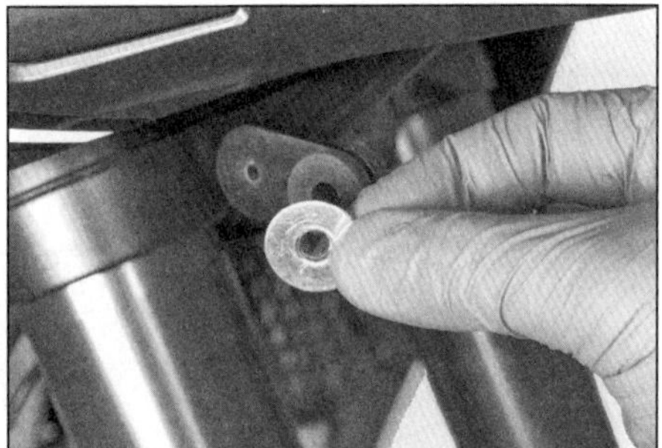

7.8e ...und oberen Aufnahmen.

7.9a Lösen Sie die zwei oberen Schrauben...

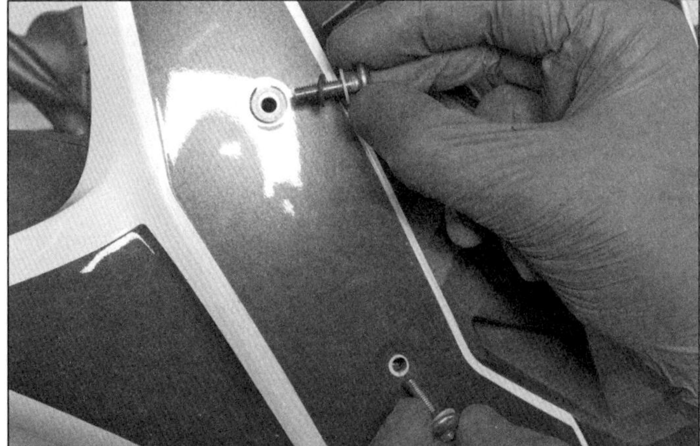

7.9b ...und die zwei vorderen Schrauben – beachten Sie die Scheiben.

4 Lösen Sie die Laschen aus der Lüfterhutze, der vorderen Tankverkleidung und der Frontverkleidung, befreien Sie dann hinten und an der Seite die Zapfen aus den Gummiösen (siehe Abbildungen).

5 Befreien Sie die vorderen Zapfen aus den Gummiösen und lösen Sie die vorderen Laschen aus der Frontverkleidung (siehe Abbildungen).

6 Zerlegen Sie das Verkleidungsteil nötigenfalls – lösen Sie hierzu die entsprechenden Schrauben.

7 Der Einbau entspricht der umgekehrten Ausbaureihenfolge – alle Gummiösen müssen in Ordnung sein und korrekt sitzen; etwas Flüssigseife macht den Einbau und eine spätere Demontage einfacher.

Adventure Sports

8 Demontieren Sie die Sturzbügel (siehe Abbildungen).

9 Lösen Sie die zwei oberen und die zwei vorderen Schrauben und entnehmen Sie sie samt aller Scheiben (siehe Abbildungen).

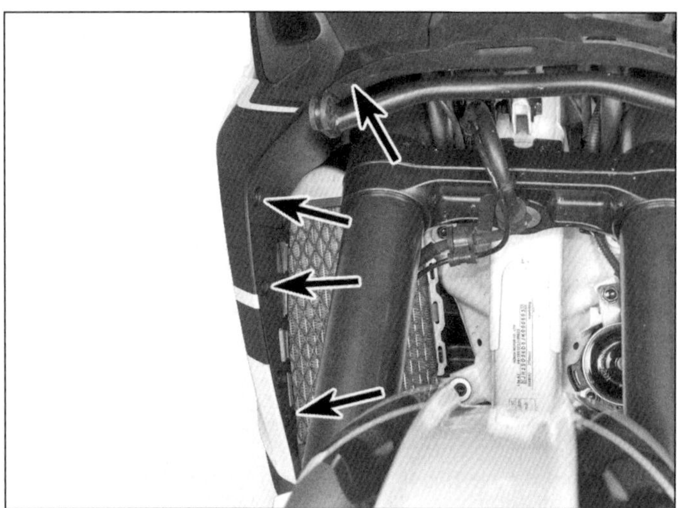

7.10 Lösen Sie die vier Verkleidungsstifte.

7.11a Lösen Sie die Laschen aus der Lüfterhutze,...

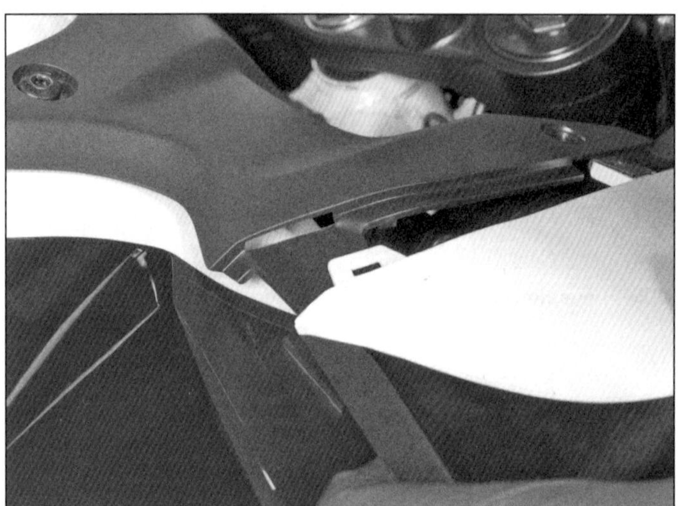

7.11b ...der vorderen Tankverkleidung...

7.11c ...und der Frontverkleidung,...

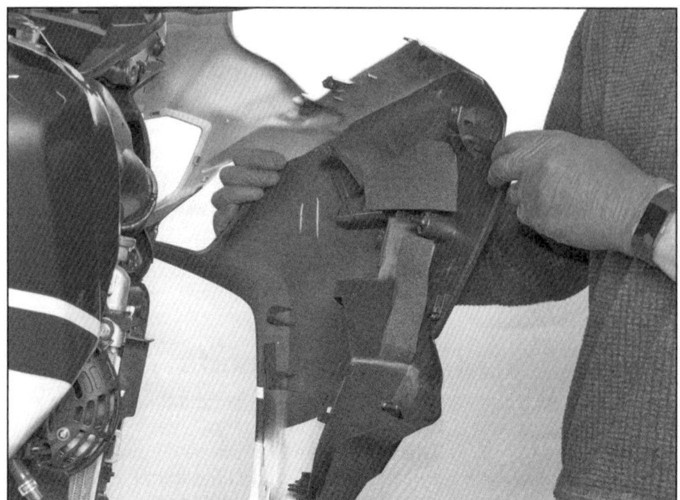

7.11d ...befreien Sie dann hinten, an der Seite...

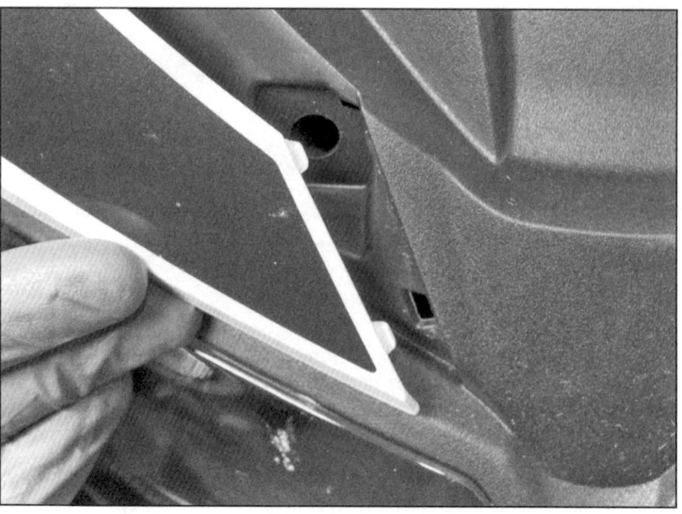

7.11e ...und vorn oben die Zapfen aus den Gummiösen...

10 Lösen und befreien Sie vorn die vier Verkleidungsstifte (siehe Abbildung).
11 Lösen Sie die Laschen aus der Lüfterhutze, der vorderen Tankverkleidung und der Frontverkleidung, befreien Sie dann hinten, an der Seite und vorn die Zapfen aus den Gummiösen sowie vorn die Laschen aus der Frontverkleidung (siehe Abbildungen).
12 Zerlegen Sie das Verkleidungsteil nötigenfalls – lösen Sie hierzu die entsprechenden Schrauben (siehe Abbildung).
13 Der Einbau entspricht der umgekehrten Ausbaureihenfolge – alle Gummiösen müssen in Ordnung sein und korrekt sitzen; etwas Flüssigseife macht den Einbau und eine spätere Demontage einfacher.

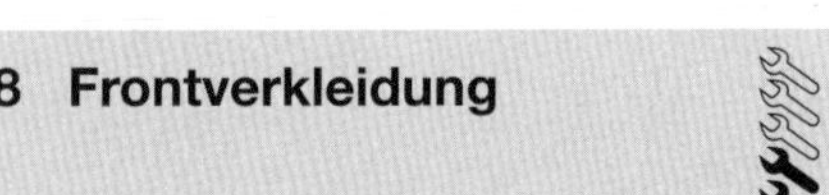

8 Frontverkleidung

Anmerkung: *Beachten Sie zum Lösen von Verkleidungsstiften die Hinweise in Sektion 2.*

1 Demontieren Sie die Windschutzscheibe (siehe Sektion 14).
2 Demontieren Sie die Verkleidungsseitenteile (siehe Sektion 7).
3 Lösen Sie am unteren Verkleidungsteil die zwei Verkleidungsstifte und entnehmen Sie es (siehe Abbildungen).
4 Lösen Sie **bis Modelljahr 2017** an beiden Seiten die Schrauben und befreien Sie die Verkleidungsstifte. Lösen Sie die Frontverkleidung von der Innenverkleidungs-Abdeckung

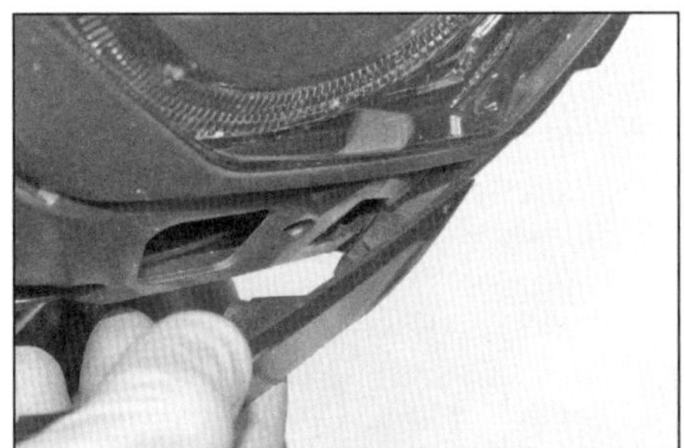

7.11f ...sowie vorn unten die Laschen.

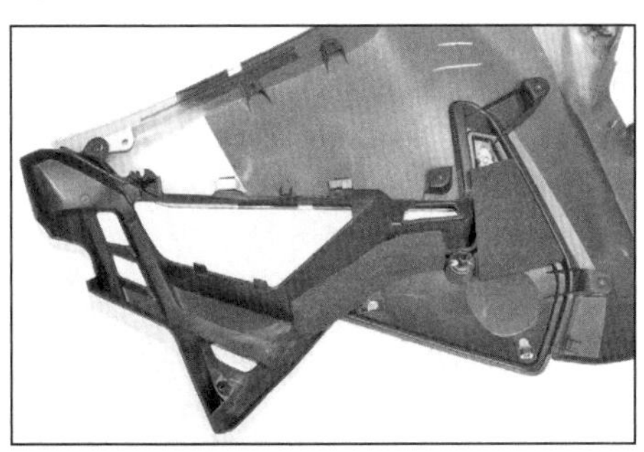

7.12 Die Verkleidungsschrauben sind von innen zugänglich.

8.3a Lösen Sie an beiden Seiten den Verkleidungsstift...

8.3b ...und entnehmen Sie die untere Sektion der Frontverkleidung.

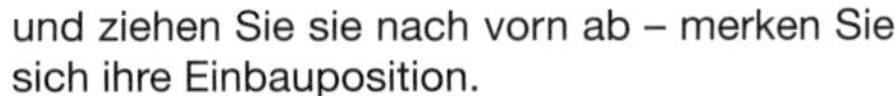

und ziehen Sie sie nach vorn ab – merken Sie sich ihre Einbauposition.
5 Lösen Sie **ab Modelljahr 2018** an beiden Seiten den Verdreh-Clip und den Verkleidungsstift (siehe Abbildungen). Lösen Sie an beiden Seiten die zwei Schrauben, befreien Sie die Laschen und ziehen Sie die Verkleidung nach vorn – hierbei wird der Zapfen aus der Gummiöse befreit (siehe Abbildungen).

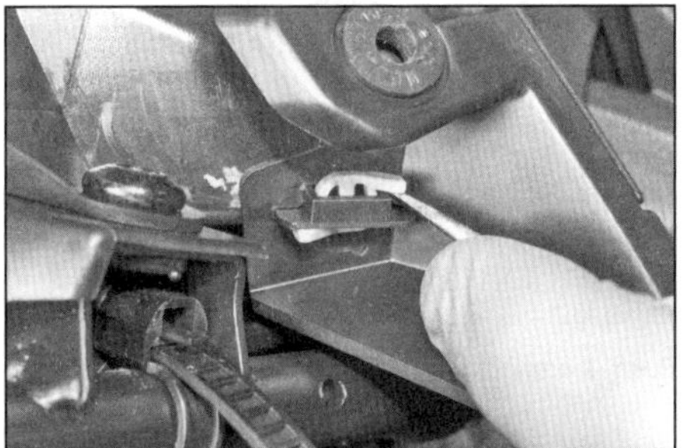

8.5a Lösen Sie die Verdreh-Clips,...

8.5b ...die Verkleidungsstifte,...

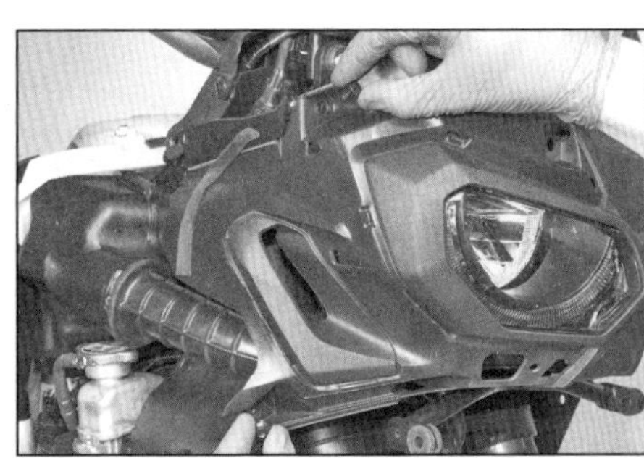

8.5c ...die Schrauben...

8.5d ...und die Laschen,...

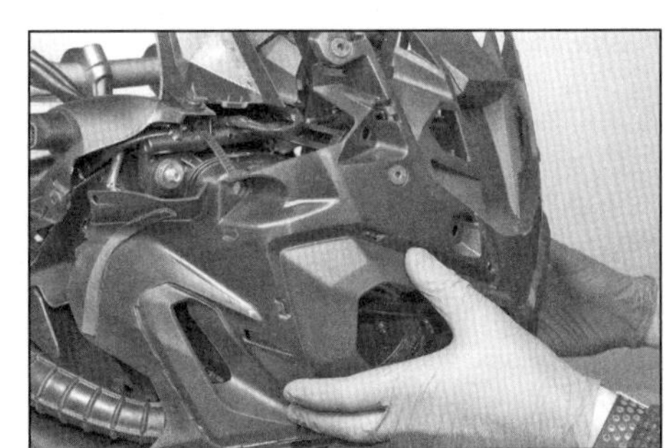

8.5e ...um die Verkleidung abzuziehen...

8.5f ...und dabei den Zapfen aus der Gummiöse zu ziehen.

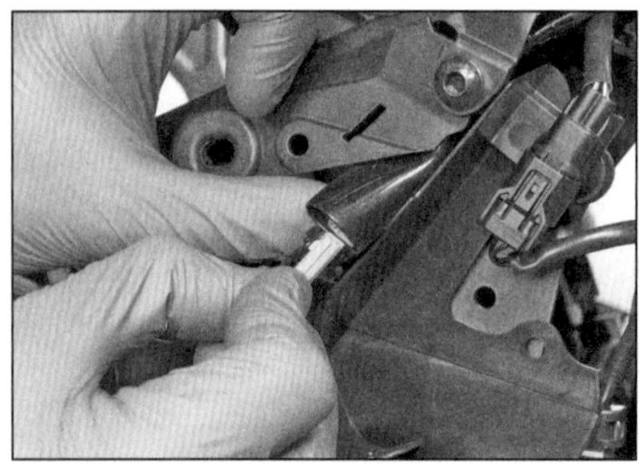
9.2 Trennen Sie den Stecker des Blinkerkabels.

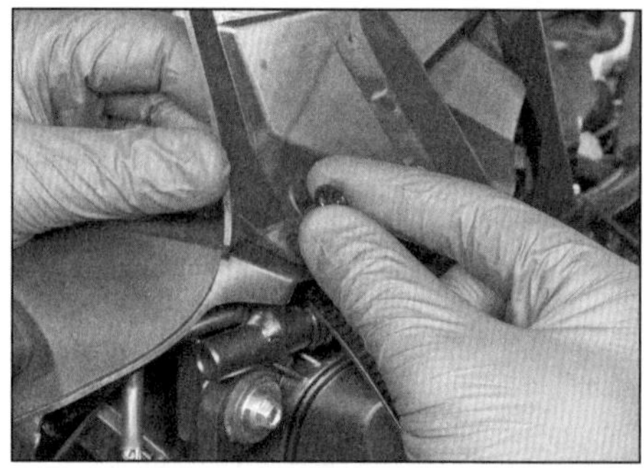
9.3a Lösen Sie die Schraube,...

9.3b ...befreien Sie die Verkleidungsstifte,...

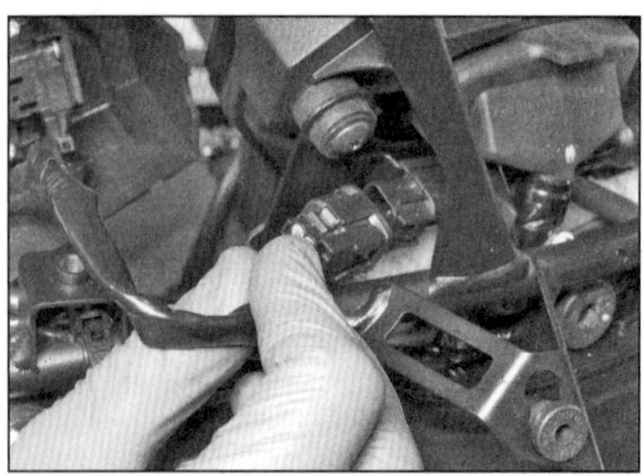
9.3c ...nehmen Sie die Abdeckung ab und trennen Sie den/die Kabelstecker.

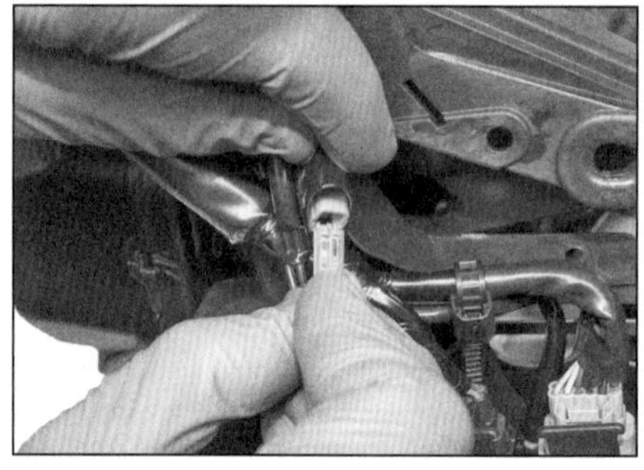
9.7 Trennen Sie den Stecker des Blinkerkabels.

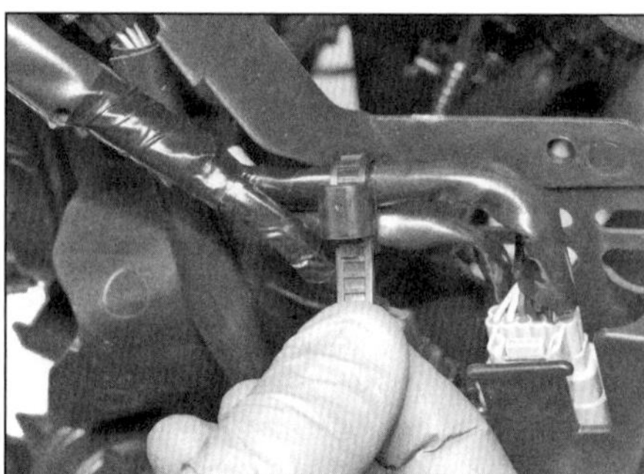
9.8a Öffnen Sie den Kabelbinder,...

9.8b ...befreien Sie die Stecker des vorderen Kabelbaum-Zweigs...

9.8c ...und trennen Sie dann den Stecker der Bordsteckdose.

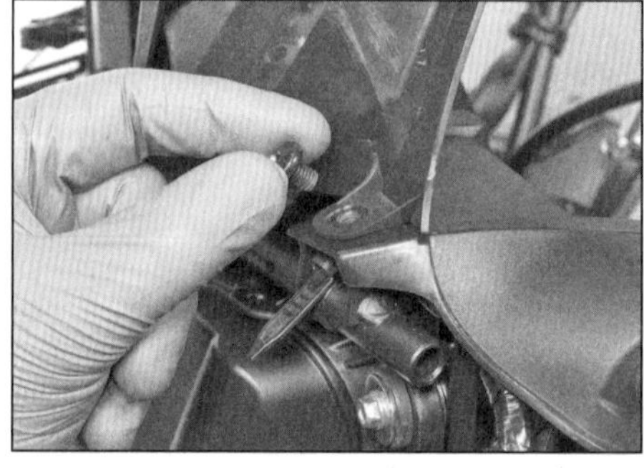
9.9a Lösen Sie die Schraube,...

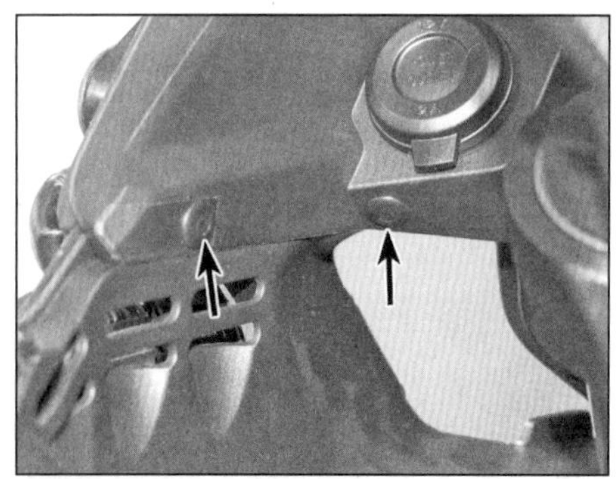
9.9b ...befreien Sie die Verkleidungsstifte.

6 Der Einbau entspricht der umgekehrten Ausbaureihenfolge.

9 Innenverkleidungs-Abdeckungen

Anmerkung: *Beachten Sie zum Lösen von Verkleidungsstiften die Hinweise in Sektion 2.*

Rechte Abdeckung

1 Demontieren Sie die Frontverkleidung (siehe Sektion 8).

2 Trennen Sie den Blinker-Kabelstecker (siehe Abbildung).

3 Lösen Sie die Schraube und befreien Sie die Verkleidungsstifte. Entnehmen Sie die Abdeckung und trennen Sie ggf. den Stecker des hinteren ABS-Schalters und des Traktionsregelungs- (G-) -Schalters (siehe Abbildungen).

4 Demontieren Sie nötigenfalls den Blinker und den/die Schalter (siehe Kapitel 8).

5 Der Einbau entspricht der umgekehrten Ausbaureihenfolge.

Linke Abdeckung

6 Demontieren Sie die Frontverkleidung (siehe Sektion 8).

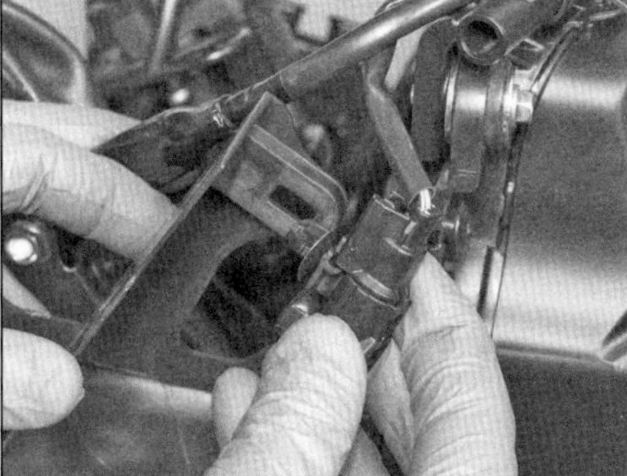

10.2 Befreien Sie den Stecker, ...

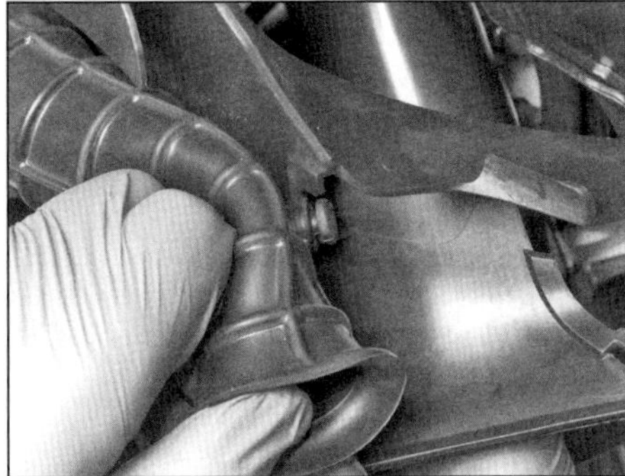

10.3 ... den Ansaugstutzen ...

10.4 ... und die Verkleidungsstifte.

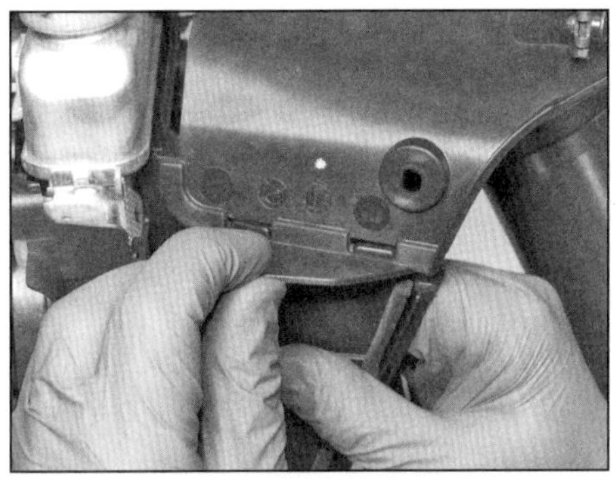

10.5a Befreien Sie die Laschen ...

10 Innenverkleidungen

Anmerkung: *Beachten Sie zum Lösen von Verkleidungsstiften die Hinweise in Sektion 2.*

1 Demontieren Sie die Innenverkleidungs-Abdeckung (siehe Sektion 9).
2 Befreien Sie den Kabelstecker-Clip aus der Verkleidung (siehe Abbildung).
3 Trennen Sie den vorderen Bereich des Ansaugstutzens aus der Verkleidung (siehe Abbildung).
4 Befreien Sie vorn die Verkleidungsstifte (siehe Abbildung).
5 Befreien Sie die Verkleidung von der Kühlerhutze und ziehen Sie sie nach vorn ab (siehe Abbildungen).
6 Der Einbau entspricht der umgekehrten Ausbaureihenfolge – alle Kabelstecker müssen sicher verbunden sein.
7 Trennen Sie den Blinker-Kabelstecker (siehe Abbildung).
8 Befreien Sie ggf. das Kabel der Bordsteckdose und lösen Sie die zwei Stecker des vorderen Kabelbaum-Zweigs vom Luftfiltergehäuse, trennen Sie dann den Stecker der Bordsteckdose (siehe Abbildungen).
9 Lösen Sie die Schraube und befreien Sie die Verkleidungsstifte, um die Abdeckung zu entnehmen (siehe Abbildungen).
10 Demontieren Sie nötigenfalls den Blinker und/oder die Bordsteckdose (siehe Kapitel 8).
11 Der Einbau entspricht der umgekehrten Ausbaureihenfolge.

11 Tankverkleidungen

Anmerkung: *Beachten Sie zum Lösen von Verkleidungsstiften die Hinweise in Sektion 2.*

Seitenteile (Standardmodelle)

1 Demontieren Sie den Fahrersitz (siehe Sektion 3).
2 Lösen Sie die zwei Schrauben (siehe Abbildung).

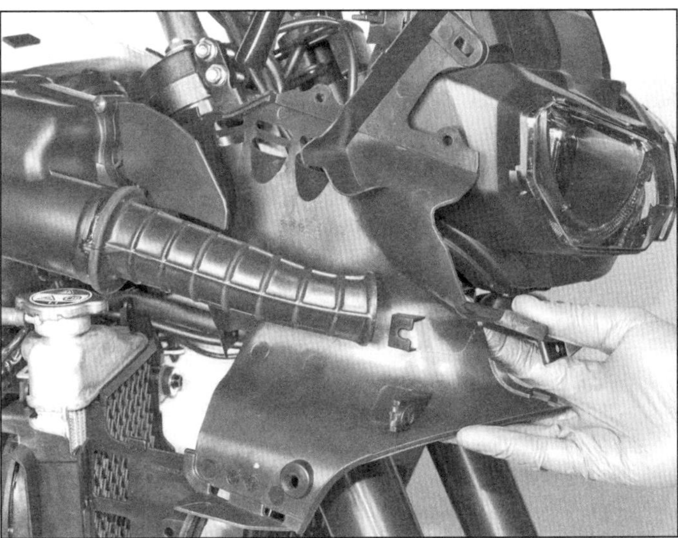

10.5b ... und entnehmen Sie die Innenverkleidung.

11.2 Lösen Sie vorn und hinten die Schrauben.

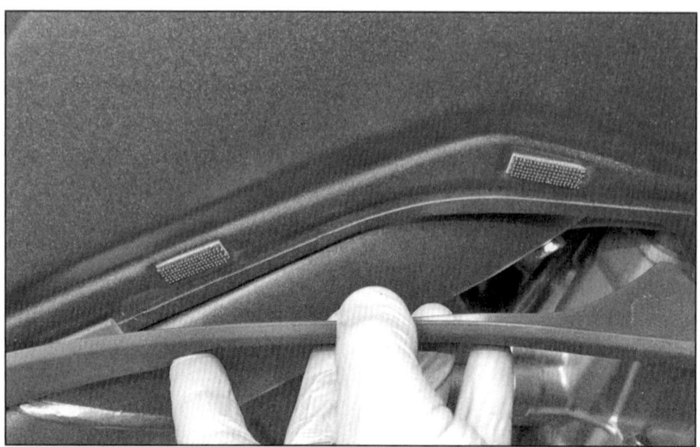

11.3a Lösen Sie die Klettverschlüsse...

11.3b ...und die Laschen.

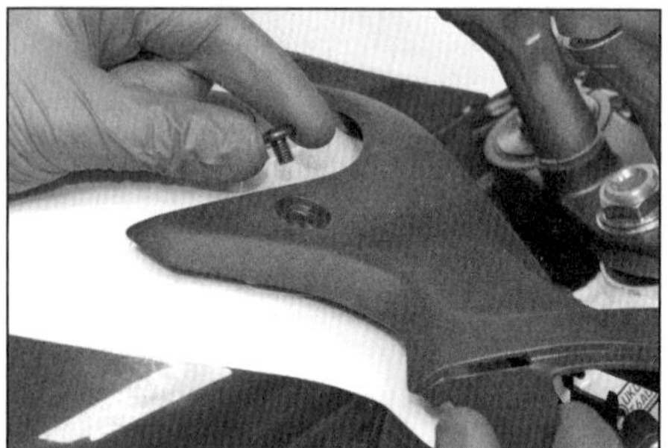

11.6 Lösen Sie an beiden Seiten die Schraube.

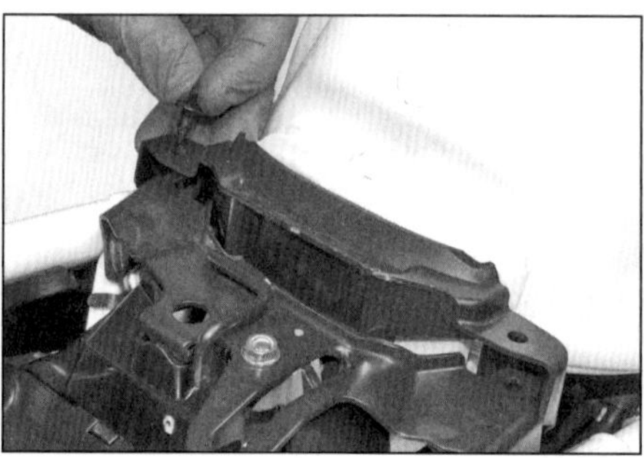

11.9 Befreien Sie die Verkleidungsstifte und heben Sie die hintere Tankverkleidung ab.

3 Ziehen Sie die Verkleidung ab, um die zwei Klettverschlüsse zu trennen, ziehen Sie sie dann nach vorn, um hinten die Laschen zu befreien (siehe Abbildungen).

4 Der Einbau entspricht der umgekehrten Ausbaureihenfolge.

Vorderteil

5 Demontieren Sie die Verkleidungsseitenteile (siehe Sektion 7).

6 Lösen Sie an beiden Seiten die Schraube und entnehmen Sie die vordere Tankverkleidung (siehe Abbildung).

7 Der Einbau entspricht der umgekehrten Ausbaureihenfolge.

Hinterteil

8 Demontieren Sie bei Standardmodellen die Seitenteile (siehe oben).

9 Befreien Sie an beiden Seiten die Verkleidungsstifte und entnehmen Sie die hintere Tankverkleidung (siehe Abbildung).

10 Der Einbau entspricht der umgekehrten Ausbaureihenfolge.

12.3a Lösen Sie die Sicherungsboxen...

12.3b ...und den Verkleidungsstift,...

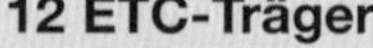

12 ETC-Träger

Anmerkung: *Beachten Sie zum Lösen von Verkleidungsstiften die Hinweise in Sektion 2.*

1 Demontieren Sie den Fahrersitz samt Halter (siehe Sektion 3).

2 Befreien Sie **bis Modelljahr 2017** die Sicherungsboxen, den Stecker und die Verkabelung vom Träger. Lösen Sie die vier Verkleidungsstifte und entnehmen Sie den Träger.

3 Befreien Sie **ab Modelljahr 2018** die Sicherungsboxen vom Träger. Lösen Sie dann den Verkleidungsstift und ziehen Sie den Träger ab – beachten Sie, wie der Zapfen in der Gummiöse steckt (siehe Abbildungen).

12.3c ...ziehen Sie dann den Zapfen aus der Gummiöse.

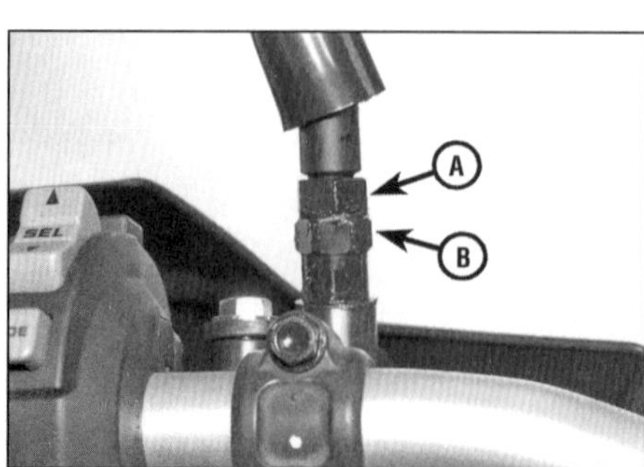

13.1 Obere Mutter (A) und untere Schraube (B) des Rückspiegels

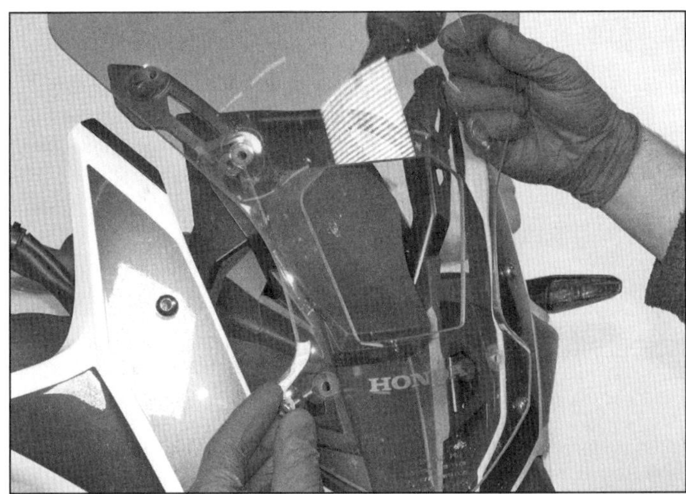

14.1 Stellen Sie beim Lösen der Schrauben alle Scheiben sicher.

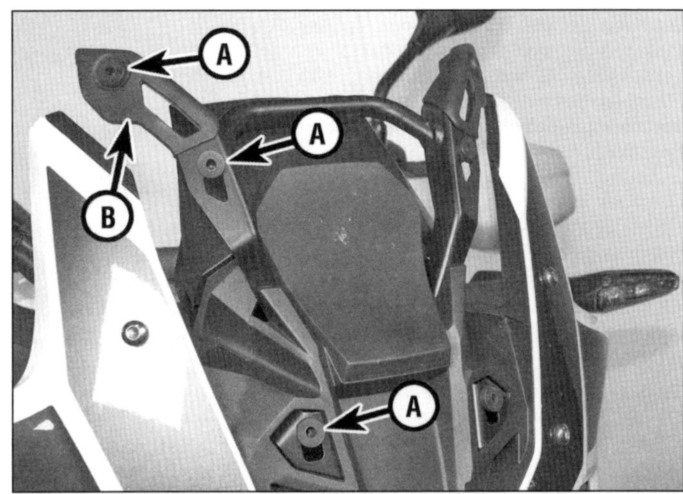

14.2 Entfernen Sie die Gummistopfen-Muttern (A) und die oberen Abdeckungen (B).

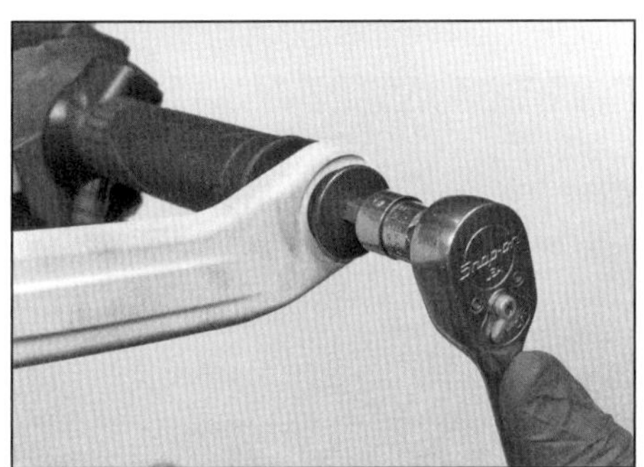

15.1a Lösen Sie die Schraube,...

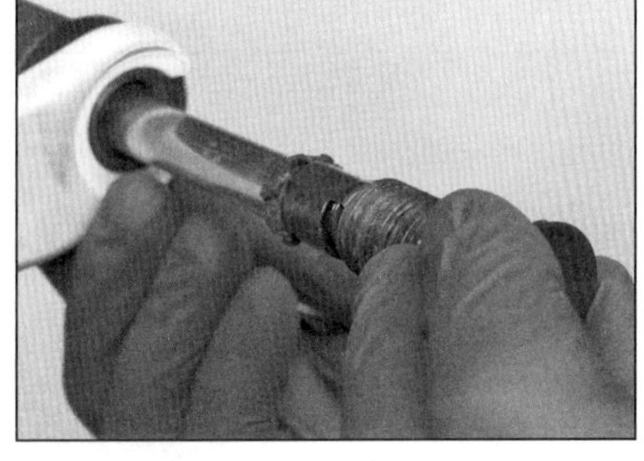

15.1b ...ziehen Sie das innere Gewicht heraus...

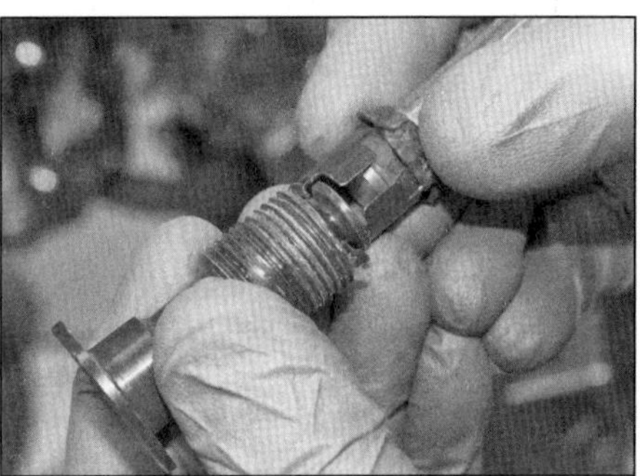

15.1c ...und befreien Sie die Schraube.

4 Der Einbau entspricht der umgekehrten Ausbaureihenfolge.

13 Rückspiegel

1 Ziehen Sie unten am Schaft die Gummikappe hoch (siehe Abbildung).
2 Um den kompletten Rückspiegel zu demontieren, muss die untere Schraube gelöst werden (Abbildung 13.1).
3 Um den Rückspiegel-Schaft von der unteren Schraube zu trennen, muss die obere mit einem Linksgewinde versehene Mutter **im Uhrzeigersinn** gelockert und dann der Rückspiegel **im Uhrzeigersinn** aus der unteren Schraube gedreht werden (Abbildung 13.1). Drehen Sie nötigenfalls die untere Schraube aus der Aufnahme.
4 Der Einbau entspricht der umgekehrten Ausbaureihenfolge.
5 Um die Position des Rückspiegel-Schafts einzustellen, wird die obere Mutter im Uhrzeigersinn gelockert, der Spiegel eingestellt und die Mutter gegen den Uhrzeigersinn wieder angezogen.

14 Windschutzscheibe

1 Lösen Sie die Schrauben, beachten Sie alle Kunststoff- und Gummischeiben und entnehmen Sie die Windschutzscheibe (siehe Abbildung).
2 Entfernen Sie nötigenfalls die Gummistopfen-Muttern und die oberen Abdeckungen vom Windschutzscheibenträger (siehe Abbildung).
3 Der Einbau entspricht der umgekehrten Ausbaureihenfolge.

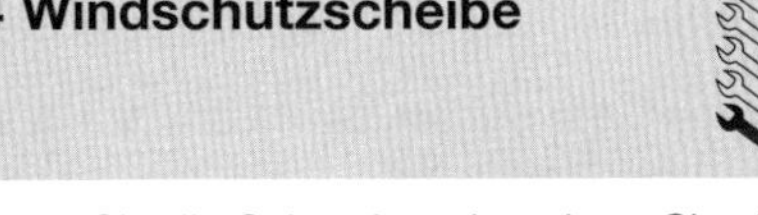

15 Lenkergewichte und Handprotektoren

1 Lösen Sie die Lenkergewicht-Schraube und ziehen Sie das innere Gewicht heraus – beachten Sie, wie das innere Ende der Schraube darin steckt (siehe Abbildungen). Entfernen Sie das äußere Gewicht vom Lenker – beachten Sie, wie der Handprotektor um seinen äußeren Bund liegt (siehe Abbildung).

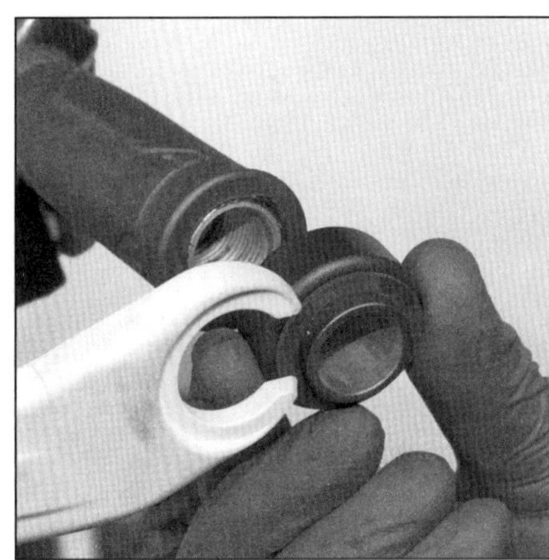

15.1d Entfernen Sie das äußere Gewicht.

2 Lösen Sie die Schraube des Handprotektors und befreien Sie den Protektor von seinem Halter (siehe Abbildungen). Um den Halter entfernen zu können, muss der entsprechende Hebel demontiert werden (siehe Sektion 5).
3 Kontrollieren Sie die Gummis und den O-Ring des inneren Gewichts und ersetzen Sie sie nötigenfalls (siehe Abbildung).
4 Der Einbau entspricht der umgekehrten Ausbaureihenfolge.

16 Vorderradschutzblech

1 Demontieren Sie an beiden Seiten die Abdeckungen der Schutzblech-Streben – merken Sie sich die Verlegung der Bremsleitungen und der Verkabelung (siehe Abbildungen).
2 Befreien Sie links das Radsensor-Kabel vom Schutzblech (siehe Abbildung).

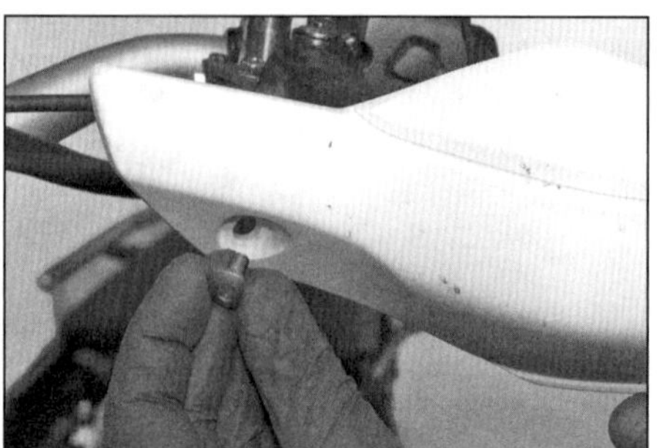

15.2a Lösen Sie die Schraube...

3 Trennen Sie das Bremsleitungs-Verbindungsstück vom Schutzblech (siehe Abbildung).
4 Lösen Sie an beiden Seiten des Schutzblechs die zwei Schrauben und befreien Sie es nach vorn aus der Gabel (siehe Abbildungen).
5 Beachten Sie die von innen in die Aufnahmen gesteckten Hülsen (siehe Abbildung).

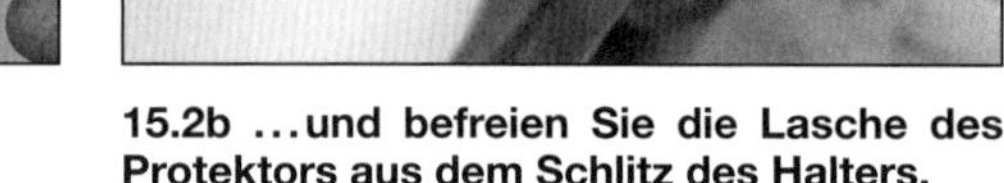

15.2b ...und befreien Sie die Lasche des Protektors aus dem Schlitz des Halters.

6 Der Einbau entspricht der umgekehrten Ausbaureihenfolge – die hinteren Sektionen müssen außen an den Aufnahmen liegen (siehe Abbildung). Verlegen Sie ab Modelljahr 2018 die linke Bremsleitung im vorderen Ausschnitt der Abdeckung (siehe Abbildung).

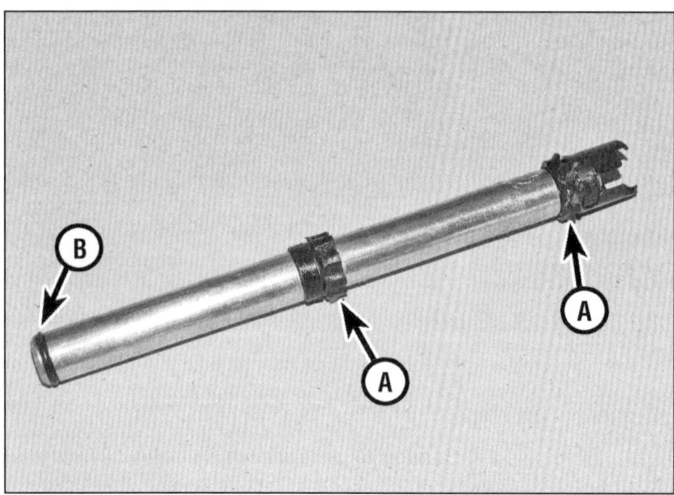

15.3 Gummis (A) und O-Ring (B) des inneren Gewichts

16.1a Lösen Sie die Schraube,...

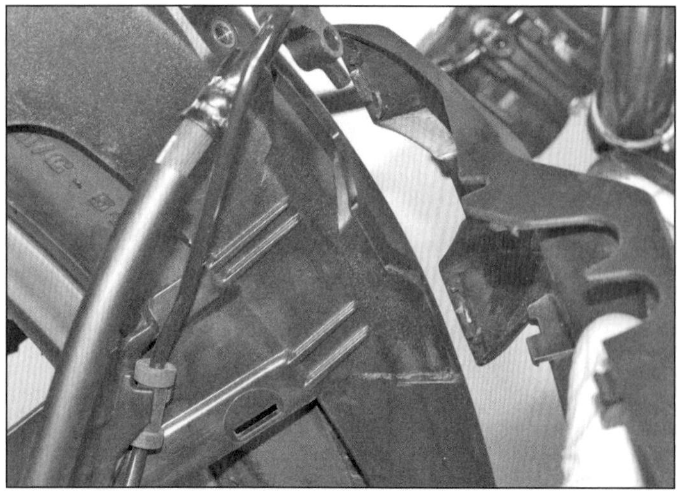

16.1b ...befreien Sie die Laschen und entnehmen Sie die Abdeckung.

16.2 Befreien Sie links das Radsensor-Kabel.

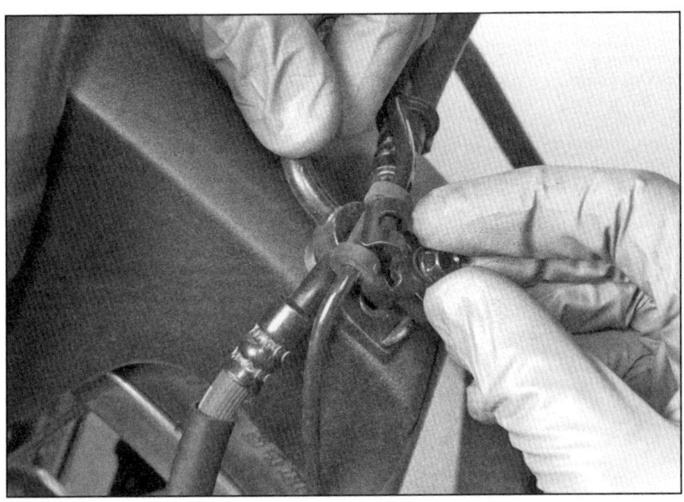

16.3 Lösen Sie die Schraube des Bremsleitungs-Verbindungsstücks.

16.4a Lösen Sie an beiden Seiten die zwei Schrauben...

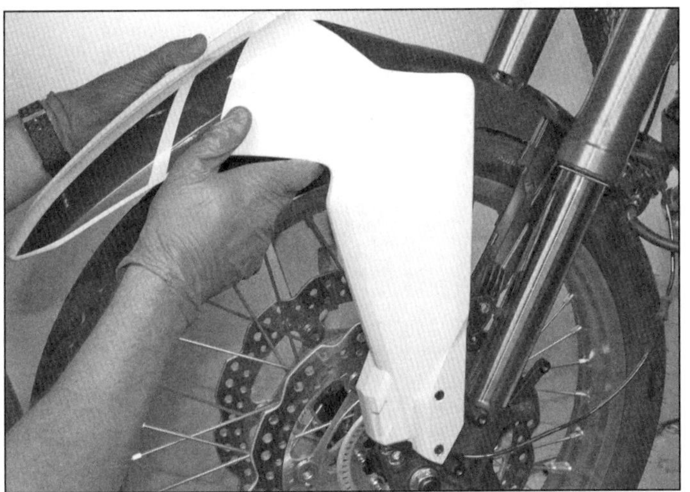

16.4b ...und befreien Sie das Schutzblech nach vorn aus der Gabel.

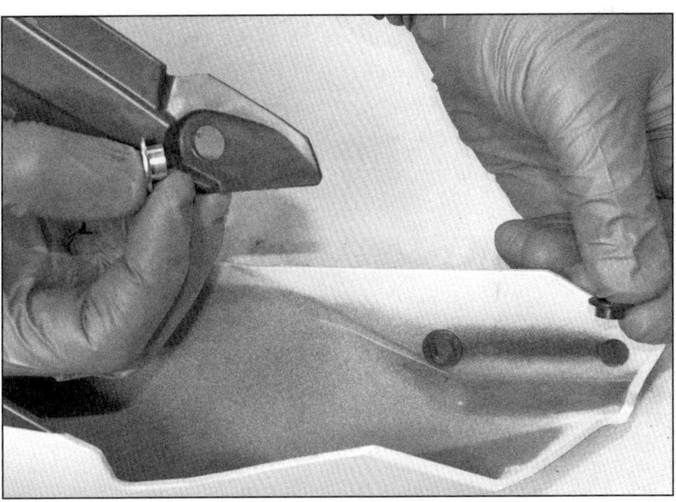

16.5 Entfernen Sie nötigenfalls die Hülsen.

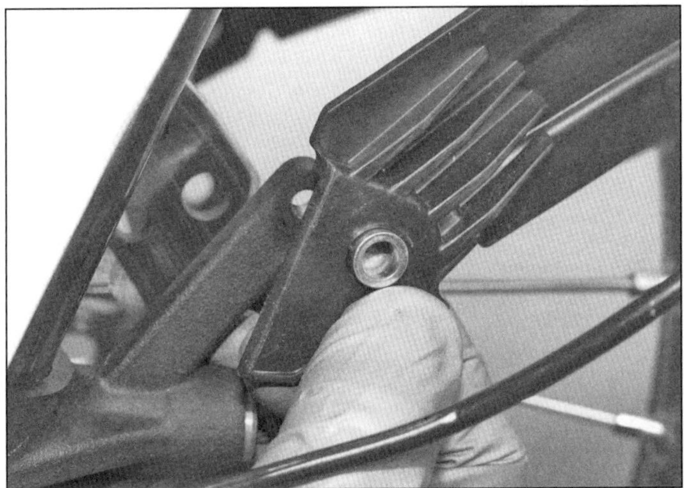

16.6a Die hinteren Schutzblech-Sektionen müssen außen an den Aufnahmen sitzen.

16.6b Verlegung der linken Bremsleitung ab Modelljahr 2018

17.1a Lösen Sie die vorderen Schrauben...

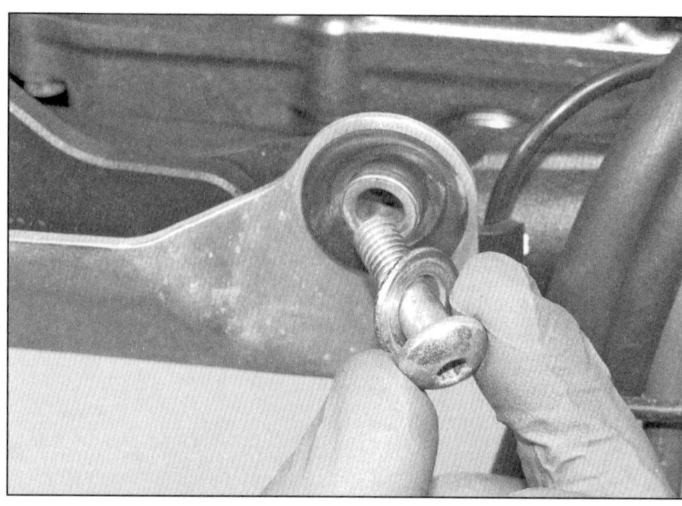

17.1b ...und die linke Schraube...

17.1c ...– beachten Sie die Hülse.

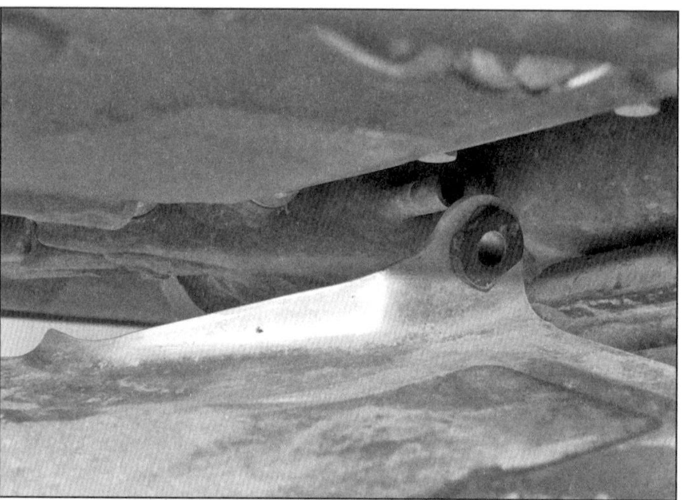

17.1d Befreien Sie rechts die Gummiöse vom Zapfen.

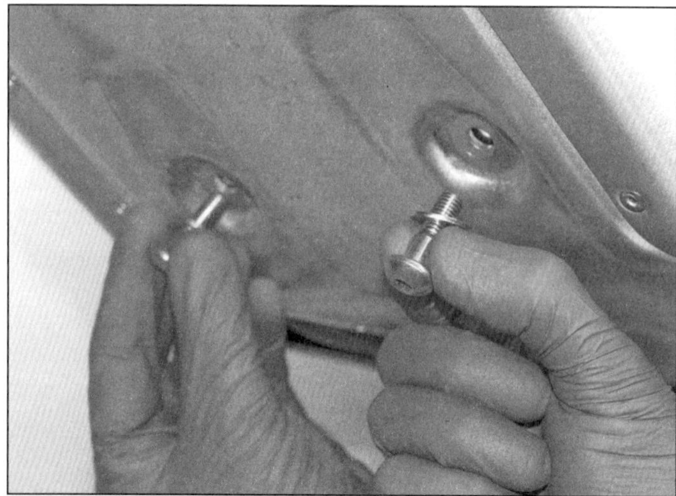

17.2a Lösen Sie die vorderen Schrauben...

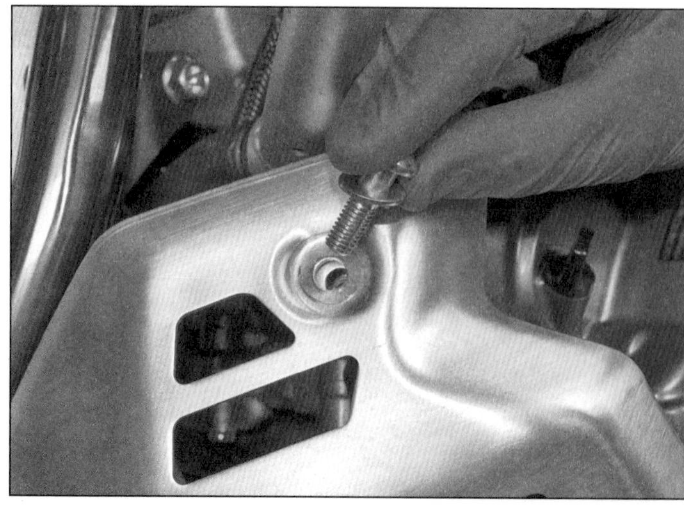

17.2b ...und an beiden Seiten die oberen Schraube – beachten Sie die Scheiben.

17 Ölwannenschutz

1 Lösen Sie bei dem **Standardmodell** die zwei vorderen und die einzelne linke Schraube – beachten Sie die Scheiben und Hülsen. Ziehen Sie den Ölwannenschutz nach links, um rechts die Gummiöse von dem Zapfen des Rahmens zu ziehen (siehe Abbildungen).

2 Lösen Sie bei der **Adventure Sports** die zwei vorderen Schrauben und die zwei Schrauben an jeder Seite – beachten Sie die Scheiben und die Hülse an der hinteren linken Schraube. Ziehen Sie den Ölwannenschutz nach links, um rechts die Gummiöse vom Zapfen des Rahmens zu ziehen (siehe Abbildungen). Beachten Sie die Klemmmuttern an den oberen seitlichen Schrauben der Sturzbügel und stellen Sie sie nötigenfalls sicher (siehe Abbildung). Beachten Sie auch die Hülse in der Gummiöse.

3 Der Einbau entspricht der umgekehrten Ausbaureihenfolge – vergessen Sie keine Ösen, Hülsen und Scheiben.

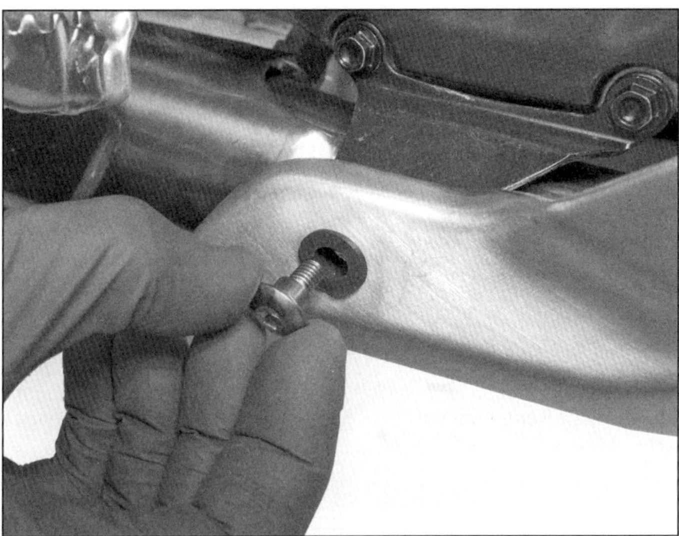

17.2c Die rechte hintere Schraube trägt einen Bund, ...

17.2d ... während die linke hintere Schraube mit einer Scheibe und einer Hülse ausgerüstet ist.

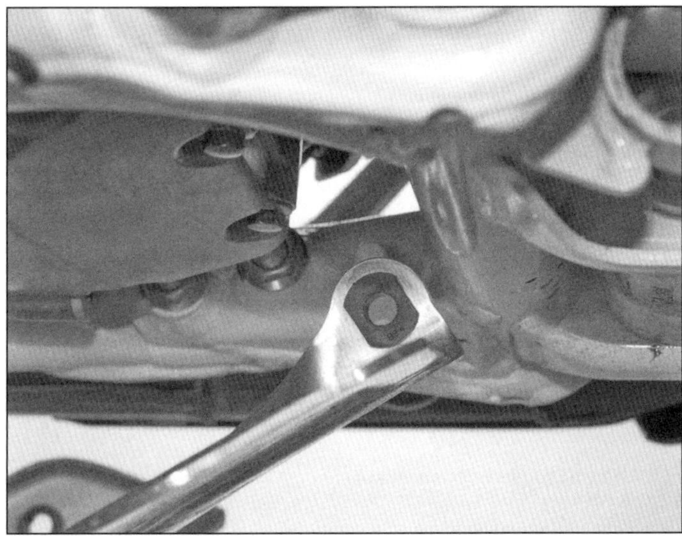

17.2e Befreien Sie rechts die Gummiöse vom Zapfen.

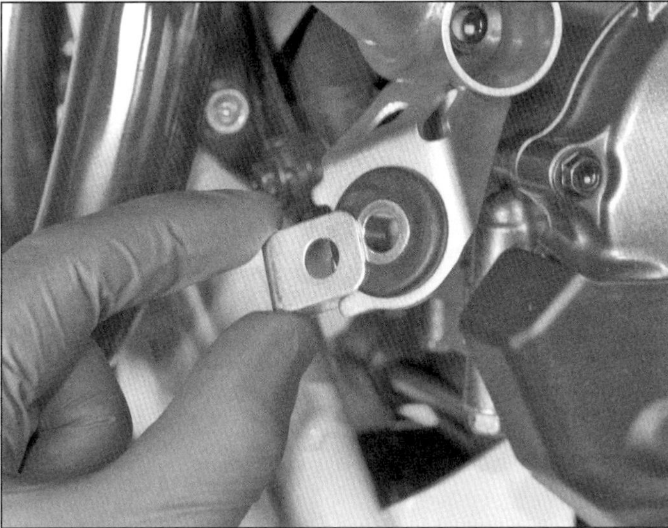

17.2f Entfernen Sie nötigenfalls die Klemmmutter.

Kapitel 8
Elektrik

Inhalt (in alphabetischer Reihenfolge, die Zahlen geben die Nummerierung in den grauen Feldern wieder)

Schwierigkeitsgrade

Leicht. Für Anfänger mit wenig Erfahrung geeignet. 

Relativ leicht. Für Anfänger mit etwas Erfahrung geeignet. 

Relativ schwierig. Geeignet für geübte Selbstschrauber. 

Schwer. Geeignet für Selbstschrauber mit viel Erfahrung. 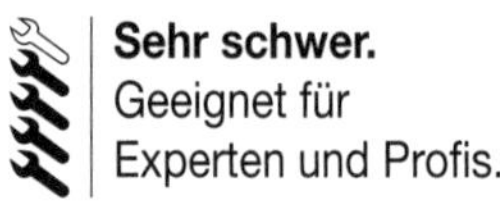

Sehr schwer. Geeignet für Experten und Profis. 

Technische Daten

Batterie
bis Modelljahr 2017

Typ	YTZ 14S (Blei-Gel-Akku)
Kapazität	12 V, 11,2 Ah
Spannung	
Vollständig geladen	13,0 bis 13,2 Volt
Entladen	unter 12,3 Volt
Laderate	
Normalladung	1,1 A über 5 bis 10 Stunden
Schnellladung	5,5 A über eine Stunde
Kriechstrom	0,66 mA (max.)

ab Modelljahr 2018

Typ	ELIIY HY110 (Lithium-Ionen-Akku)
Kapazität	12 V, 6 Ah
Spannung	
Vollständig geladen	13,5 bis 14,0 Volt
Entladen	unter 10,8 Volt
Ladung	siehe Sektion 4
Kriechstrom	0,66 mA (max.)

Ladesystem

Statorspulen-Widerstand	0,1 bis 1,0 Ohm
Nominelle Ausgangsleistung	490 W bei 5000/min
Geregelte Ausgangsspannung	15,5 Volt bei 5000/min

Sicherungen	siehe Schaltpläne

Lampen

Scheinwerfer	LED
Standlicht	LED
Bremslicht/Rücklicht	LED
Kennzeichenbeleuchtung	5 W sockellos
Blinker	
bis Modelljahr 2017	21 W (orange) oder LED
ab Modelljahr 2018	LED
Instrumentenbeleuchtung	LED
Kontrolllampen	LED

Anzugsdrehmomente

	Nm
Gabelbrücken-Klemmschrauben (obere Brücke)	22
Getriebeschalter-Schraube	10
Getriebesensor-Schraube	12
Kurbelwellensensor-Schrauben	12
Leerlaufschalter	12
Lenkschaftmutter	100
Lichtmaschinendeckel-Schrauben	12
Lichtmaschinenrotor-Bolzen	137
Lichtmaschinenstator-Schrauben	12
Öldruckschalter (Modelle mit Standardgetriebe)	12
Öldrucksensor (DCT-Modelle)	22
Schaltwellen-Schalter	12
Seitenständerschalter-Schraube	10
Zündschloss-Schrauben	26

1 Allgemeine Informationen

1 Alle Modelle sind mit einer 12-Volt-Elektrik ausgerüstet. Die Baugruppe beinhaltet eine Dreiphasen-Wechselstromlichtmaschine und eine separate Regler/Gleichrichter-Einheit.

2 Der Regler begrenzt den Ladestrom, um die Anlage nicht zu überlasten, der Gleichrichter wandelt den in der Lichtmaschine produzierten Wechselstrom (AC) in Gleichstrom (DC) um, den die Verbraucher und die Batterie benötigen. Der Lichtmaschinenrotor sitzt links auf der Kurbelwelle, der Stator befindet sich im Lichtmaschinendeckel.

3 Der Anlasser sitzt hinter den Zylindern oben am Motorgehäuse. Das Startersystem besteht aus dem Anlassermotor, der Batterie, dem Relais sowie verschiedenen Kabeln und Schaltern. Teile der Verkabelung gehören zum Sicherheitsstromkreis, der ein versehentliches Starten des Motors verhindert.

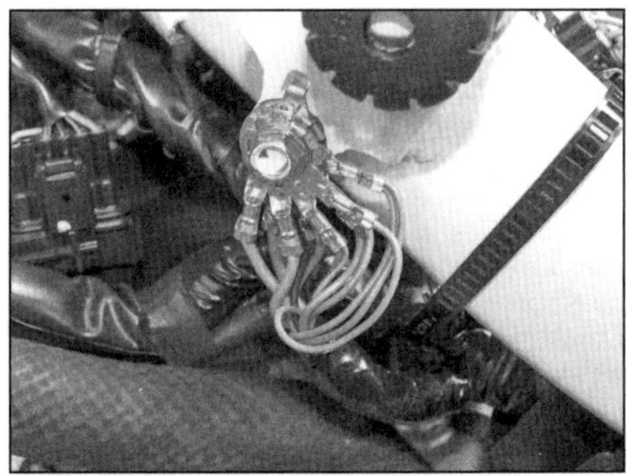

2.2 Ein Mehrfach-Massepunkt

Anmerkung: *Beachten Sie, dass Elektroteile – einmal gekauft – normalerweise nicht mehr vom Händler umgetauscht werden. Um unnötige Kosten zu vermeiden, sollte ganz sicher gegangen werden, das fehlerhafte Teil genau identifiziert zu haben, bevor ein Ersatzteil gekauft wird.*

2 Elektrik
Fehlersuche

Warnung: Um das Risiko von Kurzschlüssen zu verhindern, muss die Zündung stets ausgeschaltet und das Massekabel (–) der Batterie getrennt sein, bevor an irgendwelchen elektrischen Komponenten gearbeitet wird. Vergessen Sie nicht nach der Beendigung der Arbeit oder der Durchführung des Tests, die Anschlüsse wieder anzuschließen.

1 Ein typischer Stromkreis besteht aus einem Verbraucher, entsprechenden Schaltern und Relais sowie Kabeln und Steckern, die das Bauteil mit der Batterie und dem Rahmen (Masse) verbinden. Zur Lokalisierung eines Problems und als Hilfe bei den Kabelfarben können die Schaltpläne am Ende des Kapitels beachtet werden.

2 Bevor Sie einen defekten Stromkreis untersuchen, müssen Sie den Schaltplan studieren, um ein vollständiges Bild über die Bestandteile des Stromkreises zu erhalten. Probleme können beispielsweise dadurch eingekreist werden, indem man andere zum Stromkreis gehörende Komponenten auf ihre Funktion überprüft. Wenn mehrere Komponenten eines Stromkreises gleichzeitig ausfallen, ist es sehr wahrscheinlich, dass der Fehler in der Sicherung oder einem defekten Masseanschluss liegt, da mehrere Stromkreise oftmals an derselben Sicherung oder Masse angeschlossen sind. Masseanschlüsse lassen sich daran erkennen, dass Kabel direkt an den Rahmen oder den Motor geschraubt oder dort mit anderen Befestigungsschrauben gesichert sind (siehe Abbildung).

3 Elektrikprobleme sind oftmals auf Kleinigkeiten wie lockere oder korrodierte Stecker oder eine durchgebrannte Sicherung zurückzuführen. Bevor Sie sich auf die Fehlersuche begeben, sollten Sie stets die Sicherungen, Kabel und Stecker des betroffenen Stromkreises einer Sichtkontrolle unterziehen. Wackelkontakte können besonders frustrierend sein, da der Defekt niemals auftritt, wenn man ihn untersuchen will. In solchen Situationen macht es sich gut, alle Verbindungen des betreffenden Stromkreises unabhängig ihres optischen Zustandes zu reinigen. Wackeln Sie an allen Verbindungen und Kabeln, um lockere Stellen zu finden, die Wackelkontakte hervorrufen können.

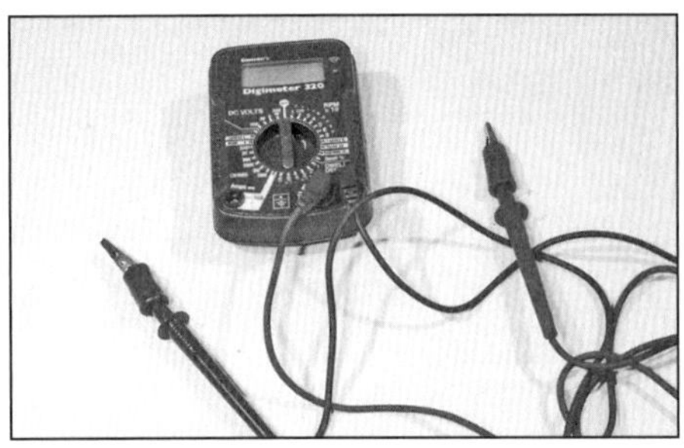

2.4a Ein digitales Multimeter eignet sich für alle elektrischen Prüfungen.

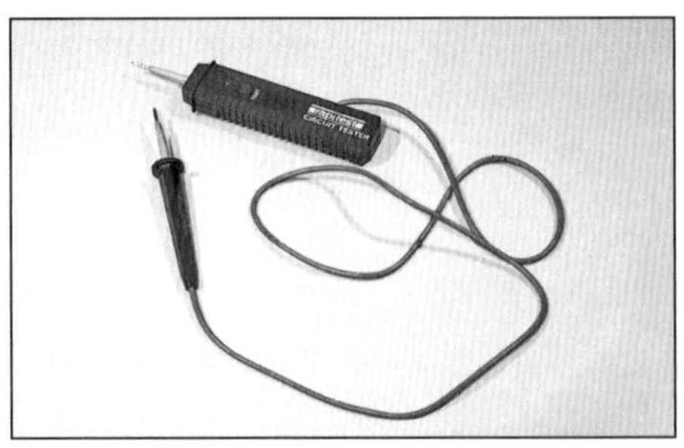

2.4b Ein batteriebetriebener Durchgangstester

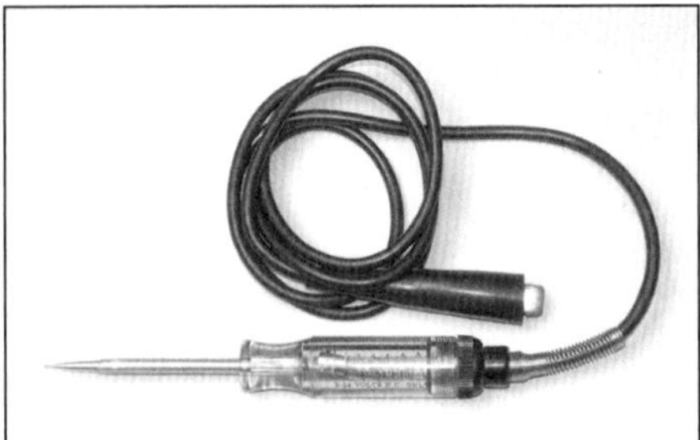

2.4c Eine einfache Prüflampe eignet sich für Spannungsprüfungen.

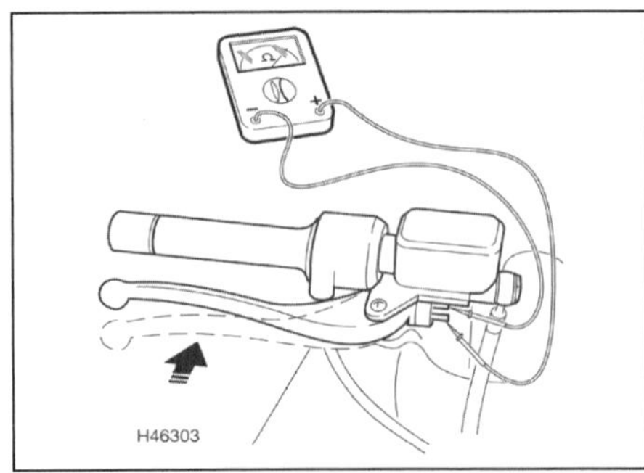

2.10 Prüfung eines Bremslichtschalters – bei betätigter Bremse muss Durchgang bestehen.

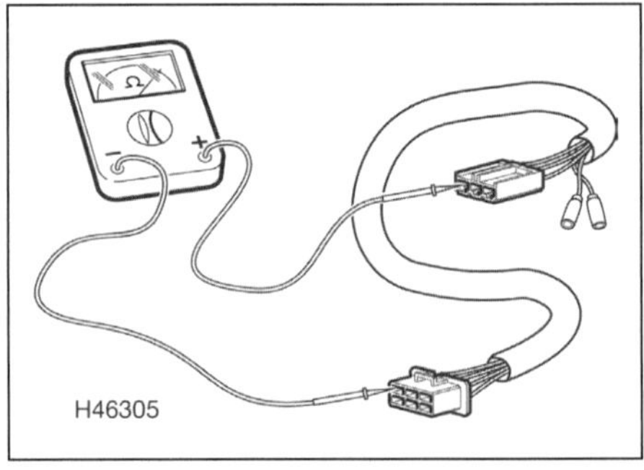

2.12 Prüfung eines Kabelbaums auf Durchgang

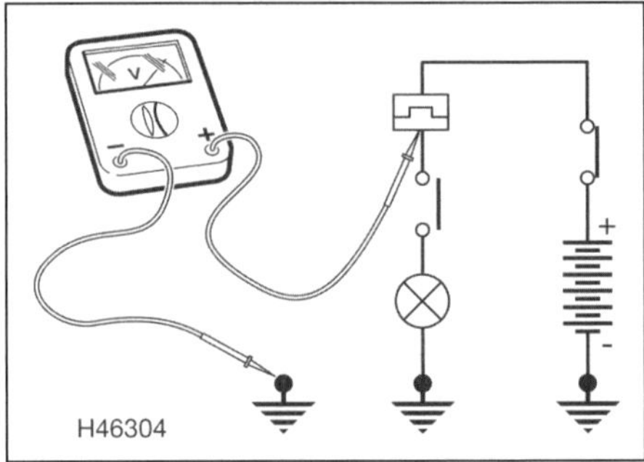

2.15 Schließen Sie bei der Spannungsprüfung das Messgerät parallel zum Stromfluss an.

4 Für Kontrollen am elektrischen System empfiehlt sich ein Multimeter – ein Mehrfachmessgerät, mit dem sich Spannungs-, Stromstärken- und Widerstandsmessungen durchführen lassen (siehe Abbildung). Leicht ablesbare digitale Ausführungen sind nicht teuer. Für einfache Prüfungen reicht auch ein Durchgangstester oder eine Prüflampe, doch können hiermit keine Messungen vorgenommen werden (siehe Abbildungen). Für manche Messungen werden zudem Überbrückungskabel benötigt, mit denen Verbraucher direkt an die Batterie geklemmt werden können.

Durchgangsprüfungen

5 Bei diesem Test wird ermittelt, ob der Strom durch einen Stromkreis fließen kann. Zum Testen eignen sich ein Durchgangsprüfer (der bei geschlossenem Stromkreis piept) oder das auf den Ohm-Messbereich geschaltete Multimeter. Beide Geräte arbeiten mit einer eigenen Stromversorgung, sodass die Zündung abgeschaltet sein muss. Zur Sicherheit sollte auch der Masseanschluss (–) der Batterie getrennt werden – ganz besonders, wenn das Zündsystem überprüft wird.

6 Schalten Sie das Multimeter auf die Durchgangs-Funktion (falls vorhanden) oder den Ohm-Messbereich. Halten Sie die beiden Spitzen der Prüfkabel zusammen – das Gerät sollte jetzt durch Piepen oder eine angezeigte Null Durchgang erkennen lassen. Schalten Sie nach dem Prüfen das Gerät aus, damit sich die Batterie nicht entlädt.

7 Ein Durchgangsprüfer kann auf die gleiche Weise benutzt werden – entweder piept er oder eine Lampe leuchtet auf, wenn Durchgang besteht.

8 Bei normalen Durchgangsprüfungen ist die Polarität des Messgerätes egal, allerdings muss beim Prüfen von Dioden oder Magnetschaltern darauf geachtet werden, den genauen Hinweisen über das Verbinden des Plus- und des Minus-Kabels zu folgen.

Durchgangsprüfung am Schalter

9 Scheint ein Schalter defekt zu sein, müssen seine Kabel bis zum Stecker verfolgt werden. Trennen Sie den Stecker und überprüfen Sie, ob seine Kontakte in Ordnung sind. Verschmutzte oder korrodierte Kontakte können Gründe für das Problem sein – reinigen Sie sie und versehen Sie sie mit etwas wasserverdrängendem Lösungsmittel wie WD40 oder Kontaktreiniger und geeignetem Schutzspray.

10 Wird ein Multimeter verwendet, muss es entweder auf die Durchgangs-Funktion (falls vorhanden) oder den Ohm-Messbereich geschaltet werden, dann werden die Prüfkabel-Spitzen mit den Stecker-Kontakten verbunden (siehe Abbildung). Einfache An/Aus-Schalter wie Bremslichtschalter haben nur zwei Kontakte, während kombinierte Schalter wie die Lenkerschalter über mehrere Kabelkontakte verfügen. Studieren Sie den entsprechenden Schaltplan (am Ende dieses Kapitels), um sicherzustellen, dass an den korrekten Kabelkontakten geprüft wird. Bei eingeschaltetem Schalter muss Durchgang bestehen, bei ausgeschaltetem Schalter darf kein Durchgang bestehen.

Durchgangsprüfung bei Kabeln

11 Viele elektrische Probleme sind auf beschädigte Kabel zurückzuführen, was oft an einer falschen Verlegung, Quetschung bei falscher Montage von Teilen sowie lockere oder korrodierte Stecker liegt.

12 Eine Durchgangsprüfung kann an einem einzelnen Kabel durchgeführt werden, nachdem man es an beiden Enden getrennt und hier die Prüfklemmen angeschlossen hat (siehe Abbildung). Ist ein Kabel in Ordnung, wird Durchgang angezeigt – besteht dieser nicht, wird das Kabel irgendwo gebrochen sein.

13 Um den Durchgang eines Massekabels zu Masse zu prüfen, wird eine Prüfklemme an den Massekontakt des Steckers und die andere an den Rahmen, den Motor oder (bei ange-

2.23 Verschiedene Überbrückungskabel (z. B. für Masse-Tests)

schlossenem Massekabel) an den Minuspol der Batterie gehalten. Ist das Kabel und sein Massekontakt in Ordnung, wird Durchgang angezeigt. Wird kein Durchgang festgestellt, wird ein Kabel gebrochen sein oder einen schlechten Massekontakt haben (siehe unten).

Spannungs-Prüfungen

14 Eine Spannungsprüfung kann belegen, ob der Strom einen Verbraucher erreicht. Schalten Sie das Multimeter auf den Volt-Messbereich für Gleichstrom (DC), um die Spannung hinter der Batterie oder des Gleichrichters zu prüfen, schalten sie es auf AC (Wechselstrom), um die Spannung der Lichtmaschine zu messen. Für den Gleichstrom-Bereich kann auch eine einfache Prüflampe verwendet werden, doch das Messgerät hat den Vorteil, den Wert der Spannung anzuzeigen.
15 Verbinden Sie die Prüfklemmen parallel zur vorhandenen Verkabelung (siehe Abbildung).
16 Identifizieren Sie zuerst den entsprechenden Stromkreis mithilfe des Schaltplans am Ende dieses Kapitels.
17 Wird ein Messgerät eingesetzt, muss zunächst sichergestellt sein, dass die Prüfklemmen korrekt daran angeschlossen sind – rot an Plus (+), schwarz an Minus (–). Schalten Sie das Messgerät auf den gewünschten Bereich (z. B. 0 bis 20 Volt DC). Verbinden Sie die rote Plusklemme mit dem stromführenden Kabel und die schwarze Minusklemme mit Masse am Motor oder Rahmen oder dem Minuspol der Batterie. Bei eingeschalteten Schaltern muss beispielsweise Batteriespannung oder ein anderer in den technischen Daten angegebener Wert angezeigt werden.
18 Wird eine Prüflampe eingesetzt (Abbildung 2.4c), muss die Plusklemme mit dem stromführenden Kabel und die Minusklemme mit Masse am Motor oder Rahmen oder dem Minuspol der Batterie verbunden werden – bei eingeschaltetem Stromkreis muss die Lampe leuchten.
19 Liegt keine Spannung an, muss man sich zur Stromquelle (z. B. der Batterie) vorarbeiten, um herauszufinden, wo das Problem liegt.

Masse-Prüfung

20 Masseverbindungen gibt es entweder direkt zur Befestigung am Rahmen oder Motor (wie z. B. den Anlasser oder Zündspulen, die nur einen Steckerkontakt für Plus haben) oder über Kabel zum Massekabel an der Batterie. Auch kann ein kurzes Kabel vom Verbraucher direkt zum Rahmen verlegt sein.
21 Korrosion ist genauso ein verbreiteter Grund für eine schlechte Masseverbindung, wie es lockere Anschlüsse sind.
22 Fallen alle oder mehrere Verbraucher gleichzeitig aus, muss die Festigkeit des Haupt-Massekabels (–) an der Batterie überprüft werden, außerdem sind das an den Motor geschraubte Massekabel sowie der/die Haupt-Massepunkt(e) am Rahmen zu kontrollieren (Abbildung 2.2). Bei Korrosion muss der Anschluss freigelegt und gereinigt werden, bis wieder blankes Metall zum Vorschein kommt. Verbinden Sie den Anschluss und tragen Sie etwas Polfett auf, um weiterem Rost vorzubeugen.
23 Um einen Verbraucher auf guten Masseschluss zu prüfen, muss sein Massekontakt oder sein Gehäuse übergangsweise mithilfe eines Überbrückungskabels (siehe Abbildung) mit dem Rahmen verbunden werden – arbeitet der Verbraucher jetzt, ist sein Masseschluss defekt.
24 Prüfen Sie bei einem Massekabel zunächst seine Anschlüsse auf Korrosion und lockere Kontakte, kontrollieren Sie dann das Kabel auf Durchgang (siehe Schritt 13).

Bedenken Sie immer: Ein elektrischer Stromkreis soll Strom von der Quelle (der Batterie) durch Kabel, Schalter, Relais usw. zum Verbraucher (Lampe, Anlasser etc.) leiten, von dort aus geht es über die Masseverbindung zurück zur Batterie. Elektrische Probleme sind im Wesentlichen Unterbrechungen dieses Stromflusses.

3 Batterie und Batteriebox
Ausbau und Einbau

Batterie

1 Die Zündung muss ausgeschaltet sein.
2 Entfernen Sie das Werkzeugfach (siehe Abbildungen).
3 Öffnen Sie **bis Modelljahr 2017** den Batteriebox-Deckel (siehe Abbildung). Trennen Sie zuerst die Schraube des Minus-Kabelanschlusses am Massepunkt (siehe Abbildung). Ziehen Sie den Batterieträger etwas heraus, um Zugang zur Schraube des Plus-Anschlusses zu erhalten, sie zu lösen und das Pluskabel von der Batterie zu trennen (siehe Abbildung). Ziehen Sie den Batterieträger heraus und entnehmen Sie ihn samt der darin liegenden Batterie (siehe Abbildung). Trennen Sie jetzt das Minuskabel von der Batterie und heben Sie sie aus dem Träger.

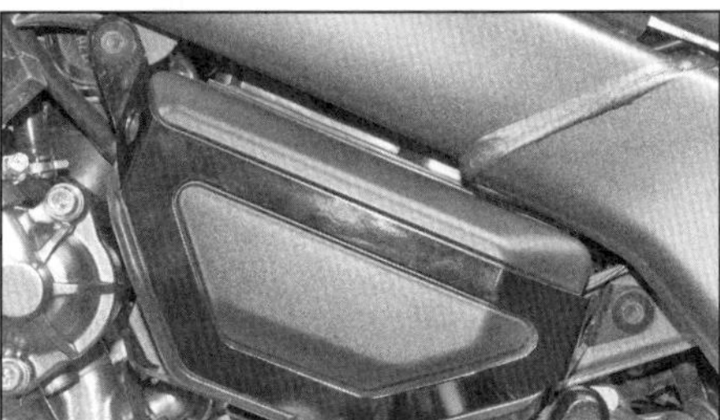

3.2a Das Werkzeugfach ist bis Modelljahr 2017 mit einem Halter gesichert.

3.2b Das Werkzeugfach ist bei Modellen angeschraubt.

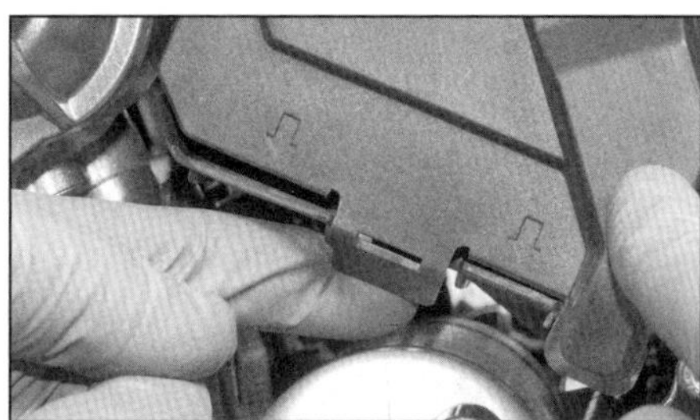

3.3a Lösen Sie den Batteriedeckel am unteren Rand.

3.3b Trennen Sie den Minus-Anschluss vom Massepunkt.

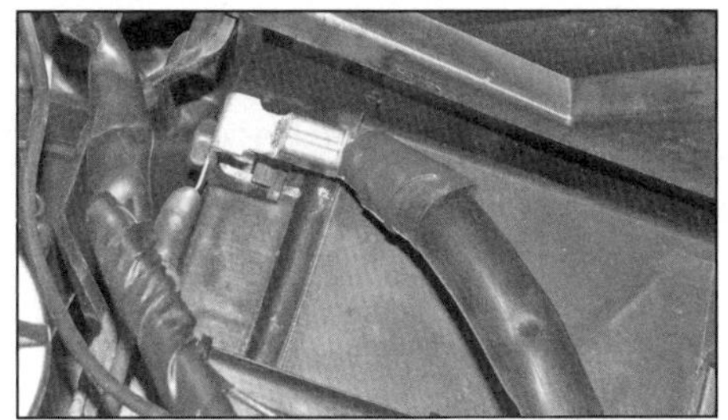

3.3c Ziehen Sie die Batterie heraus und trennen Sie das Pluskabel.

3.3d Ziehen Sie die Batterie samt Träger aus der Box.

3.4a **Entfernen Sie den Halter.**

3.4d **Ziehen Sie die Batterie aus der Box.**

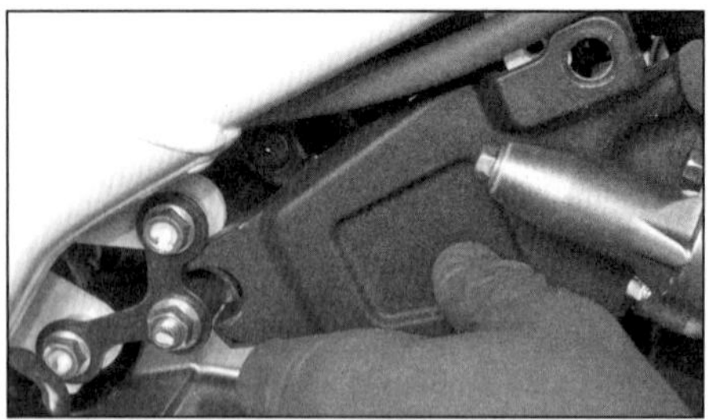

3.7b **... und entnehmen Sie die Abdeckung – beachten Sie, wie sie an der Distanzhülse der Motoraufnahme eingehängt ist.**

3.9b **... den Clip ...**

4 Lösen Sie **ab Modelljahr 2018** den Verkleidungsstift und entfernen Sie den Halter (siehe Abbildung). Trennen Sie ZUERST die Schraube des Minus-Kabelanschlusses am Minuspol der Batterie (siehe Abbildung). Heben Sie die rote Isolierkappe vom Pluspol, lösen Sie die Schraube und befreien Sie den Anschluss (siehe Abbildung). Ziehen Sie die Batterie aus der Box (siehe Abbildung).

5 Der Einbau entspricht der umgekehrten Ausbaureihenfolge. Reinigen Sie die Batteriepole mit einer Drahtbürste, feinem Sandpapier oder Stahlwolle. Verbinden Sie zuerst das rote Stromkabel mit dem Pluspol (+) und dann das Massekabel mit dem Minuspol bzw. Massepunkt (–).

3.4b **Trennen Sie zuerst den Minus-Anschluss ...**

3.7a **Lösen Sie die Schraube ...**

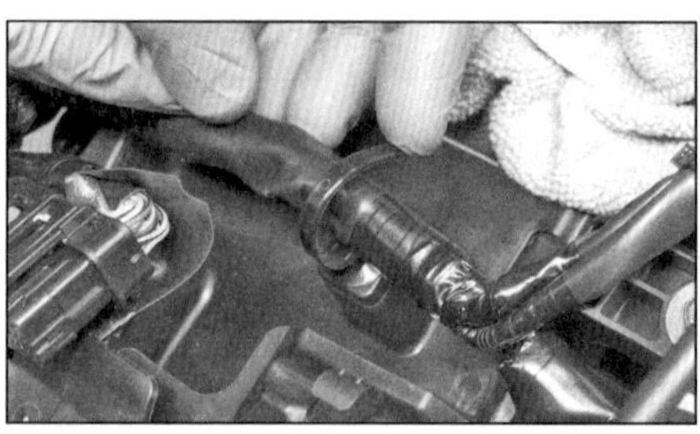

3.9a **Lösen Sie den Kabelbinder, ...**

3.9c **... und die Stecker-Clips (gezeigt beim Modell ab 2018).**

Batteriebox

6 Entfernen Sie die Batterie (siehe oben).

7 Demontieren Sie rechts an der Batteriebox die Abdeckung (siehe Abbildungen).

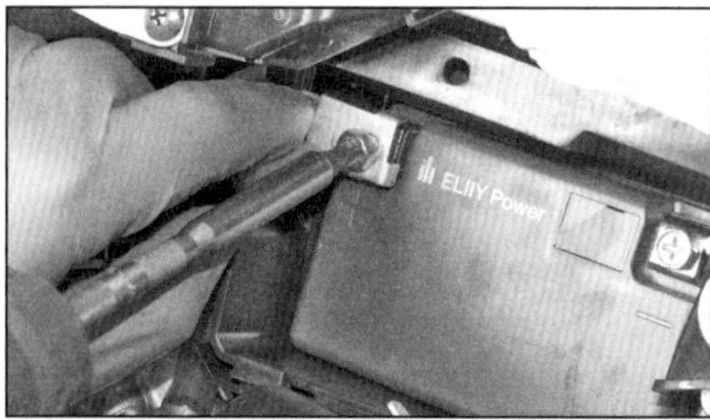

3.4c **... und erst dann den Plus-Anschluss.**

8 Demontieren Sie das Steuergerät (ECM/PCM), das Drosselklappengehäuse und die Einlassstutzen (siehe Kapitel 4).

9 Befreien Sie die Kabel und Stecker von der Oberseite der Box (siehe Abbildungen). Lösen Sie bis Modelljahr 2017 mit ABS die Schraube des Bremsleitungs-Verbindungsstücks und befreien Sie die Rohre aus den Clips, um sie etwas bewegen zu können.

10 Befreien Sie je nach Modell rechts an der Box die Sicherungsboxen, das Anlasserrelais und den Kabelstecker, um diesen zu trennen (siehe Abbildungen).

11 Lösen Sie die Schrauben der Batteriebox und heben Sie sie heraus – beachten Sie, wie sie an beiden Seiten an den Distanzhülsen der Motoraufnahme eingehängt ist; befreien Sie nötigenfalls das Batteriekabel (siehe Abbildungen).

12 Der Einbau entspricht der umgekehrten Ausbaureihenfolge.

4 Batterie
Wartung und Laden

»Wartungsfreie« Gel-Batterie bis Modelljahr 2017

Achtung: Seien Sie auch bei Arbeiten an solchen abgedichteten Batterie extrem vorsichtig! Die Batteriesäure ist stark ätzend und beim Aufladen entstehen explosive Gase. Batteriesäure ist extrem korrosiv und löst nach kürzester Zeit Lack und Metall an.

Wartung

1 Der bis Modelljahr 2017 serienmäßig verwendete Blei-Gel-Akku ist abgedichtet und »wartungsfrei«, benötigt daher keine regelmäßige Wartung. Dennoch sollten die folgenden Kontrollen durchgeführt werden:

2 Kontrollieren Sie den Ladezustand, indem Sie sich Zugang zu den Batteriepolen verschaffen (siehe Sektion 3) und über diese die Spannung messen – mit der Plusklemme des Messgeräts am Pluspol und der Minusklemme am Minuspol (siehe Abbildung). Vollständig geladen muss die Batterie 13,0 bis 13,2 Volt aufweisen. Falls die Spannung unter 12,3 Volt liegt, muss die Batterie ausgebaut und wie unten beschrieben geladen werden.

3.10a Befreien Sie alle elektrischen Komponenten von der Box...

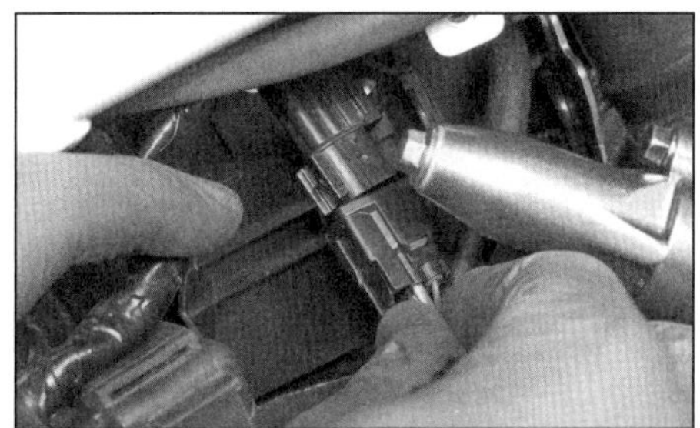

3.10b ...und trennen Sie den Kabelstecker.

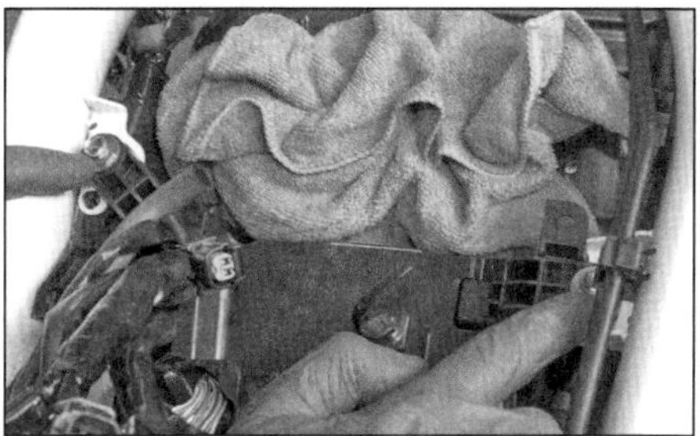

3.11a Lösen Sie die Schrauben...

3.11b ...und entnehmen Sie die Batteriebox...

3.11c ...– beachten Sie, wie sie an beiden Seiten an den Distanzhülsen der Motoraufnahme eingehängt ist...

3.11d ...und befreien Sie nötigenfalls das Batteriekabel.

3 Kontrollieren Sie die Batteriepole und Anschlüsse auf Korrosion und Festigkeit. Ist Korrosion vorhanden, müssen die Batteriepole wie oben beschrieben gereinigt und dann vor weiterer Korrosion geschützt werden (siehe *Praxis-Tipp*).

Korrosion der Batteriepole kann auf ein Minimum reduziert werden, wenn man sie nach dem Anschließen der Kabel mit Polfett oder Vaseline versieht. Für diesen Zweck sind auch Sprays erhältlich. Verwenden Sie kein Fett auf Mineral-Basis.

4 Das Batteriegehäuse muss sauber gehalten werden, damit keine Kriechströme durch den Schmutz fließen und den Akku über längere Zeit entladen. Waschen Sie die Außenseite des Gehäuses mit einer Lösung aus Wasser und Soda. Spülen Sie die Batterie ordentlich ab und trocknen Sie sie. Achten Sie auf Risse im Gehäuse und wechseln Sie die Batterie sofort aus, wenn welche entdeckt werden. Falls Säure auf den Rahmen oder andere Metallteile gespritzt ist, muss sie sofort mit Sodalauge neutralisiert werden. Trocknen Sie alles ab und bessern Sie Lackschäden aus.

5 Falls das Motorrad für längere Zeit nicht benutzt wird, sollten die Batterieanschlüsse gelöst werden – Masse (–) zuerst. Laden Sie die Batterie alle vier bis sechs Wochen nach.

Laden

6 Bauen Sie die Batterie aus (siehe Sektion 3).

7 Verbinden Sie das Ladegerät mit der Batterie, BEVOR Sie es einschalten – gehen Sie dabei sicher, dass die Anschlüsse nicht verwechselt werden – die Plusklemme gehört an den Pluspol und die Minusklemme an den Minuspol (siehe Abbildung).

8 Honda empfiehlt, die Batterie mit 1,1 Ampere über fünf bis zu zehn Stunden zu laden, falls sie vollständig entladen war – oder bis die Spannung 13,2 Volt erreicht, nachdem das Ladegerät entfernt und der Batterie eine halbe Stunde Pause gegönnt wurde. Die tatsächliche Ladezeit hängt von der noch vorhandenen Ladung der Batterie ab; ein Überschreiten dieser Vorgaben kann dazu führen, dass die Batterie überhitzt und sich ihre Platten verziehen, sodass sie durch Kurzschlüsse zerstört wird. Am besten eignet sich ein »intelligentes« Ladegerät, das die Ladung ständig überwacht und seine Leistung entsprechend anpasst. Normale einfache Ladegeräte sollten nach einem möglicherweise stärkeren Anfangsladestrom auf ein niedriges sicheres Level absinken. Stoppen Sie sofort die Ladung, wenn die Batterie warm wird – weiteres Laden wird zu Beschädigungen führen. Im gut sortierten Fachhandel gibt es spezielle Ladegeräte für Motorradbatterien, die sich oft besonders gut für stark entladene MF-Batterien eignen – besonders bei nur gelegentlich genutzten Motorrädern stellen diese gar nicht teuren Geräte eine wertvolle Investition dar. Folgen Sie zum Laden den Hinweisen des Ladegerät-Herstellers. Manche Ladegeräte können dauerhaft an der Batterie angeschlossen bleiben, um sie stets in einem optimalen Ladezustand zu halten. Im Notfall darf die Batterie eine Stunde lang mit 5,5 Ampere geladen werden – beachten Sie auch (und vor allem) hier die Gefahren durch Überhitzung.

9 Falls sich eine geladene Batterie über kurze Zeit wieder entlädt, wird ein innerer Kurzschluss durch physikalische Beschädigung oder starke Sulfatierung vorliegen und es muss eine neue Batterie beschafft werden.

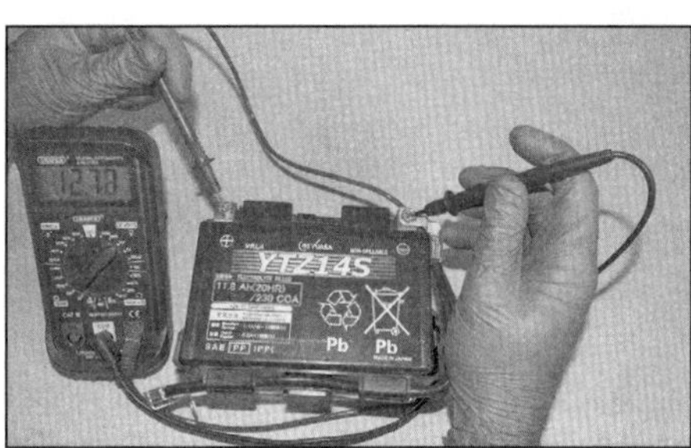

4.2 Kontrolle der Batteriespannung

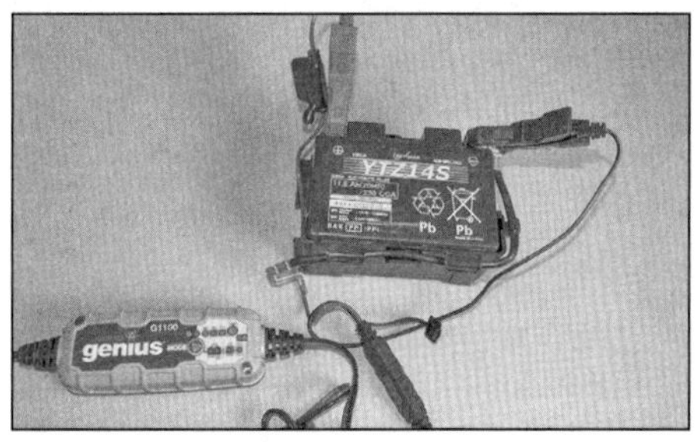

4.7 Eine mit einem Motorradladegerät geladene Batterie

10 Installieren Sie die Batterie (siehe Sektion 3).

Lithium-Ionen-Batterie ab Modelljahr 2018

Kontrolle

11 Der **ab Modelljahr 2018** serienmäßig verwendete Lithium-Ionen-Akku benötigt keine regelmäßige Wartung.

12 Kontrollieren Sie den Ladezustand, indem Sie sich Zugang zu den Batteriepolen verschaffen (siehe Sektion 3) und über diese die Spannung messen – mit der Plusklemme des Messgeräts am Pluspol und der Minusklemme am Minuspol. Vollständig geladen muss die Batterie 13,5 bis 14,0 Volt aufweisen. Falls die Spannung unter 10,8 Volt liegt, muss die Batterie ausgebaut und wie unten beschrieben geladen werden.

Laden

Achtung: Lithium-Ionen-Batterien dürfen nur mit speziellen Ladegeräten für diese Akku-Bauart geladen werden – niemals mit Ladegeräten für Bleibatterien! Auch Erhaltungs-Ladegeräte dürfen hier nicht angeschlossen werden!

13 Verbinden Sie das Ladegerät mit der Batterie, BEVOR Sie es einschalten – gehen Sie dabei sicher, dass die Anschlüsse nicht verwechselt werden – die Plusklemme gehört an den Pluspol und die Minusklemme an den Minuspol (siehe Abbildung). Beobachten Sie die Lade-Hinweise am Batteriegehäuse – überschreiten Sie niemals Ladespannungen von 15 Volt und laden Sie möglichst bei niedriger Umgebungstemperatur, um eine Überhitzung der Batterie zu verhindern.

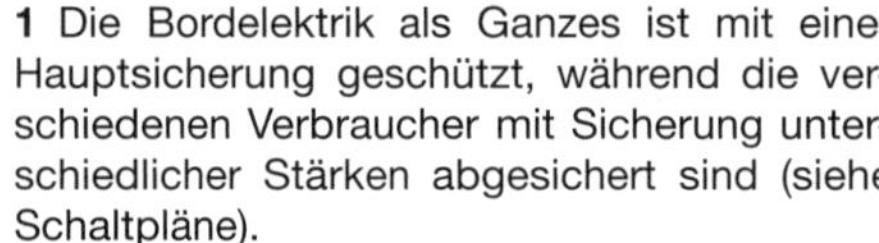

5 Sicherungen

1 Die Bordelektrik als Ganzes ist mit einer Hauptsicherung geschützt, während die verschiedenen Verbraucher mit Sicherung unterschiedlicher Stärken abgesichert sind (siehe Schaltpläne).

2 Die Hauptsicherung ist in das Anlasserrelais integriert – entfernen Sie für den Zugang den rechten Deckel der Batteriebox (Abbildungen 3.7a und b). Befreien Sie das Relais und entfernen Sie die Abdeckung – die Sicherung sitzt darunter und ihre Position ist oben am Deckel markiert (siehe Abbildungen). Eine Ersatz-Hauptsicherung sitzt unten im Relaishalter. Bis Modelljahr 2017 sitzt auch die Einspritzanlagen-Sicherung (FI) im Relais, ab Modelljahr 2018 sitzt die ABS M-Sicherung im Relais. Bis Modelljahr 2017 sitzt die 30A-ABS-Hauptsicherung in einer Box, die neben dem Relais an die Batteriebox geklemmt ist; das Gleiche gilt für die DCT M-Sicherung bei DCT-Modellen bis 2017, die ABS FSR- und FI-Sicherungen sowie ggf. die DCT M-Sicherung ab Modelljahr 2018 (siehe Abbildungen). Öffnen Sie den/die Deckel, um Zugang zur jeweiligen Sicherung zu erhalten (siehe Abbildung).

3 Alle anderen Sicherungen befinden sich in Sicherungsboxen unter dem Fahrersitz (siehe

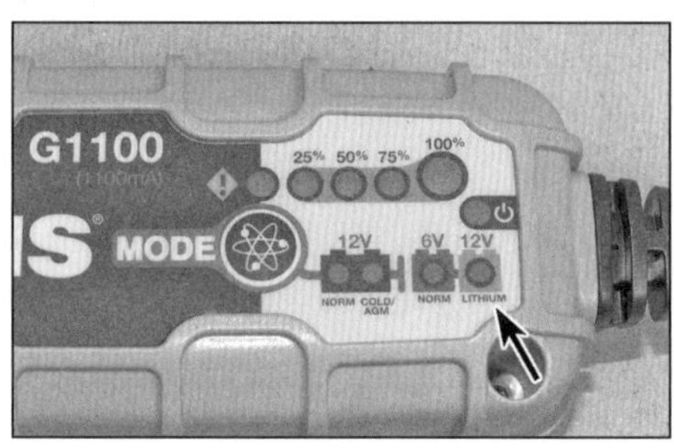

4.13 Lithium-Ionen-Batterien dürfen nur mit dafür ausgelegten Ladegeräten geladen werden.

Abbildung) – dieser muss für den Zugang entfernt werden (siehe Kapitel 7, Sektion 3). Öffnen Sie die Deckel der Boxen, um Zugang zu den Sicherungen zu erhalten – die Zuordnung und Absicherungsrate der jeweiligen Sicherung ist an den Deckeln angegeben. Informationen zu den Sicherungen finden sich auch in den Schaltplänen am Ende dieses Kapitels.

4 Von jeder Absicherungsrate ist eine Ersatzsicherung in der Sicherungsbox enthalten.

5 Die Sicherungen können ausgebaut und einer Sichtkontrolle unterzogen werden. Ziehen Sie die Sicherung mit den Fingern oder einer geeigneten Zange heraus (siehe Abbildung). Eine durchgebrannte Sicherung ist leicht an der Unterbrechung in der Drahtverbindung zwischen den beiden Kontakten zu erkennen (siehe Abbildung) – im Zweifelsfall muss sie mit einem Durchgangsprüfer oder Ohmmeter geprüft werden (siehe Sektion 2). Jede Sicherung ist deutlich mit dem Wert der maximalen

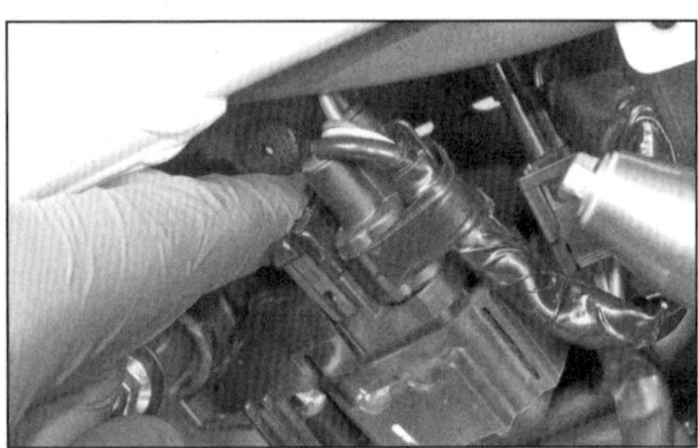

5.2a Ziehen Sie das Relais heraus…

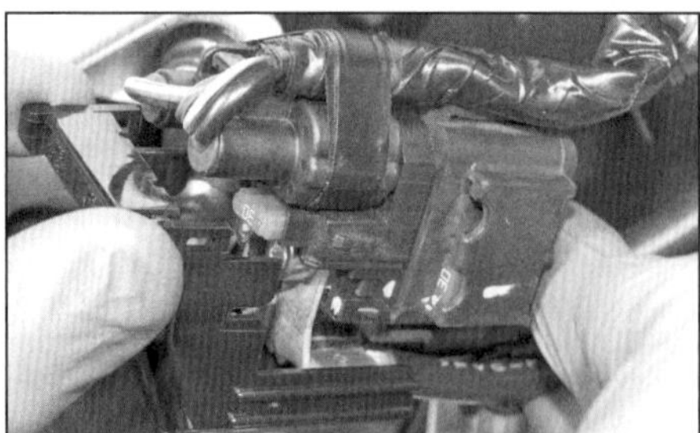

5.2b …und entfernen Sie den Deckel,…

5.2c …um Zugang zu den Sicherungen am Anlasserrelais…

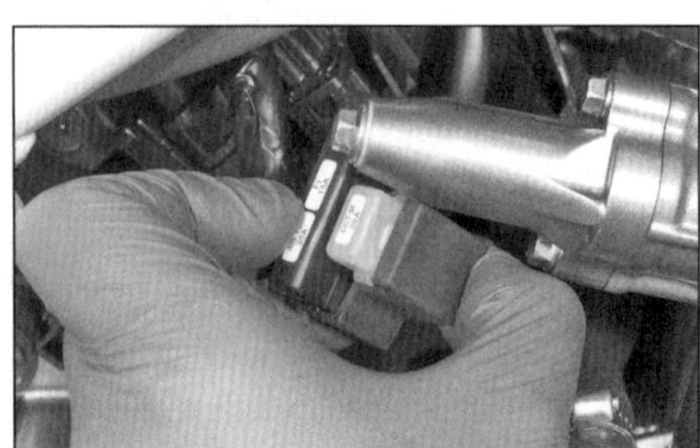

5.2d …und den Sicherungen in separaten Haltern zu erhalten.

5.2e Die Zuordnung und Absicherungsrate der jeweiligen Sicherung ist an den Deckeln angegeben.

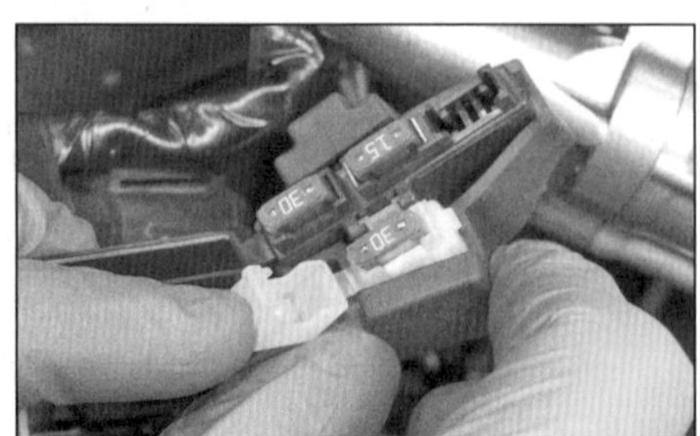

5.2f Öffnen Sie die Deckel der separaten Boxen, um Zugang zu den Sicherungen zu erhalten.

Stromstärke markiert und darf nur durch eine gleich starke ersetzt werden. Nach dem Einsatz einer Ersatzsicherung muss hierfür umgehend Ersatz beschafft werden.

Warnung: Setzen Sie niemals eine stärkere Sicherung ein und überbrücken Sie die Anschlüsse niemals mit Draht oder Ähnlichem, für wie kurz auch immer. Die elektrische Anlage kann stark beschädigt werden oder in Brand geraten.

6 Falls eine neue Sicherung sofort wieder durchbrennt, muss der Kabelbaum sorgfältig auf den Grund des Kurzschlusses überprüft werden. Achten Sie auf blanke Leitungen und abgeriebene, geschmolzene oder verbrannte Isolationen.

7 Gelegentlich wird eine Sicherung ohne offensichtlichen Grund durchbrennen oder den Stromkreis unterbrechen. Ursache hierfür liegt in korrodierten Kontakten der Sicherung oder ihrer Halterung. Entfernen Sie diese Kontaktschwächen mit einer Drahtbürste oder Schleifpapier und sprühen Sie die Anschlüsse mit Kontaktspray ein.

5.3a Sicherungsboxen

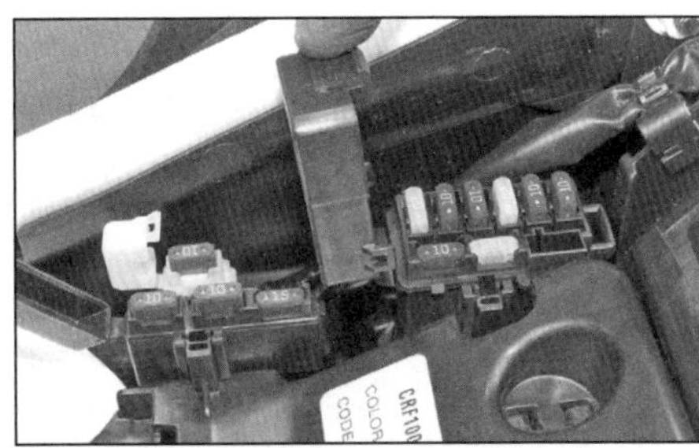

5.3b Öffnen Sie die Deckel der separaten Boxen, um Zugang zu den Sicherungen zu erhalten.

5.5a Ziehen Sie die Sicherung (ggf. mit einer Zange) heraus.

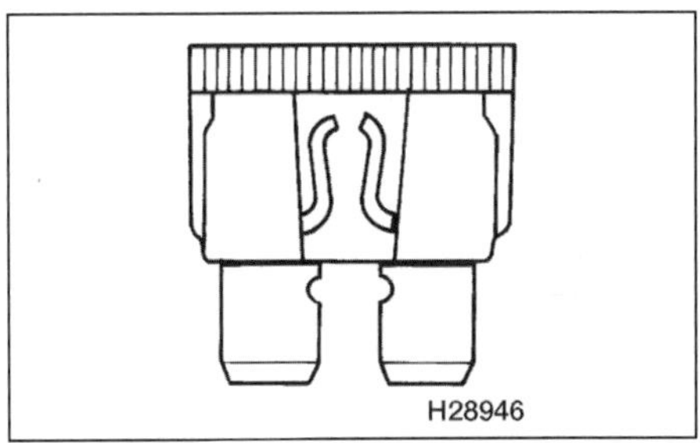

5.5b Eine durchgebrannte Sicherung kann am unterbrochenen Metallstreifen erkannt werden.

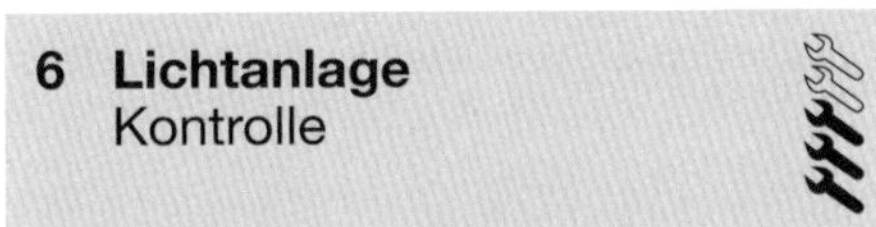

6 Lichtanlage
Kontrolle

Anmerkung: *Wenn die Zündung für eine Kontrolle eingeschaltet werden muss, darf nicht vergessen werden, sie anschließend – und vor allem vor dem Ausbau irgendwelcher Komponenten – wieder auszuschalten.*

Anmerkung: *Beachten Sie die Hinweise zur Fehlersuche in Sektion 2 sowie die Schaltpläne am Ende des Kapitels.*

Scheinwerfer

1 Der Scheinwerfer arbeitet mit zahlreichen LEDs; falls er komplett ausgefallen ist, müssen die Hauptsicherung, die Scheinwerfersicherung(en) (»HEADLIGHT HI« und »LO«) sowie die »ILLUMI STOP HORN«-Sicherung kontrolliert werden (siehe Sektion 5). Falls die Scheinwerfer-Sicherung wiederholt durchbrennt, muss der Stromkreis auf einen Kurzschluss untersucht werden. Kontrollieren Sie dann, ob der/die Scheinwerfer- und Lenkerschalter-Stecker (links) korrekt verbunden sind und sich in einem guten Zustand befinden. Kontrollieren Sie anschließend den Abblend/Fernlicht-Schalter und den Lichthupenknopf (Sektionen 7 und 18) sowie das Relais (Schritt 3). Ist hier alles in Ordnung, liegt das Problem in der Verkabelung oder den Steckern – kontrollieren Sie alle Kabel am Scheinwerfer und seinem Relais sowie das grüne Kabel auf guten Masseschluss (siehe Sektion 2 sowie die Schaltpläne am Ende des Kapitels). Wurde auch hier keine Fehler gefunden, muss der Scheinwerfer ersetzt werden.

2 Falls eine einzelne LED des Scheinwerfers ausgefallen ist, arbeiten die verbliebenen LEDs zwar weiter, können aber nicht die volle Helligkeit sicherstellen. LEDs sind nicht separat austauschbar, sodass nötigenfalls der komplette Scheinwerfer erneuert werden muss.

3 Demontieren Sie **bis Modelljahr 2017** den rechten Seitendeckel und **ab Modelljahr 2018** den ETC-Träger (siehe Kapitel 7). Befreien Sie das Relais und entfernen Sie den Deckel, um das Relais aus seinem Sockel zu ziehen und wie folgt zu testen (siehe Abbildung): Schalten Sie ein Multimeter auf den Messbereich Ohm x 1 und verbunden Sie es mit den Relaiskontakten A und B – es darf kein Durchgang festgestellt werden (»1«). Verbinden Sie eine geladene 12-Volt-Batterie mithilfe zweier Überbrückungskabel mit den Relaiskontakten C (–) und D (+) – jetzt muss das Relais klicken und das Messgerät 0 Ohm (vollen Durchgang) anzeigen; klickt das Relais unter Stromzufuhr nicht und gibt auch nicht die Verbindung zwischen den Kontakten A und B frei, ist es defekt und muss erneuert werden.

Rücklicht und Bremslicht

4 Die Rücklicht/Bremslicht-Baugruppe arbeitet mit zahlreichen LEDs; falls sie komplett ausgefallen ist, muss die »ILLUMI STOP HORN«-Sicherung kontrolliert werden (siehe Sektion 5). Prüfen Sie anschließend, ob der Rücklicht-Stecker in Ordnung und fest verbunden ist. Ist hier alles in Ordnung, liegt das Problem in der Verkabelung oder den Steckern – kontrollieren Sie alle Kabel des Rücklicht/Bremslicht-Stromkreises sowie das grüne Kabel auf guten Masseschluss (siehe Sektion 2 sowie die Schaltpläne am Ende des Kapitels). Wurde auch hier keine Fehler gefunden, muss das Rücklicht/Bremslicht ersetzt werden.

5 Falls eine einzelne LED der Rücklicht/Bremslicht-Baugruppe ausgefallen ist, arbei-

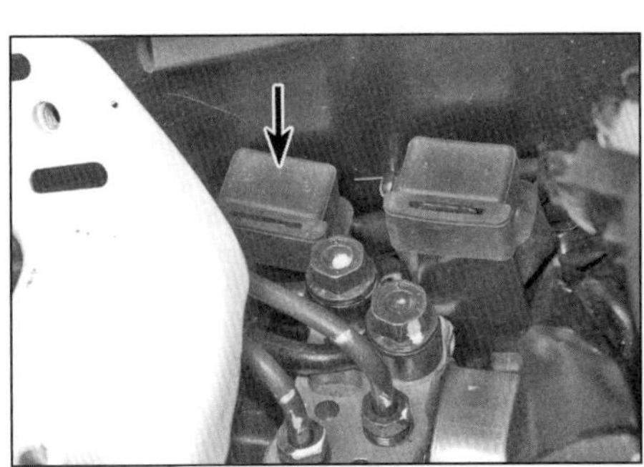

6.3a Position des Scheinwerferrelais

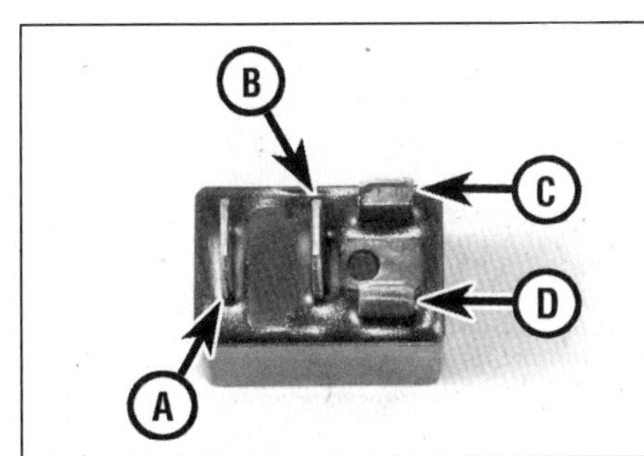

6.3b Anschluss-Identifikation am Scheinwerferrelais

7.2 Stecker des Umgebungstemperatursensors

7.3 Lösen Sie an beiden Seiten die zwei Schrauben.

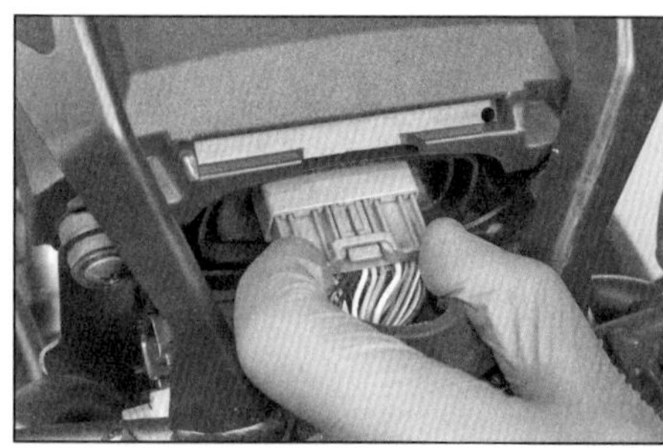

7.4 Trennen Sie den Instrumentenstecker.

7.5a Lösen Sie den Kabelbinder.

7.5b Trennen Sie den Stecker des Neigungswinkelsensors ...

7.5c ...und die Stecker des Scheinwerfers.

7.6 Heben Sie den Scheinwerfer von den Aufnahmen.

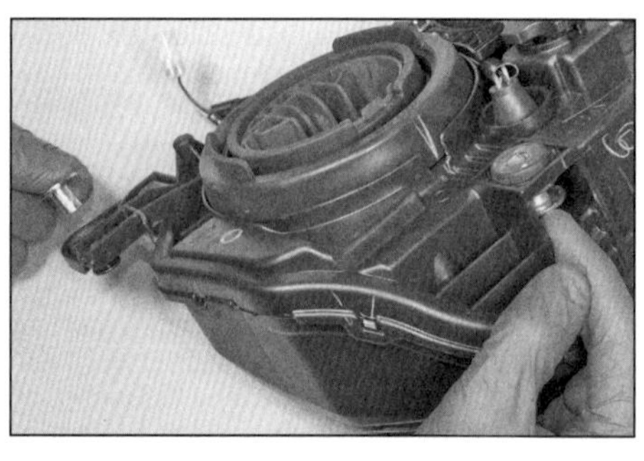

7.8 Die Hülsen müssen von der anderen Seite als die Schrauben in die Gummiösen gesteckt werden.

ten die verbliebenen LEDs zwar weiter, können aber nicht die volle Helligkeit sicherstellen. LEDs sind nicht separat austauschbar, sodass nötigenfalls die komplette Rücklicht/Bremslicht-Baugruppe erneuert werden muss.

6 Falls die Rücklicht-LEDs arbeiten, aber die Bremslicht-LEDs nicht, muss bei eingeschalteter Zündung und einer betätigten Bremse geprüft werden, ob am Kontakt des grün/gelben Kabels Batteriespannung anliegt. Führen Sie die Kontrolle nötigenfalls mit der anderen aktivierten Bremse durch – falls nur bei einer Bremse Spannung anliegt, wird der entsprechende andere Bremslichtschalter oder seine Verkabelung defekt sein. Liegt bei beiden Bremsen Spannung an, muss das grüne Kabel auf guten Masseschluss überprüft werden. Wurde keine Spannung ermittelt, müssen die Kabel und Stecker zwischen dem Bremslicht und den Bremslichtschaltern kontrolliert werden; inspizieren Sie anschließend die Schalter selbst (obwohl es unwahrscheinlich ist, dass beide defekt sind) (siehe Sektion 13).

Kennzeichenbeleuchtung

7 Falls die Kennzeichenbeleuchtung ausfällt, muss zuerst die Lampe kontrolliert werden (siehe Sektion 9). Wenn die Lampe in Ordnung ist, muss bei eingeschalteter Zündung am Lampenhalter-Kontakt des braunen Kabels geprüft werden, ob Spannung anliegt – ist dies der Fall, muss das grüne Kabel auf guten Masseschluss überprüft werden. Wurde keine Spannung ermittelt, müssen alle Kabel und Stecker zwischen der Kennzeichenbeleuchtung und der Sicherungsbox überprüft werden.

7 Scheinwerfer

Ausbau

1 Demontieren Sie die Frontverkleidung (siehe Kapitel 7, Sektion 8).

2 Trennen Sie den Stecker des Umgebungstemperatursensors (siehe Abbildung).

3 Lösen Sie an beiden Seiten die zwei Scheinwerfer-Befestigungsschrauben – beachten Sie die Scheiben (siehe Abbildung).

4 Trennen Sie den Instrumentenstecker (siehe Abbildung).

5 Befreien Sie die Verkabelung aus dem Kabelbinder und trennen Sie die Stecker des Neigungswinkelsensors und des Scheinwerfers (siehe Abbildungen).

6 Heben Sie den Scheinwerfer von den unteren Aufnahmen und entnehmen Sie ihn (siehe Abbildung).

7 Demontieren Sie nötigenfalls den Neigungswinkelsensor (siehe Kapitel 4) und den Umgebungstemperatursensor (siehe Sektion 15) vom Scheinwerfer.

Einbau

8 Der Einbau entspricht der umgekehrten Ausbaureihenfolge – alle Hülsen müssen in den Gummiösen stecken (siehe Abbildung). Alle Stecker müssen sicher verbunden sein. Prüfen Sie die Funktion der Lampen und stellen Sie die Leuchtweite ein (siehe Kapitel 1, Sektion 14).

8 Rücklicht

Ausbau

1 Demontieren Sie **bis Modelljahr 2017** den Gepäckträger (siehe Kapitel 7, Sektion 4). Trennen Sie die Blinker- und Kennzeichenbeleuchtungs-Stecker. Lösen Sie an beiden Seiten die mit Hülsen versehenen Schrauben der Rücklichtabdeckung sowie die zwei Schrauben an der Unterseite. Befreien Sie die Laschen und ziehen Sie die Abdeckung zurück, um sie zu befreien.
2 Demontieren Sie **ab Modelljahr 2018** die Rücklicht-Abdeckung (siehe Kapitel 7, Sektion 6).
3 Trennen Sie den Rücklicht-Stecker (siehe Abbildung).
4 Lösen Sie die Muttern und ziehen Sie das Rücklicht nach hinten ab, um seinen Zapfen aus der Gummiöse zu befreien (siehe Abbildung). Beachten Sie in den seitlichen Aufnahmen die Hülsen für die Muttern.

Einbau

5 Der Einbau entspricht der umgekehrten Ausbaureihenfolge – die Hülsen müssen in den seitlichen Gummiösen stecken. Prüfen Sie die Funktion des Rücklichts und des Bremslichts.

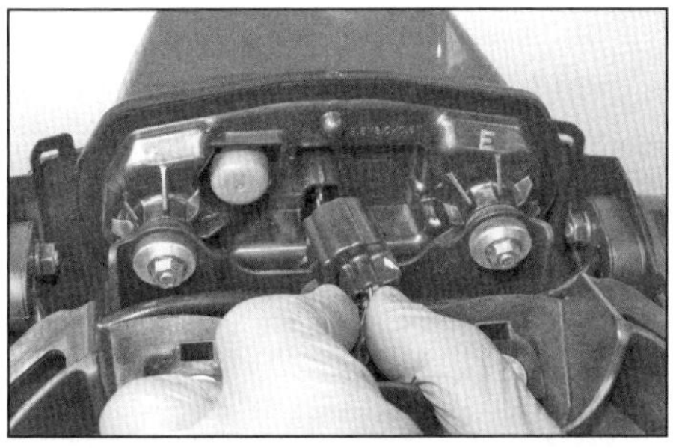

8.3 Trennen Sie den Rücklicht-Stecker.

8.4 Rücklicht-Muttern

9.1 Lösen Sie die Schrauben und entnehmen Sie die Abdeckung.

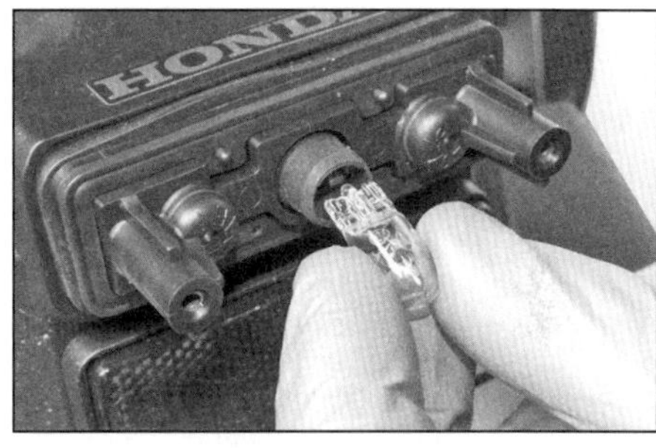

9.2 Ziehen Sie die Lampe heraus.

9 Kennzeichen-beleuchtungs-Lampe

Anmerkung: *Bei der Arbeit mit Glühlampen wird generell der Einsatz von Handschuhen oder Tüchern empfohlen – so wird das Verletzungsrisiko minimiert und dank nicht vorhandener Fingerabdrücke die Lebensdauer der Lampe verlängert.*

1 Lösen Sie die Schrauben der Kennzeichenbeleuchtungs-Abdeckung und entfernen Sie diese (siehe Abbildung).
2 Ziehen Sie die Lampe vorsichtig heraus (siehe Abbildung).
3 Kontrollieren Sie die Kontakte des Sockels auf Korrosion und reinigen Sie sie nötigenfalls.
4 Drücken Sie die neue Lampe ein. Prüfen Sie den korrekten Sitz der Gummidichtung (siehe Abbildung), setzen Sie die Abdeckung auf und ziehen Sie die Schrauben vorsichtig an.

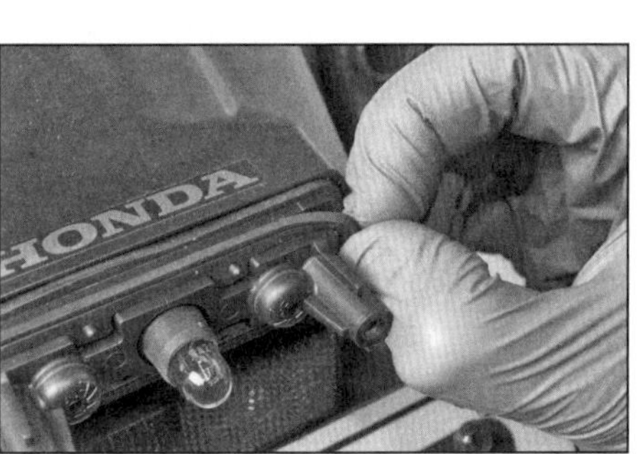

9.4 Die Dichtung muss korrekt sitzen.

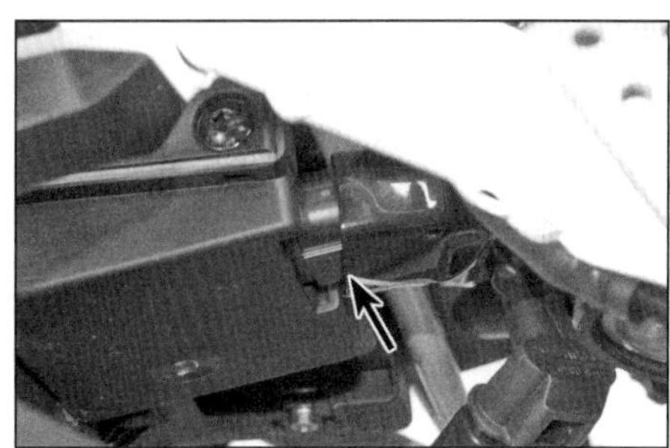

10.7 Blinkrelais-Stecker

10 Blinker/Warnblinker/ Notbremsleuchten-Stromkreis

1 Falls bei Modellen mit Glühlampen-Blinkleuchten einer der Blinker ausfällt, muss zunächst die Lampe samt Sockel kontrolliert werden (siehe Sektion 11). Soweit die Lampe

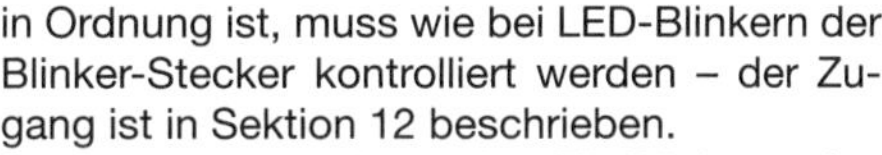

in Ordnung ist, muss wie bei LED-Blinkern der Blinker-Stecker kontrolliert werden – der Zugang ist in Sektion 12 beschrieben.
2 Falls bei Modellen mit LED-Blinkern eine einzelne LED ausgefallen ist, arbeiten die verbliebenen LEDs zwar weiter, können aber nicht die volle Helligkeit sicherstellen. LEDs sind nicht separat austauschbar, sodass nötigenfalls die komplette Blinker-Baugruppe erneuert werden muss.
3 Falls alle Blinker ausgefallen sind, müssen die »ILLUMI STOP HORN«- und die »CLOCK TURN«-Sicherung kontrolliert werden (siehe Sektion 5). Sind diese in Ordnung, können die Stecker oder der Blinkerschalter defekt sein. Kontrollieren Sie die Verkabelung und Stecker (siehe Sektion 2 sowie die Schaltpläne am Ende des Kapitels) und testen Sie den Schalter (siehe Sektion 18).
4 Bis Modelljahr 2017 ohne ABS oder DCT sind im Blinker/Warnblinker-Stromkreis mit einem Diodenblock ausgerüstet, der unter dem Beifahrersitz vor dem Rücklicht untergebracht ist. Falls die Blinker/Warnblinker-Funktion defekt ist, die Blinker, das Relais und die Verkabelung aber in Ordnung sind, muss der Beifahrersitz demontiert (siehe Kapitel 7, Sektion 3) und der Diodenblock entfernt werden, um ihn genauso zu testen wie den Sicherheitsstromkreis-Diodenblock (siehe Sektion 23).
5 Konnte kein Defekt gefunden werden, muss das Blinkrelais wie folgt ersetzt werden:
6 Entfernen Sie bei Modellen ohne ABS oder DCT den ETC-Träger (siehe Kapitel 7, Sektion 12) – das Relais sitzt hinten unter der Tankhalterung. Befreien Sie das Relais, entfernen Sie die Abdeckung und trennen Sie den Stecker.
7 Entfernen Sie bei allen anderen Modellen den ABS-Modulator (siehe Kapitel 6, Sektion 14). Befreien Sie bis Modelljahr 2017 das Relais. Trennen Sie ab Modelljahr 2018 den Stecker und entfernen Sie dann das Relais (siehe Abbildung). Das Blinkrelais ab Modelljahr 2018 verfügt über ein Notbrems-System, das bei heftiger Verzögerung die hinteren Blinker aktiviert.

12.2 Blinkerschaft-Mutter vorn

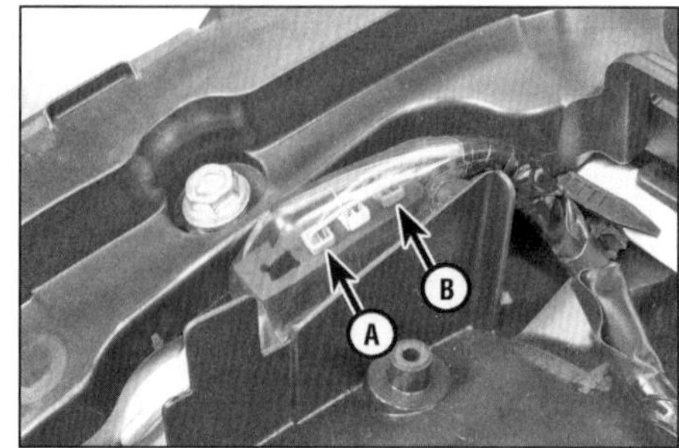

12.5 Stecker des rechten Blinkers (A), Stecker des linken Blinkers (B)

12.6 Blinkerschaft-Mutter hinten

11 Blinkerlampen (Modelle ohne LED-Blinker)

Anmerkung: *Bei der Arbeit mit Glühlampen wird generell der Einsatz von Handschuhen oder Tüchern empfohlen – so wird das Verletzungsrisiko minimiert und dank nicht vorhandener Fingerabdrücke die Lebensdauer der Lampe verlängert.*

1 Lösen Sie die Schraube des Blinkerglases und befreien Sie es vom Gehäuse – beachten Sie seine Einbaulage. Entnehmen Sie ggf. die Gummidichtung und ersetzen Sie sie, falls sie beschädigt, verformt oder spröde ist.

2 Drücken Sie die Lampe vorsichtig in ihre Fassung und drehen Sie sie nach links, um sie zu entfernen (siehe Abbildung). Kontrollieren Sie die Kontakte des Sockels – wenn sie korrodiert sind, müssen sie gereinigt werden.

3 Richten Sie die Stifte der neuen Lampe zu den Schlitzen des Sockels aus, drücken Sie die Lampe hinein und drehen Sie sie im Uhrzeigersinn, um sie zu arretieren – beachten Sie, dass die orangen Lampen versetzt angeordnete Stifte haben, damit sie nicht durch Klarglas-Lampen ersetzt werden können; daher können sie nur in einer Position in den Sockel installiert werden.

4 Legen Sie ggf. die Gummidichtung auf – sie darf nicht einklemmt werden. Stecken Sie die Lasche des Blinkerglases in den Ausschnitt des Gehäuses und installieren Sie die Schraube – ziehen Sie diese nicht zu fest, da das Glas leicht zerbricht. Prüfen Sie die Funktion des Blinkers.

12 Blinker-Baugruppen

Vorn

1 Demontieren Sie die Innenverkleidungs-Abdeckung (siehe Kapitel 7, Sektion 9).

2 Lösen Sie die Mutter des Blinker-Schafts und entnehmen Sie den Blinker – beschädigen Sie nicht das Kabel (siehe Abbildung). Entfernen Sie nötigenfalls die Halteplatte und den Gummistopfen – beachten Sie ihre Einbaurichtungen.

3 Der Einbau entspricht der umgekehrten Ausbaureihenfolge. Prüfen Sie die Funktion des Blinkers.

Hinten

4 Demontieren Sie bis Modelljahr 2017 den Gepäckträger (siehe Kapitel 7, Sektion 4). Entfernen Sie ab Modelljahr 2018 die Rücklicht-Abdeckung (siehe Kapitel 7, Sektion 6).

5 Trennen Sie den Blinkerstecker (siehe Abbildung).

6 Lösen Sie die Mutter des Blinker-Schafts und entnehmen Sie den Blinker – beschädigen Sie nicht das Kabel (siehe Abbildung). Entfernen Sie nötigenfalls die Halteplatte und den Gummistopfen – beachten Sie ihre Einbaurichtungen.

7 Der Einbau entspricht der umgekehrten Ausbaureihenfolge. Prüfen Sie die Funktion des Blinkers.

13 Bremslichtschalter und Parkbremsen-Warnleuchtenschalter

Stromkreis-Kontrolle

Anmerkung: *Beachten Sie die Hinweise zur Fehlersuche in Sektion 2 sowie die Schaltpläne am Ende des Kapitels.*

Bremslichtschalter

1 Vor der Kontrolle der Schalter sollte – falls noch nicht geschehen – der Bremslicht-Stromkreis kontrolliert werden (siehe Sektion 6).

2 Der vordere Bremslichtschalter sitzt unten am Handbremszylinder. Trennen Sie die Kabelstecker vom Schalter (siehe Abbildung). Verbinden Sie die Klemmen eines Durchgangsprüfers mit den Kontakten des Bremslichtschalters. Bei nicht betätigter Bremse darf kein Durchgang bestehen; bei gezogenem Hebel muss Durchgang bestehen – bei anderen Ergebnissen muss der Schalter demontiert und ersetzt werden – er ist nicht einstellbar.

3 Der hintere Bremslichtschalter sitzt oberhalb des Bremspedals innen am Rahmen (Abbildung 13.9). Um Zugang zum Kabelstecker

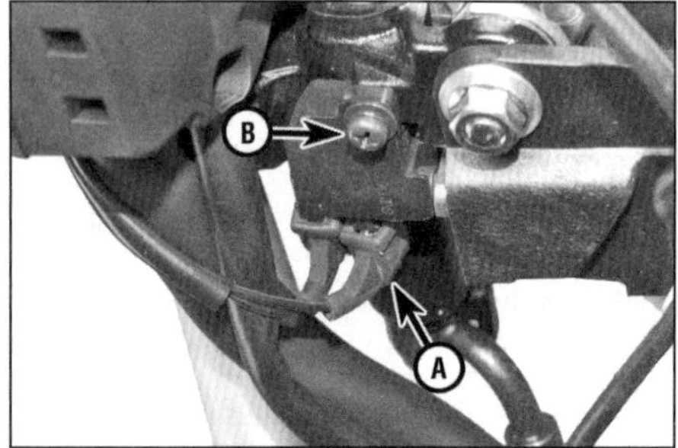

13.2 Stecker (A) und Schraube (B) des vorderen Bremslichtschalters

13.3 Stecker des hinteren Bremslichtschalters

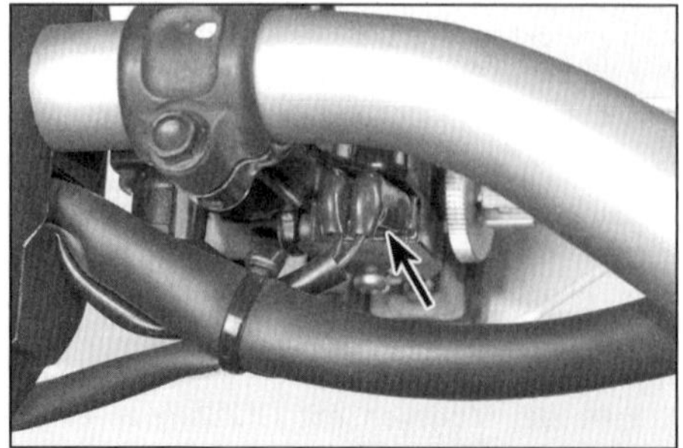

13.5 Stecker des Parkbremsen-Warnleuchtenschalters

zu erhalten, muss die Batteriebox demontiert werden (siehe Sektion 3). Trennen Sie den Stecker (siehe Abbildung). Verbinden Sie die Klemmen eines Durchgangsprüfers mit den Kontakten des Bremslichtschalter-Steckers. Bei nicht betätigter Bremse darf kein Durchgang bestehen; bei gedrücktem Pedal muss Durchgang bestehen – bei anderen Ergebnissen muss die Einstellung des Schalters (siehe Kapitel 1, Sektion 6) und ggf. die Feder auf Ermüdung kontrolliert werden. Ein defekter Schalter muss ersetzt werden.

4 Soweit die Schalter in Ordnung sind, muss bei eingeschalteter Zündung am kabelbaumseitigen Kontakt des rot/weißen Kabels geprüft werden, ob Batteriespannung anliegt – falls nicht, müssen die Kabel zwischen dem Stecker und der Sicherungsbox überprüft werden (beachten Sie die Schaltpläne am Ende dieses Kapitels). Liegt Spannung an, muss das andere Kabel auf Durchgang zum Bremslicht kontrolliert werden. Reparieren oder ersetzen Sie schadhafte Kabel.

Parkbremsen-Warnleuchtenschalter (DCT-Modelle)

5 Der Schalter sitzt an der Unterseite des Parkbremshebel-Halters. Trennen Sie die Stecker des Schalters (siehe Abbildung). Überbrücken Sie die Steckerkontakte – falls jetzt die Warnlampe aufleuchtet, ist der Schalter

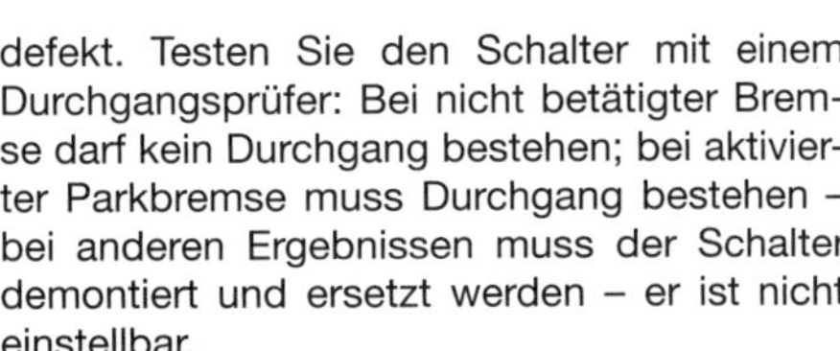

defekt. Testen Sie den Schalter mit einem Durchgangsprüfer: Bei nicht betätigter Bremse darf kein Durchgang bestehen; bei aktivierter Parkbremse muss Durchgang bestehen – bei anderen Ergebnissen muss der Schalter demontiert und ersetzt werden – er ist nicht einstellbar.

6 Soweit der Schalter in Ordnung ist, aber die Warnlampe im Cockpit leuchtet nicht auf, müssen alle Kabel und Stecker des Stromkreises kontrolliert werden (beachten Sie die Schaltpläne am Ende dieses Kapitels); ist hier alles in Ordnung, kann der Fehler in der Instrumentenkonsole liegen.

Ausbau und Einbau

Vorderrad-Bremslichtschalter

7 Trennen Sie den Kabelstecker vom Schalter (Abbildung 13.2). Falls vorhanden, muss der Kabelclip-Halter vom Handbremszylinder-Klemmstück befreit werden (siehe Abbildung). Lösen Sie die Schraube, die den Schalter unten am Handbremszylinder sichert (Abbildung 13.2).

8 Der Einbau entspricht der umgekehrten Ausbaureihenfolge – achten Sie auf eine korrekte Verlegung des Kabels, bevor Sie die Schraube anziehen. Prüfen Sie die Funktion des Schalters.

Hinterrad-Bremslichtschalter

9 Der hintere Bremslichtschalter sitzt oberhalb des Bremspedals innen am Rahmen (siehe Abbildung). Um Zugang zum Kabelstecker zu erhalten, muss die Batteriebox demontiert werden (siehe Sektion 3). Trennen Sie den Stecker und führen Sie sein Kabel zum Schalter zurück – merken Sie sich seine Verlegung Abbildung 13.3).

10 Hängen Sie das untere Ende der Schalterfeder am Bremspedal aus (siehe Abbildung) und heben Sie den Schalter aus seinem Halter.

11 Der Einbau entspricht der umgekehrten Ausbaureihenfolge. Stellen Sie den Bremslichtschalter so ein, dass er das Bremslicht kurz vor dem Einsetzen der Bremswirkung einschaltet – wechseln Sie für die Einstellung ggf. nach Kapitel 1, Sektion 6.

Parkbremsen-Warnleuchtenschalter (DCT-Modelle)

12 Der Schalter sitzt an der Unterseite des Parkbremshebel-Halters. Trennen Sie die Stecker des Schalters (Abbildung 13.5). Lösen Sie die Schraube, die den Schalter unten am Halter der Parkbremse sichert (siehe Abbildung).

13 Der Einbau entspricht der umgekehrten Ausbaureihenfolge – achten Sie auf eine korrekte Positionierung des Schalters, bevor Sie die Schraube anziehen. Prüfen Sie die Funktion des Schalters.

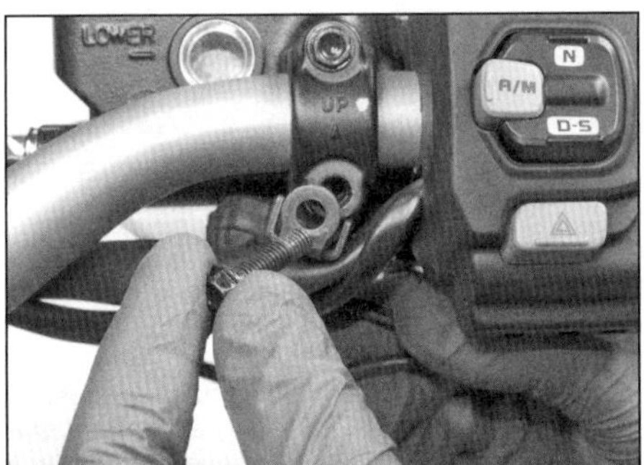

13.7 Lösen Sie die untere Handbremszylinder-Klemmschraube, um den Kabelclip-Halter zu befreien.

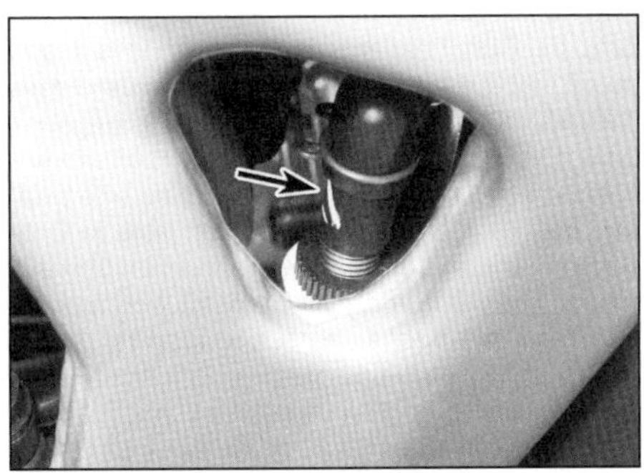

13.9 Hinterrad-Bremslichtschalter

14 Instrumente
Ausbau und Einbau

Ausbau

1 Demontieren Sie die Innenverkleidungs-Abdeckung (siehe Kapitel 7, Sektion 9).

2 Demontieren Sie den Scheinwerfer (siehe Sektion 7).

3 Ziehen Sie die Staubkappe des Instrumentensteckers zurück und trennen Sie den Stecker (siehe Abbildung).

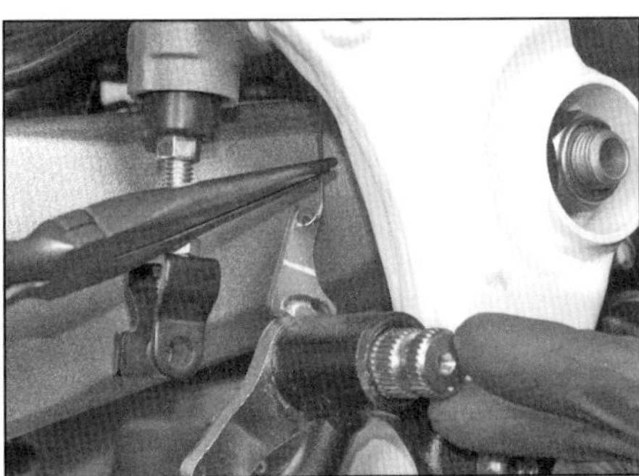

13.10 Hängen Sie das untere Ende der Schalterfeder aus.

13.12 Schraube des Parkbremsen-Warnleuchtenschalters

14.3 Trennen Sie den Instrumentenstecker.

4 Lösen Sie die Schrauben, beachten Sie die Scheiben und entnehmen Sie die Instrumenten-Baugruppe (siehe Abbildungen).

Einbau

5 Der Einbau entspricht der umgekehrten Ausbaureihenfolge – kontrollieren Sie die Gummistopfen und ersetzen Sie sie nötigenfalls. Vergessen Sie nicht die Scheiben unter den Schrauben.

15 Instrumente
Kontrolle und Ersetzen

Kontrolle

Anmerkung: *Beachten Sie die Hinweise zur Fehlersuche in Sektion 2 sowie die Schaltpläne am Ende des Kapitels.*

Instrumenten-Stromversorgung

1 Nach dem Einschalten der Zündung werden alle Anzeigen und Funktionen für einige Sekunden aktiviert.
2 Falls im Cockpit nichts passiert, muss die Frontverkleidung demontiert werden (siehe Kapitel 7, Sektion 8). Trennen Sie den Instrumentenstecker und kontrollieren Sie ihn auf lockere oder gebrochene Kontakte (Abbildung 7.4).
3 Prüfen Sie die aktive Stromversorgung bei **eingeschalteter** Zündung – hier muss zwischen dem Kontakt des schwarz/roten Kabel und Masse Batteriespannung anliegen; falls nicht, muss die »ILLUMI STOP HORN«-Sicherung kontrolliert werden (siehe Sektion 5). Ist die Sicherung in Ordnung, muss mithilfe der Schaltpläne am Ende dieses Kapitels die Verkabelung zwischen dem Instrument und der Sicherungsbox auf lockere oder gebrochene Anschlüsse sowie beschädigte Kabel überprüft werden.
4 Prüfen Sie die passive Stromversorgung bei **abgeschalteter** Zündung – hier muss zwischen dem Kontakt des rot/weißen Kabel und Masse Batteriespannung anliegen; falls nicht, muss die »CLOCK TURN«-Sicherung kontrolliert werden (siehe Sektion 5). Ist die Sicherung in Ordnung, muss mithilfe der Schaltpläne am Ende dieses Kapitels die Verkabelung zwischen dem Instrument und der Sicherungsbox auf lockere oder gebrochene Anschlüsse sowie beschädigte Kabel überprüft werden.
5 Liegt Spannung an, muss das grüne Kabel auf Durchgang zur Masse kontrolliert werden – falls dieser nicht vorhanden ist, muss der Stromkreis auf lockere oder gebrochene Anschlüsse sowie beschädigte Kabel überprüft und ggf. repariert werden.
6 Falls bis Modelljahr 2017 Probleme an der seriellen Kommunikation (TXD) zwischen den Instrumenten und dem Steuergerät auftreten, bleiben die Warnleuchten für Öldruck, Kühltemperatur und Drehmoment-Regelung an, die Anzeige der Drehmoment-Regelung (OFF und S/D/G) funktionieren nicht, der Kilometerzähler und die Tankanzeige zeigen »---« und die Ganganzeige sowie Motor-Temperaturanzeige blinken. Für die Kontrolle der TXD-Verbindung muss der schwarze 33-polige Steuergerät-Stecker getrennt werden (siehe Kapitel 4, Sektion 10). Prüfen Sie, ob im schwarzen Kabel vom Instrumentenstecker zum Anschluss B16 am Steuergerätstecker Durchgang, aber keine Masseschluss besteht; reparieren Sie eine defekte Verkabelung.
7 Soweit die Stromversorgung, der Massekontakt und die TXD-Verbindung in Ordnung sind, aber die Instrumente nicht funktionieren, wird deren Leiterplatte defekt sein. Zerlegen Sie das Instrumentengehäuse und ersetzen Sie die Platine durch ein Neuteil (siehe unten).

Tachometer und Geschwindigkeitssensor

8 Demontieren Sie die Frontverkleidung (siehe Kapitel 7, Sektion 8), trennen Sie den Instrumentenstecker und kontrollieren Sie ihn auf lockere oder gebrochene Kontakte (Abbildung 7.4).
9 Bauen Sie die Batteriebox aus (siehe Sektion 3), trennen Sie den Stecker des Geschwindigkeitssensors (siehe Abbildung) und kontrollieren Sie ihn auf lockere Kontakte. Prüfen Sie bei eingeschalteter Zündung, ob an den kabelbaumseitigen Kontakten des je nach Modell schwarz/roten oder roten Kabels (+) und des grünen Kabels (–) Batteriespannung anliegt; falls nicht, muss mithilfe der Schaltpläne am Ende dieses Kapitels die Verkabelung zur Sicherungsbox bzw. zu Masse auf lockere oder gebrochene Anschlüsse sowie beschädigte Kabel überprüft und ggf. repariert werden. Soweit alles in Ordnung ist, muss das pinke Kabel zum Instrumentenstecker auf Durchgang getestet werden.
10 Wenn bis hierher alles Ordnung ist, muss der Geschwindigkeitssensor durch ein Neuteil ersetzt werden (siehe unten). Wird das Problem hierdurch nicht beseitigt, muss die Instrumenten-Platine ausgetauscht werden (siehe unten).

Drehzahlmesser

11 Falls der Drehzahlmesser nicht arbeitet, muss zuerst die serielle Kommunikation (TXD) (Schritt 6) und dann der Kurbelwellensensor (siehe Kapitel 4, Sektion 9) kontrolliert werden.
12 Falls hier keine Defekte gefunden werden, muss das System von einer Honda-Werkstatt kontrolliert werden.

Alle anderen Funktionen

13 Falls alle Funktionen ausgefallen sind, müssen die Instrumenten-Stromversorgung, die Masseverbindung und die serielle Kommunikation (TXD) kontrolliert werden (siehe oben). Ist hier alles in Ordnung, muss das Instrumentengehäuse zerlegt und nach sichtbaren Schäden geforscht werden; nötigenfalls muss die Instrumenten-Platine ausgetauscht werden (siehe unten).

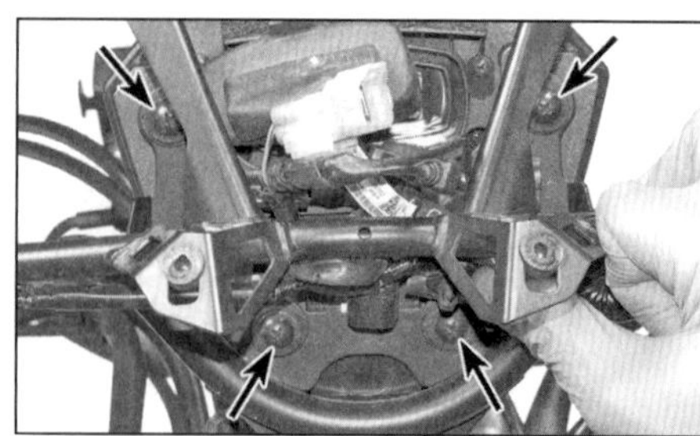

14.4a Schraube der Instrumenten-Baugruppe – bis Modelljahr 2017

14.4b Schraube der Instrumenten-Baugruppe – ab Modelljahr 2018

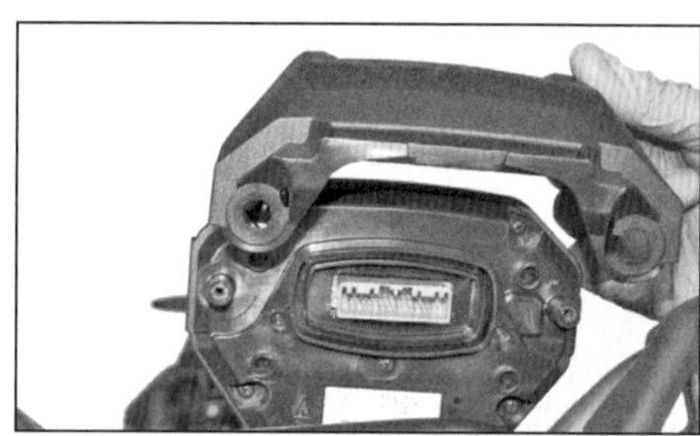

14.4c Heben Sie die Instrumenten-Baugruppe ab und entnehmen Sie die Abdeckung – ab Modelljahr 2018

14 Falls eine (oder mehrere) einzelne Funktion ausgefallen ist, muss die entsprechende Komponente samt Stromkreis kontrolliert werden – beachten Sie entsprechende Sektionen dieses Kapitels (der Umgebungstemperatur-Sensor ist unten beschrieben). Wird hier kein Defekt gefunden, kann die Instrumenten-Platine beschädigt sein (siehe unten).

Instrumentenbeleuchtung und Warnleuchten

15 Alle Lampen und Leuchten sind LEDs, die mit der Leiterplatte verlötet sind und nicht separat ersetzt werden können. Beim Ausfall einer LED muss die Instrumenten-Platine ausgetauscht werden (siehe unten).

Instrumente

Zerlegen und Austausch der Leiterplatte

16 Demontieren Sie die Instrumenten-Baugruppe (siehe Sektion 14).

17 Lösen Sie die Schrauben an der Rückseite des Gehäuses (siehe Abbildungen) und entnehmen Sie die hintere Abdeckung – die Leiterplatte kann daraus entnommen werden.
18 Der Einbau entspricht der umgekehrten Ausbaureihenfolge – ziehen Sie die Schrauben vorsichtig an.

Geschwindigkeitssensor

19 Beachten Sie hierzu die Hinweise in Kapitel 4, Sektion 9.

Umgebungstemperatur-Sensor

20 Der Sensor sitzt rechts hinten am Scheinwerfer. Entfernen Sie für den Zugang die Frontverkleidung (siehe Kapitel 7, Sektion 8).
21 Trennen Sie den Sensorstecker (Abbildung 7.2).
22 Lösen Sie die Schraube des Sensors und befreien Sie diesen (siehe Abbildung).
23 Der Einbau entspricht der umgekehrten Ausbaureihenfolge

16 Öldruckschalter oder Sensor

1 Die Öldruck-Warnleuchte leuchtet nach dem Einschalten der Zündung auf und muss wenige Sekunden nach dem Start des Motors erlöschen. Falls die Lampe nicht erlischt oder bei laufendem Motor aufzuleuchten beginnt, muss der Motor unverzüglich abgeschaltet werden, um eine Ölpegel-Kontrolle durchzuführen (siehe Tägliche Kontrollen). Soweit der Pegel in Ordnung ist, wird eine Öldruckprüfung nötig (siehe Kapitel 2, Sektion 3).

Kontrolle

Anmerkung: *Beachten Sie die Hinweise zur Fehlersuche in Sektion 2 sowie die Schaltpläne am Ende des Kapitels.*

Modelle mit Standardgetriebe

2 Falls die Öldruck-Warnleuchte nach dem Einschalten der Zündung nicht aufleuchtet, aber alle anderen Instrumenten-Funktionen aktiv sind, müssen der Ölwannenschutz (siehe Kapitel 7, Sektion 17) und die Abdeckung der Lichtmaschinenkabel demontiert werden (Abbildungen 16.5a und b). Ziehen Sie die Gummikappe vom Öldruckschalter und lösen Sie die Schraube des Kabelanschlusses. Halten Sie das Kabel bei eingeschalteter Zündung gegen Masse und prüfen Sie, ob hierdurch die Warnleuchte aktiviert wird – falls ja, ist der Öldruckschalter defekt.
3 Leuchtet die Warnleuchte bei Massekontakt des Kabels nicht, muss der Durchgang des Kabels zwischen Schalter und Instrumentenstecker geprüft werden (siehe Sektion 15). Reparieren Sie das Kabel nötigenfalls. Sind sowohl das Kabel als auch der Schalter in Ordnung, kann das Instrument defekt sein, sodass seine Leiterplatte ersetzt werden muss (siehe Sektion 15) – lassen Sie diese vor dem Austausch von einer Honda-Werkstatt testen.
4 Falls die Warnleuchte nach dem Start des Motors trotz korrektem Ölpegel und Öldruck nicht erlischt oder bei laufendem Motor aufzuleuchten beginnt, muss das Kabel vom Öldruckschalter getrennt werden (siehe oben) – bei eingeschalteter Zündung darf die Warnlampe nicht leuchten – andernfalls hat die Verkabelung zwischen dem Motorsteuergerät und dem Schalter irgendwo Massekontakt. Wenn das Kabel in Ordnung ist, wird der Schalter defekt sein und muss ersetzt werden.

DCT-Modelle

5 Falls die Öldruck-Warnleuchte nach dem Einschalten der Zündung nicht aufleuchtet, aber alle anderen Instrumenten-Funktionen aktiv sind, müssen der Ölwannenschutz (siehe Kapitel 7, Sektion 17) und die Abdeckung der Lichtmaschinenkabel demontiert werden, um den Sensorstecker zu trennen (siehe Abbildungen). Kontrollieren Sie die Verkabelung und ihre Stecker mithilfe der Informationen in Sektion 2 und des entsprechenden Schaltplans.

15.9 Stecker des Geschwindigkeitssensors

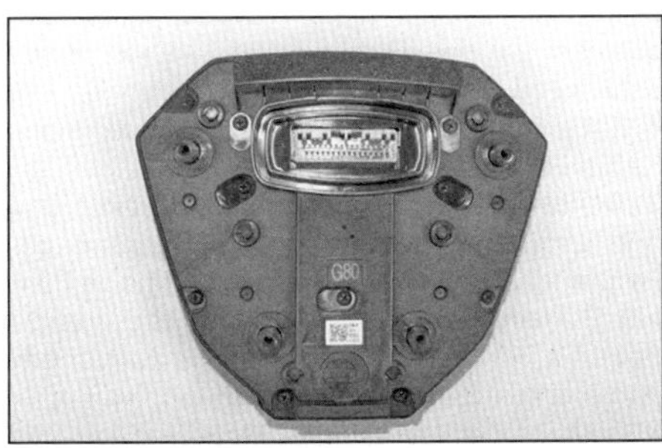

15.17a Schrauben an der Rückseite des Instrumenten-Gehäuses – bis Modelljahr 2017

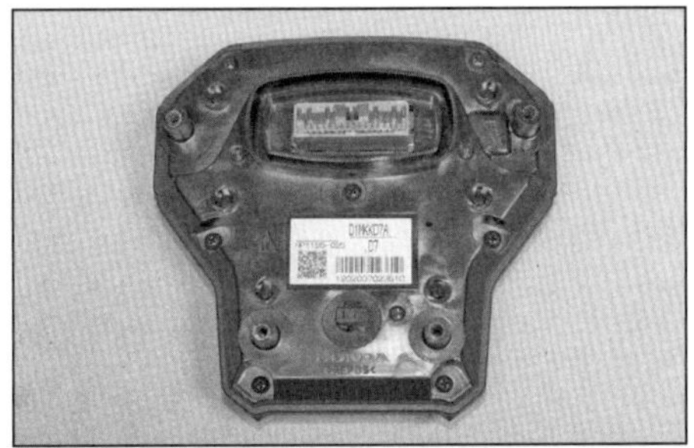

15.17b Schrauben an der Rückseite des Instrumenten-Gehäuses – ab Modelljahr 2018

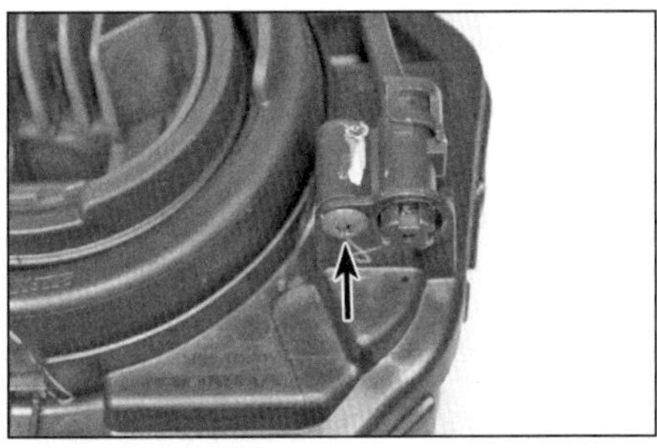

15.22 Schraube des Umgebungstemperatur-Sensors

16.5a Lösen Sie die Schrauben, ...

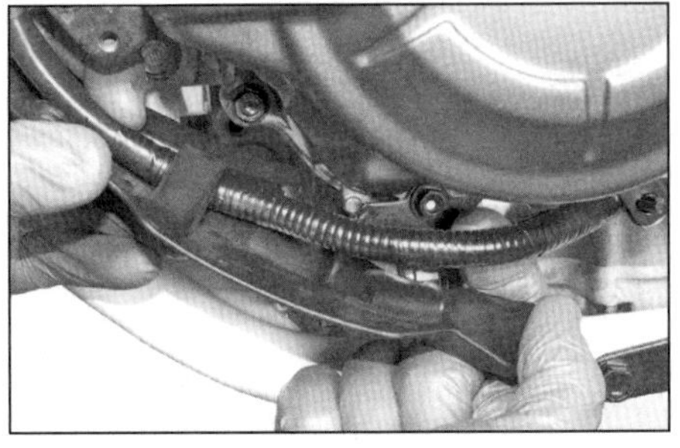

16.5b ... entnehmen Sie die Abdeckung und befreien Sie das Kabel.

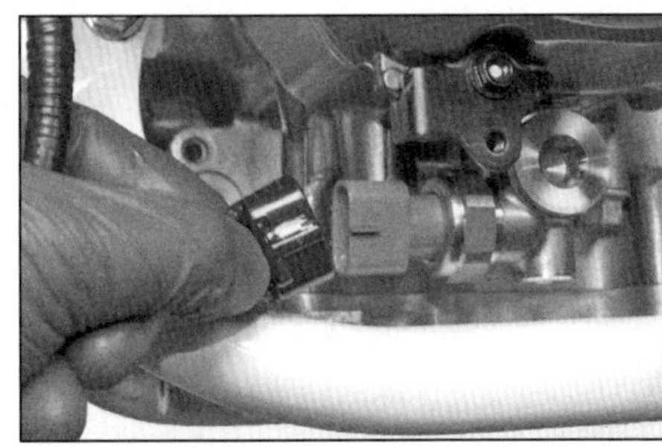

16.5c Trennen Sie den Stecker des Öldrucksensors.

16.16a Schrauben Sie den Öldrucksensor heraus...

16.16b ...und entnehmen Sie den O-Ring.

6 Soweit die Verkabelung in Ordnung ist, können der Sensor oder das Instrument defekt sein. Installieren Sie zuerst einen neuen Sensor (siehe unten); falls das Problem hierdurch nicht beseitigt wird, kann das Instrument defekt sein, sodass seine Leiterplatte ersetzt werden muss (siehe Sektion 15) – lassen Sie diese vor dem Austausch von einer Honda-Werkstatt testen.

Ausbau und Einbau

Modelle mit Standardgetriebe

7 Der Öldruckschalter ist links ins Motorgehäuse geschraubt. Lassen Sie zunächst das Motoröl ab (siehe Kapitel 1, Sektion 11).
8 Entfernen Sie die Abdeckung der Lichtmaschinenkabel (Abbildungen 16.5a und b) und ziehen Sie die Gummikappe vom Öldruckschalter und lösen Sie die Schraube des Kabelanschlusses.
9 Schrauben Sie den Öldruckschalter heraus – seien Sie mit Lappen auf austretende Ölreste vorbereitet.
10 Reinigen Sie ggf. das Gewinde des Schalters, tragen Sie im oberen Bereich (nahe des Schaltergehäuses) etwas Dichtmasse auf, aber belassen Sie die unteren 3 bis 4 mm trocken. Drehen Sie den Schalter ins Motorgehäuse und ziehen Sie ihn mit 12 Nm an.
11 Verbinden Sie das Kabel und sichern Sie es mit der Schraube. Stecken Sie die Gummikappe auf und montieren Sie die Kabel-Abdeckung (Abbildungen 16.5b und a).
12 Füllen Sie Motoröl auf (siehe Kapitel 1, Sektion 11).
13 Starten Sie den Motor und prüfen Sie die Funktion des Öldruckschalters. Kontrollieren Sie seinen Sitz auf Undichtigkeiten.

DCT-Modelle

14 Der Öldruckschalter ist links ins Motorgehäuse geschraubt. Lassen Sie zunächst das Motoröl ab (siehe Kapitel 1, Sektion 11).
15 Entfernen Sie die Abdeckung der Lichtmaschinenkabel und trennen Sie den Sensorstecker (Abbildungen 16.5a, b und c).
16 Schrauben Sie den Öldrucksensor heraus und entnehmen Sie den O-Ring (siehe Abbildung) – seien Sie mit Lappen auf austretende Ölreste vorbereitet.
17 Rüsten Sie den Sensor mit einem neuen O-Ring aus und schmieren Sie diesen mit Öl (Abbildung 16.16b). Drehen Sie den Sensor ins Motorgehäuse und ziehen Sie ihn mit 22 Nm an.
18 Verbinden Sie den Sensorstecker (Abbildung 16.5c) montieren Sie die Kabel-Abdeckung (Abbildungen 16.5b und a).
19 Füllen Sie Motoröl auf (siehe Kapitel 1, Sektion 11).
20 Starten Sie den Motor und prüfen Sie die Funktion des Öldrucksensors. Kontrollieren Sie seinen Sitz auf Undichtigkeiten.

17 Zündschloss

***Warnung:** Um das Risiko eines Kurzschlusses zu vermeiden, muss vor jeder Kontrolle des Zündschlosses der Masseanschluss (–) von der Batterie getrennt werden.*

Kontrolle

Anmerkung: *Beachten Sie die Hinweise zur Fehlersuche in Sektion 2 sowie die Schaltpläne am Ende des Kapitels.*

1 Bevor das Zündschloss mithilfe eines Multimeters oder Durchgangsprüfers geprüft wird, muss unbedingt der Masseanschluss der Batterie getrennt werden (siehe Sektion 3) – die zum Zündschloss führenden Kabel stehen ständig unter Spannung und können ansonsten einen Kurzschluss hervorrufen.
2 Demontieren Sie den Tank (siehe Kapitel 4, Sektion 2). Befreien und trennen Sie den braunen Zweistiftstecker vom Zündschloss (Abbildung 17.7a); kontrollieren Sie ihn auf lockere oder gebrochene Kontakte.
3 Kontrollieren Sie mithilfe eines Multimeters oder Durchgangsprüfers am Zündschloss-Stecker den Durchgang zwischen den Kontaktpaaren (beachten Sie dazu die Schaltpläne am Ende dieses Kapitels) – Durchgang muss je nach Zündschloss-Stellung zwischen den im Schaltplan mit einer Linie verbundenen Anschlüssen bestehen. Falls kein Durchgang festgestellt wird, muss das Kabel zwischen dem Stecker und dem Zündschloss sowie ggf. das Zündschloss selbst kontrolliert werden – entfernen Sie hierfür die Kontaktplatte unten vom Zündschloss (siehe unten), reinigen Sie die Kontakte und kontrollieren Sie sie auf Verschleiß und Beschädigungen; beschaffen Sie nötigenfalls eine neue Kontaktplatte. Bei einem defekten Schlosszylinder muss das gesamte Zündschloss ersetzt werden – das Neuteil wird samt Kontaktplatte geliefert.
4 Wenn das Zündschloss in Ordnung ist, wird die Batterie wieder angeschlossen. Prüfen Sie am kabelbaumseitigen Kontakt des roten Kabels, ob Batteriespannung anliegt – falls nicht, wird das Kabel zwischen dem Stecker und der Batterie beschädigt sein. Liegt Spannung an, muss das rot/schwarze Kabel auf Durchgang zur Sicherungsbox kontrolliert werden.

Ausbau

5 Trennen Sie auf jeden Fall den Masseanschluss (–) der Batterie, um keinen Kurzschluss zu verursachen (siehe Sektion 3).
6 Entfernen Sie das Luftfiltergehäuse (siehe Kapitel 4, Sektion 3).
7 Trennen Sie den Zündschlossstecker und ggf. auch den Stecker der Wegfahrsperren-Empfängers (HISS) (siehe Abbildungen). Führen Sie alle Kabel zum Zündschloss zurück, befreien Sie es dabei aus allen Befestigungen und merken Sie sich ihre Verlegung.
8 Befreien Sie alle Kabel, Bowdenzüge und die Bremsleitung von der oberen Gabelbrücke, sodass diese vollständig befreit ist.

17.7a Befreien und trennen Sie den Zündschlossstecker...

17.7b ...und den Stecker der Wegfahrsperren-Empfängers (gezeigt am Modell ab 2018).

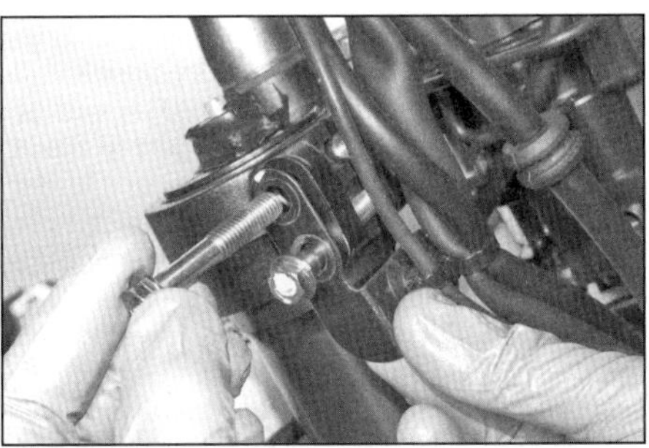

17.10a Entfernen Sie rechts die Schrauben, da sie auch den Kabelhalter sichern.

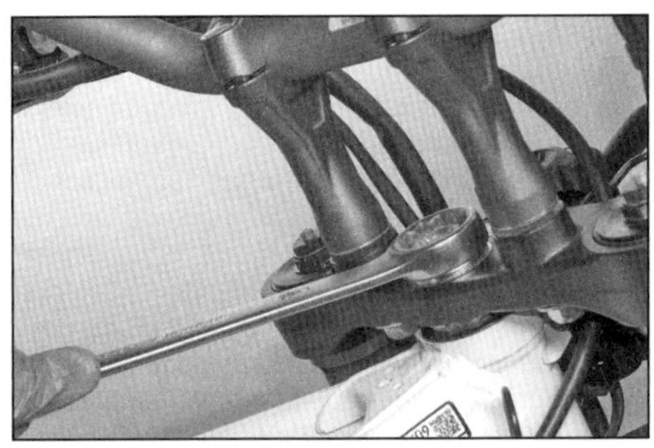

17.10b Lösen Sie die Lenkschaftmutter.

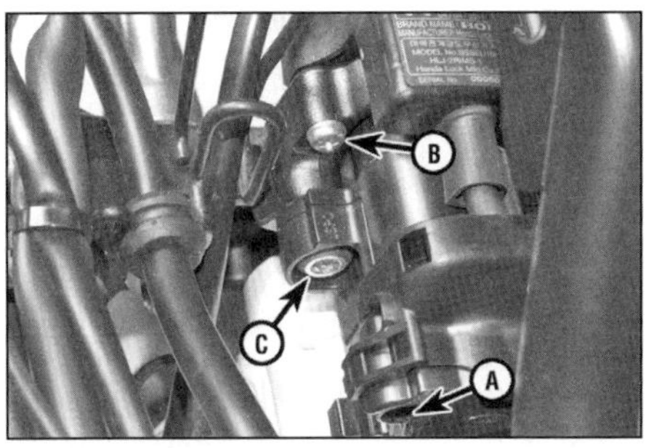

17.11 Kontaktplatten-Schrauben (A), Wegfahrsperren-Empfänger-Schrauben (B), Zündschloss-Schrauben (C)

9 Demontieren Sie den Lenker von der Gabelbrücke (siehe Kapitel 5, Sektion 5).

10 Lockern Sie die Klemmschrauben der Gabelbrücke und drehen Sie rechts die Schrauben vollständig heraus (siehe Abbildung). Lösen Sie die Lenkschaftmutter (siehe Abbildung) und heben Sie die obere Gabelbrücke ab.

11 Lösen Sie unten am Zündschloss die Schrauben der Kontaktplatte und entnehmen Sie diese (siehe Abbildung). Lösen Sie ggf. die Schrauben des Wegfahrsperren-Empfängers und befreien Sie diesen vom Zündschloss.

12 Das Zündschloss ist von unten mit speziellen Schrauben an der oberen Gabelbrücke gesichert, die mit konventionellen Werkzeugen zwar angezogen aber nicht wieder gelöst werden können – um sie wieder zu lösen, müssen ihre Köpfe ausgebohrt oder die Schrauben mithilfe eines Meißels schrittweise herausgedreht werden. Klemmen Sie dazu die Gabelbrücke in einen mit weichen Backen oder Hölzern ausgerüsteten Schraubstock. Entfernen Sie nötigenfalls die Lenkerhalter.

Einbau

13 Der Einbau entspricht der umgekehrten Ausbaureihenfolge – beschaffen Sie beim Honda-Händler neue Zündschloss-Schrauben – verwenden Sie keine normalen Schrauben. Ziehen Sie diese Schrauben mit 26 Nm an. Sichern Sie den Wegfahrsperren-Empfänger und die Kontaktplatte mit den sorgfältig angezogenen Schrauben. Setzen Sie die Gabelbrücke auf und ziehen Sie die Lenkschaftmutter mit 100 Nm sowie die Klemmschrauben mit 22 Nm an – vergessen Sie rechts nicht den Kabelhalter. Montieren Sie ggf. die Lenkerhalter und den Lenker (siehe Kapitel 5, Sektion 5).

18.3a Stecker des rechten Lenkerschalters

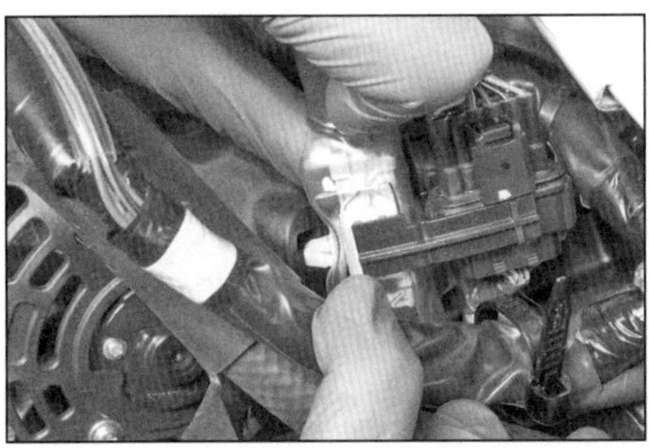

18.3b Stecker des linken Lenkerschalters

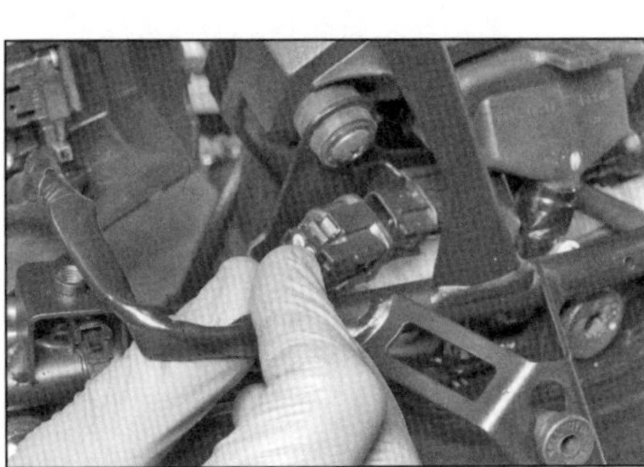

18.3c Stecker des ABS- und G-Schalters

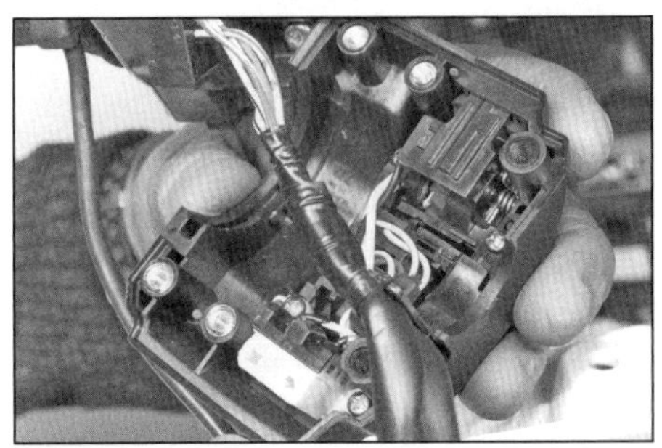

18.5 Reinigen und kontrollieren Sie die internen Anschlüsse und Kontakte der Schalter.

18 Lenkerschalter, ABS- und Traktionsregelungs-Schalter

1 Im Allgemeinen funktionieren die Schalter zuverlässig und problemlos. Wenn Probleme auftreten, liegt es oft an Schmutz und korrodierten Kontakten, aber auch Verschleiß und Brüche innerer Teile sind Möglichkeiten, die nicht übersehen werden dürfen. Wenn irgendeine Unterbrechung auftritt, muss der entsprechende Schalter samt angeschlossener Kabel ersetzt werden, da Einzelteile nicht erhältlich sind.

Kontrolle

Anmerkung: *Beachten Sie die Hinweise zur Fehlersuche in Sektion 2 sowie die Schaltpläne am Ende des Kapitels.*

2 Die Schalter können mit einem Ohmmeter oder einer Prüflampe auf Durchgang kontrolliert werden. Trennen Sie zunächst stets den Masseanschluss (–) der Batterie, um keine Kurzschlüsse zu verursachen (siehe Sektion 3).

3 Demontieren Sie für den Zugang zu den Lenkerschalter-Steckern das jeweilige Verkleidungsseitenteil (siehe Kapitel 7, Sektion 7). Für den Zugang zum Stecker des ABS- und Traktionsregelungs- (G-) -Schalters muss die Abdeckung der Innenverkleidung entfernt werden (siehe Kapitel 7, Sektion 9). Befreien Sie den/die Stecker (siehe Abbildungen) und kontrollieren Sie ihn/sie auf lockere oder gebrochene Kontakte.

4 Kontrollieren Sie den Durchgang zwischen den Anschlüssen der Schalterseite bei entsprechender Schalterstellung (d.h. Schalter aus – kein Durchgang, Schalter an – Durchgang) – beachten Sie die Hinweise in Sektion 2 und die Schaltpläne am Ende des Kapitels.

5 Falls die Durchgangsprüfung ein Problem bestätigt, muss das entsprechende Schaltergehäuse vom Lenker befreit (siehe unten) und seine Kontakte mit Kontaktspray eingesprüht werden (es ist nicht nötig, die Schalter dazu vollständig zu entfernen) (siehe Abbildung). Beschädigte Schalter-Komponenten sollten nach dem Öffnen erkennbar sein.

Ausbau und Einbau

Lenkerschalter

6 Trennen Sie den/die Lenkerschalter-Stecker (Schritt 3). Führen Sie die Verkabelung zum Schalter zurück, befreien Sie sie dabei aus allen Befestigungen und merken Sie sich ihre Verlegung.

7 Trennen Sie für die Demontage des rechten Lenkerschalters die Kabel des Bremslichtschalters (Abbildung 13.2). Trennen Sie für die Demontage des linken Lenkerschalters die Kabel des Kupplungs- bzw. des Parkbremsen-Schalters (Abbildungen 22.2 oder 13.5).

8 Lösen Sie am linken Lenkerschalter die Gehäuseschrauben und trennen Sie die Schaltergehäusehälften, um den Schalter vom Lenker zu befreien (siehe Abbildung).

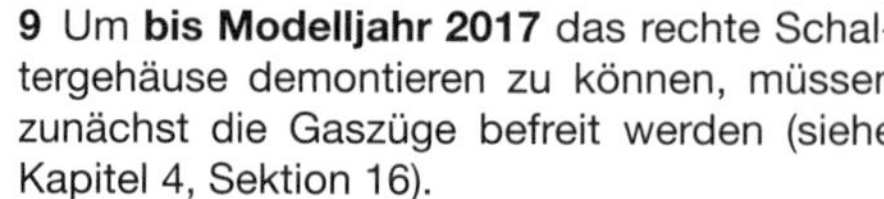

9 Um **bis Modelljahr 2017** das rechte Schaltergehäuse demontieren zu können, müssen zunächst die Gaszüge befreit werden (siehe Kapitel 4, Sektion 16).

10 Um **ab Modelljahr 2018** das rechte Schaltergehäuse demontieren zu können, müssen die zwei Schrauben des Handbremszylinder-Klemmstücks gelöst – beachten Sie die Kabelklemme an der unteren – und der Handbremszylinder abgenommen werden, um ihn mit aufrecht stehendem Ausgleichsbehälter und unbelastetem Bremsschlauch abseits des Arbeitsbereichs zu lagern (siehe Abbildung). Lösen Sie die zwei Schrauben des rechten Schaltergehäuses, befreien Sie die vordere Gehäusehälfte und lösen Sie dann die vier Schrauben der hinteren Gehäusehälfte, um sie vom Gasgriffsensor zu befreien (siehe Abbildungen).

11 Der Einbau entspricht der umgekehrten Ausbaureihenfolge – die Stifte der Schaltergehäuse (rechts nur bis Modelljahr 2017) müssen in die Lenkerbohrungen greifen. Setzen Sie ab Modelljahr 2018 das Handbremszylinder-Klemmstück mit »UP« nach oben zeigend an und richten Sie die obere Klemmöffnung zur Markierung am Lenker aus (siehe Abbildung). Ziehen Sie zuerst die obere Klemmschraube mit 10 Nm an, vergessen Sie an der unteren Schraube nicht die Kabelklemme und ziehen Sie sie ebenfalls mit 10 Nm an (siehe Abbildung).

ABS- und G-Schalter

12 Entfernen Sie rechts die Abdeckung der Innenverkleidung (siehe Kapitel 7, Sektion 9).

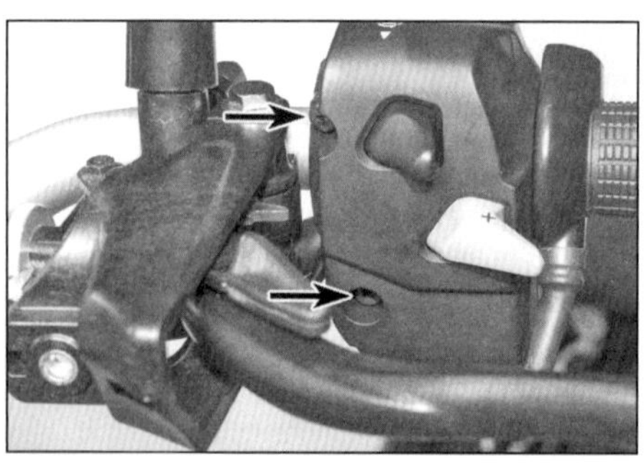

18.8 Schrauben des linken Lenkerschalter-Gehäuses

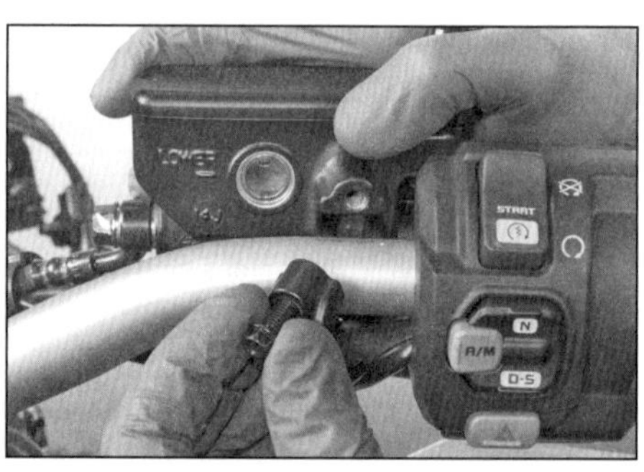

18.10a Trennen Sie den Handbremszylinder vom Lenker.

18.10b Lösen Sie die zwei Schrauben,...

18.10c ...um die vordere Gehäusehälfte zu befreien.

18.10d Lösen Sie dann die vier Schrauben,...

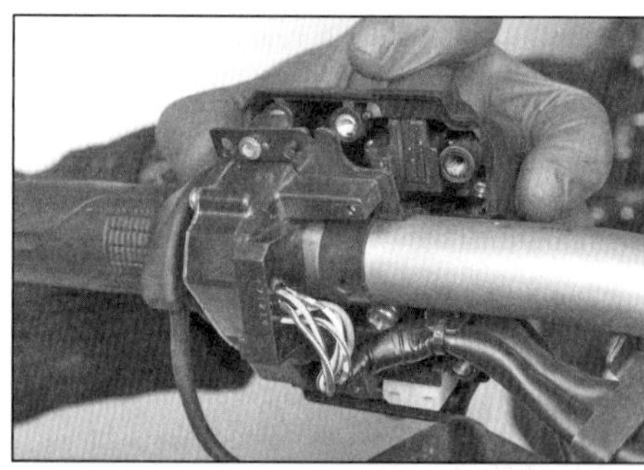

18.10e ...um die hintere Gehäusehälfte vom Gasgriffsensor zu trennen.

18.11a Richten Sie die obere Klemmöffnung des Handbremszylinders zur Markierung am Lenker aus.

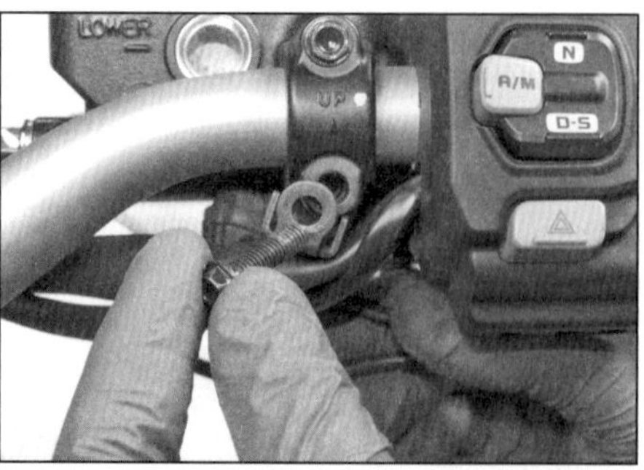

18.11b Die Kabelklemme muss oberhalb der Verkabelung korrekt ausgerichtet sein.

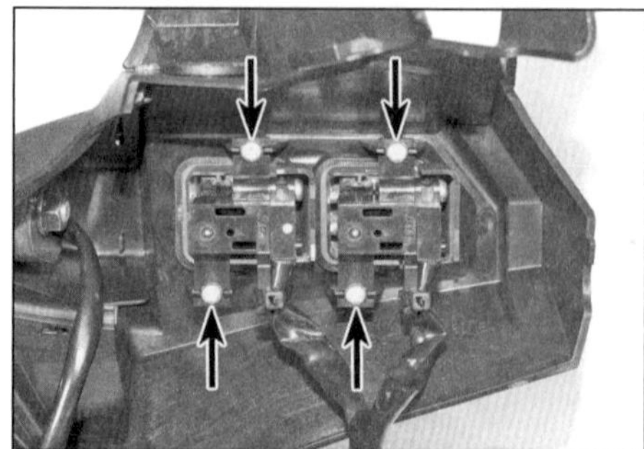

18.13 Schrauben der ABS- und des Traktionsregelungs-Schalter

13 Lösen Sie die Schrauben und befreien Sie den/die Schalter (siehe Abbildung).
14 Der Einbau entspricht der umgekehrten Ausbaureihenfolge.

19 Heizgriffe und Regler (Adventure Sports)

System-Kontrolle

1 Falls die Heizgriffe nicht arbeiten, müssen zuerst die OP-Sicherung und die Verkabelung kontrolliert werden (siehe Sektion 5 und die Schaltpläne am Ende des Kapitels).
2 Falls im Heizgriff-System ein Fehler entdeckt wurde, blinken parallel im Cockpit die Heizstufe E1, E2 oder E3 auf und am Schalter des linken Heizgriffs die LED.
3 Die Anzeige »E1« weist auf niedrige Spannung an den Heizelementen hin – kontrollieren Sie zuerst die Batterie (siehe Sektion 4).
4 Die Anzeige »E2« weist auf einen Kurzschluss irgendwo im Heizgriff-Stromkreis hin.
5 Die Anzeige »E3« weist auf einen defekten Heizgriff-Schalter, ein schadhaftes Heizelement oder einen anderen Fehler irgendwo im Heizgriff-Stromkreis hin.
6 Für eine Kontrolle des Systems müssen die Stecker der Griffheizung getrennt werden – demontieren Sie hierfür die Verkleidungsseitenteile und den linken Seitendeckel (siehe Kapitel 7, Sektionen 7 und 5). Beachten Sie die Hinweise in Sektion 2 und den entsprechenden Schaltplan Ihres Modells, um die Kabel und Stecker zu überprüfen (siehe Abbildungen). Kontrollieren Sie auch die Widerstände der Heizungselemente, indem Sie ein Ohmmeter mit den zwei Kontakten der Griffseite verbinden – es müssen zwischen 7,4 und 9,0 Ohm ermittelt werden.
7 Wurde kein Fehler in der Verkabelung, den Heizgriffen oder im Schalter gefunden, wird wahrscheinlich der Regler defekt sein.

Heizgriffe

Ausbau

8 Entfernen Sie das Lenkergewicht, den Handprotektor und das Verkleidungsseitenteil (siehe Kapitel 7).
9 Trennen Sie den/die Griffheizungs-Stecker (Abbildungen 19.6a oder b). Führen Sie die Verkabelung zum Heizgriff zurück, befreien Sie sie dabei aus allen Befestigungen und merken Sie sich ihre Verlegung.
10 Der rechte Heizgriff ist in den Gasgriff integriert, sodass der Gasgriffsensor soweit befreit werden muss, bis der Gasgriff vom Lenker gezogen wird (siehe Kapitel 4, Sektion 9) – es müssen also nicht der Tank angehoben und der Sensorstecker getrennt oder der Sensor selbst demontiert werden.
11 Beachten Sie für die Demontage des linken Heizgriffs die Hinweise in Kapitel 5, Sektion 5.

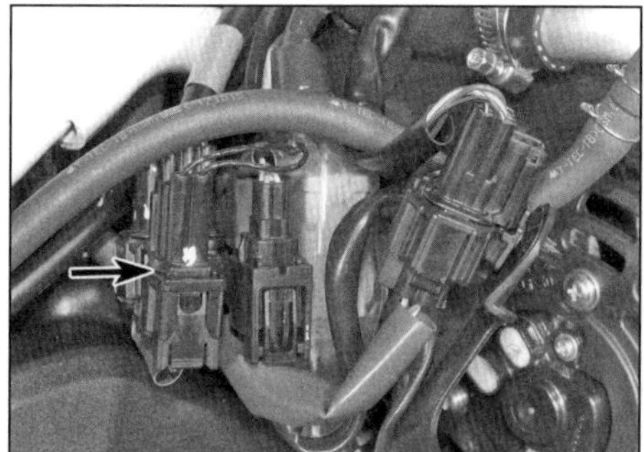

19.6a Stecker des rechten Heizgriffs

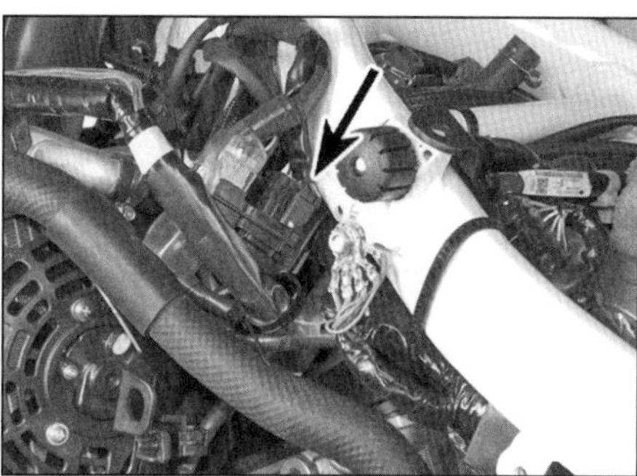

19.6b Stecker des linken Heizgriffs

Einbau

12 Der Einbau entspricht der umgekehrten Ausbaureihenfolge.
13 Um den linken Griff auf den Lenker zu schieben, muss der Lenker gereinigt und auf den ersten 10 cm ein Klebstoff wie *Honda Bond A* oder *Pro Honda*-Griffkleber aufgetragen werden. Sprühen Sie dann den Lenker und das Innere des Griffgummis mit Isopropylalkohol ein. Richten Sie die Unterseite des Heizgriffschalters 4 mm unter den Abblendschalter aus und schieben Sie das Griffgummi gegen das Schaltergehäuse – verdrehen oder knicken Sie es dabei nicht und vermeiden Sie, Druck auf den Schalter auszuüben. Falls er klemmt, muss mehr Isopropylalkohol auf die freiliegenden Bereiche des Lenkers gesprüht werden. Lassen Sie den Kleber mindestens eine Stunde trocknen, bevor Sie mit dem Motorrad fahren. Schalten Sie die Heizgriffe in der ersten Woche maximal auf Stufe 2.

Heizgriff-Regler

14 Demontieren Sie den linken Seitendeckel (siehe Kapitel 7, Sektion 5).
15 Befreien Sie den Regler und trennen Sie den Kabelstecker.
16 Der Einbau entspricht der umgekehrten Ausbaureihenfolge.

20 Getriebeschalter und -Sensor, Leerlaufschalter, Getriebewellenschalter

1 Modelle mit Standardgetriebe haben bis 2017 ein Getriebeschalter, ab 2018 sind sie mit einem Getriebesensor, einem Leerlaufschalter und einem Getriebewellenschalter ausgerüstet. Modelle mit Doppelkupplungsgetriebe (DCT) verfügen über einen Leerlaufschalter und einen »Schaltbereich-Sensor« – letzterer wird in Kapitel 4 behandelt.

Getriebeschalter

2 Der Getriebeschalter sitzt hinter dem Motorritzel-Deckel. Schalten Sie das Getriebe in den Leerlauf.
3 Demontieren Sie den Motorritzel-Deckel (siehe Kapitel 6, Sektion 22).
4 Befreien Sie den Hinterrad-Stoßdämpfer aus seinen beiden Aufnahmen (siehe Kapitel 5, Sektion 11) und positionieren Sie ihn so, dass Zugang zum Schalter-Stecker hinten am Motor besteht (siehe Abbildung) – die Schwinge muss hierfür nicht ausgebaut werden.
5 Verfolgen Sie das Kabel des Schalters und trennen Sie den Stecker.
6 Reinigen Sie den Bereich um den Schalter herum, lösen Sie ihn und drehen Sie ihn heraus – der O-Ring muss später erneuert werden.
7 Installieren Sie den Schalter mit einem neuen geölten O-Ring. Richten Sie den Stift des Schalters zur Bohrung der Schaltwalze aus, drehen Sie ihn ein und ziehen Sie ihn mit 10 Nm an.
8 Verbinden Sie den Kabelstecker und prüfen Sie die Funktion des Schalters.
9 Montieren Sie den Stoßdämpfer und den Motorritzel-Deckel.

Getriebesensor

10 Der Getriebeschalter sitzt hinter dem Motorritzel-Deckel. Schalten Sie das Getriebe in den Leerlauf.
11 Demontieren Sie den Motorritzel-Deckel (siehe Kapitel 6, Sektion 22).
12 Befreien Sie den Hinterrad-Stoßdämpfer aus seinen beiden Aufnahmen (siehe Kapitel 5, Sektion 11) und positionieren Sie ihn so, dass Zugang zum Schalter-Stecker hinten am Motor besteht (Abbildung 20.4) – die Schwinge muss hierfür nicht ausgebaut werden.
13 Verfolgen Sie das Kabel des Sensors und trennen Sie den Stecker.

20.4 Befreien Sie den Stoßdämpfer und lagern Sie ihn auf der Schwinge.

20.14a Entfernen Sie die Abdeckung...

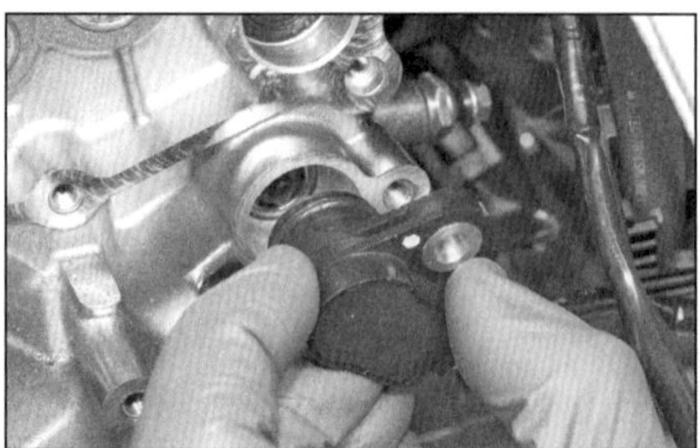
20.14b ...und den Getriebesensor.

20.14c O-Ring des Sensors

14 Reinigen Sie den Bereich um den Sensor herum, lösen Sie die Schraube und entfernen Sie die Abdeckung sowie den Sensor (siehe Abbildungen) – der O-Ring muss später erneuert werden.
15 Installieren Sie den Sensor mit einem neuen geölten O-Ring. Richten Sie die Abflachung des Sensors zu derjenigen der Schaltwalze aus, installieren Sie ihn und die Abdeckung und ziehen Sie die Schraube mit 12 Nm an (siehe Abbildung).
16 Verbinden Sie den Kabelstecker und prüfen Sie die Funktion des Sensors.
17 Montieren Sie den Stoßdämpfer und den Motorritzel-Deckel.

Leerlaufschalter

18 Der Schalter sitzt hinten links am Motor (siehe Abbildung). Ziehen Sie die Kappe vom Anschluss, lösen Sie die Mutter und befreien Sie das Kabel vom Schalter.
19 Reinigen Sie den Bereich um den Schalter herum, lösen Sie ihn und drehen Sie ihn heraus – die Dichtscheibe muss später erneuert werden.
20 Schmieren Sie das Gewinde und die Dichtfläche des Schalters mit Öl, legen Sie eine neue Dichtscheibe auf und ziehen Sie den Schalter mit 12 Nm an.
21 Verbinden Sie das Kabel, sichern Sie es mit der Mutter und stecken Sie die Gummikappe auf (Abbildung 20.18). Prüfen Sie die Funktion des Schalters.

Schaltwellenschalter

22 Der Schalter sitzt mittig hinten am Motor.
23 Befreien Sie den Hinterrad-Stoßdämpfer aus seinen beiden Aufnahmen (siehe Kapitel 5, Sektion 11) und positionieren Sie ihn so, dass Zugang zum Schalter-Stecker hinten am Motor besteht (Abbildung 20.4) – die Schwinge muss hierfür nicht ausgebaut werden.
24 Ziehen Sie die Kappe vom Anschluss, lösen Sie die Mutter und befreien Sie das Kabel vom Schalter.
25 Reinigen Sie den Bereich um den Schalter herum, lösen Sie ihn und drehen Sie ihn heraus – die Dichtscheibe muss später erneuert werden.
26 Schmieren Sie das Gewinde und die Dichtfläche des Schalters mit Öl, legen Sie eine neue Dichtscheibe auf und ziehen Sie den Schalter mit 12 Nm an.
27 Verbinden Sie das Kabel, sichern Sie es mit der Mutter und stecken Sie die Gummikappe auf.

21 Seitenständerschalter

1 Der Seitenständerschalter sitzt am Halter des Ständers.

Kontrolle

Anmerkung: *Beachten Sie die Hinweise zur Fehlersuche in Sektion 2 sowie die Schaltpläne am Ende des Kapitels.*

2 Demontieren Sie die Batteriebox (siehe Sektion 3). Trennen Sie den schwarzen Zweistiftstecker des Seitenständerschalters (siehe Abbildung).
3 Prüfen Sie mithilfe eines Ohmmeters oder Durchgangstesters die Funktion des Schalters. Verbinden Sie die Prüfgerät-Klemmen mit den Kontakten der Schalter-Seite. Bei eingeklapptem Ständer muss Durchgang (»0«) bestehen, bei ausgeklapptem Ständer darf kein Durchgang bestehen (»1«).
4 Bei anderen Ergebnissen ist der Schalter defekt und muss ersetzt werden.

Ausbau

5 Demontieren Sie den Motorritzel-Deckel (siehe Kapitel 6, Sektion 22). Entfernen Sie bei DCT-Modellen den Deckel des Gangwechsel-Steuermotors.
6 Demontieren Sie die Batteriebox (siehe Sektion 3). Trennen Sie den schwarzen Zweistiftstecker des Seitenständerschalters (Abbildung 21.2). Führen Sie das Kabel zum Schalter zurück, merken Sie sich dabei seine Verlegung.
7 Lösen Sie die Schraube des Schalters und entfernen Sie diesen vom Ständer – beachten Sie seine Einbaulage (siehe Abbildung). Honda empfiehlt, die Schraube nach jeder Demontage durch ein Neuteil zu ersetzen, da diese mit einer Sicherungs-Beschichtung versehen sind. Falls keine neuen Schraube zur Verfügung steht, muss das Gewinde der alten gereinigt und mit mittelfester Sicherungspaste (Loctite) bestrichen werden.

Einbau

8 Setzen Sie den Schalter an den Seitenständer – die Lasche muss in die Bohrung greifen und der Anguss des Ständerhalters in den Ausschnitt des Schaltergehäuses (Abbildung 21.7). Sichern Sie den Schalter mit der neuen oder der mit Loctite bestrichenen alten Schraube und ziehen Sie sie mit 10 Nm an.
9 Verlegen Sie das Kabel korrekt zum Stecker und verbinden Sie es.
10 Prüfen Sie die Funktion des Schalters bzw. des Abschalt-Stromkreises (siehe Kapitel 1, Sektion 15). Montieren Sie den Motorritzel-Deckel (siehe Kapitel 6, Sektion 22) und ggf. den Deckel des Gangwechsel-Steuermotors (DCT-Modelle). Installieren Sie die Batteriebox (siehe Sektion 3).

22 Kupplungsschalter

1 Der Kupplungsschalter sitzt unten am Kupplungshebelhalter.

20.15 Richten Sie die Abflachung des Sensors zu derjenigen der Schaltwalze aus.

20.18 Befreien Sie die Gummikappe vom Leerlaufschalter.

Kontrolle

Anmerkung: *Beachten Sie die Hinweise zur Fehlersuche in Sektion 2 sowie die Schaltpläne am Ende des Kapitels.*

2 Ziehen Sie die Gummikappe vom Schalter und trennen Sie die Stecker. Verbinden Sie die Klemmen des Ohmmeters oder Durchgangsprüfers mit den beiden Schalterkontakten. Bei gezogenem Kupplungshebel muss Durchgang (»0«), nach dem Lösen muss Unterbrechung (»1«) festgestellt werden.
3 Wenn der Schalter in Ordnung ist, müssen die anderen Komponenten des Anlasserstromkreises (Seitenständerschalter, Getriebe/Leerlaufschalter, Diodenblock) kontrolliert werden. Wenn alle Komponenten in Ordnung sind, müssen die Kabel zwischen allen Bauteilen überprüft werden.

Ausbau und Einbau

4 Ziehen Sie die Gummikappe vom Schalter und trennen Sie die Stecker.
5 Lösen Sie die Schraube und entfernen Sie den Schalter – beachten Sie seine Einbaulage.
6 Der Einbau entspricht der umgekehrten Ausbaureihenfolge. Prüfen Sie die Funktion des Schalters bzw. des Abschalt-Stromkreises (siehe Kapitel 1, Sektion 15).

21.2 Schwarzer Zweistiftstecker des Seitenständerschalters

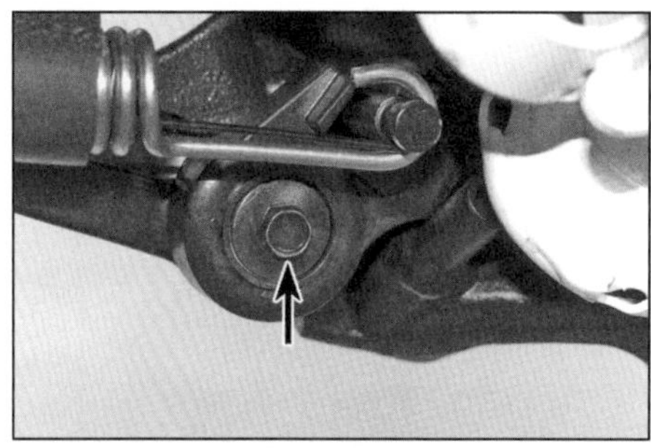

21.7 Lösen Sie die Schraube und entnehmen Sie den Schalter – beachten Sie seine Ausrichtung.

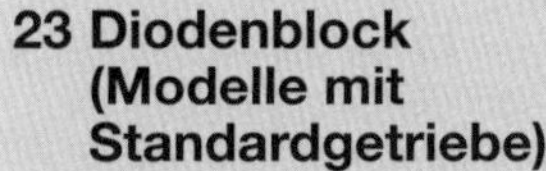

23 Diodenblock (Modelle mit Standardgetriebe)

Anmerkung: *Beachten Sie die Hinweise zur Fehlersuche in Sektion 2 sowie die Schaltpläne am Ende des Kapitels.*

1 Der Sicherheitsstromkreis-Diodenblock sitzt bis Modelljahr 2017 in der großen Sicherungsbox und ab Modelljahr 2018 direkt im Kabelbaum. Entfernen Sie für den Zugang den Fahrersitz (siehe Kapitel 7, Sektion 3). Der Diodenblock enthält zwei Dioden.
2 Öffnen Sie **bis Modelljahr 2017** den Deckel der großen Sicherungsbox und ziehen Sie den Diodenblock aus seinem Sockel.
3 Befreien Sie **ab Modelljahr 2018** den Diodenblock aus seinem Halter und ziehen Sie ihn aus dem Sockel (siehe Abbildungen).
4 Testen Sie **bis Modelljahr 2017** die Dioden, indem Sie die Plusklemme (+) eines Ohmmeter mit einem der äußeren Kontakte verbinden und die Minusklemme (–) mit dem mittleren Kontakt (siehe Abbildung) – hierbei muss Durchgang festgestellt werden. Vertauschen Sie jetzt die Messgerät-Klemmen – es darf kein Durchgang bestehen. Wiederholen Sie den Test mit dem anderen äußeren und dem mittleren Kontakt – er muss zu den gleichen Ergebnissen führen. Bei anderen Ergebnissen ist der Diodenblock defekt und muss ersetzt werden.
5 Testen Sie **ab Modelljahr 2018** die Dioden, indem Sie die Plusklemme (+) eines Ohmmeter mit Kontakt A verbinden und die Minusklemme (–) mit Kontakt B (siehe Abbildung) – hierbei muss Durchgang festgestellt werden. Vertauschen Sie jetzt die Messgerät-Klemmen – es darf kein Durchgang bestehen. Wiederholen Sie den Test mit Plus an Kontakt A und Minus an Kontakt C – er muss zu den gleichen Ergebnissen führen. Bei anderen Ergebnissen ist der Diodenblock defekt und muss ersetzt werden.

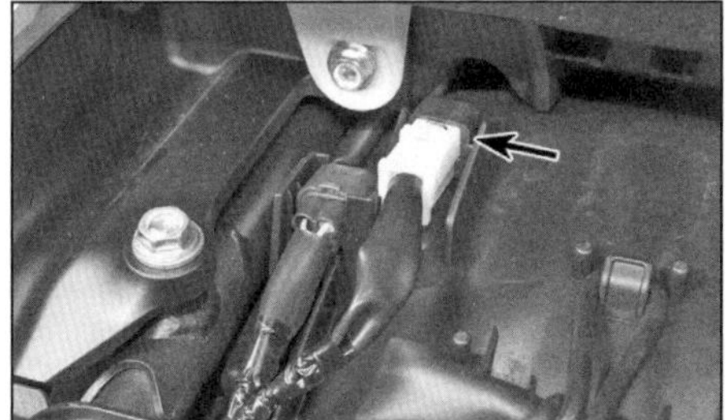

23.3a Befreien Sie den Diodenblock aus seinem Halter...

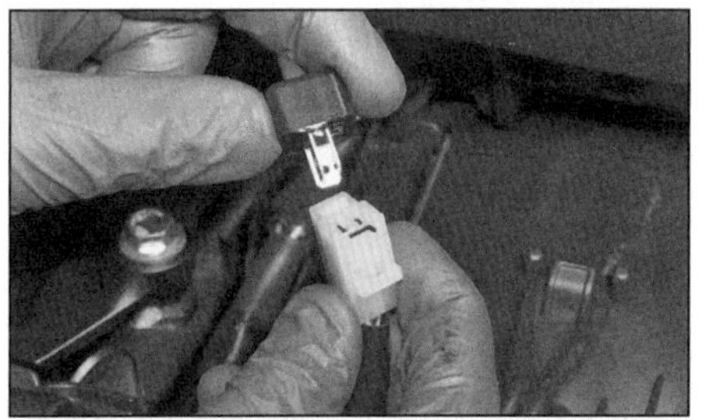

23.3b ...und ziehen Sie ihn aus dem Sockel – ab Modelljahr 2018.

23.4 Diodenblock bis Modelljahr 2017

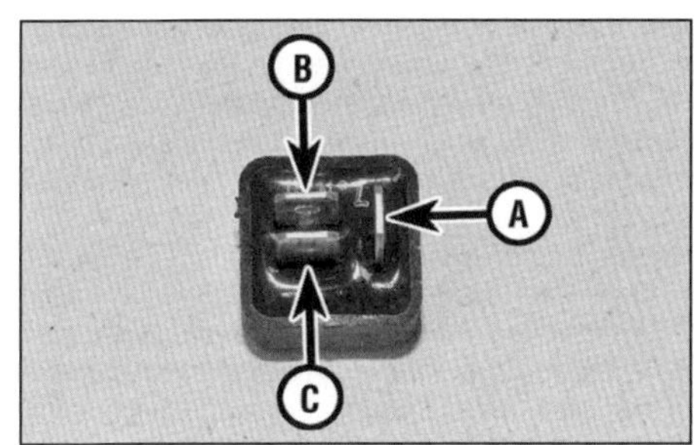

23.5 Diodenblock ab Modelljahr 2018

24 Hupe

Kontrolle

Anmerkung: *Beachten Sie die Hinweise zur Fehlersuche in Sektion 2 sowie die Schaltpläne am Ende des Kapitels.*

1 Die Hupe sitzt vorn am linken Kühler – falls sie ausfällt, muss zunächst die »ILLUMI STOP (HORN)«-Sicherung kontrolliert werden (siehe Sektion 5).
2 Ziehen Sie die Stecker von den Hupen-Kontakten (siehe Abbildung). Verbinden Sie die Hupe mithilfe zweier Überbrückungskabel direkt mit der Batterie – falls sie jetzt keinen deutlichen Ton abgibt, ist sie defekt und muss ersetzt werden.

24.2 Ziehen Sie die Stecker von den Hupen-Kontakten.

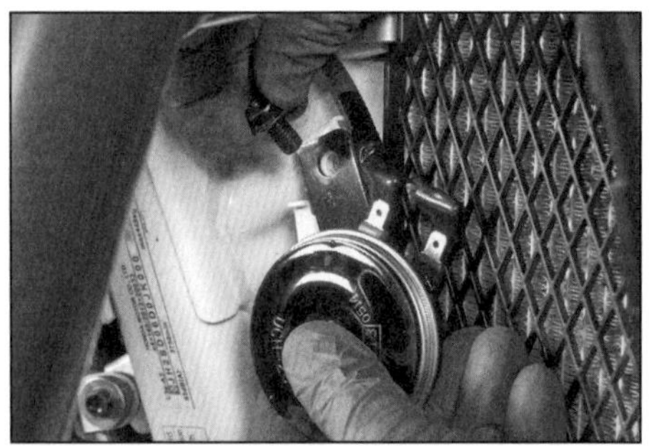

24.6 Lösen Sie die Schraube und entnehmen Sie die Hupe.

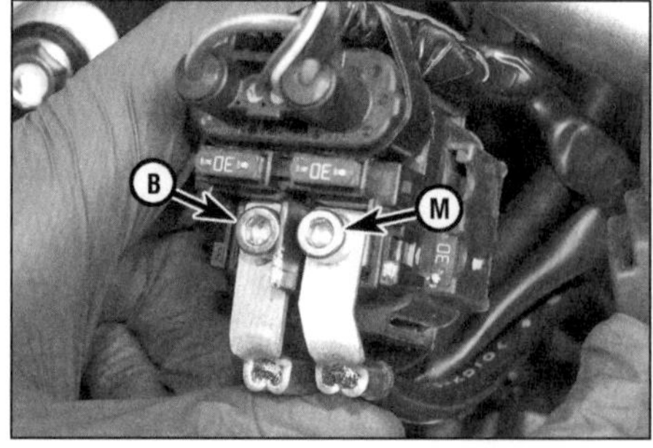

25.4 Anlasserkabel (A), Batteriekabel (B)

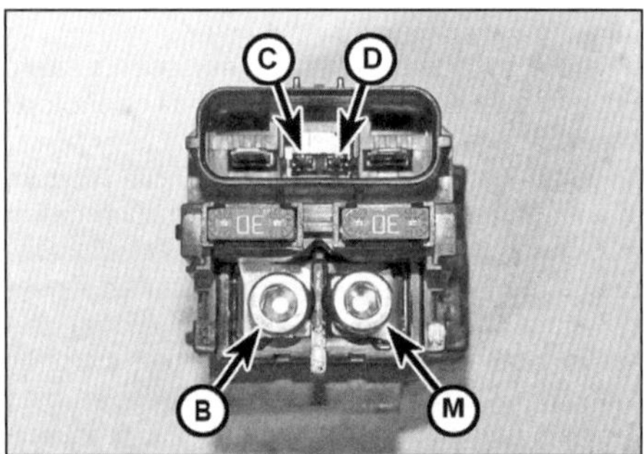

25.7 Identifikation der Relais-Kontakte

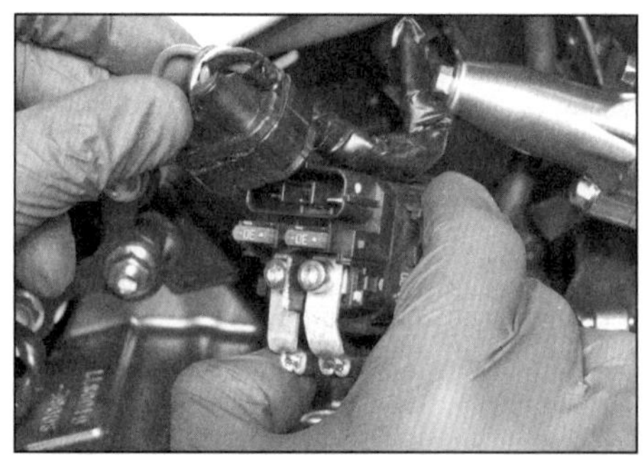

25.13 Trennen Sie den Relais-Stecker.

3 Funktioniert die Hupe beim Überbrücken, muss bei eingeschalteter Zündung und gedrücktem Hupenknopf geprüft werden, ob am Kontakt des schwarzen Kabels Spannung anliegt.

4 Wurde keine Spannung ermittelt, muss das Kabel zwischen der Hupen und dem Hupenknopf im linken Lenkerschalter auf Durchgang getestet werden. Prüfen Sie als Nächstes bei eingeschalteter Zündung, ob am schwarz/roten Kabel zum Hupenknopf Spannung anliegt – falls ja, müssen die Kontakte des Hupenknopfs kontrolliert werden (siehe Sektion 18).

5 Falls am schwarz/roten Kabel (vom Hupenknopf zur Sicherungsbox) keine Spannung anliegt, muss es kontrolliert werden.

Ausbau und Einbau

6 Ziehen Sie die Stecker von den Hupen-Kontakten (Abbildung 24.2), lösen Sie die Schraube und entnehmen Sie die Hupe (siehe Abbildung).

7 Bauen Sie die Hupe an und ziehen Sie die Schraube sorgfältig an. Verbinden Sie die Kabelstecker und prüfen Sie die Funktion der Hupe.

25 Anlasserrelais

Kontrolle

Anmerkung: *Beachten Sie die Hinweise zur Fehlersuche in Sektion 2 sowie die Schaltpläne am Ende des Kapitels.*

1 Falls der Anlasser-Stromkreis fehlerhaft ist, müssen zuerst die Sicherungen kontrolliert werden (siehe Sektion 5).

2 Um sich Zugang zum Relais zu verschaffen, muss die Abdeckung rechts an der Batteriebox entfernt werden (Abbildungen 3.7a und b).

3 Befreien Sie das Relais und entfernen Sie die Abdeckung (Abbildungen 5.2a und b).

4 Lösen Sie die Schraube des mit M markierten zum Anlasser führenden Kabels und positionieren Sie es abseits des Relais (das mit B markierte Kabel führt zur Batterie) (siehe Abbildung).

5 Drücken Sie bei eingeklapptem Seitenständer, eingeschalteter Zündung, Killschalter auf RUN und im Getriebe eingelegtem Leerlauf den Startknopf – im Relais muss es klicken.

6 Falls das Relais nicht klickt, muss die Zündung ausgeschaltet und das Relais ausgebaut (siehe Schritte 11 bis 13), um wie folgt getestet zu werden:

7 Prüfen Sie den Durchgang zwischen den Relais-Anschlüssen des Anlasserkabels M und des Batteriekabels B – es muss unendlicher Widerstand festgestellt werden (»1«). Jetzt wird der Pluspol einer vollständig geladene 12-Volt-Batterie mit einem Überbrückungskabel an den Relais-Kontakt C geklemmt, der Minuspol kommt an den Relais-Kontakt D (siehe Abbildung). Zu diesem Zeitpunkt sollte im Relais ein Klicken zu hören sein und das Multimeter 0 Ohm (vollen Durchgang) anzeigen. Falls das Relais bei angelegter Batteriespannung nicht klickt und kein Durchgang angezeigt wird, muss es ersetzt werden.

8 Wenn das Relais in Ordnung ist, muss der Durchgang des Hauptkabels von der Batterie zum Relais geprüft werden. Kontrollieren Sie auch, ob die Anschlüsse und Stecker an beiden Enden des Kabels fest verbunden und frei von Korrosion sind.

9 Prüfen Sie als Nächstes, ob bei eingeschalteter Zündung, Killschalter auf RUN und gedrücktem Startknopf am Stecker-Kontakt des weißen Kabel Batteriespannung anliegt – falls nicht, muss die Verkabelung zwischen dem Relaisstecker und dem Startknopf kontrolliert werden.

10 Wird am weißen Kabel Spannung festgestellt, muss bei Modellen mit Standardgetriebe geprüft werden, ob das grün/rote Kabel im Leerlauf guten Massekontakt hat (die Dioden im Sicherheits-Stromkreis werden einen leichten Widerstand erzeugen). Wird kein Durchgang ermittelt, müssen die Kabel und Stecker zwischen dem Relais und dem Leerlaufschalter überprüft werden; wenn hier alles gut ist, werden der Leerlaufschalter und der Diodenblock kontrolliert. Prüfen Sie bei DCT-Modellen, ob das grün/rote Kabel Durchgang zum Anlasserstromkreis-Relais hat – falls ja, muss das Relais selbst überprüft werden (siehe Kapitel 4, Sektion 11). Wird kein Durchgang festgestellt, müssen die Kabel und Stecker des Relais-Stromkreises kontrolliert werden.

Ausbau und Einbau

11 Trennen Sie die Batterie und entfernen Sie rechts an der Batteriebox den Deckel (Abbildungen 3.7a und b).

12 Befreien Sie das Relais und entfernen Sie die Abdeckung (Abbildungen 5.2a und b).

13 Trennen Sie den Relais-Stecker (siehe Abbildung). Lösen Sie die Schrauben der zum Anlasser (M) und zur Batterie (B) führenden Kabel und befreien Sie diese (Abbildung 25.4). Falls das Relais durch ein Neuteil ersetzt werden soll, müssen die Sicherungen umgesteckt werden. Falls auch ein neuer Gummihalter installiert wird, muss die Ersatz-Hauptsicherung umgesteckt werden.

14 Der Einbau entspricht der umgekehrten Ausbaureihenfolge. Verbinden Sie das vom Anlasser kommende Kabel mit Anschluss M und das von der Batterie kommende Kabel mit Anschluss B; ziehen Sie die Anschlussschrauben sorgfältig an (Abbildung 25.4). Vergessen Sie nicht, ggf. die Sicherungen in das Relais und die Ersatz-Hauptsicherung in den Gummihalter zustecken. Falls entfernt, müssen bis Modelljahr die 15 A-Sicherung neben den Anschluss des rot/weißen Kabels und die 30 A-Sicherung neben den Anschluss des roten Kabels eingesteckt werden. Verbinden Sie zum Schluss zuerst den Stromanschluss (+) und erst dann den Masseanschluss (–) mit der Batterie.

26 Anlasser
Ausbau und Einbau

Ausbau

1 Der Anlasser sitzt hinter den Zylindern oben am Motorgehäuse. Entfernen Sie die Batteriebox (siehe Sektion 3).

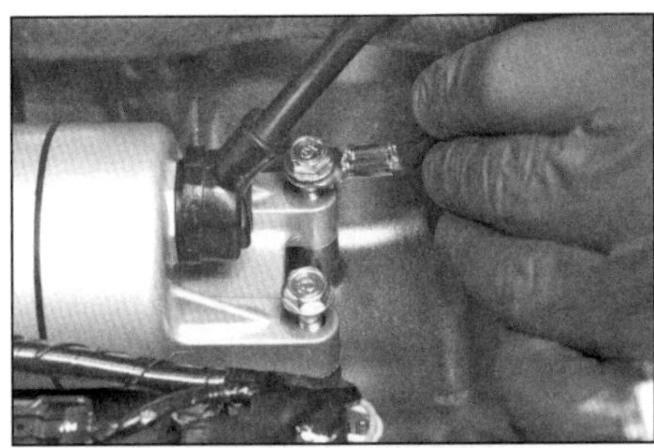
26.2a Lösen Sie die Anlasser-Schrauben – beachten Sie ggf. das Massekabel.

26.2b Befreien Sie den Anlasser aus dem Motorgehäuse.

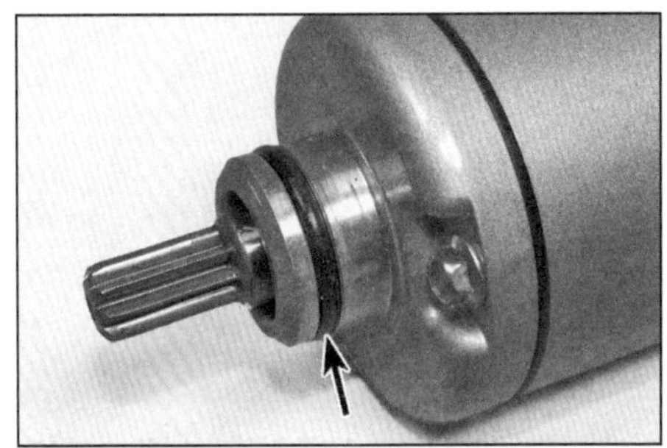
26.4 Installieren Sie den O-Ring und schmieren Sie ihn.

27.2 Ziehen Sie die Kappe zurück, lösen Sie die Mutter und befreien Sie das Kabel.

27.6 Beachten Sie die Ausrichtmarkierungen zwischen den Gehäuseteilen.

2 Lösen Sie die zwei Schrauben, die den Anlasser am Motorgehäuse halten – beachten Sie ab Modelljahr 2018 den Masseanschluss an der vorderen Schraube (siehe Abbildung). Ziehen Sie den Anlasser aus dem Motorgehäuse – hebeln Sie ihn nötigenfalls mit einem Schraubendreher heraus (siehe Abbildung).
3 Befreien Sie den O-Ring vom Anlasserflansch – beim Einbau wird ein neuer benötigt (Abbildung 26.4).

Einbau

4 Rüsten Sie den Anlasserflansch mit einem neuen O-Ring aus, der rundherum korrekt in seiner Nut liegen muss (siehe Abbildung). Ölen Sie den O-Ring leicht ein.
5 Bringen Sie den Anlasser in Position und schieben Sie ihn in das Motorgehäuse (siehe Abbildung), sodass die Anlasserverzahnung in das Untersetzungszahnrad greift (Abbildung 26.2b). Installieren Sie die Befestigungsschrauben – vergessen Sie ab Modelljahr 2018 nicht den Massenanschluss an der vorderen – und ziehen Sie sie sorgfältig an (Abbildung 26.2a).
6 Installieren Sie die Batteriebox (siehe Sektion 3).

27 Anlasser Überholen

Test

1 Bauen Sie den Anlasser aus (siehe Sektion 26), umwickeln Sie ihn mit Lappen und klemmen Sie ihn in einen mit weichen Backen ausgerüsteten Schraubstock – ziehen Sie diesen nicht zu fest an.
2 Trennen Sie das Anlasserkabel (siehe Abbildung).
3 Verbinden Sie eine geladenen Batterie mithilfe von Überbrückungskabeln mit dem Anlasser – den Pluspol (+) mit dem Gewindestutzen des Kabelanschlusses und den Minuspol (–) mit einer der Befestigungslaschen. Wenn sich der Anlasser zu diesem Zeitpunkt zu drehen beginnt, wird er in Ordnung sein; falls er nicht arbeitet oder der Verdacht besteht, dass er unter Last nicht richtig läuft, kann er für weitere Kontrollen zerlegt werden.

Zerlegen

4 Bauen Sie den Anlasser aus (siehe Sektion 26).
5 Trennen Sie das Anlasserkabel (Abbildung 27.2).
6 Beachten Sie die Markierungen an den Übergängen zwischen dem Hauptgehäuse und den vorderen und hinteren Gehäuseteilen – diese müssen bei der Montage wieder fluchten. Falls die Markierungen schwierig zu erkennen sind, müssen welche angebracht werden (siehe Abbildung).
7 Lösen Sie die zwei langen Schrauben, beachten Sie die O-Ringe und entfernen Sie den vorderen Gehäusedeckel (siehe Abbildungen).
8 Entfernen Sie das hintere Gehäuseteil (siehe Abbildung).
9 Ziehen Sie die Ankerwelle aus dem Hauptgehäuse (Abbildung 27.28) – sie wird vom Magnetismus etwas zurückgehalten.

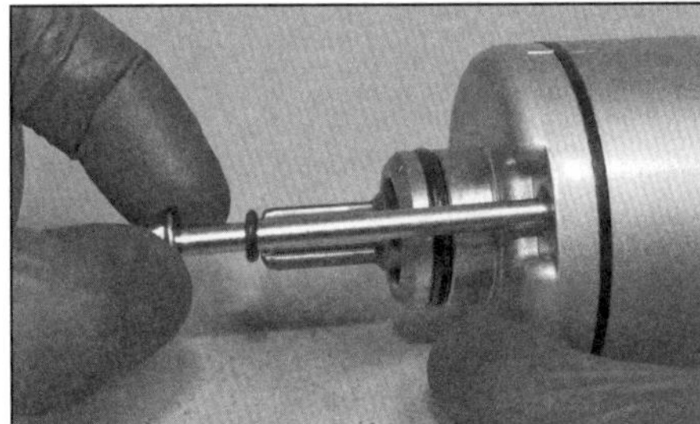
27.7a Lösen und entfernen Sie die zwei langen Schrauben...

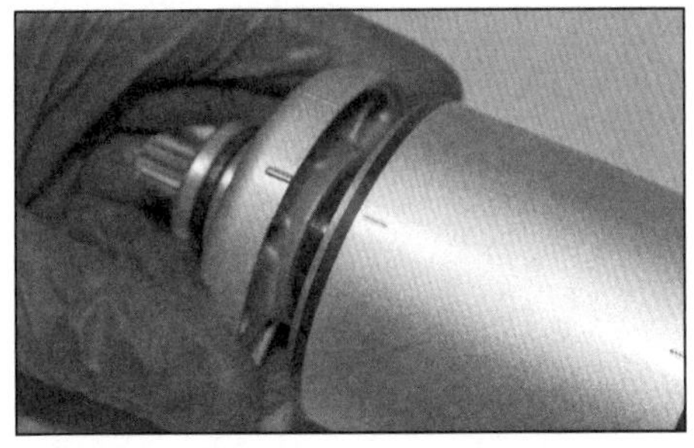
27.7b ...und entfernen Sie das vordere Gehäuseteil...

27.8 ...sowie das hintere Gehäuseteil.

8

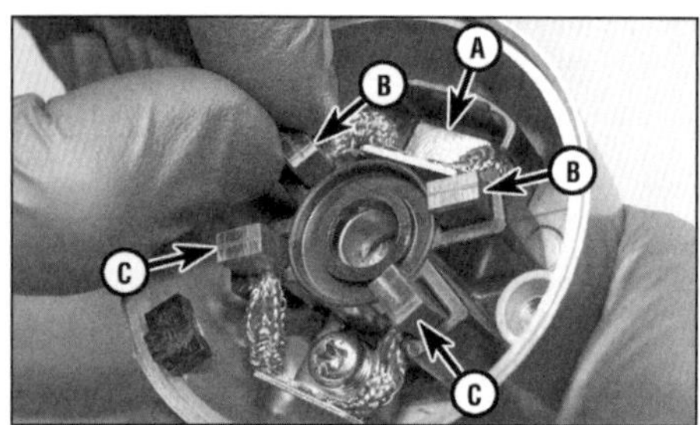

27.10 **Anschlussschraube (A), Plus-Kohlebürste (B), Minus-Kohlebürste (C)**

27.11a Heben Sie die Bürsten heraus...

27.11b ...und entfernen Sie die Federn.

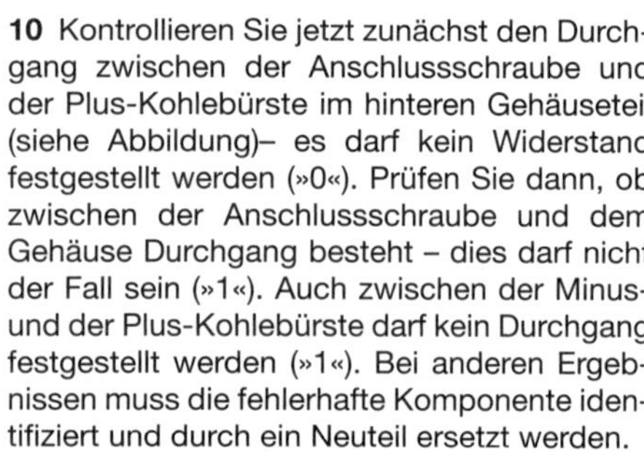

10 Kontrollieren Sie jetzt zunächst den Durchgang zwischen der Anschlussschraube und der Plus-Kohlebürste im hinteren Gehäuseteil (siehe Abbildung)– es darf kein Widerstand festgestellt werden (»0«). Prüfen Sie dann, ob zwischen der Anschlussschraube und dem Gehäuse Durchgang besteht – dies darf nicht der Fall sein (»1«). Auch zwischen der Minus- und der Plus-Kohlebürste darf kein Durchgang festgestellt werden (»1«). Bei anderen Ergebnissen muss die fehlerhafte Komponente identifiziert und durch ein Neuteil ersetzt werden.

11 Befreien Sie die Kohlebürsten und entnehmen Sie ihre Federn (siehe Abbildungen).

12 Beachten Sie die korrekte Positionierung jeder Komponente, lösen Sie die Mutter der Anschlussschraube und entfernen Sie die Unterlegscheibe, die Isolierscheibe, den Anschluss-Schild und den O-Ring. Entfernen Sie dann die Anschlussschraube samt Plus-Kohlebürste (siehe Abbildungen).

13 Lösen Sie die Schraube der Minus-Kohlebürste und entnehmen Sie diese samt Bürstenhalter (siehe Abbildungen).

14 Stellen Sie den Arretierstift aus dem hinteren Gehäuseteil sicher (siehe Abbildung).

Kontrolle

15 Diejenigen Teile, denen am meisten Aufmerksamkeit geschenkt werden muss, sind die Kohlebürsten. Messen Sie die Länge der Bürsten – Honda gibt zwar keine Verschleißgrenzen an, doch wenn sie kürzer als 6 mm sind, sollten sie ersetzt werden (siehe Abbildung) – das Gleiche gilt, wenn Risse oder Ausbrüche festgestellt werden.

16 Inspizieren Sie die Kollektor-Lamellen der Ankerwelle auf Kerben, Kratzer und Verfärbung. Der Kollektor kann vorsichtig mit Schmirgelleinen gereinigt werden, darf aber

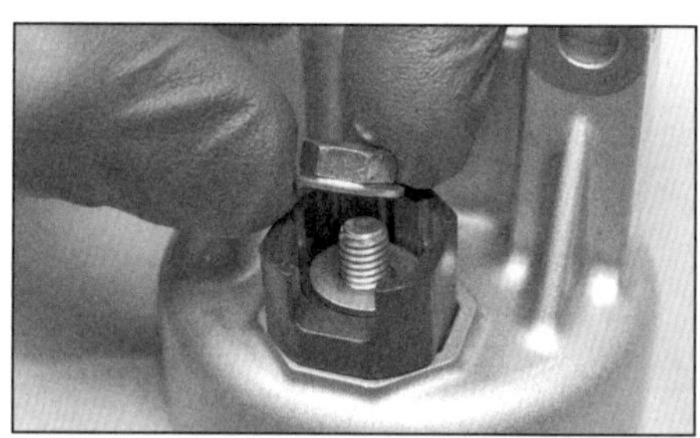

27.12a Lösen Sie die Mutter...

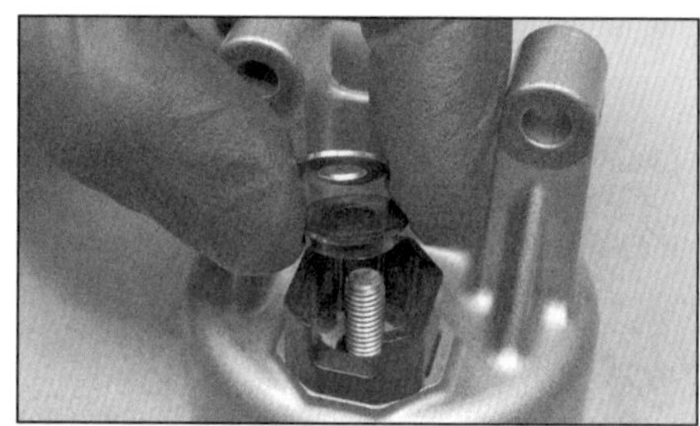

27.12b ...und entfernen Sie die Unterlegscheibe und die Isolierscheibe...

nicht mit Schleifpapier bearbeitet werden. Wischen Sie alle Rückstände mit einem mit Spiritus getränkten Lappen ab, sodass die Nuten zwischen den Lamellen sauber sind.

17 Mithilfe eines Ohmmeters oder eines Durchgangsprüfers wird zwischen den Kollektorlamellen der Widerstand gemessen (siehe Abbildung) – innerhalb des Kollektors muss Durchgang bestehen. Messen Sie den Widerstand zwischen den Lamellen und der Ankerwelle (siehe Abbildung) – hier darf kein Durchgang bestehen (unendlicher Widerstand). Bei anderen Ergebnissen ist die Ankerwelle defekt und der Anlasser muss ersetzt werden – die Welle ist nicht separat erhältlich.

18 Kontrollieren Sie das Anlasser-Zahnrad. Wenn ausgebrochene Zähne oder übermäßiger Verschleiß festgestellt wird, muss der Anlasser ersetzt werden – das Zahnrad sitzt fest auf der Welle, die nicht separat erhältlich ist. Kontrollieren Sie in diesem Fall auch das Zwischenrad im Motorgehäuse.

19 Inspizieren Sie die vorderen und hinteren Gehäuseteile auf Risse oder Verschleiß. Kontrollieren Sie auch den Dichtring und das Nadellager im vorderen Gehäuseteil sowie die Lagerbuchse im hinteren Deckel (siehe Abbildung). Weder der Dichtring, noch das Lager, die Buchse oder die Gehäuseteile sind separat erhältlich, sodass bei Schäden ein neuer Anlasser beschafft werden muss.

20 Kontrollieren Sie die Magnete im Hauptgehäuse und das Gehäuse selbst auf Risse.

21 Kontrollieren Sie den Anschluss-Schild (Abbildung 27.12c), das Isolierstück (Abbildung 27.12b) und den O-Ring (Abbildung 27.12d) sowie die Gehäuse-Dichtringe (siehe Abbildung) auf Beschädigungen, Verformung oder Alterungserscheinungen – beschaffen Sie nötigenfalls Neuteile.

Zusammenbau

22 Installieren Sie den Arretierstift mit der Lasche nach außen zeigend in das hintere Gehäuseteil (Abbildung 27.14).

23 Installieren Sie den Bürstenhalter in das hintere Gehäuseteil (Abbildung 27.13c). Installieren Sie die Minus-Kohlebürsten und sichern Sie sie mit der Schraube (Abbildungen 27.13b und a).

24 Installieren Sie die Anschlussschraube und die Plus-Kohlebürsten in den Bürstenhalter, schieben Sie dann den O-Ring auf (Abbildungen 27.12e und d) – führen Sie ihn vollständig herunter, sodass der die Schraube vom Gehäuse isoliert (siehe Abbildung). Installieren Sie den Anschlussschild mit dem Kabel-Ausschnitt nach oben, legen Sie die Isolierscheibe und die Unterlegscheibe auf und sichern Sie alles mit der Mutter (Abbildungen 27.12c, b und a).

25 Stecken Sie die Bürstenfedern in ihre Gehäuse und installieren Sie die Kohlebürsten so darüber, dass ihre Kabel in den Nuten geführt werden (Abbildungen 27.11b und a).

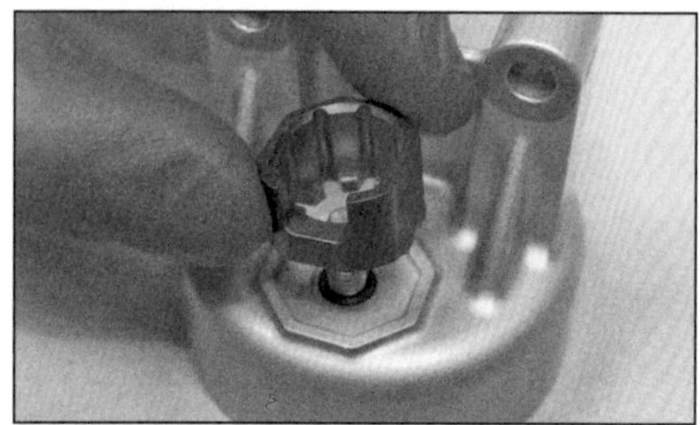

27.12c ...sowie den Anschluss-Schild...

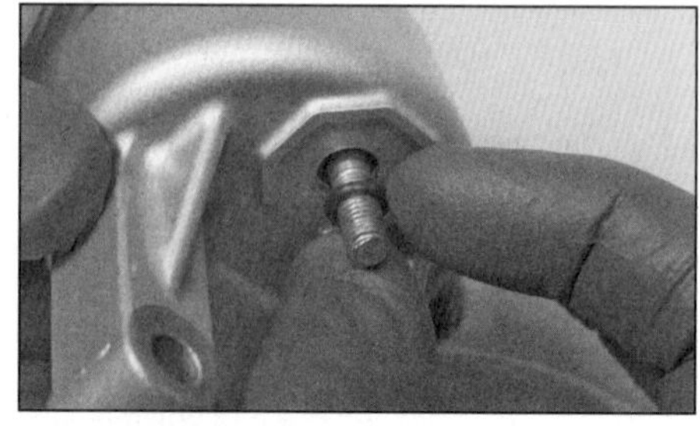

27.12d ...und den O-Ring.

27.12e Befreien Sie dann die Anschlussschraube samt Plus-Kohlebürste.

27.13a Lösen Sie die Schraube der Minus-Kohlebürste...

27.13b ...und entnehmen Sie diese...

27.13c ...samt Bürstenhalter.

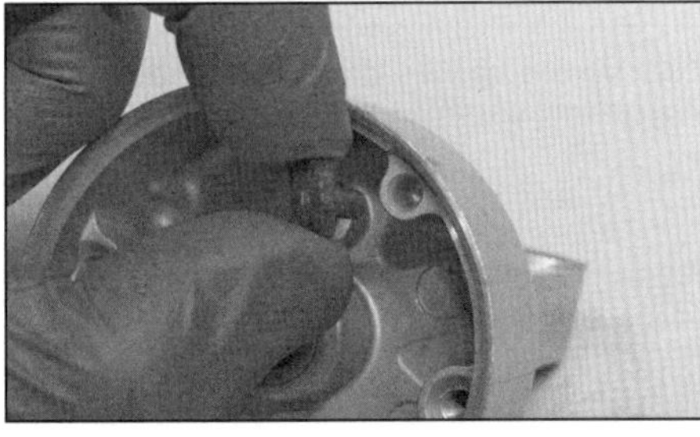

27.14 Stellen Sie den Arretierstift sicher.

27.15 Messen Sie die Länge der Kohlebürsten – neu sind sie 12 mm lang.

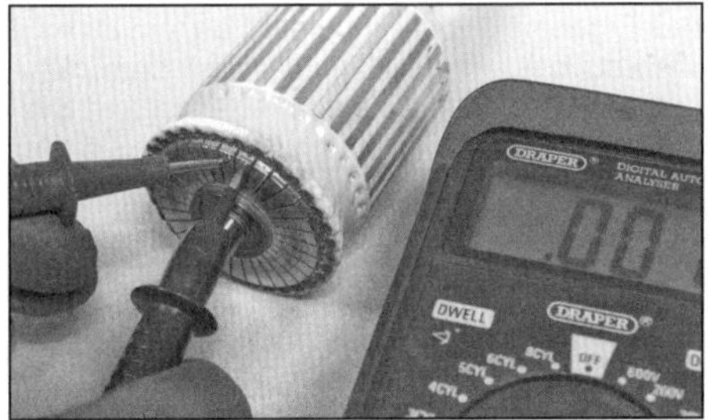

27.17a Zwischen den Lamellen muss Durchgang bestehen.

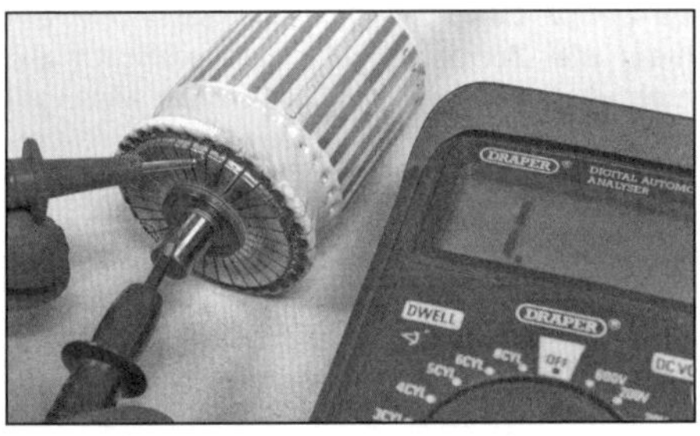

27.17b Zwischen den Lamellen und der Ankerwelle darf kein Durchgang bestehen.

27.19 Kontrollieren Sie den Dichtring und das Nadellager im vorderen Gehäuseteil (links) sowie die Buchse im hinteren Gehäuseteil (rechts)

27.21 Positionen der Gehäuse-Dichtringe

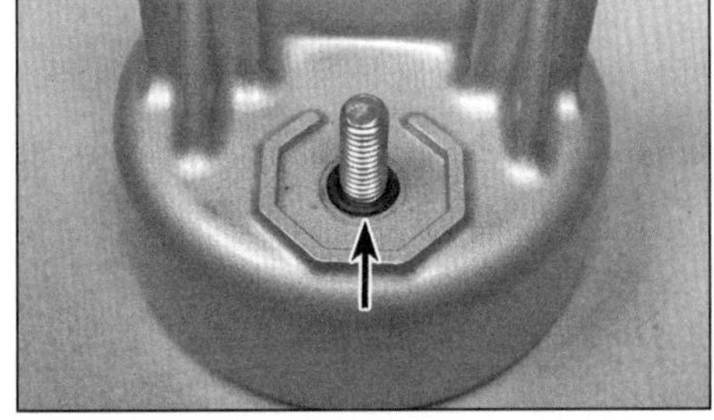

27.24 Der O-Ring muss die Schraube vom Gehäuse isolieren.

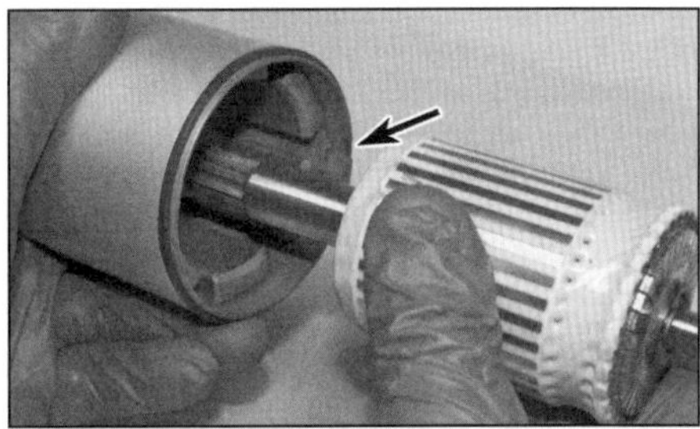

27.28 Führen Sie vorsichtig die Ankerwelle ein – der Kollektor muss an der Seite mit dem Ausschnitt (Pfeil) liegen.

26 Führen Sie die in Schritt 10 beschriebenen Durchgangstests durch, um den korrekten Zusammenbau zu überprüfen.

27 Rüsten Sie das Hauptgehäuses mit den – ggf. neuen – O-Ringen aus (Abbildung 27.21).

28 Führen Sie vorsichtig die mit dem Kollektor zum Ausschnitt des Gehäuses ausgerichtete Ankerwelle ins Gehäuse ein (siehe Abbildung) – sie wird von den Magnetkräften hineingezogen.

29 Versehen Sie das kurze Ende der Ankerwelle mit Fett und setzen Sie das zum Ausschnitt des Hauptgehäuses ausgerichtete hintere Gehäuseteil auf – die Bürsten müssen senkrecht am Kollektor anliegen (Abbildung 27.8).

30 Fetten Sie die Lippe des vorderen Dichtrings, schieben Sie das vordere Gehäuseteil auf und richten Sie die Gehäusemarkierungen aus (Abbildung 27.7b).

31 Prüfen Sie, ob alle Markierungen ausgerichtet sind (Abbildung 27.6), installieren Sie die mit den O-Ringen ausgerüsteten langen

Schrauben und ziehen Sie sie sorgfältig an (Abbildung 27.7a).

32 Verbinden Sie das vom Anlasserrelais kommende Kabel mit dem Anlasser, sichern Sie es mit der Mutter und schieben Sie die Gummikappe auf (Abbildung 27.2).

33 Bauen Sie den Anlasser ein (siehe Sektion 26).

28 Ladesystem
Test

1 Falls an der Funktion des Ladesystems Zweifel bestehen, sollte zunächst das System als Ganzes kontrolliert werden, danach die einzelnen Komponenten. Vor dem Beginn der Kontrolle muss sichergestellt werden, dass die Batterie vollständig geladen ist und alle elektrischen Verbindungen sauber sind und fest sitzen (siehe Sektion 3 und 4).

2 Zur Kontrolle der Ausgangsleistung des Ladesystems und der Funktion der Komponenten des Ladesystems wird ein Multimeter (mit Stromspannungs-, Stromstärken- und Widerstands-Messmöglichkeiten) benötigt. Ist ein solches Gerät nicht zur Hand, sollte die Kontrolle einer Fachwerkstatt überlassen werden.

3 Folgen Sie bei den Tests sorgfältig den Hinweisen, um falsche Anschlüsse oder Kurzschlüsse zu vermeiden, die zu irreparablen Schäden an elektrischen Bauteilen führen können.

Ausgangsleistungs-Test

4 Verschaffen Sie sich Zugang zur Batterie (siehe Sektion 3). Starten Sie den Motor und bringen Sie ihn auf Betriebstemperatur.

5 Schließen Sie für eine Kontrolle der geregelten (Gleichstrom-) Ausgangsleistung bei im Standgas laufendem Motor und eingeschaltetem Fernlicht das Multimeter mit dem auf 0 – 20 Volt Gleichstrom (DC) eingestellten Messbereich an die beiden Pole der Batterie an – Plus an Plus, Minus an Minus (siehe Abbildung).

6 Erhöhen Sie langsam die Drehzahl des Motors auf 5000/min und beobachten Sie die Messgerät-Anzeige – die geregelte Spannung muss dabei von normaler Batteriespannung auf 15,5 Volt ansteigen: liegt sie abseits dieser Vorgabe, müssen die Lichtmaschine und die

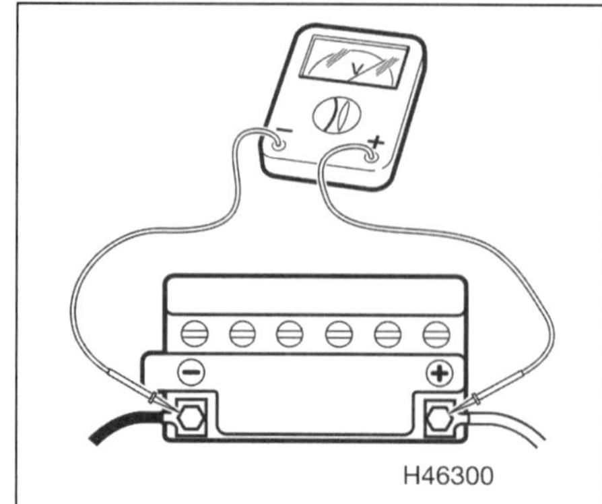

28.5 Verbinden Sie das Messgerät für den Ausgangsspannungs-Test wie gezeigt.

Regler/Gleichrichter-Einheit überprüft werden (siehe Sektionen 29 und 30).

Kriechstrom-Test

Achtung: Schließen Sie das Amperemeter (Multimeter auf A-Messbereich) immer in Reihe, niemals parallel zur Batterie an, da es dabei beschädigt wird. Schalten Sie nicht die Zündung an und betätigen Sie niemals den Startknopf, wenn das Messgerät angeschlossen ist – der plötzliche fließende Strom würde das Gerät zerstören.

Hinweise auf einen defekten Regler sind Lampen mit drehzahlabhängiger Leuchtstärke, die ständig durchbrennen und eine überhitzende Batterie.

7 Schalten Sie den Motor und die Zündung aus und entfernen Sie das Messgerät. Trennen Sie den Minus-Anschluss (–) von der Batterie (siehe Sektion 3).

8 Schalten Sie das Multimeter auf den Ampere-Messbereich – zunächst auf den höchsten Messbereich und dann schrittweise herunter auf den Milliampere-Bereich (mA), um ein Durchbrennen der Geräte-Sicherung zu verhindern.

9 Verbinden Sie bis Modelljahr 2017 die Minusklemme mit dem Minus-Pol (–) der Batterie

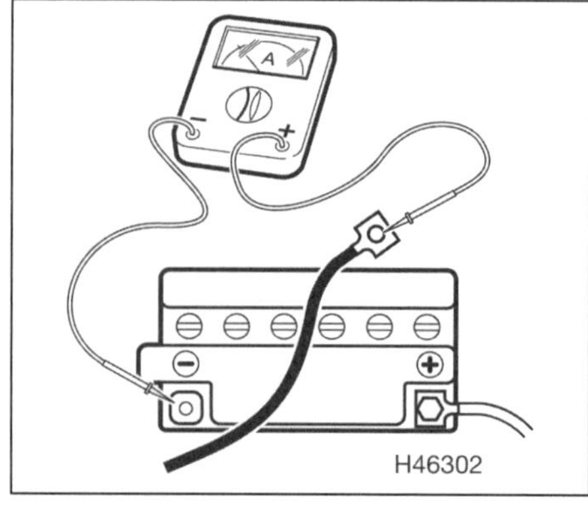

28.10 Kriechstrom-Kontrolle – verbinden Sie ab Modelljahr 2018 das Amperemeter wie gezeigt.

sowie die Plusklemme (+) mit dem getrennten Masseanschluss.

10 Verbinden Sie ab Modelljahr 2018 die Minusklemme mit dem Minus-Pol (–) der Batterie sowie die Plusklemme (+) mit dem getrennten Massekabel. (siehe Abbildung).

11 Bei dieser Messung dürfen nicht mehr als 0,66 mA Stromstärke abzulesen sein. Wenn das Ergebnis höher (aber nicht auf zusätzliche Verbraucher wie eine Alarmanlage zurückzuführen) ist, liegt irgendwo im elektrischen System ein Kurzschluss vor. Trennen Sie das Messgerät und schließen Sie den Masseanschluss (–) der Batterie wieder an.

12 Falls Kriechströme festgestellt werden, müssen unter Verwendung der Schaltpläne am Ende des Kapitels systematisch einzelne elektrische Bauteile getrennt und der Test wiederholt werden, bis die Kriechstromquelle identifiziert ist.

29 Lichtmaschine

Kontrolle

1 Trennen Sie an der hinter dem Stoßdämpfer sitzenden Regler/Gleichrichter-Einheit den grauen Stecker (mit den drei gelben Kabeln) (Abbildung 30.1). Kontrollieren Sie die Steckerkontakte auf Korrosion und festen Sitz.

29.7a Befreien Sie den Kabel-Clip,...

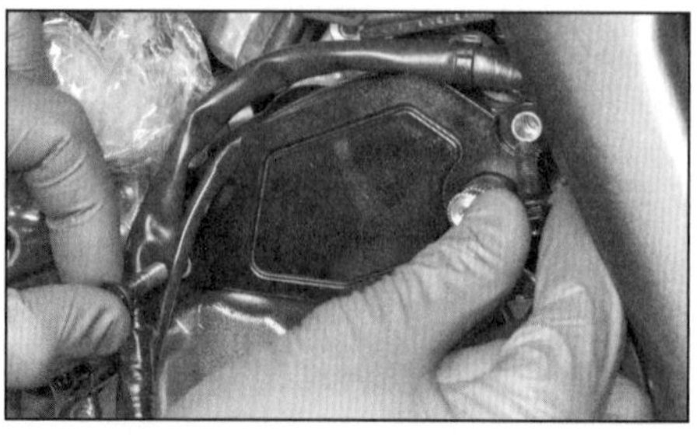

29.7b ...lösen Sie die Schrauben und entnehmen Sie die Schaltwellen-Abdeckung.

29.8 Abdeckung des Getriebe-Steuermotors

2 Zum Test des Statorspulen-Widerstands werden die Klemmen eines auf den Messbereich Ohm x 1 gestellten Multimeters mit je zwei der drei von der Lichtmaschine kommenden Kabel verbunden, sodass drei Messergebnisse vorliegen, die zwischen 0,1 und 1,0 Ohm betragen müssen. Bei anderen Ergebnissen müssen die Kabel zwischen dem Stator und der Stator selbst kontrolliert werden – keines der Kabel darf Durchgang zu Masse haben. Sind die Kabel in Ordnung, wird der Stator defekt sein.

Ausbau

3 Lassen Sie das Motoröl ab (siehe Kapitel 1, Sektion 11). Drehen Sie den Peilstab nicht wieder in den Deckel.

4 Demontieren Sie den Motorritzel-Deckel (siehe Kapitel 6, Sektion 22).

5 Entfernen Sie die Abdeckung der Lichtmaschinenkabel (Abbildungen 16.5a und b).

6 Demontieren Sie die Batteriebox (siehe Sektion 3).

7 Entfernen Sie bei Modellen **mit Standardgetriebe** die Schaltwellen-Abdeckung (siehe Abbildungen). Trennen Sie das Kabel des Öldruckschalters und ziehen Sie den schwarzen Dreistiftstecker des Geschwindigkeitssensors ab (Abbildung 15.9).

8 Entfernen Sie bei DCT-Modellen die Abdeckung des Getriebe-Steuermotors (siehe Abbildung). Trennen Sie den Stecker des Öldrucksensors (Abbildung 16.5c).

9 Trennen Sie den schwarzen Sechsstift-Stecker der Lichtmaschine (siehe Abbildung). Trennen Sie an der Regler/Gleichrichter-Einheit den grauen Stecker (mit den drei gelben Kabeln) (Abbildung 30.1). Führen Sie die Verkabelung zum Lichtmaschinendeckel zurück – merken Sie sich ihre Verlegung und befreien Sie sie aus allen Befestigungen.

10 Lockern Sie schrittweise und über Kreuz die Schrauben des Lichtmaschinendeckels. Beachten Sie die zwei langen Schrauben, mit denen auch die Kabel-Halterungen gesichert sind, sowie die Position des Kabelclip-Halters (siehe Abbildung) Ziehen Sie den Deckel von der Lichtmaschine (siehe Abbildung) – er wird durch die Magnetkräfte des Rotors zurückgehalten; seien Sie auf etwas austretendes Öl vorbereitet. Stellen Sie ggf. die im Motor oder im Deckel steckenden Passhülsen sicher (Abbildung 29.22d). Entfernen Sie nötigenfalls die Öldüse – merken Sie sich die Einbaurichtung (Abbildung 29.22c).

11 Ziehen Sie die Wellen des Anlasserrades und der Untersetzungsräder heraus und entnehmen Sie die Zahnräder (siehe Abbildungen).

12 Zum Lösen des Rotorbolzens muss der Rotor am Mitdrehen gehindert werden – dies kann mithilfe eines Bandschlüssels (siehe Abbildung) oder eines an den Abflachungen des Rotorstumpfs angesetzten großen Maulschlüssels geschehen. Lösen Sie den Bolzen und entnehmen Sie die Scheibe.

13 Um den Lichtmaschinenrotor von der Kurbelwelle befreien zu können, wird ein Abzieher benötigt, wie ihn Honda unter den Teilenummern 07733-002001 anbietet; auch kann ein passender alternativer Abzieher verwendet werden. Drehen Sie den Abzieher in den Rotor, blockieren Sie diesen wie in Schritt 12 und ziehen Sie den Abzieher an, bis sich der Rotor vom Konus der Kurbelwelle löst – klopfen Sie nötigenfalls auf den Abzieher, um die Verbindung zu lösen. Falls das Anlasser-Freilaufrad nicht zusammen mit dem Rotor von der Kurbelwelle befreit wird, muss es abgezogen werden. Stellen Sie ggf. den Keil aus der Nut der Kurbelwelle sicher (siehe Abbildung).

29.9 Schwarzer Sechsstift-Stecker der Lichtmaschinenkabel

29.10a Lösen Sie die zwölf Schrauben des Lichtmaschinendeckels...

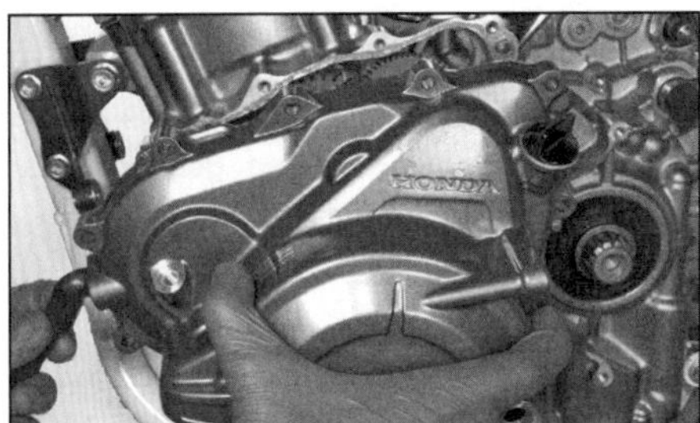

29.10b ...und ziehen Sie den Deckel ab.

29.11a Entfernen Sie zuerst das hintere Anlasserrad...

29.11b ...und dann das vordere Untersetzungsrad-Paar.

29.12 Kontern Sie den Rotor z. B. mit einem Bandschlüssel, um den Bolzen zu lösen.

29.13a Drehen Sie den Abzieher in den Rotor,...

29.13b ...kontern Sie den Rotor und ziehen Sie den Abzieher an, bis sich der Rotor löst.

29.13c Keil im Konus der Kurbelwelle

8

29.14 **Schrauben des Kurbelwellensensors (oben) und des Lichtmaschinen-Stators**

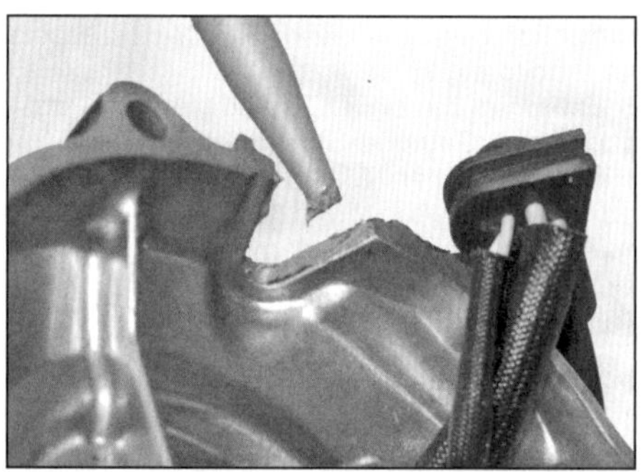

29.16 **Tragen Sie im Ausschnitt Dichtmasse auf und drücken Sie den Kabelstopfen hinein.**

29.19 **Schieben Sie den korrekt ausgerichteten Rotor auf die Kurbelwelle.**

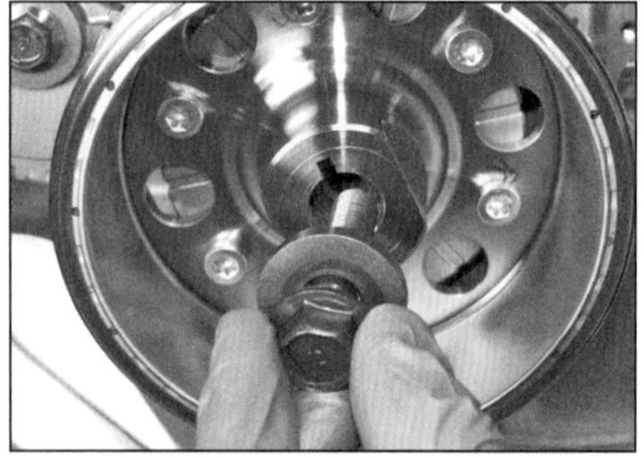

29.20a Installieren Sie den geschmierten Bolzen samt Scheibe...

29.20b ...und ziehen Sie ihn bei gekontertem Rotor mit 137 Nm an.

29.22a Tragen Sie Dichtmasse auf...

14 Um die aus dem Stator und dem Kurbelwellensensor bestehende Baugruppe aus dem Lichtmaschinendeckel zu befreien, müssen die zwei Schraube des Kurbelwellensensors und die fünf Statorschrauben gelöst und die Baugruppe befreit werden (siehe Abbildung).
15 Entfernen Sie nötigenfalls das Nadellager, das Freilaufrad und den Freilauf von der Rückseite des Rotors (siehe Kapitel 2, Sektion 12).

Einbau

16 Setzen Sie den Stator in den Lichtmaschinendeckel (Abbildung 29.14). Richten Sie den Kabelstopfen zum Ausschnitt aus. Reinigen Sie die Gewinde der Stator- und Kurbelwellensensor-Schrauben und versehen Sie sie mit mittelfester Sicherungspaste (Loctite). Installieren Sie die Schrauben und ziehen Sie sie mit 12 Nm an. Tragen Sie Dichtmasse (z. B. Threebond 1207B) im Kabelstopfen-Ausschnitt des Deckels auf und drücken Sie den Stopfen hinein (siehe Abbildung).
17 Falls entfernt, wird der Anlasserfreilauf an den Rotor montiert, das Freilaufrad in den Freilauf gesteckt und das Nadellager in die Freilaufradnabe installiert (siehe Kapitel 2, Sektion 12).
18 Befreien Sie den Deckel und das Motorgehäuse von sämtlichen Dichtmasse-Resten und reinigen Sie die Dichtflächen mit geeignetem Lösungsmittel. Säubern Sie die Konusflächen der Kurbelwelle und des Rotors mit Lösungsmittel. Stecken Sie den Keil in die Nut der Kurbelwelle (Abbildung 29.13c).
19 Achten Sie darauf, dass an den Magneten des Rotors keine Metallpartikel haften. Richten Sie die Nut des Rotors zum Keil in der Kurbelwelle aus und schieben Sie den Rotor auf (siehe Abbildung).
20 Schmieren Sie das Gewinde des Rotorbolzens, die Unterseite des Bolzenkopfs und die Scheibe mit frischem Motoröl (siehe Abbildung). Installieren Sie den Bolzen samt Scheibe und ziehen Sie ihn mit 137 Nm an - kontern Sie dabei den Rotor (siehe Abbildung).
21 Schmieren Sie die Wellen des Anlasserrades und der Untersetzungsräder mit einem Gemisch aus Motoröl und MoS2-Fett. Positionieren Sie die Zahnräder mit ineinandergreifenden Zähnen, richten Sie die Wellenbohrungen aus und schieben Sie die Wellen ein (Abbildungen 29.11b und a).
22 Tragen Sie an der Dichtfläche des Motorgehäuses zum Lichtmaschinendeckel geeignete Dichtmasse (z. B. Threebond 1207B) auf. Stecken Sie ggf. die Passhülsen in ihre Bohrungen (siehe Abbildungen). Stecken Sie ggf. die Öldüse mit dem größeren Innendurchmesser nach außen zeigend in den Deckel (siehe Abbildung) und installieren Sie diesen an den Motor – er wird dabei von den Magnetkräften des Rotors angezogen (Abbildung 29.10b). Installieren Sie die Deckelschrauben – sichern Sie die Halter der Kabel-Abdeckung mit den längeren Schrauben und vergessen Sie nicht den Kabel-Clip – und ziehen Sie sie schrittweise und über Kreuz mit 12 Nm an (siehe Abbildung).
23 Verbinden Sie die Kabelstecker und installieren Sie die Batteriebox sowie die Deckel in der entgegengesetzten Ausbaureihenfolge – alle Kabel müssen korrekt verlegt und gut gesichert sein (siehe Abbildung).
24 Füllen Sie Motoröl auf (siehe Kapitel 1, Sektion 11). Installieren Sie alle entfernten Bauteile

30 Regler/ Gleichrichter-Einheit

Kontrolle

1 Trennen Sie die Stecker der Regler/Gleichrichter-Einheit (siehe Abbildung). Kontrollieren Sie die Steckerkontakte auf Korrosion und festen Sitz.
2 Schalten Sie ein Multimeter auf den Messbereich 0-20 V DC (Gleichstrom) und verbinden Sie dessen Plusklemme mit dem Kontakt des roten Kabels im schwarzen Stecker sowie die Minusklemme mit Masse – es muss Batteriespannung (ca. 13 Volt) festgestellt werden.
3 Schalten Sie das Multimeter auf den Ohm-Messbereich und prüfen Sie, ob Durchgang

29.22b ...und installieren Sie die zwei Passhülsen...

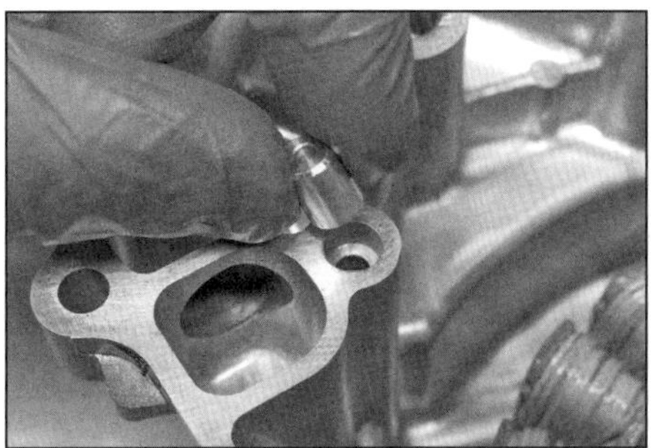

29.22c ...sowie die Öldüse.

29.22d Installieren Sie die Halter der Kabel-Abdeckung und des Kabel-Clips wie gezeigt und sichern Sie die Abdeckungshalter mit den längeren Schrauben.

29.23 Bei DCT-Modellen muss die Verkabelung beim Ansetzen der Getriebe-Steuermotor-Abdeckung korrekt verlegt sein.

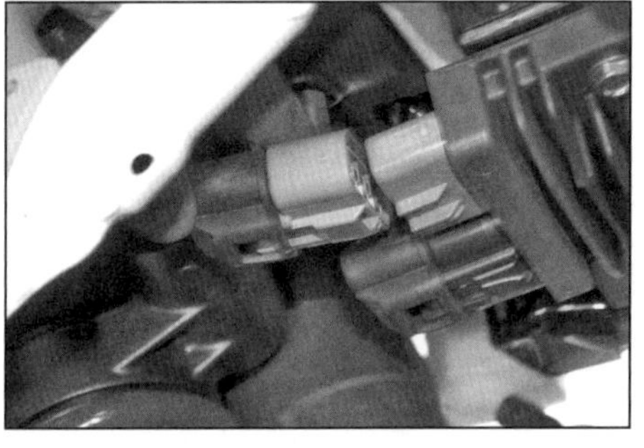

30.1 Stecker der Regler/Gleichrichter-Einheit

30.7 Schrauben der Regler/Gleichrichter-Einheit

zwischen dem Kontakt des grünen Kabels im schwarzen Stecker und Masse besteht – dies muss der Fall sein.

4 Falls die oben beschriebenen Prüfungen andere Ergebnisse bringen, müssen alle Kabel und Stecker auf Kurzschlüsse, Unterbrechungen sowie lockere oder korrodierte Kontakte überprüft werden – beachten Sie dazu die Schaltpläne.

5 Wenn alle Anschlüsse und Kabel in Ordnung sind, muss die Statorspule der Lichtmaschine kontrolliert werden (siehe Sektion 29); ist auch diese funktionsfähig, wird die Regler/Gleichrichter-Einheit defekt sein. Honda gibt für die Einheit selbst keine Prüfdaten bekannt, sodass sie vor dem Austausch von einer Honda-Werkstatt überprüft werden solle.

Hinweise auf einen defekten Regler sind Lampen mit drehzahlabhängiger Leuchtstärke, die ständig durchbrennen und eine überhitzende Batterie.

Ausbau und Einbau

1 Trennen Sie die Stecker der Regler/Gleichrichter-Einheit (Abbildung 30.1).

2 Lösen Sie die zwei Schrauben und entnehmen Sie die Baugruppe (siehe Abbildung).

3 Der Einbau entspricht der umgekehrten Ausbaureihenfolge.

31 Schaltpläne

1 Die Schaltpläne der unterschiedlichen Modelle erstrecken sich jeweils über vier Seiten. Die Nummern an den Enden der Kabel erleichtern das Wiederfinden auf den anderen Seiten. Die Zuordnung der Sicherungen und Abkürzungen für die Kabelfarben finden sich in einem Kasten auf Seite 4 von 4 jeden Modells.

2 Aufgrund der Platzverhältnisse werden in den Schaltplänen ggf. die folgenden Abkürzungen verwendet:

A/M-Schalter – Wechselschalter zwischen Automatik und Manuell-Gangwechsel (DCT-Modelle)
APS – Gasgriffsensor (Accelerator Position Sensor)
CKP – Kurbelwellensensor (Crankshaft Position)
DLC – Datenstecker (Data Link Connector)
ECM/PCM – Motorsteuergerät (Engine Control Module/Powertrain Control Module)
ECT – Kühltemperatursensor (Engine Coolant Temperature)
EOP – Öldrucksensor (Engine Oil Pressure)
EVAP – Verdunstungsregelung (Evaporative Emission Control System)
FI-Relais – Einspritzanlagen-Relais (Fuel Injection)
G-Schalter – Traktionsregelungs-Schalter (DCT-Modelle)
HSTC – Drehmomentregelung (Honda Selectable Torque Control)
IACV – Standgasluftregelung (bis Modelljahr 2017) (Intake Air Control Valve)
IAT – Ansaugluftemperatur-Sensor (Intake Air Temperature)
MAP – Ansaugluftdruck-Sensor (Manifold Absolute Pressure)
N-D-Schalter – Leerlaufschalter (DCT-Modelle)
PAIR – Sekundärluftsystem (Pulse Secondary Air System)
TBW – elektronische Drosselklappensteuerung (Throttle By Wire)
TCS – Drehmoment-Regelschalter (Torque Control Switch)
TP – Drosselklappensensor (Throttle Position)
TR – Schaltbereich-Sensor (Transmission Range – DCT-Modelle)
VS – Geschwindigkeitssensor (Vehicle Speed)

3 Ab Modelljahr 2018 verbindet ein CAN-BUS (Controlled Area Networking) die Instrumente und das Motorsteuergerät. In den Schaltplänen wird CANL (CAN low) durch schwarze Kabel und CANH (CAN high) durch schwarz/rote Kabel angezeigt.

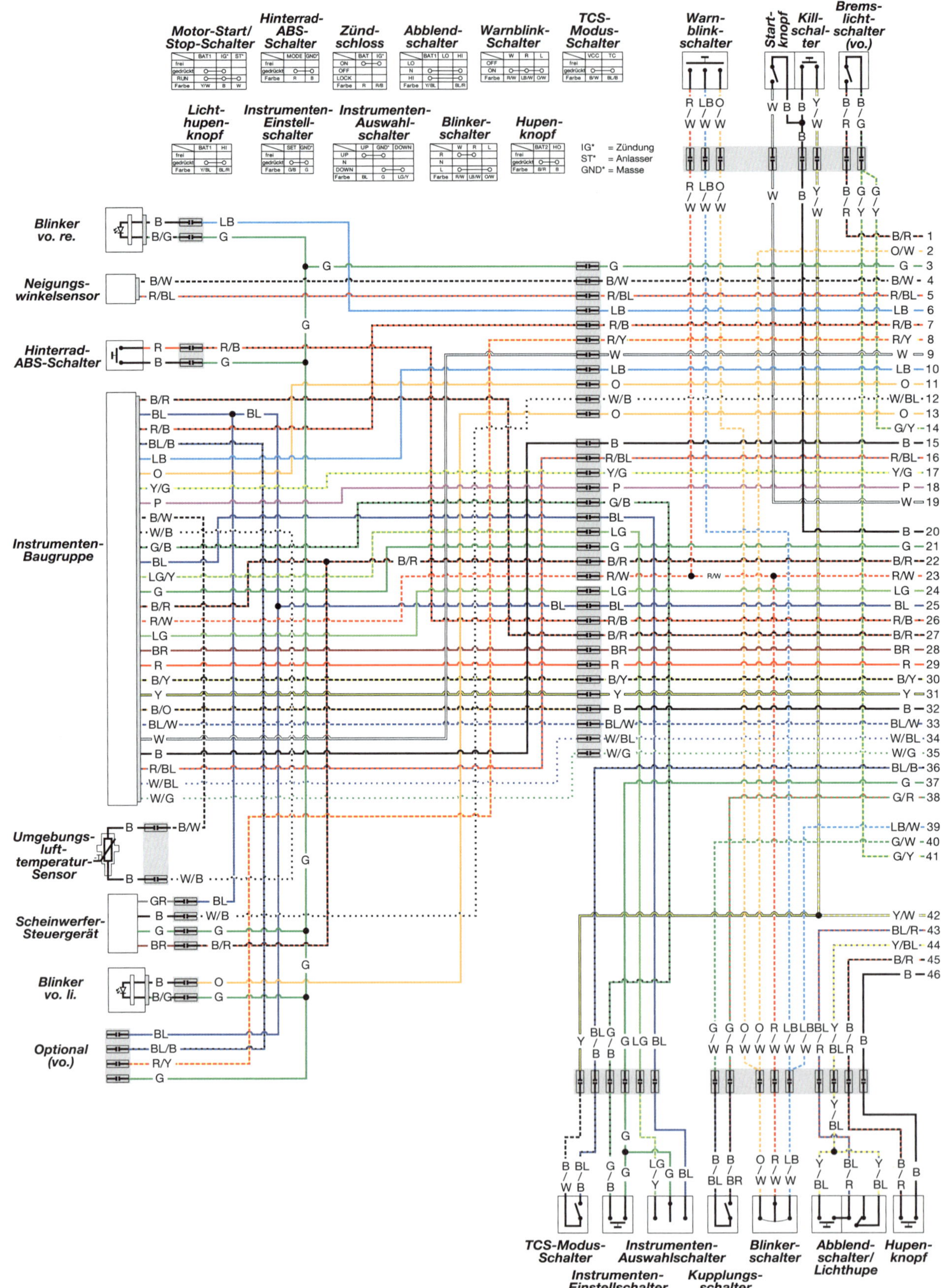

CRF 1000 A bis Modelljahr 2017 (1 / 4)

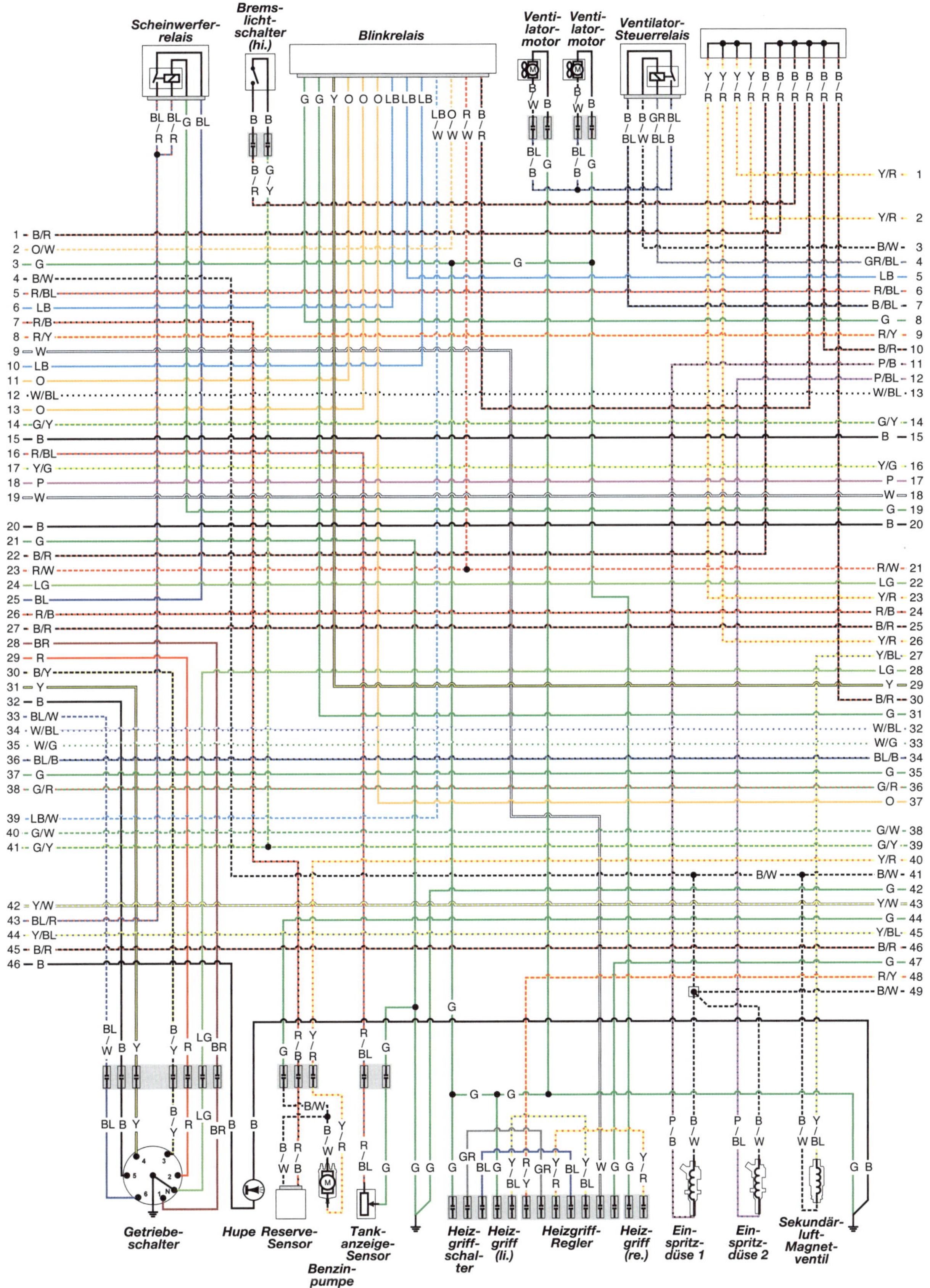

CRF 1000 A bis Modelljahr 2017 (2 / 4)

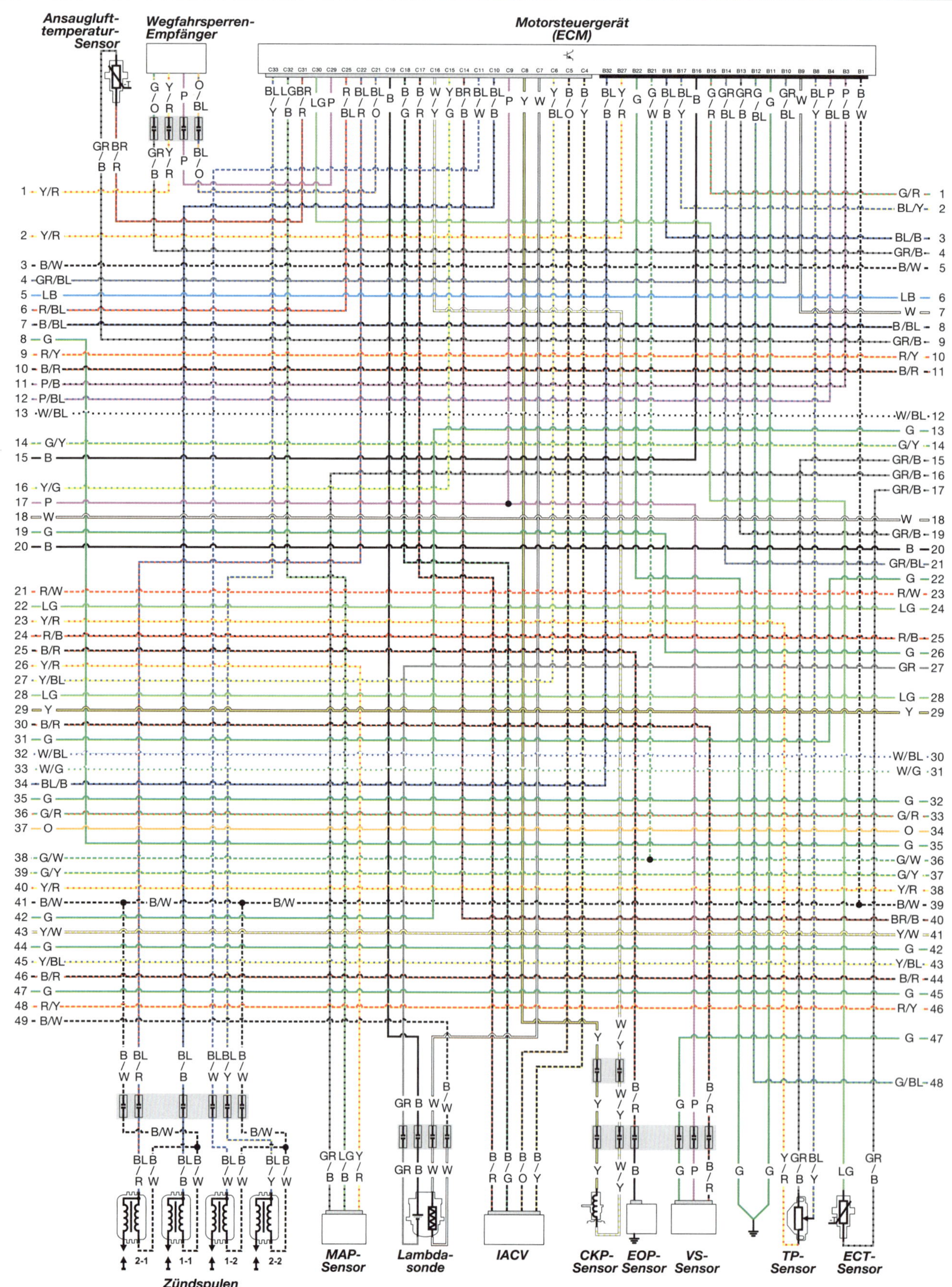

CRF 1000 A bis Modelljahr 2017 (3 / 4)

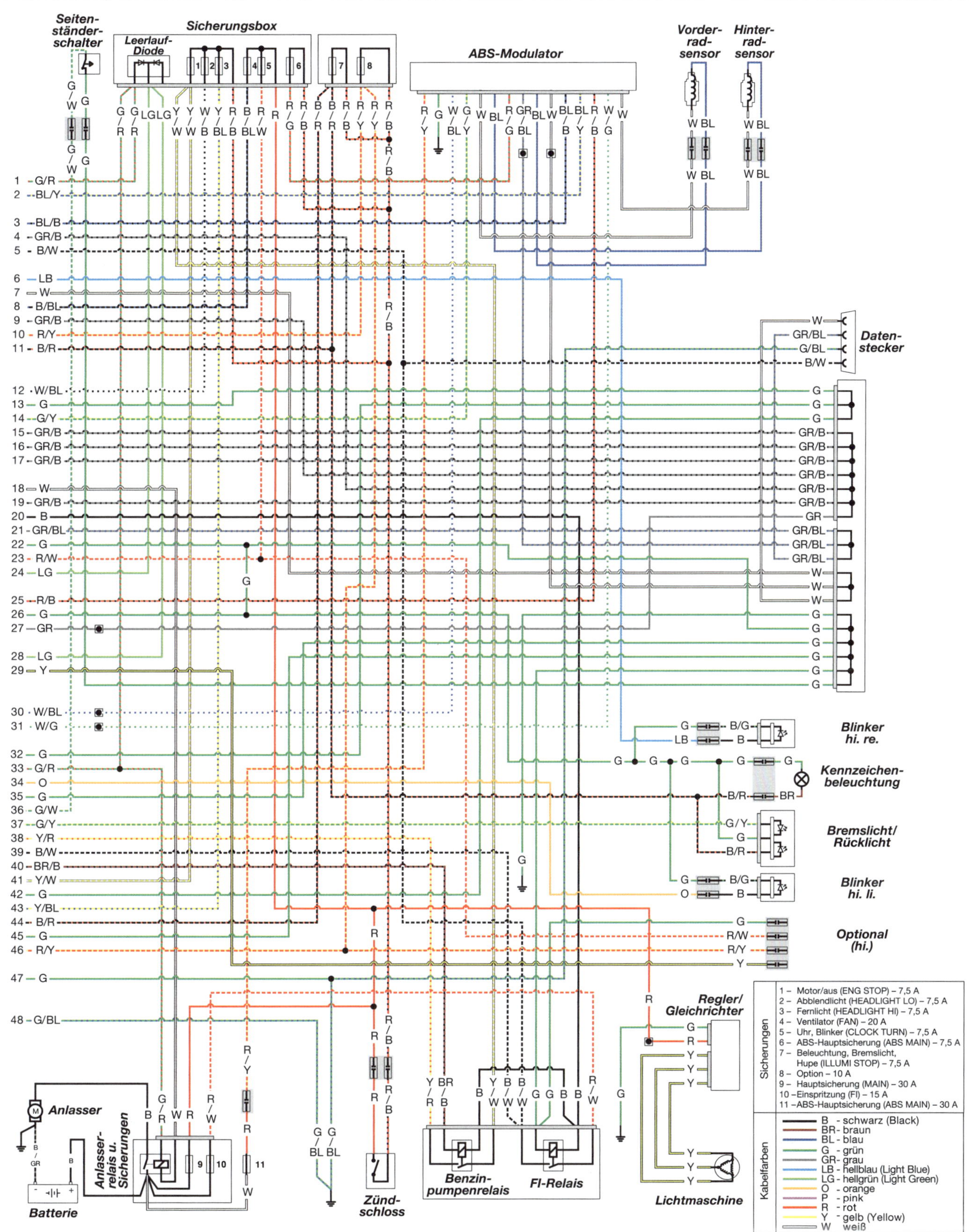

CRF 1000 A (Standardgetriebe) bis Modelljahr 2017 (4 / 4)

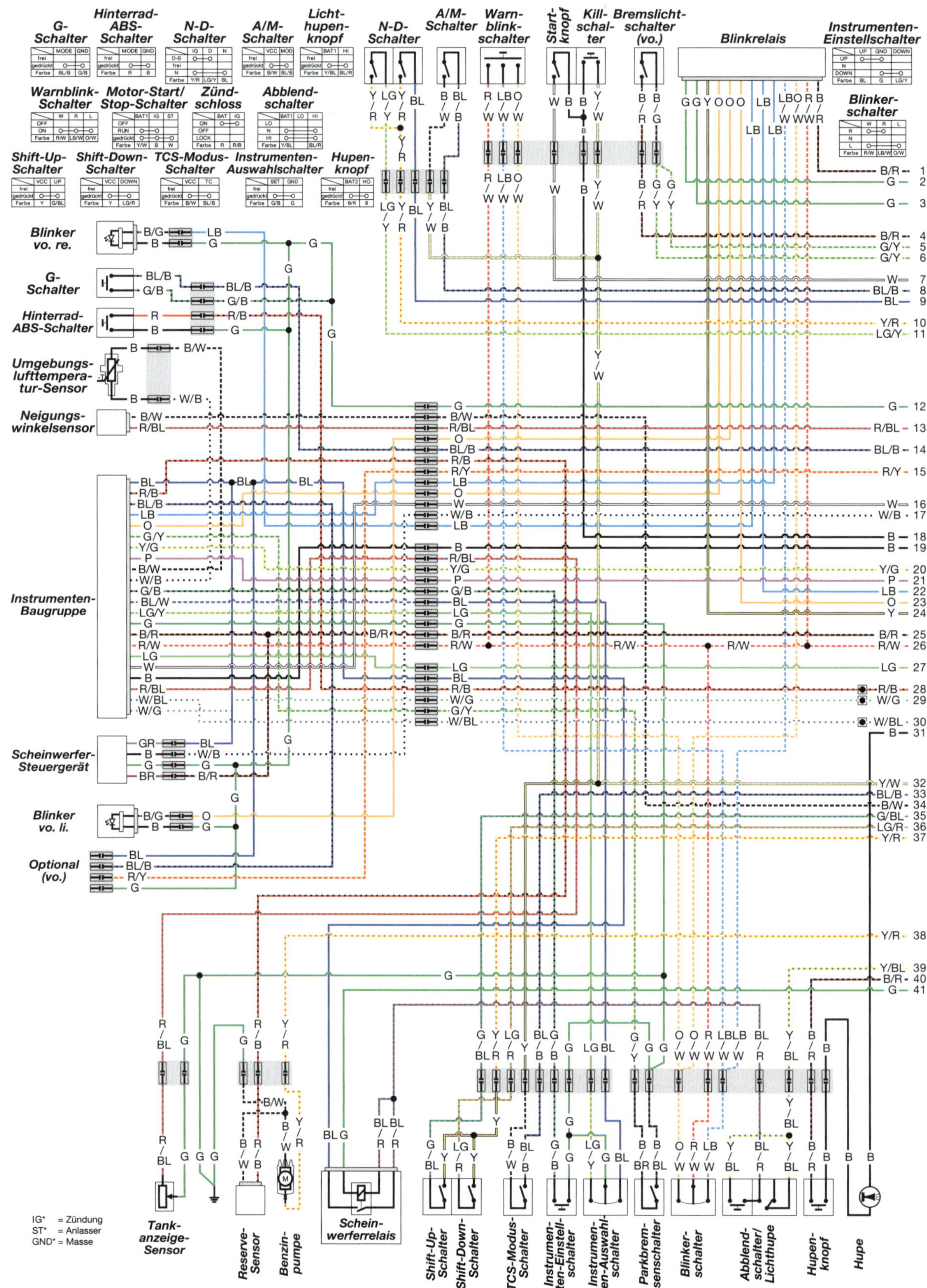

CRF 1000 D (Doppelkupplungsgetriebe) bis Modelljahr 2017 (1 / 4)

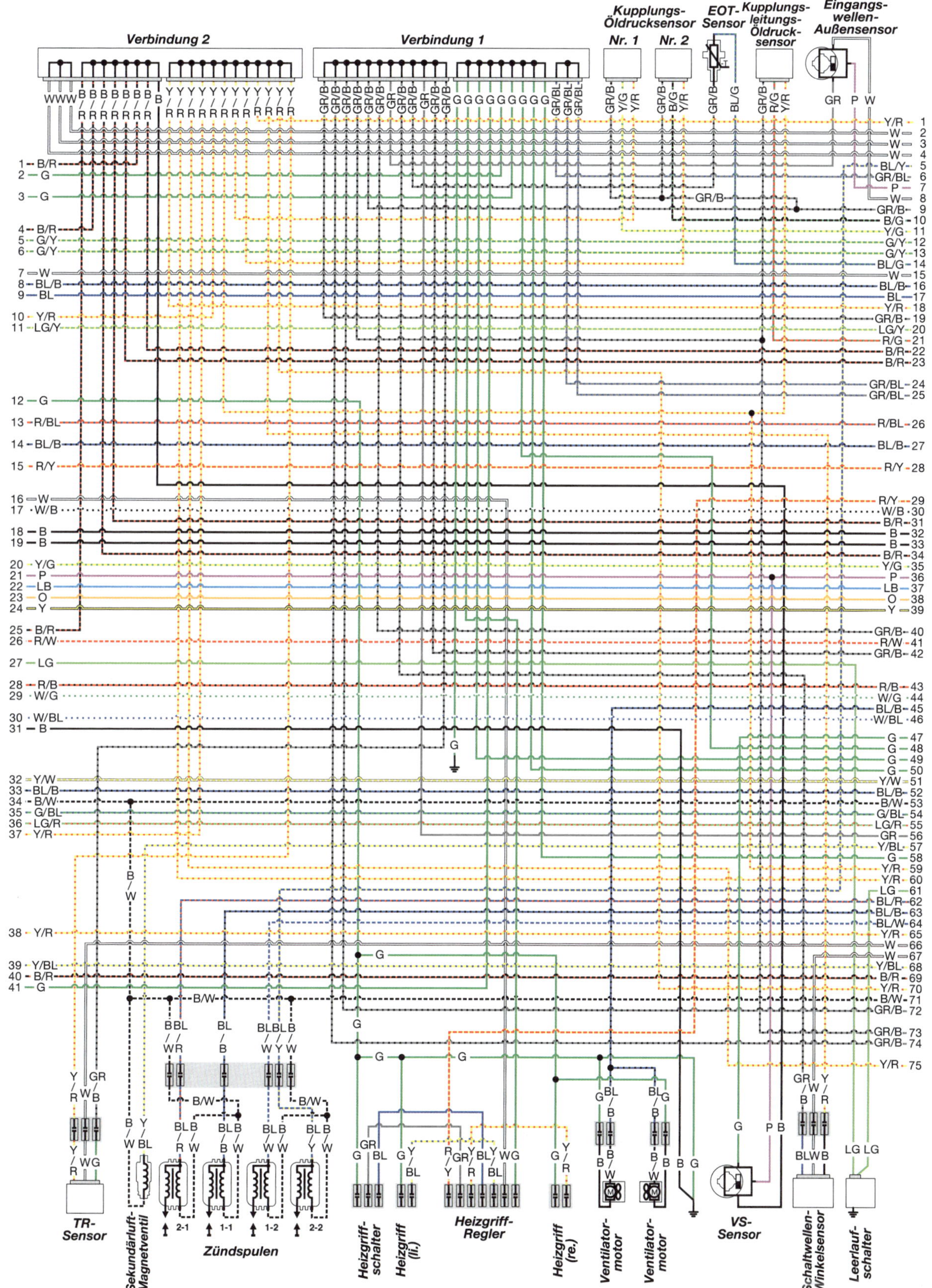

CRF 1000 D (Doppelkupplungsgetriebe) bis Modelljahr 2017 (2 / 4)

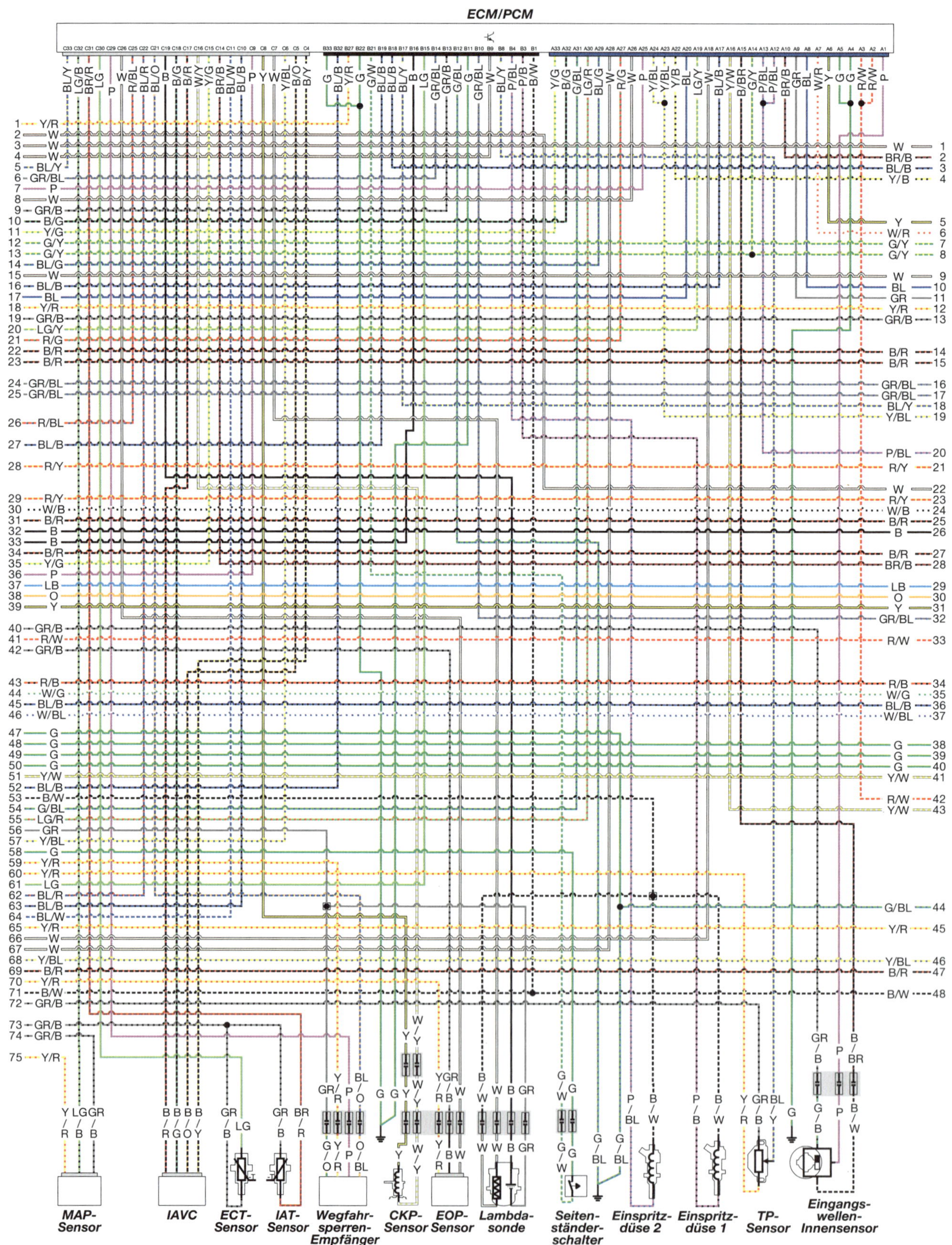

CRF 1000 D (Doppelkupplungsgetriebe) bis Modelljahr 2017 (3 / 4)

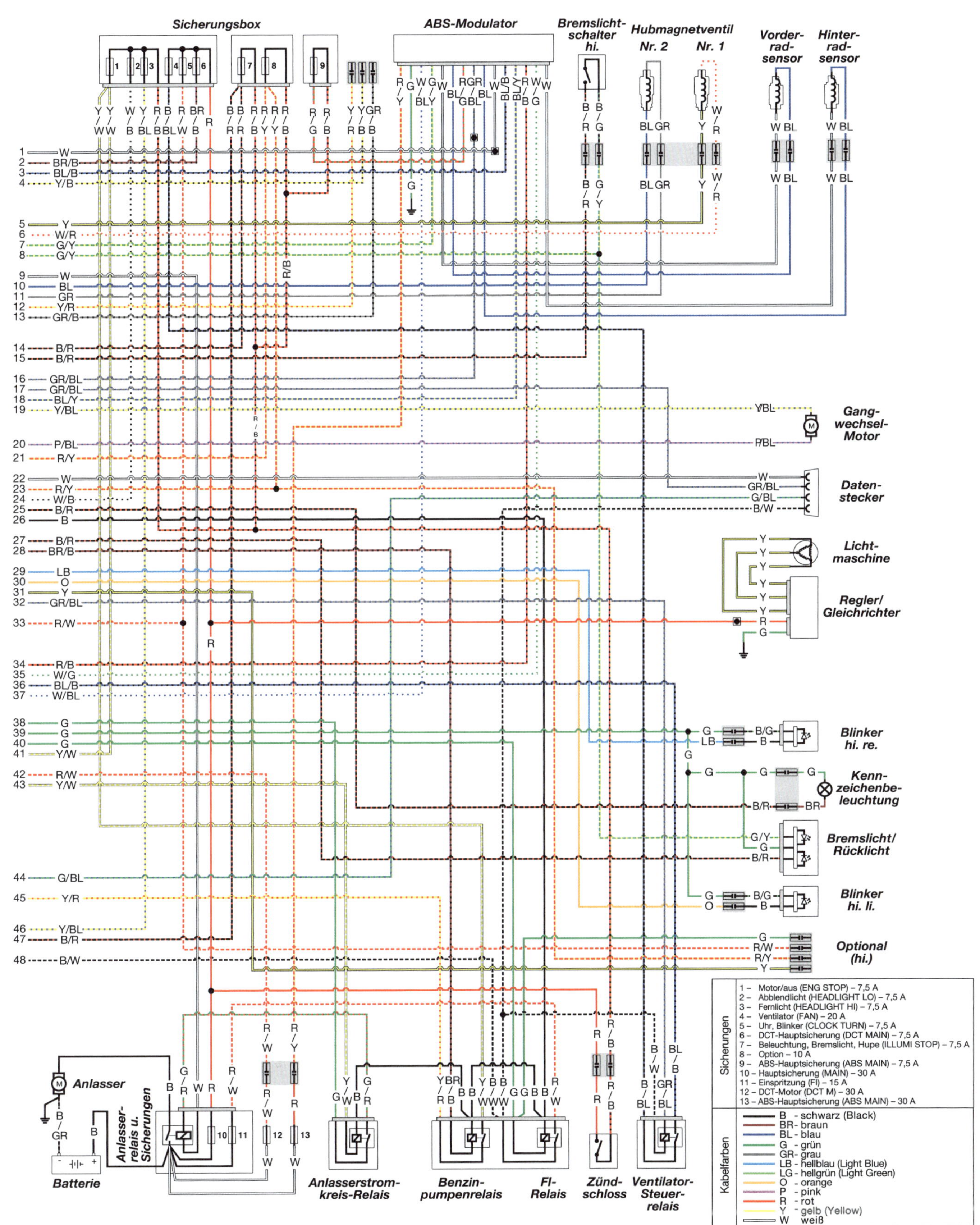

CRF 1000 D (Doppelkupplungsgetriebe) bis Modelljahr 2017 (4 / 4)

8

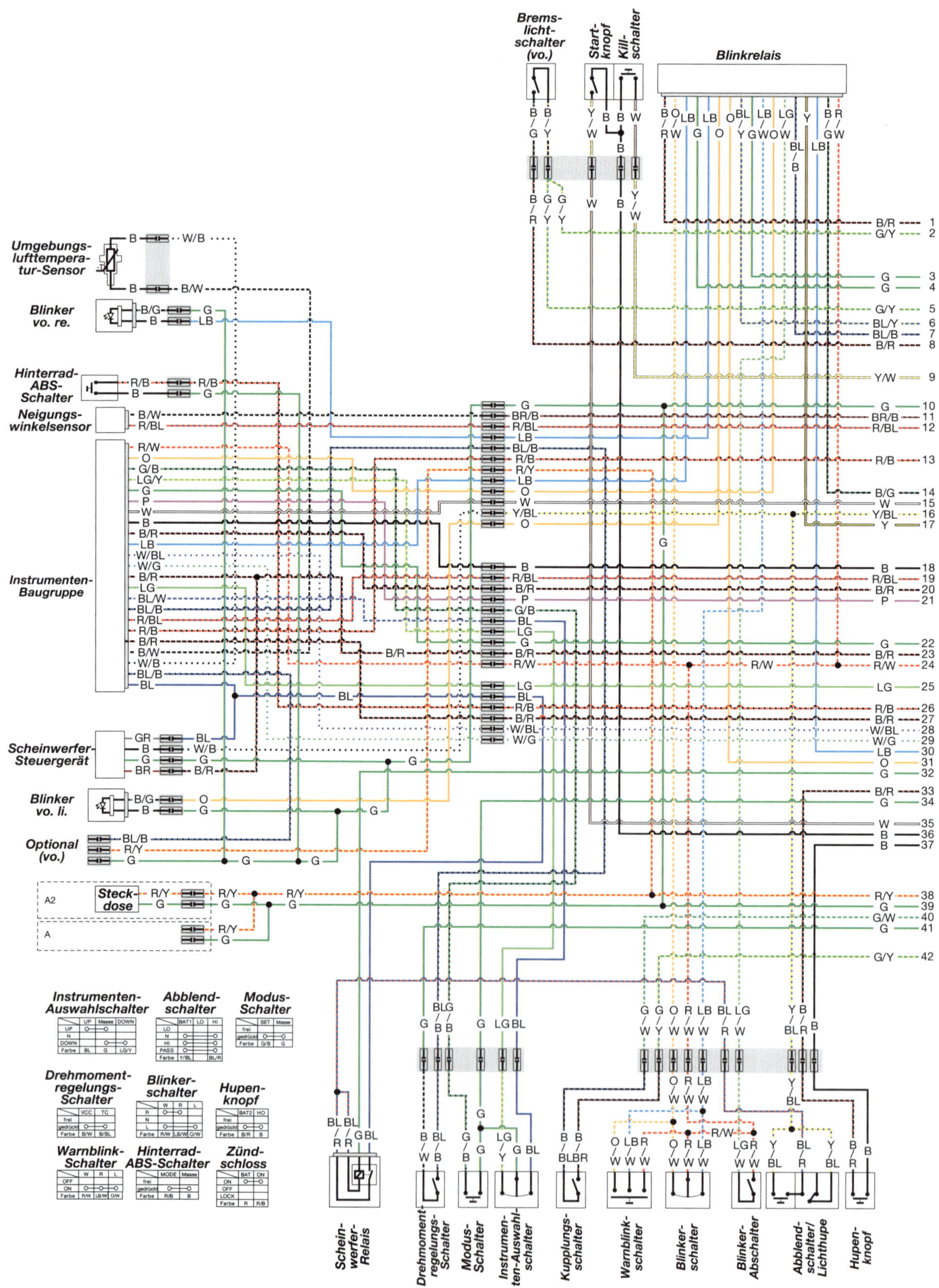

CRF 1000 A und A2 (Standardgetriebe) ab Modelljahr 2018 (1 / 4)

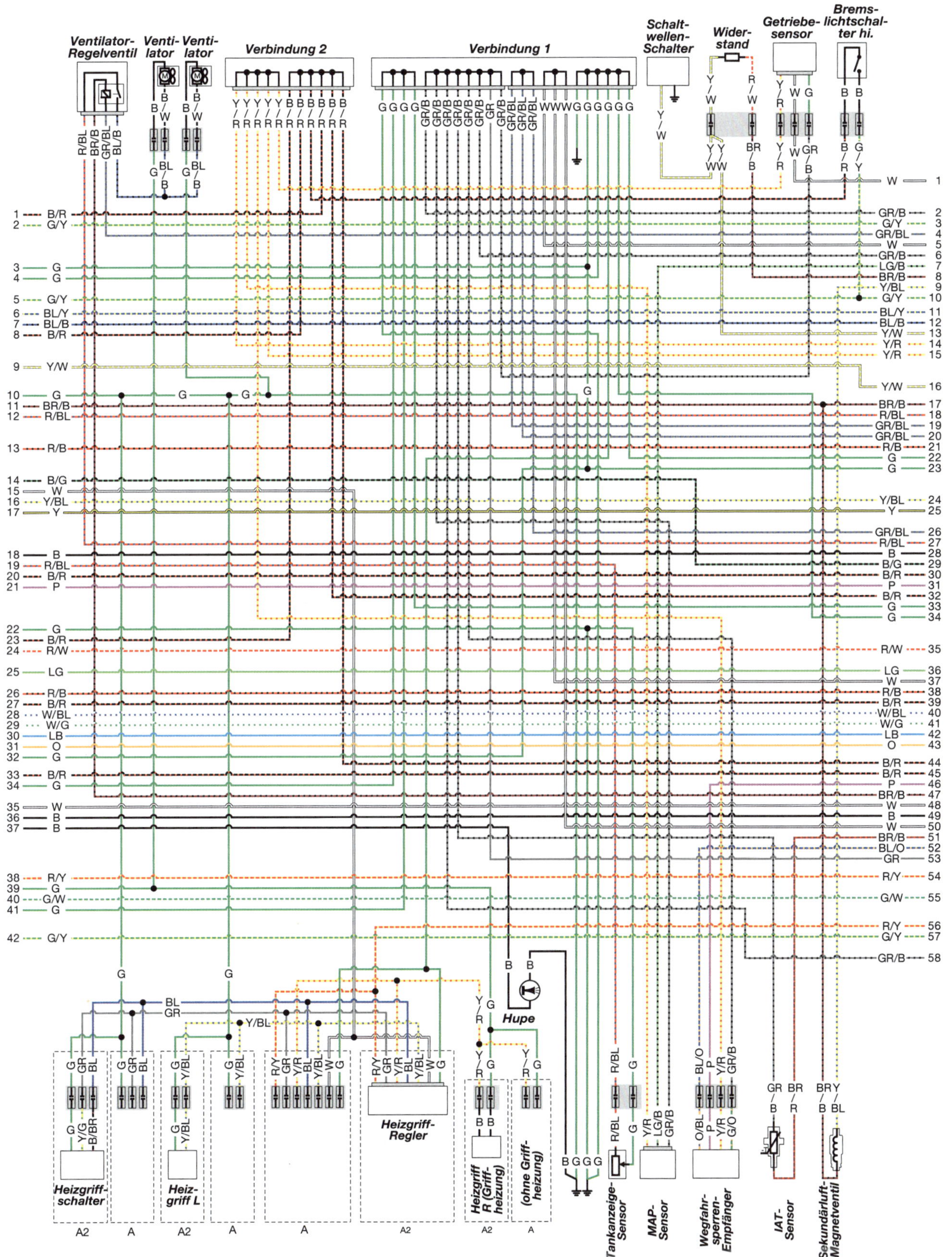

CRF 1000 A und A2 (Standardgetriebe) ab Modelljahr 2018 (2 / 4)

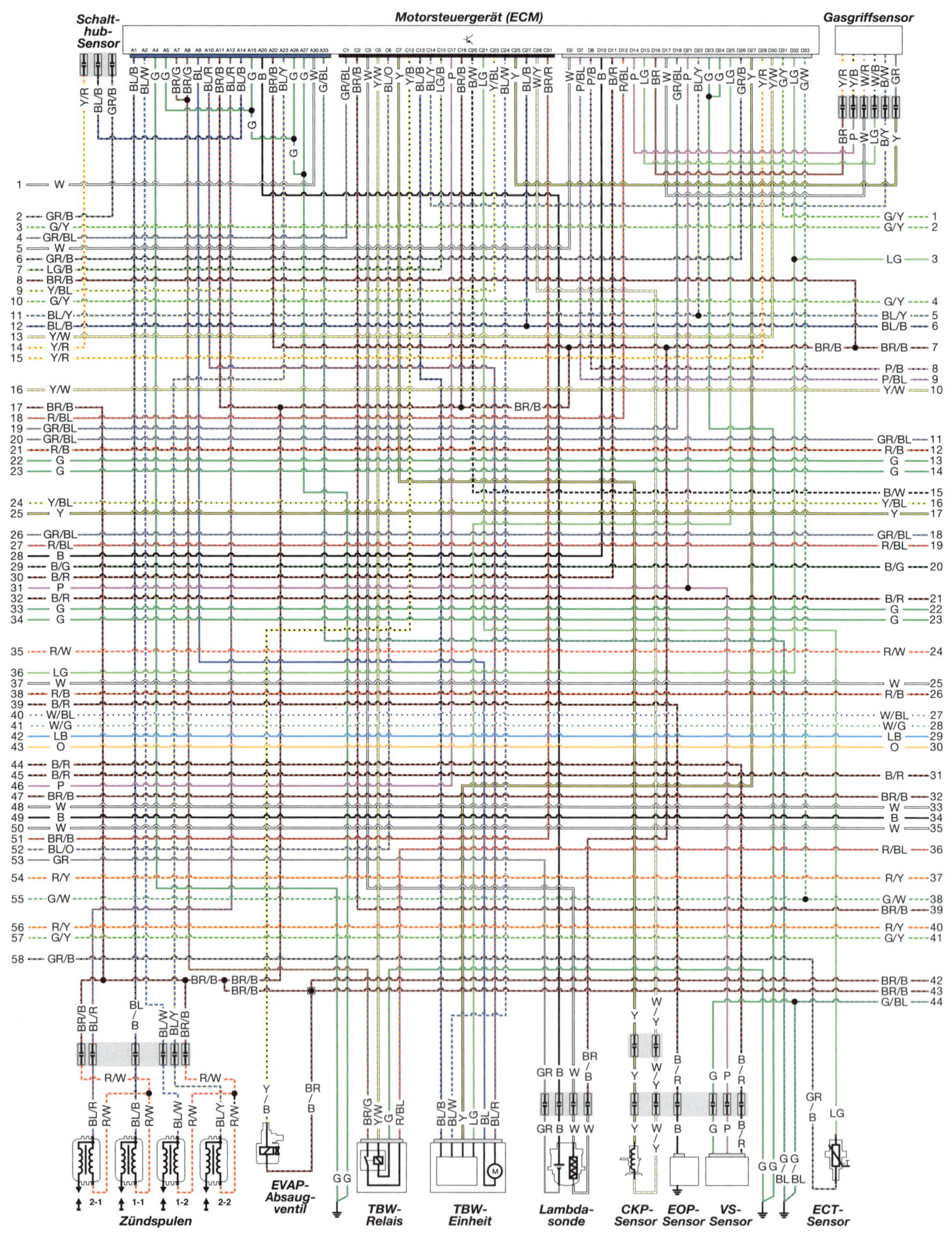

CRF 1000 A und A2 (Standardgetriebe) ab Modelljahr 2018 (3 / 4)

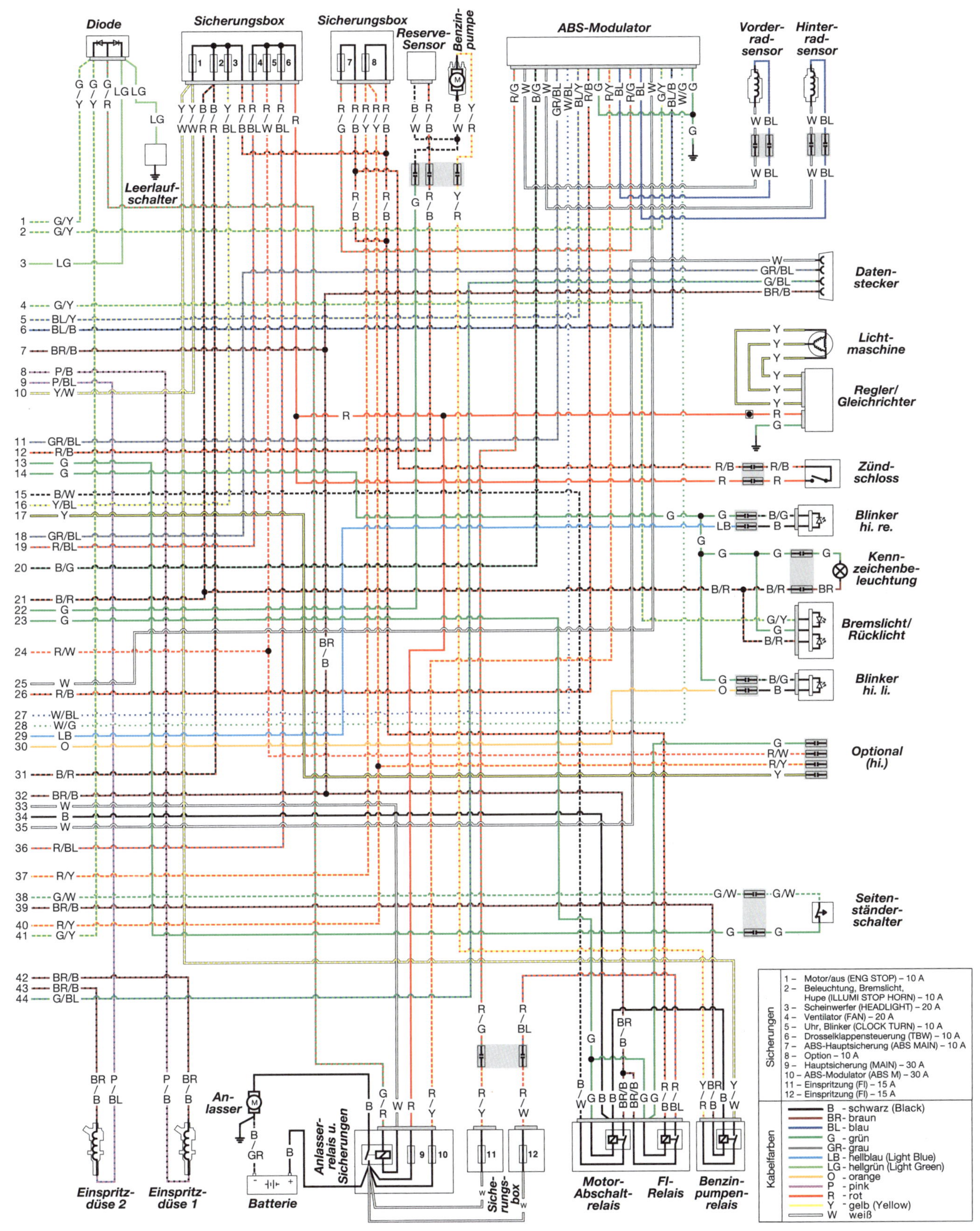

CRF 1000 A und A2 (Standardgetriebe) ab Modelljahr 2018 (4 / 4)

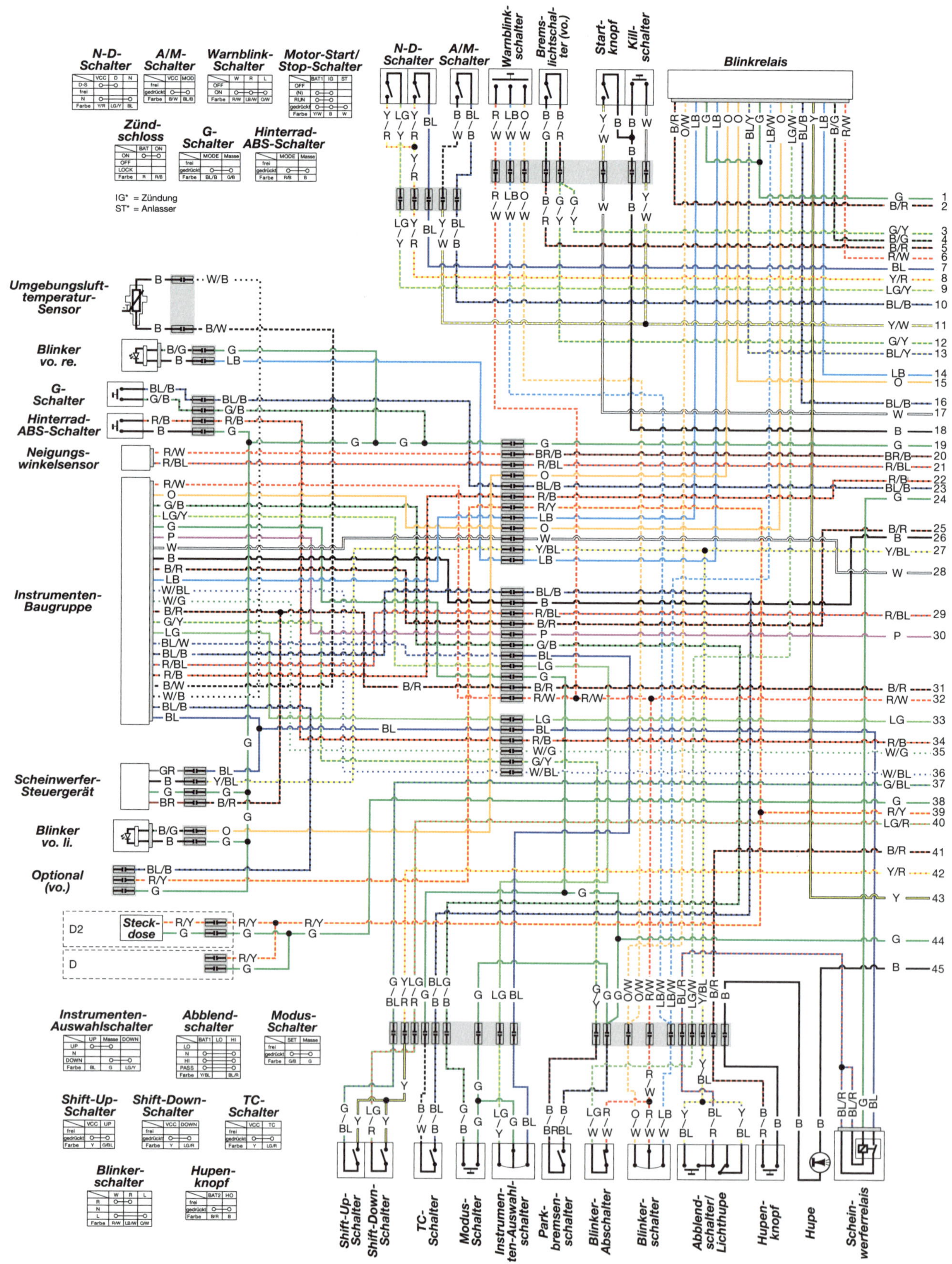

CRF 1000 D, D2 (Doppelkupplungsgetriebe) ab Modelljahr 2018 (1 / 4)

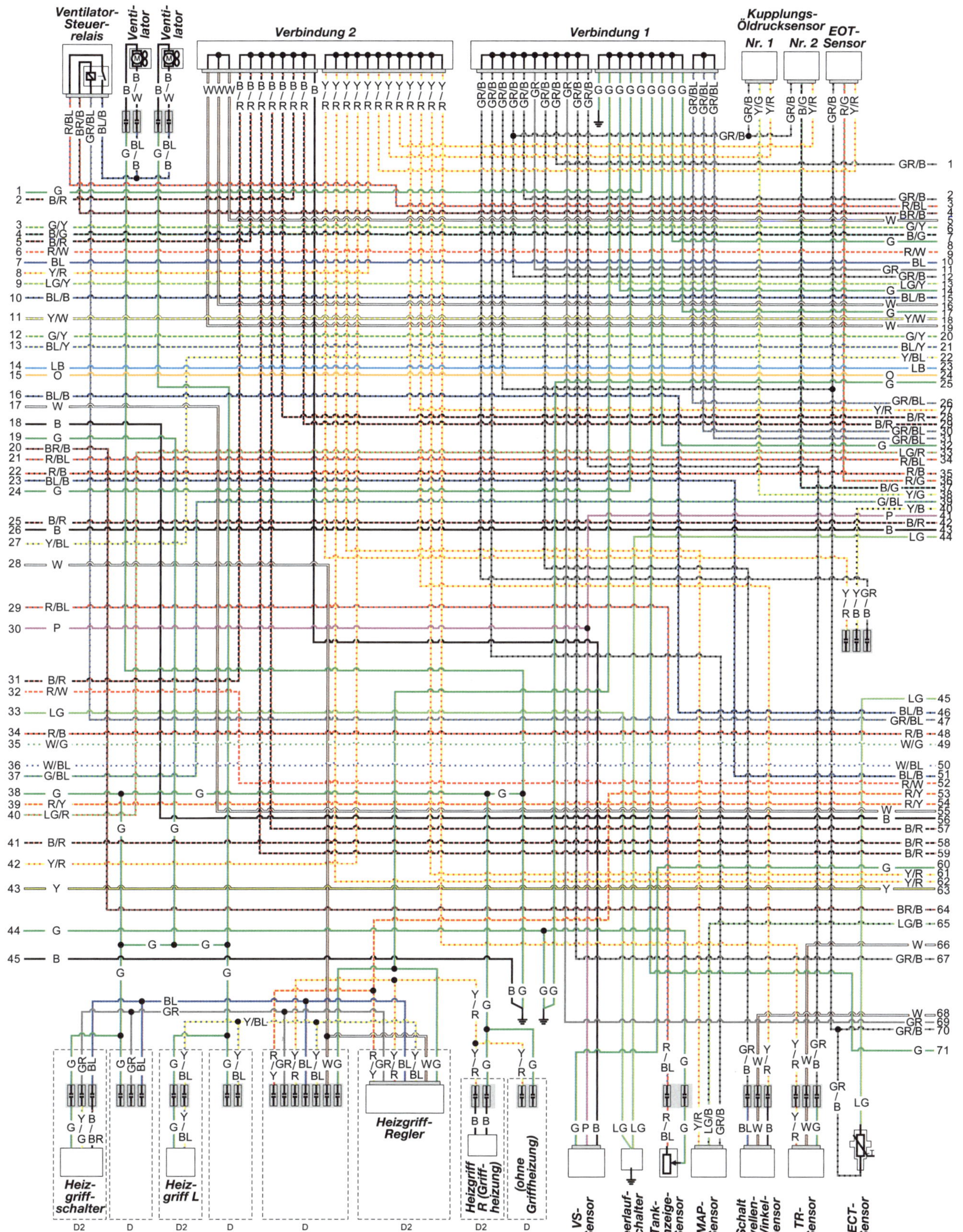

CRF 1000 D, D2 (Doppelkupplungsgetriebe) ab Modelljahr 2018 (2 / 4)

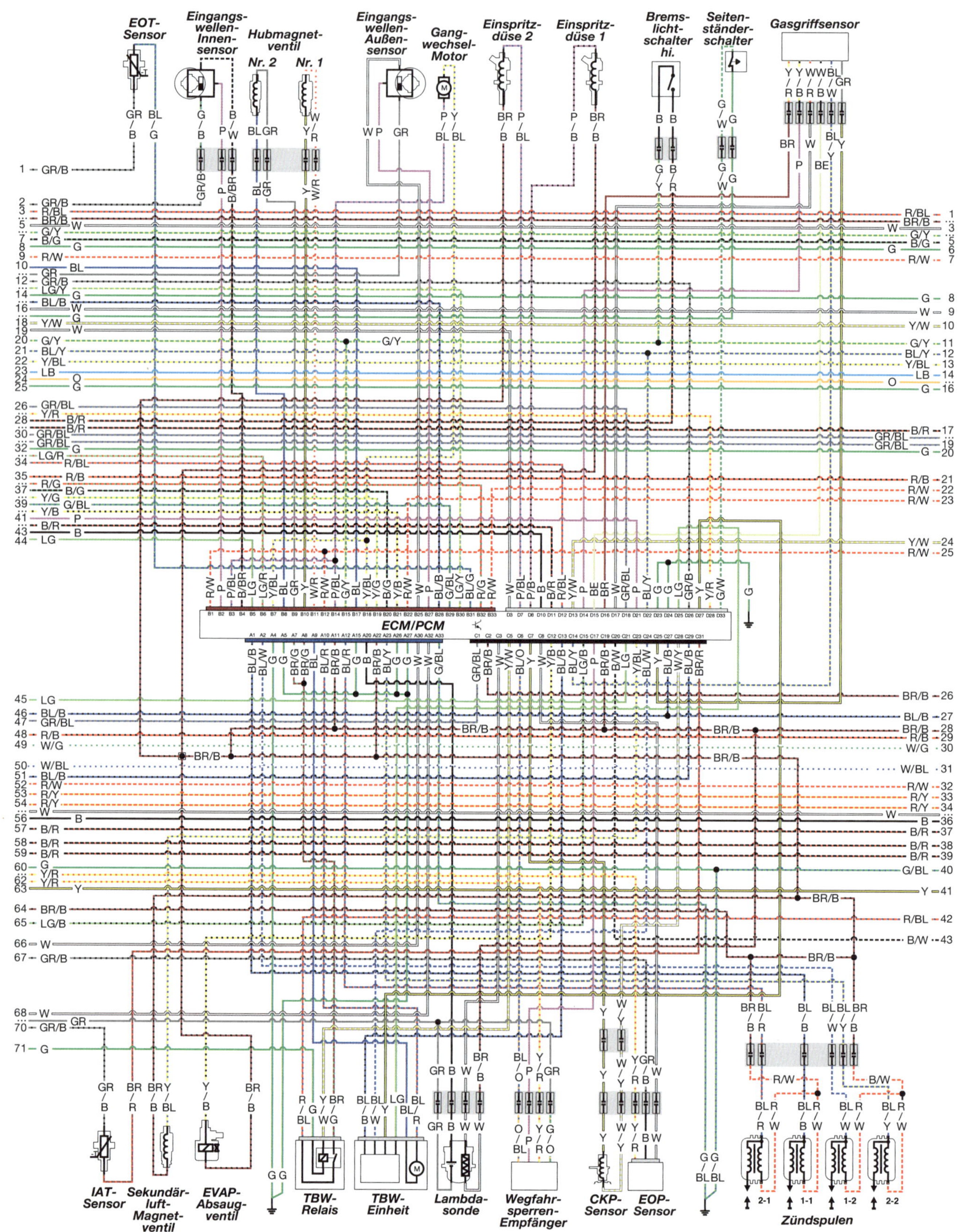

CRF 1000 D, D2 (Doppelkupplungsgetriebe) ab Modelljahr 2018 (3 / 4)

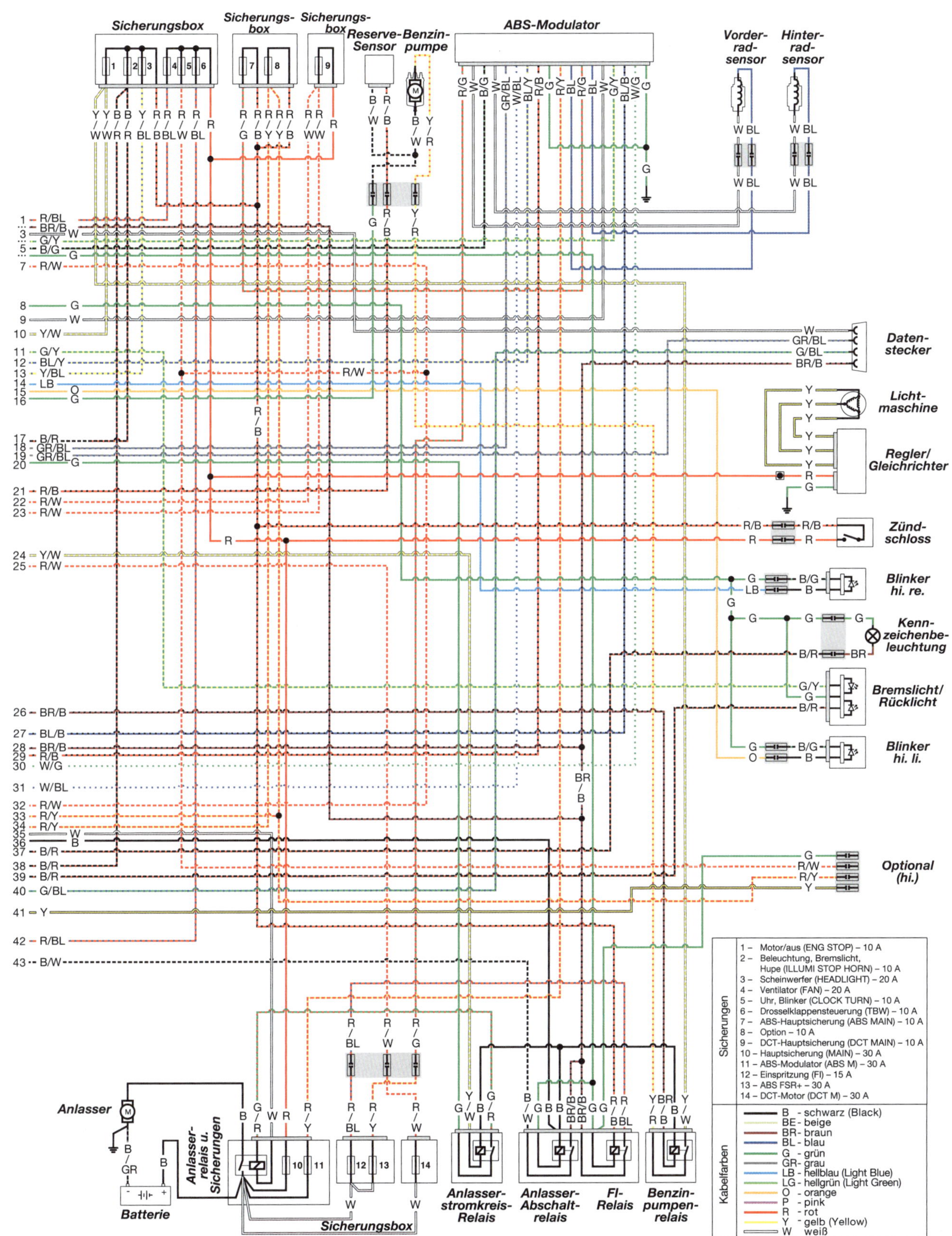

CRF 1000 D, D2 (Doppelkupplungsgetriebe) ab Modelljahr 2018 (4 / 4)

Werkzeug- und Werkstatt-Tipps

Werkzeug-Kauf

Zur Wartung und Reparatur ist unbedingt ein Werkzeugsatz nötig. Obwohl die Anschaffung einer geeigneten Grundausrüstung zunächst etwas Geld kostet, macht sie sich schnell bezahlt, da man durch Eigenleistung Werkstattkosten spart. Bei steigender Erfahrung und Zutrauen kann zusätzliches Werkzeug beschafft werden, um große Reparaturen und Motorüberholungen durchführen zu können. Viele Spezialwerkzeuge sind teuer und werden nur selten benutzt, hierbei kann sich das Mieten lohnen bzw. der gemeinsame Kauf mit Freunden oder einem Club.

Eine Regel ist, besser gutes teures Qualitätswerkzeug zu kaufen, als billiges, welches schnell verschleißt und öfter erneuert werden

Warnung: Um das Risiko zu vermindern, durch das Brechen schlechten Werkzeugs verletzt zu werden oder Bauteile zu beschädigen, muss immer auf stabile Qualität und die Erfüllung von Sicherheitsnormen geachtet werden.

muss – und dadurch die anfänglichen Ersparnisse schnell aufhebt.

Die folgende Werkzeugliste entspricht nicht den Wartungs- und Reparaturwerkzeugen des Herstellers und der Werkstätten, sondern stellt eine Empfehlung dar, welche Werkzeuge für einfache Arbeiten benötigt werden. Zusätzlich werden solche Dinge wie eine elektrische Bohrmaschine, eine Eisensäge, Feilen, Hämmer, ein Lötkolben und eine mit einem Schraubstock ausgerüstete Werkbank empfohlen. Obwohl nicht als Werkzeug klassifiziert, ist eine Sammlung von Schrauben, Muttern, Scheiben und Rohrstücken immer sehr nützlich.

Werks-Spezialwerkzeug

In unvermeidlichen Fällen ist die Benutzung von Spezialwerkzeug empfohlen. Wenn die Möglichkeit einer alternativen Verwendung besteht, ist diese beschrieben. Jedoch ist manchmal das Risiko einer Verletzung oder Beschädigung zu groß, sodass ein Spezialwerkzeug des Herstellers benutzt werden muss. Spezialwerkzeug ist normalerweise nur über den Motorradhandel zu bekommen und mit einer Werksnummer versehen. Einige der oft benutzten Werkzeuge, wie z.B. Rotorabzieher sind auch über den Zubehörhandel erhältlich.

Grundausstattung Wartungs- und Reparatur-Werkzeug

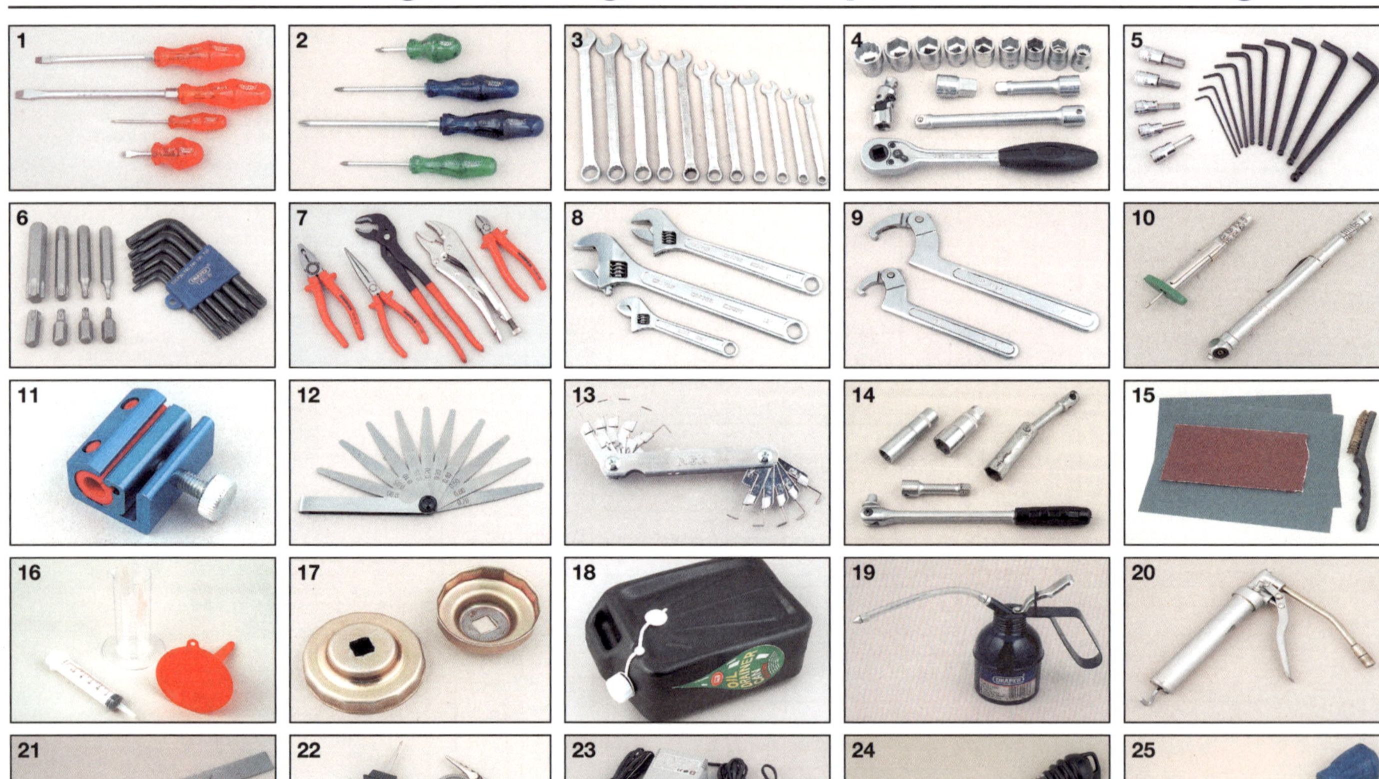

1 *Schlitzschraubendrehersatz*
2 *Kreuzschraubendrehersatz*
3 *Gabel-/Ringschlüsselsatz*
4 *Steckschlüsselsatz mit 3/8 oder ½ Zollantrieb (Knarrenkasten)*
5 *Inbus-Schlüsselsatz oder Steckeinsätze*
6 *Torxschlüsselsatz oder -bits*
7 *verschiedene Zangen, Gripzangen*
8 *einstellbarer Rollgabelschlüssel*
9 *Hakenschlüssel (am besten einstellbar)*
10 *Profiltiefenmesser, Luftdruckprüfgerät*
11 *Bowdenzug-Öler*
12 *Fühlerlehre*
13 *Mess- und Einstellgerät für Zündkerzenelektroden*
14 *Zündkerzenschlüssel oder tiefer Knarreneinsatz*
15 *Drahtbürste und Schleifpapier*
16 *Trichter und Messbecher*
17 *Bandschlüssel*
18 *Öl-Auffangbehälter*
19 *Ölkanne mit Pumpe*
20 *Fettpresse*
21 *Stahllineal und Winkel*
22 *Durchgangsprüfer*
23 *Batterieladegerät*
24 *Hydrometer (zur Bestimmung der Batteriesäuredichte)*
25 *Frostschutztester (für wassergekühlte Motoren)*

Werkzeug für Reparatur und Überholung

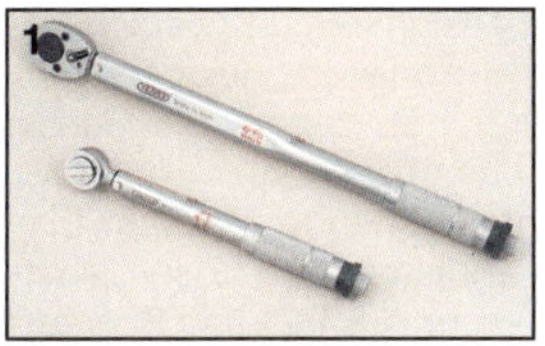

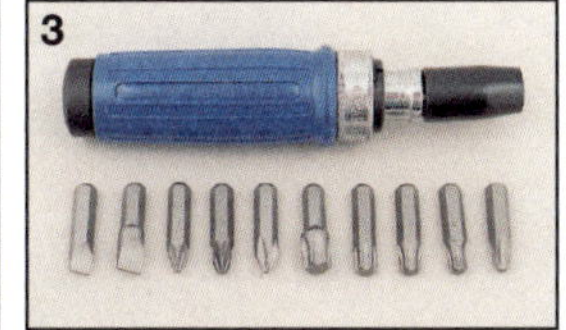
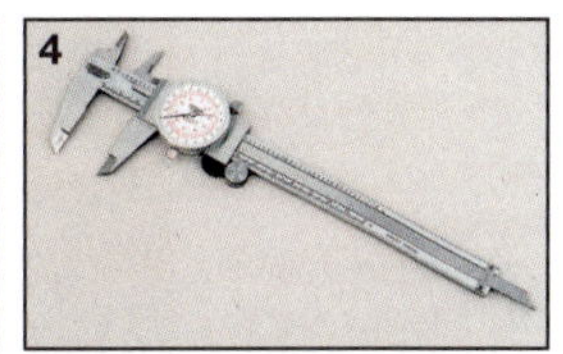
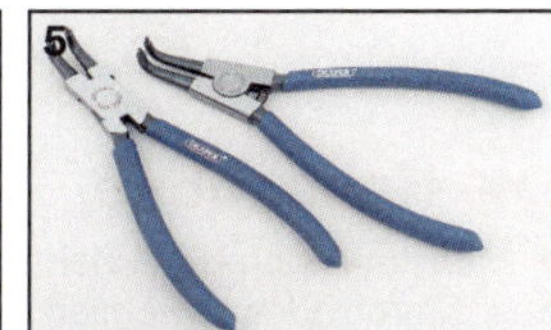

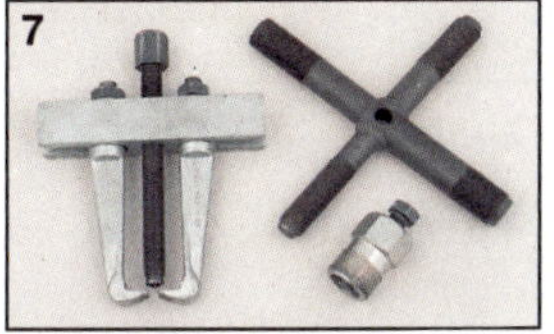
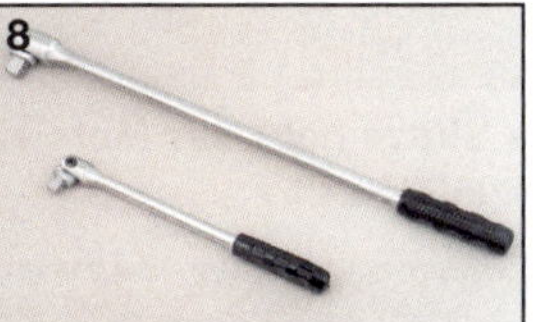
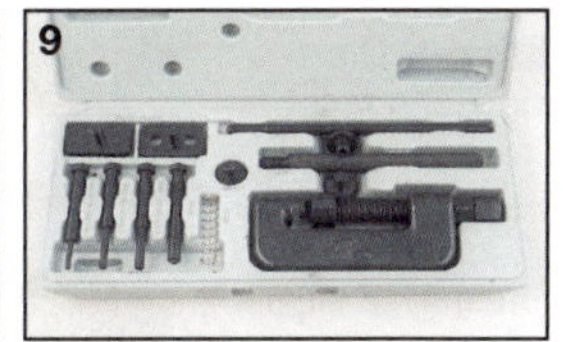
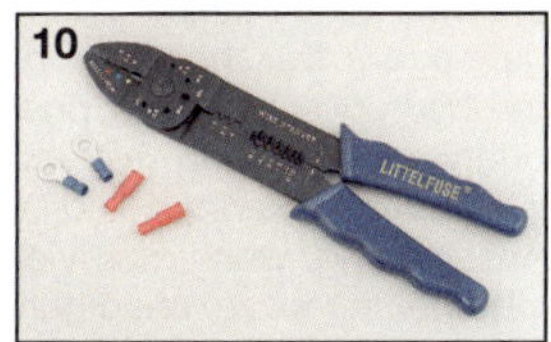

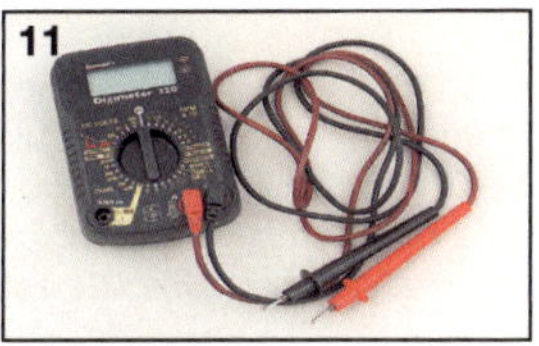

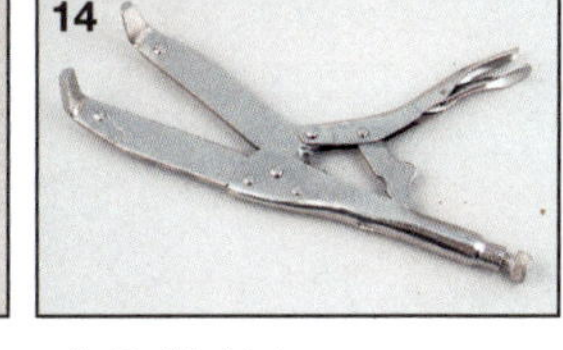
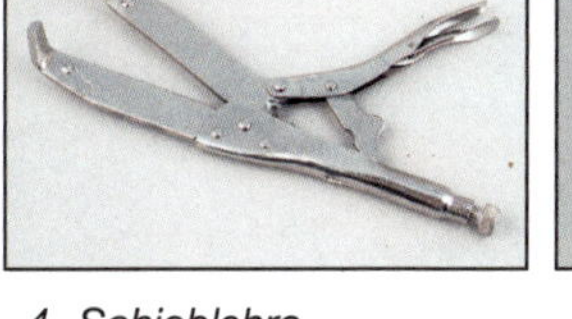
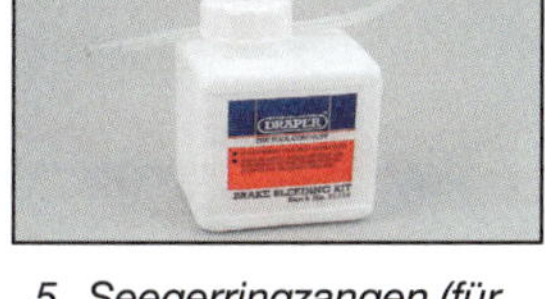

1 Drehmomentschlüssel (kleine und mittlere Ausführung)
6 Dorne und Meißel
11 Multimeter (für Volt, Ampere, Ohm)

2 Stahl-, Plastik- und Gummihammer
7 verschiedene Abzieher
12 Stroboskoplampe (für dynamische Zündungskontrolle)

3 Schlagschraubersatz
8 Gelenkgriff und Rohrverlängerung
13 Schlauchklemme

4 Schieblehre
9 Ketten-Trenn- und Montierwerkzeug
14 Kupplungs-haltewerkzeug

5 Seegerringzangen (für innen und außen)
10 Abisolierzange
15 Einpersonen-Bremsentlüftungssatz

Spezialwerkzeug

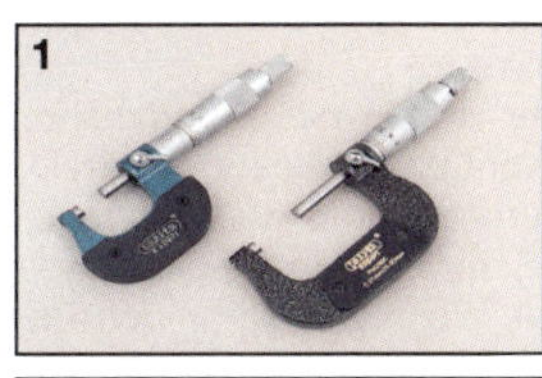
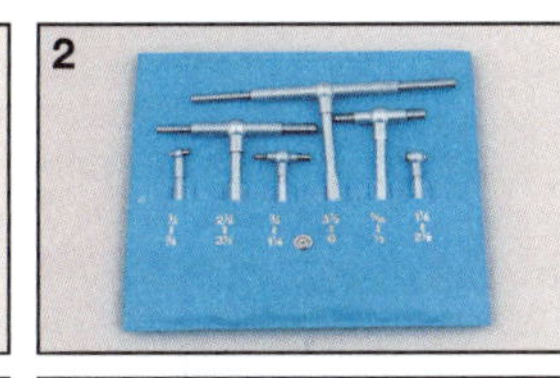
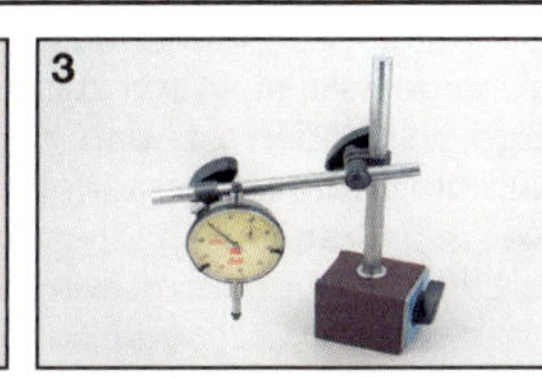
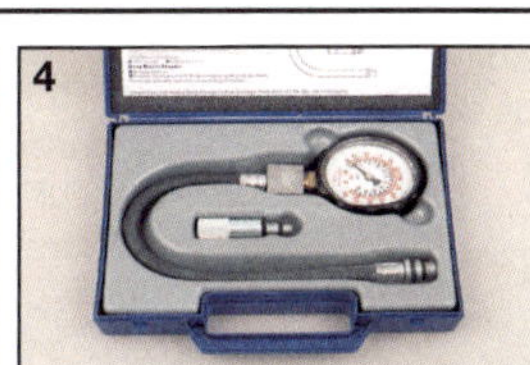
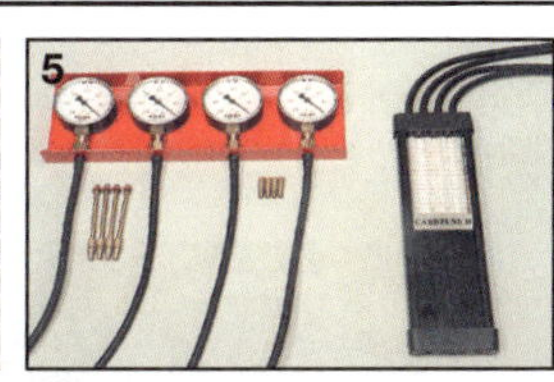
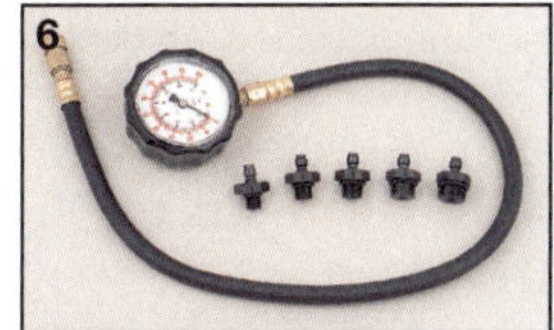
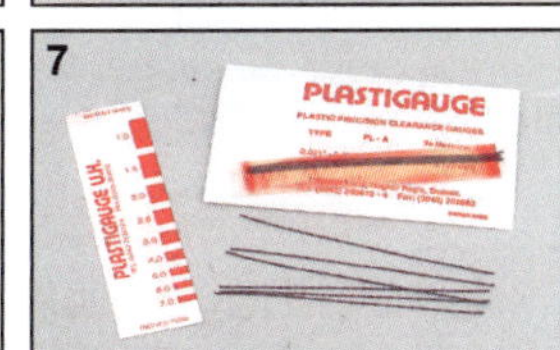

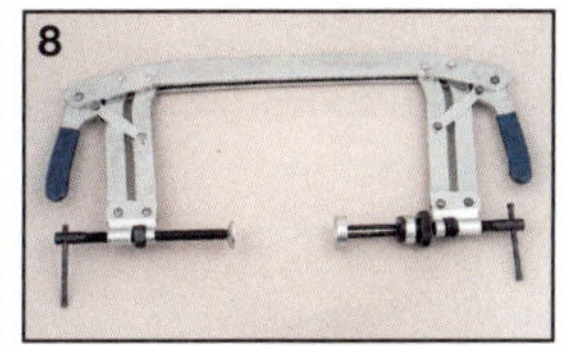
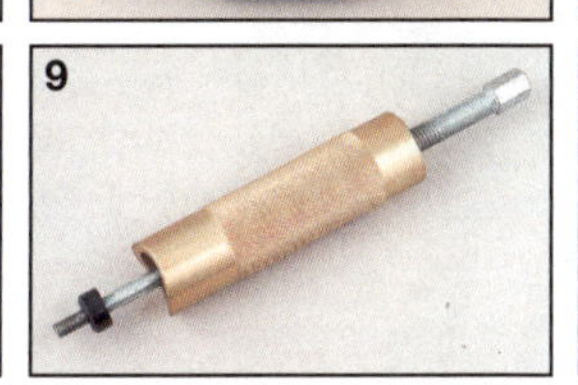

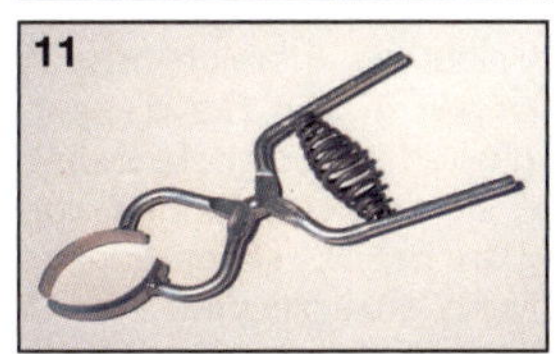
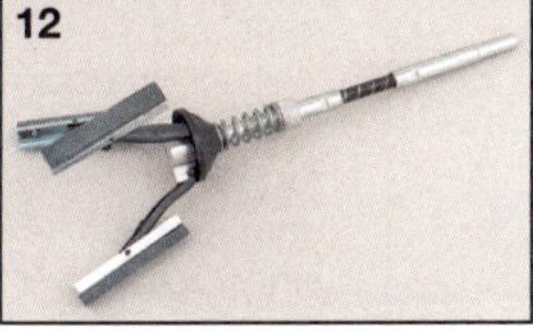

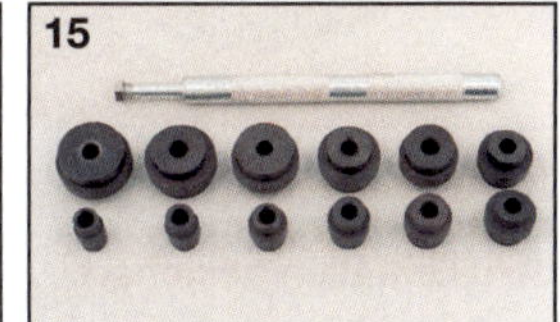

1 Mikrometerschrauben
6 Öldruck-Messgerät
11 Kolbenringklemme

2 Innenmessgeräte
7 Quetschmessstreifen für Lagerspielmessung
12 Zylinderhonsteine

3 Messuhr mit Halter
8 Ventilfederpresse
13 Bolzenausdreher

4 Zylinderkompressions-Messgerät
9 Kolbenbolzenauszieher
14 Linksausdrehersatz

5 Synchronisationsgerät
10 Kolbenringzange
15 Lagertreibersatz

1 Werkstatt
Ausrüstung und Einrichtung

Die Hebebühne

- Man kann sich die Arbeit an vielen Bauteilen des Motorrades erheblich erleichtern, wenn die Maschine mithilfe einer Hebebühne in eine günstige Arbeitshöhe gebracht wird. Die teuren hydraulischen oder pneumatischen Hebebühnen, wie man sie aus professionellen Werkstätten kennt, sind eine lohnenswerte Anschaffung, wenn man viele Reparaturen und Überholungen zu erledigen hat (siehe Abbildung 1.1).

1.1 Hydraulische Motorrad-Hebebühne

- Wenn das Motorrad angehoben wird, muss darauf geachtet werden, dass es gegen Herunterfallen gesichert wird. Die meisten Bühnen haben dazu eine einstellbare Vorderrad-Klemmung. Beim Einklemmen des Rades darf der Reifen oder die Felge nicht beschädigt werden, den besten Schutz bieten hier zwischengelegte Holzblöcke.
- Sichern Sie das Motorrad mit Spannriemen an der Bühne (siehe Abbildung 1.2). Wenn die Maschine nur einen Seitenständer besitzt und kippgefährdet ist, sollte sie auf einer passenden Stütze positioniert werden.

1.2 Mit z.B. an den Beifahrerfußrasten befestigten Spannriemen wird die Maschine vor dem Umfallen gesichert.

- Passende Stützen sind in unterschiedlichen Formen und Ausführungen im Fachhandel erhältlich. Zumeist wird die Maschine damit an der Hinterrad- oder Schwingenachse angehoben (siehe Abbildung 1.3). Um beide Räder zu entlasten, kann ein Wagenheber unter den Motor positioniert und das Vorderteil angehoben werden (siehe Abbildung 1.4).

1.3 Diese Stütze hebt das Motorrad an der Schwingenachse an.

1.4 Um Beschädigungen zu vermeiden, muss immer ein Stück Holz zwischen Wagenheber und Motor oder Rahmen liegen.

Rauch und Feuer

- Beachten Sie genau das Kapitel »Sicherheit geht vor!« am Anfang des Buches. Gehen Sie sicher, dass ein Feuerlöscher zur Hand ist, der für brennbare Flüssigkeiten geeignet ist – versuchen Sie auf gar keinen Fall, brennendes Benzin oder Öl mit Wasser zu löschen!
- Sorgen Sie dafür, dass immer ausreichende Belüftung sichergestellt ist. Wenn keine Abgas-Absauganlage vorhanden ist, darf der Motor nur außerhalb der Werkstatt gestartet werden.
- Wenn Sie mit Kraftstoff hantieren, muss durch gutes Lüften dafür gesorgt werden, dass sich keine zündfähigen Gasgemische bilden können. Das Gleiche gilt beim Aufladen von Batterien. Rauchen Sie nicht, und verbieten Sie auch anderen Personen, in der Werkstatt zu rauchen.

1.5 Benutzen Sie zum Lagern von Kraftstoff nur vorgeschriebene Kanister.

Flüssigkeiten

- Wenn Sie den Tank entleeren müssen, darf der Kraftstoff nur in geeigneten und verschließbaren Behältern und Kanistern gelagert werden (siehe Abbildung 1.5). Lagern Sie Benzin niemals in Gläsern oder Flaschen.
- Benutzen Sie entsprechende Motoren-Entfetter oder schwer entflammbare Lösungsmittel, wie z.B. Petroleum, um Öl, Fett und Schmutz zu entfernen – benutzen Sie niemals Benzin! Tragen Sie bei diesen Arbeiten Gummihandschuhe, und benutzen Sie diese Reinigungsmittel nur draußen oder in sehr gut belüfteten Räumen.

Staub-, Augen- und Handschutz

- Schützen Sie Atemwege und Lunge mit Staubmasken vor dem Eindringen von Staubpartikeln. Manche älteren Brems- oder Kupplungsbeläge enthalten Krebs erregendes Asbest – hantieren Sie auf jeden Fall sehr vorsichtig mit solchem Material. Schützen Sie Ihre Augen mit einer Schutzbrille vor Spritzern und Spänen (siehe Abbildung 1.6).

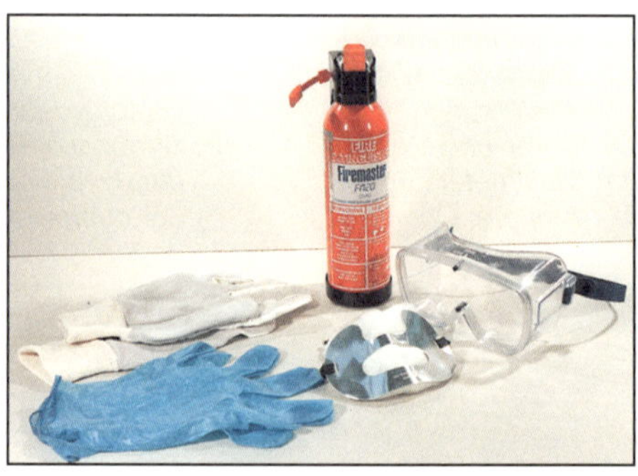

1.6 Ein Feuerlöscher, eine Schutzbrille, Staubmaske und Schutzhandschuhe sollten in der Werkstatt immer zur Hand sein.

- Schützen Sie Ihre Hände mit Gummihandschuhen vor dem Kontakt mit Lösungsmitteln, Benzin und Öl. Alternativ kann vor Arbeitsbeginn eine spezielle Schutzcreme auf die Hände aufgetragen werden. Wenn Sie mit heißen Teilen oder Flüssigkeiten hantieren, müssen hierfür geeignete Handschuhe getragen werden.

Die Entsorgung alter Flüssigkeiten

- Alte Reinigungs- und Bremsflüssigkeit, Kraftstoff und Öl dürfen nicht ins Erdreich oder in Wasserabflüsse gelangen. Füllen Sie die entsprechenden Flüssigkeiten in geeignete Behälter, und bringen Sie sie zu dem Händler, von dem Sie sie erworben haben. Unter Vorlage einer Quittung sind Händler verpflichtet, altes Öl und Bremsflüssigkeit wieder zurückzunehmen. Schütten Sie unterschiedliche Flüssigkeiten nicht zusammen in einen Behälter, da sie nur getrennt wieder aufbereitet werden können. Öliger und fettiger Schmutz kann zusammen mit dem Altöl abgegeben werden, alte Ölfilter können ebenfalls beim Händler entsorgt werden.

2 Befestigungen
Schrauben und Muttern

Typen und Anwendungen

Schrauben

- Köpfe von Maschinenschrauben gibt es in den Ausführungen Sechskant, Torx und Vielzahn – alle in Innen- und Außenversionen (siehe Abbildungen 2.1 und 2.2). Vielzahn-Schrauben werden im Motorradbau sehr selten verwendet. Schlitz- und Kreuzschlitzköpfe werden nur bei kleinen Schrauben verwendet, die keiner großen Belastung ausgesetzt sind. Längenangaben bei Schrauben werden von unterhalb des Kopfes bis zum Ende gemessen (siehe Abbildung 2.11).

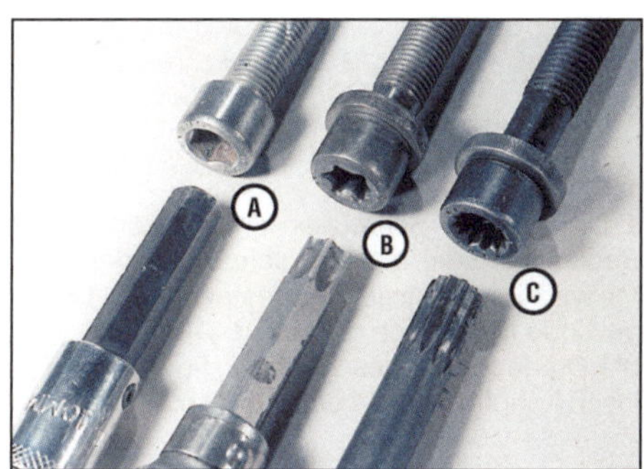

2.1 Innen-Sechskant (»Inbus«) (A), Torx (B) und Vielzahnschraubenköpfe (C) mit entsprechenden Werkzeugen

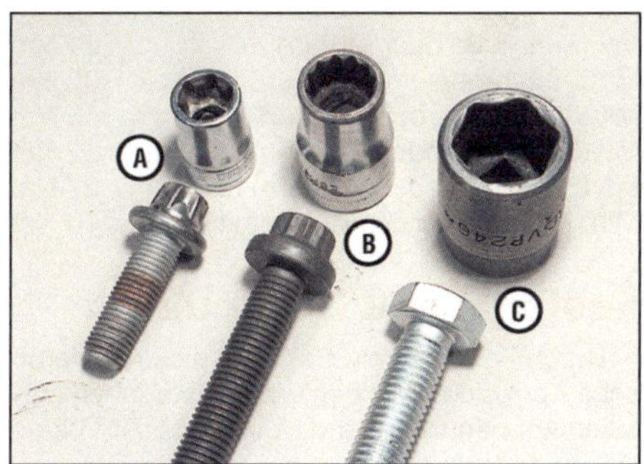

2.2 Außen-Torx (A), Zwölfkant- (B) und Sechskantschrauben (C) mit entsprechenden Steckschlüsseleinsätzen (»Nüssen«)

- Verschiedene Schrauben haben Zugfestigkeitsangaben auf ihren Köpfen. Je höher die Zahl, desto stabiler die Schraube. Hochfeste Schrauben tragen eine 10 oder höhere Zahl. Ersetzen Sie eine hochfeste Schraube niemals durch eine minderfeste.

Scheiben (siehe Abbildung 2.3)

- Unterlegscheiben werden zwischen Schraubenkopf und Bauteil gelegt, um Beschädigungen des Teils zu vermeiden und um die Last des Anzugsmoments zu verteilen. Spezielle Unterlegscheiben werden bei verschiedenen Gelegenheiten als Abstandhalter und Einstellscheibe eingesetzt. Kupfer- oder Aluminiumscheiben fungieren als Dichtungsringe, z.B. bei Ablassschrauben.

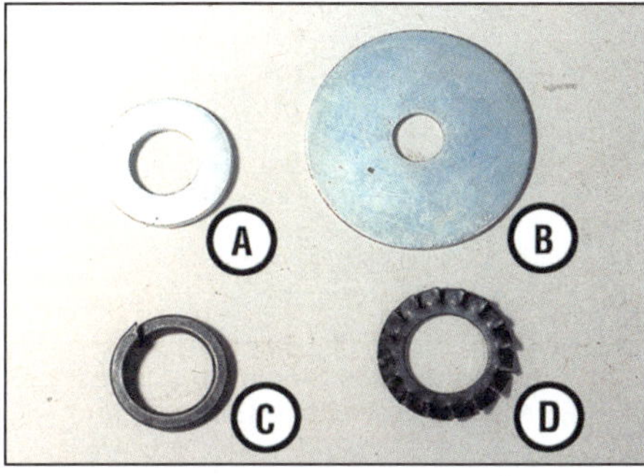

2.3 Unterlegscheibe (A), Kotflügelscheibe (B), Federring (C) und Sicherungsscheibe (D)

- Der offene Federring übt zwischen Schraube und Bauteil axialen Druck aus. Nach einmaligem Gebrauch muss er ersetzt werden. Wenn der Federring zusammen mit einer Unterlegscheibe verwendet wird, muss er zwischen diese und die Schraube gelegt werden.
- Sternförmige Sicherungsscheiben schneiden sich beim Linksherumdrehen in die Schraube und das Bauteil ein, um das Lösen der Schraube zu verhindern. Sie werden oft bei elektrischen Masseverbindungen am Rahmen verwendet.
- Konus- oder Fächerscheiben üben zwischen Schraube und Bauteil axialen Druck aus. Sie werden mit der flachen Seite auf das Bauteil gelegt, wenn sie abgeflacht sind, sind sie ermüdet und müssen ausgewechselt werden.
- Sicherungsbleche werden unter glatte Wellenmuttern gelegt, das Blech wird an einer oder mehreren Seiten der Mutter hochgebogen und gegen deren Sechskant gepresst, um ein Lösen zu verhindern. Ist das Blech nach mehrmaligem Gebrauch verschlissen, muss es ersetzt werden.
- Wellenscheiben werden eingesetzt, um Spiel auf Achsen aufzunehmen. Sie üben leichten Federdruck aus und verhindern das Hin- und Herschieben von Baugruppen, z.B. Kipphebeln auf ihren Wellen.

2.4 Sechskantmutter (A), Mutter mit Bund (B), selbstsichernde Mutter mit Nylon-Einsatz (C), Kronenmutter (D)

Muttern und Splinte

- Herkömmliche Muttern sind sechskantig (siehe Abbildung 2.4). Ihre Größenbezeichnungen richten sich nach dem Gewindedurchmesser und dessen Steigung. Hochfeste Muttern tragen auf einer Seite eine Zahl, die ihre Festigkeit angibt.
- Selbstsichernde Muttern haben entweder Nylon-Einsätze oder zwei Federstreifen, außerdem gibt es Muttern mit Bund, die sich mit einer Verzahnung sichern. Ihr aller Vorzug liegt darin, dass sie nicht durch Vibrationen zu lösen sind. Die Nylon- und Federausführungen können mehrmals universell eingesetzt werden und müssen erst ersetzt werden, wenn sie leichtgängig oder verschlissen sind. Die Bundausführungen müssen nach jedem Lösen ausgewechselt werden.
- Splinte werden zum Sichern von Kronenmuttern auf Achsen, aber auch gegen das Lösen normaler Sechskantmuttern eingesetzt, besonders an Radachsen und Bremsankern. Normale Splinte müssen wegen der Bruchgefahr nach jedem Gebrauch erneuert werden (siehe Abbildungen 2.5 und 2.6).

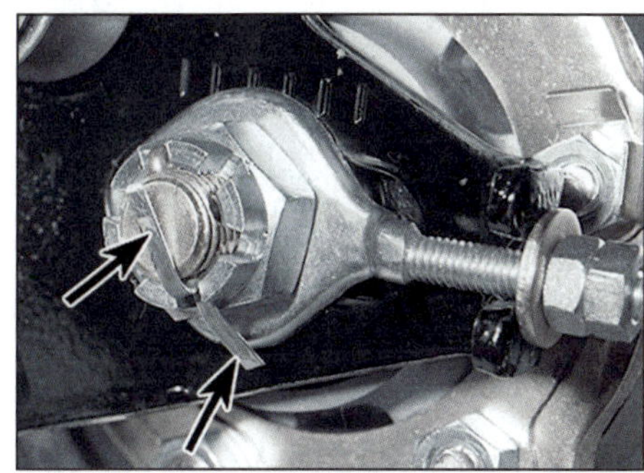

2.5 Biegen Sie Einwegsplinte bei Kronenmuttern wie gezeigt auseinander.

2.6 Biegen Sie Einwegsplinte bei normalen Muttern wie gezeigt auseinander.

> ***Achtung:** Wenn die Schlitze der Kronenmutter nach dem vorschriftsmäßigen Anziehen nicht mit der Splintbohrung in der Achse fluchten, muss sie so weit fester angezogen werden, bis der Splint durchgeführt werden kann – sie darf **niemals** gelockert werden.*

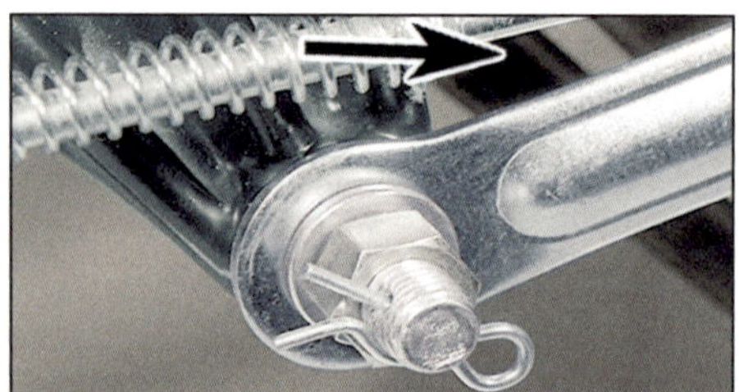

2.7 Federsplinte werden mit dem geschlossenen Ende in Fahrtrichtung (Pfeil) montiert.

- Federsplinte können öfter verwendet werden, solange sie nicht beschädigt sind. Installieren Sie Federsplinte immer mit dem geschlossenen Ende nach vorne (siehe Abbildung 2.7).

Sicherungsringe (siehe Abbildung 2.8)

- Sicherungsringe, die mit »Augen« zum besseren Aus- und Einbau versehen sind, werden auch Seegerringe genannt. Je nach Einsatzzweck auf Wellen oder in Bohrungen sitzen die Augen innen oder außen. Geschliffene Ringe können beidseitig verwendet werden, bei gestanzten Ringen (mit einer flachen und einer abgerundeten Seite) muss die flache Seite entstehenden Druck auf die Nut übertragen (siehe Abbildung 2.9).
- Benutzen Sie immer eine Seegerringzange zur Montage und Demontage, spannen Sie damit die Ringe nicht mehr als nötig. Drehen Sie die Ringe nach der Montage in ihrer Nut, um sicherzugehen, dass sie richtig sitzen. Wenn ein Sicherungsring auf eine Nutenwelle montiert wurde, muss die Öffnung mit einer Nut fluchten. So wird sichergestellt, dass die Enden gut gehalten werden (siehe Abbildung 2.10).

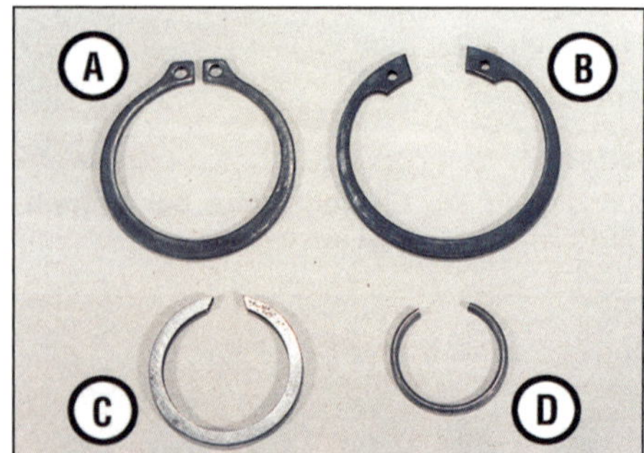

2.8 Wellen-Seegerring (A), Bohrungs-Seegerring (B), geschliffener Sicherungsring (C), Draht-Sicherungsring (D)

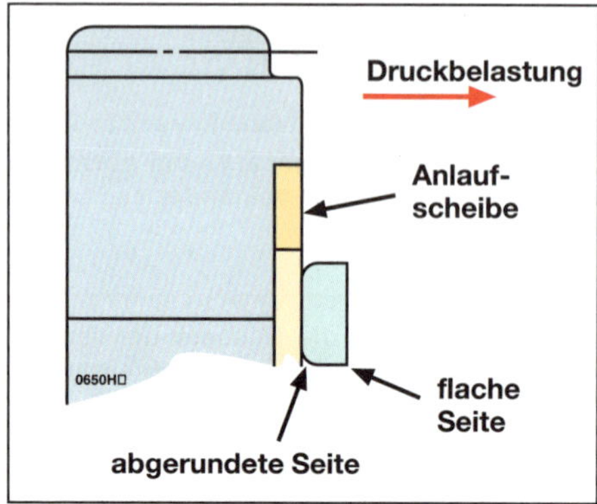

2.9 Korrekte Einbaulage eines gestanzten Sicherungsrings

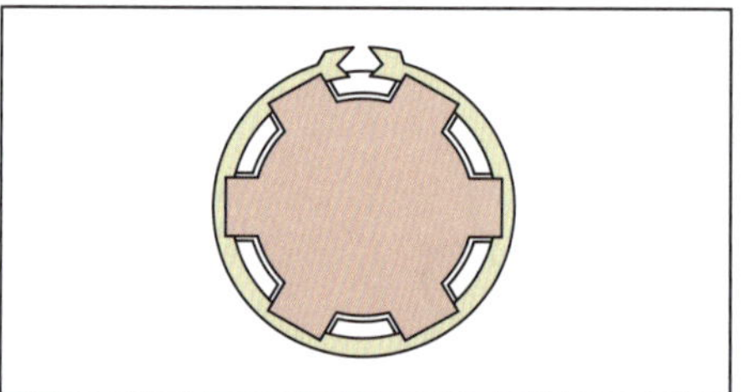

2.10 Die Öffnung des Sicherungsrings muss in einer Nut der Welle liegen.

- Sicherungsringe können durch den Druck von Bauteilen verschleißen und dadurch locker in ihren Nuten sitzen. Da hierdurch die Gefahr des Herausspringens steigt, sollten Sie regelmäßig nach jedem Ausbau ersetzt werden.
- Drahtsicherungsringe werden normalerweise zur Sicherung des Kolbenbolzens in die Nuten des Kolbens gesetzt. Sie können mit einer Spitzzange oder einem kleinen Schraubendreher ausgebaut werden. Kolbenbolzen-Sicherungsringe dürfen auf keinen Fall mehrmals verwendet werden.

Gewindedurchmesser und Gewindesteigung

- Der Durchmesser eines Gewindes wird außen an der Schraube oder des Bolzens gemessen. Fast alle Fahrzeughersteller benutzen heute metrische Gewinde nach ISO-Norm, eine M-6-Schraube hat einen Gewindedurchmesser von 6 mm. Diese Bezeichnung gilt auch für die entsprechende Mutter, hier muss der Durchmesser in den »Tälern« des Gewindes gemessen werden.
- Die Gewindesteigung bezeichnet den Abstand zwischen zwei Gewindegängen (siehe Abbildung 2.11). Sie wird in Millimetern angegeben, jedoch nur extra erwähnt, wenn sie von der Norm abweicht, d.h. eine M8-Schraube nicht wie üblich eine Steigung von 1,25 mm, sondern z.B. ein Feingewinde mit 1,0 mm Steigung hat – sie heißt dann M8 x 1,0. Mit zunehmendem Gewindedurchmesser wird auch die Steigung größer.

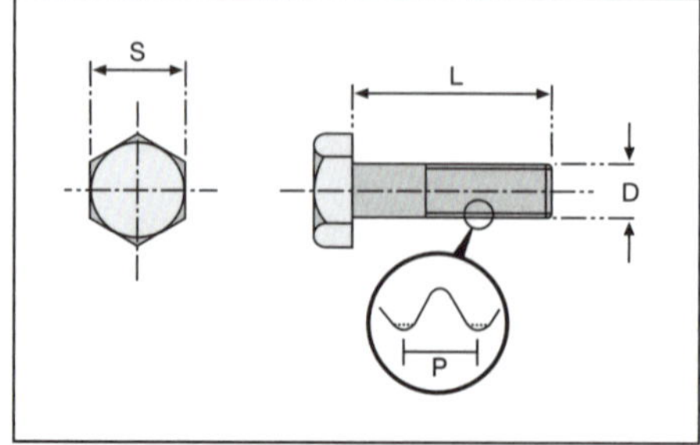

2.11 Schraubenlänge (L), Gewindedurchmesser (D), Gewindesteigung (P), Schlüsselweite (S)

2.12 Mit einer Gewindelehre kann die Steigung bestimmt werden.

- Zu bestimmten Gewindedurchmessern, -steigungen und -festigkeiten gehören entsprechende Schraubenköpfe mit Schlüsselweiten in Millimetern (siehe Abbildung 2.11). Bei Unsicherheit können Gewindesteigungen mit Gewindelehren gemessen werden (siehe Abbildung 2.12).

Schlüsselweite	∅ Gewinde x Steigung
8 mm	M 5 x 0,8 mm
8 mm	M 6 x 1,0 mm
10 mm	M 6 x 1,0 mm
12 mm	M 8 x 1,25 mm
14 mm	M10 x 1,25 mm
17 mm	M12 x 1,25 mm

- Die meisten Schrauben und Bolzen haben Rechtsgewinde, d.h. die Schraube oder Mutter wird im Uhrzeigersinn festgezogen. Linksgewinde finden sich ganz selten an Stellen, wo die Drehrichtung des Bauteils die Verbindung lösen könnte, z.B. bei einigen Ritzelmuttern.

Standard-Anzugsdrehmomente

M5 (Schraube oder Mutter)	5 Nm
M6 (Schraube oder Mutter)	10 Nm
M8 (Schraube oder Mutter)	21 Nm
M10 (Schraube oder Mutter)	35 Nm
M12 (Schraube oder Mutter)	55 Nm
M6 (Schraube oder Mutter mit Bund)	12 Nm
M8 (Schraube oder Mutter mit Bund)	27 Nm
M10 (Schraube oder Mutter mit Bund)	40 Nm

Festsitzende Gewinde

- Durch Feuchtigkeit, Salz und elektro-chemische Korrosion zwischen unterschiedlichen Metallen können freiliegende Schrauben im Laufe

2.13 Bereits ein leichter Schlag auf den Schraubenkopf reicht oft aus, ein korrodiertes Gewinde zu lösen.

2.14 Ein Schlagschrauber setzt die Wucht des Hammers in eine Drehbewegung um.

2.16 Mit einem am Rand angesetzten Meißel wird die Schraube oder Mutter gelockert.

2.19 Achtung beim Vorbohren: nicht das weichere Gehäusematerial beschädigen.

der Zeit schwer zu lösen sein. Mit normalen Methoden wird man in diesen Fällen wahrscheinlich den Schraubenkopf zerstören. Wenn man merkt, dass sich eine Schraube oder Mutter nicht wie üblich durch ein Knacken löst und dann leicht ausbauen lässt, sollte die übliche Demontage sofort gestoppt werden, bevor etwas zerstört wird.

- Bereits ein leichter Schlag auf den Schraubenkopf kann Korrosion und Spannungen im Gewinde lösen (siehe Abbildung 2.13).
- Kriechöl (z.B. *Caramba* oder *WD40*) kann als Rostlöser an die Verbindung gesprüht werden und über Nacht einsickern. Formt man mit Plastilin eine »Wanne« um die Schraube oder Mutter, kann die Verbindung sogar geflutet werden.
- Aufgrund der öligen Umgebung haben innerhalb des Motorgehäuses befindliche Schraubverbindungen kaum Korrosionsprobleme. Doch kann auch hier ein Schlagschrauber die Arbeit erleichtern, wenn festsitzende Schrauben gelöst werden sollen (siehe Abbildung 2.14).
- Korrosion zwischen Metallen (z.B. Stahl und Aluminium) kann durch Erwärmung gelockert werden. Da sich Aluminium stärker ausdehnt als Stahl, reißt die Verbindung auf und die Bohrung (im Aluminium) erweitert sich. Hitzeempfindliche Teile wie Dichtringe und Gummistopfen müssen zunächst entfernt werden, dann kann man z.B. mit einem Heißluftgebläse den Bereich um die Schraube erwärmen (siehe Abbildung 2.15). Alternativ kann man das Bauteil auf einer elektrischen Herdplatte, in einem Backofen, in kochendem Wasser oder mit einem Bügeleisen erwärmen. Benutzen Sie keine offene Flamme! Tragen Sie Handschuhe, um Hautverbrennungen zu vermeiden.

2.15 Erwärmen Sie den Bereich um die Schraubverbindung gleichmäßig.

Achtung: Beachten Sie immer, dass das Gehäuseteil, in dem die Schraube sitzt, viel empfindlicher und teurer ist als die Schraube selbst. Wenn die Schraube gelockert ist, sollte sie nicht mit Gewalt herausgedreht werden. Um das Gewinde zu schonen, muss die Schraube bei starkem Widerstand vorsichtig vor- und zurückgedreht werden, bis sie locker ist.

- Als nächste Möglichkeit kann man die Schraube mit Hammer und Meißel losklopfen (siehe Abbildung 2.16). Hierdurch wird die Schraube oder Mutter zerstört, doch wichtiger ist, dass man das Bauteil nicht beschädigt.

Abgebrochene Schrauben und Stehbolzen

- Wenn das Gewinde zugänglich ist, kann man versuchen, es mit einer selbstsichernden Gripzange zu drehen. Mit einem Stehbolzendreher, der normalerweise bei Zylinderstehbolzen verwendet wird, lassen sich meist bessere Ergebnisse erzielen (siehe Abbildung 2.17). Stehbolzen lassen sich auch mit zwei verkonterten Muttern lösen (siehe Abbildung 2.18).

2.17 Mit einem Stehbolzendreher können auch festsitzende Schraubengewinde gelöst werden.

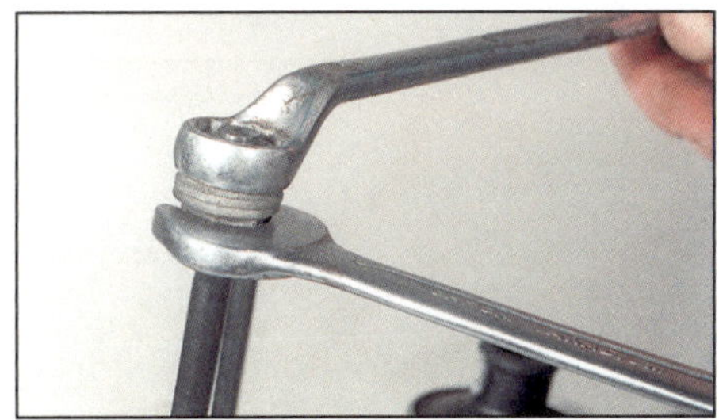

2.18 Nach dem Verdrehen zweier Muttern gegeneinander kann hiermit der Bolzen herausgeschraubt werden.

- Eine bündig am Gehäuse abgerissene Schraube kann, wenn sie nicht allzu fest sitzt, nur mit einem Linksausdreher entfernt werden. Zunächst wird mit dem Körner in der Mitte des Gewindes eine Markierung geschlagen, aus der ein Bohrer nicht mehr abrutschen kann (siehe Abbildung 2.19). Wählen Sie den Bohrer etwa halb bis dreiviertel so groß wie der Innendurchmesser der Schraube, und bohren Sie ein dem Linksausdreher entsprechend tiefes Loch. Wählen Sie den größtmöglichen Linksausdreher, aber achten Sie darauf, die Wandung der Schraube oben nicht auseinanderzudrücken, da dadurch das Gewinde im Gehäuse beschädigt und das Herausdrehen erschwert wird.
- Drehen Sie den Linksausdreher links herum (gegen den Uhrzeigersinn) in die abgebrochene Schraube. Wenn er sich festgefressen hat, wird er automatisch den Gewinderest aus dem Gehäuse herausdrehen (siehe Abbildung 2.20).

Warnung: Linksausdreher sind sehr hart und können bei unvorsichtigem Umgang und in extrem festsitzenden Schraubenresten abbrechen. In diesem Fall sollte eine professionelle Werkstatt konsultiert werden.

2.20 Drehen Sie den Linksausdreher links herum in das Bohrloch, bis das Gewindestück herausgeschraubt ist.

2.21 Besonders bei abgerundeten Köpfen sind Flächendruckschlüssel solchen mit Zwölfkant vorzuziehen.

- Alternativ, oder wenn das Gehäusegewinde zu stark beschädigt ist, kann die Schraube ganz herausgebohrt werden. Hierbei muss darauf geachtet werden, dass die Bohrung exakt zentriert und gerade sitzt und genau die vorgegebene Tiefe erreicht wird. Dann kann ein Übermaßgewinde eingebohrt oder ein Gewindeeinsatz (z.B. *Heli Coil*) hineingeschraubt werden. Bei Zweifel über die eigenen Fähigkeiten und in Anbetracht des Preises für ein neues Gehäuse sollte diese Arbeit gegebenenfalls einer Werkstatt überlassen werden.
- Schrauben und Muttern mit abgerundeten Sechskantköpfen sollten sehr vorsichtig mit exakten Ring- oder Steckschlüsseln gelöst werden. Diese sollten besser sechs als zwölf Kanten aufweisen. Als sehr gut haben sich auch Schlüssel erwiesen, die nicht die Kanten, sondern die Flächen der Köpfe belasten – sie werden u.a. unter dem Handelsnamen »Metrinch« vertrieben (siehe Abbildung 2.21)
- Schlitz- oder Kreuzschlitzschrauben werden häufig durch falsche Schraubendrehergrößen beschädigt, zudem können die Dreher auch verschlissen (abgerundet) sein. Inbus- und Torx-Schrauben sind dagegen kaum zu zerstören. Wenn die Schraube zugänglich ist, kann mann mit einer Eisensäge einen Schlitz in den Kopf sägen und sie mit einem passenden Schlitzschraubendreher lösen. Alternativ kann die Schraube mit Hammer und Meißel vorsichtig losgeklopft werden. Beschädigte Schrauben dürfen auf keinen Fall wieder eingesetzt und festgezogen werden.

Ein Klecks Ventileinschleifpaste auf der Schraube kann für den Schraubendreher das letzte Quäntchen Haftung bringen.

2.22 Zum Reinigen und Reparieren von Innengewinden muss ein passender (!) Gewindebohrer senkrecht (!) eingeschraubt werden.

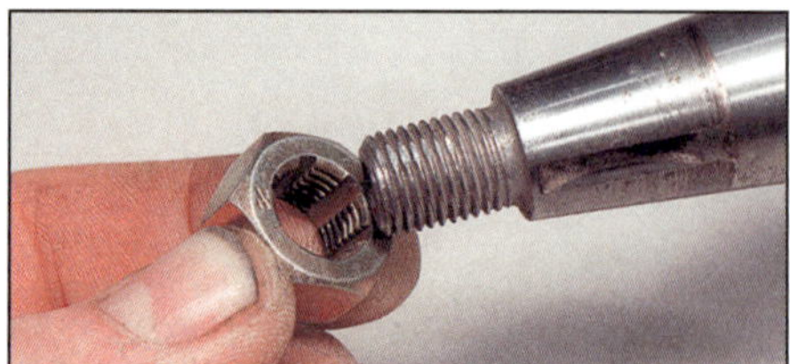

2.23 Zum Nacharbeiten von Außengewinden wird ein Schneideisen aufgedreht.

Gewindereparatur

- Besonders in Aluminium kann ein Gewinde durch viel zu festes Anziehen, eingearbeiteten Schmutz oder auch Vibrationen lockerer Schrauben schnell zerstört werden. Das Gewinde kann komplett mit der Schraube herausfallen.
- Wenn ein Gewinde nur leicht beschädigt oder mit alter Schraubensicherungspaste verschmutz ist, kann es mit einem passenden Gewindebohrer repariert/gereinigt werden (siehe Abbildungen 2.22 und 2.23). Für Zündkerzengewinde gibt es spezielle Größen. Achten Sie darauf, dass der Bohrer den korrekten Durchmesser und die richtige Steigung hat, sonst wird das Gewinde zerstört. Das Gleiche gilt für Außengewinde. Hier kann mit einer passenden Gewindefeile oder einem Schneideisen nachgearbeitet werden (siehe Abbildung 2.24).
- Wenn um das beschädigte Innengewinde genügend Material vorhanden ist und eine größere Schraube eingesetzt werden kann, ist es möglich, das Loch passend zu vergrößern und ein größeres Gewinde einzuschneiden. Manchmal, z.B. bei Zündkerzen oder Ablassschrauben und bei wenig »Fleisch« um das Loch, ist dieser Schritt jedoch nicht möglich.
- Man muss dann auf Gewindeeinsätze zurückgreifen, die in das aufgebohrte defekte Gewinde eingesetzt werden und in die anschließend wieder Originalschrauben oder Zündkerzen einge-

2.24 Mit einer Gewindefeile können Außengewinde nachgebessert werden.

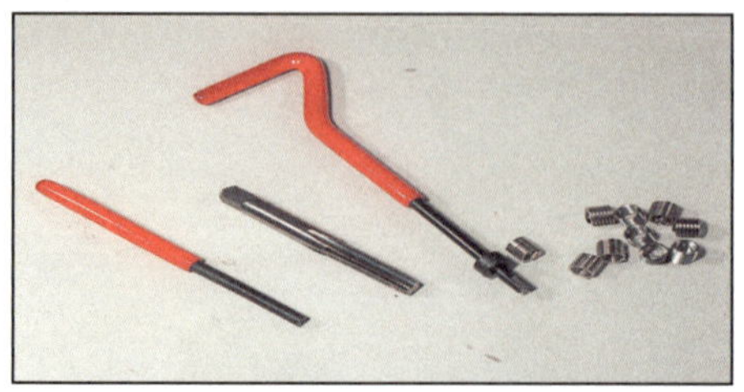

2.25 Dem Grund-Kit sind neben Gewindeeinsätzen auch die nötigen Spezialwerkzeuge beigefügt.

2.26 Bohren Sie zunächst das alte Gewinde auf (Lager und Dichtungen sollten besser abgedeckt sein).

2.27 Drehen Sie sorgfältig den Gewindeschneider hinein, . . .

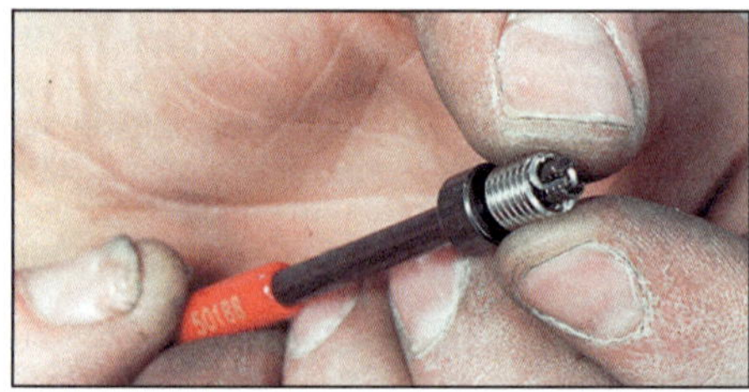

2.28 . . . setzen Sie den Einsatz in das Eindrehwerkzeug, . . .

2.29 . . . und schrauben Sie ihn in die Bohrung.

2.30 Brechen Sie zum Schluss die Lasche ab.

dreht werden können. Neben vielen anderen Einsätzen heißt das bekannteste Produkt »Heli Coil«. Eine Packung enthält einen Gewindebohrer, Einbauwerkzeuge und mehrere Einsätze (siehe Abbildung 2.25). Vergrößern Sie das Loch mit einem passenden Bohrer (siehe Abbildung 2.26), schneiden Sie vorsichtig das Gewinde ein (siehe Abbildung 2.27), und drehen Sie vorsichtig und mit leichtem Druck den Einsatz hinein (siehe Abbildungen 2.28 und 2.29). Wenn er viertel bis halbe Umdrehung vor dem Grund sitzt, wird das Werkzeug herausgezogen und mit der Stange die Eindrehlasche abgebrochen (siehe Abbildung 2.30).

- Es gibt Gewinde-Reparaturmittel auf Epoxidharzbasis. Sie sollten jedoch nur bei wenig belasteten Verbindungen eingesetzt werden.

Sicherungspaste und Dichtmasse

- Schraubensicherungspaste (bekannt unter dem Namen *Loctite*) wird an Verbindungen eingesetzt, wo durch Vibrationen Gefahr der Lockerung besteht, oder besonders sicherheitsrelevante Teile verloren gehen können. Außerdem wird sie verwendet, wo andere Schraubensicherungen, wie Bleche oder Splinte, nicht eingesetzt werden können.
- Vor dem Auftragen von Sicherungspaste müssen beide Gewinde sorgfältig von alten Resten gereinigt, entfettet und getrocknet werden. Es gibt zwei Arten von Schraubensicherungspasten: dauerfeste und lösbare (mittelfeste). Normalerweise wird mittelfeste Schraubensicherung verwendet, nur Zylinderstehbolzen werden oft mit dauerhafter Paste eingesetzt. Geben Sie einen oder zwei Tropfen auf die ersten Gewindegänge der einzusetzenden Schraube, setzen Sie sie ein, und ziehen Sie sie mit dem vorgeschriebenen Drehmoment fest. Geben Sie nicht zu viel Sicherungspaste auf das Gewinde, da sonst beim Ausbau ein Alugewinde mit herausgezogen werden kann.
- Es gibt Schrauben und Muttern, die mit einem trockenen Sicherungsmaterial überzogen sind. Diese Verbindungsteile müssen nach jeder Demontage ersetzt werden.
- Um Gewinde vor dem Korrodieren zu schützen, können sie mit Kupferpaste eingesetzt werden. Dieses empfiehlt sich besonders bei stark hitzebelasteten Teilen wie Zündkerzen, Krümmerflanschmuttern und Auspuffschrauben.

3.1 Fühlerlehren werden zum Ermitteln kleiner Spaltmaße benötigt. Ihr Maß ist auf einer Seite eingeätzt.

3 Messwerkzeuge und Messuhren

Fühlerlehren

- Fühlerlehren werden zum Ermitteln kleiner Spaltmaße und Spiele (z.B. Ventilspiel) benutzt (siehe Abbildung 3.1). Wo der Einsatz einer Messuhr unmöglich ist, kann man mit ihnen auch Seitenspiel von Wellen messen.
- Fühlerlehrensätze müssen vorsichtig behandelt und dürfen nicht verbogen oder beschädigt werden. In jedes Blatt ist auf einer Seite das entsprechende Maß eingeätzt. (Messen Sie das bei besonders billigen Fühlerlehren einmal nach!) Die Blätter sollten gegen Korrosion immer leicht eingeölt sein, damit sie nicht – im wahrsten Sinne – »aufblühen«.
- Wenn Sie irgendwo Spiel ermitteln wollen, gilt immer der Wert, bei dem das Blatt sich mit leichtem Druck durch die beiden Komponenten ziehen lässt. Es kann passieren, dass man manchmal zwei Fühlerlehren benötigt.

Bügelmessschrauben (Mikrometerschrauben)

- Mit einer Präzisionsmessschraube lassen sich Messgenauigkeiten von bis zu einem tausendstel Millimeter erzielen. Das empfindliche Gerät sollte immer in seinem Etui und nie lose im Werkzeugkasten aufbewahrt werden, da defekte Geräte falsche Messergebnisse zeigen, die eventuell teure Motorschäden nach sich ziehen können.
- Bügelmessschrauben werden zum Ermitteln von Außendurchmessern eingesetzt, es gibt sie in verschiedenen Messbereichen, normalerweise von 0 bis 25 mm, 25 bis 50 mm usw., immer in 25-mm-Schritten steigend. Zu großen Bügelmessschrauben gibt es austauschbare Zwischenstücke, um verschiedene Messungen durchführen zu können. Allgemein ist das größte benötigte Maß das des Kolbendurchmessers.
- Kleine Innendurchmesser können mit Innenmesslehren oder Dreipunkt-Innenmessschrauben ermittelt werden. Große Durchmesser, wie Zylinderbohrungen, lassen sich mit Messuhren oder Schnabelmessschrauben ermitteln. Alle diese Geräte sind sehr teuer, und es stellt sich die Frage, ob sich die Anschaffung für den Hobbyschrauber lohnt.

Bügelmessschrauben

Anmerkung: *Hier wird eine konventionelle mechanische Messschraube beschrieben. Einfacher abzulesen, aber auch erheblich teurer sind digitale Geräte.*

- Vor Beginn muss immer die Kalibrierung kontrolliert werden, d.h. das Gerät wird geschlossen (bei 0–25 mm) oder mit den entsprechenden (gereinigten!) Zwischenstücken versehen und auf Null-Maß gestellt (siehe Abbildung 3.2).

Beachten Sie hierzu die Bedienungsanleitung der Messschraube. Denken Sie immer daran,

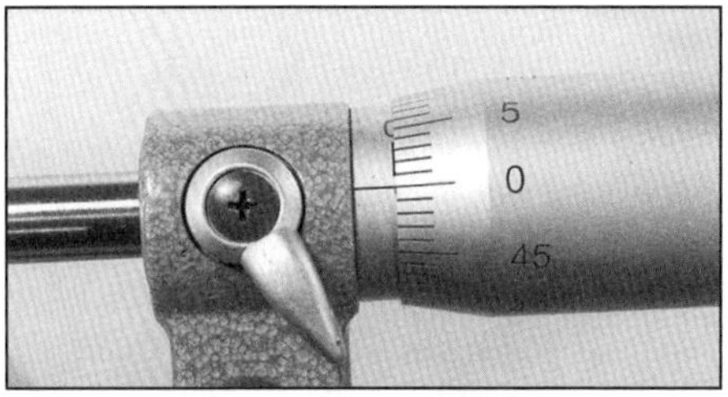

3.2 Kontrollieren Sie vor dem Gebrauch, ob die Messschraube auf Null kalibriert ist.

dass es sich hierbei um ein Präzisionsmessgerät handelt, das schonend behandelt werden muss.

- Achten Sie darauf, dass das zu messende Teil sauber ist. Drücken Sie den Amboss (1) gegen das Teil und drehen Sie die Trommel (2), bis die Spindel (3) das Teil an der gegenüberliegenden Seite leicht berührt (siehe Abbildung 3.3). Drehen Sie jetzt die Spindel mit der Ratsche (4) ein, bis sie überrutscht, schrauben Sie sie auf gar keinen Fall mit der Trommel fester – hierdurch kann das Instrument zerstört werden.
- Jetzt kann die Spindel mit dem Klemmhebel arretiert und die Bügelmessschraube vom zu messenden Teil genommen werden, dann wird das Ergebnis abgelesen. Zuerst wird die Grundmessung auf dem Schaft abgelesen, dann wird die Feinmessung auf der Trommel hinzugezählt. Anhand der Teilstriche auf dem Schaft werden in unserem Fall die ganzen und halben Millimeter abgelesen. Auf der Trommel sind die Hundertstelmillimeter-Markierungen zu sehen (je nach der Beschriftung auf dem Bügel und Genauigkeit der Messschraube können auch andere Werte abgelesen werden). Jede ganze Umdrehung bedeutet eine Veränderung um einen halben Millimeter. Der Teilstrich, der (direkt von oben betrachtet!) über der Linie liegt, zeigt einen Hundertstelmillimeter (0,01 mm) an. Zählen Sie das abgelesene Ergebnis zu der Schaftmessung hinzu.

In unserem Beispiel wird folgendes Messergebnis abgelesen (siehe Abbildung 3.4):

obere Schaft-Skala	2,00 mm
untere Schaft-Skala	0,50 mm
Trommel-Skala	0,45 mm
Messergebnis	**2,95 mm**

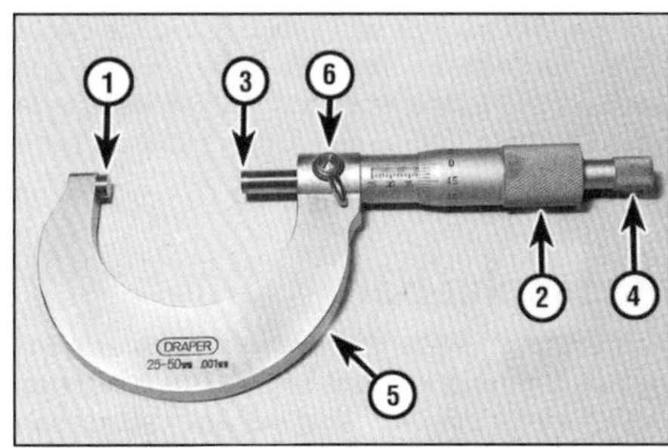

3.3 Bügelmessschrauben-Bauteile
1 Amboss, 2 Trommel, 3 Spindel, 4 Ratsche, 5 Bügel, 6 Feststellhebel

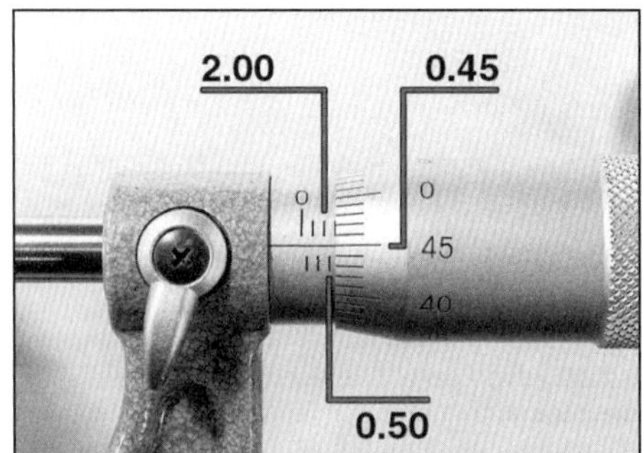

3.4 **Das Messergebnis beträgt 2,95 mm.**

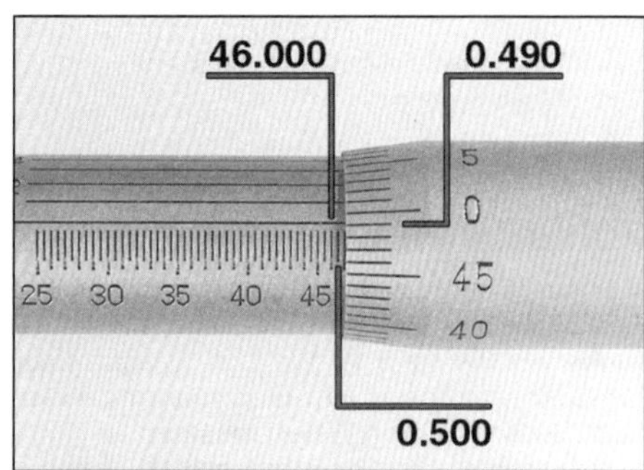

3.5 **Auf dem Schaft und der Trommel werden 46,99 mm abgelesen, . . .**

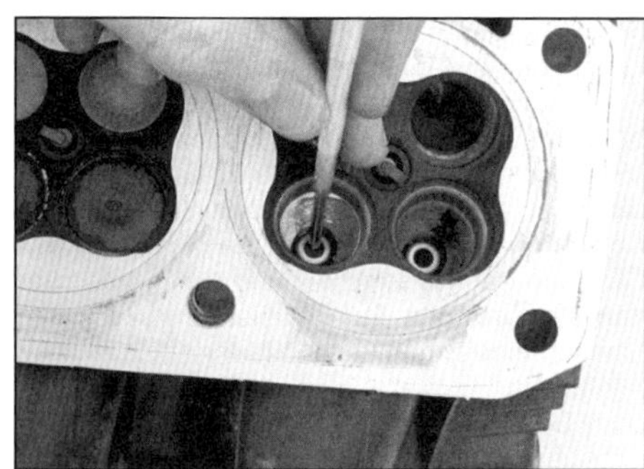
3.9 **Spannen Sie den Bohrungsfühler in das Loch, und arretieren Sie ihn, . . .**

- Einige Messgeräte haben eine Nonius-Skala auf ihrem Schaft, mit der es ermöglicht wird, auf tausendstel Millimeter genau zu messen. Zählen Sie zu dem oben abgelesenen Ergebnis den Wert hinzu, der mit einem Teilstrich auf der Trommel fluchtet. Anmerkung: Beim Ablesen des Nonius der 0,001-mm-Teilstriche muss genauestens von oben abgelesen werden. Drehen Sie die Messschraube gegebenenfalls zu sich hin. In unserem Beispiel wird folgendes Messergebnis abgelesen (siehe Abbildungen 3.5 und 3.6):

untere Schaft-Skala (große Striche)	46,000 mm
untere Schaft-Skala (kleine Striche)	0,500 mm
Trommel-Skala	0,490 mm
fluchtende Linie (Nonius)	0,004 mm
Messergebnis	**46,994 mm**

Innenmessgeräte

- Für das Ausmessen von Bohrungen benötigt man Innenmessgeräte. Da Messschrauben sehr teuer sind, kann man auf einen Satz verstellbarer Innenfühler zurückgreifen, die mit einer Bügelmessschraube vermessen werden.
- Mit Teleskop-Messlehren können z.B. Pleuelaugen und Kolbenbolzenbohrungen vermessen werden. Schieben Sie die saubere Lehre ein, spannen Sie sie auseinander, sichern Sie sie, und ziehen Sie sie aus der Bohrung (siehe Abbildung 3.7). Messen Sie das Ergebnis mit einer Bügelmessschraube (siehe Abbildung 3.8).
- Sehr kleine Bohrungen, wie Ventilführungen, können mit Bohrungsfühlern vermessen werden. Schieben Sie die saubere Lehre ein, spannen Sie sie so weit auseinander, bis sie leicht gleitet, sichern Sie sie, und ziehen Sie sie aus der Bohrung (siehe Abbildung 3.9). Messen Sie das Ergebnis mit einer Bügelmessschraube (siehe Abbildung 3.10).

Messschieber

Anmerkung: *Beschrieben werden hier konventionelle Nonius- und Uhren-Messschieber, Digital-Messschieber sind leichter abzulesen und kosten inzwischen nicht mehr viel.*

- Ein Messschieber arbeitet nicht so genau wie eine Bügelmessschraube, dafür ist er leichter

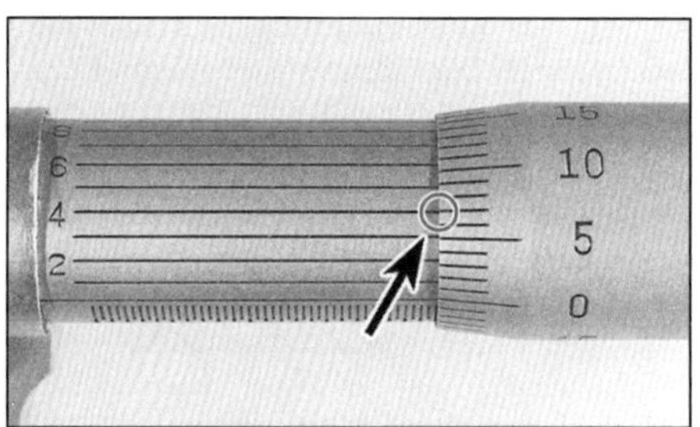

3.6 **. . . dazu kommen 0,004 mm aufgrund der fluchtenden Linien.**

zu bedienen und vielseitig für Außen-, Innen- und Tiefenmessungen einsetzbar. Für viele Messungen, wie z.B. Kupplungsbeläge oder Ventilfedern, reicht er völlig aus.
- Lösen Sie zunächst die Klemmschraube (1), und schieben Sie das Gerät soweit auseinander, dass die Schnäbel (2) über bzw. die Kreuzspitzen (3) in das zu messende Teil passen (siehe Abbildung 3.11). Schieben Sie das Gerät, eventuell mit der Feineinstellung (4), bis auf bei-

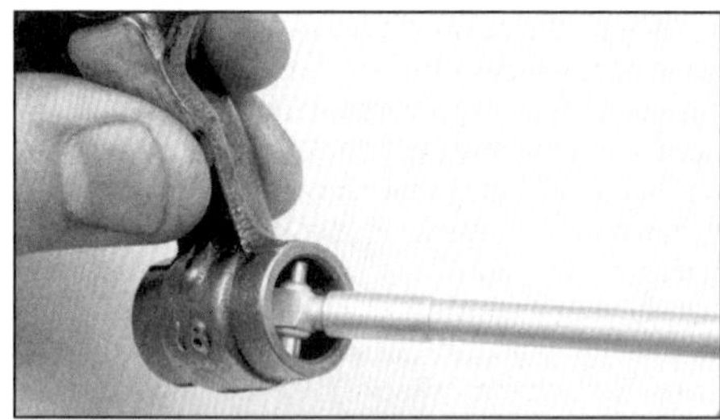
3.7 **Spannen Sie die Teleskop-Messlehre in der Bohrung auseinander, arretieren Sie sie, . . .**

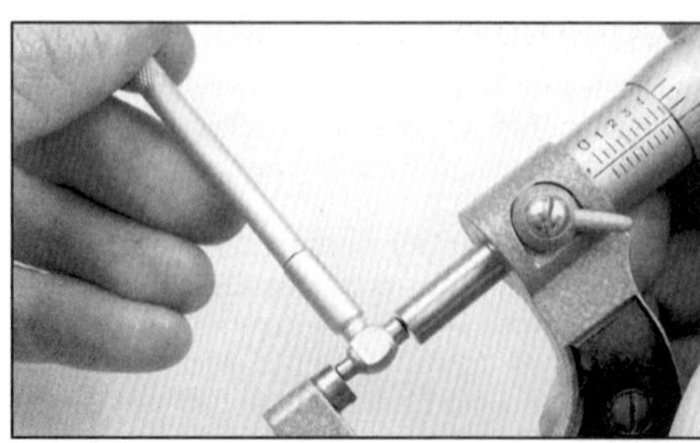
3.8 **. . . und messen Sie das Ergebnis mit der Bügelmessschraube.**

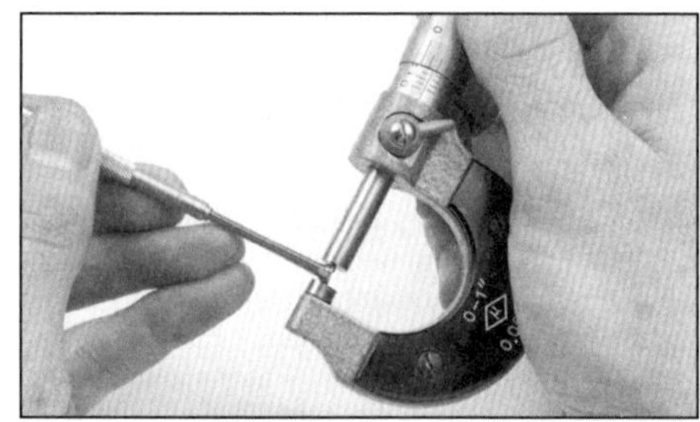
3.10 **. . . messen Sie das Gerät dann mit einer Bügelmessschraube.**

den Seiten leichter Kontakt entsteht, und ziehen Sie die Klemmschraube wieder an. Jetzt werden auf der festen Skala (6) als Grundmessung die ganzen Millimeter abgelesen, die links der Null auf der Schieberskala (5) liegen. Als Nächstes wird auf der Schieberskala der Strich identifiziert, der genau mit einem Strich auf der festen Skala fluchtet, jeder Strich steht normalerweise für 0,02 oder sogar 0,01 Millimeter. Addieren Sie den abgelesenen Wert zu der Grundmessung hinzu, und Sie haben das Messergebnis. In unserem Beispiel wird folgendes Messergebnis abgelesen (siehe Abbildung 3.12):

Grundmessung	55,00 mm
Feinmessung	0,92 mm
Messergebnis	**55,92 mm**

- Einige Messschieber sind zur Feinmessung mit einer Messuhr ausgerüstet. Achten Sie darauf, dass der Messschieber sauber sein muss. Schieben Sie ihn zuerst zusammen und kontrollieren Sie, ob die Messuhr auf Null steht, gegebenenfalls muss am Außenring nachgestellt werden. Lösen Sie zunächst die Klemmschraube (1), und schieben Sie das Gerät soweit auseinander, dass die Schnäbel (2) über bzw. die Kreuzspitzen (3) in das zu messende Teil passen (siehe Abbildung 3.13). Schieben Sie das Gerät, eventuell mit der Feineinstellung (4), bis auf beiden Seiten leichter Kontakt entsteht, und ziehen Sie die Klemmschraube wieder an. Jetzt werden auf der festen Skala (5) als Grundmessung die ganzen Millimeter abgelesen, die links der Schieberskala (6) erscheinen. Als Nächstes wird die Position der Nadel in der Uhr (7) ermittelt, jeder Teilstrich

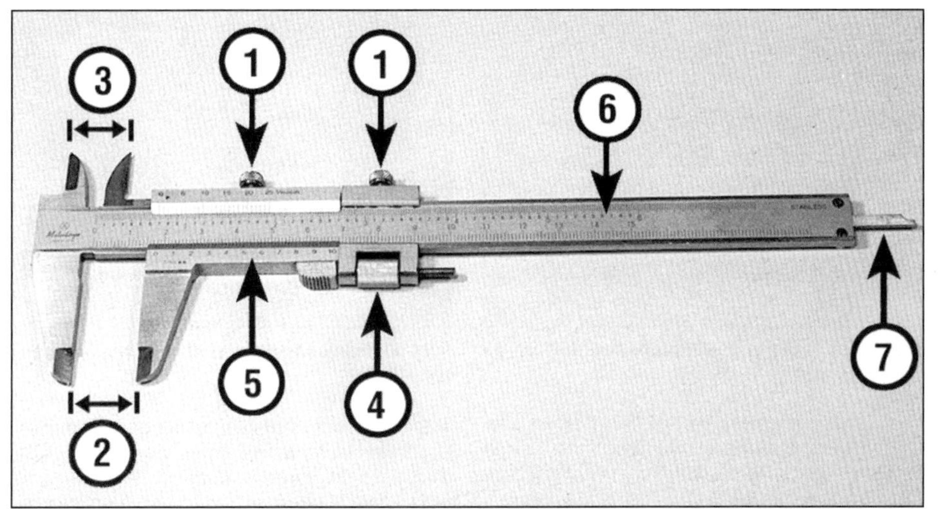

3.11 Bauteile eines Messschiebers (Nonius-Ablesung)

1 Klemmschraube
2 Außenmess-Schnäbel
3 Innenmess-Kreuzspitzen
4 Feineinstellung
5 Schieberskala
6 feste Skala
7 Tiefenmessdorn

entspricht hier 0,05 mm. Addieren Sie diesen Wert zu der Grundmessung, um das Messergebnis zu erhalten.

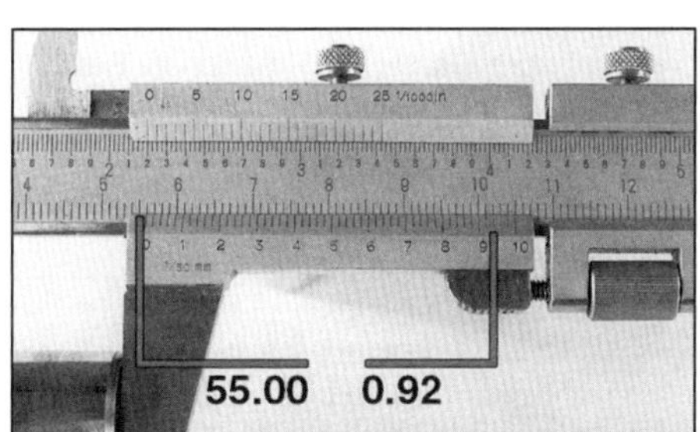

3.12 Das Messergebnis beträgt 55,92 mm.

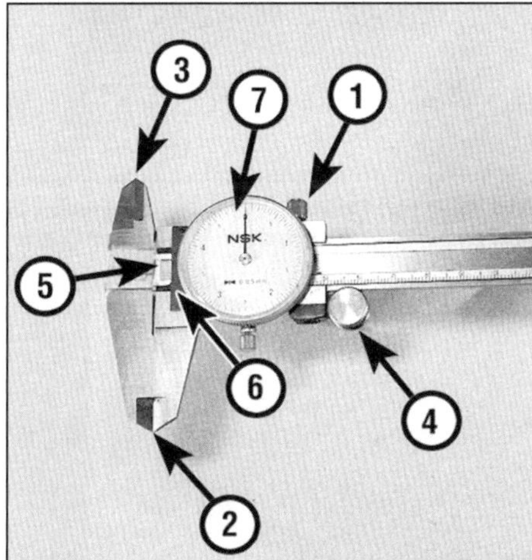

3.13 Bauteile eines Messschiebers (Uhr-Ablesung)

1 Klemmschraube
2 Außenmess-Schnäbel
3 Innenmess-Kreuzspitzen
4 Feineinstellung
5 feste Skala
6 Schieberskala
7 Messuhr

In unserem Beispiel wird folgendes Messergebnis abgelesen (siehe Abbildung 3.14):

Grundmessung	55,00 mm
Feinmessung	0,95 mm
Messergebnis	**55,95 mm**

Quetschmessstreifen

- Die unter dem Markennamen Plastigauge bekannten Kunststoffstreifen werden zwischen zwei Oberflächen gepresst. Anschließend wird anhand ihrer Quetschbreite mit einer Skala das Spiel zwischen den Oberflächen ermittelt.
- Üblicherweise wird mit Quetschmessstreifen das Radialspiel in Gleitlagern von Kurbel- und Nockenwellenlagern sowie zwischen Hubzapfen und Pleuellagern ermittelt. Im Folgenden wird Letzteres als Beispiel beschrieben.
- Gehen Sie vorsichtig mit den Quetschmessstreifen um, damit sich keine verzerrten Messergebnisse zeigen. Schneiden Sie mit einem scharfen Messer einen Streifen davon ab, der etwas kürzer ist als die Breite der Lagerschale, und legen Sie ihn parallel zur Welle in das Lager oder auf die Welle (siehe Abbildung 3.15). Montieren Sie vorsichtig beide Lagerschalen, und setzen Sie das Pleuel zusammen. Ziehen Sie, ohne das Pleuel auf der Kurbelwelle zu drehen, die Schrauben oder Muttern mit dem vorgeschriebenen Drehmoment fest. Dann wird alles vorsichtig wieder gelockert und der Quetschmessstreifen begutachtet.
- Der Streifen wird mit der an der Packung befindlichen Skala verglichen und das entsprechende Lagerspiel abgelesen (siehe Abbildung 3.16). Entfernen Sie anschließend alle Messstreifenreste mit dem Fingernagel.

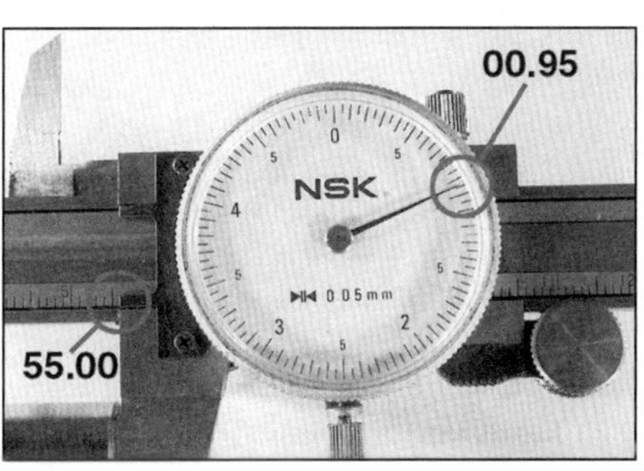

3.14 Das Messergebnis beträgt 55,95 mm.

> ***Achtung: Um ein korrektes Messergebnis zu erhalten, müssen alle vom Motorradhersteller vorgeschriebenen Anzugs-Drehmomente und -Reihenfolgen genauestens eingehalten werden.***

Messuhren und Verzugsmessung

- Mithilfe einer Messuhr können kleinste Bewegungen ermittelt werden. Typische Einsatzzwecke sind Messungen von Unrundlauf, Seitenspiel oder Kolbenpositionen zur Zündeinstellung bei Zweitaktmotoren. Zu einem Messuhr-Set gehört eine Vielzahl von Tastern, Adaptern und Befestigungsmöglichkeiten.

3.15 Der Plastigauge-Streifen wird längs auf die Lageroberfläche gelegt.

- Im Ruhezustand der Uhr muss die Nadel auf Null stehen, gegebenenfalls muss am Ring nachjustiert werden.
- Prüfen Sie, ob der Messbereich der Uhr für die zu erwartende Bewegung ausreicht. Die meisten Uhren haben neben der großen Feinmessanzeige mit 0,01- oder 0,001-mm-Einteilung einen kleinen Zeiger, der ganze Millimeter misst. Zählen Sie zuerst die ganzen Millimeter und dann die Hundertstel oder Tausendstel dazu.

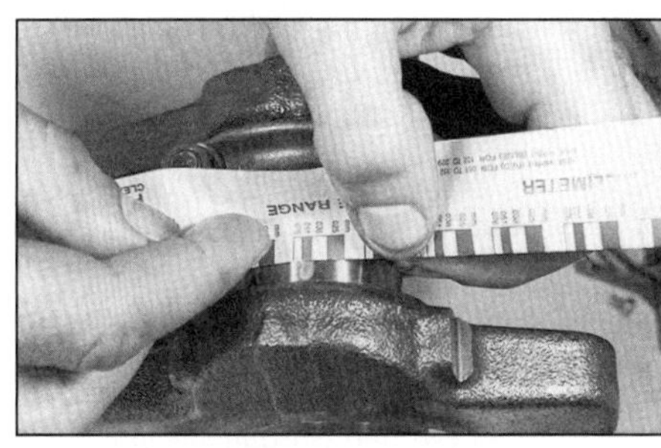

3.16 Messen Sie die Breite der gequetschten Messstreifen.

3.17 Das Messergebnis beträgt 1,48 mm.

In unserem Beispiel wird folgendes Messergebnis abgelesen (siehe Abbildung 3.17):

Grundmessung	1,00 mm
Feinmessung	0,48 mm
Messergebnis	**1,48 mm**

• Wenn der Unrundlauf von Wellen ermittelt werden soll, muss die Welle in den V-förmigen Ausschnitten von stabilen Prismenblöcken liegen und die Messuhr an einem Stativ rechtwinkelig zur Welle montiert werden. Lassen Sie den Taster in der Wellenmitte aufliegen, und drehen Sie langsam die Welle. Beobachten Sie dabei die Anzeige (siehe Abbildung 3.18). Führen Sie ggf. an verschiedenen Stellen der Welle Messungen durch, und merken Sie sich den maximalen Schlag.

Anmerkung: *Das abgelesene Ergebnis stellt den totalen Unrundlauf der Welle dar. Einige Hersteller geben in ihren* Technischen Daten *den maximalen Wert zu einer Seite an, sodass das Ergebnis halbiert werden muss.*

• Das Seitenspiel (Axialspiel) einer Welle kann nach dem sicheren Befestigen der Messuhr am Gehäuse gemessen werden, der Taster wird dabei auf das Wellenende gesetzt. Dann wird die Welle mit der Hand hin- und hergedrückt und anhand der Bewegung des Zeigers das Spiel abgelesen (siehe Abbildung 3.19).

• Zur exakten Zündzeitpunktbestimmung bei mehrzylindrigen Zweitakt-Motoren wird eine Messuhr so platziert, dass der Taster durch das Zündkerzengewinde auf den Kolben zum Liegen kommt. Justieren Sie die Uhr im oberen Totpunkt des Kolbens auf Null, und beachten Sie die Betriebsanleitung.

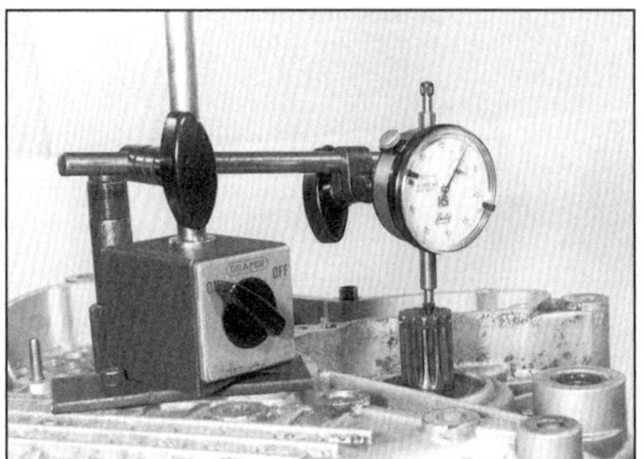

3.19 Hier wird das Axialspiel einer Welle vermessen.

Zylinder-Kompressionsmessgerät

• Kompressionsuhren gibt es mit verschiedenen Anschlüssen: Entweder mit einem konusförmigen Gummi, das in die Kerzenbohrung gedrückt werden muss, oder mit passendem Gewinde zum Einschrauben – Letztere ist zu empfehlen. Der Messbereich der Uhr sollte bei Benzinmotoren bis 20 bar gehen.

• Nach dem Entfernen der Zündkerzen wird die Kompression bei drehendem, aber nicht laufendem Motor gemessen (siehe Abbildung 3.20). Führen Sie den Kompressionstest so durch, wie es in der Ausrüstung zur Fehlersuche beschrieben wird. Das Messgerät wird den Druck so lange halten, bis das Ventil per Hand geöffnet wird.

Öldruck-Messgerät

• Um den Öldruck des Motors zu ermitteln, wird ein Öldruck-Messgerät benötigt, die meisten von ihnen sind mit verschiedenen Adaptern ausgerüstet, sodass sie in alle Anschlussgewinde geschraubt werden können (siehe Abbildung 3.21). Wenn der vom Hersteller vorgesehene Anschluss an einer externen Öldruckleitung liegt, muss eine spezielle Ersatz-Ölleitung verwendet werden, um Ölmangel an verschiedenen Komponenten auszuschließen.

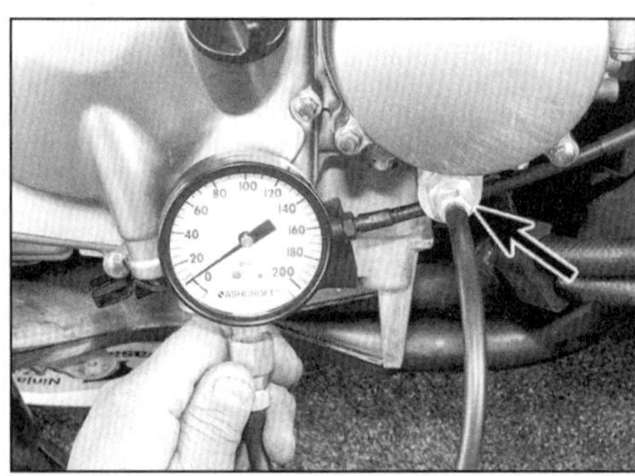

3.21 Öldruck-Messuhr und Anschluss-Adapter (Pfeil)

• Der Öldruck wird bei mit einer bestimmten Drehzahl laufendem Motor gemessen. Oftmals sind die vorgeschriebenen Werte sowohl bei kaltem als auch bei warmem Motor angegeben.

Haarlineale und Verzug

• Zur Kontrolle einer ebenen Dichtfläche auf Verzug muss ein Haarlineal oder ein Präzisions-Stahllineal über die Fläche gelegt und vorhandene Spalte mit einer Fühlerlehre vermessen werden (siehe Abbildung 3.22). Messen Sie diagonal zum Bauteil und zwischen Befestigungsbohrungen (siehe Abbildung 3.23).

• Kontrollieren Sie verschiedene Bauteile, wie Kupplungsreibscheiben auf einer ebenen Fläche (z.B. einem Spiegel), auf Verzug.

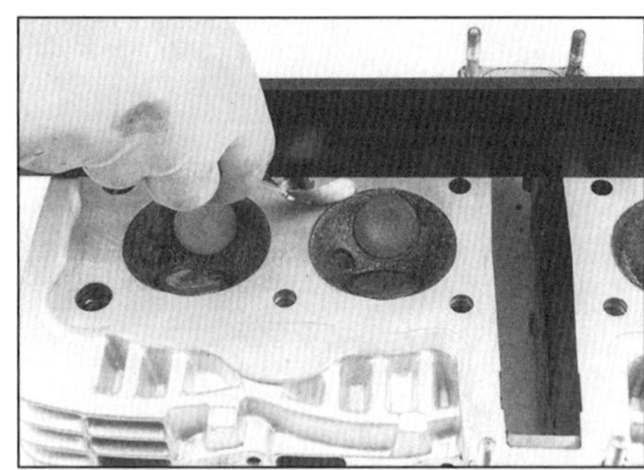

3.22 Messen Sie mit einem Präzisionslineal und einer Fühlerlehre den Verzug der Dichtfläche.

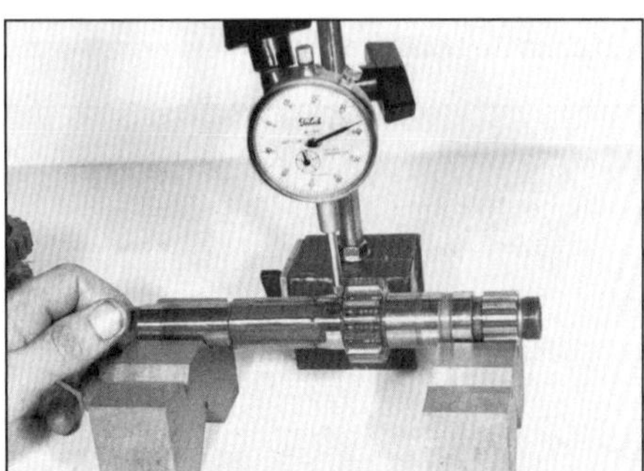

3.18 Messen Sie den Unrundlauf der Welle mit einer Messuhr.

3.20 Ein Kompressionstester mit Gummi-Konus muss kräftig in die Bohrung gedrückt werden.

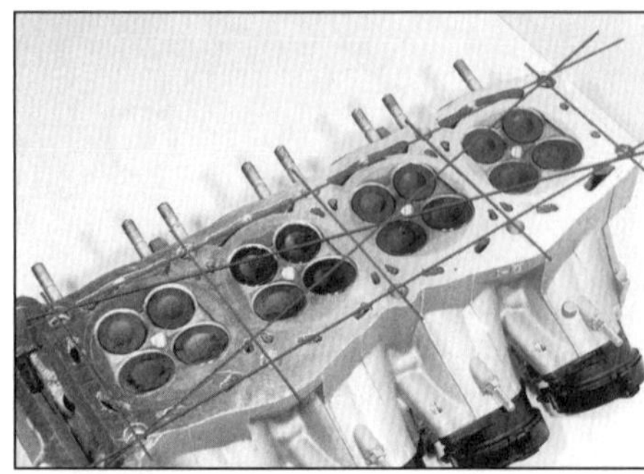

3.23 Kontrollieren Sie die Dichtflächen in diesen Richtungen auf Verzug.

4 Drehmoment und Hebel

Was ist das Drehmoment?

- Mit Drehmoment ist die Drehkraft gemeint, die auf eine Welle wirkt. Das Drehmoment wird bestimmt durch die Länge des Hebels und die auf dessen Ende wirkende Kraft. Die Maßeinheit 1 Nm (Newton pro Meter) bedeutet eine Kraft von einem Newton (ca. 100 g) auf einen ein Meter langen Hebel, ist der Hebel nur 10 cm lang, muss er schon mit 1000 g belastet werden.
- Die vom Hersteller angegebenen Drehmomente sollen sicherstellen, dass sich eine Verbindung weder lockert noch durch zu festes Anziehen Bauteile beschädigt werden. Sie beziehen sich auf die Belastung, die Zugfähigkeit und Größe des Gewindes und das Material, in dem es halten soll.
- Bei einem zu geringen Drehmoment besteht die Gefahr, dass die Verbindung sich im Betrieb löst, zu starkes Drehmoment kann die Verbindungsteile überlasten und beschädigen, sodass sie ab- oder ausreißen. Beachten Sie daher immer die Anzugsdrehmomente in den *Technischen Daten* des jeweiligen Kapitels oder die in diesen *Werkzeug- und Werkstatt-Tipps* angegebenen Standardanzugsdrehmomente.

Der automatische Drehmoment-Schlüssel

- Kontrollieren Sie die Kalibrierung und Funktionsfähigkeit des Drehmomentschlüssels (der für das verlangte Drehmoment ausgelegt sein muss). Oftmals sind auf dem Drehmomentschlüssel mehrere Maßeinheiten angegeben (Nm, kpm oder lbf/in und lbf/ft), verwechseln Sie die Maßeinheiten nicht!
- Stellen Sie den Schlüssel auf das verlangte Drehmoment ein (siehe Abbildung 4.1). Wenn Ihr Drehmomentschlüssel nicht die angegebene Maßeinheit aufweist, muss anhand von Tabellen umgerechnet werden. Wenn Hersteller eine Empfehlung aussprechen (8–10 Nm), sollte die Verbindung mit dem mittleren Wert angezogen werden. Genauso hätte man 9 Nm ± 1 Nm angeben können. Viele Drehmomentschlüssel können nach Einstellen des Wertes arretiert werden, sodass beim Anziehen der Wert nicht verändert werden kann.
- Setzen Sie die Schraube oder Mutter an, und ziehen Sie sie leicht fest. Das Gewinde muss sauber und frei von alten Sicherungskomponenten sein. Wenn nicht anders erwähnt, müssen die Gewinde trocken sein – unter bestimmten Umständen sind eingeölte oder mit Schraubensicherung versehene Gewinde nötig, dann sind entsprechende Drehmomente berücksichtigt.
- Ziehen Sie die Verbindung fest, bis der Drehmomentschlüssel mit einem Klicken automatisch auslöst und damit anzeigt, dass das gewünschte Drehmoment erreicht ist. Kontrollieren Sie ein zweites Mal die Festigkeit der Verbindung. Wird ein Bauteil mit unterschiedlichen Gewindedurchmessern befestigt, müssen immer zuerst die größeren Verbindungen mit den höheren Drehmomenten festgezogen werden.
- Nachdem die Arbeit mit dem Drehmomentschlüssel beendet ist, muss die vorhandene Arretierung gelöst und die Einstellung auf Null gestellt werden – legen Sie den Schlüssel nicht vorgespannt beiseite. Benutzen Sie keinen Drehmomentschlüssel zum Lösen von Verbindungen.

4.1 Stellen Sie den Drehmomentschlüssel auf das gewünschte Anzugsmoment ein, in diesem Fall auf 12 Nm.

Anziehen mit Winkelmessscheibe

- Manche Hersteller schreiben vor, Schraubverbindungen nach dem Anziehen mit einem vorgegebenen Drehmoment noch um einen bestimmten Winkel nachzuziehen.

4.2 Die aufsetzbare Winkelscheibe wird auf Null arretiert, bevor die Verbindung entsprechend nachgezogen wird.

4.3 Man kann den Winkel auch per Auge oder Geodreieck bestimmen.

- Mit einer Winkelmessscheibe (siehe Abbildung 4.2) oder einem Winkelmesser kann der gewünschte Winkel bestimmt und entsprechend nachgezogen werden (siehe Abbildung 4.3).

Lockerungsreihenfolge

- Wenn mehrere Schrauben oder Muttern eine Komponente sichern, sollten sie alle gleichmäßig Schritt für Schritt gelöst werden, sodass nicht zum Schluss die gesamte Last auf einer Verbindung liegt und das Bauteil verbiegen oder verziehen kann.
- Wenn vom Hersteller eine Anzugsreihenfolge vorgegeben ist, müssen die Verbindungen entgegengesetzt gelöst werden. Ansonsten werden die Verbindungen schrittweise von außen nach innen gelockert (siehe Abbildung 4.4).

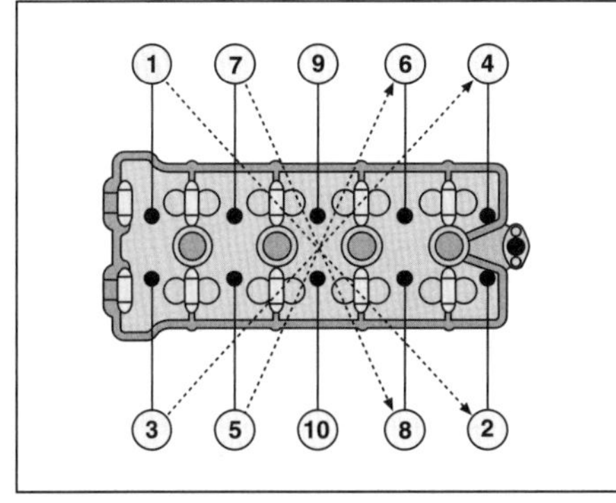

4.4 Beim Lösen von Schraubverbindungen muss Sie von außen nach innen arbeiten.

Anzugsreihenfolge

- Wenn mehrere Schrauben oder Muttern eine Komponente sichern, sollten alle gleichmäßig Schritt für Schritt angezogen werden, sodass nicht zu Anfang die gesamte Last auf einer Verbindung liegt und Dichtungen zerstört werden oder das Bauteil verbiegen oder verziehen kann. Besonders wichtig ist ein gleichmäßiges Anziehen bei großflächigen und festen Verbindungen wie Zylinderköpfen oder Motorgehäusen.
- Normalerweise wird vom Hersteller eine Anzugsreihenfolge entweder als Zeichnung oder auch direkt am Bauteil markiert, angegeben. Wenn nicht, wird in der Mitte begonnen und schritt- und kreuzweise nach außen gearbeitet

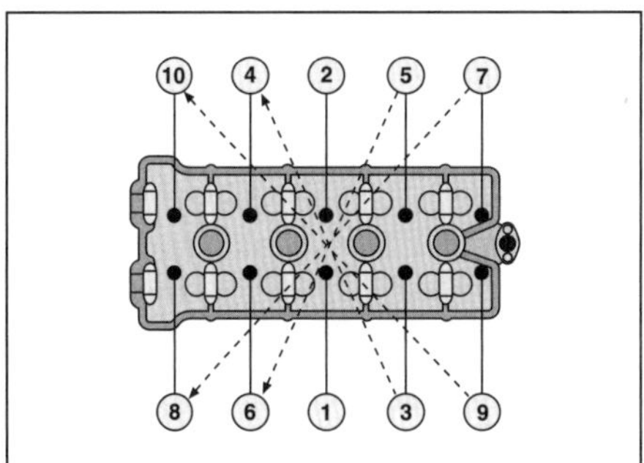

4.5 Typische Anzugsreihenfolge von Schrauben oder Muttern einer großflächigen Verbindung

(siehe Abbildung 4.5). Beginnen Sie mit handfestem Anziehen aller Verbindungen, setzen Sie dann den Drehmomentschlüssel an, und ziehen Sie alles schrittweise und über Kreuz fester, bis alle Anzugsdrehmomente stimmen. Nur so ist gewährleistet, dass die Verbindung hält und nichts beschädigt wird. Wichtige Verbindungen wie Zylinderköpfe haben oftmals zwei oder drei Anzugsschritte, bis alles endgültig festgezogen wird.

Der richtige Hebel

- Verwenden Sie Werkzeuge im richtigen Winkel. Ziehen Sie Schlüssel wenn möglich immer zu sich hin, wenn Verbindungen gelöst werden sollen. Wenn das nicht möglich ist, darf das Werkzeug nicht von der Hand umschlungen sein (siehe Abbildung 4.6) – der Schlüssel kann abrutschen oder die Verbindung sich plötzlich lösen, und Ihre Finger an scharfen Kanten gequetscht oder aufgerissen werden.

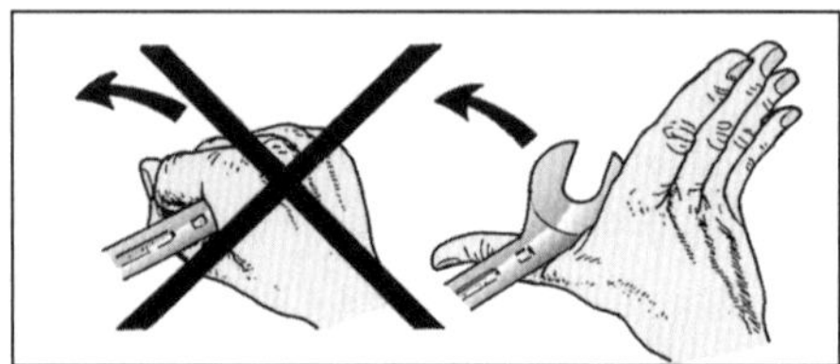

4.6 Wenn Sie den Schlüssel nicht zu sich ziehen können, drücken Sie ihn mit geöffneter Hand.

- Bei sehr festen Verbindungen kann eine Hebelverlängerung durch ein Rohr oder Stange helfen, sie zu lösen. Normalerweise sind Werkzeuge jedoch so ausgelegt, dass mit ihnen alle entsprechenden Verbindungen gelöst werden können. Wie Sie festgegangene Verbindungen lösen können, ist unter Punkt 2 beschrieben. Inbusschrauben und deren Gewinde können sehr leicht zerstört werden, wenn man einen Inbusschlüssel mit einem Rohr verlängert. Beim Anziehen sollten Verlängerungen generell nie benutzt werden, da man sich mit der eingesetzten Kraft leicht verschätzen kann.

5 Lager

Wälzlager – Aus- und Einbau

Treiber und Steckschlüsselnüsse

- Bevor man mit dem Ausbau eines Lagers beginnt, muss man sich vergewissern, in welche Richtung es demontiert wird. Einige Gehäuse haben angegossene Nuten oder Halteplatten. Überprüfen Sie Identifikations-Markierungen an den Lagern, und messen Sie ggf. ihre Einbautiefe im Gehäuse. Merken Sie sich die Einbaurichtung, wenn das Lager auf einer Seite abgedichtet ist.

5.1 Mit einem Lagertreiber, der nur den äußeren Ring berührt, wird das Lager eingetrieben.

5.2 Auch eine passende Nuss kann hierfür verwendet werden. Verkanten Sie das Lager nicht!

- Wälzlager können mit einem passenden Austreib-Werkzeug oder einer Steckschlüsselnuss, deren Durchmesser etwas kleiner als der Außendurchmesser des Lagers ist, aus dem Gehäuse geschlagen werden. Stützen Sie das Gehäuse rund um das Lager mit Holzblöcken ab, um es vor Verzug zu schützen. Nach ein paar Schlägen mit einem schweren Hammer auf den Treiber sollte das Lager aus dem Gehäuse fallen. Wenn der Zugang, z.B. bei Radlagern, erschwert ist, muss das Lager mit einem Treibdorn im Kreis herum ausgeschlagen werden, damit es nicht im Sitz verkantet.
- Mit der gleichen Ausrüstung können auch neue Lager eingetrieben werden. Stützen Sie auch hier das Gehäuse mit Holzblöcken ab. Setzen Sie das Lager senkrecht – und bei einseitiger Abdichtung richtig herum, die Beschriftung zeigt normalerweise immer nach außen – in die Bohrung, und treiben Sie es ein. Wird hierbei der Käfig, Dichtring oder innerer Lagerring berührt, ist das Lager zerstört (siehe Abbildungen 5.1 und 5.2).
- Kontrollieren Sie, ob der Innenring sich nach der Montage frei drehen lässt.

5.3 Dieser Lagerabzieher ist mit einer Trennvorrichtung versehen, die unter das Lager geklemmt wird.

Abzieher und Zughammer

- Wenn ein Lager auf eine Welle gepresst ist, kann man es meist nur mit einem Abzieher wieder herunterbekommen (siehe Abbildung 5.3). Gehen Sie sicher, dass die Abzieher-Arme sicher hinter das Lager greifen und nicht abrutschen können. Wenn kein Platz zum Abziehen ist, kann es manchmal nötig sein, das dahinter liegende Zahnrad zusammen mit dem Lager abzuziehen (siehe Abbildung 5.4).

5.4 Wenn hinter dem Lager kein Platz für die Abzieherarme ist, kann z.B. das dahinter liegende Zahnrad mit abgezogen werden.

Achtung: Gehen Sie sicher, dass sich die Spindel des Abziehers immer in der Mitte der Welle befindet und beim Anziehen nicht abrutscht. Achten Sie darauf, dass die Welle nicht beschädigt wird.

- Setzen Sie den Abzieher so an, dass die Spindel sich in der Mitte der Welle abdrückt und nicht abrutscht, wenn das Lager abgezogen wird.
- Wenn das Lager auf die Welle getrieben wird, darf der äußere Ring und der Käfig oder Dichtring nicht berührt werden. Mithilfe eines Steck-

5.5 Benutzen Sie zum Auftreiben des Lagers ein Rohr, das etwas größer ist als die Welle und nur den inneren Lagerring berührt.

5.6 Nach dem Einführen wird der Auszieher aufgespreizt, sodass er hinter den Innenring greift.

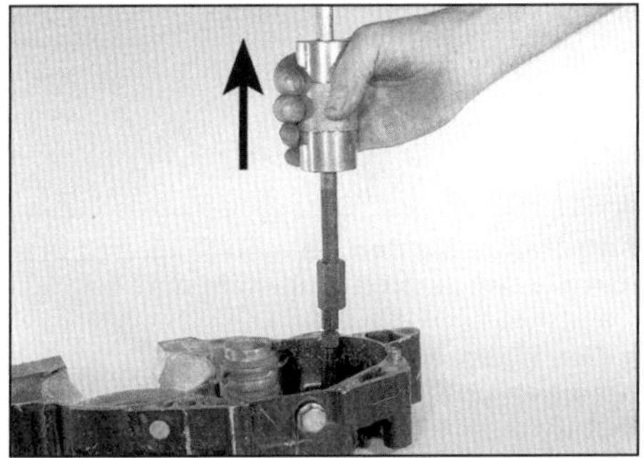

5.7 Dann kann ein Zughammer aufgeschraubt und durch dessen nach oben geschlagenes Gewicht das Lager ausgetrieben werden.

schlüssels oder passenden Rohrs, das nur den inneren Lagerring berührt, kann das Lager bis auf seinen Sitz geschlagen werden (siehe Abbildung 5.5).

- Lager, die in Sacklöchern stecken, können nicht ausgeschlagen werden. Hier wird ein Innenauszieher benötigt, der in das Lager gesteckt und dann aufgespreizt wird (siehe Abbildung 5.6). Dieser Auszieher wird zusammen mit dem Lager entweder mit einem Abzieher herausgezogen oder mit einem Zughammer herausgetrieben (siehe Abbildung 5.7).
- Es kann auch möglich sein, dass das Lager durch sein Eigengewicht aus dem Gehäuse fällt, nachdem dieses wie unten beschrieben erhitzt worden ist. Legen Sie das Gehäuse, um die Dichtfläche nicht zu beschädigen, so auf eine nicht zu harte Oberfläche, dass das Lager

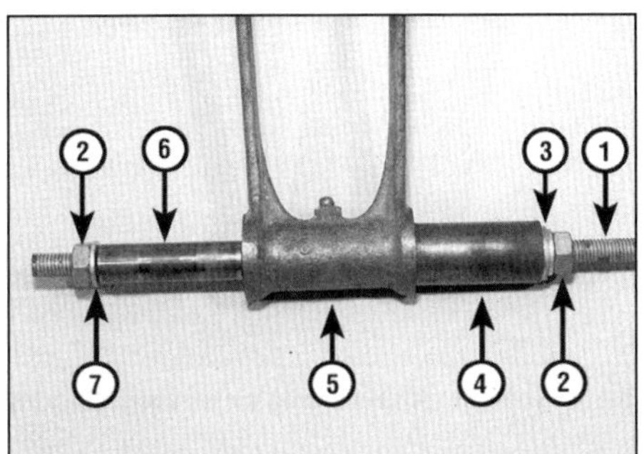

5.9 Hier soll eine Lagerbuchse gewechselt werden.

1 *lange Schraube oder Gewindestange*
2 *Muttern*
3 *Scheiben mit größerem Außendurchmesser als Rohr-Innendurchmesser*
4 *Rohr mit zur Buchse passendem Durchmesser*
5 *Hebelarm mit Lagerbuchse*
6 *Rohr mit etwas kleinerem Durchmesser als Lagerbuchse*
7 *Scheibe mit etwas kleinerem Außendurchmesser als Lagerbuchse*

nach unten herausfallen kann. Tragen Sie beim Erwärmen Handschuhe, und klopfen Sie dabei das Gehäuse regelmäßig auf die Oberfläche, um das Lager leichter herausfallen zu lassen (siehe Abbildung 5.8).

- Lager können genauso in Sacklöcher montiert werden, wie es oben beschrieben ist.

Einziehvorrichtungen

- Lager oder Buchsen, die z.B. in obere Pleuelaugen oder andere Hebel eingepresst sind, können nicht ohne Beschädigung des Bauteils aus-

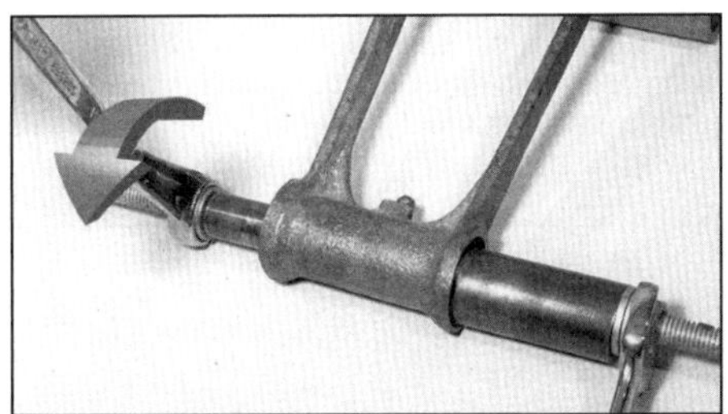

5.10 Hier wird die Lagerbuchse aus dem Hebel gezogen.

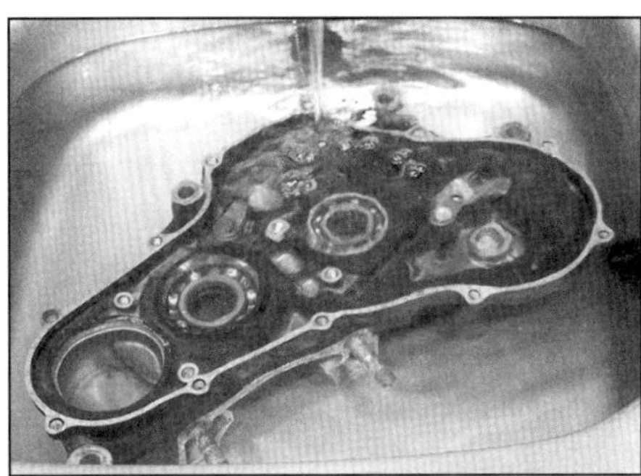

5.12 Passt das Teil in einen Topf, kann es in kochendem Wasser erwärmt werden. Schützen Sie danach die Stahlteile vor Rost!

geschlagen werden. Auch Gummibuchsen lassen sich schlecht durch Schläge aus- und eintreiben. Wenn man Zugang zu einer maschinellen Presse hat, kann man hiermit arbeiten, falls nicht, muss zum Aus- und Einziehen von Buchsen ein Werkzeug angefertigt werden.

- Man benötigt eine lange Schraube mit Mutter (oder eine Gewindestange mit zwei Muttern), ein Stück Rohr, das einen größeren Innendurchmesser als die Buchse hat, ein weiteres Stück Rohr mit einem kleineren Außendurchmesser als die Buchse und eine Reihe verschiedener Scheiben (siehe Abbildungen 5.9 und 5.10). Die Rohre müssen länger sein als die Buchse.
- Das gleiche Werkzeug, ohne Rohre, kann man zum Einziehen der Buchse benutzen (siehe Abbildung 5.11).

Ausdehnung durch Erwärmung

- Wenn der Lageraußenring fest im Leichtmetallgehäuse steckt, kann dieses erwärmt werden, um das Lager zu lockern. Aluminium dehnt sich bei Erwärmung mehr aus als Stahl, also darf auch das Lager warm werden. Es gibt verschiedene Möglichkeiten der Erwärmung, doch sollte man auf offene Brennerflammen verzichten, da das Material sich verziehen oder sogar schmelzen kann.
- Man kann das Teil in einem auf nicht mehr als 100 °C erwärmten Backofen oder in kochendem Wasser erwärmen (siehe Abbildung 5.12). Eine gezielte Erhitzung ist mit einem Heißluftgebläse, wie es zum Abbeizen verwendet wird, oder einem Bügeleisen zu erreichen (siehe Abbildung 5.13).

5.8 Schlagen Sie das erwärmte Gehäuse mehrmals auf Holzblöcke, um das Lager herausfallen zu lassen.

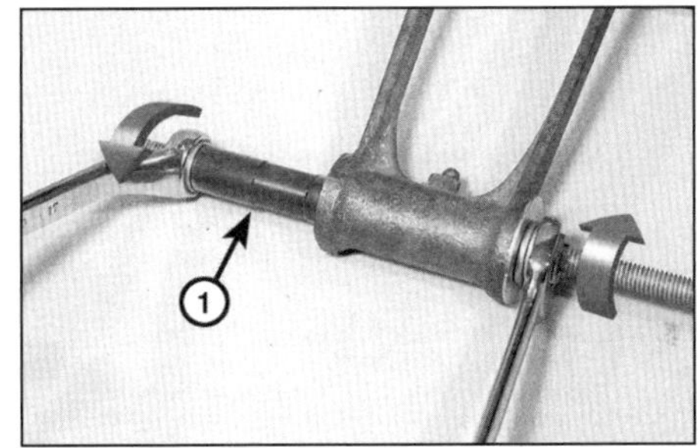

5.11 Die neue Lagerbuchse (1) wird in das Bauteil gezogen.

5.13 Die Umgebung des Lagers kann mit einem Heißluftgebläse erwärmt werden. Schützen Sie Dichtungen vor direkter Hitze!

> ⚠ ***Warnung: Bei all diesen Methoden müssen zur Vermeidung von Verbrennungen Handschuhe getragen werden.***

- Beim Erhitzen des ganzen Gehäuses muss darauf geachtet werden, dass Kunststoffteile, wie Leerlaufschalter, beschädigt werden könnten – bauen Sie sie vorher aus.
- Bauen Sie unverzüglich nach dem Erhitzen das Lager aus. Sie werden merken, dass es sehr leicht auszutreiben ist oder gar von allein herausfallen wird.
- Auch zur Erleichterung des Einbaus neuer Lager kann das Gehäuse erhitzt werden. Die Motorradhersteller haben oft die Gehäuse entsprechend konstruiert und benutzen diese Methode bei der Motormontage.
- Zur leichteren Montage kann man das Lager auch über Nacht in die Kühltruhe legen, damit sie sich zusammenziehen. Empfohlen wird diese Methode z.B. bei den Lagerschalen, die in den Lenkkopf getrieben werden.

Lagertypen und Markierungen

- An Motorrädern findet man Gleitlagerschalen und Wälzlager (Nadellager, Kegellager und Kugellager) in verschiedenen Größen (siehe Abbildungen 5.14 und 5.15). Die Rollen (Kugeln, Kegel oder Nadeln) der Wälzlager sitzen meistens in Käfigen, doch gibt es auch offene Lager.
- Gleitlager werden normalerweise bei Kurbelwellen und Pleuelfüßen verwendet, da sie hohe Druckbelastung aushalten, auch die Fertigung des Kurbeltriebs wird dadurch erheblich erleichtert. Sie benötigen konstanten Öldruck, da sie sonst schnell fressen. Sie sind zumeist aus gesinterter (selbstschmierender) Phosphor-Bronze, um beim Motorstart, wenn erst Öldruck aufgebaut wird, Notlaufeigenschaften zu besitzen.
- Wälzlager besitzen einen inneren und einen äußeren Ring, zwischen denen Rollen oder Kugeln laufen. Sie benötigen konstante Schmierung mit Öl oder Fett, aber keinen Öldruck, und halten axiale Belastungen aus. Kugellager sind nur komplett als Bauteil zu montieren, die meisten Nadellager und Kegellager bestehen aus getrennt zu montierenden Innen- und Außenringen. Letztere halten hohe axiale Belastungen aus und werden deshalb oft in Lenkköpfen eingesetzt.
- Wälzlager sind im Gegensatz zu Gleitlagern Normteile, die bei bekannter Markierung (anhand derer das Maß, die Belastbarkeit und der Typ bestimmt werden können) im Fachhandel besorgt werden können (siehe Abbildung 5.16).
- Metallbuchsen bestehen üblicherweise aus Phosphorbronze, in Stoßdämpferaugen werden Gummibuchsen verwendet, in billigen Schwingenlagerungen fristen Plastikbuchsen ein kurzes Dasein.

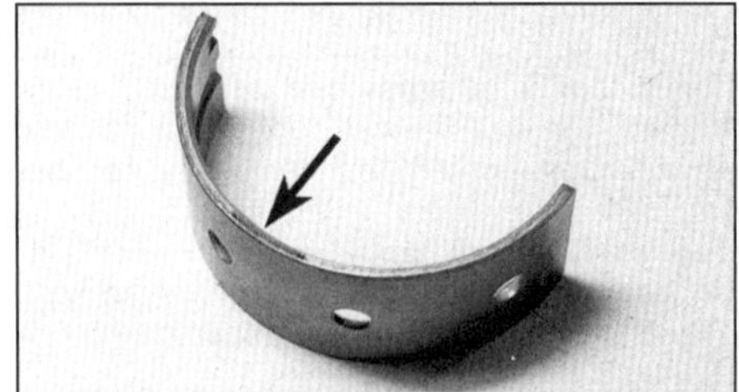

5.14 Gleitlager-Schalen gibt es glatt oder mit Nuten. Normalerweise sind sie mit Farb-Codes markiert.

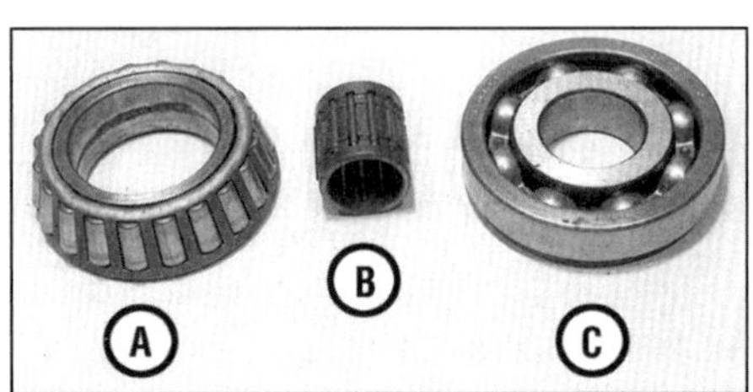

5.15 Kegelrollenlager (A), Nadellager (B) und Kugellager (C), alle mit Käfig

5.16 Typische Markierung eines Kugellagers

Fehlersuche bei Lagern

- Wenn sich ein Lageraußenring im Lagersitz gedreht hat, ist das Gehäuse beschädigt. Wenn noch nicht allzu viel Material abgetragen ist, kann man das Lager mit Spezialkleber einsetzen.

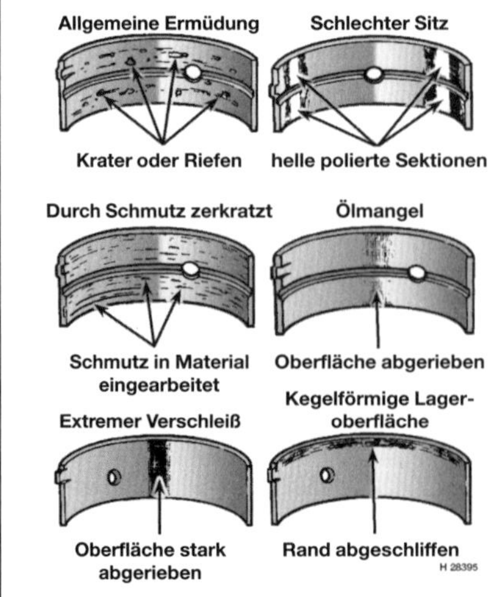

5.17 Typische Lager-Schäden

5.18 Diese Kugeln haben deutliche Abdrücke – das Lager ist defekt.

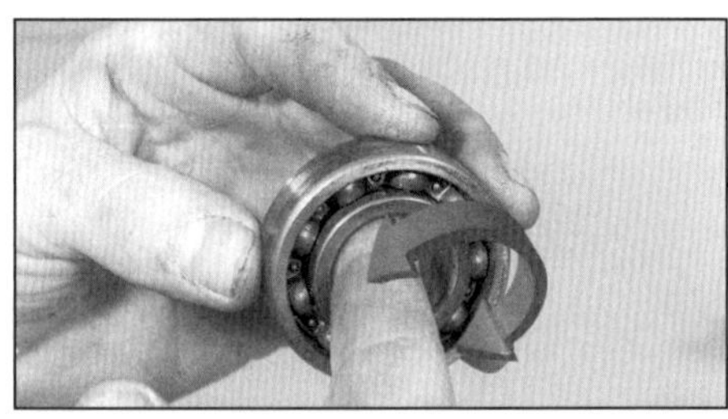

5.19 Halten Sie den äußeren Ring, und drehen Sie den inneren Ring dicht am Ohr.

- Gleitlagerschalen können durch Ölmangel, Korrosion oder Fremdteilchen im Öl beschädigt werden (siehe Abbildung 5.17). Kleine Teilchen werden in die Lageroberfläche eingearbeitet, während große Teile die Schale und die Welle zerkratzen. Wird das Motorrad viel auf Kurzstrecken eingesetzt, kann sich der Motor nur ungenügend erwärmen, und dadurch entstehendes Kondenswasser sorgt für mangelnde Schmierung und kann das Lager korrodieren lassen.
- Kugel- und Rollenlager können durch Überhitzung (bei Ölmangel) und eindringenden Schmutz zerstört werden, Kegelrollenlager drücken sich bei zu hoher Last ein. Wälzlager unterliegen auch bei vorschriftsmäßiger Benutzung einem gewissen Verschleiß. Wenn ein Wälzlager nicht auf beiden Seiten abgedichtet ist, kann es in Petroleum von alten Fettresten befreit und anschließend getrocknet werden, sodass bei einer Sichtinspektion schadhafte Kugeln, Käfige und Laufflächen entdeckt werden können (siehe Abbildung 5.18).
- Ein Kugellager kann auf Verschleiß kontrolliert werden, wenn man sich seinen Rundlauf genau anhört. Geben Sie dünnes Öl in das Lager, und drehen Sie den Innenring dicht am Ohr (siehe Abbildung 5.19). Es sollten keine Laufgeräusche festzustellen sein. Wenn es hakt oder rau läuft, ist es verschlissen.

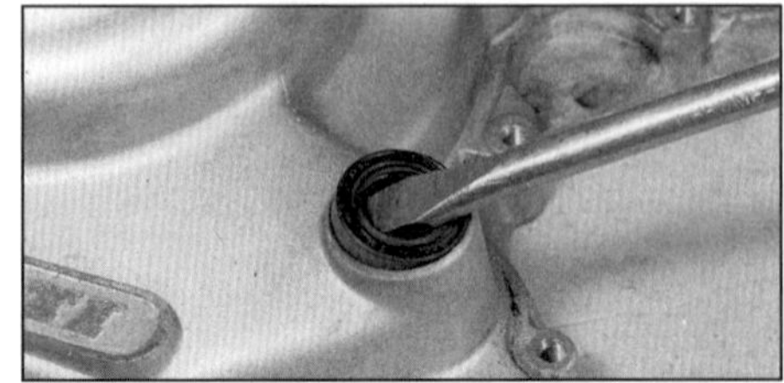

6.1 Dichtringe werden beim Aushebeln zerstört – verwenden Sie sie niemals wieder!

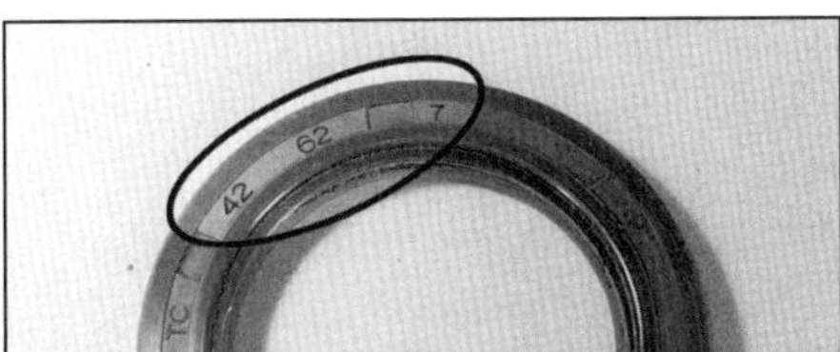

6.2 Diese Dichtring-Markierungen geben die Innengröße, die Außengröße und die Breite an.

6 Dichtringe

Aus- und Einbau

- Wellen-Dichtringe (auch »Simmerringe« genannt) sollten bei jeder Demontage der entsprechenden Baugruppe erneuert werden, da die Dichtlippen mit der Zeit verschleißen und das Material altert.
- Dichtringe können mit einem großen Schlitzschraubendreher aus ihrem Sitz gehebelt werden (siehe Abbildung 6.1). Achten Sie beim Ausbau darauf, dass der Dichtring nicht durch Seegerringe oder Draht gesichert ist.
- Neue Dichtringe werden normalerweise mit den markierten Seiten nach außen und der Federseite gegen die Flüssigkeit eingebaut. Sonderformen dichten z.B. Kurbelgehäuse von Zweitaktmotoren in beide Richtungen ab.
- Mit einem nur außen am Ring anliegenden Lagertreiber oder Steckschlüssel wird der neue Dichtring senkrecht an seinen Platz getrieben – Schläge auf die Dichtfläche zerstören den Ring.

Dichtringtypen und Markierungen

- Dichtringe sind normalerweise mit einfachen Dichtlippen ausgerüstet. Doppeldichtungen werden verwendet, wenn beidseitig Flüssigkeit oder Gas gegeneinander abgedichtet werden müssen.
- Dichtringe härten nach langer Zeit aus. Wenn das Motorrad lange gestanden hat, hilft nur ein Auswechseln aller Dichtringe.
- Dichtringe sind meistens Normteile. Doch außer den angegebenen Maßen (siehe Abbildung 6.2) sind sie aus für ihre Einsatzzwecke entsprechendem Material konstruiert.

7 Dichtungen und Dichtmasse

Dichtungs- und Dichtmassentypen

- Um das Austreten von Flüssigkeiten und Überdruck zu verhindern, werden Komponenten gegeneinander abgedichtet. Aluminium- oder Kupferdichtungen findet man häufig an Zylinderköpfen, die meisten Dichtungen sind aus Papier. Wenn die Dichtflächen der Gehäuse nicht beschädigt sind, können die Dichtungen trocken angesetzt werden, mit etwas Fett oder Dichtmasse können sie eventuell für die Montage in Position gehalten werden.
- Mit Silikondichtmasse können kleine Löcher oder Unregelmäßigkeiten ausgeglichen werden. Durch Zusammenziehen der Gehäuseteile wird Silikon zur Seite herausgepresst. Man kann zwar damit Papierdichtungen ersetzen, doch muss zuvor kontrolliert werden, ob die Dicke des Papiers nicht für bestimmte Bauteile wichtig ist. Silikon sollte nicht bei hohen Temperaturen oder Benzinberührung eingesetzt werden.
- Dauerelastische, anhärtende oder aushärtende Dichtmasse kann zusammen mit Dichtungen oder direkt zwischen Metall-Dichtflächen eingesetzt werden. Für bestimmte Zwecke werden bestimmte Dichtmassen benötigt: Dauerelastische Dichtmasse kann an fast allen Verbindungen eingesetzt werden, anhärtende Masse an rauen oder beschädigten Dichtungen, und aushärtende Dichtmasse wird an immer bestehenden Verbindungen oder bei hohen Temperaturen und hohem Druck verwendet.

Anmerkung: *Kontrollieren Sie zunächst, ob die verwendeten Papierdichtungen mit Dichtmasse imprägniert sind, bevor Sie zusätzliche Dichtmasse auftragen.*

- Überprüfen Sie, ob die ausgewählte Dichtmasse den Ansprüchen der Dichtung genügt, d.h. hohe Temperaturen oder Benzin aushalten. Einige Anbieter verkaufen Dichtmassen in verschiedenen Farben, sodass man für seinen Motor die unauffälligste aussuchen sollte.
- Geben Sie nicht zu viel Dichtmasse auf die Flächen, da sie sich nicht nur nach außen, wo sie abgewischt werden kann, sondern auch nach innen drücken kann, wo abgefallenes Material im Extremfall Ölkanäle verstopfen kann.

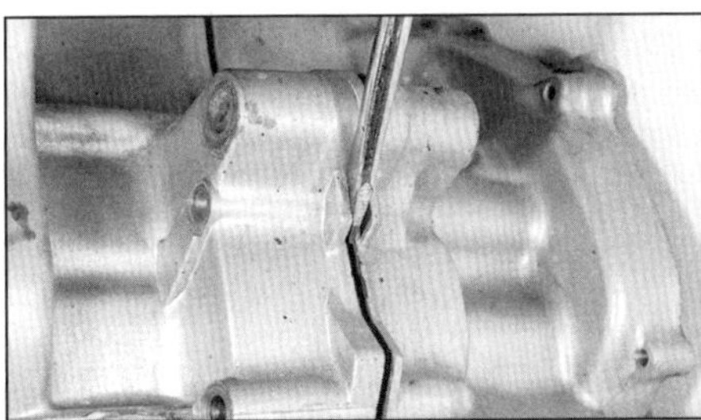

7.1 Wenn Hebellaschen vorhanden sind, kann hier vorsichtig mit einem Schraubendreher auseinander gehebelt werden.

7.2 Klopfen Sie mit einem weichen Hammer die Dichtungs-Umgebung ab – zerstören Sie keine Kühlrippen.

Praxis TiPP

Viele Bauteile werden mit einer oder zwei Passhülsen zwischen den Dichtflächen zusammengefügt. Wenn eine Passhülse sich nicht entfernen lässt, darf sie nicht mit Zangen gegriffen werden, da sie dabei verbogen und zerstört wird. Legen Sie zur Stabilisierung eine eng sitzende Steckschlüsselnuss oder einen passenden Kreuzschlitzschraubendreher hinein, und greifen Sie die Hülse dann mit der Zange.

Öffnen einer Dichtverbindung

- Alter, Hitze, Druck und die Verwendung aushärtender Dichtmasse können dafür sorgen, dass zwei zusammenhängende Bauteile alleine mit Fingerkraft kaum wieder auseinander zu bekommen sind. Doch dürfen keine Hebel

7.3 Dichtungsreste können mit einem Dichtungsschaber, . . .

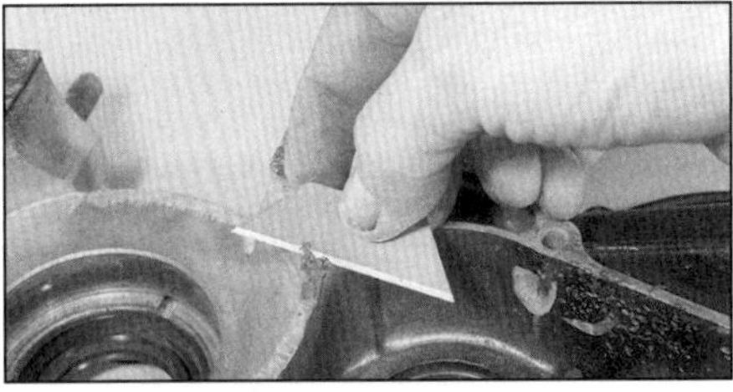

7.4 . . . einer Messerklinge . . .

7.5 . . . oder einem Spachtel entfernt werden.

7.6 Mit um eine Flachfeile gewickeltem feinen Schleifpapier wird die Dichtfläche gereinigt.

benutzt werden, wenn hierfür keine Hebelstellen vorgesehen sind (siehe Abbildung 7.1), da sonst die Dichtflächen beschädigt werden.

- Mithilfe eines Gummi- oder Kunststoffhammers (siehe Abbildung 7.2) oder aber eines Stahlhammers mit Holzstück wird in der Nähe der Dichtflächen gegen die Bauteile geklopft. Schlagen Sie nicht gegen filigrane Gussteile wie Kühlrippen, da sie abbrechen können. Zeigt diese Methode Erfolg, können die Gehäusehälften mit einem dazwischen geschobenen Holzstück auseinandergedrückt werden.

Achtung: Wenn die Verbindung sich gar nicht lösen lässt, kontrollieren Sie, ob wirklich alle Schrauben gelöst sind.

Entfernen alter Dichtungen

- Papierdichtungen lassen sich zumeist relativ rückstandsfrei entfernen. Übrig gebliebene Reste müssen vor dem Auflegen einer neuen Dichtung gründlich entfernt werden.
- Kratzen Sie alle Dichtungsreste sorgfältig und vorsichtig ab, hobeln Sie dabei kein Aluminium ab, und kerben Sie es nicht ein (siehe Abbildungen 7.3, 7.4 und 7.5). Hartnäckige Rückstände können mit Dichtungsentferner aus der Sprühdose entfernt werden. Zum Schluss der Reinigung müssen die Dichtflächen mit sehr feinem Schleifpapier (siehe Abbildung 7.6) oder einem Topfschwamm gereinigt werden.
- Alte Dichtmasse kann je nach Typ abgekratzt oder abgepult werden. Beachten Sie, dass es chemische Dichtungsentferner gibt, die die Arbeit erleichtern, doch müssen sie für die vorhandene Dichtungsmasse ausgelegt sein.

8 Ketten

Trennen und Verbinden von Antriebsketten

- Antriebsketten für größere Motorräder sind endlos, d.h. sie haben kein Schloss zum Öffnen. Soll die Kette gewechselt werden, muss die alte mit einem Kettentrenner geöffnet, und die neue nach dem Aufziehen ordentlich vernietet werden. Federclip-Schlösser dürfen nur im Notfall verwendet werden. Zum Trennen und Vernieten gibt es neben den gezeigten Werkzeugen eine Vielzahl anderer – lesen Sie vor dem Arbeiten deren Gebrauchsanweisungen.
- Drehen Sie die Kette, und suchen Sie das Nietschloss. Im Gegensatz zu den anderen Bolzen, die am Rand abgeplattet sind, sind seine Bolzen durch zentrale Schläge aufgespreizt (siehe Abbildung 8.9). Positionieren Sie das Schloss zwischen die Ritzel, und setzen Sie an einen Bolzen die Trennvorrichtung an (siehe Abbildung 8.1). Drücken Sie den Bolzen durch die Kette (siehe Abbildung 8.2). Achten Sie bei einer O-Ringkette auf die entsprechenden Dichtungen (siehe Abbildung 8.3). Führen Sie die Prozedur am anderen Bolzen durch.

8.1 Drücken Sie mit dem Kettentrenner den Bolzen durch die Kette, . . .

8.2 . . . entfernen Sie den Bolzen, nehmen Sie das Werkzeug ab, . . .

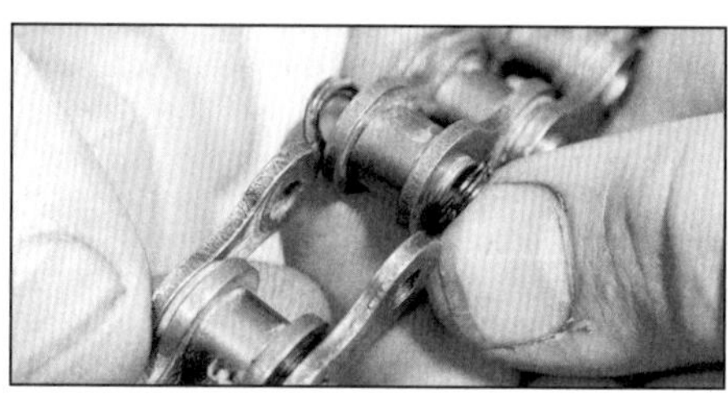

8.3 . . . und öffnen Sie die Kette.

Warnung: Eine Antriebskette ist über lange Zeit und unter widrigen Umständen einer sehr hohen Belastung ausgesetzt. Nur mit einer korrekten Vernietung kann sie die gewünschte Lebensdauer erreichen. Eine abreißende Kette stellt für Mensch und Maschine eine große Gefahr dar!

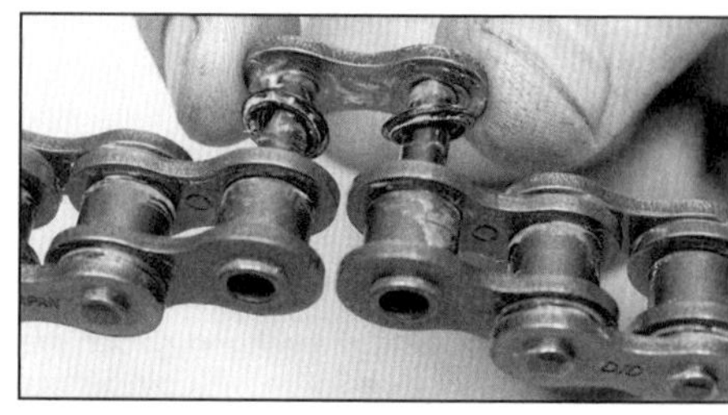

8.4 Drücken Sie das neue mit O-Ringen bestückte Schloss durch die Enden der Kette, . . .

8.5 . . . legen Sie neue O-Ringe über die Bolzenenden, . . .

8.6 . . . und legen Sie die neue Lasche auf.

Achtung: Bei großen und sehr harten Ketten kann es nötig sein, die Vernietung der Bolzen abzufeilen oder abzuschleifen, bevor sie sich durch die Kette drücken lassen.

- Überprüfen Sie, ob das neue Schloss in der Größe und Stärke der Kette entspricht – verwenden Sie niemals das alte Schloss wieder. Die Größen und Ausführungen der Ketten sind auf den Gliedern eingestanzt (siehe Abbildung 8.10).
- Legen Sie die Enden der Kette über das hintere Kettenrad. Legen Sie bei einer O-Ringkette je einen neuen O-Ring auf die Bolzen des Schlosses, und schieben Sie das Schloss

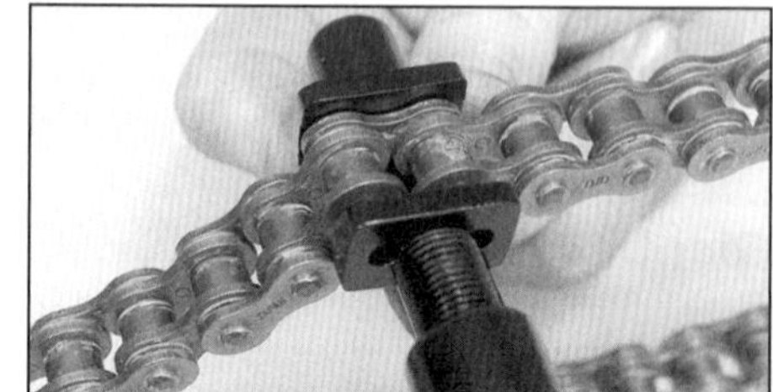

8.7 Mit einer solchen Klemme lässt sich die Lasche leicht in ihre Position schieben.

8.8 Mit dem Ketten-Verniet-Werkzeug wird pro Arbeitsgang ein Bolzen vollständig vernietet.

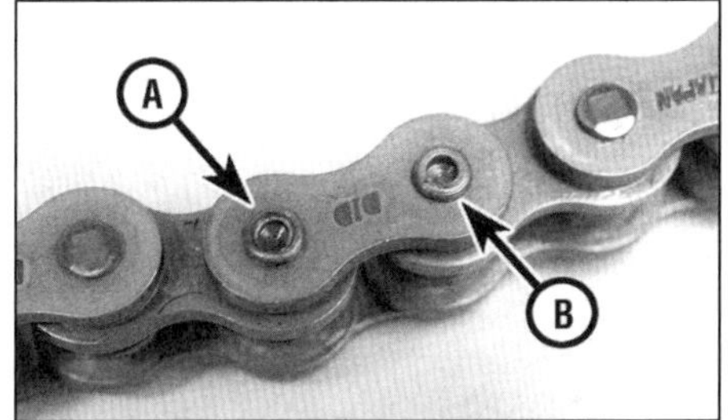

8.9 Korrekt vernieteter Bolzen (A), Bolzen noch nicht vernietet (B)

durch die beiden Kettenenden (siehe Abbildung 8.4). Legen Sie auf jedes Bolzenende einen neuen O-Ring und darüber die neue Lasche (siehe Abbildungen 8.5 und 8.6).

- Die Lasche lässt sich nicht mit der Hand aufschieben. Benutzen Sie entweder ein spezielles Werkzeug (siehe Abbildung 8.7), eine Zange oder Klemme, mit der Sie die Lasche über die Bolzen drücken können.
- Positionieren Sie das Verniet-Werkzeug der Anleitung entsprechend über dem Bolzen, und spreizen Sie ihn durch Einschrauben der Spindel auseinander (siehe Abbildungen 8.8 und 8.9). Wiederholen Sie die Prozedur am anderen Bolzen.

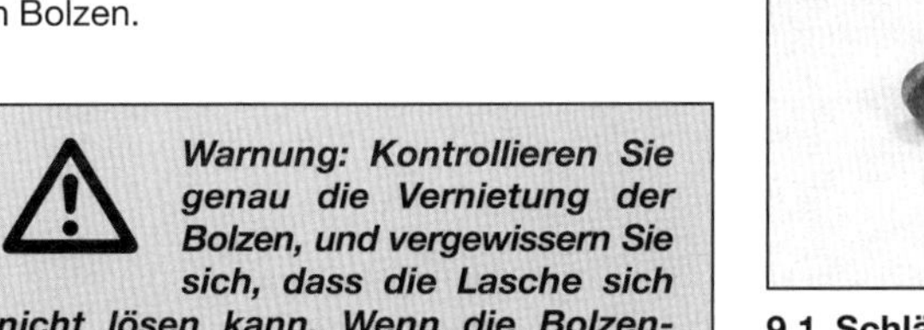

Warnung: Kontrollieren Sie genau die Vernietung der Bolzen, und vergewissern Sie sich, dass die Lasche sich nicht lösen kann. Wenn die Bolzenenden reißen, muss ein neues Schloss verwendet werden.

8.10 Typische Kettengröße und Typenmarkierung

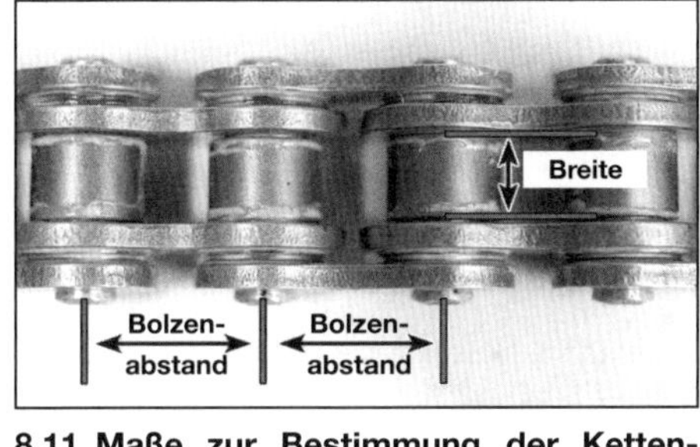

8.11 Maße zur Bestimmung der Kettengröße

Antriebsketten-Größen

- Die Kettengröße wird durch eine dreistellige Zahl angegeben, folgende Buchstaben stehen für den Kettentyp (siehe Abbildung 8.10). Die Typen sagen etwas über die Qualität und Stärke (Dicke der Laschen) aus, und ob es sich um eine O-Ring-Kette handelt.
- Die erste Ziffer gibt den Abstand der Bolzenmitten zueinander an (siehe Abbildung 8.11) – sie wird in Achtel-Zoll-Werten angeben:

Größenangabe beginnt mit 4 (z.B. 428):
Bolzenabstand = 4/8 (1/2) Zoll (12,7 mm)

Größenangabe beginnt mit 5 (z.B. 520):
Bolzenabstand = 5/8 Zoll (15,5 mm)

Größenangabe beginnt mit 6 (z.B. 630):
Bolzenabstand = 6/8 (3/4) Zoll (19,1 mm)

- Anhand der zweiten und dritten Ziffer kann die Breite der Rollen bestimmt werden, die ebenfalls in englischen Maßen angegeben ist, z.B. hat eine 525er Kette Rollen mit einer Breite von 5/16 Zoll (7,94 mm) (siehe Abbildung 8.11).

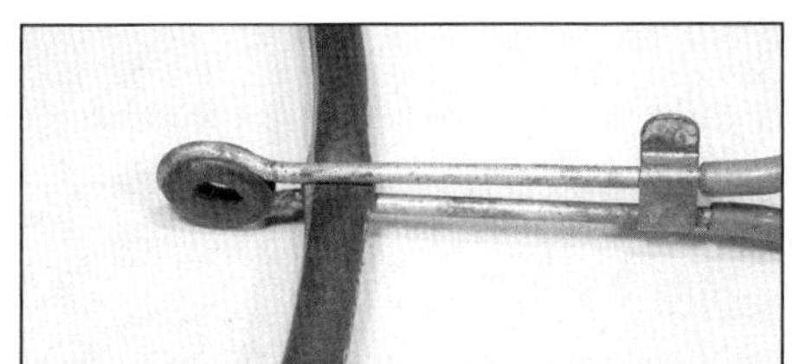

9.1 Schläuche können mit einer Bremsleitungsklemme, . . .

9.2 . . . einer Flügelmutter-Klemme, . . .

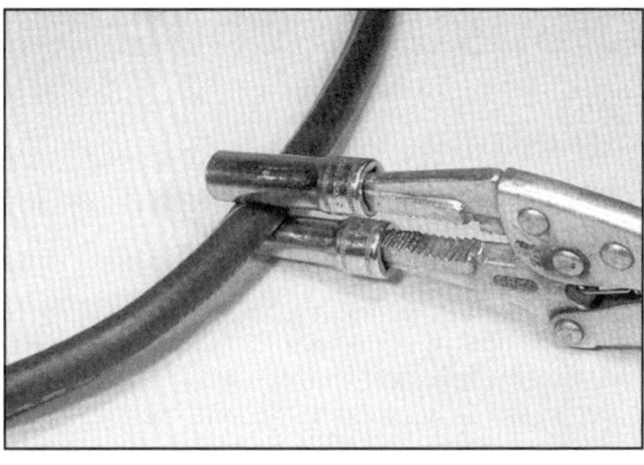

9.3 . . . auf einer Gripzange steckenden Nüssen . . .

9.4 . . . oder unterlegter Pappe abgeklemmt werden.

9 Schläuche

Abklemmen zur Durchflussunterbrechung

- Dünne flexible Schläuche können abgeklemmt werden, damit man an bestimmten Bauteilen arbeiten kann. Welche Methode auch immer gewählt wird, das Schlauchmaterial darf nicht dauerhaft verbogen oder durch die Klemme beschädigt werden (vgl. Abb. 9.1–9.4).

Lösen und Aufschieben von Schläuchen

- Gehen Sie sicher, dass alle Klemmen und Schellen entfernt sind. Greifen Sie den Schlauch, und ziehen Sie ihn drehend vom Stutzen. Wenn der Schlauch im Laufe der Zeit ausgehärtet ist und sich nicht bewegt, schlitzen Sie ihn am Stutzen mit einem scharfen Messer längs auf, und ziehen Sie ihn dann ab.
- Widerstehen Sie der Versuchung, zur Erleichterung der Schlauchmontage die Anschlüsse mit Fett oder Seife einzuschmieren; es hilft zwar, doch kann dann am Stutzen auch Flüssigkeit leichter austreten. Besser ist es, das Schlauchende ggf. in heißem Wasser oder anderen Flüssigkeiten zu erwärmen und damit geschmeidig zu machen.

Diebstahlschutz

Einleitung

Ihr Fahrzeug kann eher gestohlen sein, als Sie zum Lesen diese Einleitung benötigen. Und es gibt kaum ein schlimmeres Gefühl, als zu der Stelle zurückzukehren, wo einmal Ihr Fahrzeug stand. Selbst wenn Sie ihre Maschine gegen Diebstahl versichert hatten, werden Sie nach dem ersten Schock noch die Unannehmlichkeiten bei der Polizei und der Versicherung zu spüren bekommen.

Fahrzeugdiebe unterscheiden sich in zwei Kategorien: Professionelle Auftrags- und Gelegenheitsdiebe. Profis sind auf bestimmte Marken und Modelle spezialisiert und suchen dann manchmal landesweit, um dieses Fahrzeug zu beschaffen. Gelegenheitsdiebe schauen dagegen nach leichten Zielen, die mit minimalem Aufwand und Risiko geknackt werden können. Während es unmöglich ist, die Maschine hundertprozentig gegen Profis zu sichern, kann man gegen die Gelegenheitsdiebe, die etwa die Hälfte aller Maschinen stehlen, einiges unternehmen.

Denken Sie daran, dass diese immer nach Gelegenheiten schauen – wenn also zwei ähnliche Fahrzeuge Seite an Seite parken, werden sie den Blick auf dasjenige richten, welches am wenigsten gesichert ist. Mit etwas Vorsorge kann man hier schon das Risiko eines Diebstahls deutlich reduzieren.

Ausrüstung

Es gibt für Motorräder reichlich spezielle Vorrichtungen zu kaufen, und die folgenden Texte fassen ihre Anwendungen und Plus- sowie Minuspunkte zusammen.

Wenn Sie sich für den für Ihre Zwecke optimalen Typ eines Sicherheitssystems entschieden haben, empfehlen wir Ihnen, einen oder mehrere der regelmäßig in der Motorradpresse durchgeführten Vergleichstests dieser Teile durchzulesen. In diesen Tests werden aktuelle Modelle verschiedener Hersteller in ihrer Sicherheit, ihre Bedienbarkeit und auf ihr Preis-/Leistungsverhältnis verglichen.

Die Kette und das Schloss müssen von guter Qualität und ausreichender Länge sein, um Ihr Motorrad an einen stabilen Gegenstand anschließen zu können.

Keines dieser Sicherheitssysteme kann einen vollständigen Schutz gewährleisten. Es wird empfohlen, mit zwei oder mehr der unten beschriebenen Vorrichtungen die Sicherheit Ihrer Maschine zu erhöhen (ein Schloss, eine Kette plus eine Alarmanlage sind nahezu ideal). Je mehr Sicherheitsmaßnahmen am Motorrad vorhanden sind, desto geringer ist die Wahrscheinlichkeit, dass es gestohlen wird.

Schloss und Kette

Plus: *Sehr flexibel einzusetzen; das Motorrad kann an nahezu alle immobilen Objekte angeschlossen werden. Bei manchen Ausführungen kann das Schloss einzeln als Bremsscheibenschloss eingesetzt werden (siehe unten).*

Minus: *Kann sehr schwer und unhandlich auf dem Motorrad zu transportieren sein, doch werden einige Typen mit Transportbeuteln geliefert, die man auf dem Rücksitz festschnallen kann.*

- Schwere Ketten und Schlösser sind eine ideale Sicherheitsvorrichtung (siehe Abbildung 1). Wenn das Motorrad geparkt wird, schließt man es mit der Kette an eine stabile und nicht zu entfernende Vorrichtung wie einen Laternenpfahl oder ein Geländer an. Hierdurch lässt sich die Maschine weder wegfahren noch mit einem Lieferwagen abtransportieren.
- Achten Sie beim Anlegen der Kette darauf, dass sie um den Rahmen oder die Schwinge verläuft (siehe Abbildungen 2 und 3). Legen Sie die Kette niemals nur um ein Rad; ein Dieb kann das Rad lösen und den Rest der Maschine abtransportieren. Versuchen Sie, die Kette so kurz wie möglich zu verlegen, um das Ansetzen von Werkzeugen zu erschweren, und halten Sie sie vom Boden fern, um das Auftrennen mit einem Meißel oder einem Beil zu verhindern. Positionieren Sie das Schloss so, dass der Schließzylinder nach unten zeigt, da es hierdurch für den Dieb schwierig wird, ihn zu erreichen.

Führen Sie die Kette durch den Rahmen und nicht nur durch ein Rad . . .

. . . und um einen stabilen Gegenstand.

Bügelschlösser

Plus: *Eine sehr effektive Abschreckung, mit der die Maschine an einem Mast oder Geländer gesichert werden kann. Die meisten Bügelschlösser werden mit einem Halter geliefert, der einen einfachen Transport ermöglicht.*

Minus: *Nicht so flexibel wie ein Kettenschloss.*

• Diese stabilen Schlösser werden ähnlich eingesetzt wie Kettenschlösser. Sie sind leichter als eine Kette samt Schloss, aber nicht so flexibel einzusetzen. Die Länge und die Form des Bügelschlosses beschränken das Einsatzgebiet (siehe Abbildung 4).

Wenn das Bügelschloss lang genug ist, kann die Maschine auch damit an einem festen Gegenstand gesichert werden.

Bremsscheibenschlösser

Plus: *Klein, leicht und sehr leicht zu transportieren. Die meisten Modelle sind im Werkzeugfach unterzubringen.*

Ein typisches Bremsscheibenschloss wird durch eines der Löcher in der Scheibe gesteckt.

Minus: *Schützt nicht vor dem Abtransport des Motorrades mit einem Lieferwagen. Das Vergessen des Schlosses kann beim Losfahren sehr unangenehm werden.*

• Diese Schlösser sind dazu konstruiert, in ein Loch in der Bremsscheibe gesteckt zu werden und das Rad beim Drehen zu blockieren (siehe Abbildung 5). Einige Ausführungen sind mit einer Alarmanlage ausgerüstet, die im abgeschlossenen Zustand durch Bewegung aktiviert wird. Diese wirkt nicht nur als Abschreckung gegen Diebe, sondern auch als Erinnerung an den Fahrer, das Schloss vor dem Losfahren herauszunehmen.

• Die Kombination aus einem Bremsscheibenschloss und einem Stück Drahtseil, das um einen Masten oder ein Geländer gelegt wird, bietet ein weiteres Sicherheitsplus (s. Abb. 6).

Alarmanlagen und Wegfahrsperren

Plus: *Einmal installiert, ist sie absolut mühelos zu bedienen. Manche Versicherungen bieten bei bestimmten Anlagen (und Auflagen) Rabatte.*

Minus: *Kann teuer und schwierig zu installieren sein. Kein System hindert den Dieb daran, das Motorrad mit einem Lieferwagen abzutransportieren.*

• Elektronische Alarmanlagen und Wegfahrsperren gibt es in unterschiedlichen Preisklassen. Es sind drei unterschiedliche Systeme erhältlich: reine Alarmanlagen, reine Wegfahrsperren und etwas teurere kombinierte Geräte (siehe Abb. 7).

• Eine Alarmanlage ist so konstruiert, dass sie ein Warngeräusch erzeugt, sobald am Motorrad herummanipuliert wird.

• Eine Wegfahrsperre schützt davor, dass das Motorrad ohne Schlüssel und/oder Codierung gestartet werden kann, indem sie die elektrische Anlage blockiert.

• Haben Sie sich für eine Anlage entschieden, sollten Sie die Einbaukosten beachten, wenn Sie die Montage nicht selbst erledigen können. Wenn das Motorrad nicht regelmäßig eingesetzt wird, muss auch der Stromverbrauch berücksichtigt werden, der bei allen Systemen über die Bordbatterie erfolgt. Eine von einer viel Strom verbrauchenden Anlage leer gesogene Batterie sorgt sowohl dafür, dass das Motorrad nicht gestartet werden kann, als auch dafür, dass die Alarmanlage nach einer gewissen Zeit nicht mehr funktioniert.

Ein mit einem Drahtseil kombiniertes Bremsscheibenschloss bietet zusätzlichen Schutz.

Ein typisches Alarm-/Wegfahrsperrensystem

Unverwechselbare Markierungen können überall angebracht werden – stets an einen gut sichtbaren Warnhinweis denken, der sehr abschreckend wirken kann.

Verkleidungsteile können mit eingeätzten Markierungen versehen werden . . .

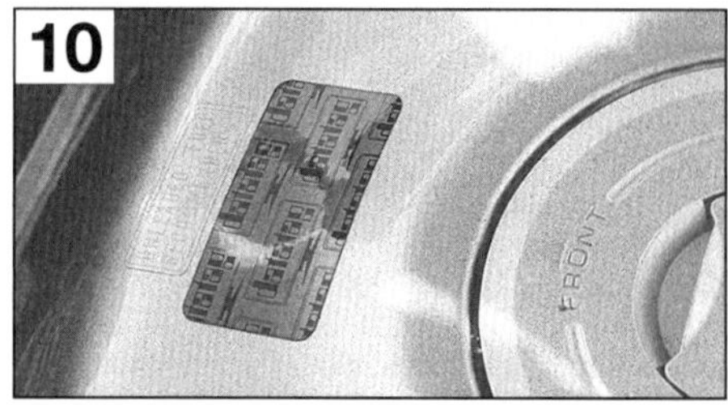

. . . auch hier stets den Warnhinweis des Herstellers des Diebstahlschutzes gut sichtbar anbringen.

Sicherungsmarkierungen

Plus: *Sehr billige und effektive Abschreckung. Manche Versicherungen bieten bei Sicherungsmarkierungen Rabatte im Teilkaskobereich.*

Minus: *Schützen nicht vor Gelegenheitsdieben, die einen Ausflug machen wollen.*

- Es gibt viele verschiedene Ausführungen an Sicherungsmarkierungen. Ideal ist es, so viele Teile am Motorrad wie möglich mit einer einzigen Nummer zu markieren (siehe Abbildungen 8, 9 und 10). Mit dem Satz wird ein Formular geliefert, auf dem Ihre persönlichen Daten und die Details des Motorrades eingetragen und in einem Register gespeichert werden. Dieses Register ermöglicht der Polizei, jeden rechtmäßigen Besitzer eines Motorrades oder Bauteils zu identifizieren, auch wenn alle anderen Formen der Identifikation entfernt sind. Bringen Sie immer einen gut sichtbaren Warnaufkleber zur Abschreckung am Motorrad an.

Bodenverankerungen, Radklemmen und Sicherungspfosten

Plus: *Eine exzellente Form der Sicherheit, die auch die entschlossensten Diebe abschrecken wird.*

Minus: *Schwierig zu installieren und evtl. teuer.*

- Während das Motorrad sich zu Hause befindet, ist es eine gute Idee, es sicher am Boden oder an der Wand zu verankern, selbst wenn es in einer gut gesicherten Garage steht. Zu diesem Zwecke werden eine Reihe verschiedener Bodenverankerungen, Radklemmen und Sicherungspfosten angeboten (siehe Abbildung 11). Diese Vorrichtungen werden entweder im Beton oder Stein verankert oder erhalten ein eigenes Fundament.

Zuhause bietet eine solide Bodenverankerung ein hohes Maß an Sicherheit.

Diebstahlschutz zu Hause

Ein großer Anteil der Motorräder wird beim Besitzer zu Hause gestohlen. Einige Dinge sollten beachtet werden, wenn die Maschine an ihrem Heimatstandort steht:

✓ Wenn möglich, sollte das Motorrad immer in der sicheren Garage stehen. Vertrauen Sie niemals dem serienmäßigen Garagenschloss. Bringen Sie am Tor einen zusätzlichen Schließmechanismus an, und denken Sie über eine Alarmanlage nach. Ein von einem Bewegungsmelder aktivierter Scheinwerfer ist auch für den eigenen Nutzen eine gute Investition.

✓ Sichern Sie das Motorrad immer am Boden oder an der Wand, auch wenn es in einer gut gesicherten Garage steht.

✓ Lassen Sie Ihr Motorrad nicht regelmäßig an der Straße stehen, versuchen Sie, es möglichst außer Sichtweite der Straße zu parken, wenn Sie keine Garage besitzen. Decken Sie ein frei stehendes Motorrad mit einer Plane ab, um seine Identität nicht sofort preiszugeben.

✓ Es ist nicht ungewöhnlich, dass ein Dieb einem Motorradfahrer nach Hause folgt, um herauszufinden, wo die Maschine abgestellt wird. Er wird dann später zurückkehren. Wenn Sie vermuten, dass Ihnen jemand folgt, sollten Sie zunächst zu einer Tankstelle, Eisdiele oder sonstigem fahren.

✓ Wenn Sie ein Motorrad verkaufen wollen, sollten Sie in der Anzeige nicht Ihre Adresse oder den Standplatz der Maschine angeben. Vereinbaren Sie mit Interessenten einen Treffpunkt abseits Ihrer Wohnung. Es ist bekannt, dass Diebe als potenzielle Käufer auftreten, um herauszufinden, wo die Maschine steht, und sie dann später »kostenlos« abholen.

Diebstahlschutz unterwegs

Genauso wichtig wie die Sicherheitsausrüstung an Ihrem Motorrad sind einige allgemeine Regeln, die beachtet werden sollten, wenn das Motorrad irgendwo geparkt werden soll.

✓ Parken Sie an einem belebten Platz.

✓ Benutzen Sie einen bewachten Autoparkplatz.

✓ Parken Sie nachts in einem beleuchteten Bereich, vorzugsweise direkt unterhalb einer Straßenlaterne.

✓ Lassen Sie das Lenkschloss einrasten – es bewirkt zwar nicht viel, sorgt aber dafür, dass die Versicherung zahlt.

✓ Sichern Sie das Motorrad mit einem zusätzlichen Schloss an einem stabilen unbeweglichen Gegenstand wie einer Laterne oder einem Geländer. Wenn dieses nicht möglich ist, sollten Motorräder »zusammengebunden« werden.

✓ Belassen Sie niemals Ihren Helm oder Gepäck auf dem Motorrad.

Schmiermittel und Flüssigkeiten

Speziell für den Einsatz an und in Motorrädern ist ein weiter Bereich an Schmiermitteln, Flüssigkeiten und Reinigungsmitteln entwickelt worden. Hier soll gezeigt werden, was es gibt, wofür es eingesetzt wird und welche Eigenschaften es hat.

Viertakt-Motoröl

- Motoröl ist zweifellos die wichtigste Komponente eines Viertaktmotors. Moderne Motorradmotoren stellen große Anforderungen an das Öl, weswegen dessen Auswahl sehr wichtig ist. Die Verwendung eines ungeeigneten Öls führt zu erhöhtem Motorverschleiß und kann mit einem ernsthaften Motorschaden enden. Bevor Sie Motoröl kaufen, müssen Sie beachten, welche Anforderungen der Motorradhersteller stellt. Hierbei wird sowohl eine Klassifikation als auch ein bestimmter Viskositätsbereich angegeben.
- Die Öl-Klassifikation wird durch die API-Rate (festgelegt durch das »**A**merican **P**etroleum **I**nstitute«) angegeben. Sie erscheint in Form von zwei Buchstaben, so z.B. als »SG«. Das S steht für »Spark«, d.h. fremdgezündete Motoren (die mit Benzin laufen). Der zweite Buchstabe liegt im Alphabet zwischen A und M und steht für die Leistungsfähigkeit des Öls. Je früher der Buchstabe, desto höher sind die Anforderungen an das Öl. Ein SG-Öl übersteigt also die Anforderungen eines SF-Öls.

Anmerkung: *Bei manchen Ölen ist eine zweite mit einem C beginnende Klassifikation angegeben, die für die Verwendung in Dieselmotoren (Compression Ignition = Selbstentzündung) steht und daher für den Einsatz in Motorrädern irrelevant ist.*

- Die »Viskosität« des Öls wird durch die SAE-Rate identifiziert (festgelegt durch die **S**ociety of **A**utomotive **E**ngineers). Alle modernen Motoren erfordern Mehrbereichsöle, und dort besteht die SAE-Rate aus zwei Nummern, hinter der ersten steht ein W, also z.B. 10W/40. Die erste Zahl steht für die Viskositätsrate des Öls bei niedrigen Temperaturen (W steht für Winter = getestet bei – 20 °C), die zweite Zahl steht für die Viskositätsrate des Öls bei hohen Temperaturen (getestet bei 100 °C). Je niedriger die Zahl, desto dünner das Öl. So steht ein 10W/40-Öl für einen besseren Kaltlauf als ein 15W/50-Öl.
- Neben dem Typ und der Viskosität gibt es drei unterschiedliche chemische Aufbauten des Motoröls. Man kann Öl auf mineralischer Basis, synthetisches Öl und ein Gemisch aus beiden Sorten – teilsynthetisch genannt – kaufen. Obwohl alle Öle eine ähnliche Viskosität und Klassifizierung haben, sind die Preise sehr unterschiedlich. Mineralöle sind die billigsten, Synthetiköle die teuersten Öle, teilsynthetische Öle liegen entsprechend dazwischen. Die Entscheidung liegt im Wesentlichen beim Besitzer, doch sollte bedacht werden, dass moderne Synthetiköle bessere Schmier- und Reinigungseigenschaften haben als traditionelle Mineralöle, und diese Eigenschaften auch länger behalten. Bedenken Sie, dass die Arbeitsumgebungen in einem modernen hochdrehenden Motorradmotor für ein Öl höchste Anforderungen bedeuten, und deswegen ein Synthetiköl empfehlenswert ist. Die Mehrkosten bei jedem Ölwechsel können langfristig viel Geld sparen, indem der Motorverschleiß verringert wird.
- Schließlich muss immer sichergestellt werden, dass das Öl für Ihr Motorrad geeignet ist. Motoröl ist normalerweise für Autos entwickelt worden und kann deswegen Additive oder Schmierstoffe enthalten, die in einem Motorradmotor mit Nasskupplung Kupplungsrutschen verursachen können.

Zweitakt-Motoröl

- Moderne Hochleistungszweitaktmotoren stellen hohe Anforderungen an ihr Öl. Um Klemmen oder Fressen im Motor zu vermeiden, ist es entscheidend, Qualitätsöle zu verwenden. Zweitaktöl unterscheidet sich stark von Viertaktöl. Das Öl schmiert ausschließlich die Kurbelwelle und den/die Kolben (Primärtrieb und Getriebe haben ihr eigenes Öl), dann muss es während der Verbrennung rückstandslos verschwinden.
- Die Japaner haben kürzlich ein Klassifizierungssystem für Zweitaktöle eingeführt, die JASO-Rate. Diese wird in Form von zwei Buchstaben, entweder FA, FB oder FC, angegeben. FA ist die niedrigste und FC die höchste Klassifikation. Stellen Sie sicher, dass das zu verwendende Öl den Empfehlungen des Herstellers entspricht.
- Neben dem Typ und der Viskosität gibt es drei unterschiedliche chemische Aufbauten des Zweitaktöls. Man kann Öl auf mineralischer Basis, synthetisches Öl und ein Gemisch aus beiden Sorten – teilsynthetisch genannt – kaufen. Die Preise sind sehr unterschiedlich. Mineralöle sind die billigsten, Synthetiköle die teuersten Öle, teilsynthetische Öle liegen entsprechend dazwischen. Die Entscheidung liegt im Wesentlichen beim Besitzer, doch sollte bedacht werden, dass moderne Synthetiköle bessere Schmiereigenschaften besitzen und sauberer verbrennen als traditionelle Mineralöle. Die Mehrkosten können langfristig viel Geld sparen, indem der Motorverschleiß verringert wird, die Leistung erhalten bleibt und Ablagerungen weitgehend vermieden werden.
- Wenn Sie einen Zweitaktmotor mit Getrenntschmierung besitzen, muss darauf geachtet werden, dass das Öl für den Betrieb in Pumpen geeignet ist. Viele Hochleistungszweitaktöle sind für Rennmaschinen konzipiert, bei denen sie direkt im Tank dem Benzin beigemischt werden. Diese Öle haben eine hohe Viskosität und sind nicht für Getrenntschmierungspumpen geeignet.

Getriebeöl

- Getriebeöl ist ein spezielles zähes Öl, das in Getrieben und Hinterradantrieben (bei Kardanwellen) eingesetzt wird und überall dort, wo hohe Reibkräfte und Temperaturen herrschen. Es ist in verschiedenen Viskositäten erhältlich.
- Bei allen Zweitaktmotoren werden das Getriebe und die Kupplung mit speziellem Öl geschmiert, welches entsprechend der Herstelleranweisung gewechselt werden muss.
- Obwohl bei den meisten Viertaktmaschinen der Motor, die Kupplung und das Getriebe mit der gleichen Ölversorgung geschmiert werden, gibt es auch Motorräder mit getrennt geschmierten Bauteilen und gegebenenfalls einer Trockenkupplung.
- Motorradhersteller empfehlen entweder ein Einbereichsgetriebeöl oder ein bestimmtes Motoröl, um das Getriebe zu schmieren.
- Getriebeöle sind speziell für ihren Einsatz zwischen Zahnflanken konzipiert. Die Viskosität dieser Öle ist durch eine SAE-Nummer angegeben, doch deren Messung unterscheidet sich von Motorölen. Als grober Hinweis gilt, dass ein SAE-90-Getriebeöl etwa die gleiche Viskosität wie ein SAE-50-Motoröl hat.

Kardanöl

- Bei mit einem Kardanantrieb ausgerüsteten Motorrädern hat dieser Endantrieb immer seine eigene Ölversorgung. Der Hersteller gibt hierfür eine Klassifizierung und eine Viskosität an.
- Diese Öle werden durch die Zahl hinter der API-Bezeichnung GL (für Gear Lubricant) klassifiziert, ein GL5-Öl ist besser als eines mit der Bezeichnung GL4. Stellen Sie sicher, dass Ihr Öl die vorgegebene Klassifikation zumindest einhält oder übertrifft und die korrekte Viskosität hat. Die Viskosität dieser Öle ist durch eine SAE-Nummer angegeben, doch deren Messung unterscheidet sich von Motorölen. Als grober Hinweis gilt, dass ein SAE-90-Kardanöl etwa die gleiche Viskosität wie ein SAE-50-Motoröl hat.
- Wenn die Benutzung eines druckfesten EP-Öls (Extreme Pressure) vorgeschrieben ist, muss Ihr Öl auch diesen Anforderungen entsprechen.

Gabelöl und Stoßdämpferflüssigkeit

- Konventionelle Teleskopgabeln arbeiten hydraulisch und erfordern dazu Gabelöl. Um die korrekte Funktion der Gabel sicherzustellen, muss das Gabelöl entsprechend der Herstelleranweisung ausgetauscht werden.
- Gabelöl ist in einer Vielzahl von Viskositäten erhältlich, welche durch die SAE-Rate zu identifizieren ist. Die Werte variieren von leichtem Öl (SAE 5) bis zu sehr dickem Öl (SAE 30). Wenn Sie Gabelöl kaufen, muss darauf geach-

tet werden, dass es den Herstelleranweisungen entspricht.

- Einige Schmiermittelhersteller produzieren auch eine Reihe hochwertiger Federungsflüssigkeiten, die Gabelöl ähnlich sind, aber hauptsächlich für den Einsatz im Wettbewerb bestimmt sind. Diese Flüssigkeiten können unterschiedliche Viskositätsraten haben, die nicht den SAE-Werten für normale Gabeln entsprechen. Im Zweifel müssen die Herstelleranweisungen beachtet werden.

Brems- und Kupplungsflüssigkeit

- Bremsflüssigkeit wird auch in hydraulischen Kupplungsbetätigungen eingesetzt und ist eine Hydraulikflüssigkeit, die einen sehr hohen Siede- und niedrigen Gefrierpunkt besitzt. Sie greift Gummi nicht, dafür aber Lack und Plastik stark an. Sie ist stark wasseranziehend (hygroskopisch) und altert daher durch Wasseraufnahme aus der Luft. Behälter sollten daher nicht offen stehen gelassen werden. Für den Rennsport ist Bremsflüssigkeit auf Silikonbasis erhältlich, auf die diese Eigenschaft nicht zutrifft, die aber Bremskomponenten aus anderem Material benötigt.
- Alle Scheibenbremsanlagen und einige Kupplungen werden hydraulisch betätigt. Um deren korrekte Funktion sicherzustellen, muss die Hydraulikflüssigkeit regelmäßig entsprechend der Herstelleranweisungen ausgetauscht werden.
- Brems- und Kupplungsflüssigkeit wird durch den DOT-Wert klassifiziert. Die meisten Motorradhersteller schreiben DOT-3 oder -4 vor. Diese beiden Flüssigkeiten basieren auf Glykol und können untereinander gemischt werden. DOT-4 übertrifft die Anforderungen von DOT-3. Es ist empfehlenswert, ein für DOT-3 vorgesehenes System mit DOT-4 zu befüllen – aber niemals anders herum, denn hierdurch wird die Bremswirkung beeinträchtigt.
- Einige Hersteller produzieren auch eine DOT-5-Hydraulikflüssigkeit auf Silikonbasis. Diese Bremsflüssigkeit darf nicht mit DOT-3- oder DOT-4-Flüssigkeit vermischt werden, da hierdurch die Wirkung des Hydrauliksystems stark beeinträchtigt wird.

Kühlmittel/Frostschutz

- Bei der Beschaffung von Kühlmittel oder Frostschutz muss unbedingt sichergestellt werden, dass es für einen Aluminiummotor geeignet ist und Korrosionsschutzmittel enthält, um das Verstopfen von Kühlmittelkanälen zu verhindern. Als allgemeine Regel gilt, dass die meisten Kühlmittel pur eingesetzt werden müssen und nicht verdünnt werden dürfen, und Frostschutz mit destilliertem Wasser verdünnt werden muss, um eine Lösung der gewünschten Stärke zu erhalten. Beachten Sie die Herstellerangaben auf der Flasche.
- Stellen Sie sicher, dass das Kühlmittel regelmäßig entsprechend der Herstellerangaben gewechselt wird.

Kettenschmiermittel

- Dieses wird zumeist als Spray angeboten, welches speziell für den Einsatz an Motorradketten entwickelt wurde. Es hat zum einen die Funktion, die Reibung zwischen der Kette und den Kettenrädern zu vermindern und zum anderen soll es einen Korrosionsschutz bilden. Der regelmäßige Einsatz von Kettenschmiermittel guter Qualität verlängert die Lebensdauer des Endantriebs und sorgt für einen minimalen Kraftverlust zwischen Motor und Hinterrad.
- Nach der Benutzung von Kettenspray muss einige Zeit gewartet werden, bis das Lösungsmittel verdunstet und das Schmiermittel eingezogen ist. Anderenfalls wird es durch die Fliehkraft wieder abgeschleudert und verschmutzt dabei noch die Felge. Achten Sie beim Einsatz von O-Ringketten darauf, dass das Spray dafür geeignet ist.
- Schmiermittel auf Silikonbasis pflegen und schützen Teile aus Gummi (Schläuche, Stopfen u.a.). Sie werden zur Schmierung von Schlössern und Scharnieren verwendet.

Entfetter und Reiniger

- Entfetter sind starke Lösemittel, um Fett und Ölschmiere zu entfernen. Sie sind in der Regel hochgiftig, können Lack und Kunststoffteile angreifen und sind entzündlich. Manche Lösemittel stehen außerdem in Verdacht, Krebs zu erregen. »Kaltreiniger« ist dagegen ein sanfter Entfetter auf Petroleumbasis, der wasserlöslich ist und daher abgewaschen werden kann, am besten über dem Ölabscheider einer Selbstwaschanlage.
- Es gibt viele verschiedene Reiniger und Entfetter, um Schmutz und Fett zu entfernen, wie es sich im normalen Einsatz ansammelt. Entfetter sind Lösungsmittel, die normalerweise als Spray oder als Flüssigkeit für den Einsatz in Spritzpistolen geliefert werden. Folgen Sie immer sorgfältig den Herstelleranweisungen, und tragen Sie eine Schutzbrille. Die meisten Lösungsmittel sind brennbar und dünsten giftige Gase aus – treffen Sie vor dem Einsatz entsprechende Vorkehrungen (siehe *Sicherheit geht vor!*).
- Für allgemeine Reinigungen können im Fachhandel erhältliche Reiniger und Entfetter benutzt werden. Diese Mittel müssen zumeist einige Zeit einwirken, bevor sie mit Wasser abgespült werden.

Bremsenreiniger ist ein Lösungsmittel, welches jegliche Öl-, Fett- und Schmutzreste aus Bremsenteilen entfernen kann. Es verdunstet schnell und bildet keine Rückstände.

Vergaserreiniger ist ein Spray, mit dem die hartnäckigen Rückstände und Gummiablagerungen entfernt werden können, wie man sie häufig in zu überholenden Vergasern findet. Es hinterlässt in der Regel einen leichten Ölfilm. Der Reiniger eignet sich nicht für elektrische Komponenten.

Dichtungsentferner ist zumeist ein Spray, mit dem hartnäckige Dichtungsreste beseitigt werden können, ohne dass die Gefahr besteht, die Gehäusefläche zu zerkratzen und damit die Dichtfläche zu beschädigen.

Unterbrecher-/Zündkerzen-Reiniger soll Ölfilm, Schmutz und Oxidation von Unterbrecherkontakten und Zündkerzenelektroden beseitigen. Er ist fett- und rückstandfrei. Er kann ebenfalls zur Reinigung von Vergaserdüsen verwendet werden.

Sprühöl

- Sprühöle gibt es in verschiedenen Ausführungen, und sie eignen sich auch zum Schmieren von Hebeln, Schaltern und freiliegenden Gelenken. Versuchen Sie ein Sprühmittel zu beschaffen, welches auf Trockenfilm basiert, da es eine trockene Oberfläche hinterlässt und nicht, wie Öl, Staub und Schmutz anzieht, wodurch die Verschleißrate wieder erhöht werden würde.
- Die meisten Sprühöle fungieren auch als Feuchtigkeitsverdränger und Schutzfilm in Schaltern und Kabelverbindungen oder als Rostlöser bei festen Schrauben.
- Kriechöl wird oft fälschlich als »Kontaktspray« bezeichnet, weil es auch Wasser verdrängen kann. Es ist zum schnellen Schmieren kleiner Lagerstellen und Konservieren von Maschinenteilen geeignet.
- Kontaktspray soll Oxidation von elektrischen Kontakten entfernen und sie gleichzeitig konservieren. Allerdings funktioniert das kaum, da Oxid nur mit Säure entfernt werden kann (solche Sprays gibt es), die Säure aber ihrerseits wieder das Metall angreift. Die üblichen soge-

nannten »Kontaktsprays« sind daher lediglich Kriechöle, von denen keine Reinigung der elektrischen Kontakte erwartet werden kann.

Fette

• Fette werden zum Schmieren von Gelenken und Lagern eingesetzt. Ein gutes Mehrbereichsfett ist für die meisten Anwendungen ausreichend, doch manche Hersteller schreiben den Einsatz spezieller Fette an Bauteilen wie Schwingen- und Anlenkhebellagerungen vor. Diese Fette können im Zubehörfachhandel erworben werden; die üblichen Spezialfette sind Molybdänfett, Lithiumfett, Graphitfett, Silikonfett und temperaturbeständige Kupferpaste.

Dichtmasse

• Dichtmassen können zusammen mit Dichtungen verwendet werden, um ihre Dichtigkeit zu verbessern. Oder sie werden direkt zum Abdichten zweier Metallflächen verwendet. Abhängig vom Typ härten sie entweder aus oder bleiben dauerelastisch.

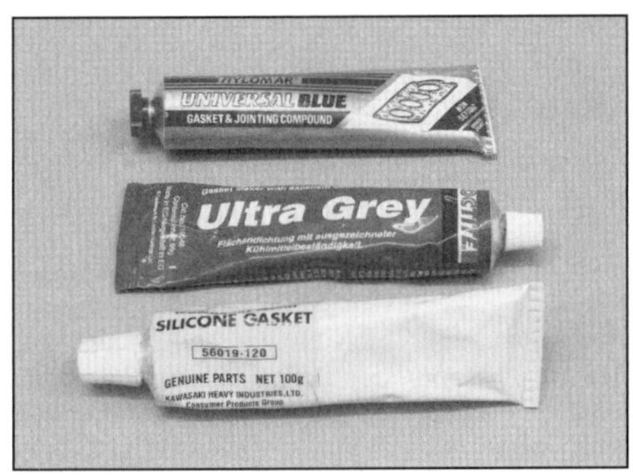

• Bei der Beschaffung von Dichtmasse muss sichergestellt sein, dass sie zur Verwendung an einem Verbrennungsmotor geeignet ist. Universaldichtstoffe aus dem Baumarkt können ähnlich aussehen, halten jedoch eventuell weder starke Hitze noch Kontakt mit Öl oder Kraftstoff aus (siehe *Werkzeug- und Werkstatt-Tipps* für weitere Informationen).

Schrauben-sicherung

• Diese Mittel werden zum Sichern von Gewinden in Positionen eingesetzt, wo sich Schrauben durch Vibrationen lösen können. Schraubensicherungsmasse kann im Fachhandel beschafft werden. Stellen Sie sicher, dass die Gewindegänge beider Komponenten vollständig sauber und trocken sind, bevor Sie das Mittel sparsam auftragen (siehe *Werkzeug- und Werkstatt-Tipps* für weitere Informationen).

Kraftstoff-Additive

• Mittel zum Schutz und zur Reinigung des Kraftstoffsystems gibt es in vielfältiger Auswahl. Diese Additive sind konzipiert, alle Ablagerungen in Vergasern und Einspritzanlagen zu entfernen und vor Verschleiß zu schützen, um das Kraftstoffsystem wirkungsvoll funktionieren zu lassen. Wenn ein Kraftstoff-Additiv verwendet wird, muss zuvor sichergestellt sein, dass es in Ihrem Motorrad eingesetzt werden kann, besonders wenn dieses mit einem Katalysator ausgerüstet ist.

• Sogenannte Oktan-Booster erhöhen die Klopffestigkeit des Treibstoffs. Sie können die Leistungsfähigkeit stark getunter Motoren verbessern, wenn diese mit einfachem Benzin betrieben werden – in Serienmotoren bringen sie nichts.

Wachse und Polituren

• Wachse und Polituren reinigen und konservieren lackierte Teile. Da es unterschiedliche Lackarten gibt, muss ausprobiert werden, ob die jeweilige Politur bzw. das Wachs dazu passt. Für Schutzflüssigkeiten, die kein Wachs, sondern Silikon oder Polymere enthalten, verspricht die Werbung einen vielfach längeren Schutz gegenüber Wachsen. In Tests konnte die längere Dauer des Schutzes jedoch nicht nachgewiesen werden.

Sicherheitscheck

Hauptuntersuchung

In Deutschland müssen Motorräder alle zwei Jahre zur Hauptuntersuchung nach § 29 der Straßenverkehrszulassungsordnung (StVZO). Diese Untersuchung wird im Volksmund als »TÜV« bezeichnet; das stammt noch aus der Zeit, als der Technische Überwachungsverein (TÜV bzw. TÜH) das Monopol auf Hauptuntersuchungen besaß. Das ist seit einigen Jahren nicht mehr der Fall. DEKRA und auch freie Sachverständige, die einer anerkannten Überwachungsorganisation wie KÜS oder GTÜ angeschlossen sind, dürfen die Hauptuntersuchung durchführen.

Gerade bei freien Sachverständigen hat dies seine Vorteile für den Fahrzeugbesitzer: Eine familiäre Atmosphäre, sehr kurze Wartezeiten und hohe Kompetenz unterscheiden diese kleinen Prüfbüros von den häufig anonymen und bürokratischen Prüfstellen der eingesessenen Organisationen.

TÜV/TÜH (alte Bundesländer) und DEKRA (neue Bundesländer) besitzen allerdings nach wie vor das Monopol für die Begutachtung von Änderungen am Fahrzeug, für die keine Gutachten vorliegen – etwa selbstgebaute Auspuffanlagen, Umbauten zum Gespann o.Ä.

Bei der Hauptuntersuchung werden Betriebs- und Verkehrssicherheit des Motorrades geprüft. Sachverstand des Prüfers vorausgesetzt – was leider nicht immer der Fall ist –, ist dies ein notwendiger Check im Interesse des Fahrzeugbesitzers. Doch unabhängig von dieser regelmäßigen Untersuchung sollte der Fahrer des Motorrades wissen, wo die sicherheitsrelevanten Baugruppen sitzen und sie selber prüfen können.

Praxis TiPP ***Wenn Sie ein gebrauchtes Motorrad kaufen möchten, so ist eine kürzlich durchgeführte Hauptuntersuchung (HU) keinesfalls eine Gewähr für den einwandfreien Zustand des Fahrzeugs. Motor, Getriebe und wesentliche Teile der Elektrik werden bei der HU nicht geprüft, und selbst wichtige Baugruppen wie Bremsen und Rahmen können von einem inkompetenten Prüfer falsch beurteilt worden sein.***

Elektrik

Beleuchtung

Prüfen Sie die Funktion aller Leuchten am Motorrad: Stand-, Abblend-, Fern-, Rück- und Bremslicht, Letzteres bei Fuß- und Handbremse. Das Gleiche gilt für die Blinker und eventuelle Zusatzleuchten wie Breit- oder Zusatzscheinwerfer, Nebelschlussleuchte oder Warnblinker. Häufig wird die Instrumentenbeleuchtung nicht beachtet (übrigens auch nicht bei der HU), doch auch bei einer Nachtfahrt möchte man doch wissen, wie schnell man fährt.

Scheinwerfereinstellung

Im Gegensatz zu Autos wird bei der HU die Scheinwerfereinstellung bei Motorrädern nicht überprüft. Tun Sie das daher selbst im eigenen Interesse; weder ist es angenehm, andere Verkehrsteilnehmer zu blenden, noch nachts lediglich das Vorderrad oder die Baumwipfel zu beleuchten.
Stellen Sie in einer Werkstatt, die ein Prüfgerät für PKW besitzt, den Scheinwerfer Ihres Motorrades ein. Achten Sie dabei darauf, dass Sie das Motorrad mit dem üblichen Fahrgewicht belasten (1).

Batterie

Auch der Zustand von Batterie, Sicherungen, Regler und Lichtmaschine ist sicherheitsrelevant. Stellen Sie sich beispielsweise vor, auf der Überholspur der Autobahn geht schlagartig der Motor aus, weil es an Zündfunken fehlt, oder nachts in der gleichen Situation bleibt plötzlich das Licht weg.

Prüfen der Scheinwerfereinstellung mit einem PKW-Prüfgerät

Auspuff und Antrieb

Auspuff

Auspuff und Schalldämpfer haben zugegebenermaßen wenig mit Sicherheit zu tun. Allerdings kann mit einer nicht genehmigten Änderung die Betriebserlaubnis des Fahrzeugs erlöschen, was bei einem Unfall – der noch nicht einmal selbst verschuldet sein muss – unangenehme Folgen haben kann: Fahren ohne Versicherungsschutz, eventuell Fahren ohne Führerschein (wenn das Motorrad serienmäßig leistungsbegrenzt und die Fahrerlaubnis darauf beschränkt war), Fahren ohne Betriebserlaubnis u.a. Stellen Sie also sicher, dass der angebaute Auspuff entweder serienmäßig oder eingetragen ist, dass die Anlage fest sitzt und keine Löcher oder Durchrostungen vorliegen.

Antrieb

Sehr viel mehr mit Sicherheit hat der Hinterradantrieb zu tun, obwohl er bei der HU nicht geprüft wird. Ist die Kette in ordentlichem Zustand und weist die richtige Spannung auf? Sind Ritzel und Kettenrad nicht übermäßig abgenutzt? Bei Kardanmaschinen: Ist der Hinterradantrieb öldicht? Ist die Mitnehmerverzahnung des Hinterrads in Ordnung? (Für diese Prüfung muss das Hinterrad ausgebaut werden.)

Steuerkopf und Federung

Steuerkopf

Entlasten Sie das Vorderrad, sodass es frei in der Luft steht. Schwenken Sie den Lenker langsam von Anschlag zu Anschlag. Ist der Lenker dabei schwergängig? Sind »Raststellen« zu spüren? Schlägt etwas am Tank an? Das alles darf nicht der Fall sein, andernfalls sind Lenkkopflager und/oder Anschläge neu zu justieren bzw. auszutauschen (2).
Fassen Sie die beiden Enden der Vorderachse mit den Fäusten und versuchen Sie, das Rad nach hinten und vorne zu drücken. Ein loses Lenkkopflager können Sie dabei an einem »Klacken« erkennen, wobei das Geräusch auch von einer ausgeschlagenen Telegabel kommen kann. Um sicher zu gehen, lassen Sie bei diesem Test eine zweite Person einen Finger an den Spalt zwischen Lenkkopf und unterer Gabelbrücke legen. Selbst ein kleines Spiel des Lagers lässt sich so feststellen (3).

Vorderradfederung

Bocken Sie das Motorrad ab und halten es mit der Vorderbremse fest. Drücken Sie nun mit dem Lenker die Telegabel zusammen. Sie darf dabei nicht stocken oder klemmen (4). Prüfen Sie die Enden der Tauchrohre auf Öldichtigkeit. Ölnebel oder gar -tropfen weisen auf undichte Simmerringe hin (5).
Prüfen Sie schließlich den Ölstand in den Telegabelrohren nach Anleitung.

Hinterradfederung

Lassen Sie das Motorrad in abgebocktem Zustand von einer zweiten Person festhalten. Drücken Sie das Heck nach unten. Die Hinterradfederung darf dabei nicht stocken oder klemmen. Das Heck darf nach dem Loslassen auch nicht nachschwingen (6).
Prüfen Sie das oder die hinteren Federbein/e auf Öldichtigkeit. Nur wenige Federbeine sind reparabel. Erkundigen Sie sich danach.
Fassen Sie das Hinterrad an, und versuchen Sie, es nach links und rechts zu drücken. Damit kann Spiel im Hinterradlager und im Schwingenlager festgestellt werden (9).
Bei Maschinen mit einem Zentralfederbein können die Lager der Anlenkhebel ausschlagen. Lassen Sie eine zweite Person das Hinterrad des Motorrads anheben, und beobachten Sie dabei mit einer Taschenlampe die Lagerstellen, um Spiel festzustellen (7, 8).

Um das Lenkkopflager zu prüfen, darf das Vorderrad nicht aufstehen, auch nicht so!

Prüfen von unzulässigem Spiel in Lenkkopflager und Telegabel

Bei gezogener Handbremse mit dem Lenker die Telegabel zusammendrücken.

Bei undichten Simmerringen tritt Öl am oberen Ende des Tauchrohrs aus.

Herunterdrücken des Hecks zum Prüfen der Hinterradfederung

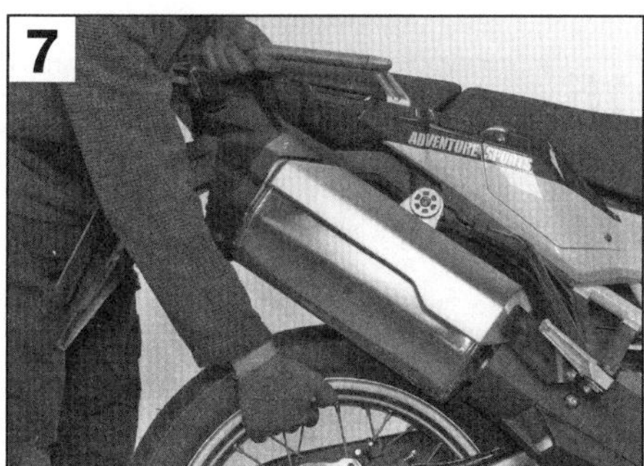

Anheben des Hinterrades, um Spiel . . .

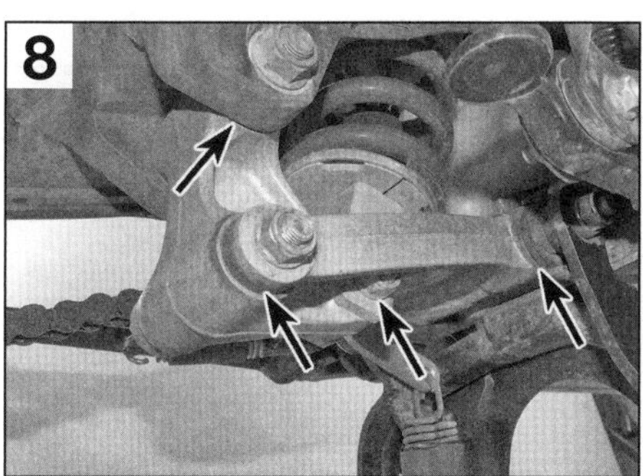

. . . in den Lagern der Federbein-Anlenkung aufzuspüren.

Hinterradschwinge nach links und rechts drücken, um unzulässiges Spiel in den Schwingenlagern festzustellen.

Bremsen, Räder und Reifen

Bremsen

Ziehen Sie bei angehobenem Rad die jeweilige Bremse, und lösen Sie sie wieder. Danach muss sich das Rad frei drehen lassen, ohne dass die Bremse klemmt. Leichte Schleifgeräusche dabei sind bei Scheibenbremsen normal.

Unterziehen Sie die Bremsscheibe einer Sichtprüfung. Sie darf im Bremsbereich keine Riefen und Absätze aufweisen, erst recht keine Risse.

Prüfen Sie die Belagstärke der Bremsbacken, wie im Handbuch beschrieben (10).

Prüfen Sie bei hydraulischen Bremsen alle Schläuche und Leitungen bei betätigter Bremse auf Undichtigkeiten. Prüfen Sie den Pegel im Bremsflüssigkeitsvorratsbehälter.

Räder und Reifen

Prüfen Sie Gussräder auf Beschädigung und Risse, Drahtspeichenräder auf lose, verbogene und gebrochene Speichen. Lassen Sie das angehobene Rad frei drehen und prüfen es und den Reifen auf runden Lauf. Kontrollieren Sie, ob das Rad ausgewuchtet wurde und die Wuchtgewichte sich noch an ihren Plätzen befinden.

Fassen Sie das Rad, und versuchen Sie, es nach links und rechts zu drücken. Dabei darf kein Spiel der Radlager feststellbar sein (13).

Prüfen Sie den Reifen auf Risse, Beschädigungen und Profiltiefe. In Deutschland muss das Profil an allen Stellen mindestens 1,6 Millimeter tief sein (14).

Stellen Sie sicher, dass Reifen mit den vorgeschriebenen Maßen und Herstellerbindungen montiert sind (siehe Angaben im Fahrzeugschein). Beachten Sie Laufrichtungspfeile an den Reifen-Seitenwänden (15).

Prüfen Sie den Festsitz aller Achsen- und Klemmfaustmuttern und das Vorhandensein vorgesehener Splinte (16).

Die Radflucht (Spur) können Sie am besten mit einer Spurlatte feststellen (17; siehe Beschreibung vorne im Buch).

Allgemeine Checks

Prüfen Sie den Festsitz aller wesentlichen Muttern von Verkleidung, Lenker, Sitzbank, Motor, Rahmen und Schutzblechen. Fußrasten und Haltegriffe dürfen nicht verbogen oder lose sein. An keiner Stelle darf der Rahmen Durchrostungen zeigen.

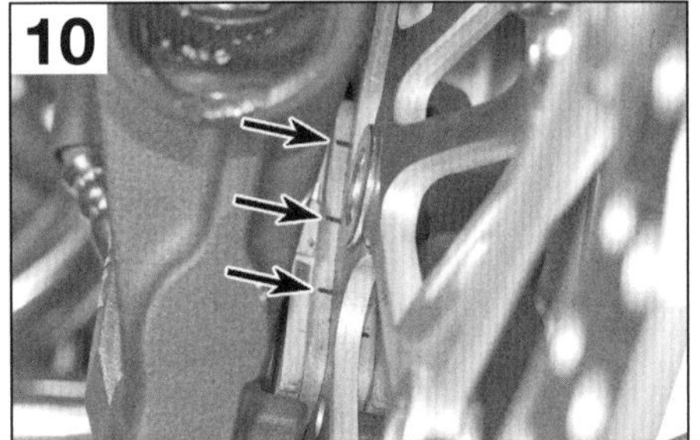

Der Verschleiß von Bremsbelägen kann meist ohne Abnahme der Bremssättel festgestellt werden. Die meisten besitzen Verschleißnuten (1) oder -markierungen (2).

Prüfen Sie das Radlagerspiel, indem Sie das Rad nach links und rechts drücken.

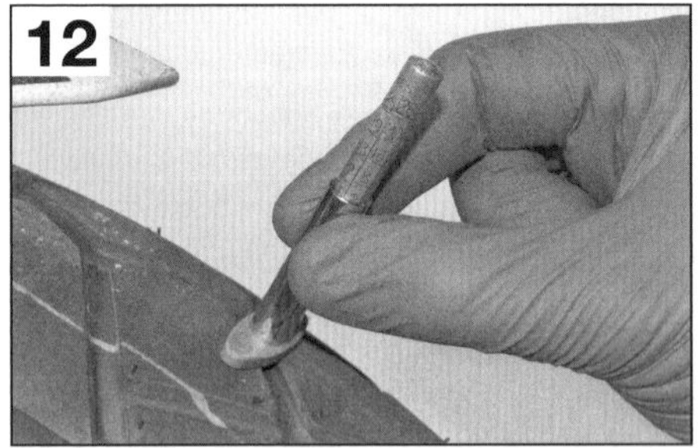

Manche Reifen besitzen einen Laufrichtungspfeil an der Seitenwand.

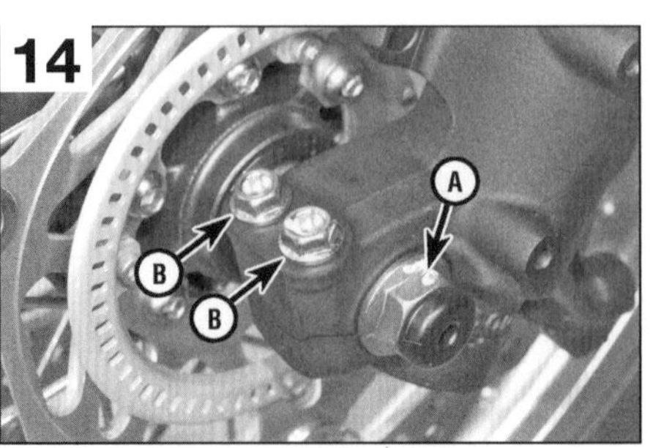

Achsmutter (A), Klemmschrauben (B)

Prüfen der Radflucht mit Spurstangen

Stilllegen

Es sind einige Dinge zu beachten, bevor man das Motorrad für längere Zeit stilllegt, etwa über den Winter. Das Fahrzeug abzustellen, ohne die beschriebenen Arbeiten auszuführen, bringt erhöhten Verschleiß und Schwierigkeiten beim »Ausmotten« mit sich.

1. Waschen und reinigen Sie das Motorrad gründlich. Führen Sie notwendige Reparaturen jetzt durch, da Sie nach dem Winter ja doch keine Lust dazu haben werden.
2. Fahren Sie das Motorrad warm. Legen Sie dazu an einem sonnigen Tag eine Tour von mindestens 20 Kilometer ein. Fahren Sie auf dem Rückweg an einer Tankstelle vorbei, tanken Sie randvoll und erhöhen Sie den Reifendruck um etwa 1 bar über den vorgeschriebenen Wert.
3. Stellen Sie das Motorrad an einem trockenen Platz ab, wo es längere Zeit stehen soll. Bocken Sie es so auf, dass kein Reifen den Boden berührt.
4. Führen Sie Motor-, Getriebe- und eventuell (bei Kardanmaschinen) Hinterradölwechsel durch. Das geht gut, weil der Motor jetzt noch warm ist. Altes Öl enthält aus Verbrennungsrückständen saure Bestandteile, die mit der Zeit Metall angreifen, daher sollte es nicht im Motorrad belassen werden.
5. Schmieren Sie die Antriebskette.
6. Verschließen Sie die Auspuffrohre mit Plastiktüten, oder stopfen Sie Lappen hinein, um Kondenswasser und damit Innenrost zu vermeiden (3).
7. Drehen Sie alle Zündkerzen heraus und füllen in jedes Loch etwa 20 ml (1 Esslöffel) frisches Motoröl. Legen Sie danach den höchsten Gang ein und drehen den Motor ein paar Mal mit dem Hinterrad durch. Das verteilt das Öl an die Zylinderwände und verhindert Rost. Schrauben Sie die Kerzen wieder ein (1).
8. Ölen Sie alle Bowdenzüge mit einer alten Spritze und Nähmaschinenöl (Beschreibung siehe vorne im Buch).
9. Schließen Sie die Benzinhähne, und entleeren Sie die Schwimmerkammern aller Vergaser, um Verharzung des Benzins zu vermeiden und um beim späteren Start gleich frisches Benzin aus dem Tank zur Verfügung zu haben (2).
10. Bauen Sie die Batterie aus (3) und stellen sie an einen kühlen, frostfreien, trockenen Ort (z.B. Keller). Laden Sie sie etwa alle vier Wochen mit einem Steckerladegerät einen Tag lang nach (Ladestrom max. 1/10 des Wertes der Batteriekapazität). Noch besser ist es, die Batterie ins Auto einzubauen (Parallelanschluss zur Autobatterie).
11. Konservieren Sie leicht rostende und Chromstellen des Motorrades mit Sprühöl oder Wachs.
12. Reinigen Sie den Luftfiltereinsatz und bauen ihn wieder ein.
13. Bedecken Sie das Motorrad mit einem alten Laken oder einem anderen Stoff. Plastikfolie ist nicht geeignet, weil sich darunter Kondenswasser bildet und das Fahrzeug rostet.

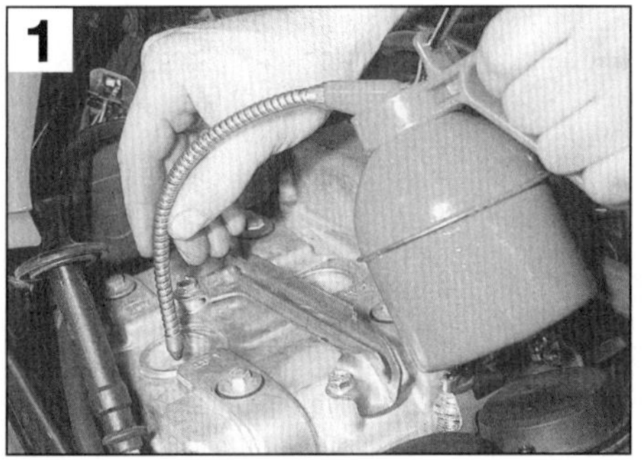

Etwas Motoröl in jedes Kerzenloch geben.

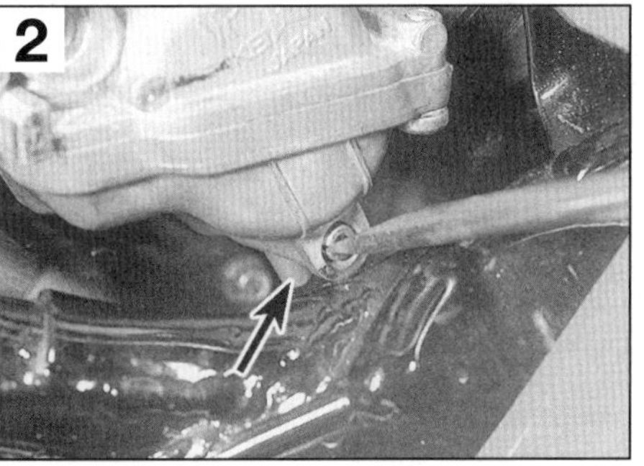

Die meisten Vergaser-Schwimmerkammern besitzen eine Schraube, mit der man das Benzin aus der Kammer ablassen kann.

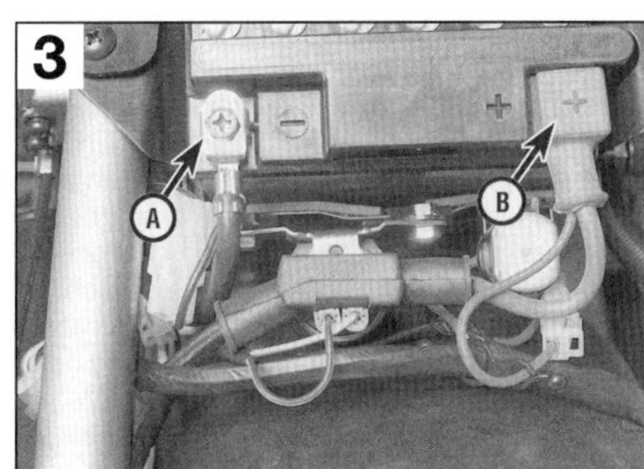

Batterie abklemmen, Minuspol (A) zuerst.

Inbetriebnahme

Haben Sie das Motorrad wie beschrieben gewissenhaft »eingemottet«, so ist der Start in die neue Saison kein Problem.

1. Bauen Sie die geladene Batterie wieder ein (Pluspol zuerst anschließen, Kupferpaste an den Polen nicht vergessen).
2. Wischen Sie überschüssiges Konservierungsöl und -wachs ab.
3. Kontrollieren Sie den Reifen-Luftdruck.
4. Entfernen Sie Plastiktüten bzw. Lappen von den Auspuffrohren.
5. Stellen Sie die Benzinhähne auf »ON« (bei normalen Hähnen) bzw. auf »PRI« (bei Unterdruck-Benzinhähnen), damit die Schwimmerkammern mit frischem Benzin gefüllt werden.
6. Ziehen Sie die Kupplung und befestigen Sie den Hebel mit einem Gummi am Handgriff. Nach längerer Standzeit können die Lamellen zusammenkleben (4).
7. Starten Sie den Motor und lassen ihn etwa eine Minute laufen. Stellen Sie dabei einen eventuellen Unterdruckbenzinhahn wieder auf »ON«.
8. Schalten Sie den Motor wieder aus und kontrollieren nach etwa einer Minute den Motorölstand. Bei Motoren mit Trockensumpf-Schmierung kann es nämlich sein, dass durch die lange Standzeit das Öl aus dem Öltank in den Motor gelaufen ist, sodass eine Kontrolle vor dem Laufenlassen ein falsches Ergebnis brächte. Lösen Sie den Kupplungshebel wieder.
9. Prüfen Sie die Funktion beider Bremsen. Vor allem müssen sie nach dem Bremsen die Räder wieder freigeben.

Das Motorrad ist jetzt bereit zur ersten Fahrt. Lassen Sie es langsam angehen, denn auch die Reflexe müssen erst wieder sitzen. Gute Fahrt!

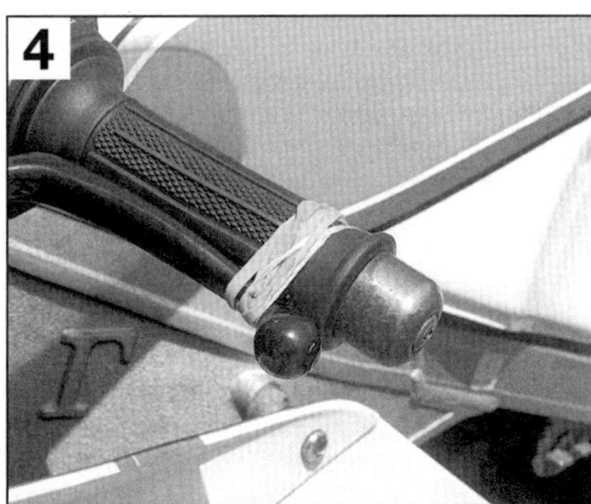

Der Kupplungshebel wird mit einem Gummi am Handgriff festgebunden.

Fehlersuche

Einleitung

Fahrzeugbesitzer, die alle Wartungsarbeiten entsprechend der Vorgaben erledigen, müssen in diese Sektion nicht allzu oft hineinschauen. Vorausgesetzt, dass Verschleiß und Alterung regelmäßig überprüft und entsprechende Teile erneuert werden, muss dank der Zuverlässigkeit moderner Komponenten heute kaum noch mit plötzlichen Ausfällen gerechnet werden; allerdings steigt die Wahrscheinlichkeit mit zunehmendem Alter und hoher Laufleistung immer mehr an. Störungen entstehen üblicherweise nicht als Ergebnis eines plötzlichen Ausfalls, sondern entwickeln sich mit der Zeit. Gerade größeren technischen Defekten gehen zumeist charakteristische Symptome über Hunderte oder gar Tausende von Kilometern voraus. Bauteile, die gelegentlich ohne Vorwarnung ausfallen, sind oft klein und können leicht repariert oder ausgetauscht werden.

Bei jeder Fehlersuche liegt der erste Schritt in der Entscheidung, wo mit der Untersuchung begonnen werden soll. Manchmal ist dies offensichtlich, doch hin und wieder ist auch etwas Detektivarbeit nötig. Besitzer, die ein halbes Dutzend planlose Einstellungen vornehmen oder willkürlich Teile tauschen, mögen beim Behandeln von Ausfällen (oder deren Symptomen) erfolgreich sein, sind aber nicht klüger, wenn der Defekt zurückkehrt; zudem haben sie am Ende mehr Geld und Zeit als nötig investiert. Eine ruhige und logische Herangehensweise ist langfristig gesehen deutlich zufriedenstellender. Stets müssen Warnsignale und Abnormalitäten aller Art berücksichtigt werden, die in der Zeit vor dem Ausfall bemerkt wurden: Leistungsmangel, hohe oder niedrige Anzeigewerte, ungewöhnliche Gerüche usw. Zudem muss bedacht werden, dass Ausfälle von Bauteilen wie Sicherungen oder Zündkerzen zumeist nur Hinweise auf tatsächliche Defekte sind.

Die folgenden Seiten stellen einen einfachen Leitfaden zu den üblichen Problemen dar, die im normalen Fahrbetrieb auftreten können. Diese Probleme und ihre möglichen Ursachen sind nach den verschiedenen Komponenten oder Systemen (Motor, Kühlung usw.) geordnet. Das Kapitel, in dem das Problem behandelt wird, ist in Klammern angegeben. Wo auch immer der Defekt liegt – es gelten stets gewisse Grundprinzipien:

Überprüfen Sie den Defekt. Hier geht es einfach darum, vor Arbeitsbeginn die Symptome mit Sicherheit zu erkennen. Dies ist besonders wichtig, falls man einen Fehler für jemand anderes finden muss, der das Problem vielleicht nicht exakt beschreiben konnte.

Übersehen Sie nicht das Wesentliche. Lässt sich das Fahrzeug beispielsweise nicht starten, sollte auch überprüft werden, ob Kraftstoff im Tank ist (Vertrauen Sie gerade hierbei nie den Worten anderer oder der Tankanzeige). Falls ein Elektrik-Ausfall festgestellt wird, muss zuerst auf getrennte Stecker oder lockere Kabel geachtet werden, bevor die Prüfausrüstung ausgepackt wird.

Heilen Sie das Leiden, nicht die Symptome. Eine entladene Batterie durch eine vollständig geladene zu ersetzen, kann zunächst die Heimreise sicherstellen, doch wenn die zugrunde liegende Ursache nicht behandelt wird, ist die neue Batterie bald wieder leer. Genauso macht der Austausch einer verölten Zündkerze durch ein Neuteil das Motorrad erst einmal wieder mobil, doch auch der Grund für diese Verschmutzung (solange es nicht ein falscher Wärmewert war) muss rasch gefunden und behoben werden.

Nehmen Sie nichts als gegeben hin. Vergessen Sie vor allem niemals, dass auch eine »neue« Komponente defekt sein kann (besonders, wenn sie schon monatelang im Tankrucksack durchgeschüttelt wurde). Schließen Sie auch keine Komponenten bei der Fehlerdiagnose aus, nur weil sie neu sind oder erst kürzlich installiert wurden. Wenn schließlich ein schwieriger Defekt diagnostiziert wurde, wird man möglicherweise feststellen, dass alle Beweise von Anfang an darauf hingewiesen haben.

Motor lässt sich nur schwierig oder gar nicht starten

☐ Anlasser dreht nicht
☐ Anlasser dreht, aber Motor dreht nicht mit
☐ Anlasser will drehen, aber Motor blockiert
☐ Benzinzufuhr unterbrochen
☐ Motor »abgesoffen«
☐ Zündfunke schwach oder nicht vorhanden
☐ Kompression niedrig
☐ Motor springt kurz an und geht wieder aus/Standgas ungleichmäßig

Motor läuft schlecht bei niedrigen Drehzahlen

☐ Zündfunke schwach
☐ Kraftstoff/Luft-Gemisch inkorrekt
☐ Kompression niedrig
☐ Beschleunigung schwach

Schlechter Motorlauf oder geringe Leistung bei hohen Drehzahlen

☐ Zündzeitpunkt falsch
☐ Kraftstoff/Luft-Gemisch inkorrekt
☐ Kompression niedrig
☐ Klopfen oder Klingeln
☐ Verschiedene Gründe

Überhitzung

☐ Kühlprobleme
☐ Zündzeitpunkt inkorrekt
☐ Kraftstoff/Luft-Gemisch inkorrekt
☐ Kompression zu hoch
☐ Motorlast zu hoch
☐ Motorschmierung unzureichend
☐ Verschiedene Gründe

Kupplungsprobleme

☐ Kupplung rutscht durch
☐ Kupplung trennt nicht vollständig

Getriebeprobleme

☐ Gänge lassen sich nicht einlegen oder Schalthebel (bei Standardgetriebe) kehrt nicht zurück
☐ Gänge springen heraus
☐ Gänge werden übersprungen

Ungewöhnliche Motorgeräusche

☐ Klopfen oder Klingeln
☐ Kolbenkippen oder Klappern
☐ Ventiltrieb-Geräusche
☐ Andere Geräusche

Ungewöhnliche Antriebs-Geräusche

☐ Kupplungs-Geräusche
☐ Getriebe-Geräusche
☐ Endantrieb-Geräusche

Ungewöhnliche Fahrwerkgeräusche

☐ Geräusche von vorn
☐ Geräusche von hinten
☐ Geräusche beim Bremsen

Öldruck-Warnlampe leuchtet auf

☐ Unzureichende Schmierung
☐ Elektrik-Fehler

Auspuff-Rauch

☐ Weißer oder hellblauer Rauch
☐ Schwarzer Rauch (fettes Gemisch)
☐ Brauner Rauch (mageres Gemisch)

Schlechtes Fahrverhalten, Instabilität

☐ Lenkung schwergängig
☐ Lenkerflattern oder starke Vibrationen
☐ Motorrad zieht zu einer Seite
☐ Federelemente schlecht dämpfend

Bremsenprobleme

☐ Bremswirkung gering
☐ Bremshebel oder Bremspedal pulsiert
☐ Bremse schleift
☐ ABS-Probleme

Elektrikprobleme

☐ Batterie tot oder schwach
☐ Batterie überladen (überhitzt)

Motor lässt sich nur schwierig oder gar nicht starten

Anlasser dreht nicht

☐ Killschalter steht auf OFF
☐ Sicherung durchgebrannt – Hauptsicherung, ENGINE STOP- und FI-Sicherung kontrollieren (Kapitel 8).
☐ Batteriespannung niedrig – Batterie kontrollieren und laden oder ersetzen (Kapitel 8).
☐ Batterie-Anschlüsse locker oder korrodiert – reinigen und/oder anziehen (Kapitel 8).
☐ Anlasser defekt – Stromversorgung zum Anlasser prüfen; Kabel müssen frei von Korrosion und sicher verbunden sein; Anlasserrelais muss beim Drücken des Startknopfs klicken – dreht dabei der Anlasser nicht, ist er oder das Hauptkabel zur Batterie defekt; nötigenfalls reparieren oder ersetzen (Kapitel 8).
☐ Anlasserrelais defekt – Stromversorgung zum Relais prüfen; Kabel müssen frei von Korrosion und sicher verbunden sein; Relais prüfen – interne Korrosion oder Funkenbildung kann dafür sorgen, dass auch bei einem beim Drücken des Startknopfs klickenden Relais nicht genügend Strom zum Anlasser geleitet wird (Kapitel 8).
☐ Startknopf defekt; Kontakte können feucht, korrodiert oder verschmutzt sein – zerlegen und reinigen (Kapitel 8).
☐ Stromkreis unterbrochen oder Kurzschluss – alle Anschlüsse und Kabel prüfen, um sicherzugehen, dass sie trocken, fest verbunden und nicht korrodiert sind; auch gebrochene oder abisolierte Kabel können Kurzschlüsse verursachen.
☐ Zündschloss oder Killschalter defekt – kontrollieren und reinigen, nötigenfalls austauschen (Kapitel 8).
☐ Getriebeschalter, Leerlaufschalter Seitenständerschalter, Kupplungsschalter oder Parkbremsenschalter (DCT-Modelle) defekt – Verkabelung und Schalter selbst kontrollieren (Kapitel 8).
☐ Sicherheits-Stromkreis-Abschaltrelais oder Diode defekt – Getriebeschalter, Seitenständerschalter, Kupplungsschalter oder Parkbremsenschalter (DCT-Modelle) und Verkabelung prüfen (Kapitel 8).
☐ Einspritzanlagen-Abschaltung durch Systemfehler (Kapitel 4).

Anlasser dreht, aber Motor dreht nicht mit

☐ Anlasserfreilauf defekt – kontrollieren und reparieren oder ersetzen (Kapitel 2).
☐ Untersetzungsrad- oder Freilaufrad-Verzahnung beschädigt – kontrollieren und schadhafte Teile ersetzen (Kapitel 2).

Anlasser will drehen, aber Motor blockiert

☐ Motor aufgrund von starkem Verschleiß, internen Schäden oder Schmiermangel festgegangen – Ursachen: Kolbenfresser, Lagerschaden, gerissene oder übergesprungene Steuerkette, Getriebeschaden (Kapitel 2).

Benzinzufuhr unterbrochen

☐ Tank leer
☐ Tankbelüftungs-Schlauch oder Verdunstungsregelung verstopft – reinigen und ausblasen oder ersetzen (Kapitel 4).
☐ Benzinpumpen-Relais defekt – kontrollieren (Kapitel 4).
☐ Benzinpumpe oder Druckregler defekt oder interner Pumpenfilter verstopft (Kapitel 4).
☐ Motorsteuergerät defekt (Kapitel 4).
☐ Benzinschlauch geknickt – Zustand und Verlegung des Schlauchs kontrollieren und ggf. ersetzen (Kapitel 4).
☐ Benzinpumpen-Stromkreis unterbrochen – alle Komponenten des Stromkreises kontrollieren (Kapitel 4).
☐ Benzinpumpe ausgefallen – Probleme können sein: defekter Pumpenmotor oder Druckregler, Filter oder Ansaugsieb verstopft; in allen Fällen hilft nur der Austausch der Pumpe (Kapitel 4).
☐ Einspritzdüse oder Druckspeicher verstopft – falls alle Düsen verstopft sind, kann sehr schlechter Kraftstoff mit ungewöhnlichen Additiven die Ursache sein oder es sind andere Fremdstoffe in den Tank gelangt. Falls das Motorrad mehrere Monate nicht gefahren wurde, können Ablagerungen dazu führen, dass Einspritzdüsen-Nadeln in ihren Sitzen kleben. Entleeren Sie den Tank und das Kraftstoffsystem und unterziehen Sie die Einspritzdüsen einer Ultraschall-Reinigung oder ersetzen Sie sie (Kapitel 4).

Motor »abgesoffen«

☐ Einspritzdüsen-Nadelventil verschlissen oder klemmt offen. Schmutz oder andere Partikel haben dafür gesorgt, dass die Düsennadel nicht richtig sitzt; Systemdruck zu hoch – zuerst Einspritzdüse dann Kraftstoffdruck kontrollieren (Kapitel 4).
☐ Falsche Start-Technik – Motor sollte sich bei jeder Temperatur stets ohne Gasgeben starten lassen.

Zündfunke schwach oder nicht vorhanden

☐ Zündschloss oder Killschalter stehen auf OFF
☐ Zündschloss oder Killschalter durch Feuchtigkeit, Korrosion, Beschädigungen oder übermäßigen Verschleiß kurzgeschlossen – Schalter ggf. öffnen und mit Kontaktspray reinigen oder nötigenfalls ersetzen (Kapitel 8).
☐ Batteriespannung niedrig – kontrollieren und ggf. laden oder ersetzen (Kapitel 8).
☐ Zündkerze verschmutzt, defekt oder verschlissen – reinigen oder ersetzen (Kapitel 1).
☐ Zündkerzenstecker oder Zündkabel defekt – kontrollieren (Kapitel 1).
☐ Zündkerzenstecker hat schlechten Kontakt – festen Sitz auf Zündkerze prüfen (Kapitel 1).
☐ Zündkerzen mit falschen Wärmewerten oder vom falschen Typ – kontrollieren und ggf. austauschen (Kapitel 1).
☐ Zündspule defekt – kontrollieren (Kapitel 4).
☐ Einspritzanlagen-Abschaltung durch Systemfehler (Kapitel 4).
☐ Kurbelwellensensor defekt (Kapitel 4).
☐ Motorabschaltrelais oder Neigungswinkelsensor defekt (Kapitel 4).
☐ Motorsteuergerät defekt – kontrollieren lassen (Kapitel 4).
☐ Zündungs-Stromkreis unterbrochen oder Kurzschluss zwischen:
a) Zündschloss und Killschalter (oder Sicherung geschmolzen)
b) Motorsteuergerät und Killschalter
c) Motorsteuergerät und Zündspulen
d) Motorsteuergerät und Kurbelwellensensor
☐ Alle Anschlüsse und Kabel prüfen, um sicherzugehen, dass sie trocken, fest verbunden und nicht korrodiert sind; auch gebrochene oder abisolierte Kabel können Kurzschlüsse verursachen (Kapitel 4 und 8).

Kompression niedrig

☐ Zündkerze locker – ausbauen und Gewinde kontrollieren; korrekt installieren und mit 22 Nm anziehen (Kapitel 1).
☐ Zylinderkopf nicht fest genug angezogen. Hierbei wird auf Dauer die Zylinderkopfdichtung beschädigt – kontrollieren und ggf. ersetzen, Zylinderkopf-Schrauben mit korrekten Drehmomenten anziehen (Kapitel 2).
☐ Ventilspiel inkorrekt (zu geringes Spiel kann das vollständige Schließen des Ventils verhindern) – Einstellen (Kapitel 1).
☐ Zylinder und/oder Kolben (einschließlich Kolbenringen) verschlissen. Hoher Verschleiß lässt Kompressionsdruck an den Kolbenringen vorbeiströmen – Motor überholen (Kapitel 2).
☐ Kolbenringe verschlissen, ermüdet, gebrochen oder verklemmt – gebrochene oder klemmende Ringe sind üblicherweise durch hohen Benzin- und Ölverbrauch sowie Ölkohleablagerungen im Brennraum und starke Rauchentwicklung erkennbar. Zylinder und Kolben samt Ringen kontrollieren (Kapitel 2).
☐ Kolbenringe haben zu viel Spiel in ihren Nuten – Kolben ausgeschlagen und ersetzen (Kapitel 2).
☐ Zylinderkopfdichtung beschädigt – durch locker sitzendem Zylinderkopf oder starken Ölkohleablagerungen im Brennraum (höhere Verdichtung und Klopfen/Klingeln). Zylinderkopf-Schrauben mit korrekten Drehmomenten anziehen kann helfen, ansonsten Dichtung ersetzen (Kapitel 2).
☐ Zylinderkopf durch Überhitzung oder falsch angezogene Zylinderkopf-Schrauben verzogen – Dichtfläche planen lassen oder Zylinderkopf ersetzen (Kapitel 2).
☐ Ventilfeder ermüdet oder gebrochen – ersetzen (Kapitel 2).
☐ Ventil sitzt nicht richtig. Ventil kann verbogen (Motor überdreht oder Ventilspiel falsch), verbrannt (schlechte Verbrennung) oder mit Ölkohleablagerungen versetzt sein (schlechte Verbrennung oder Ölverbrennung) – reinigen oder ersetzen und Ventilsitze läppen oder schleifen (Kapitel 2).

Motor springt kurz an und geht wieder aus/Standgas ungleichmäßig

☐ Standgasdrehzahl falsch – Standgasregelung defekt (Kapitel 1)
☐ Zündungsprobleme (Kapitel 4)
☐ Einspritzanlagen-Probleme (Kapitel 4)
☐ Benzin verunreinigt (Ablagerungen oder Wasser, chemische Veränderung durch langes Lagern im Tank) – Tank und Kraftstoffsystem entleeren (Kapitel 4).
☐ Motor zieht Nebenluft – auf lockere Verbindungen im Einlasstrakt, lockeren oder beschädigten Sekundärluft-Schlauch oder Drosselklappensynchronisations-Schlauchstopfen kontrollieren (Kapitel 4).
☐ Luftfilter verstopft – reinigen oder erneuern (Kapitel 1)

Motor läuft schlecht bei niedrigen Drehzahlen

Zündfunke schwach

☐ Batteriespannung niedrig – kontrollieren und ggf. laden oder ersetzen (Kapitel 8).
☐ Zündkerze verschmutzt, defekt oder verschlissen – reinigen oder ersetzen (Kapitel 1)
☐ Zündkerzenstecker oder Zündkabel defekt – kontrollieren (Kapitel 1)
☐ Zündkerzenstecker hat schlechten Kontakt – festen Sitz auf Zündkerze prüfen
☐ Zündkerzen mit falschen Wärmewerten oder vom falschen Typ – kontrollieren und ggf. austauschen (Kapitel 1).
☐ Zündspulenstecker locker oder korrodiert – kontrollieren und reinigen (Kapitel 4)
☐ Zündspule oder Kerzenstecker defekt – kontrollieren (Kapitel 4)
☐ Motorsteuergerät defekt – kontrollieren lassen (Kapitel 4)

Kraftstoff/Luft-Gemisch inkorrekt

☐ Tankbelüftungsschlauch oder Verdunstungsregelung verstopft – reinigen und ausblasen oder ersetzen
☐ Benzinpumpe oder Druckregler defekt oder interner Pumpenfilter verstopft (Kapitel 4).
☐ Benzinschlauch geknickt – Zustand und Verlegung des Schlauchs kontrollieren und ggf. ersetzen (Kapitel 4).
☐ Einspritzdüse oder Druckspeicher verstopft – falls alle Düsen verstopft sind, kann sehr schlechter Kraftstoff mit ungewöhnlichen Additiven die Ursache sein oder es sind andere Fremdstoffe in den Tank gelangt. Falls das Motorrad mehrere Monate nicht gefahren wurde, können Ablagerungen dazu führen, dass Einspritzdüsen-Nadeln in ihren Sitzen kleben. Entleeren Sie den Tank und das Kraftstoffsystem und unterziehen Sie die Einspritzdüsen einer Ultraschall-Reinigung oder ersetzen Sie sie (Kapitel 4).
☐ Motor zieht Nebenluft – auf lockere Verbindungen zwischen Drosselklappengehäuse und Einlassstutzen oder beschädigte Dichtung kontrollieren (Kapitel 4).
☐ Luftfilterelement verstopft, schlecht abgedichtet oder nicht vorhanden (Kapitel 1)

Kompression niedrig

Anmerkung: *Prüfen Sie dies mit einer Kompressionskontrolle (siehe Kapitel 2, Sektion 3).*

☐ Zündkerze locker – ausbauen und Gewinde kontrollieren; korrekt installieren und mit 22 Nm anziehen (Kapitel 1).
☐ Zylinderkopf nicht fest genug angezogen. Hierbei wird auf Dauer die Zylinderkopfdichtung beschädigt – kontrollieren und ggf. ersetzen, Zylinderkopf-Schrauben mit korrekten Drehmomenten anziehen (Kapitel 2).
☐ Ventilspiel inkorrekt (zu geringes Spiel kann das vollständige Schließen des Ventils verhindern) – Einstellen (Kapitel 1).
☐ Zylinder und/oder Kolben (einschließlich Kolbenringen) verschlissen. Hoher Verschleiß lässt Kompressionsdruck an den Kolbenringen vorbeiströmen – Motor überholen (Kapitel 2).
☐ Kolbenringe verschlissen, ermüdet, gebrochen oder verklemmt – gebrochene oder klemmende Ringe sind üblicherweise durch hohen Benzin- und Ölverbrauch sowie Ölkohleablagerungen im Brennraum und starke Rauchentwicklung erkennbar. Zylinder und Kolben samt Ringen kontrollieren (Kapitel 2).
☐ Kolbenringe haben zu viel Spiel in ihren Nuten – Kolben ausgeschlagen und ersetzen (Kapitel 2).
☐ Zylinderkopfdichtung beschädigt – durch locker sitzendem Zylinderkopf oder starken Ölkohleablagerungen im Brennraum (höhere Verdichtung und Klopfen/Klingeln). Zylinderkopf-Schrauben mit korrekten Drehmomenten anziehen kann helfen, ansonsten Dichtung ersetzen (Kapitel 2).
☐ Zylinderkopf durch Überhitzung oder falsch angezogene Zylinderkopf-Schrauben verzogen – Dichtfläche planen lassen oder Zylinderkopf ersetzen (Kapitel 2).
☐ Ventilfeder ermüdet oder gebrochen – ersetzen (Kapitel 2).
☐ Ventil sitzt nicht richtig. Ventil kann verbogen (Motor überdreht oder Ventilspiel falsch), verbrannt (schlechte Verbrennung) oder mit Ölkohleablagerungen versetzt sein (schlechte Verbrennung oder Ölverbrennung) – reinigen oder ersetzen und Ventilsitze läppen oder schleifen (Kapitel 2).

Beschleunigung schwach

☐ Zündverstellung arbeitet nicht – Kurbelwellensensor oder Motorsteuergerät defekt (Kapitel 4)

☐ Motoröl zu »zäh« (hohe Viskosität) – höhere Viskositätswerte als 10/W30 können die Ölpumpe schädigen und die Motorreibung erhöhen.
☐ Bremse schleift – klemmender Bremssattel-Kolben durch Korrosion, verzogene Bremsscheibe, verbogene Radachse (Kapitel 6).

Schlechter Motorlauf oder geringe Leistung bei hohen Drehzahlen

Zündzeitpunkt inkorrekt

☐ Zündkerzenstecker hat schlechten Kontakt – festen Sitz auf Zündkerze prüfen
☐ Zündkerze verschmutzt, defekt oder verschlissen – reinigen oder ersetzen (Kapitel 1)
☐ Zündkerze mit falschem Wärmewert – kontrollieren und ggf. ersetzen (Kapitel 1)
☐ Zündkerzenstecker, Zündspule oder Zündkabel defekt – kontrollieren (Kapitel 4)
☐ Motorsteuergerät defekt – testen und nötigenfalls ersetzen (Kapitel 4)

Kraftstoff/Luft-Gemisch inkorrekt

☐ Tankbelüftungsschlauch oder Verdunstungsregelung verstopft – reinigen und ausblasen oder ersetzen
☐ Benzinpumpe oder Druckregler defekt oder interner Pumpenfilter verstopft (Kapitel 4).
☐ Benzinschlauch geknickt – Zustand und Verlegung des Schlauchs kontrollieren und ggf. ersetzen (Kapitel 4).
☐ Einspritzdüse oder Druckspeicher verstopft – falls alle Düsen verstopft sind, kann sehr schlechter Kraftstoff mit ungewöhnlichen Additiven die Ursache sein oder es sind andere Fremdstoffe in den Tank gelangt. Falls das Motorrad mehrere Monate nicht gefahren wurde, können Ablagerungen dazu führen, dass Einspritzdüsen-Nadeln in ihren Sitzen kleben. Entleeren Sie den Tank und das Kraftstoffsystem und unterziehen Sie die Einspritzdüsen einer Ultraschall-Reinigung oder ersetzen Sie sie (Kapitel 4).
☐ Motor zieht Nebenluft – auf lockere Verbindungen zwischen Drosselklappengehäuse und Einlassstutzen oder beschädigte Dichtung kontrollieren (Kapitel 4).
☐ Luftfilterelement verstopft, schlecht abgedichtet oder nicht vorhanden (Kapitel 1)

Kompression niedrig

Anmerkung: *Prüfen Sie dies mit einer Kompressionskontrolle (siehe Kapitel 2, Sektion 3).*

☐ Zündkerze locker – ausbauen und Gewinde kontrollieren; korrekt installieren und mit 1223 Nm anziehen (Kapitel 1).
☐ Zylinderkopf nicht fest genug angezogen. Hierbei wird auf Dauer die Zylinderkopfdichtung beschädigt – kontrollieren und ggf. ersetzen, Zylinderkopf-Schrauben mit korrekten Drehmomenten anziehen (Kapitel 2).
☐ Ventilspiel inkorrekt (zu geringes Spiel kann das vollständige Schließen des Ventils verhindern) – Einstellen (Kapitel 1).
☐ Zylinder und/oder Kolben (einschließlich Kolbenringen) verschlissen. Hoher Verschleiß lässt Kompressionsdruck an den Kolbenringen vorbeiströmen – Motor überholen (Kapitel 2).
☐ Kolbenringe verschlissen, ermüdet, gebrochen oder verklemmt – gebrochene oder klemmende Ringe sind üblicherweise durch hohen Benzin- und Ölverbrauch sowie Ölkohleablagerungen im Brennraum und starke Rauchentwicklung erkennbar. Zylinder und Kolben samt Ringen kontrollieren (Kapitel 2).
☐ Kolbenringe haben zu viel Spiel in ihren Nuten – Kolben ausgeschlagen und ersetzen (Kapitel 2).
☐ Zylinderkopfdichtung beschädigt – durch locker sitzendem Zylinderkopf oder starken Ölkohleablagerungen im Brennraum (höhere Verdichtung und Klopfen/Klingeln). Zylinderkopf-Schrauben mit korrekten Drehmomenten anziehen kann helfen, ansonsten Dichtung ersetzen (Kapitel 2).
☐ Zylinderkopf durch Überhitzung oder falsch angezogene Zylinderkopf-Schrauben verzogen – Dichtfläche planen lassen oder Zylinderkopf ersetzen (Kapitel 2).
☐ Ventilfeder ermüdet oder gebrochen – ersetzen (Kapitel 2).
☐ Ventil sitzt nicht richtig. Ventil kann verbogen (Motor überdreht oder Ventilspiel falsch), verbrannt (schlechte Verbrennung) oder mit Ölkohleablagerungen versetzt sein (schlechte Verbrennung oder Ölverbrennung) – reinigen oder ersetzen und Ventilsitze läppen oder schleifen (Kapitel 2).

Klopfen oder Klingeln

☐ Ölkohleablagerungen im Brennraum – eventuell mit Kraftstoff-Additiv zu beseitigen, ansonsten Zylinderkopf für mechanische Reinigung demontieren (Kapitel 2).
☐ Kraftstoff von schlechter Qualität (Kapitel 1) oder überlagert – Tank entleeren.
☐ Zündkerze mit falschem Wärmewert (Zündkerze wird zu heiß und führt zu Frühzündungen) – kontrollieren und ggf. ersetzen (Kapitel 1)
☐ Kraftstoff/Luft-Gemisch falsch (Motor wird zu heiß) – Einspritzanlage kontrollieren lassen, Nebenluft-Quellen schließen (Kapitel 4).

Verschiedene Gründe

☐ Drosselklappe öffnet nicht vollständig – Gaszüge (bis Modelljahr 2017) auf Knicke oder falsche Verlegung prüfen, Gaszug-Spiel prüfen und einstellen (Kapitel 1). Ab Modelljahr 2018 elektronische Drosselklappensteuerung (TBW) kontrollieren (Kapitel 4).
☐ Kupplung schleift aufgrund lockerer oder verschlissener Komponenten (Kapitel 2).
☐ Zündverstellung arbeitet nicht – Kurbelwellensensor oder Motorsteuergerät defekt (Kapitel 4)
☐ Motoröl zu »zäh« (hohe Viskosität) – höhere Viskositätswerte als 10/W30 können die Ölpumpe schädigen und die Motorreibung erhöhen.
☐ Bremse schleift – klemmender Bremssattel-Kolben durch Korrosion, verzogene Bremsscheibe, verbogene Radachse (Kapitel 6).

Überhitzung

Kühlprobleme

☐ Kühlmittelpegel niedrig – kontrollieren und ggf. Kühlmittel auffüllen (Tägliche Kontrollen)
☐ Thermostat klemmt geschlossen – kontrollieren und ggf. ersetzen (Kapitel 3)
☐ Leck im Kühlsystem – Schläuche und Kühler auf Undichtigkeiten überprüfen und ggf. reparieren oder ersetzen (Kapitel 3).
☐ Kühlerdeckel (Druckventil) defekt – ersetzen und Druckprüfung durchführen lassen (Kapitel 3).
☐ Kühlmittelkanäle verstopft – Kühlsystem entleeren, spülen und auffüllen (Kapitel 3)
☐ Luftblasen im Kühlsystem – üblicherweise nach dem Entleeren und Auffüllen. Falls weniger als die vorgegebene Kühlmittel-Menge aufgefüllt werden konnte: System entleeren und langsam neu auffüllen; Fahrzeug zu beiden Seiten kippen, um Luftblasen aufsteigen zu lassen (Kapitel 3).
☐ Wasserpumpe defekt – kontrollieren (Kapitel 3).

- ☐ Kühlerlamellen verstopft – von der Rückseite her vorsichtig mit Druckluft ausblasen.
- ☐ Ventilator, Relais oder Kühltemperatursensor defekt (Kapitel 3).

Zündzeitpunkt inkorrekt

- ☐ Zündspulen-Verkabelung falsch angeschlossen (Kapitel 4)
- ☐ Zündkerze verschmutzt, defekt oder verschlissen – reinigen oder ersetzen (Kapitel 1)
- ☐ Zündkerze mit falschem Wärmewert – kontrollieren und ggf. ersetzen (Kapitel 1)
- ☐ Zündkerzenstecker oder Zündkabel defekt – kontrollieren (Kapitel 4)
- ☐ Zündkerzenstecker hat schlechten Kontakt – festen Sitz auf Zündkerze prüfen
- ☐ Motorsteuergerät defekt – testen und nötigenfalls ersetzen (Kapitel 4)
- ☐ Zündspule defekt – kontrollieren (Kapitel 4)

Kraftstoff/Luft-Gemisch inkorrekt

- ☐ Tankbelüftungsschlauch oder Verdunstungsregelung verstopft – reinigen und ausblasen oder ersetzen
- ☐ Benzinpumpe oder Druckregler defekt oder interner Pumpenfilter verstopft (Kapitel 4).
- ☐ Benzinschlauch geknickt – Zustand und Verlegung des Schlauchs kontrollieren und ggf. ersetzen (Kapitel 4).
- ☐ Einspritzdüse oder Druckspeicher verstopft – falls alle Düsen verstopft sind, kann sehr schlechter Kraftstoff mit ungewöhnlichen Additiven die Ursache sein oder es sind andere Fremdstoffe in den Tank gelangt. Falls das Motorrad mehrere Monate nicht gefahren wurde, können Ablagerungen dazu führen, dass Einspritzdüsen-Nadeln in ihren Sitzen kleben. Entleeren Sie den Tank und das Kraftstoffsystem und unterziehen Sie die Einspritzdüsen einer Ultraschall-Reinigung oder ersetzen Sie sie (Kapitel 4).
- ☐ Motor zieht Nebenluft – auf lockere Verbindungen zwischen Drosselklappengehäuse und Einlassstutzen oder beschädigte Dichtung kontrollieren (Kapitel 4).
- ☐ Luftfilterelement verstopft, schlecht abgedichtet oder nicht vorhanden (Kapitel 1)

Kompression zu hoch

Anmerkung: *Prüfen Sie dies mit einer Kompressionskontrolle (siehe Kapitel 2, Sektion 3).*

- ☐ Ölkohleablagerungen im Brennraum – eventuell mit Kraftstoff-Additiv zu beseitigen, ansonsten Zylinderkopf für mechanische Reinigung demontieren (Kapitel 2).
- ☐ Zylinderkopf nach Verzug falsch geplant oder falsche Zylinderkopfdichtung installiert (Kapitel 2).

Motorlast zu hoch

- ☐ Kupplung schleift aufgrund lockerer oder verschlissener Komponenten (Kapitel 2).
- ☐ Motorölpegel zu hoch – sorgt für zu hohen Druck im Motorgehäuse und ineffektive Motorleistung. Auf korrekten Pegel ablassen (Tägliche Kontrollen).
- ☐ Motoröl zu »zäh« (hohe Viskosität) – höhere Viskositätswerte als 10/W30 können die Ölpumpe schädigen und die Motorreibung erhöhen.
- ☐ Reifendruck zu niedrig – kontrollieren (Tägliche Kontrollen)
- ☐ Bremse schleift – klemmender Bremssattel-Kolben durch Korrosion, verzogene Bremsscheibe, verbogene Radachse (Kapitel 6).

Motorschmierung unzureichend

- ☐ Motoröl-Pegel zu niedrig (Ölpumpe zieht gelegentlich Luft) – kontrollieren und ggf. Motoröl nachfüllen (Tägliche Kontrollen).
- ☐ Motoröl zu alt – wechseln (Kapitel 1)
- ☐ Motoröl mit falscher Viskosität oder vom falschen Typ (Kapitel 1)
- ☐ Öldruck zu schwach – kontrollieren (Kapitel 2).
- ☐ Ölfilter verstopft – erneuern (Kapitel 2)

Verschiedene Gründe

- ☐ Modifikationen an Auspuffanlage. Viele Zubehör-Schalldämpfer haben mehr Durchlass, sodass das Gemisch abmagert und der Motor heißer wird. Bei der Montage von Zubehör-Auspuffanlagen stets nachfragen, ob das Kraftstoffsystem angepasst werden muss.

Kupplungsprobleme

Kupplung rutscht

- ☐ Kupplungszug-Spiel zu gering (Modelle mit Standardgetriebe) – kontrollieren und einstellen (Kapitel 1).
- ☐ Kupplungsbeläge verschlissen oder Scheiben verzogen – Kupplung überholen (Kapitel 2).
- ☐ Kupplungsfedern ermüdet oder gebrochen (Überhitzung durch Kupplungsrutschen) (Modelle mit Standardgetriebe) – Federn erneuern (Kapitel 2).
- ☐ Kupplungs-Ausrückmechanismus defekt (Modelle mit Standardgetriebe) (Kapitel 2)
- ☐ Kupplungsnabe oder Kupplungskorb ungleichmäßig verschlissen, sodass Scheiben keinen guten Kontakt haben – beschädigte oder verschlissene Komponenten ersetzen (Kapitel 2)
- ☐ Doppelkupplungs-System defekt (DCT-Modelle) (Kapitel 2 und 4)
- ☐ Motoröl vom falschen Typ oder mit falschen Additiven (z. B. »Leichtlauföl«) – ablassen und durch spezielles Motoröl für Motorradmotoren ersetzen (nötigenfalls wiederholen) *(Tägliche Kontrollen)*

Kupplung trennt nicht vollständig

- ☐ Kupplungszug-Spiel zu groß (Modelle mit Standardgetriebe) – kontrollieren und einstellen (Kapitel 1).
- ☐ Kupplungs-Ausrückmechanismus falsch eingestellt oder defekt (Modelle mit Standardgetriebe) (Kapitel 2).
- ☐ Kupplungsbeläge verzogen oder beschädigt, dadurch kein Kraftschluss und mangelhafte Beschleunigung – Kupplung überholen (Kapitel 2).
- ☐ Kupplungsfedern ermüdet oder gebrochen – Federn erneuern (Modelle mit Standardgetriebe) (Kapitel 2).
- ☐ Motoröl gealtert. Altes und verdünntes Öl sorgt für schlechte Kupplungsscheiben-Schmierung, dadurch kein Kraftschluss – Öl und Filter wechseln (Kapitel 1).
- ☐ Motoröl zu »zäh« (hohe Viskosität) – höhere Viskositätswerte als 10/W30 können die Kupplungsscheiben verkleben lassen – Öl und Filter wechseln (Kapitel 1).
- ☐ Kupplungskorb-Lager auf Getriebewelle gefressen durch Schmiermangel, extremer Verschleiß oder Beschädigungen – Kupplung überholen und ggf. Getriebewelle ersetzen (Kapitel 2).
- ☐ Kupplungsmutter locker (Modelle mit Standardgetriebe), sorgt für nicht korrekt ausgerichteten Kupplungskorb zu Kupplungsnabe, dadurch schlechter Kraftschluss, keine kontinuierliche Einstellung möglich – Kupplung überholen (Kapitel 2).
- ☐ Doppelkupplungs-System defekt (DCT-Modelle) (Kapitel 2 und 4)

Getriebeprobleme

Gänge lassen sich nicht einlegen oder Schalthebel kehrt nicht zurück

- ☐ Kupplung trennt nicht korrekt (siehe oben).
- ☐ Arretierhebel-Feder im Schaltmechanismus ermüdet oder gebrochen, Rolle an Hebel gebrochen oder verschlissen – Feder oder Hebel erneuern (Kapitel 2).
- ☐ Schaltgabel(n) verbogen, verschlissen oder festgegangen – Getriebe überholen (Kapitel 2)

☐ Zahnrad/Zahnräder klemmen auf Getriebewelle, oft durch Schmiermangel oder stark verschlissene Getriebelager oder -Buchsen – Getriebe überholen (Kapitel 2)
☐ Schaltwalze klemmt, oft durch Schmiermangel oder starken Verschleiß – Walze und/oder Lager ersetzen (Kapitel 2).
☐ Schalthebel-Rückholfeder ermüdet oder gebrochen – ersetzen (Modelle mit Standardgetriebe) (Kapitel 2).
☐ Schaltgestänge gebrochen, Verzahnung auf Welle oder an Schalthebel durch lockere Klemmschraube oder Sturz verschlissen – schadhafte Teile ersetzen (Modelle mit Standardgetriebe) (Kapitel 2)
☐ Doppelkupplungsgetriebe defekt (DCT-Modelle) (Kapitel 2 und 4)

Gänge springen heraus

☐ Schaltgabel(n) verschlissen (Kapitel 2).
☐ Schaltgabelnut(en) in Schaltwalze verschlissen (Kapitel 2).
☐ Mitnehmer oder Nuten an/in Zahnrädern verschlissen oder beschädigt – kontrollieren und ersetzen (Kapitel 2). Reparaturversuche sollten unterbleiben.
☐ Doppelkupplungsgetriebe defekt (DCT-Modelle) (Kapitel 2 und 4)

Gänge werden übersprungen

☐ Arretierhebel-Feder im Schaltmechanismus ermüdet oder gebrochen, Rolle an Hebel gebrochen oder verschlissen – Feder oder Hebel erneuern (Kapitel 2).
☐ Schalthebel-Rückholfeder ermüdet oder gebrochen – ersetzen (Kapitel 2).
☐ Doppelkupplungsgetriebe defekt (DCT-Modelle) (Kapitel 2 und 4)

Ungewöhnliche Motorgeräusche

Klopfen oder Klingeln

☐ Ölkohleablagerungen im Brennraum – eventuell mit Kraftstoff-Additiv zu beseitigen, ansonsten Zylinderkopf für mechanische Reinigung demontieren.
☐ Kraftstoff von schlechter Qualität (Kapitel 1) oder überlagert – Tank entleeren.
☐ Zündkerze mit falschem Wärmewert (Zündkerze wird zu heiß und führt zu Frühzündungen) – kontrollieren und ggf. ersetzen (Kapitel 1)
☐ Kraftstoff/Luft-Gemisch falsch (Motor wird zu heiß) – Einspritzanlage kontrollieren lassen, Nebenluft-Quellen schließen (Kapitel 4).

Kolbenkippen oder Klappern

☐ Kolben-Spiel im Zylinder zu groß durch übermäßigen Verschleiß an Kolben, Kolbenringen und Zylinder – kontrollieren und überholen/ersetzen (Kapitel 2).
☐ Kolbenring(e) verschlissen, gebrochen oder verklemmt – Motor überholen (Kapitel 2).
☐ Kolbenbolzen oder dessen Bohrung(en) verschlissen oder festgegangen (sehr hohe Laufleistung oder Schmiermangel) – beschädigte Teile ersetzen.
☐ Kolbenfresser (durch Überhitzung oder Schmiermangel) – Ursache herausfinden, Motorgehäuse ersetzen, Kolben und Ringe ersetzen (Kapitel 2).
☐ Pleuelfuß oder oberes Pleuelauge hat zu viel Spiel (sehr hohe Laufleistung oder Schmiermangel) – beschädigte Teile ersetzen (Kapitel 2).
☐ Pleuel verbogen (durch Überdrehen des Motors, Startversuche bei extrem abgesoffenem Motor oder Motorschaden) – Motor überholen (Kapitel 2).

Ventiltrieb-Geräusche

☐ Ventilspiel unkorrekt – kontrollieren und einstellen (Kapitel 1).
☐ Ventilfeder ermüdet oder gebrochen – ersetzen (Kapitel 2).
☐ Nockenwelle oder Nockenwellenlager im Zylinderkopf verschlissen oder beschädigt, üblicherweise durch Ölmangel bei hohen Drehzahlen, falsches oder zu altes Motoröl. Da keine Übermaß-Lagerschalen erhältlich sind müssen der Zylinderkopf und die Lagerdeckel erneuert werden (Kapitel 2).

Andere Geräusche

☐ Zylinderkopfdichtung undicht – bei laufendem Motor rundherum auf austretende Gase kontrollieren.
☐ Krümmerflansch an Zylinderkopf undicht, durch unkorrekte Montage, lockere Muttern oder beschädigte Dichtung – alle Auspuffbefestigungen gleichmäßig und sorgfältig nachziehen.
☐ Kurbelwelle durch Überdrehen, andere Motorschäden oder Sturz auf eines der Kurbelwellen-Enden verzogen – Motor überholen (Kapitel 2).
☐ Motorhalterungen locker – alle Bolzen und Muttern korrekt anziehen (Kapitel 2).
☐ Kurbelwellenlager verschlissen – Motor überholen (Kapitel 2).
☐ Steuerkette verschlissen oder Steuerkettenspanner defekt, Spanner- oder Führungsschiene verschlissen (Kapitel 2).

Ungewöhnliche Antriebsgeräusche

Kupplungs-Geräusche

☐ Kupplungsscheiben haben übermäßiges Spiel im Kupplungskorb (Kapitel 2)
☐ Kupplungskorb-Verzahnung auf Getriebeeingangswellen-Verzahnung verschlissen (Kapitel 2).
☐ Kupplungs-Ausrücklager verschlissen (Kapitel 2)

Getriebe-Geräusche

☐ Lager verschlissen, möglicherweise auch Wellen verschlissen – Getriebe überholen (Kapitel 2).
☐ Zahnräder verschlissen oder Zähne ausgebrochen (Kapitel 2).
☐ Metallpartikel (aus verschlissener oder beschädigter Kupplung oder schadhaftem Schaltmechanismus) sammeln sich zwischen den Zähnen der Zahnräder und führen so zu frühem Lager-Verschleiß (Kapitel 2).
☐ Ölpegel zu niedrig, sodass im Getriebe heulende Geräusche entstehen *(Tägliche Kontrollen).*

Endantrieb-Geräusche

☐ Antriebskette sehr locker oder stark verschlissen, Kettenräder ungleichmäßig verschlissen – Kettendurchhang einstellen (Kapitel 1) oder Kette samt Kettenrädern ersetzen (Kapitel 6).
☐ Motorritzel oder Kettenblatt locker – Mutter/Muttern korrekt anziehen (Kapitel 6).
☐ Kettenräder und/oder Antriebskette verschlissen – Kette samt Kettenrädern ersetzen (Kapitel 6).
☐ Kettenblatt verzogen – ersetzen (Kapitel 6).
☐ Ruckdämpfer im Hinterrad-Mitnehmer verschlissen – ersetzen (Kapitel 6).

Ungewöhnliche Fahrwerkgeräusche

Geräusche von vorn

☐ Gabelöl-Pegel zu niedrig oder falsche Viskosität. Kann spritzende Geräusche und schlechte Dämpfung hervorrufen (Kapitel 5).
☐ Gabelfeder ermüdet oder gebrochen, erzeugt klickende oder kratzende Geräusche; Gabelöl enthält viele Metallpartikel (Kapitel 5).
☐ Lenkkopflager locker oder beschädigt (klackt beim Bremsen) – kontrollieren und einstellen oder erneuern (Kapitel 1 und 5).
☐ Gabelbrücken-Klemmschrauben locker – Festigkeitsprüfung und ggf. Anzug mit dem korrekten Drehmoment (Kapitel 5).
☐ Gabel verbogen, durch Sturz oder Unfall – Tauchrohre austauschen (Kapitel 5).
☐ Vorderachse oder Achs-Klemmschraube locker – Festigkeitsprüfung und ggf. Anzug mit dem korrekten Drehmoment (Kapitel 6).
☐ Radlager locker oder beschädigt – kontrollieren und ggf. ersetzen (Kapitel 6).

Geräusche von hinten

☐ Stoßdämpfer undicht, Ölaustritt durch beschädigte Dichtung – Stoßdämpfer ersetzen oder durch Fachbetrieb überholen lassen (Kapitel 5).
☐ Stoßdämpfer durch internen Schaden defekt – Stoßdämpfer ersetzen oder durch Fachbetrieb überholen lassen (Kapitel 5).
☐ Stoßdämpfer verbogen – ersetzen (Kapitel 5).
☐ Schwingen- oder Stoßdämpferanlenkungs-Komponenten locker oder beschädigt – kontrollieren und beschädigte Komponenten ersetzen (Kapitel 5).
☐ Radlager oder Mitnehmer-Lager locker oder verschlissen – kontrollieren und ggf. ersetzen (Kapitel 6).

Geräusche beim Bremsen

☐ Quietschen durch fehlendes oder falsch positioniertes Bremsbelag-Blech (falls vorhanden) (Kapitel 6).
☐ Quietschen durch Staub auf Bremsbelägen (oft verbunden mit verglastem Belagmaterial) – reinigen oder ersetzen (Kapitel 6).
☐ Quietschen Rattern durch verölte oder mit Bremsflüssigkeit kontaminierte Bremsbeläge – ersetzen (Kapitel 8).
☐ Verglastes Belagmaterial (durch lange Kontamination durch Öl oder Bremsflüssigkeit oder zu heiß gewordene Bremse) – vorsichtig mit einer feinen Feile entfernen (niemals mit Sandpapier o. ä., da der Abrieb die Bremsscheibe beschädigen kann) oder ersetzen (Kapitel 6).
☐ Bremsscheibe verzogen (kann zu Rattern, Klicken oder drehzahlabhängigem Quietschen führen – fühlbar durch pulsierenden Bremshebel) – kontrollieren und ggf. ersetzen (Kapitel 6).
☐ Radlager locker oder beschädigt – kontrollieren und ggf. ersetzen (Kapitel 6).
☐ Gabel schlecht ausgerichtet, sodass Bremssattel oder Befestigung die Bremsscheibe berührt – Vorderachsen-Klemmschraube lockern und Gabel korrekt ausrichten (Kapitel 6).

Öldruckwarnlampe leuchtet auf

Unzureichende Schmierung

☐ Ölpegel zu niedrig – auf Undichtigkeit und andere Probleme kontrollieren und mit vorgeschriebenem Öl auffüllen (Tägliche Kontrollen).
☐ Ölpumpe defekt, Ansaugsieb verstopft oder Druckregler beschädigt – Öldruckprüfung durchführen (Kapitel 2).
☐ Motoröl zu dünn, sehr altes Öl oder falsche Viskosität – durch korrektes Öl ersetzen (Kapitel 1).
☐ Nockenwellen- oder Kurbelwellenlager verschlissen, dadurch abfallender Öldruck. Starker Verschleiß durch Ölmangel bei hohen Drehzahlen, durch zu niedrigen Ölpegel oder falsche Viskosität (Kapitel 1).

Elektrik

☐ Öldruckschalter oder -Sensor defekt – Schalter/Sensor kontrollieren und nötigenfalls ersetzen (Kapitel 8).
☐ Öldruck-Warnleuchte (LED) oder Stromkreis defekt – Verkabelung kontrollieren (Kapitel 8).

Auspuff-Rauch

Weißer oder hellblauer Rauch

☐ Weißer Dampf bei kaltem Motor weist lediglich auf verdampfendes Kondenswasser hin – hört bei aufgewärmtem Motor auf.
☐ Hellblauer Rauch (verbranntes Motoröl) durch verschlissene Kolbenringe (sodass Öl in den Brennraum gelangt) – Kolbenringe ersetzen (Kapitel 2).
☐ Zylinder durch hohen Verschleiß oder Kolbenfresser (durch Überhitzung oder Schmiermangel) beschädigt – Ursache herausfinden, dann Motorgehäuse ersetzen, Kolben und Ringe ersetzen (Kapitel 2).
☐ Ventilschaftdichtung verschlissen – Ventile ausbauen und Dichtungen ersetzen (Kapitel 2).
☐ Ventilführung verschlissen – Zylinderkopf überholen oder ersetzen (Kapitel 2).
☐ Motorölpegel zu hoch, sodass Öl durch die Motorentlüftung in den Ansaugtrakt oder an den Kolbenringen vorbei in den Brennraum gelangt (und der Verbrennung zugeführt wird) – Ölpegel korrigieren (Tägliche Kontrollen).
☐ Zylinderkopfdichtung zwischen Ölkanal und Zylinder gerissen, sodass Öl in den Brennraum gelangt – Dichtung erneuern und Zylinderkopf auf Verzug kontrollieren (Kapitel 2).
☐ Ungewöhnlich hoher Druck im Motor, sodass Öl an den Kolbenringen vorbei in den Brennraum gelangt – oft aufgrund einer verstopften Motorentlüftung (Kapitel 1).

Schwarzer Rauch (fettes Gemisch)

☐ Luftfilter verstopft – reinigen oder erneuern (Kapitel 1)
☐ Einspritzanlage defekt (Kapitel 4).

Brauner Rauch (mageres Gemisch)

☐ Luftfilter schlecht abgedichtet oder nicht vorhanden (Kapitel 1).
☐ Einspritzanlage defekt (Kapitel 4).

Schlechtes Fahrverhalten, Instabilität

Lenkung schwergängig

☐ Lenkkopflager-Einstellring zu fest angezogen – einstellen (Kapitel 1).
☐ Lenkkopflager beschädigt (Lenkung bewegt sich rau) – Lager ersetzen (Kapitel 5).
☐ Lagerschalen verschlissen oder eingedrückt (Verschleiß oft nur in Geradeaus-Position – Lenkung rastet hier regelrecht ein) – Lager ersetzen (Kapitel 5).

☐ Lenkkopflager schlecht geschmiert (Fett härtet mit der Zeit aus oder wird durch Hochdruckreiniger ausgewaschen) – zerlegen, kontrollieren und neu schmieren oder ersetzen (Kapitel 5).
☐ Lenkschaft verbogen (Unfall, Bordsteinkante, tiefes Schlagloch) – schadhafte Teile ersetzen (Kapitel 5).
☐ Reifendruck vorn zu niedrig – kontrollieren (Tägliche Kontrollen).

Lenkerflattern oder starke Vibrationen

☐ Reifen verschlissen – kontrollieren (Tägliche Kontrollen)
☐ Radaufhängungen oder Federelemente verschlissen – kontrollieren und schadhafte Teile ersetzen (Kapitel 5).
☐ Felge(n) verzogen oder beschädigt – kontrollieren und ggf. Speichen nachspannen oder Räder ersetzen (Kapitel 6).
☐ Rad/Räder nicht oder schlecht gewuchtet – kontrollieren und vom Fachhändler wuchten lassen.
☐ Radlager verschlissen, kann zu Flattern und schlechtem Fahrverhalten führen – kontrollieren und ggf. ersetzen (Kapitel 6).
☐ Gabel-Klemmschrauben oder Lenkerbefestigungen locker – korrekt anziehen (Kapitel 5).
☐ Motorhalterungen locker (zunehmende Vibrationen bei steigenden Drehzahlen) – korrekt anziehen (Kapitel 2).

Lenker zieht zu einer Seite

☐ Rahmen verzogen (durch Unfall oder Sturz) – Spurkontrolle durchführen (Kapitel 5) und Rahmen ggf. austauschen.
☐ Räder laufen nicht in Flucht (falsch positionierte Distanzhülsen oder verzogener Lenkschaft) (Kapitel 6).
☐ Gabel verbogen (durch Unfall) – schadhafte Teile ersetzen (Kapitel 5).
☐ Schwinge verbogen oder verdreht (durch Unfall) – ersetzen (Kapitel 5).
☐ Gabelöl-Pegel in beiden Holmen ungleich – kontrollieren und ggf. ablassen oder auffüllen (Kapitel 5).

Schlecht dämpfende Federelemente

☐ Zu hart:
Gabelöl-Pegel zu hoch – ablassen (Kapitel 5)
Gabelöl-Viskosität zu hoch – ersetzen (Kapitel 5)
Gabelholm verbogen (klemmt oder hohes Losbrechmoment) (Kapitel 5)
Interne Gabel-Komponente(n) beschädigt (Kapitel 5)
Stoßdämpfer-Federvorspannung zu hoch (Kapitel 5)
Stoßdämpfer verbogen oder beschädigt (Kapitel 5)
Reifendruck zu hoch (Tägliche Kontrollen)
☐ Zu weich:
Gabelöl-Pegel zu niedrig – ablassen (Kapitel 5)
Gabelöl-Viskosität zu niedrig – ersetzen (Kapitel 5)
Gabelfeder ermüdet oder gebrochen (Kapitel 5)
Interner Gabel-Schaden oder Ölaustritt – ggf. Dichtring ersetzen (Kapitel 5)
Interner Stoßdämpfer-Schaden oder Ölaustritt – ersetzen (Kapitel 5)
Stoßdämpfer-Federvorspannung zu niedrig (Kapitel 5)

Bremsenprobleme

Bremswirkung gering

☐ Bremsflüssigkeitspegel zu niedrig – auffüllen (Tägliche Kontrollen und entlüften (Kapitel 6)
☐ Luft im Bremssystem (durch zu weit abgesunkenen Pegel im Ausgleichsbehälter (Tägliche Kontrollen) oder Undichtigkeiten – Problem beseitigen und Bremse entlüften (Kapitel 6)
☐ Bremsbeläge oder Bremsscheibe verschlissen – kontrollieren und ersetzen (Kapitel 6).
☐ Bremsbeläge verölte oder mit Bremsflüssigkeit kontaminiert – ersetzen und Bremsscheibe sorgfältig reinigen (Kapitel 6).
☐ Bremsflüssigkeit gealtert oder kontaminiert – Bremssystem entleeren, frisch auffüllen und entlüften (Kapitel 6).
☐ Bremszylinder oder Bremssattel verschlissen oder beschädigt – kontrollieren und reparieren oder ersetzen (Kapitel 6).
☐ Bremszylinder-Bohrung riefig oder Kolbenfeder gebrochen – Bremszylinder reparieren oder ersetzen (Kapitel 6).
☐ Bremsscheibe verzogen – ersetzen (Kapitel 6).
☐ ABS defekt (Kapitel 6)

Bremshebel oder Bremspedal pulsiert

☐ Bremsscheibe verzogen – ersetzen (Kapitel 6).
☐ Achse verbogen – ersetzen (Kapitel 6).
☐ Bremssattel locker – Schrauben anziehen (Kapitel 6).
☐ Felge verzogen oder beschädigt – kontrollieren und ggf. ersetzen (Kapitel 6).
☐ Radlager verschlissen oder beschädigt – ersetzen (Kapitel 6).
☐ ABS defekt (Kapitel 6)

Bremse schleift

☐ Bremszylinder-Kolben klemmt – Bremszylinder reparieren oder ersetzen (Kapitel 6).
☐ Bremshebel oder Pedal klemmt – Gelenk schmieren (Kapitel 6).
☐ Bremssattel-Kolben klemmt – reinigen oder ersetzen (Kapitel 6).
☐ Bremsbeläge beschädigt (Belagmaterial hat sich von Träger gelöst) – ersetzen (Kapitel 6).
☐ Hinterrad-Bremssattel-Zapfen klemmen – reinigen und mit Silikonpaste schmieren (Kapitel 6).
☐ Bremsbeläge falsch installiert (Kapitel 6)
☐ Bremssattel falsch montiert (Kapitel 6).
☐ ABS defekt (Kapitel 6)

ABS-Probleme

☐ Systemfehler wird durch während der Fahrt aufleuchtende ABS-Warnlampe angezeigt. Manchmal hilf Anhalten und Aus- und Einschalten der Zündung; ansonsten Fehlercode auslesen und Problem identifizieren (Kapitel 6).

Elektrikprobleme

Batterie tot oder schwach

☐ Batterie defekt (Platten sulfatiert, Kurzschlüsse durch Ablagerungen, Wackelkontakt durch gebrochene Batteriepole) – ersetzen (Kapitel 8)
☐ Batteriepole – schlechte Kontakte (Kapitel 8).
☐ Last zu hoch – durch zusätzliche Verbraucher.
☐ Zündschloss defekt (interner Kurzschluss oder keine Abschaltung) – erneuern (Kapitel 8)
☐ Regler/Gleichrichter defekt (Kapitel 8).
☐ Kriechstrom zu hoch – Ursache beseitigen (Kapitel 8).
☐ Lichtmaschinen-Statorspule defekt (Kapitel 8).
☐ Ladesystem defekt – auf übermäßige Kriechströme prüfen (Kapitel 6)
☐ Kabelbaum defekt (Kurzschluss oder Unterbrechung am Zündschloss-, Ladesystem- oder Beleuchtungs-Stromkreis (Kapitel 8).

Batterie überladen (überhitzt)

☐ Regler/Gleichrichter defekt – Batterie wird warm oder beginnt zu gasen (Blei-Akku riecht nach faulen Eiern) (Kapitel 8).
☐ Batterie defekt – kontrollieren und ggf. ersetzen (Kapitel 8).
☐ Batterie-Kapazität zu niedrig, falscher Typ oder falsche Größe. Original-Batterie installieren, die auf Laderate abgestimmt ist (Kapitel 8).

Erklärung technischer Begriffe

A

ABE Allgemeine Betriebserlaubnis eines Fahrzeugs.
Asbest Natürliches Mineral in Faserform mit hoher Hitzebeständigkeit. Früher in Bremsbelägen und Dichtungen verwendet, heute wegen Krebsgefahr durch andere Materialien ersetzt.
ABS Antiblockier-System. Elektronisches oder mechanisches System, das das Blockieren von Rädern beim Bremsen verhindern soll.
Abzieher Spezialwerkzeug, das Lager oder Zahnräder von Wellen oder aus Gehäusebohrungen zieht.
Akkumulator Chemischer Stromspeicher, landläufig *Batterie* genannt.
Ampere (sprich: Ampehr) Einheit für Stromstärke. Abkürzung: A.
Amperestunden (Ah) Kapazität eines Akkumulators (Batterie).
Anlaufscheibe Unterlegscheibe zwischen zwei sich gegeneinander bewegenden Teilen auf einer Welle.
Anti-Dive Wörtlich: »Eintauch-Verhinderer«. In die Vorderradbremse integriertes System, das das Eintauchen der Telegabel beim Bremsen verhindern soll.
API American Petroleum Institute. Ein Qualitätsmaß für Viertakt-Motorenöle.
ATF Automatic Transmission Fluid. Dünnflüssiges Öl für Automatik-Getriebe, wird oft auch als Dämpferöl in Telegabeln verwendet.
Aufbohren Größerdrehen einer Bohrung, z.B. des Zylinders. Erfordert Übermaßkolben.
axial In Längsrichtung einer Achse wirkend.

B

bar Einheit für Luftdruck. Faustregel für Motorradreifen: 2,5 bar.
Batteriesäure Schwefelsäure bestimmter Dichte und Reinheit.
Benzin-Luft-Gemisch Das Gemisch aus Benzinnebel und Luft, das Vergaser oder Einspritzanlage erzeugen, und dessen Volumenverhältnis erfahrungsgemäß bei 1 : 14,7 liegen sollte, um optimal verbrennen zu können.
Blinkrelais Schalter, der unter Spannung automatisch und regelmäßig an- und ausschaltet. Mechanische und elektronische Bauformen.
Bowdenzug (Sprich: Baudenzug.) Flexibler Seilzug zur mechanischen Fernbetätigung. Beispiel: Gaszug, Kupplungszug, Chokezug. Besteht aus Hülle und Seele.
Buchse An beiden Enden offene Hülse, die im Maschinenbau meist als Lager dient.
Büchse An nur einem Ende offene Hülse, die im Maschinenbau als Verstärkung von Sacklöchern oder als Lager dient.

D

Diagonalreifen Reifen, bei dem die Karkassenfäden schräg zur Laufrichtung liegen.
Dichtring Wellendichtring für rotierende (manchmal auch lineare, siehe Telegabel) Bewegung. Auch: Simmerring (geschützte Bezeichnung der Firma Freudenberg).
Dichtung Flächendichtung zwischen Gehäusehälften, Deckeln oder anderen Maschinenbauteilen. Kann aus unterschiedlichen Materialien bestehen, je nach Einsatzzweck.
Diode Elektronisches Ventil. Lässt Strom nur in einer Richtung passieren. Halbleiterbauteil.
dohc (double overhead camshaft). Doppelte obenliegende Nockenwelle. Bauform der Ventilsteuerung.
Drehmoment Maß für die Kraft, mit der etwas (Kurbelwelle, Schraube) gedreht wird. Einheit: Newtonmeter (Nm), Kraft mal Hebelarm.

E

E-Starter Elektrischer Starter, Anlasser.
Einbereichsöl Öl mit nur einer Viskosität, z.B. SAE 50W.
Einspritzsystem Im Gegensatz zum Vergaser, der das Benzin durch Luftströmung passiv vernebeln lässt, spritzt die Einspritzung den Kraftstoff in exakter Menge in den Ansaugstutzen oder direkt in den Brennraum ein. Sehr aufwändig und teuer, aber genau und kraftstoffsparend.
Elektrodenabstand Spalt zwischen den Zündkerzenelektroden, der ab und zu nachgestellt werden muss. Meist 0,6 bis 0,8 mm breit.
Endloskette Antriebskette, deren Enden nicht zerstörungsfrei getrennt werden können.

F

Federkeil (Auch: Scheibenfeder.) Halbmondförmiger Metallkeil, der, in die Nut einer Welle gelegt, das darüber geschobene Bauteil (Zahnrad, Lichtmaschine) formschlüssig mit der Welle verbindet.
Federscheibe Gewellte Unterlegscheibe aus Federstahl, die Mutter bzw. Schraube am Losdrehen hindern soll.
Flüssige Schraubensicherung Flüssigkeit, von der ein paar Tropfen auf ein Gewinde gegeben und dann die Mutter/Schraube eingedreht wird. Die Flüssigkeit erhärtet unter Luftabschluss und sichert damit die Mutter/Schraube. Verbindung ist mit Schraubenschlüssel wieder lösbar.
Frostschutz Zusatz zum Kühlwasser, der den Gefrierpunkt senkt. Auf Alkohol- oder Glykol-Basis.
Fühlerlehre Auch: Ventillehre. Satz mit verschieden dicken Metallplättchen, die zur Bestimmung von kleinen Innenmaßen dienen.

G

Gabelbrücken Dreieckige Metallklemmen ober- und unterhalb des Lenkkopfs zur Aufnahme der Standrohre.
Gleichrichter Elektronisches Halbleiterbauteil (»Diodenplatte«) zum Umformen der von der Lichtmaschine gelieferten Wechselspannung in Gleichspannung.
Gleichstrom Stromfluss ohne Änderung der Polarität.
Gleitlager Lagerschalen aus bronzebeschichtetem Kupfer oder aus Sintermaterial. Funktioniert nur mit Öldruck: Die Welle gleitet auf einem dünnen Ölfilm in der Lagerbohrung ohne Materialberührung. Verwendung als Kurbelwellen- und Nockenwellenlager. Billig, schnell austauschbar und leise, aber empfindlich und mit hohem Reibwiderstand.

H

Halogenlampe Scheinwerferbirne besonderer Bauform, die mit Halogengas gefüllt ist, um den Niederschlag von verdampfendem Metall der Glühwendel an der Glaswand zu verhindern. Bauformen als H1-, H3- und H4-Birnen.

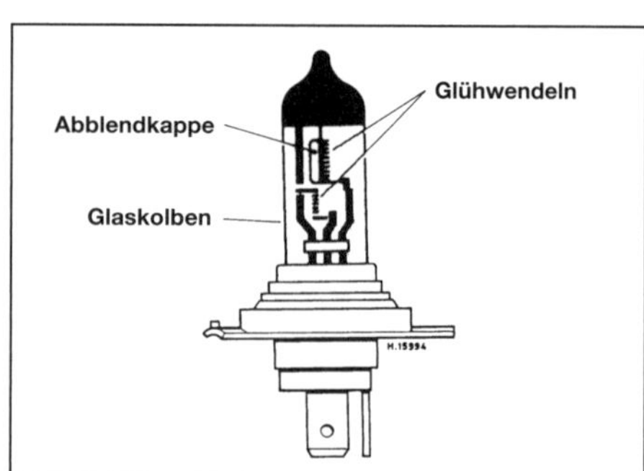

Halogen-Scheinwerferbirne

Hauptlager Lager der Kurbelwelle im Motorgehäuse.
Helicoil Spiralförmiger Gewindeeinsatz zur Reparatur ausgerissener Gewinde, wenn wenig Material vorhanden ist, sodass das Loch nur wenig ausgebohrt werden kann.

Einschrauben eines Helicoil-Gewindeeinsatzes in ein Zündkerzenloch

Hochspannung Spannung im Sekundärstromkreis des Zündsystems zur Produktion des Zündfunkens. Liegt zwischen 15.000 und 35.000 Volt bei sehr geringer Stromstärke. Unangenehm, aber nicht gefährlich.
Honen Überschleifen der Oberfläche eines Zylinders, wobei feine diagonale Riefen entstehen, in denen das Motoröl zur Kolbenschmierung haften kann.
Hydraulik Ein mit Flüssigkeit gefülltes System von Leitungen, um Druck zu übertragen. Üblich an (Scheiben-)Bremsen und manchen Kupplungen.
hygroskopisch Wasseranziehend. Trifft auf Bremsflüssigkeit zu.
Hypoidverzahnung Bauform eines Kegeltriebes (siehe Kegelrad), bei der Antriebs- und Abtriebsachse nicht in einer Ebene liegen, sodass die Zähne von Kegel- und Tellerrad in speziellen Kurven (Hypoidkurven) geschliffen werden müssen. Aufwendig und teuer, aber leise und belastbar. Benötigt spezielles Schmieröl (Hypoidöl).

I

IC Integratet circuit, integrierter Schaltkreis. Halbleiterbauteil.
Inbusschlüssel Schlüssel für Innensechskantschrauben.

K

Kabelbaum Durch Schutzschlauch zusammengefasste Kabel, die entlang einer Strecke im Motorrad verlegt sind, z.B. am Rahmen entlang.
Kardanwelle Welle, die mit einem Kreuz- oder Gleichlaufgelenk ihre Drehrichtung um einige Winkelgrade ändern kann. Wurde bei Motorrädern mit Wellenantrieb mit Einführung der Hinterradfederung nötig.
Katalysator Mit Edelmetall beschichtetes Bauteil im Auspuff, das auf chemisch-katalytischem Weg schädliche Abgasbestandteile (Stickoxide, Kohlenwasserstoffe u.a.) in unschädliche umwandeln soll. Wirkung und Nebenwirkungen sind umstritten.
Kegelrad Zusammen mit dem Tellerrad bildet es ein Getriebe, das Drehbewegungen um 90° umlenkt (siehe Abbildung).

Kegel- und Tellerrad zum Umlenken einer Drehbewegung um 90°

Kegelrollenlager Lager mit Innen- und Außenring, Kegelrollen als Wälzkörper. Hohe axiale und radiale Belastbarkeit. Verwendung als Lenkkopf-, Schwingen- und Radlager. Lagerspiel muss eingestellt werden.
Kickstarter Fußbetätigter Hebel zum Durchdrehen des Motors, um ihn zu starten.
Killschalter Not-Aus-Schalter, bei den meisten Motorrädern am rechten Lenkerende. Funktioniert als Kurzschluss- oder Zündunterbrechungs-Schalter. In Deutschland nicht vorgeschrieben.
km Abkürzung für Kilometer.
km/h Abkürzung für Kilometer pro Stunde. Geschwindigkeitseinheit.
Kolbenbolzen (Hohler) Bolzen als Verbindung zwischen Kolben und Pleuelauge. Darf weder im Pleuelauge noch im Kolben Klemmsitz haben. Oberfläche poliert und gehärtet.
Kompression Verringerung des Volumens und Erhöhung des Drucks im Brennraum durch den aufwärtsgehenden Kolben. Kompression wird als Verhältniszahl genannt, z.B. 1 : 10 = zehn Volumenteile Benzin-Luft-Gemisch werden auf ein Volumenteil zusammengepresst.
Kontermutter Mutter, die fest gegen eine andere geschraubt wird, um durch die dadurch hervorgerufene Spannung im Gewinde die zweite am Losdrehen zu hindern.
Kronenmutter Mutter mit zinnenartigen Zacken an einem Ende. Zusammen mit einem Querloch im zugehörigen Gewinde kann die Mutter mit einem Splint gegen Aufdrehen gesichert werden.
Kugellager Lager mit Innen- und Außenring, Kugeln als Wälzkörper. Häufigste Ausführung: Radialrillen-Kugellager. Kann fast nur radiale Kräfte aufnehmen.

L

Lager Mechanische Verbindung zwischen zwei sich gegeneinander bewegenden Maschinenteilen.
Läppen Materialabtrag mit äußerst feinem Schmirgelleinen (Läppleinen). Kurz vor dem Polieren.
LCD Liquid crystal display. Flüssigkristall-Anzeige. Bekannt von Armbanduhren, setzt sie sich langsam auch in Kraftfahrzeug-Instrumenten durch.
LED Light emitting diode. Leuchtdiode. Wird als verschleißfreier und stromsparender Ersatz für Kontrolllämpchen verwendet.
Lenkkopfwinkel, auch Steuerkopfwinkel, Winkel zwischen der gedachten Verlängerung des Lenkkopfs (nicht der Telegabel!) und der Horizontalen.
Lichtmaschine Stromgenerator im Kraftfahrzeug. Unterschiedliche Bauarten möglich.

M

Manschette Topfförmiger Gummiring, der in Bremszylindern für Dichtigkeit beim Betätigen sorgt.
Masse Bezeichnung des Minuspols am Kraftfahrzeug, der außer bei alten englischen Fahrzeugen am Rahmen (Masse) liegt.
Mehrbereichsöl Öle mit speziellen Legierungen, die die Schmierfähigkeit bei unterschiedlichen Temperaturen gewährleisten. Diese Eigenschaft wird in Viskositätsgrenzen ausgedrückt, z.B. SAE 20W50. D.h., dass das Öl bei niedrigen Temperaturen die Viskosität von 20, bei hohen von 50 besitzt.
Mikrometerschraube Messgerät für Längen, das durch feine Einteilung bis tausendstel Millimeter anzeigt. Verwendet zum Messen von Durchmessern, z.B. Kolben, Kolbenbolzen, Ventilschäften u.a.
Multimeter Elektrisches Messinstrument, das Spannung, Widerstand, oft auch Stromstärke und Kapazität messen kann.

N

Nachlauf Strecke vom Aufstandspunkt des Vorderrads zur Kreuzung der Verlängerung des Lenkkopfs mit dem Boden. Der Nachlauf bestimmt wesentlich die Handlichkeit (geringer N.) bzw. die Spurstabilität (großer N.).
Nadellager Lager mit nadelähnlichen Wälzkörpern. Kann hohe, aber nur radiale Kräfte aufnehmen. Verwendung als Pleuellager.
Nasse Zylinderlaufbuchsen Bauform eines wassergekühlten Motors, bei dem die Zylinderlaufbuchsen nicht in den Block eingeschrumpft sind, sondern direkt vom Kühlmittel umspült werden.
Nm Newtonmeter. Maßeinheit für Drehmoment (Kraft mal Weg).
Nylstop-Mutter Mutter mit einem Nylonring in einem Ende. Der Ring wird mit auf das Gewinde geschraubt und sichert die Mutter. Solche selbstsichernden Muttern sind höchstens zweimal zu verwenden.

O

O-Ring-Kette Antriebskette, bei der die Rollen gegen die Laschen mit O-Ringen (Gummi-Dichtringen) abgedichtet sind.
ohc (overhead camshaft). Obenliegende Nockenwelle. Bauform der Ventilsteuerung.
Ohm Einheit für elektrischen Widerstand.
Ohmmeter Widerstandsmessgerät.
ohv (overhead valve). Obenliegende Ventile. Bauform der Gassteuerung beim Viertaktmotor.
Oktanzahl Maß für den Widerstand eines Kraftstoffs gegen Selbstentzündung.
OT Oberer Totpunkt. Höchster Punkt der Kolbenbahn im Zylinder.

P

Pferdestärken (PS) Veraltete Einheit für Leistung. Heute ersetzt durch Watt (W). 1 PS = 0,36 kW.

Plastigauge Dünner Plastikstreifen zum Messen von Gleitlagerspiel.
Pleuel (auch: Pleuelstange) Verbindungsstange zwischen Kolben und Kurbelwelle.
Pleuelauge Obere Bohrung im Pleuel, in der der Kolbenbolzen sitzt.
Pleuelfuß Untere Bohrung im Pleuel, in der der Hubzapfen der Kurbelwelle sitzt.
Primärantrieb Antrieb der Kurbelwelle zum Getriebe.
Primärspannung Spannung im Primärstromkreis des Zündsystems. Bei Batteriezündungen 12 Volt, bei Hochspannungskondensatorzündungen (CDI) etwa 400 Volt bei relativ hoher Stromstärke. CDI-Primärspannung daher gefährlich.
PTFE Polytetrafluorethylen. Markenname: Teflon (Firma Dupont). Extrem gleitfähiger und reaktionsarmer Kunststoff. Kann nur in sehr aufwändigen Verfahren mit Metall verbunden werden.

R

radial Senkrecht zu einer Achse wirkend.
Radialreifen Reifen, bei dem die Karkassenfäden in Laufrichtung liegen.
Radstand Abstand zwischen den Senkrechten durch die Radachsen.
Regler Mechanisches oder elektronisches Bauteil im Kraftfahrzeug, das die von der Lichtmaschine gelieferte Spannung im Netz konstant hält, die Lichtmaschine vor Überlastung schützt und den Ladezustand der Batterie regelt.
Relais (Sprich: Relee.) Elektromagnetischer, fernsteuerbarer Schalter. Wird zur Schaltung von hohen Strömen eingesetzt.
Ruckdämpfer Gummiteile in der Hinterradnabe, die den Ruck plötzlicher Lastwechsel zwischen Kettenrad und Nabe dämpfen (siehe Abbildung). Manchmal werden auch rein metallische Ruckdämpfer konstruiert, z.B. in der Kupplung oder am Getriebeausgang (Knagge).

Gummi-Ruckdämpfer in der Hinterradnabe

S

SAE Society of Automotive Engineers. Standard für Flüssigkeits-Viskosität.
Schaltgabeln Gabelförmige Metallteile, die beim Schalten die Zahnräder auf den Getriebewellen hin und her schieben.
Schaltklauen Radiale Verbindungszapfen zwischen Getriebezahnrädern. Die Zapfenflanken sind schräg gefräst (hinterschnitten), damit sich der Eingriff unter Last nicht lösen kann.
Schieblehre Messgerät für Längen, das durch feine Einteilung bis hunderstel Millimeter anzeigt.
Schraubenfeder Spiralförmig gewickelte Feder in Zylinderform. Verwendung als Gabel- und Ventilfeder.
Seegerring Radial federnder Ring, der zur Sicherung eines Bauteils in eine Nut gesetzt wird.
Shim Stahlplättchen spezifischer Stärke, das bei direkt auf die Ventile wirkender Nockenwelle (oft bei dohc-Motoren) als Scheibe dazwischengelegt wird und das Ventilspiel bestimmt.
Sicherung Feiner Draht (Schmelzsicherung) oder Automat, der bei zu hohem Strom in einem Stromkreis (z.B. durch Kurzschluss) den Stromkreis unterbricht.
Simmerring Siehe Dichtring.
Spiel Strecke, mit der sich zwei Bauteile voneinander wegbewegen können, ohne auf Widerstand zu stoßen.
Standrohr Teil der Telegabel, der verchromt und poliert ist und in das Tauchrohr eintaucht.
Steuerkette Antriebsmöglichkeit der Nockenwelle. Billig, aber relativ verschleißanfällig.
Steuerkettenspanner Mechanische Spannvorrichtung, die die Längenausdehnung der Steuerkette ausgleicht.
Stirnräder Antriebsmöglichkeit der Nockenwelle: Zahnradkaskade zwischen Kurbel- und Nockenwelle. Teuer, aber genau und verschleißarm.
sv (side valve). Seitliche Ventile. Bauform der Gassteuerung beim Viertaktmotor (sehr alt).

T

Tauchrohr Teil der Telegabel, in den das Standrohr eintaucht.
Teflon Siehe PTFE.
Telegabel Häufigste Bauart der Vorderradführung und -federung, die aus Stand- und Tauchrohren besteht.
Tellerrad Siehe Kegelrad.
Thyristor Halbleiterbauteil mit hoher elektrischer Belastbarkeit. Verwendung als elektronischer, verschleißfreier Schalter.
Torx Speziell geformtes, sechskantiges Schraubenkopfprofil.
Transistor Halbleiterbauteil, in Zündboxen, Reglern und elektronischen Blinkrelais verbaut.
TWI Treadwear Indicator. Reifenverschleißmarke.

U

U/min. Alte Abkürzung für »Umdrehungen pro Minute«, Drehzahl. Heute: 1/min oder min^{-1}
Unterdruckuhren Messinstrumente, mit denen der Unterdruck in den Ansaugstutzen zwischen Vergaser und Zylinderkopf gemessen werden kann. Erforderlich zum Synchronisieren von Vergasern bei Mehrzylindermotoren.
Unwucht Unterschiedliche Masseverteilung auf dem Umfang eines rotierenden Teils (Rad, Kurbelwelle u.a.). Kann durch Gegengewichte ausgeglichen werden.
Upside-down-Gabel »Umgedrehte« Telegabel, bei der die Standrohre unten und die Tauchrohre oben sind.
UT Unterer Totpunkt. Unterster Punkt der Kolbenbahn im Zylinder.

V

Ventillehre Siehe auch: Fühlerlehre.
Viskosität Fließfähigkeit von Schmierstoffen. Die Viskosität von SAE 5 ist sehr hoch (dünnflüssiges Öl), SAE 90 ist sehr dickflüssig.
Volt Einheit für elektrische Spannung.

W

Watt Einheit für Leistung (W).
Wechselstrom Ständig und regelmäßig die Polung ändernder Stromfluss.
Welle Runder, sich drehender Stab im Maschinenbau.
Widerstand Elektrische Größe, gemessen in Ohm.
Winkel-Anzugsmoment Drehmoment, ausgedrückt in Winkelgraden.
Winkelgradscheibe Messscheibe mit einem Winkelkreis von 360°, mit der sich, auf ein Kurbelwellenende montiert, die Kolbenstellung in Winkelgraden der Kurbelwelle angeben lässt.

Z

Zahnriemen Flacher Antriebsriemen, dessen Innenseite gezahnt ist und damit in entsprechende Zahnräder eingreifen kann. Verwendung als Nockenwellenantrieb und (seltener) als Hinterradantrieb.
Zündreihenfolge Die Reihenfolge, in der Mehrzylindermotoren ihre einzelnen Zylinder zünden. Wird ab Zylinder Nummer eins gezählt.
Zündzeitpunkt Punkt in der Kolbenbahn kurz vor Ende des Verdichtungstakts, bei dem der Zündfunke das Gemisch entzündet. Wird in »Millimeter vor OT« oder in Winkelgraden der Kurbelwelle gemessen.